Zwiener/Mötzl
Ökologisches Baustoff-Lexikon

Gerd Zwiener/Hildegund Mötzl

Ökologisches Baustoff-Lexikon

Bauprodukte · Chemikalien · Schadstoffe · Ökologie · Innenraum

3., völlig neu bearbeitete und erweiterte Auflage

C. F. Müller Verlag, Heidelberg

ISBN 3-7880-7686-0

Umschlaggestaltung: R. Schmitt, Lytas, Mannheim
Satz: Strassner Computersatz, Leimen
Druck und Verarbeitung: J. P. Himmer GmbH & Co. KG, Augsburg
Printed in Germany

Ich bedanke mich ganz herzlich bei meiner Familie für die große Geduld und Nachsicht während der Arbeit am Manuskript.
Gerd Zwiener

Vorwort

Der Jahresumsatz mit Bauprodukten beträgt in der EU ca. 200 Mrd. Euro. Deutschland hat hierbei einen Anteil von fast 60 %. Die Produktpalette umfasst mehr als 20.000 verschiedene Materialien und Erzeugnisse. Diese werden unter Verwendung einer Vielzahl von Stoffen hergestellt, deren Emissionsverhalten und Wirkungen auf Gesundheit und Umwelt oft unbekannt sind. Bauprodukte verursachen zudem große Stoffströme. Etwa 40 % des deutschen Verbrauchs an mineralischen Rohstoffen werden im Hoch- und Tiefbau eingesetzt. 25 % der hergestellten Kunststoffe und 8 % der chemischen Produkte finden ihre Anwendung im Bauwesen. In der EU werden etwa 30.000 Chemikalien mit einer Jahresproduktion von mehr als 1 t und etwa 2.700 Chemikalien mit einer Jahresproduktion über 1.000 t vermarktet. Viele dieser Chemikalien, darunter Lösemittel, Biozide, Flammschutzmittel, Weichmacher oder schwermetallhaltige Stabilisatoren, kommen im Baubereich zum Einsatz. Erst für ungefähr 100 Chemikalien wurde eine Risikobewertung über eine mögliche Gesundheits- und Umweltgefährdung im Sinne der EG-Altstoffverordnung durchgeführt. Dies zeigt, dass in Bauprodukten und Materialien für den Innenraum eine Vielzahl von Stoffen eingesetzt werden können, die zum größten Teil hinsichtlich ihres Gesundheits- und Umweltgefährdungspotenzials bisher nicht oder nicht ausreichend bewertet wurden. Zudem besteht ein noch ungelöster Konflikt zwischen der 2002 in Kraft getretenen Energieeinsparverordnung auf der einen Seite und dem Ziel guter Luftqualität in Innenräumen auf der anderen Seite.

Die Diskussion um Gebäude-Altlasten wie Formaldehyd, Asbest, PCP, PAK oder PCB hat viele Architekten und Bauherren veranlasst, beim Bauen ökologische Aspekte stärker zu berücksichtigen und möglichst gesundheitlich unbedenkliche und umweltverträgliche Materialien zu verwenden. Doch fehlende Deklarationen und zweifelhafte Werbeaussagen erschweren es, sich im unüberschaubaren Markt der Bauprodukte zurecht zu finden.

Ziel des vorliegenden Nachschlagewerkes ist es, diese Lücke zu schließen. Dabei wird der Beschreibung und gesundheitlich-ökologischen Bewertung von Bauchemikalien – auch im Hinblick auf ihre Relevanz als Innenraum-Schadstoffe – breiter Raum gegeben. Grenz- und Richtwerte werden ebenso berücksichtigt wie die auszugsweise Wiedergabe wichtiger Regelwerke. Gegenüber der zweiten Auflage von 1995 wurde die dritte Auflage völlig neu bearbeitet und um mehr als 700 Stichworte erweitert.

Eine Orientierungshilfe vor dem Kauf von Bauprodukten bieten auch Umweltlabel. Doch die Unterschiede sind groß – die Palette reicht von selbst kreierten Hersteller-Labeln bis hin zu umfassenden und wissenschaftlich fundierten Qualitätszeichen. Das Lexikon-Stichwort „Umweltzeichen für Bauprodukte“ beschreibt die verschiedenen Typen von Umweltkennzeichnungen und nennt Quellen, die verlässliche Informationen zur Aussagekraft solcher Label geben.

Heute die Altlasten von morgen zu vermeiden, mit den Ressourcen verantwortungsvoll umzugehen und für die Gebäudenutzer behagliche und gesundheitlich zuträgliche Arbeits- und Wohnbereiche zu schaffen ist Aufgabe einer zukunftsfähigen Baukultur. Dringend erforderlich ist eine breit angelegte Umorientierung, ein Verständnis, das Gesundheits- und Umweltaspekte nicht nur berücksichtigt, sondern als integralen Bestandteil von Bauen und Einrichten begreift.

Köln und Wien, im Februar 2006

Gerd Zwiener und Hildegund Mötzl

Abbeizmittel A. dienen der Entfernung von Altanstrichen. Es werden neutrale (lösemittelhaltige) und alkalische A. unterschieden. Neutrale (lösemittelhaltige) A. bestehen im Wesentlichen aus →Lösemitteln, welche den Kunststofffilm auflösen. Um ein schnelles Verdunsten zu verhindern, werden Wachse und Celluloseether (→Methylcellulose) zugesetzt. Neutrale A. eignen sich prinzipiell für alle Lacke. Neutrale A. sind gesundheitlich-ökologisch kritisch zu beurteilen. Sie enthalten z.T. sehr giftige Chemikalien wie das krebsverdächtige →Dichlormethan oder →Methanol. Dichlormethan führt nach Inhalation zu einer Erhöhung des CO-Hb-Gehalts und kann daher zur Bewusstlosigkeit und zum Tod durch Ersticken führen. Bereits in den 1980er-Jahren, aber auch in der jüngsten Vergangenheit ist es zu tödlichen Unfällen infolge des unsachgemäßen Umgangs mit diesen Produkten gekommen. Gemäß Technischer Regel für Gefahrstoffe (TRGS) 612 sollen dichlormethanhaltige A. nach Möglichkeit nicht mehr eingesetzt werden. Stehen technisch geeignete Ersatzprodukte und -verfahren zur Verfügung, ist der Einsatz solcher Mittel grundsätzlich nicht zulässig. Kommen im Ergebnis der Ersatzstoffprüfung keine alternativen Mittel oder Verfahren infrage, ist Folgendes zu beachten: Bei Einsatz dichlormethanhaltiger A. werden die Grenzwerte am Arbeitsplatz immer überschritten, auch bei Fassadenarbeiten im Freien. Da Dichlormethan ein Niedrigsieder ist, müssen, wenn nicht durch technische Maßnahmen die Konzentrationen unter die Grenzwerte abgesenkt werden können, umgebungsluftunabhängige Atemschutzgeräte eingesetzt werden. Der Arbeitgeber muss hierfür eine Ausnahmegenehmigung bei der zuständigen Behörde beantragen. Personen, die diesen Atemschutz tragen, müssen arbeitsmedizinisch überwacht werden. Nach Erkenntnissen der →GISBAU (2004) ist die Notwendigkeit zum Tragen von persönlicher Schutzausrüstung beim Verarbeiten der Produkte – in erster Linie von schwerem Atemschutz – in der Praxis nicht bekannt oder wird ignoriert.

Tabelle 1: Erforderliche Schutzausrüstung und deren Kosten bei der Verwendung von dichlormethanfreien und dichlormethanhaltigen Abbeizmitteln (Quelle: GISBAU, 2004)

Schutzausrüstung u. Kosten	**Dichlormethanfreie Abbeizer**	**Dichlormethanhaltige Abbeizer**
Augenschutz	Bei Spritzgefahr: Korbbrille	Bei Spritzgefahr: Korbbrille
Handschuhe aus	Polychloropren, Nitrilkautschuk	Fluorkautschuk
Hautschutz	Fettfreie/fettarme Hautschutzsalbe	Fettfreie/fettarme Hautschutzsalbe
Atemschutz beim Auftrag und Entfernen		
– von Hand	–	Umgebungsluftunabhängiges Atemschutzgerät
– im Spritzverfahren	A1-P2	Umgebungsluftunabhängiges Atemschutzgerät
Körperschutz beim Auf- und Abspritzen	Einweg-Chemikalienschutzanzug	Einweg-Chemikalienschutzanzug
Kosten	ca. 75,– €	ca. 2.250,– €

Alkalische A. sind auf Basis von starken Laugen (z.B. Natronlauge oder Kalilauge) aufgebaut. Sie werden zur Entfernung von verseifbaren Beschichtungen auf Grundlage von Ölen oder →Alkydharzen verwendet. „Ölfreie" Lacke wie z.B. →Acryllacke können nicht mit alkalischen A. entfernt werden. Beim Arbeiten mit alkalischen A. müssen Hände und Augen geschützt werden, da die Mittel stark ätzend sind. Sie greifen Glas an und können zu Verfärbungen an stark gerbsäurehaltigen Hölzern wie z.B. Eiche führen.

Alternativ zum Abbeizen können Anstriche evtl. auch mechanisch durch Schleifen bzw. Fräsen oder mit der Heißluftpistole entfernt werden. Auch bei diesen Arbeiten treten gesundheitsschädliche Stoffe wie Schleifstäube oder giftige Gase auf, denen durch entsprechende Schutzmaßnahmen (Atemschutz, Arbeiten im Freien) begegnet werden muss.

Abdichtung →Bauwerksabdichtung

Abdichtungsbahnen A. sind Produkte für die →Bauwerksabdichtung. Zum Einsatz kommen →Bitumenbahnen, →Kunststoff-Dichtungsbahnen aus →Thermoplasten, →Kautschuk-Dichtungsbahnen aus →Elastomeren sowie Flüssigabdichtungen. In nahezu allen Materialien sind heute Polymere enthalten, sodass sich die einzelnen Werkstoffgruppen technisch immer mehr annähern. Dies bestätigt auch ein umfangreicher Vergleich von 105 Kunststoff-, Kautschuk-, Bitumenbahnen und Flüssigfolien von 39 Herstellern aus elf Ländern (Dachabdichtung Dachbegrünung, Ernst, W., 1999). Dem Vergleich liegt ein von Ernst entwickeltes Anforderungsprofil, das 13 praxisorientierte Tests umfasst, zugrunde. Die Testergebnisse zeigen, dass es möglich ist, in jeder Materialgruppe qualitativ hervorragende Produkte herzustellen. Ernst stellt in seinen Publikationen dar, dass Produkte, die den Qualitätsnachweis gemäß Anforderungsprofil erfüllen, Vorteile für Bauherren, Planer und Verarbeiter bieten.

Tabelle 2: Testergebnis eines Vergleichs von 105 A. nach technischen und ökologischen Kriterien (Dachabdichtung Dachbegrünung, Ernst, W., 1999)

Bewertung	Anteil
Sehr gut	7 %
Gut	21 %
Summe empfehlenswerte	28 %
Befriedigend	39 %
Ausreichend	26 %
Ungenügend	7 %

Abfall A. gem. →Kreislaufwirtschafts- und Abfallgesetz (Deutschland) bzw. →Abfallwirtschaftsgesetz (Österreich) sind bewegliche Sachen, derer sich der Besitzer entledigt, entledigen will oder entledigen muss (subjektiver Abfallbegriff) oder deren Erfassung und Behandlung als Abfall im öffentlichen Interesse geboten ist (objektiver Abfallbegriff). Im deutschen Abfallbegriff wird im Sinne der Vorgaben des EG-Rechts A. unterteilt in A. zur Beseitigung und A. zur Verwertung. A. gilt so lange als A., bis er oder die aus ihm gewonnenen Stoffe unmittelbar als Substitution von Rohstoffen oder von aus →Primärrohstoffen erzeugten Produkten verwendet werden. Damit unterliegen auch →Sekundärrohstoffe dem Abfallrecht, was dieser Definition auch Kritik einbrachte, weil diese Wertstoffe nun in die negativ assoziierte Ebene des A. gebracht würden. Der neue Abfallbegriff hat aber auch zur Folge, dass der Begriff →Entsorgung von Abfall nun nicht nur die →Beseitigung, sondern auch die →Verwertung umfasst.

Abfallablagerungsverordnung Die deutsche AbfAblV (Verordnung über die umweltverträgliche Ablagerung von Siedlungsabfällen) gilt für die Ablagerung von →Siedlungsabfällen und Abfällen, die wie Siedlungsabfälle auf Deponien entsorgt werden können, sowie die Behandlung von Siedlungsabfällen und Abfällen, die wie Siedlungsabfälle entsorgt werden können, zum Zweck der Einhaltung von Deponiezuordnungskriterien. →Abfall, →Deponieverordnung, →Deponieklassen, →Abfallverzeichnisverordnung

Abfallentsorgung →Entsorgung

Abfallnachweisverordnung Die österr. Abfallnachweisverordnung (BGBl. II Nr. 618/2003) regelt die Aufzeichnungs-, Melde- und Nachweispflicht der Abfall-/Altöl-Besitzer im Sinne des österr. →Abfallwirtschaftsgesetzes. Abfall-/Altöl-Besitzer haben für jedes Kalenderjahr fortlaufende Aufzeichnungen über Art, Menge, Herkunft und Verbleib des Abfalls zu führen. Diese Aufzeichnungen sind von den übrigen Geschäftsbüchern oder betrieblichen Aufzeichnungen getrennt zu führen. Für den Baubereich wurde hierfür ein „Baurestmassennachweisformular" für nicht gefährliche Abfälle eingeführt, der dem Auftraggeber als Nachweis im Sinne der →Baurestmassentrennverordnung übergeben werden kann. →Abfall, →Deponieverordnung, →Abfallverzeichnisverordnung

Abfallschlüssel Abfälle werden einem sechsstelligen A. und einer Abfallbezeichnung zugeordnet. Die Zuordnung zu den Abfallarten erfolgt unter den im Abfallverzeichnis (→Abfallverzeichnisverordnung) vorgegebenen Kapiteln (zweistellige Kapitelüberschrift) und Gruppen (vierstellige Kapitelüberschrift). Besonders überwachungsbedürftige Abfälle (gefährliche Abfälle) sind mit einem * gekennzeichnet. →Abfall, →Bau- und Abbruchabfälle, →Abfallwirtschaftsgesetz, →Kreislaufwirtschafts- und Abfallgesetz, →LAGA, →Deponieverordnung, →Abfallnachweisverordnung, →Abfallverzeichnisverordnung

Abfallverzeichnisverordnung Mit der in Deutschland am 1.1.2002 in Kraft getretenen A. (AVV, Verordnung zur Umsetzung des Europäischen Abfallverzeichnisses) wurde das neue Europäische Abfallverzeichnis eingeführt. Der bisherige Europäische Abfallkatalog (EAK) und die Liste der gefährlichen Abfälle (HWL) wurden mit dieser Entscheidung aufgehoben und in dem neuen Europäischen Abfallverzeichnis zusammengeführt. Die A. enthält somit das Gesamtverzeichnis der Abfallarten, in dem sowohl die nicht gefährlichen als auch die gefährlichen Abfallarten erfasst sind. Es umfasst 839 Abfallarten, von denen 405 als gefährlich eingestuft sind. Diese sind mit einem Sternchen (*) versehen und nach § 3 Abs. 1 Satz 1 AVV besonders überwachungsbedürftige Abfälle im Sinne des § 41 Abs. 1 Satz 1 und Abs. 3 Nr. 1 des KrW-/AbfG. Für Abfälle, die diesen Abfallarten zugeordnet werden, wird davon ausgegangen, dass mindestens eine der in der Richtlinie 91/689/EWG über gefährliche Abfälle genannten, gefahrenrelevanten Eigenschaften vorliegt.

Tabelle 3: Gefahrenrelevante Eigenschaften von Abfällen gemäß der Richtlinie 91/689/EWG über gefährliche Abfälle

Eigenschaft	Bezeichnung	Erläuterung
H1	Explosiv	Stoffe und Zubereitungen, die unter Einwirkung einer Flamme explodieren können oder empfindlicher auf Stöße oder Reibung reagieren als Dinitrobenzol
H2	Brandfördernd	Stoffe und Zubereitungen, die bei Berührung mit anderen, insbesondere brennbaren Stoffen eine stark exotherme Reaktion auslösen
H3-A	Leicht entzündbar	– Stoffe und Zubereitungen in flüssiger Form mit einem Flammpunkt von weniger als 21 °C (einschließlich hoch entzündbarer Flüssigkeiten) oder – Stoffe und Zubereitungen, die sich an der Luft bei normaler Temperatur und ohne Energiezufuhr erwärmen und schließlich entzünden oder – feste Stoffe und Zubereitungen, die sich unter Einwirkung einer Zündquelle leicht entzünden und nach Entfernung der Zündquelle weiterbrennen oder – unter Normaldruck an der Luft entzündbare, gasförmige Stoffe und Zubereitungen oder – Stoffe und Zubereitungen, die bei Berührung mit Wasser oder feuchter Luft gefährliche Mengen leichtbrennbarer Gase abscheiden

A

Fortsetzung Tabelle 3:

Eigenschaft	Bezeichnung	Erläuterung
H3-B	Entzündbar	Flüssige Stoffe und Zubereitungen mit einem Flammpunkt von mindestens 21 °C und höchstens 55 °C
H4	Reizend	Nicht ätzende Stoffe und Zubereitungen, die bei unmittelbarer, länger dauernder oder wiederholter Berührung mit der Haut oder den Schleimhäuten eine Entzündungsreaktion hervorrufen können
H5	Gesundheitsschädlich	Stoffe und Zubereitungen, die bei Einatmung, Einnahme oder Hautdurchdringung Gefahren von beschränkter Tragweite hervorrufen können
H6	Giftig	Stoffe und Zubereitungen (einschließlich der hochgiftigen Stoffe und Zubereitungen), die bei Einatmung, Einnahme oder Hautdurchdringung schwere, akute oder chronische Gefahren oder sogar den Tod verursachen können
H7	Krebserzeugend	Stoffe und Zubereitungen, die bei Einatmung, Einnahme oder Hautdurchdringung Krebs erzeugen oder dessen Häufigkeit erhöhen können
H8	Ätzend	Stoffe und Zubereitungen, die bei Berührung mit lebenden Geweben zerstörend auf diese einwirken können
H9	Infektiös	Stoffe, die lebensfähige Mikroorganismen oder ihre Toxine enthalten und die im Menschen oder sonstigen Lebewesen erwiesenermaßen oder vermutlich eine Krankheit hervorrufen
H10	Teratogen[1]	Stoffe und Zubereitungen, die bei Einatmung, Einnahme oder Hautdurchdringung nichterbliche, angeborene Missbildungen hervorrufen oder deren Häufigkeit erhöhen können
H11	Mutagen[2]	Stoffe und Zubereitungen, die bei Einatmung, Einnahme oder Hautdurchdringung Erbschäden hervorrufen oder ihre Häufigkeit erhöhen können
H12	–	Stoffe und Zubereitungen, die bei der Berührung mit Wasser, Luft oder einer Säure ein giftiges oder sehr giftiges Gas abscheiden
H13	–	Stoffe und Zubereitungen, die nach Beseitigung auf irgendeine Art die Entstehung eines anderen Stoffs bewirken können, z.B. ein Auslaugungsprodukt, das eine der oben genannten Eigenschaften aufweist
H14	Ökotoxisch	Stoffe und Zubereitungen, die unmittelbare oder mittelbare Gefahren für einen oder mehrere Umweltbereiche darstellen können

[1] In der Richtlinie 92/32/EWG des Rates zur siebten Änderung der Richtlinie 67/548/EWG [12] wurde der Begriff „fortpflanzungsgefährdend" eingeführt. Dieser Begriff ersetzt den Begriff „teratogen" und hat eine genauere Definition, ohne dass sich am Konzept etwas ändert. Daher entspricht er der Eigenschaft H10 in Anhang III der RL 91/689/EWG.

[2] Synonym: erbgutverändernd

Österreich:
Auch die österr. A. (BGBl. II Nr. 570/2003) übernimmt den Europäischen Abfallkatalog (EAK) und soll damit den bisherigen Abfallschlüssel basierend auf ÖNORM S 2100 Abfallkatalog ersetzen. Für den Baubereich gibt es nun neben einem sechsstelligen Code (bislang 5-stellige Schlüsselnummer) zum Teil zusätzliche 2-stellige Codes, z.B. im Bereich Boden oder Beton. Eine „Umschlüsselungshilfe" vom nationalen auf das europäische System liefert die ON-Regel ONR 192100. Die A. hätte in Österreich am 1.1.2005 in Kraft treten sollen, auf Wunsch der Länder wurde der Termin aber auf den 1.1.2009 verschoben (womit den Behörden für die bei einer Umstellung auf das europäische Abfallverzeichnis notwendige Umschlüsselung einige Jahre mehr Zeit bleibt). Am

6.4.2005 wurde eine Novelle der A. (BGBl. II Nr. 98/2005) ausgegeben, in der zum Leidwesen der Entsorgungsbetriebe über 100 neue Abfallschlüsselnummern eingeführt und zahlreiche bestehende Nummern geändert bzw. durch zusätzliche Spezifizierungen mehrfach unterteilt wurden. Die neuen bzw. geänderten Abfallschlüsselnummern der Novelle sind seit 1.5.2005 mit einer dreimonatigen Übergangsfrist für das Anzeigeverfahren anzuwenden. Mit dieser Novelle der A. wurden auch die Kriterien für die Einstufung eines Abfalls in gefährlich/nicht-gefährlich (H13-Kriterien) verschärft. →Abfall, →Abfallwirtschaftsgesetz, →Deponieverordnung, →Abfallnachweisverordnung

Abfallwirtschaftsgesetz Das A. (AWG; BGBL. I Nr. 102/2002) ist das zentrale abfallrechtliche Regelwerk in Österreich. Das A. enthält folgende Grundsatzanforderungen: Wenn möglich, ist Abfall zu vermeiden (z.B. durch Wiederverwendung von Türblättern, Parkettböden, Bodenaushub, ...). Andernfalls sind Abfälle zu verwerten (z.B. durch Zuführung von Verpackungsabfällen zu einem Sammelsystem, Baustoffrecycling und Einsatz von Recycling-Baustoffen). Abfälle, die nicht verwertbar sind, sind ordnungsgemäß zu behandeln/abzulagern (z.B. deponieren/kompostieren). Für den Baubereich ist insbesondere der § 16 (7) maßgebend: „Für Abfälle, die im Zuge von Bautätigkeiten anfallen, gilt: Verwertbare Materialien sind einer Verwertung zuzuführen, sofern dies ökologisch zweckmäßig und technisch möglich ist und dies nicht mit unverhältnismäßigen Kosten verbunden ist. Nicht verwertbare Abfälle sind einer Behandlung im Sinne des § 1 Abs. 2 Z 3 zuzuführen.“ Eine Verbringung ins Ausland zum Zwecke der Deponierung ist verboten (im Allg. „rote Liste“ für Bauschutt). →Baurestmassen unterliegen grundsätzlich dem A. Weitergehende Bestimmungen können auch in Landesgesetzen (z.B. im Bautechnikgesetz) geregelt sein. →Abfall, →Baurestmassentrennverordnung, →Deponieverordnung, →Abfallnachweisverordnung, →Abfallverzeichnisverordnung, →Kreislaufwirtschafts- und Abfallgesetz, →LAGA

Abgehängte Decke Unter einer tragenden Decke aus optischen, wärmeschutz- oder schalltechnischen Gründen angebrachte, zweite, nichttragende Decke. Sie besteht aus der abgehängten Unterkonstruktion (z.B. aus Holzlatten) und der Verkleidung mit Holzpaneelen, kunststoffbeschichteten Platten usw.

Abietinsäure A. bzw. A.-Anhydrid ist der Hauptbestandteil des →Kolophoniums. Es handelt sich um ein tricyclisches Diterpen und gehört damit zu den Polyisoprenen. Außer freien Harzsäuren (83 %) enthält die Abietinsäure etwa 5 % freie →Fettsäuren, 5 % gebundene Säuren und 7 % unverseifbare Stoffe. Der Schmelzpunkt der A. liegt zwischen 172 und 175 °C (Kolophonium schmilzt bereits zwischen 90 und 100 °C), der Erweichungspunkt etwa bei 65 °C.

Ablaugemittel A. sind →Abbeizmittel auf Basis von starken Laugen (Natronlauge, Kalilauge). Bei Anwendung von A. müssen Augen und Hände vor Verätzungen geschützt werden.

Abluftanlagen Bei A. wird die Luft ohne Wärmetauscher aus Bad, WC und Küche abgesaugt, die Zuluft strömt über Nachströmöffnungen in der Außenwand oder in den Fenstern nach. A. sind einfacher und kostengünstiger als →Komfortlüftungsanlagen, bringen jedoch keine Energieeinsparung.

Abriebfestigkeit Eigenschaft einer Oberflächenbeschichtung (Wandfarbe, Glasur), gegen Einwirkung von Reibung widerstandsfähig zu sein.

ABS ABS ist ein →Terpolymer, das aus den drei Grundmonomeren Acrylnitril, Butadien und →Styrol zusammengesetzt ist. ABS wird insbesondere für Gehäuse eingesetzt, da er hochwertige, mattglänzende und kratzfeste Oberflächen bildet, eine hohe Oberflächenhärte und gute Schlagfestigkeit hat und beständig gegen wässrige Chemikalien ist. Als additiver Flammschutz in ABS-Applikationen wird Octabromdiphenylether (OctaBDE) eingesetzt (→Polybromierte Flammschutzmittel).

A

Absolute Luftfeuchte Mit A. wird die in der Luft vorhandene Menge Wasserdampf bezeichnet. Übliche Maßeinheiten sind kg/m^3 oder kg_{Wasser}/kg_{Luft}. In der Praxis wird die Luftfeuchtigkeit meist als →Relative Luftfeuchte angegeben. →Luftfeuchte, →Raumklima

Absperrlacke A. (als Schnellgrund oder →Haftgrund bezeichnet) sollen Einwirkungen von Stoffen aus dem Untergrund auf die Beschichtung oder umgekehrt verhindern. A. werden zur Absperrung von kleinen Flächen gegen Öl, Wasser oder Teer verwendet. Als A. werden lösemittelhaltige →Nitrolacke und →Reaktionslacke verwendet.

Acetaldehyd A. (Ethanal) ist ein gesättigter Aldehyd und natürlicher Bestandteil von Früchten in Konzentrationen bis ca. 230 mg/kg sowie von Gemüse. Haupteinsatzbereich von A. ist die Herstellung von →Essigsäure. Quellen für A. in der Umwelt sind Kfz und offene Feuer. A. ist als krebsverdächtig (→MAK-Liste, Kat. 3B; EU K3) eingestuft. MAK-Wert: $50 ml/m^3 = 91 mg/m^3$.

Acetate →Ester

Aceton A. (Propan-2-on) ist eine süßlich-fruchtig riechende, leichtendzündliche Flüssigkeit und gehört zur Gruppe der →Ketone. A. wird u.a. als Lösemittel für Lacke und Klebstoffe eingesetzt. A. reizt die Augen. Wiederholter Kontakt kann zu spröder oder rissiger Haut führen. A.-Dämpfe können Schläfrigkeit und Benommenheit verursachen. MAK-Wert: $500 ml/m^3 = 1.200 mg/m^3$. Zur relativen Toxizität der Ketone →NIK-Werte: Je niedriger der NIK-Wert, umso höher ist die Toxizität des jeweiligen Stoffes.
A. entsteht auch als Zerfallsprodukt aus dem →Fotoinitiator →HCPK, einem Bestandteil von strahlenhärtenden Beschichtungssystemen.

Acetophenon A. ist als →Fotoinitiator Bestandteil von strahlenhärtenden Beschichtungssystemen (UV-Beschichtungen) und Zerfallsprodukt von Initiatorsystemen für Polymerisationsprozesse, z.B. für →Polystyrol. Zur relativen Toxizität von A. →NIK-Werte: Je niedriger der NIK-Wert, umso höher ist die Toxizität des jeweiligen Stoffes.

Acetylisierung →Holzmodifikation

aCKW Aliphatische Chlorkohlenwasserstoffe.

Acrolein A. (Propenal) ist ein ungesättigter C3-Aldehyd. Der Stoff besitzt einen unangenehmen, strengen und beißenden Geruch. Die Geruchsschwelle beträgt durchschnittlich $0,1 mg/m^3$, bei empfindlichen Personen liegt sie im Bereich von 0,07 bis $0,08 mg/m^3$. A. ist ein Zwischenprodukt bei der Synthese von Acrylsäure und Acrylsäureester. A. ist auch thermisches Zersetzungsprodukt von Polyacrylat-Kunststoffen und anderen Kunststoffen sowie Verbrennungsprodukt von Tabak. A. ist als krebsverdächtig (MAK-Liste Kat. 3B) und umweltgefährlich eingestuft. Orientierungswert (gesundheitlich abgeleitet; keine Mehrstoffbelastung; B.A.U.CH., Berlin, 1994): $0,1 \mu g/m^3$ (0,4 ppb).

Acrylamid A. wird weltweit zu 99 % zur Herstellung von →Polyacrylamid eingesetzt. A. ist als krebserzeugend (EU K2), erbgutschädigend (EU M2) und reproduktionstoxisch (Verdachtsstoff, EU R_F3) eingestuft. In hohen Dosen wirkt A. neurotoxisch.
Die Exposition des Menschen erfolgt (→BgVV, 2002)

a) über Produkte, die Spuren von A. enthalten können. Dazu zählen:
   - Verpackungsmaterialien aus Polyacrylamid
   - Kosmetische Mittel, die bis zu 2 % Polyacrylamid enthalten können
   - Papier und Pappe, bei denen Polyacrylamid als Bindemittel benutzt wird
   - Polyacrylamid als Bestandteil von Farben und Pigmenten
   - Polyacrylamid, das als Flockungsmittel in der Trinkwasser- und Abwasserbehandlung eingesetzt wird

Die wichtigste Belastungsquelle des Menschen aus Polymeren auf der Basis von A.

sind kosmetische Mittel. Über das Trinkwasser nimmt der Mensch unter ungünstigsten Umständen max. ca. 0,25 µg auf. Die Exposition über andere Produkte ist nach heutigem Stand der Kenntnis vernachlässigbar.

b) über den Arbeitsplatz. Hier sind die folgenden Bereiche relevant:
   - Kunststoffherstellung
   - Verwendung von Dichtmassen, Dichtmörteln, Vergussmaterialien und Fugenkitten auf der Basis von A. Ein Problem mit Dichtmassen beim Tunnelbau in Schweden im Jahre 1997 (unvollständige Polymerisation des in der Masse enthaltenen A.) führte zu Untersuchungen von Arbeitern, die gegenüber A. in hoher Dosis exponiert waren. Bei Vergleichsuntersuchungen stellte sich heraus, dass nicht nur die belasteten Arbeiter, sondern auch die Kontrollgruppe A.-Addukte im Blut aufwies. Bei der Suche nach den Quellen für diese Hintergrundbelastung stieß eine schwedische Forschergruppe auf den bis dahin nicht bekannten Belastungspfad Lebensmittel.

c) über hocherhitzt zubereitete, kohlenhydratreiche Lebensmittel wie Kartoffelprodukte (Chips, Pommes frites), geröstete Cerealien, Brot (insbesondere Knäckebrot und Toast), feine Backwaren (Kekse) etc.

Der Einsatz von Abdichtungsmitteln auf der Basis von Acrylamid bei zwei Tunnelbauprojekten in Norwegen und Schweden führte zur Vergiftung des Trinkwassers von mehreren hunderttausend Menschen. Die Exfiltration von Grundwasser in Oberflächengewässer brachte zudem ein Fischsterben mit sich.

Acrylate A. sind die Grundbausteine zur Herstellung von →Acrylharzen (Polyacrylate).

Acryl-Dichtstoffe A. zählen zu den chemisch nicht reaktiven →Dichtstoffen. Es handelt sich um ein Einkomponenten-System auf Basis einer Acrylat-Dispersion. A. emittieren zumeist Butanol (→Alkohole), →Glykolverbindungen (z.B. Ethylenglykol) und Alkane. Als →Weichmacher werden z.T. →Phthalate eingesetzt. A. können Feuchtigkeit aufnehmen und sind daher für Feuchträume nicht geeignet (→Silikon-Dichtstoffe). Acryl ist zudem nicht sehr elastisch und daher für Bewegungsfugen ungeeignet. A. haften allerdings auch auf feuchten Untergründen und auf stark saugenden Untergründen wie z.B. →Porenbeton.

Acrylharze A. (Polyacrylate) sind synthetische Harze, die aus den Estern der Acrylsäure oder der Methacrylsäure hergestellt werden. Häufig enthalten die A. noch andere →Monomere wie →Styrol, Vinyltoluol oder Vinylester. Polymerisate, die ausschließlich aus Acryl- und/oder Methacrylverbindungen aufgebaut sind, werden als Reinacrylate bezeichnet. Nach ihrem lacktechnischen Verhalten lassen sich A. in A. mit funktionelle Gruppen und in A. ohne funktionelle Gruppen unterscheiden. Anwendungstechnisch geraten in den letzten Jahren die leichtflüchtigen und geruchsintensiven monofunkionellen A. wie z.B. Butylacrylat (BA) und 2-Ethyl-hexyl-acrylat (EHA) gegenüber den multifunktionellen A. wie 1,6-Hexandioldiacrylat (HDDA), Tripropylen-glykoldiacrylat (TPGDA) oder Trimethylol-propantriacrylat (TMPTA) immer mehr in den Hintergrund (Salthammer). Monomere Acrylate, die in Oberflächen verbleiben, führen bei direktem Kontakt zu Hautreizungen. Freie Acrylatmonomere in der Innenraumluft können durch Irritationen an Augen und Schleimhäuten zu Befindlichkeitsstörungen führen. Zur relativen Toxizität der Acrylate →NIK-Werte: Je niedriger der NIK-Wert, umso höher ist die Toxizität des jeweiligen Stoffes.

Acryllacke A. sind →Lacke auf der Basis von →Acrylharzen. Sie werden als Lösungen in organischen →Lösemitteln, als →Dispersionen oder als Pulverlacke vielfältig eingesetzt, z.B. für Außen- und Innenanstriche oder zur Lackierung von Metallen und Holz. A. lassen sich gut in Wasser verteilen, dadurch ist die Herstellung von →Dispersionslacken relativ einfach.

Wasserverdünnbare A. mit weniger als 10 % Lösemittel (→Lacke) können mit dem RAL-Umweltzeichen 12a gekennzeichnet werden. Es dürfen dann noch bis zu 0,5 % →Konservierungsmittel und Bleisikkative (Lackhilfsstoffe) enthalten sein. Wasserverdünnbare A. werden bevorzugt zur Lackierung von Heizkörpern benutzt, da sie keine so starke Geruchsbelästigung wie →Alkydharze hervorrufen. Die enthaltenen Lösemittel dienen als Emulgatoren und →Filmbildehilfsmittel.

A. können noch erhebliche Mengen Lösemittel enthalten, die während der Trocknung in die Umwelt gelangen. Hochsiedende Substanzen, z.B. →Glykolverbindungen, tertiäre Amine oder →Weichmacher, können während der Nutzungsphase ausgasen. Da solche Substanzen schwerflüchtig sind, brauchen sie länger, um restlos aus dem Film zu entweichen. Der Gehalt an →Restmonomeren (Acrylnitril, Acrylsäure u.a.) kann bis zu 0,01 % betragen. Wasserverdünnbare A. enthalten →Konservierungsmittel, um sie im Gebinde bis zum Gebrauch vor mikrobiellem Befall zu schützen. →Alkydharzlacke, →Dispersionslacke

Acrylschaumtapeten A. sind ökologisch weniger bedenkliche Alternativen zur →Profilschaumtapete auf PVC-Basis (→Polyvinylchlorid). Die Kunststoffmasse auf der Basis von chlorfreien Acrylaten (→Acrylharze) wird auf ein spaltbares Duplexpapier aufgetragen. Die A. werden in ein oder zwei Arbeitsgängen bedruckt. Im letzten Farbwerk wird der wasserbasierende Acrylschaum bei einer Temperatur von ca. 150 °C aufgeschäumt. Weitere auf Kunststoff basierende Alternativen zur Profilschaumtapete sind Tapeten mit Strukturmasse auf →Polyvinylacetat-Dispersionsbasis (PVA). Am umweltfreundlichsten sind →Prägetapeten auf Papierbasis.

Actinolith Faserförmiger Vertreter der →Amphibol-Asbest-Gruppe.

Actinomyceten A. sind Bakterien, die ähnlich wie Pilze in Fäden wachsen und Sporen bilden können. Daher werden sie manchmal in die Bezeichnung →Schimmelpilze einbezogen. Beim Wachstum von A. in →Innenräumen tritt ein typisch erdig-modriger Geruch auf.

Additive A. sind Stoffe, die in kleinen Mengen zur Herstellung von →Bauprodukten eingesetzt werden, um während der Herstellung, Lagerung, Verarbeitung oder während der Nutzung des Bauproduktes spezielle Eigenschaften zu erzielen. A. gehören zu sehr unterschiedlichen Stoffgruppen, sodass keine verallgemeinernden Aussagen zur Toxizität möglich sind. Obwohl A. nur in sehr geringen Konzentrationen in den jeweiligen Produkten eingesetzt werden, können davon z.T. Gesundheitsgefährdungen ausgehen.

Adipate A. sind Ester der Adipinsäure, von denen insbesondere Bis(2-ethylhexyl)adipat (DEHA, DOA) als →Weichmacher in →PVC-Bodenbelägen und →Vinyltapeten eingesetzt wird. Weiterhin wird Di-iso-nonyladipat (DNA) verwendet. DEHA ist flüchtiger als Di-(2-ethlyhexyl)-phthalat (DEHP). Die toxikologischen Eigenschaften der A. sind nur unzureichend bekannt. DEHA ist nicht bioakkumulierend, zeigt aber offenbar eine aquatische Toxizität.

Adobe →Lehmsteinbau

Aerob Aerober Abbau von Chemikalien = Abbau unter Sauerstoffeinfluss.

Aerosole A. sind mehrphasige Systeme von Gasen, insbesondere Luft und darin dispers verteilten partikelförmigen Feststoffen oder Flüssigkeiten. Am Arbeitsplatz können Stäube, Rauche oder Nebel als A. vorkommen.

Äthanol →Ethanol, →Alkohole

Ätherische Öle →Etherische Öle

AgBB Der Ausschuss zur gesundheitlichen Bewertung von Bauprodukten (AgBB) wurde in Deutschland 1997 von der Länderarbeitsgruppe „Umweltbezogener Gesundheitsschutz“ (LAUG) der Arbeitsgemeinschaft der Obersten Landesgesundheitsbehörden (AOLG) ins Leben gerufen und mit der Erarbeitung gesundheitsbezogener Bewertungskriterien für innenraumrelevante Bauprodukte beauftragt. Vertreten sind im AgBB neben den Ländergesundheitsbehörden auch das Umweltbundesamt (UBA), das Deutsche Institut für Bautechnik (DIBt), die Konferenz der für Städtebau, Bau- und Wohnungswesen zuständigen Minister und Senatoren der Länder (ARGEBAU), die Bundesanstalt für Materialforschung und -prüfung (BAM), das Bundesinstitut für Risikoforschung (→BfR) und der Koordinierungsausschuss 03 für Hygiene, Gesundheit und Umweltschutz des Normenausschusses Bauwesen im DIN (DIN-KOA 03). Ziel des AgBB ist es, die Forderungen der Bauprodukten-Richtlinie in Bezug auf eine Begrenzung von Emissionen aus Bauprodukten national zu konkretisieren. Hierzu hat der AgBB ein Schema (→AgBB-Schema) zur Vorgehensweise bei der gesundheitlichen Bewertung der Emissionen flüchtiger organischer Verbindungen (VOC) aus Bauprodukten vorgelegt. Der Ausschuss geht davon aus, „dass bei Einhaltung der im Schema vorgegebenen Prüfwerte die Mindestanforderungen der Bauordnungen zum Schutz der Gesundheit im Hinblick auf VOC-Emissionen erfüllt werden."

Das Baurecht folgt dem Prinzip der Gefahrenabwehr, nicht jedoch dem Vorsorgegrundsatz. Bauprodukte, welche die Mindestanforderungen der Bauordnungen erfüllen, sind „geeignet". Dagegen erfüllen „empfehlenswerte" Bauprodukte Anforderungen, die deutlich über das Anforderungsniveau „geeignet" hinausgehen. →Label für Bauprodukte, →natureplus, →Blauer Engel

AgBB-Schema Das A. ist ein vom →AgBB erstelltes Schema zur Bewertung von VOC-Emissionen von Bauprodukten zur Feststellung der Eignung des Bauproduktes für die Verwendung in →Innenräumen gemäß →Bauproduktengesetz. Ziel ist die Bereitstellung der zur Abwehr von Gesundheits*gefahren* durch VOC-Gemische baurechtlich geforderten Kriterien. Die Erfüllung der Anforderungen bedeutet jedoch keine besondere Emissionsarmut des Produktes unter dem Gesichtspunkt der Gesundheits*vorsorge*.

Anforderungen an die VOC-Emissionen in der →Prüfkammer:

- Messung nach drei Tagen:
  - TVOC $\leq$ 10 mg/m³
  - $\Sigma c_{K\text{-Stoffe}} \leq$ 0,01 mg/m³
- Messung nach 28 Tagen:
  - TVOC $\leq$ 1 mg/m³
  - ΣSVOC $\leq$ 0,1 mg/m³
  - $\Sigma c_{K\text{-Stoffe}} \leq$ 0,001 mg/m³
  - Bewertbare Stoffe (Stoffe mit NIK-Wert): Für alle VOC mit C > 0,005 mg/m³ muss gelten: $R = \Sigma c_i/NIK_i \leq 1$ (R-Wert)
  - Nicht bewertbare Stoffe (Stoffe ohne NIK-Wert): $\Sigma VOC_{\text{ohne NIK}} < 0{,}1$ mg/m³

Nach drei und nach 28 Tagen sind zudem sensorische Prüfungen vorgesehen, für die bisher jedoch noch keine Testverfahren festgelegt sind.

Das A. bildet auch die Grundlage für die „Grundsätze zur gesundheitlichen Bewertung von Bauprodukten in Innenräumen" des Deutschen Instituts für Bautechnik (→Bauprodukte – Grundsätze zur gesundheitlichen Bewertung). →Label für Bauprodukte, →natureplus, →Blauer Engel

Agenda 21 1992 fand in Rio de Janeiro die UN-Konferenz über Umwelt und Entwicklung (UNCED) statt. Delegierte aus 179 Ländern erarbeiteten ein 700seitiges Aktionsprogramm für das 21. Jh. zur Lösung der sozialen, wirtschaftlichen und ökologischen Probleme. Die Konferenz verabschiedete die A., ein Aktionsprogramm zukunftsweisender Festlegungen u.a. zur Armutsbekämpfung, Bevölkerungspolitik, zum Welthandel, zur Umwelt- und Landwirtschaftspolitik sowie zur finanziellen und technologischen Zusammenarbeit der Industrie- und Entwicklungsländer. →Nachhaltigkeit, →Erneuerbare Ressourcen, →natureplus

AGÖF Die Arbeitsgemeinschaft ökologischer Forschungsinstitute e.V. (AGÖF) ist ein Verband von unabhängigen Beratungs- und Dienstleistungsunternehmen, die in den Bereichen Innenraumluftqualität, Schadstoffmessungen, ökologisches Bauen und Energieeffizienz kooperieren. Die AGÖF ist maßgeblich beteiligt an der Entwicklung des europäischen Qualitätszeichens für Bauprodukte →natureplus und vertritt dort als Mitglied des Vorstands die Interessen der Verbraucherschutzorganisationen. →Innenraumluft-Grenzwerte

AGS Der Ausschuss für Gefahrstoffe (AGS) berät gemäß § 21 →Gefahrstoffverordnung das zuständige Ministerium in allen Fragen des Arbeitsschutzes zu Gefahrstoffen. Die max. 21 Mitglieder sind Vertreter der Arbeitnehmer und Arbeitgeber, der Aufsichtsbehörden sowie der Bundesoberbehörden und der Wissenschaft. Die Geschäfte des AGS führt die Bundesanstalt für Arbeitsschutz und Arbeitsmedizin.

Ahorn A. ist ein hellfarbiges, feinporiges Holz mit feiner, gleichmäßiger, zuweilen geriegelter Textur. →Splint- und →Kernholz sind farblich nicht unterschieden. Das hellste Holz mit gelblichweißer bis fast weißer Färbung liefert Bergahorn. Spitzahorn ist von mehr gelblicher bis rötlicher Farbe.

A. ist ein mittelschweres Holz mit guten, der →Buche vergleichbaren Festigkeitseigenschaften. Es ist elastisch und zäh, hart und von hoher Abriebfestigkeit, nur mäßig schwindend mit gutem Stehvermögen. Glatte Oberflächen sind möglich. Die Oberflächenbehandlung ist problemlos. Der Witterung ausgesetzt ist A. nicht dauerhaft. Bei der Verarbeitung ist auf Schutz vor →Holzstaub (krebsverdächtig gem. →TRGS 905) zu achten.

A. wird als Ausstattungsholz im Möbelbau und Innenausbau (Wand- und Deckenbekleidungen, Parkett, Treppen) verwendet, weiterhin für Küchen- und Haushaltsgeräte, Spielwaren, Musikinstrumente (Streich- und Blasinstrumente), Schnitz- und Drechslerarbeiten sowie im Modellbau. Wegen der kleinen Poren ist A. wenig schmutzanfällig und daher gut für Arbeitsplatten geeignet.

AHW Abkürzung für anorganisch gebundene →Holzwerkstoffe wie →Holzwolle-Leichtbauplatten, →Gipsgebundene Spanplatten, →Zementgebundene Spanplatten. Als anorganische Bindemittel werden →Gips, →Zement und →Magnesit verwendet. Zusätzlich werden Mineralisierungsmittel, Verflüssiger, Beschleuniger oder Verzögerer, in der Regel jedoch keine flüchtigen organischen Stoffe, zugegeben. A. emittieren keine Schadstoffe wie →Formaldehyd oder →Isocyanate. Nachteilig ist die Verwertbarkeit und Entsorgbarkeit von A., da für die Verbrennung sehr hohe Temperaturen notwendig sind und sich bei der Deponierung der hohe Anteil an organischen Inhaltsstoffen negativ auswirkt.

Aktivität Beim radioaktiven Zerfall: →Radioaktivität.

Alaun-Grundiersalz A. wird als Grundierung von Gips- und Lehmoberflächen eingesetzt. Es handelt sich dabei um ein in Wasser gut lösliches, schwefelsaures Kaliumaluminiumsulfat. Da A. eine saure Wirkung zeigt, kann es die Oberfläche verschiedener Materialien wie z.B. Marmor angreifen bzw. verfärben.

Aldehyde A. sind Oxidationsprodukte von Kohlenwasserstoffen. Der einfachste A., →Formaldehyd (Methanal), findet sich praktisch in jeder Innenraumluft. Wie Formaldehyd gehören auch andere gesättigte und ungesättigte höhere A. (Kettenlängen C5 bis C11) zu den unter raumlufthygienischen Gesichtspunkten unerwünschten und problematischen Stoffen.

Emissionsquellen für A. im Innenraum sind vorwiegend ungesättigte Fettsäuren wie Ölsäure, Linolsäure und Linolensäure als Bestandteile von →Linoleum, Beschichtungssystemen auf der Basis von →Alkydharzen sowie Lacken, Ölen und Klebern mit natürlichen Ölen und Harzen. Kork- und Holzprodukte können bedeutende Mengen Furfural abgeben, wenn im Verlauf der Produktion Hitzeeinwirkungen stattgefunden haben. Ursache für die Bildung des Aldehyds Furfural ist die thermische Zersetzung der im Kork/Holz enthaltenen →Hemicellulosen bei Temperaturen über 150 °C.

Aliphatische A. sind äußerst geruchsintensiv (Geruchseindruck: „ranzig“, „fettig“); Geruchsschwellenwerte betragen nach Davos für Hexanal 57 µg/m³ und für Nonanal

13 µg/m³. Die Geruchsschwellen für ungesättigte Aldehyde liegen noch eine Größenordnung niedriger (Salthammer). Dies kann bei empfindlichen Personen oder bei höheren Raumluftkonzentrationen zur Unwohlsein und Übelkeit führen.

Tabelle 4: Orientierungswerte (gesundheitlich abgeleitet) für gesättigte Aldehyde bei Mehrstoffbelastung (mehrere gesättigte Aldehyde gleichzeitig; Quelle: B.A.U.CH., 1994: Analyse und Bewertung der in Innenräumen vorkommenden Konzentrationen an längerkettigen Aldehyden, Berlin)

Aldehyd	Orientierungswert [µg/m³]
Acetaldehyd	30
Propanal	40
Butanal	40
Pentanal	50
Hexanal	60
Heptanal	70
Octanal	80
Nonanal	90
Decanal	100

Zur relativen Toxizität der A. →NIK-Werte: Je niedriger der NIK-Wert, umso höher ist die Toxizität des jeweiligen Stoffes.

Algenbefall auf Fassaden Das Problem der Algenbildung von Fassaden in jüngerer Zeit ist auf die sauberere Luft zurückzuführen: Früher verhinderte deren Schadstoffgehalt, insbesondere das Schwefeldioxid, den A. Begünstigt wird A. primär über länger anhaltende Feuchtigkeit auf der Fassade. A. zerstört die Fassade nicht, der Befall ist aber ein ästhetisches Problem und die oftmals einhergehende Ansiedelung von Schimmelpilzen kann zu Strukturschädigungen führen. Verbreitete Methode zur Bekämpfung von A. sind aus ökologischer Sicht fragwürdige Biozidanstriche. Mit diesen wird zwar eine vorbeugende und verzögernde Wirkung erreicht, ein dauerhaftes Ausbleiben von Algenbefall kann aber auch nicht gewährleistet werden: Damit der biozide Wirkstoff überhaupt wirken kann, muss er wasserlöslich sein. Die Folge: Regenbelastung baut gemeinsam mit dem UV-Licht des Sonnenlichts den Wirkstoff ab. Der beste und umweltfreundlichste Schutz vor A. sind nach wie vor konstruktive Maßnahmen wie Dachüberstände, Verblechungen, Spritzwasserschutz, etc. „Was trocken bleibt, bleibt algenfrei."

Aliphatische Kohlenwasserstoffe A. (Aliphaten) sind Kohlenwasserstoffe mit offenkettiger oder ringförmiger (Cycloaliphaten) Struktur. Sie werden z.B. als Verdünnungsmittel in Anstrichstoffen eingesetzt. Gemische aus A. sind weiterhin Petrolether, Siedegrenzenbenzin, Testbenzin, Diesel- und Heizöl. Undichtigkeiten zwischen Räumen mit Heizöltanks oder Garagen und bewohnten Innenräumen kann zu erhöhten Konzentrationen von A. in der Innenraumluft führen. Infolge der Substitution von Tetrachlorethen (Per, TCE) in Chemisch-Reinigungen durch A. (n-Undecan) kann es bei Gebäuden mit unzureichender lufttechnischer Trennung zwischen Räumen, in denen mit diesen Stoffen umgegangen wird, und bewohnten Räumen zu Belastungen z.B. mit n-Undecan kommen.
Nach ihrer Molekülstruktur lassen sich die offenkettigen A. unterteilen in n-Alkane (keine Verzweigungen in der Molekülkette) und Isoalkane (Verzweigungen in der Molekülkette). Isoaliphate werden in manchen Naturfarben und -lacken als →Lösemittel eingesetzt. Die Hersteller verweisen auf ein gegenüber den →Terpenen geringeres allergenes Potenzial und geringere Toxizität der Isoaliphaten.
A. weisen einen relativ hohen Geruchsschwellenwert auf. Heiz- und Dieselöl sind infolge von Verunreinigungen und Zusätzen allerdings schon in niedrigen Konzentrationen geruchlich wahrnehmbar.
A. sind neurotoxisch, haut- und schleimhautreizend und haben bei hohen Konzentrationen eine narkotisierende Wirkung.
Zur relativen Toxizität der A. →NIK-Werte: Je niedriger der NIK-Wert, umso höher ist die Toxizität des jeweiligen Stoffes.

Alkalien A. sind weiße, in wässriger Lösung auf der Haut mehr oder weniger ätzend wir-

A

kende Substanzen. Zu den starken A. zählen Ätznatron (Natriumhydroxid), Ätzkali (Kaliumhydroxid) und Ammoniumhydroxid (wässrige Lösung = Salmiakgeist). Die wässrige Lösung von Ätzkali heißt Natronlauge, die von Ätzkali Kalilauge. Zu den milden A. zählen Soda (Natriumcarbonat) und Pottasche (Kaliumcarbonat). Zum Aufschluss von →Kasein wird von →Pflanzenchemieherstellern →Borax als mildes →Alkali verwendet. A. verhalten sich in wässriger Lösung basisch (pH-Wert > 7). Pottasche, ein früher aus Pflanzenasche gelaugtes, heute durch Umsetzung mit Soda (Natriumcarbonat) gewonnenes, mildes Alkali, wird von Pflanzenchemieherstellern zur Verseifung von Pflanzenwachsen, -harzen und -ölen verwendet. Den A. chemisch verwandt sind die Erdalkalien.

Alkalikaseinfarben A. sind →Kaseinfarben, die mit alkalischen Salzen (z.B. Prise Borax) aufgeschlossenes →Kasein als Bindemittel enthalten.

Alkane →Aliphatische Kohlenwasserstoffe

Alkohole A. sind →Lösemittel, die Hydroxylgruppen enthalten. Mit steigendem Molekulargewicht nimmt die Wassermischbarkeit ab. In Anstrichstoffen werden A. meist mit anderen Lösemitteln kombiniert. Methanol ist der gesundheitlich bedenklichste A. und hat im Baubereich nur eine geringe Bedeutung, wird aber z.B. zusammen mit anderen Lösemitteln in →Abbeizmitteln eingesetzt. Technisch eingesetzter Ethanol (Äthanol) ist mit Methylethylketon (MEK), →Toluol oder Petrolether vergällt (unbrauchbar für Genusszwecke). n-Propanol hat unter wirtschaftlichen Gesichtspunkten nur eine geringe Bedeutung. Die Lösemitteleigenschaften von iso-Propanol ähneln denjenigen des Ethanols. Für Farben und Lacke ist n-Butanol das wichtigste Lösemittel unter den A. Es vermag die meisten natürlichen und synthetischen Harze zu lösen. Cyclohexanol dient als Verlaufmittel in →Epoxidharzlacken. Mehrwertige A., d.h. Alkohole mit mehreren Hydroxylgruppen und Gemische von Estern und A. werden in zunehmendem Maße als organische Lösemittelkomponenten in wasserverdünnbaren Produkten (Reinigungs- und Pflegemittel, Desinfektionsmittel, Farben und Lacke) eingesetzt.
A. sind neurotoxisch und können zu Leberschäden führen. In hohen Konzentrationen haben A. eine narkotisierende Wirkung. Zur relativen Toxizität der A. →NIK-Werte: Je geringer der NIK-Wert, umso höher ist die Toxizität und umgekehrt.

Alkydharze A. sind synthetische Polyesterharze (Polykondensationsharze), hergestellt durch Veresterung von mehrwertigen Alkoholen, von denen mindestens einer 3- oder höherwertig sein muss, mit mehrbasischen Carbonsäuren. Alkydharze sind stets modifiziert mit natürlichen Fettsäuren bzw. Ölen und/oder synthetischen Fettsäuren. Die Herstellung von A. erfolgt nach zwei Verfahren:

1. Zweistufen-Verfahren
   Fette Öle werden zunächst mit mehrwertigen Alkoholen zu Partialestern umgesetzt. Durch Zusatz von Dicarbonsäure bzw. entsprechenden Anhydriden, insbes. Phthalsäureanhydrid, werden die Hydroxylgruppen der Partialester in der 2. Stufe umgesetzt.
2. Einstufen-Verfahren
   Alle Reaktionskomponenten (Alkohole, Öle bzw. Fettsäuren, Phthalsäureanhydrid) werden gemischt und gemeinsam umgeestert bzw. verestert. Das zweite Verfahren bietet chemisch und verfahrenstechnisch Vorteile und hat daher besondere Bedeutung. Die eingesetzten Öle sind die Triglyzeride der pflanzlichen Samenöle. Die verwendeten Fettsäuren kommen entweder aus der Öl- bzw. Fettspaltung mit nachfolgender Destillation, oder sie werden durch Spaltung und nachfolgende Destillation der so genannten Raffinationsfettsäuren, einem Nebenprodukt der Erdölraffination, gewonnen.

Die natürlichen pflanzlichen Öle und Fette weisen je nach Art und Herkunft vielfältige Zusammensetzungen auf. Daher ist die Variationsmöglichkeit von A. in Aufbau, Zusammensetzung und damit in ihren lacktechnischen Eigenschaften sehr groß.

Die Einteilung der A. richtet sich also in erster Linie nach den verwendeten Ölen bzw. deren Fettsäuren und ihren prozentualen Anteilen. Darüber hinaus sind zahlreiche Modifikationsmöglichkeiten durch chemischen Einbau anderer Komponenten (z.B. Naturharze, Phenolharze, Acryl-, Epoxid-, Silicon-Verbindungen, →Styrol, →Isocyanate, Thixotropieträger usw.) gegeben, sodass häufig das durch die Ölart und ihren Prozentanteil an sich bestimmte Eigenschaftsbild des A. durch die Modifikation wesentlich überlagert werden kann.

A. werden in folgende Gruppen unterteilt:

1. Nach dem Fettsäure- bzw. Ölgehalt:
   - Kurzölige A., Ölanteil unter 40 %
   - Mittelölige A., Ölanteil ca. 40 – 60 %
   - Langölige A., Ölanteil über 60 % (als Triglyzerid, bezogen auf den nicht flüchtigen Anteil des Harzes bzw. der Harzlösung)
2. Nach der zusätzlichen modifizierenden Komponente

Die kurzöligen A. finden überwiegend Verwendung als Bindemittel in Einbrennlacken (Kombination mit Aminoharzen), säurehärtenden oder NC-Kombinationslacken. Die mittelöligen A. sind im Wesentlichen Bindemittel für das Kontingent der luft- und wärmetrocknenden Industrielacke, während die langöligen Typen für Maler-, Bautenlacke und Korrosionsschutzfarben eingesetzt werden.

A. zeichnen sich durch einfache Verarbeitbarkeit und Anwendung aus und sind vergleichsweise preisgünstig.

Alkydharzlacke A. sind →Lacke, die als Filmbildner →Alkydharze (synthetische Polyester) enthalten. Alkydharze sind mit natürlichen Fettsäuren bzw. Ölen und/oder synthetischen Fettsäuren modifiziert, die mannigfache Zusammensetzungen aufweisen. Die Variationsmöglichkeit von Alkydharzen in Aufbau, Zusammensetzung und damit in ihren lacktechnischen Eigenschaften ist daher außerordentlich groß. Für Maler-, Bautenlacke und Korrosionsschutzfarben kommen vor allem die langöligen Alkydharze (Ölanteil über etwa 60 %) zur Anwendung. A. gehören zu den →Lösemittelhaltigen Lacken (Lösemittelanteil 10 – 50 %). →High-Solid-Lacke auf Alkydharzbasis, die höchstens 15 % Lösemittel enthalten, können mit dem RAL-Umweltzeichen 12a (→Lacke) gekennzeichnet werden. A. trocknen bei Zimmertemperatur (lufttrocknend) oder erhöhter Temperatur (Einbrennlacke). A. sind wegen der strapazierfähigen Oberflächen, die sie ergeben, die im Bauwesen am meisten verwendeten Lacke. Liegt ein Acrylharzlack-Untergrund vor, dann darf dieser nicht mit einer A. überstrichen werden, da es sonst zu Anstrichschäden kommen kann.

A. sind aufgrund ihres hohen Lösemittelgehaltes (meist →Testbenzin) gesundheitsschädlich. Besonders problematisch sind die darin enthaltenen →Aromaten (→Toluol, →Xylol), die über die Haut resorbiert werden. „A., aromatenarm" gemäß Richtlinie des Verbands der Deutschen Lackindustrie (VDL-Richtlinie Bautenanstrichstoffe) enthalten immerhin bis zu 15 % aromatische Kohlenwasserstoffgemische als Lösemittel. „A., aromatenfrei" enthalten maximal 1 % aromatische Kohlenwasserstoffgemische als Lösemittel. Durch die Oxidationsprodukte der Fettsäuren (Aldehyde, Carbonsäuren) kann es nach der Anwendung noch einige Zeit zu Geruchsbelästigungen kommen (Ölgeruch). A. haben zwar durch die Verwendung von Leinöl oder Rizinusöl einen im Vergleich zu anderen Kunstharzlacken hohen Anteil an →Nachwachsenden Rohstoffen, sind aber aufgrund der Herstellung chemische Syntheseprodukte.

Alkydharzöle A. (Ricinenöl-Standöl) sind niedrig viskose alkydierte Pflanzenöle, welche in ihren Eigenschaften dem →Leinöl oder Walnussöl nahe kommen. Sie verleihen als Beimischung der Ölfarbe mehr Glanz und Elastizität. Sie lassen sich mit Balsamterpentinöl oder Shellsol T verdünnen und benötigen zum Trocknen 1 – 2 % Sikkativ. A. werden eingesetzt zur Herstellung von luft- und vor allem ofentrocknenden Anstrichstoffen und Lacken.

Alkylphenole →Alkylphenolethoxylate

A

Alkylphenolethoxylate Die A. (APEO) gehören zur Gruppe der nichtionischen →Tenside. Wichtige Anwendungsbereiche sind Wasch- und Reinigungsmittel und die Verwendung als Additiv in den Bereichen Lacke und Farben (2000: 200 t), Metallbehandlung, Bauchemie, Papierherstellung und -verarbeitung sowie Kunststoffe (Emulsionspolymerisation) und Pflanzenschutzmittel. Etwa 1/3 der in Deutschland verarbeiteten APEO wird für Emulsionspolymerisate auf Basis von Styrol-Butadien, Styrol-Acrylat, reinen Acrylat- oder PVC-Systemen eingesetzt. In bauchemischen Produkten werden A. als Formulierungshilfsmittel in Betonzusätzen wie Luftporen- und Schaumbildnern sowie in Formtrennmitteln und bei Wachs- und Bitumenemulsionen eingesetzt. Frühere Hauptanwendungsgebiete als Haushalts- und Industriereiniger spielen in Deutschland aufgrund stoffspezifischer Regelungen keine Rolle mehr.

Die Umweltrelevanz der APEO wird bestimmt durch die sich bei der Abwasserbehandlung als Abbauprodukte bildenden, gewässertoxischen Alkylphenole, die gleichzeitig auch Ausgangsprodukt für die APEO-Herstellung sind und über industrielle und kommunale Abwässer in die Gewässer gelangen. Die mit Abstand wichtigste Gruppe der APEO sind die →Nonylphenolethoxylate (NPEO). →4-Nonylphenol hat sich bei Untersuchungen an Mäusen als krebserzeugend erwiesen.

Wegen der Umweltschädlichkeit gibt es seit Jahren Bemühungen, die APEO-Emissionen zu reduzieren. A. sind für Wasserorganismen toxisch. Seit 1996 besteht eine freiwillige Selbstverpflichtung der Industrie zum Verzicht auf A. in Haushaltswasch- und -reinigungsmitteln, seit 1992 auch für industrielle Reinigungsmittel und Anwendungen.

Alkylzinnverbindungen →Zinnorganische Verbindungen, →Tributylzinnverbindungen

Allergen Ein A. ist ein Stoff, der allergische Reaktionen auslösen kann. →Allergie

Allergie Unter einer A. versteht man eine spezifische Änderung der Immunitätslage im Sinne einer krankmachenden Überempfindlichkeit. Allergische Erkrankungen gehören zu den großen Gesundheitsproblemen unserer Gesellschaft. In Deutschland sind bereits zwischen 15 und 25 % der Bevölkerung davon betroffen, Tendenz steigend. Nach Erhebungen der Krankenkassen ist davon auszugehen, dass bis zu 30 % der deutschen Bevölkerung in irgendeiner Form an Allergien leiden. Hauptallergen-Quellen in →Innenräumen sind →Schimmelpilze, Hausstaubmilben und Tierepithelien. Allergene Stoffe im Baubereich sind insbesondere →Formaldehyd, →Nickel, →Terpene, →Isocyanate, Epoxide, →Chromate, bestimmte Holzstäube.

Durch Arbeitsstoffe hervorgerufene, allergische Krankheitserscheinungen treten bevorzugt an der Haut (Kontaktekzem, Kontakturtikaria), den Atemwegen (Rhinitis, Asthma, Alveolitis) und an den Augenbindehäuten (Blepharokonjunktivitis) auf. Maßgebend für die Manifestationsart sind der Aufnahmeweg, die chemischen Eigenschaften und der Aggregatzustand der Stoffe.

In der MAK-Liste werden sensibilisierende Arbeitsstoffe in der besonderen Spalte „H;S“ mit „Sa“ oder „Sh“ markiert. Diese Markierung richtet sich nach dem Organ oder Organsystem, an dem sich die allergische Reaktion manifestiert. Mit „Sh“ werden solche Stoffe markiert, die zu allergischen Reaktionen an der Haut und den hautnahen Schleimhäuten führen können (hautsensibilisierende Stoffe). Das Symbol „Sa“ (atemwegssensibilisierende Stoffe) weist darauf hin, dass eine Sensibilisierung mit Symptomen an den Atemwegen und auch den Konjunktiven auftreten kann, dass aber auch weitere Wirkungen im Rahmen einer Soforttypreaktion möglich sind. Hierzu gehören systemische Wirkungen (Anaphylaxie) oder auch lokale Wirkungen (Urtikaria) an der Haut.

Abschn. IV der MAK-Liste enthält eine Stoffliste der mit Sa, Sh, Sah oder SP markierten Stoffe.

Allethrin Insektizid aus der Gruppe der →Pyrethroide.

Allgemeiner Staubgrenzwert Als A. ist im Gefahrstoffrecht eine Konzentration der alveolengängigen Staubfraktion (früher: Feinstaub) von 3 mg/m³ und eine Konzentration der einatembaren Staubfraktion (früher: Gesamtstaub) von 10 mg/m³ festgelegt.

ALLÖKH Der Prüfkatalog für das Allergiker-gerechte Öko-Haus (ALLÖKH) wurde vom Institut für Umwelt und Gesundheit (IUG) in Zusammenarbeit mit der Arbeitsgemeinschaft ökologischer Forschungsinstitute (→AGÖF), dem Allergie-Verein in Europa e.V. (AVE) und der Fachhochschule Fulda entwickelt.

Alterungsschutzmittel A. (synonym wird auch die Bezeichnung →Stabilisatoren verwendet) sind Zusätze zu Kunststoffen bzw. Kunststoffprodukten (→Anstrichstoffe, →Klebstoffe), die Alterungsprozesse verlangsamen oder verhindern sollen. Diese Alterungsprozesse werden durch Licht (→Lichtschutzmittel, UV-Absorber), Sauerstoff (→Antioxidantien), Temperatur oder Feuchtigkeit bewirkt. Als A. werden Phenol- und Hydrochinon-Verbindungen (→Phenol), sekundäre aromatische →Amine und heterocyclische Verbindungen verwendet.

Altglas Die Qualitätsanforderungen für A. als Rohstoff für die Baustoffindustrie sind streng. Das A. muss praktisch frei sein von:
- Keramiken und Steinen
- Verschlüssen und Metallteilen
- Blechdosen
- Kunststoffflaschen
- Bildschirmen und elektronischen Röhren (enthalten umweltgefährdende Stoffe)
- Glühlampen, Neonröhren
- Säure- und Laugenflaschen
- Feuerfestglas (Jenaer)
- Glaskeramiken (z.B. Ceran®)
- Quarzglas

Der Reinheitsgrad des angelieferten A. wird daher auf Art und Menge an Verunreinigungen untersucht und muss bestimmte Qualitätskriterien (z.B. nach SAR, Süddeutsche Altglas Rohstoff) erfüllen. Für Baustoffe mit Altglasanteil kann das RAL-Umweltzeichen 49 vergeben werden. Anforderungen:
- Der Altglasanteil am Fertigprodukt muss mindestens 51 Gew.-% betragen.
- Bei Baustoffen, die mit Bauhilfsstoffen aus Altglas hergestellt werden, muss der Altglasanteil am Fertigprodukt mindestens 70 Vol.-% betragen. Der Bauhilfsstoff aus Altglas muss andere Bauhilfsstoffe mit gleicher Funktion (z.B. Blähton, Blähschiefer, Sand und Kies) vollständig ersetzten.

Baustoffe mit Altglasanteil sind z.B. →Blähglas, →Schaumglas-Dämmplatten, Schaumglasgranulat und Leichtmauermörtel. Bei →Glaswolle ist die Problematik der →Künstlichen Mineralfasern zu beachten. Vom RAL-Umweltzeichen ausgeschlossen sind Glaswolle und andere Glasfaserprodukte, die Faserstäube enthalten und freisetzen können, die nach den in der TRGS 905 dargelegten Kriterien als krebserzeugende oder krebsverdächtige Stoffe zu bewerten sind. Die Herkunft des eingesetzten A. ist sehr unterschiedlich. Während bei Glaswolle und Schaumglas nur sehr hochwertiger Produktionsabfall aus der Flachglasproduktion eingesetzt werden kann, kann die Herstellung von Blähglas auch aus Material aus der Altglassammlung erfolgen, der ökologische Benefit ist entsprechend höher.

Altholzkategorien A. gem. →Altholzverordnung:

A I: Naturbelassenes oder lediglich mechanisch aufbereitetes Altholz, das bei seiner Verwendung nicht mehr als unerheblich mit holzfremden Stoffen verunreinigt wurde

A II: Verleimtes, gestrichenes, beschichtetes, lackiertes oder anderweitig behandeltes Altholz ohne →Halogenorganische Verbindungen in der Beschichtung und ohne →Holzschutzmittel

A III: Altholz mit →Halogenorganischen Verbindungen in der Beschichtung, ohne Holzschutzmittel

A IV: Mit Holzschutzmitteln behandeltes Altholz, wie Bahnschwellen, Leitungsmasten, Hopfenstangen, Rebpfähle, sowie sonstiges Altholz, das aufgrund seiner Schadstoffbelastung

A

nicht den Altholzkategorien A I, A II oder A III zugeordnet werden kann, ausgenommen →PCB-Altholz

Altholzverordnung Die AltholzV legt Anforderungen an die stoffliche und energetische Verwertung sowie an die Beseitigung von Altholz auf Grundlage des Kreislaufwirtschafts- und Abfallgesetzes fest. Ziel der A. ist die umweltverträgliche Verwertung von Altholz und die Ausschleusung von Schadstoffen aus dem Wirtschaftskreislauf. Altholz im Sinne der A. ist →Industrierestholz und →Gebrauchtholz, soweit diese Abfälle im Sinne von § 3 Abs. 1 des →Kreislaufwirtschafts- und Abfallgesetzes sind. Die A. regelt u.a.:

- Anforderungen an die schadlose stoffliche Verwertung von Altholz (§ 3)
- Hochwertigkeit der Verwertung (§ 4)
- Zuordnung zu →Altholzkategorien (§ 5)
- Kontrolle von Holz zur Holzwerkstoffeherstellung (§ 6)
- Kontrolle von Holz zur energetischen Verwertung (§ 7)
- Inverkehrbringen von Altholz (§ 8)
- Beseitigung von Altholz (§ 9)
- Pflichten der Erzeuger und Besitzer zur Getrennthaltung von Altholz (§ 10)
- Hinweis- und Kennzeichnungspflichten (§ 11)
- Anhang I: Verfahren für die stoffliche Verwertung von Altholz

Element/Verbindung	Konzentration [mg/kg]
Arsen	2
Blei	30
Cadmium	2
Chrom	30
Kupfer	20
Quecksilber	0,4
Chlor	600
Fluor	100
Pentachlorphenol (PCP)	3
Polychlorierte Biphenyle (PCB)	5

- Anhang II: Grenzwerte für Holzhackschnitzel und Holzspäne zur Herstellung von Holzwerkstoffen (siehe Tabelle links unten):
- Anhang III: Anlagen für die energetische Verwertung von Altholz
- Anhang IV: Zuordnung gängiger Altholzsortimente im Regelfall

Altpapier-Dämmstoffe →Cellulose-Dämmflocken, →Cellulose-Dämmplatten

Altstoffe A. sind Abfälle, welche getrennt von anderen Abfällen gesammelt werden bzw. aus deren Behandlung gewonnene Stoffe, die für eine Verwertung geeignet sind. →Abfall, →Sekundärrohstoffe

Aluminium A. ist das dritthäufigste Element in der Erdkruste und mengenmäßig bei weitem wichtigste Nichteisen-Metall. Haupteinsatzbereiche für A. im Bauwesen sind Fensterrahmen, Türen und Fassadenelemente, gefolgt von Anwendungen für Dach und Wand. Weitere Einsatzbereiche sind z.B. Fensterbänke, Beschläge, Fenster- und Türgriffe, Antennen- und Blitzableiterkonstruktionen sowie Unterkonstruktionen für Solarfassaden. A. wird in geringen Mengen auch zur Porosierung von →Porenbeton eingesetzt. In der Lebensmittel-Industrie wird A. als Lebensmittelfarbe (E 173) für Überzüge von Zuckerwaren und zur Dekoration von Kuchen und feinen Backwaren eingesetzt. Aluminiumorganische Verbindungen finden Verwendung als Katalysatoren zur Herstellung von →Polyethylen und →Aluminiumhydroxid.
A. wird in den meisten Anwendungen in Form von Legierungen verwendet. Es werden zwei unterschiedliche Werkstoffgruppen differenziert: die Guss- und die Knetlegierungen. Bei Gusslegierungen sind die Hauptlegierungsbestandteile Silicium, Kupfer und Magnesium. Die Legierungszusätze weisen einen durchschnittlichen Anteil von 12 % auf. Die Knetlegierungen besitzen als Hauptlegierungselemente Magnesium, Mangan und Silicium sowie seltener Kupfer und Zink. Der Anteil an den Legierungselementen liegt mit durchschnittlich 2 – 2,5 % deutlich niedriger als bei den Gusslegierungen.

A. ist korrosionsbeständig, bei Sauerstoffeinwirkung erfolgt die Bildung einer schützenden Oxidschicht (Eloxierung). Es lässt sich gut schleifen und polieren. A. lässt sich nur schwer →Löten. Die sich innerhalb kürzester Zeit nach dem Blankschleifen nachbildende Oxidschicht muss durch ein aggressives →Flussmittel entfernt werden. Neben den Spezial-Flussmitteln sind Spezial-Lote (siehe →Hartlote) erforderlich. Feste Verbindungen werden in der Regel genietet, verschraubt, verklebt und gedichtet. Schrauben sollten aus dem gleichen Material oder aus nichtrostendem Stahl bestehen. Das Kleben erfolgt mittels Reaktionsklebstoffe (bevorzugt auf der Basis von →Epoxidharz, →Polyurethan oder Cyanacrylat).

Die Herstellung von →Hüttenaluminium ist besonders umweltbelastend. Umweltfreundlicher ist A. aus →Sekundäraluminium. Gesundheitsgefährdungen entstehen beim Löten durch Cadmiumdämpfe und Emissionen aus dem Flussmittel, beim Kleben durch Emissionen aus dem Kleber. Aus gesundheitlicher Sicht ist die mechanische Verbindung dem Löten und Kleben vorzuziehen. Positiv hervorzuheben ist die gute Recycelbarkeit von A. Für Recyclingaluminium (→Sekundäraluminium) ist nur 5 – 10 % des Energieverbrauchs der Neuproduktion erforderlich. Die Recyclingrate von A. liegt in der EU bei ca. 80 %. Im deutschsprachigen Raum hat die Erzeugung von →Sekundäraluminium bereits vergleichbare Dimensionen wie die von →Hüttenaluminium angenommen. Bei dieser Berechnung bleibt allerdings der hohe Importanteil an Primäraluminium (ca. das Doppelte der eigenen Erzeugung) unberücksichtigt. Bei der Verbrennung in Müllverbrennungsanlagen wird A. nur unzureichend oxidiert und in Form von kleinen Tropfen in den Verbrennungsrückständen abgeschieden. Das stark alkalische Milieu der Müllverbrennungsaschen und -schlacken führt zur Oxidation des metallischen A. und zur Bildung von Wasserstoffgas, das zu heftigen Explosionen in der Deponie führen kann. An wirtschaftlichen Verfahren zur Rückgewinnung des A. aus Müllverbrennungsschlacken wird gearbeitet. A. sollte daher möglichst nicht in Müllverbrennungsanlagen gelangen. Verhalten auf Deponien problematisch (→Metalle, Umwelt- und Gesundheitsverträglichkeit). Die A.-Industrie ist, trotz umfangreicher Modernisierungs-/Emissionsminderungsmaßnahmen, die größte Emissionsquelle für →FKW in Deutschland. Im Unterschied zu den anderen FKW-Emissionsquellen werden FKW hier nicht gezielt eingesetzt, sondern entstehen im Verarbeitungsprozess.

Im Unterschied zu vielen anderen Metallen, die im Körperstoffwechsel unverzichtbare Funktionen erfüllen, scheint A. für den menschlichen Organismus nicht essenziell zu sein. A. und anorganische A.-Verbindungen sind zudem wenig toxisch. A. wurde zwar als mögliche Mitursache für die Alzheimer-Erkrankung in Betracht gezogen. Ein Zusammenhang zwischen A.-Aufnahme und dieser Erkrankung konnte jedoch nicht belegt werden. →Aluminiumbleche

Aluminiumbleche A. und -profile bestehen aus ca. 30 – 50 % →Hüttenaluminium und 70 – 50 % →Sekundäraluminium. Sie werden für Dacheindeckung, vorgehängte Fassaden, Dachdeckungszubehör, Fensterbänke und Fenster (→Aluminiumfenster, →Holz-Alufenster) eingesetzt. Für Dachdeckungen und Fassadenverkleidungen wird Reinaluminium oder mit Mangan oder Magnesium legiertes Aluminium verwendet.

Hütten- und Sekundäraluminium werden in Walzbarren gegossen. Sekundäraluminium muss dabei sehr rein sein (z.B. Produktionsabfälle). Die Walzbarren werden im Ofen auf ca. 500 °C erwärmt und in mehreren Durchgängen zwischen drehende Walzen mit immer kleiner werdendem Abstand geschoben. Hohlprofile werden im Strangpressverfahren geformt. Die Oberfläche von im Bauwesen eingesetzten A. wird vorwiegend mittels Eloxieren behandelt.

A. sind großen Temperatur-Bewegungen unterworfen (Gefahr von Rissbildung). Bei Bahnbreiten über ca. 750 mm (Dach), ist durch ständigen Windsog und -druck Materialermüdung möglich. Hohe Korrosionsfestigkeit. Niedriges Gewicht.

Eloxierte Schichten werden im basischen Milieu (z.B. frischer Beton) angegriffen. Diese Beeinträchtigung kann für die Zeit des Einbaus durch einen farblosen Schutzlack verhindert werden, der im Laufe der Zeit verwittert oder sich als Abziehlack leicht entfernen lässt. Obwohl Aluminium ein relativ unedles Metall ist, bleibt es durch die Bildung einer Aluminiumoxidhaut weitgehend vor Umwelteinflüssen wie Abgasen des Straßenverkehrs oder sauren Regenanteilen geschützt. Aluminiumdächer, -fassaden etc. sind bei richtiger Anwendung praktisch wartungsfrei.
Bezüglich der Abschwemmung von Metall durch Regenwasser verhalten sich Aluminiumbleche günstiger als die meisten anderen Metallbleche. →Aluminium

Aluminiumfenster A. werden aus im Strangpressverfahren verarbeitetem Reinaluminium hergestellt. Da die Aluminiumoberfläche mit der Zeit durch eine graue Oxidschicht bedeckt würde, werden die Fenster in der Regel mit einem Spezial-→Acryllack nach dem Pulverlack-Verfahren beschichtet. Zuvor werden die Aluminiumprofile noch einer chemischen Vorbehandlung (Chromatierung) unterzogen, bei der eine Haftvermittlungsschicht aufgebracht wird. Aufgrund der hohen Formstabilität von →Aluminium ist es besonders gut für große Fenster geeignet. Die gute Wetterbeständigkeit und die Oberflächenbehandlungsmöglichkeiten geben den A. eine hohe Lebensdauer und erleichtern die Pflege. A. sind sehr dicht und bieten einen guten Schallschutz. Problematisch ist die hohe Wärmeleitfähigkeit des Materials. Mit hohem konstruktiven Aufwand werden die Aluminiumprofile zum Teil thermisch getrennt, jedoch bleiben immer noch Kältebrücken. A. sind somit stark tauwassergefährdet. Metallfenster zeigen in Ökobilanzen die höchsten Belastungen über die Lebensdauer. Bei der Herstellung von Aluminium entstehen darüber hinaus toxische Emissionen (z.B. Fluor, →Schwermetalle). Der anfallende Rotschlamm muss deponiert werden. A. können relativ gut recycelt werden. Probleme bereiten Fremdmaterialien wie Beschichtungsmittel und Dichtstoffe. Mit einer Erhöhung des Recyclinganteils in A. könnten die Umweltaufwendungen zur Herstellung reduziert werden. →Fenster, →Holz-Alufenster, →Stahlfenster

Aluminium-Folien A. bestehen aus gewalztem Reinaluminium in Dicken von 0,021 – 0,35 mm. Wegen der hohen Qualitätsanforderungen kann dabei nur Primäraluminium (→Hüttenaluminium) verwendet werden. Die Folien werden oftmals auch zusätzlich mit einer Beschichtung aus Polyethylen versehen. A. werden im Baubereich als Dampfsperren eingesetzt, auch im Verbund mit anderen Baustoffen (z.B. Alu-kaschierte Dämmstoffe, Einlage in Bitumendichtungsbahnen). Die Herstellung von Primäraluminium ist mit hohen Umweltbelastungen verbunden. Aus Verbundstoffen kann das Aluminium nicht oder nur sehr aufwändig wiedergewonnen werden. Bei der Entsorgung von Alu-kaschierten Materialien entstehen außerdem Probleme (problematisches Verhalten von Aluminium in Müllverbrennungsanlagen und auf Deponien). Konstruktionen sollten so geplant werden, dass der Einsatz von Dampfsperren aus A. nicht notwendig ist.

Aluminium-Holzfenster →Holz-Alufenster

Aluminiumhydroxid A. (ATH) ist das mengenmäßig bedeutendste →Flammschutzmittel und zählt zur Gruppe der anorganischen Metallhydroxide. A. muss in hohen Konzentrationen eingesetzt werden und hat damit auch Füllstoffcharakter. A. zersetzt sich in der Festphase und bildet nichtbrennbare Gase. Als Folge der Zersetzung kommt es zur Kühlung, Schutzschichtbildung und Verdünnung der Verbrennungsgase durch Freisetzung von Wasserdampf. Anwendungsbereiche: Glasfaserverstärkte Kunststoffe, Polyurethan-Weich- und -Hartschäume, Polyurethan-Lacke und -Farben, Rückenbeschichtungen von Teppichen, Dispersionsfarben. A. gilt als weitgehend unbedenkliches Flammschutzmittel. →Aluminium

Aluminiumprofile →Aluminiumbleche

Americium-241 →Ionisations-Rauchmelder

Amine A. sind Kohlenwasserstoffe mit einer oder mehreren Amino-Gruppen (-NH_2). Bestimmte A. kommen natürlicherweise (z.B. als Hormone im menschlichen Organismus) vor, andere spielen als Syntheseprodukte der chemischen Industrie für verschiedenste Anwendungen eine Rolle. Einsatzbereiche für A. sind u.a.: Farbstoffsynthese (→Azofarbstoffe), Härter für Kunstharze (z.B. →Silikon-Dichtstoffe), Lösemittel und Tenside.
Nicht nur die chemischen, auch die toxikologischen Eigenschaften von A. variieren stark. Insbesondere die aromatischen A. sind z.T. sehr toxisch. Bestimmte Azofarbstoffe spalten in krebserzeugende Amine. →Tabakrauch enthält ebenfalls krebserzeugende A. Unter bestimmten Voraussetzungen können sich im sauren Milieu des Magens krebserzeugende →Nitrosamine bilden. A. entstehen auch als Abbauprodukt (Hydrolyse) von →Isocyanaten.

o-Aminoacetophenon →Kasein

Ammoniak A. ist ein stechendes, farbloses Gas. Die wässrige 10%ige Lösung wird als Salmiakgeist bezeichnet. A. verursacht als Lösung oder Gas Schmerz, entzündliche Rötung und Blasenbildung auf der Haut. Besonders gefährdet sind die Augen. A. ist stark basisch und kann in Anstrichmitteln auf Dispersionsbasis zur pH-Wert-Einstellung in geringen Mengen enthalten sein. →MAK-Wert: 20 ml/m^3 = 14 mg/m^3.

Ammoniumpolyphosphat A. (APP) findet überwiegend Verwendung als additives →Flammschutzmittel für →Polyurethan, →Natur-Dämmstoffe und Anstrichstoffe (Intuminenzanstriche), Kunstharze und Holz. Die flammhemmende Wirkung besteht in der Freisetzung von Polyphosphorsäure und Carbonisierung. Bei ca. 300 °C erfolgt eine thermische Zersetzung unter Freisetzung von →Ammoniak. A. gilt als vergleichsweise gesundheits- und umweltverträgliches Flammenschutzmittel. Im Brandfall entstehen Ammoniak und Phosphoroxide. Bewertung gemäß Umweltbundesamt (UBA-Texte 25/01): Anwendung unproblematisch.

Amosit A., auch als Braunasbest bezeichnet, ist die Handelsbezeichnung für einen Vertreter der →Amphibol-Asbeste (abgeleitet von asbestos mines of South Africa). A. wurde u.a. neben →Chrysotil für die Herstellung →Asbesthaltiger Leichtbauplatten verwendet. Schwachgebundene A.-Produkte weisen ein ungünstiges Verstaubungsverhalten auf, d.h. sie setzen vergleichsweise leicht Asbestfasern frei. A. gilt darüber hinaus als besonders gefährlich, da er das unheilbare →Mesotheliom hervorrufen kann. →Asbest

Amphibol-Asbest A. ist die Sammelbezeichnung für →Asbeste der Amphibol-Gruppe. Dazu gehören →Amosit, →Krokydolith, Anthophyllit, Tremolith und Actinolith. A. neigt im Vergleich zu Chrysotil-Asbest nicht so sehr zur Zerfaserung, sondern eher zur Bildung von Faserbündeln und -blöcken. Sie sind (in geringem Maße) elastisch biegsam und eher spröde. Die Fasern aller Asbestarten sind in der Lage, sich durch Längsspaltung immer weiter aufzuteilen. A. können nach Inhalation das unheilbare →Mesotheliom erzeugen und sind daher noch gefährlicher als →Chrysotil (Weißasbest).

Amphibole A. ist die Sammelbezeichnung für eine Gruppe wichtiger gesteinsbildender Minerale. Faserige, langstrahlige und verfilzte Varietäten sind →Asbeste.

Anaerob Anaerober Abbau von Chemikalien = Abbau unter Sauerstoffausschluss.

Anhydrit A. ist die wasserfreie Modifikation des Calciumsulfates, die in der Natur durch Entwässerung von →Gipsstein entsteht. A. ist im Gegensatz zu Gips sehr hart, bricht in scharfen Kanten und hat oft einen grauen Farbstich. Technisch kann A. durch Brennen von →Gipsstein oder →REA-Gips im Hochtemperaturbereich über 200 °C oder synthetisch hergestellt werden. Synthetischer Anhydrit (oder Chemieanhydrit) ist ein Nebenprodukt der Flusssäureherstellung aus Flussspat und Schwefelsäure. Die Herstellung findet bei ca. 500 °C statt. Dabei entsteht A. von sehr hohem Reinheitsgrad.
A. findet im Baubereich Verwendung als →Anhydritbinder.

Die Rohstoffvorräte sind ausreichend. Der Abbau erfolgt meist im →Tagebau. Zur technischen Herstellung ist ein höherer Energiebedarf für das Brennen von Gipsstein notwendig. Die synthetische Herstellung aus Flussspat mit geringen, definierten Beimengungen ermöglicht eine Schonung von →Primärrohstoffen und Deponievolumen. →Mineralische Rohstoffe

Anhydritbinder A. dient als nichthydraulisches Bindemittel. Er wird aus natürlichem oder synthetischem →Anhydrit hergestellt. Im Gegensatz zu →Baugips reagiert Anhydrit mit Wasser sehr langsam und setzt sich meist nicht vollständig um. Für Anwendungen im Bauwesen muss die Reaktionsgeschwindigkeit durch Anreger daher deutlich erhöht werden.
Es werden salzartige Anreger (Sulfate wie Kaliumsulfat bis 3 %) oder basische Anreger (→Kalk oder →Portlandzement bis 7 %) oder ein Gemisch aus beiden (bis 5 %) zugesetzt. Auch einige Chloride, Fluoride, Carbonate, Phosphate und Nitrate eignen sich zur Anregung von Anhydrit.
Die Eigenschaften ähneln jenen von →Gips, A. zeigt aber langsamere Härtung und ist als Endprodukt dichter als Gips. Während des Verfestigungsprozesses kommt es zu einer geringen Volumenzunahme. Wie bei Gips fehlt das Schwinden beim Erhärten. Dies ist für die Herstellung größerer Estrichflächen eine wichtige und günstige Eigenschaft (→Anhydritestrich). Die Umweltbelastungen bei der Herstellung sind vergleichsweise gering.

Anhydritestriche A. werden aus →Anhydritbinder bzw. →Compoundbinder, Zuschlag (Quarzsand, Kalkstein oder Naturanhydrit) und Zusatzmittel (Fließmittel, Porenbildner) hergestellt. Das Mischungsverhältnis von →Anhydrit zu Sand beträgt ca. 1:3. A. werden entweder als Mörtel in erdfeuchter Konsistenz eingebaut oder als sog. Fließestriche ausgeführt. Dabei wird der Mörtel in das Bauwerk eingepumpt; nach zweckmäßigerweise durchgeführtem Durchschlagen des Mörtels stellt sich dann ohne weiteres Verdichten und Glätten eine ebene Oberfläche ein, der Estrich nivelliert sich also selbst. A. finden Verwendung als schwimmender Estrich und als Verbundestrich. Estriche mit Anhydrit oder mit Gips erfahren beim Abbinden und Trocknen praktisch keine Volumenveränderungen, sie können daher auch in großen Flächen fugenlos hergestellt werden. A. verlieren bei Einwirkung von Feuchtigkeit erheblich an Festigkeit und müssen deshalb zuverlässig vor Durchfeuchtung oder ungünstig liegendem Taupunkt geschützt werden. Sie sind nicht für Feuchträume geeignet. Bei zu erwartender Feuchtigkeit durch Dampfdiffusion muss eine Dampfsperre eingebaut werden. Rohdichte: 1.800 – 2.100 kg/m^3, →Dampfdiffusionswiderstandszahl: ca. 10, Wärmeleitfähigkeit: 1,2 – 1,8 W/(mK). →Estriche

Anhydritkalkmörtel Die Herstellung von A. erfolgt wie bei →Gipskalkmörtel.

Anhydritmörtel Die Herstellung von A. erfolgt wie bei →Gipsmörtel.

Anhydritputze Innenputz mit →Anhydritbinder als Bindemittel. Die Eigenschaften sind mit jenen von →Gipsputzen vergleichbar.

Anorganische Gase Die wichtigsten A. in Innenräumen mit den zugehörigen Emissionsquellen sind in Tabelle 5 zusammengestellt; Tabelle 6 nennt die Konzentrationsbereiche für A.

Tabelle 5: Anorganische Gase (Moriske: Chemische Innenraumluftverunreinigungen, Handbuch für Bioklima und Lufthygiene, Verlag ecomed-Medizin)

Stoff	Quellen
Schwefeldioxid	Ofenheizung, Außenluft
Kohlenmonoxid	Ofenheizung, Tabakrauch, Gasherd
Stickstoffoxide	Gasherd, Gasheizung, Ofenheizung, Kerzen, Außenluft
Kohlendioxid	Mensch, offene Flammen, Außenluft
Ammoniak	Bauprodukte, Mensch u. Tier, Tabakrauch
Ozon	Außenluft (Sommer), Kopierer, Laserdrucker

Tabelle 6: Konzentrationsbereiche für anorganische Gase (Moriske: Chemische Innenraumluftverunreinigungen, Handbuch für Bioklima und Lufthygiene, Verlag ecomed-Medizin)

Stoff	Durchschnittliche Konzentration	Hohe Konzentration
Schwefeldioxid [µg/m³]		
Ohne Innenraumquellen	10 – 20	50 – 100
Mit Quellen	50 – 100	500 – 1.000
Kohlenmonoxid [ppm]	2 – 5	10 – 20
Stickstoffdioxid [µg/m³]		
Kochen mit Gas	40 – 80	300 – 3.000
Andere Räume mit Gasquellen	20 – 60	100 – 1.000
Andere Räume ohne Gasquellen	10 – 40	50 – 100
Kohlendioxid [ppm]		
Mit Personen	500 – 1.000	3.000 – 5.000
Ohne Personen	300 – 400	300 – 500
Ammoniak [µg/m³]		
Ohne Innenraumquellen	5 – 10	10 – 30
Mit Quellen	20 – 50	100 – 1.000

Anrührleime A. sind altbewährte natürliche →Leime, frei von Kunststoffzusätzen. Sie haben eine sehr hohe Bindekraft, brauchen aber länger zum Trocknen. A. müssen immer in der genau benötigten Menge angerührt werden, da nicht benötigter A. aushärtet und unbrauchbar wird.

Anstricharbeiten Bei A. können insbesondere folgende Gefahrstoffe auftreten:
- Lösemittel (Aufnahme beim Einatmen und über die Haut)
- Gesundheitsschädliche Additive in Anstrichmitteln (z.B. →Topfkonservierungsmittel)
- Stark alkalische Stoffe (z.B. in →Silikatfarben)

Anstrichstoffe A. sind flüssige bis pastenförmige Beschichtungsstoffe, die vorwiegend durch Streichen, Rollen und Spritzen aufgetragen werden (DIN 55945). A. bestehen aus →Bindemitteln, →Pigmenten, →Lösemitteln, Füllstoffen und Hilfsstoffen. Um A. verarbeiten zu können, muss das Bindemittel gelöst bzw. dispergiert (→Dispersion) werden. A. lassen sich unterteilen in
- Wasserverdünnbare A.:
  Das Bindemittel ist gelöst oder dispergiert in Wasser.
- Lösemittelverdünnbare A.:
  Das Bindemittel ist gelöst oder dispergiert in organischen Lösemitteln.
- Lösemittelfreie A.:
  Das Bindemittel ist weder gelöst noch dispergiert in Wasser oder organischen Lösemitteln (Bsp.: flüssige Epoxid-Harze). Teile des Bindemittels dienen als flüssige Komponente und reagieren mit dem Rest des Bindemittels aus (Reaktivharze).

→Lacke unterscheiden sich von →Farben durch ihren höheren Bindemittelanteil. Die Rezeptur eines A. umfasst meist mehr als zehn Komponenten, die insgesamt mehr als 100 Einzelstoffe enthalten können. Je nach Bindemittel unterscheidet man →Kunstharzlacke bzw. -farben oder →Naturharz-Lacke bzw. -farben (→Naturfarben). Naturfarben bestehen in der Regel aus weitgehend naturbelassenen Grundstoffen und Lösemitteln (z.B. →Dammar, →Bienenwachs, →Citrusschalenöl, →Terpentinöl, →Leinöl u.a.).

Die Umwelt- und Gesundheitsverträglichkeit hängt besonders von der Art des Bindemittels und dem Gehalt an →Lösemitteln ab. So sind Bindemittel auf der Basis von →Polyvinylchlorid (PVC) ökologisch besonders problematisch. →Nitrolacke mit

einem Lösemittelanteil bis zu 75 % sind sehr umweltbelastend. →Naturharzlacke oder -farben (→Naturfarben) und →Dispersionslacke oder -farben mit Wasser als Hauptlösemittel sind umweltfreundlicher.
Während der Nutzungsphase von A. gehen Gesundheitsgefährdungen hauptsächlich von den Lösemitteln (→Toluol, →Xylol, →Ester, →Alkohole u.a.) aus. →Dispersionsfarben und →Dispersionslacke haben mit 0 – 10 % den geringsten Anteil an Lösemitteln. →Dispersionslacke, die mit dem RAL-Umweltzeichen 12a gekennzeichnet sind, dürfen bis zu 10 % Lösemittel enthalten (→Lacke), weiters bis zu 0,5 % →Konservierungsmittel und Bleiverbindungen als Sikkative (Lackhilfsstoffe). Ein Ausgasen der Konservierungsmittel ist möglich (→Topfkonservierungsmittel). Je nach Bindemittelbestandteil ist auch ein Ausgasen von →Restmonomeren (→Polyurethan-Lacke, →Säurehärtende Lacke, →Epoxidharzlacke), →Weichmachern und →Filmbildehilfsmitteln (→Glykolether) zu erwarten. Früher wurden Schwermetallpigmente verwendet, die heute als Altlasten problematisch sind. Bei Berücksichtigung des gesamten →Lebenszyklus sind lösemittelfreie Naturfarben von →Pflanzenchemieherstellern besonders umweltverträglich.
Gemäß →Gefahrstoffverordnung gelten folgende Verbote bzw. Beschränkungen des Verwendens gefahrstoffhaltiger Pigmente in Farben: Anhang IV Nr. 3: maximal 0,3 % Arsen; Anhang IV Nr. 6: verboten sind Bleicarbonat, Bleihydrogencarbonat und Bleisulfate, mit Ausnahme zur Verwendung als Farben, die zur Erhaltung oder originalgetreuen Wiederherstellung von Kunstwerken und historischen Bestandteilen oder von Einrichtungen denkmalgeschützter Gebäude bestimmt sind, wenn die Verwendung von Ersatzstoffen nicht möglich ist; Anhang IV Nr. 17: maximal 0,01 % Cadmium, bei hohem Zinkanteil im Anstrichstoff maximal 0,1 % Cadmium.
Bzgl. der verschiedenen A. siehe: →Acryllacke, →Alkydharzlacke, →Antifoulingfarben, →Brandschutzanstriche, →Kaseinfarben, →Dispersionsfarben →Dispersionslacke, →Emissionsfreie Dispersionsfarben, →Firnis, →Haftgrund, →Hartöle, →Heizkörperlacke, →High-Solid-Lacke, →Holzteer, →Kalkfarben, →Kunstharzlacke, →Lacke, →Lasuren, →Latexfarben, →Lösemittelhaltige Lacke, →Naturfarben, →Naturharz-Lacke, →Naturharz-Wandfarben, →Nitrolacke, →Ölfarben, →Offenporige Anstriche, →Polyurethan-Lacke, →Polivinylharzlacke, →Reaktionslacke, →Rostschutzmittel →Säurehärtende Lacke, →Silikatfarben, →Silikonharzlacke, →Tiefgrund, →Wasserverdünnbare Anstrichstoffe

Tabelle 7: Eignung natürlicher Anstrichsysteme für diverse Untergründe (Quelle: Natürliche Farben – Anstriche und Verputze selber herstellen. Ziesemann, G., Krampfer, M. & H. Knieriemen, 1998. 3. Aufl., AT Verlag)

Untergrund	**Leimfarbe**	**Kaseinfarbe**	**Kalkfarbe**	**Silikatfarbe**
Glatte Kunststofftapeten		X als Tempera		
Tapeten wie Raufaser	X	X		
Gipsputze	X[1)]	X[1)]		
Lockere Lehmputze		X[1)]		X[1)]
Hoch verdichtete Lehmputze	X	X		X
Backsteinmauerwerk		X		X
Hartgebrannte Ziegel		X		
Frische Kalkmörtelputze		X[1)]	X	X[1)]

Alte Kalkmörtelputze	X[1)]	X	X[1)]	X[1)]
Kalksandsteinwände	X	X	X	X
Zementmörtelputze		X	X[1)]	X[1)]
Betonuntergründe		X		X
Natursandstein		X		X
Gipsleichtbauplatten (papierkaschiert)	X	X		
Gipsfaserplatten	X	X[1)]		

[1)] In der Regel eine Grundierung notwendig. In Zweifelsfällen sollte immer ein Probeanstrich durchgeführt werden.

Antagonismus A. ist die gegenseitige Wirkungsverminderung z.B. von Chemikalien. Die Gesamtwirkung ist geringer als die Summe der Einzelwirkungen. Gegenteil: →Synergismus.

Anthophyllit Faserförmiger Vertreter der →Amphibol-Asbest-Gruppe.

Anthropogen Durch den Menschen beeinflusst bzw. verursacht.

Antifoulingfarben A. werden auf Schiffsaußenwände aufgetragen, um einen Bewuchs mit Seepocken, Algen und Muscheln zu verhindern. Der Bewuchs ist unerwünscht, da der höhere Widerstand die Geschwindigkeit des Schiffs verlangsamt und fremde Organismen in andere Erdteile eingeschleppt werden. Die Wirksamkeit der A. beruht vorwiegend auf dem Biozid Tributylzinn (TBT) aus der Gruppe der →Zinnorganischen Verbindungen. TBT wird für das Absterben ganzer Muschelzuchten verantwortlich gemacht. Wegen seiner starken hormonellen Wirkung können schon geringe Konzentrationen von zwei Milliardstel Gramm TBT pro Liter Wasser „Vermännlichungserscheinungen“ bei weiblichen Schnecken bewirken. Mitte und Ende der 1980er-Jahre haben viele Länder den Einsatz auf Schiffen unter 25 Meter Länge verboten und die Abgaberaten TBT-basierter Farben eingeschränkt. Alternativen zu den TBT-basierten A. basieren vielfach ebenfalls auf toxischen Bioziden und/oder hohen Beimengungen von Kupferverbindungen. Laut deutscher →Gefahrstoffverordnung dürfen A., die Arsenverbindungen, Zinnorganische Verbindungen oder Hexachlorcyclohexan (HCH, →Lindan) als biozide Wirkstoffe enthalten, nicht verwendet werden. Biozidfreie A., die auf physikalischen Mechanismen, die eine Anhaftung der Organismen verhindern, beruhen, sind in Erprobung. Als sehr gut geeignet haben sich dabei z.B. Antihaftbeschichtungen aus Silikon für Schiffe, die hohe Fahrtgeschwindigkeiten und kurze Verweilzeiten in Häfen aufweisen, wie z.B. moderne Kreuzfahrtschiffe, herausgestellt. Mikrofaserbeschichtungen halten bei langsam fahrenden Hochseeschiffen Oberflächen-besiedelnde Organismen wie Seepocken ab, indem sich feine Härchen wie bei einem Robbenfell gegeneinander reiben. Giftfreie, selbstpolierende Anstriche haben sich insbesondere bei küstennah operierenden Schiffen wie Personenfähren und Forschungsschiffen bewährt. →Chlorkautschuklacke

Anti-Graffiti-Produkte →Graffitischutz

Antihautmittel →Hautverhinderungsmittel

Antik-Marmor-Fliesen A. sind Fliesen, die durch spezielle Behandlung bei der Herstellung (Kantenabplatzungen, „Preller“ auf der Oberfläche, Sandstrahlen der Oberfläche) ein antikes Aussehen erhalten. Sie sehen echtem Marmor täuschend ähnlich. Die aufgeraute Oberfläche ist fleck- und schmutzempfindlich, weshalb eine Versiegelung sinnvoll ist.

A

Antimon A. ist es ein silberglänzendes und sprödes Halbmetall, das in der Natur auch gediegen gemeinsam mit Arsen vorkommt. Technisch wird A. aus dem Antimonglanz (Antimonsulfid) gewonnen. Der überwiegende Teil des hergestellten Antimons wird zu Metalllegierungen verarbeitet. →Antimontrioxid wird als Flammschutzmittel eingesetzt. Antimonoxid findet zudem Verwendung als Katalysator zur Herstellung von Polyester. Kunststoffe, die mit Antimontrioxid als Flammschutzmittel behandelt wurden, weisen A.-Gehalte bis zu 50.000 mg/kg auf. In Textilien, die aufgrund von Farbstoffen oder aber bei der Produktion als Katalysator Antimon enthalten, weisen A.-Gehalte bis zu 100 mg/kg auf (Quelle: Duve, Labor Indikator). A. ist mit →Arsen stark verwandt und zehnmal giftiger als Blei. Antimon ist nicht essenziell. Dreiwertige Antimonverbindungen sind etwa zehnmal giftiger als fünfwertige.

Antimontrioxid A. ist ein Synergist (Wirkungsverstärker) für halogenierte →Flammschutzmittel. Es wird zusammen mit halogenhaltigen Flammschutzmitteln (Verhältnis 2:1 bis 3:1) eingesetzt oder allein in halogenhaltigen Polymeren. A. sorgt dafür, dass die „radikalfangenden" Halogenide stufenweise über ein breites Temperaturspektrum freigesetzt werden. Die dichten Antimonbromid-Dämpfe schirmen den Brandherd gegen Zutritt von weiterem Sauerstoff ab und sorgen zudem für eine hohe Bromkonzentration in Nähe der Flamme. Gem. UBA (UBA-Texte 25/01) gilt A. als „Flammschutzmittel mit problematischen Eigenschaften/Minderung sinnvoll". Inhalativ aufgenommenes Antimontrioxid steht im Verdacht, kanzerogen zu wirken. Für Personengruppen mit hoher A.-Luftbelastung wurden 2- bis 9-mal mehr Fälle an Lungenkrebs registriert. Bei der Rohstoffhandhabung, unter stark erodierenden Einsatzbedingungen, im Brandfall und bei der thermischen Entsorgung kann es zur Freisetzung gefährlicher Antimonstäube kommen. A. ist als krebserzeugend (MAK-Liste: Kat. 3B) eingestuft.

Antioxidantien A. sind Substanzen, die oxidative Prozesse an Kunststoffen und Kunststoffprodukten (→Anstrichstoffe, →Klebstoffe) hemmen oder verhindern (→Alterungsschutzmittel). Es werden substituierte →Phenole, aromatische Amine sowie deren Metallkomplexe eingesetzt. Am häufigsten wird Butylhydroxytoluol (BHT) verwendet, das auch als Lebensmittelzusatzstoff zugelassen ist (E 321).

Antisoilings →Teppichzusatzausrüstungen

Antistatika →Teppichzusatzausrüstungen

AOLG Arbeitsgemeinschaft der Obersten Landesgesundheitsbehörden. Der Ausschuss für Umwelthygiene der AOLG wirkt mit in der Ad-hoc-Arbeitsgruppe zur Bewertung der Innenraumluft und zur Erarbeitung von Innenraum-Richtwerten (RW).

AOX Adsorbierbares organisch gebundenes →Halogen (Summenparameter). →EOX

AP Acidification Potenzial. →Versäuerungspotenzial

APEO Abk. für →Alkylphenolethoxylate.

APP Abk. für →Ammoniumpolyphosphat.

Arbeitshandschuhe →Schutzhandschuhe

Arbeitsplatzgrenzwerte Mit der neuen →Gefahrstoffverordnung vom 1.1.2005 werden die Grenzwerte in der Luft am Arbeitsplatz nicht mehr als TRK oder MAK bezeichnet, sondern als A. (AGW).

Arbeitsschutzgesetz Das ArbSchG vom 7.8.1996 dient dazu, Sicherheit und Gesundheitsschutz der Beschäftigten bei der Arbeit durch Maßnahmen des Arbeitsschutzes (Verhütung von Unfällen bei der Arbeit und arbeitsbedingten Gesundheitsgefahren einschl. Maßnahmen der menschengerechten Gestaltung der Arbeit) zu sichern und zu verbessern.

Allgemeine Grundsätze (§ 4):

Der Arbeitgeber hat bei Maßnahmen des Arbeitsschutzes von folgenden allgemeinen Grundsätzen auszugehen:

– Die Arbeit ist so zu gestalten, dass eine Gefährdung für Leben und Gesundheit möglichst vermieden und die verblei-

bende Gefährdung möglichst gering gehalten wird
- Gefahren sind an ihrer Quelle zu bekämpfen
- Bei den Maßnahmen sind der Stand von Technik, Arbeitsmedizin und Hygiene sowie sonstige gesicherte arbeitswissenschaftliche Erkenntnisse zu berücksichtigen
- Maßnahmen sind mit dem Ziel zu planen, Technik, Arbeitsorganisation, sonstige Arbeitsbedingungen, soziale Beziehungen und Einfluss der Umwelt auf den Arbeitsplatz sachgerecht zu verknüpfen
- Individuelle Schutzmaßnahmen sind nachrangig zu anderen Maßnahmen
- Spezielle Gefahren für besonders schutzbedürftige Beschäftigtengruppen sind zu berücksichtigen
- Den Beschäftigten sind geeignete Anweisungen zu erteilen
- Mittelbar oder unmittelbar geschlechtsspezifisch wirkende Regelungen sind nur zulässig, wenn dies aus biologischen Gründen zwingend geboten ist

Arbeitsstätten-Richtlinien Die ASR konkretisieren die Vorgaben der →Arbeitsstätten-Verordnung. Gegenwärtig gibt es 30 ASR. Wesentliche Gebiete sind hierbei z.B. die Gestaltung von Fußböden, Türen, Verkehrswegen (ASR 8/1, ASR 10/1 und 10/5, ASR 17/1,2), die Ausstattung mit Feuerlöschern (ASR 13/1,2) und Mitteln für die Erste Hilfe (ASR 39/1,3) sowie die Einrichtung von Sanitär- (ASR 35/1-4, ASR 37/1) und Pausenräumen (ASR 29/1-4). Auch werden Anforderungen an die Beleuchtung (ASR 7/3), Lüftung (ASR 5) und die Raumtemperatur (ASR 6) konkret untersetzt. Die sozialen Belange auf Baustellen finden ihren Niederschlag in Regelungen für Tagesunterkünfte (ASR 45/1-6), Waschgelegenheiten (ASR 47/1-3,5) und Toiletten (ASR 48/1,2).

Auf der Grundlage des § 7 Abs. 4 der →Arbeitsstätten-Verordnung wird das Bundesministerium für Wirtschaft und Arbeit neue Technische Regeln bekannt geben. Sowohl aus den bestehenden ASR als auch aus den neuen Technischen Regeln können allgemein anerkannte, sicherheitstechnische, arbeitsmedizinische und hygienische Regeln und gesicherte arbeitswissenschaftliche Erkenntnisse entnommen werden. Die bestehenden ASR gelten zunächst fort, jedoch nicht länger als sechs Jahre nach Inkrafttreten der Verordnung. In dieser Zeit werden sie je nach Dringlichkeit des Regelungsgegenstandes durch die neuen Technischen Regeln ersetzt. Bis dahin können die bestehenden ASR zur Untersetzung der allgemeinen Schutzziele der Verordnung herangezogen werden.

Arbeitsstätten-Verordnung Die ArbStättV verfolgt in erster Linie das Ziel, zur Verhütung von Arbeitsunfällen und Berufskrankheiten beizutragen. Des Weiteren dient die ArbStättV der menschengerechten Gestaltung der Arbeit. Dies sind vor allem die Forderungen nach gesundheitlich zuträglichen Luft-, Klima- und Beleuchtungsverhältnissen sowie nach einwandfreien sozialen Einrichtungen, insbesondere Sanitär- und Erholungsräumen. Die ArbStättV enthält Mindestvorschriften für die Sicherheit und den Gesundheitsschutz der Beschäftigten beim Einrichten und Betreiben von Arbeitsstätten. Die Mindestanforderungen der EU-Richtlinien werden direkt umgesetzt. Dadurch werden keine konkreten Maßzahlen und Detailanforderungen mehr vorgegeben, sondern allgemeine Schutzziele. Der Paragraphenteil der Verordnung enthält neben Anforderungen an das Einrichten und Betreiben von Arbeitsstätten (§ 3 und 4) und der Reglung für den Nichtraucherschutz (§ 5) spezifische Vorgaben für Arbeits-, Sanitär-, Pausen-, Bereitschafts- und Erste-Hilfe-Räume sowie Unterkünfte (§ 6). Im 1. Kapitel des Anhanges der Verordnung werden allgemeine Anforderungen an die Beschaffenheit der Arbeitsstätte gestellt. Das betrifft u.a. die Raumabmessungen, Fußböden, Dächer, Fenster, Türen und Verkehrswege sowie Fahrsteige, die Laderampen und Steigleitern. Maßnahmen zum Schutz vor besonderen Gefahren wie Absturz und Entstehungsbrände sowie die Vorgaben für Flucht und Rettungswege werden im zweiten Abschnitt genannt. Der dritte Abschnitt regelt die wesentlichen Arbeitsbedingungen wie Bewe-

A

gungsfläche, Anordnung und Ausstattung der Arbeitsplätze, die klimatischen Verhältnisse mit Raumtemperatur und Lüftung sowie die Beleuchtung und den Lärm. Die Untersetzung für Sanitär-, Pausen-, Bereitschafts- und Erste-Hilfe-Räume sowie Unterkünfte erfolgt im vierten Abschnitt. Im letzen Abschnitt wird auf ergänzende Anforderungen für nicht allseits umschlossene Räume und im Freien liegende Arbeitsstätten sowie für Baustellen eingegangen.

Arbeitsstoffverordnung Die A. (Verordnung über gefährliche Arbeitsstoffe) wurde am 1.10.1986 durch die →Gefahrstoffverordnung ersetzt.

ARGEBAU Arbeitsgemeinschaft der für Städtebau, Bau- und Wohnungswesen zuständigen Minister und Senatoren der Länder der Bundesrepublik Deutschland. Das wichtigste Gremium ist die zweimal im Jahr tagende Konferenz der Minister und Senatoren (Bauministerkonferenz), an der auch regelmäßig der für das Bauwesen zuständige Bundesminister teilnimmt. Die Bauministerkonferenz erörtert Fragen und trifft Entscheidungen zum Wohnungswesen, Städtebau und Baurecht und zur Bautechnik, die für die Länder von gemeinsamer Bedeutung sind. Sie formuliert Länderinteressen gegenüber dem Bund und gibt Stellungnahmen auch gegenüber anderen Körperschaften und Organisationen ab. Eine der wichtigsten Aufgaben der Bauministerkonferenz ist es, für einheitliche Rechts- und Verwaltungsvorschriften der Länder im Bereich des Wohnungswesens, des Bauwesens und des Städtebaus sowie für deren einheitlichen Vollzug zu sorgen. Die Bauministerkonferenz stimmt zum Beispiel über eine Musterbauordnung ab, die die Grundlage für die in der Gesetzgebungskompetenz der Länder liegenden Landesbauordnungen darstellt. →Asbest-Richtlinie, →PCB-Richtlinie, →PCP-Richtlinie, →Musterbauordnung

Armierungsfasern A. werden bestimmten Produkten zur Erhöhung der Festigkeit zugegeben. Zum Beispiel wurden Fußbodenfliesen (→Floor-Flex-Platten) unter Zusatz von Asbestfasern zur Kunststoffmasse (PVC) hergestellt. Aus Zement und Asbestfasern wurden Asbestzement-Produkte (→Asbestzement) hergestellt. Heute sind die Asbestfasern durch andere A. ersetzt (→Faserzement). Cellulosefasern werden z.B. als A. für →Gipsfaserplatten verwendet.

Armierungsstahl A. wird entweder in Form von Rippentorstahl (Baustahl mit aufgewalzten Rippen) oder Baustahlgitter eingesetzt. A. wird aus ca. 90 % Elektrostahl und ca. 10 % Blasstahl gefertigt. Mit dem Elektrostahlverfahren wird Stahl auf der Grundlage eines 100-prozentigen Schrotteinsatzes produziert. Rippentorstahl wird durch Warmwalzen mit anschließender Wärmenachbehandlung aus der Walzhitze hergestellt. Gittermatten werden durch Kaltverformung erzeugt. Das Warmwalzen führt zur Emission von Kohlenwasserstoffen. Hohe Umweltbelastungen bei der Herstellung von →Stahl.

Aroclor Handelsname für technische Gemische →Polychlorierter Biphenyle (PCB) der Fa. Monsanto (USA).

Aromaten →Aromatische Kohlenwasserstoffe

Aromatische Kohlenwasserstoffe A. sind Abkömmlinge des →Benzol und gehören zu den →VOC. Bedeutsame Quellen für A. in →Innenräumen sind Lösemittel in Anstrichstoffen und Klebern. Die A. →Toluol, Ethylbenzol und →Xylol werden hauptsächlich in Nitro- und Kunstharzlacken als Verdünner eingesetzt. Auch →Tabakrauch enthält A. →Benzol und Zubereitungen (z.B. Anstrichstoffe) mit einem Massengehalt von 0,1 % oder mehr Benzol dürfen nicht in den Verkehr gebracht werden (Ausnahme: Treibstoffe). Neben Bauprodukten und Tabakrauch ist auch die Außenluft eine bedeutende Quelle für A. in der Innenraumluft. Abgesehen von der krebserzeugenden Wirkung einiger A. (insbes. Benzol) sind A. neurotoxisch, können bei langanhaltender Exposition zu Leberschäden führen und wirken in hohen Konzentrationen narkotisierend. Eine besondere Gruppe der A. sind die →Polycyclischen aromatischen Kohlenwasserstoffe. Zur relativen Toxizität der A. →NIK-Werte: Je niedriger der NIK-Wert, umso höher ist die Toxizität des jeweiligen Stoffes.

Arsen A. gehört zu den 20 am häufigsten vorkommenden Elementen. Elementares Arsen ist wenig stabil und wird leicht zu Arsentrioxid oxidiert. A. bzw. A.-Verbindungen kommen in geringen Konzentrationen natürlicherweise im Boden und in Mineralien vor.

A.-Verbindungen sind hochgiftig. Chronische Vergiftungen führen zu Nervenschäden, Schwäche, Gefühllosigkeit in den Gliedern, Rückbildung des Knochenmarkes und Leberveränderungen. A.-Verbindungen sind nachweislich krebserzeugend. Arsen ist nicht abbaubar. Arsenik (Arsenoxid) wurde jahrhundertelang als Mordgift verwendet und kommt heutzutage noch als Rattengift zum Einsatz. In vielen Gebieten der Erde leiden Menschen und Tiere an der Arsenvergiftung ihres Lebensraumes, insbes. infolge arsenbelasteten Grund- bzw. Trinkwasssers.

Emissionsquellen für A. sind insbes. die Verbrennung fossiler Brennstoffe (Kohle), weiterhin die Kupferindustrie, Blei- und Zinkerzeugung sowie die Landwirtschaft. Die Verwendung von A. in Pflanzenschutzmitteln ist in Deutschland seit 1974 verboten. Arsenhaltige Zubereitungen wurden in der Vergangenheit in großem Umfang im Bereich des Holzschutzes eingesetzt (→Wasserbasierte Holzschutzmittel). Ihre Anwendung ist nicht verboten, aber weitgehend eingeschränkt.

Asbest A. wird als natürliches faseriges Erdgestein gewonnen und seit mindestens 2.000 Jahren für vielfältige Zwecke verwendet. Der Begriff „Asbest" stammt aus dem Griechischen und bedeutet unauslöschlich, unvergänglich. Die A.-Produktion betrug 1976 weltweit 5,2 Mio. t. Davon entfielen 94 % auf die A.-Art →Chrysotil (Weißasbest), 4 % auf →Krokydolith (Blauasbest) und 2 % auf →Amosit (Braunasbest). Asbestverbrauch in der BRD in den Zeiträumen 1950 – 1970: Anstieg von 15.000 auf 170.000 t/Jahr; 1970 – 1980: 170.000 t/Jahr; 1980 – 1985: 100.000 t/Jahr. In der ehem. DDR kamen ca. 10 Mio. t A.-Produkte zur Anwendung. A. wird heute noch in den Staaten der ehem. UdSSR, Kanada, Brasilien, Zimbabwe, China, Südafrika und weiteren Ländern abgebaut. In Deutschland und einigen anderen europäischen Ländern ist das Inverkehrbringen von Asbestprodukten seit mehreren Jahren verboten. EU-weit greifen entsprechende Verbote erst seit dem 1.1.2005. Asbeste vereinigen in sich eine einzigartige Kombination begehrter technischer Eigenschaften wie chemische Beständigkeit, Unbrennbarkeit, Isoliervermögen, Verspinnbarkeit, Verrottungsfestigkeit, mechanische Festigkeit sowie gute Einbindefähigkeit in anorganische und organische Bindemittel. A. wurde in mehr als 3.000 Produkten verarbeitet.

Zwei technisch wichtige Eigenschaften machten Asbest zu einem beliebten und häufig verwendeten Material im Baubereich:

- Hitze- und Feuerbeständigkeit: Produkte für den Brand-, Hitze-, Schall- und Feuchtigkeitsschutz
- Stabilität und Festigkeit: →Asbestzement-Produkte, →Floor-Flex-Platten

Der Asbestgehalt der verschiedenen Produkte ist sehr unterschiedlich und reicht von 1 bis 100 %. Asbesthaltige Materialien sind an folgenden Merkmalen zu erkennen: stumpfe Oberfläche, weißgraue bis graue oder graublaue Farbe, an den Bruchkanten abstehende Faserbüschel.

Wichtige A.-Anwendungen (alphabetisch): Asbestzementplatten, -wellplatten, -Rohre, -Schindeln, -Blumenkästen, -Formstücke, Brandschutzklappen, Bremsbeläge (Aufzüge, Maschinen, Kfz), Dichtungen, Elektrogeräte (Heizgeräte, Haartrockner, Toaster, Projektoren u.a.), Farben/Lacke, Fußbodenbeläge, Fugenmassen, Isoliermaterialien, Kitte, Leichtbauplatten, Laborgeräte, Matten, Mörtel, →Elektrospeicherheizgeräte, Pappen, Papiere, Putze, Schnüre, Schaumstoffe, Stopfmassen, Straßenbeläge, Textilien (Schutzkleidung, Hitzeschutzhandschuhe, Löschdecken, Vorhänge u.a.) Typische Anwendungen im privaten Bereich: A.-Pappen oder -Platten an hölzernen Heizkörperverkleidungen oder asbesthaltige Dämmplatten, Dichtungen oder Schnüre an Herden, Öfen, Kaminen und Schornsteinen sowie Elektrospeicherheizgeräte, →Cushion-Vinyl-Bodenbeläge oder →Floor-Flex-Platten. In den neuen Bundesländern wurden im Wohnungsbau vielfach auch schwachgebundene A.-Platten (→Baufatherm, →Sokalit, →Neptunit) verwendet.

Bei Asbest handelt es sich um einen Stoff nach Kategorie 1 (krebserzeugend) gem. Richtlinie 67/548/EWG. Akute toxische Wirkungen gehen von A. nicht aus. A. wirkt langfristig (chronisch) krankheitsverursachend. Die Inhalation von A.-Feinstaub kann einen fibrogenen Effekt (Entstehung von Narbengewebe; Entstehung von Asbestose) oder einen krebserzeugenden Effekt haben. Die fibrogene Wirkung (Narbenbildung) ist als körpereigene Abwehrreaktion zu verstehen, mit dem weitgehend vergeblichen Versuch der Fresszellen (Phagozyten und Makrophagen), in die Lunge eingedrungene A.-Fasern unschädlich zu machen. In der Folge kommt es zu einer starken Funktionseinschränkung der Lunge. Das Herz versucht den zunehmenden Funktionsverlust der Lunge so weit wie möglich zu kompensieren. Tödliche Verläufe bei Asbestose beruhen im Allgemeinen auf Herzversagen. Asbestose entsteht nach langjähriger Inhalation sehr hoher A.-Faserkonzentrationen, wie sie an Arbeitsplätzen der asbestverarbeitenden Industrie auftraten. Die Latenzzeit, also die Zeit zwischen A.-Exposition und dem Auftreten der Erkrankung, liegt im Mittel bei etwa 20 Jahren. Bei der krebserzeugenden Wirkung von A. stehen der Lungenkrebs und das →Mesotheliom im Vordergrund. Das Mesotheliom ist ein unheilbarer und innerhalb kurzer Zeit zum Tode führender Tumor des Brust- und Bauchfells. Es wird praktisch nur nach A.-Exposition beobachtet und gilt daher als Signaltumor einer asbestbedingten Erkrankung. Die Zeit zwischen dem krankmachenden Ereignis (Einatmen von A.-Staub) und dem Krankheitseintritt liegt bei asbestfaserbedingten Tumoren zwischen zehn und 60 Jahren. Als Folge ihres früheren, unzureichend geschützten Umganges mit Asbest bei der Arbeit sterben derzeit in Deutschland jährlich ca. 1.000 Menschen. Der Höhepunkt der asbestbedingten Todesfälle wird zwischen 2005 und 2015 erwartet. Die Gesamtaufwendungen der Berufsgenossenschaften werden auf 10 Mrd. € geschätzt.

Das Erkrankungsrisiko ist umso höher, je früher im Leben es zu einer A.-Belastung kommt, je größer der Zeitraum einer andauernden (auch geringen) A.-Exposition ist und je höher eine einmalige Spitzenbelastung ist. In einer frühen Lebensphase auftretende Belastungen tragen überproportional zum Risiko bei. Aufgrund der langen Latenzzeiten ist auch in den kommenden Jahren mit einem anhaltenden Anstieg der Erkrankungen bei ehemals beruflich belasteten Arbeitnehmern zu rechnen. Ursächlich für die Entstehung von Asbestose und von asbestbedingtem Krebs ist nicht die chemische Zusammensetzung, sondern die langgestreckte Partikelgestalt (Faser) und deren Beständigkeit im biologischen Gewebe. Diese Erkenntnis führte dazu, dass auch für andere Faserminerale eine krebserzeugende Wirkung festgestellt wurde (→Mineralwolle-Dämmstoffe, →Künstliche Mineralfasern, →Keramikfasern).

Von A.-Produkten können durch Alterung, Erschütterungen, thermische Wechselbeanspruchung, Luftbewegungen oder Beschädigungen in erheblichem Umfang A.-Fasern in atembarer Form freigesetzt werden, die beim Menschen zu Krebserkrankungen führen können. Zeitpunkt und Ausmaß der Exposition können weder vorhergesagt noch kontrolliert werden. Nach ihrem Gefährdungspotenzial werden die verschiedenen A.-Produkte in zwei Gruppen eingeteilt, schwachgebundene (Rohdichte unter 1.000 kg/m^3) und festgebundene A.-Produkte (Rohdichte über 1.000 kg/m^3). Ob ein Material A. enthält, lässt sich mit der erforderlichen Sicherheit nur durch eine Materialanalyse feststellen. Die Analyse gibt Aufschluss über A.-Gehalt, A.-Art und die Frage, ob es sich um ein schwachgebundenes oder um ein festgebundenes A.-Produkt handelt. Da im Falle schwachgebundener A.-Produkte die Gefahr der Faserfreisetzung besonders groß ist und damit eine konkrete Gesundheitsgefahr für die Nutzer von Gebäuden vorliegen kann, müssen Gefährdungspotenzial und Sanierungsdringlichkeit schwachgebundener A.-Produkte von einem Sachverständigen unter Zugrundelegung der →A.-Richtlinie ermittelt werden. Luftmessungen sind grundsätzlich nicht geeignet, um festzustellen, ob asbesthaltige Produkte in einem Gebäude verbaut sind. Dies geschieht ausschließlich durch Begehung und Inaugenscheinnahme in Verbindung mit der Analyse von Materialproben-Bewertung von A.-Faserkonzentrationen in der Raumluft:

Eine Festsetzung von toxikologisch begründeten Grenzwerten ist für krebserzeugende Stoffe und damit auch für A.-Fasern in der Luft nicht möglich. Die festgelegten Werte sind daher als Leitkonzentrationen zu verstehen, um das gesundheitliche Risiko zu begrenzen. Die A.-Richtlinie legt folgende Handlungswerte für A.-Faserkonzentrationen in der Raumluft fest: Erfolgskontrolle vorläufiger Maßnahmen: Messwert ≤ 1.000 F/m³; Erfolgskontrolle von Sanierungen: Messwert ≤ 500 F/m³ und oberer Poisson-Wert ≤ 1.000 F/m³.

Aufgrund der Substitution im Reibbelagsektor und der Produktionseinstellung von A.-Produkten sind die Konzentrationen von Asbestfasern in der Außenluft in den letzten Jahren kontinuierlich gesunken und betragen in Reinluftgebieten bis zu mehreren 10 F/m³, in Ballungsgebieten max. bis zu mehreren 100 F/m³. Die Konzentrationen in der Innenraumluft liegen häufig über denen der Außenluft.

Die →Gefahrstoffverordnung legt fest, dass Arbeiten an Asbestprodukten nur von Firmen ausgeführt werden dürfen, die über die personellen (insbes. Sachkundenachweis gemäß Technischer Regel für Gefahrstoffe (→TRGS) 519) und betrieblichen (Spezialstaubsauger, Unterdruckhaltegeräte) Voraussetzungen für den Umgang mit A. verfügen.

Asbesthaltige Abfälle unterliegen grundsätzlich einem Verwertungsverbot. Die Entsorgung asbesthaltiger Abfälle erfolgt als gefährlicher Abfall. Eine Ablagerung auf Sonderabfalldeponien ist jedoch nicht erforderlich. Die Ablagerung soll auf Monodeponien für die Ablagerung asbesthaltiger Abfälle erfolgen. Stehen Monodeponien nicht zur Verfügung, ist die Ablagerung auch in Monobereichen von dafür zugelassenen Altdeponien zulässig. Einzelheiten sind im →LAGA-Merkblatt „Entsorgung asbesthaltiger Abfälle" geregelt.

Asbestersatzstoffe →Asbest ist aufgrund seiner vielfältigen Eigenschaften und der daraus erwachsenden mannigfachen Verwendungsmöglichkeiten einmalig. Kein anderes Produkt war daher in der Lage, Asbest in allen Einsatzbereichen zu ersetzen. Bei zahlreichen Anwendungen von Asbest war die Faserform das entscheidende technische Produktmerkmal, sodass als Ersatzstoffe insbesondere faserförmige Materialien in Frage kommen. Dies sind synthetische anorganische und organische sowie natürliche anorganische und organische Faserstoffe. Anorganische Faserstoffe sind z.B. textile und nichttextile Glasfasern (→Glaswolle, →Steinwolle, →Keramikfasern, Kohlenstoffasern, Metallwollen). Zu den organischen Faserstoffen zählen Cellulose-, →Polyacrylnitril-, →Polyvinylalkokol-, Polyolefin-, Polytetrafluorethylen- und Polyaramidfasern. Als Ersatz für Asbest in Faserzementprodukten werden Polyacrylnitril- und Polyvinylalkohol-Fasern verwendet. Unter gesundheitlichen Gesichtspunkten (krebserzeugende Wirkung) kommt den geometrischen Abmessungen und der Beständigkeit der Fasern im biologischen Gewebe die größte Bedeutung zu. Keramikfasern weisen ein ähnlich hohes krebserzeugendes Potenzial auf wie Asbest.

Asbestgewebe →Asbesttextilien

Asbesthaltige Bodenbeläge →Floor-Flex-Platten, →Cushion-Vinyl-Bodenbeläge

Asbesthaltige Leichtbauplatten A. enthalten bis zu ca. 60 % →Asbest. Die in den alten Bundesländern am häufigsten verwendete Platte vom Typ Promabest (Handelsbezeichnung) enthält die Asbestarten →Chrysotil und →Amosit. A. wurden vor allem für Brandschutzzwecke (auch →Brandschutzklappen) verwendet. Die Verwendung von A. ist seit 1982 verboten. Sie fallen als →Schwachgebundene Asbestprodukte in den Geltungsbereich der →Asbest-Richtlinie. A. setzen aufgrund des nur lockeren Verbunds zwischen Bindemittel (→Zement) und →Asbest leicht Asbestfasern frei. A. werden in Kategorie I „Art der Asbestverwendung" des Formblattes der Asbest-Richtlinie je nach Größe und Verbauart mit 5, 10 oder 15 Punkten bewertet (z. Vgl.: maximal mögliche Punktzahl: 20). Die in der ehemaligen DDR hergestellten, asbesthaltigen Plattenmaterialien unterscheiden sich von den in den alten Bundesländern produzierten A. durch ihre höhere Rohdichte (1.000 bis 1.200 kg/m³). Die Platten waren unter den Bezeichnungen →Baufatherm, →Sokalit und →Neptunit im Handel und enthielten in der Regel ausschließlich Chrysotil. Da die Platten Magnesiabinder anstelle von Zement enthalten, sind sie feuchteempfindlich. Die entstehenden →Ausblühungen an den Oberflächen vermindern die Festigkeit, was zu einer erhöhten Freisetzung von Asbestfasern führt. Die Platten werden daher – trotz der größeren Rohdichte – den →Schwachgebundenen Asbestprodukten zugerechnet und fallen in den Geltungsbereich der Asbest-Richtlinie. Im Gegensatz zur Verwendung A. in den alten Bundesländern wurden diese Platten in der ehemaligen DDR in großem Umfang auch im privaten Wohnungsbau verwendet. →Asbest

Asbesthaltige Wasserrohre →Trinkwasserleitungen, →Asbestzement

Asbestkitte Kitten (z.B. Fensterkitte) wurde früher zur Erhöhung der Festigkeit bis zu 20 % Asbest zugesetzt, i.d.R. →Chrysotil (Weißasbest). A. fallen je nach Dichte ggf. in den Geltungsbereich der →Asbest-Richtlinie (→Schwachgebundenes Asbestprodukt) und werden dann in Kategorie I „Art der Asbestverwendung" des Formblattes der Asbest-Richtlinie mit fünf Punkten bewertet (z. Vgl.: maximal mögliche Punktzahl: 20). In der DDR wurde u.a. im Wohnungsbau ein Dehnungsfugenkitt mit der Handelsbezeichnung Morinol verwendet, der aus →Polyvinylacetat, Lösemitteln, Weichmacher und ca. 20 % Asbest bestand. Die Dichte beträgt ca. 1.300 kg/m³. Der Kitt wurde ab 1963/64 hergestellt, die Asbestsubstitution begann 1984. Morinol wurde für die Fugen in Großplattenbauten verwendet. Eine direkte Verbindung zum Innenraum ist dabei i.d.R. nicht gegeben. Darüber hinaus kam das Produkt auch als Sanitärkitt zum Einsatz. Allein 1978 wurden 3.050 t Morinol im Wohnungsbau verwendet. →Asbest

Asbestose A. ist eine Staublungenerkrankung, einhergehend mit Bindegewebsneubildung (Fibrose) als Folge der Inhalation von Asbeststaub (→Asbest). A. entsteht nach langjähriger Einatmung hoher Asbestfaser-Konzentrationen, die i.d.R. nur an asbestverarbeitenden Arbeitsplätzen auftreten. Die Latenzzeit, also die Zeit zwischen Asbestexposition und dem Auftreten der Erkrankung, liegt im Mittel bei etwa 20 Jahren. Die fibrogene Wirkung (Narbenbildung) ist als körpereigene Abwehrreaktion zu verstehen, mit dem Versuch der Fresszellen, in die Lunge eingedrungene Asbestfasern zu „verdauen". Beim Versuch der Phagozyten und Makrophagen, die Eindringlinge durch Aufnahme in den Zellleib unschädlich zu machen, stirbt die Fresszelle ab. In der Folge versucht sich eine weitere Fresszelle an der Asbestfaser, stirbt ab usw. Durch diese Vorgänge bildet sich Narbengewebe (Fibrose). Dadurch verringern sich die Elastizität und die Gasaustauschfläche der Lunge, was zu einer starken Funktionseinschränkung führt. Das Herz versucht, den zunehmenden Funktionsverlust der Lunge so weit wie möglich zu kompensieren. Tödliche Verläufe bei A. beruhen im Allgemeinen auf Herzversagen.

Asbestpappen A. bestehen aus ca. 40 – 60 % Asbest (→Chrysotil) und →Cellulose. Sie fanden vielfältige Verwendung in Gebäuden, z.B. als Wärmeschutz an hölzernen Heizkörperverkleidungen, als untere Schicht von Cushion-Vinyl-Bodenbelägen (→Asbesthaltige Bodenbeläge) oder in

Brandschutztüren. A. fallen als →Schwachgebundene Asbestprodukte in den Geltungsbereich der →Asbest-Richtlinie. Die Verwendung von A. ist seit 1982 verboten. A. werden in Kategorie I „Art der Asbestverwendung" des Formblattes der Asbest-Richtlinie mit zehn Punkten bewertet (z. Vgl.: maximal mögliche Punktzahl: 20). →Asbest

Asbestplatten Platten mit Asbestanteil wurden als Asbestzementplatten (→Asbestzement) und als →Asbesthaltige Leichtbauplatten hergestellt. →Asbest

Asbestputze A. wurden in Gebäuden für bestimmte Brandschutzanforderungen verwendet, z.B. bei Kabeldurchführungen oder auf der Untersicht von Stahltreppen. A. wurden per Hand aufgetragen oder aufgespritzt. Der Asbestgehalt betrug um 20 % (meist →Chrysotil). Neben anorganischen Bindemitteln enthielten A. auch Kunstharzzusätze. Die Verwendung von A. ist seit 1982 verboten. A. fallen als →Schwachgebundene Asbestprodukte in den Geltungsbereich der →Asbest-Richtlinie. Sie werden in Kategorie I „Art der Asbestverwendung" des Formblattes der Asbest-Richtlinie mit zehn Punkten bewertet (z. Vgl.: maximal mögliche Punktzahl: 20). →Asbest

Asbest-Richtlinie Die A. (Richtlinie für die Bewertung und Sanierung →Schwachgebundener Asbestprodukte in Gebäuden, erste Fassung 1989, Neufassung 1993 und 1996) wurde von der →ARGEBAU erarbeitet. Sie wurde in den Bundesländern als Technische Baubestimmung bauaufsichtlich eingeführt und gilt damit als allgemein anerkannte Regel der Technik. Sie bildet den Rahmen für ein technisches Gesamtkonzept zur Sanierung schwachgebundener Asbestprodukte. Die A. regelt für schwachgebundene Asbestprodukte in Gebäuden die Vorgehensweise bei der Gefährdungsbeurteilung bzw. Feststellung der Sanierungsdringlichkeit, Grundsätze der Sanierung, vorläufige Sicherungsmaßnahmen und die Erfolgskontrolle nach Sanierungen. Sie benennt die für den Gebäudeeigentümer erwachsenden Pflichten. Die Gefährdungsbeurteilung und die Feststellung der Sanierungsdringlichkeit erfolgt durch sachverständige Beurteilung des Asbestproduktes vor Ort unter Verwendung des „Formblattes für die Bewertung der Dringlichkeit einer Sanierung" nach Anhang 1 der A. Die Prüfkriterien sind in sieben Gruppen aufgeteilt:

I: Art des Asbestproduktes
II: Asbestart(en)
III: Oberflächenstruktur des Asbestproduktes
IV: Zustand des Asbestproduktes (Beschädigungen)
V: Beeinträchtigung des Asbestproduktes (z.B. direkte Zugänglichkeit, Erschütterungen usw.)
VI: Raumnutzung (Erwachsene, Kinder; Wohnraum, Kellerraum usw.)
VII: Einbauort des Asbestproduktes

Das Formblatt basiert auf einem Punktesystem, das für die o.g. Kriterien die Vergabe von Punkten vorsieht, die zu einer Gesamtpunktzahl addiert werden. Es bedeuten ≥ 80 Punkte: Dringlichkeitsstufe I, Sanierung unverzüglich erforderlich: Verwendungen mit dieser Bewertung sind unverzüglich zu sanieren. Falls die endgültige Sanierung nicht sofort möglich ist, müssen unverzüglich vorläufige Maßnahmen zur Minderung der Asbestfaserkonzentration im Raum ergriffen werden, wenn er weiter genutzt werden soll. Mit der endgültigen Sanierung muss jedoch nach spätestens drei Jahren begonnen werden. Bei einer Bewertung von 80 Punkten und mehr ist mit hohen Asbestfaser-Konzentrationen oder mit einem kurzfristigen und unvorhersehbaren Anstieg der Asbestfaser-Konzentrationen zu rechnen. Diese Asbestfaser-Konzentrationen stellen eine Gefährdung von Leben und Gesundheit dar (→Konkrete Gefahr).

70 bis 79 Punkte: Dringlichkeitsstufe II, Neubewertung mittelfristig erforderlich: Verwendungen mit dieser Bewertung sind in Abständen von höchstens zwei Jahren erneut zu bewerten. Ergibt eine Neubewertung die Dringlichkeitsstufe I, so ist entsprechend den Regelungen zu dieser Dringlichkeitsstufe zu verfahren.

A

< 70 Punkte: Dringlichkeitstufe III, Neubewertung langfristig erforderlich: Verwendungen mit dieser Bewertung sind in Abständen von höchstens fünf Jahren erneut zu bewerten. Ergibt eine Neubewertung die Dringlichkeitsstufe I oder II, so ist entsprechend den Regelungen zu diesen Dringlichkeitsstufen zu verfahren.
Folgende Verwendungen lassen sich mithilfe des Formblattes nicht beurteilen; sie sind wie folgt einzustufen:

- Asbesthaltige →Brandschutzklappen in Dringlichkeitsstufe III
- Asbesthaltige Brandschutztüren, bei denen die Asbestprodukte vom Blechkörper – mit Ausnahme notwendiger Öffnungen zum Öffnen und Schließen – dicht eingeschlossen sind, in Dringlichkeitsstufe III
- Asbesthaltige Dichtungen zwischen Flanschen in technischen Anlagen in Dringlichkeitsstufe III

Die A. gilt nicht für festgebundene Asbestprodukte wie →Asbestzement-Produkte. Die Vorgehensweise und Schutzmaßnahmen bei der Sanierung von Asbestprodukten sind in der Technischen Regel (→TRGS) für Gefahrstoffe 519 festgelegt.

Asbestschnüre A. und Asbeststricke bestehen bis zu 100 % aus Asbest (→Chrysotil und/oder →Krokydolith). Sie wurden verwendet z.B. zur Abdichtung von Rohranschlüssen an Öfen und im Heizungsbereich, als Dichtung an Spezialtüren, als brandsichere Füllung zwischen Bauteilen (Dehnfugen) und als Dichtung an Flanschen von Luft- und Klimakanälen. A. fallen als →Schwachgebundene Asbestprodukte in den Geltungsbereich der →Asbest-Richtlinie. Die Verwendung von A. ist seit 1982 verboten. A. werden in Kategorie I „Art der Asbestverwendung" des Formblattes der Asbest-Richtlinie mit 15 Punkten bewertet (z. Vgl.: maximal mögliche Punktzahl: 20). →Asbest

Asbesttextilien A. bestehen bis zu 100 % aus →Asbest (meist →Chrysotil). Sie fanden Verwendung z.B. im Arbeitsschutz für Hitzeschutzbekleidung, als Brandabschlüsse in Gebäuden, als Kompensatoren in raumlufttechnischen Anlagen und für Löschdecken. A. fallen als →Schwachgebundene Asbestprodukte in den Geltungsbereich der →Asbest-Richtlinie. Die Verwendung von A. ist seit 1982 verboten. A. werden als Baustoffe in Kategorie I „Art der Asbestverwendung" des Formblattes der Asbest-Richtlinie mit 15 Punkten bewertet (z. Vgl.: maximal mögliche Punktzahl: 20).

Asbestzement A.-Produkte sind vorgefertigte, asbesthaltige und zementgebundene Bauprodukte mit einer Rohdichte über 1.400 kg/m^3. Der Asbestgehalt beträgt durchschnittlich 10 – 15 %, z.T. aber auch bis 25 %. A.-Produkte fallen als festgebundene Asbestprodukte nicht in den Geltungsbereich der →Asbest-Richtlinie. Bekannt geworden sind A.-Produkte insbesondere unter den Markennamen Eternit und Internit. A.-Produkte wurden im Hoch- und Tiefbau für vielfältige Zwecke verwendet, in Form von Platten, Wellplatten, (Wasser-)Rohren, Formstücken und mobilen Teilen (z.B. Blumenkästen, Pflanzschalen, Standaschenbecher). Die größte Bedeutung hatten mit einem Anteil von 80 % der A.-Produktion die A.-Wellplatten für Dacheindeckungen. In A.-Produkten sind die Asbestfasern fest im Produkt eingebunden (festgebundene Asbestprodukte). Überwiegend wurde →Chrysotil (Weißasbest) verwendet, z.T. aber auch →Krokydolith (Blauasbest). Im Tiefbau wurde A. für →Trinkwasserleitungen verwendet. Hierdurch kann es, abhängig von der Beschaffenheit des Wassers und der A.-Rohre, zu hohen Asbestfaser-Konzentrationen im Trinkwasser kommen. Im Innenbereich fand A. Verwendung u.a. für Trennwände, Zwischendecken, Lüftungskanäle, Abschottungen, Kamine und Fensterbänke, im Außenbereich u.a. für Rohre, Fassadenverkleidungen, Dacheindeckungen und Fensterbänke. Verwendungsmengen in Westdeutschland: 870 Mio. m^2 A.-Platten für Fassaden und Dächer, davon 560 Mio. m^2 beschichtet, 310 Mio. m^2 unbeschichtet. In ganz Deutschland wurden ca. 1 – 1,3 Mrd. m^2 Dach- und Wandflächen aus A. verbaut.

Durch Verwitterung der A.-Platten im Außenbereich werden jährlich schätzungsweise mehrere 100 t Asbest freigesetzt. Messergebnisse zeigen jedoch, dass selbst in der Umgebung von abwitternden Asbestzement-Platten lediglich mit Faserkonzentrationen in der Größenordnung von 100 F/m³ zu rechnen ist. Diese Zusatzbelastung wird von den zuständigen Behörden nicht als wesentliches Zusatzrisiko erachtet. In der Regel besteht für Bewohner eines Hauses mit A.-Platten daher keine größere Gefährdung als für die Bewohner der Nachbarhäuser ohne solche Asbestprodukte. Ganz anders stellt sich die Situation bei äußerer Einwirkung wie Zerbrechen, Zerschlagen oder mechanischer Bearbeitung wie Bohren, Sägen oder Schleifen dar. In diesen Fällen können große Mengen Asbestfeinstaub freigesetzt werden, die eine erhebliche Gesundheitsgefährdung darstellen. Das Hochdruckreinigen oder Abbürsten von asbesthaltigen Fassaden und Dacheindeckungen ist nicht zulässig. Im Unterschied zu den bereits werkseitig beschichteten Asbestzement-*Fassadenplatten* sind sowohl das Reinigen wie auch das Beschichten von Asbestzement-*Dachflächen* grundsätzlich verboten. Mit den genannten Einschränkungen und Verboten will der Gesetzgeber erreichen, dass die Lebensdauer der asbesthaltigen Materialien nicht verlängert wird.
Von A.-Produkten im Innenbereich geht in aller Regel keine unmittelbare Gefahr aus. Vorausgesetzt, die Produkte sind in gutem Zustand, also ohne erhebliche Beschädigungen, und sie sind fest angebracht.
Arbeiten an A.-Produkten dürfen nur von Firmen mit Sachkundenachweis nach TRGS 519 durchgeführt werden. Asbesthaltige Abfälle sind als gefährliche Abfälle zu entsorgen.

Asbestzement-Dächer →Dächer aus Asbestzement

Asbestzementrohre für →Trinkwasserleitungen.

ASI-Arbeiten Abk. für Abbruch-, Sanierungs- und Instandhaltungsarbeiten, die gefahrstoffrechtlichen Regelungen unterliegen (z.B. Arbeiten an Asbestprodukten).

Aspe →Pappel

Asphalt A. ist ein im Straßen- und Hochbau eingesetzter Belag aus Gesteinskörnungen und →Bitumen als Bindemittel. A. wird in überwiegend stationären Asphaltmischwerken hergestellt (etwa 750 Asphaltmischwerke in Deutschland). Die Mineralstoffe werden getrocknet und auf Verarbeitungstemperatur (180 bis 300 °C) des herzustellenden Mischgutes erhitzt. Die erhitzten Mineralstoffe werden in Silos über dem Mischer auf Körnungen abgesiebt, zwischengelagert und dann entsprechend der Sollzusammensetzung für die einzelnen Chargen in den Mischer dosiert. Die unterschiedlichen Bitumensorten lagern heißflüssig (bei Temperaturen unter 200 °C) in Lagertanks und werden in den Mischer dosiert. Für die A.-Herstellung werden ca. 80 % des in Deutschland produzierten Bitumens benötigt. Die mit Abstand größte Menge des Bitumens geht als →Walzasphalt in den Straßenbau. Weitaus geringere Mengen werden zu →Gussasphalt verarbeitet. Teilweise aus →Naturasphalt werden →Asphaltplatten gefertigt. Splittmastixasphalt ist eine spezielle Sorte von Asphaltbeton mit einem höheren Bitumen- und Splittgehalt, dem Zusätze – i.d.R. 0,3 bis 1,5 M.-% Cellulosefasern – beigemischt werden, um die Stabilität zu erhöhen. Drain- oder Flüsterasphalt ist ein Asphaltbeton mit einem hohen Anteil großer Gesteinskörner. Durch seine Hohlräume kann Regenwasser nach unten abgeleitet werden und der Schall von Fahrgeräuschen absorbiert werden. Motorengeräusche können nicht absorbiert werden, eine Schallreduktion findet daher nur statt, wenn die Hauptlärmquelle die Rollgeräusche der Räder sind, also bei Autobahnen und Schnellstraßen ab ca. 80 km/h.
Zur Verarbeitung muss A. erhitzt werden: Die Verarbeitungstemperaturen liegen bei ca. 180 °C bei Walzasphalt und ca. 250 °C bei Gussasphalt. Dabei entsteht ein gesundheitsschädliches Gemisch aus Bitumendämpfen und -aerosolen, die zu Atem-

A

wegserkrankungen der betroffenen Arbeiter führen und in Zusammenhang mit einer krebserzeugenden Wirkung gebracht werden (→Bitumen als Dampf und Aerosol: MAK-Liste Kat. 2). Bei der Handhabung und Verarbeitung der mineralischen Komponenten können außerdem einatembare und alveolengängige mineralische Stäube, insbesondere Quarzstäube (→Quarz), entstehen, die ebenfalls gesundheitsschädlich sind. Die Höhe der Exposition mit schädlichen Substanzen bei der A.-Herstellung ist abhängig von Mischanlage, Bitumensorte, Verarbeitungstemperatur und Art des hergestellten Endproduktes (Walz- oder Gussasphalt). Die höchsten Emissionen treten bei der Verarbeitung von Gussasphalt in Räumen auf. Für die Zukunft laufen Bestrebungen, die Temperaturen bei der Verarbeitung zu senken (→Niedertemperaturasphalt) und dadurch die Emissionen, den Energieverbrauch und die CO_2-Emissionen zu reduzieren.

Asphaltestrich →Gussasphaltestrich

Asphaltplatten A. werden aus →Naturasphalt-Trockenmehl oder gemahlenem Naturstein mit →Bitumen als Bindemittel hergestellt. A. werden gern als Industrieboden benutzt, da sie bereits nach drei Tagen begehbar und nach zehn Tagen voll belastbar sind. Durch ein hohes Maß an innerer Dämpfung kommen herabfallende Lasten wenig zu Schaden. Sie sind normalerweise nicht beständig gegen Mineralöle und Säuren. In Feuchträumen sind Spezialplatten einzusetzen. A. (meist 25 cm × 25 cm, 30 mm Dicke) werden im 20 mm Mörtelbett aus Zementmörtel, Asphaltmastix oder Spezialmörtel eingebaut. Die Verfugung erfolgt mit Zementschlämme (Industrieverlegung) oder speziellen Schnellfugmassen (Edelverlegung). Der Boden wird mit farbigem oder klarem, lösemittelhaltigem Produkt versiegelt. Bei der Edelverlegung kann auch eine Erstpflege mit Wachsemulsion erfolgen.

Als Altlasten sind noch PAK-Emissionen aus mit →Teer gebundenen Platten relevant (→Teerpechplatten). Da heute ausschließlich Bitumen als Bindemittel eingesetzt wird, liegen die PAK-Werte deutlich niedriger. Gesundheitlich relevant können lösemittelhaltige Versiegelungsprodukte und Imprägniergrunde (→Lösemittel) sein.

ASR →Arbeitsstätten-Richtlinien

ATH Alumniniumtrihydroxid = →Aluminiumhydroxid.

Atmungsaktivität A. ist ein Begriff der →Baubiologie für dampfdiffusionsoffene Aufbauten (→Dampfdiffusion). Dampfdiffusionsoffene Aufbauten für die Gebäudehülle fördern in Kombination mit sorptionsfähigen Oberflächen ein gutes und angenehmes Raumklima, da sie die Feuchteregulierung im Innenraum unterstützen. Der Begriff A. wird heute immer seltener verwendet, weil A. als Luftdurchlässigkeit interpretiert werden kann, was den gängigen Wärmeschutzstandards widerspricht (→Luftdichtigkeit von Gebäuden).

ATO →Antimontrioxid

Atro Absolut trockenes Rohholz. →Holz

AUB Die Arbeitsgemeinschaft umweltverträgliches Bauprodukt e.V. (AUB) ist eine Initiative von Bauproduktherstellern, die für die Produkte ihrer Mitglieder das AUB-Zertifikat vergibt, das zu einer Typ-III-Umweltdeklaration (EPD = environmental product declaration) weiterentwickelt werden soll (→Umweltzeichen für Bauprodukte). Solche Deklarationen eignen sich zur detaillierten Information von Geschäftspartnern. Sie können das Marketing und die Kommunikation mit Investoren und anderen Anspruchsgruppen unterstützen – zum Beispiel als Benchmark im Vergleich mit anderen Herstellern oder als Dokumentation einer Verbesserung der Umweltleistung.

Eine EPD, also eine Deklaration der umweltrelevanten Produkteigenschaften, darf nicht mit einer Auszeichnung oder einem bewertenden Gütesiegel verwechselt werden (Bsp.: →Blauer Engel, →natureplus). Denn das Wesen einer Deklaration besteht in der Offenheit des Zugangs – jeder kann mitmachen und seine Daten offen legen. Eine Bewertung der Produkte ist damit

nicht verbunden. Erst der Vergleich der verschiedenen EPD im Zusammenhang mit der jeweiligen Konstruktion liefert dem Fachmann die Entscheidungsgrundlage, welches der Produkte die geringeren Umweltbelastungen für eine bestimmte Anwendung mit sich bringt.
In der Label-Datenbank der →Verbraucherinitiative (www.label-online.de) heißt es zum AUB-Zertifikat (Auszug): „Das Vereinszeichen des AUB weist auf eine ausführliche Beschreibung der Umwelteigenschaften von Produkten und deren Produktionsprozessen hin. Es zielt darauf ab, die gesundheits- und umweltrelevanten, herstellerinternen Informationen transparent und Interessierten zugänglich zu machen. Die Einhaltung gesundheitlicher und ökologischer Mindeststandards ist hier nicht vorgeschrieben. Da Zeichengeber und Zeichennehmer übereinstimmen, ist die Zeichenvergabe bedingt unabhängig und verliert an Glaubwürdigkeit.“ Die Verbraucherinitiative bewertet das AUB-Zertifikat als „eingeschränkt empfehlenswert“.

Aufenthaltsräume A. nach § 2 der Musterbauordnung sind Räume, die zum nicht nur vorübergehenden Aufenthalt von Menschen bestimmt oder geeignet sind.

Auffälligkeitswerte A. (Gegenteil: →Normalwerte) beschreiben Stoffkonzentrationen in der Innenraumluft, die oberhalb der üblicherweise gemessenen Konzentrationen liegen und damit als „auffällig“ gelten. A. sind nicht gesundheitlich begründet, sondern aus einem Wertekollektiv möglichst repräsentativer Raumluftmessungen abgeleitet (Referenzwerte). Als „auffällig“ gelten Werte oberhalb des 95- bzw. 90-Perzentils eines solchen Wertekollektivs. Bei Überschreitung des A. kann es unter Vorsorgegesichtspunkten sinnvoll sein, die Quelle der Innenraumluftverunreinigung zu ermitteln und Minderungsmaßnahmen einzuleiten. →Innenraumluft-Grenzwerte

Aufsparrendämmung Bei der A. bildet die Dämmschicht eine durchgehende Ebene direkt unter der Dacheindeckung, meist auf einer innen sichtbaren Schalung. Somit entstehen durch die Sparren keine Wärmebrücken. Bei Neubauten, oder wenn ohnehin eine neue Dacheindeckung ansteht, stellt die A. oft die beste Lösung dar.

Ausgleichsschichten →Dampfdruck-Ausgleichsschicht

Ausrüstung →Teppichzusatzausrüstungen, →Flammschutzmittel

Ausschuss für Gefahrstoffe →AGS

AVV →Abfallverzeichnisverordnung

Azofarbstoffe A. sind die wichtigsten Farbmittel zum Färben von Textilien. Etwa 2/3 der heute verwendeten Textilfarbmittel gehören zur Stoffklasse der A. Durch Kupplung einfach oder mehrfach diazotierter Arylamine werden A. hergestellt und können unter reduktiven Bedingungen zu aromatischen Aminen abgebaut werden. Auch im Stoffwechsel können sie zu den entsprechenden aromatischen Aminen gespalten werden. Bei einigen dieser Farbstoffe entstehen bei der Spaltung krebserzeugende Amine. Die aromatischen Amine können durch die Haut in den Körper aufgenommen werden. A., die krebserzeugende Amine freisetzen können, dürfen gem. Bedarfsgegenstandsverordnung und EU-Richtlinie 76/769/EWG in Textil- und Ledererzeugnissen, die mit der menschlichen Haut oder der Mundhöhle direkt und längere Zeit in Kontakt kommen können, weder verwendet noch in den Verkehr gebracht werden.

B

Backkork B. besteht aus Rohkorkgranulat, das über das korkeigene Suberinharz gebunden wird. →Kork

Bakterien B. sind in der Innenraumluft i.d.R. nur in niedrigen Konzentrationen vorhanden. Typischerweise treten solche B. auf, die die menschliche Haut besiedeln und von dort in die Luft abgegeben werden (z.B. Staphylococcus epidermidis). Für B. ist die Luft ein ungünstiger Lebensraum. Sie überleben dort, in Abhängigkeit von der Luftfeuchtigkeit, meist nur für kurze Zeit. Nur Bakterien, die in der Lage sind, Sporen zu bilden (z.B. Bacillus species, Thermoactinomyces), können für längere Zeit in der Luft oder im trockenen Hausstaub überleben. B. sind für ihr Wachstum, mehr noch als Pilze, auf sehr feuchte Bedingungen angewiesen, z.B. nach einem Wasserschaden. Eine weitere wichtige Quelle sind Luftbefeuchter, in deren wasserführenden Teilen sich bestimmte B. (z.B. Pseudomonas aeruginosa) besonders gut vermehren können. Beim Betrieb einer RLT-Anlage (mit Luftbefeuchter) bzw. eines freistehenden Luftbefeuchters sollten B. als mögliche Ursache von allergischen/toxischen Symptomen berücksichtigt werden.

Balsame B. sind Auflösungen von festen Harzbestandteilen (Harzalkohole, Harzester, Harzsäuren, hochmolekularen Kohlenwasserstoffe usw.) in →Terpentinöl. An der Luft erhärten die zähflüssigen B. allmählich, da das flüchtige Terpentinöl verdunstet.

Balsamterpentinöl →Terpentinöl

BAM Bundesanstalt für Materialprüfung.

BaP Abk. für →Benzo[a]pyren, ein kerbserzeugender Vertreter und Leitsubstanz der →Polycyclischen aromatischen Kohlenwasserstoffe.

Barium B. zählt zu den →Schwermetallen und wird aus dem Mineral Schwerspat (Bariumsulfat) gewonnen. Bariumsulfat selbst ist ungiftig, da schwerlöslich und damit nicht bioverfügbar. Es wird auch als Kontrastmittel beim Röntgen verwendet. Alle löslichen Bariumverbindungen sind sehr giftig; Bariumcarbonat wird als Rattengift verwendet.

Basileum SP 70 Fungizid mit →Chlornaphthalinen als Wirkstoff.

BAT-Werte B. sind biologische Arbeitsstoff-Toleranz-Werte gemäß TRGS 903 bzw. MAK-Liste (→MAK-Werte), die im Rahmen spezieller ärztlicher Vorsorgeuntersuchungen dem Schutz der Gesundheit von Arbeitnehmern an gewerblichen Arbeitsplätzen (Tätigkeiten mit Gefahrstoffen) dienen. Der B. ist definiert als die beim Menschen höchstzulässige Quantität eines Arbeitsstoffes bzw. Arbeitsstoff-Abbauproduktes oder die dadurch ausgelöste Abweichung eines biologischen Indikators von seiner Norm, die nach dem gegenwärtigen Stand der wissenschaftlichen Kenntnis im Allgemeinen die Gesundheit der Beschäftigten auch dann nicht beeinträchtigt, wenn sie durch Einflüsse des Arbeitsplatzes regelhaft erzielt wird. Die Bestimmung von B. erfolgt insbesondere durch Untersuchung von Blut, Harn oder Plasma/Serum.

BAuA Bundesanstalt für Arbeitsschutz und Arbeitsmedizin.

Bauabfälle Zu den B. gehören die mineralischen Abfälle Boden, Bauschutt und Straßenaufbruch sowie die →Baustellenabfälle.

Baubiologie Die B. ist die Lehre vom Einfluss der gebauten Wohnumwelt auf die Gesundheit und das Wohlbefinden des Menschen und die praktische Anwendung dieses Wissens im Bauen. Hierdurch sollen gesunde, behagliche, anmutende, lebensfördernde und menschengemäße Bauweisen gefördert werden. Die B. will den Menschen in seiner Gesamtheit von Körper, Seele und Geist einbeziehen. Baubiologische Kernthemen sind daher die Fragen nach dem Wohlbefinden des Menschen in physiologischer (körperlicher) und psychologischer Hinsicht im bebauten Umfeld.

Die Grundphilosophie unterliegt einer ganzheitlich-humanistischen Lebenseinstellung, die versucht, alle mitwirkenden Faktoren langfristig zu berücksichtigen. Der Umweltschutz spielt auch in der B. eine Rolle, im Unterschied zur →Bauökologie stellt sie aber den Menschen in den Mittelpunkt der Betrachtung. In der B. werden Wechselwirkungen untersucht, die zu einer Beeinträchtigung der Nutzer und Nutzerinnen einer Wohn-, Arbeits- oder Erholungsumgebung bzw. zu einer Förderung des Wohlbefindens führen können. Zu diesen gehören:

- Gesunde Raumluft und -oberflächen
- Thermische Behaglichkeit
- Elektromagnetische Felder
- Wohnpsychologie
- Licht- und Farbgestaltung

Häufig werden auch grenzwissenschaftliche Phänomene wie z.B. Radiästhesie oder Geomantie der B. zugeordnet. Bei diesen objektiv nicht verifizierbaren Phänomenen besteht die Gefahr des Missbrauchs durch Geschäftemacherei (Verkauf von „Entstörungsgeräten" etc.), wodurch die B. in Verruf gebracht wurde. Im Zweifelsfall sollten Verbraucherberatungen oder unabhängige wissenschaftliche Organisationen wie z.B. das →IBO (Österreichisches Institut für Baubiologie und -ökologie) befragt werden, ob angebotene Produkte oder Dienstleistungen seriös sind.

Baufanit B. ist der Handelsname für →Asbestzement-Produkte (Platten, Welltafeln, Druckrohre u.a.) der DDR nach TGL 22896, die 12 – 16 % Asbest enthalten. Die B.-Platte fällt als festgebundenes Asbestprodukt nicht in den Geltungsbereich der →Asbest-Richtlinie.

Baufatherm B. ist der Handelsname für die anorganische, asbesthaltige Brandschutzplatte der DDR nach TGL 22973. Die Platte wurde ab 1974 hergestellt und enthielt anfangs 47 % Asbest (ab 1981 38 %). Die Rohdichte betrug 900 – 1.200 kg/m^3. Anwendungsbereiche waren leichte Bauelemente und -teile sowie die Bekleidung von Bauteilen mit Brandschutzanforderungen. Zur Verhinderung von Kondensatbildung in Feuchträumen wurde die Platte dort zur Wand- und Deckenbekleidung eingesetzt. Die B.-Platte gilt gemäß Asbest-Richtlinie unabhängig von ihrer Rohdichte als →Schwachgebundene Asbestprodukte. →Asbest

Baugipse B. werden aus →Putzgips oder →Stuckgips hergestellt, dem Stellmittel (z.B. Cellulosederivate, Abbindeverzögerer) und →Füllstoffe (Perlite, Kalksteinmehl und Kalksand) beigegeben sein können.

Maschinenputzgips: Zum Herstellen von Innenputzen. Stellmittel ermöglichen die maschinelle Verarbeitung, Füllstoffe können zugesetzt sein.

Fertigputzgips: Handgipsputz zum Herstellen einlagiger Innenputze auf Mauerwerk aller Art. Stellmittel und Füllstoffe sind zugegeben zum Erzielen besonderer Verarbeitungseigenschaften.

Haftputzgips: Mit Zusätzen wie z.B. →Kunstharz zur verbesserten Haftung auf glatten, wenig saugfähigen Untergründen (Betondecken).

Ansetz-, Fugen- und Spachtelgips: Zum Verarbeiten von →Gipsbauplatten. Durch Stellmittel ausreichendes Wasserrückhaltevermögen und damit langsameres Versteifen.

→Naturgips, →REA-Gips, →Anhydrit, →Gipsputze, →Gipsspachtelmassen, →Gipsmörtel

Bauhohlglas →Pressglas

Baukalke B. unterteilt man nach ihrem Erhärtungsverhalten in →Luftkalke, →Wasserkalke, →Hydraulische Kalke und →Hochhydraulische Kalke.

Die Herstellung erfolgt durch Brennen von →Kalkstein, →Dolomitstein, →Kalkmergel oder mergeligem Kalkstein unterhalb der Sintergrenze (900 – 1.200 °C). Oft werden hydraulische, latent hydraulische oder puzzolanische Stoffe (→Puzzolane) zugesetzt. Häufig wird der →Kalk schon →Gelöscht als →Kalkhydrat oder Kalkteig (Calciumhydroxid) geliefert, aber auch als →Ungelöschter Kalk (Stückkalk, Feinkalk). B. wird als Innen- und Außenputz

Tabelle 8: Arten von Baukalken (nach: Praxis-Handbuch Putz. Ross, H. & F. Stahl., 2003. 3. Aufl., R. Müller Verlag)

Baukalkart	**Herstellung**	**Löschprozess**	**Erhärtung**
Luftkalke			
Weißkalk, Fettkalk, Speckkalk	Durch Brennen aus fast reinem Kalkstein	Kräftig löschend, quillt dabei bis zum Dreifachen	Druckfestigkeit ≈ 1 N/mm^2
Carbidkalk	Abfallprodukt bei der Acetylenherstellung	Etwas träger löschend und etwas weniger quellend als Weißkalk durch Koksstaubbeimengung; wird nur gelöscht geliefert	Erreicht etwas höhere Festigkeiten als Weißkalk
Dolomitkalk, Graukalk, Schwarzkalk, Magerkalk	Durch Brennen aus Dolomit (dolomitischer Kalkstein)	Träger löschend und weniger quellend als Weißkalk, wird nur gelöscht geliefert	Druckfestigkeit ≈ 1 N/mm^2
Weißfeinkalk, Seemuschelkalk, Marmorkalk	Durch Brennen aus Seemuscheln bzw. Marmor	Wie Weißkalk, wird nur gelöscht geliefert	Druckfestigkeit ≈ 1 N/mm Druckfestigkeit > 1 N/mm^2
Hydraulisch erhärtende Kalke			
Wasserkalk	Durch Brennen aus mergeligem Kalkstein	Träger löschend als Weißkalk	Zur Erhärtung ca. 7 Tage Luftzutritt notwendig; Druckfestigkeit > 1 N/mm^2
Hydraulischer Kalk	Durch Brennen aus Kalksteinmergel oder aus Kalkstein mit zusätzlichen Hydraulefaktoren	Teilweise löschfähig, wird nur gelöscht geliefert	Zur Erhärtung ca. 5 Tage Luftzutritt notwendig; Druckfestigkeit > 1 N/mm^2
Hochhydraulischer Kalk, Trasskalk, Puzzolankalk	Durch Brennen aus Kalksteinmergel oder Kalkstein mit jeweils zusätzlichen Hydraulefaktoren	Teilweise löschfähig, wird nur gelöscht geliefert	Zur Erhärtung ca. 1 – 3 Tage Luftzutritt notwendig; Druckfestigkeit > 1 N/mm^2
Romankalk	Durch Brennen aus kalkarmen Mergel	Wie hochhydraulischer Kalk	Wie hochhydraulischer Kalk

und für →Kalkmörtel (→Kalkputze) verwendet.
Ungelöschte Baukalke: Weißfeinkalk, Weißstückkalk, Dolomitfeinkalk, Wasserfeinkalk. Gelöschte Baukalke: Weißkalkhydrat, Weißkalkteig, Carbidkalkhydrat, Carbidkalkteig, Dolomitkalkhydrat, Wasserkalkhydrat, Hydraulischer Kalk, Hochhydraulischer Kalk.

Baumwolle-Dämmstoffe B. für die Wärme- und Schalldämmung können aus Baumwolle und Flammschutzmittel gefertigt werden. Die eine Zeit lang am Markt angebotenen B. bestanden aus einer Mischung von Rohbaumwolle und Baumwollabfällen aus der Textilindustrie. Die technischen Eigenschaften waren vergleichbar mit jenen von →Schafwolle-Dämmstoffen.
→Wärmedämmstoffe

Bauökologie Die B. ist die Lehre der Wechselwirkungen bzw. Auswirkungen von Bauvorhaben auf Lebewesen und ihre Umwelt. Sie betrachtet daher – im Gegensatz zur →Baubiologie – nicht nur das fertige Produkt in seiner Auswirkung auf das unmittelbare Wohlbefinden des Menschen, sondern den gesamten →Lebenszyklus von der Rohstoffbereitstellung bis zur Beseitigung des Gebäudes. Jedes Bauvorhaben belastet die Umwelt und ist mit dem Ge- und Verbrauch natürlicher Ressourcen verbunden. Ziel der B. sind weitestgehend umwelt- und gesundheitsverträgliche Gebäude. Dieser Anspruch erfordert ein möglichst umfassendes Maßnahmenpaket für alle Planungs- und Nutzungsphasen des Gebäudes (Bedarfsanalyse, Standortwahl, Planung, Ausschreibung, Ausführung, Nutzung, Abbruch). Eines der übergeordneten Handlungsziele ökologischen Bauens ist die Steuerung der Stoffflüsse im Sinne einer minimalen Nutzung der Ressourcen. Ökologisches Bauen ist aber kein feststehendes Konzept, das sich beliebig auf alle Bauvorhaben übertragen lässt. Jede Objektplanung erfordert spezifische Konzepte unter Berücksichtigung der jeweils unterschiedlichen (örtlichen) Rahmenbedingungen. Allgemein kann man sagen, dass „ökologisch bauen"

- die Minimierung des Verbrauchs von Grund und Boden,
- die Minimierung des Verbrauchs nicht erneuerbarer stofflicher und energetischer Ressourcen,
- die Minimierung der Verunreinigung von Boden, Luft und Wasser,
- die Minimierung von Abfällen und Lärm,
- die Minimierung der Beeinträchtigung des Landschafts- bzw. Stadtbildes,
- die Minimierung gesundheitlicher Beeinträchtigungen durch Baustoffe sowie
- die Optimierung des Gebäudenutzens und der Gebäudelebensdauer

bedeutet. B. bzw. ökologisches Bauen ist längst keine Außenseiterdisziplin mehr, sondern etabliert sich zunehmend als Qualitätsbegriff für das Bauen schlechthin. →Ökobilanz

Bauprodukte Gem. →Bauproduktengesetz und Landesbauordnungen sind Bauprodukte definiert als Baustoffe, Bauteile und Anlagen, die hergestellt werden, um dauerhaft in baulichen Anlagen des Hoch- und Tiefbaus eingebaut zu werden, sowie aus Baustoffen und Bauteilen vorgefertigte Anlagen, die hergestellt werden, um mit dem Erdboden verbunden zu werden, wie Fertighäuser, Fertiggaragen und Silos.
Der Umsatz mit B. beträgt in der EU ca. 200 Mrd. €/a. Deutschland hat hierbei Anteile von fast 60 %. Die Produktpalette umfasst mehr als 20.000 verschiedene Materialien und Erzeugnisse. Diese werden unter Verwendung einer Vielzahl von organischen und anorganischen Stoffen hergestellt, deren Emissionsverhalten und Wirkungen auf Gesundheit und Umwelt oft unbekannt sind. B. verursachen große Stoffströme. Ca. 40 % des deutschen Verbrauchs an mineralischen Rohstoffen werden im Hoch- und Tiefbau eingesetzt. 25 % der hergestellten Kunststoffe und 8 % der chemischen Produkte finden ihre Anwendung im Bauwesen.
In der EU werden etwa 30.000 Chemikalien mit einer Jahresproduktion von mehr als 1 t und etwa 2.700 Chemikalien mit einer Jahresproduktion über 1.000 t vermarktet. Erst für ungefähr 100 dieser Chemikalien wurde eine Risikobewertung über eine mögliche Gesundheits- und Umweltgefährdung im Sinne der EG-Altstoffverordnung durchgeführt. Nach dem derzeitigen Zeitplan sollen im Rahmen der neuen europäischen Chemikalienpolitik bis 2012 die genannten 30.000 Stoffe registriert und Stoffe mit gefährlichen Eigenschaften hinsichtlich ihres Gesundheits- und Umweltgefährdungspotenzials bewertet werden. Dies zeigt, dass in B. eine Vielzahl von Stoffen eingesetzt werden kann, die zum größten Teil hinsichtlich ihres Gesundheits- und Umweltgefährdungspotenzials bisher nicht bewertet wurden. Dem stehen nur wenige Regelungen für gefährliche Stoffe gegenüber, die für B. relevant sind. Die überwiegende Anzahl dieser Regelungen findet sich in der europäischen Beschränkungsrichtlinie 76/769/EWG. Von den 47 dort aufgeführten Regelungen für Einzelstoffe oder Summenparameter sind nur etwa 20 Verbote oder Beschränkungen für die Anwendung in B. relevant. Mehr als

B

die Hälfte der Regelungen gilt für gefährliche Stoffe in anderen Anwendungen und deckt somit eine mögliche Verwendung in Bauprodukten nicht ab.

Tabelle 9: Beschränkung des Inverkehrbringens und der Verwendung gewisser gefährlicher Stoffe und Zubereitungen in der EU betr. Bauprodukte und Materialien für den Innenraum, Stand 2004 (CMR = Carcinogen, Mutagen, Reproduktionstoxisch)

Änderungs- und Anpassungs-RL	Datum	Stoff	Beschränkung des Inverkehrbringens und der Verwendung	Inkrafttreten
Grundrichtlinie	27.7.1976	Polychlorierte Biphenyle (PCB) und Terphenyle (PCT)	Teilweise Beschränkung der offenen Anwendung von PCB und PCT	Jan. 1978
		Vinylchlorid (VC)	Verbot von VC als Treibgas in Aerosolen	
1. Änderung	24.7.1979	Gefährliche Flüssigkeiten	Gefährliche Flüssigkeiten in Dekorationsgegenständen/Spielen	Juli 1980
2. Änderung	22.11.1982	Benzol	Benzol in Stoffen, Zubereitungen und Spielwaren	Nov. 1983
3. Änderung	3.12.1982	Polychlorierte Terphenyle PCT	PCT-haltiges Material für Bauteile	Dez. 1982
4. Änderung	16.5.1983	Polybromierte Biphenyle (PBB)	PBB in Textilien	Nov. 1985
5. Änderung	19.9.1983	Asbest (Krokydolith)	Krokydolith in Erzeugnissen	März 1986
6. Änderung	1.10.1985	Polychlorierte Biphenyle (PCB) und Terphenyle (PCT)	Besondere Bestimmungen über die Kennzeichnung PCB und PCT enthaltener Erzeugnisse	Juni 1986
7. Änderung	20.12.1985	Asbest (Chrysotil)	Verbot u.a. für Spielzeug, Raucherartikel, katalytische Siebe	Dez. 1987
1. Anpassung	3.12.1991	Asbest (Krokydolith, Chrysotil)	Weitere Verbote u.a. Verwendung in Mörtel, Anstrichstoffen, Dachpappe	Juli 1993
6. Anpassung	26.7.1999	Asbest	Nahezu vollständiges Verbot (Ausnahmen Diaphragmen)	Aug. 1999
8. Änderung	21.12.1989	Gefährliche flüssige Stoffe	Verbot der Flüssigkeiten in Dekorationsgegenständen (u.a. Lampen)	Juni 1991
		Blei-, Arsen-, Quecksilber-, zinnorganische Verbindungen	Beschränkung als biozider Wirkstoff	
4. Anpassung	10.9.1997	Gefährliche flüssige Stoffe	Verschärfung der Regelungen für Lampenöle der 8. Änderungs-RL	Dez. 1998
10. Anpassung	6.1.2003	Arsenverbindungen	Als biozider Wirkstoff; behandeltes Holz	Jan. 2003
9. Änderung	21.3.1991	Pentachlorphenol (PCP)	Verbot als Holzschutzmittel	Juni 1992

10. Änderung	18.6.1991	Cadmium und Cadmiumverbindungen	Beschränkung von Cd als Stabilisator und Farbstoff im PVC	Dez. 1992
5. Anpassung	26.5.1999	Zinn, PCP, Cadmium	Verschärfung der Regelungen zu Zinn, PCP und Cd der 9. und 10. Änderungs-RL	Juni 1999
13. Änderung	7.12.1994	Entzündliche Stoffe	Verbot von entzündlichen Stoffen in Aerosolpackungen für Dekorationszwecke	Dez. 1995
14. Änderung	20.12.1994	CMR-Stoffe, aCKW	Verbot der Abgabe von CMR-Stoffen und aCKW-Stoffen an private Endverbraucher	Juni 1996
		Kreosot	Beschränkungen der Verwendung von Kreosot als Holzschutzmittel	
2. Anpassung	4.9.1996	Chlorierte Lösemittel	Verschärfung der Regelungen zu aCKW der 14. Änderungs-RL	Juni 1998
3. Anpassung	26.2.1997	CMR-Stoffe	Verbot der Abgabe weiterer CMR-Stoffe an private Endverbraucher	Juni 1998
7. Anpassung	26.10.2001	Kreosot	Verschärfung der Regelungen zu Teerölen der 14. Änderungs-RL	Juni 2003
16. Änderung	20.10.1997	CMR-Stoffe	Verbot von Stoffen, die als krebserzeugend, erbgutverändernd oder fortpflanzungsgefährdend eingestuft sind (CMR-Stoffe)	März 1999
17. Änderung	25.5.1999	CMR-Stoffe	Erweiterung des Anhangs der 16. Änderungs-RL um weitere Stoffe	Juli 1999
19. Änderung	19.7.2002	Azofarbstoffe	Verbot von Azofarbstoffen, in Textilien, Leder und Spielwaren	Sept. 2002
20. Änderung	25.6.2002	Kurzkettige Chlorparaffine	Verbot von kurzkettigen Chlorparaffinen in der Metallverarbeitung sowie zum Fetten von Leder	Jan. 2004
21. Änderung	19.6.2001	CMR-Stoffe	Erweiterung des Anhangs der 14. Änderungs-RL um weitere CMR-Stoffe	Jan. 2003
23. Änderung	26.5.2003	CMR-Stoffe	Erweiterung des Anhangs der 14. Änderungs-RL um weitere CMR-Stoffe	Juli 2003
24. Änderung	6.2.2003	Penta-, Octabromdiphenylether	Verbot als Flammschutzmittel	Aug. 2004
25. Änderung	26.5.2003	CMR-Stoffe	Erweiterung des Anhangs der 14. Änderungs-RL um weitere CMR-Stoffe	Juni 2003

B

Fortsetzung Tabelle 9:

Änderungs- und Anpassungs-RL	Datum	Stoff	Beschränkung des Inverkehrbringens und der Verwendung	Inkrafttreten
26. Änderung	18.6.2003	Nonylphenol (NP), Nonylphenolethoxylat (NPE)	Verbot von NP und NPE in Reinigern	Jan. 2005
		Chromathaltiger Zement	Beschränkung des Cr(VI)-Gehaltes im Zement	
Derzeit zur Beratung anstehende Beschränkungsmaßnahmen				
		Dichlormethan	Verbot der Abgabe an private Endverbraucher; Beschränkung der professionellen Anwendung	
		Zinnorganische Verbindungen	Verbot zinnorganischer Verbindungen in Holzschutzmitteln und Bedarfsgegenständen	
		Acrylamid	Verbot von Acrylamid in Dichtungsmörteln	
		Cadmium	Beschränkung des Recyclings von cadmiumhaltigem PVC auf wenige Bauprodukte	
		Toluol	Grenzwert für Toluol in Sprühfarben (0,1 %)	
		PFOS/A	In Vorbereitung	

Bauprodukte – Grundsätze zur gesundheitlichen Bewertung von Bauprodukten in Innenräumen Die „Grundsätze zur gesundheitlichen Bewertung von Bauprodukten in Innenräumen“ des Deutschen Instituts für Bautechnik (DIBt; Stand: Entwurf April 2005) dienen der gesundheitlichen Bewertung von zulassungspflichtigen Bauprodukten in →Innenräumen bei der Erteilung allgemeiner bauaufsichtlicher Zulassungen durch das DIBt. Grundlage bildet das vom →AgBB aufgestellte Schema zur Vorgehensweise bei der gesundheitlichen Bewertung von Bauprodukten. Die Grundsätze gliedern sich in:

Teil I: Beschreibung des Konzeptes zur gesundheitlichen Bewertung von Bauprodukten in Innenräumen

Teil II: Konkretisierung des Konzeptes für spezielle Bauproduktgruppen

Das Bewertungskonzept umfasst zwei Stufen (s. Abb. 1, Ablaufschema):

Stufe 1: Erfassung und Bewertung der Inhaltsstoffe des Bauprodukts

Stufe 2: Ermittlung und Bewertung der VOC- und SVOC-Emissionen sowie ggf. weiterer Emissionen des Bauprodukts

Stufe 1: Erfassung und Bewertung der Inhaltsstoffe des Bauprodukts

Im Rahmen des Zulassungsverfahrens erfolgt die Erfassung der Inhaltsstoffe über die vom Hersteller gegenüber dem DIBt offenzulegende Rezeptur. Zur Bewertung der Inhaltsstoffe werden die folgenden Kriterien herangezogen:

- Anwendung von Ausschlusskriterien für einzelne Inhaltsstoffe
- Abschätzung weiterer möglicher Gefährdungen, die bei der Verwendung des Produkts entstehen können
- Vergleich mit bereits auf der Grundlage dieser Grundsätze bewerteten Bauprodukten gleichartiger Zusammensetzung

Folgende Ausschlusskriterien gelten:
- Neben den geltenden gesetzlichen Regelungen (z.B. Chemikalien-Verbotsverordnung) müssen die u.g. Verwendungsverbote oder Beschränkungen (Anhang 2) eingehalten werden (aktuelle Liste siehe www.dibt.de).
- Der Einsatz von Stoffen, die nach der europäischen Richtlinie 67/548/EWG in der jeweils aktuell geltenden Fassung mit „T +" und „T" gekennzeichnet werden müssen, sollte vermieden werden; falls solche Stoffe technisch unvermeidbar sind, muss eine gesonderte Bewertung erfolgen.
- Kanzerogene (T, R 45; T, R 49) und mutagene (T, R 46) Stoffe der Kategorie 1 und 2 nach der europäischen Richtlinie 67/548/EWG dürfen nicht aktiv eingesetzt werden.

Tabelle 10: Beschränkungen des DIBt zu potenziell gesundheitsgefährdenden Stoffen in Bauprodukten, Stand: September 2003 (Anhang 2)

Stoff	**Bauprodukt**	**Regelung**	**Begründung**
Benzo[a]pyren als Leitsubstanz für PAK	Bitumenprodukte	Beschränkung des Gehaltes an BaP auf ≤ 5 ppm. Analytischer Nachweis der PAK nach EPA erforderlich.	Durch die Begrenzung des BaP-Wertes in Bitumina auf 5 mg/kg soll die mögliche Mitverwendung von Teerölen sicher ausgeschlossen werden. Dieser Wert lässt sich auch technisch ohne Schwierigkeiten realisieren.
Formaldehyd	Holzwerkstoffe	Emissionsgrenzwert für Formaldehyd von ≤ 0,1 ppm DIBt-Richtlinie 100	Umsetzung der ChemVerbotsV Anhang zu § 1 Abschnitt 3
Formaldehyd	Alle Bauprodukte (außer Holzwerkstoffe) sofern relevant	Emissionsgrenzwert für Formaldehyd von ≤ 0,1 ppm in Anlehnung an die ChemVerbotsV Nachweis durch Prüfkammermessung nach E DIN EN 717-1 oder E DIN EN 13419-1 in Verbindung mit DIN ISO 16000-3	Beschränkung der Emission von Formaldehyd aus allen innenraumrelevanten Bauprodukten auf ≤ 0,1 ppm aufgrund der Gesundheitsgefährdung durch Formaldehyd
KMF-Produkte (gerichtete) kritischer Fasergeometrie mit Ausnahme der Keramikfasern	Alle Produkte	Nachweis gem. ChemVerbotsV durch Intraperitonealtest oder intratracheale Instillation oder Kanzerogenitätsindex	Umsetzung der ChemVerbotsV Anhang zu § 1 Abschnitt 23
Keramikfasern	Alle Produkte	Kein Einsatz, wenn geeignete Substitutionsstoffe vorhanden sind Rezepturprüfung	Eingestuft als kanzerogen Kat. 2
Polybromierte Diphenylether (PBDE)	Alle Produkte	Kein Einsatz Rezepturprüfung	Im Brandfall Gefahr der Freisetzung polybromierter Dibenzodioxine und -furane

Kanzerogene (T, R 45; T, R 49) und mutagene (T, R 46) Stoffe der Kategorie 1 und 2 nach EU-Richtlinie 67/548/EWG dürfen nicht aktiv eingesetzt werden.

B

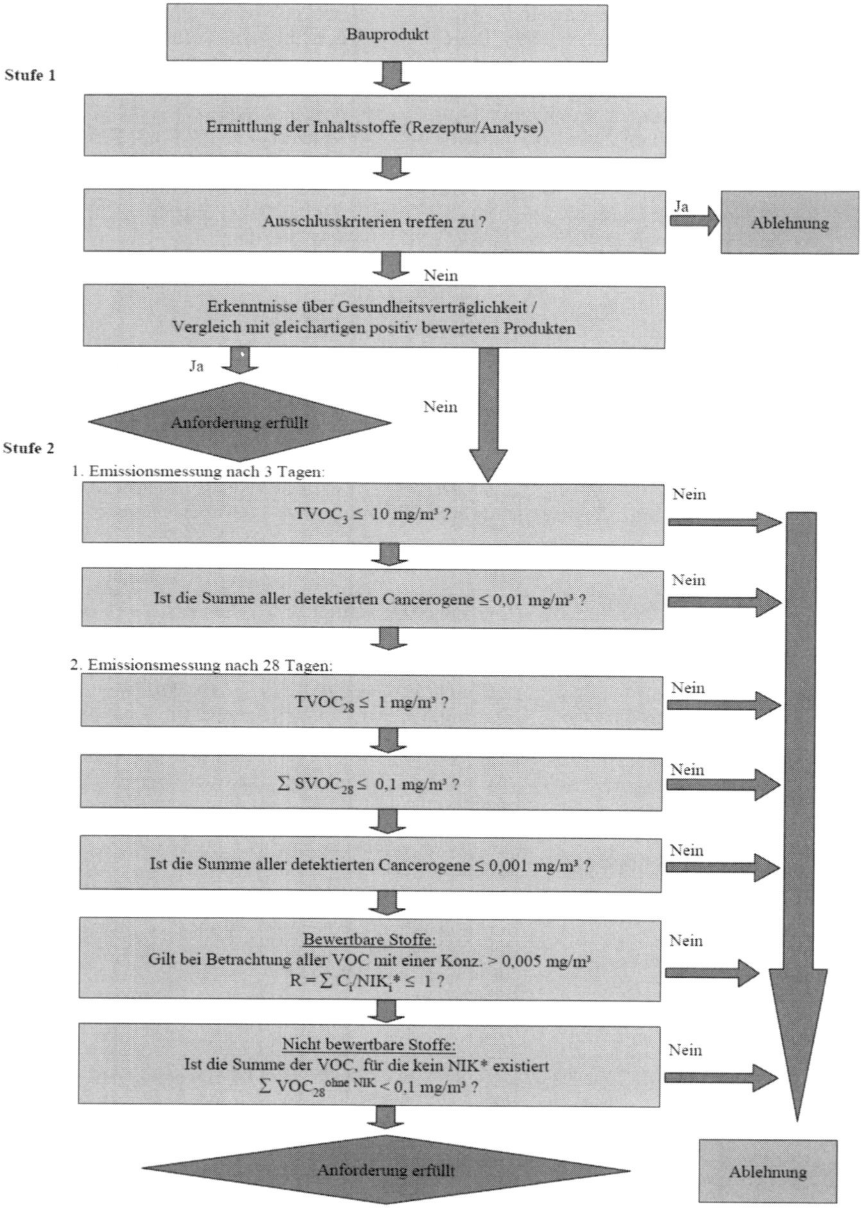

Bauprodukt

Stufe 1

Ermittlung der Inhaltsstoffe (Rezeptur/Analyse)

Ausschlusskriterien treffen zu ?

Ja → Ablehnung

Nein

Erkenntnisse über Gesundheitsverträglichkeit /
Vergleich mit gleichartigen positiv bewerteten Produkten

Ja → Anforderung erfüllt

Nein

Stufe 2

1. Emissionsmessung nach 3 Tagen:

$TVOC_3 \leq 10$ mg/m³ ? — Nein

Ist die Summe aller detektierten Cancerogene ≤ 0,01 mg/m³ ? — Nein

2. Emissionsmessung nach 28 Tagen:

$TVOC_{28} \leq 1$ mg/m³ ? — Nein

Σ $SVOC_{28} \leq 0{,}1$ mg/m³ ? — Nein

Ist die Summe aller detektierten Cancerogene ≤ 0,001 mg/m³ ? — Nein

<u>Bewertbare Stoffe:</u>
Gilt bei Betrachtung aller VOC mit einer Konz. > 0,005 mg/m³
$R = \Sigma C_i/NIK_i^* \leq 1$? — Nein

<u>Nicht bewertbare Stoffe:</u>
Ist die Summe der VOC, für die kein NIK* existiert
$\Sigma VOC_{28}^{ohne NIK} < 0{,}1$ mg/m³ ? — Nein

Anforderung erfüllt

Ablehnung

* NIK: Niedrigste interessierende Konzentration, engl. LCI

Abbildung 1: Ablaufschema zur gesundheitlichen Bewertung von Bauprodukten

Beim Einsatz von Abfällen (zur Verwertung) gelten zusätzlich folgende Ausschlusskriterien:

- Werden bei der Herstellung eines Bauproduktes Abfälle (zur Verwertung) verwendet, ist der unvermischte und unverdünnte Abfall gesondert zu bewerten; ggf. sind hierfür geeignete Untersuchungen durchzuführen.
- Wird Altholz in Bauprodukten verwendet, sind die Vorgaben der Altholzverordnung zu beachten.
- Werden mineralische Abfälle in Bauprodukten eingesetzt, müssen die grundsätzlichen Anforderungen des LAGA-Regelwerkes „Anforderungen an die stoffliche Verwertung von mineralischen Abfällen – Technische Regeln" erfüllt werden. Für die Stoffgehalte im Feststoff müssen im Rahmen der Überarbeitung dieses Regelwerkes einheitliche Zuordnungswerte als Obergrenze für den Abfalleinsatz in Produkten noch festgelegt werden, die sicherstellen sollen, dass es gemäß § 5 Abs. 3 KrW-/AbfG zu keiner Schadstoffanreicherung im Wertstoffkreislauf kommt. Diese Zuordnungswerte dürfen im unverdünnten und unvermischten Abfall dann überschritten werden, wenn
  - die Stoffgehalte im durch den Abfall substituierten, bisher für die Herstellung des Produktes verwendeten →Primärrohstoff höher liegen (in diesem Fall entspricht die Obergrenze unter Berücksichtigung des Verschlechterungsverbotes dem Stoffgehalt des substituierten Primärrohstoffes) oder
  - organische Schadstoffe beim Herstellungsprozess des Bauproduktes (z.B. Ziegelherstellung) so weit zerstört werden, dass – bezogen auf den eingesetzten Abfall – mindestens die noch festzulegenden Zuordnungswerte im Feststoff für den Abfalleinsatz in Produkten eingehalten werden.
- Werden organische Abfälle in Bauprodukten eingesetzt und kann nicht ausgeschlossen werden, dass durch den Herstellungsprozess des Bauproduktes die im Abfall enthaltenen schädlichen Stoffe sicher zerstört werden, ist eine Prüfung vorzunehmen. Ziel dieser Prüfung ist es zu klären, inwieweit der beigefügte Abfall maßgeblich zu den Emissionen des mit dem Abfall hergestellten Bauproduktes beiträgt und somit lediglich die Emissionen aus dem Abfall „verdünnt" werden.

Fällt ein Inhaltsstoff unter eines der aufgeführten Ausschlusskriterien, so erfüllt das zu bewertende Bauprodukt die Anforderungen der Grundsätze nicht. Die Stufe 2 des Bewertungskonzepts entfällt in diesem Fall. Kommen die aufgeführten Ausschlusskriterien nicht zum Tragen, ist die Stufe 2 des Bewertungskonzepts durchzuführen. Die Bewertung nach Stufe 2 kann entfallen, wenn es Nachweise über die Inhaltsstoffe des zu bewertenden Bauproduktes gibt, die belegen, dass bei seinem Einsatz keine negativen Auswirkungen auf die Innenraumluft bestehen. Das Bauprodukt erfüllt dann die Anforderungen dieser Grundsätze. Dies kann auch zutreffen, wenn bei der Bewertung der Inhaltsstoffe festgestellt wird, dass bereits Bauprodukte gleichartiger Zusammensetzung geprüft und als unbedenklich im Sinne dieser Grundsätze eingestuft worden sind. In derartigen Fällen ist jedoch zu prüfen, ob die vorgesehene Verwendung des Bauprodukts mit den bereits durchgeführten Prüfungen abgedeckt ist.

Stufe 2: Ermittlung und Bewertung der VOC- und SVOC-Emissionen sowie ggf. weiterer Emissionen des Bauprodukts

Zur Vorgehensweise siehe Abbildung 1 „Ablaufschema zur gesundheitlichen Bewertung von Bauprodukten" und →AgBB-Schema

Bauproduktengesetz Das B. vom 10.8.1992 (Gesetz über das Inverkehrbringen von und den freien Warenverkehr mit Bauprodukten zur Umsetzung der Richtlinie 89/106/EWG des Rates vom 21. Dezember 1988 zur Angleichung der Rechts- und Verwaltungsvorschriften der Mitgliedstaaten über Bauprodukte und anderer Rechtsakte der Europäischen Gemeinschaften) ist die Umsetzung

B

der europäischen →Bauproduktenrichtlinie in nationales Recht. Es regelt die Einführung von Bauprodukten und den freien Warenverkehr mit ihnen innerhalb der EU und enthält allgemeine Anforderungen an deren Brauchbarkeit.

Bauproduktenrichtlinie Das hauptsächliche Anliegen der B. (Richtlinie des Rates der Europäischen Gemeinschaften zur Angleichung der Rechts- und Verwaltungsvorschriften der Mitgliedstaaten über Bauprodukte; BauPR; 89/106/EWG) ist die Beseitigung von Handelshemmnissen. Daneben enthält sie – zumindest in allgemeiner Form – Vorschriften, die gesundheitliche Belange berücksichtigen. Nach der B. dürfen Bauprodukte nur in den Verkehr gebracht werden, wenn sie brauchbar sind. „Es obliegt den Mitgliedstaaten sicherzustellen, dass auf ihrem Gebiet die Bauwerke des Hoch- und des Tiefbaus derart entworfen und ausgeführt werden, dass die Sicherheit der Menschen, der Haustiere und der Güter nicht gefährdet und andere wesentliche Anforderungen im Interesse des Allgemeinwohls beachtet werden.“ (Präambel). Die B. gilt für alle Bauprodukte, soweit sie dauerhaft in Bauwerke des Hoch- und Tiefbaus eingebaut werden und für die Erfüllung der sechs wesentlichen Anforderungen (sechs Grundlagendokumente) von Bedeutung sind:

- Mechanische Festigkeit und Standsicherheit
- Brandschutz
- Hygiene, Gesundheit und Umweltschutz
- Nutzungssicherheit
- Schallschutz
- Energieeinsparung und Wärmeschutz

Zur Konkretisierung dieser sechs Anforderungen an Bauwerke wurden jeweils Grundlagendokumente geschaffen und Mitte 1993 verabschiedet. Diese Grundlagendokumente sollen primär als Bindeglied zwischen der allgemein formulierten wesentlichen Anforderung und den detaillierten technischen Spezifikationen dienen.

Im Grundlagendokument Nr. 3 „Hygiene, Gesundheit und Umweltschutz“ werden folgende Gesichtspunkte abgehandelt:

- Umwelt im Innern von Gebäuden
- Wasserversorgung
- Entsorgung von Abwasser
- Entsorgung fester Abfälle
- Äußere Umwelt

Das Bauwerk muss derart entworfen und ausgeführt sein, dass die Hygiene und die Gesundheit der Bewohner und der Anwohner insbesondere durch folgende Einwirkungen nicht gefährdet werden:

- Freisetzung giftiger Gase
- Vorhandensein gefährlicher Teilchen oder Gase in der Luft
- Emission gefährlicher Strahlen
- Wasser- oder Bodenverunreinigung oder -vergiftung
- Unsachgemäße Beseitigung von Abwasser, Rauch und festem oder flüssigem Abfall
- Feuchtigkeitsansammlung in Bauteilen und auf Oberflächen von Bauteilen in Innenräumen

Mit der Auslegung der wesentlichen Anforderung sollen bestehende und begründete Schutzniveaus bei Bauwerken in den Mitgliedstaaten aber nicht verringert werden.

Das Bauwerk muss den Bewohnern und Benutzern gesunde Raumverhältnisse bieten, wobei folgende Schadstoffe zu berücksichtigen sind:

- Stoffwechselprodukte, z.B. Wasserdampf, Kohlendioxid und Körpergeruch usw.
- Verbrennungsprodukte, z.B. Wasserdampf, Kohlenmonoxid, Stickoxide, Kohlendioxid und Kohlenwasserstoffe usw.
- Tabakrauch
- Flüchtige organische Verbindungen, z.B. Formaldehyd, Lösemittel usw.
- Anorganische Teilchen, z.B. atembare und nicht atembare Schwebstoffe und Fasern
- Organische Teilchen einschließlich Mikroorganismen wie kleine Insekten, Protozoen, Pilze, Bakterien, Viren
- Radon und radioaktive Stoffe, die Gamma-Strahlung aussenden
- Emissionen elektrischer und elektronischer Geräte (Ozon usw.)

Diese können unerwünschte Auswirkungen haben, die von Unbehagen und Belästigun-

gen bis zu physischen Gesundheitsbeeinträchtigungen reichen.
Ungesunde Innenraumluft kann gemäß B. durch folgende Schadstoffquellen entstehen:
- Baustoffe
- Technische Anlagen des Gebäudes einschließlich Feuerungsanlagen
- Einrichtungen und Armaturen
- Quellen in der Außenluft
- Untergrund des Gebäudes
- Prozesse und Tätigkeiten im Gebäude, wie Reinigung, Instandhaltung, Malerarbeiten, Polieren, Ungezieferbekämpfung, Kochen u.a.
- Menschen, Tiere und Pflanzen
- Heißwasserbereitungsanlagen

Zu den Baustoffen, die gemäß B. Schadstoffe in die Innenraumluft emittieren können, gehören Werkstoffe für Bodenbeläge, Raumteiler, Wände und Wandbeläge, Decken, Dämmstoffe, Farben und Lacke, Holzschutzmittel, Klebstoffe, Füller, Dampfsperren, elektrische Leitungen und Armaturen, Beschichtungen für Bodenbeläge, Mauerwerk, Kitte, Installationen usw.
Neben der Raumluftqualität nennt das Grundlagendokument noch weitere Aspekte, welche die Nutzungseigenschaften von Räumen beeinflussen können. Dies sind:
- Temperaturregelung
- Beleuchtung
- Feuchtigkeit
- Lärm

Die B. wurde 1992 durch das →Bauproduktengesetz und die Novellen der Landesbauordnungen in deutsches Recht umgesetzt.
Im Geltungsbereich der B. wird bislang nur die Nutzungsphase des Bauprodukts betrachtet. Aus gesundheitlichen und ökologischen Gründen muss allerdings der gesamte Lebensweg eines Produkts in die Bewertung mit einfließen. Neben der Nutzungsphase wäre für den gesamten Lebenszyklus demnach auch die Herstellung und Entsorgung des Bauprodukts gleichermaßen zu berücksichtigen. →AgBB

Bauprodukt-Qualität Produktqualität ist die Übereinstimmung von Merkmalen des Produktes mit den Ansprüchen. Ansprüche unterschiedlicher Art an die Qualität von Bauprodukten stellen z.B. Gesetzgeber, Gebäudenutzer, Produzenten, Handel, Planer und Handwerker. Die B. setzt sich zusammen aus den drei Teilqualitäten:
- Gesundheitliche Qualität
- Umweltqualität
- Technische Qualität (Gebrauchstauglichkeit)

„Geeignete" Bauprodukte erfüllen die Ansprüche an die drei Teilqualitäten nach Maßgabe des Gesetzgebers (Mindestanforderungen der Bauordnungen, →AgBB). „Empfehlenswerte" Bauprodukte erfüllen Ansprüche an die drei Teilqualitäten, die deutlich über die Mindestanforderungen des Gesetzgebers hinausgehen (→natureplus, →Blauer Engel). „Ungeeignete" Bauprodukte erfüllen nicht die Mindestansprüche des Gesetzgebers. Ein wesentliches Qualitätsmerkmal zur Beurteilung von B. für den →Innenraum stellen die vom Bauprodukt ausgehenden Emissionen dar (→Emissionsarme Bauprodukte).

Bauregellisten Im Einvernehmen mit den obersten Baubehörden der Bundesländer bzw. gem. deren Bauverordnungen gibt das →DIBt dem →Bauproduktengesetz angeschlossene B. A und B sowie eine sog. Liste C bekannt. Diese stellen im Wesentlichen nationale Verzeichnisse technischer Regeln dar. Dabei handelt es sich um die auf ein Bauprodukt oder eine Produktgruppe bezogenen Produktnormen, die wiederum aus anerkannten oder aus noch nicht anerkannten Regeln der Technik (Vornormen) bestehen. Die technischen Regeln der Liste A gelten als sog. Technische Baubestimmungen und brauchen daher landesbaurechtlich nicht mehr als solche bekannt gemacht werden. Die Liste C enthält die so genannten nicht geregelten Bauprodukte, denen durch die an sie gestellten bauordnungsrechtlichen Anforderungen nur eine geringe Sicherheitsrelevanz zukommt. Für diese Bauprodukte gibt es keine allgemein anerkannten Regeln der Technik oder technische Baubestimmungen; es entfallen der Verwendbarkeitsnach-

B

weis und infolgedessen auch der Übereinstimmungsnachweis.

Baurestmassen Zu den B. (Österreich) gehören →Bauschutt, mineralischer Straßenaufbruch und Baustellenabfälle. →Baurestmassentrennverordnung

Baurestmassendeponie Die B. ist ein Deponietyp gem. österreichischer →Deponieverordnung für Baurestmassen. →Baurestmassen, die ohne Gesamtbeurteilung für die Ablagerung auf B. und →Massenabfalldeponien geeignet sind, sofern sie bei Abbruch- oder Sanierungsarbeiten anfallen, sind: Beton, Silikatbeton, Gasbeton, Ziegel, magnesit- und zementgebundene Holzwolledämmbauplatten, zementgebundener Holzspanbeton, Porzellan, Mörtel und Verputze, Kies, Sand, Asphalt, Bitumen, Glas, Faserzement, Asbestzement, Klinker, Fliesen, Kalksandstein, Natursteine, gebrochene natürliche Mineralien, Mauersteine auf Gipsbasis, Stukkaturmaterialien, Kaminsteine und Schamotte aus privaten Haushalten. Bauwerksbestandteile aus Metall, Kunststoff, Holz, Papier, Kork etc. dürfen insgesamt höchstens in einem Ausmaß von 10 Vol.-% enthalten sein. Baustellenmischabfall darf nicht enthalten sein. Sofern es sich nicht um die vorhin angeführten, taxativ aufgezählten Baurestmassen handelt, muss der Anteil an organischem Kohlenstoff unter 3 % liegen. Die Deponiebasisdichtung ist mit einer mindestens zweilagigen, mineralischen Dichtungsschicht von mindestens 50 cm Gesamtdicke herzustellen.

Baurestmassentrennverordnung Mit der B. (BGBL Nr. 259/1991) wird die mit 1.1.1993 in Österreich in Kraft getretene „Verordnung über die Trennung von bei Bautätigkeiten anfallenden Materialien" bezeichnet. Sie schreibt für Bau- oder Abbruchtätigkeiten in Abhängigkeit von bestimmten Mengenschwellen eine Trennung in Stoffgruppen vor, die baustellenseitig oder in entsprechenden Anlagen durchgeführt werden kann. →Abfall, →Baurestmassen, →Abfallwirtschaftsgesetz, →Deponieverordnung, →Abfallnachweisverordnung, →Abfallverzeichnisverordnung

Bauschutt B. sind mineralische Stoffe aus Bau-, Umbau- und Abbruchtätigkeiten, auch mit geringfügigen Fremdanteilen (TA-Siedlungsabfall Ziff. 2.2.1). Nichtkontaminierter B. muss einer Bauschuttaufbereitung zugeführt werden, z.B. für den Einsatz im Straßen- und Wegebau oder als Zuschlagstoff. Der Fremdkörperanteil an nichtmineralischen Anteilen ist mit 5 Vol.-% beschränkt. B. mit einem höheren Fremdkörperanteil darf in dieser Zusammensetzung nicht verwertet werden. →Abfall

Baustellenabfälle Gemisch aus Abfällen wie Holz, Metallen, Kunststoffen, Pappen, organischen Resten, Sperrmüll und geringem Anteil an mineralischem Bauschutt, das bei Bautätigkeiten anfällt und erst nach Sortierung verwertet werden kann. →Bau- und Abbruchabfälle, →Abfall

Baustellenverordnung Die B. (BaustellV) vom 10.6.1998 dient der Verbesserung von Sicherheit und Gesundheitsschutz der Beschäftigten auf Baustellen und stellt damit eine Konkretisierung von § 4 des →Arbeitsschutzgesetzes dar. Die B. regelt u.a.:

- Die Vorankündigung (§ 2):
  Diese ist der zuständigen Behörde vor Einrichtung einer Baustelle zu übermitteln, wenn die vorauss. Dauer der Arbeiten mehr als 30 Arbeitstage beträgt und auf der Baustelle mehr als 20 Beschäftigte gleichzeitig tätig werden oder der Umfang der Arbeiten voraussichtlich 500 Personentage überschreitet oder auf der Baustelle mehrere Arbeitgeber tätig werden.
- Den Sicherheits- und Gesundheitsschutzplan (SiGe-Plan):
  Der SiGe-Plan ist vor Einrichtung der Baustelle zu erstellen, wenn eine Vorankündigung zu übermitteln ist oder wenn auf der Baustelle, auf der mehrere Arbeitgeber tätig werden, gefährliche Arbeiten nach Anhang II der B. ausgeführt werden.
- Die Koordinierung:
  Auf Baustellen mit mehreren Arbeitgebern ist ein SiGe-Koordinator zu bestellen (§ 3).

Baustoffklassen B. in Deutschland

Die B. geben die Klassifizierung von Baustoffen hinsichtlich ihres Brandverhaltens an. Die Bedingungen dafür werden in der DIN 4102-1 festgehalten. Zur Einteilung in die B. werden auch Rauchentwicklung und die Gefahr des brennenden Abtropfens geprüft. Die DIN erläutert darüber hinaus die Prüfbedingungen für Bauteile und deren Einstufung in →Feuerwiderstandsklassen.

Baustoffklassen:

A: Nichtbrennbar
- A1: Nichtbrennbar, ohne oder nur geringe organische (brennbare) Bestandteile; Bsp.: Sand, Mineralfaserplatten
- A2: Nichtbrennbar, mit organischen (brennbaren) Bestandteilen; Bsp.: Gipskartonplatten

B: Brennbar
- B1: Brennbar, schwerentflammbar; Bsp.: Korkerzeugnisse
- B2: Brennbar, normalentflammbar; Bsp.: Holz mit mehr als 2 mm Dicke und einer Rohdichte von mehr als 400 kg/m^3
- B3: Brennbar, leichtentflammbar; Bsp.: Holz mit weniger als 2 mm Dicke und einer Rohdichte von weniger als 400 kg/m^3

Nach den Prüfzeichenverordnungen der Länder ist für Baustoffe der Klassen A2 und B1 ein Prüfbescheid des →Deutschen Instituts für Bautechnik erforderlich. Baustoffe, die nach ihrem Einbau der B. B3 zuzuordnen sind, dürfen für bauliche Anlagen nicht verwendet werden. Baustoffe der B. B2 dürfen nur für bestimmte Zwecke eingesetzt werden, oder sie müssen mit einem →Brandschutzanstrich versehen sein und dadurch die Eigenschaften eines B1-Baustoffs erhalten. Die B. sagen nichts über die beim Brand freiwerdenden Stoffe und die damit verbundene Gefährdung von Mensch und Umwelt aus (→Brandverhalten von Baustoffen).

B. in Österreich

In der ÖNORM B 3800 Teil 1 werden B. definiert, durch welche die verschiedenen Baustoffe hinsichtlich der Kriterien Brennbarkeit, Qualmbildung beim Abbrand und Tropfenbildung beim Abbrand klassifiziert werden. Die Norm gibt zu jeder definierten B. eine Reihe von Baustoffen an, für welche die Anforderungen an die jeweilige Baustoffklasse ohne weitere Prüfung als erfüllt gelten. Die Prüfverfahren für die Klassifizierung der Baustoffe sind ebenfalls in der ÖNORM B 3800 Teil 1 festgeschrieben.

Brennbarkeitsklassen:

A: Nicht brennbar

B: Brennbar
- B1: Schwer brennbar
- B2: Normal brennbar
- B3: Leicht brennbar

Qualmbildungsklassen:

Q1: Schwach qualmend
Q2: Normal qualmend
Q3: Stark qualmend

Tropfenbildungsklassen:

Tr1: Nicht tropfend
Tr2: Tropfend
Tr3: Zündend-tropfend

Nicht brennbare Baustoffe dürfen außerdem nicht oder nur schwach qualmen (Qualmbildungsklasse Q1) und müssen der Tropfenbildungsklasse Tr1 (nicht tropfend) entsprechen. Zu den Stoffen, die zur Qualmbildungsklasse Q3 (stark qualmend) gehören, zählt zum Beispiel →Polystyrol. Die B. sagen nichts über die beim Brand freiwerdenden Stoffe und die damit verbundene Gefährdung von Mensch und Umwelt aus (→Brandverhalten von Baustoffen).

Euroklassen nach EN 13501

In Deutschland und Österreich wurden inzwischen die alten B. durch neue Euroklassen ersetzt. Durch die neue Regelung erhöhen sich die Anforderungen an das Brandverhalten von Baustoffen deutlich. Das neue Klassifizierungssystem der EU sieht sieben Euroklassen vor (Euroklassen A1, A2, B, C, D, E, F) und baut auf vier verschiedenen Prüfverfahren und einem so genannten „Referenzszenario" auf. Dadurch gibt es zum ersten Mal eine Vergleichbarkeit in den Mitgliedsstaaten der EU, in denen zurzeit noch mehr als 30 unterschiedliche Prüfverfahren angewendet werden. Der Kern des neuen Systems ist der SBI-Test

(„Single Burning Item" – einzelner brennender Gegenstand). Dem SBI-Test müssen sich die Baustoffe der Euroklassen A2 bis D unterziehen. In kritischen Fällen wird der „Room-Corner-Fire-Test" (bei dem in einer Raumecke ein Brand simuliert wird) ebenfalls in die Bewertung einbezogen. Die Grenzwerte der Euroklassen A1/2 bis E beruhen auf jedem Fall auf denen des „Room-Corner-Tests" nach ISO 9705. Anhand der Ergebnisse aus diesem Versuch werden die getesteten Produkte in die entsprechenden Euroklassen eingeteilt. Die Grenzen zwischen den einzelnen Klassen werden durch die Zeitspanne bis zum Vollbrand, dem „Flashover", festgelegt. Die Bauprodukte der Klassen A1, A2 und B führen nicht zum Flashover, während die brennbaren Bauprodukte der Klassen C, D, E oder F diesen gefährlichen Zeitpunkt recht schnell erreichen (Klasse D = 10 Minuten; Klasse E = 2 Minuten). Für die im Falle eines Brandes auch auftretenden Erscheinungen (sog. Brandnebenerscheinungen) wie Rauch und brennendes Abtropfen wurden nach dem neuen System ebenfalls Grenzwerte festgelegt. Für Rauch gelten zukünftig die Klassen S1, S2 und S3 sowie im Fall brennend abtropfender Baustoffe die Klassen D0, D1 und D2. Beide neuen Klassen müssen auf den Produktverpackungen angegeben werden.

Bautenschutzmittel →Hydrophobierungsmittel

Bautenschutzplatten →Gummi-Bautenschutzbahnen und -platten

Bau- und Abbruchabfälle B. sind Abfälle der Kapitel 17 der Abfallverzeichnisverordnung und der Gruppen
- 01: Beton, Ziegel, Fliesen und Keramik
- 02: Holz, Glas und Kunststoff
- 03: Bitumengemische, Kohlenteer und teerhaltige Produkte
- 04: Metalle (einschl. Legierungen)
- 05: Boden (einschl. Aushub von verunreinigten Standorten), Steine und Baggergut
- 06: Dämmmaterial und asbesthaltige Baustoffe
- 08: Baustoffe auf Gipsbasis
- 09: Sonstige Bau- und Abbruchabfälle

Innerhalb der Gruppen sind die B. weiter unterteilt in gefährliche (früher: besonders überwachungsbedürftige) Abfälle und überwachungsbedürftige Abfälle. →Abfallschlüssel, →Abfallablagerungsverordnung, →Gewerbeabfallverordnung, →Altholzverordnung

Bauwerksabdichtung Schutz von Bauwerken gegen das Eindringen von Wasser in flüssiger oder gasförmiger Form. Als Bauleistung nach VOB Abdichtung gegen drückendes Wasser und Abdichtung gegen nicht drückendes Wasser.

Bauxit B. ist der Rohstoff für die Herstellung von →Hüttenaluminium. Das Erzgemisch besteht aus Aluminiumhydroxid, Eisenoxid, Siliciumoxid und verschiedenen Verunreinigungen. Der Aluminiumoxidgehalt variiert dabei von 30 bis zu 60 %. B. wird im Tagebau gewonnen, zerkleinert, getrocknet und zermahlen. Es gibt große, weltweite Vorkommen (rund 23 Mrd. t). Hauptförderländer sind Australien, Westafrika, Brasilien und Jamaica. Der in Deutschland verarbeitete B. stammt vor allem aus Guinea, Guyana und Australien (1995). Zu Tonerde verarbeiteter B. wird vor allem aus Jamaika, Irland und Italien importiert (1995). Bei der Gewinnung von Bauxit treten starke Erdbewegungen auf.

BDB Der Bundesverband Deutscher Baustoff-Fachhandel zählt in Deutschland ca. 1.000 Mitglieder und rund 2.100 Betriebsstätten. Rund 100 dieser Betriebe haben sich zur „Initiative Fachhandel für Naturbaustoffe im BDB" zusammengeschlossen. Sie bieten neben einem umfassenden Sortiment ökologischer Baustoffe hohe Kompetenz auf dem Gebiet des ökologischen Bauens. Der BDB unterstützt als Mitglied des Vorstands das europäische Qualitätszeichen für zukunftsfähige Bauprodukte →natureplus.

Becquerel Abk. Bq, Einheit für den radioaktiven Zerfall. →Radioaktivität

Behaglichkeit Jeder Mensch steht in einem ständigen energetischen Austausch mit seiner Umwelt. Das Gebäude stellt neben der

Kleidung eine weitere Hülle dar, die den Menschen umgibt und von der Außenluft trennt. Diese „dritte Haut“ soll den thermischen Behaglichkeitsbedürfnissen der Bewohner möglichst gut angepasst sein. Das Behaglichkeitsempfinden von Menschen hängt – in Abhängigkeit von den vielfältigen energetischen Austauschprozessen mit der Umwelt – von einer Reihe von Parametern ab. Die wichtigsten sind:
- Raumlufttemperatur
- Strahlungstemperatur
- Luftgeschwindigkeit
- Luftfeuchte
- Kleidung

Neben diesen Faktoren entscheiden individuell stark unterschiedliche physische und psychische Zustände in Reaktion auf äußere Reize und inneren Zustand über Empfindungen wie „zu warm“, „zu kalt“, „angenehm“.
In Gebäuden hängt das thermische Behaglichkeitsgefühl in erster Näherung von der Raumlufttemperatur und der Strahlungstemperatur ab. Kalte Oberflächen, die zu einer großen Temperaturdifferenz zwischen Körpertemperatur und den umgebenden Bauteilen führen, bedingen eine verstärkte Wärmeabgabe des Körpers durch Strahlung. Statt der Raumlufttemperatur sollte daher die empfundene →Raumtemperatur zur Beurteilung der Behaglichkeit herangezogen werden.
Ein weiteres wichtiges Kriterium für die thermische B. ist die thermische Qualität des Fußbodens. Bei Bekleidung mit leichtem Schuhwerk (Hausschuhe) entscheidet die Oberflächentemperatur über den Prozentsatz an unzufriedenen Personen (und ist daher bei Kellerdecken durch einen entsprechenden Wärmeschutz positiv beeinflussbar). Ohne Fußbekleidung stellt sich die Kontakttemperatur in Abhängigkeit der Temperaturen und Wärmeeindringkoeffizienten der beiden Oberflächen ein. →Raumklima

Bekämpfender Holzschutz Voraussetzung für den B. ist „die eindeutige Feststellung der Art der Schadorganismen und des Befallsumfanges durch dafür qualifizierte Fachleute oder Sachverständige.“ Evtl. handelt es sich (besonders bei Holz älter als 1960er Jahre) nur um einen bereits vergangenen Altschaden. Vor der Bekämpfung ist genau abzuwägen, welche Maßnahmen unter Berücksichtigung aller gegebenen Anwendungseinschränkungen durchgeführt werden sollen. Je nach Notwendigkeit sind holzzerstörende Pilze und Insekten wahlweise zu bekämpfen durch:
- Entfernung der befallenen Bauteile
- Trockenlegung
- Behandlung mit chemischen Mitteln
- Behandlung mit thermischen Verfahren, insbesondere durch Heißluft
- Behandlung mit Gasen

Grundlage einer Bekämpfungsmaßnahme ist DIN 68800-4 „Holzschutz, Bekämpfungsmaßnahmen gegen holzzerstörende Pilze und Insekten“. Demnach ist Voraussetzung jeder Schädlingsbekämpfung eine Untersuchung durch einen unabhängigen Fachmann. Aus bauökologischer Sicht ist unbedingt dem Entfernen der befallenen Bauteile, der Trockenlegung und evtl. dem biozidfreien →Heißluftverfahren der Vorzug zu geben. Chemische →Holzschutzmittel mit bekämpfender Wirksamkeit gegen holzzerstörende Insekten sind wasserbasierte oder lösemittelhaltige Präparate auf der Basis von Bor-Verbindungen, →Permethrin, Deltamthrin, Tebuconazol, Flufenoxuron oder Propiconazol. Gegen Holzwurmbefall und zur Stabilisierung zerbröselnder Hölzer werden als Alternative zu chemischen Mitteln →Mineralische Holzschutzmittel angeboten.
Die Begasung ist wirksam gegen alle Insektenstadien (Vollinsekten, Eier, Larven und Puppen). Es gibt zwei Gruppen von Gasen, die angewendet werden:
- Gase, deren Anwendung wegen ihrer hohen Toxizität (Giftigkeit) den Nachweis einer besonderen Befähigung des Anwenders erfordert
- Gase, die überwiegend erstickend wirken und keiner Anwendungsbeschränkung unterliegen

In der Gefahrstoffverordnung sind folgende zulässige toxische Begasungsmittel genannt, die für die Bekämpfung holzzerstörender Insekten in Frage kommen:

1. Brommethan (als stark umweltschädlich eingestuft, steht in Verdacht auf erbgutschädigende Wirkung, verboten seit 31.12.2004 gem. EG-Verordnung Nr. 2037/2000)
2. →Cyanwasserstoff (Blausäure)
3. Phosphorwasserstoff (Phosphin, Phosphortrihydrid)
4. Sulfuryldifluorid (früher Sulfurylfluorid), im Juli 2002 in die Gefahrstoffverordnung aufgenommen

Wegen der Giftigkeit der Gase stellt eine Begasung von Wohnhäusern bzw. -räumen die Ausnahme dar und muss in jedem Einzelfall durch ein unabhängiges Gutachten stichhaltig begründet werden.

Verfahren mit Gasen, die überwiegend erstickend wirken, sind:

Inert-Begasung mit Stickstoff und Edelgasen: Prinzip: Stickstoff oder andere inerte Gase verdrängen den für die Insekten lebensnotwendigen Sauerstoff. Die Stickstoffkonzentration muss über einen Zeitraum von ca. vier bis sechs Wochen über 99 % liegen.

Kohlendioxid-Begasung: Prinzip: Im Organismus der Insekten werden pH-Wert abhängige Stoffwechselvorgänge blockiert. Behandlungszeit mit Kohlendioxid in einer Konzentration von ca. 60 %: vier bis sechs Wochen. Pigmente, Bindemittel und Überzugsmaterialien können verändert werden, wenn die relative Luftfeuchte 50 % übersteigt.

Modifizierte Atmosphären: Mit Zunahme der Temperatur sinkt die Einwirkzeit für die Behandlung mit erstickenden Gasen wesentlich. Durch den Zusatz einer geringen Menge von Kohlendioxid zum Stickstoff lässt sich die Einwirkzeit reduzieren. Unsachgemäßer Umgang kann zum Ersticken der Anwender führen.

Eine reale Garantie kann man nur erwarten, wenn außer den Grundsätzen einer ordentlichen Untersuchung auch die Anwendungsbestimmungen für den vorbeugenden und bekämpfenden Holzschutz eingehalten werden. Manchmal geht es ja nicht nur um Kleinigkeiten, wie z.B. unsauberes Arbeiten. Das kann z.B. bei Befall durch den Echten Hausschwamm durch Verbreitung von Sporen und Mycelverschleppung einen weiteren Befall an anderer Stelle nach sich ziehen. Deshalb wird wie im OP mit Schutzkleidung gearbeitet.

Beleuchtung →Energiesparlampen, →Glühlampen, →Halogenlampen, →Leuchtstofflampen, →Licht, →Vollspektrallampen

Bentonit Als B. bezeichnet man tonhaltiges Gestein, das durch die Verwitterung vulkanischer Asche entstanden ist. Seinen Namen erhielt B. nach der ersten Fundstätte bei Fort Benton, Wyoming (USA). Seine ungewöhnlichen Eigenschaften werden durch das Tonmineral Montmorillonit bestimmt. Montmorillonit ist ein Aluminiumhydrosilikat und der Hauptvertreter in der Gruppe der Dreischichtsilikate, die auch als Smektite bezeichnet werden. In der Praxis werden B., Smektit und Montmorillonit als Synonyme für quellfähige Mehrschichtsilikate gebraucht. B. kann Begleitmineralien wie Quarz, Feldspat, Glimmer, Kaolinit u.a. enthalten.

Die ungewöhnlichen Eigenschaften des B. beruhen auf folgenden Eigenschaften:

- Aufbau aus sehr kleinen, plättchenförmigen, flexiblen Elementarteilchen mit großer Oberfläche
- Fähigkeit zum Kationenaustausch aufgrund von negativen Oberflächenladungen
- Innerkristalline Quellfähigkeit (Weitung des Abstandes der Elementarschichten)

Bentonitlagerstätten findet man in der ganzen Welt, allerdings mit sehr unterschiedlichen mineralogischen Zusammensetzungen und damit auch technischer Verwertbarkeit.

B. findet im Bauwesen vielfältige Anwendung, z.B. für Bauwerksabdichtungen gegen Wassereinwirkungen, Errichtung von Wasserbarrieren, mineralische Dichtung von Deponien, Teilchen, Kanälen, Biotopen, zur Untergrundkonsolidierung, als Stützflüssigkeit beim Bau von Schlitzwänden, Zusatz zur Herstellung von Spezialzementen etc.

Zentraler Umweltaspekt bei der Bentonitaufbereitung ist der Umgang mit Abwasser. Die unerwünschten Begleitmaterialien im

Tabelle 11: Bentonitarten und deren Eigenschaften

Bentonitart	Eigenschaft
Calciumbentonit	Die Smektit-Gruppe ist fast ausschließlich mit Ca^{2+}- oder Mg^{2+}-Ionen in den Zwischenschichten belegt.
Natriumbentonit (natürlicher)	Die Smektit-Gruppe ist überwiegend mit Na^{2+}-Ionen in den Zwischenschichten belegt, es können aber auch zusätzlich Ca^{2+}- oder Mg^{2+}-Ionen in verschiedenen Mengen vorhanden sein.
Aktivbentonit	Ist ursprünglich ein Calciumbentonit, bei dem die originale Kationenbelegung der Zwischenschichten mittels alkalischer Aktivierung durch Na^{+}-Ionen ausgetauscht werden.
Säureaktivierter Bentonit	In einem speziellen Verfahren wird die Smektitgruppe in Verbindung mit Säuren teilweise aufgelöst und so große Oberflächen geschaffen. Man nennt diese Bentonite auch Bleicherden und setzt sie häufig zum Reinigen von Ölen, Harzen oder auch Zuckersaft ein.
Organobentonit	Die Kationen der Zwischenschichten werden gegen polare, organische Moleküle (quaternäre Ammoniumverbindungen) ausgetauscht. Durch diese Hydrophobierung kann der Bentonit in polaren Flüssigkeiten quellen.

Abwasser können vor der Einleitung in Oberflächengewässer abgetrennt und z.B. als Flockungsmittel in Kläranlagen verwertet werden. →Mineralische Rohstoffe

Benzaldehyd B. ist Bestandteil von Parfümerie- und Toilettenartikeln und auch Verbrennungsprodukt von Kfz-Treibstoffen. B. tritt zudem als Spaltprodukt des →Fotoinitiators →HCPK bei strahlenhärtenden Beschichtungssystemen auf (→UV-härtende Lacke). Es ist zudem Zerfallsprodukt von Initiatorsystemen für Polymerisationsprozesse, z.B. für →Polystyrol. Zur relativen Toxizität von B. →NIK-Werte: Je niedriger der NIK-Wert, umso höher ist die Toxizität des jeweiligen Stoffes. B. weist eine sehr niedrige Geruchsschwelle auf (0,8 µg/m³) und kann für unangenehme Geruchswahrnehmungen aus strahlengehärteten Holzlacken verantwortlich sein.

Benzalkoniumchlorid B. (N-Alkyl-N-benzyl-N,N-dimethylammoniumchlorid) ist ein →Tensid mit bioziden Eigenschaften (→Biozide) aus der Gruppe der →Quaternären Ammoniumverbindungen. In der Medizin findet B. Verwendung als Konservierungs- und Desinfektionsmittel für chirurgische Instrumente und Flächen. Auch in Medikamenten, wie z.B. Gurgellösungen, Nasentropfen, Wundsalben und Händedesinfektionsmitteln, wird B. eingesetzt. Wegen seiner algiziden und fungiziden Eigenschaften wird es auch zur Behandlung von befallenen Mauerwerken, Putzen und Hölzern verwendet.

Benzisothiazolinon →Isothiazolinone

Benzo[a]pyren Die Bewertung der →Polycyclischen aromatischen Kohlenwasserstoffe (PAK) orientiert sich an der Leitkomponente B. B. ist krebserzeugend (K2), erbgutverändernd (M2) und reproduktionstoxisch (R_F2 und R_E2). Stoffe und Erzeugnisse, die B. in Konzentrationen von über 50 mg/kg enthalten, sind gem. Gefahrstoffrecht als krebserzeugend einzustufen. Hierzu gehören insbesondere Steinkohlenteer, Steinkohlenteerpech und Steinkohlenteeröl sowie die damit behandelten Materialien. B. hat zudem die Eigenschaft, dass es über die Haut aufgenommen werden kann. Dabei kann die auf diesem Weg aufgenommene Menge größer als die eingeatmete Menge sein. →KMR-Stoffe

Benzoesäure B. kommt natürlicherweise als Ester und in freiem Zustand in Harzen (Benzoeharz) und →Balsamen sowie in Heidel- und Preiselbeeren vor. B. ist ein zugelassener Lebensmittel-Konservierungsstoff (E 210). Der Stoff ist in die →Wassergefährdungsklasse 1 (schwach wassergefährdend) eingestuft.

Benzoesäuremethylester →Methylbenzoat

Benzol B. ist der einfachste Vertreter der →Aromatischen Kohlenwasserstoffe. In

B

geringen Konzentrationen ist B. natürlicherweise in Rohöl vorhanden. Es entsteht bei der Raffination von Erdöl und bei unvollständigen Verbrennungen. B. ist ein wichtiger Grundstoff für die chemische Industrie, z.B. für die Herstellung von Farben (z.B. Azo-Farbstoffe), Kunststoffen, Kunstharzen, Lösemitteln, Pflanzenschutzmitteln und Waschmitteln. Darüber hinaus wird es zur Erhöhung der Oktanzahl von Kraftstoffen eingesetzt (Verbesserung der Klopffestigkeit des Motors). Der Kfz-Verkehr ist die Hauptquelle für B.-Emissionen, zum einen durch Verdampfen des im Benzin enthaltenen B., zum anderen als Verbrennungsprodukt. Hinzu kommen industrielle Emissionen (z.B. Kokereien), weiterhin mangelhafte Feuerungsanlagen für Festbrennstoffe und die Verwendung von Lösemitteln und Laborchemikalien.
Infolge der Verringerung des B.-Gehaltes im Kraftstoff ist die B.-Belastung in den letzten Jahren erheblich gesunken.

Tabelle 12: Kfz-bedingte Immissionskonzentrationen und Grundbelastungswerte (nach: LfU Bayern, 2003)

Ort	**Benzol [µg/m³]**
Stadtstraßen	3 – 5
Autobahnen	2 – 3
Städtische Grundbelastung	1,5 – 2
Bundesweite Grundbelastung	< 1

Hauptquelle für Innenraum-Belastungen mit B. ist die Außenluft, insbesondere bei vielbefahrenen Straßen oder angrenzenden Tankstellen oder Garagen. Wichtigste Quelle im Innenraum selbst ist →Tabakrauch. Der Abbrand einer Zigarette erzeugt ca. 10 – 100 µg B. Die B.-Konzentration im Nebenstromrauch liegt im Vergleich zum Hauptstromrauch ca. um den Faktor 10 höher. B.-Konzentrationen in Raucherwohnungen liegen i.d.R. 30 – 50 % höher als in Nichtraucherwohnungen. In Fahrzeuginnenräumen ist die B.-Konzentration ca. dreimal höher als im Freien. Ca. 1/3 der Gesamtaufnahme an B. geht auf den Aufenthalt in Kfz zurück. In Einzelfällen können auch Bauprodukte oder Materialien der Innenausstattung für erhöhte B.-Konzentrationen verantwortlich sein.
Hauptaufnahmeweg für B. ist die Atemluft. B. schädigt bei chronischer Aufnahme das Knochenmark. Es kommt zu Veränderungen im Blutbild und zu verschiedenen unspezifischen Symptomen wie Müdigkeit, Schwäche, Schlaflosigkeit, Schwindel, Übelkeit, Kopfschmerzen, Abmagerung, Blässe, Augenflimmern und zum Auftreten von Herzklopfen bei Anstrengungen. B. ist nachweislich erbgutschädigend und krebserzeugend (Kategorie 1). Es wird für erhöhte Leukämieraten bei beruflich Exponierten und bei Kindern in Ballungsräumen verantwortlich gemacht. Für die Außenluft gilt gem. BImSchV ein Grenzwert von 10 µg/m³ Luft (Jahresmittelwert), ab 2010 von 5 mg/m³ (Jahresmittelwert). Seit 2005 ist der Aromatengehalt in Ottokraftstoffen auf 35 Vol.-% begrenzt, der Polyaromatengehalt in Dieselkraftstoff seit dem Jahr 2000 auf 11 Gew.-%.
Als geringfügige Verunreinigung kommt B. auch in aromatischen Lösemitteln vor. Gemäß →Chemikalien-Verbotsverordnung dürfen Zubereitungen mit einem Massengehalt von mehr als 0,1 % B. nicht in den Verkehr gebracht werden (Ausnahme Treibstoffe). Gemäß →Gefahrstoffverordnung dürfen Gefahrstoffe mit einem Massengehalt von mehr als 0,1 % B. nicht verwendet werden (Ausnahme Treibstoffe).

Benzophenon B. und Cyclohexanon emittieren aus UV-gehärteten Lacksystemen. B. hat einen Siedepunkt von 305 °C und zählt damit zu den →SVOC. Die B.-Emission vermindert sich daher nur vergleichsweise langsam.

Benzylbutylphthalat Weichmacher aus der Gruppe der →Phthalate. →Hausstaub

Beschichtungsstoffe →Anstrichstoffe

Beseitigung B. ist die Behandlung, Lagerung und Ablagerung von Abfällen, die keiner →Verwertung zugeführt werden können, in Abfallbeseitigungsanlagen. Abfälle müssen so beseitigt werden, dass die menschliche Gesundheit nicht gefährdet wird und keine umweltschädigenden Verfahren oder Methoden verwendet werden. Im Anhang II A des →Kreislaufwirtschafts- und Abfallgesetzes werden folgende Beseitigungsarten, die in der Praxis angewandt werden, aufgelistet:

D 1: Ablagerungen in oder auf dem Boden (z.B. Deponien usw.)
D 2: Behandlung im Boden (z.B. biologischer Abbau von flüssigen oder schlammigen Abfällen im Erdreich usw.)
D 3: Verpressung (z.B. Verpressung pumpfähiger Abfälle in Bohrlöcher, Salzdome oder natürliche Hohlräume usw.)
D 4: Oberflächenaufbringung (z.B. Ableitung flüssiger oder schlammiger Abfälle in Gruben, Teichen oder Lagunen usw.)
D 5: Speziell angelegte Deponien (z.B. Ablagerung in abgedichteten, getrennten Räumen, die gegeneinander und gegen die Umwelt verschlossen und isoliert werden, usw.)
D 6: Einleitung in ein Gewässer mit Ausnahme von Meeren/Ozeanen
D 7: Einleitung in Meere/Ozeane einschließlich Einbringung in den Meeresboden
D 8: Biologische Behandlung, die nicht an anderer Stelle in diesem Anhang beschrieben ist und durch die Endverbindungen oder Gemische entstehen, die mit einem der in D 1 bis D 12 aufgeführten Verfahren entsorgt werden
D 9: Chemisch/physikalische Behandlung, die nicht an anderer Stelle in diesem Anhang beschrieben ist und durch die Endverbindungen oder Gemische entstehen, die mit einem der in D 1 bis D 12 aufgeführten Verfahren entsorgt werden (z.B. Verdampfen, Trocknen, Kalzinieren usw.)
D 10: Verbrennung an Land
D 11: Verbrennung auf See
D 12: Dauerlagerung (z.B. Lagerung von Behältern in einem Bergwerk usw.)
D 13: Vermengung oder Vermischung vor Anwendung eines der in D 1 bis D 12 aufgeführten Verfahren
D 14: Rekonditionierung vor Anwendung eines der in D 1 bis D 13 aufgeführten Verfahren
D 15: Lagerung bis zur Anwendung eines der in D 1 bis D 14 aufgeführten Verfahren (ausgenommen zeitweilige Lagerung – bis zum Einsammeln – auf dem Gelände der Entstehung der Abfälle)

→Abfall

Beton B. bezeichnet eine Baustoffgruppe aus dauerhaft mit Zement verbundenen Gesteinskörnern. Die Bindekraft erhält Zement, indem er hydraulisch, d.h. durch chemische Reaktion auch unter Wasser, aushärtet. Der Zementgehalt bestimmt die wichtigsten B.-Qualitäten wie Festigkeit und Beständigkeit. Die Einteilung der B. kann nach Trockenrohdichte (Leicht-, Normal- und Schwer-B.), nach Erhärtungszustand (Frisch-B., Fest-B.), nach dem Ort des Herstellens (Baustellen-B., Transport-B.), nach dem Ort des Einbringens (Ort-B., B.-Fertigteile), nach seinen Eigenschaften (Druckfestigkeit, Expositionsklassen) und nach seiner Zusammensetzung (Wasser/Zementverhältnis) erfolgen. Normal-B. ist B. mit einer Dichte von 2.000 bis 2.600 kg/m^3. In den Zement werden Kiessand, Felsbruch, Ziegel- oder B.-Splitt, Hüttensande und/oder porige Stoffe wie Bims, →Blähton, →Blähschiefer oder →EPS eingebunden. B. enthält in der Regel außerdem Zusatzstoffe (→Betonzusatzmittel) wie z.B. filmbildende Mittel.

Ausschlaggebend für die ökologische Qualität der gebundenen Materialien (früher Zuschlagstoffe) sind

- die Verfügbarkeit der Rohstoffe und die Umweltbelastungen bei der Herstellung (→Mineralische Rohstoffe, →Tagebau),
- der Einfluss auf die bauklimatischen Eigenschaften und
- der Einfluss auf die Entsorgbarkeit des Betons.

Die Frage der Verfügbarkeit regelt sich häufig über wirtschaftliche Rahmenbedingungen. So wird in Gebieten, in denen na-

B

türliche Gesteine nicht ausreichend verfügbar sind, häufig Recyclingsplitt als Alternative eingesetzt. Die Herstellung von geblähten mineralischen Zuschlagstoffen ist aufwändig. Die Rohstoffe sind allerdings ausreichend vorhanden und die Zuschläge können positiven Einfluss auf die bauklimatischen Eigenschaften des B. haben. Zuschläge aus EPS werden meist aus Polystyrolabfällen gewonnen. B. mit EPS-Zuschlägen verursachen wegen des organisch-anorganischen Verbunds allerdings Probleme in der Entsorgung.

Die ökologische Gesamtbilanz der B.-Herstellung ist durch die Umweltbelastungen bei der Herstellung von →Zement geprägt. Für evtl. gesundheitliche Gefährdungen bei der Verarbeitung von frischem B. sind die im Zement enthaltenen →Chromate und die →B.-Zusatzmittel entscheidend. Die Ausgasung aus B. ist in der Regel vernachlässigbar. Selten weist B. eine erhöhte radioaktive Eigenstrahlung auf (→Radioaktivität von Baustoffen).

Betondachsteine B. sind Steine für die Deckung von geneigten Dächern. Sie sind mit Eisenoxiden durchgehend gefärbt und mit Kunstharz-Dispersionen beschichtet. „Naturgraue" Ausführungen, die keinerlei Pigmentzugaben und Kunstharzdispersionen aufweisen, konnten sich trotz ökologischer Vorteile am Markt vorerst nicht durchsetzen. Der Grund für die Oberflächenbeschichtung wird in einer Versiegelung der Betonoberfläche, dem Schutz vor Ausblühungen und der verbesserten Optik des Produktes angegeben. B. bestehen aus Zement (ca. 20 %), Sanden und Pigmenten. Der Beton wird in Strangfalzpressen geformt. Glatte Betondachsteine werden vor der Härtekammer mit einer Acrylatdispersion beschichtet, auf besandeten Betondachsteinen wird vor der Bestreuung mit Buntsand eine Schicht aus Zement, Wasser und Eisenoxidpigment aufgebracht. Nach der Härtekammer erfolgt bei beiden Steinformen der Auftrag der Acrylatfarbe. Die Einsatzgebiete und die Verarbeitung von B. entsprechen jener von →Dachziegeln. →Beton, →Dachdeckungen

Betonsanierung Chemische Mittel zur B. (Fassadenbehandlung) lassen sich einteilen in →Steinfestiger und →Hydrophobiermittel. Steinfestiger sind Produkte zur Verfestigung von verwitterten, absandenden und abbröckelnden mineralischen Fassaden, besonders aus Naturstein. Man unterscheidet zwischen Produkten ohne Hydrophobierung (Steinfestiger OH) und Produkten mit Hydrophobierung (Steinfestiger H), wobei die erste Gruppe ausschließlich eine Verfestigung des mineralischen Untergrundes bewirkt. Die Steinfestiger H erfüllen die Funktionen der Verfestigung und der Hydrophobierung (H steht für „Hydrophobierung", OH für „ohne Hydrophobierung").

Hydrophobierung bedeutet, dass der Untergrund vor dem schädigenden Einfluss der Feuchtigkeit geschützt wird, ohne das Wasserdampfdiffusionsvermögen wesentlich zu beeinflussen.

Steinhydrophobiermittel sind Produkte, die mineralischen Untergründen (Naturstein, Kalksandstein, Ziegel, Beton, Putze etc.) eine wasserabweisende (hydrophobierende) oder öl-, farb- und schmutzabweisende (oleophobierende) Schutzschicht verleihen. Letztere werden als Anti-Graffiti-Produkte bezeichnet.

Betonschalungsplatten B. werden im Hoch- und Tiefbau eingesetzt, um dem →Beton während des Aushärtungsprozesses eine Form zu geben. Durch unterschiedliche Oberflächen der Platten kann dem Beton eine unterschiedliche Struktur verliehen werden. B. bestehen i.Allg. aus wasserfest verleimten Furniersperrholzplatten oder aus 3-Schichtplatten, die entweder unbeschichtet oder beidseitig mit einer Phenolharz-Beschichtung versehen sind.

Betontrennmittel B. werden vor dem Einbringen des Frischbetons auf die Schalung aufgetragen und sollen das spätere einwandfreie Ablösen der Schalung vom Beton ermöglichen. Als Trennmittel für Schalungsarbeiten werden vorwiegend hochsiedende Mineralöle verwendet. Einige Produkte enthalten zusätzlich noch →Lösemittel. Als Additive können enthalten sein:

Rostschutzmittel, Antioxidantien, Antiporenmittel, Konservierungsmittel, Wasserverdränger, Holzversiegler, Emulgatoren und Netzmittel (Detergentien). Zum Teil kommen jedoch auch noch die umweltschädlichen →Alkylphenolethoxylate (APEO) als Additiv von B. zur Anwendung. Wegen des relativ schlechten biologischen Abbauverhaltens der Mineralöle und enthaltener wassergefährdender Inhaltsstoffen kann es zu erheblichen Verunreinigungen des Bodens und Wassers kommen. Inzwischen werden auch B. auf pflanzlicher Basis angeboten. Im Handel sind Öle chemisch modifizierter Fettsäuren entweder direkt oder mit Wasser vermischt als Emulsion. Biologisch schnell abbaubare B. können mit dem RAL-Umweltzeichen 64 gekennzeichnet werden. Die wesentlichen Grundanforderungen für die Vergabe sind:

- Die Grundsubstanzen müssen (unter definierten Testbedingungen) jede für sich zu mindestens 70 % abbaubar sein.
- Die Zusätze/Additive müssen jeder für sich mindestens „potenziell abbaubar" sein. Es dürfen keine ökotoxikologischen Bedenken gegen ihre Anwendung bestehen.
- Die Produkte dürfen keine Stoffe enthalten, die im Katalog wassergefährdender Stoffe oder im Sicherheitsdatenblatt in die →Wassergefährdungsklassen 2 oder 3 eingestuft sind.
- Die Produkte dürfen keine organischen Chlor- und keine Nitritverbindungen enthalten.

B. waren früher z.T. mit →Polychlorierten Biphenylen verunreinigt.

Betonverflüssiger B. werden praktisch auf allen Gebieten des Betonbaus angewendet. Sie vermindern den Wasseranspruch des Betons und verbessern dadurch seine Verarbeitbarkeit, oder sie ermöglichen durch Wassereinsparung bei gleichbleibendem Zementgehalt eine Erhöhung seiner Festigkeit. →Betonzusatzmittel, →Naphthalinsulfonate

Betonzusatzmittel B. sind Stoffe, die während des Mischvorgangs des →Betons in kleinen Mengen zugegeben werden, um die Eigenschaften des Frisch- oder Festbetons zu verändern. Die Gesamtmenge an B. darf 5 M.-% (bezogen auf →Zement) im Beton nicht überschreiten B. werden in 60 – 80 % des in Transportbetonmischwerken und auf der Baustelle hergestellten Betons und zu 100 % bei der Herstellung von Betonfertigteilen eingesetzt. Einsatz finden schwerpunktmäßig Betonverflüssiger und Fließmittel.

B. enthalten keine aktiv eingesetzten Schwermetallverbindungen, sodass nur sehr geringe Gehalte vorliegen.

- Betonverflüssiger und Fließmittel
  Die eingesetzten Mittel werden – mit Ausnahme der Polycarboxylate – als toxikologisch unbedenklich bewertet. Die Gefahrstoffverordnung stuft einige Verbindungen der Polycarboxylate als reizend ein. Naphthalinsulfonat wird zwar als toxikologisch unbedenklich bewertet, da die ausgelaugten Verbindungen allerdings sehr stabil sind, kann eine Umweltgefährdung nicht ausgeschlossen werden. Die Dosierung von verflüssigenden Zusatzmitteln beträgt 0,2 bis 2 M.-% (bezogen auf Zement). Als Wirkstoffkonzentration im Beton ergibt sich bei einer Wirkstoffkonzentration des Zusatzmitttels von 40 % eine Konzentration von 0,12 % (Zementgehalt 350 kg/m^3). Die Abbauprodukte der verflüssigenden Zusätze sind nur unzureichend untersucht.
- Verzögerer
  Die Wirkstoffe für Verzögerer werden als toxikologisch unbedenklich eingestuft. Die Stoffe werden fest in die Zementsteinmatrix eingebunden, sodass eine Auslaugung nicht zu erwarten ist.
- Beschleuniger
  Silikate (Natrium- oder Kaliumwasserglas), Aluminate (Natrium- oder Kaliumaluminat) und Carbonate (Natrium- oder Kaliumcarbonat) reagieren alkalisch und werden nach der →Gefahrstoffverordnung als reizend bis ätzend eingestuft. Die genannten Stoffe bilden im Beton schwerlösliche Calciumsalze, die in der Zementsteinmatrix eingebun-

Tabelle 13: Einteilung von Betonzusatzmitteln (Göttges & Volland, 1998: Umweltverträglichkeit mineralischer Baustoffe: Inhaltsstoffe und Emissionen, Sachbestandsbericht Nr. 4417, FMPA Baden-Württemberg, Stuttgart)

Zusatzmittel	**Hauptinhaltsstoffe**	**Anwendung**
Betonverflüssiger	Ligninsulfonat Melaminsulfonat →Naphthalinsulfonat Polycarboxylate	Verbesserung der Verarbeitbarkeit und Verringerung des Wasserzementwerts durch Verflüssigen (Herabsetzen der Oberflächenspannung des Wassers, besseres Benetzen)
Fließmittel	Ligninsulfonat Melaminsulfonat Naphthalinsulfonat Polycarboxylate	Erzeugung einer fließfähigen Konsistenz (zwei- bis dreifach stärker als Betonverflüssiger)
Verzögerer	Saccharose Gluconate Phosphate Ligninsulfonate	Verlängerung der Verarbeitbarkeit um mehrere Stunden durch Verzögerung des Erstarrens
Beschleuniger	Silikate (Natrium/Kaliumwasserglas) Natrium-/Kalium-Aluminate Natrium-/Kalium-Carbonate Formiate Amorphe Aluminiumhydroxide Aluminiumsulfat	Abdichten von Wassereinbrüchen, für Spritzbeton, Betonieren bei kalter Witterung (Beschleunigen die Entwicklung der Frühfestigkeit und meist auch das Erstarren des Frischbetons)
Luftporenbildner	Seifen aus natürlichen Harzen (verseifte Tall-, Balsam-, Wurzelharze) Synthetische nichtionische und ionische Tenside	Erzielen eines hohen Frost-/Tausalzwiderstands durch Bildung in sich abgeschlossener, gleichmäßig verteilter Feinstporen
Dichtungsmittel	Calciumstearat	Herstellung von wasserundurchlässigen Betonen (Verminderung der Wasseraufnahme von Beton durch Hydrophobierung des Kapillarporensystems oder Verstopfen der Poren)
Stabilisierer	Polysaccharide Nanosilika u. kolloidale Kieselsäure Natürliche Gummimodifikationen Polyacrylate Polyethylenoxid	Für Spritzbeton, Unterwasserbeton (Verminderung des Entmischens des Frischbetons sowie des Absonderns von Wasser)

den sind. Die Alkalien werden jedoch teilweise ausgelaugt. Amorphe Aluminiumhydroxide und Aluminiumsulfat werden als toxikologisch unbedenklich eingestuft. Die Verbindungen sind alkalifrei. Sie werden als Calciumaluminatphasen im Zementstein eingebunden, sodass eine Auslaugung nicht zu erwarten ist.

– Luftporenbildner
  Mithilfe der Luftporenbildner werden kleine, gleichmäßig verteilte Luftporen im →Beton erzeugt, wodurch der Frost- und Taumittelwiderstand des Betons erhöht wird. Als Luftporenbildner werden umweltschädliche →Alkylphenolethoxylate (APEO) eingesetzt. Die Dosierung beträgt ca. 0,05 bis 1 % bezogen auf das Zementgewicht. In den Produkten liegen die Wirkstoffgehalte zwischen 2 und 20 %. Alternativ zu den APEO werden u.a. Seifen aus natürlichen Harzen wie z.B. Tallharze, Balsamharze (→Kolophonium) oder Wurzelharze eingesetzt. Weitere Alternativen sind synthetische Tenside wie Alkylpolyglykol-

ether, Alkylsulfate oder Alkylsulfonate, die jedoch ebenfalls als reizend eingestuft sind. Allerdings ist die Wassergefährdung geringer (WGK 2). Ein Verzicht auf den Einsatz von APEO ist möglich. →Tenside

- Dichtungsmittel
  Calciumstearat wird als toxikologisch unbedenklich eingestuft. Da es schwer löslich und wasserabweisend reagiert, ist eine Auslaugung vermutlich nicht zu erwarten.
- Einpresshilfen
  Aluminiumpulver wird als toxikologisch unbedenklich eingestuft. Die Hydratationsprodukte werden im Zementstein eingebunden, sodass eine Auslaugung nicht zu erwarten ist.
- Stabilisierer
  Die Inhaltsstoffe Cellulose- und Stärkeether werden in den Zementstein eingebunden. Eine Auslaugung ist nicht zu erwarten.

Bewertungszahl →Radioaktivität von Baustoffen

BfR Abk. für Bundesinstitut für Risikoforschung. Das BfR erarbeitet auf Grundlage wissenschaftlicher Bewertungskriterien Gutachten und Stellungsnahmen zu Fragen der Lebensmittelsicherheit und des gesundheitlichen Verbraucherschutzes. Basierend auf der Analyse der Risiken formuliert das BfR Handlungsoptionen zur Risikominderung. Das BfR ist aus dem ehem. Bundesinstitut für gesundheitlichen Verbraucherschutz und Veterinärmedizin (BgVV) hervorgegangen, das wiederum eine Nachfolgeorganisation des Bundesgesundheitsamtes (BGA) war. Die Aufteilung des ehem. BgVV in das BfR und das Bundesinstitut für gesundheitlichen Verbraucherschutz und Lebensmittelsicherheit (BVL) ist Folge der Erkenntnis, dass die Unabhängigkeit des Risikobewertungsprozesses nur durch eine klare Trennung zwischen dem wissenschaftlichen Prozess der Risikobewertung und dem politischen Prozess des Risikomanagements realisiert werden kann, wodurch Interessenskonflikte zwischen wissenschaftlichen und politischen Überlegungen vermieden werden sollen. Die *Risikobewertung* umfasst die Identifikation und Charakterisierung des →Gefährdungspotenzials, die Expositionsabschätzung und die Risikocharakterisierung. Dem *Risikomanagement* werden insbesondere Kosten-Nutzen-Rechnungen, Risikovergleiche und Prioritätensetzungen zugerechnet.

BgVV →BfR

BHB Der Bundesverband Deutscher Heimwerker-, Bau- und Gartenfachmärkte e.V. vertritt die Interessen nahezu aller großen Baumarktunternehmen in Deutschland. Zu seinen Mitgliedern zählen ferner Baumarktketten in Österreich, der Schweiz und Großbritannien. Der BHB unterstützt als Mitglied des Vorstands das europäische Qualitätszeichen für zukunftsfähige Bauprodukte →natureplus.

BIA Berufsgenossenschatfliches Institut für Arbeitsschutz.

Bienenwachs B. ist ein Ausscheidungsprodukt von Drüsen der Honigbiene, die daraus die Bienenwaben fertigt. Zur Gewinnung werden die vom Honig befreiten Waben geschmolzen und von den festen Bestandteilen getrennt. Das so gewonnene Rohwachs ist von gelblicher bis roter Farbe und angenehmem Geruch. Durch Oxidationsmittel wird das Rohwachs für kosmetische Zwecke z.T. weiß gebleicht. Aus B. werden Holzwachse, Kerzen, Salben und kosmetische Cremes hergestellt. Chemisch unbehandeltes B., wie es z.B. von →Pflanzenchemieherstellern verwendet wird, ist ein reines Naturprodukt.

Bikomponenten-Kunststofffasern B. werden häufig bei der Herstellung von →Natur-Dämmstoffen als Bindemittel und gleichzeitige Armierung eingebracht. Sie bestehen aus einem mit →Polyethylen ummantelten Polyesterkunststoff (→Polyester). Im Thermobondierofen schmilzt der Polyethylenmantel der B. und verbindet die Dämmstofffasern. Der innere Kern schmilzt nicht und gibt der Platte Festigkeit. Die Fasern bestehen aus relativ harmlosen Kunststoffen. Schadstoffemissionen aus den B. sind

B

nicht zu erwarten. Dies wurde durch Messungen bestätigt (→natureplus).

Bims Durch gasreiche Lava entstandenes, poröses, körniges Material (Gesteinsglas). B. wird als Zuschlagsmaterial für →Leichtbetone eingesetzt. Bimslagerstätten bildeten sich in Deutschland in dem Gebiet von Laacher See und Neuwieder Becken nach den letzten Ausbrüchen der Lacher-See-Vulkane vor ca. 10.000 Jahren. →Tagbau, →Mineralische Rohstoffe, →Hüttenbims

BImSchG Zweck des Bundesimmissionsschutzgesetzes (Gesetz zum Schutz vor schädlichen Umwelteinwirkungen durch Luftverunreinigungen, Geräusche, Erschütterungen und ähnlicher Vorgänge) ist es, Menschen, Tiere und Pflanzen, den Boden, das Wasser, die Atmosphäre sowie Kultur- und sonstige Sachgüter vor schädlichen Umwelteinwirkungen zu schützen und dem Entstehen schädlicher Umwelteinwirkungen vorzubeugen. Soweit es sich um genehmigungsbedürftige Anlagen handelt, dient dieses Gesetz auch der integrierten Vermeidung und Verminderung schädlicher Umwelteinwirkungen durch Emissionen in Luft, Wasser und Boden unter Einbeziehung der Abfallwirtschaft, um ein hohes Schutzniveau für die Umwelt insgesamt zu erreichen, sowie dem Schutz und der Vorsorge gegen Gefahren, erhebliche Nachteile und erhebliche Belästigungen, die auf andere Weise herbeigeführt werden. Die Vorschriften des Gesetzes gelten für die Errichtung und den Betrieb von Anlagen, das Herstellen, Inverkehrbringen und Einführen von Anlagen, Brennstoffen und Treibstoffen, Stoffen und Erzeugnissen aus Stoffen, die Beschaffenheit, die Ausrüstung, den Betrieb und die Prüfung von Kraftfahrzeugen und ihren Anhängern und von Schienen-, Luft- und Wasserfahrzeugen sowie von Schwimmkörpern und schwimmenden Anlagen und den Bau öffentlicher Straßen sowie von Eisenbahnen, Magnetschwebebahnen und Straßenbahnen.

Bindemittel für Holzwerkstoffe →Holzwerkstoffe

Bindemittel für Lacke B. sind definiert als der nichtflüchtige Anteil eines Beschichtungsstoffes ohne →Pigment und Füllstoff, aber einschließlich Trockenstoffen und anderen nichtflüchtigen Hilfsstoffen. Das B. verbindet die Pigmentteilchen untereinander und mit dem Untergrund und bildet so mit ihnen gemeinsam die fertige Beschichtung. Auch reaktive flüchtige Stoffe gehören zum B., soweit sie durch chemische Reaktion Bestandteil der Beschichtung werden. B. können in organischen →Lösemitteln gelöst und/oder in Wasser verteilt sein (Dispersion, Emulsion). Bindemittel gem. VdL-Richtlinie Bautenanstrichstoffe sind z.B. Aldehydharz, Alkydharz, Aminoharz, Chlorkautschuk, Cumaron/Inden-Harz, Epoxidharz, Epoxidharzester, Ketonharz, Kohlenwasserstoffharz, Kolophoniumharz, Maleinatharz, Phenolharz, Polyacrylatharz, Polyesterharz, Polyisocyanat, Polysiloxanharz, Polystyrolacrylatharz, Polyurethanharz, Polyvinylacetalharz, Polyvinylacetatharz, Polyvinylether, Polyvinylester, Siliconharz, trocknende Pflanzenöle (z.B. Leinöl, Sojaöl und deren Derivate (Standöl)), Wasserglas, Weißkalkhydrat (Calciumhydroxid). B. können zu Gesundheitsschäden bei der Herstellung durch die verwendeten Rohstoffe und bei der Verarbeitung von chemisch aushärtenden Lacken (→Reaktionslacke) führen (→Epoxidharzlacke, →Polyurethan-Lacke).

Bioallethrin Insektizid aus der Gruppe der →Pyrethroide, das in Innenräumen in →Elektroverdampfern zum Abtöten von Fliegen und Mücken eingesetzt wird.

Biobeständigkeit Die B. ist eine Materialeigenschaft von Fasern, festgelegt durch die Auflösungs- und Zerfallsgeschwindigkeit der Fasern. Die B. ist nicht direkt messbar, sondern wird aus der →Biopersistenz erschlossen.

Biofilm Ansammlung von →Mikroorganismen und durch sie gebildete schleimige Substanzen auf Oberflächen.

Biologische Arbeitsstoffe B. sind Mikroorganismen, einschl. genetisch veränderter Mikroorganismen, Zellkulturen und Humanendoparasiten, die Infektionen, Allergien und toxische Wirkungen auslösen können. →Biostoff-Verordnung

Biologische Luftverunreinigungen B. sind insbesondere unter den Gesichtspunkten sensibilisierender und irritativ-toxischer Wirkungen von Bedeutung. Im Zusammenhang mit der Zunahme allergischer Erkrankungen spielen neben einer Reihe anderer Faktoren auch der Lebensstil und die veränderten Bedingungen im Innenraum eine große Rolle. Quellen biogener Allergene in Innenräumen sind Acariden (Milben, Spinnen), Insekten (Schaben), Haus- und Nagetiere, →Schimmelpilze, Pollen sowie Naturstoffe wie Rosshaarmatratzen, Lebensmittelreste und Zimmerpflanzen.

Biologischer Grenzwert Gem. →Gefahrstoffverordnung ist der B. der Grenzwert für die toxikologisch-arbeitsmedizinisch abgeleitete Konzentration eines Stoffes, seines Metaboliten oder eines Beanspruchungsindikators im entsprechenden biologischen Material, bei dem im Allgemeinen die Gesundheit eines Beschäftigten nicht beeinträchtigt wird.

Biomasse B. ist gem. Richtlinie 2001/77/EG der Europäischen Union der biologisch abbaubare Anteil von Erzeugnissen, Abfällen und Rückständen der Landwirtschaft (einschließlich pflanzlicher und tierischer Stoffe), der Forstwirtschaft und damit verbundener Industriezweige sowie der biologisch abbaubare Anteil von Abfällen aus Industrie und Haushalten. B. zählt zu den →Erneuerbaren Ressourcen. Weltweit wachsen jährlich rund 80 Mrd. t B. nach, etwa zur Hälfte in Form von Holz.

Biopersistenz Mit dem Begriff B. wird die Verweildauer von Fasern in der Lunge beschrieben, dargestellt als Halbwertszeit. Die B. umfasst die Auflösungs- und Zerfallsgeschwindigkeit (Biobeständigkeit) und den physikalischen Abtransport (Clearence) der Fasern. B. gem. →Gefahrstoffverordnung sind solche →Künstliche Mineralfasern, die keines der in Anhang IV Nr. 22 GefStoffV genannten Freizeichnungskriterien erfüllen. Die Freizeichnung kann erfolgen durch:

- Chemische Analyse der KMF zur Ermittlung des →Kanzerogenitätsindexes (KI)
- Kanzerogenitätsversuch
- Bestimmung der in-vivo-Biobeständigkeit der KMF

Bioresmethrin Insektizid aus der Gruppe der →Pyrethroide.

Biostoff-Verordnung Mit der BioStoffV vom 27.1.1999 (Inkrafttreten 1.4.1999) wurde die EG-Richtlinie 90/679/EWG des Rates vom 26.11.1990 über den „Schutz der Arbeitnehmer gegen Gefährdungen durch biologische Arbeitsstoffe bei der Arbeit" in Verbindung mit dem →Arbeitsschutzgesetz umgesetzt. Der Arbeitgeber ist gemäß der B. verpflichtet, für jede berufliche Tätigkeit, bei der eine Exposition gegenüber biologischen Agenzien erfolgen kann, eine Gefährdungsbeurteilung durchzuführen, um die Risiken für die Arbeitnehmer abzuschätzen und ggf. Schutzmaßnahmen festzulegen.

Gem. § 3 der B. werden biologische Arbeitsstoffe entsprechend dem von ihnen ausgehenden Infektionsrisiko in vier Risikogruppen unterteilt:

Gruppe 1: Biologische Arbeitsstoffe, bei denen es unwahrscheinlich ist, dass sie beim Menschen eine Krankheit hervorrufen

Gruppe 2: Biologische Arbeitsstoffe, die eine Krankheit beim Menschen hervorrufen können und eine Gefahr für Arbeitnehmer darstellen können; eine Verbreitung des Agens in der Bevölkerung ist unwahrscheinlich; eine wirksame Vorbeugung oder Behandlung ist normalerweise möglich.

Gruppe 3: Biologische Arbeitsstoffe, die eine schwere Krankheit beim Menschen hervorrufen und eine ernste Gefahr für Arbeitnehmer darstellen können; die Gefahr einer Verbreitung kann bestehen, doch ist normalerweise eine wirksame Vorbeugung oder Behandlung möglich.

Gruppe 4: Biologische Arbeitsstoffe, die eine schwere Krankheit beim Menschen hervorrufen und eine ernste Gefahr für Arbeitnehmer darstellen; die Gefahr einer Verbreitung in der Bevölkerung ist unter Umständen groß; normalerweise ist eine wirksame Vorbeugung oder Behandlung nicht möglich.

Biozide B. sind chemische Stoffe oder Zubereitungen aus chemischen Stoffen, die bestimmungsgemäß die Eigenschaft aufweisen, Lebewesen zu töten oder zumindest deren Lebensfunktionen einzuschränken. →Biozidgesetz, →Biozidverordnung, →Biozid-Produkte. B. umfassen eine große Palette von Wirkstoffen.

Mehr und mehr Hersteller nutzen die Furcht vieler VerbraucherInnen vor unsichtbaren Mikroorganismen für unseriöse Geschäftemacherei aus. Neben antibakteriellen Klodeckeln, Waschmitteln, Unterwäsche, Matratzen, Einlegesohlen und Kühlschränken gibt es inzwischen auch den antibakteriellen Parkettfußboden, in dessen Oberflächenbeschichtung sich der Wirkstoff →Triclosan befindet. Nicht nur, dass solche Produkte ihre diesbezüglichen Versprechen oft nicht einlösen können, gerade der sorglose Einsatz von Bioziden in Gegenständen des täglichen Bedarfs oder im Parkettlack erzeugt im Gegenteil unnötige Risiken. So kann der weit verbreitete Wirkstoff Triclosan Allergien auslösen und die Bildung resistenter Bakterien und Pilze fördern, ähnlich wie man es von Antibiotika-Resistenzen kennt. Die Verwendung von Bioziden stellt zudem eine zusätzliche Umweltbelastung dar. Viele Wirkstoffe werden in Kläranlagen kaum abgebaut und gelangen so in die Oberflächengewässer – ein Risiko für das biologische Gleichgewicht der Gewässer und die Trinkwasseraufbereitung. →Holzschutzmittel

Biozidgesetz Das B. vom 28.6.2002 dient der Umsetzung der EU-Biozid-Richtlinie in deutsches Recht. Es sieht die Einrichtung eines harmonisierten Zulassungsverfahrens für →Biozid-Produkte vor sowie weitere Regelungen, z.B. zur Kennzeichnung und zur Werbung. Das bei der →BAuA angesiedelte neue Zulassungsverfahren für Biozid-Produkte sieht – ähnlich wie dies etwa bei Pflanzenschutzmitteln bereits seit längerem der Fall ist – eine Prüfung und Bewertung der Auswirkungen des Produkts auf die Umwelt und auf die Gesundheit von Arbeitnehmern und Verbrauchern bei der Anwendung vor, bevor es in den Verkehr gebracht und verwendet werden darf. Das Zulassungsverfahren, das zunächst nur für neue Biozid-Produkte gilt, ist eingebettet in ein europaweit harmonisiertes Zulassungssystem, dessen Kernpunkt die Erstellung einer EG-einheitlichen Positivliste für Biozid-Wirkstoffe ist. Die Bewertung der derzeit bereits auf dem Markt befindlichen Biozid-Wirkstoffe soll während einer 10-jährigen Übergangszeit durch ein EG-Überprüfungsprogramm erfolgen.

Biozid-Produkte B. sind Wirkstoffe und Zubereitungen, die einen oder mehrere (biozide) Wirkstoffe (→Biozide) enthalten, die dazu bestimmt sind, auf chemischem oder biologischem Wege Schadorganismen zu zerstören, abzuschrecken, unschädlich zu machen, Schädigungen durch sie zu verhindern oder sie in anderer Weise zu bekämpfen. Schadorganismen können sowohl tierische Lebewesen und Pflanzen als auch Mikroorganismen einschließlich Pilze oder Viren sein. B. dienen dazu, Schädigungen an Baumaterialien (z.B. Mauerwerk, Holz), Lebensmitteln, Bedarfsgegenständen (z.B. Leder, Papier), Farben und Lacken (→Antifoulingfarben) zu verhindern bzw. deren Haltbarkeit zu verlängern. Auch Produkte zur Desinfektion und zur Bekämpfung von Nagetieren (z.B. Ratten und Mäusen) oder Schnecken gehören dazu. Ihre Eigenschaft, lebende Organismen abzutöten oder zumindest in ihren Lebensfunktionen einzuschränken, begründet zugleich auch das Risiko unerwünschter Wirkungen und Gefahren für den menschlichen Organismus und die übrige belebte Umwelt bei ihrer Anwendung. Der Handel und die unkontrollierte Anwendung von Bioziden haben in der Vergangenheit immer wieder zu erheblichen Umwelt- und Gesundheitsproblemen geführt, die aber bislang nur in Einzelfällen und erst nach Eintritt des Schadens zu einer Risikominderungsmaßnahme geführt haben. →DDT, →Pentachlorphenol (PCP)

Biozid-Richtlinie Durch die Richtlinie 98/8/EG des Europäischen Parlamentes und des Rates vom 16.2.1998 über das Inverkehrbringen von →Biozid-Produkten (Biozid-Richtlinie) wird ein Zulassungsverfahren für diese Produkte (z.B. Haushaltsinsektizide, Desinfektionsmittel, Holzschutzmittel, Schiffsanstriche) vorgeschrieben. Die Mindestvoraussetzungen für die Zulassungsfähigkeit eines Biozid-Produktes sind, dass das Produkt keine unvertretbaren Auswirkungen auf Mensch und Umwelt hat, dass es hinreichend wirksam ist und dass der im Biozid-Produkt enthaltene Wirkstoff im Anhang I der Biozid-Richtlinie, der so genannten Positiv-Liste, steht. Nach Artikel 16 der Richtlinie besteht jedoch eine Übergangsregelung für Wirkstoffe, die bereits vor dem 14.5.2000 als Wirkstoff in einem Biozid-Produkt in Verkehr waren, also für die so genannten „alten“ Wirkstoffe. Alte Wirkstoffe im Sinne der Richtlinie und Biozid-Produkte, die diese alten Wirkstoffe enthalten, dürfen noch maximal zehn Jahre gerechnet – ab dem 14.5.2000, also bis Mai 2010 – nach den bisherigen Regelungen der Mitgliedstaaten in den Verkehr gebracht werden, es sei denn, es ergeht ein anderslautender Beschluss der EG. Da es in Deutschland bislang weder ein Zulassungs- noch ein Registrierungsverfahren für Biozide gegeben hat, hat das in Artikel 16 Absatz 2 der Biozid-Richtlinie angelegte Prüfprogramm der Kommission für alte Wirkstoffe eine besonders große Bedeutung. Innerhalb von zehn Jahren sollen alle Wirkstoffe, die vor dem 14.5.2000 bereits als Wirkstoffe in einem Biozid-Produkt in Verkehr waren, erfasst und einer systematischen Überprüfung zugeführt werden. Am Ende dieser Überprüfung steht jeweils die Entscheidung, ob ein Wirkstoff in Anhang I (die „Positivliste“) aufgenommen werden darf oder nicht.

Biozidverordnung Die B. vom 4.7.2002 gehört zum untergesetzlichen Regelwerk des →Biozidgesetzes und dient ebenfalls der Umsetzung der →Biozid-Richtlinie der EU, soweit dies nach dem Biozidgesetz auf untergesetzlicher Ebene erfolgen soll.

Birke B. zeigt keinen Farbkern und ist von gelblich-weißer, rötlich-weißer bis hellbräunlicher Farbe. Das Holz hat feine bis mittelgrobe Poren, zarte Fladerung und leicht seidigen Glanz, häufig mit Lichteffekten. Infolge welligen Faserverlaufs ist B. teilweise auch flammig-feldartig gezeichnet.
B. ist ein mittelschweres, elastisches und zähes, gut biegsames Holz, aber nicht besonders hart. Es ist mäßig schwindend und hat ein weniger gutes Stehvermögen. B. ist ausgezeichnet beiz- und polierbar, die Oberflächenbehandlung ist problemlos. B. ist nicht witterungsfest. Bei der Verarbeitung ist auf Schutz vor →Holzstaub (krebserzeugend gem. →TRGS 906) zu achten.
B. wird massiv und in Form von Furnieren im Möbelbau und Innenausbau (für dekorative Bekleidungen mit Lichteffekten und für Parkett) verwendet, außerdem ersatzweise für Edelhölzer wie →Nussbaum und Kirschbaum bei Stilmöbeln. Weiterhin für Schnitzarbeiten, Sportgeräte, Musikinstrumente, Bürsten- und Pinselstiele sowie als Industrieholz für →Spanplatten und →Holzfaserplatten.

Birnbaum Das →Splint- und →Kernholz ist von gleicher, lichtbrauner bis hellrötlichbrauner oder auch intensiv roter Farbe, unter Lichteinfluss nachbräunend. Birne ist feinporig, von gleichmäßiger Struktur und mit zart gefladerter, teils auch geflammter Textur.
Das Holz ist mittelschwer bis schwer und hart, mit mittleren Festigkeitswerten und nur wenig elastisch. Birne ist mäßig schwindend und sehr gut stehend. Die Behandlung der Oberflächen ist problemlos; es ist insbesondere gut zu polieren, zu beizen und zu färben. Birne ist mäßig witte-

rungsfest. Bei der Verarbeitung ist auf Schutz vor →Holzstaub (krebsverdächtig gem. →TRGS 905) zu achten.
Wegen des geringen Aufkommens hat Birne nur beschränkte Bedeutung. Das Holz findet Verwendung als Ausstattungsholz im Möbel- und Innenausbau für Täfelungen, Parkett und Treppen sowie als Spezialholz für feine Bildhauer-, Schnitz- und Drechselarbeiten, Mess- und Zeichengeräte, Musikinstrumente sowie für Intarsien und zur Imitation von Ebenholz.

Bisphenol A B. (BPA; 2,2-bis(4-hydroxyphenyl)propan) wird in großem Umgang bei der Herstellung von Polycarbonat-Kunststoffen sowie →Epoxidharzen verwendet und kommt als →Monomer in PVC vor. Wesentliche potenzielle Quellen für die Aufnahme von B. sind Bedarfsgegenstände, die mit Lebensmitteln in Kontakt kommen wie z.B. Kunststoff-Einwegtrinkflaschen, Babyflaschen, Plastikgeschirr oder die Innenbeschichtung von Dosen. BPA zeigt eine östrogene Aktivität sowie mögliche Auswirkungen auf die Entwicklung des männlichen Reproduktionssystems. Weiterhin besteht Verdacht auf erbgutschädigende Wirkung.

Bitumen B. kommt in der Natur als Bestandteil von →Naturasphalten und Asphaltgesteinen vor, die sich in langen geologischen Zeiträumen nach Verdunsten der leichter siedenden Anteile des Erdöls gebildet haben (→Naturbitumen). Der weitaus größte Teil des industriell eingesetzten B. wird allerdings bei der Mineralölverarbeitung erzeugt. Nach Abdestillieren von Leicht-, Mittel- und Schwerölen in Raffinerien verbleibt ein Rückstand aus B., Heizölen und Schmierölen. Die Nebenkomponenten werden durch Vakuumdestillation (→Destillationsbitumen) oder Hochvakuumdestillation (Hochvakuumbitumen) abgetrennt. Bei Oxidation des Destillationsbitumen bei 200 – 300 °C entsteht das elastischere Oxidationsbitumen (BITUROX-Verfahren). B. ist ein Gemisch verschiedener Kohlenwasserstoffe, die genaue Zusammensetzung von B. schwankt stark in Abhängigkeit vom Herkunftsort des entsprechenden Rohöls. Die Inhaltsstoffe werden in vier Gruppen unterteilt: schwefelhaltige Verbindungen, sauerstoffhaltige Verbindungen (Naphthensäuren, →Phenole, Fettsäuren), stickstoffhaltige Verbindungen und metallhaltige Verbindungen (Fettsäuremetallsalze, Metallkomplexe). Der Gehalt an →Polycyclischen aromatischen Kohlenwasserstoffen (PAK) liegt in der Bandbreite bis 60 mg/kg (Summenwert). →Teer wird ebenfalls zu den „bituminösen" Stoffen gezählt, ist aber ein Destillationsprodukt der Kohlevergasung und sollte nicht mit B. verwechselt werden, da der Gehalt an krebserzeugenden PAK um den Faktor 1.000 höher als im B. liegt (→Steinkohlen-Teerpechplatten). →Asphalt ist ein mit B. gebundener Straßen- und Bodenbelag.
Ca 80 % des in Deutschland produzierten B. wird als Bindemittel bei der Herstellung von →Asphalt verwendet. Die mit Abstand größte Menge des B. geht als →Walzasphalt in den Straßenbau. Im Hochbauwesen wird B. verwendet für bitumierte Dichtungs- und Dachbahnen (→Bitumenbahnen), im Bautenschutz (→Bitumenlösungen, →Bitumenvergussmassen, Bitumenlacke, →Bitumenemulsionen), als →Bitumierte Spachtelmassen, als Bindemittel in →Gussasphaltestrichen und →Asphaltplatten. Die Verarbeitung von B. erfolgt im Heiß- oder Kaltverfahren. Bei der Kaltverarbeitung wird B. in Lösemittel gelöst oder als wässrige Emulsion verarbeitet. Bei der Heißverarbeitung – z.B. bei der Herstellung von Bitumenbahnen – wird in stationären Anlagen erhitztes B. auf ein Trägermaterial aufgebracht. Heißflüssige Massen auf Bitumenbasis werden auch zum Vergießen von Fugen oder zum Verkleben von Dämmstoffen verwendet.
B. ist ein Mineralölprodukt, seine Verfügbarkeit hängt von der Höhe der Erdölvorräte ab (→Erdöl). Gefährdung durch B. kann bei Hautkontakt oder Einatmen von Bitumennebel (Bitumendämpfe und -aerosole: Kategorie 2 der krebserzeugenden Arbeitsstoffe gem. MAK-Werte-Liste) entstehen. Unter den gefährlichen Inhaltsstoffen ist der Anteil an kanzerogenen polycyclischen aromatischen Kohlenwasser-

Tabelle 14: Einsatzgebiete von Bitumen in Deutschland 1998 und 2002 (nach: Gesprächskreis Bitumen)

Produkt	**Menge 1998**		**Menge 2002**	
Walzasphalt	2.500.000 t	74,5 %	2.329.000 t	76,6 %
Bitumenbahnen	700.000 t	20,9 %	510.000 t	16,8 %
Kaltbitumen	100.000 t	3,0 %	100.000 t	3,3 %
Gussasphalt, Handeinbau	32.000 t	1,0 %	23.000 t	0,8 %
Gussasphalt, maschineller Einbau	4.000 t	0,1 %	20.000 t	0,6 %
Sonstige Industriebereiche			58.000 t	1,9 %
Gesamt	**3.353.000 t**	**100,0 %**	**3.040.000 t**	**100,0 %**

stoffen (PAK) zu verstehen. Der bekannteste Vertreter dieser Stoffgruppe ist Benzo[a]pyren, das als kanzerogen, mutagen und fortpflanzungsgefährdend eingestuft wird. In den Raffinerien erfolgt die Herstellung von B. in geschlossenen Anlagen. Bei Verarbeitungstemperaturen unterhalb von 80 °C (z.B. beim Kaltkleben oder mechanischen Befestigen) treten praktisch keine Emissionen von Bitumendämpfen und Aerosolen auf. Hier besteht nur die Möglichkeit, dass es zu Hautkontakt mit dem B. kommt. Wird B. bei der Verarbeitung über 80 °C erhitzt, treten umso mehr Dämpfe auf, je höher die Temperatur ist (Exposition beim Schweißverfahren etwa 9 mg/m³, Gießverfahren 1,5 – 20 mg/m³).

1996 wurden erstmals Luftgrenzwerte für die bei der Heißverarbeitung von B. entstehenden Bitumendämpfe und -aerosole festgelegt (bis Januar 2000: 20 mg/m³ in Innenräumen, 15 mg/m³ für alle übrigen Arbeiten, seit Januar 2000: 15 mg/m³ bzw. 10 mg/m³). Bei umfassenden Messungen von Dämpfen und Aerosolen aus B. durch den Gesprächskreis B. stellte sich heraus, dass die festgesetzten Grenzwerte für fast alle Arbeitsbereiche eingehalten werden konnten, nicht jedoch beim Einbau von →Gussasphalt. Dies führte dazu, dass im Mai 2000 für alle Arbeiten mit Ausnahme von Gussasphaltarbeiten ein Grenzwert von 10 mg/m³ festgelegt wurde. Für Gussasphaltarbeiten hat der Ausschuss für Gefahrstoffe den Grenzwert ursprünglich bis 2002 ausgesetzt. Diese Aussetzung wurde bis 2007 verlängert.

Die Maximaltemperaturen, die während der Nutzung im Hochbaubereich auftreten, liegen bei ca. 100 °C auf Dächern. Relevante Emissionen von Bitumeninhaltsstoffen in die Umwelt wurden dabei nicht festgestellt. Bei fachgerechtem Einbau, abgelüfteten Bitumenschichten und normalen Raumtemperaturen ist keine Beeinträchtigung der Bewohner durch Bitumeninhaltsstoffe zu erwarten. Zusammenfassend gelten für die Verarbeitung von B. folgende ökologischen Regelungen:

- Kaltverarbeiten dem Heißverarbeiten vorziehen
- Hautkontakt mit Bitumen vermeiden. Passende Handschuhe bei der Verarbeitung von Bitumenmassen verwenden
- Bitumenemulsionen (→GISCODE BBP10) den Bitumenlösungen (GISCODE BBP20) vorziehen (besonders bei Verarbeitung in Innenräumen)
- Falls der Einsatz von lösemittelhaltigen Bitumenmassen technisch begründet ist, ist die Verwendung von aromatenarmen Produkte (GISCODE BBP20) gegenüber den gesundheitsschädlichen bzw. lösemittelreichen Produkten vorzuziehen.
- Lösemittelreiche Bitumenprodukte (GISCODE BBP30), aromatenreiche und/oder gesundheitsschädliche Bitumenprodukte (GISCODE BBP40, BBP50, BBP60, BBP70) vermeiden
- Für einige Spezialanwendungen wie z.B. als Haftvermittler auf alten Bituminuntergründen oder im Korrosionsschutz kann die Verwendung von lösemittelreichen Bitumenmassen technisch notwendig sein. In diesem Fall sind aro-

B

matenarme und nicht als gesundheitsschädlich eingestufte Produkte vorzuziehen (GISCODE BBP30). Es ist zu prüfen, ob Produkte mit einem geringeren Lösemittelgehalt (GISCODE BBP20) eingesetzt werden können.
- Auf gute Durchlüftung während des Arbeitens achten, besonders bei der Verarbeitung von Heißbitumen und lösemittehaltigen Bitumenanstrichen oder beim Verschweißen von Bitumenbahnen

Bitumenanstriche B. können heiß oder kalt verarbeitet werden. Bei der Heißverarbeitung wird →Bitumen über die Grenztemperatur von 80 °C erhitzt, sodass Bitumendämpfe und -aerosole (Kategorie 2 der krebserzeugenden Arbeitsstoffe) auftreten (→Heißbitumen). Heißbitumen wird zum Verkleben von →Schaumglas-Dämmplatten und →Bitumenbahnen verwendet. Bei den kaltverarbeitbaren B. unterscheidet man zwischen →Bitumenemulsionen und →Bitu-menlösungen. Abgesehen von einigen Anwendungen im Straßenbau werden kaltverarbeitbare Bitumenprodukte insbesondere zu Abdichtung und Schutz von Bauwerken eingesetzt. 1997 wurden in Deutschland ca. 100.000 m³ kaltverarbeitbare Bitumenprodukte verarbeitet, davon etwa 85 % die aus Sicht des Arbeitsschutzes zu bevorzugenden Bitumenemulsionen. Im Gefahrstoff-Informationssystem der Berufsgenossenschaften der Bauwirtschaft (→GISBAU) werden kaltverarbeitbare Bitumenprodukte nach folgenden →GISCODES systematisiert:

Tabelle 15: GISCODE für kaltverarbeitbare Bitumenprodukte in der Bauwerksabdichtung

GIS-CODE	Bezeichnung	Löse-mittel-gehalt
BBP10	Bitumenemulsionen	
BBP20	Bitumenmassen, aromatenarm, lösemittelhaltig	max. 25 %
BBP30	Bitumenmassen, aromatenarm, lösemittelreich	40 – 70 %
BBP40	Bitumenmassen, aromatenarm, gesundheitsschädlich, lösemittelhaltig	ca. 25 %
BBP50	Bitumenmassen, aromatenarm, gesundheitsschädlich, lösemittelreich	40 – 70 %
BBP60	Bitumenmassen, aromatenreich, gesundheitsschädlich, lösemittelhaltig	max. 25 %
BBP70	Bitumenmassen, aromatenreich, gesundheitsschädlich, lösemittelreich	40 – 70 %

Je höher die jeweilige Kennziffer des Giscodes ist, desto gefährlicher ist das Produkt und desto umfangreichere Schutzmaßnahmen müssen getroffen werden. Für „Lösemittelarme Bitumenanstriche und Kleber" gibt es außerdem den „→Blauen Engel" (entspricht GISCODE BBP10; der Gehalt an flüchtigen organischen Stoffen darf 1 Gew.-% bezogen auf das fertige Produkt nicht überschreiten).

Für die Verarbeitung von B. können folgende ökologischen Regelungen herangezogen werden:
- Kaltverarbeiten dem Heißverarbeiten vorziehen
- Hautkontakt mit Bitumen vermeiden. Passende Handschuhe bei der Verarbeitung von Bitumenmassen verwenden.
- Bitumenemulsionen (→GISCODE-Einstufung BBP10) den Bitumenlösungen (GISCODE-Einstufung BBP20) vorziehen (besonders bei Verarbeitung in Innenräumen)
- Falls der Einsatz von lösemittelhaltigen Bitumenmassen technisch begründet ist, ist die Verwendung von aromatenarmen Produkten (GISCODE BBP20) gegenüber den gesundheitsschädlichen bzw. lösemittelreichen Produkten vorzuziehen.
- Lösemittelreiche Bitumenprodukte (GISCODE Einstufung BBP30), aromatenreiche und/oder gesundheitsschädliche Bitumenprodukte (GISCODE-Einstufungen BBP40, BBP50, BBP60, BBP70) vermeiden
- Für einige Spezialanwendungen wie z.B. als Haftvermittler auf alten Bitumenuntergründen oder im Korrosionsschutz kann die Verwendung von lösemittelreichen Bitumenmassen technisch notwendig sein. In diesem Fall sind aro-

matenarme und nicht als gesundheitsschädlich eingestufte Produkte vorzuziehen (GISCODE BBP30). Es ist zu prüfen, ob Produkte mit einem geringeren Lösemittelgehalt (GISCODE BBP20) eingesetzt werden können.
- Auf gute Durchlüftung während der Verarbeitung von Heißbitumen und lösemittehaltigen Bitumenanstrichen achten

Bitumenbahnen B. bestehen aus in →Bitumen getränkten Trägereinlagen wie Glasgewebe (G), Glasvlies (GV), Polyestergewebe, Polyestervlies (PV), Jute (J) oder Rohfilzpappe (R). In der Regel sind beidseitig Bitumendeckschichten aus →Oxidationsbitumen oder →Polymerbitumen aufgebracht, die meist zumindest einseitig mit mineralischen Stoffen bestreut sind. Die Trägereinlagen bestimmen das mechanische Verhalten der Bahnen (Festigkeit, Dehnfähigkeit, Einreiß- und Weiterreißfestigkeit, Nagelausreißfestigkeit, Perforationsbeständigkeit (oder -festigkeit), Maßhaltigkeit, Dimensionsstabilität, Verhalten bei Verarbeitung), die Bitumendeckschichten die Wasserdichtigkeit, das Witterungs- und Temperaturverhalten sowie die Alterungsbeständigkeit, die Verarbeitbarkeit und das Langzeitverhalten der B. Der Bitumenanteil der B. beträgt ca. 80 M.-%. Bei wurzelfesten B. werden Metallbänder (meist aus Kupfer) oder Herbizide eingearbeitet (→Wurzelsperrschicht). Zur Herstellung werden Bitumen, Zuschlagstoffe und ggf. Polymer bei etwa 160 °C vermischt, die Trägereinlagen bei 180 – 190 °C mit Bitumen imprägniert und anschließend beidseitig mit entsprechendem Deckbitumen und dem Oberflächenschutz versehen. Die fertigen Bahnen werden abgekühlt und konfektioniert. Die Herstellung erfolgt in einer teilgekapselten, abgesaugten Fertigungsstraße (Stand der Technik zur Einhaltung der TA Luft). Je nach Einsatzgebiet kann man zwischen B. unterschiedlicher Qualitäten wählen: →Bitumenbahnen, nackt, →Bitumendachbahnen, →Bitumen-Dachdichtungsbahnen, →Bitumen-Schweißbahnen, →Bitumen-Kaltselbstklebebahnen.
Es werden vier Verarbeitungsverfahren unterschieden:
- Schweißen: B. mit Propangasbrenner anschmelzen und mit dem Untergrund verkleben (Temperaturen ca. 200 °C)
- Gießen: B. werden in aufgegossene heiße Bitumenmasse (Temperatur ca. 180 – 230 °C) gelegt.
- Kaltselbstkleben: kein Erhitzen von Bitumen, →Bitumen-Kaltselbstklebebahnen
- Mechanische Befestigungsverfahren

Alterung tritt vor allem bei freiliegenden Flächen, die in Kontakt mit Licht, Sauerstoff und Wärme treten können, auf:
a) Leichte flüchtige Bitumenbestandteile verdampfen, schwerere Anteile konzentrieren sich, Bahn wird weniger flexibel
b) Sauerstoff oxidiert Bestandteile des Bitumens. Die Alterungsvorgänge können durch Bedeckung der Bitumenoberfläche unterbunden bzw. verlangsamt werden.

B. werden für Dachabdichtung und Abdichtung gegen Bodenfeuchtigkeit eingesetzt. Etwa 70 % der Flachdächer in Europa sind laut Schätzungen mit B. abgedeckt. B. mit Aluminiumeinlage werden als Dampfsperre verwendet. Der Einsatz als B. ist nach →Walzasphalt das zweitgrößte Einsatzgebiet für →Bitumen.
Bei der Herstellung von B. sowie beim Verschweißen und Vergießen der B. treten Temperaturen über 80 °C und damit Emissionen von Bitumendämpfen auf. Der 95%-Wert der Konzentrationen von Dämpfen und Aerosolen aus Bitumen liegt bei der Herstellung von Bitumenbahnen unter 4,3 mg/m³. Mit der begründeten Annahme, dass verfahrensbedingt auch in Zukunft keine höheren Werte zu erwarten sind, belegen die durchgeführten Messungen, dass bei der Herstellung von Bitumenbahnen ohne weitere Schutzmaßnahmen gearbeitet werden kann. Die Exposition beim Schweißverfahren liegt bei etwa 9 mg/m³, beim Gießverfahren bei 1,5 – 20 mg/m³ (→Heißbitumen). Gefahr einer Exposition ist besonders hoch bei den Detailarbeiten, wo der Abstand des Einatembereichs zur Emissionsquelle durch die gebückte oder kniende Haltung geringer ist. In Räumen und auf Balkonen oder Loggien kommt es häufig zu schlechteren Lüftungsverhältnis-

sen als bei Flachdachflächen oder auf Parkdecks, zudem ist das Verhältnis von Detail- zu Flächenarbeiten größer. Die Arbeitsplatzmessungen beim Schweißen von B. in Räumen zeigen jedoch bislang keine Expositionen über den Grenzwert von 10 mg/m³. Für Arbeiten in vollständig geschlossenen Räumen, in Behältern oder in engen Schächten ohne ausreichende Lüftung sind höhere Werte zu erwarten. Bei der Kaltverklebung (→Bitumen-Kaltselbstklebebahnen oder mit kaltverarbeitbaren Bitumenmassen) treten keine Bitumendämpfe und -aerosole auf. In diesem Fall sollte auf lösemittelfreie Produkte geachtet werden (→Bitumenemulsionen). Werden die B. lose verlegt, ist mit keiner Auswirkung auf Arbeiter oder Umwelt zu rechnen. Der Rückbau von verklebten Bahnen ist sehr aufwändig und daher nicht von Bedeutung. Die Entsorgung erfolgt aus diesem Grund meist gemeinsam mit den mineralischen Baustoffen auf Deponien. B. haben einen relativ hohen Heizwert und können in Müllverbrennungsanlagen entsorgt werden. Die mineralischen Bestandteile bleiben in der Schlacke zurück und müssen deponiert werden.

Bitumenbahnen, nackt B. bestehen aus einer in →Bitumen getränkten Trägereinlage (i.d.R. Rohfilz-Pappe (R)). Die Bahn ist als Dichtungsschicht zwischen Bitumenanstrichen, als Trennschicht, als zeitliche Dachhaut geneigter Dächer vor der Verlegung der definitiven Dachdeckung oder als Abdichtungslage von untergeordneten Dachflächen wie Holzschuppen und Unterständen ohne hohen Ansprüche auf Lebensdauer geeignet. Bezeichnungen gem. DIN: R 333 N, R 500 N (Rohfilz – Gewicht in g/m² – Nackt). →Bitumenbahnen

Bitumen-Dachbahnen B. bestehen aus einer in →Oxidationsbitumen (→Bitumen) getränkten Trägereinlage (Textilglasgewebe, Polyester-Vlies, Jutegewebe, meist: Rohfilz-Pappe (R)) und mineralische Bestreuung an der Oberfläche. Die B. werden vollflächig im Gieß- und Einrollverfahren mit →Heißbitumen (Verbrauch ca. 1,5 – 2,0 kg/m², Bitumennebel!) aufgebracht. →Bitumenbahnen

Bitumen-Dachdichtungsbahnen B. weisen eine dickere beidseitige Deckschicht aus →Bitumen auf. Die mittlere Dicke beträgt mindestens 3,5 mm. B. verwendet man als waagerechte und senkrechte Sperrschicht bei Wänden zum Schutz vor aufsteigender Bodenfeuchtigkeit. Die B. werden auch als Abdichtung von Wänden und Dächern (Flachdächern, Terrassen, Parkdecks etc.) gegen nichtdrückendes Wasser und Sickerwasser verwendet. B. werden je nach Anforderung vollflächig oder punktweise mit →Heißbitumen (Bitumennebel!) aufgeklebt. Die Naht- und Stoßüberdeckung sollte 8 cm betragen. Als Unterlagsbahn werden die B. verdeckt mit Breitkopfstiften auf der Schalung verlegt. Bezeichnungen gem. DIN: Kürzel und Gewicht der Trägereinlage (z.B. PV 200 für Polyestervlies mit 200 g/m²) – DD (für Dachdichtungsbahn). →Bitumenbahnen

Bitumen-Dachplatten B. sind kleinformatige Dachdeckungsmaterialien in verschiedenen Formen und Formaten (Biberschwanz, Rechteck, Welle, ...). Sie bestehen aus Bitumen-Deckschichten (→Oxidationsbitumen, →Polymerbitumen), beidseitig auf Trägereinlagen aufgebracht, und einem Oberflächenschutz aus mineralischem Granulat, Schiefersplitt oder Metallfolie. Die Bitumenart bestimmt die Temperaturbeständigkeit, Art und Gewicht der Trägereinlage die Nagelausreißfestigkeit und die Flächenstabilität. B. sind für Dachneigung von 10 bis 90° geeignet. Das Material wird auf Holzschalung aufgenagelt. Darunter ist eine Kaltdachkonstruktion erforderlich. Die Größe der Schindeln ist sehr unterschiedlich, ebenso das verwendete Gesteinsgranulat.

Bitumen-Dachschindeln →Bitumen-Dachplatten

Bitumen-Dichtungsbahnen →Bitumenbahnen

Bitumendickbeschichtung Bitumendickbeschichtung ist die Bezeichnung für eine mit Spachteltechnik mehrschichtig aufgebrachte Schicht aus Bitumen-Latex-Mischungen an im Erdreich liegenden Kelleraußenwänden zum Schutz vor eindringender Feuchtigkeit. Die Dicke des Beschichtungsauftrages beträgt bis zu 8 mm, die aufgebrachten Schichten bilden eine elastische und abdichtende Oberfläche. Die Bitumenabdichtung muss gegen mechanische Zerstörung geschützt werden, hierzu können spezielle bitumenbeschichtete Styroporplatten (so genannte Pordrain-Platten) verwendet werden, die gute Wärmedämmeigenschaften aufweisen und durch die körnige Oberfläche Feuchtigkeit im anstehenden Erdreich abfließen lassen (Drainagewirkung).

Bitumendispersionen →Bitumenemulsion

Bitumenemulsionen B. sind braun bis schwarz gefärbte Flüssigkeiten oder Pasten aus ca. 55 – 70 M.-% →Bitumen oder →Polymerbitumen, Wasser und Emulgatoren. Wenn B. Füllstoffe oder Kunststoffzusätze (KMB) enthalten, kann sich der Bitumengehalt bis auf ca. 25 % verringern. Als anionische oder kationische Emulgatoren werden natürliche Stoffe (Tonmehl) oder synthetische Stoffe (N-Alkylpropandiamine) eingesetzt. Frostschutzmittel erlauben die Verarbeitung bei Temperaturen unter dem Gefrierpunkt. Bei zweikomponentigen Bitumenemulsionen wird vor der Verarbeitung eine hydraulische Pulverkomponente (i.d.R. Zement) mit eingemischt. Im →GISCODE-System werden B. mit dem Code BBP10 gekennzeichnet. In diesen können bis zu ca. 3 % organische Hilfskomponenten (z.B. →Lösemittel als Filmbildehilfsmittel) enthalten sein. Der →Blaue Engel schreibt 1 Gew.-% als Maximalgehalt für B. vor.

B. werden als Bautenschutzmittel (z.B. zur Abdichtung von Kelleraußenwänden), zur Haftverbesserung vor dem Aufbringen von Bitumenbahnen und als Kleber für Dachbahnen, Dämmstoffplatten etc. eingesetzt. Sie werden üblicherweise im Streich-, Spritz-, Spachtel- oder Rollverfahren kalt aufgetragen.

Die inhalative Gefährdung durch Bitumendämpfe oder -aerosole ist wegen der Kaltverarbeitung beim Streichen, Spachteln und Rollen weitestgehend ausgeschlossen, allerdings kann es unbemerkt zu langen Hautkontakten mit B. kommen. Für Tätigkeiten mit Bitumenemulsionen sind daher geeignete Handschuhfabrikate zu tragen. Nur im Spritzverfahren (Aerosolbildung) besteht eine Belastung der Atemluft durch Dämpfe und Aerosole. Aus Sicht des Arbeits-, Umwelt- und Gesundheitsschutzes ist der Einsatz von B. der Heißverarbeitung (→Heißbitumen) und dem Einsatz von →Bitumenlösungen vorzuziehen.

Sensibilisierte Personen können schon auf sehr geringe Konzentrationen an Emulgatoren reagieren und sollten deshalb keinen weiteren Kontakt mit diesen Stoffen haben.

Bitumenemulsionsestrich B. wird aus →Bitumenemulsion mit Zuschlägen hergestellt. Die Festigkeit wird erst nach Verdampfen des Emulsionswassers erreicht. Verwendung wie →Gussasphaltestrich. →Bitumen

Bitumen-Kaltselbstklebebahnen B. sind selbstklebende →Bitumenbahnen, die bei schwierigen baukonstruktiven Dachformen oder temperaturempfindlichen bzw. brandgefährdeten Bereichen eingesetzt werden (z.B. als erste Lage auf ungeschützten Polystyrol-Hartschaum-Platten). Sie können als Dampfsperre und Bauwerksabdichtung eingesetzt werden. Die Produktvorteile der B. sind: keine offene Flamme, kein Gasverbrauch, zeitsparende, schnelle Verlegung, leichteres Arbeiten, kein Erhitzen von Bitumen auf über 80 °C und damit keine Bitumendämpfe und -aerosole. Beim Verlegen wird die unterseitig angebrachte Folie abgezogen und die Bahn mit einer 8 cm breiten Überdeckung im Längs- und Quernahtbereich aufgeklebt. Kanten und Stöße werden mit einer Andruckhilfe (Rolle o.Ä.) zusätzlich fixiert. K. können nicht bei Temperaturen unter 10 °C verlegt werden. Der Untergrund muss staubfrei und trocken sein. Bei kritischen Untergründen wird von Herstellerseite eine Grundierung mit →Bitumenanstrich empfohlen. Kürzel nach DIN: KSK

Bitumenklebstoffe B. werden zum kalten Verkleben im feuchtebelasteten Bereich verwendet. Sie eignen sich zum Verkleben

B

von Dämmplatten wie →Kork- oder →Polystyrolplatten auf Untergründen wie Beton, Putz oder Holz. B. gibt es als →Dispersionsklebstoffe oder als →Lösemittel-Klebstoffe. Aus B. auf Lösemittelbasis ist mit zusätzlich zu Bitumendämpfen mit VOC-Emissionen zu rechnen. Zu bevorzugen sind Klebstoffe aus →Bitumenemulsionen mit niedrigen Schadstoffemissionen.

Bitumenlacke →Bitumenlösungen

Bitumenlösungen B. sind dunkel gefärbte, mit →Lösemitteln verschnittene Flüssigkeiten oder Pasten aus Bitumenmasse (ca. 30 – 60 % Bitumengehalt). B. werden im Roll-, Streich- oder Spritzverfahren verarbeitet. „Lösemittelhaltige" Bitumenmassen gem. →GISCODE für kaltverarbeitbare Bitumenprodukte" enthalten max. 25 % Lösemittel und werden überwiegend als Anstrichmittel, Spachtelmassen, Kitte oder Kaltkleber für Abdichtungszwecke usw. eingesetzt. „Lösemittelreiche" Bitumenmassen mit erheblichen Mengen an Lösemittel (40 bis 70 %, Testbenzin, Solvent Naphtha etc.) werden als Voranstrichmittel oder Deckanstriche für Abdichtungszwecke sowie als Korrosionsschutzanstrich für Metalle eingesetzt. Spritzmittel enthalten einen hohen Bitumenanteil (ca. 80 %).

Lösemittel (→VOC) können eine Vielzahl unspezifischer Symptome und Befindlichkeitsstörungen wie Reizungen an Augen, Nase, Rachen, erhöhte Infektionsanfälligkeit im Bereich der Atemwege etc. verursachen. Erhöhte VOC-Konzentrationen werden für Beschwerde- und Krankheitsbilder des →Sick-Building-Syndroms (SBS) verantwortlich gemacht. Zudem tragen VOC wesentlich zur Ozonbelastung (→Sommersmog) bei. Zur Verarbeitung von B. im Speziellen liegen nur wenige Gefahrstoffmessungen vor – eine dauerhaft sichere Einhaltung von Arbeitsschutzgrenzwerten ist somit nicht sichergestellt. Bei unmittelbarem Hautkontakt mit Stoffen, die durch die Haut aufgenommen werden können, ist die Möglichkeit einer Gesundheitsgefährdung durch Hautkontakt besonders zu berücksichtigen. Aus ökologischer Sicht sollten daher folgende Regeln bei der Auswahl von Bitumenanstrichen beachtet werden:

- Falls technisch möglich, sollten →Bitumenemulsionen Anwendung finden (→GISCODE BBP10).
- Falls der Einsatz von lösemittelhaltigen Bitumenmassen technisch begründet ist, ist die Verwendung von aromatenarmen Produkten (GISCODE BBP20) gegenüber den gesundheitsschädlichen bzw. lösemittelreichen Produkten vorzuziehen.
- Lösemittelreiche Bitumenprodukte (GISCODE-Einstufung BBP30), aromatenreiche und/oder gesundheitsschädliche Bitumenprodukte (GISCODE-Einstufungen BBP40, BBP50, BBP60, BBP70) vermeiden
- Für einige Spezialanwendungen wie z.B. als Haftvermittler auf alten Bitumenuntergründen oder im Korrosionsschutz kann die Verwendung von lösemittelreichen Bitumenmassen technisch notwendig sein. In diesem Fall sind aromatenarme und nicht als gesundheitsschädlich eingestufte Produkte vorzuziehen (GISCODE BBP30). Es ist zu prüfen, ob Produkte mit einem geringeren Lösemittelgehalt (GISCODE BBP20) eingesetzt werden können.
- Auf gute Durchlüftung während der Verarbeitung von lösemittehältigen Bitumenanstrichen achten
- Zündquellen bei der Verarbeitung von lösemittelhaltigen Bitumenmassen fern halten

Bitumen-Lochvliesbahnen B. sind →Bitumenbahnen mit einer gelochten Trägereinlage mit ca. 15 % Lochanteil. Sie werden als →Dampfdruck-Ausgleichsschicht unter →Dampfsperren bzw. →Abdichtungsbahnen eingesetzt. Die B. ermöglichen Dampfdruck- und Bewegungsausgleich.

Bitumen-Schweißbahnen B. sind →Bitumenbahnen mit Trägereinlage mit oder ohne Metallkaschierung, deren Unterseite durch Erhitzen z.B. mit Propangasbrennern verflüssigt und als Klebeschicht genutzt wird. Bezeichnungen gem. DIN: Kürzel und Gewicht der Trägereinlage (z.B.

PV 200 für Polyestervlies mit 200 g/m²) – S4 (für Schweißbahn).

Bitumenvergussmassen →Heißbitumen

Bitumenvoranstriche B. sind wie →Bitumenanstriche auch als →Bitumenemulsionen, meist jedoch als lösemittelreiche Bitumenmassen (s.a. →Bitumenlösungen) erhältlich. Bei Voranstrichen ist daher besonders darauf zu achten, nach technischer Möglichkeit Bitumenemulsionen (GISCODE BBP10) oder zumindest lösemittel- und aromatenarme Bitumenlösungen (GISCODE BBP20) einzusetzen.

Bitumierte Spachtelmassen B. sind stark gefülltes Oxidationsbitumen auf Lösemittel- oder Emulsionsbasis. B. werden zur Ausbesserung von →Dachbahnen, zur Beschichtung von Beton und zum Abdichten von Fugen eingesetzt. Bei Heißauftrag wird Sand als Füllstoff verwendet. Bei Kaltauftrag erfolgt der Einsatz von fabrikfertigen →Spachtelmassen mit Füllstoffen wie →Mineralfasern (früher: →Asbest) oder Mineralstoffen. Bei Kaltverarbeitung kann eine Gefährdung durch langen, unbemerkten Hautkontakt auftreten, bei der Heißverarbeitung erfolgt eine Belastung durch Bitumennebel (→Bitumen).

Blähglas B. besteht aus geblähten Glaskügelchen, die aus Glas der Altglassammlung erzeugt werden. Von den lokalen Glascontainern werden die Altgläser abgeholt und zur Altglasaufbereitung weitergeleitet. Das stark verschmutzte Glas muss von den Beimengungen, wie z.B. Metalle, organische Abfälle und Lebensmittelreste, gereinigt und in verschiedene Korngrößen und Farben (Grünglas, Weißglas, Braunglas) sortiert werden. Für B. ist auch die Fraktion unter 8 mm brauchbar, die zur Flaschenglasherstellung nicht mehr verwendet werden kann (50 % Anteil am Fertigprodukt). Die restlichen 50 % Altglas sind Glasstaub, der ebenfalls nicht anders wiederverwertet werden kann. Damit trägt die Herstellung von B. zu einer vollständigen Reststoffverwertung bei. Zur B.-Erzeugung wird das Altglas zu Glasmehl gemahlen, in Rundkörner geformt und bei rund 850 °C gebläht. B. wird verwendet für nicht belastete Dämmschüttungen oder als Zuschlagstoff für Leichtmauermörtel, Leichtputze, Leichtbetone oder Dekorfarben. Aus 96 % B. und 4 % Zuschlagstoffe, Bindemittel und Glasfasergewebe lassen sich Putzträgerplatten erzeugen, die sich als vorgehängte Putzfassadensysteme für Leichtkonstruktionen eignen. Rohdichte von Wärmedämmschüttungen aus B.: ca. 200 kg/m³, →Wärmeleitfähigkeit: ca. 0,06 – 0,07 W/(mK). B. ist unbrennbar (→Baustoffklasse A1) und unverrottbar. Die Druckfestigkeit ist eher gering (0,02 N/mm²).
Der hohe Energiebedarf für den Blähprozess ist dem besonders positiven Aspekt der hochwertigen Verwertung eines Recyclingrohstoffes und der Schonung mineralischer Ressourcen gegenüberzustellen. B. ist faserfrei, es werden keine Schadstoffe abgegeben. Beim Verarbeiten ist auf Staubentwicklung zu achten. →Wärmedämmstoffe

Blähglimmer B. entsteht durch Expandieren von →Vermiculit, einem Glimmerschiefer aus dünnen, flachen Aluminium-Eisen-Magnesium-Silikat-Plättchen. Der Rohstoff wird im →Tagebau gefördert, abgeschwemmt, gereinigt und abgesiebt. Das granulierte Rohmaterial wird schockartig einer hohen Temperatur von 700 – 1.000 °C ausgesetzt. Das Kristallwasser entweicht als Dampf, wodurch sich die schiefrigen Schichten aufblähen und wurmförmig krümmen (Exfoliieren, Expandieren). Das Volumen vergrößert sich um das 20- bis 30fache. Exfoliiertes Vermiculit wird in verschiedenen Korngrößen hergestellt. Für diesen Prozess sind keine Hilfsmittel notwendig. Für den Einsatz als Schüttung wird es häufig mit Bitumen oder Silikaten umhüllt, um die Wasseraufnahmefähigkeit herabzusetzen.
B. wird normalerweise in Granulatform bis zu einer Korngröße von ca. 15 mm auf den Markt gebracht. Die Standardkörnung beträgt 4 – 8 mm. Die Wärmeleitfähigkeit von geschüttetem B. beträgt ca. 0,065 – 0,070 W/(mK), die Rohdichte 70 – 220 kg/m³, der Dampfdiffusionswiderstand 3 – 4 (dampfdiffusionsoffen). B. ist unverrottbar

B

und beständig gegen Ungeziefer. Nicht-bituminiertes B. ist unbrennbar (→Baustoffklasse A1).
Aufgrund des hohen Sinterpunkts von 1.150 °C bei gleichzeitig niedriger Wärmeleitfähigkeit ist B. besonders gut geeignet für die Schall- und Hochtemperaturisolierung und den Brandschutz. B. wird entweder als Dämmschüttung eingesetzt oder unter Zugabe eines anorganischen oder organischen Bindemittels zu Blöcken und Platten geformt. Einsatzgebiete ergeben sich aus den Brandschutz-Anforderungen im Hoch- und Schiffbau oder der Hochtemperaturisolierung im Industrieofenbau sowie für Nachtspeichergeräte oder Kaminöfen. Durch Einsatz von B. als Zuschlagstoff in Betonen oder Putzen lassen sich die Wärmedämmung und die Feuerbeständigkeit erhöhen. Brandschutzputze auf nichtbrennbaren Trägern wie Drahtgeweben oder Streckmetallen erhöhen die Feuerwiderstandsdauer erheblich.
Der ökologische Nachteil aus mitteleuropäischer Sicht liegt in den weiten Transportwegen, da die Rohstoffe zum Großteil aus Südafrika und der USA (gemeinsam 82 % der Weltproduktion) stammen. Die Herstellung erfolgt ohne chemische Zusätze. Die Wärmeleitfähigkeit ist höher als z.B. jene von →Blähperliten, daher ist mehr Material zur Erzielung der selben Wärmedämmung notwendig. Sie ist aber niedriger als jene von →Blähton. B. kann gut verwertet werden, z.B. als Bodenlockerer. Schadstoffemissionen in die Raumluft aus B. sind keine zu erwarten, B. kann selten erhöhte Radioaktivität aus den Rohstoffen (→Radioaktivität von Baustoffen) aufweisen. →Wärmedämmschüttung, →Wärmedämmstoffe

Blähperlite B. werden auch als expandierte Perlite bezeichnet, weil sie in einem Expansionsprozess hergestellt werden. Dabei wird →Perlit kurzzeitig auf über 1.000 °C erhitzt, wodurch schlagartig das chemisch gebundene Wasser des Gesteins entweicht und das Rohmaterial auf das 15- bis 20fache seines Volumens expandiert wird. Durch diese innere Aufporung entsteht B., ein leichtes, wärmedämmendes Granulat. Die Qualität der B. wird von der Güte des Rohmaterials, dem technischen Vermögen der Anlage und der Qualität des Brenners bestimmt. B. können durch Besprühen mit →Silikonharzen hydrophobiert (wasserabweisend gemacht) werden, durch Ummanteln mit Bitumen gewinnen B. an Gewicht. B. findet Verwendung als Ausgleichsschüttung oder Dämmschüttung in Wänden, Decken und Dächern sowie als wärmedämmendes Zuschlagsmaterial für Leichtbeton und Wärmedämmputze. Spezial-Dämmstoffkörnungen können eingeblasen werden. Die Wärmeleitfähigkeit von Schüttungen aus B. liegt zwischen 0,042 und 0,065 W/(mK), die Rohdichte zwischen 80 und 180 kg/m³, bituminierte Produkte können Rohdichten bis 300 kg/m³ aufweisen. B. sind unverrottbar und unbrennbar (→Baustoffklasse A1). Schüttungen aus B. sind dampfdiffusionsoffen bei gleichzeitig sehr guter Wasserbeständigkeit. Sie werden daher verstärkt in energiesparenden Bauweisen als innenliegende Dämmung auf Bodenplatten über Erde eingesetzt.
Die Verfügbarkeit ist ausreichend. Der Expandiervorgang wird mit den verschiedensten Verfahren und Energieeinsätzen durchgeführt – daher entsteht eine große Vielfalt an ökologischen Profilen. Die Herstellung von Silikonölen ist ein umweltbelastender Prozess, sie werden jedoch nur in geringen Mengen eingesetzt. B. sind gut verwertbar und problemlos deponierbar. Beim Einbringen ist auf ausreichenden Staubschutz zu achten. Mit Ausgasungen während der Nutzung ist bei B. nicht zu rechnen. B. kann selten erhöhte Radioaktivität aus den Rohstoffen (→Radioaktivität von Baustoffen) aufweisen. →Wärmedämmschüttung, →Wärmedämmstoffe

Blähschiefer Als Rohmaterial für B. dienen Naturvorkommen von →Schiefer (heute in Deutschland üblich), aber auch Abfallhalden der Dachschieferproduktion. Die Blähfähigkeit von Schiefer hat ihre Ursache in der besonderen mineralogischen Zusammensetzung der ursprünglichen Tonablagerungen. Der Rohstoff wird durch Großlochsprengung gewonnen, im Backenbrecher vorgebrochen und anschließend klas-

siert. Der Blähprozess findet in einem Drehrohrofen bei ca. 1.200 °C statt. Der B. wird abgekühlt und durch Brech- und Klassiervorgänge in die gewünschten Korngrößen fraktioniert. B. wird lose in offenen Lkws oder Silozügen sowie in Big Bags bzw. als Sackware angeboten. B. ist nicht brennbar (→Baustoffklasse A1). Die Wärmeleitfähigkeit liegt bei 0,15 W/(mK) und darüber, die Rohdichte zwischen 500 und 900 kg/m³. B ist leicht, chemisch und baubiologisch neutral, frost- und feuchtebeständig, fault, schimmelt und verrottet nicht.
Je nachdem, ob nach dem Brand ein Brechvorgang erfolgt oder nicht, ist B. mit geschlossener oder offenporiger Oberfläche erhältlich. B. mit geschlossener Oberfläche zeichnet sich durch eine relativ geringe Wasseraufnahme aus und eignet sich als Schüttung und im Besonderen als Leichtzuschlag für →Leichtbetone, Schallschutzelemente, Leichtestrich und Leichtmauermörtel. Offenporige Körner dagegen gewährleisten ideale Eigenschaften z.B. als Pflanzsubstrat zur Dachbegrünung, da sie als Wasserspeicher wirken.
Die Herstellung erfolgt ohne chemische Zusätze. Für den Blähprozess sind hohe Temperaturen und damit ein relativ hoher Energiebedarf notwendig. Die Wärmedämmung ist nicht so gut wie z.B. jene von Blähperliten oder →Blähglimmer. B. ist ohne Probleme zu recyceln. Er kann als Bruch aufbereitet und der Neuproduktion zugeführt oder als Schütt- bzw. Auffüllmaterial verwendet werden. →Wärmedämmschüttung, →Wärmedämmstoffe

Blähton B. wird durch Brennen von Tonkügelchen im Drehrohrofen bei ca. 1.200 °C hergestellt. Die Kügelchen blähen sich durch eigenentwickelte Gase (aus den im Ton enthaltenen organischen Stoffen) auf. Je nach Rohstoffqualität können geringe Mengen an zumeist umweltverträglichen Blähhilfsmitteln zugegeben werden. Während der Blähung versintert die Oberfläche, was die Druckfestigkeit erhöht. B. wird als Leichtzuschlag zu Mauersteinen oder →Beton (→Leichtbeton), als Ausgleichsschicht oder als Wärmedämmschüttung verwendet. Im Vergleich zu anderen Dämmmaterialien weist B. eine relativ hohe Wärmeleitfähigkeit auf: 0,08 – 0,09 W/(mK). Schüttungen aus B. sind sehr belastbar. Ein Trittschallschutz ist durch eine lose B.-Schüttung aber nicht zu erhalten. B. ist ungeziefersicher, verrottungssicher, frostbeständig und unbrennbar (→Baustoffklasse A1).
Die Rohstoffressourcen sind ausreichend. Die Herstellung erfordert einen relativ hohen Energiebedarf und verursacht Emissionen wie Schwefeldioxid, Stickoxide, Fluorwasserstoffe oder Kohlenwasserstoffe. Während der Nutzungsphase sind keine Emissionen bekannt. B. ist als Schüttung oder als Sekundärbaustoff im Straßenbau wiederverwendbar und als Baurestmasse problemlos zu entsorgen. B. kann selten erhöhte Radioaktivität aus den Rohstoffen (→Radioaktivität von Baustoffen) aufweisen. →Wärmedämmschüttung, →Wärmedämmstoffe

Blähton-Leichtbeton Blähton-Leichtbetone sind →Leichtbetone aus ca. 75 M.-% →Blähton, 23 M.-% →Portlandzement und 2 M.-% Wasser. Für Wände werden zudem geringe Mengen an Luft- bzw. Schaumporenbildner eingesetzt. Es gibt eine große Vielfalt an schaum- bzw. luftporenbildenden Substanzen, von synthetischen Substanzen bis zu Naturstoffen. Für die Blähtonherstellung werden die blähfähigen Tone in der Umgebung des Werkes im Tagebau gewonnen und danach ein Jahr auf Halde gelagert. Aus dem Ton werden in einem Wellenmischer Kugeln geformt, die danach im Drehrohrofen bei 1.250 °C gebläht und gebrannt werden, wobei die Oberfläche klinkerartig gesintert wird. Für die Herstellung von Blähtonsteinen wird Blähton verschiedener Korngröße mit Zement und Wasser gemischt, zu verschiedenen Steingrößen geformt und im Freien bzw. in beheizten Trocknungshallen getrocknet. Fertigteilwände werden entweder unter Beimengung von Luftporenbildnern gegossen und durch Rütteln verdichtet oder aus einer Grobschicht hergestellt, an die an der innen- und an der außen liegenden Seite jeweils eine Feinschicht angrenzt.

Im Vergleich zu anderen Betonzuschlägen ist für Blähton ein relativ hoher Energiebedarf für den Brennprozess erforderlich, der Vorteil des Blähtons als Zuschlagstoff liegt in den raumklimatisch positiven Auswirkungen. Während der Nutzung ist mit keiner Abgabe von gesundheitsschädlichen Stoffen zu rechnen. Blähtonreste können als Sekundärbaustoff im Straßenbau bzw. als Zuschlagstoffe bei der Herstellung von neuen Teilen verwendet werden. Baustellenreste und -verschnitte finden wieder Eingang in die Produktion. Die Beseitigung kann auf Inertstoffdeponien erfolgen.

Bläue B. ist die durch holzbewohnende Pilze (Ascomycetes oder Fungi imperfecti) verursachte blassblaue bis schwarze Verfärbung des Holzes.

Bläueschutzgrund B. sind lösemittelhaltige Beschichtungsstoffe für Hölzer im Außenbereich mit bläuewidrigen Wirkstoffen, häufig →Dichlofluanid, Tolylfluanid, Propiconazol oder Tebuconazol in Mengen bis ca. 1 %.

Blauasbest →Krokydolith

Blauer Engel Der B. ist die weltweit erste und damit älteste umweltschutzbezogene Kennzeichnung. Zeicheninhaber dieses quasi-staatlichen Labels ist das Bundesministerium für Umwelt, Naturschutz und Reaktorsicherheit. Der B. ist ein allgemeines Umweltzeichen und kann grundsätzlich für alle Produktgruppen vergeben werden, die im Vergleich zu anderen Produkten mit dem selben Gebrauchszweck als besonders umweltfreundlich gelten. Getragen und verwaltet wird das Zeichen vom Umweltbundesamt sowie dem →RAL Deutsches Institut für Gütesicherung und Kennzeichnung e.V. Die Anforderungen an die Produkte und Dienstleistungen für die Vergabe des Umweltzeichens beschließt die Jury Umweltzeichen. Im Baubereich ist der B. u.a. für Kleber, Farben, Lacke, Dämmstoffe, Bodenbeläge, Holzwerkstoffe, Putze und Mauersteine erhältlich.

Blei B. ist ein ubiquitär vorkommendes Element. B. bzw. B.-Verbindungen werden verwendet für Akkumulatoren, Pigmente (→Bleipigmente), Bleche (Außenabdichtungen), in der Bildschirmherstellung, im Strahlenschutz und für Bleiglas. Die Verwendung von →Bleimennige als Rostschutzmittel ist nach wie vor erlaubt. Bis Anfang der 1970er-Jahre wurde B. für →Trinkwasserleitungen eingesetzt. B.-Verbindungen dürfen nicht zum Einfärben von →Kunststoffen im Kontakt mit Lebensmitteln, für Innenlackierungen von Nahrungsmittelbehältern und für Kinderspielzeug eingesetzt werden.

B. und B.-Verbindungen zählen zu den starken Umweltgiften. Toxikologische und ökotoxikologische Eigenschaften von B.:

- Humantoxizität: B. ist ein systemisch wirkendes Zellgift, das je nach Dosis und Zeit verschiedene Schadwirkungen in vielen Organen und Organsystemen hervorruft. In aller Regel handelt es sich um chronische Schädigungen: Schädigungen des zentralen Nervensystems, Störungen im Vitamin-D-Stoffwechsel und bei der Bildung von Blutfarbstoff, Blutdruckerhöhungen, Fruchtschädigung, Beeinträchtigung der Fortpflanzungsfähigkeit, Beeinträchtigung der kindlichen Intelligenzentwicklung. Soweit nicht gesondert bewertet, sind alle Bleiverbindungen als fortpflanzungsgefährdend der Kategorie 1 (fruchtschädigend) und 3 (Fertilität) eingestuft.
- Ökotoxizität: Alle Bleiverbindungen sind als umweltgefährlich N eingestuft (R50-53), die →Wassergefährdungsklassen unterscheiden sich aber. Einstufung z.B. von Bleinitrat, -acetat, -chromat in Klasse 3, Bleimolybdat aber in Klasse 2.
- Abbauverhalten: Als chemisches Element kann B. grundsätzlich nicht abgebaut werden. In wässrigen Systemen überwiegt unter anaeroben Bedingungen die Bildung von unlöslichem Bleisulfid, unter aeroben Bedingungen die oxidative Bildung von Bleisulfat (höhere Löslichkeit). Bleiacetat und Bleinitrat sind wegen ihrer guten Löslichkeit besonders wassergefährdend. Bleichromat-Pigmente sind schwer löslich, in verdünnter Salzsäure (Magensäurekonzentration) kann B. aus ihnen gelöst werden.

Tabelle 16: Bleigehalte in behandeltem, beschichtetem und gestrichenem Holz (Obenland & Binder, 2004. Literaturstudie zu Vorkommen und gesundheitlicher Bedeutung von Blei in Hausstaub. http://www.arguk.de/infos/blei2004.htm)

Anzahl (n)	Minimum	Maximum	Mittelwert	Literatur
	[µg/g]			
28	< 2	36.412	1.725	Riehm (1994)
15	< 3	821	133	Freie und Hansestadt Hamburg (2002)
k.A.	k.A.	k.A.	194	LfU Bayern (1998)
k.A.	k.A.	k.A.	248	LUA NRW (1997)

k.A. = Keine Angaben

– Bioakkumulation: B. verhält sich im Körper ähnlich dem Calcium (z.B. Einlagerung in Knochen). Über den Magen-Darm-Trakt gelangt B. in den Blutkreislauf (Aufnahme: Erwachsene ca. 10 %, kleine Kinder ca. 50 %). Durch Akkumulation in inneren Organen führt B. zu chronischen Schädigungen. Chronische B.-Einwirkungen können zu unspezifischen Symptomem wie Kopfschmerzen, Müdigkeit, Appetitlosigkeit, Konzentrationsschwäche und Gewichtszunahme führen.

B. und B.-Verbindungen gehören zu den Stoffen, bei denen auf EU-Ebene geprüft wird, ob sie PBT-Eigenschaften (→PBT-Stoffe) haben.

Der weitaus bedeutendste Eintrag von B. in die Umwelt und damit in die Nahrungskette des Menschen fand über Jahrzehnte durch die Verwendung verbleiten Benzins als Kfz-Treibstoff statt. Mit der Einführung von Katalysator und bleifreiem Benzin wurde diese Emissionsquelle drastisch reduziert. Im Bereich von Gewässern stammen Blei-Belastungen in Kläranlagen aus Abschwemmungen von Straßen und Dächern. Das B. akkumuliert sich, wie andere Schwermetalle auch, in Klärschlämmen, Sedimenten, aber auch in Lebewesen. Schwere Bodenbelastungen entstehen z.B. bei Korrosionsschutzmaßnahmen an Stahlbauten, wenn durch das Sandstrahlen große Mengen →Bleimennige in die Umwelt gelangen. Die Umweltbelastung durch B. ist in den vergangenen Jahren stark zurückgegangen. Eine deutliche Entlastung der Umwelt wurde durch die Verwendung unverbleiter Kraftstoffe sowie durch den Ersatz von Bleimennige durch blei- und chromatarme Korrosionsschutzstoffe.

Ein erhöhter B.-Eintrag in die Innenraumluft ist durch das Entfernen von alten Farben möglich.

Bleibleche B. bestehen heute aus Kupferblei. B. finden Verwendung für Dachdeckungen, Fassaden, alle Formen von Dachdurchdringungen, Anschlüsse, Auslegen von Brüstungen. Für Feuchteisolierungen im Hoch- und Tiefbau werden B. zwischen →Bitumen-Dachbahnen verwendet (→Siebelpappe). →Blei

Bleichromate →Bleipigmente

Bleimennige B. (Mennige, Bleirot, Pariser Rot, Saturnrot, Mineralorange) ist ein leuchtend rotes Farbpigment, das bereits in der Antike bekannt war. Das Mineral Mennige ist in der Natur nur sehr selten anzutreffen. Es wird z.B. als pulverige Unterlage unter Cerrusit (ein Bleicarbonat) gefunden. Fabrikmäßig hergestellt wurde B. erstmals im 16. Jahrhundert. Chemisch handelt es sich bei B. um ein Bleimischoxid.

B. wird heute noch als Rostschutzmittel eingesetzt, jedoch mit rückläufiger Tendenz. Das schwere und weiche Pulver lässt sich gut mit allen Bindemitteln verarbeiten und besitzt eine hervorragende Deckfähigkeit. Weiterhin wird B. bei der Ölvergoldungstechnik verwendet. Dort können Goldgründe bei Außenarbeiten mit B. angelegt werden.

B

Es gibt verschiedene Arten von B.-Mischungen, insbes. Leinölfirnis-B. und Kunstharz-B. (Alkydharz-B.).

Tabelle 17: Gefährliche Inhaltsstoffe gem. Gefahrstoffrecht einer typischen Kunstharz-Bleimennige

Gefährliche Inhaltsstoffe	Gehalt [%]
Mennige	25 – 50
Alkane	2,5 – 10
Naphtha (Erdöl)	2,5 – 10
1,2,4-Trimethylbenzol	ca. 2,5

Besondere Gefahrenhinweise der o.g. B. für Mensch und Umwelt:

R 61: Kann das Kind im Mutterleib schädigen
R 10: Entzündlich
R 20/22: Auch gesundheitsschädlich beim Einatmen und Verschlucken
R 33: Gefahr kumulativer Wirkungen
R 62: Kann möglicherweise die Fortpflanzungsfähigkeit beeinträchtigen
R 50/53: Sehr giftig für Wasserorganismen, kann in Gewässern längerfristig schädliche Wirkungen haben.

Wg. der Toxizität von B. erfolgt mehr und mehr ein Ersatz durch weniger giftige Substanzen wie Zinkphosphat oder Zinkmolybdat.

Bleipigmente Unter den B. sind die Bleichromate noch von großer Bedeutung. Dabei handelt es sich um Mischkristalle aus Bleichromat und Bleisulfat (Chromgelb) oder Mischkristalle aus Bleichromat, Bleisulfat und Bleimolybdat (Molybdatrot). Der Bleigehalt beträgt ca. 60 %. Es lassen sich Farbtöne vom hellen, grünstichigen Gelb über Orange bis zum blaustichigen Rot realisieren. Die große Witterungsbeständigkeit und die gute Lichtechtheit sind für die Einfärbung langlebiger Gebrauchsgüter aus Kunststoff von großem Vorteil. Hierzu werden die Bleichromate Antimon- und Silikatverbindungen stabilisiert.

Bleichromat-Pigmente werden noch in erheblichem Umfang in Anstrichstoffen eingesetzt. Die weltweite Produktion lag 1986 bei ca. 130.000 t, 1996 bei ca. 90.000 t, wovon etwa 65 % für Anstrichstoffe, 30 % für die Kunststoffeinfärbung und 5 % für sonstige Anwendungen verwendet wurden. Der Bleiverbrauch für Pigmente betrug 2000 in Deutschland weniger als 10 % des Gesamtverbrauchs (Akkumulatoren ca. 60 %, Halbzeug und Legierungen > 20 %). Ende der 1980er-Jahre waren alle Automobilerstlackierungen in Deutschland und Skandinavien bleifrei. Heute ist auch der überwiegende Teil der Bautenlacke bleifrei. In Druckfarben wurden Bleichromate weitgehend durch organische Pigmente ersetzt. Wegen des günstigen Preises werden Bleichromate für Hart- und Weich-PVC-Produkte mit mengenmäßig großer Bedeutung eingesetzt. Dazu gehören Kalanderfolien, Kunstleder, Bodenbeläge, Fenster- und andere Profile, Rohre, Platten und Kabel. Zum Einfärben von Polyolefinen und Polystrol werden nur noch selten Bleichromate eingesetzt. Die Schwermetallgehalte der B. betragen zwischen 60 und 75 %, die Pigmentgehalte der Produkte (eingefärbte Kunststoffartikel, Lacke) unter 3 %, häufig unter 1 %. Die B. sind i.d.R. in den Endprodukten in eine stabile Kunststoffmatrix eingebettet. In der Nutzungsphase kommt es daher nur dann zu einer Freisetzung, wenn die Produkte einem starken Abrieb unterliegen. Bei der Müllverbrennung gelangen über 80 % der Blei-Gehalte des Mülls, überwiegend als Chlorid oder Oxid, in den Flugstaub. Die zulässigen Emissionen wurden zuletzt durch die 17. BImSchV (Änderung 2001) bzw. durch die EU-Richtlinie 2000/76/EG gesenkt. Bei der Müllverbrennung gelangen ca. $^1/_3$ der Bleigehalte des Mülls, überwiegend als Chlorid oder Oxid, in den Flugstaub. Die zulässigen Emissionen wurden durch die 17. BImSchV (Änderung 2001) bzw. durch die EU-Richtlinie 2000/76/EG gesenkt.

Bleirohre B. sind Trinkwasser- oder Abflussrohre aus Rohrblei. B. sind leicht verarbeitbar, biegsam und vertragen wiederholtes Zufrieren. Weiches Wasser unter 8 °dH kann aus B. gesundheitsschädliches Bleihydroxid lösen. Bei hartem Wasser bildet sich eine Schutzschicht aus Blei-Calcium-Carbonat. Der Ersatz von B. in Trinkwasserleitungen ist daher besonders bei weichem Wasser anzuraten. →Trinkwasserleitungen

Bleistabilisatoren →Stabilisatoren

Bleiwasserleitungen →Trinkwasserleitungen, →Bleirohre

Bleiweiß B. (chemisch: Basisches Bleicarbonat) ist ein farbloses, wasserunlösliches Pulver, das schon im Altertum als Pigment für Wandmalereien verwendet wurde. Gemäß →Gefahrstoffverordnung dürfen folgende bleihaltige Gefahrstoffe nicht als Farben verwendet werden: Bleicarbonat, Bleihydrogencarbonat und Bleisulfate; mit Ausnahme zur Verwendung als Farben, die zur Erhaltung oder originalgetreuen Wiederherstellung von Kunstwerken und historischen Bestandteilen oder von Einrichtungen denkmalgeschützter Gebäude bestimmt sind, wenn die Verwendung von Ersatzstoffen nicht möglich ist.

Bleiwolle Dichtungsmaterial zum kalten Verstemmen des Hanfstricks von Muffenrohren.

Blitzzement →Schnellzement

Blower-Door-Test Mit dem B. wird die →Luftdichtigkeit von Gebäuden bestimmt. Bei geschlossenen Fenstern und Außentüren wird mit einem Ventilator bei konstantem Unterdruck von 50 Pa Luft aus dem Haus geblasen und aus der geförderten Luftmenge die Luftwechselzahl n50 bestimmt. Nach ISO 9972 darf die Luftwechselzahl bei Gebäuden ohne Lüftungsanlagen den Kennwert 3 und bei Gebäuden mit Lüftungsanlagen den Kennwert 1,5 nicht überschreiten. An Passivhäuser werden mit 0,6 die strengsten Anforderungen gestellt.

Bodenaushubdeponie Die B. ist ein Deponietyp gem. österreichischer →Deponieverordnung für nicht kontaminierte Böden und erdkrustenähnlichen Abfall. Bei diesem Deponietyp ist keine Basisdichtung vorgesehen.

Bodenbeläge B. sind ein wesentlicher Bestandteil der sinnlichen Wahrnehmung und des Wohlbefindens in Räumen. Die Art der B. hat Einfluss auf die Raumakustik, die thermische Behaglichkeit, den Gehkomfort, die Reinigungsmöglichkeiten und die Raumluftqualität. Daher gilt besonders für B., dass Materialien passend zum Einsatzzweck und Einsatzort gewählt werden sollen. B. stehen in den unterschiedlichsten Erscheinungsbildern aus den verschiedensten Materialien zur Verfügung.

- B. aus →Nachwachsenden Rohstoffen (→Holzböden, Naturfaserteppiche, →Linoleum-Bodenbeläge, →Naturkautschuk-Bodenbeläge)
- B. aus →Kunststoffen (→Gummi-Bodenbeläge, →Polyolefin-Bodenbeläge, →PVC-Bodenbeläge, Kunstfaserteppiche)
- B. aus →Mineralischen Rohstoffen (→Keramische Fliesen, →Solnhofer Platten, →Naturstein, →Terrazzo/Kunststein)

2003 verzeichneten die Hersteller von B. einen Absatz von 475 Mio. m², davon 256 Mio. m² →Textile Bodenbeläge und 75,3 Mio. m² →Elastische Bodenbeläge. →Holzböden liegen mit 19 Mio. m² bereits deutlich hinter den billigeren Laminatböden (55 Mio. m²).

Aus B. können Raumluftschadstoffe durch Emission oder durch Abrieb und Bindung an den →Hausstaub freigesetzt werden. Gesundheitlich relevant sind vor allem Emissionen von leichtflüchtigen und schwerflüchtigen organischen Stoffen (→VOC bzw. →SVOC). Die Aufnahme der Verbindungen durch den Nutzer kann inhalativ über die Atemluft, oral über den Hausstaub oder dermal über Körperkontakt mit den B. erfolgen. Kleinkinder im Krabbelalter haben in den ersten Lebensjahren einen intensiven Kontakt zu B. und können über den Hausstaub, aber auch durch Hautkontakt mit den B. selbst chemische Verbindungen wie z.B. →Weichmacher, Farbstoffe und →Biozide aufnehmen. Zu berücksichtigen ist, dass B. oft in Kombination mit →Klebstoffen (→Fliesenklebstoffe, →Parkettklebstoffe) verwendet werden und eine Behandlung des Untergrunds mit →Grundierung und →Spachtelmasse stattfinden kann, auch die Art der Oberflä-

Tabelle 18: Einteilung der Bodenbeläge

Textil	Elastisch	Hart	
		Holzböden	Fliesen/Stein
Teppichböden Nadelvliesbeläge Aus Natur- oder Kunstfasern sowie Mischungen daraus	PVC-Bodenbeläge Polyolefin-Bodenbeläge Linoleum-Bodenbeläge Gummi-Bodenbeläge Kork-Bodenbeläge	Massivholzböden Mehrschichtböden Laminat-Bodenbeläge	Keramische Fliesen und Platten Naturstein-Bodenbeläge Bodenbeläge aus Kunststein
Organisch			**Anorganisch**

Tabelle 19: Absatz an Bodenbelägen in Deutschland 2003 (Quelle: Parkett, Linoleum, PVC, Kautschuk, Kork oder Laminat?, 23.6.2004. http://www.bauzentrale.com/news/2004/0823.php4)

	Absatz 2003 [Mio. m²]	Anteil am Gesamtabsatz [%]
Textile Beläge	256,0	53,89
Davon: Tuftingware Nadelvlies Webware	 165,0 66,0 25,0	 34,74 13,89 5,26
Elastische Beläge	75,3	15,85
Davon: PVC Linoleum Kork Kautschuk	 48,0 15,0 6,3 6,0	 10,11 3,16 1,33 1,26
Harte Beläge	144,0	30,32
Davon: Keramik Holz/Parkett Laminat	 70,0 19,0 55,0	 14,74 4,00 11,58

chenbeschichtungen spielt eine wesentliche Rolle. Diese kombinierten Materialien beeinflussen sich gegenseitig und können ein unterschiedliches Emissionsverhalten im Vergleich zur Einzelkomponente aufweisen. Viele der auftretenden VOC sind auch bei Geruchsemissionen relevant. Langanhaltender Geruch von B. führt immer wieder zu Beanstandungen und auch zu Gesundheitsbeschwerden wie Kopfschmerzen und Übelkeit.

Die derzeitigen Anforderungen an den Gesundheitsschutz für textile und elastische B. sowie Laminat-Beläge regelt die DIN EN 14041 (Entwurf). In der vorliegenden Entwurfsfassung werden in Bezug auf den Gesundheitsschutz nur die Freisetzung von Formaldehyd und der Gehalt an Pentachlorphenol (PCP; Biozid) aufgeführt. In Bezug auf PCP fordert die Norm, dass die B. kein Pentachlorphenol oder Derivate davon enthalten dürfen. Diese Anforderung gilt als erfüllt, wenn der Gehalt an PCP kleiner als 0,1 M.-% (= 1.000 mg/kg Bodenbelag!) ist. Nach der deutschen →Chemikalien-Verbotsverordnung ist das Inverkehrbringen von Erzeugnissen, die mehr als 5 mg PCP pro kg in den von der Behandlung erfassten Teilen (0,0005 M.-%) enthalten, verboten. Die europäische Beschränkungsrichtlinie 76/769/EWG verbietet das Inverkehrbringen von Stoffen und Zubereitungen, die mehr als 0,1 M.-% PCP enthalten. Die Richtlinie nimmt jedoch keinen Bezug auf Erzeugnisse. Die DIN EN 14041 (Entwurf) enthält zudem keinerlei Regelungen zum

Einsatz von Abfällen, z.B. Gebrauchtholz in Holzwerkstoffen.

B. sind seit Dez. 2001 zulassungspflichtig, wenn sie in Aufenthaltsräumen verwendet werden sollen und gleichzeitig Anforderungen an die Schwerentflammbarkeit des Produkts bestehen. Die Bewertung von B. und Klebstoffen im Zulassungsverfahren erfolgt grundsätzlich gemäß den „Grundsätzen zur gesundheitlichen Bewertung von Bauprodukten in Innenräumen" des DIBt (→Bauprodukte – Grundsätze zur gesundheitlichen Bewertung von Bauprodukten in Innenräumen).

Bestimmte Fußbodenbeläge wurden früher (bis in die 1980er-Jahre) unter Verwendung von →Asbest hergestellt. Siehe hierzu →Asbesthaltige Bodenbeläge. →Elastische Bodenbeläge, →Holzböden, →Textile Bodenbeläge

Bodenklinkerplatten →Klinker

Borate B. (Borsalze) finden z.B. Verwendung in Borsalz-Holzschutz-Imprägnierungen. Wichtige B. sind Natriumoktaborat und Natriumtetraborat (→Borax). Mit dem Begriff B. werden oft auch Kombinationen von Borsalzen (Natriumborate), →Borax und →Borsäure bezeichnet.

Als Holzschutzschutzmittel-Wirkstoffe werden Kombinationen von B. mit anderen Wirkstoffen eingesetzt: →CFB-Salze, →CKB-Salze. Gem. einer Bewertung des Umweltbundesamtes (UBA-Texte 25/01) gilt Borax als →„Flammschutzmittel mit problematischen Eigenschaften/Minderung sinnvoll". Bor ist natürlicher Bestandteil von Lebensmitteln insbesondere pflanzlichen Ursprungs. Die tägliche Aufnahme von Borverbindungen wird von der →WHO mit 3 mg Bor angegeben. Gem. →BfR gilt für Borverbindungen wie B. eine tägliche Aufnahme von insgesamt max. 0,1 mg Bor pro Kilogramm Körpergewicht als tolerierbar. Im Entwurf der 30. ATP (Anpassung an den technischen Fortschritt) zur Stoffrichtlinie RL 67/548/EWG sind B. und Borsäure zur Einstufung als reproduktionstoxisch (R2) vorgesehen. →KMR-Stoffe

Borax B. (Natriumtetraborat-decahydrat) ist ein natürliches Mineral, das sich gelöst im Wasser von Salzseen findet und im Bodenschlamm oder an den Ufern kristallisiert, z.B. in Kalifornien und Nevada. Für Verwendungen in der chemischen Industrie wird B. aus Kernit, einem Bormineral (z.B. Mahave-Wüste), gewonnen. B. wird als Zusatzstoff gegen Verrottung und zur Verbesserung des Brandverhaltens von →Cellulose-Dämmstoffen sowie als Holzschutzmittel-Wirkstoff zum vorbeugenden biologischen Holzschutz verwendet. Als →Flammschutzmittel wirkt B. vornehmlich in der festen Phase durch Carbonisierung und Freisetzung von chemisch gebundenem Wasser. Beim Nachglimmen bzw. bei Schwelbränden zeigt B. wenig Wirkung. Der Einsatz erfolgt meist in Kombination mit →Borsäure und ggf. mit Ammoniumsulfat. Weitere Verwendungen: für Glasuren von Steingut und Porzellan, als Flussmittel beim Hartlöten, als Zusatz zu Seifen und Pudern, früher als Desinfektionsmittel bei Entzündungen der Mundschleimhaut. Im Entwurf der 30. ATP (Anpassung an den technischen Fortschritt) zur Stoffrichtlinie RL 67/548/EWG ist B. zur Einstufung als reproduktionstoxisch (R2) vorgesehen (→KMR-Stoffe). Durch Umsetzung von B. mit Schwefelsäure wird →Borsäure hergestellt.

Borsäure B. ist ein farbloses Pulver. Borsäure findet sich in den Wasserdampfquellen (Soffionen, Fumarolen) der Toskana. Als Mineral Sassolin kommt B. ebenfalls in der Toskana in heißen Quellwässern vor. Technisch wird B. aus →Borax oder dem Mineral Ulexit durch Umsetzung mit Säure hergestellt.

B. wird wegen ihrer konsistenzbeeinflussenden, flammhemmenden, antiseptischen und konservierenden Eigenschaften in zahlreichen Produkten eingesetzt, u.a. auch für →Holzschutzmittel und Produkte der →Pflanzenchemiehersteller. Im Entwurf der 30. ATP (Anpassung an den technischen Fortschritt) zur Stoffrichtlinie RL 67/548/EWG ist B. zur Einstufung als reproduktionstoxisch (R2) vorgesehen. →KMR-Stoffe

BPA →Bisphenol A

Brandklassen (EN 13501) Europaweit hat sich in den letzten Jahren eine neue Sichtweise durchgesetzt: Der Unterschied im Brandverhalten etwa einer Stahlbeton- und einer Holzstütze soll z.B. nicht zu einem globalen Verbot des Baustoffes Holz führen, sondern mit kompensierenden Maßnahmen ausgeglichen werden können. Diese Überlegungen spiegelt auch die Europäische Normung wider. Im Zuge der Entwicklung zu einem europäischen Binnenmarkt ist nun die Norm EN 13501 zur einheitlichen Klassifizierung für das Brandverhalten von Bauprodukten (Baustoffen und Bauteilen) in Bearbeitung. Bei Inkrafttreten der vollständigen ÖNORM EN 13501 wird diese mit einer Übergangsfrist von vermutlich fünf bis zehn Jahren die ÖNORM B 3800 und die DIN 4102 ersetzen.

Die Anforderungen an Bauten werden jedoch auch in Zukunft national geregelt bleiben.

Im Entwurf des Grundlagendokuments Brandschutz des CEN – Europäisches Komitee für Normung (Essential Requirement – Safety in Case of Fire, Document TC 21021) sind die neuen Brandwiderstandsklassen für Bauteile festgelegt. Man unterscheidet zwischen tragenden und nichttragenden Bauteilen, wobei die Buchstabenkombination REI für die französischen Begriffe Resistance, Etancheite und Isolation stehen.

Den Buchstaben kommen demnach folgende Bedeutungen zu:

R: Tragfähigkeit bei Brandbeanspruchung
E: Dichtheit gegen Durchtritt von Rauch und Feuer
I: Wärmedämmung (Temperatur an der dem Brand abgekehrten Seite)

Für tragende Bauteile gibt es die Kombinationen:

REI-Zeit: Erfüllt die Kriterien der Tragfähigkeit, Dichtheit und Wärmedämmung
RE-Zeit: Erfüllt die Kriterien Tragfähigkeit und Dichtheit
R-Zeit: Erfüllt nur das Kriterium Tragfähigkeit

Für nichttragende Bauteile entfällt der Buchstabe R, wodurch es folgende Kombinationen gibt:

EI-Zeit: Erfüllt die Kriterien Dichtheit und Wärmedämmung
E-Zeit: Erfüllt das Kriterium Dichtheit

Zu den Buchstaben REI und ihren verschiedenen Kombinationen kommen noch weitere hinzu, die ihrerseits wiederum bestimmte Merkmale und Eigenschaften bezeichnen:

W: Wärmestrahlung
M: Besondere mechanische Anforderungen
C: Automatische Schließvorrichtung
S: Leckrate für Brandrauch

Dazu das folgende Beispiel:

Ein tragendes Wandelement erfüllt bei der Brandprüfung die Anforderungen während

– 155 Minuten hinsichtlich Tragfähigkeit,
– 80 Minuten hinsichtlich Dichtheit,
– 4 Minuten hinsichtlich Wärmedämmung.

Daraus ergeben sich folgende Kombinationen zur Einordnung in die Brandwiderstandsklassen:

R 120: Für die Tragfähigkeit (155 Minuten auf 120 Minuten abgerundet)
RE 60: Für die Tragfähigkeit und Dichtheit (80 Minuten auf 60 Minuten abgerundet)
REI 30: Für die Tragfähigkeit, Dichtheit und Wärmedämmung (42 Minuten auf 30 Minuten abgerundet)

Bei den neuen Klassen liegt das Hauptaugenmerk auf funktionaler Leistungserbringung, auf die Brennbarkeit eines Baustoffes wird nicht eingegangen. →Feuerwiderstandsklassen, →Brandwiderstandsklassen

Brandschäden Bei Bränden baulicher Anlagen werden vorhandene brennbare Stoffe in eine nicht überschaubare Zahl von z.T. undefinierten Umwandlungsprodukten überführt. In der heißen Phase werden die Stoffe, die sich beim Verbrennungsvorgang bilden, in Form von Brandrauch gasförmig, flüssig oder fest aus der Brandstelle ausgetragen. In dieser Phase entstehen in hoher Konzentration giftige bzw. reizende Gase und Dämpfe wie z.B. Kohlenmonoxid, Kohlendioxid, Chlorwasserstoff und Cyanwasserstoff. Bei der Abkühlung des

Brandrauches erfolgt eine Ausscheidung der Schadstoffe. Kondensierfähige und feste Stoffe, vorwiegend Ruß, lagern sich ab, wobei letzterer als Träger für diese gasförmigen und flüssigen Stoffe dient. Hauptverteilungsweg der Verbrennungsprodukte ist der Luftpfad.

Durch die Wirkung des Löschwassers können die an der Schadenstelle verbleibenden Reste der brennbaren Stoffe, die noch eine Vielzahl von Pyrolyse- und Synthesefolgeprodukten sowie Aschebestandteile enthalten, in den Regen- oder Abwasserkanal einlaufen bzw. auf unbefestigtem Untergrund versickern. Eine besondere Gefahr für Boden und Grundwasser stellen auslaufende Betriebsmittel, Brennstoffe oder Chemikalien aus brandbedingt beschädigten Behältern oder Rohrleitungen dar.

Je nach Art und Umfang des Brandes, des Sanierungsumfangs und der zu treffenden Schutzmaßnahmen werden folgende Gefahrenbereiche unterschieden:

- Gefahrenbereich 0: Brände, bei denen nur kleine Mengen Material verbrannt sind, z.B. Papierkorbbrand, Kochstellenbrand, Brand eines Kerzengestecks mit räumlich begrenzter Ausdehnung und mit auf den Brandbereich beschränkter Brandverschmutzung.
- Gefahrenbereich 1: Brände, bei denen lediglich allgemein übliche Mengen an chlor- oder bromorganischen Stoffen, insbesondere PVC, beteiligt waren oder bei denen aufgrund des Brandbildes keine gravierende Schadstoffkontamination auf der Brandstelle zu erwarten ist.
- Gefahrenbereich 2: Brände gemäß Gefahrenbereich 1, an denen größere Mengen an chlor- oder bromorganischen Stoffen, insbesondere PVC (z.B. stark belegte Kabeltrassen, PVC-haltige Lagermaterialien), beteiligt waren, bei denen aufgrund des Brandbildes und des Brandablaufes eine gravierende Schadstoffkontamination auf der Brandstelle wahrscheinlich ist.
- Gefahrenbereich 3: Brände im gewerblichen und industriellen Bereich mit Beteiligung von größeren Mengen kritischer Stoffe, die als Roh-, Hilfs- oder Betriebsstoffe eingesetzt waren, sowie weiterer giftiger oder sehr giftiger Stoffe im Sinne der →Gefahrstoffverordnung, wie z.B. →Polychlorierte Biphenyle (Transformatoren und Kondensatoren), →Pentachlorphenol, Holzimprägnierungsmitteln, soweit größere Gebinde betroffen sind, und Pflanzen- und Vorratsschutzmittel in größeren Gebinden bzw. kritische biologische Arbeitsstoffe der Risikogruppe 3 oder 4 im Sinne der Biostoffverordnung.

Typische Schadstoffe als Brandfolgeprodukte sind:

- Chlorwasserstoff (HCl), Bromwasserstoff (HBr) durch Pyrolyse von halogenorganischen Verbindungen (z.B. PVC, Kunststoffe mit halogenhaltigen flammhemmenden Zusätzen, Halogenkohlenwasserstoffe). Halogenkohlenwasserstoffe und deren Niederschläge können je nach Werkstoff und relativer Luftfeuchtigkeit auf metallischen Oberflächen zur Auslösung eines fortschreitend verlaufenden Korrosionsprozesses führen.
- →Polycyclische aromatische Kohlenwasserstoffe (PAK) durch Pyrolyse und De-Novo-Synthese jeglichen organischen Materials. PAK lagern sich als Kondensat auf Oberflächen von Gebäuden und Inventar ab, wobei die PAK in der Regel adsorptiv an Ruß- bzw. Brandrückstände gebunden sind.
- →Polychlorierte Biphenyle (PCB) durch Freisetzung oder Verdampfung von Isolierflüssigkeiten aus Kondensatoren, Transformatoren oder Hydraulikflüssigkeiten sowie als Ausgasungsprodukt von Weichmachern aus dauerelastischen Dichtungsmassen und Beschichtungen.
- Polyhalogenierte Dibenzo-p-dioxine (PHDD) und Dibenzofurane (PHDF) durch Pyrolyse von organischen oder anorganischen Halogenverbindungen in Kombination mit organischem Material. Es erfolgt eine Ablagerung als Kondensat auf Oberflächen von Gebäuden und Inventar, wobei die PHDD/F i.d.R. adsorptiv an Ruß- bzw. Brandrückstände gebunden sind.

Die Erfolgskontrolle nach der Brandschadenssanierung erfolgt primär durch Wischproben von Oberflächen.

Tabelle 20: Richtwerte für Flächenkonzentrationen nach erfolgreicher Sanierung

Stoffklasse	Richtwert für Flächenkonzentration
Σ Polychlorierte Dibenzo-p-dioxine (PCDD) + polychlorierte Dibenzofurane (PCDF)	10 ng I-TEQ/m² [1] 50 ng I-TEQ/m² [2] (ständig genutzte Räume) 100 ng I-TEQ/m² [2] (Räume für gelegentlichen Aufenthalt)
Σ Polychlorierte Biphenyle (PCB)	100 µg/m² [2]
Σ Polycyclische aromatische Kohlenwasserstoffe (16 PAK nach EPA)	100 µg/m² [2]

[1] BUWAL Schriftenreihe 90, Bern 1988, Schutz vor Umweltschäden durch PCB-haltige Kondensatoren und Transformatoren

[2] Richtwerte des Verbandes der Sachversicherer (VdS, Deutschland), VdS-Richtlinie 2357, 2002

Brandschutz Brände in Gebäuden können dramatische Folgen verursachen (→Brandschäden). Der vorbeugende bauliche B. erschwert die Entstehung und Ausbreitung von Bränden und soll Gefahren durch ein Feuer für Benutzer und Gebäude minimieren. Ökologische Materialien bestehen oft aus brennbaren Rohstoffen (Holz, Dämmstoffe aus erneuerbaren Materialien etc.). Wegen des Brandrisikos lehnen daher viele Bauphysiker den Einsatz von Baustoffen aus erneuerbaren Rohstoffen für viele prinzipiell mögliche Einsatzzwecke ab. Eine ökologisch orientierte Bauphysik versucht im Gegensatz dazu, alle technischen Maßnahmen auszuschöpfen, um die gerade in Österreich und Deutschland strengen Brandschutzanforderungen trotzdem zu erfüllen. In der Praxis haben im Brandfall gerade Dämmstoffe aus nachwachsenden Rohstoffen wie z.B. Celluloseflocken ein günstigeres Brandverhalten gezeigt als herkömmliche Dämmstoffe wie z.B. →EPS-Dämmplatten. →Baustoffklassen, →Brandklassen, →Feuerwiderstandsklassen, →Brandwiderstandsklassen, →Brandverhalten von Baustoffen

Brandschutzanstriche B. sind Anstriche für Holz und Holzwerkstoffe, die Mittel zur Brandverzögerung oder -verhinderung enthalten.

- *Verkohlungsfördernde und feuererstickende B.* wirken durch Bildung einer unbrennbaren und wärmeisolierenden Holzkohleschicht. Sie schirmen das Holz dadurch gegen Hitze und Feuer ab. Der thermische Abbau der →Cellulose wird so beeinflusst, dass die Verkohlung gefördert und die Freisetzung brennbarer Gase gehemmt wird. Ein nach diesem Prinzip wirkendes →Flammschutzmittel ist Ammoniumphosphat (in der Hitze Abspaltung von Ammoniak, zusätzlich Bildung dehydratisierender, also verkohlend wirkender Phosphorsäure).
- *Sperrschichtbildende B.* bilden auf der Holzoberfläche in der Hitze eine dünne, nur schwer entflammbare Sperrschicht aus, die der Holzoberfläche den Zutritt von Sauerstoff versperrt. Dadurch kann das Holz eine wärmedämmende Holzkohleschicht aufbauen. Geeignete Mittel sind →Wasserglas und →Borate. Heute werden hautsächlich Ammoniumpolysulfate eingesetzt.
- *Dämmschichtbildende B.* wirken durch schaumiges Aufblähen in der Hitze. Das heißt, die isolierende Holzkohleschicht wird nicht durch das Holz selbst gebildet, sondern aus dem Anstrichmittel auf dessen Oberfläche. Die verwendeten Substanzen blähen sich in der Hitze auf, verkohlen bei 250 – 300 °C und bilden durch Verfestigung ein feinporiges, gut isolierendes Polster. Diese so genannten Intuminenz-Anstrichstoffe bestehen aus Ammoniumpolyphosphaten, Melamin, Dipentaerythrit (verkohlt), →Chlorparaffinen und →Titandioxid-Pigmenten. Dämmschichtbildende Lacke, die auch Stahlkonstruktionen und Kunststoffe schützen, sind entweder spezielle Kunstharzlacke, die sich in der Hitze aufblähen, oder Kombinationen aus nichtblähenden Bindemitteln und schaumbilden-

den Füllstoffen. Kunststoffe mit hohem Chlorgehalt wie z.B. →Polyvinylchlorid (PVC) oder →Polytetrafluorethylen wirken selbstverlöschend und benötigen daher keinen Zusatz von Flammschutzmitteln. B. enthielten früher auch →Polychlorierte Biphenyle (z.B. bis zu ca. 15 % in Lacken) und →Asbest.

Brandschutzklappen B. (Feuerschutzklappen, BSK, FSK) wurden früher ausschließlich mit asbesthaltigen Werkstoffen hergestellt (→Asbesthaltige Leichtbauplatten). Das Klappenblatt wurde mit dem allgemeinen Verbot schwachgebundener Asbestprodukte ab 1982 asbestfrei hergestellt. Die Dichtungen waren jedoch noch bis etwa 1986 asbesthaltig. Danach wurden z.T. Keramikfaser-Dichtungen eingebaut (→Keramikfasern). Etwa ab 1988 wurden für BSK keine asbesthaltigen Bauteile mehr verwendet. Asbesthaltige B. fallen in den Geltungsbereich der Asbest-Richtlinie und werden gem. Nr. 3.2 in Dringlichkeitsstufe III eingestuft. Dies gilt für intakte BSK. Von einer intakten Brandschutzklappe kann ausgegangen werden, wenn bei den regelmäßig wiederkehrenden Prüfungen keine Beanstandungen festgestellt werden. Werden Beschädigungen festgestellt oder sind Brandschutzklappen zu ersetzen, ist ein Komplettaustausch mit asbestfreien Materialien vorzunehmen. Für die Demontage und Entsorgung gelten die Regeln der →TRGS 519.

Brandschutzmittel →Flammschutzmittel, →Brandschutzanstriche

Brandschutzplatten →Asbesthaltige Leichtbauplatten, →Baufatherm, →Neptunit, →Asbest

Brandschutztüren Für B. wurden früher asbesthaltige Werkstoffe verwendet (→Asbesthaltige Leichtbauplatten, →Asbestschnüre, →Asbestpappen). Asbesthaltige B. lassen sich mithilfe des Formblattes der →Asbest-Richtlinie nicht beurteilen und werden grundsätzlich in Dringlichkeitsstufe III eingestuft. Dies gilt aber nur für B., bei denen die Asbestprodukte vom Blechkörper – mit Ausnahme notwendiger Öffnungen zum Öffnen und Schließen – dicht eingeschlossen sind. Dringlichkeitsstufe III bedeutet: Neubewertung langfristig erforderlich. →Asbest

Brandverhalten von Baustoffen Das B. von Baustoffen wird in der DIN 4201 bzw. ÖNORM 3800 geregelt (→Baustoffklassen). Die Vielfalt der bei Bränden entstehenden toxischen Gase ist durch die ständig steigende Verwendung von Kunststoffen im Bauwesen sowie in den Bereichen Möbel, Verpackung und Bedarfsgegenstände stark gestiegen. Leider gibt es hinsichtlich der Abgabe lebens- oder gesundheitsgefährdender Stoffe von Baustoffen im Brandfall (z.B. halogenierte →Dioxine und Furane aus den Brandschutzanstrichen) weder eine genormte Klassifizierung noch genormte Prüfverfahren. Baustoffe auf natürlicher Basis wie z.B. Holz neigen im Brandfall weniger zur Abgabe toxischer Stoffe als Baustoffe auf organisch-chemischer Basis wie z.B. diverse Hart- oder Weichschäume. Durch brennende →EPS-Dämmplatten beispielsweise hat es bereits zahlreiche Todesfälle bei Gebäudebränden gegeben, weswegen EPS-Platten auch nur mit entsprechenden Beschichtungen, Verputzen, Estrichen oder Verkleidungen als Dämmmaterial im Innenbereich eingesetzt werden sollen. →Brandschäden, →Brennbarkeitsklassen

Brandwiderstandsklassen (Österreich) Bauteile sollen für einen gewissen Zeitraum – bis zur Einleitung effizienter Rettungs- und Löschmaßnahmen – einen direkten Brandüberschlag durch brennende Gase, aber auch eine Weiterleitung des Brandes durch die Entstehung zu hoher Temperaturen auf der brandabgekehrten Seite des Bauteils, weitestgehend verhindern. Gemäß ÖNORM B 3800 Teil 2 werden die Bauteile in brandschutztechnischer Hinsicht in B. eingeteilt:

F 30: Brandhemmende Bauteile
F 60: Hochbrandhemmende Bauteile
F 90: Brandbeständige Bauteile
F 180: Hochbrandbeständige Bauteile

Die Zahl innerhalb der Klassenbezeichnung gibt hierbei die Anzahl der Minuten an, die der betreffende Bauteil unter den in

B

der Norm festgelegten Prüfbedingungen einem Brand standhält (z.B. 30 Minuten bei F 30). In Anlehnung an die allgemeinen Brandwiderstandsklassen F 30, F 60, F 90 und F 180 gibt es für spezielle Bauteile eigene Bezeichnungen für die Brandwiderstandsklassen, wobei in jedem Fall die Zahl in der Klassenbezeichnung wieder die Anzahl der Minuten angibt, die der Bauteil unter Normbedingungen der Brandbelastung standhält.
Deutschland: →Feuerwiderstandsklassen (EU: →Brandklassen)
Seit 1.1.2004 sind in Österreich nur mehr die →ÖNORMEN 13501-1 und -2 für die Klassifizierung von Bauprodukten zum Brandverhalten maßgebend (→Brandklassen).

Branntkalk B. (Calciumoxid) entsteht beim Brennen des →Kalksteins. Man unterscheidet →Stückkalk und →Feinkalk. Durch Löschen von B. wird →Kalkhydrat erzeugt.

Braunasbest B. ist die allgemeine Bezeichnung für →Amosit-Asbest. B. ist ein Vertreter der →Amphibol-Asbeste und gilt als besonders gefährlich, da er das unheilbare →Mesotheliom hervorrufen kann. Bauprodukte mit Amphibol-Asbesten zeigen darüber hinaus ein ungünstiges Verstaubungsverhalten. →Asbest

Brennbarkeitsklassen →Baustoffklassen

Brennpunkt Der B. ist jene Temperatur, ab der ein Stoff ohne Fremdenergie selbstständig weiterbrennt.

Brettschichtholz B. besteht aus mindestens drei getrockneten Brettlamellen, die vorwiegend parallel zur Faserrichtung an den Breitseiten verleimt und in der Länge durch Keilzinkung verbunden sind (EN 386 und EN 1194). Als Bindemittel werden →Weißleime, →Polyurethan-Klebstoffe oder →Phenol-Formaldehyd-Harze eingesetzt (Leimanteil ca. 3 %). Die technisch getrockneten Bretter werden gehobelt und Fehlerstellen herausgeschnitten. In der Länge werden die Bretter durch Keilzinkung miteinander verbunden, dann auf den Breitseiten verleimt und zur Fertigstellung 4seitig gehobelt. Brettschichtholz eignet sich besonders für hoch belastete und weit gespannte Bauteile mit hohen Ansprüchen an Formstabilität und Optik. B. werden in drei Festigkeitsklassen eingeteilt (1: bis 12 % HF; 2: bis 20 % HF; 3: >20 % HF). →Holzstaub, →Holz

Brettsperrholz B. besteht aus mindestens drei kreuzweise verlegten, flächig miteinander verklebten (bzw. verdübelten) Brettlagen aus Nadelholz. Die Einzelbretter können seitenverleimt und in Längsrichtung durch Keilzinkung verbunden sein. Der Übergang von B. zu →Mehrschicht-Massivholzplatten (stärkere Dimensionen der einzelnen Elemente möglich) ist fließend. →Lagenhölzer

Brettstapel B. bestehen aus hochkant gestellten Weichholzbrettern, -bohlen oder Kanthölzern, die zu flächenbildenden tragenden Elementen verbunden sind. Die Bretter, Bohlen oder Kanthölzer können sägerau, egalisiert oder gehobelt sein und sind mit Nägeln oder Dübeln verbunden. Dübelholzelemente können leichter bearbeitet werden, genagelte Elemente sind nachträglich schwerer zu bearbeiten (Werkzeugschneiden). Es können alle Holzsortimente, auch (minderwertigere) Seitenbretter, verwendet werden. Die Bretter laufen über die gesamte Elementlänge ungestoßen durch oder werden durch Keilzinkung kraftschlüssig verbunden. Die Holzfeuchte beträgt etwa 18 %. B.-Elemente werden für Wand-, Dach- und Deckenaufbauten eingesetzt, z.T. mit Aufbeton. Verformungen durch Schwinden und Quellen sind konstruktiv zu berücksichtigen. Decken- und Dachelemente können zur Verbesserung der Raumakustik profiliert sein. Als unbeschichtetes Decken- oder Wandelement tragen sie gut zur Feuchtepufferung bei. →Holzstaub, →Holz

Brinell-Härte Die Brinell-Härte gibt an, wie hoch die Widerstandsfähigkeit bei Druckbeanspruchung auf einer begrenzten Fläche ist. Eine sehr hohe Brinell-Härte hat z.B. kanadisches Ahorn (4,8), eine sehr geringe Fichte (1,3).

BSH →Brettschichtholz

BTEX In der Stoffgruppe der BTEX-Aromaten werden →Benzol, →Toluol, Ethylbenzol und →Xylol zusammengefasst, die sog. leichtflüchtigen →Aromatischen Kohlenwasserstoffe. Wichtige BTEX-Quellen sind die Abgase des Kfz-Verkehrs und Tabakrauch. Während das sehr giftige Benzol in Bauprodukten allenfalls in Spuren vorkommt, sind Toluol, Ethylbenzol und Xylol Bestandteil von erdölbasierten Lösemitteln.

Buche Das →Splint- und →Kernholz ist teils gleichfarbig blassgelblich bis rötlichweiß, gedämpft rötlichbraun, teils mit rotbrauner Kernfärbung. B. ist feinporig, homogen strukturiert und ohne auffällige Zeichnung mit Ausnahme der Spiegel auf den Radialflächen.

B. ist ein mittelschweres bis schweres Holz. Es zeigt hohe Festigkeitseigenschaften, große Härte und Abriebfestigkeit. B. ist zäh, stark schwindend, daher Rissgefahr, und mit geringem Stehvermögen. Gedämpft ist das Holz ausgezeichnet zu biegen. Die Oberflächen sind problemlos zu behandeln und gut zu polieren, zu beizen und zu färben. B. ist nicht witterungsfest, jedoch leicht imprägnierbar. Bei der Verarbeitung ist auf Schutz vor →Holzstaub (krebserzeugend gem. →TRGS 906) zu achten. Besonders Parkettleger sind durch den beim Schleifen von Parkett und anderen Holzfußböden entstehenden Holzstaub gefährdet.

B. ist das mengenmäßig wichtigste einheimische Laubholz und äußerst vielseitig einsetzbar, z.B. für →Möbel (besonders für stark beanspruchte Gebrauchsmöbel, Stühle, Tische und Gestelle), im Innenausbau (Treppen, Parkett (→Holzparkett), →Holzpflaster, Trennwände), für Eisenbahnschwellen, Spielwaren, Werkzeugteile und -stiele, Drechslerwaren, im Modellbau, für Paletten, →Span- und Faserplatten, für →Sperrholz (einschließlich der verschiedensten Spezialplatten wie z.B. Multiplexplatten und Panzerholz), weiterhin für Zellstoff, Papier und Holzkohle.

BUND Der Bund für Umwelt und Naturschutz Deutschland (BUND), Mitglied des internationalen Netzwerks Friends of the Earth, wurde 1975 gegründet. Mit fast 400.000 Mitgliedern und Förderer ist der BUND heute der große Umweltverband Deutschlands mit 16 Landesverbänden und über 2.000 Gruppen.

Der Bund für Umwelt und Naturschutz Deutschland setzt sich ein für den Schutz von Natur und Umwelt – damit die Erde für alle, die auf ihr leben, bewohnbar bleibt.

Der BUND engagiert sich – zum Beispiel – für eine ökologische Landwirtschaft und gesunde Lebensmittel, für den Klimaschutz und den Ausbau regenerativer Energien, für den Schutz bedrohter Arten, des Waldes und des Wassers.

Der BUND setzt sich ein für mehr Verbraucherschutz, für mehr Informationen und mehr Transparenz über die umwelt- und gesundheitsrelevanten Auswirkungen von Produkten und Dienstleistungen. In diesem Zusammenhang fordert der BUND die Verwirklichung des Grundsatzes weitgehender Informationsrechte über Produkte und Bauwerke, insbesondere die Zugänglichkeit zu vorhandenen Messdaten und Produktrezepturen. Der BUND ist maßgeblich beteiligt an der Entwicklung des europäischen Qualitätszeichens für Bauprodukte →natureplus und vertritt dort als Mitglied des Vorstands die Interessen der Umweltschutzorganisationen.

Bundesabfallwirtschaftsgesetz →Abfallwirtschaftsgesetz

Butadien B. (Vinylethylen) ist ein zweifach ungesättigter aliphatischer Kohlenwasserstoff. Es ist ein farbloses, hochentzündliches, leicht zu verflüssigendes Gas mit mildem Geruch. Von B. existieren zwei Isomere (Varianten), das technisch bedeutsame 1,3-B. und das weniger bedeutsame 1,2-B. Über 90 % der Produktionsmenge von 1,3-B. dienen zur Herstellung von →Styrol-Butadien-Kautschuk (Synthesekautschuk).

B. ist ein starkes Gift; es ist krebserzeugend (EU: K1) und erbgutschädigend (EU: M2).

Butanal B. (Butyraldehyd, Buttersäurealdehyd) ist ein gesättigter →Aldehyd, der in höheren Konzentrationen die Augen und die Schleimhäute reizt. Zur relativen Toxizität von B. →NIK-Werte: Je niedriger der NIK-Wert, umso höher ist die Toxizität des jeweiligen Stoffes.

2-Butanonoxim B. (Methylethylketoxim, MEKO) wird als →Hautverhinderungsmittel in →Lacken und als Vernetzungshilfsstoff in Silikon-Dichtstoffen eingesetzt. B. ist als krebsverdächtig (EU K3) eingestuft. B. kann Augenreizungen verursachen. Bei Hautkontakt ist Sensibilisierung möglich.

Butyl-Dichtstoff B. ist ein plastischer oder elastoplastischer Dichtstoff auf Basis von Butylkautschuk. Er findet Verwendung zum Abdichten von Nähten und Fugen, die nur geringen Bewegungen ausgesetzt sind, z.B. Anschlussfugen zwischen Tür- und Fensterrahmen, Mauerwerken, Rahmen.

C

Cadmium C. gehört zu den besonders giftigen und problematischen →Schwermetallen. Toxikologische und ökotoxikologische Eigenschaften von C.:

- Humantoxizität: Gem. Richtlinie 67/548/EWG sind viele C.-Verbindungen (Oxid, Chlorid, Fluorid, Sulfat, Sulfid) als giftig (T) oder sehr giftig (T+), einzelne Verbindungen (Cadmiumchlorid, Cadmiumfluorid) als kanzerogen, mutagen und reproduktionstoxisch der Kategorie 2 eingestuft. Eine Aufnahme von C. führt zur Akkumulation in inneren Organen und dort zu chronischen Schädigungen.
- Ökotoxizität: Alle C.-Verbindungen – mit Ausnahme von Cadmiumoxid und Cadmiumsulfid – sind umweltgefährlich (Kennzeichnung: N; R50-53) bzw. in die →Wassergefährdungsklasse 3 (auch Cadmiumsulfid) einzustufen.
- Abbauverhalten: Als chemisches Element kann C. grundsätzlich nicht abgebaut werden. Entscheidend für die Bioverfügbarkeit von C. ist der pH-Wert des umgebenden Mediums. Mit zunehmender Versauerung (abnehmender pH-Wert) bilden sich aus schwer löslichem Oxid und Sulfid wasserlösliche Cadmium-Ionen. Zwar sind C.-Pigmente chemisch sehr stabil, jedoch sind in verdünnter Salzsäure (Magensäurekonzentration) geringe Anteile löslich.
- Bioakkumulation: Aufgrund der Ähnlichkeit zum essenziellen Calcium und Zink ist die Bioverfügbarkeit von C. deutlich größer als bei anderen Schwermetallen. Es erfolgt eine Akkumulation in inneren Organen, wodurch chronische Schädigungen von Niere, Leber und Knochenmark entstehen. Die Pflanzenverfügbarkeit kann zu hohen Konzentrationen in Pilzen und verschiedenen Gemüsearten führen.

Hohe C.-Konzentrationen werden immer wieder in Gemüse, Speisepilzen und vor allem in Innereien von Schlachttieren gefunden. 6 % des mit der Nahrung aufgenommenen C. gelangen in den menschlichen Körper und werden nur teilweise wieder ausgeschieden (Akkumulation). Bei andauernder C.-Belastung kann es zu Nierenschäden und unter bestimmten Bedingungen zu Knochenveränderungen (Itai-Itai-Krankheit) kommen.

Die EG-Richtlinie 91/338/EWG sieht ein Cadmiumverbot für Stabilisatoren, Pigmente und galvanische Beschichtungen für bestimmte Anwendungen vor. In Deutschland ist der C.-Einsatz für fast alle in der Richtlinie aufgeführten Anwendungsgebiete bereits heute nicht mehr üblich. Im Dez. 2004 einigten sich die EU-Umweltminister auf eine Richtlinie zum Verbot von C. in Batterien und Akkus.

Wesentliche luftbezogene C.-Emissionen in Europa stammen aus der Verbrennung fossiler Brennstoffe (vor allem Kohle) insbes. im Kraftwerksbereich und in der metallverarbeitenden Industrie. In der TA Luft sind für Deutschland die Begrenzungen für staubförmige C.-Emissionen festgelegt. →Cadmiumpigmente

Cadmiumpigmente C. basieren auf Cadmiumsulfid, in dessen Kristallgitter das Sulfid z.T. durch Selenid und das →Cadmium durch →Zink (oder →Quecksilber) ersetzt sein kann. Durch Variation der Anteile an Selen und Zink lässt sich eine Vielzahl leuchtender Gelb-, Orange- und Rottöne herstellen. Der Cadmium-Anteil liegt im Bereich von 59 bis 77 %.

Bis 1980 waren C. das wichtigste Einsatzgebiet des giftigen →Schwermetalls Cadmium. Anfang der 1970er-Jahre lag der Anteil bei teilweise über 40 % des Gesamtverbrauchs. 1979 wurden in der BRD 750 t Cd verbraucht. Ende der 1970er-Jahre wurde damit begonnen, C. durch andere Stoffe zu ersetzen, zunächst in Lacken. Heute ist der Einsatz von C. in Anstrichstoffen verboten. Deutlich länger dauerte die Substitution bei der Einfärbung von →Kunststoffen, die über lange Zeit mehr als 90 % des Verbrauchs von C. ausmachte. Die wichtigen Anwendungsfelder für C. waren Polyolefine, Styrolcopolymere, Polyamide und verschiedene Spezialkunst-

stoffe. 1995 betrug der weltweite Verbrauch von C. noch 3.000 t. 1985 belief sich der C.-Verbrauch in der BRD noch auf ca. 280 t, 1994 auf ca. 100 t und 2001 auf weniger als 50 t Cadmium. Für die Herstellung von Batterien wurden 2001 dagegen noch über 600 t Cadmium verbraucht. Die Verwendung von C. beschränkt sich heute auf wenige technische Kunststoffe sowie auf das Einfärben von Gläsern, keramischen Glasuren und Emaille. Während bei Gelbtönen eher Alternativen verfügbar sind, gibt es bei brillanten Rottönen in diesem Temperaturbereich bislang noch keine bewährten Alternativen.
Die Schwermetallgehalte der C. betragen zwischen 60 und 75 %, die Pigmentgehalte der Produkte (eingefärbte Kunststoffartikel, Lacke) unter 3 %, häufig unter 1 %. Die C. sind i.d.R. in den Endprodukten in einer stabilen Kunststoffmatrix eingebettet. In der Nutzungsphase kommt es daher nur dann zu einer Freisetzung, wenn die Produkte einem starken Abrieb unterliegen. Bei der Müllverbrennung gelangen über 80 % der Cadmiumgehalte des Mülls, überwiegend als Chlorid oder Oxid, in den Flugstaub. Die zulässigen Emissionen wurden zuletzt durch die 17. BImSchV (Änderung 2001) bzw. durch die EU-Richtlinie 2000/76/EG gesenkt.

Cadmium-Stabilisatoren →Stabilisatoren

Cadmium-Sulfid →Cadmiumpigmente

Calciumsilikatplatten C. werden wie →Mineralschaumplatten aus Quarzsand, Kalk, Zement, Wasser und einem porenbildenden Zusatzstoff erzeugt. Zur Armierung erfolgt eine geringe Zugabe an Cellulosefasern. Rohdichte: 260 – 290 kg/m³, μ-Wert: 7, Wärmeleitfähigkeit: 0,07 W/(mK). Die Dämmplatten können direkt mit vom Hersteller empfohlenen Putzen gespachtelt oder verputzt werden. C. wurden ursprünglich als Feuerschutzplatte entwickelt und als technische Wärmedämmung bei erhöhten Brandwiderstandsanforderungen wie z.B. für Kamine oder Kachelöfen eingesetzt. C. eignen sich hervorragend als →Kapillar aktive Dämmplatten für die Innendämmung. Das Material bietet keinen Nährboden für Schimmelpilze und das porige Volumen ermöglicht die Einlagerung von Salzen. C. werden daher auch für Schimmel- oder Salzsanierung eingesetzt.

Calciumstearat C. wird als →Betonzusatzmittel (Dichtungsmittel) eingesetzt.

Calciumsulfat-Estriche Für C. werden →Anhydrit (→Anhydritestriche) oder Gips-alpha-Halbhydrat (→Gipsestriche) als Bindemittel verwendet.

Carbamate C. sind Insektizide aus der Gruppe der Carbaminsäurederivate. Sie wirken toxisch nach oraler, inhalativer und perkutaner Aufnahme. Vergleichbar den ebenfalls als Insektizide eingesetzten Alkylphosphaten bewirken sie eine Cholinesterasehemmung. Anzeichen einer Vergiftung sind allgemeine Schwäche, Kopfschmerzen, Brechreiz, Übelkeit, Verengung der Pupille, verlangsamte Herztätigkeit, Krämpfe im Bereich des Unterleibes, Schwitzen, Reizung der Bindehäute, Muskelzittern und verschwommene optische Wahrnehmungen. Die Cholinesterasehemmung setzt rasch ein und dauert – im Unterschied zu Vergiftungen mit Alkylphosphaten – nur kurz. C. werden im Organismus vergleichsweise rasch (bis zu 72 Std.) abgebaut, sodass Vergiftungen meist gutartiger verlaufen als bei solchen mit Alkylphosphaten. Eine Speicherung im Fettgewebe ist aber möglich.

Carbendazim C. (N-(Benzimidazol-2-yl)carbamidsäuremethylester; 2-(Methoxycarbonylamino)benzimidazol) ist ein zur Stoffgruppe der Carbamate gehörendes Fungizid. C. ist als reproduktionstoxisch (EU: R2), erbgutverändernd (EU: M2) und umweltgefährlich eingestuft (sehr giftig für Wasserorganismen, kann in Gewässern längerfristig schädliche Wirkungen haben).

Carbidkalk C. fällt als Calciumhydroxid bei der Erzeugung von Acetylen aus Calciumcarbid an. Er hat die gleiche chemische Zusammensetzung wie →Weißkalk, Lieferformen als →Kalkhydrat und Kalkteig. C. spart als Abfallprodukt Rohstoffe; seine Verwendung vermeidet Landschaftszerstörung durch Kalkabbau. →Baukalke

Carbobitumen Handelsbezeichnung teerhaltiger Bitumina, die bis 1984 in der BRD eingesetzt wurden. →Teere, →Bitumen

Carbolineum C. ist ein öliges, braunrotes, teerig riechendes Gemisch aus den →Steinkohlenteerölen Naphthalinöl, Waschöl und Anthracenöl I und II. Beispielrezeptur: 7,5 % Naphthalinöl, 45 % Waschöl, 27,5 % Anthracenöl I, 20 % Anthracenöl II. Das Naphthalinöl hat einen Siedepunkt von 180 – 200 °C und enthält als Hauptbestandteile →Phenole, Benzonitril, →Naphthaline und Xylidine. Das Waschöl siedet zwischen 230 und 300 °C und enthält vor allem Chinoline, Naphthaline, Naphthole und als →Polycylischen aromatischen Kohlenwasserstoff (PAK) u.a. Fluoren. Das Anthracenöl I siedet in einem Bereich von 300 – 370 °C und enthält neben Anthracen auch Carbazole und weitere PAK wie Phenanthren. Das Anthracenöl II siedet ab etwa 360 °C und hat den größten Gehalt an PAK wie Pyren, Chrysen und Benzpyrene.
C. wirkt insektizid (Iv), fungizid (P) und ist auch bei extremen Beanspruchungen witterungsbeständig (W,E). Gemäß →Chemikalien-Verbotsverordnung vom 1.11.1993 § 1 in Verbindung mit Anhang Abschnitt 17 ist der Einsatz von teerölhaltigen Zubereitungen stark eingeschränkt. Daher wird C. als steinkohlenteerölhaltiges Präparat im Holzschutz nur noch bedingt eingesetzt. Anwendungsgebiete liegen z.B. in der Imprägnierung von Bahnschwellen und Leitungsmasten.
C. ist aufgrund des Gehaltes an PAK als beim Menschen krebserzeugend eingestuft. C. ist zudem stark hautreizend, die Dämpfe reizen die Atemwege. Die Freisetzung von Inhaltsstoffen des C. aus imprägniertem Holz findet gleichzeitig durch Ausgasen, Auswaschen und Ausschwitzen statt. Während die durch Auswaschung und Ausgasung emittierten Substanzen auf solche mit geringem Siedepunkt beschränkt sind, handelt es sich bei den durch Ausschwitzen an die Holzoberfläche gelangenden Substanzen um solche mit einem höheren Siedepunkt; dadurch ist mit einem höheren Anteil an PAK zu rechnen. Innerhalb von fünf Jahren sind Verluste von 40 % der Gesamtwirkstoffmenge (Freilandlagerung) möglich.

Carbonsäuren →Fettsäuren

Carbonyle Oberbegriff für folgende Stoffgruppen: →Aldehyde, Ketone, Carbonsäuren.

Carcinogen Krebserzeugend (= kanzerogen). →KMR-Stoffe

Carnaubawachs C. (Karnaubawachs) ist das wichtigste Pflanzenwachs und wird aus den Blättern der brasilianischen Carnaubapalme (copernicia prunifera) gewonnen. Der Wachsstaub wird von den angetrockneten Palmenblättern gebürstet, geschmolzen und filtriert. Aus ca. 100 g Blattmaterial lassen sich ca. 5 g C. herstellen. C. besteht aus ca. 85 % Wachsestern, 3 – 5 % freien Wachssäuren und ca. 11 % Wachsalkoholen. C. wird für Fußboden- und Möbelwachse, Selbstglanzemulsionen und Schuhpflegemittel verwendet. Nach Raffination und Bleichung wird C. auch für kosmetische Zwecke (z.B. Lippenstift) verwendet. Unbehandeltes C. ist ein reines Naturprodukt und gesundheitlich unbedenklich. →Pflanzenchemiehersteller

Carnaubawachs-Emulsionen C. bestehen aus Wasser, →Carnaubawachs und einem Emulgator aus natürlichen Fettsäuren. Sie dienen zur Oberflächenbehandlung für geölte und gewachste Holz- und Korkböden, Fliesenböden und Möbel. Die Diffusionsfähigkeit des Untergrunds bleibt dabei erhalten. C. wird in der Regel auch von Allergikern sehr gut vertragen, trotzdem sollte man mögliche Naturstoffallergien beachten.

Carrier C. (Farbbeschleuniger) sind organische Lösemittel, die beim Färben von Chemiefasern (Polyester, Acetat, Polyacrylnitril, Polyamid) mit Dispersionsfarbstoffen eingesetzt werden.
Wenn diese Färbung nicht nach dem Stand der Technik durchgeführt wird (Überfärbung, falsches Textilsubstrat, unvollständige Entfernung der Carrier), kann es zu höheren Expositionen mit Farbstoffen und Carriern beim Kontakt mit so gefärbten Textilien kommen.

Casein… →Kasein…

Catechu C. ist der eingedickte Saft der indischen Gerberakazie. Er ist Rohstoff für braune Farbpigmente in Produkten der →Pflanzenchemiehersteller.

Cellulose C. (lat. cellula = kleine Zelle) ist die Gerüstsubstanz aller Pflanzen und zusammen mit →Lignin der Hauptbestandteil von Holz. Durch chemischen Aufschluss, vorwiegend mit wässriger Sulfit-Lösung (Sulfit-Verfahren), entsteht Zellstoff, der anschließend gewaschen und ggf. einer Bleiche mit Chlor, Hypochlorit, Chlordioxid oder Sauerstoff und Peroxiden unterzogen wird. Die Gewinnung von C. erfolgt auch durch Recycling von Altpapier und ggf. anschließender Bleiche. C. wird als Roh-C. oder Recycling-C. für →Cellulose-Dämmflocken eingesetzt. Eine Bleichung ist hier nicht erforderlich. C. findet weiterhin Verwendung zur Herstellung von →Gipskartonplatten und in Verbindung mit →Bitumen für Dichtungsmaterialen im Bautenschutz.

Cellulose-Dämmflocken C. sind ein entweder aus Rohcellulose (Holz) oder im Recyclingverfahren aus Altpapier (mindestens 80 %) hergestellter, flockiger Wärmedämmstoff. Als Brand- und Verrottungsschutz werden Borverbindungen (z.B. 12 % →Borax und 8 % →Borsäure) oder Ammoniumpolyphosphate/sulfate („Boratfrei“) zugegeben. Bei C. aus Altpapier (Tageszeitungen, Verlagsabfälle oder aus Altpapiersammlungen) wird das Papier in einem mehrstufigen Zerreiß- und Mahlverfahren zerfasert und mit dem Brandschutzmittel vermengt. Die Papierfasern erhalten dabei ihre flockige Struktur. Die Fasermischung wird entstaubt, leicht verdichtet und in Säcken verpackt. C. sind weichelastisch, aber nicht druckbelastbar. Die meisten am Markt befindlichen Produkte sind als normalbrennbar nach DIN 4102 (→Baustoffklasse B2) eingestuft. Die Rohdichte nach Einbringung in die Konstruktion liegt je nach Einsatzgebiet zwischen 35 und 70 kg/m³. Wärmeleitfähigkeit: 0,040 bis 0,045 W/(mK).

C. werden mithilfe einer Verarbeitungsmaschine pneumatisch über einen Schlauch direkt in das zu dämmende Bauteil transportiert. Dies geschieht durch

1. Offenes Aufblasen (in Fußböden zwischen Polsterhölzern, offene Decken wie z.B. oberste Geschossdecke)
2. Einblasen (in Hohlräume wie Dach, Wand und Decke). Beim Einblasen in den Hohlraum verfilzt sich die Cellulosefaser zu einer passgenauen, fugenfreien, setzungssicheren Dämmmatte ohne Verschnitt, was bei komplizierten Dachformen einen großen Vorteil darstellt.
3. Aufsprayen (im vertikalen Bereich bei offenen Konstruktionen wie z.B. einseitig offene Ständerwände oder zwischen dem fertigen Lattenrost an gemauerten Wänden in der Vorsatzschale). Dabei werden die Dämmflocken mit Wasser befeuchtet oder evtl. mit Kleber versetzt und aufgesprüht.
4. Loses Schütten (als Bodendämmung zwischen den Polsterhölzern)

Die Verarbeitung von C. sollte Spezialfirmen vorbehalten sein, die eine optimale setzungssichere Verdichtung in der Konstruktion gewährleisten.

Die Herstellung verursacht nur sehr geringe Umweltbelastungen, vor allem wenn Altpapier eingesetzt wird. Bei der Einbringung kann es zu sehr hohen Staubbelastungen kommen. Die Faserkonzentrationen können bis zu 10 Mio. Fasern pro m³ erreichen. Nach ein bis zwei Tagen ist die Faserbelastung abgeklungen. Alle sich im Baustellenbereich aufhaltenden Personen müssen geeignete Staubfilter oder Frischlufthelme benutzen. Die professionelle Verarbeitung beinhaltet auch die vollständige Reinigung der Baustelle und die sachgerechte Entfernung der aufgetretenen Stäube. Mit Düsen, die gleichzeitig blasen und saugen, wird durch ein einziges Loch eingeblasen und abgesaugt und der Staubanteil dadurch drastisch verringert. Für Cellulosefasern existieren in arbeitsmedizinischer Hinsicht keine besonderen Einstufungen. In der Cellulose verarbeitenden Industrie (Textil, Papier) sind keine Cellulose vermittelten Berufskrankheiten bekannt. Das Fraunhofer Institut für Toxikologie und Aerosolforschung ermittelte in einer Untersuchung der Beständigkeit von Cellulosefasern in der Rattenlunge (Muhle, H. & B. Bellmann, 1995) die relativ lange Halbwertszeit nach Applikation. Die Ursachen für diese Erscheinung liegen einerseits darin, dass Säugetiere über keine Cellulose spaltenden Enzyme verfügen, die zum enzymatischen Abbau von Cellulose herangezogen werden könnten, andererseits tragen Lungenmakrophagen nur wenig zum Abbau der Fasern bei. Hinweise auf eine krebserzeugende Wirkung von natürlichen organischen Fasern wie z.B. Cellulosefasern gibt es in der Literatur bisher keine. Hingegen sind berufsbedingte gutartige Lungenerkrankungen als Folge des Einatmens von organischen Stäuben bekannt (z.B. Byssinose durch Baumwollstaub, Berufsasthma, allergische Alveolitis).

Cellulose-Dämmplatten C. sind Wärmedämmplatten aus Altpapier, das mit →Bikomponenten-Kunststofffasern verstärkt und gebunden wird. →Borate ermöglichen den Brand- und Glimmschutz. Das Altpapier wird in mehreren Stufen zerkleinert und im Wirbelstrom mit den Boraten vermengt. Dieses Gemisch, um die Bikomponentenfasern ergänzt, wird in einer Verfahrensstraße zu Platten gepresst, kurz erhitzt und formatiert. Die juteverstärkten C., die als Bindemittel Ligninsulfonat enthielten, befinden sich nicht mehr am Markt, da die neue Technologie wesentlich bessere technische Eigenschaften aufweist. Die neue Plattengeneration wird mit Stärkefasern statt mit Kunststofffasern verklebt. Die typischen Anwendungen der C. sind die Zwischensparrendämmung von Steildächern, die Hohlraumdämpfung in leichten Trennwänden sowie die Dämmung von Holzständerkonstruktionen. C. werden üblicherweise zwischen Sparren eingeklemmt und/oder mit handelsüblichen mineralischen Bauklebern auf Außenwände geklebt. Im zweischaligen Mauerwerk werden die Dämmplatten auf Luftschichtanker aufgeschoben. Eine ausreichende Hinterlüftung der Vorsatzschale muss gewährleistet sein. C. besitzen gute Wärmedämmeigenschaften (→Wärmeleitfähigkeit 0,040 W/(mK)), sind dampfdiffusionsoffen und normal brennbar (→Baustoffklasse B2).
C. bestehen zum überwiegenden Teil aus einem Sekundärrohstoff, der dadurch im Produktionskreislauf erhalten bleibt. Der Anteil an Bikomponenten-Stützfasern ist sehr gering und bringt durch Energieeinsparung im Vergleich zum ursprünglichen Herstellungsverfahren auch ökologische Vorteile mit sich. Beim Einbau ist eine Staubentwicklung durch unsachgemäßes Hantieren wie Schneiden mit hochrotierendem Werkzeug (Kreissäge) möglich. Während der Nutzung geben C. keine gesundheitsschädlichen Schadstoffe ab. C. sind zu 100 % recycelbar, vom Hersteller wurde dafür auch eine Rücknahmelogistik aufgebaut.

Celluloseether →Methylcellulose

Cellulosekleister C. sind →Kleister aus in Wasser gequollener →Methylcellulose („Normalkleister"). Bei Spezialkleister wird die Klebkraft durch Kunstharzzusätze (z.B. Polyvinylacetat) erhöht. Meist sind auch Konservierungsmittel und weitere Additive beigefügt. Der Gehalt an Kunstharzen kann bis zu 60 % betragen. Fertig angerührte C. enthalten immer ein Konservierungsmittel, weil sie sonst im Gebinde zu schimmeln beginnen. Die meisten C. sind im Vergleich zu anderen →Klebstoffen umwelt- und gesundheitsverträglich. Sie sind wasserverdünnbar und lösemittelfrei. Aus ökologischer Sicht ist der Einsatz von Stärke- oder Cellulosekleistern ohne Kunstharze, Konservierungsmittel und sonstige Additive empfehlenswert. Weichmacherbestandteile bzw. Restmonomere (z.B. Formaldehyd, Styrol, Vinylacetat) können aus dem Kunstharzanteil ausdünsten.

Cellulosenitratlacke →Nitrolacke

CEN Das Comité Europeén de Normalisation ist das Europäische Komitee für Normung. Nationale Mitglieder (Stand: Juni 2005) sind die Normungsorganisationen von Belgien (IBN/BIN), Dänemark (DS), Deutschland (DIN), Estland (EVS), Finnland

(SFS), Frankreich (AFNOR), Griechenland (ELOT), Irland (NSAI), Island (STRI), Italien (UNI), Lettland (LVS), Litauen (LST), Luxemburg (SEE), Malta (MSA), Niederlande (NNI), Norwegen (NSF), Österreich (ON), Polen (PKN), Portugal (IPQ), Schweden (SIS), Schweiz (SNV), Slowakei (SUTN), Slowenien (SMIS), Spanien (AENOR), Tschechische Republik (CSNI), Ungarn (MZST), Vereinigtes Königreich (BSI). Das CEN erstellt die Europäischen Normen (EN).

CFB-Salze C. (Chrom, Fluor, Bor) sind wasserlösliche Holzschutzmittel für Holz mit geringer bis mittlerer Auswaschbeanspruchung, nicht in Erd- oder ständigem Wasserkontakt. Beispiel-Rezeptur: ca. 15 % Ammoniumhydrogendifluorid, ca. 17 % Borax, Chrom(VI)-oxid (Chromsäure) als Fixierungshilfsstoff. →Chromhaltige Holzschutzmittel

Chemiegipse Als C. werden Gipse bezeichnet, welche als Nebenprodukt der chemischen Industrie anfallen, wie z.B. bei der Phosphorsäure-, Caprolactam-, Weinsäure-, Zitronensäure- und Oxalsäure-Herstellung oder bei der Aufbereitung von Dünnsäure aus der Titandioxid-Herstellung. Die Eigenschaften von C. sind stark vom chemischen Prozess und von der Nachbehandlung abhängig. Es gibt C., welche problemlos verwendet werden können. Andere sind nicht zu empfehlen, wie z.B. →Phosphogips.

Chemikalien-Ozonschichtverordnung Im April 2004 hat das Bundesumweltministerium den Entwurf einer Verordnung über Stoffe, die die Ozonschicht schädigen, (ChemOzonSchichtV) vorgelegt und bei der Europäischen Kommission notifiziert.

Die Verordnung enthält chemikalien- und abfallrechtliche Regelungen, die darauf zielen, die Einträge vollhalogenierter FCKW und des HFCKW R 22 in die Erdatmosphäre zu mindern. Normiert werden sowohl Verbote und Beschränkungen zu bestimmten Einsatzbereichen dieser Stoffe als auch Regelungen zu Rückgewinnung und Rücknahme derartiger Stoffe sowie Vorschriften zur Wartung, Außerbetriebnahme und Entsorgung sie enthaltender Einrichtungen und Produkte einschließlich persönlicher Anforderungen an das damit befasste Personal.

Die Verordnung ergänzt die unmittelbar geltende Verordnung 2037/2000/EG vom 29.6.2000 über Stoffe, die zum Abbau der Ozonschicht führen, und löst zugleich die bisherige deutsche →FCKW-Halon-Verbots-Verordnung vom 6.5.1991 ab.

Chemikalien-Verbotsverordnung Die C. ist am 1.11.1993 in Kraft getreten und regelt das *Inverkehrbringen* von gefährlichen Stoffen, Zubereitungen und bestimmten Erzeugnissen nach § 17 des Chemikaliengesetzes, während die →Gefahrstoffverordnung alle Verbote und Beschränkungen für die *Herstellung und Verwendung* von Gefahrstoffen nach § 17 des Chemikaliengesetzes zusammenfasst. Die bestehenden Einzelverbotsverordnungen, die auf § 17 des Chemikaliengesetzes gestützt waren, nämlich

- die PCB-, PCT-, VC-Verbotsverordnung vom 18.7.1989,
- die Pentachlorphenolverbotsverordnung vom 12.12.1989,
- die Chloraliphatenverordnung vom 30.4.1991 und
- die Teerölverordnung vom 27.5.1991

sind aufgehoben und in die C. und die Gefahrstoffverordnung eingestellt worden. Lediglich die →FCKW-Halon-Verbotsverordnung wurde durch die →Chemikalien-Ozonschichtverordnung ersetzt. Außerdem übernimmt die C. die Bestimmungen der früheren Ländergiftvorschriften aus der Gefahrstoffverordnung.

Die C. enthält im Anhang (zu § 1) Beschränkungen und Verbote des Inverkehrbringens für folgende Stoffe:

Abschnitt 1: DDT
Abschnitt 2: Asbest
Abschnitt 3: Formaldehyd
Abschnitt 4: Dioxine und Furane
Abschnitt 5: Gefährliche flüssige Stoffe und Zubereitungen
Abschnitt 6: Benzol
Abschnitt 7: Aromatische Amine
Abschnitt 8: Bleicarbonate und -sulfate
Abschnitt 9: Quecksilberverbindungen

Abschnitt 10: Arsenverbindungen
Abschnitt 11: Zinnorganische Verbindungen
Abschnitt 12: Di-µ-oxo-di-n-butyl-stanniohydroxyboran
Abschnitt 13: Polychlorierte Biphenyle und Terphenyle sowie Monomethyltetrachlordiphenylmethan, Monomethyldichlordiphenylmethan und Monomethyldibromdiphenylmethan
Abschnitt 14: Vinylchlorid
Abschnitt 15: Pentachlorphenol
Abschnitt 16: Aliphatische Chlorkohlenwasserstoffe
Abschnitt 17: Teeröle
Abschnitt 18: Cadmium
Abschnitt 19: (weggefallen)
Abschnitt 20: Krebserzeugende, erbgutverändernde und fortpflanzungsgefährdende Stoffe
Abschnitt 21: Entzündliche, leichtentzündliche und hochentzündliche Stoffe
Abschnitt 22: Hexachlorethan
Abschnitt 23: Biopersistente Fasern
Abschnitt 24: Kurzkettige Chlorparaffine (Alkane C_{10} – C_{13}, Chlor)

Chemischer Holzschutz Vorbeugende chemische Schutzmaßnahmen sollen nur zur Anwendung kommen, wenn alle baulichen Möglichkeiten des Holzschutzes ausgeschöpft wurden (→Konstruktiver Holzschutz), konstruktionsbedingt nicht möglich sind oder wenn entsprechend dauerhafte Holzarten nicht in ausreichender Menge oder Qualität zur Verfügung stehen. Der vorbeugende chemische H. für tragende und aussteifende Holzbauteile wird durch die DIN 68800 geregelt. Dort werden den Holzbauteilen Gefährdungsklassen zugeordnet, welche die Ansprüche an die Holzschutzmittel-Wirkstoffe festlegen (s. Tabelle 21 und 22). Bei einer Zuordnung zur Gefährdungsklasse 0 ist ein C. nicht erforderlich. Aber auch bei Zuordnung zu höheren Gefährdungsklassen ist die Notwendigkeit des C. bei der Auswahl von resistenten Hölzern (→Resistenzklassen) oder modifiziertem Holz (→Holzmodifikation) unnötig. Besonders in Innenräumen hat der übermäßige und unnötige Einsatz von Holzschutzmitteln und dekorativen Holzschutzlasuren zu zahlreichen und massiven Gesundheitsschäden geführt (→Holzschutzmittelprozess).
Kann ein vorbeugender C. nicht vermieden werden, so sind gem. DIN 68 800-3 für tragende Bauteile ausschließlich Holzschutzmittel mit allgemeiner bauaufsichtlicher Zulassung des Deutschen Institutes für Bautechnik (DIBt) mit den entsprechenden Prüfprädikaten zu verwenden (→Holzschutzmittelverzeichnis). Für statisch nicht beanspruchte Holzbauteile wird keine bauaufsichtliche Zulassung gefordert. Es stehen hierzu die Holzschutzmittel mit RAL-

Tabelle 21: Mindestanforderungen an Holzschutzmittel in Abhängigkeit von der Gefährdungsklasse

GK 1	Iv	Gegen Insekten vorbeugend wirksam
GK 2	Iv	Gegen Insekten vorbeugend wirksam
	P	Gegen Pilze vorbeugend wirksam (Fäulnisschutz)
GK 3	Iv	Gegen Insekten vorbeugend wirksam
	P	Gegen Pilze vorbeugend wirksam (Fäulnisschutz)
	W	Auch für Holz, das der Witterung ausgesetzt ist
GK 4	Iv	Gegen Insekten vorbeugend wirksam
	P	Gegen Pilze vorbeugend wirksam (Fäulnisschutz)
	W	Auch für Holz, das der Witterung ausgesetzt ist
	E	Auch für Holz, das extremer Beanspruchung ausgesetzt ist (im ständigen Erd- und/oder Wasserkontakt sowie bei Schmutzablagerungen in Rissen und Fugen)

C

Tabelle 22: Anwendungsbereiche nach Gefährdungsklassen (GK)

GK 0	Innenbauteile in üblichen Wohnräumen, kontrollierbar, gleichartig beanspruchte Bauteile (z.B. Balken)
Holzteile, die durch Niederschläge, Spritzwasser oder dergleichen nicht beansprucht werden	
GK 1	Innenbauteile in üblichen Wohnräumen, gleichartig beanspruchte Bauteile (z.B. bekleidete Balken)
GK 2	Außenbauteile ohne unmittelbare Wetterbeanspruchung (z.B. belüftete Balkenkonstruktion unter Dach)
Holzteile, die durch Niederschläge, Spritzwasser oder dergleichen beansprucht werden	
GK 3	Außenbauteile mit Wetterbeanspruchung ohne ständigen Erd- und/oder Wasserkontakt (z.B. Balkonbalken ohne Dach)
GK 4	Holzteile mit ständigem Erd- und/oder Süßwasserkontakt

Gütezeichen zur Verfügung. →Holzschutzmittel

Chloralkane →Chlorparaffine

Chloranisole C. sind zunächst im Lebensmittelbereich aufgefallen im Zusammenhang mit dem sog. Korkgeschmack bei Wein. Es handelt sich um eine Sammelbezeichnung für z.T. sehr geruchsintensive schimmelig-muffig riechende Stoffe, die von →Schimmelpilzen und/oder Bakterien während Wachstum, Verarbeitung und Lagerung von Korkprodukten gebildet werden.
Die Stoffgruppe der C. umfasst 2,4,6-Trichloranisol (TCA), 2,3,6-Trichloranisol (2,3,6-TCA), 2,3,4-Trichloranisol (2,3,4-TCA), 2,3,4,6-Tetrachloranisol (TeCA) und Pentachloranisol (PCA).

Tabelle 23: Geruchsschwellen sowie Geruchsqualität und -intensität von Chloranisolen in Flüssigkeit

Stoff	Konzentration [ng/l]	Geruchsqualität und -intensität	Literatur
Trichloranisol (TCA)	0,006	Schimmelig, muffig ultra-intensiv	Illy (2003)
	0,1 – 2		Benanou (2003)
Tetrachloranisol (TeCA)	Das 100fache von TCA	Muffig, intensiv	Fischer et al. (1997)
Pentachloranisol PCA	Das 100.000fache von TCA	Muffig, mäßig intensiv	

Tabelle 24: Vorkommen von Chloranisolen in der Raumluft von Fertighäusern (Binder et al., 2003: Gesundheitliche Beschwerden durch Reiz-, Riech- und hautsensibilisierende Stoffe im Innenraum – Chloranisole. http://www.arguk.de/infos/chloranisole.htm)

Bezeichnung	n	A	Bereich	MW [ng/m³]	Median	90-Perz.
TCA	7	6 (86 %)	0,05 – 25	7,3	3,4	n.b.
TeCA	7	7 (100 %)	8,8 – 740	180	70	n.b.
PCA	7	7 (100 %)	0,5 – 75	29	26	n.b.

n = Anzahl der untersuchten Proben
A = Anzahl der Proben, in der der jeweilige Stoff oberhalb der Bestimmungsgrenze von 0,1 ng/m^3 nachgewiesen werden konnte
MW = Mittelwert
n.b. = Nicht bestimmt wegen zu geringem Kollektivumfang

Tabelle 25: Orientierungswerte für C. in der Raumluft (Binder et al., 2003: Gesundheitliche Beschwerden durch Reiz-, Riech- und hautsensibilisierende Stoffe im Innenraum – Chloranisole. http://www.arguk.de/infos/chloranisole.htm)

Stoff	**OW 1 [ng/m³]**	**OW 2 [ng/m³]**	**Geruchsschwelle [ng/m³]**
TCA	0,05	0,30	2
TeCA	4,1	91	100
PCA	14	34	200.000

C. sind vielfach für schimmelig-muffigen Geruch in älteren →Fertighäusern und Pavillonbauten (mit)verantwortlich. Dabei werden die C. durch Mikroorganismen aus chlorierten Stoffen wie Phenolen (z.B. dem Holzschutzmittel-Wirkstoff →Pentachlorphenol), Chlorphenolen oder Chlorbenzolen gebildet. Maßgeblich beteiligt sind Schimmelpilze der Gattungen Penicillium und Trichoderma oder Bakterien. Die Geruchsschwellen – insbesondere für das TCA – sind sehr niedrig (s. Tabelle 23).
Die Orientierungswerte sind aus den o.g. Untersuchungen in Fertighäusern statistisch abgeleitet und unter dem Aspekt der Gesundheitsvorsorge zu verstehen. Sie stellen somit keine toxikologisch begründeten Richtwerte dar.
OW 1: Entspricht dem gerundeten 50-Perzentilwert einer statistischen Untersuchung von Raumluft-Proben. Ein Messwert in dieser Größenordnung kann als durchschnittlich eingestuft werden.
OW 2: Entspricht dem gerundeten 90-Perzentilwert einer statistischen Untersuchung von Raumluft-Proben. Messwerte oberhalb des OW 2 sind als auffällig zu bezeichnen. Die Ursache sollte festgestellt und möglichst beseitigt werden.

Chlordiphenyl C. und Chlorbiphenyl sind Synonyme für →Polychlorierte Biphenyle (PCB).

Chlorierte Kohlenwasserstoffe C. (CKW) sind organische Stoffe mit einem oder mehreren Chloratomen. CKW haben eine große industrielle Bedeutung als Ausgangsprodukte u.a. für Kunststoffe (z.B. →Vinylchlorid zur Herstellung von →Polyvinylchlorid = PVC), als Lösemittel (z.B. →Dichlormethan) und als Schädlingsbekämpfungsmittel (z.B. →Lindan, →DDT). Als Lösemittel in Bauprodukten spielen CKW nur noch eine geringe Rolle. Bestimmte →Abbeizmittel bestehen jedoch noch immer zum großen Teil aus Dichlormethan. Einige CKW gehören zu den besonders gefährlichen Umweltgiften. Ihre Gefährlichkeit resultiert aus ihrer großen chemischen Stabilität, die einen schnellen Abbau zu unproblematischen Stoffen verhindert, ihrer guten Fettlöslichkeit, die eine gute Aufnahme und Speicherung in Lebewesen begünstigt, und ihrer hohen Toxizität. Die chronische Inhalation von C. kann zu folgenden Symptomen führen: Kopfschmerzen, verminderte Konzentrationsfähigkeit, Abgeschlagenheit, Schlafstörungen sowie Alkoholintoleranz. Zudem können Leber und Niere geschädigt werden. Zahlreiche CKW haben krebserzeugende, erbgutverändernde oder reproduktionstoxische Eigenschaften.
Nach Henschler (Toxikologie chlororganischer Verbindungen, VCH Verlag, 1994) können grundsätzlich Schlüsse über den Einfluss von Chlorresten in organischen Verbindungen auf deren toxische Wirkqualitäten gezogen werden. Danach gilt (Auszug):

1. Die Einführung von Chlor in organische Moleküle ist nahezu regelhaft mit einer Verstärkung des toxischen Wirkpotenzials verbunden. Diese Feststellung betrifft grundsätzlich alle toxischen Wirkqualitäten wie akute, subchronische und chronische Toxizität, Reproduktionstoxizität, Mutagenität und Kanzerogenität.
2. Noch im Rahmen einer allgemeinen Regel, aber weniger stringent als mit der Chloreinführung schlechthin, steigt die Toxizität mit der Zahl der in ein Molekül eingeführten Chlorreste an.

3. Mit der Einführung von Chlor treten häufig auch neue Wirkqualitäten ins Spiel. Sie betreffen im Hinblick auf akute und subchronische Effekte überwiegend die Leber und Niere, seltener Milz, Kreislauf- und Zentralnervensystem.
4. Mit der Einführung von Chlor erlangen die Mehrzahl der organischen Verbindungen die Fähigkeit zur Entfaltung von Gentoxizität (Mutagenität) bzw. Kanzerogenität.
5. Ein beträchtlicher Anteil aller untersuchten chlororganischen Verbindungen besitzt krebserzeugende Wirksamkeit.
6. Es können grundsätzlich zwei Gruppen krebserzeugender, chlororganischer Verbindungen unterschieden werden: aliphatische (und olefinische) Chlorkohlenwasserstoffe mit niedriger Kettenlänge (und i.d.R. mit hohen Dampfdrucken) wirken (vorwiegend) aufgrund ihrer gentoxischen Aktivität krebserzeugend, während polychlorierte cyclische Verbindungen über andere, durchweg nicht gentoxische Mechanismen der Zytotoxizität Tumoren auslösen können.
7. Von den unter Ziffer 1 und 4 aufgeführten Regeln gibt es eine bedeutsame Ausnahme: Die Einführung von Chlor in Benzol unterdrückt dessen notorische, stark ausgebildete Leukämie erzeugende Wirkung.

Gem. →Gefahrstoffverordnung dürfen Stoffe, Zubereitungen und Erzeugnisse von
1. Tetrachlormethan (Tetrachlorkohlenstoff),
2. 1,1,2,2-Tetrachlorethan,
3. 1,1,1,2-Tetrachlorethan und
4. Pentachlorethan,

mit einem Massengehalt von 0,1 % oder darüber nur in geschlossenen Anlagen verwendet werden;
Stoffe und Zubereitungen von
1. Trichlormethan (Chloroform),
2. 1,1,2-Trichlorethan,
3. 1,1-Dichlorethylen und
4. 1,1,1-Trichlorethan

mit einem Massengehalt von 0,1 % oder darüber nur in geschlossenen Anlagen verwendet werden.

Chlorisothiazolinone →Isothiazolinone

Chlorkautschuklacke C. sind →Anstrichstoffe auf der Basis von →Chlorkautschuk und →Chlorierten Kohlenwasserstoffen als Lösemittel. Den Lacken wurden früher z.T. ca. 5 – 15 % →Polychlorierte Biphenyle (PCB) zugesetzt (z.B. als Anstrich für bestimmte Holzfaser-Deckenplatten). C. wurden auch für den Innen- und Außenanstrich von Booten und Schiffen (Bootslack) verwendet. Für die Außenanwendung von Booten enthielten bzw. enthalten C. giftige Wirkstoffe wie z.B. →Zinnorganische Verbindungen, die den Befall der Boote mit Algen und Muscheln verhindern sollen (→Antifoulingfarben).
Chlorierte Kohlenwasserstoffe gelten als besonders gesundheitsgefährdend und umweltschädlich (Zerstörung der Ozonschicht). Gemäß →Gefahrstoffverordnung (GefStoffV) Anhang IV Nr. 3 ist die Verwendung von Antifoulingfarben mit den in der Verordnung genannten Wirkstoffen verboten, mit Ausnahme von zinnorganischen Verbindungen für Bootskörper mit einer Gesamtlänge von mehr als 25 m. Im Brandfall setzen C. hochgiftige Gase frei (z.B. polychlorierte →Dioxine und Furane).

Chlorkresol C. (4-Chlor-3-methylphenol, 4-Chlor-m-kresol, p-Chlor-m-kresol (PCMC), o-Chlorkresol) gehört zur Gruppe der Chlorkresole bzw. Chlormethylphenole. Der Stoff (Sdp.: 235 °C) wird als Desinfektionsmittel (Bakreizid) und zur Konservierung von Leder (Ersatz für das verbotene →Pentachlorphenol) eingesetzt. C. ist haut- und schleimhautreizend sowie sensibilisierend (Kontaktdermatitis). C. kommt im →Hausstaub in ähnlich hohen Konzentrationen vor wie PCP. Das 95-Perzentil an Chlorkresol in der 63-µm-Fraktion der Hausstaubproben betrug 6,1 mg/kg (n = 286), der Median 0,98 mg/kg (Quelle: Schmidt et al., 2002).

5-Chlor-2-Methyl-4-Isothiazolin-3-on (MCI) MCI gehört zur Gruppe der chlorierten →Isothiazolinone, einer Gruppe bedeutender Allergene. MCI ist ein Biozid mit bakterizider Wirkung.

Chlornaphthaline Im Zeitraum von etwa 1970 bis 1980 wurden feuchtebeständige →Spanplatten des Typs V 100 G und Sperrholzplatten unter Zugabe eines C.-Gemischs (CN) gegen Pilzbefall hergestellt. Das unter dem Namen Basileum SP 70 oder Xylamon (→Pentachlorphenol). vertriebene, technische Produkt enthielt ca. 70 % 1- und 2-Monochlornaphthalin mit Monochlornaphthalin als Hauptkomponente. Wesentliche Verunreinigung war Naphthalin. Die niederchlorierten Naphthaline sind toxikologisch wesentlich günstiger zu beurteilen als die toxikologisch den →Dioxinen ähnlichen, höher chlorierten Naphthaline.

Das Fungizid wurde dem →Phenol-Formaldehyd-Leim (PF-Leim) bei der Herstellung beigemischt und auf diese Weise homogen in den Platten verteilt.

Tabelle 26: Typische Mengenanteile von Chlornaphthalinen in imprägnierten Hölzern (Balzer & Pluschke, 1998, Geruchsbelästigungen in einem Altbau durch chlorierte Naphthaline, VDI-Berichte 1373)

Chlornaphthalin-Verbindung	Mengenanteil in Holzproben [%]
1-Chlornaphthalin	80 – 85
1,4-Chlornaphthalin	9 – 14
1,5-Chlornaphthalin	≤ 3
2-Chlornaphthalin	3 – 6
Sonstige Dichlornaphthaline	≤ 3

C.-imprägnierte Platten wurden insbesondere im →Fertighaus- und Pavillonbau eingesetzt. Der Einsatz im Innenbereich erfolgte hauptsächlich für den Fußboden, in geringem Umfang auch für Wände und Decken. Im Außenbereich wurden die behandelten Spanplatten für Dächer und Außenschalungen verwendet. Das im C.-Gemisch in geringer Menge enthaltene →Naphthalin, aber auch die Chlornaphthaline selbst verbreiten bereits in geringen Konzentrationen einen muffig-süßlichen, an Naphthalin-Mottenschutzmittel erinnernden, intensiven Geruch. Emissionen aus CN-behandelten Platten können darüber hinaus gesundheitliche Beschwerden verursachen. Beschrieben werden Reizungen der Augen- und Nasenschleimhäute, vorübergehende Vertäubung des Geruchssinns mit gleichzeitiger Veränderung der Geruchsqualität, Kopfschmerzen sowie Benommenheits- und Taubheitsgefühle.

Die Höhe der im Innenraum auftretenden C.-Konzentration ist abhängig von Feuchteschäden, konstruktiven Mängeln sowie Temperatur und Lüftung. Beim Verrotten der Platten unter Feuchteeinfluss können erhebliche Mengen C. freigesetzt werden. In geruchsbelasteten Räumen wurden C.-Konzentrationen bis ca. 100 µg/m³ gefunden. Die Naphthalin-Konzentrationen betragen bis zu 250 µg/m³. Geruchsschwellenwerte für Naphthalin liegen zwischen 7 und 1.500 µg/m³. Begleiterscheinung einer CN-Problematik ist häufig das Auftreten von Schimmelpilzen.

Zur Inhalationstoxizität von C. liegen nur wenige Erkenntnisse vor. Vom ehem. BGA wurde als sofortiger Eingriffswert eine C.-Konzentration von 200 µg/m³ und wegen der deutlichen Geruchsbelästigung ein Zielwert von 10 – 20 µg/m³ festgelegt. Dieser Zielwertbereich erscheint sehr hoch, da eine rein toxikologische Bewertung der C.-Raumluftkonzentrationen zu

Tabelle 27: Orientierungswerte (nicht toxikologisch begründet) für Chlornaphthaline in der Innenraumluft (Balzer & Pluschke, 1998, Geruchsbelästigungen in einem Altbau durch chlorierte Naphthaline, VDI-Berichte 1373)

Chlornaphthalin-Konzentration [µg/m³]	Bewertung
< 0,5	Unbelastet Keine Aktivitäten erforderlich
0,5 – 5	Gering belastet Gute Raumluftverhältnisse können durch ein geeignetes Lüftungsmanagement gewährleistet werden
> 5	Belastet Quellen sollten ermittelt werden, ggf. Sanierung erforderlich

Richtwerten führt, die mit dem Empfinden der betroffenen Gebäudenutzer nicht in Einklang zu bringen sind. Nach Möglichkeit sollte daher ein Zielwert von 1 µg/m³ erreicht werden. Damit ist sichergestellt, dass keine geruchlichen Belästigungen mehr auftreten.

C.-belastete Bauteile führen über direkten Kontakt oder über den Luftpfad zu erheblichen Sekundärbelastungen ursprünglich C.-freier Materialien.

Chloroform →Trichlormethan

Chlorophyll C. ist der grüne Farbstoff der Pflanzenblätter. Er ist Rohstoff für grüne Farbpigmente z.B. in Produkten der →Pflanzenchemiehersteller.

Chloropren C. (2-Chlor-1,3-butadien) ist ein ungesättigter aliphatischer Chlorkohlenwasserstoff (→Chlorierte Kohlenwasserstoffe). Es handelt sich um eine leichtentzündliche Flüssigkeit; die Dämpfe bilden mit Luft ein explosionsfähiges Gemisch. Die Herstellung von C. erfolgt überwiegend aus →Butadien. C. wird praktisch ausschließlich zur Herstellung von →Polychloropren eingesetzt. C. ist als krebserzeugend (→MAK-Liste: K2) bzw. krebsverdächtig (EU: K3) eingestuft. Es besteht zudem der Verdacht auf erbgutschädigende Wirkung (EU: M3).

3-Chloropren C. (2-Chlor-1,3-butadien) ist ein ungesättigter →Chlorierter Kohlenwasserstoff und dient als Ausgangssubstanz zur Herstellung von →Polychloropren (→Synthesekautschuk), das als Grundstoff von →Klebstoffen eingesetzt wird. C. reizt Augen, Atmungsorgane und Haut, wird durch die Haut resorbiert und wirkt narkotisierend sowie bei chronischem Kontakt leber- und nierenschädigend. C. ist als krebsverdächtig (MAK-Liste: Kat. 3B, EU: K3) eingestuft. Weiterhin besteht Verdacht auf erbgutschädigende Wirkung (EU: M3).

Chloroprenkautschuk →Polychloropren

Chlororganische Verbindungen →Chlorierte Kohlenwasserstoffe

Chlorparaffine C. werden durch Chlorierung von Paraffinen hergestellt und haben i.d.R. eine Kettenlänge von zehn bis 30 Kohlenstoffatomen und einen Chlorgehalt von 20 – 70 %. Unterschieden werden:

- Kurzkettige C.: $C_{10} – C_{13}$
- Mittelkettige C: $C_{14} – C_{17}$
- Langkettige C.: > C_{17}

Je nach durchschnittlichem Chlorierungsgrad werden die C. unterteilt in:

- Niedrig chlorierte C.: Chlorierungsgrad < 45 % bis < 50 %
- Hoch chlorierte C.: Chlorierungsgrad > 50 %

Je nach chemischer Struktur (Kettenlänge, Chlorierungsgrad) weisen die C. unterschiedlichste Eigenschaften auf. Industriell genutzt werden ca. 200 verschiedene C., hauptsächlich eingesetzt als Sekundärweichmacher und →Flammschutzmittel für Kunststoffe (PVC), weiterhin für Anstrichstoffe/Beschichtungen, dauerelastische Dichtungsmassen, Synthesekautschuk und

Tabelle 28: Verwendung mittelkettiger Chlorparaffine in der EU (1997; Quelle: Leitfaden zur Anwendung umweltverträglicher Stoffe, Teil 5, Umweltbundesamt (Hrsg.), 2003)

Verwendungsbereiche mittelkettiger Chlorparaffine	Anteil am EU-Marktvolumen [%]
Weichmacher und Flammschutzmittel in PVC-Produkten (Konzentration 6 – 10 %), z.B. in Fußbodenbelägen, Kabelummantelungen und -isolierungen (Konzentration bis zu 15 %)	80
Flammschutzmittel in Gummi und anderen Polymeren, z.B. in Förderbändern und im Automobilbereich	3
Weichmacher in Farben auf der Basis von Chlorkautschuk oder Vinylcopolymeren (Schutz von Mauerwerk in aggressiver Umgebung) sowie als Additiv in Dichtungen für Mehrfachverglasungen	5
Hochdruck-Additive in Kühlschmierstoffen	9
Fettlauge in der Lederbearbeitung	2
Herstellung von Durchschreibepapier	1

als Hochdruckadditive in Mineralölen. C. haben ähnliche chemisch-technische Eigenschaften wie →Polychlorierte Biphenyle (PCB). Dauerelastischen Fugenmassen auf der Grundlage von Polysulfid-Kautschuk werden C. zur Weichmachung in Konzentrationen bis über 30 % zugesetzt. Bei Temperaturen ab ca. 200 °C spalten C. Chlorwasserstoff ab und färben sich dunkel. Um die thermische Stabilität zu gewährleisten, werden den C. Stabilisatoren zugesetzt, langkettige Epoxide, Glycidether und Triphenylphosphat, deren Gehalt unter 1 % liegt.
C. hatten 2001 in der EU ein Markvolumen von ca. 65.000 t/a. In Deutschland werden seit Ende 1998 keine C. mehr hergestellt.
C. sind unter Umweltbedingungen chemisch und biologisch relativ stabil und werden sowohl in industrienahen wie auch industriefernen Gebieten in Wasser, Sediment und biologischem Material gefunden. In die Umwelt gelangen sie in erster Linie bei der Abfallbeseitigung und durch industrielle Abwässer. Der Eintrag in die Umwelt (Deutschland) beträgt schätzungsweise ca. 250 t/a.
Die öko-/toxikologischen Eigenschaften der C. hängen von der Kettenlänge ab. C. zeigen ein kanzerogenes Potenzial, das mit zunehmendem Chlorgehalt steigt. Kurzkettige C. sind gemäß EU als umweltgefährlich und krebsverdächtig (K3) eingestuft. Gem. →MAK-Liste sind kurz- bis langkettige C. als krebsverdächtig (Kat. 3B) eingestuft. Gem. →Gefahrstoffverordnung dürfen kurzkettige C. sowie Stoffe und Zubereitungen, die kurzkettige C. mit einem Massengehalt von > 1 % enthalten, in der Metallver- und bearbeitung sowie zum Behandeln von Leder nicht verwendet werden. Gem. →Chemikalien-Verbotsverordnung dürfen die genannten C. in der genannten Konzentration für die genannten Anwendungen nicht in Verkehr gebracht werden. Mittelkettige C. sind in der Umwelt schwer abbaubar, persistent und stark bioakkumulierend (Gefahrensymbol N). Sie sind in der Muttermilch in Konzentrationen > 10 µg/kg Fett enthalten. Die Analytik von C. in der Raumluft gestaltet sich schwierig. Vereinzelte Daten deuten darauf hin, dass kurzkettige C. in der Innenraumluft im µg/m³-Bereich auftreten können.

Chlorpyrifos C. (O,O-dimethyl O-3,5,6-trichloro-2-pyridyl-phosphorothioat) ist ein Insektizid aus der Gruppe der organischen Phosphorsäureester. Es wirkt als Fraß- und Berührungsgift. Die Chemikalie ist einer der wichtigsten Organophosphat-Wirkstoffe weltweit und zählt zu den Organophosphat-Pestiziden mit den größten Verkaufsmengen in der Bundesrepublik Deutschland. In Deutschland sind insgesamt neun Mittel mit dem Wirkstoff C. zugelassen. Von diesen sind fünf Mittel für den Einsatz gegen Ameisen vorgesehen und vier Mittel für die Bekämpfung der Kleinen Kohlfliege und der Möhrenfliege im Haus- und Kleingarten sowie im Freiland. Die Mittel enthalten z.T. Lösemittel wie →Xylol oder →Dichlormethan. Durch Anwendungen im Innenraum findet sich C. auch im Hausstaub.
Eine Neubewertung von Chlorpyrifos durch die amerikanische Zulassungsbehörde EPA ergab, dass das Risiko durch C. gerade für Kinder zu groß ist. Spielen Kinder z.B. auf behandelten Rasenflächen, besteht die Gefahr einer Überreizung der Nerven sowie von Schwindel, Verwirrung und Atembeschwerden. C. soll daher für fast alle Anwendungen im Haus und Garten verboten werden. Vom Pesticide Action Network (→PAN) ist C. in der Gruppe der „PAN Bad Actor Pesticides“ gelistet. Diese Liste umfasst gesundheitlich und/oder ökologisch besonders problematische Pestizide. C. ist als umweltgefährlich eingestuft.

Chrom C. gehört zu den →Schwermetallen. Es liegt in der Natur als dreiwertiges (Chrom(III)) Chromoxid vor. C. wird u.a. in der Galvanikindustrie zum Veredeln von Metalloberflächen (Verchromen) und als Legierungsbestandteil für Stahl verwendet. Hochlegierte Stähle haben einen C.-Gehalt von mindestens 12,5 %. Weitere Anwendungsbereiche sind Farbpigmente, Katalysatoren, Holzimprägnierung (→Chro-

C

mathaltige Holzschutzmittel) und Lederverarbeitung (Gerbstoff). Unter toxikologischen Gesichtspunkten werden dreiwertiges C. (Chrom (III)) und sechswertiges C. (Chrom (VI)) bzw. die entsprechenden Verbindungen unterschieden. Dreiwertiges Chrom ist ein essenzielles Spurenelement für Mensch und Tier. Sechswertige Chromverbindungen, (Chromate, Dichromate) sind krebserzeugend und verursachen allergische und asthmatische Reaktionen. Bei Arbeitern, die mit chromhaltigen Materialien zu tun hatten, ist Lungenkrebs als Berufskrankheit anerkannt. Bei der Verarbeitung von mit C.-Verbindungen verunreinigten →Zementen ist es früher häufig zur Ausbildung von →Zementekzemen (Maurerkrätze) gekommen. Durch die zunehmende Verwendung von chromatarmen Zementen ist die Bedeutung der Hauterkrankungen durch C. allerdings stark rückläufig. →Chromat

Chromat C. ist eine besondere Form des →Chroms (Chrom(VI) = Chrom in der Oxidationsstufe VI). C. ist gem. Richtlinie 67/548/EWG als krebserzeugend, allergen und umweltgefährlich eingestuft. Beim Brennen von Portlandzementklinker entsteht C. aus den enthaltenen Chromsalzen. Bei Zugabe von Wasser zum →Zement (→Zementleim) kann sich das Chrom (VI) lösen, auf die Haut gelangen und diese durchdringen. C. kann starke allergische Ekzeme (Maurerkrätze, →Zementekzeme) auslösen. Zement und Zubereitungen, die C. enthalten, dürfen daher nicht verwendet werden, wenn in der nach Wasserzugabe gebrauchsfertigen Form der Gehalt an löslichem Chrom(VI) mehr als 2 mg/kg (ppm) Trockenmasse des Zements beträgt. Wegen seiner hohen Toxizität ist Chrom (VI) außerdem für die Auslaugung in Boden und Grundwasser von hoher Relevanz.

Chromhaltige Holzschutzmittel C. werden zum Schutz des Holzes gegenüber Befall durch holzzerstörende Pilze und/oder zum Schutz vor Schäden durch Insekten eingesetzt. C. bestehen aus den nachfolgenden Salzkombinationen und Wasser:

Kürzel	Bestandteile
CFB-Salze	Chrom-Fluor-Bor
CK-Salze	Chrom-Kupfer
CKA-Salze	Chrom-Kupfer-Arsen
CKB-Salze	Chrom-Kupfer-Bor
CKF-Salze	Chrom-Kupfer-Fluor
CKFZ-Salze	Chrom-Kupfer-Fluor-Zink

Verwendet werden hauptsächlich CFB-, CKB-, CKF- und CKFZ-Salze. Die Imprägnierung des Holzes erfolgt industriell durch Trogtränkung oder Kesseldruckimprägnierung. Dichromate (Natriumdichromat, Kaliumdichromat, Ammoniumdichromat) oder Chromsäure (Chromtrioxid) dienen der Fixierung der bioziden Wirkstoffe im Holz. Die Stoffe sind krebserzeugend und stark umweltschädlich (Wassergefährdungsklasse III, stark wassergefährdend). Der Chromanteil der C. fixiert die eigentlichen Wirkstoffelemente Kupfer (Cu), Arsen (As), Zink (Zn) und Fluor. Durch Reaktionen im Holz, bei denen Chrom(VI) in das weniger schädliche Chrom(III) umgewandelt wird, bilden sich nach dem Imprägniervorgang schwerauswaschbare Verbindungen. Bei unvollständiger bzw. nicht ausreichender Fixierung besteht durch Witterungseinflüsse die Gefahr einer Auswaschung. Holzabfälle, die mit Chrom(VI)-haltigen Holzschutzmitteln behandelt wurden, sind als besonders überwachungsbedürftiger Abfall zu beseitigen. Bei der Verbrennung derartiger Hölzer reichern sich Chrom(VI)-Verbindungen in der Asche an und können bei fehlender bzw. nicht ausreichender Abluftreinigung auch emittiert werden. Die Verbrennung darf nur in genehmigten Anlagen erfolgen. Wegen der Gesundheits- und Umweltschädlichkeit der C. sollen diese möglichst durch chromfreie Holzschutzmittel ersetzt werden, z.B. durch chromfreie Kupfer-Präparate (sofern auf den Einsatz von Holzschutzmitteln nicht verzichtet werden kann). Vom →AGS wurden die Holzschutzmittel Cu-HDO, Benzalkoniumchlorid, Propiconazol und Tebuconazol (insbes. unter Anwendergesichtspunkten) als geeignete Ersatzstoffe für C. eingestuft. →Chrom, →Chromat, →Arsen

Chromathaltige Zemente C. enthalten mehr als 2 ppm wasserlösliche Chrom(VI)-Verbindungen. C. müssen mit der Aufschrift „Enthält Chrom(VI). Kann allergische Reaktionen hervorrufen" gekennzeichnet werden. →Chromat

Chromnickelstahl →Nichtrostende Stähle

Chrysotil C. (Weißasbest) ist ein faserförmiger Vertreter der Serpentin-Asbest-Gruppe und war mit einem Anteil von ca. 94 % an der Weltasbestproduktion die wichtigste Asbestart. In asbesthaltigen Produkten für den Hoch- und Tiefbau wurde überwiegend C. verwendet, mit Abstand gefolgt von den Amphibol-Asbesten →Krokydolith (Blauasbest) und →Amosit (Braunasbest). C. zerfasert leicht, die einzelnen Fasern sind weich, geschmeidig und unelastisch biegsam. Durch Längsspaltung teilen sich die Fasern immer weiter auf. →Asbest

Citrusschalenöl C. ist ein →Etherisches Öl und wird durch Wasserdampfdestillation von Citrusfruchtschalen (Abfälle der Fruchtsaftherstellung) gewonnen. C. besteht im Wesentlichen aus →Terpenen: 20 – 95 % d-Limonen, daneben alpha-Pinen, Mycren und Cumarine. C. findet breite Anwendung als →Lösemittel in Produkten der →Pflanzenchemiehersteller, aber auch für Limonaden und Liköre. C. wirkt hautentfettend. Im Gegensatz zu →Terpentinölen hat C. einen starken Eigengeruch und so eine natürliche Warnfunktion. Die Inhaltsstoffe alpha-Pinen und delta-3-Caren wirken sensibilisierend und können Schwellungen der Schleimhäute, Benommenheit und Kopfschmerzen auslösen. Bei hohen Raumluftkonzentrationen wirkt C. schleimhautreizend. C. ist in die →Wassergefährdungsklasse 1 eingestuft (schwach wassergefährdend).

CK-Salze C. (Chrom, Kupfer) sind wasserlösliche Holzschutzmittel für Holz mit starker Gefährdung durch Auswaschbeanspruchung. Beispiel-Rezeptur: ca. 14 % Kupferoxid, Chrom(VI)-oxid (Chromsäure) als Fixierungshilfsstoff. →Chromhaltige Holzschutzmittel

CKA-Salze C. (Chrom, Kupfer, Arsen) sind wasserlösliche Holzschutzmittel nur für Holzbauteile im Außenbereich, vorzugsweise für Holz mit starker Gefährdung durch Auswaschbeanspruchung, auch geeignet für Holz im Erdkontakt oder in ständigem Kontakt mit Wasser. Beispiel-Rezeptur: ca. 35 % Kupfersulfat, ca. 20 % Arsenpentoxid, Natriumdichromat als Fixierungshilfsstoff. →Chromhaltige Holzschutzmittel, →Arsen

CKB-Salze C. (Chrom, Kupfer, Bor) sind wasserlösliche Holzschutzmittel vorzugsweise für Holz mit starker Gefährdung durch Auswaschbeanspruchung, auch geeignet für Holz im Erdkontakt oder in ständigem Kontakt mit Wasser. Beispiel-Rezeptur: 31 % Kupfersulfat, 1 % Kupferoxid, 25 % Borsäure, Natriumdichromat/Chromsäure als Fixierungshilfsstoff. →Chromhaltige Holzschutzmittel

CKF-Salze C. (Chrom, Kupfer, Fluor) sind wasserlösliche Holzschutzmittel vorzugsweise für Holz mit starker Gefährdung durch Auswaschbeanspruchung, auch geeignet für Holz im Erdkontakt oder in ständigem Kontakt mit Wasser. Beispiel-Rezeptur: ca. 14 % Kupfer(II)-oxid, ca. 13 % Hexafluorokieselsäure, Chrom(V)-oxid als Fixierungshilfsstoff; oder: ca. 3 % Kupfer (II)-oxid, ca. 8 % Ammoniumhexafluorosilikat, Ammoniumdichromat/Chromsäure als Fixierungshilfsstoff. →Chromhaltige Holzschutzmittel

CKFZ-Salze →Chromhaltige Holzschutzmittel

CKW →Chlorierte Kohlenwasserstoffe

Clophen C. war der Handelsname der Bayer AG für technische Gemische →Polychlorierter Biphenyle (PCB), die im Baubereich Verwendung fanden als Weichmacher für dauerelastische Dichtungsmassen, als Weichmacher und Flammschutzmittel für Farben sowie für elektrotechnische Bauteile wie Transformatoren und Kondensatoren.

CMR-Stoffe Kanzerogen, mutagen, reproduktionstoxisch. →KMR-Stoffe

CMT-Stoffe Kanzerogen, mutagen, teratogen. →KMR-Stoffe

CN →Chlornaphthaline

Cobalt Das Element C. zählt zu den →Schwermetallen und zeigt nahe Verwandtschaft mit →Eisen und →Nickel. Es ist ein vergleichsweise häufiges Element und wird aus C.-Erzen gewonnen. C.-Verbindungen wurden bereits von den alten Ägyptern, Griechen und Römern zum Färben von Gläsern eingesetzt. Wichtiger Einsatzbereich für metallisches C. ist die Herstellung von Legierungen für korrosionsbeständige Hartmetalle. Das künstlich hergestellte radioaktive Co-60 wird in der Strahlentherapie, für Werkstoffprüfungen sowie Dicken- und Dichtenmessungen eingesetzt. C.-Verbindungen (z.B. C.-Oxid oder C.-Phosphat) dienen zur Herstellung von Farbpigmenten (→Pigmente). C. ist zudem Bestandteil von →Trockenstoffen (z.B. C.-Octoat).
Die täglich benötigte Menge an C., das als Zentralatom im Vitamin B12 für die Bildung der roten Blutkörperchen wichtig ist, beträgt ca. 0,1 Mikrogramm. Bei Dosierungen von 25 – 30 Milligramm pro Tag treten Vergiftungserscheinungen wie Magenbeschwerden, Herz- und Nierenschäden auf. In Form ihrer einatembaren Fraktion sind C. und C.-Verbindungen gemäß →MAK-Liste in Kat. 2 als krebserzeugend eingestuft. Weiterhin erfolgt eine Einstufung unter Sah (Gefahr der Sensibilisierung der Atemwege und der Haut).

Cochenille C. ist der rote Farbstoff einer auf den Kanaren und in Mexiko verbreiteten Schildlausart. Bereits die frühen mexikanischen Kulturvölker, die Tolteken und später die Azteken, kultivierten die Scharlach-Schildlaus. Für ein Kilogramm Farbstoff werden ca. 140.000 Insekten gebraucht. C. wird als Lebensmittelfarbstoff (E 120 = Echtes Karmin, Cochenille) und in Produkten der →Pflanzenchemiehersteller für einen blaustichigen Rot-Ton verwendet.

Compound Der C. hat bei →Textilen Bodenbelägen die Aufgabe, das Flormaterial mit dem Zweitrücken zu verbinden. C. sind verarbeitungsfertige Polymermischungen mit allen erforderlichen Additiven. Für Teppichböden werden Synthese- oder Naturkautschuk-C. verwendet. Ein Synthese-Compound für Schaumrücken auf der Basis von →Styrol-Butadien-Kautschuk enthält z.B. folgende Bestandteile: Styrol-Butadien-Kautschuk, Schwefel, Aktivator (Zinkoxid, →Fettsäuren), Beschleuniger (meist Kombinationen von Dithiocarbamaten, Xanthogenaten, Thiuramen, Thiazolen, Aldehydaminen, Guanidin, Amine u.a.), Alterungsschutzmittel (Phenole, Amine) u.a. Vulkanisationshilfsmittel. Ein Naturkautschuk-Compound für Natur-Teppichböden enthält z.B. eine Mischung von Zinkoxid und Tetramethylthiuramdisulfid (TMTD) in einer Menge von 0,01 % bezogen auf das Latexkonzentrat. Als Stabilisator werden ca. 0,05 % Kalilauge (→Alkalien) und 2 % eines mit Kalilauge verseiften Kokosnussöles verwendet.

Compoundbinder C. bestehen aus →Anhydritbinder oder alpha-Gipsbinder und Zusatzstoffen wie Puzzolanen, Kunstharz oder Zement. Der $CaS0_4$-Anteil der C. beträgt mindestens 50 %. →Anhydritestriche, →Gipsestriche

Copalharz →Kopalharze

Copolymere →Polymere

Copolymerisation C. ist eine besondere Art der →Polymerisation. Im Unterschied zur „einfachen" Polymerisation werden bei der C. immer mindestens zwei verschiedene Ausgangspartner eingesetzt. Die Ausgangspartner können Monomere oder Monomere und Polymere sein.

Cosolventien Wasserlacke kommen allein mit Wasser als Träger nicht aus, sondern enthalten organische Flüssigkeiten, um die im Wasser dispergierten Kunstharzteilchen beim Verdunsten des Wassers miteinander zu verschmelzen und einen Film zu bilden. Solche Substanzen werden als C. (Colöser) bezeichnet. Dabei handelt es sich um höhere Alkohole (Glykole, Glykolether) und/

oder Weichmacher, die wegen ihrer geringen Flüchtigkeit besonders lange Zeit brauchen, um aus dem Lackfilm zu entweichen. C. können daher noch längere Zeit nach der Anwendung des Anstrichstoffes zu Raumluftbelastungen führen.

CP →Chlorparaffine

CPL-Laminat Abk. für kontinuierlich gepresste Laminate. →Laminat-Bodenbeläge

CR Chloropren-Kautschuk. →Polychloropren

Cristobalit →Quarz

Crotonsäure C. (trans-2-Butensäure) ist eine ekelhaft riechende, schleimhautreizende Substanz. Sie findet u.a. Verwendung zur Herstellung von Synthesekautschuk-Materialien.

CSTEE Scientific Commitee on Toxicity, Ecotoxicity and the Environment = EU-Ausschuss für Toxizität, Ökotoxizität und Umwelt.

Cushion-Vinyl-Bodenbeläge C. ist die Bezeichnung für lageartig aufgebaute Bodenbeläge (Bahnenware), bestehend aus einer geschäumten PVC-Oberseite, meist mit altdeutschem Kachelmuster, auf einer dünnen Trägerschicht, die bis etwa 1982 asbesthaltig war (schwachgebunden). Abgenutzte oder ausgefranste C., die vor 1982 produziert wurden, können zu einer Asbestbelastung führen. Heute enthalten C. ein eingebettetes Glasfaservlies, auf das eine PVC-Schaumschicht aufgebracht ist. →PVC-Bodenbeläge, →Asbest-Pappe, →Asbest

Cyanacrylat-Klebstoffe C. bestehen aus dem Grundstoff Cyanacrylsäuremethylester (Cyanacrylat, →Acrylharze). Zur Stabilisierung gegen eine vorzeitige Polymerisation werden Phosphorsäure oder Hydrochinon zugesetzt. C. gehören zu den →Reaktionsklebstoffen und werden nur für sehr spezielle Anwendungen eingesetzt, z.B. als →Sekundenkleber. C. härten unter Abschluss von Luftsauerstoff mit der Luftfeuchtigkeit, die auf der Klebefläche vorhanden ist, aus. Voraussetzung ist deshalb eine absolut passgenaue Klebefläche, die gegebenenfalls durch Anhauchen befeuchtet wird. C. können menschliches Gewebe, einschließlich Haut oder Augen, innerhalb von Sekunden verkleben. Vom Industrieverband Klebstoffe e.V., Düsseldorf, wurde deshalb ein Info-Blatt „Informationen zur Ersten Hilfe und Unfallbehandlung bei Verklebungen mit Cyanacrylat-Klebstoffen (Sekundenkleber)“ herausgegeben. Ohne Behandlungsmaßnahmen lösen sich C. mit der Zeit selbst von Haut, Augen oder Mund infolge der Einwirkung von Hautfeuchtigkeit/-schweiß, Tränenflüssigkeit oder Speichel ab.

Cyanwasserstoff C. (Blausäure) ist eine farblose bis leicht gelbliche, nach Bittermandeln oder marzipanartig riechende Flüssigkeit. In der Natur kommt die Blausäure in bitteren Mandeln oder in einigen Pflanzen wie z.B. der Akelei in geringen Mengen vor. C. ist äußerst giftig; die tödliche Dosis für den Menschen liegt etwa bei 1 mg/kg Körpergewicht.

Bei der Verbrennung von Tabak und stickstoffhaltigen Kunststoffen werden ebenfalls geringe Mengen Blausäure frei.

Cyclohexanon C. wird als Lösemittel für Lacke und in →Abbeizmitteln eingesetzt. C. entsteht auch als Zerfallsprodukt aus dem →Fotoinitiator →HCPK, einem Bestandteil von UV-härtenden Lacksystemen.

Cyfluthrin →Biozid aus der Gruppe der →Pyrethroide. →Hausstaub

Cypermethrin →Biozid aus der Gruppe der →Pyrethroide. →Hausstaub

D

D5 Decamethylcyclopentasiloxan. →Siloxane

Dachabdichtung Eine D. besteht aus einer über die gesamte Dachfläche reichenden wasserundurchlässigen Schicht. D. unterliegen den unterschiedlichsten mechanischen, chemischen und biologischen Beanspruchungen. Die bauphysikalischen Anforderungen sind hoch. →Abdichtungsbahnen

Dachbahnen D. sind Bahnen aus Bitumen, Kunststoffen und/oder Metallen für den Einsatz im Dachbereich. Nach Anwendungsgebieten kann differenziert werden in →Dachunterspannbahnen, →Dampfbremsen, →Dampfsperren und →Abichtungsbahnen. →Bitumenbahnen, →Kunststoff-Dichtungsbahnen

Dachdeckungen D. werden nach den Werkstoffen unterschieden: →Dachziegel, →Betondachsteine, →Faserzementplatten, →Bitumen-Dachplatten, →Metallbleche, →Schieferplatten, Holzschindeln. Die D. leiten anfallende Niederschläge in die Dachrinne ab, schützen jedoch nicht vor Flugschnee. Diese Funktion übernimmt die →Dachunterspannbahn. Die Wahl des richtigen Dachmaterials hängt u.a. vom Neigungswinkel des Daches ab.

Dachfarben Bei der Sanierung alter Dächer werden häufig einzelne →Dachziegel durch neue Ziegel ersetzt und anschließend das gesamte Dach mit einer D. bestrichen. Hierdurch bekommt das Dach eine einheitliche Farbe und wird zusätzlich geschützt. Die dabei verwendeten Farben sind in der Regel Acryl-→Dispersionsfarben, die →Biozide wie →Carbendazim, →Terbutryn, Octylisothiazolon (OIT) oder Methylisothiazolon (MIT) enthalten (→Isothiazolinone), um das Dach vor einem Bewuchs durch Mikroorganismen zu schützen. Nach →VdL-Richtlinie dürfen in Dach- und Fassadenfarben folgende chemische Stoffklassen als →Filmkonservierer verwendet werden:
- Harnstoffderivate
- Isothiazol-Derivate
- Dithiocarbamat-Derivate
- Benzimidazol-Derivate
- Triazin-Derivate (z.B. Terbutryn)
- Benzothiazol-Derivate
- Carbamidsäure-Derivate
- Thiophthalimid-Derivate
- Sulfensäure-Derivate
- Sulfon-Derivate
- Triazol-Derivate
- Pyridin-N-oxid-Derivate

Da die Biozide meist in Konzentrationen unter 0,1 % eingesetzt werden, müssen sie nach der EU-Verordnung 1999/45/EC zur Einstufung, Verpackung und Kennzeichnung von Zubereitungen nicht deklariert werden.

Die Biozide werden mit dem Regenwasser ausgewaschen und gelangen so in die Umwelt. Im Auftrag des Landesumweltamtes Nordrhein-Westfalen wurde in einem einjährigen Projekt nachgewiesen, dass die Freisetzung der biozidhaltigen D. ein Risiko für die Umwelt darstellt. Von einer Sanierung mittels D. ist daher abzuraten. →Isothiazolinone

Dachhaut Die D. ist die oberste, wasserführende Schicht einer Dachkonstruktion. Hauptaufgabe der D. ist der Schutz vor Witterungseinflüssen. Die D. kann aus →Dachdeckungen, →Dachabdichtungen, aber auch aus Solarmodulen bestehen.

Dachpappe →Bitumenbahnen, nackt

Dachspritzschaum →Polyurethan-Ortschaum

Dachsteine →Betondachsteine

Dachunterspannbahnen D. sind Kunststofffolien, die als zweite wasserführende Schicht in Dachkonstruktionen eingebracht werden. D. werden zwischen der →Wärmedämmung und der Traglattung der →Dachdeckung befestigt. Sie verhindern das Eindringen von Regen, Flugschnee oder Staub im Dachbereich. Da beim →Warmdach eine zweite Lüftungsschicht fehlt, müssen die D. diffusionsoffen sein. D. werden aus Glasvlies, Polyestervlies (→Polyester), Polypropylenvlies, Glasgewebe, Polyestergewebe, Polyethylengewebe (→Polyethylen), Polypropylengewebe (→Polypropylen) oder weichgemachtem →Polyvinylchlorid (PVC-P) hergestellt.

Dachziegel D. sind flächige, keramische Bauteile aus gebranntem Lehm, Ton oder tonigen Massen zur Deckung von geneigten Flächen. Gegebenenfalls sind sie mit Zusätzen wie Sand und Steinmehl als Magerungsmittel versehen. Sie können in natürlicher Brennfarbe (rot durch Eisenoxide) oder durchgehend gefärbt hergestellt sein. Die Oberfläche kann engobiert (mit farbiger Tonschlämme versehen, die mitgebrannt wird), glasiert oder gedämpft werden. Glasuren können →Schwermetalle wie →Blei enthalten, die i.d.R. zwar fest in die Matrix eingebunden sind und nicht ausgewaschen werden, aber im Zuge der Verwertung oder Beseitigung in die Umwelt gelangen können. →Ziegel, →Dachdeckungen, →Betondachsteine

Dächer aus Asbestzement Zum Eindecken von Dächern wurden ebene Dachschindeln oder gewellte Platten aus →Asbestzement verwendet. Diese Produkte wurden sowohl beschichtet als auch unbeschichtet eingesetzt.
Von unbeschädigten Asbestzementprodukten (beschichtet oder unbeschichtet) gehen nach heutigem Kenntnisstand keine unmittelbaren Gefahren aus. Für funktionstüchtige D. besteht kein generelles Sanierungsgebot. Durch mechanische Beschädigung oder Bearbeitung können jedoch Asbestfasern freigesetzt werden und Gesundheitsgefahren entstehen. Gem. →Gefahrstoffverordnung gilt daher ein Herstellungs- und Verwendungsverbot für Asbest. Damit sind die Herstellung und die Verwendung asbesthaltiger Erzeugnisse wie z.B. Asbestzementprodukte verboten. Das Verbot gilt sowohl im gewerblichen als auch im privaten Bereich. Unter den Begriff „Verwenden" fällt u.a. das Be- und Verarbeiten und Entfernen. Insbesondere ist das Bearbeiten von D. mit Arbeitsgeräten, die deren Oberfläche abtragen, wie z.B. Abschleifen, Hoch- und Niederdruckreinigen, Abbürsten, Bohren, Sägen oder Schleifen, unzulässig. Reinigungsarbeiten an unbeschichteten D. sind nicht erlaubt. Bei beschichteten Dächern dürfen keine Reinigungsgeräte angewendet werden, durch die eine Freilegung von asbesthaltigen Schichten erfolgen kann. Lediglich das Reinigen von beschichteten Dächern mit drucklosem Wasserstrahl ist erlaubt.
Zulässig sind nur Abbruch-, Sanierungs- und Instandhaltungsarbeiten (ASI-Arbeiten) sowie erforderliche Nebenarbeiten:
- Abbrucharbeiten umfassen das Abbrechen von baulichen Anlagen.
- Sanierungsarbeiten umfassen das Entfernen asbesthaltiger Materialien und erforderlichenfalls das Ersetzen durch asbestfreies Material einschl. der erforderlichen Nebenarbeiten.
- Instandhaltungsarbeiten sind Maßnahmen zur Bewahrung des Soll-Zustandes und zur Wiederherstellung des Soll-Zustandes.

Verboten ist das Beschichten, das Aufbringen einer Folie oder Befestigen von Dachlatten auf D. zur Befestigung einer weiteren Dacheindeckung. Begründung: Beim Beschichten unbeschichteter Asbestzementplatten oder beim Aufbringen einer Vegetationsschicht (Dachbegrünung) handelt es sich nicht um ASI-Arbeiten (Def. s.o.), da diese Arbeiten nicht dazu dienen, den Soll-Zustand wiederherzustellen. Das Aufbringen einer zweiten Dachhaut (Folie, Bleche o.Ä.) ist nicht zulässig, weil dadurch die Dichtungsfunktion des D. nicht „wiederhergestellt" wird. Es handelt sich somit nicht um ASI-Arbeiten. Das Befestigen von Dachlatten auf einem vorhandenen D. zum anschließenden Aufbringen einer Blecheindeckung erfüllt i.d.R. den Tatbestand einer Straftat, da hierzu Löcher in die Asbestzementplatten gebohrt werden müssen.

Dächer mit Bauteilen aus Kupfer und Zink →Kupfer und →Zink werden traditionell im Dachbau verwendet. Verzinkte Bleche werden für Regenrinnen, Fallrohre, Verkleidungsbleche für Schornsteine und Dachluken, aber auch zur Deckung ganzer Dächer oder Dachteile verwendet. Die Verwendung von Kupferblech für Dächer und auch Fassaden hat stark zugenommen. Blei und andere Metalle spielen aufgrund ihrer meist kleinflächigen Anwendung im Außenbereich nur eine untergeordnete Rolle. Durch Verwitterung der Oberflächen und Abspülung der Korrosionsprodukte mit dem Regen gelangen die →Schwermetalle Kupfer und Zink in das Dachabflusswasser und können hier die Schwermetallkonzentrationen deutlich erhöhen. Kupfer und Zink sind zwar essenzielle Spurenelemente für die meisten Pflanzen und Tiere, insbesondere für aquatische Organismen können jedoch z.T. schon leicht erhöhte Konzentrationen toxisch wirken. Die Kupfer- und Zinkkonzentrationen in Dachabläufen von Dächern mit Metalleinbauten sind gegenüber Dächern ohne solche Einbauten deutlich erhöht und liegen größtenteils in einem Bereich, der für aquatische Organismen toxisch sein kann. Darunter fallen auch Dächer mit lediglich verzinkten Regenrinnen, Fallrohren und Schornsteinverkleidungen. Die Auswirkung auf die Umwelt hängt vom Verbleib des Dachablaufs ab:

- Bei Versickerung kann es lokal zur Anreicherung im Boden mit Überschreitung der Werte der Bodenschutzverordnung kommen.
- Bei Einleitung in eine Trennkanalisation gelangt der Dachablauf direkt – und z.T. unbehandelt – in ein Oberflächengewässer. Hat das aufnehmende Gewässer nur geringe Abflüsse, kann es zur akuten Beeinträchtigung der Lebensgemeinschaften der aquatischen Organismen und langfristig zu einer Anreicherung in den Gewässersedimenten kommen.
- Bei Einleitung in eine Mischkanalisation gelangt der Dachablauf zusammen mit dem häuslichen Schmutzwasser in eine Kläranlage. Etwa 60 bis 90 % der Schwermetalle verbleiben im Klärschlamm. Bei starkem Regen, wenn die Kapazitäten von Kanalnetz und Kläranlage überschritten sind, wird ein Teil des Regenwassers vermischt mit Schmutzwasser über Überläufe unbehandelt in Oberflächengewässer abgeleitet. (Quelle: Sachstandsbericht „Abtrag von Kupfer und Zink von Dächern, Dachrinnen und Fallrohren durch Niederschläge“, UBA)

Dämmkork →Kork-Dämmplatten, →Kork

Dämmschäume →Montageschäume, →Ortschäume, →Polystyrol, →Polyurethane

Dämmstoffe →Wärmedämmstoffe

Dammar D. ist ein helles, gelbliches, leicht splitterndes →Harz mit glattem Bruch, welches aus Südostasien stammt. Der Name ist malayisch und bedeutet Harz oder auch Fackel (Fackeln aus Dammarharz sind besonders gut, weil sie nicht tropfen). D. kommt hauptsächlich aus Sumatra in den Handel und wird je nach Herkunft mit einer Vorsilbe versehen. Padang- oder Palembangdammar sind die bekanntesten Sorten.

Die Bäume werden zur D.-Gewinnung mit tiefen Einschnitten versehen, in denen sich das Harz sammeln kann. Die in den Handel kommenden Stücke sind etwa 3 cm im Durchmesser. Die birnen- oder keulenförmigen Dammarstücke stammen nicht von angeschnittenen Bäumen, sondern sind auf natürliche Weise von den Bäumen „ausgeschwitzt“ worden. D. enthält etwa 40 % alkohollösliches Resen (alpha-Resen) und etwa 22 % alkoholunlösliches Resen (beta-Resen). Des Weiteren sind ungefähr 23 % Dammarolsäure und 2,5 % Wasser enthalten. Der schwache Geruch wird durch geringe Anteile an ätherischen Ölen hervorgerufen.

Die größte Menge D. wird in der Lackindustrie als Bindemittel für hochglänzende Ölfarben und →Firnis verwendet. D. ist ein wichtiges Harz für Produkte der →Pflanzenchemiehersteller (→Naturharz-Lacke). Der Ursprungsbaum des D. ist auch Lieferant des Meranti-Holzes (→Tropenholz). Die Gewinnung von D. erlaubt den Einwohnern eine nachhaltige Nutzung des Tropenwaldes ohne Raubbau. D. ist gesundheitlich unbedenklich.

Dampfbremsen D. sollen das Eindringen feuchter Raumluft in die Konstruktion (vor allem in die Dämmung) und damit die Durchfeuchtung der Konstruktion reduzieren (→Kondensat innerhalb der Konstruktion). Sie bestehen meist aus einer Folie an der warmen Seite des Bauteils. Im Unterschied zu →Dampfsperren sind D. nicht vollkommen dampfdicht, sondern „bremsen" den Wasserdampf beim Hindurchdiffundieren. Der Begriff Dampfbremse ist kein genormter Begriff. Gem. DIN 4108-3 wird als dampfdiffusionshemmend eine Schicht mit einem s_d-Wert zwischen 0,5 und 1.500 m bezeichnet. Materialen, die einen s_d-Wert über 1.500 m aufweisen, werden als praktisch dampfdicht angesehen (→Dampfsperren). Ob und welche D. notwendig sind, sollte auf Basis von bauphysikalischen Berechnungen ermittelt werden. →Feuchteadaptive D. bieten durch ihren variablen →Dampfdiffusionswiderstand höhere Sicherheit gegen Feuchteschäden. Dagegen ziehen D. mit Löschblatt-Effekt die Feuchtigkeit erst aus der Konstruktion, wenn sie in Form von Wasser vorliegt, was für feuchtigkeitsempfindliche Dämmstoffe schon zu spät sein kann. Für die Funktionstauglichkeit ist es wichtig, D. an allen Anschlüssen luftdicht zu verkleben und auch später (z.B. beim Einbau von Deckenspots) nicht mehr zu verletzen. D. können daher auch als luftdichte Schicht der Gebäudehülle dienen (→Luftdichtigkeit von Gebäuden). Bei bauphysikalisch abgestimmtem Aufbau (z.B. diffusionsoffene →Windsperre oder Hinterlüftung) kann auf die D. verzichtet werden, wenn es andere luftdichte Bauteilschichten gibt. Als Materialien werden beschichtete und unbeschichtete Spezialpapiere sowie Kunststofffolien aus →Polyamid, →Polypropylen und →Polyethylen eingesetzt. Auf →Verbundstoffe (z.B. aus verschiedenen Kunststoffen) sollte nach Möglichkeit verzichtet werden. Nach Möglichkeit sollten keine Flammschutz- oder Antischimmelmittel eingesetzt werden.

Dampfdiffusion Zonen mit unterschiedlichen Wasserdampfkonzentrationen streben nach einem Druckausgleich und zwingen die Dampfmoleküle, in die Richtung des geringeren Dampfdrucks zu wandern. Daraus resultiert eine D. zwischen Innen- und Außenraum durch die Gebäudehülle hindurch. Die Baustoffe der Gebäudehülle setzen der D. einen Widerstand entgegen, der durch die →Dampfdiffusionswiderstandszahl gekennzeichnet ist. Steigt der Wasserdampfdruck über den →Sättigungsdampfdruck, fällt Dampf aus und führt zu →Kondensat innerhalb der Konstruktion oder zu →Oberflächenkondensat. →Luftfeuchte, →Glaser-Verfahren

Dampfdiffusionswiderstand Der D. ist der Widerstand, den ein Stoff der →Dampfdiffusion entgegensetzt. Der D. einer Bauteilschicht wird ausgedrückt durch die äquivalente Luftschichtdicke (s_d-Wert), die, aus der →Dampfdiffusionswiderstandszahl multipliziert, mit der Dicke berechnet wird.

Dampfdiffusionswiderstandszahl Die D. („μ-Wert") gibt an, wie viel Mal größer der →Dampfdiffusionswiderstand eines Stoffes als jener einer gleich dicken Luftschicht bei gleicher Temperatur ist. Je kleiner der μ-Wert ist, desto leichter kann Wasserdampf durchdringen. Baustoffe mit niedriger D. (z.B. Faserdämmstoffe) werden als dampfdiffusionsoffen, Baustoffe mit sehr hoher D. (z.B. →Dampfsperren) als dampfdicht bezeichnet. Bei dampfdurchlässigen Baustoffen nimmt die D. mit der Dicke einer Baustoffschicht zu.

Dampfdruck-Ausgleichsschicht Die D. hat die Aufgabe, den hohen Partialdruck des Dampfes in der Dachkonstruktion (z.B. vor der Dampfsperre) an den niedrigen Partialdruck der Außenluft anzugleichen. Außerdem sollen sie die Blasenbildung auf der Dachhaut durch lokale Überdrücke der eingeschlossenen Luft bei starker Sonneneinstrahlung oder beim Aufflämmen der Abdichtungsbahn verhindern. Meist erfüllt die D. auch gleichzeitig die Funktion der Trenn- und Gleitschicht. Entlüftung oder Austrocknung durch Konvektion findet durch die D. nicht statt. →Bitumen-Lochvliesbahnen

Dampfsperren D. sind →Sperrschichten zur möglichst vollständigen Abdichtung gegen Wasserdampfdiffusion (→Dampfdiffusion). Ihr Einsatz ist erforderlich, wenn die Gefahr besteht, dass zu hohe Mengen Wasserdampf im Bauteil auskondensieren (→Kondensat innerhalb der Konstruktion). D. müssen sich immer auf der Warmseite einer Konstruktion befinden und fugendicht ausgeführt werden. Selbst kleinste Löcher, z.B. durch Befestigungsnägel verursacht, vermindern die Sperrwirkung der Dampfsperre. Ist 1 % ihrer Fläche wasserdampfdurchlässig, so ist sie unwirksam. Außerdem muss eine mögliche Flankenübertragung von Wasserdampf in Betracht gezogen werden. Grundsätzlich sollte so gebaut werden, dass möglichst keine D. oder höchstens D. mit geringem Dampfdiffusionswiderstand (Dampfbremsen) notwendig sind, da D. immer problematisch sind, auch wenn sie sich auf der technisch richtigen Seite befinden:

- D. verhindern das Austrocknen vorhandener Materialfeuchte nach innen.
- Schon kleinste Undichtigkeiten (Fugen) bilden Feuchtigkeitsfallen.
- Bei umgekehrter Diffusionsrichtung, wie etwa im Sommer, sammelt sich die Feuchtigkeit vor den D.

Neben den bekannten D. bzw. →Windsperren aus →Bitumenbahnen, speziellen →Kunststofffolien oder →Aluminiumfolien können auch dicht schließende Putze, Beton oder Metallplatten als D. wirken. Sog. Verbund-Dämmplatten, auf welche die dampfsperrende Folie bereits kaschiert ist, können nur minderwertig entsorgt werden und sind ebenso wie Alu-Verbundfolien (z.B. mit Bitumen oder Polyethylen) zu vermeiden. In Österreich wird der Begriff D. auch als Überbegriff von D. und →Dampfbremsen verwendet.

DAP 2,2-Diethoxy-acetophenon. →Fotoinitiatoren

DCM →Dichlormethan

DD-Lacke DD = Abkürzung für Desmodur-Desmophen, Handelsname der Bayer AG. →Polyurethan-Lacke

DDT DDT (1,1,1-Trichlor-2,2-bis-(4-chlorphenyl)ethan), ein chlorierter Kohlenwasserstoff, wurde erstmals 1874 synthetisiert, seine insektizide Wirkung allerdings erst 1939 entdeckt. Zur Schädlingsbekämpfung wurde es (zum Teil bis heute) als technisches Gemisch eingesetzt, das etwa folgende Zusammensetzung aufweist: 70 % 4,4′-DDT, 15 % 2,4′-DDT, 5 % 4,4′-DDD. Das wichtigste Abbauprodukt von DDT ist DDE (1,1-Dichlor-2,2-bis-(4-chlorphenyl)ethen), das in der Umwelt u.a. unter dem Einfluss von Licht und in Organismen durch den körpereigenen Stoffwechsel gebildet werden kann. Es ist noch beständiger als DDT. DDT gehört u.a. wegen seiner Persistenz zur Gruppe der besonders schädlichen Umweltchemikalien (→POP). Im Zeitraum von 1940 bis 1972 wurden ca. 2 Mio. t DDT in die Umwelt verbracht, davon ca. 80 % in die Landwirtschaft. In tropischen und subtropischen Regionen diente (und dient) DDT überwiegend zur Bekämpfung der Malaria. In der BRD wurde DDT 1972 verboten. In der DDR wurde DDT noch bis 1989 in der Forstwirtschaft und für Holzschutzmittel eingesetzt. 1988 wurden hier noch mehr als 1.000 t des DDT- und lindanhaltigen Holzschutzmittels →Hylotox 59® hergestellt.

DDT wirkt nach kurzzeitiger, hoher Aufnahme praktisch ausschließlich auf das zentrale Nervensystem. Erste Anzeichen für eine Vergiftung sind Überempfindlichkeiten für Berührungsreize im Mund und unteren Gesichtsbereich. DDT ist immun- und reproduktionstoxisch und beim Menschen wahrscheinlich krebserzeugend. Neuerdings wird DDT auch ein Einfluss auf den Hormonhaushalt zugeschrieben. Hauptaufnahmepfad für DDT ist die Nahrung. Die Aufnahme erfolgt vor allem über fetthaltige, tierische Lebensmittel. Kleinkinder können DDT auch aus belastetem Hausstaub über Hand-zu-Mund-Kontakt aufnehmen. Die WHO hat den ADI-Wert (acceptable daily intake) im Jahr 2000 mit 10 µg/kg KG × Tag angegeben. Das Forschungs- und Beratungsinstitut Gefahrstoffe (FoBiG) hat im Auftrag des UBA einen ADI-Wert von 1 µg/kg KG × Tag abgeleitet. Die amerikanische Agency for Toxic Substances and Disease Registry hat für eine mittelfristige Aufnahmedauer einen MRL-Wert (minimal risk level) von 0,5 µg/kg KG × Tag festgelegt.

Tabelle 29: Orientierungswerte für DDT im Hausstaub (Arguk-Info-Reihe Schadstoffe im Innenraum, 2/98)

	Hintergrund-Konzentration [mg/kg]	Prüfbereich [mg/kg]	Handlungsbereich [mg/kg]
4,4'-DDT	bis 0,2	0,2 – 4	> 4
DDT-Gemisch	bis 0,3	0,3 – 6	> 6

Richtwerte für DDT in der Innenraumluft (→Hylotox®-Anwendungen) existieren nicht. Für ein 7- bis 9-jähriges Kind lässt sich ein Sanierungszielwert wie folgt ableiten:

ADI-Wert (FoBIG) = 1 µg/kg KG × Tag; angesichts mehrerer Pfade Quotierung für die Innenraumluft analog zur Quotierung für Trinkwasser (Empfehlung WHO): 1 % der Gesamtaufnahme, entsprechend 0,01 µg/kg KG × Tag; bei 23,5 kg KG ergibt sich eine duldbare Aufnahme von 0,23 µg/Tag; bei einem Atemvolumen von 14 m^3/Tag ergibt sich ein Sanierungszielwert von 0,016 µg/m^3 = 16 ng/m^3.

Decabromdiphenylether DeBDE („Deca") ist der mit Abstand wichtigste Vertreter der polybromierten Diphenylether (PBDE; 94 % der in Europa eingesetzten Diphenylether). DeBDE wird als additives →Flammschutzmittel i.d.R. in Kombination mit →Antimontrioxid als Synergist insbesondere für Gehäusewerkstoffe (Fernseher, Computer) eingesetzt (Verbrauch 1999 weltweit: 55.000 t; UBA-Texte 25/01). DeBDE ist wegen des hohen Bromgehaltes (83 %) ein sehr effektives Flammschutzmittel und kann praktisch in allen Polymeren eingesetzt werden. Aufgrund eines freiwilligen Verzichts der Industrie wird DeBDE in Deutschland seit 1986 praktisch nicht mehr eingesetzt. D. und die anderen PBDE gelten als ausgesprochen gesundheits- (krebserzeugend) und umweltschädlich. Im Brandfall entstehen neben Kohlenmonoxid und Bromwasserstoffsäure auch polybromierte →Dioxine und Furane. Gemäß Umweltbundesamt (UBA-Texte 25/01) wird für DeBDE ein Anwendungsverzicht empfohlen.

Toxikologie und Ökotoxikologie:

- DeBDE ist persistent in der Umwelt und wird weit verbreitet in Sedimenten sowie im Hausstaub und in der Außenluft gefunden.
- DeBDE scheint aufgrund seiner Molekülgröße ein relativ geringes Potenzial zur Bioakkumulation zu haben. Allerdings gibt es Befunde, die belegen, dass eine Aufnahme in den Organismus zumindest möglich ist.
- Ob unter Umweltbedingungen ein langsamer Abbau zu bioverfügbaren, möglicherweise toxischen Verbindungen erfolgen kann, ist nach wie vor anhand der verfügbaren Informationen nicht auszuschließen.
- Es sollten Maßnahmen zur Minderung von Emissionen oder diffusen Freisetzungen ergriffen werden.
- DeBDE kann bei unkontrollierter Erhitzung oder Verbrennung zur Bildung hochtoxischer Verbrennungsprodukte, wie z.B. bromierten Dioxinen und Furanen, führen.

In Deutschland haben Industrieverbände 1986 einen freiwilligen Verzicht auf den Einsatz von PBDE, darunter DePDE mitgeteilt. Im Rahmen der OECD wurde 1995 eine freiwillige Vereinbarung zur Risikominderung bei bromierten Flammschutzmitteln abgeschlossen (Erhöhung der Produktreinheit, Emissionsminderung bei Herstellern). DeBDE ist einer der prioritären Stoffe im EU-Altstoffprogramm, der Entwurf einer Risikobewertung liegt vor. DeBDE ist ein prioritärer Stoff nach der EU-Wasserrahmenrichtlinie 2000/60/EC und wird in der OSPAR-Liste für vorrangige Maßnahmen im Hinblick auf den Meeresschutz geführt. Zudem enthält die EU-Richtlinie über die Begrenzung bestimmter gefährlicher Stoffe in elektronischen und elektrischen Geräten Regelungen zur Verwendung von PBDE. Eine Studie des UBA kommt zu dem Schluss, dass aufgrund der Persistenz des DeBDE-Vorkommens in Sedimenten, Raumluft und Außenluft dieses Flammschutzmittel substituiert werden sollte. Obwohl DeBDE zurzeit offenbar relativ wenig in →Textilen Bodenbelägen eingesetzt wird, würde der aktuelle Trend, mehr Polypropylenfaser in Teppichen einzusetzen, künftig – ohne Substitution – auch einen erhöhten Einsatz von bromierten Flammschutzmitteln mit sich bringen.

D

Deckfähigkeit/Deckkraft Unter Deckfähigkeit versteht man die Eigenschaft eines Anstrichstoffes, nach dem Aufstrich oder dem Auftrocknen den Untergrund abzudecken.

DEHA Abk. für Bis(2-ethylhexyl)adipat. →Adipate

DEHP Abk. für →Di-(2-ethlyhexyl)-phthalat.

Deltramethrin →Biozid aus der Gruppe der →Pyrethroide. →Hausstaub

Deponieklassen Die D. sind in der deutschen →Deponieverordnung und der →Abfallablagerungsverordnung festgelegt:

D. 0: (Nach § 2 Deponieverordnung): Oberirdische Deponie für Abfälle, die die Zuordnungswerte der D. 0 nach Anhang 3 der Deponieverordnung einhalten (Inertabfälle)

D. I: (Nach § 2 Abfallablagerungsverordnung): Deponie für Abfälle, die einen sehr geringen organischen Anteil enthalten und bei denen eine sehr geringe Schadstofffreisetzung im Auslaugungsversuch stattfindet

D. II: (Nach § 2 Abfallablagerungsverordnung): Deponie für Abfälle, einschl. mechanisch-biologisch behandelter Abfälle, die einen höheren organischen Anteil enthalten als die, die auf Deponien der Klasse I abgelagert werden dürfen, und bei denen auch die Schadstofffreisetzung im Auslaugungsversuch größer ist als bei der Deponieklasse I und zum Ausgleich die Anforderungen an den Deponiestandort und an die Deponieabdichtung höher sind.
(Zuordnungskriterien für die D. I und II siehe Anhang 1 der Abfallablagerungsverordnung)

D. III: (Nach § 2 Deponieverordnung): Oberirdische Deponie für Abfälle, die einen höheren Anteil an Schadstoffen enthalten als die, die auf einer Deponie der Klasse I abgelagert werden dürfen, und bei denen auch die Schadstofffreisetzung im Auslaugungsversuch größer ist als bei Deponieklasse II und zum Ausgleich die Anforderungen an Deponieerrichtung und Deponiebetrieb höher sind

D. IV: (Nach § 2 Deponieverordnung): Untertagedeponie, in der die Abfälle
a) in einem Bergwerk mit eigenständigem Ablagerungsbereich, der getrennt von einer Mineralgewinnung angelegt oder vorgesehen ist, oder
b) in einer Kaverne
gelagert werden

Deponierung Langfristige Ablagerung von Abfällen auf Anlagen oberhalb oder unterhalb der Erdoberfläche (Deponien). Form der →Beseitigung von Abfällen. →Abfall, →Deponieverordnung

Deponieverordnung Die D. gibt die Annahmbedingungen von Abfällen auf Abfalldeponien vor. EU-weite Grundlage ist die EU-Deponie-Richtlinie (Abl. L 11/27: Richtlinie 2003/33/EG des Rates vom 19. Dezember 2002 über die Annahme von Abfällen auf Abfalldeponien). In dieser Richtlinie werden drei Deponietypen festgelegt: Inertstoffdeponien, Deponien für gefährliche Abfälle und Deponien für nicht gefährliche Abfälle. Mit den nächsten Novellen soll die nationale D. an die EU-Richtlinie angepasst werden. Die deutsche D. beschreibt derzeit vier →Deponieklassen. Die Grenzwerte für die zulässige Ablagerung von Inertabfällen auf der →Deponieklasse 0 orientieren sich dabei an dem Stand der Verhandlungen zur Ratsentscheidung zum Zeitpunkt der Erlassung der D. (Frühjahr 2002). Die Grenzwerte sind bis auf wenige Ausnahmen identisch mit jenen, die letztlich in der Ratsentscheidung festgelegt wurden (Stand: Mai 2005). In der österreichischen D. (BGBl. 164/1996 und Novelle BGBl. II, 49. VO vom 23.1.2004) werden derzeit vier Deponietypen festgelegt: →Bodenaushubdeponien, →Baurestmassendeponien, →Reststoffdeponien und →Massenabfalldeponien. Inwieweit diese Deponietypen bestehen bleiben oder in die Deponieklassen gem. EU-Richtlinie übergeführt werden, ist noch Gegenstand der Verhandlungen (Stand: Juni 2005). →Abfall, →Abfallwirtschaftsgesetz, →Kreislaufwirtschafts- und Abfallgesetz, →LAGA, →Abfallnachweisverordnung, →Abfallverzeichnisverordnung

Destillationsbitumen D. ist weiches bis mittelhartes →Bitumen, das bei der Vakuumdestillation der Erdöldestillerie abfällt. D. wird für Lacke und Anstriche verwendet.

Deutsches Institut für Bautechnik →DIBt

Deutsches Institut für Normung →DIN

Diabas D. (auch Melaphyr) ist ein natürliches Ergussgestein, ähnlich Basalt, aber älter, grünlich gesprenkelt oder geflammt (Grünstein). D. findet Verwendung wie Basalt, aber auch für Architektur- und Bildhauerarbeiten. D. ist auch Rohstoff für →Steinwolle.

Diatomeenerde →Kieselgur

Diazinon →Biozid aus der Gruppe der Organochlor-Verbindungen. →Hausstaub

DIBt Abk. für →Deutsches Institut für Bautechnik, eine Institution des Bundes und der Länder zur einheitlichen Erfüllung bautechnischer Aufgaben auf dem Gebiet des öffentlichen Rechts, insbesondere Erteilung allgemeiner bauaufsichtlicher Zulassungen, Erteilung europäischer technischer Zulassungen, Bekanntmachung der →Bauregellisten A und B sowie der Liste C, Anerkennung von Prüf-, Überwachungs- und Zertifizierungsstellen.

Dibutylphthalat DBP, Weichmacher aus der Gruppe der →Phthalate. →Hausstaub

Dichlofluanid D. (N-(Dichlorfluormethansulfenyl)-N',N'-dimethyl-N-phenyl-sulfamid) ist ein →Fungizid und gehört mit →Tolylfluanid zur Gruppe der Sulfonamide. Im Pflanzenschutz werden die Stoffe als Blatt-Fungizide eingesetzt. D. und Tolylfluanid gehören zu den am meisten verwendeten bläuewidrigen Wirkstoffen in lösemittelhaltigen Grundierungen und Lasuren (z.B. für Holzfenster). D. hat in →Holzschutzmitteln das verbotene →Pentachlorphenol ersetzt. Dampfdruck bei Raumtemperatur (20 °C): $1{,}4 \times 10^{-5}$ Pa. D. ist weniger toxisch als Tolylfluanid. Gefahrstoffrechtliche Einstufung: gesundheitsschädlich, reizt die Augen, Sensibilisierung durch Hautkontakt möglich, umweltgefährlich.

1,2-Dichlorethan D. gehört zur Stoffgruppe der →Chlorierten Kohlenwasserstoffe (CKW) und findet insbesondere Verwendung als Ausgangsprodukt zur Herstellung von →Vinylchlorid (→Polyvinylchlorid). D. ist krebserzeugend, wirkt hautreizend, narkotisierend, mutagen, blutschädigend und organschädigend an Leber und Niere.

Dichlormethan D. ist eine leichtflüchtige Flüssigkeit, gehört zur Gruppe der →Chlorierten Kohlenwasserstoffe (CKW) und findet insbesondere Verwendung zur Metallentfettung und in →Abbeizmitteln. Die Produktionsmenge (alte Bundesländer) betrug 1994 71.000 t. Technisches D. enthält bis ca. 0,2 g/kg chlorierte C1- und C2-Kohlenwasserstoffe und bis zu 2 g/kg Stabilisatoren (→Methanol, →Ethanol, Cyclohexan, 2-Methylbuten-2 oder t-Butylamin). Geruchsschwellenwert: 740 mg/m³. Bei Kontakt mit offenen Flammen oder heißen Oberflächen bildet sich das hochgiftige Nervengas →Phosgen. D. wird über die Atemluft und über die Haut aufgenommen, verteilt sich zunächst im Blut und geht dann in fettreiche Körpergewebe über. D. ist plazentagängig. Endpunkt des Abbaus im menschlichen Körper ist →Kohlenmonoxid. Wesentliche Wirkungen von D. stellen die Neuro- und die Kardiotoxizität dar. Der genaue Wirkmechanismus von D. ist nicht bekannt. D. steht im Verdacht auf krebserzeugende Wirkung (→MAK-Liste Kat. 3A). Die Reproduktionstoxizität ist nur unzureichend untersucht.

RW II: 2 mg/m³, RW I: 0,2 mg/m³, WHO-Luftqualitätsleitwert: 3 mg/m³/24 h. →Abbeizmittel

Dichlorvos D. (2,2-Dichlorvinyldimethylphosphat) ist ein Insektizid und gehört chemisch zur Gruppe der organischen Phosphorsäureester (→Organophosphate). D. gelangt unter vielen verschiedenen Handelsnamen zum Verkauf und ist seitens der Hersteller für den Haushaltsbereich zur Insektenbekämpfung vorgesehen. In den im Handel befindlichen Produkten ist D. z.T. noch mit anderen Wirkstoffen wie z.B. Propoxur, →Pyrethrum, Chlorpyrifos, Malathion, Piperonylbutoxis kombiniert. In Sprays sind Lösemittel enthalten, z.B. →Dichlormethan oder Propanol (→Alkohole). →MAK-Wert: 0,11 ml/m³ = 1 mg/m³.

Dichtmassen →Dichtstoffe

Dichtprofile D. dienen der Abdichtung zwischen Fensterrahmenmaterial und Glasscheiben sowie als Falzdichtungen zwischen Fensterrahmen und -flügel. Sie bestehen aus Silikonkautschuk (→Silikone), Chloroprenkautschuk (→Polychloropren), →Polyvinylchlorid (PVC) oder aus Copolymeren von Ethylen, Propylen und Dien-Komponente (→EPDM). Die Konstruktion der D. richtet sich nach der Form des Profilwerkstoffes (Geometrie) und der Profilanordnung im Bauwerk. Auch die Materialwahl ist entscheidend für die Gebrauchstauglichkeit der D. Die Falzdichtungen erhöhen den Wärme- und Schallschutz. D. dürfen nicht überstrichen werden, da sie sonst verkleben und ihre Funktion als Dichtstoffe verlieren. D. aus Silikonkautschuk, Chloroprenkautschuk und Polyvinylchlorid werden mittels der problematischen Chlorchemie hergestellt. Sie enthalten zum Teil →Weichmacher, die aus den D. migrieren und die Beschichtungen der Fensterrahmen angreifen können. Bei der Verbrennung können polychlorierte →Dioxine und Furane entstehen. Der Vorteil der D. gegenüber den →Dichtstoffen ist die Trennbarkeit zur Weiterverwertung von Glas- und Rahmenmaterial. Eine Wiederverwendung ist bei EPDM denkbar.

Dichtstoffe D. sind dauerelastische Massen zum Abdichten von Fugen. Sie verhindern das Eindringen von Feuchtigkeit und Zugluft zwischen Bauteilen. D. lassen sich in drei Gruppen einteilen:

- Chemisch reaktive D.:
  Nach dem Ausbringen aus der Kartusche oder einem anderen Gebinde wie Folienkartusche, Fass oder Hobbock läuft eine chemische Vernetzungsreaktion ab, die den plastischen D. in ein mehr oder minder elastisches Produkt überführt.
  Im Verlauf von Kondensationsreaktionen werden – je nach System – unterschiedliche Moleküle wie Kohlendioxid, Wasser, Alkohole oder Essigsäure abgespalten. Die Vernetzungsreaktion läuft umso schneller ab, je höher die Umgebungstemperatur und die rel. →Luftfeuchte ist.
  Beispiele: →Silikon-Dichtstoffe, →Polyurethan-Dichtstoffe, →Polysulfid-Dichtstoffe
- Physikalisch reaktive D.:
  Durch Verdunstung von Wasser oder →Lösemittel verwandelt sich der D. in seinen Endzustand. Innerhalb des Dichtstoffs oder zwischen Dichtstoff und Substrat finden keine chemischen Reaktionen statt.
- Nichtreaktive D.:
  Der physikalische Zustand ändert sich nicht nach der Applikation. Es findet keine Reaktion statt. →Acryl-Dichtstoffe

Die verschiedenen D.-Systeme sind nur für bestimmte Anwendungen geeignet. Vor der Anwendung von D. muss geklärt sein:

- Verträglichkeit mit dem Material der Haftfläche
- Haftung an den Fugenflanken
- Konstruktive Ausbildung der Fuge
- Verarbeitung des Dichtstoffes (gem. Herstellervorschrift)

Von →Pflanzenchemieherstellern werden D. auf Basis natürlicher Rohstoffe hergestellt. →Natur-Dichtstoffe

Dichtungszöpfe →Naturfaserbänder

Dickbettverfahren Das D. ist die klassische Verlegemethode für →Fliesen. Die Fliesen werden vor dem Verlegen kurz in sauberes Wasser getaucht und rückseitig etwa 2,5 cm hoch mit →Klebemörtel bestrichen. So werden sie auf den Untergrund angedrückt und mit dem Hammerstiel angeklopft. Nach einen Tag kann verfugt werden. Das D. erlaubt das Ausgleichen von Unebenheiten im Untergrund. →Dünnbettverfahren, →Mittelbettverfahren

Dickschichtlasuren D. sind filmbildende →Lasuren, vor allem für Anstriche in Feuchtbereichen; im Außenbereich zur Behandlung z.B. von Blockhäusern und maßhaltigen Hölzern wie Türen und Fenstern. D. sind wetterbeständig und weisen eine gute Wasserdampfdiffusionsfähigkeit auf. D. werden auf Basis von →Kunstharzen oder →Naturharzen hergestellt.

Di-(2-ethlyhexyl)-phthalat D. (DEHP) ist der wichtigste Weichmacher aus der Gruppe der →Phthalate mit einer Jahresproduktion von weltweit ca. 2 Mio. t. Circa 90 % der Produktionsmenge von DEHP werden für PVC verwendet, insbesondere für Bodenbeläge und Kabelummantelungen. Weitere Anwendungsbereiche sind Vinyltapeten, Körperpflegemittel, Textilien, Anstrichstoffe, Kleber, Spielzeug, Lebensmittelverpackungen u.a. DEHP findet sich weit verbreitet in der Umwelt, in Innenräumen und in der Muttermilch. DEHP ist als fortpflanzungsgefährdend (EU, Kat. II) eingestuft und steht im Verdacht einer krebserzeugenden Wirkung. Als tolerierbare Aufnahmemengen (TDI) werden Werte zwischen ca. 10 und 40 μg/kg und Tag diskutiert. Im →Hausstaub wurden hohe Phthalat-Konzentrationen festgestellt. In der Raumluft wurden Phthalat-Konzentrationen bis zu einigen hundert ng/m³ gemessen. Ein wichtiger Aufnahmepfad für DEHP ist die Nahrung. Wegen der Stoffeigenschaften und des hohen Freisetzungspotenzials sollte DEHP als Weichmacher in Kunststoffen ersetzt werden. Alternativen zu DEHP sind langkettige Phthalate, Adipate, Zitrate, Phosphorsäureester, Alkylsulfonsäureester und Cyclohexandicarbonsäureester. Nach Möglichkeit sollten jedoch Produkte ausgewählt werden, die ganz ohne additive Weichmacher auskommen, wie z.B. →Polyethylen oder Linoleum.

Bei →PVC-Bodenbelägen kann es in Verbindung mit frischem →Estrich zu einer chemischen Reaktion (alkalische Hydrolyse) kommen, bei der sich das DEHP in 2-Ethyl-1-hexanol zersetzt, einer äußerst geruchsintensiven Verbindung. →Hausstaub

Tabelle 30: Marktvolumen DEHP etwa 480.000 t/a in der EU (Quelle: Leitfaden zur Anwendung umweltverträglicher Stoffe, Teil 5, Umweltbundesamt (Hrsg.), 2003)

Lebenszyklus	Kalkulierte Freisetzung pro Jahr[1] [t]	Im Vergleich zum Marktvolumen [%]
Synthese	700	0,15
Verarbeitung zu Kunststoffprodukten Verarbeitung zu Farben, Dichtungen	400 300	0,17
Gebrauch von Kunststoffprodukten innen Gebrauch von Kunststoffprodukten außen Gebrauch Farben, Dichtungen	1.500 7.100 300	1,90
Nicht einsammelbare Altprodukte[2]	17.800	3,75[2]
Abfallbehandlung und Deponierung	< 100	
Gesamt	28.700	ca. 6

[1] Worst-case-Abschätzung; die Freisetzung ist nicht gleichbedeutend mit dem Eintrag in die Umwelt, da ein Teil der freigesetzten Menge beispielsweise in Kläranlagen zurückgehalten wird.

[2] Etwa die Hälfte dieser Menge entfällt auf Erdkabel. Insgesamt ist diese Schätzung mit sehr großen Unsicherheiten behaftet.

Tabelle 31: Eintragspfade von DEHP in die Umwelt (EU; Quelle: Leitfaden zur Anwendung umweltverträglicher Stoffe, Teil 5, Umweltbundesamt (Hrsg.), 2003)

Anwendung	t/a (kalkuliert)	Eintragspfad und Quelltyp
Verarbeitung zu Kunststoff-Erzeugnissen (Kalandern und Beschichten) Verarbeitung zu Farben, Dichtungsmassen	270 300	Abluft und Abwasser aus Anlagen
Beschichtete Metallbleche, außen	260	Diffuser Eintrag in Oberflächengewässer aus Produkten
Textilplanen in Außenanwendungen	200	Diffuser Eintrag in Oberflächengewässer aus Produkten
Dichtungen, Kleber, Farben, Lacke in Außenanwendungen	470	Diffuser Eintrag in Oberflächengewässer aus Produkten und Abwasser aus Produkten
Fußböden innen	1.200	Abwasser aus Produkten
T-Shirts	100	Abwasser aus Produkten
Unterbodenschutz Automobil	70	Diffuser Eintrag in Oberflächengewässer aus Produkten und Abwasser aus Produkten
Kabel und Drähte über dem Boden	60	Diffuser Eintrag in Oberflächengewässer aus Produkten
Schuhsohlen	40	Diffuser Eintrag in Oberflächengewässer aus Produkten
Dachdeckungen	20	Diffuser Eintrag in Oberflächengewässer aus Produkten

Tabelle 32: Weichmacher-Alternativen zu DEHP (Quelle: Leitfaden zur Anwendung umweltverträglicher Stoffe, Teil 5, Umweltbundesamt (Hrsg.), 2003)

Alternative	Eignung, Einsatzbereiche	Anwendungsbeispiele
DINP	Alternative für alle DEHP-Anwendungen (außer Kleinkinderspielzeuge), teilweise bessere technische Eignung (z.B. Rotationsgussverfahren)	Fußböden (Parkett), Puppenköpfe (Toys 02), Unterbodenschutz (Dow)
DIDP	Alternative für viele DEHP-Anwendungen, teilweise bessere technische Eignung	Flachdachfolien (Flachdachtechnologie), Unterbodenschutz
Adipate (DEHA)	Lebensmittelbereich	Cling-Folien[1)], Förderbänder Lebensmittel[1)]
Zitrate (ATBC)	Lebensmittelbereich, Innenraumanwendungen, Alternative zu Phthalaten in Spielzeug	Cling-Folien[1)], Förderbänder Lebensmittel[1)], (Aufblasbares) Spielzeug[1)], Kleinkinderspielzeug[1)]
Diisononyl-Cyclohexandicarbonsäureester (DINCH)	Alternative zu DEHP in allen Bereichen	Vinyltapeten[1)], Kunststoffe mit Lebensmittelkontakt und Medizinprodukte in Planung[1)]

Alkylsulfonsäureester (ASPE)	Weichmacher in Anwendungen mit starker Bewitterung oder bei starker Beanspruchung durch Reinigungsmitteln bzw. Laugen/Säuren, Alternative zu Phthalaten in Spielzeug	Swimmingpool-Folien [1], Wasserbettfolien [1], Laugen-/Säurebeständige Schuhsohlen [1], Einmal-Handschuhe [1], UBS (Japan) [1] Kleinkinderspielzeug
Trimellitate	Weichmacher in Produkten, die hohen Temperaturen ausgesetzt sein können	PVC in Fahrzeuginnenräumen, Kabelisolierungen, Medical-Produkte

[1] Information vom Stoffhersteller, kein Anwender namentlich bekannt

D

Diethylphthalat DEP, Weichmacher aus der Gruppe der →Phthalate. →Hausstaub

Diffusionswiderstandszahl →Dampfdiffusionswiderstandszahl

Diisobutylphthalat Weichmacher aus der Gruppe der →Phthalate. →Hausstaub

Diisocyanate →Isocyanate

Diisodecylphthalat DIDP ist ein →Weichmacher aus der Gruppe der →Phthalate. DIDP wird als Alternative zu dem stark gesundheits- und umweltschädlichen →Di(2-ethlyhexyl)-phthalat (DEHP) bei Flachdachbahnen verwendet. Im Ergebnis einer Risikobewertung nach der Altstoffverordnung wird für DIDP im Gegensatz zu DEHP unter den gegenwärtigen Bedingungen kein Bedarf für Risikominderungsmaßnahmen gesehen. Aus Hochrechnungen wird aber deutlich, dass bei einem vollständigen Ersatz von DEHP durch DIDP die Schwelle zum minderungsbedürftigen Risiko für einige Produkte schnell wieder erreicht sein kann. DIDP kann wie DEHP aus der Kunststoffmatrix austreten, in die Umwelt gelangen und sich wie dieses dort anreichern. →Hausstaub

Diisononylphthalat DINP ist ein →Weichmacher aus der Gruppe der →Phthalate. DINP wird als Alternative zu dem stark gesundheits- und umweltschädlichen →Di-(2-ethlyhexyl)-phthalat (DEHP) verwendet, insbesondere bei PVC-Bodenbelägen, Vinyltapeten und Spielzeug.

Im Ergebnis einer Risikobewertung nach der Altstoffverordnung wird für DINP im Gegensatz zu DEHP unter den gegenwärtigen Bedingungen kein Bedarf für Risikominderungsmaßnahmen gesehen. DINP kann wie DEHP aus der Kunststoffmatrix austreten, in die Umwelt gelangen und sich wie dieses dort anreichern. →Hausstaub

Dimethylacetamid N,N-D. (DMAC) wird als industrielles Lösemittel eingesetzt, z.B. bei der Herstellung von →Polyacrylnitril-Fasern. DMAC (Gefahrensymbol T) ist als reproduktionstoxisch (TRGS 905: R_E2, R_F3) eingestuft. Es ist zudem hautresorptiv.

Dimethylformamid N,N-D. (DMF) gehört zur Stoffgruppe der Carbonsäureamide und wird als industrielles Lösemittel eingesetzt, z.B. bei der Herstellung von →Polyacrylnitril-Fasern. DMF (Gefahrensymbol T) ist als reproduktionstoxisch (EU: R_E2) eingestuft. Es ist zudem hautresorptiv.

Dimethylphthalat Weichmacher aus der Gruppe der →Phthalate. →Hausstaub

DIN Das DIN – Deutsches Institut für Normung e.V. – ist ein gemeinnütziger Verein mit Sitz in Berlin und die für die Normungsarbeit zuständige Institution in Deutschland.

Dioctylphthalat DOP, Weichmacher aus der Gruppe der →Phthalate. →Hausstaub

Dioxinähnliche PCB →PCB, Polychlorierte Biphenyle

Dioxine und Furane Dioxine (D.) und Furane (F.) ist im allgemeinen Sprachgebrauch die Sammelbezeichnung für die Gruppe der chemisch ähnlich aufgebauten chlorierten D. und F. D. und F. liegen immer als Gemische von Einzelverbindungen (→Kongenere) mit unterschiedlicher Zusammensetzung vor. Insgesamt existieren 75 polychlorierte Dibenzo-para-dioxine (PCDD) und 135 polychlorierte Dibenzofurane (PCDF). Das toxischste D. ist das 2,3,7,8-Tetrachlor-Dibenzo-p-dioxin (2,3,7,8-TCDD), das seit dem Chemieunfall in Seveso 1976 als Seveso-D. bezeichnet wird.

Tabelle 33: Internationale toxische Äquivalenzfaktoren nach NATO-CCMS (I-TEF, 1988) und der WHO (WHO-TEF, 1998)

Polychlorierte Dibenzo-dioxine (PCDD)	**I-TEF**	**WHO-TEF**	**Polychlorierte Dibenzo-furane (PCDF)**	**I-TEF**	**WHO-TEF**
2,3,7,8-TCDD	1	1	2,3,7,8-TCDF	0,1	0,1
1,2,3,7,8-PeCDD	0,5	1	1,2,3,7,8-PeCDF	0,05	0,05
1,2,3,4,7,8-HxCDD	0,1	0,1	2,3,4,7,8-PeCDF	0,5	0,5
1,2,3,6,7,8-HxCDD	0,1	0,1	1,2,3,4,7,8-HxCDF	0,1	0,1
1,2,3,7,8,9-HxCDD	0,1	0,1	1,2,3,6,7,8-HxCDF	0,1	0,1
1,2,3,4,6,7,8-HpCDD	0,01	0,01	1,2,3,7,8,9-HxCDF	0,1	0,1
OCDD	0,001	0,0001	2,3,4,6,7,8-HxCDF	0,1	0,1
			1,2,3,4,6,7,8-HpCDF	0,01	0,01
			1,2,3,4,7,8,9-HpCDF	0,01	0,01
			OCDF	0,001	0,0001

Tabelle 34: Dioxin-Emissionsquellen und jährliche Menge an Dioxin in g I-TEQ in Deutschland (nach: UBA)

Quellen	**Emissionen pro Jahr [g I-TEQ]**		
	1990	**1994**	**2000** [1)]
Metallgewinnung und -verarbeitung	740	220	40
Sinteranlagen	575	168	< 20
Übrige Eisen- und Stahlproduktion	35	10	< 5
Müllverbrennung	400	32	< 0,5
Hausmüll	399	30	0,4
Sondermüll		2	0,04
Medizinischer Abfall		0,1	0,0002
Klärschlamm		< 0,1	0,03
Kraftwerke	5	3	< 3
Industrielle Verbrennungsanlagen	20	15	< 10
Hausbrandfeuerstätten	20	15	< 10
Verkehr	10	4	< 1
Krematorien	4	2	< 2
Gesamtemission Luft	1.200	330	< 70

[1)] Schätzungen des UBA

Für die toxikologische Beurteilung der D. und F. sind zusätzlich die anderen 2,3,7,8-chlorierten D. bzw. F. relevant, die weitere Chloratome besitzen. Diese 17 Verbindungen (7 D., 10 F.) werden für die Bewertung der Toxizität herangezogen und die toxische Wirkung als →Toxizitätsäquivalent (TEQ) im Verhältnis zu der von 2,3,7,8-TCDD ausgedrückt.
D. und F. entstehen unerwünscht bei allen Verbrennungsprozessen in Anwesenheit von Chlor und organischem Kohlenstoff unter bestimmten Bedingungen, z.B. bei bestimmten Temperaturen. D. und F. können auch bei Waldbränden und Vulkanausbrüchen entstehen. Gefunden wurden D. (keine Furane) auch in etwa 200 Mio. Jahre alten Kaolinitböden.
Bei allen chemischen Produktionsverfahren, in denen Chlor verwendet wird, werden mehr oder weniger D. und F. gebildet, die dann auch als Verunreinigung in den Produkten enthalten sein können. Vor allem Chlorphenole weisen hohe D.-Verunreinigungen auf, z.B. das seit 1989 in Deutschland verbotene Pentachlorphenol (PCP). Auch →Polychlorierte Biphenyle weisen je nach Chlorierungsgrad unterschiedlich hohe D.- und F.-Konzentrationen auf. Heute sind thermische Prozesse der Metallgewinnung und -verarbeitung in den Vordergrund der D.- und F.-Emissionen getreten.
Durch das Verbot und die Einschränkungen von bestimmten Stoffen, Zubereitungen und Erzeugnissen nach dem ChemG wurde der hohe Eintrag von D. und F. aus Produkten deutlich verringert.

Vom Menschen werden 90 – 95 % der D. und F. über die Nahrung aufgenommen. Nahezu zwei Drittel dieser Aufnahme erfolgt über den Verzehr von Fleisch und Milchprodukten. D. und F. reichern sich in Lebewesen vor allem in Fettgewebe an und bauen sich nur langsam ab. Die Halbwertszeit des 2,3,7,8-TCDD beträgt im Körperfett des Menschen etwa sieben Jahre, das sich am langsamsten abbauende 2,3,4,7,8-Pentachlordibenzofuran ist erst nach fast 20 Jahren zur Hälfte eliminiert.
Die von verschiedenen Institutionen abgeleiteten, virtuell sicheren Dosen (VSD) bzw. duldbaren täglichen Aufnahmemengen (TDI) unterscheiden sich je nach Bewertungskonzept um mehr als den Faktor 1.000 (0,006 bis 10 pg TEQ/(kg × d)). Die US-EPA geht von einer krebserzeugenden Wirkung des Stoffes ohne Schwellenwert aus und hat eine VSD von 0,006 pg/(kg × d) vorgeschlagen. Von der WHO wurde 1998 ein TDI-Wert für PCDD/F und dioxinähnliche Verbindungen von 1 – 4 pg WHO-TEQ/(kg × d) abgeleitet. Das deutsche UBA fordern eine PCDD/F-Belastung der Bevölkerung von weniger als 1 pg I-TEQ/(kg × d).
Das 2,3,7,8-TCDD (Seveso-Gift) ist bereits in kleinsten Mengen extrem giftig. Die Gefahren der D. und F. liegen darin, dass sie im Körperfett gespeichern werden, sich dort anreichern und nur sehr langsam eliminiert werden. 2,3,7,8-TCDD wurde von der WHO als krebserzeugend für den Menschen eingestuft. Andere D. und F. stehen im Verdacht, krebserzeugend zu sein. Aus

Tabelle 35: Rechtliche Regelungen zum Verbot der Produktion, des Vertriebs und der Verwendung bestimmter Chemikalien und Produkte (nach: UBA)

Gesetz/Verordnung	**vom**	**Regelung für Dioxine/Furane**
PCB-, PCT-, VC-Verbotsverordnung	18.7.1989	Verbot der Produktion, Vertrieb und Verwendung von polychlorierten Biphenylen, Terphenylen (PCB, PCT) ab 50 ppm und Vinylchlorid (VC) als Treibgas
Pentachlorphenol-Verbotsverordnung (PCP-V)	12.12.1989	Verbot der Produktion, Vertrieb und Verwendung von PCP, von Zubereitungen mit mehr als 100 ppm PCP und Artikeln mit mehr als 5 ppm PCP
Chemikalien-Verbots-Verordnung Chem-VerbotsV	19.7.1996	Grenzwerte für Dioxine und Furane, auch für bromierte Dioxine und Furane, keine TEQ-Summe, sondern nach Toxizität und Persistenz in Gruppen eingeteilt von 1 bis 100 µg/kg Stoff/Erzeugnis

Tierversuchen sind Störungen des Immunsystems und der Reproduktion schon bei sehr niedrigen D.-Konzentrationen bekannt. Höhere D.-Belastungen der Mütter, die aber noch im sog. Normalbereich liegen, können bei Kindern zu vielfältigen Störungen oder Verzögerungen der kindlichen Entwicklung führen.
Die für Deutschland vorsorglich geforderte, duldbare Aufnahmemenge von weniger als 1 pg I-TEQ/(kg × d) wird derzeit von Kindern noch überschritten, von Erwachsenen weitgehend ausgeschöpft.
Belastungen der Innenraumluft bzw. des Hausstaubes durch PCDD/F beruhen meist auf der Verwendung von →Pentachlorphenol (PCP) als Holzschutzmittel, der Verwendung von Bauprodukten, die (insbesondere hochchlorierte) →Polychlorierte Biphenyle (PCB) enthalten, zurückliegende Brandereignisse (→Brandschäden) im Gebäude/der Wohnung unter Beteiligung chlororganischer Stoffe wie Kabelummantelungen, Fußbodenbelägen, Fensterrahmen, Elektrogeräten, Anstrichen u.a. Materialien aus PVC oder sind auf Immissionen eines benachbarten, industriellen PCDD/F-Emittenten zurückzuführen.
Hausstaub aus unbelasteten Wohninnenräumen weist im Mittel eine PCDD/F-Belastung von ca. 100 ng I-TEQ/kg auf. Gehalte oberhalb 200 ng I-TEQ/kg weisen auf eine erhöhte PCDD/F-Belastung der Wohnung hin.

Diphenyl-(2-ethylhexyl)-phosphat DPEHP (Diphenyloctylphosphat). →Organophosphate

Diphenylguanidin N,N'-Diphenylguanidin (DPG, 1,3-Diphenylguanidin) ist ein →Vulkanisationsbeschleuniger z.B. für →Polysulfid-Dichtstoffe. Weitere Anwendungsbereiche sind Vollgummireifen, Schuhsohlen, Kabelummantelungen, Isolationen und gummierte Textilien. D. reizt die Augen, Atmungsorgane und die Haut und kann möglicherweise die Fortpflanzungsfähigkeit beeinträchtigen. Der Stoff ist zudem als umweltgefährlich eingestuft.

Dispergiermittel →Netzmittel und Dispergiermittel

Dispersion Eine D. ist eine feinste Verteilung von einem Stoff in einem anderen. Je nach Aggregatzustand der beteiligten Stoffe gibt es die in der unten stehenden Tabelle angegebenen Unterscheidungen. →Dispersionsfarben, →Dispersionsklebstoffe, →Dispersionslacke

Dispersionsfarben D. sind →Anstrichstoffe, in denen das Bindemittel in Wasser dispergiert vorliegt. D. sind grundsätzlich wie →Dispersionslacke aufgebaut, enthalten jedoch einen geringeren Bindemittelanteil. Als Bindemittel sind Kunstharze oder Naturharze geeignet (D. mit Naturharzen siehe →Naturharz-Dispersionsfarben). Bei den Kunstharz-Dispersionen handelt es sich vorwiegend um →Polymere (auch Copolymere) auf der Basis von →Acrylaten, →Styrol, Ethylen, →Vinylacetat und Butadien. Der Lösemittelgehalt in D. beträgt für den Innenbereich bis zu 2 %. Lösemittelfreie Produkte mit einem Lösemittelanteil von weniger als 0,01 % können schwer-

Name	Dispersionsmittel	Disperse Phase	Beispiel
Feststoffgemisch/Gemenge	Feststoff	Feststoff	Granit
Feste Emulsion	Feststoff	Flüssigkeit	Butter
Poröse Körper, fester Schaum	Feststoff	Gas	Porenbeton
Suspension	Flüssigkeit	Feststoff	Kalkmilch
Emulsion	Flüssigkeit	Flüssigkeit	Dispersionsfarben
Schaum	Flüssigkeit	Gas	Seifenschaum
Aerosol	Gas	Feststoff	Rauch
Aerosol	Gas	Flüssigkeit	Nebel

flüchtige Lösemittel wie Glykole (Propylenglykol, Ethylenglykol) oder →Glykolverbindungen (2-Butoxyethanol, Butyldiglykol, Dipropylenglykolmonomethylether, 1-Methylpyrrolidon) enthalten. Weißpigment ist →Titandioxid. Als Füllstoffe werden →Talkum, →Kreide, →Kaolin, Calcit, Aluminiumsilikat u.a. verwendet. Damit die Farbe bestimmte Eigenschaften erreicht, enthalten Dispersionen eine Vielzahl von Zusätzen wie Hilfslösemittel, Antischaummittel, Emulgatoren, Verlaufhilfsmittel, Weichmacher u.a. Für Feuchträume werden spezielle Dispersionen mit fungiziden Zusätzen angeboten. Als →Topfkon-servierungsmittel werden vorwiegend →Formaldehyd und →Isothiazolinone verwendet. Zur Herstellung der D. wird Wasser in einem Polymerisationskessel vorgelegt, dazu kommen Emulgatoren oder Schutzkolloide sowie ein oder mehrere Arten von flüssigen Monomeren. Durch Einwirkung von Wärme oder besonderen Reaktionsbeschleunigern beginnt der Polymerisationsprozess, wobei die gebrauchsfertige Kunststoffdispersion entsteht. Durch entsprechende Reinigungsschritte bei der Produktion sollen nicht umgesetzte Monomere weitgehend entfernt werden (Richtwert 0,01 %), weil die Monomere sonst während der Nutzungsphase ausgasen.

D. werden nach DIN 53778 in wasch- und scheuerbeständige D. unterteilt. In der die DIN ablösenden europäischen EN 13300 entspricht waschbeständig der Nassabriebklasse 3 und scheuerbeständig der Nassabriebklasse 4. Wenngleich Kunstharz-D. im Vergleich zu früheren Produkten dampfdurchlässiger sind, sind sie dampfdichter als z.B. →Naturharzdispersionen, →Kaseinfarben oder →Leimfarben.

Die Menge der zugesetzten Stoffe ist im Vergleich zu anderen Wandfarben sehr groß. D. können die Raumluft (durch schwerflüchtige Lösemittel als Filmbildner, durch Formaldehyd als Konservierungsmittel, durch Lösemittel, durch Monomere, durch fungizide Zusätze) belasten. Bei der Verarbeitung und während der Trocknungsphase ist daher auf ausreichende Lüftung zu achten. Die VdL-Richtlinie zur Deklaration von Inhaltsstoffen in Bautenlacken, Bautenfarben und verwandten Produkten (Verband der deutschen Lackindustrie) unterscheidet zwei Produktklassen von Dispersionsfarben:

<u>D. Euro-Class:</u> Der →VOC-Gehalt gebrauchsfertig beträgt bis 25 g/l, der Gehalt an flüchtigen aromatischen Stoffen höchstens 0,2 M.-% des Produkts. Das Produkt darf keine als umweltgefährlich eingestuften Weichmacher enthalten. Als Konservierungsmittel verwendete Bestandteile dürfen bis zu höchstens 0,1 % des Gesamtproduktes als gefährlich für die Umwelt bzw. giftig oder hochgiftig für den Menschen eingestufte Stoffe enthalten. D. Euro-Class werden in Deutschland und Österreich seit einigen Jahren in großem Umfang eingesetzt. Als Bindemittel werden hauptsächlich Styrol-Acrylat- und Ethylen-Vinylacetat-Copolymere eingesetzt. D. Euro-Class werden vor allem als matte Innenwandfarben hergestellt.

<u>D. lösemittelfrei, weichmacherfrei:</u> Der VOC- und Weichmachergehalt beträgt max. 1 g/l. Weiterhin bestehen eine Reihe von Verboten und Beschränkungen für gesundheitsschädliche Stoffe. Topfkonservierer auf Basis von Formaldehydabspaltern und →Isothiazolinonen sind grundsätzlich zugelassen. Emissionsfreie Dispersionsfarben sind stark alkalisch und sollten daher nur mit Haut- und Augenschutz angewendet werden.

Durch den geringen Gehalt an flüchtigen organischen Substanzen sind lösemittel- und weichmacherfreie D. relativ gesundheitsverträgliche Produkte. Es darf aber nicht die Herstellung der Rohstoffe, insbesondere der Bindemittel (→Acrylharze, →Vinylacetat, →Styrol u.a.), außer Betracht gelassen werden. Flüchtige organische Bestandteile können →Restmonomere, Spaltprodukte der Peroxidinitiatoren (werden vermehrt eingesetzt, um den Restmonomergehalt niedrig zu halten) und Lackhilfsstoffe sein. Der Gehalt an freiem →Formaldehyd sollte unterhalb der Grenzen des Vergabekriteriums für das RAL-Umweltzeichen 12a (→Lacke) liegen.

Reste von D. sind bei Problemstoffsammelstellen zu entsorgen. Reste oder das Waschwasser vom Reinigen der Pinsel dürfen wegen der enthaltenen Konservierungsstoffe nicht in den Abfluss gegossen werden. →Dispersion

Dispersionskalkfarben D. sind →Kalkfarben mit einem Anteil an Kunstharzbinder. Durch die Dispersionszugabe können Kalkfarben in Innenräumen wie →Dispersionsfarben verarbeitet werden. Aus D. können im Gegensatz zu den echten Kalkfarben →VOC oder SVOC abgasen, die Kunstharzanteile sind aber zumeist geringer als in Dispersionsfarben.

Dispersionsklebstoffe D. sind lösemittelarme oder lösemittelfreie →Klebstoffe aus in Wasser dispergierten →Kunstharzen oder →Naturharzen. Zu den eingesetzten Kunstharzen gehören vor allem →Polyvinylacetat, →Polyisobutylen, →Acrylharze (Homo- und Copolymerisate des →Vinylacetats und -propionats), Polyvinylether und mit rückläufiger Bedeutung →Styrol-Butadien-Kautschuk. Als Copolymere werden Maleinsäureester, Acrylsäureester und Ethylen verwendet. Zu den eingesetzten Naturharzen zählen →Naturkautschuk und →Kolophonium. Der Feststoffgehalt von D. (30 – 70 %) ist bedeutend höher als bei den →Lösemittelklebstoffen. Neben den Hauptbestandteilen werden Lösemittel wie →Testbenzin und →Ester (v.a. Butylacetat) zur Verbesserung der Filmbildeeigenschaften zugesetzt (2 – 6 %). →Phthalate (v.a. DBP und DEHP) werden als →Weichmacher in der Größenordnung von 2 – 3 % zugesetzt. Weitere →Additive sind Celluloseether (→Methylcellulose) als Verdicker, →Polyvinylalkohol als Stabilisator, →Konservierungsmittel (0,01 – 0,3 %) und Antioxidantien (ca. 0,5 %).
Da das Wasser des Klebstoffs bei der Verklebung teils verdunstet, teils vom Untergrund aufgenommen werden soll, sind für den Einsatz dieser Klebstoffe saugende Untergründe erforderlich. Beim Einsatz als →Parkettklebstoffe ist das mögliche Quellen der Holzböden zu beachten. D. brauchen teilweise längere Trocknungszeiten und müssen konserviert werden. Unterschiedliche D. sind:
- Nassklebstoffe mit erhöhtem Wasseranteil
- →Haftklebstoffe mit verlängerter offener Zeit
- Teppichklebstoffe mit erhöhter Anfangs- und Endklebekraft
- →Kontaktklebstoffe auf wässriger Basis

Für jeden →Bodenbelag gibt es einen geeigneten D. Es werden z.B. D. angeboten, die rollstuhlgeeignet, fußbodenheizungsgeeignet oder für ableitfähige Verlegungen geeignet sind. D. auf Naturharzbasis werden vor allem zum Verkleben von →Linoleum, →Kork, →Textilen Bodenbelägen, Keramik und →Holz verwendet. Der als Weißleim bekannte Klebstoff zur Verbindung von Holzteilen ist ein D. auf der Basis von Polyvinylalkohol (→Holzleime). D. sind die meistproduzierten Klebstoffe in Deutschland.
Da D. auf Wasser basieren, sind sie nicht feuergefährlich und entwickeln beim Verkleben keine explosiven Gase und geringere Mengen gesundheitsschädlicher Emissionen. Trotzdem sollten auch D. nur bei ausreichender Lüftung verarbeitet werden. Bei der Auswahl sind die eingesetzten Additive, vor allem die Konservierungsmittel und Weichmacher, zu beachten. Die Konservierungsstoffe können formaldehydhaltig sein. D. enthalten zwar keine oder nur eine geringe Menge an flüchtigen Lösemitteln, die schwerflüchtigen Ersatzstoffe (häufig →Glykolverbindungen) können aber zu langanhaltenden Emissionen in die Innenraumluft führen und damit problematisch für die Nutzer sein. Es ist daher empfehlenswert, ausschließlich emissionskontrollierte D. zu verwenden (→EMICODE). Unter Einbeziehung des →Lebenszyklus sind insbesondere die →Natur-Klebstoffe der →Pflanzenchemiehersteller eine umweltfreundlichere Alternative.

Dispersionslacke D. ist der Sammelbegriff für →Lacke auf der Basis von →Bindemitteln, die in Wasser dispergiert vorliegen. Als Bindemittel dienen hauptsächlich Styrol-Acrylat-Copolymere (→Acrylharz, →Acryllacke), die als 50%ige Dispersion

zu etwa 10 – 15 % in D. enthalten sind. Es werden auch D. mit →Polyvinylacetat, →Polyvinylchlorid, →Alkydharz und →Polyurethan eingesetzt. D. haben einen Lösemittelgehalt von bis zu 16 %. Lösemittel in D. sind Glykole (Propylenglykol, Ethylenglykol), Alkohole (Ethanol, Butanol), Etheralkohole (2-Butoxyethanol, Butyldiglykol, Dipropylenglykolmonomethylether, 1-Methylpyrrolidon). D., die mit dem RAL-Umweltzeichen 12a gekennzeichnet sind (→Lacke), dürfen maximal 10 % Lösemittel und keine Schwermetall-Pigmente (→Pigmente) enthalten. Bleisikkative und →Konservierungsmittel dürfen aber bis 0,5 % enthalten sein. D. werden als Universal-, Rostschutz-, Fußboden-, Heizkörper- und Fensterlacke verwendet.
D. gehören zu den →Kunstharzlacken mit den geringsten Auswirkungen auf Umwelt und Gesundheit. Durch die Verwendung von Wasser ist der Anteil an Lösemitteln herabgesetzt, es sind jedoch immer noch bis zu 16 % flüchtige organische Substanzen (→VOC) enthalten. Gerade die bei D. häufig verwendeten →Glykolverbindungen wirken zum Teil erbgutschädigend. D. mit RAL-Umweltzeichen 12a enthalten erbgutschädigende Substanzen nicht, können aber bis zu 0,5 % →Topfkonservierungsmittel enthalten. Nach der Verarbeitung können →Restmonomere (Acrylsäure, Methacrylsäure, →Styrol u.a.) ausgasen. Weiterhin können toxische Emissionen von Lackhilfsstoffen (→Biozide) ausgehen. D. enthalten zudem →Alkalien. D. auf Polyvinylchlorid-Basis können →Weichmacher (→Phthalsäureester) emittieren. Als Alternative stehen →Naturharz-Lacke zur Verfügung.

Dispersionssilikatfarben Mit Kunstharzdispersionen versetzte →Silikatfarben. Durch die Dispersionszugabe können Silikatfarben wie →Dispersionsfarben verarbeitet werden. Aus D. können im Gegensatz zu den echten Silikatfarben →VOC oder SVOC abgasen, die Kunstharzanteile sind aber zumeist geringer als in Dispersionsfarben.

Distanzbodenhalter D. dienen der Aufständerung von Fußböden. Der dadurch entstehende Hohlraum bietet Platz für Wärmedämmung. Sie bestehen aus verzinktem Stahl (Stahlgewinde) und einem aufgesetzten Konus aus Aluminium. Über ein Kugelgelenk stehen sie in Verbindung mit dem Schallteller aus Gummi (im Durchmesser von 30 oder 50 mm).

Dithiocarbamate →Styrol-Butadien-Kautschuk

DMAC →Dimethylacetamid

DMF →Dimethylformamid

DNA Abk. für Di-iso-nonyladipat. →Adipate

Dodecansäure→Fettsäuren

Dolomit D. ist ein natürliches Mineral (chemisch ein Calciummagnesiumcarbonat) und kommt häufig gemischt mit →Kalkspat (Calcit, Calciumcarbonat) als dolomitischer Kalkstein vor. D.-Sand wird ohne weitere Bearbeitung klassiert und in feiner Körnung Putzen beigegeben. →D.-Kalk ist gebrannter D.

Dolomitkalk D. ähnelt dem →Weißkalk, weist jedoch einen höheren Gehalt an Magnesium (Magnesiumoxid > 10 %) auf und ist daher langsamer löschend. Er ist etwas ergiebiger als Weißkalk und leicht grau gefärbt (frühere Bezeichnung: Graukalk). Die Herstellung erfolgt aus →Dolomit, das zu Calciumoxid und Magnesiumoxid gebrannt wird. →Baukalke

Doppel-T-Träger D. sind balkenförmige Werkstoffe mit Gurten aus →Massivholz oder →Furnierschichtholz und Stegen aus Vollholz, Dreischicht-Massivholzplatten, →Hartfaserplatten, →Sperrholz, →Spanplatten, →OSB-Platten oder →Stahlblech. D. werden in der Regel für Bauteile, die auf Biegung beansprucht werden, eingesetzt.

Douglasie Das →Splintholz ist von gelblicher bis rötlich-weißer Farbe, das →Kernholz frisch gelblich-braun bis rötlich-gelb, im Licht stark braunrot nachdunkelnd und dem Lärchenholz (→Lärche) sehr ähnlich. D. hat eine markante gestreifte bzw. gefladerte Zeichnung.

D

D. ist ein mittelschweres, ziemlich hartes Holz und harzhaltig. Es zeigt gute Festigkeits- und Elastizitätseigenschaften. D. ist mäßig schwindend mit gutem Stehvermögen. Die Oberflächen lassen sich ohne Probleme behandeln. Der Witterung ausgesetzt ist das Kernholz von guter Dauerhaftigkeit. Bei der Verarbeitung ist auf Schutz vor →Holzstaub (krebsverdächtig) zu achten. Starker Harzgeruch, Staub schleimhautreizend, Störung der Lackierung durch Harz möglich.
D. findet Verwendung als Bau- und Konstruktionsholz, für Außenfassaden, Dachüberstände, Balkone, Haustüren, Garagentore und Fenster, weiterhin als Ausstattungsholz für →Möbel, im Innenausbau für Wand- und Deckenbekleidungen, Treppen sowie für Fußböden. Herkunft westliches Nordamerika.

E

Downcycling Der Begriff D. wurde von Kritikern der industriellen Recyclingversprechen eingeführt und bezeichnet ein →Recycling-Verfahren, bei dem ein Werkstoff zu einem qualitativ minderwertigen Produkt wiederverwertet wird (z.B. Kunststoffabfälle zu Parkbänken).

DPAP 2,2-Dimethoxy-2-phenyl-acetophenon. →Fotoinitiatoren

DPG →Diphenylguanidin

DPL →Laminat-Bodenbeläge, bei denen die Papierlagen direkt auf das Trägermaterial verpresst (DPL) werden.

Drahtziegelgewebe D. besteht aus einem Drahtgeflecht, an dessen Kreuzungsstellen Keramikteilchen aufgepresst werden. Es dient als Putzträger.

Drainageplatten D. bestehen aus →Bitumen-gebundenen →Polystyrolkugeln. Je nach Produkt dienen sie als Sickerschicht bzw. Schutz von abgedichteten Kelleraußenwänden vor mechanischen Beschädigungen. Die Platten werden mit einem handelsüblichen lösemittelfreien Bitumenkleber flächendeckend auf der Abdichtung verlegt. Mit Schadstoffemissionen während der Nutzung ist aufgrund der Zusammensetzung des Produktes nicht zu rechnen.

Dünnbettmörtel D. werden mit Feinzuschlägen mit max. 1 mm Korngröße hergestellt und werkseitig als Trockenmörtel vorgefertigt. Sie finden Verwendung zur Herstellung von Mauerwerk mit nur 1 – 3 mm dicken Fugen. D. führen zu einer verbesserten Wärmedämmung, da ein praktisch fugenloses Mauerwerk ohne Kältebrücken entsteht. Zur besseren Verarbeitung sind häufig organische Zusätze beigegeben, die evtl. toxisches Potenzial besitzen können.

Dünnbettverfahren Das D. stellt das heute meist angewandte Verfahren zum Verlegen von →Fliesen dar. Es setzt planebene Untergründe voraus. Für das Dünnbettverfahren können →Dispersionsklebstoffe, →Pulverklebstoffe und Zwei-Komponenten-Klebstoffe verwendet werden (→Fliesenklebstoffe). Der gebrauchsfertige oder angemischte Fliesenklebstoff wird mit einem Zahnkamm oder einer Zahnkelle auf eine Teilfläche des Untergrunds aufgezogen und gleichmäßig durchgekämmt. Die Fliesen werden in das frische Kleberbett gedrückt und exakt ausgerichtet. Laien können zur Sicherung eines ebenmäßigen Fugenbilds Fliesenlegerkreuze verwenden. →Dickbettverfahren, →Mittelbettverfahren

Duodach Beim D. befindet sich die Wärmedämmung unter und über der →Dachabdichtung. Der obere Teil funktioniert wie ein →Umkehrdach, die Wärmedämmung zwischen Dampfsperre und Dachabdichtung entspricht einem →Warmdach. Der Vorteil des D. liegt im Schutz der →Dachhaut vor Verletzungen. Die richtige Planung eines D. sollte immer durch eine bauphysikalische Berechnung geprüft werden.

E

EAK Europäischer Abfallkatalog. Mit der Entscheidung 94/904/EG (ABl. L 356) des Rates wurde ein gemeinschaftliches Verzeichnis gefährlicher Abfälle geschaffen. Diese Entscheidung wurde durch die Entscheidung 2000/532/EG (ABl. L 226) der Kommission ersetzt (EU-Abfallverzeichnis). Die nationale Umsetzung erfolgt in den nationalen →Abfallverzeichnisverordnungen.

ECA Abk. für European Collaborative Action. Die ECA „Indoor Air Quality and it's Impact on Man" ist ein europäisches Gremium, das sich im pränormativen Bereich mit Fragen der Bewertung von →VOC-Emissionen aus Bauprodukten befasst. ECA-Bericht Nr. 18 (1997): „Evaluation of VOC-Emissions from Building Products" (Bewertungsschema für Emissionen aus Fußbodenbelägen).

ECB-Dichtungsbahnen E. bestehen aus Ethylen-Copolymerisat-Bitumen, einer schwarzfarbigen Mischung aus 20 – 50 % Bitumen, 50 – 80 % Ethylen-Acrylsäureester-Copolymerisat und Additiven. Für spezielle Anforderungen wie z.B. bei rauem Untergrund oder Dachsanierungen werden Produkte mit zusätzlicher Polyesterkaschierung auf der Unterseite angeboten. E. werden bei Verarbeitungstemperaturen von 160 – 230 °C aus ECB-Granulat extrudiert und mit einem mittig eingelagerten Glasvlies hergestellt. Die homogen in die Polymermatrix eingelagerten kugelförmigen Bitumenteilchen wirken im Kunststoffgefüge wie ein Weichmacher und inneres Gleitmittel, sodass der Kunststoff im niedrigen Temperaturbereich quasi elastisches Verhalten zeigt. Sie garantieren außerdem die Bitumenverträglichkeit und die Witterungsstabilität. Das Polymer ist verantwortlich für die Festigkeit, Zähigkeit, Wärmestandfestigkeit, chemische Resistenz und das Kältebiegeverhalten. Die 2 mm starken Bahnen werden einlagig verlegt (lose verlegt, mechanisch verankert, bitumig oder mit Polyurethanklebern streifenweise verklebt) und die Naht durch Heißluftverschweißung verfugt. E. sind bitumen- und polystyrolverträglich, ihre Schweißnähte gelten als wurzelfest und verrottungsbeständig. Neben der Flach- und Gründachabdichtung haben sich E. u.a. auch bei Grundwasser-, Teich-, Fundament- und Böschungsabdichtung sowie im Tiefbau bewährt. Durch Verschiebung der Bitumen- und Polymeranteile sowie die Zugabe von Farbpigmenten kann ECB so gestaltet werden, dass sich die technischen Eigenschaften und die Farben nur unwesentlich von →TPO-Bahnen unterscheiden. Durch den Verzicht auf Chlor und Weichmacher sind E. eine umweltverträgliche Alternative zu →PVC-Dichtungsbahnen. Bei der Herstellung von E. treten Temperaturen über 80 °C auf, damit sind Emissionen von Bitumendämpfen und -aerosolen (Kat. 2 der krebserzeugenden Arbeitsstoffe gem. →MAK-Liste, s.a. →Bitumen) nicht auszuschließen, von einer Einhaltung des Grenzwertes von 10 mg/m³ ist aber auszugehen. Die Maximaltemperaturen, die während der Nutzung im Hochbaubereich auftreten, liegen bei ca. 100 °C auf Dächern, relevante Emissionen von Bitumeninhaltsstoffen in die Umwelt treten dabei nicht auf. E. haben einen relativ hohen Heizwert und können in Müllverbrennungsanlagen entsorgt werden.

ECO-Umweltinstitut Das E. mit Sitz in Köln prägte Anfang der 1980er-Jahre den Begriff der Ökologischen Produktprüfung. Darunter versteht man die Prüfung von Produkten auf gesundheitlich-ökologische Parameter wie z.B. Emissionsverhalten (Bauprodukte für den Innenraum).
Durch eine Reihe von Regelwerken auf nationaler und europäischer Ebene wurden in den letzten Jahren bestimmte Anforderungen an die gesundheitlich-ökologische Qualität von (Bau-)Produkten auch gesetzlich festgelegt (→Bauproduktenrichtlinie).
Arbeitsschwerpunkte des E. sind neben der Ökologischen Produktprüfung (Bauprodukte, Bedarfsgegenstände u.a.) die Ökologische Baubegleitung (Bewertung von Bauprodukten im Rahmen von Bauvorha-

ben) sowie der Bereich Gebäude-Schadstoffe (Erfassung, Bewertung, Sanierungsplanung). Das E. ist aktiv beteiligt an der Entwicklung von Gütesiegeln für Bauprodukte und Materialien für den Innenraum (z.B. →natureplus, →Kork-Logo, QUL, ECO-Zertifikat Produkt Emissionsarm). Es ist Mitglied der Arbeitsgemeinschaft Ökologischer Forschungsinstitute (→AGÖF).

Edelkastanie Das schmale →Splintholz ist gelblich-weiß gefärbt, das →Kernholz von gelbbrauner bis dunkelbrauner Farbe, nachdunkelnd und dem Eichenholz sehr ähnlich. E. ist grobporig und mit markanter gestreifter bzw. gefladerter Zeichnung.

E. ist ein mittelschweres und ziemlich hartes Holz mit guten Festigkeits- und Elastizitätseigenschaften. Es ist etwas stärker schwindend, jedoch nach der Trocknung mit befriedigendem Stehvermögen. Die Behandlung der Oberflächen bereitet keine Schwierigkeiten. Der Witterung ausgesetzt und in ständigem Wasser- und Erdkontakt ist E. sehr dauerhaft. Bei der Verarbeitung ist auf Schutz vor →Holzstaub (krebserzeugend gem. →TRGS 906) zu achten.

Wegen des begrenzten Mengenanfalls wird E. als Holzart im deutschsprachigen Raum selten eingesetzt. Es ist ein gutes Konstruktionsholz im Innen- und Außenbau und bietet sich ferner für Füllungen im Möbelbau sowie im Innenausbau für Täfelungen und Parkett sowie für Treppen und Türen an.

Edelstähle E. sind Stahlsorten, die eine große Reinheit aufweisen und für eine Wärmebehandlung bestimmt sind. Dazu gehören fast alle legierten →Stähle. Unlegierte E. weisen gegenüber unlegierten →Qualitätsstählen einen höheren Reinheitsgrad insbesondere hinsichtlich nichtmetallischer Einschlüsse auf, sind für Vergütung oder Oberflächenhärtung geeignet und erfüllen besondere Anforderungen z.B. an die Verformbarkeit und Schweißeignung. Zu den unlegierten E. gehören z.B. Spannbetonstähle. Legierte E. sind Stähle mit genauer Einstellung der Legierungselemente, der Herstellungs- und Prüfbedingungen. Die Bezeichnung erfolgt auch nach dem Stahlveredler, z.B. Chromstahl oder Molybdänstahl. Je nach Behandlung lassen sich nichtrostende (→Nichtrostende Stähle), hitzebeständige, besonders harte, säurebeständige, schweißbare u.a. E. herstellen. Legierte E. dienen als Stähle für den Stahl- und Maschinenbau.

Effektive Dosis Die physikalischen und biologischen Auswirkungen durch →Ionisierende Strahlung beim Menschen werden durch verschiedene Dosisgrößen charakterisiert, u.a. die E., die in Millisievert (mSv) angegeben wird. Die E. ist ein Maß für die Strahlenexposition, d.h. die Strahlenbelastung des Menschen. Sie beruht auf der Energiedosis als Maß für die von einem Stoff aufgenommene Energie. Eine gegebene Strahlensituation kann in die sich daraus ergebende Strahlenbelastung umgerechnet werden, indem man die Energiedosis mit einem Umrechnungsfaktor (Strahlungswichtungsfaktor) multipliziert. Dieser berücksichtigt, dass die verschiedenen Strahlenarten (z.B. alpha-, beta-, gamma-Strahlung) unterschiedliche biologische Strahlenwirkungen haben.

Eiche Das schmale →Splintholz ist gelblich-weiß, das →Kernholz gelbbraun gefärbt, nachdunkelnd. Das Holz ist grobporig und mit prägnanter gestreifter bzw. gefladerter Zeichnung.

E. ist mittelschwer bis schwer und hart, mit ausgezeichneten Festigkeits- und Elastizitätseigenschaften und hohem Abnutzungswiderstand. Es ist wenig schwindend und zeigt gutes Stehvermögen. Die Oberflächenbehandlung ist problemlos. Das Holz wirkt korrodierend auf Eisen. Kernholz ist hoch witterungsbeständig und unter Wasser nahezu unbegrenzt haltbar. Das Splintholz dagegen ist äußerst pilzanfällig. Eichenholzstaub ist gemäß TRGS 906 als krebserzeugend eingestuft. Besonders Parkettleger sind durch den beim Schleifen von Parkett und anderen Holzfußböden entstehenden Holzstaub gefährdet (→Holzstaub).

E. findet als grobjähriges „hartes“ Holz Verwendung im Hoch-, Tief- und Wasserbau, für Fenster und Türen, im Fahrzeugbau, für Eisenbahnschwellen, Werkzeuge und Werkzeugstiele, Gussmodelle sowie Leitern. Feinjähriges „mildes" Holz dient vielseitig im Möbelbau und im Innenausbau für Wand- und Deckenbekleidungen, Treppen und Fußböden (Parkett (→Holzparkett), Dielenböden (→Holzdielen) und →Holzpflaster) sowie Inneneinrichtungen und Einbaumöbel.

Eichenholz-Staub →Holzstaub

Einfachverglasung E. wird heute aufgrund des schlechten →U-Werts im Baubereich als Basisprodukt zur Weiterverarbeitung zu höherwertigen Funktionsgläsern oder für wärmeschutztechnisch untergeordnete Einsatzzwecke (z.B. Gewächshäuser) verwendet. →Fensterglas, →Wärmeschutzverglasungen, →Schallschutzverglasung

Eingreifwert/Eingriffwert →Interventionswert

Eisen E. ist das am meisten verbreitete →Schwermetall. Es ist nach Sauerstoff, Silicium und Aluminium das vierthäufigste Element in der Erdkruste. In der Natur kommt es in Form von Magneteisenstein (Magnetit), Roteisenstein (Hämatit), Brauneisenstein (Limonit) und Spateisenstein (Siderit) vor. E. ist das häufigste Gebrauchsmetall. Die technische E.-Gewinnung erfolgt durch Umsetzung der E.-Erze mit Koks im Hochofen. Die Welterzeugung an Roheisen betrug 1994 etwa 560 Mio. Tonnen. Im Baubereich findet chemisch reines E. wegen seiner geringen Festigkeit keine Verwendung. Durch Bildung von Legierungen mit anderen Elementen, insbesondere Kohlenstoff, Silicium, Phosphor, Schwefel, Mangan, →Chrom, →Nickel und Molybdän, werden die Gebrauchseigenschaften wesentlich verbessert (→Gusseisen, →Stahl). E. ist an trockener Luft korrosionsbeständig, an der Außenluft ist E. das korrosionsanfälligste Gebrauchsmetall.

Eisen ist für den Menschen essenziell. Eingeatmete E.-haltige Stäube und Rauche von Eisenoxiden (Magnetit, Hämatit und Limonit) verursachen die Rote Eisenlunge (Speicherung der Stäube und Rauche in der Lunge, Siderosen). Die Schweißerlunge ist eine Eisenoxid-Speicherlunge. →Roheisen

Eisenportlandzement Alte Bezeichnung für →Portlandhüttenzement.

Elastische Bodenbeläge E. sind vorgefertige →Bodenbeläge in Form von Bahnen oder Platten mit der Fähigkeit, sich bei einwirkender Kraft zusammenzudrücken und nach dem Entlasten wieder ihre Ausgangsform einzunehmen. Zu den E. zählen →Gummi-Bodenbeläge, →Linoleum, →Kork-Bodenbeläge, →Polyolefin-Bodenbeläge und →PVC-Bodenbeläge. E. zeichnen sich durch geringe Dicken aus, sind günstig in der Anschaffung, leicht zu verlegen und zu reinigen. Sie können auf allen ebenen, trockenen Untergründen verlegt werden. Der Anteil am Gesamtabsatz von Bodenbelägen beträgt ca. 15 M.-%, →PVC-Bodenbeläge alleine nehmen einen Anteil von 10 M.-% ein.

E. werden oft im Zuge einer Erstpflege nach der Verlegung beschichtet, um die Pflegeeigenschaften zu verbessern. Diese Beschichtungen müssen von Zeit zu Zeit durch eine Grundreinigung mit aggressiven Chemikalien entfernt werden. Grundreiniger stellen für das Reinigungspersonal eine Gesundheitsbelastung dar und die abgelösten Beschichtungen belasten die Abwässer. Wird eine Oberflächenbeschichtung bereits im Werk aufgebracht, kann die Lebenserwartung erhöht und der Reinigungsmittelbedarf in den ersten Jahren verringert werden.

E. können leichtflüchtige oder schwerflüchtige organische Stoffe (→VOC, →SVOC) durch Ausgasung oder Abrieb freisetzen. Da E. i.d.R. verklebt werden, sind außerdem noch Emissionen aus den →Klebstoffen und der Vorbehandlung des Untergrunds mit →Grundierung und →Spachtelmasse in Betracht zu ziehen. Besonders in Zusammenhang mit E. sind Geruchsemissionen relevant. Langanhaltender Geruch von E. führt immer wieder zu Beanstandungen und auch zu Gesundheitsbeschwerden wie Kopfschmerzen und Übelkeit. Nach der europäischen Beschränkungsrichtlinie 76/769/EWG dürfen Azo-

farbstoffe, die krebserzeugende Amine abspalten, nicht in Textilien und Ledererzeugnissen verwendet werden, die mit der menschlichen Haut in Kontakt kommen. Trotz eines möglichen Hautkontakts mit Bodenbelägen ist der Einsatz solcher Azofarbstoffe in E. auf EU-Ebene nicht verboten.
Linoleum und Kork-Bodenbeläge bestehen aus natürlichen Rohstoffen und können als umweltverträgliche Alternativen zu PVC-Bodenbelägen eingesetzt werden. Die gesundheitliche Unbedenklichkeit kann durch Prüfzeichen wie das →natureplus-Qualitätszeichen oder das →Kork-Logo nachgewiesen werden.

Tabelle 36: Absatz von elastischen Bodenbelägen (Quelle: http://www.bauzentrale.com/news/2004/0823.php4)

	Absatz 2003 [Mio. m²]	**Anteil am Gesamtabsatz [%]**
Elastische Beläge	75,3	15,85
Davon:		
PVC	48,0	10,11
Linoleum	15,0	3,16
Kork	6,3	1,33
Kautschuk	6,0	1,26

Elastomerbahnen →Kautschuk-Dichtungsbahnen

Elastomerbitumen E. zeichnet sich durch sein gummielastisches Verhalten, geringe Temperaturempfindlichkeit, Biegsamkeit in der Kälte, hohe Wärmestandfestigkeit und Dehnfähigkeit, lange Lebensdauer mit hoher Witterungs- und Alterungsbeständigkeit aus. Es wird aus Elastomer (Styrol-Butadien-Kautschuk) modifiziertem →Destillationsbitumen hergestellt. Mit zunehmendem SBS-Anteil bekommt das Bitumen ein kautschukartiges Verhalten, wobei die Kautschukeinmischung bis zu 20 % betragen kann. Da ein höherer Kautschukanteil die Verlegung und Verschmelzung der Bahnen erschwert, werden Bitumenschweißbahnen meist mit besonders schmelzfähigen Deckschichten auf der Bahnenunterseite ausgebildet. Das Kürzel für E.-Bahnen ist PYE. Bitumenabdichtungen aus E. dürfen nie ohne Abstrahlschutz der Witterung ausgesetzt sein. E.-Bahnen werden daher am häufigsten als oberste Abdichtungslage verwendet, wenn ein Oberflächenschutz wie Bekiesung oder Begrünung gegeben ist. →Polymerbitumen

Elastomer-Bodenbeläge →Gummi-Bodenbeläge

Elastomere E. sind →Kunststoffe, die kautschukelastisches Verhalten zeigen. Zu den E. gehören →Naturkautschuk und die →Synthesekautschuke. E. gehen auch nach starker Verformung wieder in den Ausgangszustand zurück und haben einen relativ scharfen Schmelzpunkt.

Elektrokabel →Kabelisolierungen

Elektrosensibilität Umschreibung für eine subjektiv empfundene, besondere Empfindlichkeit gegenüber niederfrequenten und hochfrequenten elektromagnetischen Feldern. Elektromagnetische Felder werden als Ursache für verschiedene Befindlichkeitsstörungen wie Kopf- und Gliederschmerzen, Schlaflosigkeit, Schwindelgefühle, Konzentrationsschwächen oder Antriebslosigkeit gesehen. Ein wissenschaftlicher Nachweis für einen ursächlichen Zusammenhang zwischen den Beschwerden und dem Einwirken niederfrequenter oder hochfrequenter elektromagnetischer Felder konnte bisher nicht erbracht werden.

Elektrosmog Der Begriff E. ist ein Kunstwort, zusammengesetzt aus dem englischen *smoke* für Rauch und *fog* für Nebel und soll damit den umweltbelastenden Faktor der künstlich erzeugten Felder herausstellen.
Das elektromagnetische Umfeld des Menschen hat sich in den letzten einhundert Jahren stark verändert. Elektrische Energie wurde überall verfügbar und universell einsetzbar. Mittlerweile sind elektromagnetische Felder allgegenwärtig. Unterschieden werden niederfrequente und hochfrequente Felder. Hochfrequente Felder gehen z.B. von Rundfunksendern, Mobilfunknetzen und -telefonen, schnurlosen Telefonen oder von kabellosen Netzwerken bzw. Internetverbindungen (W-LAN) aus.

Der mögliche Maximalwert des *elektrischen Feldes* hängt immer von der elektrischen Spannung und der Anordnung der Leiter ab, die zwischen der für die Stromversorgung benutzten Vorrichtung und der Masse/Erde vorhanden ist. Mit zunehmendem Abstand von den spannungsführenden Teilen nimmt das elektrische Feld rasch ab. Die Einheit für die elektrische Feldstärke ist Volt pro Meter (V/m).
Die Stärke des *magnetischen Feldes* hängt direkt vom elektrischen Strom ab, der durch die jeweiligen Kabel, Schalter, Geräte etc. und deren Anordnung fließt. Das erzeugte Magnetfeld durchdringt dabei jede Materie. Mit zunehmender Entfernung von den stromführenden Teilen nimmt das magnetische Feld generell ab. Die Einheit für die magnetische Feldstärke ist Ampere pro Meter (A/m) bzw. für die magnetische Flussdichte Tesla (T).
Elektrische Wechselfelder führen zu einer Verschiebung freier Ladungsträger auf der Hautoberfläche, was zu Potenzialausgleichsströmen führt. Magnetische Wechselfelder verursachen im Körper frequenzabhängige Wirbelströme (Induktionseffekt), die biologische Reizwirkungen und Erwärmung hervorrufen können. Als Maß für gesundheitlich nachteilige biologische Wirkungen elektrischer und magnetischer Felder wird die im Körper erzeugte mittlere Stromdichte angesehen. Darauf basieren die vorhandenen Grenzwerte der 26. BImSchV für elektrische und magnetische Felder. Allerdings gibt es neben der induzierten Körperstromdichte (thermische Wirkung) noch Hinweise auf andere krank machende biologische Effekte (athermische Wirkung). Aus diesem Grund engagieren sich verschiedene Institute und gesellschaftliche Gruppen für deutlich niedrigere Richtwerte.

Elektrospeicherheizgeräte Die Verwendung von E. begann in größerem Umfang etwa 1950. Geräte bis einschließlich Baujahr 1976/1977 (in den neuen Bundesländern bis in die 1980er-Jahre) enthalten meist schwachgebundene asbesthaltige Bauteile (→Asbest).

Asbest wurde in E. verwendet für:
- Kernsteinträger
- Dichtungsstreifen an der Bypassklappe
- Seitliche, obere bzw. untere Dämmung
- Distanzstreifen zwischen den Kernsteinen im Luftstrom
- Dichtungsmaterial an der Lüfterschublade
- Heizkörperflanschdichtungen im elektrischen Schaltraum
- Dämmstoffhülsen für die Steuerpatrone
- Komplette Rückwände
- Verdrahtung

Je nach Art und Umfang der verwendeten Materialien werden drei Gerätegruppen unterschieden:
Gruppe 1: Geräte ohne asbesthaltige Materialien
Gruppe 2: Geräte mit asbesthaltigen Materialien in Kleinteilen
Gruppe 3: Geräte mit asbesthaltigen Materialien größeren Umfangs
Bei den Geräten der Gruppe 3 befinden sich die asbesthaltigen Bauteile im Luftstrom des Geräteventilators (z.B. Kernsteinträger) und es muss mit einer Faserfreisetzung in die Raumluft gerechnet werden. Genaue Informationen zur Asbesthaltigkeit eines E. erhält man unter Angabe von Hersteller, Gerätetyp und Baujahr von den Energieversorgungsunternehmen. Das Typenschild mit den notwendigen Angaben befindet sich meist an der Seite oder auf der Rückseite des Gerätes. Als vorläufige Sicherungsmaßnahme bei Geräten der Gruppe 3 kann der Ventilator durch ein Elektrounternehmen außer Betrieb genommen und zusätzlich die Ausblasöffnung von außen durch Abkleben dicht verschlossen werden. Asbesthaltige Materialien können sich auch außerhalb des Gerätes befinden: als Platte zwischen Gerät und Fußboden oder als Verkleidung der Heizkörpernische.
Aufgrund hoher Konzentrationen an wasserlöslichem →Chrom in den Speichersteinen müssen die feuerfesten Steine als Sondermüll entsorgt werden.
Die in E. verwendeten →Mineralwolle-Dämmstoffe können bei der ersten Inbetriebnahme des Gerätes erhebliche Mengen →Formaldehyd aus dem Bindemittel frei-

setzen (Phenol-Formaldehyd-Harz). Solche Emissionen können mehrere Monate anhalten.

→Künstliche Mineralfasern (KMF) der alten Generation sind als krebserzeugend oder als krebsverdächtig eingestuft. In dem im Luftaustrittsschacht abgelagerten Staub werden hohe Gehalte an KMF gefunden. In der austretenden Luft wurden KMF-Konzentrationen bis > 2.000 F/m³ festgestellt.

In elektrotechnischen Bauteilen der E. können →Polychlorierte Biphenyle (PCB) enthalten sein.

Aufgrund hoher Umwandlungsverluste und Schadstoffemissionen bei der Stromerzeugung sind E. ökologisch und wirtschaftlich schlechte Heizungssysteme.

Elektroverdampfer E. enthalten Plättchen mit bioziden Wirkstoffen, die sich durch einen elektrischen Widerstand erwärmen. Dadurch geben sie den Wirkstoff permanent an die →Inneraumluft ab. Als Wirkstoffe werden meist →Pyrethrum oder die →Pyrethroide Transfluthrin bzw. Bioallethrin eingesetzt. Vom Einsatz der E. ist grundsätzlich abzuraten.

Eloxierte Aluminiumbleche Das Eloxieren ist das im Bauwesen überwiegende Oberflächenbehandlungsverfahren von →Aluminium. Die Herstellung von E. erfolgt mittels anodischer Oxidation der zu behandelnden Oberfläche. →Aluminiumbleche

EMICODE Das Produkt-Kennzeichnungssystem E. kennzeichnet emissionskontrollierte Verlegewerkstoffe wie Klebstoffe, Grundierungen, Spachtelmassen und Unterlagen. Das Label E. wird von der Gemeinschaft Emissionskontrollierte Verlegewerkstoffe (GEV) vergeben, in der sich Unternehmen der deutschen Klebstoffindustrie zusammengeschlossen haben. Zweck dieser Initiative ist es, Planern, Verbrauchern und Fachhandwerkern eine Orientierungshilfe bei der Beurteilung und Auswahl von Verlegewerkstoffen insbesondere unter dem Gesichtspunkt der Emissionen zu geben.

Tabelle 37: TVOC-Anforderungen an das Emissionsverhalten von Verlegewerkstoffen nach EMICODE

Vorstriche, Grundierungen	**TVOC [µg/m³]**
EMICODE EC 1, sehr emissionsarm	< 100
EMICODE EC 2, emissionsarm	100 bis 300
EMICODE EC 3, nicht emissionsarm	> 300
Spachtelmassen, Fliesen- und Fugenmörtel	
EMICODE EC 1, sehr emissionsarm	< 200
EMICODE EC 2, emissionsarm	200 bis 600
EMICODE EC 3, nicht emissionsarm	> 600
Bodenbelag-, Parkett- und Fliesenklebstoffe sowie Unterlagen	
EMICODE EC 1, sehr emissionsarm	< 500
EMICODE EC 2, emissionsarm	500 bis 1.500
EMICODE EC 3, nicht emissionsarm	> 1.500

Emission E. ist die Abgabe von Stoffen, Energie oder Strahlung an die Umgebung durch eine Quelle, vgl. →Immission.

Emissionsarme Bauprodukte Emissionen stellen ein wesentliches Qualitätsmerkmal zur Beurteilung von Bauprodukten für den →Innenraum dar. Emissionen lassen sich qualitativ (Art der Stoffe) und quantitativ (Menge der emittierten Stoffe) beschreiben. Es gibt derzeit keine allgemeingültige Definition für E. Folgende Kriterien sind geeignet, besonders E. zu beschreiben:

- Niedrige, einzelstoffbezogene Grenzwerte für VOC (z.B. KMR-VOC: 1 µg/m³)
- Niedrige, summenbezogene Grenzwerte, z.B. TVOC: 300 µg/m³, Summe SVOC: 100 µg/m³
- Kein unangenehmer, untypischer und inakzeptabel intensiver Geruch

→natureplus, →Blauer Engel, →EMICODE

Emissionsfreie Dispersionsfarben Gem. einer Vereinbarung der Lackindustrie darf der →VOC-Gehalt und Weichmacheranteil von lösemittel- und emissionsfreien →Dispersionsfarben (Abk. LEF) höchstens 1 g/l betragen.

Emissionsklassen Die E. sind eine Einteilung von →Spanplatten und anderen plattenförmigen →Holzwerkstoffen nach ihrer Formaldehyd-Ausgleichskonzentration (→Formaldehyd) in einer →Prüfkammer. Das heißt, die E. geben Auskunft über die Höhe der Formaldehydausgasung bei festgelegten Randbedingungen wie →Luftwechselzahl (1/h) und →Raumbeladung (1 m^2/m^3). Die Einteilung erfolgt in drei Emissionsklassen:

E1: Formaldehyd-Ausgleichskonzentration unter 0,1 ppm
E2: Formaldehyd-Ausgleichskonzentration 0,1 – 1,0 ppm
E3: Formaldehyd-Ausgleichskonzentration über 1,0 ppm

Danach werden die Spanplatten für den Baubereich je nach Formaldehydabgabe in die E. E1, E2 und E3 unterteilt. Die E. beziehen sich auf Platten, die in einem Prüfraum zu einer Formaldehydkonzentration von 0,1, 1,0 bzw. 2,3 ppm führen. Mit Inkraftkreten der GefStoffV am 1.10.1986 durften nur noch Spanplatten und beschichtete Spanplatten in Verkehr gebracht werden, wenn sie den Emissionsgrenzwert von 0,1 ppm einhalten. Heute wird das Inverkehrbringen von Stoffen in der Chemikalien-Verbotsverordnung geregelt. Die Vorschriften für Spanplatten gelten nun auch für andere Holzwerkstoffe. Die Verordnung schreibt zudem vor, dass auch Möbel mit Holzwerkstoffen den o.g. Grenzwert einhalten müssen. Zulässig ist es allerdings, dass die für die Möbel verwendeten Holzwerkstoffe den Emissionsgrenzwert überschreiten, sofern das gesamte Möbelstück die Anforderungen einhält.

Holzwerkstoffe, deren Herstellung unter Verwendung formaldehyd*freier* Leime erfolgt, werden von den Herstellern auch mit der Aufschrift F0 gekennzeichnet. Üblich ist dann die Verwendung von Bindemitteln auf Basis von →Isocyanaten. →Formaldehydarme Holzwerkstoffe, →Emissionsarme Holzwerkstoffe

Emissions-Prüfkammer →Prüfkammer

Emissions-Prüfzelle →Prüfzelle

Emissionsrate →Spezifische Emissionsrate

Emulgatoren →Tenside

EN Europäische Norm. →CEN

Endlosfasern →Textile Glasfasern

Endosulfan E. ist ein 1956 eingeführtes, breit wirksames und früher in lösemittelhaltigen →Holzschutzmitteln eingesetztes Insektizid aus der Stoffgruppe der Chlorpestizide (chem. Bezeichn.: 6,7,8,9,10,10-Hexachlor-1,5,5a,6,9,9a-hexahydro-6,9-methano-2,3,4-benzo-(e)-Dioxathiepin-3-oxid). Der Dampfdruck bei Raumtemperatur (25 °C) beträgt 1×10^{-3} Pa und weist auf eine erhebliche Ausgasungsneigung des Wirkstoffes hin. Handelsübliches E. besteht aus den beiden Isomeren alpha- und beta-E. Der Reinheitsgrad liegt bei 90 – 95 %, als Verunreinigung ist bis zu 0,1 % das sehr giftige Hexachlorpentadien enthalten. E. ist in Deutschland und einigen anderen Staaten verboten, wird aber immer noch in vielen Ländern in der Landwirtschaft eingesetzt. Als Insektenschutzmittel im Baumwollanbau führte E. nach Angaben von →PAN 2001 bis Mitte 2003 im kleinen westafrikanischen Land Benin zu 348 Vergiftungen und 50 Todesfällen. E. wird über den Magen, die Lunge und die Haut leicht resorbiert. Akute Vergiftungssymptome äußern sich in Bewegungsstörungen, Kopfschmerzen, Benommenheit, Krämpfen, Erbrechen, Durchfall. Die deutschen Exporte von E. steigen und überschritten 2004 die Mengengrenze von über 1.000 Tonnen. Bei Untersuchungen in NRW auf Pestizid-Rückstände in Früherdbeeren wurden mehrfach Überschreitungen der zulässigen E.-Höchstmengen festgestellt.

Energetische Verwertung →Verwertung von brennbaren Abfällen zur Gewinnung von Energie. Laut →Kreislaufwirtschafts-

und Abfallgesetz ist eine E. in der Regel nur zulässig, wenn
1. der Heizwert des einzelnen Abfalls, ohne Vermischung mit anderen Stoffen, mindestens 11 MJ/kg beträgt,
2. ein Feuerungswirkungsgrad von mindestens 75 % erzielt wird,
3. entstehende Wärme selbst genutzt oder an Dritte abgegeben wird und
4. die im Rahmen der Verwertung anfallenden weiteren Abfälle möglichst ohne weitere Behandlung abgelagert werden können.

Bei der E. von Abfällen
- müssen die vorgegebenen Emissionsstandards eingehalten werden,
- dürfen sich die Emissionsverhältnisse der Anlage nicht verschlechtern,
- muss eine Ressourcenschonung durch Ersatz von konventionellen Brennstoffen bewirkt werden,
- muss eine optimale Nutzung des Energiegehaltes aller Einsatzstoffe möglich sein und
- muss eine definierte Qualität aller Einsatzstoffe garantiert sein.

Vom Vorrang der E. unberührt bleibt die thermische Behandlung von Abfällen zur →Beseitigung, insbesondere von Hausmüll. Für die Abgrenzung ist auf den Hauptzweck der Maßnahme abzustellen. Ausgehend vom einzelnen Abfall, ohne Vermischung mit anderen Stoffen, bestimmen Art und Ausmaß seiner Verunreinigungen sowie die durch seine Behandlung anfallenden weiteren Abfälle und entstehenden Emissionen, ob der Hauptzweck auf die Verwertung oder die Behandlung gerichtet ist.

Die alternative Verwertungsart ist die →Stoffliche Verwertung. →Abfall, →Verwertung von Bau- und Abbruchabfällen

Energieautarke Gebäude →Nullenergiehäuser, →Plusenergiehäuser

Energiesparlampen E. arbeiten nach dem Funktionsprinzip der →Leuchtstofflampen. Es gibt also keinen Glühdraht im Inneren der Lampe, der wie bei herkömmlichen →Glühlampen auf 2.400 bis 3.000 Grad erhitzt wird, nur um Licht zu erzeugen. Bei gleicher Helligkeit verbrauchen E. etwa fünfmal weniger Energie als Glühlampen. Eine 9-Watt-Energiesparlampe kann z.B. eine 40-Watt-Glühlampe ersetzten, da beide die gleiche Beleuchtungsstärke haben. Die Lebensdauer von E. beträgt mit ca. 8.000 bis 12.000 Brennstunden das Achtfache der Glühlampen. E. der neuen Generation verfügen sogar über eine Lebensdauer von 15.000 Stunden. Trotz des wesentlich höheren Anschaffungspreises sind E. über ihre gesamte Lebensdauer preiswerter. Da E. über einen integrierten Hochfrequenzwandler verfügen, entsteht kein störendes Flimmern wie bei normalen Leuchtstofflampen. E. enthalten ebenso wie Leuchtstofflampen geringe Mengen an →Quecksilber (ca. 5 mg) und dürfen daher nicht mit dem Hausmüll entsorgt werden, sondern müssen bei den örtlichen Schadstoff-Sammelstellen abgegeben werden. →Licht, →Halogenlampen, →Glühlampen, →Vollspektrallampen

Entschichtungsarbeiten Bei Entschichtungsarbeiten können insbesondere folgende Gefahrstoffe auftreten:
- Giftige Chemikalien aus →Abbeizmitteln
- Schleifstäube (z.B. →Holzstäube und Stäube mit Schwermetallen, z.B. →Bleimennige
- Zersetzungsprodukte der Anstriche beim Entschichten mit der Heißluftpistole oder mit Abbrenngeräten

Entsorgung Die E. umfasst nach der neuen EU-weiten Begrifflichkeit die →Verwertung und →Beseitigung von Abfällen.

EOTA European Organisation for Technical Approvals (Europäische Organisation für technische Zulassungen). Zur Beseitigung von Handelsbarrieren durch nicht harmonisierte technische Spezifikationen für Bauprodukte werden von der Europäischen Kommission Mandate an das Europäische Komitee für Normung CEN und die EOTA zur Erarbeitung von harmonisierten europäischen Normen bzw. technischen Zulassungsleitlinien erteilt.

EOX Extrahierbares organisch gebundenes →Halogen (Summenparameter). →AOX

EPA Environmental Protection Agency, Umweltbehörde der USA.

EPDM E. (Ethylen-Propylen-Dien-Mischpolymerisate) sind Polymere, die aus Ethylen-Propylen-Copolymerisat einerseits und einer zweifach ungesättigten Verbindung (Dien-Komponente) andererseits wie Cyclooctadien-1,5, Dicyclopentadien, Hexadien-1,4 oder 5-Ethyliden-2-norbornen hergestellt werden. Die Dien-Komponente stellt die zur klassischen Schwefel-Vulkanisation benötigten C-C-Doppelbindungen zur Verfügung. So lässt sich ein Elastomer mit hohem Wärmedehn- und Rückstellvermögen und guter Alterungsbeständigkeit erzeugen. E. wird vor allem für Dichtungsbahnen, Fugenbänder, Schläuche und Teichfolien eingesetzt.

EPDM-Dichtungsbahnen EPDM-Dichtungsbahnen sind synthetische →Kautschukdichtungsbahnen, die aus vulkanisierten Ethylen-Propylen-Dien-Mischpolymerisaten (→EPDM) hergestellt werden. In der Regel werden E. in der Fabrik mit Formteilen für Anschlüsse und Dachdurchdringungen vorkonfektioniert. Die Dicke der Plane bestimmt den Zustand des Unterbaus sowie zu erwartende mechanische und chemische Einflüsse. Unter günstigen Bedingungen können Planen bis zu 1.000 m^2 Größe in einem Stück verlegt werden. Die Überlappungen werden mithilfe eines Hot-Bond-Bandes unter Druck- und Hitzeeinwirkung vulkanisiert. Diese Nahtstellen haben sofort ihre volle Festigkeit und Elastizität und dieselbe Wetter- und Chemikalienbeständigkeit wie die Plane selbst. Die Verbindung von Teilplanen untereinander und Detailarbeiten werden vor Ort mithilfe von herstellerabhängigen Verfahren (z.B. Heiß-Vulkanisationsverfahren oder Thermobond-Heißluftverschweißung) durchgeführt. Für die Konfektionierung vor Ort werden dreischichtige Kautschukbahnen, die eine Quellverschweißung mittels Zitronensäure erlauben, und E. mit Schmelzschicht, deren Nahtverbindungen über Warmgasschweißen hergestellt werden können, angeboten.
EPDM-Kautschuk ist ein gegen UV-Strahlung beständiges Elastomer mit einem hohen Wärmedehn- und Rückstellvermögen und einer für Synthesekautschuke guten Temperaturbeständigkeit. Er zeichnet sich durch eine gute Bitumenverträglichkeit und Chemikalienbeständigkeit aus, die Mineralöl-, Lösemittel- und Fettbeständigkeit ist jedoch eher gering. Die Folien zeigen wenig bis keine Anzeichen materieller Alterung, auch nicht bei lang anhaltender Ozon-Aussetzung. Laut Herstellerangaben ist eine Lebensdauer von mindestens 30 Jahren nachgewiesen, mehr als 50 Jahren werden von Experten erwartet. Baustoffklasse: B2 (DIN 4102).
Durch den Verzicht auf Chlor und Weichmacher sind E. eine umweltverträgliche Alternative zu →PVC-Dichtungsbahnen. E. geben während ihrer Nutzungsdauer keine umweltschädlichen Chemikalien ab. Bei der Verbrennung von EPDM entstehen keinerlei gefährliche Substanzen.

Epichlorhydrin E. (1-Chlor-2,3-epoxypropan, ECH) dient zusammen mit →Bisphenol A zur Herstellung von →Epoxidharzen. E. wirkt toxisch auf Leber und Nieren und stark reizend auf Augen und Schleimhäute. Es ist zudem krebserzeugend (EU K2, MAK-Liste Kat. 2). Bei thermischer Zersetzung entstehen Salzsäure, polychlorierte →Dioxine und Furane. E. ist in die →Wassergefährdungsklasse 3 (stark wassergefährdend) eingestuft.

Epoxidharze E. sind synthetische Harze, die i.d.R. aus →Epichlorhydrin und →Bisphenol A oder durch Epoxidierung bestimmter olefinischer Doppelbindungen hergestellt werden. E.-Beschichtungsstoffe bestehen i.d.R. aus folgenden Hauptkomponenten:
- Bindemittel (Harze und Härter)
- Pigmente und Füllstoffe
- Organische Modifizierungsmittel
- Lösemittel
- Additive und Hilfsstoffe

Als Härter werden meist Amine, Amidoamine und Aminaddukte sowie →Isocyanate eingesetzt. E. finden Anwendung für Industriefußboden-Beschichtungen, Kunstharzestriche, Schnellestrichsysteme, Fliesenkleber, Fugenmörtel, Grundierungen, Abdichtungen, Klebstoffe, Betoninstandsetzung und als Sperranstrich in der Schadstoffsanierung. Bei E.-Beschichtungen setzt sich das Bindemittel aus Harzen und Härtern, gegebenenfalls auch unter Zusatz nicht epoxidreaktiver Weichmacher wie z.B. von →Phthalaten, polymerer Harze wie z.B. Polyacrylate oder Modifizierungsmitteln wie z.B. Benzylalkohol zusammen. Solche Beschichtungssysteme werden als Zwei-Komponenten-Reaktions-Beschichtungsstoffe bezeichnet, da die Härtung durch Mischen von zwei Komponenten eingeleitet wird. Als Harze werden Polymere auf Basis von Bisphenol A-diglycidylether, Bisphenol F-diglycidylether und andere Glycidylether verwendet. Pigmente und Füllstoffe dienen der mechanischen Stabilisierung der Beschichtung und der Farbgebung. Füllstoffe erhöhen die Schutzfunktion. Organische Modifizierungsmittel dienen u.a. der Verbesserung der Verarbeitungs- und/oder Trocknungseigenschaften.

Lösemittel werden zur Erniedrigung der Viskosität eingesetzt, um die Verarbeitbarkeit zu ermöglichen. Sie sollen während der Aushärtung verdunsten.

E. enthalten in nicht ausgehärtetem Zustand reaktive Chemikalien, die zu Gesundheitsschäden durch Hautkontakt und durch Einatmen führen können. E.-Härter und -Reaktivverdünner können Hautallergien (Ekzeme) verursachen. E.-Härter können zu Hautverätzungen führen. Zum Teil treten allergische Reaktionen innerhalb von Tagen oder Wochen auf, z.T. auch erst nach einer langen Expositionszeit. Sobald sich einmal eine E.-Allergie entwickelt hat, führt jeder neue Kontakt mit E. zu immer stärker ausgeprägten allergischen Reaktionen. Das Einatmen von Produktdämpfen kann das Atemsystem und andere Körperorgane schädigen. Lösemittel in E.-Produkten können durch Einatmen bzw. Hautkontakt ins Blut oder ins Gehirn gelangen. In der Folge können Schwindelgefühl, Brechreiz oder andere gesundheitlichen Beeinträchtigungen auftreten. Die Zahl schwerster Erkrankungen durch die Verarbeitung von E. in allen Branchen der gewerblichen Wirtschaft steigt rapide an. Jedes Jahr werden Hunderte von E.-bedingten Berufserkrankungen neu anerkannt. Über 60 % der Betroffenen kommen vom Bau.

Gemäß →GISCODE werden E. wie folgt eingeteilt:

RE 0: Epoxidharzdispersionen
RE 1: Epoxidharz-Produkte, sensibilisierend, lösemittelfrei
RE 2: Epoxidharz-Produkte, sensibilisierend, lösemittelarm
RE 2.5: Epoxidharz-Produkte, lösemittelhaltig
RE 3: Epoxidharz-Produkte, sensibilisierend, lösemittelhaltig
RE 4: Epoxidharz-Produkte, sensibilisierend, giftige Einzelkomponente, lösemittelarm
RE 5: Epoxidharz-Produkte, sensibilisierend, giftige Einzelkomponente, lösemittelhaltig
RE 6: Epoxidharz-Produkte, sensibilisierend, giftig, lösemittelarm
RE 7: Epoxidharz-Produkte, sensibilisierend, giftig, lösemittelhaltig
RE 8: Epoxidharz-Produkte, sensibilisierend, krebserzeugend, lösemittelarm
RE 9: Epoxidharz-Produkte, sensibilisierend, krebserzeugend, lösemittelhaltig

Epoxidharz-Klebstoffe E. sind →Reaktionsklebstoffe aus dem Grundstoff →Epoxidharz. Als Härter werden →Amine eingesetzt. Thermoplastische →Additive (10 – 18 %) wie →Polyamide sollen den auftretenden Volumenschwund bei der Aushärtungsphase ausgleichen. Daneben sind →Weichmacher Bestandteile der Klebmasse. Kaltverarbeitbare E. werden nur als Zweikomponentensysteme eingesetzt. Bei der Warmverarbeitung sind auch einkomponentige Systeme (Dicyandiamid als Härter) möglich. E. eignen sich zum Verkleben von Fliesen auf dichten Untergründen, als Dichtklebstoffe und als Metallklebstoffe, außerdem zum Verfugen von Fliesenflächen wie Arbeitsplatten, Wandfliesen in Spritz- und ähnlichen Bereichen. →Epoxidharze

Epoxidharzlacke E. sind 2-Komponentenlacke aus den Komponenten →Epoxidharz und Härter (meist aus Aminoverbindungen hergestellt). Sie sind sehr widerstandsfähig gegen nahezu alle Chemikalien und hoch wasserbeständig. E. werden hauptsächlich für Unterwasseranstriche und als Korrosionsschutz auf besonders stark belasteten Untergründen aus Stahl oder Beton angewendet. Wasserverdünnbare E. verwendet man besonders oft für mechanisch sehr stark belastete Betonböden.
E. enthalten in nicht ausgehärtetem Zustand reaktive Chemikalien, die zu Gesundheitsschäden durch Hautkontakt und durch Einatmen führen können. E., Härter und Reaktivverdünner können Hautallergien (Ekzeme) verursachen. Epoxidharz-Härter können zu Hautverätzungen führen. Zum Teil treten allergische Reaktionen innerhalb von Tagen oder Wochen auf, z.T. auch erst nach einer langen Expositionszeit. Sobald sich einmal eine Epoxidharz-Allergie entwickelt hat, führt jeder neue Kontakt mit Epoxidharzen zu immer stärker ausgeprägten allergischen Reaktionen. Das Einatmen von Produktdämpfen kann das Atemsystem und andere Körperorgane schädigen. Lösemittel in Epoxidharz-Produkten können durch Einatmen bzw. Hautkontakt ins Blut oder ins Gehirn gelangen. In der Folge können Schwindelgefühl, Brechreiz oder andere gesundheitliche Beeinträchtigungen auftreten. Die Zahl schwerster Erkrankungen durch die Verarbeitung von Epoxidharzen in allen Branchen der gewerblichen Wirtschaft steigt rapide an. Jedes Jahr werden Hunderte von Epoxidharz-bedingten Berufserkrankungen auf Grund neu anerkannt. Über 60 % der Betroffenen kommen vom Bau.

EPS Abk. für Expandierbares Polystyrol. Ausgangsstoff für →Polystyrol ist →Styrol, das aus den Erdölprodukten Ethylen und →Benzol hergestellt wird. Durch Suspensions- oder Perlpolymerisation von Styrol entstehen EPS-Perlen mit einer Korngröße zwischen 0,1 und 2 mm. E. wird im Baubereich zur Herstellung von EPS-Dämmstoffen und zur Porosierung von →Hochlochziegel verwendet. Rahmenrezeptur für einen 1 m³ großen Rührkessel (Quelle: FIZ Chemie Berlin: Vernetztes Studium – Chemie):

- 520 kg Wasser (demineralisiert)
- 453 kg Styrol
- 35 kg n-Pentan (Treibmittel)
- 0,45 kg Polyethylenwachs
- 0,45 kg Benzoylperoxid
- 1,35 kg Dicumylperoxid
- 1,73 kg Magnesiumsulfat
- 0,93 kg Natriumdiphosphat
- 4,7 kg Extender

Das Perlpolymerisat hat eine Schüttdichte von ca. 600 g/l. Für die Anwendung als →EPS-Dämmplatten wird etwa 0,9 % Brandschutzmittel →Hexabromcyclododecan (HBCD) zugegeben. Im Brandfall lässt dieser Zusatz das E. vor der Flamme wegschmelzen, dadurch wird dem Feuer „Nahrung“ entzogen. Die Rohstoffe sind petrochemischen Ursprungs (→Erdöl) und haben hohe humantoxische Relevanz: →Benzol kann auch über die Haut aufgenommen werden und ist als „beim Menschen krebserzeugend“ eingestuft, →Styrol ist ein Nervengift. Die Herstellung erfordert einen hohen Aufwand an Energie, Chemikalien und Infrastruktur, insbesondere zur Herstellung des Styrols. Prozessbedingt dominieren Emissionen von Kohlenwasserstoffen in die Luft. Die Grenzwerte für Styrol, Ethylbenzol und Benzol werden in westeuropäischen Werken im Normalbetrieb deutlich unterschritten.

EPS-Automatenplatten Stück für Stück gefertigte, hydrophobierte →EPS-Dämmplatten für Umkehrdach- und Perimeterdämmung.

EPS-Dämmplatten Expandierter Polystyrol-Hartschaum (Deutschland) bzw. Expandierter Polystyrol-Partikelschaumstoff (Österreich) ist ein →Dämmstoff, der durch Wärmebehandlung eines expandierbaren Polystyrolgranulats (→EPS) hergestellt wird. Dabei werden die EPS-Perlen, die das Treibmittel bereits enthalten, in Vorschäumgeräten mit Wasserdampf bei ca. 100 °C auf das 20- bis 50fache expandiert und kontinuierlich zu Platten geschäumt. E. werden mit ca. 1 % Hexabromcyclododecan (→HBCD) unter Zusatz von Dicumylperoxid als →Synergist flammhemmend ausgerüstet. Dicumylperoxid ist als umweltgefährlich eingestuft (Gefahrensymbol N).

E. werden als Wärme- und Trittschalldämmung in allen nicht feuchtebelasteten Bereichen eingesetzt. Für die →Umkehrdach- und →Perimeterdämmung werden Stück für Stück gefertigte, hydrophobierte EPS-Automatenplatten eingesetzt. Der bedeutendste Einsatzbereich der E. ist als Dämmung im →Wärmedämmverbundsystem (WDVS). E. weisen dank Brandschutzmittel die →Baustoffklasse B1 (schwer brennbar) auf. Im Brandfall entsteht allerdings dichter Rauch (Qualmbildungsklasse Q3), der die Orientierung erschwert. E. besitzen einen vergleichsweise hohen →Dampfdiffusionswiderstand und eine geringe Fähigkeit zur Wasserdampfaufnahme und -abgabe. Dadurch kann bei Außenanwendung auf diffusionsoffenen Innenschalen (z.B. Ziegel) Kondensat an der Dämmstoffinnenseite entstehen. Für solche Anwendungen gibt es seit kurzem diffusionsoffene E. am Markt. Polystyrol-Hartschaumplatten verrotten kaum, sie sind jedoch vor UV-Licht zu schützen. Da die Platten relativ steif sind, können Probleme beim Einpassen auftreten. Rohdichte: 11 – 30 kg/m³, →Wärmeleitfähigkeit: 0,035 – 0,044 W/(mK), →Dampfdiffusionswiderstandszahl: 20 – 100. →Dämmstoffe, →Wärmedämmstoffe

Herstellung siehe →EPS. Anwendung: Beim Erhitzen von E. treten relevante Styrolemissionen auf. In geringen Mengen emittiert Styrol auch aus frisch verarbeiteten E. Das Styrol kann auch aus außenseitig eingebrachten E. in die Raumluft gelangen, die bisher festgestellten Konzentrationen im Innenraum waren jedoch gering und klangen rasch ab, sodass das toxikologische Risiko der Styrolemissionen unter den heute allgemein akzeptierten Risiken für Wohnräume liegt (nach einigen Monaten deutlich unter einem Zehntel des WHO-Grenzwertes). Das Treibmittel Pentan emittiert aus den Platten und trägt zur bodennahen Ozonbildung (Fotosmog) und bei rauminnenseitiger Verlegung zur Verschlechterung der Raumluft bei. Vorsorglich sollte in der Anfangsphase besonders gut gelüftet werden.

Für unverschmutzte Abfälle (Baustellenabfälle) gibt es gute Verwertungsmöglichkeiten (z.B. Herstellung von EPS-Extrusionsgegenständen). Nicht verklebtes und nur leicht verschmutztes Material (z.B. EPS-Trittschalldämmung) kann zu Granulat zerkleinert und als Schüttung, Zuschlagstoff oder Porosierungsmittel eingesetzt werden. EPS und →XPS haben einen hohen Heizwert (45 MJ/kg bzw. 47 MJ/kg), in modernen Müllverbrennungsanlagen ist eine geordnete Verbrennung mit Überwachung und Nutzung der Abwärme möglich. Neben den üblichen Verbrennungsgasen entstehen wegen des enthaltenen Flammschutzmittels (→Hexabromcyclododecan) auch Bromwasserstoff und bromierte →Dioxine und Furane. Problematisch stellt sich die Entsorgung und Verwertung von →Wärmedämmverbundsystemen mit E. dar: Wegen des Verbunds von organischen und anorganischen Materialien ist eine Verbrennung nur bei sehr hohen Temperaturen und eine Verwertung nur sehr aufwändig möglich. Die Deponierung ist im Allgemeinen nicht mehr erlaubt, Ausnahme: in geringem Ausmaß als Teil des Bauschuttes. Abbauprodukte des Polystyrols können zusammen mit den Additiven (wie HBCD) zur Schadstoffbelastung des Sickerwassers und zu Ausgasungen der Deponie beitragen. Die Deponierung ist auch wegen der leichten, nicht komprimierbaren Massen problematisch.

EPS-Schalungselemente E. sind Schalungselemente aus →EPS, die mit Beton verfüllt werden. Besonders problematisch bei E. ist die innenseitige Dämmung aus EPS. Diese bringt alle Nachteile der innenseitigen Dämmung mit sich, unterbindet die Wärmespeicherung und führt im Brandfall zu hoher Qualmbildung. →EPS-Dämmplatten

Erbgutverändernde Stoffe →M-Stoffe

Erdfarben E. sind mineralische Pigmente, die durch Brennen und Mahlen von eisenoxidhaltigen Erden gewonnen werden. Die weitgehend ungiftigen E. werden z.B. in Produkten der →Pflanzenchemiehersteller verwendet.

Erdöl E. ist ein Gemisch aus einer Vielzahl von Kohlenwasserstoffen, einer kleineren Menge an Schwefel-, Stickstoff- und Sauerstoffverbindungen sowie einer Vielzahl von Metallverbindungen. Man nimmt an, dass E. vor 100 bis 400 Mio. Jahren aus tierischen und pflanzlichen Kleinlebewesen entstanden ist. Die Zusammensetzung variiert stark je nach Herkunftsregion. Der tägliche Verbrauch liegt derzeit bei 80 Mio. Barrell (12,7 Mrd. Liter), davon 30 % in Nordamerika, 29 % in Ostasien, 20 % in Europa und 3 % in Afrika. Zukünftige Entdeckungen und die Verbesserung des Ausbeutegrades werden die förderbaren Reserven zwar erhöhen, der Aufwand zur Gewinnung wird aber voraussichtlich deutlich größer. Während man bei den ersten Bohrungen Mitte des 19. Jhs. bereits in weniger als 50 m Tiefe auf Öl stieß, muss man heute teilweise bis zu 6.000 m bohren. Mittlerweile sind sich die Experten einig, dass die Ölreserven zu Ende gehen. Die Prognosen reichen von 40 bis 60 Jahren.
Bei der E.-Gewinnung werden alle Umweltkompartimente (Boden, Wasser, Luft) belastet. Die emittierten leichtflüchtigen Kohlenwasserstofffraktionen tragen zum →Treibhauseffekt und zur Bildung von Fotooxidantien (→Sommersmog) bei. Beim Transport von Rohöl kann es durch Unfälle zu katastrophalen Folgen kommen. Durch Brüche, Risse und Lecks in Ölpipelines sowie Tankerunfälle werden ganze Land- und Küstenstriche mit Öl verseucht. Diese Entwicklung wird durch den weltweit rasant gestiegenen Ölverkehr noch gefördert. 45 % der Öltanker sind älter als 20 Jahre und verfügen nur über eine Außenhülle. Beim letzten schweren Tankerunfall 2002 traten 70.000 t Öl aus der Prestige aus und verschmutzten 3.000 km der spanischen und französischen Küste. Gelangt E. in Gewässer, werden sämtliche Lebensgemeinschaften von Pflanzen, Tieren und Mikroorganismen (Biozönosen) geschädigt und möglicherweise auf längere Zeit völlig ausgerottet. Sinkende Ölteppiche setzen sich am Meeresgrund ab und überziehen diesen mit einem Ölmantel, der sämtliches Leben darunter vernichtet. Die meisten bei Ölkatastrophen eingesetzten Chemikalien zur Bindung des Rohöls sind in ihrer ökotoxikologischen Wirkung bedenklich. Im Boden werden Kohlenwasserstoffe absorbiert und zum Teil über lange Zeit gespeichert. Die Mobilisation durch Grundwasserströme ist wahrscheinlich. Rohöl besteht aus einer Vielzahl von Substanzen, die zum Teil ein beträchtliches toxikologisches Potenzial besitzen. Nicht zuletzt deshalb reichen bereits geringe Mengen an Rohöl aus, um Trinkwasser zu vergiften. In Raffinerien und Steamcrackern sind hohe prozessspezifische Wasseremissionen, Kohlenwasserstoffemissionen und Abfälle dominant. Es werden hochexplosive Stoffe in sehr großen Mengen verarbeitet, d.h. die Umweltgefährdung bei Unfällen ist sehr groß. In modernen Industrieanlagen existiert ein hochkomplexes Sicherheitssystem, das Störfallrisiken minimieren, aber nicht ausschließen kann.

Erionit E. ist ein krebserzeugendes, faserhaltiges Mineral (Türkei). Expositionen gegenüber E. resultieren aus einer erhöhten Umweltbelastung infolge von natürlichem Bodenabrieb, Ackerbau, Verwendung des Bodens zur Herstellung von Hausputz, Kehren usw.

Erle →Splint- und →Kernholz ist farblich nicht unterschieden. Das Holz ist rötlichweiß, rötlich-gelb bis hellrötlich-braun, feinporig und von feiner geradfaseriger Struktur sowie zarter Fladerung.
E. ist ein mittelschweres und weiches Holz, wenig fest und elastisch. Es ist mäßig schwindend mit gutem Stehvermögen. Dünnes Holz neigt beim Nageln zum Splittern. Die Oberflächenbehandlung ist problemlos; es ist insbesondere vorzüglich zu polieren und zu beizen. E. ist nur wenig witterungsfest, wird von Anobien leicht befallen, jedoch unter Wasser von außerordentlich hoher, der →Eiche nur wenig

nachstehender Dauerhaftigkeit. Bei der Verarbeitung ist auf Schutz vor →Holzstaub (krebserzeugend gem. TRGS 906) zu achten.
E. findet Verwendung im Möbelbau, im Uhrengehäusebau und für Restaurierungen. Im Innenausbau wird E. als Blindholz und für Unterkonstruktionen, ferner für Drechsler- und Schnitzarbeiten, Leisten aller Art, Stiele für Schaufeln, Rührwerkzeuge und Gartengeräte eingesetzt.

Erneuerbare Ressourcen E. sind Ressourcen, deren Vorräte ständig nachgeliefert bzw. neugebildet werden und nicht durch Lagerstätten begrenzt sind. Die Europäische Union zählt zu den E. Wind, Sonne, Erdwärme, Wellen- und Gezeitenenergie, Wasserkraft, →Biomasse, Deponiegas, Klärgas und Biogas (2001/77/EG). Für die nachhaltige Nutzung der E. gilt, dass in einem gegebenen Zeitrahmen den Quellen nur so viel Energieträger und Rohstoffe entnommen werden dürfen, wie durch natürliche Prozesse in der gleichen Periode neu gebildet werden. Nicht erneuerbare Ressourcen wie Erdöl, Erdgas, Kohle und →Mineralische Rohstoffe dürfen nicht erschöpft werden und sind nach Möglichkeit durch E. zu ersetzen (→Nicht erneuerbare Energieträger). →Nachhaltigkeit, →Nachwachsende Rohstoffe, →Fossile Rohstoffe

Erzeugnisse Gem. Chemikaliengesetz sind E. →Stoffe oder →Zubereitungen, die bei der Herstellung eine spezifische Gestalt, Oberfläche oder Form erhalten haben, die deren Funktion mehr bestimmen als ihre chemische Zusammensetzung, als solche oder in zusammengefügter Form. Bsp.: geformte Kunststoffteile.

Esche →Splint- und →Kernholz ist von gleicher, heller weißlicher bis gelblicher oder weißrötlicher Färbung, mit lichtbraunem, dunkelbraunem oder auch streifig olivbraunem Farbkern. E. ist grobporig und mit markanter gestreifter bzw. gefladerter Textur.
E. ist ein mittelschweres Holz mit guten Festigkeitseigenschaften und hoher Elastizität und Zähigkeit, hart und mit hoher Abriebfestigkeit. Es ist nur mäßig schwindend und gut stehend. Die Oberflächenbehandlung ist problemlos; es ist ausgesprochen gut beiz- und polierbar, vergilbt stark. E. ist resistent gegenüber Chemikalien, der Witterung ausgesetzt aber nicht dauerhaft. Bei der Verarbeitung ist auf Schutz vor →Holzstaub (krebserzeugend gem. →TRGS 906) zu achten.
E. ist ein beliebtes Ausstattungsholz und wird in Form von Massivholz und Furnieren vielfältig im Möbelbau und Innenausbau für Wand- und Deckenbekleidungen, Parkettböden (→Holzparkett) und Treppen eingesetzt. E. ist ein Spezialholz zur Herstellung von Werkzeugstielen und -griffen, Sportgeräten, Leitersprossen und -holmen.

ESH-Lack In der industriellen Lackverarbeitung wird die Trocknungs-/Härtungszeit von Lacken üblicherweise durch Energiezufuhr verkürzt. Dies kann Wärmeenergie sein, UV-Strahlung (→UV-härtende Lacke) oder auch Elektronenstrahlen. Vorteilhaft sind die sehr hohe Trocknungsgeschwindigkeit, die problemlose Härtung pigmentierter Lacke, die hohe Energieausbeute und der Verzicht auf →Fotoinitiatoren. Dem gegenüber stehen hohe Investitionskosten, eine aufwändige Anlagentechnik und die Härtung unter Inertgas. →Möbel

Essigsäure E. (Ethansäure) ist die wichtigste Carbonsäure. Sie hat einen durchdringenden Geruch und wird z.B. zur Herstellung von Speiseessig verwendet. E. findet sich in freier Form in der Natur z.B. in ätherischen Ölen, in der Melasse, in Pflanzensäften und tierischen Sekreten. Kork- und Holzprodukte, die im Verlauf ihrer Produktion Hitze ausgesetzt waren, können bedeutsame Mengen E. emittieren. Ursache hierfür ist die Abspaltung von Acetylgruppen aus den in Kork/Holz enthaltenen →Hemicellulosen bei Temperaturen > 150 °C. E. wird bei der Farbgebung von Teppichböden (→Textile Bodenbeläge) als pH-Regulant eingesetzt und kann in die Raumluft abgegeben werden.

Essigsäurevinylester →Vinylacetat

Ester E. sind klare Flüssigkeiten, häufig mit einem fruchtigen Geruch. E. haben gute

Lösemittel-Eigenschaften und erhöhen das Lösevermögen von Alkoholen. Die für Farben und Lacke wichtigsten E. sind die Essigsäureester (Acetate). Dazu gehören Ethylacetat, Butyl- und Isobutylacetat. Sie können insbesondere nach Neubezug und nach Renovierungsarbeiten in der →Innenraumluft auftreten. Butylacetat ist häufig Bestandteil von →Parkettversiegelungen. Die genannten Ester sind neurotoxisch, wirken reizend auf die Augen und haben in höheren Konzentrationen eine narkotisierende Wirkung. Kurzkettige E. der Phthalsäure (→Phthalate) werden als →Weichmacher eingesetzt. E. und Ether mehrwertiger Alkohole werden für lösemittelarme Anstrichstoffe (sog. →Wasserlacke) verwendet; bei den in der Innenraumluft auftretenden Stoffen handelt es sich meist um Glykole, Glykolether und deren Acetate (→Glykolverbindungen). Zur relativen Toxizität der E. →NIK-Werte: Je geringer der NIK-Wert, umso höher ist die Toxizität und umgekehrt.

Estriche E. sind auf einem tragenden Untergrund hergestellte Bauteilschichten, die unmittelbar nutzfähig sind oder mit einem Belag versehen werden können. Aufgabe der E. ist es, Unebenheiten des Untergrundes auszugleichen und eine begehbare oder zur Aufnahme eines Bodenbelages geeignete Fläche zu bilden. E. dienen in Wohn- und Büroräumen zudem zur Verbesserung des Schallschutzes (Trittschall). E. können als Verbund-E. (fest mit dem tragenden Untergrund verbunden), schwimmender E. (auf Dämmschicht), Heizestrich oder E. auf Trennschicht (z.B. Dampfbremse, Bitumenpappe, Ölpapier) ausgeführt werden.
E. werden aus einer weich aufgetragenen Masse hergestellt, die nach Erhärten eine fugenlose Fläche bildet. Je nachdem, ob der E. als Frischmörtel bzw. als heiße Masse auf der Baustelle eingebaut wird oder ob er als Fertig-E. angeliefert wird, unterscheidet man Baustellen-E. und Fertigteil-E. Baustellen-E. werden nach den verschiedenen Materialien unterteilt in →Zement-E., →Anhydrit-E., →Magnesia-E., →Gussasphalt-E., Kunststoff-E., →Steinholz-E. und →Lehm-E.

Estrichgips →Anhydritestriche

Eternit® E. ist der Handelsname des gleichnamigen Herstellers für →Faserzementprodukte. E. der neuen Generation besteht im Wesentlichen aus Zement, der mit organischen Fasern armiert ist. Bis in die 1990er-Jahre wurde E. unter Verwendung von ca. 10 – 15 % →Asbest hergestellt (→Asbestzement, →Asbestersatzstoffe).

Ethanol E. (Äthanol, Ethylalkohol) gehört zur Gruppe der →Alkohole und ist eine klare, farblose, angenehm riechende, leicht entzündliche Flüssigkeit. E. entsteht in der Natur überall dort, wo zucker- oder stärkehaltige Substanzen durch allgegenwärtige Hefezellen vergoren werden. Industriell wird E. überwiegend durch Oxidation von Ethylen hergestellt. Große Bedeutung hat aber nach wie vor der durch natürliche Gärung und anschließende Destillation hergestellte E. Weltweit werden große Mengen E. aus Agrarprodukten wie Melasse, Rohrzuckersaft, Maisstärke oder aus Produkten der Holzverzuckerung und aus Sulfitablaugen durch Fermentation gewonnen. E. findet vielfältige Anwendung für Genussmittel, zur Konservierung, Desinfektion, für medizinische und technische Zwecke. In hohen Mengen genossen ist E. toxisch (Lebergift), führt aber nicht zu Sehstörungen und Erblindung wie der chemisch verwandte →Methanol. Technischer E. wird aus steuerrechtlichen Gründen durch Zusatz von Vergällungsmitteln für den menschlichen Genuss unbrauchbar gemacht.

Etherische Öle E. sind flüchtige, duftende Öle, die in Pflanzen und Pflanzenteilen, z.B. Blüten, Knospen, Früchten, Samen, Knollen, Wurzelstöcken, Zwiebeln und Blättern vorkommen. Chemisch sind E. Stoffgemische hauptsächlich aus Alkoholen, Estern, Ketonen und →Terpenen. Im Gegensatz zu den ebenfalls in Pflanzen vorkommenden fetten Ölen wie z.B. →Leinöl oder Rizinusöl verdunsten E. schnell und ohne Rückstand. E. werden durch Auspressen der Pflanzenteile, durch Destillation mit Wasserdampf oder durch Ausziehen der Blütenteile mit flüchtigen

Lösemitteln wie Ether oder Alkohol gewonnen. In höheren Konzentrationen können E. zu Schleimhautreizungen führen. Wichtige E. sind z.B. Arvenöl, Bergamottöl, →Citrusschalenöl, Eucalyptusöl, Lavendelöl, Rosmarinöl, Melisseöl, Zimtöl und Zitronenöl.

Ethylenchlorid →1,2-Dichlorethan

Ethylen-Vinylacetat-Copolymer EVA ist ein Copolymer aus Ethylen-→Vinylacetat. Die Herstellung erfolgt auf Basis von →Polyethylen. Diese Modifikation erhöht die Elastizität und führt zu einer höheren Witterungsbeständigkeit, einer besseren Spannungsrissbeständigkeit, gummielastischen Eigenschaften, jedoch zu einer geringeren Chemikalienbeständigkeit als Polyethylen.
Typische Anwendungen sind Dichtungen, Faltenbälge oder Verschlüsse. Mit Treibmittel aufgeschäumt ist EVA auch als Moosgummi, also einem Porengummi mit weitgehend geschlossenen Poren, bekannt.

2-Ethyl-1-hexanol 2-E. ist das äußerst geruchsintensive Zersetzungsprodukt, das z.B. bei der Reaktion des in →PVC-Bodenbelägen enthaltenen Phthalsäureester-Weichmachers →DEHP unter alkalischen Bedingungen und in Anwesenheit von Wasser (frischer Estrich) entsteht. Auch Acrylatdispersionen führen in Anwesenheit von (Rest-)Feuchte zu Emissionen von 2-E.

Ettringit E. („Zementbazillus"), ein Calciumaluminattrisulfathydrat, entsteht beim Mischen von Gipsbaustoffen mit hydraulischen Bindemitteln (Zement, hydraulische Kalke). Die Bildung von E. erfolgt unter starker Volumenzunahme und verursacht eine Gefügezerstörung („Treiben").

Eulan® Handelsname für eine breite Palette von →Mottenschutzmitteln, die unter Bezeichnungen wie Eulan U 33, Eulan WA Neu, Eulan Neu, Eulan SPA, Eulan HFC etc. vertrieben werden. Wirksamer Inhaltsstoff der universell eingesetzten Produkte Eulan WA neu und Eulan U 33 ist die Stoffgruppe der Polychloro-2-(chlormethylsulfonamid)-diphenylether (PCSD, „Chlorphenylid"). Hauptkomponenten sind ein Penta- und ein Hexachloro-Isomer. Als industrielles Vorprodukt als auch als primäres biologisches Abbauprodukt treten die Polychloro-2-amino-diphenylether (PCAD) auf. Chlordiphenylether können produktionstechnisch mit polychlorierten →Dioxinen bzw. Furanen verunreinigt sein. Nach Untersuchungen der Arguk werden PCSD und PCAD aus eulanisierten Schurwollteppichen über den Feinstaub-Pfad breit in →Innenräumen verteilt, in denen solche Teppiche ausliegen. Die höchste PCSD/PCAD-Konzentration im Teppichflor betrug 413 mg/kg, die dazugehörige Hausstaub-Konzentration betrug 76,1 mg/kg.

Euro-Blume Die E. ist das europäische Umweltzeichen. →Europäisches Umweltzeichen

Euroklassen →Baustoffklassen

Europäisches Umweltzeichen Die „Verordnung des Rates über ein gemeinschaftliches System zur Vergabe eines Umweltzeichens" vom 23.3.1992 (EG-Umweltzeichen) verfolgt das Ziel, dass Entwicklung, Herstellung, Vertrieb und Verwendung von Erzeugnissen, die während ihrer gesamten Lebensdauer geringere Umweltauswirkungen haben, gefördert werden sollen und der Verbraucher besser über die Umweltbelastung durch die Erzeugnisse unterrichtet werden soll. Herausgeber des E. ist die Europäische Kommission. In Deutschland sind das Umweltbundesamt und das Deutsche Institut für Gütesicherung und Kennzeichnung →RAL als zuständige Stellen am System zur Vergabe des Zeichens beteiligt. Die Anforderungen an die Zeichenvergabe sind z.T. weniger streng als bei nationalen Umweltzeichen, z.B. dem →Blauen Engel oder dem →Österreichischen Umweltzeichen. Im Baubereich hat das E. bisher praktisch keine Bedeutung (bisher nur zwei Vergaberichtlinien verabschiedetet: Vergaberichtlinie für Farben, Lacke und Lasuren und Vergaberichtlinie für Fliesen). Für Bauprodukte hat sich daher das private europäische Qualitätszeichen →natureplus etabliert. Informationen zum Umweltzeichen sind unter http://europa.eu.int/ecolabel/ erhältlich.

Eutrophierung E. ist die Übersättigung eines Ökosystems mit essenziellen, nicht organischen Nährstoffen wie Stickstoff- und Phosphorverbindungen, die normalerweise nur in geringen Konzentrationen vorhanden sind. Das Ergebnis ist eine vermehrte Produktion von mikroskopisch kleinen Algen und höheren Wasserpflanzen, die erste Stufe der Nahrungskette. Dies kann zu schweren Störungen des biologischen Gleichgewichtes in lokalen Mikrosystemen und insbesondere zur Unterversorgung mit nicht im Übermaß verfügbaren Nährstoffen führen.

Durch E. kann es zu unterschiedlichen Umwelteffekten kommen, z.B. eine Verschiebung der Artenvielfalt des Ökosystems. Das Phänomen der E. wurde zuerst in Binnengewässern beobachtet, inzwischen wurde die E. z.B. auch als eines der gravierendsten Probleme in der Ostsee erkannt. Die Hauptursachen für den Nahrungseintrag sind die Tätigkeiten der Menschen im Einzugsgebiet des Ökosystems: kommunale Abwässer, Düngung, Massentierhaltung von Geflügel, Schwein oder Rind. Während die stofflichen Einträge in die Oberflächengewässer aus Industrie und Kommunen durch den Ausbau von Kläranlagen und durch weitere Maßnahmen (z.B. Ersatz phosphathaltiger Waschmittel) reduziert werden konnten, entfällt ein immer größer werdender Anteil auf die diffusen Nährstoffeinträge aus der Landwirtschaft. Diese sind größtenteils erosionsbedingt. Umweltrelevante Nährstoffausträge aus der Landwirtschaft in die Atmosphäre betreffen vornehmlich das Element Stickstoff in Form von Ammoniak(NH_3)-Emissionen. 97 % der Ammoniak-Emissionen Österreichs stammten 2001 aus der Landwirtschaft, der Großteil davon stammt aus der Nutztierhaltung und dem Güllemanagement.

Der potenzielle Beitrag einer Substanz zur Produktion von Biomasse wird im Eutrophierungspotenzial NP (Nutrification Potential) angegeben. Zur Bestimmung des Eutrophierungspotenzials werden alle stickstoff- und phosphorhaltigen Emissionen betrachtet, die in einem vegetationsrelevanten Zeitraum bioverfügbaren Stickstoff und Phosphor freisetzen. Phosphat wird als Referenz-Substanz angesetzt.

Tabelle 38: Eutrophierungspotenzial einiger Substanzen

Stoff	**NP in kg PO_4^{3-}-Äquivalenten**
Phosphat PO_4^{3-}	1
Nitrat	0,42
Stickoxide	0,13
Distickstoffmonoxid	0,13
Ammoniak	0,35
Chemischer Sauerstoffbedarf COD	0,02

EVA →Ethylen-Vinylacetat-Copolymer

Expandierbares Polystyrol →EPS

Expandierte Perlite →Blähperlite

Exposition Konzentration, Menge oder Intensität eines chemischen, biologischen oder physikalischen Agens, das auf den Organismus einwirkt.

Extrudiertes Polystyrol →XPS

F

F0 Bezeichnung für →Holzwerkstoffe, die ohne Verwendung von →Formaldehyd hergestellt wurden (sprich: F Null).

Färber-Distel →Saflor-Öl

Färberröte →Krapp(wurzel)

Farben F. sind →Anstrichstoffe, die eine nicht glänzende, offenporige Beschichtung bilden. Sie werden in wischfeste, waschfeste und scheuerbeständige F. unterteilt. Sie haben im Vergleich zu →Lacken und →Lasuren einen relativ hohen Füllstoff- und Pigment-Anteil (→Pigment), aber nur einen geringen Bindemittelgehalt. Es werden →Naturharze und →Kunstharze als Bindemittel verwendet (→Dispersionsfarben). Farben auf natürlicher Basis sind z.B. →Kaseinfarben, →Kalkfarben und →Leimfarben. Die Umwelt- und Gesundheitsverträglichkeit ist abhängig von der Art der Farbe.

Farbmittel F. ist der Oberbegriff für alle farbgebenden Substanzen: Farbstoffe und →Pigmente. Farbstoffe sind organische Farbmittel, die im Anwendungsmedium löslich sind. Pigmente dagegen sind aus Teilchen bestehende, im Anwendungsmedium praktisch unlösliche Stoffe.

Faserplatten →Holzfaserplatten

Faserstäube F. gem. TRGS 521, Teil 1 sind Stäube, die künstliche oder natürliche anorganische Mineralfasern außer Asbest mit einer Länge größer 5 µm, einem Durchmesser kleiner 3 µm und einem Länge-zu-Durchmesser-Verhältnis, das größer als 3:1 ist, enthalten und damit als lungengängig angesehen werden (WHO-Fasern).

Faserstrukturprinzip Das F. besagt:
- Die biobeständige faserige Form von Staubteilchen ist die Ursache ihrer krebserzeugenden Wirkung.
- Langgestreckte Staubteilchen jeder Art besitzen im Prinzip die Möglichkeit zur Tumorerzeugung wie Asbestfasern, sofern sie hinreichend lang, dünn und biobeständig sind.

Als weitere Faktoren werden zusätzliche Fasereigenschaften, wie die Oberflächenbeschaffenheit, diskutiert. Es wird davon ausgegangen, dass die kanzerogene Potenz pro Faser mit zunehmender Länge und Biobeständigkeit stärker wird und mit zunehmendem Durchmesser abnimmt. Nach der WHO-Definition von faserförmigen Staubpartikeln muss das Verhältnis von Länge zu Durchmesser mindesten 3:1 betragen. Im Hinblick auf kanzerogene und fibrogene Wirkung als relevant angesehene Fasern müssen nach der WHO-Definition mindestens 5 µm lang und dürfen höchstens 3 µm dick sein. Gem. DFG leistet die angeführte Definition eine Abgrenzung zwischen kanzerogenen und nicht kanzerogenen Fasern aber nur näherungsweise. So ist es aufgrund des gegenwärtigen Wissenstandes (2005) nicht möglich, präzise anzugeben, ab welcher Länge und ab welchem Durchmesser alleine oder ab welchem Länge-zu-Durchmesser-Verhältnis und ab welcher Beständigkeit die zur Induktion eines Tumors führende biologische Aktivität von Fasern beginnt. →Künstliche Mineralfasern, →Asbest

Faserzement F. ist ein Verbundwerkstoff aus mit Fasern armiertem Zement (→Armierungsfasern). Früher wurden hierzu Asbestfasern (→Asbest) eingesetzt (→Asbestzement). Faserzementplatten bestehen aus Portlandzement (ca. 65 M.-%), inerten Zusatzstoffen (z.B. Kalksteinmehl oder Hartbruch = Recyclingmaterial aus Faserzement), synthetischen Armierungsfasern (→Polyvinylalkohol, ca. 2 M.-%), Cellulosefasern (ca. 6 M.-%), mit amorpher Kieselsäure umhüllt (8 M.-%) und Pigmenten sowie einer Beschichtung aus wässriger Dispersion. Im Fertigprodukt ist außerdem noch 12 % Wasser enthalten, das zur weiteren Erhärtung des Materials während der Gebrauchsdauer dient. Ca. 30 % Luft ist in Form mikroskopisch kleiner Poren enthalten. Die Luft dient als Expansionsraum für gefrierendes Wasser und soll die Zerstörung durch Frost verhindern. Die Grundstoffe werden mit Wasser vermengt und auf

einer Rundsiebmaschine schichtweise zu Rundplatten geformt. Der Plattenbrei wird heruntergeschnitten, fällt auf ein Transportband und wird in der richtigen Größe abgelängt oder in einer Formpresse zu Wellplatten geformt. Die Plattenoberfläche wird mit einer Beschichtung versehen und stapelweise in Blechformen mit Hochdruckpressen verdichtet, für mehrere Stunden bei konstanter Temperatur gelagert, von den Zwischenblechen getrennt, die Unterseite mit Wachsdispersion beschichtet und in der Abbindekammer gelagert. F.-Platten eignen sich als Fassaden- und Dachplatten zur Deckung von geneigten Dächern. Durch ihr geringes Flächengewicht im Vergleich zu Betondachsteinen und Tondachziegeln sind sie für leichte Dachstuhlkonstruktionen geeignet. F.-Produkte sind unbrennbar.
Die Polyvinylalkohol- und Polyacrylnitril-Fasern sind aufgrund ihrer vergleichsweise großen Durchmesser nicht lungengängig und daher nach heutigem Kenntnisstand gesundheitlich unproblematisch. Die Umweltbelastungen für die Herstellung von Produkten aus F. sind im Vergleich zu alternativen Produkten wie z.B. →Dachziegel oder →Betondachsteine relativ hoch, im Vergleich zu Metallblechen (alternative Dacheindeckungen) aber geringer.

Fassadenbehandlung →Hydrophobierungsmittel

FCKW Abk. für Fluorchlorkohlenwasserstoffe, eine Stoffgruppe, die sich durch hohe thermische und chemische Beständigkeit auszeichnet. FCKW sind unbrennbar. Die teil- und vollhalogenierten FKW und FCKW werden durch den Buchstaben R (von engl. refrigerant = Kältemittel) und zwei bzw. drei nachgestellten Ziffern gekennzeichnet, die die Anzahl der Kohlenstoff-, Wasserstoff- und Fluoratome verschlüsseln (z.B. R 22, R 134a). Als teilhalogenierte Kohlenwasserstoffe (→HFCKW) werden solche F. bezeichnet, in deren Molekül auch Wasserstoff-Atome enthalten sind.
FCKW wurden aufgrund ihrer technischen Eigenschaften sowie ihrer Unbrennbarkeit in vielen Anwendungsbereichen in großem Umfang eingesetzt, darunter auch in Schaumstoffen.
In der Stratosphäre spaltet die UV-Strahlung der Sonne Chlor-Radikale aus den FCKW-Molekülen ab. Die chemisch sehr reaktiven Chlor-Radikale fördern den Abbau des in der Stratosphäre vorhandenen Ozons, das der Erde als Schutzfilter vor der UV-Strahlung dient. Eine durch die Ozonreduktion mögliche Zunahme der UV-B-Strahlung an der Erdoberfläche kann beim Menschen zu einem verstärkten Auftreten von Hautkrebs, grauem Star und einer Beeinträchtigung des Immunsystems führen. Selbst bei geringer Erhöhung des mittleren UV-B-Strahlenflusses ist mit einer Schädigung von Ökosystemen und einer nachteiligen Beeinflussung der Nahrungskette zu rechnen.
Nachdem das Ozonschicht schädigende Potenzial dieser Stoffe entdeckt wurde, begann die Suche nach möglichen Ersatzstoffen. Dabei konzentrierte man sich zunächst auf chemisch sehr ähnliche Stoffe, die teilhalogenierten Fluorchlorkohlenwasserstoffe (→HFCKW). Diese weisen zwar ein geringeres, aber immer noch vorhandenes Ozonabbaupotenzial und Treibhauspotenzial auf. Über diesen ersten Schritt gelangte man zu den chlorfreien Alternativen, den fluorierten (FKW) bzw. teilfluorierten Kohlenwasserstoffen (HFKW). Da Stoffe dieser Gruppe kein Chlor enthalten, tragen sie nicht zum Abbau der Ozonschicht bei. Allerdings besitzen sie immer noch ein teilweise nicht zu vernachlässigendes Treibhauspotenzial. Durch die Verpflichtung des Kyoto-Protokolls, auch die Emissionen fluorierter Gase zu verringern, wurde die Suche nach halogenfreien Alternativen nochmals vorangetrieben. Die Akzeptanz dieser Stoffe war aufgrund einiger Nachteile zunächst gering. Neben ihrer teilweise höheren Toxizität und Brennbarkeit konnten mit diesen Stoffen zunächst auch bestimmte technische Anforderungen nicht erfüllt werden. Durch Verbesserung bzw. Einführung neuer Techniken sowie Sicherheitsmaßnahmen konnten sie sich jedoch immer weiter am Markt etablieren. In

vielen Bereichen haben sich heute chlorfreie Alternativen weitgehend durchgesetzt, z.B. als Löse- und Reinigungsmittel, als Feuerlöschmittel und bei der Schaumstoffherstellung.
Im Mai 1991 trat in Deutschland die FCKW-Halon-Verbots-Verordnung in Kraft, die zum damaligen Zeitpunkt sowohl bezüglich der geregelten Stoffe wie auch bezüglich der Ausstiegsfristen deutlich schärfere Regelungen als das Montrealer Protokoll vorsah. In Österreich ist die Verwendung von FCKW seit 1995 (FCKW-VO: BGBl. 301/1990) verboten.
Am 1.10.2000 trat die Verordnung (EG) Nr. 2037/2000 des Europäischen Parlaments und des Rates vom 29.6.2000 über Stoffe, die zum Abbau der Ozonschicht führen, in Kraft, die unmittelbar auch in Deutschland gültig ist (→Ozonabbau in der Stratosphäre).

FCKW-Halon-Verbotsverordnung Die F. vom 6.5.1991 ist nicht mehr in Kraft. Sie wurde ersetzt durch die Verordnung (EG) Nr. 2037/2000 des Europäischen Parlaments und des Rates vom 29.6.2000 über Stoffe, die zum Abbau der Ozonschicht führen (→Ozonabbau in der Stratosphäre).

Federschiene Federschienen dienen zur Befestigung von abgehängten Decken. Sie bestehen aus feuerverzinktem Stahlblech (→Verzinktes Stahlblech).

Feinkalk Feingemahlener →Branntkalk.

Feinmakulatur →Streichmakulatur

Feinstaub Unter F. versteht man inhalierbaren Schwebstaub (Particulate Matter, PM_{10}) mit einem Durchmesser $D < 10$ µm. Unterschieden werden:
- Gröbere Partikel mit $D > 2{,}5$ µm
- Feine Partikel mit D 2,5 – 0,1 µm
- Ultrafeine Partikel mit $D < 0{,}1$ µm

F. in der Außenluft entsteht primär bei industriellen und Verbrennungsprozessen (Kraftwerke, Industrie, Gewerbe, Hausbrand, Verkehr). Nach Aufnahme in die Lunge kann F. akute und chronische Gesundheitsschäden verursachen, neben Atemwegserkrankungen insbesondere auch Herz-Kreislauferkrankungen. Gem. EU-Richtlinie 1999/30/EG gilt seit dem 1.1.2005 für die Außenluft ein Grenzwert von 50 µg F/m³. Dieser Wert darf „nur" an 35 Tagen im Jahr überschritten werden.
F. spielt auch in →Innenräumen eine Rolle. F.-Quellen sind Verbrennungsprozesse (Kerzen, Kaminfeuer, Räucherstäbchen, Tabakrauch), aber auch →Toner von Kopierern und Laserdruckern. Über die Bedeutung von F. in Innenräumen ist bisher wenig bekannt. Messungen zeigen jedoch, dass auch in Innenräumen der für die Außenluft festgelegte Grenzwert überschritten wird. Wohnungen mit feinflorigen Teppichböden wiesen durchschnittlich deutlich niedrigere F.-Konzentrationen auf als solche mit glatten Böden wie z.B. Parkett.

Feinsteinzeugfliesen Fliesen aus fein aufbereitetem Steinzeug. →Steinzeugfliesen

Fenster F. sind Bestandteile der Außenhaut eines Gebäudes und somit wichtige Grenzflächen zwischen Innenraum und Umwelt. Das Glas des F. ermöglicht das Einfallen des natürlichen Lichtes in den Raum und schützt gleichzeitig vor Umwelteinflüssen wie Lärm, Regen, Kälte, Hitze und Wind. Die drei wichtigsten Kriterien bei der Fensterauswahl sind:
- Rahmenmaterial
- Hoher Wärmeschutz
- Hohe Farbechtheit und Lichtdurchlässigkeit der Verglasung

Nach dem Rahmenmaterial wird unterschieden in →Holzfenster, Holz-Aluminiumfenster (→Holz-Alufenster), →PVC-Fenster, →Aluminiumfenster und →Stahlfenster. Holz schneidet in Ökobilanzen in fast allen Umweltkategorien als der umweltverträglichste Rahmenwerkstoff ab. Auch die Erhöhung des Recyclinganteils von derzeit ca. 35 auf 85 % bei Aluminium bzw. von 2 auf 70 % bei PVC würde an der günstigen ökologischen Positionierung von Holzfenstern nichts verändern. Bei praxisüblicher Einbauart ist auch das Holz-Alufenster dem PVC- und dem Aluminiumfenster deutlich überlegen. 1996 wurden in Deutschland folgende Materialien für F. eingesetzt:

PVC	49 %
Holz	28 %
Aluminium	20 %
Holz-Aluminium	3 %

Die Wärmedämmeigenschaften von F. und Verglasungen sind ein wichtiger Faktor für den Energiehaushalt von Gebäuden. F. können bis zu einem Drittel zum Wärmeverlust von Gebäuden beitragen. Für guten Wärmeschutz müssen F. folgende Anforderungen erfüllen:

- Hoher Wärmeschutz der Verglasung
- Wärmebrückenfreier Einbau
- Hochwärmedämmender Rahmen
- Verbesserter Randverbund des Glases, zum Beispiel thermisch getrennte Abstandhalter
- Geringer Rahmenanteil
- Je nach Anforderung an die Luftdichtheit des Gebäudes durchgängige Dichtungslippen

Wichtig für die Gesamtwärmebilanz ist auch die Orientierung der F. im Haus. Große Fensterflächen sollten nach Süden und Südwesten, kleinere mit hohem Wärmedämmwert nach Norden gerichtet sein. Es ist heute möglich, Verglasungen mit einem U-Wert von 0,5 W/(m²K) herzustellen (Dreischeiben-Wärmeschutzverglasung mit Kryptonfüllung). Zweifachverglasungen mit einem U-Wert von 1,1 W/(m²K) und Dreifachverglasungen mit einem U-Wert von 0,7 W/(m²K) sind zu einem akzeptablen Preis erhältlich.

Hochwärmedämmende Rahmen bestehen zurzeit beispielsweise aus Polyurethan oder einem Holz-Polyurethan-Verbund. Es sind aber auch für den Passivhausbereich geeignete Fensterrahmen aus ausschließlich erneuerbaren Rohstoffen (z.B. Holz und Holzweichfaserplatte oder Kork) erhältlich. Andere Hersteller setzen bei der U-Wert-Optimierung auf die Weiterentwicklung des Holzfensters, indem z.B. der Stock vollständig von der Außenwanddämmung überdeckt und der gesamte Fensterflügel mit einer dritten, außen liegenden Glasscheibe vollständig abgedeckt wird.

Für durchschnittliche mitteleuropäische Lagen sind derzeit Dreifachwärmeschutzverglasungen mit U-Werten ≤ 0,7 W/(m²K), hohen g-Werten und thermisch optimiertem Randverbund ökologisch am günstigsten. Ein U-Wert der Verglasung bis zu 1,1 W/(m²K) ist als akzeptabel zu bezeichnen. In diesem Fall ist für den Gesamt-U-Wert der Fensterkonstruktion ein maximaler U-Wert von 1,3 W/(m²K) anzustreben. Von den Herstellern sind Prüfberichte zum Wärmeschutz (neben den Prüfgutachten zum Schallschutz, zur Schlagregendichtheit, Luftdurchlässigkeit und Windbelastung) einzufordern.

Eine weitere wichtige Funktion des F. ist der Luft- bzw. Schadstoffaustausch mit der Außenwelt sowie die Feuchtigkeitsregulierung (→Luftwechselrate). Schallschutz- und Wärmeschutz-F. haben besonders abgedichtete Fugen (→Luftdichtigkeit der Gebäudehülle). Daher wird der Einbau zusätzlicher schallgedämmter Lüftungseinrichtungen erforderlich.

Fensterglas F. ist der wichtigste Bestandteil des →Fensters. Es ermöglicht das Einfallen des natürlichen Lichtes in den Raum und schützt gleichzeitig vor Umwelteinflüssen wie Lärm, Regen, Kälte, Hitze und Wind. Als Grundregel für die optimalen Eigenschaften von F. gilt: möglichst geringer Wärmedurchgangskoeffizient (→U-Wert) mit möglichst hohem Gesamtenergiedurchlassgrad, wobei die Orientierung des Fensters eine wesentliche Rolle für die Optimierung spielt. F. wird aus →Flachglas hergestellt. →Isoliergläser, →Wärmeschutzverglasungen, →Schallschutzverglasung, →Sicherheitsglas, →Sonnenschutzverglasungen, →Sondergläser

Fensterkitte →Kitte

Fensterschäume →Montageschäume, →Polyurethan-Ortschaum

Fenvalerat Insektizid aus der Gruppe der →Pyrethroide.

Fernsehgeräte (Emissionen) Die Emissionen aus F. umfassen eine große Palette von unterschiedlichen Stoffen. Es wurden Emissionen von Lösemitteln, Weichmachern/Flammschutzmitteln wie Tris(2-chlorethyl)phoshat (TCEP) und Tris(chlorpropyl)phosphat (TCPP), Phenolen und phenolartigen Stoffen (Leiterplatinen) festgestellt (Wensing). Insbesondere von den Phenolen/phenolartigen Stoffen gehen geruchliche Belästigungen während des Betriebs der Geräte aus. TVOC-Werte (24 Std.) betrugen bis zu 2.036 µg/Gerät × h. Während die Emissionen leichtflüchtiger Stoffe nach kurzer Zeit stark abnahmen, stiegen die Emissionen von TCEP und TCPP auch nach zwei Wochen noch weiter an. Fernsehgeräte, die ohne halogenhaltige →Flammschutzmittel im Gehäuse hergestellt sind, können das RAL-ZU 91 erhalten. →Organophosphate

Fertiggipsputze →Baugipse

Fertighäuser Ältere F. (bis ca. 1985) enthalten häufig Schadstoffe:

Stoff	Anwendung
Formaldehyd	Holzwerkstoffe für Wände, Böden, Decken u.a.
Holzschutzmittel	Konstruktive und nichtkonstruktive Hölzer
Asbest	Außenfassade, Lüftungskanäle, Heizungsanlage
Künstliche Mineralfasern (KMF)	Mineralwolle in Ständerwerk, Decken und Dach, Rohrisolierung
Polychlorierte Biphenyle (PCB)	Fugenmassen in Fassaden und Fenstern

Die Formaldehyd-Belastung stellt aufgrund der z.T. sehr umfangreichen Verwendung von →Spanplatten für Wände (innen und außen), Decken und Fußböden ein gravierendes Problem dar. F. mit Baujahr bis 1985 weisen durchschnittlich höhere Formaldehyd-Konzentrationen in der Raumluft auf als Häuser, die später errichtet wurden.

Ältere F. weisen häufig unangenehme Gerüche auf. Typische Gerüche in F. und mögliche Ursachen:

Geruch	Mögliche Ursache
Stechend-säuerlich	Formaldehyd
Schimmelig-muffig	→Chloranisole, →Schimmelpilze
Schimmelig-muffig-süßlich	→Chlornaphthaline

Fertigparkette →Mehrschichtparkette werden auch F. genannt, da die Oberläche meist im Werk bereits fertig versiegelt wird. Gelegentlich werden auch verlegefertige, oberflächenbeschichtete →Massivparkette als F. bezeichnet.

Festgebundene Asbestprodukte Als F. werden asbesthaltige Materialien bezeichnet, die eine Rohdichte über 1.000 kg/m³ aufweisen. Die Asbestfasern sind in diesen Produkten fest in die Bindemittelmatrix eingebunden, sodass eine Faserfreisetzung nur bei Beschädigung (Bearbeitung, Verwitterung) erfolgt. Unter die F. fallen in erster Linie die Asbestzementprodukte, weiterhin Produkte mit einer Rohdichte über 1.000 kg/m³, bei denen die Asbestfasern in Kunststoff eingebunden sind (→Floor-Flex-Platten, →Bodenbeläge). F. fallen nicht in den Geltungsbereich der →Asbest-Richtlinie. Asbestprodukte mit einer Rohdichte unter 1.000 kg/m³ werden als →Schwachgebundene Asbestprodukte bezeichnet und fallen damit in den Geltungsbereich der Asbest-Richtlinie. →Asbest, →Asbestzement

Fettsäuren F. sind Bestandteile von bestimmten Harzen und Ölen (s. Tabelle 39) bzw. entstehen bei deren Trocknung. Unterschieden werden:

- Kurz- (niedere) bis mittelkettige F.: Bei Raumtemperatur flüssig oder fest, penetranter Geruch; treten in Innenräumen vorwiegend als Abbauprodukte der höheren F. auf.
- Langkettige (höhere) F.: Bei Raumtemperatur fest (Sdp.: > 200 °C), geruchlos. Langkettige F. finden Verwendung für Alkydharze, Anstrichmittel, Tenside, Seifen und Schmierstoffe, Epoxidharze und Weichmacher. Langkettige F. sind dem mikrobiellen Abbau zugänglich.

Dabei entstehen mittel- und kurzkettige F. sowie eine Vielzahl geruchsintensiver Abbauprodukte wie Alkohole, Aldehyde und Ketone.

Im Hausstaub sind F. ubiquitär und stellen im organischen Hausstaub-Extrakt die dominierende Fraktion.

Tabelle 39: Nomenklatur, Eigenschaften und technische Verwendung von Fettsäuren (Falbe & Regitz, 1995; Baumann & Muth, 1997)

C-Atome	Bezeichnung	Trivialname	Sättigung/ Verzweigung	Verwendung/ Vorkommen
C6	Hexansäure	Capronsäure	G, Uv	Alkydharz
C7	Heptansäure	Önanthsäure	G, Uv	
C8	Octansäure	Caprylsäure	G, Uv	Alkydharz
C9	Nonansäure	Pelargonsäure	G, Uv	Alkydharz
C10	Decansäure	Caprinsäure	G, Uv	Alkydharz
C11	Undecansäure		G, Uv	
C12	Dodecansäure	Laurinsäure	G, Uv	
C13	Tridecansäure		G, Uv	
C14	Tetradecansäure	Myristinsäure	G, Uv	
C15	Pentadecansäure		G, Uv	
C16	Hexadecansäure	Palmitinsäure	G, Uv	Naturharz, Alkydharz, Öl
C17	Heptadecansäure	Margarinsäure	G, Uv	
C18	Octadecansäure	Stearinsäure	G, UV	Naturharz, Alkydharz, Öl, Polyacrylharz
C18	9-Octadecensäure	Ölsäure	1-fach U, Uv	Trocknendes Öl
C18	9,12-Octadecadiensäure/ 9,12,15-Octadecatriensäure	Linolsäure/ Linolensäure	2- bzw. 3fach U, Uv	Trocknende Öle

G = Gesättigt, U = Ungesättigt, Uv = Unverzweigt

Tabelle 40: Vorkommen von F. im Hausstaub (n = 24; 2-mm-Fraktion; Obenland et al., 2003: Gesundheitliche Beschwerden durch Reiz-, Riech- und hautsensibilisierende Stoffe im Innenraum – Fettsäuren)

Fettsäure	A	BG [mg/kg]	Bereich [mg/kg]	MW [mg/kg]	Median [mg/kg]	90-Perz. [mg/kg]
Hexansäure (C6)	24 (100 %)	1	1,2 – 27	8,6	7,6	16
Heptansäure (C7)	22 (92 %)	1	0,5 – 17	6,2	4,8	14
Octansäure (C8)	24 (100 %)	1	2,2 – 48	16	12	33
Nonansäure (C9)	24 (100 %)	1	4,6 – 99	29	23	59
Decansäure (C10)	24 (100 %)	1	3,7 – 62	23	21	41
Undecansäure (C11)	20 (83 %)	1	0,5 – 6,5	2,7	2,5	4,8
Dodecansäure (C12)	24 (100 %)	1	12 – 280	88	63	220
Tridecansäure (C13)	21 (88 %)	1	0,5 – 33	6,0	4,8	11
Tetradecansäure (C14)	24 (100 %)	1	13 – 680	120	81	230

Fortsetzung Tabelle 40:

Fettsäure	A	BG [mg/kg]	Bereich [mg/kg]	MW [mg/kg]	Median [mg/kg]	90-Perz. [mg/kg]
Pentadecansäure (C15)	24 (100 %)	1	6,2 – 510	80	41	200
Hexadecansäure (C16)	24 (100 %)	1	4,3 – 2.600	740	650	1.500
Heptadecansäure (C17)	20 (83 %)	1	0,5 – 150	30	20	92
Octadecansäure (C18)	24 (100 %)	1	42 – 610	220	180	460
Ölsäure (C18)	24 (100 %)	1	3,5 – 2.000	350	230	850
Linol-/Linolensäure (C18)	24 (100 %)	1	8,3 – 780	160	120	340
Σ C6-C12	–	7	25 – 410	170	150	330
Σ C10-Linol-/Linolensäure	–	9	410 – 7.500	1.800	1.600	3.300

A = Anzahl der Proben, in der die jeweilige Verbindung oberhalb der Bestimmungsgrenze nachweisbar war (Anteil am Gesamtkollektiv in Prozent), BG = Bestimmungsgrenze, MW = Mittelwert

Höhere F. können reizend für Augen, Atemwege, Schleimhaut und Haut sein. Niedere F. sind über ihren widerlichen Geruch hinaus potenzielle Verursacher von Schleimhautreizungen und Konzentrationsstörungen. Langkettige F. im →Hausstaub sind eine Quelle für eine Vielzahl kurzkettiger Abbauprodukte. Der F.-Abbau erfolgt zum einen durch mikrobielle Aktivität, zum anderen durch thermische Zersetzung, z.B. von Staub auf heißen Oberflächen wie Heizkörpern oder Lampen. Dabei entstehen niedermolekulare →Aldehyde, Carbonsäuren, →Ketone und →Alkohole, die für den vielfach muffigen oder ranzigen Geruch von Hausstaub und Raumluft verantwortlich sind. Hexadecansäure (Smp.: ca. 63 °C, Sdp.: 390 °C) ist die in Anstrichstoffen am häufigsten eingesetzte F. Ihre Dämpfe können zu Reizungen der Augen und Atemwege führen. Ölsäure ist die bedeutendste ungesättigte F. und praktisch in allen pflanzlichen und tierischen Ölen und Fetten in meist hohen Anteilen enthalten. Bei der Zersetzung (Abbau) von Ölsäure entsteht Nonanal, ein ranzig bzw. muffig riechender Aldehyd, dessen Geruchsschwelle 13,5 µg/m³ beträgt (Scholz & Santl). Nonanal hat vermutlich einen maßgeblichen Anteil am muffigen Geruch von →Hausstaub.

Tabelle 41: Vorkommen von F. in der Rau3mluft (Obenland et al., 2003: Gesundheitliche Beschwerden durch Reiz-, Riech- und hautsensibilisierende Stoffe im Innenraum – Fettsäuren)

Fettsäure	A	BG [µg/kg]	Bereich [µg/m³]	MW [µg/m³]	Median [µg/m³]	90-Perz. [µg/m³]
Hexansäure (C6)	9 (90 %)	0,1	0,05 – 21,2	5,7	3,7	20
Heptansäure (C7)	6 (60 %)	0,1	0,05 – 4,1	0,76	0,20	3,8
Octansäure (C8)	4 (100 %)	0,1	0,14 – 0,39	0,23	0,20	–
Nonansäure (C9)	10 (100 %)	0,1	0,24 – 1,8	0,92	0,58	1,8
Decansäure (C10)	8 (80 %)	0,1	0,05 – 1,8	0,44	0,28	1,7
Undecansäure (C11)	0	0,1	–	0,05	–	–
Dodecansäure (C12)	2 (50 %)	0,1	0,05 – 0,57	0,19	0,08	–
Tridecansäure (C13)	0	0,1	–	0,05	–	–
Tetradecansäure (C14)	3 (75 %)	0,1	0,05 – 0,32	0,15	0,11	–
Pentadecansäure (C15)	0	0,1	–	0,05	–	–

Hexadecansäure (C16)	3 (75 %)	0,1	0,05 – 0,80	0,37	0,32	–
Heptadecansäure (C17)	0	0,1	–	0,05	–	–
Octadecansäure (C18)	0	0,1	–	0,05	–	–
Ölsäure (C18)	3 (75 %)	0,1	0,05 – 0,28	0,16	0,16	–
Linol-/Linolensäure (C18)	2 (75 %)	0,1	0,05 – 0,17	0,10	0,09	–
Σ C6-C12	–	2,0	3,28 – 8,08	8,0	6,11	26
Σ C10-Linol-/Linolensäure	–	2,0	0,55 – 2,39	0,93	0,60	2,3

A =Anzahl der Proben, in der die jeweilige Verbindung oberhalb der Bestimmungsgrenze nachweisbar war (Anteil am Gesamtkollektiv in Prozent), Probenanzahl n für C6, C7, C9, C10 = 10, alle anderen n = 4, BG = Bestimmungsgrenze, MW = Mittelwert

F

Tabelle 42: Orientierungswerte für F. im Hausstaub (Obenland et al., 2003: Gesundheitliche Beschwerden durch Reiz-, Riech- und hautsensibilisierende Stoffe im Innenraum – Fettsäuren)

Fettsäure	**OW 1 [mg/kg]**	**OW 2 [mg/kg]**
Hexansäure (C6)	5	15
Heptansäure (C7)	5	15
Octansäure (C8)	10	30
Nonansäure (C9)	20	60
Decansäure (C10)	20	40
Undecansäure (C11)	2	5
Dodecansäure (C12)	50	250
Tridecansäure (C13)	5	15
Tetradecansäure (C14)	100	250
Pentadecansäure (C15)	40	200
Hexadecansäure (C16)	600	1.500
Heptadecansäure (C17)	20	100
Octadecansäure (C18)	200	500
Ölsäure (C18)	200	800
Linol-/Linolensäure (C18)	100	350
Σ C6-C12	150	350
Σ C10-C18	1.600	3.500

OW 1: Entspricht dem statistischen, gerundeten 50-Perzentil, der aus den Daten der Arguk-Studie ermittelt wurde
OW 2: Entspricht dem statistischen, gerundeten 90-Perzentil, der aus den Daten der Arguk-Studie ermittelt wurde

Tabelle 43: Orientierungswerte für F. in der Raumluft (Obenland et al., 2003: Gesundheitliche Beschwerden durch Reiz-, Riech- und hautsensibilisierende Stoffe im Innenraum – Fettsäuren)

Fettsäure	**OW 1 [µg/m³]**	**OW 2 [µg/m³]**
Hexansäure (C6)	4	20
Heptansäure (C7)	0,2	4
Octansäure (C8)	0,2	
Nonansäure (C9)	0,6	2
Decansäure (C10)	0,3	2
Undecansäure (C11)		
Dodecansäure (C12)	0,1	
Tridecansäure (C13)		
Tetradecansäure (C14)	0,1	
Pentadecansäure (C15)		
Hexadecansäure (C16)	0,3	
Heptadecansäure (C17)		
Octadecansäure (C18)		
Ölsäure (C18)	0,2	
Linol-/Linolensäure (C18)	0,1	
Σ C6-C12	6	24
Σ C10-C18	0,6	2,4

OW 1: Entspricht dem statistischen gerundeten 50-Perzentil, der aus den Daten der Arguk-Studie ermittelt wurde
OW 2: Entspricht dem statistischen gerundeten 90-Perzentil, der aus den Daten der Arguk-Studie ermittelt wurde

Die o.g. Messergebnisse zeigen, dass – mit Ausnahme von Hexansäure – die untersuchten F. in der Raumluft in nur geringen Konzentrationen von ca. 0,1 bis 1 µg/m³ nachzuweisen sind. Gleichwohl kann die Gesamtkonzentration der F. einen Wert erreichen, der geruchlich wahrnehmbar ist. Hexansäure (Median 3,7 µg/m³) stellt in der Summe der kurz- und mittelkettigen F. den größten Anteil (60 %). Sie besitzt haut- und schleimhautreizendes Potenzial und ist ab ca. 30 – 50 µg/m³ geruchlich wahrzunehmen.

F

Feuchteadaptive Dampfbremsen Konventionelle →Dampfbremsen haben den Nachteil, dass sie im Sommer die Austrocknung der Konstruktion zur Innenseite behindern, da die Diffusion gebremst wird. F. passen ihren →Dampfdiffusionswiderstand jahreszeitlich an die Luftfeuchtigkeit an. Wenn im Winter die Luft trocken ist, wirkt die Folie als Dampfbremse (äquivalente Luftschichtdicke z.B. 4 m). Im Sommer liegt die Luftfeuchtigkeit wesentlich höher, und der Diffusionswiderstand nimmt ab (äquivalente Luftschichtdicke 0,2 – 0,5 m). Somit kann die Konstruktion auch raumseitig austrocknen. Trotz der vermehrten Austrocknung im Sommer sollte die Konstruktion so gewählt werden, dass sie auch mit einer konservativen Dampfbremse funktioniert, da nie gewiss ist, ob die volle Funktionsfähigkeit der F. auch noch nach 20 Jahren oder später vorliegt. →Polyamid-Folien

Feuchteschutz Wasser kann am Bauwerk in verschiedenen Aggregatzuständen (fest, flüssig, gasförmig) auftreten und an verschiedenen Orten zu Feuchteschäden führen. Feuchteschäden bilden den Großteil der am Gebäude auftretenden Schäden. Die Ursachen sind vielfältig: schadhafte Rohrleitungen, undichtes Dach, Spritzwasser im Sockelbereich, Bodenfeuchtigkeits- oder Grundwassereintritt bei fehlenden oder schadhaften feuchtigkeitssperrenden Schichten u.Ä. Die häufigsten Feuchteschäden entstehen durch Wasserdampf in der Luft, der sich auf oder in Bauteilen niederschlägt (→Taupunkt). Die Folgen von feuchten Bauteilen sind Gefügesprengungen bei Frost, Ausblühungen durch chemische Reaktionen gelöster Salze sowie Verrottungen, Fäulnis, →Schimmel- und Pilzbefall. Durch feuchte Oberflächen werden die wichtigsten Parameter für ein behagliches →Raumklima wie →Lufttemperatur, →Oberflächentemperatur und →Luftfeuchte negativ beeinflusst. Ein behagliches Raumklima ist dann auch durch intensives Beheizen kaum zustande zu bringen. Häufig werden Feuchteschäden durch falsches Wohnverhalten ausgelöst (hohe Feuchteproduktion ohne regelmäßiges →Stoßlüften). Zum Vermeiden von Feuchteschäden bedarf es daher entsprechend sicherer Konstruktionen ebenso wie eines richtigen Nutzerverhaltens. Der F. soll Feuchteschäden am Gebäude verhindern. Dazu gehören:

- Treffen von Vorkehrungen, wenn mit einer Beanspruchung durch Bodenfeuchtigkeit, kurzzeitig stauendes Sickerwasser bzw. Grundwasser zu rechnen ist
- Feuchteschutz erdberührter Bauteile
  - Ausbildung von Dränagen (kapillarbrechender Schichten und Bauteile)
  - Abdichtungen gegen drückendes und nicht drückendes Wasser
  - Absperrungen gegen aufsteigende Feuchte
- Spritzwasserschutz
- Schlagregenschutz z.B. durch Dachvorsprünge
- Ableitung von Niederschlägen
- Dampfdiffusionstechnisch geeignete Konstruktionswahl (→Dampfdiffusion, →Glaser-Verfahren)
- →Luftdichtigkeit von Gebäuden
- Schutz vor Brauchwassereinwirkung in Gebäuden und Abdichtungen in Nassräumen

→Kondensat innerhalb der Konstruktion, →Oberflächenkondensat

Feuchtetransport Der F. erfolgt in porösen Baustoffen im Wesentlichen durch →Dampfdiffusion, Oberflächendiffusion und →Kapillarleitung. Bei ausreichend trockenen oder nicht hygroskopischen Baustoffen tritt ausschließlich Dampfdiffusion auf. Ab etwa 60 % relativer Feuchte setzt zusätzlich Oberflächendiffusion des an den Porenwandungen sorbierten Wassers ein. Eine Kapillarleitung tritt erst bei gefüllten Poren im Bereich überhygroskopischer Materialfeuchte, beispielsweise infolge von Schlagregen, auf. Dampf- und Flüssigtransport weisen häufig entgegengesetzte Transportrichtungen auf: Die Dampfdiffusion erfolgt meist von warm nach kalt, während der Flüssigtransport weitgehend temperaturunabhängig von feucht nach trocken gerichtet ist. Im μ-Wert$_{feucht}$ (→Dampfdiffusionswiderstandzahl), der im Feuchtbereich (wet-cup) nach DIN 52615 ermittelt wird, ist die Oberflächendiffusion der Dampfdiffusion bereits zugeschlagen.

Feuchteverhalten von Baustoffen Baustoffe können auf verschiedene Arten und in verschiedenem Ausmaß Feuchtigkeit aus der Luft aufnehmen und speichern. Das F. wird durch folgende Einflüsse bestimmt:

- Porenstruktur (→Sorptionsfähigkeit, →Dampfdiffusion, →Kapillarleitung)
- Inhaltsstoffe (z.B. Hygroskopizität von eingelagerten Salzen)
- Bauliche Situation (Gebäude, Bauteil, Materialkombinationen, Instandhaltung und Pflege)
- Klimatische Bedingungen (Luftfeuchten, Temperaturen, Sonnenstrahlung, Schlagregenbeanspruchung)
- Feuchteemissionen (Erdreich, Installationen, Nutzung etc.)

Oberflächennahe Schichten in Innenräumen mit hoher →Kapillarleitfähigkeit und einem relativ niedrigen →Dampfdiffusionswiderstand (z.B. Lehm) können Feuchtigkeit aufnehmen und im Baustoff verteilen. Dies führt zu einem ausgeglichenen Feuchteverhalten der Raumluft und verringert die Gefahr von Oberflächentauwasser im Bereich von Wärmebrücken.

Feuchtigkeit →Luftfeuchte

Feuerlöschmittel →Halone

Feuerschutzklappen →Brandschutzklappen

Feuerschutztüren →Brandschutztüren

Feuerverzinkung →Verzinktes Stahlblech

Feuerwiderstandsklassen Bauteile (Bauelemente und Konstruktionen) werden nach ihrem Brandverhalten in F. eingeteilt. Die Einteilung erfolgt gemäß DIN 4102 nach ihrem Verwendungszweck und der Zeitdauer, die sie dem Feuer widerstehen. Abkürzungen:

F: Bauteile allgemein und Verglasungen mit starker Wärmedämmwirkung
G: Verglasungen, die Hitzestrahlung nicht dämmen
T: Türen
W: Nichttragende Außenwände
L: Lüftungsleitungen
F 30: Feuerhemmend, Feuerwiderstand 30 Minuten
F 90: Feuerbeständig, Feuerwiderstand 90 Minuten
F 180: Hochfeuerbeständig, Feuerwiderstand 180 Minuten

Zusätzlich zu dieser Klassifizierung in F. bestimmt die DIN 4102 noch die Kennzeichnung, die auf das Brandverhalten der für das jeweilige Bauteil verwendeten Baustoffe hinweist:

A: Das Bauteil besteht ausschließlich aus Baustoffen der Klasse A (nichtbrennbar).
AB: Alle wesentlichen Teile des Bauteils bestehen aus Baustoffen der Klasse A. Im Übrigen können auch Baustoffe der Klasse B (brennbar) verwendet sein.
B: Bei wesentlichen Teilen des Bauteils finden Baustoffe der Klasse B Verwendung.

Nach den →Landesbauordnungen müssen feuerbeständige Bauteile in den wesentlichen Teilen aus nichtbrennbaren Baustoffen bestehen (F 90-AB). Als feuerhemmend gelten Bauteile, bei denen wesentliche Bestandteile aus brennbaren Baustoffen bestehen (F. mit dem Zusatz B). Teil 4 der DIN 4102 führt Baustoffe und Bauteile auf, die ohne besonderen Nachweis des Brandverhaltens verwendet werden dürfen. Für Österreich: →Brandwiderstandsklassen, EU: →Brandklassen.

F

F-Gase-Verordnung →Ozonabbau in der Stratosphäre

Fibrillen F. sind Feinstfasern, die durch Aufspaltung einer dickeren Faser (Makrofaser) entstehen. Asbestfasern spalten längs in feinere Fasern auf. Fasern von →Mineralwolle-Dämmstoffen (→Künstliche Mineralfasern) weisen keine Längsspaltung auf. Die Aufspaltung von Fasern in Längsrichtung spielt eine wichtige Rolle bei der toxikologischen Beurteilung von Fasern. Biobeständige Fasern, die längsspalten, vervielfachen damit ihre krebserzeugende Potenz im biologischen Gewebe.

Fibrose Als F. bezeichnet man eine mit Bindegewebsneubildung (Vernarbung des Lungengewebes) einhergehende Staublungenerkrankung, hervorgerufen durch Einatmen hoher Konzentrationen silikatischen Staubes (→Silikose). →Asbest, →Asbestose

Fichte F. ist ein gleichmäßig hellfarbiges Holz ohne Farbunterschied zwischen →Splint- und →Kernholz. Es ist von gelblich-weißer Färbung, unter Lichteinfluss gelblich-braun nachdunkelnd, mit markanter gestreifter bzw. gefladerter Zeichnung.
F. ist ein mittelschweres und weiches Holz mit günstigen Festigkeits- und Elastizitätseigenschaften. Es ist mäßig schwindend, zeigt gutes Stehvermögen und ist problemlos zu verarbeiten. Die Oberflächenbehandlung ist problemlos. F. ist nur wenig witterungsfest. Bei der Verarbeitung ist auf Schutz vor →Holzstaub (krebsverdächtig) zu achten.
F. ist die wichtigste einheimische Holzart und das häufigste Bau- und Konstruktionsholz. Es wird verwendet im Innenausbau für Fußböden, Treppen, Wand- und Deckenbekleidungen, im Außenbereich für Fassadenbekleidungen, Balkone, Fenster, Türen und Tore. Weitere Verwendungsbereiche sind Masten, Betonschalungen, Gerüste, Leitern, →Holzpflaster, Lärmschutzwände, Einrichtungen und Geräte für die Garten-, Park- und Landschaftsgestaltung sowie Kinderspielplätze. Außerdem wird es eingesetzt als Industrieholz für →Holzwerkstoffplatten sowie zur Herstellung von Papier und Zellstoff, massiv mit Mittellagen von Stab- und Stäbchenplatten.

Filmbildehilfsmittel F. (Koalesziermittel) werden bei Anstrichstoffen eingesetzt, um die Verfilmung von Polymerdispersionen zu ermöglichen bzw. zu optimieren. F. wirken als →Weichmacher und müssen gleichzeitig flüchtig sein (temporäre Weichmacher). Wichtige F. gehören zur Gruppe der →Glykolverbindungen.

Filmbildung Unter Filmbildung versteht man die Trocknung von Anstrichstoffen. Folgende Möglichkeiten der F. werden unterschieden:
- Verdampfung von →Lösemitteln
- Verdampfung von Wasser
- Abkühlung geschmolzener Stoffe
- Chemische Reaktionen (z.B. →Epoxidharze, PUR-Harze, →Alkydharze)

Filmkonservierungsmittel Im Unterschied zur Gebindekonservierung (→Topfkonservierungsmittel) sollen F. das Wachstum von Pilzen oder Algen auf Anstrichen verhindern. F. gehören zur Gruppe der →Biozide. Wichtige Substanzklassen sind:
- Benzimidazole (Bsp.: Carbendazim)
- Carbamate und Dithiocarbamate (Bsp.: Ziram, Thiram)
- N-Haloalkylthio-Verbindungen (Bsp.: Folpet, Fluorfolpet, Capta, Dichlofluanid, Tolylfluanid)
- 2-n-Octyl-4-Isithiazolin-3-on (OIT)
- Zink-Pyrithion
- Diuron

Die genannten Stoffgruppen unterscheiden sich durch eine unterschiedliche Wirkcharakteristik. Wichtige Anwendungsbereiche von F. sind z.B. Holzfenster (Tauchverfahren, daher auch die Innenrahmen biozid behandelt) oder Fassaden. →Konservierungsmittel

Filze Als F. werden faserige Textilien mit regelloser Anordnung der Fasern (Verfilzung) bezeichnet. F. können aus Natur- und Synthesefasern hergestellt werden. Bei Nadel-F. wird die Faserschicht mittels Filz-Nadeln mit Widerhaken bearbeitet. Walk-F. entstehen durch Verfestigung des Faservlieses durch Druck und Bewegung unter

Wärme und Feuchtigkeit (Walken). Filztuch wird aus verfilzten, gewebten und gewalkten Stoffen hergestellt. Früher bestanden F. nur aus tierischen Fasern, heute werden bis zu 70 % pflanzliche oder synthetische Fasern mitverarbeitet. Es werden auch rein synthetische F. hergestellt (z.B. Polypropylen-F.). F. werden als Erschütterungsdämm- und Raumschalldämmaterial, als elastische Unterlage für →Teppichböden, als →Bodenbeläge in Fliesenform sowie als bituminös gebundene F. für Parkettfußböden-Unterlagen verwendet. F. aus natürlichen Abfallstoffen (z.B. Tierhaare) sind weitestgehend frei von Schadstoffen und von Natur aus schwer entflammbar. →Bitumen, Wolle, →Polypropylen

Firnis F. ist der Sammelbegriff für nichtpigmentierte →Anstrichstoffe auf Basis oxidativ trocknender Öle, Harze oder Mischungen aus beiden, deren Trocknungsfähigkeit durch Zusatz von →Trockenstoffen (Sikkative) wesentlich erhöht wird. F. sind Flüssigkeiten, die in dünner Schicht auf Gegenstände aufgetragen werden und dort zu Filmen austrocknen. Der wichtigste F. ist der →Leinölfirnis.

FKW/HFKW →Fluorierte Treibhausgase

Flachdichtungen →It-Dichtungen

Flachglas Unter den Begriff F. fallen alle Gläser, die in flacher Form, unabhängig von der Herstellungstechnologie, erzeugt werden. Es wird entweder als →Gussglas im Walzverfahren oder als Spiegelglas (Floatglas) im Floatglasverfahren hergestellt (heute wegen der besseren Glasqualitäten überwiegend im Floatglasverfahren). Beim Floatglasverfahren läuft das geschmolzene Glas unter Schutzgas über eine mit geschmolzenem Zinn gefüllte Wanne. F. wird weitgehend aus Kalkstein, Quarz und Soda hergestellt und zählt zu der Gruppe der Kalk-Natron-Gläser. →Fensterglas, →Isoliergläser, →Wärmeschutzverglasungen, →Schallschutzverglasungen, →Sicherheitsglas, →Sonnenschutzverglasung, →Sondergläser

Flachs Lein, im allgemeinen Sprachgebrauch F. genannt, ist eine der ältesten Kulturpflanzen. Nutzbringend verwerten lassen sich

- der faserreiche Stängel zur Herstellung von Gespinsten,
- die öl-, eiweiß- und schleimreichen Samen als Nahrungs-, Futter- und Arzneimittel und Lieferanten des Leinöls.

Im Mittelalter erlebte Leinen eine Blütezeit in Europa. In Deutschland war der F.-Anbau weit verbreitet und die Erzeugung von Geweben hoch entwickelt. Bis Ende des 18. Jhs. war F. mit ca. 18 % Anteil am Faserverbrauch in Europa die wichtigste Pflanzenfaser und neben Wolle (ca. 78 %) der wichtigste textile Rohstoff. Im 19. Jh. verlor F. durch das starke Vordringen der Baumwolle zunehmend an Bedeutung. Ende des 19. Jhs. war der Baumwollanteil in Europa auf 74 % emporgeschnellt, während der Anteil an Schafwolle auf 20 % und an F. auf 6 % zurückging. Nach dem 2. Weltkrieg wurde auf dem Gebiet der Bundesrepublik Deutschland kaum noch F. angebaut und seit 1957 erscheint F. nicht mehr in den offiziellen Statistiken. Durch die Forcierung von ökologisch verträglichem Pflanzenbau gewann der F. in den 1980er-Jahren wieder an Bedeutung. Heute liegt der Anteil von F. am Weltfaseraufkommen mit ca. 2 Mio. t pro Jahr bei 2 %. →Flachsdämmplatten

Tabelle 44: Agrarökologische Vorteile des Anbaus von Flachs (Quelle: Bundestagsdrucksache 14/2949)

Maßnahme	Umfang
Unkrautbekämpfung	Nur als Starthilfe erforderlich wegen des starken vegetativen Wachstums der Flachspflanze
Pflanzenschutzmittel	Meist nicht erforderlich, da tierische oder pilzliche Schaderreger (z.B. Rost oder Mehltau) selten auftreten
Düngung	Relativ geringer Bedarf an Stickstoff und anderen Mineraldüngern
Humusbilanz	Positiv wegen des auf dem Feld verbleibenden hohen Wurzel- und Blattanteils
Fruchtfolge	Bereicherung der Fruchtfolge aufgrund seines seltenen Anbaus
Fauna und Flora	Wiederansiedlung der fast verschwundenen flachsspezifischen Fauna und Flora

Flachsdämmplatten F. sind →Dämmstoffe aus Kurzfasern der Flachspflanze (→Flachs), die mit →Stärke geleimt oder mit →Bikomponenten(Biko)-Kunststofffasern (bis zu 18 M.-%) vermischt werden. Die brandhemmende Ausrüstung erfolgt mit →Ammoniumpolyphosphaten oder →Boraten (ca. 10 M.-%). Die Kurzfasern des Flachstängels sind ein Nebenprodukt der Langfasern, die in der Textilindustrie zu Leinen verarbeitet werden. Es werden die üblichen Feldaufbereitungsarbeiten (Pflügen, Eggen, Säen etc.) durchgeführt. Auf Dünger wird in der Regel verzichtet, weil Flachs sehr sensibel auf Nährstoff-Überangebot reagiert. Die Pflanzen werden mit Spezialmaschinen geerntet und in Schwaden zur Tauröste auf dem Feld abgelegt. Dabei verrotten unter Einfluss von Wärme und Feuchte die Pflanzenleime, die Holzteile und Faserbündel zusammenhalten. Der Röstflachs wird von den Fruchtkapseln befreit, gebrochen und in einer Turbine geschwungen, um die Holzteile vollständig zu entfernen. Anschließend werden die Fasern über ein Nagelbrett parallel ausgerichtet und dabei die Lang- und Kurzfasern getrennt. Die Kurzfasern werden in einer Kardiermaschine verarbeitet und schichtweise mit Flammschutzmittel besprüht. Die Vliese werden mit Stärke oder Polyesterfasern verbunden. F. werden vorwiegend in Holzkonstruktionen eingesetzt (Steildachdämmung, Dämmung im Leichtelement, abgehängte Decke usw.). Die Dämmplatten werden zwischen den Trägern eingeklemmt und mittels Tacker am Holz angeklammert, damit sie nicht abrutschen können. →Wärmeleitfähigkeit: 0,040 – 0,045 W/(mK), →Dampfdiffusionswiderstandszahl: 1 – 2. →Baustoffklasse B2.
Es ist zwischen den reinen →Natur-Dämmstoffen und den Kunststoff-versetzten Produkten zu unterscheiden. Da es sich bei den Biko-Fasern aber um relativ umweltverträgliche Kunststoffe handelt, die auch in der Entsorgung keine Probleme bereiten, sollte der Kunststoffzusatz in manchen F. nicht zur Ablehnung dieser Produkte führen. In beiden Fällen wird die Kurzfaser durch den Einsatz in der Dämmstoffherstellung einer sinnvollen Verwertung zugeführt. Im konventionellen Anbau werden für Flachs Pflanzenschutzmittel, aber kaum Düngemittel eingesetzt. Ein Umstieg auf organisch-biologischen Flachs wird zurzeit als wirtschaftlich nicht tragbar angesehen. Das Herstellungsverfahren für F. ist einfach und umweltschonend. Die eingesetzten Zusatzstoffe sind vergleichsweise unproblematisch. Beim Schneiden entsteht Feinstaub. Entsprechende Staubschutzmaßnahmen sind zu treffen. Eine Schadstoffabgabe aus Flachsdämmstoffen ist nicht zu erwarten. Sauberes Material kann weiterverwendet oder als Stopfwolle verwertet werden. Nicht mehr gebrauchte F. (sortenrein) werden von Herstellern zurückgenommen und können wieder zu F. verarbeitet werden. Die Entsorgung erfolgt über Verbrennung in Müllverbrennungsanlagen.

Flachteppiche F. bestehen aus einem auf Webstühlen hergestelltem Kette- und Schluss-Faden-System, das unmittelbar begangen wird und vor allem aus Naturfasern wie Jute, Sisal und Kokos besteht (Naturfaserteppiche). Verlegeart: vollflächig verklebt, verspannt oder lose verlegt. →Webteppiche, →Teppichböden, →Textile Bodenbeläge

Flammpunkt Der F. ist jene Temperatur, bei der eine Fremdentzündung eines Stoffes von außen möglich ist.

Flammschutzmittel F. (FSM) haben die Aufgabe, die Entzündung eines Werkstoffes zu erschweren und die Flammausbreitung zu verlangsamen. Anwendungsbereiche von FSM im Baubereich sind insbesondere Holz, Holzwerkstoffe und weitere Baustoffe aus nachwachsenden Rohstoffen sowie Kunststoffe. Die Wirkung der FSM beruht auf verschiedenen chemischen und/oder physikalischen Vorgängen. In der Regel wird die Wirkung durch die thermische Aufheizung des flammgeschützten Werkstoffs ausgelöst. Die FSM zersetzen sich dabei unter Energieaufnahme, setzen brandhemmende Produkte frei und/oder reagieren in brandhemmender Weise mit dem Werkstoff. Die Wirkungsweisen von FSM lassen sich wie folgt unterteilen (nach UBA):

1. Physikalische FSM-Wirkungen:
   - Verdünnung des brennbaren Materials durch nicht brennbare Mineralien (z.B. Glas)
   - Kühlung vor Überschreitung der Entzündungstemperatur durch endotherme Zersetzung des Additivs (Metallhydroxide, Stickstoffverbindungen)
   - Unterbindung des „Nachschubs“ von brennbaren Zersetzungsgasen und Sauerstoff durch Abschirmungsschichten mit hohem Schmelzpunkt
   - Verdünnung der brennbaren Gase durch nicht brennbare Zersetzungsgase (z.B. Wasser aus Metallhydroxiden)
2. Chemische FSM-Wirkungen:
   - Einfangen der beim Verbrennungsprozess entstehenden freien Radikalen mithilfe der Halogene Chlor und Brom, wodurch die exotherme Kettenreaktion unterbrochen wird
   - Förderung der Zersetzungsprozesse und dadurch ausgelöstes „Wegfließen“ des brennbaren Materials von der Flamme
   - Reaktion zu verkohlenden Deckschichten (Carbonisierung) mit hohem Schmelzpunkt, die dann physikalisch den Nachschub brennbarer Zersetzungsgase unterbinden (insbesondere Phosphate und Hochleistungs-Thermoplaste)

FSM mit Gasphasenmechanismus sind Brom- und Chlorverbindungen. Dabei hängt die Flammschutzeffektivität nur von der Anzahl der Halogenatome ab. Halogenhaltige FSM haben eine Reihe von Nachteilen. Sie entwickeln viel Rauchgas und setzen giftige Gase wie Kohlenmonoxid, Chlorwasserstoffsäure und Cyanwasserstoff frei. Einige der Rauchgase haben zudem eine korrosive Wirkung, was zu erheblichen Folgeschäden führen kann. Darüber hinaus müssen Werkstoffe mit halogenhaltigen FSM teuer als Sonderabfall entsorgt werden, weil bei ihrer Verbrennung toxische →Dioxine und Furane entstehen.

Holz besitzt die natürliche Fähigkeit, sich durch Bildung einer unbrennbaren und wärmeisolierenden Holzkohlenschicht gegen Feuer und Hitze abzuschirmen. Verkohlungsfördernde und feuererstickende Flammschutzmittel verstärken diese Eigenschaften des Holzes, indem die Verkohlung des Holzes gefördert und die Abspaltung brennbarer Gase abgeschwächt wird. FSM für Holz und Holzprodukte werden auch als Brandschutzanstriche bezeichnet und wie folgt unterteilt:

- Feuererstickende und verkohlungsfördernde FSM wie z.B. Ammoniumphosphat
- Sperrschichtbildende FSM wie Alkalisilikate (→Wasserglas) und →Borate
  Diese FSM bilden auf der Holzoberfläche in der Hitze eine nur schwer entflammbare dünne Sperrschicht aus, die dem Luftsauerstoff den Zutritt zum Holzuntergrund verwehrt. Das Holz kann so eine wärmedämmende Holzkohleschicht aufbauen.
- Dämmschichtbildende FSM wie Ammoniumpolyphosphat, Harnstoffgemische, Dicyandiamid, organische Phosphate – Stoffe, die sich beim Erwärmen schaumig aufblähen, ab 250 bis 300 °C verkohlen, sich dabei verfestigen und ein feinporiges, gut isolierendes Polster bilden
- Radikalfänger wie Chlorparaffine und sonstige halogenierte FSM (früher auch →Polychlorierte Biphenyle)

FSM für Kunststoffe (Polymere) werden unterteilt in:

- Reaktive FSM:
  Das FSM wird in das Polymer selbst eingebaut.
  Bsp: →Tetrabrombisphenol A (TBBA, für Epoxidharze), Tetrabromphthalsäureanhydrid (Polyester) und Dibromneopentylglykol (PU-Schäume), bestimmte Phosphorsäureester
  Vorteil: Die FSM sind fest in die Matrix eingebunden und können im Prinzip nicht aus dieser migrieren oder diffundieren.
- Additive FSM:
  FSM und Polymer werden lediglich gemischt.

Nachteil: Die FSM sind nicht fest in die Matrix eingebunden und können in der Gebrauchs- und Nachgebrauchsphase vergleichsweise leicht freigesetzt werden. Haupteinsatzbereiche sind Thermoplaste.

Stofflich können FSM wie folgt unterteilt werden:

1. Anorganische Verbindungen: Aluminiumhydroxid, Magnesiumhydroxid, Ammoniumpolyphosphat, Borate, Antimontrioxid (Synergist) u.a.
2. Halogenierte organische Verbindungen: Chlorparaffine, polybromierte Diphenylether (PBDE), Hexabromcyclododekan (HBCD), Tetrabrombisphenol A (TBBA), Tetrabromphthalsäureanhydrid, Dibromneopentylglykol u.a.
3. Organische Phosphor-Verbindungen (überwiegend mit Weichmacher-Wirkung)
   a) Halogenierte organische Phosphor-Verbindungen: Tris(chlorpropyl)phosphat u.a.
   b) Nichthalogenierte organische Phosphor-Verbindungen: Triphenylkresylphosphat, Triethylphosphat u.a.

F

Tabelle 45: FSM-Einsatz und Produktgruppen in Deutschland 1997, Schätzung (nach: UBA, 2001)

Flammschutzmittel	Einsatzmenge [10^3 t]	Typische Anwendung
Halogenbasierte FSM insgesamt	14,5 – 18,5	
DeBDE (Decabromdiphenylether)	1	Gehäuse (HIPS), E+E-Bauteile, Textilrückenbeschichtungen
1,2-Bis(pentabromphenyl)ethan	< 1	HIPS u.a. Styrol-Polymere, ABS, PA, thermoplastische Polyolefine u.a.
TBBA (Tetrabrombisphenol A)	3,5 – 4,5	Leiterplatten, Gehäusewerkstoffe, E+E-Bauteile,
HBCD (Hexabromcyclododecan)	2 – 2,5	Dämmstoffe (EPS, XPS), Textilrückenbeschichtung, Gehäuse
Sonstige	8 – 10	
Organisch phosphorbasierte FSM gesamt	13,5 – 16	
TCCP Tris(chlorpropyl)phosphat	5 – 6	PUR-Dämmschaum, Montageschaum, Weichschaum (Sitze, Matratzen), Textilrückenbeschichtung
Halogenfreie Organophosphate	8 – 9	Gehäusewerkstoffe für IT- und TV-Geräte
Anorg. Phosphorverbindungen		
Ammoniumpolyphosphat Roter Phosphor	2 – 3	Dämmstoffe aus nachwachsenden Rohstoffen
Sonstige FSM gesamt	57,5 – 63,5	
ATH (Aluminiumhydroxid)	45 – 47	Duroplaste (Polyester-, Epoxid-, Acryl-, Melamin-, Phenolharze, Polyurethane); Thermoplaste (Polypropylen, Polyethylen, Ethylen-Vinylacetate, PVC); Latices; wässrige Dispersionen
ATO (Antimontrioxid)	7 – 8	Thermoplaste und einige Duroplaste (ausgen. Polystyrol, PUR-Schaum); Weich-PVC; Natur- und Synthesekautschuk; Textilrückenbeschichtungen
Gesamt	87,5 – 101	

Stoff	Gruppe	Empfehlung
Decabromdiphenylether Tetrabrombisphenol A, additiv	I	Anwendungsverzicht
Tetrabrombisphenol A, reaktiv Tris(chlorpropyl)phosphat	II	Minderung sinnvoll, Substitution anzustreben
Hexabromcyclododecan Natriumborat-decahydrat (Borax) Antimontrioxid	III	Problematische Eigenschaften, Minderung sinnvoll
Bis(pentabromphenyl)ethan Pyrovatex CP neu Melamincyanurat	IV	Wegen Kenntnisdefiziten keine Empfehlung möglich
Roter Phosphor Ammoniumpolyphosphat Aluminiumhydroxid	V	Anwendung unproblematisch

Einsatzmengen von FSM in Deutschland: gesamt: ca. 255.000 t, davon:
- Mineralisch: ca. 50 %
- Halogenierte Systeme: ca. 25 %
- Phosphorsäureester: ca. 25 %

Anteile flammgeschützter Kunststoffe bezogen auf die Flammschutzsysteme:
- Mineralisch flammgeschützte Kunststoffe: < 20 %
- Antimon-Halogensysteme: ca. 50 %
- Phosphororganische Verbindungen: ca. 30 %

Antimontrioxid (ATO) wird im Zusammenspiel mit halogenierten Flammschutzmitteln als Synergist eingesetzt. Es sorgt dafür, dass die „radikalfangenden" Halogen-Atome stufenweise über ein breites Temperaturspektrum freigesetzt werden. Die dichten Antimonbromid-Dämpfe schirmen den Brandherd gegen Zutritt von weiterem Sauerstoff ab und sorgen zudem für eine hohe Halogen-Konzentration in Nähe der Flamme.

Bromierte Diphenylether machen in Deutschland nur noch einen geringen Anteil im FSM-Markt aus (1 – 2 % im Jahr 1997), mit weiter abnehmendem Trend. In Europa und insbesondere auf dem asiatischen und dem amerikanischen Markt ist dieser Trend allerdings deutlich weniger ausgeprägt. →Decabromdiphenylether (DeBDE) ist mengenmäßig der mit Abstand wichtigste Vertreter der polybromierten Diphenylether (94 % der in Europa eingesetzten Diphenylether).

Gemäß Umweltbundesamt (UBA-Texte 25/01) werden Flammschutzmittel wie in der oben stehenden Tabelle bewertet.

Flexible Fliesenklebstoffe →Fliesenklebstoffe

Flex-Platten →Floor-Flex-Platten

Fliesen →Keramische Fliesen, →Steingutfliesen, →Irdengutfliesen, →Steinzeugfliesen

Fliesenklebstoffe Als F. finden →Klebemörtel („Fliesenkleber"), →Synthesekautschuk-Klebstoffe und →Reaktionsklebstoffe auf der Basis von →Epoxidharzen (→Epoxidharz-Klebstoffe) und →Polyurethanen (→Polyurethan-Klebstoffe) Anwendung. Flexible F. sind Klebemörtel, die neben Zement auch Kunststoffanteile enthalten, wodurch sie in der Lage sind, geringfügige Bewegungen aufzunehmen, ohne dass sich die Fliesen vom Untergrund lösen. Eine Weiterentwicklung sind →Dispersionsklebstoffe, die keinen Zement mehr enthalten und nur auf Kunststoffen basieren. Diese eignen sich zum Verkleben von Steingut- und Steinzeugfliesen auf Wandflächen. 2-K-Epoxidharz-F. werden für wasserfestes und wasserdichtes Verfliesen auf →Gipsbauplatten (vor allem im Bereich von Duschen) und auf dichten Untergründen wie Keramik, Glas oder Metall verwendet. Beim Verfugen mit 2-K-Epoxidharz-F. entstehen sehr glatte, schmutz- und feuchtigkeitsabweisende Fu-

gen. Klebemörtel dienen üblicherweise zum Verlegen von Bodenfliesen, lassen sich aber auch bei Wandfliesen verwenden. Auch spezielle →Natur-Klebstoffe eignen sich als F.
F. werden meist mit einem Zahnkamm aufgezogen und die Fliesen in das frische Kleberbett gedrückt (→Dünnbettverfahren). Klebemörtel können auch im →Dickbett- oder →Mittelbettverfahren verlegt werden.
Aus ökologischer Sicht sind chromatarme (TRGS 613) →Klebemörtel mit möglichst geringer Kunststoffmodifikation zu bevorzugen. Bei Sanierungen ist darauf zu achten, dass manchen F. früher →Asbest zugesetzt wurde.

F

Floor-Flex-Platten F. nach DIN 16950 – auch als Vinyl-Asbestplatten oder Marley-Platten bezeichnet – sind homogene Bodenbelagsplatten, die früher unter Verwendung von Hart-PVC und Weißasbest (Chrysotil, ca. 5 – 20 %) sowie anderen Füllstoffen und Pigmenten hergestellt und meist mit (schwarzen) Bitumen- oder teerhaltigen Klebstoffen verlegt wurden. Es handelt sich um dünne Platten (ca. 2 – 3 mm) mit marmorierter Oberfläche in unterschiedlichen Farben und in den Größen von 25 × 25 sowie 30 × 30 cm. Die von PVC umschlossenen Asbestfasern dienen der Armierung, d.h. sie verfestigen das Produkt. F. fallen als →Festgebundenes Asbestprodukt (Rohdichte ca. 2.250 kg/m^3) nicht in den Geltungsbereich der →Asbest-Richtlinie. Solange die Platten nicht gebrochen oder anderweitig beschädigt werden, geht von ihnen keine Gefahr aus, da die Asbestfasern fest in den Kunststoff eingebunden sind. Zu beachten ist, dass häufig auch der schwarze Kleber asbesthaltig ist. Es kann sich zudem um einen Kleber auf Teerbasis handeln.

Flüchtige organische Verbindungen →VOC (volatile organic compounds)

Flüssigabdichtungen für Flachdächer F. sind ein- oder mehrkomponentige Abdichtungssysteme, die vor Ort flüssig aufgebracht werden und aushärten. Die F. werden mindestens zweilagig mit Armierung in einer Mindestdicke von 1,5 mm ausgeführt. Die Gesamtdicke muss mindestens 3 mm betragen. Die Verlegeschritte sind:
- Vorbehandlung/Grundierung des Untergrundes
- Aufbringen der ersten Lage
- Einlegen einer Armierung (Glasvlies, Gewebe)
- Aufbringen der 2. Lage des Flüssigkunststoffes
- Ggf. Deckanstrich, Einstreuen von Quarzsand etc.

Die gebräuchlichsten Werkstoffe sind →Polyurethane, →Acrylate, →Polyesterharze und Bitumen-Latexgemische.
F. nach heutigem Stand der Technik sind in den Flachdachrichtlinien den →Abdichtungsbahnen als gleichwertig aufgeführt. In der Regel zeigen hochwertige mehrkomponentige →Flüssig-Kunststoffe bessere technische Eigenschaften (mechanisches Verhalten, Wassersperrwirkung und Alterungsbeständigkeit) als einkomponentige oder gelöste Kunststoffe. F. aus Polyurethanen sind nur mit zusätzlichen Schutzanstrichen oder Schutzabdeckungen UV-beständig. Acrylate können viel Wasser aufnehmen und dadurch quellen oder auslaugen. F. werden vor allem auf unebenen und gewölbten Dachflächen eingesetzt. Sie erfordern besondere und sorgfältige Vorbereitung der Untergründe. Jede Flüssigbeschichtung ist nach ihrer eigenen Verarbeitungsvorschrift von eigens geschultem Personal zu verarbeiten. Bei richtiger Anwendung erreicht man fugenlos homogene Dichtschichten, die hochbelastbar, dehnfähig und durch die Trägereinlage rissüberbrückend sind. Die Ausgangsprodukte sind oft gesundheitsschädlich oder brandgefährlich und müssen bei Transport und Verarbeitung nach besonderen Regeln behandelt werden.

Flüssig-Kunststoffe F. sind Mischungen aus Kunststoffen und/oder Kunstharzen (Reaktionsharze) in →Lösemitteln für die Beschichtung von Oberflächen (Putz, Beton, Stahl, Zink, Hartkunststoffe). Als Kunststoffe/Kunstharze werden eingesetzt: →Epoxidharze, →Polystyrol, →Alkydharze, →Polyurethan, PVC-Mischpolymerisate. Der Lösemittelgehalt der F. ist meist sehr hoch, z.T. über 50 %. F. sind unter gesundheitlichen und ökologischen Gesichtspunkten besonders kritisch zu beurteilen.

Flüssigmakulatur →Streichmakulatur

Flüssigtapeten F. bestehen aus Textilfasern (Natur- und Kunststofffasern wie Baumwolle, Seide, Cellulose und Polyesterfasern) sowie Stärke oder Cellulose als Bindemittel (Tapetenkleister). Zur Erzielung besonderer Effekte können zerkleinerte Mineralien wie z.B. Glimmer oder Vermiculit beigemischt werden. F. werden meist als Pulver angeboten, das vor der Verarbeitung mit Wasser angerührt wird. Einige Firmen bieten auch fertige Paste, die auf die verputzte Wand aufgetragen wird. Bei den fertigen Pasten können Fungizide (pilztötende Stoffe) enthalten sein. F. werden entweder aufgespritzt oder aufgespachtelt. Beschädigungen können laut Herstellerangaben mühelos repariert werden, indem die F. einfach angefeuchtet und wieder zusammengeschoben wird. Es ist auch möglich, einen Fleck zu entfernen und mit neuem Material auszubessern. Diese Eigenschaft erlaubt auch, die gesamte Tapete mit Wasser von der Wand zu waschen und mit zugesetztem Kleister in einer neuen Wohnung wieder aufzubringen. Bei der Produktauswahl ist auf kunststoff- und biozidfreie Produkte zu achten.

Flugasche F. ist definiert als kleinkörniger, hauptsächlich aus kugelförmigen, glasigen Partikeln bestehender Staub, der bei der Verbrennung von feingemahlener Kohle mit oder ohne Mitverbrennungsstoffe anfällt. F. wird durch elektrostatische oder mechanische Abscheidung staubartiger Partikel aus Rauchgasen von Feuerungsanlagen gewonnen. Sie besteht im Wesentlichen aus Siliciumdioxid und Aluminiumoxid und weist puzzolanische Eigenschaften auf. Durch Mischen, Mahlen, Sieben oder Trocknen von verschiedenen Flugaschen kann behandelte F. hergestellt werden. Wenn eine oder mehrere Flugaschen aus Verbrennungsprozessen mit Sekundärbrennstoffen bestehen, wird die behandelte Flugasche als Flugasche aus Mitverbrennungsprozessen eingestuft. F. wird nach dem Europäischen Abfallverzeichnis als Abfall und zum Teil als gefährlicher Abfall aufgeführt. Als Zement- oder Betonzusatzstoff ist in Deutschland nur die Steinkohlen-F. von Bedeutung.
Durch den Verbrennungsprozess im Kraftwerk können sich Schwermetalle aus dem verwendeten Brennstoff in der Flugasche anreichern. Der Gehalt an →Antimon, →Arsen, Barium, →Blei, →Cadmium, →Chrom, →Cobalt, →Nickel, →Kupfer, Selen, Vanadium und →Zink ist im Gegensatz zu anderen Betonausgangsstoffen zum Teil deutlich erhöht und hängt im Wesentlichen von dem verwendeten Brennstoff ab. Die Schwermetalle sind vorwiegend in Oxiden gebunden oder in die glasige Matrix der Aschenpartikel eingebunden. Zur Einhaltung des deutschen Schutzniveaus sollten beim Einsatz von Steinkohlen-F. als Zement- oder Betonzusatzstoff die Z2-Zuordnungswerte (Eluat) der LAGA-Mitteilung 20 an der Originalsubstanz eingehalten werden.

Flugaschezement F. ist →Zement aus 65 – 95 % Portlandzementklinker und 6 – 35 % →Flugasche. Bei richtiger Verarbeitung und Nachbehandlung können Flugaschen die Festigkeit und Dichtigkeit positiv beeinflussen und die Erhärtung des Betons bei dicken Bauteilen fördern. Nicht zuletzt werden durch Zementeinsparung die Umweltbelastungen herabgesetzt.
Die Verwendung des Reststoffes F. im Bauwesen ist grundsätzlich sinnvoll. Durch geeignete Grenzwerte und Kontrollen muss aber sichergestellt sein, dass evtl. enthaltene Schadstoffe bei einer vorgesehenen Verwendung zu keinen Gesundheitsgefahren führen können.

Fluorchlorkohlenwasserstoffe →FCKW

Fluorierte Treibhausgase (FKW, HFKW, SF_6) Unter dem Begriff F. werden in Anlehnung an das Kyoto-Protokoll
- die Stoffgruppe der teilfluorierten Kohlenwasserstoffe (HFKW),
- die Stoffgruppe der voll- oder perfluorierten Kohlenwasserstoffe (FKW) und

F

– Schwefelhexafluorid (SF_6)
zusammengefasst.

FKW ist eine Sammelbezeichnung für eine Vielzahl von niedermolekularen, aliphatischen (offenkettigen) oder alicyclischen (ringförmigen, nicht-aromatischen) Kohlenwasserstoffen, deren Wasserstoffatome vollständig durch Fluoratome ersetzt sind. Sind hingegen noch Wasserstoffatome im Molekül erhalten, werden diese Stoffe unter dem Sammelbegriff teilfluorierte Kohlenwasserstoffe oder auch wasserstoffhaltige Fluorkohlenwasserstoffe (HFKW) zusammengefasst. Allen Stoffen dieser beiden Stoffgruppen gemeinsam ist, dass keine weiteren Elemente als Kohlenstoff, Fluor und ggf. Wasserstoff enthalten sind. Die wichtigsten HFKW und FKW leiten sich vom Methan, Ethan und Propan ab.

Die verschiedenen FKW und HFKW werden i.Allg. unter Angabe ihres Kurzzeichens genannt. Häufig ist dem Kurzzeichen ein „R" für Refrigerant (Kältemittel) vorgesetzt. Die Kurzzeichen sind aus drei Ziffern bestehende Nummern. Sie werden nach folgendem Schema vergeben:

1. Ziffer: Anzahl der Kohlenstoffatome im Molekül minus eins (eine „0" wird nicht angegeben)
2. Ziffer: Anzahl der Wasserstoffatome plus eins
3. Ziffer: Anzahl der Fluoratome. Kleine Buchstaben hinter der Zahl kennzeichnen den Ort der Substitution

Beispiel: 134a = $C_2H_2F_4$ oder CF_3-CH_2F

Teil- und perfluorierte Kohlenwasserstoffe sind, verglichen mit den zugehörigen halogenfreien Kohlenwasserstoffen, thermisch und chemisch wesentlich stabiler. Perfluorierte Kohlenwasserstoffe zählen zu den stabilsten organischen Verbindungen überhaupt. Sie zersetzen sich erst oberhalb von 800 °C. Sowohl FKW als auch die meisten HFKW zeichnen sich durch Schwer- oder Unbrennbarkeit aus.

Die Produktion fluorierter Gase findet in Deutschland nur durch einen Hersteller, die Fa. Solvay Deutschland, statt. HFKW und teilweise FKW werden in vielen Anwendungen eingesetzt, in denen vorher voll- oder teilhalogenierte Fluorchlorkohlenwasserstoffe (FCKW oder HFCKW) sowie Halone verwendet wurden. Anwendungsbereiche für HFKW sind im Wesentlichen:

- Stationäre und mobile Kälte- und Klimaanwendungen (als Kältemittel)
- Dämmstoffe/Schaumstoffe (als Treibmittel)
- Aerosole (als Treibgas)

Hauptemissionsquellen für HFKW sind in Deutschland die Verwendung als Treibmittel in Schaumstoffen einschließlich →Polyurethan-Montageschaum und als Kältemittel. Während im Jahr 2002 auf Schaumstoffe etwa 46 % der Emissionen entfielen, waren etwa 44 % der HFKW-Emissionen auf ihre Verwendung als Kältemittel in der stationären und mobilen Kühlung (Kälte und Klima) zurückzuführen. Gut die Hälfte dieser Kältemittelemissionen entfiel dabei auf Pkw-Klimaanlagen. Auch die Produktion von HFCKW, wo HFKW-Emissionen als unerwünschtes Nebenprodukt entstehen, ist eine relevante Emissionsquelle.

Teilfluorierte Kohlenwasserstoffe (HFKW), die als Ersatzstoffe der inzwischen verbotenen Stoffe →FCKW und →HFCKW verwendet werden, tragen zwar nicht mehr zum →Ozonabbau in der Stratosphäre bei, weisen aber ein sehr hohes →Treibhauspotenzial auf. Wenn auch der Anteil am bisherigen zusätzlichen Treibhauseffekt gering ist, kommt dem Problem im Hinblick auf das hohe Zuwachspotenzial im Rahmen der FCKW-Substitution eine hohe Bedeutung zu. Auch ist zu berücksichtigen, dass sich mittels Maßnahmen bei den fluorierten Gasen – z.B. durch Substitution – häufig eine Emissionsreduktion um 100 % erzielen lässt. Dies ist bei den klassischen Treibhausgasen meist nicht möglich. Die durch Einzelmaßnahmen z.B. beim Treibhausgas Kohlendioxid erzielbaren Emissionsminderungen liegen in einer mit den möglichen Emissionsminderungen bei den fluorierten Gasen vergleichbaren Größenordnung (Quelle: Fluorierte Treibhausgase in Produkten und Verfahren – Technische Maßnahmen zum Klimaschutz. UBA, 2004).

Tabelle 46: Entwicklung der HFKW-Emissionen in Deutschland von 1995 bis 2002 (nach: UBA, 2004)

Emissionsquelle	**HFKW-Emissionen in t (gerundet)**						
	1995	**1998**	**1999**	**2000**	**2001**	**2002**	**2002 [1)]**
Stationäre Kälte/Klima	80	580	780	980	1.200	1.100	13.800
Mobile Kälte/Klima	150	640	880	1.100	1.400	1.600	15.500
Davon nur Pkw	120	550	760	980	1.200	1.400	13.700
PUR-Montageschaum	1.800	1.800	1.600	1.500	1.400	700	
PUR-Schäume	0	92	93	94	95	100	920
XPS-Schäume	0	0	0	0	1.650	2.000	470
Dosieraerosole	0	27	41	78	140	200	–
Andere Aerosole	170	190	220	240	260	270	–
Halbleiterherstellung	1,1	1,0	1,1	1,4	1,2	0,9	–
Sonstiges (Verwendung)	0,9	1,0	0,9	1,6	6,8	3,6	–
Insgesamt (Verwendung)	2.200	3.400	3.600	4.000	6.100	6.000	–
Sonstiges (Produktion)	370	260	250	130	120	100	–
Insgesamt	**2.600**	**3.600**	**3.900**	**4.100**	**6.200**	**6.100**	–

[1)] Potenzielle Emissionen (durchschnittlicher Jahresbestand)

Eine 2002 erlassene österreichische Verordnung (HFKW-FKW-SF6-VO: BGBl. 447/2002) sieht ein Verbot für die mengenmäßig wichtigsten HFKW-Anwendungen vor. Ab den angegebenen Zeitpunkten müssen diese Produkte und Anlagen HFKW-frei sein. Die in der Tabelle 48 angegebenen baurelevanten Verbotstermine beziehen sich auf das Inverkehrsetzen von HFKW-haltigen Produkten, wobei nach den Terminen eine 6-monatige Frist gilt, in der vor dem Verbotstermin produzierte Produkte und Geräte noch abgegeben werden dürfen.

Bedeutsame Ersatzstoffe für F. sind Kohlendioxid, Kohlenwasserstoffe (z.B. Butan, Pentan), Ammoniak, Dimethylether und Stickstoff. Alle genannten Stoffe sind relevant für die Kälte- und Klimatechnik, einige für die Schaumstoff- und Aerosolindustrie sowie als Löse- und Feuerlöschmittel. Eine pauschale Bewertung der Ersatzstoffe im Vergleich mit fluorierten Gasen ist nicht möglich. Wegen vielfältiger

Tabelle 47: Entwicklung der FKW-Emissionen in Deutschland von 1990 bis 2002 in Tonnen (nach: UBA, 2004)

Emissionsquelle	**FKW-Emissionen in t (gerundet)**							
	1990	**1995**	**1998**	**1999**	**2000**	**2001**	**2002**	**2002 [1)]**
Aluminiumproduktion	350	230	170	130	53	55	64	–
Halbleiterherstellung	15	23	29	37	43	29	33	–
Leiterplattenfertigung	3,4	3,4	3,4	3,4	3,4	3,4	2	–
Kältetechnik	0	1	7	10	11	12	13	98
Insgesamt	**370**	**260**	**210**	**180**	**110**	**99**	**110**	–

[1)] Potenzielle Emissionen (durchschnittlicher Jahresbestand)

F

Tabelle 48: Gesetzliche Regelungen für HFKW-Anwendungen in Österreich

Anwendungsbereich	**Verboten ab**	**Anmerkung**
Schäume		
PU-Hartschaumplatten	1.1.2005	
PU-Montageschäume	1.1.2006	
XPS-Platten bis 8 cm	1.1.2005	
XPS-Platten über 8 cm	1.1.2008	Ausnahme: HFKW mit GWP kleiner 300
Alle anderen Schäume	1.7.2003	
Als Feuerlöschmittel		
Handfeuerlöscher	1.7.2003	
Feuerlöschsysteme	1.1.2003	Ausnahme: HFKW mit GWP kleiner 3.000 und keine Alternative vorhanden
Als Kältemittel		
Klima- und Kältetechnik	1.1.2008	
Wärmepumpen	1.1.2008	

Einflussfaktoren (indirekte Treibhausgasemissionen, Arbeitssicherheit etc.) muss die Bewertung anwendungsbezogen erfolgen. Damit gilt, dass auf den Einsatz fluorierter Gase wegen ihres hohen Treibhauspotenzials und ihrer Persistenz dort verzichtet werden sollte, wo der Einsatz halogenfreier Stoffe und/oder Verfahren technisch und unter Sicherheitsaspekten möglich ist und nicht zu ökologisch nachteiligen Situationen führt.

→Schwefelhexafluorid (SF_6) wird in einer Vielzahl von Anwendungen eingesetzt, z.T. in sehr geringem Umfang. Gegenwärtig stellen Emissionen aus Schallschutzfenstern die größte Emissionsquelle von SF_6 dar (30 %). Durch einen drastischen Rückgang der Emissionen aus Schallschutzfenstern und Autoreifen konnte der starke Emissionsanstieg zunächst gestoppt und zwischenzeitlich umgekehrt werden. Insgesamt sanken die SF_6-Emissionen zwischen 1995 und 2002 um fast 50 %.

Tabelle 49: Entwicklung der SF_6-Emissionen in Deutschland von 1990 bis 2002 in Tonnen (nach: UBA, 2004)

Emissionsquelle	**SF_6-Emissionen in t (gerundet)**							
	1990	**1995**	**1998**	**1999**	**2000**	**2001**	**2002**	**2002** [1]
Elektr. Betriebsmittel	23	25	28	22	20	19	31	1.400
Schallschutzscheiben	69	110	56	52	52	51	47	2.100
Autoreifen	66	110	130	67	50	30	9	19
Magnesiumgießereien	7	8	10	11	12	14	16	–
Halbleiterproduktion	3,7	2	2,4	2,2	2,4	1,8	2,4	–
Sonstiges	4,8	21	31	30	31	23	20	80
Gesamt	**170**	**280**	**250**	**180**	**170**	**140**	**160**	–

[1] Potenzielle Emissionen (durchschnittlicher Jahresbestand)

Fluorkohlenwasserstoffe →FKW/HFKW

Fluoroanhydrit Synthetischer →Anhydrit aus der Flusssäureherstellung.

Fluororganische Verbindungen →Perfluortenside, →FCKW, →FKW/HFKW

Fluorwasserstoff F. (HF) ist ein starkes Oxidationsmittel und vor allem für Pflanzen stark toxisch. F. schädigt bereits bei 1,2 ppb und 14 h Einwirkzeit Obstbäume, Tannen, Kiefern, Weinreben sowie Tulpen. Beim Menschen führt es zu Störungen des Calciumstoffwechsels sowie bei hohen Konzentrationen zur Schädigung an Knochen und Zähnen.

Flussmittel zum Löten →Lote verbinden sich nur mit sauberem Material. Die Lötstelle muss daher mit einem F. vorbehandelt werden. Diese F. schmelzen beim →Löten und sperren den Luftsauerstoff ab. Bekannte F. sind →Kolophonium (→Lötholnig), Zinn- und Zinkchloride in Wasser (→Lötwasser) oder Zinn- und Zinkchloride in Mineralölen (→Lötfett). Beim Löten von →Zinkblech kann auch Salzsäure als Flussmittel eingesetzt werden. Beim Löten mit →Hartloten werden auch Flussmittel wie Borax zur Vorbehandlung verwendet. →Weichlote

Fluxbitumen Straßenbaubitumen, dessen Viskosität durch Zusatz schwerflüchtiger Fluxöle auf Mineralölbasis herabgesetzt ist. →Bitumen

FNR Die Fachagentur Nachwachsende Rohstoffe e.V. (FNR) wurde 1993 auf Initiative der Bundesregierung mit der Maßgabe ins Leben gerufen, Forschungs-, Entwicklungs- und Demonstrationsprojekte im Bereich →Nachwachsender Rohstoffe zu koordinieren. Das Förderprogramm und das Markteinführungsprogramm „Nachwachsende Rohstoffe" des Bundesministeriums für Verbraucherschutz, Ernährung und Landwirtschaft geben dafür die Regeln vor. Hauptaufgabe der FNR ist die Betreuung von Forschungsvorhaben zur Nutzung nachwachsender Rohstoffe. Die FNR unterstützt das Qualitätszeichen →natureplus.

Foamglas Markenname für Schaumglas.

FOC Fluorinated Organic Compounds. →Perfluortenside

Fogging Effekt →Schwarze Wohnungen

Fondtapete F. ist eine →Papiertapete, die vor dem Bedrucken einen lichtbeständigen, durchgehenden Farbauftrag erhält, um ein Vergilben zu verhindern.

Formaldehyd F. ist ein bedeutendes Basisprodukt der chemischen Industrie. Neben Tabakrauch sind Holzwerkstoff-Platten die bedeutendsten Quellen für F. in Innenräumen. F. ist Bestandteil der Bindemittel für die Herstellung von →Holzwerkstoffen. Zum Einsatz kommen →Harnstoff-F.-Harze (UF), →Phenol-F.-Harze (PF) und Melamin-F.-Harze (MF; →Melamin-Harze). Insbesondere Holzwerkstoffe, die mit UF-Harzen gebunden sind, können hohe F.-Emissionen in die Innenraumluft hervorrufen. Ursache hierfür ist die Hydrolyseempfindlichkeit des UF-Harzes, insbesondere der freien Methylolgruppen bei unvollständiger Vernetzung. Hohe Luftfeuchten begünstigen die Rückreaktion und damit die Emission von F. Dagegen weisen PF-gebundene Holzwerkstoffe wegen ihres hohen Vernetzungsgrades und großer Bindungsstabilitäten nur ein geringes Potenzial zur Abgabe von F. auf. Obwohl gewachsenes, natürliches Holz kein freies F. enthält, kann es durch Zersetzung von →Lignin unter Lichteinfluss zu einer geringen F.-Abgabe kommen.

Erhöhte F.-Konzentrationen können ferner durch die Verwendung von Desinfektionsmitteln sowie Wandfarben und Lacken auf wässriger Basis entstehen, wenn ihnen F. zur Konservierung zugesetzt wurde. Diese Produkte führen allerdings nur zu einer vorübergehenden Belastung. Dagegen kommt es bei den Holzwerkstoff-Platten infolge einer geringfügigen Zersetzung des Leims zu einer andauernden Abgabe von F., deren Höhe bei den einzelnen Plattentypen sehr unterschiedlich ist.

F. kann wegen seines stechenden Geruchs zu Belästigungen führen und die Augen und Nasenschleimhäute reizen. Die Internationale Krebsforschungsbehörde →IARC hat ihn kürzlich als nachweislich krebserzeugend eingestuft. Bisher gibt es jedoch keine gesicherten Hinweise darauf, dass F.-Konzentrationen, wie sie in Wohnungen anzutreffen sind, zu einer Erhöhung des Krebsrisikos bei den betroffenen Personen führen. Obwohl F. in flüssiger Form ein starkes Allergen ist, sind allergische Reaktionen durch Einatmen von F. über die Raumluft sehr unwahrscheinlich. Das ehemalige Bundesgesundheitsamt hat 1977 für die F.-Konzentration in Innenräumen einen Richtwert von 0,1 ppm (1,2 mg/m^3) festgelegt. Von besonders empfindlichen Personen wird Formaldehyd jedoch bereits in Konzentrationen wahrgenommen, die weniger als halb so groß sind. Typische Hintergrundkonzentration von F. in Wohnräumen betragen zwischen 0,01 und 0,03 ppm. WHO-Luftqualitätsleitwert: 0,1 mg/m^3 (= 0,083 ppm; 30 min).

F

Für eine dauerhafte Absenkung der Formaldehyd-Belastung kommen verschiedene Maßnahmen in Betracht:

- Entfernen der Quelle:
  Sind Möbel oder einfach zu demontierende bzw. leicht zu ersetzenden Holzwerkstoffe die Ursache für die F.-Belastung, stellt das Entfernen der Emissionsquellen die beste Lösung dar.
- Abdichten der Quelle:
  Bei gut zugänglichen Emissionsquellen kommt auch ein Abdichten insbes. der besonders emissionsintensiven Kanten, Bohrlöcher (Schränke) oder Ausfräsungen der Holzwerkstoff-Platten in Betracht. Größere Flächen können ggf. mit einem absperrenden Lack beschichtet werden (→VOC).
- Chemische Bindung des Formaldehyds:
  Hierfür stehen spezielle Schafwollvliese zur Verfügung, deren Wirksamkeit vom →ECO-Umweltinstitut in Zusammenarbeit mit dem Deutschen Wollforschungsinstitut (DWI) untersucht wurde. Dabei wird die natürliche chemische Zusammensetzung der Wolle genutzt, um F. aus der Raumluft fest in den Wollfasern zu binden (Chemisorption). Das Verfahren eignet sich insbesondere für Gebäude, bei denen die Quellen nicht oder nur mit unverhältnismäßigem Aufwand ausgebaut werden können. Durch einen mit dem Verfahren vertrauten Gutachter muss geklärt werden, ob die Methode im Einzelfall geeignet und Erfolg versprechend ist. Zum Einsatz kommen sollten nur Wollvliese, die weder mit →Pyrethroiden (Mottenschutzmittel) noch mit →Flammschutzmitteln behandelt sind.

Aus Laboruntersuchungen der NASA, in denen Pflanzen F. aus der Raumluft aufnehmen und vernichten konnten, wurde bisweilen der Schluss gezogen, dass F.-Probleme in Innenräumen sich durch die Aufstellung von Pflanzen beheben ließen. Die unter Laborbedingungen gewonnenen Ergebnisse können jedoch nicht auf die Praxisbedingungen in Wohnungen übertragen werden. Eine messbare Reduktion der F.-Belastung ist mit Zimmerpflanzen nicht zu erreichen. →Holz

Formaldehydabspalter F. sind Stoffe, die weniger flüchtig, geruchsärmer und stabiler sind als →Formaldehyd. Sie werden eingesetzt als →Topfkonservierungsmittel für Anstrichstoffe. Ihre mikrobizide Wirkung beruht darauf, dass sie Formaldehyd abspalten. Wichtige Verbindungsklassen der F. sind: O-Hydroxymethyl-Verbindungen (Hemiformale), Amino-Formaldehyd-Additions- und -kondensationsprodukte, Amid-Formaldehyd-Additionsprodukte.

Formtrennmittel Um das Ablösen von Betonteilen von Verschalungen und Formen zu gewährleisten, werden F. u.a. mit umweltschädlichen →Alkylphenolethoxylaten (APEO) verwendet.

Fortpflanzungsgefährdende Stoffe →R-Stoffe

Fossile Rohstoffe F. werden aus Lagerstätten gewonnen, die in geologischen Zeiträumen aus organischer Substanz entstanden sind. Dazu gehören Braun- und Steinkohle, →Erdöl, Erdgas und Torf. F. erneuern sich nicht, sie sind deshalb als Energiereserven begrenzt. Energieträger aus F. zählen daher wie die Atomenergie, die auf die mineralischen Rohstoffe Uran bzw. Plutonium angewiesen ist, zu den →Nicht erneuerbaren

Energieträgern. Durch die Verbrennung von F. wird außerdem über geologische Zeiträume gebundenes CO_2 freigesetzt (→Treibhauseffekt). Dennoch wird der Weltprimärenergiebedarf zu 90 % durch die Verbrennung F. gedeckt. F. sind nach Möglichkeit durch Rohstoffe aus →Erneuerbaren Ressourcen zu ersetzen.

Fotoinitiatoren F. sind Stoffe, die zum Starten von Polymerisationsprozessen für UV-Beschichtungen eingesetzt werden. Es handelt sich um ein Lackierverfahren, bei dem i.Allg. keine →Lösemittel eingesetzt werden müssen. Die flüssige Beschichtung erstarrt unter UV-Belichtung in Sekunden zur fertigen Lackschicht. Anwendungsbereiche der UV-Härtung sind z.B.: Möbel- und Fußbodenlackierung, Skilackierung, Härtung von Zahnfüllungen, Hochglanzlacke auf Zeitschriften und Postkarten. F. enthalten als molekulares Strukturmerkmal i.Allg. eine Benzoylgruppe, die hauptsächlich für die Aufnahme der Lichtenergie verantwortlich ist. Durch die Lichtabsorption entstehen Radikale (extrem reaktionsfreudige Moleküle), die sich an die Kohlenstoff-Doppelbindungen der ungesättigten Reaktionspartner (Reaktivharze) addieren. Reaktivharze sind hauptsächlich acrylatmodifizierte →Oligomere und ungesättigte Polyester. Bei den Acrylatharzen handelt es sich i.d.R. um Epoxy-, Polyester- oder Polyurethan-Oligomere, die als Endgruppen Acrylsäureester tragen.

Vielverwendete F. nach Salthammer sind Benzophenon (BP/Aminsysteme), Hydroxyacetophenone (1-Hydroxycyclohexyl-phenon = HCPK, 1-Phenyl-2-hydroxy-2-methyl-propan-1-on = PHMP), Benzilketale (2,2-Dimethoxy-2-phenyl-acetophenon = DPAP), Dialkoxyacetophenone (2,2-Diethoxy-acetophenon = DAP), Phosphinoxide (2,4,6-Trimethyl-benzoyl-diphenylphosphin-oxid = TBDPO), Benzoinether, Thiocyanate u.a. Einige F. sind Bestandteile der Emissionen von UV-beschichteten Produkten (z.B. Möbel). Da als Folge der hohen Abbruchrate von Radikalreaktionen in Oberflächenbeschichtungen die F. in höheren Mengen (überstöchiometrisch) eingesetzt werden müssen und darüber hinaus die Bestrahlungsintensität bei der Beschichtung von Holz- und Holzwerkstoffen oft unzureichend ist, werden F. von den gebrauchsfertigen Produkten emittiert. Geruchslose F. können wegen ihrer Zerfallsprodukte durchaus bedeutsame Geruchsprobleme verursachen (z.B. →Benzaldehyd).

Fotokatalyse Unter F. versteht man durch Licht ausgelöste katalytische Vorgänge, d.h. die Beschleunigung chemischer Reaktionen durch einen Stoff (Katalysator), der dabei nicht verbraucht wird. Bei der F. wird der Katalysator zuerst durch Licht (Sonne, Lampen) energetisch angeregt und entwickelt dadurch die gewünschte Wirkung. Das bekannteste Beispiel einer F. ist die Fotosynthese, bei der der Fotokatalysator Chlorophyll durch Licht aus Wasser und Kohlendioxid die Bildung von Traubenzucker und Sauerstoff ermöglicht.

Spezielle Fotokatalysatoren (visible light catalysts, VLC) sind in der Lage, bereits herkömmliche Beleuchtung und selbst das diffuse Tageslicht in →Innenräumen zu nutzen, um Schadstoffe wie zum Beispiel →Formaldehyd sowie Gerüche abzubauen. Ein solcher Fotokatalysator, der z.B. in sog. aktiven Dispersionsfarben eingesetzt wird, ist ein speziell modifiziertes Titandioxid.

Fotooxidantienbildungspotenzial Das F. (photochemical ozone creation potential, POCP) bezeichnet die Eigenschaften einer Substanz zur Bildung von Fotooxidantien (→Sommersmog) beizutragen. Das F. wird relativ zur Leitsubstanz Ethylen angegeben. →Wirkbilanz, →Ökobilanz

FOV Abk. für flüchtige organische Verbindungen, meist als →VOC (volatile organic compounds) abgekürzt.

Fruchtschädigend Der Begriff F. wurde mit der →Gefahrstoffverordnung vom 1.11.1993 durch den Begriff fortpflanzungsgefährdend (reproduktionstoxisch) ersetzt. Reproduktionstoxisch berücksichtigt sowohl die nicht vererbbaren Schäden der Nachkommenschaft (fruchtschädigend) wie auch die Beeinträchtigung der männlichen und weiblichen Fortpflanzungsfunktionen oder -fähigkeiten. →KMR-Stoffe

FSC Der Forest Stewardship Council wurde 1993 gegründet mit dem Ziel, die ein Jahr zuvor auf der UN-Konferenz über Umwelt und Entwicklung (UNCED) aufgestellten Forderungen an „nachhaltige Entwicklung" für Wälder umzusetzen. Besondere Bedeutung hat dabei die gleichwertige Berücksichtigung von sozialen, ökologischen und wirtschaftlichen Aspekten bei der Nutzung von Naturgütern. Der FSC ist eine internationale gemeinnützige Organisation mit Sitz in Bonn und nationalen Arbeitsgruppen in 76 Ländern. Er wird von Umweltorganisationen (WWF, Greenpeace, NABU, Robin Wood u.a.), Sozialverbänden (IG BAU, IG Metall u.a.), sowie zahlreichen Unternehmen unterstützt. Der FSC zielt darauf ab, Wälder zu erhalten. Strenge Kriterien, an denen die Bewirtschaftung der Wälder ausgerichtet werden soll, dienen dazu, unkontrollierte Abholzung, Verletzung der Menschenrechte und Belastung der Umwelt zu vermeiden.
Bisher wurden weltweit mehr als 51 Mio. Hektar Wald FSC-zertifiziert.
Das Holz aus FSC-zertifizierten Wäldern wird mit dem FSC-Siegel gekennzeichnet. Produkte mit FSC-Siegel durchlaufen vom Wald bis zum Endverbraucher eine oft lange Kette verschiedener Stufen des Handels und der Verarbeitung, die sog. Produktkette (chain of custody). Folgende Labels existieren:

- FSC Pure: FSC-Produkte aus 100 % FSC-Holz
- FSC Mix: Produkte, bei deren Herstellung FSC-Holz, Holz aus kontrollierten Quellen oder Recyclingmaterial verwendet wurde. Holz aus illegalen Quellen, Raubbau oder nicht nachweisbaren Quellen ist bei dieser Mischung ausgeschlossen.
- FSC Recycling: Produkte mit dem FSC-Recycling-Label stehen für den Einsatz von Recycling-Material. Die Verwendung von Recycling-Material entlastet Wälder und leistet somit einen wichtigen Beitrag zur vernünftigen Verwendung von Holz.

→Nachhaltigkeit, →PEFC

FSM →Flammschutzmittel

Füller →Gesteinsmehl

Füllstoffe in Anstrichstoffen F. sind Substanzen in körniger oder in Pulverform, die im Anwendungsmedium unlöslich sind und in Beschichtungsstoffen verwendet werden, um bestimmte physikalische Eigenschaften zu erreichen oder zu beeinflussen. F. gem. VdL-Richtlinie Bautenanstrichstoffe sind z.B. silikatische Füllstoffe (z.B. Calciumsilicat, Glimmer, Kaolin, Kieselglas, Kieselgur, Kieselsäure, Natriumaluminium-Silikat, Quarzmehl, Siliciumdioxid, Quarzsand, Talkum), andere mineralische Füllstoffe (z.B. Aluminiumhydroxide, Blanc fixe, Calciumcarbonat, Calcit, Dolomit, Kalkspat, Kreide, Schwerspat), organische Füllstoffe (z.B. Cellulose, Holzfasern).

Fugendichtungsmaterialien →Dichtstoffe, →Acryl-Dichtstoffe, →Silikon-Dichtstoffe, →Polysulfid-Dichtstoffe, →Polyurethan-Dichtstoffe

Fugenmörtel F. wird zum Herstellen regendichten Sichtmauerwerkes verwendet. Eingesetzt wird →Mörtel der Gruppen II oder IIa (Kalkzementmörtel), der glattgestrichen wird. Besonders geeignet ist trasshaltiger Mörtel (→Trass). Der Zuschlagsand muss gemischtkörnig sein (0 – 2 mm), damit die Fugen dicht werden. Fugenmörtel unter Verwendung chromatarmer, rein mineralischer Produkte, die keine Weichmacher, Biozide und Lösemittel enthalten, sind weitgehend umweltverträglich.

Fungizide F. sind →Biozide Wirkstoffe gegen Pilze. Sie werden zum Holzschutz in Farben oder Bauchemikalien verwendet.

Furan F. ist eine leicht flüchtige (Sdp.: 31 °C), farblose Flüssigkeit. Synonyme sind: 1,4-Epoxy-1,3-butadien, Furfuran, Oxol, Tetrol, Divinylenoxid, Oxacyclopentadien. F. ist in den durch Destillation harzhaltiger Nadelhölzer gewonnenen Ölen enthalten. Es ist ein Synthesezwischenprodukt bei verschiedenen linearen Polymeren und anderen organischen Synthesen sowie Lösemittel von Harzen bei der Herstellung von Lacken. F. findet sich als Verunreinigung in einer Vielzahl von Lebensmitteln, insbesondere solchen, die eine Erhitzung durchlaufen wie Kaffee, in Dosen und Gläsern abgefüllte Lebensmittel einschließlich fleisch- und gemüsehaltiger Babynahrung. Frisches Gemüse enthält kein F. Es ist in der Gasphase des Zigarettenrauchs in Konzentrationen von 8,4 µg/40 ml pro Zug enthalten und wird rasch von der Lunge oder vom Darm aufgenommen. F. ist krebserzeugend (EU: K2). Die Leber ist das primäre Zielorgan der F.-Toxizität nach oraler Aufnahme. F. steht darüber hinaus im Verdacht auf erbgutverändernde Wirkung (EU: M3). Es fehlen Untersuchungen zur Reproduktionstoxizität.

Furane Die Bezeichnung F. wird häufig als Kurzbezeichnung für die Stoffgruppe der polychlorierten Dibenzofurane (PCDF) verwendet, von der aufgrund der unterschiedlichen Anzahl und Stellung der Chloratome im Molekül-Grundgerüst 135 Einzelsubstanzen (→Kongenere) existieren. Bzgl. Vorkommen, Giftigkeit und Bedeutung stehen die F. den polychlorierten →Dioxinen nahe.

Furfural F. (Furan-2-aldehyd) reizt die Augen und die Haut und steht im Verdacht auf krebserzeugende Wirkung (EU 3). Zur relativen Toxizität von F. →NIK-Werte: Je niedriger der NIK-Wert, umso höher ist die Toxizität des jeweiligen Stoffes. Korkprodukte und →Holzwerkstoffe (→OSB-Platten) können bedeutende Mengen F. abgeben, wenn im Verlauf der Produktion Hitzeeinwirkungen stattgefunden haben. Ursache für die Bildung des F. ist die thermische Zersetzung der im Kork/Holz enthaltenen →Hemicellulosen bei Temperaturen > 150 °C.

Furmecyclox F. ist ein →Biozid aus der Gruppe der Organostickstoff-Verbindungen. Synonyme: N-Cyclohexyl-N-methoxy-2,5-dimethyl-3-furancarboxamid, Xyligen B. F. wurde in den 1980er-Jahren als Wirkstoff in →Holzschutzmitteln eingesetzt. F. ist von der →EPA als wahrscheinlich krebserzeugend beim Menschen eingestuft. In Innenräumen mit F.-Anwendung bindet sich der Stoff an →Hausstaub.

Furnierböden F. sind Bodenelemente mit umlaufender Nut und Feder, deren Oberfläche aus einem →Furnier (0,2 – 0,5 mm dick) der gewünschten Holzart und einer Kunstharzversiegelung besteht. Die Mittelschicht ist meist ein Holzwerkstoff (→Sperrholz oder →MDF-Platte), der Gegenzug ein Kraftpapier o.Ä. F. sind sehr billig in der Anschaffung, weisen aber geringe Haltbarkeit auf und sind sehr schlecht renovierbar (max. 1-mal abschleifbar, keine Walzenschleifmaschinen verwenden).

Furniere F. sind dünne Holzblätter, die aus hochwertigen Hölzern gemessert oder geschält werden. Die Stärke von F. beträgt 0,1 bis 1 mm bei Messer- und bis zu 6 mm bei Schälfurnieren. Als Trägermaterial für F. werden →Holzwerkstoffplatten oder geringwertigere Hölzer eingesetzt. F. finden vor allem im Möbel- und Innenausbau Anwendung. →Buche ist die derzeit am häufigsten verwendete Holzart. Weitere europäische Hölzer, die sich zur Herstellung von F. eignen, sind →Eiche und →Birke, aber auch →Ahorn, →Esche, →Kirsche und andere Laubhölzer. F. aus Nadelholz spielen nur eine geringe Rolle. Vor dem Schälen bzw. Messern wird das Holz gedämpft bzw. gekocht. Abhängig von der Holzart und dem Farbanspruch sind Kochzeiten von einem Tag bis zu einer Woche notwendig. Beim Schälen wird das runde Holzstück gegen ein stationäres Messer gedreht und so ein „endloses" F. erzeugt. Im Schälverfahren können Hölzer mit geringerem Wert oder dünnere Stämme wertvollerer Holzarten bearbeitet werden. Schälfurniere werden v.a. für →Sperrholz eingesetzt. Für Verkleidungen von Möbeln oder Türblättern dienen i.d.R Messerfurniere. Dabei wird aus dem in der Länge durchgeschnittenen Holzstamm Blatt für Blatt „abgemessert".

Bedingt durch die langen Dämpfungs- bzw. Kochzeiten ist der Energiebedarf zur Herstellung von F. vergleichsweise hoch. Der Vorteil liegt in der gezielten und damit rohstoffeffizienten Ausnutzung hochwertiger Hölzer als Decklage. Das Emissionsverhalten von furnierten Werkstoffen hängt von der Menge und Qualität der Leime ab, mit denen die F. auf die Trägerschicht aufgetragen werden. Raubbau ist bei F. aus →Tropenhölzern nur mit einem FSC-Zertifikat auszuschließen. →Holz, →Holzwerkstoffe

Furnierplatte →Sperrholz

G

Furnierschichtholz F. (laminated veneer lumber, LVL) ist ein stab- oder plattenförmiger Werkstoff, der aus bis zu 6 mm dicken, faserparallel mit Phenolharz miteinander verleimten Fichten- bzw. Kiefernschälfurnieren besteht. F. wird für aussteifende Funktionen, tragende Dach- und Deckenbeläge verwendet. Grundsätzlich darf F. dort verwendet werden, wo auch →Brettschichtholz zum Einsatz kommen könnte. Aufgrund der guten Imprägnierbarkeit von Furnierschichtholz wird dieses Material gerne bei fungizider, insektizider und klimatischer Beanspruchung eingesetzt (siehe auch →Holzwerkstoffe V-100 G). →Lagenhölzer, →Holz, →Holzwerkstoffe, →Furniere, →Emissionsklassen, →Formaldehyd

Fußbodenarbeiten Bei Arbeiten an Fußböden können insbesondere folgende Gefahrstoffe auftreten:
- Asbestfasern aus alten asbesthaltigen Bodenbelägen (→Floor-Flex-Platten, →Cushion-Vinyl-Bodenbeläge) oder Bitumen- bzw. Teerklebstoffen
- Asbestfasern aus →Steinholzestrichen
- →Polycyclische aromatische Kohlenwasserstoffe (PAK) aus alten teerhaltigen →Parkettklebstoffen
- Quarzfeinstaub (→Quarz) beim Abschleifen
- Spachtelmassen auf Basis von →Zement
- Lösemittelhaltige Vorstriche/Grundierungen
- Lösemittelhaltige Klebstoffe
- Holzstaub beim Abschleifen
- Lösemittelhaltige Holzkitte
- Lösemittelhaltige Oberflächenbehandlungsmittel

Fußbodenhartöle →Hartöle

Fußbodenwachse F. schützen durch ihren wasserabweisenden Effekt den Fußboden vor Feuchtigkeit. Sie werden üblicherweise in Kombination mit einer Ölimprägnierung eingesetzt (→Ölen und Wachsen). Es ist wichtig, F. dünn und gleichmäßig aufzutragen und Überstände zu vermeiden. Nicht entfernte, getrocknete Überstände lassen sich später schlecht wegpolieren und bleiben als weiße Schleier. Durch den Leinölgehalt in natürlichen F. besteht Selbstentzündungsgefahr der Lappen, daher ausgebreitet im Freien trocknen lassen. Beispielrezeptur eines F. eines →Pflanzenchemieherstellers: →Bindemittel aus →Leinöl, Rizinenöl, Sonnnenblumenöl, Kolophoniumglycerinester (z.T. als Ammoniumseife), Holzöl-Standöl, →Bienenwachs, →Carnaubawachs, mineralische Füllstoffe, Wasser, Tenside aus Rizinusöl und Rapsöl, Lecithin, →Methylcellulose, Xanthan, →Borate, →Kieselsäure, Ca/Co/Zr-→Trockenstoffe (bleifrei).

G

Gasbeton Alter Name für →Porenbeton.

Gaufrierung G. ist eine leichte, über die gesamte Tapetenfläche eingebrachte Prägestruktur. Die Tapetenbahn wird dadurch leichter tapezierbar, weil sie besser verschiebbar ist. Verzüge der Tapetenbahn lassen sich besser ausgleichen. Durch die G. wird eine bedruckte Papiertapete weniger glänzend.

Gebäude-Schadstoffe Sammelbegriff für Schadstoffe im Innenbereich (→Innenraum-Schadstoffe) und im Außenbereich von Gebäuden. Beispiele für bedeutsame G. und ihre gesundheitliche Bedeutung (verkürzt):

Schadstoff	Gesundheitliche Bedeutung
→Asbest	Kanzerogenität
→Formaldehyd	Reizwirkung, Kanzerogenität
→Künstliche Mineralfasern (KMF)	Kanzerogenität
→Pentachlorphenol (PCP), Lindan	Kanzerogenität
→Polychlorierte Biphenyle (PCB)	Kanzerogenität, Reproduktionstoxizität
→Polycyclische aromatische Kohlenwasserstoffe (PAK)	Kanzerogenität, Mutagenität
→Radon	Kanzerogenität
→Schimmelpilze	Allergenität, Reizwirkung
→VOC	Diverse

Gebindekonservierung →Konservierungsmittel

Gebrauchsklassen →Holzschutzmittel

Gebrauchtholz G. im Sinne der →Altholzverordnung sind gebrauchte Erzeugnisse aus Massivholz, Holzwerkstoffen oder aus Verbundstoffen mit überwiegendem Holzanteil (> 50 M.-%), z.B. Holzverpackungen, Möbel, Paletten. →Industrierestholz

Gefährdungsklassen →Holzschutzmittel

Gefährdungspotenzial Der Begriff G. wird in der Toxikologie mit der Bedeutung „Möglichkeit eines Schadenseintritts“ verwendet. →Gefahr, →Konkrete Gefahr, →Risiko

Gefährlichkeitsmerkmale Gem. Chemikaliengesetz sind Stoffe und Zubereitungen „gefährlich“, die eine oder mehrere der in § 3a Abs. 1 des Chemikaliengesetzes genannten und in Anhang VI der Richtlinie 67/548/EWG näher bestimmten Eigenschaften aufweisen. Es werden folgende G. unterschieden:

1. Explosionsgefährlich, wenn sie ...
2. Brandfördernd, wenn sie ...
3. Hochentzündlich, wenn sie ...
4. Leichtentzündlich, wenn sie ...
5. Entzündlich, wenn sie ...
6. Sehr giftig, wenn sie in geringer Menge bei Einatmen, Verschlucken oder Aufnahme über die Haut zum Tode führen oder akute oder chronische Gesundheitsschäden verursachen können
7. Giftig, wenn sie in sehr geringer Menge bei Einatmen, Verschlucken oder Aufnahme über die Haut zum Tode führen oder akute oder chronische Gesundheitsschäden verursachen können
8. Gesundheitsschädlich, wenn sie bei Einatmen, Verschlucken oder Aufnahme über die Haut zum Tode führen oder akute oder chronische Gesundheitsschäden verursachen können
9. Ätzend, wenn sie lebende Gewebe bei Berührung zerstören können
10. Reizend, wenn sie – ohne ätzend zu sein – bei kurzzeitigem, länger andauerndem oder wiederholtem Kontakt mit Haut oder Schleimhaut eine Entzündung hervorrufen können
11. Sensibilisierend, wenn sie bei Einatmen oder Aufnahme über die Haut Überempfindlichkeitsreaktionen hervorrufen können, sodass bei künftiger →Exposition gegenüber dem Stoff oder der Zubereitung charakteristische Störungen auftreten

12. Krebserzeugend, wenn sie bei Einatmen, Verschlucken oder Aufnahme über die Haut Krebs erregen oder die Krebshäufigkeit erhöhen können (→K-Stoffe)
13. Fortpflanzungsgefährdend (reproduktionstoxisch), wenn sie bei Einatmen, Verschlucken oder Aufnahme über die Haut nichtvererbbare Schäden der Nachkommenschaft hervorrufen oder deren Häufigkeit erhöhen (fruchtschädigend) oder eine Beeinträchtigung der männlichen oder weiblichen Fortpflanzungsfunktionen oder -fähigkeit zur Folge haben können (→R-Stoffe)
14. Erbgutverändernd, wenn sie bei Einatmen, Verschlucken oder Aufnahme über die Haut vererbbare genetische Schäden zur Folge haben oder deren Häufigkeit erhöhen können
15. Umweltgefährlich, wenn sie selbst oder ihre Umwandlungsprodukte geeignet sind, die Beschaffenheit des Naturhaushalts, von Wasser, Boden oder Luft, Klima, Tieren, Pflanzen oder Mikroorganismen derart zu verändern, dass dadurch sofort oder später Gefahren für die Umwelt herbeigeführt werden können

Gefahr Der Begriff G. bezeichnet die hinreichende Wahrscheinlichkeit eines Schadenseintritts. →Konkrete Gefahr, →Risiko

Gefahrenbereich →Brandschäden

Gefahrensymbole G. dienen der Kennzeichnung gefährlicher Stoffe und Zubereitungen gemäß →Gefahrstoffverordnung. Es handelt sich um quadratische, orange-gelbe Kennzeichnungen mit schwarzem Aufdruck. Zu den G. gehören eine Gefahrenbezeichnung und ein Buchstabenkürzel. Auf besondere Gefahren wird zusätzlich durch so genannte R-Sätze, auf notwendige Vorsichtsmaßnahmen durch standardisierte Sicherheitsratschläge (S-Sätze) hingewiesen.

Gefahrstoff Allg.: Ein chemisches, biologisches oder physikalisches Agens, das Gesundheits- oder Umweltschäden verursachen kann.

G. im Sinne der →Gefahrstoffverordnung sind die in § 3 GefStoffV bezeichneten Stoffe.

Gefahrstoffverordnung Die am 1.1.2005 in Kraft getretene G. gilt für das Inverkehrbringen von Stoffen, Zubereitungen und Erzeugnissen, zum Schutz der Beschäftigten und anderer Personen vor Gefährdungen ihrer Gesundheit und Sicherheit durch Gefahrstoffe und zum Schutz der Umwelt vor stoffbedingten Schädigungen. Die G. ist wie folgt gegliedert:

1. Anwendungen und Begriffsbestimmungen, §§ 1 – 3
2. Gefahrstoffinformationen, §§ 4 – 6
3. Allgemeine Schutzmaßnahmen, §§ 7 – 9
4. Ergänzende Schutzmaßnahmen, §§ 10 – 17
5. Verbote und Beschränkungen, § 18
6. Vollzugsregelungen und Schlussvorschriften, §§ 19 – 22
7. Ordnungswidrigkeiten und Straftaten §§ 23 – 26

Anhänge:

I. In Bezug genommene Richtlinien der EG
II. Besondere Vorschriften zur Information, Kennzeichnung und Verpackung
III. Besondere Vorschriften für bestimmte Gefahrstoffe und Tätigkeiten
IV. Herstellungs- und Verwendungsverbote
V. Arbeitsmedizinische Vorsorgeuntersuchungen

Inhaltliche Schwerpunkte der Gefahrstoffverordnung sind:

– Gefährdungsbeurteilung und Informationsbeschaffung durch den Arbeitgeber als zentrale Instrumente zur Einstufung von Tätigkeiten
– →Schutzstufenkonzept mit vier Stufen in Abhängigkeit von den Gefährlichkeitsmerkmalen des Stoffes und der Tätigkeit
– Risikobezogene →Arbeitsplatzgrenzwerte (AGW, ersetzen die bisherigen TRK-Werte)

Nach Maßgabe des Anhangs IV der G. bestehen Herstellungs- und Verwendungsverbote für:

Nr. 1 →Asbest

Nr. 2 2-Naphthylamin, 4-Aminobiphenyl, Benzidin, 4-Nitrobiphenyl
Nr. 3 →Arsen und seine Verbindungen
Nr. 4 →Benzol
Nr. 5 →Antifoulingfarben
Nr. 6 Bleicarbonate, Bleisulfate
Nr. 7 →Quecksilber und seine Verbindungen
Nr. 8 →Zinnorganische Verbindungen
Nr. 9 Di-μ-oxo-di-n-butylstanniohydroxyboran
Nr. 10 Dekorationsgegenstände, die flüssige gefährliche Stoffe oder Zubereitungen enthalten
Nr. 11 Aliphatische Chlorkohlenwasserstoffe
Nr. 12 →Pentachlorphenol und seine Verbindungen
Nr. 13 Teeröle
Nr. 14 →Polychlorierte Biphenyle und Terphenyle sowie Monomethyltetrachlordiphenylmethan, Monomethyldichlordiphenylmethan und Monomethyldibromdiphenylmethan
Nr. 15 →Vinylchlorid
Nr. 16 Starke Säure-Verfahren zur Herstellung von Isopropanol
Nr. 17 →Cadmium und seine Verbindungen
Nr. 18 Kurzkettige Chlorparaffine (Alkane, $C_{10} - C_{13}$, Chlor)
Nr. 19 Kühlschmierstoffe
Nr. 20 →DDT
Nr. 21 Hexachlorethan
Nr. 22 →Biopersistente Fasern
Nr. 23 Besonders gefährliche krebserzeugende Stoffe
Nr. 24 →Flammschutzmittel
Nr. 25 →Azofarbstoffe
Nr. 26 Alkylphenole
Nr. 27 Chromathaltiger Zement

Gelöschter Kalk →Kalkhydrat

Geosmin G. ist eine stark erdig riechende Substanz, die von Bakterien (Streptomyces) gebildet wird und häufig in schimmelpilzbefallenen Häusern auftritt.

Geregelte Stoffe Aufgrund der enormen Stoffvielfalt, die in →Bauprodukten eingesetzt wird, wird von der Europäischen Kommission zur Umsetzung der wesentlichen Anforderung Nr. 3 (→Bauproduktenrichtlinie) ein schrittweises Vorgehen präferiert. In einem ersten Schritt sollen nur die G. und solche Bauprodukte betrachtet werden, die aufgrund ihres Gesundheits- und Umweltschädigungspotenzials und ihrer Quantität als prioritär angesehen werden. Als G. gelten solche, die in der europäischen Stoffrichtlinie 67/548/EWG, anderen EU-Richtlinien und nationalen Regelungen, die für Bauwerke und Bauprodukte relevant sind, geregelt werden.

Die Freisetzung gefährlicher Stoffe aus Bauprodukten wird anhand der möglichen Freisetzungsszenarien in Boden, Grund- und Oberflächenwasser, Innenraum und Außenluft strukturiert. In einem ersten Schritt wurde ein Mandatsentwurf zur Erstellung von harmonisierten Prüfmethoden für geregelte Stoffe erstellt. Um den Prüfaufwand für die Bestimmung der freigesetzten Stoffe gering zu halten, sollen Bauprodukte identifiziert werden, die aufgrund einer überschaubaren stofflichen Zusammensetzung bzw. bestehender Erfahrungen hinsichtlich der Freisetzung von G. nicht zusätzlich geprüft werden müssen (WFT-Produkte, „without further testing“). Für alle weiteren Bauprodukte, die gefährliche Stoffe freisetzen können und die nicht in die WFT-Produktliste aufgenommen werden können, sollen zur Bestimmung dieser Stoffe (Gehalt oder Freisetzung) harmonisierte Prüfmethoden erarbeitet werden. Dabei ist jedoch zu beachten, dass derzeit von der Europäischen Kommission nur Prüfmethoden für Stoffe erarbeitet werden sollen, die europäisch oder national geregelt sind (G.).

Geronit Synonym für →Neptunit.

Gerüche G. sind häufig Ursachen für Klagen über eine unzureichende Raumluftqualität. Sie werden meist hervorgerufen durch ein Gemisch von vielen verschiedenen Substanzen, die oft in nur geringen Konzentrationen vorliegen, sodass sie mit chemisch-analytischen Verfahren nicht messbar sind. Zudem können sich einzelne Geruchsstoffe des Gemisches in ihrer Wirkung gegenseitig beeinflussen (z.B. verstärken), sodass eine Vorhersage der Wirkung aus den Konzentrationen der Einzelstoffe nicht möglich ist und diese Wirkung nur empirisch bestimmt werden kann. Das geeignetste Messinstrument zur Bestimmung von Gerüchen ist daher immer noch die menschliche Nase. G. lassen sich beschreiben durch ihre Art, Stärke (Intensität) und Lästigkeit (hedonische Wirkung, angenehm oder unangenehm).

Eine unmittelbar gesundheitsschädliche Wirkung von G. wurde bisher nicht nachgewiesen. Als unangenehm wahrgenommene G. können aber infolge der Belästigung zu einer Störung des Wohlbefindens führen. Durch eine gedankliche Verknüpfung von unangenehmem Geruch mit der Anwesenheit von Schadstoffen können darüber hinaus physische (z.B. Erbrechen) und psychische Krankheitsbilder entstehen.

Mögliche Quellen für zunächst unerklärliche G. in Innenräumen sind vielfältig. Dazu gehören insbesondere:

- →VOC aus Bauprodukten und Materialien der Raumausstattung (z.B. Bodenbeläge, Möbel)
- Chemische Reaktion von Stoffen in der Innenraumluft (→Sekundäremissionen)
- →Schimmelpilze, auch in Verbindung mit Holzschutzmitteln (→Chloranisole)
- →Chlornaphthaline (alte Fertighäuser, Pavillons)

Stoffe, die über ein besonders starkes Geruchspotenzial verfügen, sind insbesondere:

- →Aldehyde, geordnet nach steigender Geruchsintensität: gesättigte Aldehyde < einfach ungesättigte Aldehyde < mehrfach ungesättigt Aldehyde
- Schwefelhaltige Stoffe (Thioverbindungen, z.B. Dithiocarbamate, →Styrol-Butadien-Kautschuk)
- →Acrylate
- →Fettsäuren
- →Phenole, Amine
- →Terpene
- →Naphthalin (→Chlornaphthaline)
- →Chloranisole
- →4-Phenylcyclohexen und →4-Vinylcyclohexen

Eine gesetzliche Regelung hinsichtlich Geruchsbelästigungen in Innenräumen gibt es bisher nicht.

Gesteine →Gesteinskörnungen

Gesteinskörnungen G. sind als gekörnte, mineralische Stoffe für die Verwendung in Beton geeignet. Sie können natürlich oder künstlich sein oder aus vorher beim Bauen verwendeten recycelten Stoffen bestehen.
Natürliche G. sind solche aus mineralischen Vorkommen, die ausschließlich einer mechanischen Aufbereitung unterzogen wurden. Eingesetzt werden hauptsächlich quarzitisches Gestein, Kalkstein, Granit, Gabbro, Diabas, Basalt und Grauwacke. In der EU liegt der Anteil natürlicher G. bei ca. 50 %. Natürliche Gesteine können geringe Mengen an →Schwermetallen wie →Cobalt, →Barium, →Blei oder Vanadium enthalten. Die technischen Regeln der Länderarbeitsgemeinschaft Abfall (LAGA) legen Anforderungen für die stoffliche Verwertung von mineralischen Abfällen/Reststoffen u.a. auch für Boden fest. Für natürlichen Boden werden Richtwerte (Z0-Werte) vorgegeben, die für Schwermetalle den überwiegenden Teil des natürlichen Schwankungsbereichs abdecken. Bei Unterschreiten dieser Z0-Werte für Boden (Feststoff) wird davon ausgegangen, dass die Schutzgüter Boden und Grundwasser nicht beeinträchtigt werden. Ein Vergleich der Schwermetallgehalte natürlicher Gesteine mit den Z0-Werten für Boden zeigt, dass fast alle natürlichen Gesteine diese Werte übersteigen.
Industriell hergestellte G. sind gem. DIN EN 12620 mineralischen Ursprungs, die in einem industriellen Prozess unter Einfluss einer thermischen oder sonstigen Veränderung entstanden sind. Für Normalbeton werden vor allem →Schlacken eingesetzt.
Schwere G. haben eine Kornrohdichte > 3.000 kg/m^3 und werden verwendet bei der Herstellung von Strahlenschutz- oder Ballastbeton. Eingesetzte natürliche Schwerzuschläge sind z.B. Baryt, Ilmenit, Magnetit, Hämatit, Ferrosilicium, Ferrophosphor und Limonit.
Leichte G. sind solche mit einer Kornrohdichte < 2.000 kg/m^3.
Als *natürliche leichte G.* finden hauptsächlich Einsatz Naturbims, Tuff und Lavaschlacke. Industriell hergestellte leichte G.

sind Hüttenbims (Hochofenschaumschlacke), Kesselsand, Ziegelsplitt aus ungebrauchten Ziegeln, Blähton, Blähschiefer, Blähglas (wird häufig aus Altglas hergestellt), Blähperlit und Blähglimmer (Vermiculit). Leichte industriell hergestellte G. werden oft aus natürlichen Materialien ohne Zusatz von Additiven hergestellt.
Die Schwermetallgehalte bei leichten G. sind mit den Gehalten von normalen natürlichen G. vergleichbar, da diese in der Regel aus natürlichen G. bestehen, die künstlich aufgebläht werden. Eine Ausnahme bildet der →Cadmiumgehalt bei Blähton, bei dem erhöhte Gehalte vorliegen.
Recycelte G. bestehen aus aufbereitetem, anorganischem Material, das zuvor als Baustoff eingesetzt wurde. Einzelne Materialien, die als recycelte Gesteinskörnungen eingesetzt werden, werden nach dem Europäischen Abfallverzeichnis als Abfall aufgeführt. Der Fremdkörperanteil an nichtmineralischen Anteilen ist auf 5 Vol.-% eingeschränkt. Bauschutt mit einem höheren Fremdkörperanteil darf in dieser Zusammensetzung nicht verwertet werden.
Ein Teil der industriell hergestellten Gesteinskörnungen wird nach dem Europäischen Abfallverzeichnis als Abfall und zum Teil als gefährlicher Abfall aufgeführt.

Gesteinsmehl Als G. (Füller) werden →Gesteinskörnungen bezeichnet, deren überwiegender Teil durch das 0,063-mm-Sieb hindurchgeht und die Baustoffen zur Erreichung bestimmter Eigenschaften zugegeben werden. In Deutschland eingesetztes G. besteht aus Quarz oder Kalkstein. Es verbessert die Verarbeitbarkeit und den Zusammenhalt von →Betonen aus feinteilarmen Sanden durch die Erhöhung des Mehlkorngehalts. Die Schwermetallgehalte von G. sind mit den Gehalten von Sand und Kies bzw. Kalkstein vergleichbar. Aufgrund der geringen Gesamtgehalte wird davon ausgegangen, dass keine Gefahr für die Umwelt besteht. In Einzelfällen wurden jedoch bei der Einlagerung von Erzen im Kalkstein hohe Gehalte an einzelnen Schwermetallen festgestellt.

Gesundheit Gemäß Definition der Weltgesundheitsorganisation (WHO) ist G. der Zustand vollkommenen körperlichen, seelischen und sozialen Wohlbefindens.

GEV Gemeinschaft Emissionskontrollierte Verlegewerkstoffe. →EMICODE

Gewerbeabfallverordnung Die G. (Verordnung über die Entsorgung von gewerblichen Siedlungsabfällen und von bestimmten Bau- und Abbruchabfällen) regelt die Getrennthaltung der genannten Abfälle und die Anforderungen an Vorbehandlungsanlagen und deren Kontrolle. Erzeuger und Besitzer von Bau- und Abbruchabfällen haben die folgenden Abfallfraktionen zur Gewährleistung einer ordnungsgemäßen und schadlosen sowie möglichst hochwertigen Verwertung getrennt zu halten, zu lagern, einzusammeln, zu befördern und der Verwertung zuzuführen: Glas, Kunststoff, Metall sowie Beton, Fliesen, Ziegel und Keramik. →Altholzverordnung

Giftig →Gefährlichkeitsmerkmale

Giftklassen →Schweizer Giftliste

Gips G. ist chemisch Calciumsulfat, das in verschiedenen Hydratstufen in Bindung mit oder auch ohne Kristallwasser vorliegen kann. Im „eigentlichen" G. kommen auf ein Molekül Calciumsulfat zwei Wassermoleküle („Dihydrat"). Er ist relativ weich, lässt sich mit der Hand zerbröseln und bildet keine Bruchkanten wie der Anhydrit. Natürlich kommt G. als →Gipsstein (Calciumsulfat-Dihydrat) und in der kristallwasserfreien Form als →Anhydrit vor. G. und Anhydrit fallen außerdem in großen Mengen als industrielle Nebenprodukte an (→REA-Gips, →Chemiegips). Im deutschen Sprachgebiet werden sowohl die natürlich vorkommenden Gipssteine Dihydrat und Anhydrit als auch die synthetisch erzeugten Produkte mit „Gips" bezeichnet, ebenso die beim Brennen dieser Ausgangsstoffe entstehenden Erzeugnisse.
G. zählt aufgrund seiner günstigen bauphysikalischen Eigenschaften und seiner leichten Verform- und Verarbeitbarkeit zu den weltweit meist verwendeten Baurohstoffen. Er wird von alters her als Bau- und

Werkstoff verwendet, so zur Herstellung von →Stuckgips, →Gipsplatten und -formsteinen, als Zuschlagstoff in der Zementindustrie sowie im Kunsthandwerk (Alabaster).
G. ist nicht besonders gut recycelbar. Demgemäß stellt in Aufbereitungsanlagen recycelter G. nur rund 1 % des Gipsverbrauches dar. Der Gipsverbrauch im Bauwesen steigt zurzeit stark an. Eine Erhöhung des Gipsanteils in Baurestmassen ist aber mit einer Einschränkung der Recyclingmöglichkeiten verbunden, da Sulfate im Zuschlag die Betonqualität beeinflussen. Für die Zukunft muss es Konzepte dafür geben, die langfristige mehrfache Verwertung von Baurestmassen nicht durch die Aufkonzentrierung von G. zu gefährden.
G. besitzt keine toxikologische Relevanz, er kann im Gewebe nur kurze Zeit existieren, dann wird er ausgeschwemmt. Auch bei Trachealtests oder Inhalationstests wurden bei Reingips keine signifikanten Veränderungen wahrgenommen. Bei Inhalation kann eine geringe akute Wirkung auf die Schleimhäute in Betracht gezogen werden. Man muss aber auch bei toxikologisch weniger relevanten Stäuben wie G. davon ausgehen, dass es keinen inerten Staub gibt und ab einer bestimmten, meist individuellen Schranke es zur Überforderung der Lungenreinigung des Individuums kommt. Der →Allgemeine Staubgrenzwert Feinstaub ist daher einzuhalten.

Gipsbauplatten Zu den G. zählen →Gipskartonplatten, →Gipsfaserplatten und →Gipsgebundene Spanplatten. Mit dem RAL-Umweltzeichen 60 werden G. mit hohem Recyclinganteil gefördert (100 % →REA-Gips, 100 % Altpapier bzw. Papier aus Abfall- und Schwachholz). Die radioaktive Eigenstrahlung muss die Anforderungen der Leningrader Summenformel einhalten (→Radioaktivität von Baustoffen). →Gips

Gipsdielen →Gips-Wandbauplatten

Gipsestriche G. können mit Gips-alpha-Halbhydrat (alpha-Gips, teilentwässerter Spezial-Gips, der aus REA- oder Naturgips gewonnen wird) sowie aus Mischungen verschiedener abbindefähiger Calciumsulfat-Phasen hergestellt werden. Die Eigenschaften von G. sind mit jenen von →Anhydritestrichen vergleichbar.

Gipsfasern G. finden als Verstärkungs- und Füllstoff Verwendung. Da Gips gut wasserlöslich ist, haben die Fasern eine sehr geringe Biobeständigkeit und sind daher nicht krebserzeugend.

Gipsfaserplatten G. bestehen aus einem Gemisch aus →Naturgips oder →REA-Gips und Cellulosefasern (aus Altpapier). Die beiden Bestandteile werden vermischt und nach Zugabe von Wasser unter hohem Druck verpresst. Die Platten werden beidseitig mit einer Silikonemulsion benetzt, wodurch die Feuchtigkeitsaufnahme verzögert wird. Eine zusätzliche Armierung für Feuerschutzplatten ist bei G. nicht notwendig. Die Verwendung der G. entspricht der von →Gipskartonplatten. Durch die höhere Rohdichte können G. gegenüber Gipskartonplatten in dünnerer Ausführung eingesetzt werden, um die gleichen bauphysikalischen Eigenschaften zu erreichen.
Der Einsatz von →REA-Gips oder →Chemiegips schont natürliche Ressourcen und verhindert die Deponierung eines hochwertigen Materials. Je nach Ausgangsmaterial sollte eine regelmäßige Kontrolle auf möglichen Schadstoffeintrag erfolgen, REA- und Chemiegipse, die im Baubereich eingesetzt werden, weisen i.d.R. aber eine hohe Reinheit auf.
Gebrauchte G. könnten in der G.-Produktion verwertet werden, in der Praxis steht dieser hochwertigen Verwertung allerdings die fehlende Logistik zur Rückführung der Platten in das Werk entgegen. Die Beseitigung von G. ist aufgrund der Sulfatauswaschung nicht ganz unproblematisch, G. sollten daher auf Deponien mit Sickerwasserkontrolle abgelagert werden. →Gips, →Naturgips, →REA-Gips, →Gipsbauplatten

Gipsgebundene Spanplatten G. gehören zu den anorganisch-gebundenen Holzwerkstoffen (→AHW). Der ökologische Vorteil von G. liegt im Verzicht auf synthetische Bindemittel wie →Formaldehyd- oder Polyurethan-Harze (→Polyurethane), der Nachteil in der schlechten Entsorgbarkeit. →Gipsbauplatten, →Gips, →Spanplatten

Gipskalkmörtel Die Herstellung von G. erfolgt aus 1 Raumteil Kalkteig oder →Kalkhydrat, 0,5 – 1 Raumteilen →Stuckgips oder 1 – 2 Raumteilen →Putzgips und 3 – 4 Raumteilen Sand. Der →Kalkmörtel und der →Gipsmörtel werden getrennt angemacht und erst kurz vor der Verarbeitung zusammengemischt. G. findet Verwendung für →Gipskalkputz.

Gipskalkputz G. wird aus →Gipskalkmörtel (→Luft- oder →Wasserkalk, →Naturgips oder →REA-Gips) hergestellt und als nicht wasserbeständiger Innenputz verwendet. →Kalkgipsputze, →Kalkputze, →Gipsputze

Gipskartonplatten G. sind Bauplatten aus →Naturgips oder →REA-Gips, deren Flächen und Längskanten mit einem festhaftenden Karton versehen sind. Sie werden aus schnell erhärtendem Gips und Zusätzen zur Erzielung besonderer Eigenschaften gefertigt. Der Karton besteht gewöhnlich aus Kraftpapier aus der Altpapierverwertung. Die Feuerschutz-G. (GKF) enthalten zur Verbesserung des Brandschutzes Glasfasern. Gegen Feuchtigkeit werden G. z.B. mit Silikonverbindungen (→Silikone) imprägniert (GKBI bzw. GKFI). G. werden für Trockenestriche, Wand- und Deckenverkleidungen auf Unterkonstruktion („Montagewände“) oder als so genannte →Trockenputze zum unmittelbaren Befestigen an die Wand verwendet. Die Oberflächen eignen sich für Anstriche, Tapeten, Strukturputze oder Fliesen. Durch G. kann der Innenausbau von Gebäuden rasch durchgeführt werden, da Wartezeiten zur Austrocknung wie bei anderen Putzen entfallen.

Der Einsatz von →REA-Gips oder →Chemiegips schont natürliche Ressourcen und verhindert die Deponierung eines hochwertigen Materials. Je nach Ausgangsmaterial sollte eine regelmäßige Kontrolle auf möglichen Schadstoffeintrag erfolgen, REA- und Chemiegipse, die im Baubereich eingesetzt werden, weisen i.d.R. aber hohe Reinheit auf.

Für gebrauchte G. gibt es noch kein funktionierendes Verwertungskonzept. Die Beseitigung von G. ist aufgrund der Sulfatauswaschung nicht ganz unproblematisch, G. sollten daher auf Deponien mit Sickerwasserkontrolle abgelagert werden. →Gips, →Naturgips, →REA-Gips, →Gipsbauplatten

Gipskarton-Verbundplatten G. sind →Gipskartonplatten im Verbund mit Dämmstoffen wie →EPS-Dämmplatten, →Mineralwolle-Dämmplatten oder →Polyurethan-Hartschaum. Die Dämmschicht ist 20 – 60 mm dick. G. sind problematisch in der Entsorgung (schlecht recycelbar, nur mit Mineralwolleplatten deponierbar). →Gips, →Wärmedämmstoffe

Gipsmörtel Für die Herstellung von G. werden 10 kg →Gips (→Stuckgips oder →Putzgips) mit 6 – 7 Liter Wasser vermischt. G. haben einen sehr frühen Versteifungsbeginn und binden zügig ab. Es ist daher ratsam, nur so viel G. anzumischen, wie in einer kurzen Zeit verarbeitet werden kann (besonders wichtig bei Maschinengipsputzen). Werden Verzögerungsmittel zugemischt (z.B. →Kalk), so müssen diese vorher im Wasser aufgelöst werden. Als Zuschlag kann Sand hinzugefügt werden (→Gipssandmörtel). Das Mischen von Gips mit →Hydraulischen Mörteln ist wegen der Bildung von →Ettringit (Gipstreiben) nicht zulässig. G. erhärten ohne Volumenverlust, ähnliches gilt für →Anhydritmörtel. G. und Anhydritmörtel benötigen vergleichsweise hohe Mengen an Zusatzstoffen. Die Verwendung von →REA-Gips in G. ist noch kaum verbreitet. G. finden Verwendung für →Gipsputze und →Estriche. →Gips, →Naturgips, →Mineralische Rohstoffe

Gipsplatten Neuer Name für →Gipskartonplatten.

Gipsputze Die Herstellung von G. erfolgt aus →Gipsmörtel oder →Gipssandmörtel. G. sind als Innenputze auf trockenen und trocken bleibenden Untergründen geeignet. Für Feuchträume und auf feuchten Unter-

gründen (z.B. frische, noch feuchte Betonteile oder Mauerwerk mit aufsteigender Feuchtigkeit) sind sie nicht geeignet. G. werden normalerweise einlagig mit einer Putzdicke von mindestens 1 cm aufgebracht; größere Putzdicken werden frisch in frisch hergestellt.
G. besitzen ein offenporiges Gefüge mit relativ großen Kapillaren, die flüssiges Wasser sehr schnell transportieren. Dies ermöglicht ein rasches Austrocknen bis zur Gleichgewichtsfeuchte. G. quellen beim Erhärten, beim Austrocknen schwinden sie praktisch nicht. Bei Hitze- und Feuereinwirkung verdampft zunächst das Kristallwasser im Gips. Die entwässerte mürbe Gipsschicht bleibt weitgehend als wärmedämmende Schicht ohne Rissbildung am Untergrund haften.
Da das bei der Verarbeitung zugegebene Anmachwasser beim Erhärten des Putzes entweicht und dabei Poren im Gips hinterlässt, unterliegt die Rohdichte des erhärteten Gipsputzes je nach der Menge des zugegebenen Anmachwassers Schwankungen (Rohdichte zwischen etwa 800 und 1.200 kg/m^3).
In der Nutzungsphase zeichnen sich G. durch die Schaffung eines günstigen →Raumklimas und durch gute Sorptionsfähigkeit aus. G. fühlen sich warm an. Sie weisen eine nur geringe radioaktive Belastung auf (→Radioaktivität von Baustoffen). Bei organischen Zusätzen (v.a. bei Maschinengipsputzen und Fertiggipsputzen) ist eine Raumluftbelastung durch →VOC nicht auszuschließen. Eine Verwertung von G. ist nicht möglich, außerdem schränken G. die Recyclingfähigkeit von Baurestmassen ein, da Sulfate im Zuschlag die Betonqualität beeinflussen.

Gipssandmörtel G. sind →Gipsmörtel, die mit Sand abgemagert sind. Das Mischungsverhältnis Gips zu Sand beträgt ca. 1:1 bis 1:3 Raumteile. Pro Liter Wasser können ca. 100 ml Weißkalk als Verzögerer zugegeben werden. G. finden Verwendung für Gipssandputz (Innenputz). →Gipsputze

Gipsspachtelmassen G. bestehen aus →Gips und Stellmitteln aus Kunststoffen (meist →Polyvinylacetat). Sie werden zum Glätten, Ausfüllen und Reparieren von Rissen, Löchern und Unebenheiten hauptsächlich im Innenbereich verwendet. G. mit Kunststoffzusätzen können →Restmonomere wie →Vinylacetat freisetzen. G. werden auch aus →Naturgips mit →Methylcellulose als Stellmittel angeboten. →Spachtelmassen

Gipsstein G. wird aus Naturgipslagerstätten meist im →Tagebau, aber auch unter Tage gewonnen. G. findet sich häufig in ausgedehnten Ablagerungen in vielen Ländern der Erde. Zahlreiche Gipslagerstätten gehen in der Tiefe in →Anydrit über. Gips und Anhydrit sind in den geologischen Formationen des Perm (Zechstein), der Trias (Muschelkalk, Keuper) und des Tertiär anzutreffen. Deutsche Vorkommen befinden sich vorwiegend in Süddeutschland, die österreichischen Gips- und Anhydrit-Lagerstätten sind in den Kalkalpen anzutreffen. Die Gipse des mainfränkischen Keupers zählen zu jenen mit den geringsten Verunreinigungen.
G. ist weiß, Farbnuancen je nach Art der natürlichen Beimischungen wie z.B. →Ton, →Mergel oder Eisenoxide. Die Gipsgesteine haben ein sehr unterschiedliches Gefüge, von sehr feinkörniger Struktur bis zu quadratmetergroßen tafeligen Platten. Man unterscheidet Marienglas, Fasergips und Alabaster.
Abbaue von G. und Anhydrit erfolgen in nahezu monomineralischen Lagerstätten. Die Rohsteine müssen einen Gips- bzw. Anhydritgehalt von zumeist 70 – 80 % besitzen. Störend wirkt sich ein hoher Anteil an wasserlöslichen Salzen und erhöhter Eisengehalt (Färbung) aus.
Allgemeines zur Umwelt- und Gesundheitsverträglichkeit des Abbaus siehe →Mineralische Rohstoffe. Von Naturschützern wird in Zusammenhang mit Naturgips vor allem die unwiederbringliche Zerstörung sehr seltener Gipskarstlandschaften wie z.B. im Südharz hervorgehoben. Die Beregnung und die Erosion offener Bergbaue führen zudem zu einer Erhöhung der Sulfathärte in den Sickerwässern des Bergwerkes. Der vom Regen abgeschwemmte Gips kann die Flora im Einzugsbereich der

Abflusswässer beeinträchtigen, da Gips ein für die meisten Pflanzen problematischer Bodenbestandteil ist. Für den Menschen besitzt →Gips keine toxikologische Relevanz.

Gips-Wandbauplatten G. sind Vollgips-Wandbauelemente für nicht-tragende Trennwände zwischen Räumen, in denen die Einwirkung von Feuchtigkeit auf Dauer auszuschließen ist. Imprägnierte G. können auch für Badezimmer, geschlossene Duschkabinen, Hotel und Gastgewerbe eingesetzt werden, für gewerblich genutzte Nassräume wie Gemeinschaftsduschen, Hallenbäder, Wäschereien, Großküchen, Molkereien o.Ä. sind G. aber ungeeignet. G. werden aus →Stuckgips, →REA-Gips oder →Chemiegips mit geringen Mengen an Zusatzstoffen gefertigt. Je nach Anwendungsgebiet können außerdem Fasern, mineralische Zuschläge oder Füllstoffe zugegeben werden. Der Klebegips und die Klebespachtel bestehen in der Regel ebenfalls aus Gips mit Andicker- und Verzögerer-Zusatz.

G. benötigen keine Unterkonstruktion und sind mit dem umlaufende Nut- und Feder-System sehr einfach und rasch zu montieren. Die flächenfertigen Wände können direkt gestrichen, tapeziert oder verfliest werden. Vor der Oberflächenbeschichtung ist ein Grundanstrich erforderlich, für den auch lösemittelfreie Produkte zur Verfügung stehen. Mineralische →Wandfarben wie →Silikatfarben und →Kalkfarben dürfen auf G. nicht eingesetzt werden. G. haben mäßige Schallschutzeigenschaften (Rw ca. 40 dB für eine Wand aus 10 cm dicken G.), zur Verbesserung können Vorsatzschalen aus →Gipsbauplatten und Dämmstoff vorgesetzt werden. Rohdichte: ca. 600 – 1.300 kg/m^3, →Dampfdiffusionswiderstandszahl: 5 – 10, Wärmeleitfähigkeit: ca. 0,3 – 0,64 W/(mK).

Die Verwendung von REA-Gips oder Chemiegips schont natürliche Ressourcen und verhindert die Deponierung von hochwertigem Material. Je nach Ausgangsmaterial sollte eine regelmäßige Kontrolle auf möglichen Schadstoffeintrag erfolgen, REA- und Chemiegipse, die im Baubereich eingesetzt werden, weisen i.d.R. aber hohe Reinheit auf. →Gips, →Naturgips, →REA-Gips, →Gipsbauplatten

GISBAU Abk. für Gefahrstoff-Informationssystem der Berufsgenossenschaften der Bauwirtschaft. Die moderne Bauwirtschaft verwendet in großem Umfang und mit steigender Tendenz Produkte der chemischen Industrie, bei deren Umgang für die Beschäftigten gesundheitliche Gefahren entstehen können. 90 % der Unternehmen der Bauwirtschaft haben weniger als 20 Beschäftigte. Chemische oder gar toxikologische Kenntnisse sind bei diesen Betrieben i.d.R. nicht vorhanden. G. ist eine Serviceeinrichtung der Berufsgenossenschaften der Bauwirtschaft (sieben Bau-Berufsgenossenschaften und die Tiefbau-Berufsgenossenschaft) und hat sich zum Ziel gesetzt, Unternehmer beim sicheren Umgang mit Gefahrstoffen zu unterstützen. G. stellt dem Unternehmer ein Gefahrstoff-Informationssystem zur Verfügung, das ihm die Erfüllung seiner Ermittlungs-, Überwachungs- und Unterweisungspflichten nach der →Gefahrstoffverordnung erleichtert. →GISCODES

GISCODES G. sind ein System von Produkt-Informationen und Bestandteil von →GISBAU. G. (Produkt-Codes) fassen die Produkt-Informationen von Produkten mit vergleichbarer Gesundheitsgefährdung und damit identischen Schutzmaßnahmen und Verhaltensregeln zu Produktgruppen-Informationen zusammen. G. finden sich in den →Sicherheitsdatenblättern, Technischen Merkblättern und auf den Gebindeetiketten.

Übersicht der GISCODES und Produkt-Codes (GISBAU, 11/2003):

GISCODES für Verlegewerkstoffe:

CP1	Spachtelmassen auf Calciumsulfatbasis
D1	Lösemittelfreie Dispersions-Verlegewerkstoffe
D2	Lösemittelarme Dispersions-Verlegewerkstoffe, aromatenfrei
D3	Lösemittelarme Dispersions-Verlegewerkstoffe, toluolfrei

G

D4 Lösemittelarme Dispersions-Verlegewerkstoffe, toluolhaltig
D5 Lösemittelhaltige Dispersions-Verlegewerkstoffe, aromatenfrei
D6 Lösemittelhaltige Dispersions-Verlegewerkstoffe, toluolfrei
D7 Lösemittelhaltige Dispersions-Verlegewerkstoffe, toluolhaltig
RE0 Epoxidharzdispersionen
RE1 Epoxidharzprodukte, lösemittelfrei, sensibilisierend
RE2 Epoxidharzprodukte, lösemittelarm, sensibilisierend
RE2.5 Epoxidharzprodukte, lösemittelhaltig
RE3 Epoxidharzprodukte, lösemittelhaltig, sensibilisierend
RU1 Lösemittelfreie Polyurethan-Verlegewerkstoffe
RU2 Lösemittelarme Polyurethan-Verlegewerkstoffe
RU3 Lösemittelhaltige Polyurethan-Verlegewerkstoffe
RU4 Stark lösemittelhaltige Polyurethan-Verlegewerkstoffe
S1 Stark lösemittelhaltige Verlegewerkstoffe, aromaten- und methanolfrei
S2 Stark lösemittelhaltige Verlegewerkstoffe, toluol- und methanolfrei
S3 Stark lösemittelhaltige Verlegewerkstoffe, aromatenfrei
S4 Stark lösemittelhaltige Verlegewerkstoffe, methanolfrei
S5 Stark lösemittelhaltige Verlegewerkstoffe, toluolfrei und methanolhaltig
S6 Stark lösemittelhaltige Verlegewerkstoffe, toluolhaltig
ZP1 Zementhaltige Produkte, chromatarm
ZP2 Zementhaltige Produkte, nicht chromatarm

GISCODES für Oberflächenbehandlungsmittel für Parkett und andere Holzfußböden:

DD1 Stark lösemittelhaltige Polyurethan-Siegel, entaromatisiert
DD2 Stark lösemittelhaltige Polyurethan-Siegel, aromatenhaltig
G1 Stark lösemittelhaltige Grundsiegel und Holzkitte, entaromatisiert und niedrigsiederfrei
G2 Stark lösemittelhaltige Grundsiegel und Holzkitte, entaromatisiert und niedrigsiederhaltig
G3 Stark lösemittelhaltige Grundsiegel und Holzkitte, aromaten- und niedrigsiederhaltig
KH1 Stark lösemittelhaltige Ölkunstharzsiegel, entaromatisiert
KH2 Stark lösemittelhaltige Ölkunstharzsiegel, aromatenhaltig
Ö10 Öle/Wachse, lösemittelfrei
Ö100 Öle/Wachse, stark lösemittelhaltig, terpentinhaltig
Ö20 Öle/Wachse, lösemittelarm, entaromatisiert
Ö30 Öle/Wachse, lösemittelarm, aromatenhaltig
Ö40 Öle/Wachse, lösemittelhaltig, entaromatisiert
Ö50 Öle/Wachse, lösemittelhaltig, aromatenhaltig
Ö60 Öle/Wachse, stark lösemittelhaltig, entaromatisiert
Ö70 Öle/Wachse, stark lösemittelhaltig, aromatenhaltig
Ö80 Öle/Wachse, lösemittelarm, terpentinhaltig
Ö90 Öle/Wachse, lösemittelhaltig, terpentinhaltig
SH1 Stark lösemittelhaltige, säurehärtende Siegel
W1 Wasserverdünnbare Oberflächenbehandlungsmittel, lösemittelfrei
W2 Wasserverdünnbare Oberflächenbehandlungsmittel, Lösemittelgehalt bis 5 %
W3 Wasserverdünnbare Oberflächenbehandlungsmittel, Lösemittelgehalt bis 15 %
W3/DD Wasserverdünnbare Oberflächenbehandlungsmittel mit isocyanathaltigem Vernetzer, Lösemittelgehalt bis 15 %

GISCODES für Farben und Lacke:

M-AB10 Abbeizer, lösemittelhaltig, dichlormethanfrei

M-AB20 Abbeizer, lösemittelhaltig, hautresorptiv, dichlormethanfrei
M-AB30 Abbeizer, dichlormethanhaltig, methanolfrei
M-AB40 Abbeizer, dichlormethanhaltig, methanolhaltig
M-AL10 Ablauger, reizend
M-AL20 Ablauger, ätzend
M-BA01 Bläuewidrige Anstrichmittel, lösemittelverdünnbar, aromatenarm
M-BA02 Bläuewidrige Anstrichmittel, wasserverdünnbar
M-DF01 Dispersionsfarben, lösemittelfrei
M-DF02 Dispersionsfarben
M-DF03 Naturharzfarben, lösemittelfrei
M-DF04 Naturharzfarben
M-GF01 Grundanstrichstoffe, farblos, wasserverdünnbar
M-GF02 Grundanstrichstoffe, farblos, lösemittelverdünnbar, entaromatisiert
M-GF03 Grundanstrichstoffe, farblos, lösemittelverdünnbar, aromatenarm
M-GF04 Grundanstrichstoffe, farblos, lösemittelverdünnbar, aromatenreich
M-GF05 Grundanstrichstoffe, farblos, lösemittelverdünnbar
M-GP01 Grundanstrichstoffe, pigmentiert, wasserverdünnbar
M-GP02 Grundanstrichstoffe, pigmentiert, lösemittelverdünnbar, entaromatisiert
M-GP03 Grundanstrichstoffe, pigmentiert, lösemittelverdünnbar, aromatenarm
M-GP04 Grundanstrichstoffe, pigmentiert, lösemittelverdünnbar, aromatenreich
M-GP05 Grundanstrichstoffe, pigmentiert, lösemittelverdünnbar
M-KH01 Klarlacke/Holzlasuren, wasserverdünnbar
M-KH02 Klarlacke/Holzlasuren, lösemittelverdünnbar, entaromatisiert
M-KH03 Klarlacke/Holzlasuren, lösemittelverdünnbar, aromatenarm
M-KH04 Klarlacke/Holzlasuren, lösemittelverdünnbar, aromatenreich
M-KH05 Klarlacke/Holzlasuren, lösemittelverdünnbar
M-LL01 Alkydharzlackfarben, entaromatisiert
M-LL02 Alkydharzlackfarben, aromatenarm
M-LL03 Alkydharzlackfarben, aromatenreich
M-LL04 Ölfarben, terpenhaltig
M-LL05 Ölfarben, terpenfrei
M-LW01 Dispersionslackfarben
M-PL01 Polymerisatharzfarben, entaromatisiert
M-PL02 Polymerisatharzfarben, aromatenarm
M-PL03 Polymerisatharzfarben, aromatenreich
M-PL04 Polymerisatharzfarben, lösemittelverdünnbar
M-SF01 Siliconharzfarben, wasserverdünnbar
M-SK01 1K-Silikatfarben
M-SK02 2K-Silikatfarben
M-VM01 Verdünnungsmittel, entaromatisiert
M-VM02 Verdünnungsmittel, aromatenarm
M-VM03 Verdünnungsmittel, aromatenreich
M-VM04 Spezialverdünnungsmittel
M-VM05 Verdünnungsmittel, terpenhaltig
PU10 PU-Systeme, lösemittelfrei
PU20 PU-Systeme, lösemittelhaltig
PU30 PU-Systeme, lösemittelhaltig, gesundheitsschädlich
PU40 PU-Systeme, lösemittelfrei, gesundheitsschädlich, sensibilisierend
PU50 PU-Systeme, lösemittelhaltig, gesundheitsschädlich, sensibilisierend
RE0 Epoxidharzdispersionen
RE1 Epoxidharzprodukte, lösemittelfrei, sensibilisierend
RE2 Epoxidharzprodukte, lösemittelarm, sensibilisierend
RE2.5 Epoxidharzprodukte, lösemittelhaltig
RE3 Epoxidharzprodukte, lösemittelhaltig, sensibilisierend

GISCODES für Reinigungs- und Pflegemittel:

GD0 Desinfektionsreiniger, sonstige
GD10 Desinfektionsreiniger, Basis Sauerstoffabspalter
GD15 Desinfektionsreiniger, Basis Amphotenside/Amine, nicht gekennzeichnet
GD20 Desinfektionsreiniger, Basis quartäre Ammoniumverbindungen, nicht gekennzeichnet
GD25 Desinfektionsreiniger, Basis Amphotenside/Amine, reizend
GD30 Desinfektionsreiniger, Basis quartäre Ammoniumverbindungen, reizend
GD35 Desinfektionsreiniger, Basis Amphotenside/Amine, ätzend
GD40 Desinfektionsreiniger, Basis quartäre Ammoniumverbindungen, ätzend
GD50 Desinfektionsreiniger, Basis Aldehyde (ohne Formaldehyd) und quartäre Ammoniumverbindungen
GD60 Desinfektionsreiniger, Basis Aldehyde (ohne Formaldehyd)
GD65 Desinfektionsreiniger, Basis Aldehyde (mit Glyoxal, ohne ldehyd) und quartäre Ammoniumverbindungen
GD70 Desinfektionsreiniger, Basis Phenole
GD80 Desinfektionsreiniger, Basis Aldehyde (mit Formaldehyd) und quartäre Ammoniumverbindungen
GD90 Desinfektionsreiniger, Basis Aldehyde (mit Formaldehyd)
GE0 Emulsionen/Dispersionen, sonstige
GE10 Emulsionen/Dispersionen
GE20 Emulsionen/Dispersionen, lösemittelhaltig (5 – 15 %)
GE30 Emulsionen/Dispersionen, lösemittelhaltig (5 – 15), mit H-Stoffen
GF0 Fassadenreiniger, sonstige
GF50 Fassadenreiniger, sauer
GF60 Fassadenreiniger, alkalisch
GF70 Fassadenreiniger, flusssäure-/fluoridhaltig
GG0 Grundreiniger, sonstige
GG10 Grundreiniger, lösemittelfrei, nicht gekennzeichnet
GG20 Grundreiniger, lösemittelhaltig ohne H-Stoffe, nicht gekennzeichnet
GG30 Grundreiniger, lösemittelhaltig mit H-Stoffen, nicht gekennzeichnet
GG40 Grundreiniger, reizend, lösemittelfrei
GG50 Grundreiniger, reizend, lösemittelhaltig ohne H-Stoffe
GG60 Grundreiniger, reizend, lösemittelhaltig mit H-Stoffen
GG70 Grundreiniger, ätzend, lösemittelfrei
GG80 Grundreiniger, ätzend, lösemittelhaltig ohne H-Stoffe
GG90 Grundreiniger, ätzend, lösemittelhaltig mit H-Stoffen
GGL0 Glasreiniger, sonstige
GGL10 Glasreiniger, lösemittelhaltig
GGL20 Glasreiniger, lösemittelhaltig mit H-Stoffen
GH0 Holz- und Steinpflegemittel, sonstige
GH10 Holz- und Steinpflegemittel, entaromatisiert
GH20 Holz- und Steinpflegemittel, aromatenarm
GH30 Holz- und Steinpflegemittel, aromatenreich
GH40 Steinkristallisatoren, Basis Hexafluorosilikate
GR0 Rohrreiniger, sonstige
GR10 Rohrreiniger, stark alkalisch, Basis Natronlauge
GR20 Rohrreiniger, stark alkalisch, Basis Natronlauge und Aluminiumpulver
GS0 Sanitärreiniger, sonstige
GS10 Sanitärreiniger, pH > 2, nicht kennzeichnungspflichtig
GS20 Sanitärreiniger, pH < 2, nicht kennzeichnungspflichtig
GS30 Sanitärreiniger, Basis Essigsäure
GS40 Sanitärreiniger, Basis Salzsäure, nicht kennzeichnungspflichtig

G

GS50 Sanitärreiniger, reizend
GS60 Sanitärreiniger, Basis Ameisensäure
GS70 Sanitärreiniger, Basis Salzsäure, reizend
GS80 Sanitärreiniger, ätzend
GS90 Sanitärreiniger, Basis Hypochlorit
GT0 Teppichreiniger, sonstige
GT10 Teppichreiniger, tensidhaltig
GU0 Unterhaltsreiniger, sonstige
GU10 Scheuermittel
GU20 Spülmittel
GU30 Spülmittel, reizend
GU40 Unterhaltsreiniger, lösemittelfrei
GU50 Unterhaltsreiniger, lösemittelhaltig ohne H-Stoffe
GU60 Unterhaltsreiniger, lösemittelhaltig mit H-Stoffen
GU70 Unterhaltsreiniger, reizend, lösemittelfrei
GU80 Unterhaltsreiniger, reizend, lösemittelhaltig ohne H-Stoffe
GU90 Unterhaltsreiniger, reizend, lösemittelhaltig mit H-Stoffen

GISCODES für kaltverarbeitbare Bitumenprodukte in der Bauwerksabdichtung:

BBP10 Bitumenemulsionen
BBP20 Bitumenmassen, aromatenarm, lösemittelhaltig
BBP30 Bitumenmassen, aromatenarm, lösemittelreich
BBP40 Bitumenmassen, aromatenarm, gesundheitsschädlich, lösemittelhaltig
BBP50 Bitumenmassen, aromatenarm, gesundheitsschädlich, lösemittelreich
BBP60 Bitumenmassen, aromatenreich, gesundheitsschädlich, lösemittelhaltig
BBP70 Bitumenmassen, aromatenreich, gesundheitsschädlich, lösemittelreich

GISCODES für Epoxidharz-Beschichtungsstoffe:

RE0 Epoxidharzdispersionen
RE1 Epoxidharzprodukte, lösemittelfrei, sensibilisierend
RE2 Epoxidharzprodukte, lösemittelarm, sensibilisierend
RE2.5 Epoxidharzprodukte, lösemittelhaltig
RE3 Epoxidharzprodukte, lösemittelhaltig, sensibilisierend
RE4 Epoxidharzprodukte, giftige Einzelkomponente, lösemittelarm, sensibilisierend
RE5 Epoxidharzprodukte, giftige Einzelkomponente, lösemittelhaltig, sensibilisierend
RE6 Epoxidharzprodukte, giftig, lösemittelarm, sensibilisierend
RE7 Epoxidharzprodukte, giftig, lösemittelhaltig, sensibilisierend
RE8 Epoxidharzprodukte, krebserzeugend, lösemittelarm, sensibilisierend
RE9 Epoxidharzprodukte, krebserzeugend, lösemittelhaltig, sensibilisierend

GISCODES für Betonzusatzmittel:

BZM 1 Betonzusatzmittel, kennzeichnungsfrei
BZM 2 Betonzusatzmittel, reizend
BZM 3 Betonzusatzmittel, ätzend

GISCODES für Methylmethacrylat-Beschichtungsstoffe:

RMA10 Beschichtungen, methylmethacrylathaltig, reizend
RMA20 Beschichtungen, methylmethacrylathaltig, gesundheitsschädlich

GISCODES für Betontrennmittel:

BTM 10 Betontrennmittel, nicht gekennzeichnet
BTM 15 Betontrennmittel, kennzeichnungsfrei, entaromatisiert
BTM 20 Betontrennmittel, dünnflüssig
BTM 30 Betontrennmittel, entaromatisiert
BTM 40 Betontrennmittel, aromatenarm
BTM 50 Betontrennmittel, entzündlich, entaromatisiert
BTM 60 Betontrennmittel, entzündlich, aromatenarm

GISCODES für Polyurethan-Systeme im Bauwesen:

PU10 PU-Systeme, lösemittelfrei
PU20 PU-Systeme, lösemittelhaltig
PU30 PU-Systeme, lösemittelhaltig, gesundheitsschädlich

PU40 PU-Systeme, lösemittelfrei, gesundheitsschädlich, sensibilisierend
PU50 PU-Systeme, lösemittelhaltig, gesundheitsschädlich, sensibilisierend
PU60 PU-Systeme, Reaktionskomponente auf Aminbasis, gesundheitsschädlich, sensibilisierend
PU70 PU-Montageschäume
PU80 PU-Montageschäume, hochentzündlich

GISCODES für Holzschutzmittel:

HSM-LB 10 Holzschutzmittel, bekämpfend, wässrig/wasserverdünnbar, Borverbindungen
HSM-LB 15 Holzschutzmittel, bekämpfend, wässrig/wasserverdünnbar, Quats
HSM-LB 20 Holzschutzmittel, bekämpfend, wässrig/wasserverdünnbar
HSM-LB 30 Holzschutzmittel, bekämpfend, lösemittelhaltig, entaromatisiert
HSM-LB 40 Holzschutzmittel, bekämpfend, lösemittelhaltig, aromatenarm
HSM-LB 50 Holzschutzmittel, bekämpfend, lösemittelhaltig, aromatenreich
HSM-LV 10 Holzschutzmittel, vorbeugend, wässrig/wasserverdünnbar
HSM-LV 15 Holzschutzmittel, vorbeugend, wässrig/wasserverdünnbar, reizend
HSM-LV 20 Holzschutzmittel, vorbeugend, lösemittelhaltig, entaromatisiert
HSM-LV 30 Holzschutzmittel, vorbeugend, lösemittelhaltig, aromatenarm
HSM-LV 40 Holzschutzmittel, vorbeugend, lösemittelhaltig, aromatenreich
HSM-W 10 Holzschutzmittel, vorbeugend, Borverbindungen
HSM-W 20 Holzschutzmittel, vorbeugend, Silikofluoride
HSM-W 30 Holzschutzmittel, vorbeugend, Hydrogenfluoride
HSM-W 40 Holzschutzmittel, vorbeugend, Kupfer-, Bor- und Kupfer-HDO-Verbindungen
HSM-W 44 Holzschutzmittel, vorbeugend, Kupfer-, Bor- und Triazolverbindungen
HSM-W 47 Holzschutzmittel, vorbeugend, Bor- und Quaternäre Ammoniumverbindungen
HSM-W 50 Holzschutzmittel, vorbeugend, Quaternäre Ammoniumverbindungen
HSM-W 60 Holzschutzmittel, vorbeugend, Kupfer- und Quaternäre Ammoniumverbindungen
HSM-W 65 Holzschutzmittel, vorbeugend, Chrom- und Kupferverbindungen
HSM-W 70 Holzschutzmittel, vorbeugend, Chrom-, Kupfer- und Borverbindungen
HSM-W 80 Holzschutzmittel, vorbeugend, Chrom-, Fluor- und Borverbindungen
HSM-W 90 Holzschutzmittel, vorbeugend, Chrom-, Kupfer- und Fluorverbindungen

GISCODES für Korrosionsschutz-Produkte:

BBP20 Bitumenmassen, aromatenarm, lösemittelhaltig
BBP30 Bitumenmassen, aromatenarm, lösemittelreich
BBP40 Bitumenmassen, aromatenarm, gesundheitsschädlich, lösemittelhaltig
BBP50 Bitumenmassen, aromatenarm, gesundheitsschädlich, lösemittelreich
BBP60 Bitumenmassen, aromatenreich, gesundheitsschädlich, lösemittelhaltig
BBP70 Bitumenmassen, aromatenreich, gesundheitsschädlich, lösemittelreich
BS10 Wasserverdünnbare Korrosionsschutz-Beschichtungsstoffe, Lösemittelgehalt $\leq 5\ \%$

BS20 Wasserverdünnbare Korrosionsschutz-Beschichtungsstoffe, Lösemittelgehalt ≤ 10 %
BS30 Wasserverdünnbare Korrosionsschutz-Beschichtungsstoffe, Lösemittelgehalt ≤ 20 %
BS40 Korrosionsschutz-Beschichtungsstoffe, entaromatisierte Lösemittel
BS50 Korrosionsschutz-Beschichtungsstoffe, aromatenhaltige Lösemittel
BS60 Korrosionsschutz-Beschichtungsstoffe, aromatenhaltige Lösemittel, gesundheitsschädlich
ESI10 Grundbeschichtungsstoffe auf Basis Ethylsilikat, entzündlich
ESI20 Grundbeschichtungsstoffe auf Basis Ethylsilikat, leichtentzündlich
PU10 PU-Systeme, lösemittelfrei
PU20 PU-Systeme, lösemittelhaltig
PU30 PU-Systeme, lösemittelhaltig, gesundheitsschädlich
PU40 PU-Systeme, lösemittelfrei, gesundheitsschädlich, sensibilisierend
PU50 PU-Systeme, lösemittelhaltig, gesundheitsschädlich, sensibilisierend
PU60 PU-Systeme, Reaktionskomponente auf Aminbasis, gesundheitsschädlich, sensibilisierend
RE0 Epoxidharzdispersionen
RE1 Epoxidharzprodukte, lösemittelfrei, sensibilisierend
RE2 Epoxidharzprodukte, lösemittelarm, sensibilisierend
RE2.5 Epoxidharzprodukte, lösemittelhaltig
RE3 Epoxidharzprodukte, lösemittelhaltig, sensibilisierend
RE4 Epoxidharzprodukte, giftige Einzelkomponente, lösemittelarm, sensibilisierend
RE5 Epoxidharzprodukte, giftige Einzelkomponente, lösemittelhaltig, sensibilisierend
RE6 Epoxidharzprodukte, giftig, lösemittelarm, sensibilisierend
RE7 Epoxidharzprodukte, giftig, lösemittelhaltig, sensibilisierend
RE8 Epoxidharzprodukte, krebserzeugend, lösemittelarm, sensibilisierend
RE9 Epoxidharzprodukte, krebserzeugend, lösemittelhaltig, sensibilisierend

GISCODES für zementhaltige Produkte:
ZP1 Zementhaltige Produkte, chromatarm
ZP2 Zementhaltige Produkte, nicht chromatarm

Glas Rohstoffe für die Glasherstellung sind Quarzsand, Kalk, →Dolomit, Soda, Feldspat, →Borsäure und andere Bormineralien sowie Glasscherben aus der eigenen Anlage (10 bis 50 %). Zur Läuterung (Beseitigung der Gasblasen in der Schmelze) wird Natriumsulfat eingesetzt. Das Gemisch wird in Wannenöfen auf 1.000 – 1.600 °C erhitzt. Nach Formgebung erstarrt das G. durch kontrollierte Temperaturführung. G. ist amorph, porenfrei, hat eine hohe Festigkeit, geringe Wärmeleitfähigkeit, ist durchlässig für Wärme und teilweise auch für UV-Strahlen.
Die Rohstoffe sind ausreichend vorhanden. Durch den Abbau der Rohstoffe im →Tagebau kommt es allerdings zwangsläufig zu lokalen Umweltbelastungen (→Mineralische Rohstoffe). 1990 wurden 54 % des Gesamtvolumens an G. aus Altglas gewonnen. Allerdings wird von Flachglasherstellern nur betriebseigenes, zu Bruch gegangenes G. wiederverwertet, das nicht weiter veredelt ist. Bei der Zerkleinerung von Quarzsand, Kalk und Dolomit kommt es zu Lärm- und Staubbelastungen. Die alveolengängige Staubfraktion des kristallinen Siliciumdioxids in Form von →Quarz ist als krebserzeugend (K1) eingestuft. Bei der Sonderglasherstellung sind →Schwermetalle (z.B. →Blei) im Staub enthalten. Bei der Entsorgung von Altglas wird zwischen Hohlglas (Verpackungsglas) und Flachglas unterschieden. Da die beiden Glassorten von unterschiedlicher chemischer Zusammensetzung sind, können sie nicht gemeinsam verwertet werden. Getöntes Absorptionsglas oder metallbedampf-

tes Reflexionsglas sowie Zwischenfolien aus →Polyvinylbutyral beim Sicherheitsglas sind für das Recycling nur wenig geeignet. →Fensterglas, →Flachglas, →Pressglas, →Gussglas, →Schaumglas-Dämmplatten, →Glaswolle

Glaserkitte →Kitte

Glaser-Verfahren Die Berechnung des diffusionsbedingten Tauwasserausfalls (→Kondensat innerhalb der Konstruktion) nach Glaser ist das bekannteste, in Normen festgelegte Verfahren für eine feuchtetechnische Beurteilung von Aufbauten. Die Berechnung nach dem G. und die dafür notwendigen Randbedingungen (Klimabedingungen) sind in der DIN 4108 bzw. ÖN B 8110-2 Wärmeschutz im Hochbau geregelt. Das G. ist physikalisch richtig, es vernachlässigt aber zwei sehr wichtige Aspekte:

- Das Verfahren berücksichtigt nicht die →Kapillarleitfähigkeit von Baustoffen und kann daher in der Praxis zum unnötigen Einbau von →Dampfbremsen oder →Dampfsperren, bei Altbaukonstruktionen sogar zu Bauschäden führen.
- Die Berechnung des diffusionsbedingten Tauwasserausfalls geht davon aus, dass in das Bauteil keine Luft strömt. Selbst kleinste Undichtheiten, durch die stetig Raumluft in eine Konstruktion strömt, können aber zu starker Durchfeuchtung führen.

Bei komplexen Fragestellungen sollten daher feuchtetechnische Untersuchungen und Berechnungen, die mehrdimensionale und instationäre Einflüsse berücksichtigen, durch erfahrene Bauphysiker durchgeführt werden.

Glasfasertapeten G. gehören, ähnlich wie die Raufaser, zu den meist verlegten →Wandbelägen und sind die dominierende Wandbekleidung in öffentlichen Gebäuden. Glasfasergewebe sind in unzähligen Musterungen erhältlich und bilden nach ihrer Beschichtung eine wasserfeste, robuste und langlebige Wandbekleidung. Durch ihre hohe Zugfestigkeit lassen sich auch Risse überbrücken, G. werden daher auch oft zur „Wand- und Deckenkosmetik" eingesetzt. Glasfasern werden aus rein mineralischen Rohstoffen wie Quarzsand, Kalk, Dolomit und Soda erzeugt. Die Rohstoffe werden bei 1.400 °C miteinander verschmolzen und noch im heißen und flüssigen Zustand zu hauchdünnen Fäden ausgezogen, anschließend zu Garnen versponnen und danach zu Bahnen verwebt. Je nach Stärke der Garne und Webtechnik entstehen unterschiedliche Gewebestrukturen. Gewöhnliche G. sind i.d.R. nicht mit einem Träger verbunden, sie werden direkt in →Dispersionsklebstoffe, die auf der Wand aufgetragen werden, eingebettet. Zur einfacheren Verarbeitung gibt es auch G. auf Papierträger kaschiert oder mit Selbstklebeausrüstung. Nach dem Tapezieren werden die G. ein- oder zweimal mit Dispersionsfarben beschichtet. Meistens werden G. in kompletten Systemen (Geweberoller, Klebstoffe, Zwischenbeschichtung und Anstriche) vertrieben. Zur Verarbeitungssicherheit kann es vorteilhaft sein, alle Systemkomponenten von einem Hersteller zu beziehen.

G. sind schwer entflammbar und in Abhängigkeit vom Klebstoff und der Kunststoffbeschichtung meist relativ dampfdicht, gegen die Gefahr der Schimmelpilzbildung sind sie daher oft mit fungiziden (pilztötenden) Mitteln ausgerüstet, die gesundheitsbeeinträchtigende Wirkungen entfalten können. G. haben den Nachteil, dass sie zum Ausfransen der Tapete am Nahtbereich neigen, die freigesetzten Glasfaserpartikel können bei der Verarbeitung zu Hautreizungen führen. Daher sollte beim Tapezieren von G. immer Handschuhe getragen werden. Die Glasfasern weisen aber Durchmesser von ca. 10 µm auf und sind damit nicht lungengängig.

Glaswolle G. zählt zu den Mineralwolle-Dämmstoffen. Die Fasern gehören zur Gruppe der künstlichen Mineralfasern. Für die Herstellung werden die gleichen Rohstoffe verwendet, wie sie in der Glasindustrie üblich sind, also →Sand, →Kalk, →Dolomit, Feldspat, tonerdehaltige Eruptivgesteine, Soda, Natriumsulfat, Pottasche, →Borate sowie →Altglas. Als Zusatzstoffe werden 3 – 9 M.-% Bindemittel und unter 1 M.-% Hydrophobierungsmittel zugegeben. Die Rohstoffe werden in Wannenöfen bei 1.350 °C geschmolzen und auf einer sich drehenden Spinnscheibe durch kleine Öffnungen am Scheibenrand gedrückt, nach außen geschleudert, von ringförmig angeordneten Gasbrennerdüsen nach unten abgeleitet und so zu feinen Glasfäden gesponnen. Im nächsten Prozessschritt wird das Bindemittel auf die Fasern gesprüht. Das Bindemittel polymerisiert im Härteofen. Bei Glaswolle kann durch den Einsatz von →Altglas der Energiebedarf zur Produktion gesenkt werden. Allerdings wird nur sehr hochwertiges Abfallmaterial aus der Flachglasproduktion eingesetzt. Der ökologische Benefit ist daher nicht so hoch wie z.B. bei →Blähglas, wo Altmaterial aus der Altglassammlung eingesetzt wird. Seit die →MAK-Kommission 1980 →Künstliche Mineralfasern als krebsverdächtig eingestuft hat, wird die krebserzeugende Wirkung von KMF kontrovers diskutiert. →Mineralwolle-Dämmstoffe

Glühlampen G. sind die am häufigsten verwendete, künstliche Beleuchtungsquelle. Ein Wolframdraht befindet sich in einem mit Edelgas (Argon) gefüllten Glaskolben und wird durch Stromfluss zum Glühen gebracht. Nur 5 % der eingesetzten Energie werden dabei in Licht umgesetzt, der Rest wird als Wärme frei. Unter den künstlichen Beleuchtungsquellen sind G. damit die größten Energieverschwender. Sie haben zudem eine vergleichsweise geringe Lebensdauer von nur ca. 1.000 Betriebsstunden. →Licht, →Energiesparlampen, →Halogenlampen, →Leuchtstofflampen, →Vollspektrallampen

Glutaraldehyd G. (Glutardialdehyd, 1,5-Pentandial) ist ein ungesättigter Dialdehyd. Aufgrund seiner hohen Reaktivität wird G. z.B. für Desinfektions-und Sterilisationsmittel eingesetzt. MAK-Wert (→MAK-Liste): 0,05 ml/m³ = 0,21 mg/m³. Kurzzeitige Exposition im Bereich von ca. 1 ppm führt zu Reizungen der Schleimhäute. G. ist als krebsverdächtig (MAK-Liste 3B) und als umweltgefährlich eingestuft. Zur relativen Toxizität der (ungesättigten) Aldehyde →NIK-Werte: Je niedriger der NIK-Wert, umso höher ist die Toxizität des jeweiligen Stoffes.

Glykolester →Glykolverbindungen

Glykolether →Glykolverbindungen

Glykolverbindungen Mit dem Oberbegriff G. werden die in der Innenraumluft und im Hausstaub häufig anzutreffenden Glykolester und Glykolether bezeichnet (Ester bzw. Ether mehrwertiger Alkohole). G. finden Anwendung in lösemittelarmen Anstrichstoffen wie Dispersionsfarben und so genannten Wasserlacken (auch mit dem Umweltzeichen →Blauer Engel) sowie Bodenbelagsklebern (→EMICODE).
Obwohl G. in der Mehrzahl schwerer flüchtig sind als klassische Lösemittel, treten dennoch relevante Konzentrationen in der Innenraumluft auf. Aufgrund ihrer ver-

Tabelle 50: Glykolverbindungen und ihre Quellen in Innenräumen (Quelle: AGÖF)

Glykolverbindung	Quellen
1,2-Propylenglykolmonomethylether (PGMM)	Möbelpolitur
Ethylenglykol (EG)	Bodenbelagskleber, Wasserlacke
1,2-Propylenglykol (1,2-PG)	Wasserlacke
Ethylenglykolmonobutylether (EGMB)	Bodenbelagskleber, Wasserlacke
Diethylenglykolmonobutylether (DEGMB)	Bodenbelagskleber, Wasserlacke
Ethylenglykolmonophenylether (EGMP)	Bodenbelagskleber, Wasserlacke
Dipropylenglykolmonobutylether (DPGMB)	Wand- und Deckenfarbe
Propylenglykolmonophenylether (PGMP)	Wasserlacke
Tripropylenglykolmonobutylether (TPGMB)	Latexfarbe, Tiefgrund
Diethylenglykolmonobutyletheracetat (DEGMBA)	Bodenbelagskleber
2,2,4-Trimethyl,-1,3-Pentandiolmonoisobutyrat	Wasserlacke

gleichsweise hohen Siedepunkte verdunsten viele G. nur sehr langsam. Dies führt dazu, dass die Stoffe über Monate bis Jahre z.B. aus gestrichenen Oberflächen ausgasen und die Raumluft belasten.
Einige G. sind reproduktionstoxisch. Die giftigen Abbauprodukte der G. werden nach Aufnahme nur langsam aus dem Körper ausgeschieden und können sich bei langandauernder Exposition daher anreichern. 2-Butoxyethanol, ein in sog. Wasserlacken verwendetes Lösemittel, ist augenreizend und gesundheitsschädlich beim Einatmen, Verschlucken und Berühren mit der Haut. Darüber hinaus führt der Stoff zu Schädigungen im Blutbild und steht im Verdacht, Leber und Nieren zu schädigen.

Graffitischutz Systeme zum G. basieren auf einem speziellen Hydrophobierungssystem. Beim Auftrag des Mittels bildet sich eine siliciumorganische, permanente, hydrophobe Schicht (→Hydrophobierungsmittel) innerhalb der Oberflächenstruktur der zu schützenden Fläche und zusätzlich darüber eine nichtpermanente Trenn- bzw. Schutzschicht. Diese äußere Schutzschicht wird bei der Heißdampfreinigung (Graffiti-Entfernung) geopfert. Anschließend wird die Oberfläche erneut behandelt.

Granit G. ist massiges, grobkristallines Gestein, das im Wesentlichen aus Quarz, verschiedenartigen Feldspaten, Glimmer- und oft auch noch aus Hornblendekristallen zusammengesetzt ist. Die größten Granitprovinzen der Erde liegen in Kanada, den USA, Südamerika und Indien. In Europa gibt es größere Granit-Vorkommen in Skandinavien, Spanien, Frankreich, Sardinien, im Bayrischen Wald und in Böhmen. G. gibt es in den verschiedensten Farbtönen. Er lässt sich gut polieren, ist kratzfest, säurebeständig, hitzebeständig und unempfindlich gegenüber Wasser. In Küchen ist G. daher einer der bestgeeignetsten Werkstoffe für Arbeitsplatten, Rückwände, Schneidbretter oder Bodenbeläge. Auch aus hygienischer Sicht ist Granit aufgrund seiner Härte und seiner glatten Oberfläche kaum zu übertreffen. Da G. besonders fest ist und nur langsam verwittert, wird er auch gern für Repräsentations- und Monumentalbauten eingesetzt. Schon die alten Ägypter stellten daraus Obelisken und andere Monumente her, welche die Jahrtausende überstanden haben. Auch Grabsteine sind oft aus G.
G. besitzt als magmatisches Gestein eine relativ hohe natürliche Radioaktivität. Bei großflächiger Anwendung kann diese hohe Radioaktivität mit der nachfolgenden Radonbelastung in Innenräumen aus heutiger medizinischer Sicht bedenkliche Konzentrationen annehmen.

Grastapeten G. bestehen aus mit Fasergewebe kaschiertem Reisstrohpapier. Sie werden meist noch in Handarbeit in Asien gefertigt.

Grenzflächenaktive Stoffe →Tenside

Grenzwerte Zur Begrenzung bzw. zur Beurteilung von Schadstoff-Konzentrationen in der Innenraumluft werden G., Richtwerte und Orientierungs- bzw. Referenzwerte festgelegt bzw. abgeleitet. Wesentliche Merkmale bzw. Unterschiede dieser Werte sind:

	Merkmal	**Toxikologisch begründet**	**Gesetzlich festgelegt**
Grenzwerte	Max. zulässige Konzentration eines Schadstoffs	Ja	Ja
Richtwerte	Konzentration eines Schadstoffs, bei deren Überschreitung unter dem Gesichtspunkt der Gesundheitsvorsorge bzw. der Gefahrenabwehr Maßnahmen ergriffen werden sollten	Ja	Nein Festlegung durch Behörden oder Fachgremien, allgemein anerkannte Werte
Orientierungswerte, Referenzwerte	Konzentration eines Schadstoffs, wie sie bei statistischen Erhebungen festgestellt wurde	Nein	Nein

Grenzwerte für Gefahrstoffe am Arbeitsplatz G. für Arbeitsplätze mit berufsmäßigem Umgang mit Gefahrstoffen finden sich in:
- →Gefahrstoffverordnung
- Anhang I der Richtlinie 67/548/EWG
- TRGS 905 „Verzeichnis krebserzeugender, erbgutverändernder oder fortpflanzungsgefährdender Stoffe"
- TRGS 900 Arbeitsplatzgrenzwerte
- TRGS 903 „Biologische Arbeitsplatztoleranzwerte – BAT-Werte"
- Mitteilungen der Senatskommission zur Prüfung gesundheitsschädlicher Arbeitsstoffe (→MAK- und →BAT-Werte-Liste)

Grüner Punkt Das im Zuge der Verpackungsverordnung vom Dualen System Deutschland GmbH (DSD) verwendete Emblem „Grüner Punkt" ist kein Umweltzeichen, sondern kennzeichnet Verpackungen, die zur Verwertung geeignet sind und durch das DSD entsorgt werden. Der G. sagt (außer der Recyclingfähigkeit) nichts über die ökologische Qualität der Produkte aus. Umweltverbände bemängeln zudem, dass das System eher die Verwaltung der Verpackungsabfälle fördert, als das ökologisch vorrangige Ziel einer wirkungsvollen Abfallvermeidung voranzubringen.

Grünlinge Industriell in Strangpressen gefertigte →Lehmsteine, die auch zur Herstellung von Ziegelsteinen eingesetzt werden.

Grundierungen G. dienen dem Anstrichaufbau und haben die Aufgabe, eine feste Verankerung mit dem Untergrund herzustellen. →Anstrichstoffe, →Tiefgrund

Grundlüftungsbedarf Für ein gesundes und behagliches Wohnklima ist ausreichende Frischluftzufuhr die Voraussetzung. Die minimal notwendige Frischluftzufuhr, die durch →Natürliche oder →Mechanische Lüftung sichergestellt werden muss, ist der G. Er richtet sich nach:
- Personenanzahl in einem Raum
- Aktivitäten der Personen
- Tiere und Pflanzen
- Geruchs- und Schadstoffe in der Raumluft
- Luftfeuchtigkeit

Als Richtwert für den G. kann etwa 20 – 30 m³ Frischluft pro Person und Stunde herangezogen werden. Dies entspricht in Wohnräumen einer →Luftwechselrate von ca. 0,4 pro Stunde.

Grundstähle G. sind Stahlsorten mit Güteanforderungen, deren Erfüllung keine besonderen Maßnahmen bei der Herstellung erfordert. Es handelt sich dabei meist um unlegierte Stähle (→Stahl). Legierte G. haben ähnliche Verwendungszwecke wie unlegierte G., enthalten aber Legierungselemente über den Grenzwerten nach DIN EN 10021. Hierzu zählen Stähle für Spundwand und Grubenausbauprofile.

Gummi arabicum G. ist der getrocknete Pflanzenschleim verschiedener Akazien-Arten. Akazien, aus denen G. gewonnen wird, wachsen im tropischen Afrika, in Indien und Australien. Die farblosen bis braunen, geruchlosen Stücke werden in warmem Wasser gelöst. Die zähklebrige Flüssigkeit wird von →Pflanzenchemieherstellern als Klebstoff und Verdickungsmittel für Lacke und Farben verwendet. G. kann als Lebensmittel-Zusatzstoff zur Bindung und Verdickung in Süßwaren enthalten sein und wird auch in Kosmetika und Streichhölzern eingesetzt.

Gummi-Bautenschutzbahnen und -platten G. sind Bahnen- oder Plattenware aus recyceltem, mit →Polyurethan gebundenem Gummigranulat aus Altreifen. Durch spezielle Bindemittel erfolgt die Erzeugung aus Altreifengranulat wesentlich schneller und effizienter als bei der Verwendung von Frischkautschukmischungen. G. sind in den Materialstärken 3 bis 20 mm erhältlich (übliche Stärken von 6 bis 10 mm). Rohdichte: 730 kg/m³, Wärmeleitfähigkeit (DIN 52612): 0,14 W/(mK), Brandklasse B2. Einsatzgebiete: als Schutz-, Drän- und Speicherschicht, Verkehrsbauten aller Art, Brücken, Garten- und Landschaftsbau; Abdichtung und Isolierungen auf Flach- und Gründächern, Terrassen und Parkdecks; im Besonderen unter stark befahrenen oder benutzten Dachflächen, z.B. Spielplätzen, Wegebelägen etc. G. sind eine Alternative für Schutzbetonschichten, wenn geringe

Aufbauhöhe oder geringes Gewicht gefordert ist. Die Verlegung erfolgt lose oder durch Verklebung mit Heißbitumen bzw. Klebern. Darauf wird Schüttmaterial, eine Betonschicht o.Ä. als Oberflächenschutz aufgebracht. Die Zusammensetzung der G. muss mit den →Dachabdichtungen und Wurzelschutzbahnen verträglich sein.
Altgummigranulate können ohne Qualitätsverlust für die erzeugten Materialien als Füllstoff in Frischkautschukmischungen eingesetzt werden, dennoch werden nur ca. 2 % des gesamten Altgummis (in Deutschland pro Jahr rund 600.000 t. Altreifen) in der Kautschukindustrie verwertet. Der Großteil der Altreifen wird in Zementwerken verbrannt (30 – 40 %). Zur Granulat- und Mehlherstellung für den Einsatz als Sekundärrohstoffe gelangen knappe 10 % der Altreifen. Altreifen sind wegen ihrer Form, Beschaffenheit und Brennbarkeit ein relativ problematischer Abfallstoff. Reifenbrände sind äußerst umweltbelastend, weil neben den schädlichen Gasen wie Ruß und →Aromatischen Kohlenwasserstoffen noch Pyrolyseöle entstehen, die umliegende Gewässer, das Grundwasser oder den Boden erheblich verseuchen können. Abgesehen von der Brandgefahr bringen unkontrollierte Reifendeponien erhebliche Gesundheitsrisiken mit sich (z.B. sind in den Reifen stehende Wasserlachen Brutstätten für Stechmücken). Die Herstellung von G. aus Altgummigranulat kann daher als sinnvolle Verwertung angesehen werden.

G

Gummi-Bodenbeläge G. (auch Elastomer-Bodenbeläge oder Kautschukbeläge) werden aus →Synthese- und →Naturkautschuk (→Naturkautschuk-Bodenbeläge) gefertigt. Sie können homogen (einschichtig) oder heterogen (mehrschichtig) oder mit einer Dekorschicht hergestellt werden. Der am häufigsten verwendete →Kautschuk ist →Styrol-Butadien-Kautschuk (SBR). Andere Kautschuke wie Butylkautschuk (IIR), Ethylen-Propylen-Kautschuk (EPM) oder Ethylen-Propylen-Terpolymer (EPDM) finden in geringerer Menge Verwendung. Naturkautschuk wird dem Synthesekautschuk zugegeben, damit er das Material geschmeidiger macht. Zur Herstellung der G. aus SBR wird plastifiziertes Emulsions-SBR unter Zugabe der Additive bei Temperaturen um 50 °C gewalzt. Die klassische Vernetzung erfolgt mit elementarem Schwefel unter Zusatz von →Vulkanisationsbeschleunigern. Durch die Zugabe von Alterungsschutzmitteln werden G. gegen den Einfluss von Licht und Sauerstoff geschützt. Weichmacher sind nicht erforderlich. Rahmenrezeptur: ca. 35 % Kautschuk, 50 – 60 % anorganische Füllstoffe wie z.B. Ton und Kaolin, 5 % Pigmente, 1,5 % Schwefel und Verarbeitungshilfsmittel. G. sind extrem strapazierfähig, dauerelastisch, maßstabil und nahezu abriebfest. Sie werden daher für Räume mit starker Beanspruchung verwendet. Sie sind nicht feuchtigkeitsregulierend, elektrostatische Aufladungen sind möglich. G. gewährleisten eine gute Trittsicherheit. Sie sind nicht alkalienbeständig, starke Reinigungsmittel können eine Farbtonänderung bzw. Flecken erzeugen. G. sind dampfdicht, daher ist die Fußbodenkonstruktion gegen Feuchteeintritt von unten zu schützen, da es sonst zu Bauschäden kommen kann.
Die Herstellung von SBR bzw. die Synthese der Ausgangschemikalien Styrol und Butadien sind mit einer Vielzahl von Umweltbelastungen verbunden. Die Ausgangsstoffe sind petrochemischen Ursprungs (→Erdöl) und haben hohe humantoxische Relevanz. Emissionsseitig dominieren Kohlenwasserstoffemissionen in die Luft. Anders als bei einigen →Naturkautschuk-Rezepturen ist es beim SBR bis heute nicht möglich, durch Rezepturänderungen die Bildung der Nitrosamine bei der Vulkanisation völlig zu verhindern. Nitrosamine, die stark krebserzeugend sind, wurden z.B. in Lagerhallen nachgewiesen. Eine Belastung durch Nitrosamine in den Produktionsstätten, im Bereich der Lager und beim Endverbraucher kann daher nicht ausgeschlossen werden. Während der Nutzungsphase von Styrol-Butadien-Kautschuk können zahlreiche Substanzen ausgasen, darunter auch die geruchsintensiven Verbindungen Vinylcyclohexen und 4-Phenylcyclohexen. Vinylcyclohexen wird außerdem im Körper zum Diepoxid abgebaut,

ist daher gemäß →MAK-Liste als krebserzeugend (Kat. 2) eingestuft. 4-Phenylcyclohexen ist sehr geruchsintensiv. Viele andere →VOC (vereinzelt auch Styrol) sind analytisch fassbar, aber bisher kaum identifiziert. Für die Verklebung sollten lösemittelfreie bzw. emissionsarme Klebstoffe verwendet werden (→EMICODE). Eine stoffliche Verwertung von G. ist wirtschaftlich nicht attraktiv, die Produkte werden daher thermisch verwertet bzw. beseitigt.

Gussasphalt G. ist eine dichte, in heißem Zustand gieß- und streichbare →Bitumen gebundene Masse. Als Bindemittel wird →Hochvakuumbitumen, →Hartbitumen oder eine Kombination von beiden eingesetzt. Das Mineralgerüst ist nach dem Prinzip der Hohlraumminimierung aufgebaut und besteht in der Regel aus mindestens 20 M.-% Steinmehl (Füller), 30 – 55 % Splitt (Brechkorn größer 2 mm) oder Kies (Rundkorn) sowie Sand. Die maximale Korngröße beträgt auf Autobahnen 11 mm und bei Industrieestrichen 5, 8 oder 11 mm. G. hat einen höheren Bitumenanteil (6,5 – 8 %) als →Walzasphalt, sodass die Hohlräume des Minerals mit Bitumen ausgefüllt werden und ein geringer, für die Verarbeitbarkeit erforderlicher Bindemittelüberschuss vorhanden ist. Gussasphalt wird als Fahrbahnbelag, insbesondere auf Autobahnen, als Bestandteil von Abdichtungen auf Brücken, Parkdecks, begrünten Flächen und in Nassräumen und als →Gussasphaltestrich im Wohn- und Industriebau eingesetzt. Die Einsatzgebiete von G. sind Wohnungs- und Industriebau (54 %, Anwendungen im Wohnungsbau sind dabei untergeordnet), Straßenbau (21 %) und Brückenbau (25 %). Die Hauptmengen dürften für Abdichtungen von Parkdecks und Hofkellerdecken sowie für Estriche in Industrieanlagen, Büro- und Kaufhausbauten eingesetzt werden. Die Eignung für die unterschiedlichen Anwendungsgebiete wird überwiegend über die Bitumensorte, d.h. die Härte, gesteuert. Gemessen an der Gesamt-Asphaltproduktion von 68,5 Mio. t (1999) macht die verarbeitete Menge an G. nur 1 % der in Deutschland verarbeiteten Mengen an Asphalt aus.
G. wird direkt nach der Herstellung in beheizte geschlossene Rührwerkskessel übernommen und zur Einbaustelle gefahren. Optimale Verarbeitungstemperaturen liegen zwischen 230 °C bei G. für den Einbau im Freien und bei 250 °C für G. mit Hartbitumen für den Einsatz als Gussasphaltestrich. Beim Einbau von Hand wird der Gussasphalt entweder in Holzeimern, in beheizten Dumpern (dieselgetriebene Kleintransporter) oder mit Schubkarren zur Einbaustelle transportiert. Die Eimer werden zur Einbaustelle getragen und dort entleert. Der G. wird von Hand verteilt und mit dem Streichbrett geglättet. Beim maschinellen Einbau wird der G. vom Rührwerkskessel direkt vor den Fertiger gegeben. Der Einbau erfolgt mit Einbaubohlen ähnlich wie beim Walzasphalt. Für die erforderliche Griffigkeit wird beim Einbau des Asphalts Splitt aufgestreut und eingewalzt.
Die Konzentrationen von Bitumendämpfen und -aerosolen (Bitumennebel) beim Verarbeiten von G. sind aufgrund der hohen Einbautemperatur von ca. 250 °C höher als beim →Walzasphalt. Besonders hoch ist die Exposition bei der manuellen Verarbeitung, aber auch beim maschinellen Einbau führen die hohen Einbautemperaturen zu hohen Expositionen an Bitumennebel (über 40 mg/m^3). Die höchste Exposition von Verarbeitern mit Bitumennebel zeigt die Verarbeitung von G. in Innenräumen; dabei wurden mittlere Benzo[a]pyren-Konzentrationen von 0,56 µg/m^3 gemessen.

Gussasphaltestrich G. ist ein Füllstoffgemisch von Steinmehl, Sand und Splitt, das mit etwa 7 bis 10 % →Bitumen in heißem Zustand versetzt, homogen gemischt und bei etwa 250 °C flüssig eingebracht wird. Der noch heiße G. wird mit feinem Sand abgekehrt. Dieser Sand ist der Haftvermittler für nachfolgende Bodenbelagsarbeiten. Die Estriche sind nach der Abkühlung sofort gebrauchsfähig, da sie nicht wie →Zementestriche oder →Anhydridestriche abbinden müssen. G. sind heute im Neubau zu etwa 3 % der Estrichflächen beteiligt, v.a. im Schnellbau und bei erdberührten Konstruktionen. Die Hauptmengen dürften

für Abdichtungen von Parkdecks und Hofkellerdecken sowie für Estriche in Industrieanlagen, Büro- und Kaufhausbauten eingesetzt werden. Asphalt-Untergründe sind bitumenhaltig und neigen je nach Zusammensetzung und vorherrschender Temperatur zur Migration. Deshalb muss in Erwägung gezogen werden, dass Verfärbungen durch die Migration von Bitumen in nachfolgende Beschichtungen entstehen, die nicht entfernbar sind.
Durch die hohen Einbringtemperaturen entsteht ein gesundheitsschädliches Gemisch aus Bitumendämpfen und -aerosolen (Bitumennebel), die zur Atemwegserkrankung der betroffenen Arbeiter führen und auch in Zusammenhang mit potenzieller krebserzeugender Wirkung gebracht werden (Kat. 2 gem. →MAK-Liste; s.a. →Bitumen). Beim Einbau von G. in Innenräumen wurden die höchsten Expositionen von Verarbeitern mit Benzo[a]pyren (0,56 $\mu g/m^3$) gemessen. Für die Verarbeitung von G. musste der Ausschuss für Gefahrstoffe den Luftgrenzwert für Bitumendämpfe und -aerosole bis 2007 aussetzen. Bei Niedertemperatur-G. ist es zwar gelungen, die Einbautemperaturen auf 220 – 225 °C zu senken, diese Entwicklung dürfte aber noch nicht ausreichend sein, einen Luftgrenzwert von 10 mg/m^3 einzuhalten.

Gusseisen G. ist eine Eisenlegierung mit 2 bis 4 % Kohlenstoffgehalt und Silicium als weiterem Legierungsbestandteil. G. wird im Kupolofen, einem kleiner Schachtofen, gewonnen. Die Einsatzstoffe sind festes Roheisen, Kreislaufmaterial, Blechpakete und ausgesuchter Stahlschrott. Die Zuschlagstoffe Siliciumkarbid, Kies und Kalkstein dienen zur Einstellung des Siliciumgehaltes in der Eisenanalyse bzw. zur Bildung günstiger Fließeigenschaften der Schlacke. Der Kupolofen wird mit Koks, den Einsatzstoffen und den Zuschlagstoffen von oben beschickt. Durch die Verbrennung des Kokses nimmt das flüssige Eisen Schwefel auf, der für die weitere Verarbeitung störend wirkt. Das Eisen wird daher auf einer speziellen Schüttelstation durch Calciumcarbid auf weniger als 0,01 % Schwefel entschwefelt. Darüber hinaus wird auf dieser Station der Siliciumgehalt der Schmelze auf ca. 2 % eingestellt. Das entschwefelte Eisen wird im Induktionsrinnenofen homogenisiert. Je nach Menge und Form der Graphitausscheidung wird G. untergliedert in weißes G. mit gebundenem Kohlenstoff (Temperguss und Hartguss für Schlüssel, Schlösser etc.) und graues G. (Heizkörper, Abwasserrohre, Kanaldeckel etc.).
G. ist relativ rostresistent. Bedingt durch den relativ hohen Kohlenstoffanteil verhält es sich spröde und lässt sich weder kalt noch warm verformen. →Roheisen, →Stahl

Gussglas Für die Herstellung von G. wird →Glas – im Gegensatz zu gezogenem Glas – gegossen und anschließend auf die gewünschte Breite und Dicke gewalzt. Beim Walzverfahren kann ein punktverschweißtes, quadratisches Drahtnetz eingelegt werden (Drahtglas). Formt man die Ränder mit einem U-förmigen Querschnitt, so ist das Glas hoch belastbar (Profilbauglas). Drahtglas wird für Türen, Trennwände, als →Wärmeschutzverglasung oder Brandschutzglas verwendet. Profilbauglas wird eingesetzt für die Wärme- und Schalldämmung, für die Verglasung von Lichtöffnungen in Wandflächen, für Trennwände und Windschutzwände. Durch den eingeschweißten Draht ist das Recycling erschwert.

GuT Die Gemeinschaft umweltfreundlicher Teppichböden e.V. ist ein Zusammenschluss von Teppichherstellern, der das Signet an die Mitglieder vergibt. Die Teppiche werden vor der Vergabe auf die Einhaltung der Kriterien überprüft. Das GuT-Signet berücksichtigt in seinen Richtlinien gesundheits- und umweltbezogene Anforderungen. Die Laborprüfungen erfolgen an produktionsfrischen Teppichböden und gliedern sich in Schadstoffprüfung, Emissionsprüfung und Geruchsprüfung. Aus gesundheitlich-ökologischer Sicht umstritten ist die Forderung des G., dass für Wollteppiche →Mottenschutzmittel (→Pyrethroide) verwendet werden müssen.

GWP Global Warming Potential. →Treibhauspotenzial

H

Härter →Vernetzer

Haftgitter →Haftvlies

Haftgrund H. dient der Untergrundvorbereitung und verbessert die Haftung für →Anstrichstoffe oder →Tapeten. Aus anwendungstechnischen Gründen sollten Mittel verwendet werden, welche die gleichen Bestandteile wie das gewählte Anstrichmittel enthalten. H. ist geeignet für feste, nicht stark saugende, mineralische Untergründe, dient aber auch zur Absperrung von Rauch-, Bitumen- und Wasserflecken. Ölhaltiger H. enthält →Alkydharze und Öllacke als Bindemittel. Ölfreier H. ist auf der Basis von →Polyvinylacetat und Nitrocellulose aufgebaut (→Nitrolacke, →Polyvinylharzlacke).
Damit die Grundierung tief in den Untergrund eindringen kann, enthalten die Mittel höhere Lösemittelanteile als entsprechende Anstrichstoffe. Bei Verwendung von Alkydharzen können Abspaltprodukte (Aldehyde, Carbonsäuren) freigesetzt werden. Nitrolacke enthalten gesundheitsschädliche →Aromaten wie →Toluol und →Xylol. H. auf Dispersionsbasis enthält in der Regel Konservierungsstoffe. Reste des H. sind als Sondermüll zu entsorgen und dürfen nicht in das Abwasser gelangen. Beispiel-Rezeptur eines H. von Pflanzenchemieherstellern: Wasser, Lackleinöl (→Leinöl), →Isoaliphate, →Bienenwachs, →Methylcellulose, →Dammar, →Terpentin, →Schellack, →Citrusschalenöl, Tonerdemineralien, →Borax, →Alkydharzlacke, →Tiefgrund.

Haftklebstoffe H. sind schnell trocknende →Klebstoffe, die nach dem Verdunsten des Lösemittels eine haftende Verbindung herstellen, aber klebrig bleiben. Es handelt sich dabei um nichthärtende Klebstoffe auf der Basis von →Naturkautschuk oder →Synthesekautschuk, Polyacrylate (→Acrylate), →Polyvinylether oder Polyisobutylen. H. sind lösemittelfrei. Sie finden Verwendung für klebstoffbeschichtete Verlegeunterlagen in Form von Netzen und Klebebandmaterialien für →Linoleum-, →Kork-, →PVC- und →Textile Bodenbeläge. Weitere Einsatzgebiete sind selbstklebende Folien, Platten und Fliesen. Da sie sich wieder lösen lassen, werden sie für Isolierbänder, Klebestreifen, Haftetiketten u.a. verwendet. Die Umwelt- und Gesundheitsverträglichkeit der H. hängt von den eingesetzten Grundstoffen ab. Handelsnamen sind z.B. Tesafilm® oder Hansaplast®.

Haftputzgipse →Baugipse

Haftvermittler Die meisten →Putzmörtel haften nur auf rauen Untergründen. Zu glatte Flächen können aufgeraut oder mit H. versehen werden. Als H. finden Vorspritzer, spezielle Haftmörtel, Haftschlämmen und Haftbrücken Verwendung. Haftmörtel sind speziell zusammengesetzte, oft kunststoffvergütete Zementmörtel. Haftschlämmen finden seltener Verwendung. Sie bestehen aus einer alkalibeständigen Kunstharzdispersion (→Dispersion), in welche Zement bis zur Streichbarkeit eingerührt wird. Für gipshaltige Putze sind ausschließlich Haftbrücken aus Kunstharzdispersionen zu verwenden.

Haftvliese H. sind zweiseitig mit Kleber beschichtete Vliese oder netzartige Gewebe (Haftgitter), die auf einer Seite mit einer Schutzfolie gegen ein Verkleben vor der Verarbeitung geschützt werden. Sie bieten →Teppichböden eine gute Haftung und gleichzeitig eine problemlose Wiederaufnahme. Das H. wird mit der Schutzfolie nach oben auf dem Unterboden ausgerollt und mit einem Anreibebrett sorgfältig angerieben. Nachdem die Schutzfolie abgezogen wurde, kann der Teppichboden auf das H. gelegt und angerieben werden. →Teppichbodenfixierungen

Halogene Als H. (griechisch: Salzbildner) werden die Elemente Fluor (F), Chlor (Cl), Brom (Br) und Iod (I) bezeichnet. In Form ihrer Salze (Fluoride, Chloride, Bromide und Iodide) sind sie für den Menschen lebensnotwendig und kommen vielfältig natürlicherweise vor. H.-Dämpfe sind stechend (Brom, Iod) bis stark ätzend (Fluor,

Chlor). Als gesundheitlich und ökologisch besonders problematisch hat sich eine Vielzahl von organischen H.-Verbindungen erwiesen; die H.-Kohlenstoffbindung in den Synthesemolekülen ist eine weitgehend naturfremde Struktureinheit. Halogenierte, insbesondere →Chlorierte Kohlenwasserstoffe spielen als Zwischen- und Endprodukte der chemischen Industrie eine große Rolle. Die Gefahren der Chlorchemie wurden der breiten Öffentlichkeit erstmals 1976 durch die Katastrophe von Seveso (polychlorierte →Dioxine) bekannt. Eine Vielzahl weiterer Chlor-Chemikalien stand im Rampenlicht der Umweltdiskussion, so z.B. die Pestizide →DDT und Hexachlorbenzol, →Vinylchlorid als Ausgangsstoff der PVC-Produktion, Perchlorethylen in Chemisch-Reinigungen, →Pentachlorphenol und Lindan (Hexachlorcyclohexan) in Holzschutzmitteln, →Polychlorierte Biphenyle als Weichmacher und Flammschutzmittel in Bauprodukten usw. Auch die ozonschichtschädigenden FCKW gehören zur Gruppe der →Halogenorganischen Verbindungen.

Ein Großteil der chlorierten Kohlenwasserstoffe wirkt beim Menschen krebserzeugend oder steht im begründeten Verdacht. Der Gesetzgeber hat relativ spät durch eine Reihe von Einzelverordnungen auf die toxikologischen bzw. ökologischen Erkenntnisse reagiert. Im Baubereich werden nach wie vor gesundheitlich und/oder ökologisch bedenkliche halogenorganische Verbindungen eingesetzt, z.B. →Dichlormethan in →Abbeizmitteln, →Chlorparaffine als Weichmacher, →Polyvinylchlorid, halogenierte →Flammschutzmittel und →Biozide. Diese Substanzen werfen entlang ihres →Lebenszyklus schwerwiegende Probleme auf. Siehe auch →Sanfte Chemie.

Halogenfreie Kabel →Kabelisolierungen

Halogenkohlenwasserstoffe Als H. (HKW) werden Kohlenwasserstoffe bezeichnet, deren Moleküle →Halogene (Fluor, Chlor, Brom, Iod) enthalten. →Chlorierte Kohlenwasserstoffe, →FCKW, →Fluorierte Treibhausgase

Halogenlampen H. funktionieren nach dem gleichen Grundprinzip wie →Glühlampen. Die Edelgasfüllung (Argon) des Glaskolbens enthält aber zusätzlich eine geringe Menge eines →Halogens (Brom oder Iod), das mit dem verdampften Wolfram reagiert und eine wolframhaltige Atmosphäre stabilisiert. Bei hohen Temperaturen zerfällt die Verbindung wieder in ihre Elemente, die Wolframatome kondensieren auf der Glühwendel. Der Halogenzusatz verhindert bei einer Glastemperatur über 250 °C den Niederschlag von Wolfram auf dem Glaskolben (keine Kolbenschwärzung), sodass der Glaskolben sehr kompakt gefertigt werden kann. Die kleinen H.-Kolben sind aus hochschmelzendem, reinem Quarz (Siliciumdioxid) hergestellt. Verunreinigungen auf dem Kolben, z.B. Fingerabdrücke durch Anfassen des Glases oder Verkohlen im Betrieb, führen lokal zu Temperaturerhöhungen oder Mikrokristallisierung, die zum Platzen des Quarzglaskolbens führen können. Die Lichtausbeute von H. und ihre Lebensdauer sind etwa doppelt so hoch wie jene von Glühlampen. Moderne →Energiesparlampen sind allerdings noch wesentlich sparsamer. H. strahlen ein sehr konzentriertes, brillantes Licht aus, das dem natürlichen Tageslicht sehr nahe kommt. Sie strahlen neben dem sichtbaren Licht allerdings einen vergleichsweise hohen Anteil ultraviolette Strahlung (UV-B) ab. Bei H. ohne UV-Abschirmung besteht im Abstand von 30 cm bereits nach vier Stunden Sonnenbrandgefahr. Diese H. sind als Schreibtisch oder Leselampen nicht geeignet und sollten wenn überhaupt nur als Deckenstrahler oder zur Wand-, Schaufenster- oder Vitrinenbeleuchtung eingesetzt werden. Durch eine an der Lampe angebrachte Glasscheibe wird der UV-B-Anteil ausreichend abgeschirmt. Das Schutzglas hilft auch Verbrennungen an den 900 °C heißen H. zu vermeiden. H. werden in der Regel mit 12 V Niederspannung betrieben und benötigen zur Umsetzung der 230 V einen Transformator. Aufgrund der hohen Gleichströme treten im Vergleich zu anderen Beleuchtungssystemen große Magnetfelder auf (Elektrosmog). →Licht, →Leuchtstofflampen, →Vollspektrallampen

Halogenorganische Verbindungen H. sind organische Stoffe mit einem oder mehreren Halogenatomen (Fluor, Chlor, Brom oder Iod). Zahlreiche H. gehören zu den besonders gefährlichen Umweltschadstoffen. Ihre Gefährlichkeit resultiert aus der großen chemischen Stabilität, die einen schnellen Abbau zu unproblematischen Stoffen verhindert, ihrer guten Fettlöslichkeit, die eine gute Aufnahme und Speicherung in Lebewesen begünstigt, und ihrer hohen Toxizität. Zahlreiche Vertreter der H. haben krebserzeugende, erbgutverändernde oder reproduktionstoxische Eigenschaften (→KMR-Stoffe):

- →Perfluortenside werden weit verbreitet u.a. in Konsumprodukten eingesetzt.
- →Chlorierte Kohlenwasserstoffe werden in Bauprodukten in hohen Konzentrationen z.B. in →Abbeizmitteln eingesetzt.
- →Polybromierte Flammschutzmittel

Halone H. (Fluorchlorbromkohlenwasserstoffe) sind vom chemischen Aufbau den Fluorchlorkohlenwasserstoffen (→FCKW) eng verwandt; sie enthalten zusätzlich Bromatome. In den 1970er- und 1980er-Jahren wurden zunehmend H. als Feuerlöschmittel eingesetzt. Halone gehören wie die FCKW zu den Ozonschicht zerstörenden Substanzen, wobei H. ein bis zu 10-mal höheres Zerstörungspotenzial besitzen. Die hohen Ozonabbaupotenziale dieser Stoffgruppe führten in Deutschland im Jahr 1992 gemäß FCKW-Halon-Verbots-Verordnung zu einem Herstellungs- und Verwendungsverbot als Feuerlöschmittel. Mit Ausnahme weniger, sog. „kritischer Verwendungszwecke" konnten H. in den meisten Anwendungen in kurzer Zeit ersetzt werden. Sie werden heute nur noch für die militärische und zivile Luftfahrt und sehr wenige weitere Anwendungen eingesetzt.

In einer Vielzahl von Anwendungen erfolgte eine Umstellung des Brandschutzes auf halogenfreie Feuerlöschmittel und -verfahren. Beispielhaft seien Kohlendioxid-, Sprinkler- und Inertgasanlagen sowie verbesserte Frühwarnsysteme genannt. Bei den Handfeuerlöschern wurde wieder verstärkt auf Pulver, Wasser, Schaum und Kohlendioxid zurückgegriffen. →Ozonabbau in der Stratosphäre

Hanfdämmplatten H. sind →Dämmstoffe aus Bestandteilen der Hanfpflanze und üblicherweise bis 15 M.-% →Bikomponenten-Kunststofffasern. Die Bindung mit Stärkefasern funktioniert bereits technisch, scheitert zurzeit aber noch an zu hohen Kosten. Als brandhemmende Mittel wirken →Ammoniumpolyphosphate oder Sodalösungen. Im Hanfanbau werden die üblichen Feldaufbereitungsarbeiten (Pflügen, Eggen, Säen etc.) durchgeführt. Für den Anbau in der EU wurde der Gehalt an der Rauschsubstanz THC begrenzt. Die Fasern verbleiben nach der Ernte zehn bis 20 Tage am Feld zur Röste. Dabei verrotten unter Einfluss von Wärme und Feuchtigkeit die Pflanzenleime, welche die Holzteile und Faserbündel zusammenhalten. Im Werk wird das Hanfstroh in einer Hammermühle in die Bestandteile Hanffaser, Schäben und Staub getrennt und die Hanffaser mit Flammschutzmittel behandelt. Manchen H. werden auch die Hanfschäben beigegeben. Die Hanf- und Kunststofffasern werden gemischt und durch zwei Vliesbildner befördert. Im darauf folgenden Thermobondierofen schmilzt der PE-Mantel der Kunststofffaser und verbindet so die Hanffasern. Der innere Kern schmilzt nicht und gibt der Platte Festigkeit. H. werden vorwiegend in Holzkonstruktionen eingesetzt (Steildachdämmung, Dämmung im Leichtelement, abgehängte Decke usw.). Die Dämmplatten werden zwischen den Trägern eingeklemmt und mittels Tacker am Holz angeklammert, damit sie nicht abrutschen können. Es sind aber auch →Wärmedämmverbundsysteme mit H. möglich. →Wärmeleitfähigkeit: 0,040 – 0,045 W/(mK), →Dampfdiffusionswiderstandszahl: 1 – 2, →Baustoffklasse B2.

Die Hanffasern und Schäben sind Nebenprodukte des Hanfanbaus, die durch den Einsatz in der Dämmstoffherstellung einer sinnvollen Verwertung zugeführt werden. Hanf ist eine äußerst robuste und anspruchslose Kulturpflanze der gemäßigten Breiten. Sie gilt als Pflanze mit Beikraut unterdrückender Wirkung, der Einsatz von Pflanzenschutzmittel ist daher unter guten Bedingungen nicht notwendig. Das Herstellungsverfahren ist einfach und umweltschonend. Die Zusatzstoffe sind bei sachgemäßem Umgang humantoxisch unproblematisch. Die eingesetzten Mengen an Kunststofffasern und Flammschutzmittel haben noch Verringerungspotenzial. Beim Schneiden entsteht Feinstaub. Entsprechende Staubschutzmaßnahmen sind zu treffen. Schadstoffabgabe durch H. ist nicht zu erwarten. Unbeschädigtes Material kann weiterverwendet oder als Stopfwolle verwertetet werden. Nicht mehr gebrauchte H. (sortenrein) werden von Herstellern zurückgenommen und können wieder zu H. verarbeitet werden. Die Entsorgung erfolgt über Verbrennung in Müllverbrennungsanlagen. →Natur-Dämmstoffe

H

Harnstoff H. (Carbamid, Carbonyldiamid, Kohlensäurediamid) ist das Endprodukt des Eiweißstoffwechsels. Er wird in der Leber gebildet und gelangt über das Blut und die Nieren in den Harn. H. kommt auch in vielen Pflanzen, besonders in Pilzen, vor. Die technische Herstellung von H. erfolgt aus Kohlendioxid und Ammoniak. H. wird vor allem in der Kunststoffindustrie zur Herstellung der →Harnstoff-Formaldehyd-Harzen verwendet und dient als Zwischenprodukt bei der →Melamin-Herstellung. Ein Großteil der H.-Produktion geht in die Düngemittelherstellung. H. wird auch in der Medizin, z.B. für Salben, verwendet.

Harnstoff-Formaldehyd-Harze H. (UF-Harze) sind die wichtigsten Bindemittel für →Holzwerkstoffe (z.B. →Spanplatten). Die Aminoplaste werden durch Polykondensation von →Harnstoff und →Formaldehyd hergestellt. H. sind preiswert und einfach zu verarbeiten, farblos, beständig gegen Sonnenlicht, aber hitze- und feuchtigkeitsempfindlich. Sie eignen sich daher nur für Holzwertstoffe, die keiner erhöhten Feuchtigkeit ausgesetzt sind. Durch Einwirkung von normaler Luftfeuchtigkeit kann es beim Gebrauch zu einer gesundheitlichen Belastung durch die Freisetzung von Formaldehyd kommen. Dieser Problematik kann durch chemische Modifikationen wie Beigabe von →Melamin oder →Phenol einerseits und die Senkung des Anteils von Formaldehyd gegenüber Harnstoff entgegengewirkt werden.

Harnstoff-Formaldehydharz-Ortschäume H. werden auf der Baustelle aus →Harnstoff-Formaldehyd-Harz und Druckluft hergestellt. Der anfänglich plastische Schaum wird über Bohrungen durch Überdruck in Hohlräume und Fugen eingebracht und erstarrt innerhalb kurzer Zeit zu einem offenzelligen Endprodukt von feiner, gleichmäßiger Schaumstruktur. Aufgrund dieser Eigenschaften wurden H. zur nachträglichen Isolierung von Altbauten verwendet. In der Blütezeit der Ortverschäumung, etwa zwischen 1970 und 1985, wurden für ca. 90 % der nachträglichen Kerndämmverschäumungen H. eingesetzt. Beim späteren Abbruch von Gebäuden zeigte sich aber, dass die Schäume den Hohlraum nur ungenügend ausfüllen, es sei denn, der Abstand der Bohrlöcher würde so gering gewählt, dass die Dämmung unbezahlbar würde. Die Anwendung, Eigenschaften und Ausführung von H. ist in der DIN 18159-2 geregelt.

Aufgrund der hohen Emissionen von →Formaldehyd bei der Herstellung bzw. Verarbeitung sind H. sehr problematisch. Anweisungen zur Begrenzung der Formaldehyd-Emissionen in der Raumluft bei Verwendung von H. gibt eine ETB-Richtlinie. Der Formaldehyd kann die Raumluft auch noch lange nach dem Einbau belasten. Auch die Hilfsstoffe sind z.T. stark umwelt- und gesundheitsschädlich. Als Treibmittel dient eine wässrige Tensidlösung, die mit Druckluft aufgeschäumt wird. Als schaumstabilisierende Zusätze werden →Polysiloxane eingesetzt. →Flammschutzmittel sind Ammoniumsalze oder organische Bromverbindungen. Als Katalysatoren werden →Amine oder →Zinnorganische Verbindungen eingesetzt.

Hartbitumen H. wird erzeugt, indem →Oxidationsbitumen die allerschwersten Öle entzogen werden. Dadurch erhält das Oxidationsbitumen die Konsistenz von →Hochvakuumbitumen. →Bitumen

Hartfaserplatten H. sind plattenförmige →Holzwerkstoffe mit Dicken bis zu 8 mm und einer Dichte ≥ 900 kg/m³, die vorwiegend im Nassverfahren hergestellt werden. Die Fasern werden aus Holz oder anderen lignocellulosehaltigen Rohstoffen wie z.B. Stroh gewonnen. Der Faserkuchen wird mit einer Faserfeuchte von mehr als 20 % unter Anwendung von Hitze und Druck geformt. Platten, die im Nassverfahren hergestellt wurden, erkennt man an der rückseitigen Siebmarkierung. Die Bindung erfolgt größtenteils durch Verfilzung der Fasern und durch Zugabe sehr geringer Mengen eines Bindemittels. Diese Platten zeigen daher i.d.R. geringe Schadstoffemissionen. H., die im Trockenverfahren hergestellt werden, entsprechen hinsichtlich ihrer ökologischen Eigenschaften eher den →MDF-Platten. H. werden vorwiegend in der Möbelindustrie sowie im Innenausbau verwendet.

Hartgrundierungen H. aus →Naturfarben sind lösemittelfreie Alternativen zu den lösemittelhaltigen →Hartölen. H. feuern das Holz nicht so an wie Hartöle, geben aber eine schöne, seidenmatte Oberfläche.
Beispiel-Rezeptur: Bindemittel aus →Leinöl, Rizinusöl, Sonnenblumenöl, Kolophoniumglyzerinester (z.T. als Ammoniumseife), Xanthan, →Borate, Ca/Cr/Zr-→Trockenstoffe.

Hartholzstaub →Holzstaub

Hartlote H. sind schmelzende →Metalle, die vor allem zum →Löten von Leichtmetallen (hauptsächlich →Aluminium) verwendet werden. Zum Löten von Aluminium werden H. aus Aluminium, dem geringe Mengen Zinn, →Zink, →Nickel, →Cadmium oder Silicium zur Schmelzpunkterniedrigung hinzugefügt sind, angewandt. Aluminium-H. sind korrosionsbeständiger als Aluminium-Weichlote, sie müssen aber trotzdem durch Anstriche vor Feuchtigkeit geschützt werden. Silber-H. werden zum Hartlöten von →Kupfer, Bronze und →Messing mit mehr als 58 % Kupfergehalt verwendet. Sie bestehen aus Kupfer-Zink-Silberlegierungen. Kupfer-H. sind Kupfer-Zink-Legierungen mit 42 – 54 % Kupfer (Messing) für das →Löten von →Messing, anderen Kupferlegierungen und →Stahl. Durch Zulegieren von →Nickel kann der Schmelzpunkt variiert werden.
Gesundheitsgefahren gehen vor allem von den cadmiumhaltigen Aluminium-H. aus. In Schweden ist Cadmium bereits verboten. In Deutschland wird dieses Metall als krebserzeugender Stoff eingestuft. Cadmiumhaltige Lote müssen seit 1990 nach Gefahrstoffrecht gekennzeichnet sein. H. ohne Cadmium mit Arbeitstemperaturen von 600 – 850 °C können mit dem →Blauen Engel (RAL-Umweltzeichen 68: Cadmiumfreie Hartlote) gekennzeichnet werden. Da H. in der Regel schwermetallhaltig sind, müssen Reste als Sondermüll entsorgt werden. →Weichlote, →Löten

Hartöle H. werden in Innenräumen zur Imprägnierung und Oberflächenvergütung saugfähiger Untergründe aus →Holz (z.B. Dielen, Parkett), →Kork und offenporigem Stein (z.B. Terracotta) eingesetzt. Sie werden häufig abschließend mit →Lack oder →Wachs beschichtet. H. sind auf der Basis von verkochtem Leinöl aufgebaut, Beispiel-Rezeptur: →Isoaliphate, Lack-→Leinöl, Standöl-→Kolophonium-Verkochung, →Citrusschalenöl, Leinöl-Standöl, bleifreie Ca/Cr/Zr-→Trockenstoffe. →Pflanzenchemieherstellern stellen H. auf reiner →Naturfarben-Basis, also ohne die Zugabe von Isoaliphaten her. Die „klassischen" Naturharz-H. enthalten über 10 % natürliche →Lösemittel wie Balsam-→Terpentinöl oder →Citrusschalenöl, die allergische Reaktionen auslösen können. Die Alternative für sensibilisierte Personen sind die lösemittelfreien →Hartgrundierungen. Durch den Leinölgehalt besteht eine Selbstentzündungsgefahr der Lappen, daher ausgebreitet im Freien trocknen.

Hartschaumplatten →EPS-Dämmplatten, →XPS-Dämmplatten, →Polyurethan-Hartschaumplatten

Harze H. (Resina) sind amorphe, fest oder flüssige Ausscheidungsprodukte von Pflanzen. Die H. entstehen insbes. im Holz und in der Rinde. Bei größeren Verletzungen fließt aus den Wundstellen oft jahrelang ein zähflüssiger Wund-→Balsam, der nach Verdunstung der flüchtigen Bestandteile zu festen, oft durchsichtigen oder durchscheinenden spröden Massen erstarrt. Die meisten H. sind gelb bis braun gefärbt. Die Dichte schwankt zwischen 0,9 und 1,3 kg/dm^3, die Härte liegt etwa zwischen der von Gips und Steinsalz, der Schmelzpunkt zwischen 40 und 360 °C (Bernstein). H. faulen nicht und wurden daher schon von den Ägyptern und Karthagern zum Einbalsamieren von Leichen verwendet.

H. stellen komplizierte Gemenge von Harzsäuren (→Kolophonium kann z.B. über 90 % Abietinsäure enthalten), Harzalkoholen, Harzestern und Kohlenwasserstoffen dar. Besonders charakteristisch für H. ist ihr Gehalt an Hydrophenanthrencarbonsäuren, Oxypolyterpenen und Phenolen bzw. Alkoholen mit oder ohne Gerbstoffcharakter. Viele H.-Bestandteile sind komplizierte, recht wenig bekannte organische Säuren wie z.B. Abietinsäure, Sapinsäure, Illurinsäure, Pimarsäure, Elemisäure usw. Manche H. werden zur Herstellung von Ölharzlacken, →Linoleum, Druckfarben und →Terpentinöl verwendet.

Hausstaub Während leichtflüchtige organische Verbindungen (→VOC) vorwiegend in der Raumluft anzutreffen sind, können schwer- und nichtflüchtige Stoffe an Hausstaub gebunden vorliegen. H. stellt somit eine Senke für schwer- oder nichtflüchtige Verbindungen dar. Eine verbindliche Definition von H. gibt es nicht. Zur Abgrenzung gegenüber dem →Schwebstaub werden unter H. gem. VDI-Richtlinie 4300 Bl. 8 (VE 1999) alle Arten von Partikeln verstanden, die sich in abgelagerter (niedergeschlagener) Form in →Innenräumen antreffen lassen. Dies können Feststoffe aus den verschiedensten anorganischen und organischen Materialien sein, natürlichen oder synthetischen Ursprungs. Der Begriff umfasst sowohl Anteile, die im Innenraum selbst ihren Ursprung haben, als auch solche, die von außen eingetragen werden. Der Anteil an organischer Substanz im H. kann zwischen 5 und 95 % liegen.

Unterschieden werden Altstaub und Frischstaub. Altstaub ist Staub unbekannten Alters, wie er häufig auf Oberflächen von Einrichtungsgegenständen (Schränken u.Ä.) anzutreffen ist. Frischstaub ist Staub, dessen Alter durch die Messplanung bestimmt und genau bekannt ist (üblicherweise eine Woche).

Die Untersuchung von H. kann – meist im Zusammenspiel mit anderen Untersuchungen – einen Beitrag zur Abschätzung der Exposition von Raumnutzern gegenüber Schadstoffen leisten. In die Raumluft emittierte schwerflüchtige Stoffe (→SVOC) adsorbieren bevorzugt an benachbarten größeren Oberflächen, wie sie z.B. der H. bietet. Untersuchungen zeigen, dass sowohl die Anzahl der vorkommenden schwerflüchtigen Stoffe wie auch deren Konzentrationen in H. unter Vorsorgegesichtspunkten deutlich zu hoch sind.

Allerdings ist die Frage, inwieweit H. allgemein als bedeutender Aufnahmeweg für die Belastung des Menschen mit Schadstoffen infrage kommt, strittig. H.-Untersuchungen können vor allem als Screening-Verfahren dienen. Schwierig gestaltet sich dabei aber die Wahl der geeigneten Staubfraktion (< 64 µm-Fraktion, < 2-mm-Fraktion), die erheblichen Einfluss auf die gefundenen Schadstoff-Konzentrationen hat.

Unter den häufig in H. gefundenen schwerflüchtigen Stoffen sind viele als →KMR-Stoffe eingestuft. Gemessen an der Höhe ihres Vorkommens ergab sich in einer Untersuchung von 65 Hamburger Hausstäuben folgende Reihenfolge: Phthalate > Chlorparaffine > Permethrin > Organophosphate > restliche Biozide > Organozinnverbindungen > Benzo[a]pyren (Kersten, W. & T. Reich, 2003: Schwerflüchtige organische Umweltchemikalien in Hamburger Hausstäuben. Gefahrstoffe – Reinhaltung der Luft. 63. S. 85 – 91).

→Organophosphate, →Phthalate, →Pyrethroide, →Schwermetalle

Tabelle 51: Flammschutzmittel (FSM) und Weichmacher (WM) in Hamburger H. (Kersten, W. & T. Reich)

Gruppe	**Stoff**	**50-Perzentil**	**95-Perzentil**	**Maximalwert**
Phthalate (WM)	Bis(2-ethylhexyl)phthalat	600	1.600	2.700
	Diisononylphthalat	72	540	1.000
	Diethylphthalat	5	350	570
	Diisodecylphthalat	31	340	4.200
	Benzylbutylphthalat	19	230	700
	Dibutylphthalat	47	180	600
	Diisobutylphthalat	33	78	470
	Dioctylphthalat	4	73	160
	Dimethylphthalat	1	20	64
	Bis(2-methoxyethyl)phthalat	2	8	17
	Dicyclohexylphthalat	1	5	80
	Dipropylphthalat	< 1	2	2
	Diallylphthalat	< 1	1	5
	Diphenylphthalat	< 1	< 1	4
Chlorparaffine (FSM, WM)	Kurzkettig, $C_{10} - C_{13}$	26	180	340
	Mittelkettig, $C_{14} - C_{17}$	36	150	400
Organophosphate (FSM, WM)	Tris(2-butoxyethyl)phosphat	5,0	40	120
	Triphenylphosphat	2,9	16	56
	Trikresylphosphat	2,2	15	36
	Tris(chlorpropyl)phosphat	1,4	12	27
	Tris(dichlorpropyl)phosphat	1,2	6,8	35
	Tris(2-chlorethyl)phosphat	1,6	6,2	9,5
	Tributylphosphat	0,4	1,5	5,7
	Tris(2-ethylhexyl)phosphat	0,2	0,9	2,0

Tabelle 52: Biozide in Hamburger H. (Kersten, W. & T. Reich)

Gruppe	**Stoff**	**50-Perzentil**	**95-Perzentil**	**Maximalwert**
Pyrethroide	Permethrin	5,7	110	380
	Deltramethrin	< 0,1	0,4	3,0
	Cyfluthrin	< 0,1	0,3	0,6
	Cypermethrin	< 0,1	0,2	2,9
	Tetramethrin	< 0,1	0,2	13

Fortsetzung Tabelle 52:

Gruppe	Stoff	50-Perzentil	95-Perzentil	Maximalwert
	Cyhalothrin	< 0,1	< 0,1	< 0,1
Synergist	Piperonylbutoxid (PBO)	< 0,1	3,1	5,1
Organochlor-Verbindungen	Methoxychlor	< 0,1	6,5	12
	Pentachlorphenol (PCP)	0,5	2,6	25
	p,p'-DDT	0,1	2,2	5,3
	Dichlofluanid	< 0,1	0,4	1,9
	Lindan	< 0,1	0,3	1,3
	α-Endosulfan	< 0,1	< 0,1	0,2
	β-Endosulfan	< 0,1	< 0,1	0,2
	Chlorthalonil	< 0,1	< 0,1	< 0,1
Organophosphor-Verbindungen	Chlorpyrifos	< 0,1	4,7	180
	Diazinon	< 0,1	0,5	1,3
	Dichlorvos	< 0,1	< 0,1	0,2
	Tetrachlorvinphos	< 0,1	< 0,1	0,1
Organostickstoff-Verbindungen	Tebuconazol	< 0,1	0,5	3,9
	Furmecyclox	< 0,1	0,3	0,6
	Propiconazol	< 0,1	0,2	0,6
	Tolylfluanid	< 0,1	< 0,1	0,2
Carbamate	Propoxur	0,2	3,1	67
	Fenobucarb	< 0,1	0,1	0,3

Tabelle 53: Stabilisatoren (S), Teer-, Bitumen- (TB) und Verbrennungsprodukte (VP) in Hamburger H. (Kersten, W. & T. Reich)

Gruppe	Stoff	50-Perzentil	95-Perzentil	Maximalwert
Organozinn-verbindungen (S)	Monobutylzinn	1,4	8,7	18
	Dibutylzinn	0,2	1,4	5,6
	Monooctylzinn	0,2	1,0	2,8
	Tributylzinn	0,03	0,1	0,2
	Dioctylzinn	0,01	0,1	0,2
	Triphenylzinn	0,004	0,01	0,02
	Tetrabutylzinn	< 0,001	0,004	0,02
	Tricyclohexylzinn	< 0,001	< 0,001	< 0,001
PAK (TP, VP)	Benzo[a]pyren	0,2	1,1	3,0

Tabelle 54: Biozide, Weichmacher und Flammschutzmittel in H. (Becker, K., Seiwert, M., Kaus, S., Krause, S., Krause, C., Schulz, C. & B. Seifert, 2002: German Environmental Survey 1998. Pesticides and other pollutants in house dust. In: INDOOR AIR 2002. Proceedings of the 9th International Conference on Indoor Air Quality and Climate. Monterey, USA)

Stoff	95-Perzentil [mg/kg]	Maximalwert [mg/kg]
Biozide		
PCP	2,9	32,3
Lindan	0,75	10,6
DDT	1,2	41,8
Propoxur	0,6	158
Methoxychlor	5,8	98,2
Chlorpyrifos	0,70	19,3
Polychlorierte Sulfonamid-Diphenylether (PSDE)	17,0	186
Piperonylbutoxid	3,7	200
Permethrin	14,5	171
Phthalate (Weichmacher)		
Diethylphthalat (DEP)	89,7	1.233
Di-(2-ethylhexyl)-phthalat (DEHP)	1.190	7.530
Dimethylphthalat (DMP)	3,7	75,8
Diisobutylphthalat (DiBP)	130	192
Di-n-Butylphthalat (DnBP)	160	502
Butylbenzylphthalat (BBP)	207	745
Di-n-octylphthalat (DnOP)	21,4	151
Organische Phosphorsäureester (Flammschutzmittel)		
Tris(2-Butoxyethyl)phosphat (TBEP)	58,0	854
Tris(2-chlorethyl)phosphat (TCEP)	1,0	6,0
Tris(2-ethylhexyl)phosphat (TEHP)	1,6	4,6
Trikresylphosphat (TCP)	0,4	80,7
Triphenylphosphat (TPP)	1,8	7,2

Tabelle 55: Schwermetalle und Arsen im Hausstaub (Quelle: Umwelt-Survey Band IIIa; Wohn-Innenraum: Spurenelementgehalte im Hausstaub; WaBoLu-Hefte 2/1991)

Element	90-Perzentil [mg/kg]	50-Perzentil [mg/kg]	Bestimmungsgrenze
Arsen	3,52	1,59	0,2
Cadmium	4,94	1,72	0,2
Cobalt	–	–	1

Fortsetzung Tabelle 55:

Element	90-Perzentil [mg/kg]	50-Perzentil [mg/kg]	Bestimmungsgrenze
Chrom	157	75,4	1
Kupfer	262	86,2	1
Quecksilber	–	–	0,5
Nickel	49,4	22,8	1
Blei	142	24,2	1
Antimon	–	–	1
Zinn	–	–	1
Thallium	–	–	1
Zink	1.038	496	1

Erläuterung: 50-Perzentile können als innenraumtypische Hintergrundbelastungen angesehen werden. Als auffällig gelten Konzentrationen, die über den 90-Perzentilen liegen.

H

Hautverhinderungsmittel H. sind Additive für Anstrichstoffe, die die ungewollte Hautbildung verhindern sollen. Hautbildung ist auf eine frühzeitige Filmbildung an der Oberfläche des nassen Anstrichstoffs zurückzuführen. Am häufigsten kommt das Hautbildungsproblem bei oxidativ trocknenden Lacken vor. H. gehören zu folgenden Stoffklassen:

- Antioxidantien
- Blockierungsmittel des Polymerisationskatalysators
- →Lösemittel
- Retentionsmittel

Zu den am häufigsten eingesetzten Antioxidantien gehört BHT (2,6-Di-tert-Butylphenol). Die bedeutendste Stoffklasse der H. sind die Blockierungsmittel des Polymerisationskatalysators. Wichtigste Vertreter dieser Klasse sind die Oxime. Darunter ist das →2-Butanonoxim (Methylethylketoxim, MEKO) das meist verwendete H. Der Wirkungsmechanismus von MEKO beruht darauf, dass der Stoff die Metallionen der Primär-→Trockenstoffe Cobalt bzw. Mangan zu komplexieren vermag. Anders als bei den Antioxidantien bleibt MEKO nicht permanent im trocknenden Film, sondern verdunstet gleich nach dem Auftragen des Lackes. MEKO wird in Konzentrationen von ca. 0,1 bis 0,5 %, bezogen auf den Fertiglack, eingesetzt. MEKO ist sehr toxisch.

Lösemittel wirken als H., indem das Lösemittel die polymerisierten Bestandteile des Anstrichstoffs, die eine Haut bilden, auflöst.

Retentionsmittel wirken als H., indem sie die Verdunstung des Wassers an der Oberfläche verhindern. Retentionsmittel sind höhersiedende Lösemittel wie mehrwertige Alkohole vom Typ Ethylenglykol, 1,2-Propylenglykol und Glykolether (→Glykolverbindungen). Lösemittelfreie Retentionsmittel sind Polyethylenglykolether sowie Zucker- und Harnstoffderivate.

HBCD →Hexabromcyclododecan

HCH Abk. für Hexachlorcyclohexan. →Lindan

HCPK 1-Hydroxycyclohexyl-phenon ist als →Fotoinitiator Bestandteil von strahlenhärtenden Beschichtungssystemen. Infolge einer Fragmentierungsreaktion entsteht aus H. das geruchsintensive Spaltprodukt →Benzaldehyd. Typisch für H. ist zudem die Bildung von →Cyclohexanon.

HDF-Platten Holzfaserplatten mit einer Rohdichte über 800 kg/m^3, die als Trägerplatten in →Laminat-Bodenbelägen eingesetzt werden. →Holzfaserplatten, →MDF-Platten

HDI Hexamethylen-diisocyanat. →Isocyanate

HDPE High-Density-→Polyethylen.

Heißbitumen Heißaufstriche bestehen aus →Destillations- oder →Oxidationsbitumen mit maximal 50 % Füllstoffen aus Steinmehl (Quarz oder Schiefer). Bei Zusatz von Kunststoffen spricht man von polymermodifizierten H. (→Polymerbitumen). Zur Herstellung von H. wird das →Bitumen bis zur Gießfähigkeit erhitzt und bei maximal 180 °C aufgegossen, aufgespachtelt oder aufgestrichen. H. wird zum Verkleben von →Schaumglas-Dämmplatten und →Bitumenbahnen verwendet. Ohne Zusatz von Füllstoffen wird H. zum Vergießen von Fugen verwendet. Der früher häufiger durchgeführte Dichtanstrich mit H. hat heute kaum noch Bedeutung.

Durch die hohen Einbringtemperaturen entsteht ein gesundheitsschädliches Gemisch aus Bitumendämpfen und -aerosolen, die zur Atemwegserkrankung bei den betroffenen Arbeitern führen und im Zusammenhang mit potenzieller krebserzeugender Wirkung gebracht werden (Kat. 2 gem. →MAK-Liste, s.a.→Bitumen).

Heißklebstoffe →Schmelzklebstoffe

Heißluftverfahren Das H. ist das umweltfreundlichste Verfahren zur Bekämpfung befallenen Holzes. Bei diesem Verfahren wird die Raumluft in der Umgebung des Holzes mit einem Heißluftgebläse erhitzt. Im befallenen Holz muss sich über einen Zeitraum von einer Stunde eine Temperatur von ca. 55 °C einstellen, nach dieser Einwirkdauer sind alle Pilze und Insekten abgetötet. Bei diesem Verfahren ist jedoch der technische Aufwand nicht unerheblich, sodass ein Fachbetrieb eingeschaltet werden muss. Das Verfahren wird wegen möglicher Brandgefahr i.d.R. nicht bei Dachböden reetgedeckter Häuser angewandt. Kleinere Holzteile, wie z.B. Möbel, können auch in eine Sauna gestellt und darin der gleichen Temperatur und Zeitdauer ausgesetzt werden. Hierbei ist aber zu beachten, dass geleimte oder furnierte Teile in Mitleidenschaft gezogen werden können. Restaurateure verwenden bei Massivholz mitunter auch einen Heißluftfön.

Heizkörperlacke Als H. werden →Kunstharzlacke auf →Alkydharz-, Celluloseether- (→Methylcellulose) und Polyvinylacetatbasis verwendet. →Pflanzenchemiehersteller bieten H. auf weitgehender Naturstoff-Basis an (→Naturharz-Anstriche), die auf vergilbungsarmen Ölen und Harzen wie Saflor-Öl, Dammarharz und Holzöl-Standöl beruhen. Beispiel-Rezeptur eines Naturharz-H.: →Dammarharz, Saflor-Standöl, Holzöl-Standöl, →Terpentinöl, →Titandioxid, →Talkum, →Kieselsäure, bleifreie →Trockenstoffe.

Heizkostenverteiler Verdampfungsflüssigkeit in H. →Methylbenzoat

Heizwärmebedarf Der H. (Jahresheizwärmebedarf) ist ein Energiekennwert, der den Verbrauch an Energie zum Heizen eines Gebäudes pro Quadratmeter und Jahr beschreibt. Die Angabe erfolgt in kWh/(m²a). H. im Vergleich:

Bestand:	ca. 250 kWh/(m²a)
Alte Wärmeschutzverordnung:	150 kWh/(m²a)
Niedrigenergiehaus:	ca. 70 kWh/(m²a)
Passivhaus:	ca. 15 kWh/(m²a)

→Niedrigenergiehaus, →Passivhaus

Hemicellulosen Sammelbegriff für wasserunlösliche Großmoleküle, die im Holz als Zellwandbestandteile gemeinsam mit der →Cellulose auftreten. →Aldehyde, →Essigsäure

HEPA-Filter HEPA (High Efficiency Particulate Air)-Filter sind Glasfaser-Schwebstofffilter, die dazu dienen, mehr als 99,97 % der Staubpartikel > 0,3 µm wie lungengängige Partikel, Viren, Bakterien, Allergene, Pollen, toxische Stäube und Aerosole aus der →Innenraumluft herauszufiltern. H. finden Einsatz im medizinischen Bereich (z.B OP, Intensivstation), Laboratorien und Reinräumen. Grundlage ist die EN 1822 mit den Filterklassen H10 – H14 (HEPA) und U15 – U17 (ULPA).

Heptadecansäure →Fettsäuren

Heptansäure →Fettsäuren

Hexabromcyclododecan HBCD (1,2,5,6,9, 10-Hexabromcyclododecan) ist das mengenmäßig drittwichtigste der →Polybromierten Flammschutzmittel. Der jährliche Verbrauch an alicyclischen polybromierten Flammschutzmitteln wie HBCD wird auf 20.000 t geschätzt, wobei HBCD den Hauptanteil ausmacht.

Tabelle 56: Einsatzbereiche von HBCD

Einsatzbereich	HBCD-Gehalt [%]	Anteil am Gesamtverbrauch [%]
Polystyrol – extrudiert (XPS) – expandiert (EPS)	 ca. 2,5 ca. 0,7	ca. 85
Textil- und Teppichrückenbeschichtungen	ca. 1 % in Kombination mit →Antimontrioxid oder Dicumylperoxid	ca. 10
Elektrische Geräte (z.B. Audio- u. Video-Geräte		

Die Produktion in Deutschland wurde 1996 eingestellt.

HBCD ist unter aeroben Bedingungen schlecht biologisch abbaubar. Mit einer erheblichen Anreicherung in den fettreichen Kompartimenten von Lebewesen ist zu rechnen (UBA-Texte 25/01). HBCD ist in der Umwelt weit verbreitet und kommt in allen Umweltkompartimenten wie Luft, Wasser und im Boden vor. HBCD wurde in der Muttermilch von schwedischen Frauen festgestellt. Insgesamt stehen jedoch nur unzureichende Informationen über die HBCD-Exposition des Menschen zur Verfügung.

Das →UBA hat HBCD in die Kategorie III „Flammschutzmittel mit problematischen Eigenschaften, Minderung sinnvoll" eingestuft. Der Beratungsausschuss für Schadstoffe der britischen Regierung hat HBCD als „äußerst persistent und äußerst bioakkumulativ" eingestuft. Die EU nimmt derzeit eine Risikobewertung dieser Verbindung vor. Bromierte Flammschutzmittel, darunter HBCD, stehen auf der →OSPAR-Liste prioritärer Stoffe (Chemikalien mit größtem Handlungsbedarf). Im Brandfall entstehen aus HBCD u.a. Bromwasserstoffsäure, Kohlenmonoxid, Brom und in Spuren polybromierte →Dioxine und Furane.

Hexachlorcyclohexan Hexachlorcyclohexan (HCH) ist ein chlorierter Kohlenwasserstoff und zählt zur Gruppe der besonders gesundheits- und umweltschädlichen persistenten organischen Schadstoffe (persistent organic pollutants, →POP). Die einzelnen HCH-Isomere sind unterschiedlich akut und chronisch toxisch. Bei einigen Isomeren wurde eine krebserzeugende Wirkung nachgewiesen. Das gamma-Isomer heißt →Lindan und hat eine insektizide Wirkung. Die Umwelt wird flächig durch Verwendung HCH- bzw. Lindan-haltiger Präparate in der Land- und Forstwirtschaft sowie in der Veterinärmedizin und in Haushalten kontaminiert. Bis spätestens 2007 sollen Herstellung und Verwendung von HCH in der EU eingestellt werden.

Hexadecansäure H. (Smp.: ca. 63 °C, Sdp.: 390 °C) ist die in Anstrichstoffen am häufigsten eingesetzte →Fettsäure. Dämpfe der H. können zu Reizungen der Augen und Atemwege führen.

Hexan n-H. ist eine farblose, leichtentzündliche Flüssigkeit mit schwachem, benzinartigen Geruch und gehört zur Gruppe der gesättigten aliphatischen Kohlenwasserstoffe. Innerhalb dieser Stoffgruppe gehört n-H. zu den toxischsten Stoffen. Die Dämpfe von n-H. können Schläfrigkeit und Benommenheit verursachen. Bei längerer Exposition durch Einatmen besteht die Gefahr ernster Gesundheitsschäden. n.-H. ist als umweltgefährdend eingestuft und steht im Verdacht auf reproduktionstoxische Wirkung (EU: R3). Zur relativen Toxizität von n-H. →NIK-Werte: Je niedriger der NIK-Wert, umso höher ist die Toxizität des jeweiligen Stoffes. →Innenraumluft-Grenzwerte/-Richtwerte/-Orientierungswerte

Hexanal H. ist ein gesättigter C6-Aldehyd. Zur relativen Toxizität der Aldehyde →NIK-Werte: Je niedriger der NIK-Wert, umso höher ist die Toxizität des jeweiligen Stoffes. →Holzwerkstoffe, →OSB-Platten

Hexansäure →Fettsäuren

HFCKW Abk. für teilhalogenierte Fluorchlorkohlenwasserstoffe. Diese wurden zunächst als geeignete Ersatzstoffe für die ozonschichtschädigenden und verbotenen →FCKW angesehen und in den entsprechenden Anwendungsbereichen eingesetzt. Die HFCKW weisen zwar ein geringeres, aber immer noch vorhandenes →Ozonabbaupotenzial und →Treibhauspotenzial auf. Über diesen ersten Schritt gelangte man zu den chlorfreien Alternativen, den fluorierten bzw. teilfluorierten Kohlenwasserstoffen (→Fluorierte Treibhausgase). Da Stoffe dieser Gruppe kein Chlor enthalten, tragen sie nicht zum Abbau der Ozonschicht bei. Sie besitzen aber immer noch ein teilweise nicht unerhebliches Treibhauspotenzial. Während es vor einigen Jahren nur um den Ausstieg aus den Ozonschicht abbauenden Stoffen ging, werden heute weitere Anforderungen an Ersatzstoffe gestellt. Diese ergeben sich z.B. aus den Verpflichtungen, die nach dem →Kyoto-Protokoll zu erfüllen sind. In Österreich und Deutschland ist der Einsatz von HFCKW in Schaumstoffen seit 1.1.2000 verboten. →Fluorierte Treibhausgase, →Chemikalien-Ozonschichtverordnung, →Ozonabbau in der Stratosphäre

HFKW Abk. für teilfluorierte Kohlenwasserstoffe. →Fluorierte Treibhausgase, →Chemikalien-Ozonschichtverordnung, →Ozonabbau in der Stratosphäre

HFKW-freie Dämmstoffe Teilfluorierte Kohlenwasserstoffe (HFKW), die als Ersatzstoffe der inzwischen verbotenen Stoffe →FCKW und →HFCKW (in Österreich) verwendet werden, tragen zwar nicht mehr zum →Ozonabbau in der Stratosphäre bei, weisen aber ein sehr hohes →Treibhauspotenzial auf. Die gesetzlichen Regelungen in Österreich (BGBl. 447/2002) sehen ein schrittweises Verbot des Einsatzes von HFKW vor. HFKW kommt daher im österreichischen Wohnbau nur noch in →XPS-Dämmplatten über 8 cm Dicke (erlaubt bis 31.12.2007) und in Polyurethan-Montageschäumen (erlaubt bis 31.12.2005) vor. Da HFKW-freie Alternativprodukte technisch gleichwertig sind und nur in Ausnahmefällen geringe Mehrkosten verursachen, sollten nur mehr H. eingesetzt werden. Die weit verbreiteten Produktdeklarationen „FCKW-frei" und „HFCKW-frei" beschreiben in Österreich ein gesetzliches Muss und sind keine sinnvolle Kennzeichnung. Nur die Kennzeichnung „HFKW-frei" ist aussagekräftig und ausreichend (in Deutschland: „HFKW- und HFCKW-frei"). →Fluorierte Treibhausgase, →Treibhauseffekt, →Treibhausgase, →Treibhauspotenzial

High-Solid-Lacke High-Solid bedeutet „hoher Festkörperanteil". Im Allgemeinen versteht man daher unter H. →Lösemittelhaltige Lacke mit einem Festkörpergewicht von mindestens 70 %. Bindemittel sind →Kunstharze wie →Alkydharze oder →Epoxidharze. Der Lösemittelanteil beträgt 10 – 25 % und ist damit geringer als jener anderer lösemittelhaltiger Lacke. H. mit einem Lösemittelgehalt bis zu 15 % können mit dem RAL-Umweltzeichen 12a (→Lacke) gekennzeichnet werden. H. können im Innen- und Außenbereich angewendet werden. Sie bilden eine besonders dicke Lackschicht und eignen sich daher z.B. zum Streichen von Fensterrahmen, Heizungskörpern u.Ä. Bisher haben die H. noch eine geringe Marktbedeutung.
H. belasten die Umwelt und Gesundheit in einem geringeren Ausmaß als →Lösemittelhaltige Lacke, da wegen des hohen Bindemittelanteils weniger Lack pro Fläche aufgetragen werden muss. Dennoch setzen auch H. bei der Trocknung Lösemittel, zum Teil aromatenhaltige Kohlenwasserstoffe, frei. Buntfarbtöne sind nur mit einem höheren Lösemittelanteil herstellbar. Gesundheitlich bedenklich können auch die Lackhilfsstoffe (z.B. →Biozide) sein.

Hirnholz H. ist senkrecht zur Faserrichtung geschnittenes Holz. Es wird z.B. für →Holzpflaster verwendet, das aus geschnittenen Hartholzklötzen besteht und mit der H.-Fläche als Lauffläche verlegt wird.

Hitzebehandeltes Holz →Holzmodifikation

Hochhydraulischer Kalk H. wird wie →Hydraulischer Kalk hergestellt. Er kann auch aus mergeligem Kalkstein unter Zusatz von latent hydraulischen oder puzzolanischen Stoffen (→Puzzolane) zum gebrannten →Kalk oder durch Zumischen von latent hydraulischen Stoffen (z.B. →Hochofenschlacke), puzzolanischen Stoffen (z.B. →Trasskalk) oder hydraulischen Stoffen (z.B. →Zement) zu →Luft- bzw. →Wasserkalken verarbeitet werden. Schon nach 1- bis 3-tägiger Vorhärtung kann H. unter Wasser weiterhärten. →Baukalke, →Romankalk, →Kalkhydrat

H

Hochhydraulischer Kalkmörtel →Kalkmörtel

Hochofenschlacke H. entsteht bei der Produktion von Roheisen aus den Begleitmineralen des Eisenerzes und den als Zuschlag verwendeten Schlackenbildnern, wie Kalkstein oder Dolomit. Früher mussten die Schlacken durch „Schlagen“ vom Metall getrennt werden (daher „Schlacke“). Heute entstehen Schlacken im Schmelzfluss bei ca. 1.500 °C. Durch ihre geringere Dichte können sie vom Metall getrennt werden. Aus der Gesteinsschmelze wird entweder durch langsame Abkühlung kristalline Hochofenstückschlacke oder durch schnelle Abkühlung mit Wasser bzw. Luft →Hüttensand erzeugt. Heutzutage ist das wichtigste Anwendungsgebiet der Hochofenschlacke ihr Einsatz als Hüttensand im Zement (→Portlandhüttenzement, →Hochofenzement). Der ungemahlene Hüttensand kann als Betonzuschlag oder im Straßenbau verwendet werden. Hochofenstückschlacke wird als Splitt und Schotter im Straßen- und Wegebau verwendet.

Hochofenzement H. ist ein →Zement aus 5 – 64 % Portlandzementklinker und 36 – 95 % →Hüttensand. Hüttensandhaltige Zemente zeichnen sich durch einen hohen Widerstand gegenüber chemischem Angriff, einen niedrigen wirksamen Alkaligehalt, eine hohe Dauerhaftigkeit des Betons aufgrund verminderter Kapillarporosität, eine niedrigere Hydratationswärmeentwicklung, ein erhöhtes Chloridbindungsvermögen und einen hohen Elektrolytwiderstand aus. Diese Eigenschaften begünstigen den Einsatz hüttensandhaltiger Zemente auf bestimmten Anwendungsgebieten, z.B. bei der Herstellung von „weißen“ Wannen, massigen Bauteilen wie Talsperren, Brücken und Fernsehtürmen oder von Auffangbehältern. Durch die Verwendung von Hüttensand verringern sich der Energiebedarf und die CO_2-Emmission je Tonne Zement, da für die Herstellung von Hüttensand kein eigener Brennprozess notwendig ist.

Hochvakuumbitumen Unter Anwendung eines erhöhten Vakuums hergestelltes hartes bis sprödes →Destillationsbitumen.

Holz H. wird im Bauwesen als Werkstoff (→Schnittholz, →Konstruktionsvollholz etc.) und als Rohstoff (→Holzwerkstoffplatten) eingesetzt. Hauptbestandteile von H. sind →Cellulose, Hemicellulose und →Lignin, weiterhin organische und anorganische Holzbegleitstoffe (Zucker, Stärke, Eiweiß etc.). Dazu kommen je nach Holzart unterschiedliche Holzinhaltsstoffe, die für Geruch, Farbe und Schädlingsresistenz verantwortlich sind. Es wird zwischen Weich- und Harthölzern unterschieden, die wiederum in eine Vielzahl von Arten untergliedert sind. Die technischen Eigenschaften von Hölzern unterscheiden sich nach Holzart und Feuchtigkeitsgehalt. H. wird als Stamm- und Durchforstungsholz aus dem Wald gewonnen und zur weiteren Verarbeitung ins Sägewerk gebracht. Die forstliche Produktion in Europa kann in folgende Prozessschritte eingeteilt werden:

- Biologische Produktion: Das Wachsen des Baumes. Der Wachstumsprozess bindet atmosphärisches Kohlendioxid unter Freigabe von Sauerstoff. Das Kohlendioxid wird über die Lebensdauer des Baustoffes gespeichert (1.851 kg CO_2/t).
- Wegebau: nur Instandhaltung der Wege, da fast der gesamte Wirtschaftswald bereits erschlossen ist

- Bestandsbegründung: Freimachen der Fläche, Pflanzung
- Kulturpflege: Schutz der Kultur vor Begleitvegetation (ersten zwei Jahre)
- Jungwuchspflege: Entfernung geschädigter Bäume, Mischungsregulierung (wird für Fichtenkulturen üblicherweise nicht durchgeführt)
- Läuterung: Reduzierung der Bestockungsdichte, gefällte Stämme verbleiben im Bestand
- Kalkung: Ausbringen von Magnesiumkalk durch Hubschrauber gegen Versauerung des Bodens
- Durchforstung: je nach Ertragstafel in mechanisierten Ernteverfahren (Harvester, Forwarder)
- Endnutzung: motormanuelles Fällen und Aufarbeiten sowie Rücken zur Waldstraße mittels Schlepper

Bei der Weiterverarbeitung im Sägewerk werden die Bäume entrindet, aufgeschnitten und getrocknet. Dabei fallen verschiedene Reste an, die vollständig verwertet werden, z.B. in Hackschnitzelheizungen oder in der Spanplattenherstellung. Die meiste Energie im Sägewerk wird für die künstliche Trocknung aufgewendet, sie stammt oft aus der Resteverwertung, also aus erneuerbaren Energieträgern.

Aus dem Rundholz entstehen unterschiedliche Produkte wie →Schnittholz, →Furniere, Späne oder Fasern, die wiederum Ausgangsprodukte für verschiedene Holzwerkstoffe sind. Kuppelprodukte wie Häcksel, Kapphölzer und Sägespäne werden in der Papier-, Ziegel- und Holzwerkstoffindustrie eingesetzt oder als Energieträger z.B. im Sägewerk zur Trocknung der Hölzer verwendet. Für den Holzbau werden qualitativ hochwertige Einschnitte natürlich und künstlich getrocknet, für Elemente werden Bretter, Lamellen o.Ä. miteinander durch Dübel, Leim oder Nägel verbunden, für großflächige Platten werden Furniere, Späne etc. aus Holz oder holzähnlichen Stoffen mit Leim verpresst.

H. ist ein Rohstoff, der weltweit in großen Mengen nachwächst. Der Anbau von H. wirkt sich durch die vielfältigen Funktionen des Waldes in Bezug auf Boden- und Klimaschutz positiv aus. Neben ihrer Funktion als Rohstofflieferanten erfüllen Wälder vielfältige Aufgaben: Lebensraum, Förderung der Biodiversität, Schutzwald, Sauerstoffproduzent, Wasserrückhaltung, Erholungsgebiet. Kriterien zu einer nachhaltigen Forstwirtschaft werden in den deutschsprachigen Ländern weitgehend berücksichtigt (→Nachhaltigkeit), d.h. es darf nur so viel Holz eingeschlagen werden, wie in einem Durchschnittsjahr nachwächst; großflächige Kahlschläge sind verboten, um Bodenerosion zu vermeiden; Monokulturen sind wegen ihrer Schädlingsanfälligkeit zu vermeiden; Pestizideinsatz zur Schädlingsbekämpfung ist zu unterlassen und bei Motorsägen sind leicht abbaubare Öle z.B. aus Raps als Schmierstoffe zu verwenden. Fortschrittliche Waldbausysteme (z.B. Plenterwald) werden dem Ökosystem Wald gerecht und ermöglichen trotzdem eine effiziente Holznutzung. Durch die biologische Produktion von Holzmasse wird der Atmosphäre Kohlendioxid entzogen (negatives Treibhauspotenzial), das über die gesamte Lebensdauer gespeichert ist.

Die Wertschöpfung des Holzes erfolgt meist regional, sodass der Transport vom Wald ins Sägewerk gering ist. Zusätzlich fördert eine erhöhte Nachfrage die regionale Artenvielfalt. Die Holzwirtschaft kann aber auch schwere Umweltbeeinträchtigungen verursachen. Anpflanzungen in Monokulturen machen den Wald anfällig gegen Umwelteinflüsse. Dies bedingt die Verwendung von Insektiziden. Die Rodung des Waldes geschieht unter Einsatz schwerer Maschinen, die Schäden am Baumbestand und Waldboden verursachen können. Durch die Gewinnung von →Tropenholz werden oft schwerste Umweltschäden verursacht. Die nachhaltige Forstwirtschaft in den Tropen ist bisher noch der Ausnahmefall (→FSC). Ein zunehmendes Problem ist illegal geschlagenes Holz, das aus Indonesien, Sibirien oder anderen Ländern auf den Markt in Mitteleuropa gelangt. Schätzungen des WWF zufolge sind allein in Russland 20 bis 30 % der Holzernte illegal geschlagen.

Beim Verbau von H. als tragendes Bauteil muss der →Holzschutz nach DIN 68800 beachtet werden. Der →Konstruktive Holzschutz in Verbindung mit der Auswahl von resistentem H. (→Resistenzklassen) kann den Einsatz von chemischem Holzschutz (→Holzschutzmittel) einschränken bzw. unnötig machen. Als chemische Holzschutzmittel sollten wenn überhaupt nur weitgehend unbedenkliche Präparate verwendet werden.

H. kann flüchtige organische Verbindungen (→VOC) emittieren, insbes. →Terpene, aus denen sich auch das flüchtige →Terpentinöl zusammensetzt. Aufgrund ihres vergleichsweise hohen Dampfdrucks gasen die Terpene leicht aus dem Holz aus und können u.U. zur Beeinträchtigung der Raumluftqualität führen. Besonders bedeutsam sind alpha- und beta-Pinen, D-Limonen und delta-3-Caren. Im Vergleich zu anderen heimischen Holzarten weist Kiefernholz die höchsten VOC-Emissionen auf. Bei Pinus sylvestris wurde eine flächenspezifische Emissionsrate von 3.700 $\mu g/m^2h^{-1}$ gemessen, Picea abies emittierte 1.400 $\mu g/m^2h^{-1}$. Die TVOC-Emissionen der untersuchten Laubhölzer schwankten zwischen 30 (Buche) und 210 $\mu g/m^2h^{-1}$ (Eiche) und bestanden vor allem aus →Carbonyl-Verbindungen (Risholm-Sundman et al., 1998). →Holzwerkstoffe emittieren im Unterschied zu naturbelassenem Holz auch →Aldehyde.

Unbehandeltes Gebrauchtholz kann stofflich für →Holzwerkstoffe oder thermisch verwertet werden. Bei kunstharzbeschichteten Hölzern und niedrigen Verbrennungstemperaturen sind Emissionen polycyclischer aromatischer Kohlenwasserstoffe (→PAK), polychlorierter Biphenyle und polychlorierte Dibenzodioxine möglich; umweltverträgliche Oberflächenbeschichtungen wie natürliche Öle und Wachse verursachen keine erhöhten Schadstoffemissionen. Die Beseitigung von beschichtetem oder mit Holzschutzmittel behandeltem H. muss jedenfalls in Müllverbrennungsanlagen erfolgen. In einzelnen EU-Mitgliedstaaten existieren Regelungen zum Einsatz von →Gebrauchtholz. So ist z.B. in Norwegen und Polen der Einsatz von Gebrauchtholz in Holzwerkstoffen nicht oder nur mit Stoffbeschränkungen erlaubt. In Deutschland müssen beim Einsatz von Gebrauchtholz die Werte der →Altholzverordnung eingehalten werden.

Holz-Alufenster H. sind zweischalige Konstruktionen, bei denen die jeweiligen Materialeigenschaften optimal genutzt werden: Holz als Rahmenmaterial mit seinen guten Wärmedämmeigenschaften und →Aluminium als wartungsfreier Wetterschutz auf der Außenseite. Rahmen und Flügel aus Holz sind nach innen sichtbar und bilden den tragenden Unterbau für die Außenschale aus stranggepressten Aluminiumprofilen. Die unterschiedliche thermische Dehnung der Aluprofile gegenüber Holz muss durch Bewegungsmöglichkeiten in den Halterungen aufgenommen werden können. Prinzipiell können zwei Typen von H. unterschieden werden, die so genannte Verbundkonstruktion, bei der das Aluprofil die Funktion der Glashalteleiste übernimmt und ein etwas schwächer dimensioniertes Profil aufweist, sowie die Vorsatzrahmenkonstruktion, bei der das Aluprofil auf üblichen Holzfenstern befestigt wird. H. bedürfen einer vergleichsweise geringen Wartung und Oberflächenpflege. Sie sind vor allem für stark bewitterte Fenster und bei Einsatzbereichen, in denen eine Fensterinstandhaltung sehr aufwändig wäre (z.B. in Krankenhäusern), geeignet. Auch wenn aufwändige Wiederholungsanstriche entfallen, ist eine regelmäßige Reinigung der Aluminiumoberfläche erforderlich. Bei langjähriger Nichtreinigung ist eine abrasive Reinigung als vorbeugender Korrosionsschutz notwendig.

Die Gewinnung des Hochleistungswerkstoffes Aluminium ist mit großen Umweltbelastungen verbunden. Im Gegensatz zum Aluminiumfenster ist der Aluminiumeinsatz jedoch viel geringer und nur der Wetterschutzfunktion angepasst. Die Trennung des Alu-Rahmens vom Holzrahmen ist einfach möglich, Aluminium kann recycelt werden, Holz kann thermisch verwertet werden. →Fenster, →Holzfenster, →Aluminiumfenster

Holzaschelaugen H. sind ein durch Kochen von →Holzasche mit Wasser im Verhältnis 1:2 erhaltenes Produkt. H. sind ein traditionelles, alternatives →Holzschutzmittel. Mit den H. werden die Holzteile ausgebürstet, sodass Pilzsporen und Gräue entfernt werden. Darüber hinaus wird die Resistenz (→Resistenzklassen) des behandelten Holzes durch die Verminderung des Ligninanteils heraufgesetzt.

Holzböden H. können unterteilt werden in Massivholzböden, mehrschichtige H. und Bodenbeläge aus →Holzwerkstoffplatten (→Laminat-Bodenbeläge).

Massivholzböden sind fußwarm, elastisch gegen Tritt und Stoß und haben bei einer materialgerechten Behandlung ein gutes antistatisches Verhalten. Weiterhin besitzen Massivholzböden eine lange Nutzungszeit und haben einen großen Gestaltungsspielraum. Zu den Massivholzböden zählen →Massivholzdielen, →Holzpflaster und →Massivparkett (→Stabparkette, →Riemenparkette, →Mosaikparkette, →Industrieparkette, →Lamparkette).

Die mehrschichtigen H. unterteilen sich in →Mehrschichtparkette und →Furnierböden, deren Vorteile in der geringeren Einbauhöhe und der höheren Formstabilität liegen.

Auch in Bezug auf die möglichen Verlegearten ist die Auswahl bei H. groß:

- Das Vernageln auf eine nagelbare Unterlage wie Blindboden oder Lattenrost ist die älteste Parkettverlegeart.
- Die vollflächige Verklebung erfordert einen ebenen, sauberen und trockenen Untergrund (Zementunterlagsboden, Anhydritunterlagsboden oder Holzwerkstoffplatten). →Parkettklebstoffe
- Bei der schwimmenden Verlegung wird das Parkett auf eine Zwischenlage als Trittschall- oder Wärmeisolation ohne feste Verbindung zum Untergrund verlegt.

Von den vielen möglichen Verlegemustern seien →Schiffboden-Verband, Englischer Verband, Fischgrat und Leitermuster genannt.

Die Eigenschaften von H. für Innenräume legt die Deckelnorm DIN EN 14342 (Entwurf) fest. In Bezug auf Gesundheit und Umweltschutz werden die biologische Dauerhaftigkeit, die Freisetzung von →Formaldehyd und die Freisetzung von →Pentachlorphenol (PCP) geregelt.

Da H. aus →Nachwachsenden Rohstoffen bestehen, sind sie grundsätzlich positiv zu beurteilen (außer H. aus →Tropenholz). Das Holz sollte aus nachhaltig bewirtschafteten regionalen Wäldern stammen. Für die Oberflächenbehandlung sollten möglichst umwelt- und gesundheitsverträgliche Produkte ausgewählt werden. Die zur →Parkettversiegelung oft eingesetzten →Polyurethan-Lacke, →Säurehärtenden Lacke und →Dispersionslacke können vor allem in den ersten Wochen flüchtige organische Verbindungen (→VOC) emittieren. Bei Laminatböden wurde zudem festgestellt, dass die Emission von VOC durch eine Fußbodenheizung gestiegen war. Durch die →Parkettversiegelung wird eine strapazierfähige Oberläche erreicht, es erfolgt aber zwangsläufig auch eine Versiegelung des Holzes mit einer Kunststoff-Lackoberfläche. Dagegen bleibt beim →Ölen und Wachsen des Bodens die Holzstruktur und die Diffusionsfähigkeit des Bodens erhalten. Parkettversiegelungen sind schlechter renovierbar als geölte/gewachste Oberflächen. Wer aus technischen/ästhetischen Gründen nicht auf eine Versiegelung verzichten möchte, sollte zu emissionsarmen Dispersionslacken greifen. Auf Biozidfreiheit des Mittels ist zu achten (→Biozide), da ein Schutz vor Holzschädlingen in Innenräumen völlig überflüssig ist (→Holzschutz). Bei mehrschichtigen H. können zusätzlich je nach Produktqualität Emissionen aus den →Holzwerkstoffen oder den →Klebstoffen zwischen den einzelnen Schichten auftreten. Bei großflächiger Verlegung ist selbst bei E1-Klassifikation (→Emissionsklassen) der Holzwerkstoffe eine erhöhte →Formaldehyd-Belastung der Raumluft nicht auszuschließen. Massiv-H. enthalten keine bis wesentlich geringere Klebstoffanteile als mehrschichtige H. Grundsätzlich können aber auch aus Holz selbst flüchtige organische Verbindungen (→VOC) emittieren, insbes. →Terpene.

Von den heimischen Holzarten weist Kiefernholz die höchsten VOC-Emissionen auf. Für sensibilisierte Personen ist daher die Verlegung harzarmer Holzarten empfehlenswert (große Produktauswahl). Die Vernagelung auf Unterkonstruktion ist die umweltverträglichste Verlegeart, weil dabei keine Emissionen von Schadstoffen auftreten und der H. später sehr einfach und schonend ausgebaut werden kann. Beim Schneiden und Schleifen ist Vorsorge gegen das Einatmen von →Holzstaub zu treffen. Bei der Verklebung ist auf die verwendeten →Klebstoffe zu achten (→Parkettklebstoffe). Da H. in der Regel behandelt sind, muss die Beseitigung in Müllverbrennungsanlagen erfolgen. Umweltverträgliche Oberflächenbehandlungsmittel wie natürliche Öle und Wachse verursachen dabei keine erhöhten Schadstoffemissionen.

Besonders Massivholzböden sind langlebige Produkte, die ihr Aussehen über Jahre hinweg erhalten. Kein anderer Bodenbelag lässt sich besser renovieren. Ein sorgfältig ausgewählter H. erfordert wenig Pflege- und Reinigungsmittelbedarf.

Holzdielen →Massivholzdielen

Holzfaser-Dämmplatten H. (SB.W nach DIN 68750: $\rho = 230 - 450$ kg/m³) sind →Poröse Holzfaserplatten, die aufgrund ihrer niedrigen →Wärmeleitfähigkeit als Wärmedämmstoffe eingesetzt werden.

Holzfaserplatten H. sind plattenförmige →Holzwerkstoffe, die aus Holzfasern im Trocken- oder Nassverfahren mit oder ohne Zugabe eines Bindemittels hergestellt werden. Die Bindung beruht auf der Verfilzung der Fasern und deren inhärenter Verklebungseigenschaft oder auf der Zugabe eines synthetischen Bindemittels. Als Rohstoff werden Rest-, Alt- und Schwachholz oder andere nachwachsende Rohstoffe wie Stroh eingesetzt. H., die im Nassverfahren hergestellt werden, enthalten i.d.R. nur sehr geringe, im Trockenverfahren gefertigte H. dagegen eher hohe Bindemittelanteile. Im Nassverfahren hergestellte H. zeigen daher ein dem →Holz vergleichbares Emissionsverhalten, während das Emissionsverhalten von im Trockenverfahren hergestellten Platten mit jenem von →Spanplatten vergleichbar ist. Zu den Holzfaserplatten zählen →Hartfaserplatten, →MDF-Platten (Mitteldichte Faserplatten) und →Poröse H. bzw. →Holzfaser-Dämmplatten.

Holzfenster H. werden aus Fensterkanteln (Vollholz-, lamellierte oder keilgezinkte Profile) hergestellt, wobei für den Fensterbau nur qualitativ hochwertiges Holz eingesetzt werden soll. Das Holz soll möglichst astfrei sein, einen geringen Harzgehalt aufweisen sowie ausreichend lange gelagert und getrocknet sein. Die für den Fensterbau heute üblichen europäischen Holzarten sind: Nadelhölzer (→Fichte, →Tanne, →Kiefer, →Lärche), Eiche, Oregon Pine, Hemlock. →Tropenholz wird seit Mitte der 1960er-Jahre als Rahmenmaterial verwendet. Lamellierte Fensterprofile haben gegenüber Vollholzfenstern den Vorteil, dass Holzreste besser verwertet werden und sich durch die Mehrfachverleimung die Möglichkeit des Verziehens verringert.

F. aus einheimischen Hölzern benötigen für eine lange Lebensdauer mehrfache Lackanstriche, z.T. kommen →Holzschutzmittel (insbesondere →Dichlofluanid) zum Einsatz. Als Beschichtung wird meist ein lasierender Anstrich oder ein deckendes Anstrichsystem aufgebracht. Die Beschichtung ist abhängig von Einsatzgebiet, Eignung und Holzart, in der Regel werden →Acryllacke, →Alkydharzlacke bzw. Mischungen der beiden verwendet. Diese Lacktypen sind so weit diffusionsoffen, dass im Fensterbereich auftretendes Schwitzwasser durch die Holz/Glas-Stoßfuge im Falzbereich wieder austreten kann, andernfalls würde dies zur Abplatzung des Lackes führen. Im Fenstersanierungsbereich werden aus genanntem Grund hauptsächlich Alkydharzlacke und weniger Acryllacke verwendet. In den vergangenen Jahren haben sich Alternativen zu den konventionellen Systemen durchgesetzt. Dazu gehören unter anderem konstruktive Lösungen wie die Holz-Alu-Rahmen (→Holz-Alufenster), aufgeklippste, abnehmbare Holzaußenschalen oder die Verwendung von Beschichtungsmaterialien auf Basis nachwachsender Rohstoffe. Ein hoher Pigmentanteil schützt die Holzoberfläche besser gegenüber UV-Strahlung als ein geringer. Wegen der hohen Temperaturen, die sich bei direkter Sonneneinstrahlung einstellen können, sind helle Farbtöne zu bevorzugen. Die Haltbarkeit der Anstriche hängt neben der Beschichtungsqualität wesentlich von der Bewitterungslage sowie Wartung und Instandsetzung ab. Bei Gebäuden, die regelmäßig kontrolliert und gewartet werden, ist eine Instandhaltung durch frühzeitiges Ausbessern kleiner Fehlstellen möglich und wird nach kleinflächigem Anschleifen bis auf das rohe Holz zumeist mit den Originalanstrichen erfolgreich durchgeführt. Erfahrungswerten und Herstellerangaben zufolge können folgende Richtwerte für die Instandsetzungsintervalle angesetzt werden: Die heute üblicherweise eingesetzten Acrylabdecklacke müssen außen ca. alle zehn Jahre, innen ca. alle 20 Jahre instand gesetzt werden, Lasuren außen ca. alle vier und innen ca. alle acht Jahre. Die Haltbarkeit von Beschichtungen aus nachwachsenden Rohstoffen beträgt ca. zwei bis fünf Jahre. Eine Nachbearbeitung ist jederzeit ohne wesentliche Vorbehandlung durchführbar.

Eine Imprägnierung mit Holzschutzmittel-Wirkstoffen ist nicht notwendig. Neben dem chemischen Holzschutz gibt es konstruktive Maßnahmen und Möglichkeiten, das Holz ausreichend gegenüber Temperatur- und Feuchteeinwirkungen zu schützen. Bei Bewitterungsversuchen des Holzforschungsinstituts (Holzforschung Austria: Neue zukunftsorientierte Holzfenstersysteme. Beleg- und Arbeitsexemplar Abt. Holzhausbau und Fertigprodukte. Wien, Juli 1998) zeigten Biozidausrüstungen keinen erkennbaren Einfluss auf das Abwitterungsverhalten und damit auf die Lebensdauer der Beschichtung selbst, sodass laut Holzforschungsinstitut kein Anlass besteht, bei statisch nicht beanspruchten Holzteilen wie z.B. Fenstern an einer Schutzausrüstung gegen holzzerstörende Pilze weiter festzuhalten. Ein Bläueschutz gegen die in der Praxis immer wieder beobachteten Verblauungen wird vom Holzforschungsinstitut weiterhin als sinnvoll erachtet.

Holz hat eine geringe Wärmeleitfähigkeitszahl und ist damit ein guter →Wärmedämmstoff. Aus Holz lassen sich daher sehr gute, wärmedämmende Fensterrahmen herstellen. Innovativ sind z.B. hochwärmedämmende H., deren Rahmen mit Holzfaser-Dämmplatten oder Kork anstatt mit Polyurethan gedämmt sind. Es ist sogar möglich, Passivhausfenster nur aus Vollholz ohne zusätzlichen Wärmedämmstoff herzustellen.

→Holz ist als →Nachwachsender Rohstoff grundsätzlich positiv zu beurteilen, inländisches Holz hat den Vorteil eines vergleichsweise geringen Transportaufwandes. Die nachhaltige Forstwirtschaft unterstützt die Erhaltung der Waldbestände im Rahmen der Raumordnung. Doch verursacht die moderne Holzwirtschaft derzeit noch viele Umweltbeeinträchtigungen. Die Anpflanzung der Bäume in Monokulturen macht den Wald sehr anfällig gegen Umwelteinflüsse. Dies bedingt den Einsatz von Insektiziden. Bei nicht-zertifizierten →Tropenhölzern ist ein Raubbau nicht auszuschließen.

Wichtig ist die richtige Wahl der Beschichtungsmittel für H. Die Lebensdauer von H. kann bei sachgerechter Pflege (Instandhaltung ca. alle fünf Jahre) mehr als 100 Jahre betragen. Eine Weiterverwertung von H. wird in Form von Holzschnitzeln für die Spanplattenindustrie oder als Ausgangsmaterial zur Energiegewinnung z.T. verwirklicht. Laut den Erkenntnissen des Holzforschungsinstituts sind die heute auf dem Markt befindlichen H.-Systeme in Müllverbrennungsanlagen, die dem Stand der Technik entsprechen, weitgehend problemlos thermisch verwertbar. →Fenster, →Holz, →Holz-Alufenster

Holzfurniere →Furniere

Holz kleben Zum Kleben von Holz eignen sich →Leime wie →Holzleime, →Weißleime, →Anrührleime, →Polyurethan-Leime, →Kontaktklebstoffe. Holzböden können mit →Parkettklebstoffen verlegt werden.

Holz-Kunststoff-Verbundwerkstoffe →Wood-Plastic-Composites

Holzleime H. sind zum Verleimen von Holz eingesetzte →Leime (Leimholz, Leimholzplatten). Sie haben gegenüber dem früher üblichen Heißleim (z.B. Knochenleim) den Vorteil, dass sie kalt verarbeitet werden können. H. ziehen innerhalb von 15 Minuten an. Nach etwa 30 Minuten Presszeit ist das Werkstück stabil, aber noch nicht mit Gewicht belastbar. Nach etwa zwölf Stunden ist es voll belastbar. Für Nassräume gibt es spezielle wasserfeste Holzleime. Bindemittel im H. sind entweder Kunstharze (insbes. →Melaminharze und Polyurethan-Klebstoffe, seltener →Polyvinylacetat und →Acrylharze), pflanzliche Leime auf der Basis von Dextrinen (Abbauprodukte von Stärke) und Stärke oder tierische Leime auf der Basis von →Kasein. In der Bauschreinerei werden bevorzugt Kasein-Leime verwendet (→Kaseinklebstoffe). Neben den bisher genannten werden für wasserfeste Verklebungen auch H. auf der Basis von →Formaldehyd-Harzen eingesetzt, aus denen Formaldehyd ausgasen kann. Alle genannten H. sind praktisch immer weichmacherfrei. Als →Lösemittel können →Ester oder Ether bis zu 6 % enthalten sein, inzwischen werden aber meist aufstrichfertige lösemittelfreie Holz-Weißleime verwendet. Völlig ohne Kunststoffzusätze kommen →Anrührleime aus.

Holzmodifikation Die Veränderung der Holzeigenschaften ist eine Alternative zum Einsatz von wirkstoffhaltigen →Holzschutzmitteln und →Tropenhölzern. Folgende Verfahren sind in Erprobung bzw. bereits zur Praxisreife entwickelt:

- Hitzebehandlung: Die Zellwandbestandteile des Holzes werden bei erhöhten Temperaturen (über 150 °C) chemisch verändert und dadurch die Wasseraufnahmefähigkeit des Holzes verringert. Die Quellung und Schwindung des Holzes wird reduziert, Pilze können es schwerer befallen und die Dauerhaftigkeit wird deutlich verbessert. Die Hitzebehandlungsverfahren sind von allen Modifizierungsverfahren in Europa am weitesten entwickelt, hitzebehandelte bzw. „retifizierte“ Hölzer sind seit 1999 am Markt.
- Acetylisierung: Durch die Reaktion von Holz mit Essigsäure-Anhydrid wird ein Teil der Hydroxylgruppen der Zellwand in Acetylgruppen überführt. Die dabei anfallende Essigsäure wird wieder in Essigsäure-Anhydrid zurückverwandelt. Der Prozess muss aufgrund der korrosiven Chemikalien in speziellen Anlagen aus Edelstahl durchgeführt werden. Bei der Acetylisierung wird die Dauerhaftigkeit gegenüber Pilzen (Braun-, Weiß- und Moderfäule) deutlich erhöht. Die optisch erkennbare Veränderung des Holzes ist ein Ausbleichen. Aber das Holz kann wie gewohnt gestrichen und auch ohne Umweltbelastungen verbrannt werden. Die Acetylisierung ist bereits sehr gut erforscht. Nachteilig sind die fast doppelt so hohen Kosten wie bei der konventionellen Kesseldruckimprägnierung. Acetyliertes Holz wird zurzeit in kleineren Mengen in Pilotanlagen in den Niederlanden und Schweden hergestellt.
- Holzvernetzung: Bei der Holzvernetzung werden Stoffe eingesetzt, die in die Holzzellwände eindringen, dort polykondensieren und eine Quervernetzung der Zellwände herstellen. Die Zellwände werden dadurch in einem dauerhaft gequollenen Zustand fixiert. Für die Holzvernetzung werden verschiedene Chemikalien eingesetzt, die ihren Ursprung in der Textilindustrie haben, wie z.B. DMDHEU (Dimethylol-dihydroxy-ethylenharnstoff).
- Melaminharztränkung: Melamin-Formaldehydharze härten in den Zellwänden bei Temperaturen zwischen 100 und 140 °C zu wasserunlöslichen Polymeren aus. Für die Melaminharzvergütung lässt sich die aus dem chemischen Holzschutz bekannte Anlagen- und Prozesstechnik zur Kesseldruckimprägnierung einsetzen. Das Verfahren kann eine Verbesserung der Dauerhaftigkeit, eine Erhöhung der Dimensionsstabilität mit Quell-Schwindverbesserungen bis zu 30 % er-

H

reichen. Den Befall durch holzzerstörende Pilze wird gehemmt. Der Angriff von Bläue- und Schimmelpilzen wird allerdings nur verzögert, sodass im Außenbereich ein Anstrich erforderlich bleibt, wenn eine dekorative Wirkung des Holzes gewünscht wird. Die Verbesserung der Eigenschaften ist ganz wesentlich von dem verwendeten Harz und der Beladung abhängig.

– Öl-Hitze-Behandlung: Bei diesem Verfahren werden die Zellwände des Holzes durch warme Pflanzenöle wie z.B. Lein- oder Hanföl vernetzt. Die Öl-Hitze-Behandlung kann mit den aus dem chemischen Holzschutz bekannten Anlagen und Prozesstechniken zur Kesseldruckimprägnierung erfolgen. Das in den Zelllumina imprägnierte Öl verzögert die Wasseraufnahme, ohne die rasche Wasserabgabe (Trocknung) zu hemmen. Durch die Hydrophobierung wird insbesondere das Stehvermögen verbessert. In Gebrauchsklasse 3 wirkt sich die Behandlung positiv auf die Dauerhaftigkeit gegen holzzersetzende Pilze aus. Mit der Öl-Hitze-Behandlung ergibt sich bei Gebrauchsklasse 3 (frei bewitterter Bereich außerhalb von Erdkontakt) eine dauerhaft niedrige Holzfeuchte, die das

Tabelle 57: Vor- und Nachteile bei verschiedenen Methoden der Holzmodifizierung (Quelle: Sachverständigenbüro für Holzschutz. http://www.holzfragen.de). Bei den Angaben in der Tabelle ist zu berücksichtigen, dass zu den Modifizierungsmethoden noch ein reges Forschungstreiben stattfindet.

Modifizierungsart	Vorteile	Nachteile	Anwendungsziel
Hitzebehandlung Thermische Modifikation	– Ausgleichsfeuchte bleibt niedrig – Dimensionsstabilität steigt – Dauerhaftigkeit wird verbessert – Preiswert	– Festigkeitsverluste – Schleifstaub gesundheitsschädlich, Schutzmaßnahmen wie bei Eiche/Buche – u.U. Verfärbung und unangenehmer Geruch	Außenbereich Außenmöbel, Fenster, GaLa-Bau
Acetylierung Chemische Modifizierung, mehrstufig	– Dimensionsstabilität steigt – Dauerhaftigkeit wird verbessert (RK 1) – UV-Stabilität erhöht – Härte	– Geruch – Korrosion – Verfärbungen – Umweltbelastung durch Modifizierungsprozess – Hohe Kosten	Außenbereich Außenmöbel, GaLa-Bau
Harztränkung Einlagerung/Blockierung chemische Modifizierung, mehrstufig	– Mechanische Eigenschaften verbessert – Dimensionsstabilität steigt – Dauerhaftigkeit verbessert	– Rissbildungen – Aufwändiger Prozess	Innen- und Außenbereich ohne Erdkontakt Bodenbeläge
Hydrophobierung mit pflanzlichen Ölen Hydrophobierung ohne Veränderung der Zellstruktur	– Wasserabweisend – Ausgleichsfeuchte bleibt niedrig – Dimensionsstabilität steigt	– Dauerhaftigkeit wie unbehandeltes Holz – Dunkle Verfärbungen – Öl schwitzt aus – Verleimungs- und Beschichtungsprobleme	Außenbereich ohne Erdkontakt GaLa-Bau
Verkieselungen/ Silylierungen Druckimprägnierung oder Oberflächenbehandlung mit Siliciumverbindungen	– Dauerhaftigkeit verbessert – Brandschutz	– Oberflächenhärte – Gewichtszunahme, 20 – 50 % – Verleimung und Beschichtung bilden Probleme – Verbau nicht im Freien oder mit Erdkontakt	Innen- und Außenbereich vorerst: Bauholz im Innenbereich

Wachstum von holzzerstörenden Pilzen nicht zulässt. Außerdem zeigen die behandelten Hölzer hohe Maßhaltigkeit, eine komplette Durchdringung des Querschnitts und Harzfreiheit.

– Verkieselung: Durch Verkieselung der Oberfläche wird das Holz für Schädlinge unkenntlich gemacht, lebende Larven werden „verkieselt". Das Verfahren ist schon lange bekannt und wird vorbeugend gegen Pilz- und Insektenbefall, wachstumshemmend bei Bläue-Pilz und bekämpfend bei Holzwurmbefall eingesetzt. →Mineralische Holzschutzmittel

Holzmodifizierende Verfahren benötigen keine Insekten- oder Pilzgifte (→Insektizide, →Fungizide) und sind daher weit gesundheitsverträglicher als andere →Holzschutzmittel. Da viele der Verfahren noch in der Erforschung sind, müssen mögliche andere Umweltbelastungen aus den Verfahren noch untersucht werden.

Holzparkette →Parkettböden

Holzparkettklebstoffe →Parkettklebstoffe

Holzpflaster H. oder Hirnholzparkette bestehen aus scharfkantig geschnittenen Massivholzklötzen (ca. 80 × 80 mm), die mit der Hirnholzseite als Lauffläche verlegt werden und dadurch eine besondere optische Erscheinung zeigen. Da die Holzfaser vertikal zur Bodenfläche steht, wird H. nicht zu den Parketten gezählt. Holzarten: →Kiefer, →Eiche, seltener →Fichte, →Lärche. Normalverlegung: Das Pflaster wird mit einem Kleber auf den abgesperrten (Sperranstrich oder Sperrpappe), glatten Untergrund aufgeklebt. Pressverlegung: Die Pflasterklötze werden in Bitumen- oder Kunstharzkleber getaucht und auf dem Boden verlegt. Lättchenverlegung: Die Pflaster werden in den durch 4 mm starke Latten gebildeten Zwischenräumen verlegt. Die zurückbleibenden Fugen werden mit →Plastomerbitumen ausgegossen. Sandverlegung für einfache Nutzungen im Außenbereich: Die Pflasterklötze werden in ein ca. 10 cm tiefes Sandbett gesetzt und die Zwischenräume mit Sand gefüllt. Ein Asphaltverguss (→Gussasphaltestrich) kann als oberer Abschluss dienen. H. ergeben stark beanspruchbare Flächen mit hoher Lebensdauer, die durch einfaches Auswechseln der beschädigten Klötze leicht zu reparieren sind. Sie sind außerdem sehr gut renovierbar (mind. 7- bis 9-mal abschleifbar). Nachteiligt wirkt sich aus, dass das Holz senkrecht zur Faser um einen Faktor 10 stärker arbeitet und daher im jahreszeitlichen Wechsel stärker zur Fugenbildung neigt als Parkett. Das typische Einsatzgebiet für H. sind Werkstätten. H. sind in DIN 68702 genormt. Emissionen je nach Verlegung aus →Parkettklebstoffen, →Heißbitumen oder Gussasphaltestrich. Zum Teil wurden früher auch Teerkleber verwendet, die durch ihren hohen Gehalt an →Polycyclischen aromatischen Kohlenwasserstoffen (mehrere Prozent) besonders problematisch sind. →Holzböden

Holzresistenz →Resistenzklassen

Holzschädlinge

Pflanzliche Holzschädlinge (Pilze)

Pilze benötigen eine Holzfeuchte von mindestens 20 %. Normalerweise beträgt die Holzfeuchte im Gebäudeinneren 6 – 12 %, im Außenbereich unter Dach liegt sie im Allgemeinen bei 15 – 18 %. Unter extremen Wettersituationen können kurzzeitig 20 % überschritten werden.

Pilze werden in „holzverfärbend" und „holzzerstörend" eingeteilt. Die holzverfärbenden Pilze führen zu einer Farbänderung des Holzes. Am häufigsten treten Bläuepilze (mehr als 100 verschiedene Arten) auf. Sie beeinträchtigen die Holzfestigkeit kaum, machen das Holz aber anfälliger für andere Pilze und Schädlinge. Holzzerstörende Pilze sind bei jeder Art von Schwammbefall, Vermodern usw. am Werk. Sie zerstören das Holz, indem sie entweder die Cellulose oder das Lignin abbauen. Cellulose abbauende Pilze hinterlassen eine dunkle, die ligninabbauenden eine helle Masse.

Die Gefahr durch holzzerstörende Pilze wird oft übertrieben. Die Ursache liegt vor allem in technischen Baumängeln oder zu kurzer Zeit für die Austrocknung eingebauter Materialien. Wird trockenes Holz eingebaut und bleiben alle Bauteile dauerhaft

trocken, ist ein vorbeugender Holzschutz nicht notwendig.
Tierische Holzschädlinge
Die wichtigsten tierischen Holzschädlinge sind Käfer, daneben gibt es holzzerstörende Ameisen, Wespen, Termiten und Schmetterlinge. Die eigentlichen Schädlinge sind die Larven, die sich von der Holzsubstanz ernähren. Die Käfer legen die Eier in Risse und Spalten im Holz, aus denen dann die Larven schlüpfen und sich durch das Holz ins Freie nagen. Die Überlebensmöglichkeiten für holzzerstörende Insekten orientieren sich an der Umgebungstemperatur, Holzfeuchtigkeit und vor allem an der Holzart. Die Temperaturabhängigkeiten sind sehr unterschiedlich: Bestimmte Holzkäferlarven – Hausbock („großer Holzwurm"), Klopfkäfer und Nagekäfer („kleiner Holzwurm") – begnügen sich bereits mit Holzfeuchten von nur 10 %. Trockenholzinsekten können auch in verbauten, überwiegend lufttrockenem Holz, insbesondere in Dachstühlen, leben.
Frischholzinsekten – zu ihnen gehören Holzwespen und pilzzüchtende Käfer wie der Borkenkäfer – benötigen dagegen besonders hohe Feuchtigkeit. Ihr Schädigungspotenzial liegt in den Bohrgängen, die den Wert des Holzes stark beeinträchtigen, nicht aber die Holzfestigkeit mindern.
Sonstige Holzschädlinge
Meerwasser enthält Holzschädlinge, die starke Schäden hervorrufen. Da sie zu ihrer Entwicklung einen Mindestsalzgehalt von 7 % benötigen, sind sie für unsere Breiten nicht von Bedeutung.
Wenn Witterungseinflüsse zu einer Feuchtigkeitsanreicherung im Holz führen, können Fäulnispilze auftreten und zur Holzzerstörung führen. Das Ausmaß möglicher Schäden hängt sehr von der Exposition und Konstruktion ab. Risse und offene Fugen bilden nicht nur Möglichkeiten für die Wasseraufnahme, sondern sind außerdem Eingangspforten für die Holzschädlinge.

Holzschutz →Holz ist ein natürliches Material und unterliegt vor allem bei Witterungseinfluss oder im direkten Erdkontakt mit andauernder Feuchteeinwirkung der Zerstörungsgefahr durch Pilze und Insekten. Unter H. versteht man alle Maßnahmen, die eine Wertminderung oder Zerstörung von Holz oder Holzwerkstoffen verhindern bzw. verlangsamen. Auch Mittel zur Herabsetzung der Entflammbarkeit (→Flammschutzmittel) werden zum H. gerechnet (→Baustoffklassen), hier aber nicht behandelt. Zu unterscheiden sind vorbeugende und bekämpfende Maßnahmen (→Bekämpfender Holzschutz). Die maßgebenden Vorschriften für den H. sind in Deutschland in der DIN 68800, in Österreich in den ÖNORMEN B 3801-3804 „Holzschutz im Hochbau" festgehalten. Die Kenntnis über Vorkommen und Lebensbedingungen von Schädlingen ist wichtig, um gegen sie vorzubeugen und dabei unnötige Maßnahmen zu vermeiden.
Maßnahmen des vorbeugenden H. sind:
- Konstruktiver (Baulicher) H.: konstruktions-, bearbeitungs- und verarbeitungstechnische Vorkehrungen, die der Erhaltung von Holz und Holzwerkstoffen im Bauwesen dienen (v.a. gegen Pilzbefall und übermäßiges Quellen oder Schwinden). →Konstruktiver Holzschutz
- Oberflächenbehandlungsmittel: Oberflächenbehandlungen bieten neben ihrer dekorativen Wirkung Schutz vor Witterung und Verschmutzung. Sie enthalten keine bioziden Wirkstoffe. →Lacke, →Lasuren, →Öle
- Chemischer H.: Chemische →Holzschutzmittel schützen das Holz durch die Giftwirkung der enthaltenen Wirkstoffe vorbeugend oder auch nachträglich vor Pilzen und Insekten.
- H. durch →Holzmodifikation: Die Veränderung der Holzeigenschaften ohne biozide Wirkstoffe ist eine Alternative zum Einsatz von Holzschutzmitteln.

Chemische Holzschutzmittel entfalten ihre Wirkung über Biozide, giftige Stoffe, die in zu hoher Dosis oder bei falscher Anwendung für alle Organismen, niedere Lebensformen in Boden und Wasser ebenso wie Tiere und Menschen, gefährlich sein können. Vor der Verwendung von chemischen Holzschutzmitteln und/oder dem Einsatz von chemisch geschütztem Holz sind daher alle Möglichkeiten des konstruktiven Holzschutzes auszuschöpfen. Übersteigt die Holzfeuchte auf Dauer 20 % nicht, besteht keine Gefahr, dass holzzerstörende Pilze das Holz angreifen. Insekten befallen das Holz nicht, wenn die Holzfeuchte dauerhaft unter 10 % liegt. Bleibt das Holz offen und so in Bezug auf Insektenbefall kontrollierbar, kann man ebenfalls auf chemischen Holzschutz verzichten. In vielen Fällen können auch Hölzer mit tragender Funktion ohne chemischen Holzschutz verbaut werden. Wenn kein chemischer Holzschutz vorgeschrieben ist, so stellt die Begiftung des Holzes sogar einen Mangel im Sinne der VOB dar, wenn sie trotzdem durchgeführt wird. In bewohnten Innenräumen sollte auf eine Anwendung von Holzschutzmitteln grundsätzlich verzichtet werden. Wird trotz allem chemischer Holzschutz angewandt, sind ausschließlich Präparate, deren gesundheitliche Verträglichkeit überprüft wurde (→Holzschutzmittelverzeichnis), anzuwenden.

H

Holzschutzmittel H. sind Zubereitungen zum vorbeugenden oder →Bekämpfenden →Holzschutz gegen holzzerstörende oder -verfärbende Pilze und Insekten. Sie enthalten →Biozide („lebenstötende" Wirkstoffe), die Schadorganismen auf chemischem oder biologischem Weg unschädlich machen. Bei den Bioziden unterscheidet man zwischen Insektiziden und Fungiziden (gegen Pilze wie Bläuepilze). Einige Stoffe wirken gleichzeitig gegen Insekten und Pilze. H. sind mehr oder weniger giftige Stoffe, die in zu hoher Dosis oder bei falscher Anwendung für alle Organismen, niedere Lebensformen in Boden und Wasser ebenso wie Tiere und Menschen, gefährlich sein können.

In welchen Bereichen ein besonderer Holzschutz erforderlich ist, ist durch Normen geregelt. Die spezifischen Gefährdungen werden in Gefährdungsklassen definiert. Das sind Stufen in den Klassifizierungssystemen der Gefährdung von Holz und Holzwerkstoffen durch holzzerstörende Organismen entweder nach DIN EN 335-1 (Definition der Gefährdungsklassen), DIN EN 335-2 (Anwendung der GK auf Vollholz), DIN EN 335-3 (Anwendung der GK auf Holzwerkstoffe) oder der DIN 68 800 Teil 3. Je nach biologischer Wirksamkeit werden H. mit den in Tabelle 58 genanten Prüfprädikaten gekennzeichnet.

Im Rahmen der europäischen Normung EN 335-2 wird zukünftig der Begriff „Gefährdungsklasse" durch den Begriff „Gebrauchsklasse" ersetzt werden. Dabei wird die Gefährdungsklasse 4 zusätzlich um eine weitere Klasse erweitert, bei der es vorrangig um die Belastung durch Meerwasser geht.

Nach ihrer Konstitution werden H. unterteilt in:

- Ölige Präparate (→Teerölpräparate)
- →Lösemittelhaltige H. (Imprägnierungen, Grundierungen, Lasuren, Lacke)
- →Wasserbasierte H. und H. mit wasseremulgierbaren Substanzen (Salze)

Unterschieden werden nachfolgende Zulassungen bzw. Prüfverfahren für H.:

1. Einer allgemeinen bauaufsichtlichen Zulassung nach den Landesbauordnungen bedürfen:
   - Mittel zum vorbeugenden Schutz von Bauprodukten und Bauteilen aus Holz für tragende oder aussteifende Zwecke vor holzzerstörenden Pilzen oder Insekten
   - Mittel zum vorbeugenden Schutz von Bauprodukten und Bauteilen aus Holzwerkstoffen vor holzzerstörenden Pilzen oder Insekten
   - Mittel zur Bekämpfung eines vorhandenen Befalls von Bauteilen aus Holz oder Holzwerkstoffen
   - Mittel zur Verhinderung des Durchwachsens von Hausschwamm durch Mauerwerk (Schwammsperrmittel)

   Holzschutzmittel mit allgemeiner bauaufsichtlicher Zulassung sind nur für gewerbliche Verwendung zugelassen. Die Erteilung der allgemeinen bauaufsichtlichen Zulassung erfolgt durch das Deutsche Institut für Bautechnik DIBt.
2. Die Bewertung von Mitteln, die keiner bauaufsichtlichen Zulassung bedürfen, erfolgt durch die Gütegemeinschaft Holzschutzmittel e.V., einem Zusammenschluss von Herstellern, nach den

Tabelle 58: Mindestanforderungen an Holzschutzmittel in den Gefährdungsklassen und Kennzeichnung mit Prüfprädikaten

Gefährdungs-klasse	Beanspruchung	Prüfprädikat
0	Innen verbautes Holz, ständig trocken	–
1	Innen verbautes Holz, ständig trocken	Iv
2	Holz, das weder dem Erdkontakt noch direkt der Witterung oder Auswaschung ausgesetzt ist, vorübergehende Befeuchtung möglich	Iv, P
3	Holz, das der Witterung ausgesetzt ist, aber ohne Erdkontakt	Iv, P, W
4	Holz in dauerndem Erdkontakt oder ständiger starker Befeuchtung ausgesetzt	Iv, P, W, E

Iv = Gegen Insekten vorbeugend wirksam
P = Gegen Pilze vorbeugend wirksam (Fäulnisschutz)
W = Witterungskontakt, ohne ständigen Erd- und Wasserkontakt
E = Ständiger Erd- und Wasserkontakt

Tabelle 59: Holzschutzmittel-Produktgruppen, Einstufungen nach dem GISBAU-Produkt-Code und mögliche Inhaltsstoffe (Stand: 3/2005, Quelle: GISBAU)

Produkt-Code	Produkt-Gruppe	Gefahren-symbol	R-Sätze	S-Sätze	Inhaltsstoffe/Mögliche Inhaltsstoffe
HSM-W	**Holzschutzmittel, vorbeugend wirksam, auf Salzbasis**				
HSM-W 10	Borverbindungen			1/2-13-24/25-37/39	Wirkstoffe: Borate (z.B. Borax), Borsäure Lösevermittler: z.B. 2-Aminoethanol bis 20 %, Diethanolamin
HSM-W 20	Silikofluoride	Xn	22-36/37/38	1/2-13-20/21-22-24/25-37/39	Wirkstoffe: Silikofluoride (z.B. Magnesiumhexafluorosilikat) Zusätzlich: Korrosionsinhibitionszusätze
HSM-W 30	Hydrogen-fluoride	T, C	25-34	13-22-26-28-35-36/37/39-45	Wirkstoffe: Hydrogenfluoride (z.B.Kaliumhydrogendifluorid)
HSM-W 40	Kupfer-, Bor- und Kupfer-HDO-Verbindungen	C	22-34-41	2-13-20/21-26-28-37-45	Wirkstoffe: Kupfer-HDO, Bor- und Kupfer-Verbindungen
HSM-W 44	Kupfer-, Bor- und Triazol-Verbindungen	C	22-34-41	2-13-20/21-26-28-45	Wirkstoffe: Triazole (< 1 %), Bor- und Kupfer-Verbindungen, Kupfer-HDO Lösevermittler: z.B. 2-Aminoethanol
HSM-W 47	Bor- und quaternäre Ammonium-Verbindungen	C	22-34	2-13-20/21-26-28-45	Wirkstoffe: Quaternäre Ammonium-Verbindungen, Quaternäre Ammonium-Bor-Verbindungen, Bor-Verbindungen, andere Biozide wie z.B. Propiconazol, Fenoxycarb bis 0,25 % Lösevermittler: Glykole (z.B. Ethylenglykol), 2-Aminoethanol

Fortsetzung Tabelle 59:

Produkt-Code	Produkt-Gruppe	Gefahrensymbol	R-Sätze	S-Sätze	Inhaltsstoffe/Mögliche Inhaltsstoffe
HSM-W	**Holzschutzmittel, vorbeugend wirksam, auf Salzbasis**				
HSM-W 50	Quaternäre Ammonium-Verbindungen	C	22-34	2-13-20/21-26-28-36/37/39-45	Wirkstoffe: Quaternäre Ammonium-Verbindungen, andere Biozide wie Triazole, Deltamethrin (< 2,5 %) Lösevermittler: Glykole (z.B. Ethylenglykol)
HSM-W 60	Kupfer- und quaternäre Ammonium-Verbindungen	C, N	20/22-34-37-51/53	2-13-20/21-26-28-36/37/39-45	Wirkstoffe: Quaternäre Ammonium-Verbindungen, Kupfer-Verbindungen (z.B. Kupfer-(II)-hydroxidcarbonat), Kupfer-Amin-Komplexe Lösevermittler: z.B. 2-Aminoethanol bis 40 %, Glykole (z.B. Ethylenglykol) bis 10 %
HSM-W 65	Chrom- und Kupfer-Verbindungen	T, N	49-22-34-43-50/53	53-20/21-26-28-36/37/39-45	Wirkstoffe: Kupfer-Verbindungen (z.B. Kupferoxid) Fixierungshilfsstoffe: Chrom(VI)-Verbindungen (z.B. Chromtrioxid)
HSM-W 70	Chrom-, Kupfer- und Bor-Verbindungen	T+, N	49-46-25-26-35-21-37-43-50/53	53-20/21-26-28-36/37/39-45	Wirkstoffe: Kupfer-Verbindungen (z.B. Kupfersulfat, Kupfer(II)-oxid), Bor-Verbindungen (z.B. Borsäure) Fixierungshilfsstoffe: Chrom(VI)-Verbindungen (z.B. Chromtrioxid, Natriumdichromat) bis 50 %
HSM-W 80	Chrom-, Fluor- und Bor-Verbindungen	T+, N	49-46-21-25-26-37/38-41-43-51/53	53-20/21-26-28-36/37/39-45	Wirkstoffe: Fluor-Verbindungen (z.B. Ammoniumhydrogenfluorid), Bor-Verbindungen (z.B. Borax) Fixierungshilfsstoffe: Chrom(VI)-Verbindungen (z.B. Chromtrioxid) bis 10 %
HSM-W 90	Chrom-, Kupfer- und Fluor-Verbindungen	T, N	49-23/24/25-35-43-50/53	53-20/21-26-28-36/37/39-45	Wirkstoffe: Kupfer-Verbindungen (z.B. Kupfer(II)-oxid), Fluor-Verbindungen (z.B. Hexafluorkieselsäure) Fixierungshilfsstoffe: Chrom(VI)-Verbindungen (z.B. Chromtrioxid)
HSM-LV	**Holzschutzmittel, vorbeugend wirksam, wasserverdünnbar/lösemittelhaltig**				
HSM-LV 10	Wässrig/wasserverdünnbar			1/2-13-20-24/25-37/39-51	Wirkstoffe: z.B. Carbamate (z.B. IPBC, Fenoxycarb), Pyrethroide (z.B. Permethrin), Triazole (z.B. Propiconazol, Tebuconazol), insgesamt < 5 % Lösemittel: Kohlenwasserstoffe nach TRGS 900 Gruppe 1 (Siedebereich 170 – 220 °C) < 1 % Lösevermittler: z.B. Glykolether, Glykole

HSM-LV 15	Wässrig/wasserverdünnbar, reizend	Xi	36/38-43-52/53	2-13-20/21-24/25-26-36/37/39-46	Wirkstoffe: z.B. Triazole (z.B. Propiconazol), Farox, insgesamt < 5 % Lösevermittler: z.B. Glykole (wie Butyldiglykol > 20 %)
HSM-LV 20	Lösemittelhaltig, entaromatisiert	Xn	65-52/53-66	20/21-29-36/37/39-62	Wirkstoffe: z.B. Carbamate (z.B. IPBC), Pyrethroide, Triazole (z.B. Propiconazol, Tebuconazol), Fluanide (z.B. Dichlofluanid) Lösemittel: Kohlenwasserstoffe nach TRGS 900 Gruppe 1und 2 (Siedebereich 170 – 220 °C), mit Gesamtaromatenanteil < 1 % Lösevermittler: z.B. Glykolether etc. Zusatzstoffe: 2-Butanonoxim, Cobalt(II)salze, Zinkoktoat
HSM-LV 30	Lösemittelhaltig, aromatenarm	Xn	65-36/38-52/53-66	20/21-23-36/37/39-46-51-62	Wirkstoffe: z.B. Carbamate (z.B. IPBC, Fenoxycarb), Pyrethroide (z.B. Permethrin), Triazole (z.B. Propiconazol, Tebuconazol), Fluanide (z.B. Dichlofluanid, Tolylfluanid) bis 2,5 %, Aluminium-HDO bis 10 % Lösemittel: Kohlenwasserstoffe nach TRGS 900 Gruppe 2 und 3 (Siedebereich 170 – 220 °C), Aromaten, mit Gesamtaromatenanteil 1– 25 % Lösevermittler: z.B. Glykole bis 10 % Zusatzstoffe: Cobalt-(II)-Salze, 2-Butanonoxim, Isononylphenole
HSM-LV 40	Lösemittelhaltig, aromatenreich	Xn	65-36/38-52/53-66	16-23-24/25-29-36/37/39-51-62	Wirkstoffe: z.B. Carbamate (z.B. IPBC) bis 2,5 %, Aluminium-HDO bis 3,5 % Lösemittel: Kohlenwasserstoffe nach TRGS 900 Gruppe 2 und 3 (Siedebereich 170 – 220 °C), Aromaten, mit Gesamtaromatenanteil > 25 % Lösevermittler: z.B. Glykole bis 2,5 %
HSM-LB	**Holzschutzmittel, bekämpfend wirksam, wasserverdünnbar/lösemittelhaltig**				
HSM-LB 10	Wässrig/wasserverdünnbar, Bor-Verbindungen			1/2-13-24/25-37/39	Wirkstoffe: Bor-Verbindungen (z.B. Borate, Borsäure), andere Biozide wie z.B. Pyrethroide (< 1 %) Lösevermittler: z.B. 2-Aminoethanol bis 25 %
HSM-LB 15	Wässrig/wasserverdünnbar, Quats	C	22-34	13-20/21-26-27-28-36/37/39-45	Wirkstoffe: Quartäre Ammonium-Verbindungen bis 100 % Lösevermittler: z.B. Glykole bis 5 %

Fortsetzung Tabelle 59:

Produkt-Code	Produkt-Gruppe	Gefahrensymbol	R-Sätze	S-Sätze	Inhaltsstoffe/Mögliche Inhaltsstoffe
HSM-LB	**Holzschutzmittel, bekämpfend wirksam, wasserverdünnbar/lösemittelhaltig**				
HSM-LB 20	Wässrig/wasserverdünnbar	C	34-21/22-38-41	13-24/25-26-28-29-36/37/39-45	Für die Konzentrate gilt: Wirkstoffe: z.B. Pyrethroide (z.B. Permethrin), Benzoylharnstoffderivate (z.B. Flufenoxuron) Lösemittel: Kohlenwasserstoffe nach TRGS 900 Gruppe 2 (Siedebereich 170 – 220 °C) mit Gesamtaromatenanteil 1 – 25 %, insgesamt < 2,5 % Lösevermittler: z.B. Glykolether, Glykole bis 65 % Inhaltsstoffe: z.B. Isononylphenol, N-Methyl-2-pyrrolidon
HSM-LB 30	Lösemittelhaltig, entaromatisiert	Xn	65	2-13-20/21-29-36/37/39-62	Wirkstoffe: z.B. Pyrethroide (z.B. Permethrin, Deltamethrin), Benzoylharnstoffderivate (z.B. Flufenoxuron), Triazole (z.B. Tebuconazol, Propiconazol) Lösemittel: Kohlenwasserstoffe nach TRGS 900 Gruppe 1 und 2 (Siedebereich 170 – 220 °C), mit Gesamtaromatenanteil < 1 % Lösevermittler: z.B. Glykolether bis 10 %
HSM-LB 40	Lösemittelhaltig, aromatenarm	Xn	20/22-36/38-65	13-20/21-23-27-37/39-45-46-62	Wirkstoffe: z.B. Pyrethroide (z.B. Permethrin, Deltamethrin), Benzoylharnstoffderivate (z.B. Flufenoxuron), Triazole (z.B. Tebuconazol, Propiconazol) Lösemittel: Kohlenwasserstoffe nach TRGS 900 Gruppe 2 und 3 (Siedebereich 170 – 220 °C), mit Gesamtaromatenanteil 1– 25 % Lösevermittler: z.B. Glykolether bis 10 % Weichmacher: z.B. Phthalsäuredibutylester < 5 %
HSM-LB 50	Lösemittelhaltig, aromatenreich	Xn	20/22-36/38-65	1/2-13-24/25-37/39-46-62	Wirkstoffe: z.B. Pyrethroide, Triazole (z.B. Tebuconazol) Lösemittel: Kohlenwasserstoffe nach TRGS 900 Gruppe 2 und 3 (Siedebereich 170 – 220 °C), mit Gesamtaromatenanteil > 25 % Lösevermittler: Glykole

Güte- und Prüfbestimmungen für Holzschutzmittel RAL-GZ 830. Im Rahmen des Verfahrens führt das Bundesinstitut für Risikobewertung (BfR) die gesundheitliche Bewertung der Mittel durch, die umweltbezogene Bewertung erfolgt durch das Umweltbundesamt (UBA).

3. Ebenfalls keiner bauaufsichtlichen Zulassung bedürfen vorbeugend wirkende Bläueschutzmittel zum Schutz von Holz

im Außenbereich ohne Erdkontakt einschl. Fenster und Außentüren gegen holzverfärbende Organismen. Bläueschutzmittel unterliegen einem freiwilligen Registrierungsverfahren beim →UBA. Im Rahmen der Registrierung werden die Mittel, die Bestandteile eines Beschichtungssystems sind, entweder in Form einer Konformitätserklärung mit einem Rahmenrezept oder einem Einzelrezept von der Bundesanstalt für Materialforschung und -prüfung (BAM) auf biologische Wirksamkeit hin sowie vom →BfR auf gesundheitliche und vom UBA auf umweltbezogene Auswirkungen hin überprüft.

Seit Juni 2002 ist das →Biozid-Gesetz in Kraft. Danach müssen H. mit neuen, also bisher nicht verwendeten Wirkstoffen ein Zulassungsverfahren durchlaufen, mit dem sie auf Anwendersicherheit, Wirksamkeit und Umweltverträglichkeit geprüft werden. Ein Großteil der H. war allerdings schon vor Inkrafttreten des Gesetzes auf dem Markt. Die Wirkstoffe dieser so genannten „Altprodukte" werden erst in den kommenden Jahren nach und nach untersucht. Damit dürfen auch heute noch ungeprüfte Produkte verkauft werden, selbst wenn sie gesundheits- und umweltschädlich sein sollten.

In Innenräumen sollten grundsätzlich keine Holzschutzmittel eingesetzt werden. Für den Außenbereich werden die H. nach derzeitigem Kenntnisstand bei sachgerechter und bestimmungsgemäßer Anwendung als wirksam und unbedenklich angesehen, die eines der o.g. Zulassungs- bzw. Prüfverfahren durchlaufen haben.

Technische Einbringverfahren für H. sind Streichen und Spritzen, Tauchen, Trogtränkung und Kesseldruckimprägnierung. Das Einbringverfahren und die Einbringmenge des H. werden durch die DIN 68800 Teil 3 in Abhängigkeit von der Gefährdungsklasse und dem Anwendungsgebiet vorgeschrieben bzw. sind abhängig von der Art des H. und den verwendeten Wirkstoffen.

- Streichen und Spritzen: Einsatz vor allem im handwerklichen Bereich. Zur Erzielung der geforderten Eindringtiefe der Wirkstoffe (2 – 6 mm) sind meistens zwei Arbeitsgänge erforderlich. Hier ist der Verlust an H. und damit die Belastung der Umwelt und des Verarbeiters im Vergleich zu den anderen Einbringverfahren am höchsten. Die Verluste liegen beim Streichen bei 10 – 20 %, beim Spritzen bei 20 – 50 % (Ausnahme: Sprühtunnelverfahren). Spritzen und Sprühen ist außerhalb stationärer Anlagen unzulässig. C-Salze dürfen auf diese Weise überhaupt nicht zur Anwendung gelangen. Die Verfahren finden nur bei nachträglichen Schutzmaßnahmen Anwendung, z.B. nach einer Schädlingsbekämpfung.
- Tauchen: Das Holz schwimmt auf dem H. (Wendung zur allseitigen Behandlung). Die erzielten Eindringtiefen liegen in der gleichen Größenordnung wie beim Streichen. Für C-Salze ist dieses Verfahren nicht mehr erlaubt.
- Trogtränkung: Das Holz wird für Stunden im H. untergetaucht, was ein gleichmäßiges und tieferes Eindringen ermöglicht. Angewendet wird die Trogtränkung vor allem bei Schutzsalzimprägnierungen (für C-Salze verboten).
- Kesseldruckimprägnierung: Tränkung des Holzes durch Unter- oder Überdruck. Die Eindringtiefe ist abhängig von der Holzart. Eine Perforation des Holzes soll die Eindringtiefe erhöhen. Die Nachschaltung eines Schlussvakuums führt zu einer besseren Fixierung des H. im Holz und damit zu einer geringeren Freisetzung der Wirkstoffe.

Wichtige Warn- und Sicherheitshinweise für Verbraucher zum Umgang mit H. (Quelle: BMVEL-Verbraucherleitfaden zu Holzschutzmittel):

- Keine H. in Wohn- und Aufenthaltsräumen verwenden
- Vor Gebrauch stets Kennzeichnung und Produktinformation lesen – auch wenn früher schon einmal mit dem Produkt gearbeitet worden ist
- Produkte vor Kinderhänden schützen
- Produkte nur für den angegebenen Zweck verwenden

- Möglichst im Freien oder in gut belüfteten Räumen arbeiten
- H. nur streichen, nie spritzen oder sprühen
- Haut und Augen schützen (Handschuhe, Schutzkleidung, bei Überkopfarbeiten Schutzbrille tragen)
- Holzstäube nicht einatmen (bei Schleifarbeiten z.B. nach Grundierung mit H. Mundschutz tragen)
- Essen, Trinken und Rauchen während der Anwendung von Holzschutzmitteln vermeiden
- Keine Anwendung in unmittelbarer Gewässernähe
- Holzschutzmittel dürfen nicht in den Boden, in Gewässer oder in die Kanalisation gelangen
- Produkte nur in der Originalverpackung lagern
- Entsorgung von H-Resten ausschließlich über öffentliche Sammelstellen im Originalgebinde (z.B. Schadstoffmobil)
- Zur ordnungsgemäßen Entsorgung von imprägniertem Altholz kommunale Abfallbehörden ansprechen

Infolge der in den 1970er- und 1980er-Jahren von den Herstellern propagierten Anwendung von H. auch in Innenräumen in Verbindung mit mangelnder staatlicher Kontrolle traten bei Betroffenen z.T. massive und langandauernde Gesundheitsschäden auf (→Holzschutzmittel-Prozess). Für eine erfolgreiche und dauerhafte Sanierung bei H.-Belastung sind grundsätzlich verschiedene Methoden geeignet:

- Beschichten und Bekleiden behandelter Bauteile
- Räumliche Trennung behandelter Bauteile
- Entfernung behandelter Bauteile
- Entfernung behandelter Bereiche von Bauteilen
- Entfernung oder Reinigung sekundär belasteter Materialien oder Gegenstände

Neuere Entwicklungen bewirken einen verbesserten Holzschutz durch →Holzmodifikation, z.B. durch Hitzebehandlung.

Holzschutzmittel-Prozess Bei dem sog. H., der 1984 begann, handelt es sich um das in Deutschland größte Umweltstrafverfahren (Az. 5/26 Kls 65 Js 8793/84). Aufgrund zahlreicher massiver Gesundheitsschäden durch →Pentachlorphenol-haltige →Holzschutzmittel nahm 1984 die Staatsanwaltschaft Frankfurt/M. das Ermittlungsverfahren gegen die verantwortlichen Geschäftsführer des Holzschutzmittel-Produzenten Desowag auf. Maßgeblichen Anteil an der Durchsetzung des Verfahrens hatten die Interessengemeinschaft der Holzschutzmittel-Geschädigten (→IHG) und die →Verbraucherinitiative e.V. In erster Instanz verurteilte die Große Strafkammer des Landgerichts Frankfurt die beiden Geschäftsführer der Fa. Desowag wegen fahrlässiger Körperverletzung und Freisetzung von Giften zu jeweils einem Jahr auf Bewährung sowie zu 120.000 DM Geldstrafe. Im Folgenden sind auszugsweise Feststellungen des Gerichts zur Toxizität von Holzschutzmittel-Wirkstoffen nach Anhörung der Sachverständigen wiedergegeben:

„Das Gericht ist nach dem Ergebnis der Beweisaufnahme davon überzeugt, dass die bioziden Wirkstoffe der Holzschutzmittel, und zwar nicht nur PCP, sondern insbesondere auch gamma-Hexachlorcyclohexan (bekannt unter dem Namen Lindan) wie auch Dichlofluanid oder Furmecyclox eine vegetative Funktionsstörung (Adynamie) verursachen und die körpereigene Immunabwehr herabsetzen, sodass die exponierten Personen häufiger, länger und schwerwiegender an allgemeinen Infektionskrankeiten leiden, als es ohne Exposition gegenüber den Giftstoffen der Fall gewesen wäre. Diese Überzeugung gründet sich auf die allgemeine Tatsache, dass die bezeichneten Biozide sämtlich hochwirksame Gifte sind (sog. generelle Kausalität), diese Gifte sich im Köper der Opfer in erheblicher Menge angesammelt haben (konkreter Giftnachweis) und schließlich auf die konkrete ärztliche Diagnose, dass die allgemein bekannten Symptome tatsächlich auf eine Gifteinwirkung im Körper zurückzuführen sind."

„Bei den Inhaltsstoffen des [...] im Innenraum angewandten Holzschutzmittels Xyladecor handelt es sich um Gifte im Sinne des § 330a StGB. Die chemischen Stoffe

PCP und Lindan sind hochgiftige Stoffe, die dazu geeignet sind, auch in kleinen Mengen im Hinblick auf die besondere körperliche Beschaffenheit eines Opfers dessen Gesundheit zu zerstören. [...] Auch kleine Mengen von Holzschutzmitteln führen zu erheblichen Gesundheitsstörungen. [...]
Bei einer Gesamtschau der festgestellten Kenntnisse zur Toxizität der Holzschutzmittel-Inhaltsstoffe und deren konkreten Wirkmechanismen kann kein vernünftiger Zweifel mehr bestehen, dass die Produkte Xyladecor, Xylamon und Xyladecor 200 auch bei vorschriftsmäßiger Benutzung in Wohn-Innenräumen potentiell geeignet sind, gesundheitsschädliche Ursachen zu setzen."
„Bei den Inhaltsstoffen des [...] Holzschutzmittels Xyladecor handelt es sich um Gifte im Sinne des § 330a StGB. Die chemischen Stoffe PCP und Lindan sind hochgiftige Stoffe, die dazu geeignet sind, auch in kleinen Mengen im Hinblick auf die besondere körperliche Beschaffenheit eines Opfers dessen Gesundheit zu zerstören. [...] Die bioziden Wirkstoffe, aber auch die regelmäßigen Begleitstoffe des technischen PCP (Dioxine und Furane) sind hochtoxische Stoffe mit breitem Wirkspektrum."
Das Urteil wurde aufgrund mehr formaler Gründe vom BGH aufgehoben und 1996 neu aufgerollt. Prof. Erich Schöndorf, früher Staatsanwalt und Ankläger im H., kommentiert die Aufhebung so: „Es hieß unter anderem, ein Gutachter der Anklage sei befangen gewesen. Tatsächlich hat der Bundesgerichtshof dem Druck der Chemieindustrie nachgegeben. Die Faktenlage, da bin ich sicher, reichte nicht aus, das Urteil aufzuheben. Die Branche hat sich mit aller Macht dagegen gewehrt, für die Gesundheitsschäden, die sie verursacht hat, strafrechtlich geradezustehen."
1996 wurde vor dem Frankfurter Landgericht ein Vergleich geschlossen. Die Verfahrensbeteiligten einigten sich darauf, dass die betroffenen Chemieunternehmen mit 4 Mio. DM einen neuen Lehrstuhl für Umweltschutz an der Universität Gießen finanzieren. Außerdem mussten die beiden angeklagten Ex-Manager der Holzschutzfirma Desowag jeweils 100.000 DM an die Staatskasse zahlen und die Kosten der Verteidigung und der Nebenkläger tragen. Sie gelten weiterhin als unschuldig im Sinne der Anklage.

Holzschutzmittelverzeichnis Das vom →DIBt herausgegebene H. listet alle zugelassenen bzw. geprüften →Holzschutzmittel auf. Für die Erteilung der bauaufsichtlichen Zulassung muss die Wirksamkeit des Holzschutzmittels nachgewiesen werden. Die Gesundheitsverträglichkeit des behandelten Holzes bei bestimmungsgemäßer Verwendung des Holzschutzmittels bewertet das Bundesinstitut für Risikobewertung (→BfR), die Umweltverträglichkeit das Umweltbundesamt (UBA).
Einer allgemeinen bauaufsichtlichen Zulassung bedürfen:
- Mittel zum vorbeugenden Schutz von Bauprodukten und Bauteilen aus Holz für tragende und/oder aussteifende Zwecke vor holzzerstörenden Pilzen und Insekten
- Mittel zum vorbeugenden Schutz von Bauprodukten und Bauteilen aus Holzwerkstoffen vor holzzerstörenden Pilzen und Insekten,
- Mittel zur Bekämpfung eines vorhandenen Befalls von Bauteilen aus Holz und Holzwerkstoffen durch holzzerstörende Pilze oder Insekten
- Mittel zur Verhinderung des Durchwachsens von Mauerwerk durch den Echten Hausschwamm (Schwammsperrmittel)

Keiner bauaufsichtlichen Zulassung bedürfen:
- Mittel zum vorbeugendem Schutz von Bauprodukten und Bauteilen aus Holz für nichttragende und nichtaussteifende Zwecke (z.B. innere Wand- und Deckenverkleidungen, äußere Wand- oder Unterverschalungen, Fenster, Außentüren)
- Mittel zum vorbeugendem Schutz von Gegenständen, die nicht Teil einer baulichen Anlage im Sinne der Landesbauordnung sind (z.B. Gartenmöbel, Bänke, Obstpfähle)

- Mittel zur Bekämpfung eines Befalls durch holzzerstörende Insekten von Gegenständen, die nicht Teil einer baulichen Anlage im Sinne der Landesbauordnung sind (z.B. alte Möbel)
- Bläueschutzmittel zum vorbeugendem Schutz von Holz im Außenbereich ohne Erdkontakt einschließlich Fenster und Außentüren gegen holzverfärbende Organismen

Für diese Holzschutzmittel steht das RAL-Gütezeichen mit den Prüfbestimmungen „RAL-GZ 830“ zur Verfügung. Bläueschutzmittel nach der VDL-Richtlinie unterliegen einer freiwilligen Registrierung beim Umweltbundesamt (UBA), was eine Prüfung betreffs Wirksamkeit, gesundheitlicher und Umweltverträglichkeit beinhaltet.

H

In Österreich wird ein H. durch die „Arbeitsgemeinschaft Holzschutzmittel“ herausgegeben. Hersteller und Vertreiber von Holzschutzmitteln können ihre Erzeugnisse auf freiwilliger Basis und über die behördliche Zulassung im Sinne der Bestimmungen des Biozidproduktegesetzes (BPG) hinaus diesem Begutachtungsverfahren unterziehen. Es werden nur Holzschutzmittel zur Verwendung empfohlen, die nach den Grundsätzen des Regelwerkes der ARGE-HSM von Experten aus dem Bereich des Holzschutzes und der Toxikologie positiv beurteilt wurden. Wesentliche Beurteilungskriterien sind dabei: Eine dem Stand der Technik entsprechende Zusammensetzung der Produkte, das Erreichen der ausgelobten Wirksamkeit, die Minimierung der Belastung für Verarbeiter und die Umwelt, verständliche schriftliche Arbeitsanleitungen in technischen Informationen (Merkblättern) und auf den Verpackungen für eine sichere und wirksame Anwendung durch Privatpersonen oder in Gewerbebetrieben sowie eine gleich bleibende Qualität durch eine gesicherte Eigenüberwachung bei der Herstellung und durch Fremdüberwachung durch eine akkreditierte Prüfanstalt. Bei einem positiven Ergebnis erhalten diese Produkte ein Anerkennungszertifikat und die Berechtigung zur Nutzung des Prüfsiegels der ARGE-HSM.

Es sollten – wenn überhaupt – nur im H. eingetragene Holzschutzmittel verwendet werden.

Holzspan-Mantelsteine. H. bestehen aus zementgebundenen Holzspänen. Die Holzspäne werden mit einem Mineralisierungsmittel vorbehandelt, damit eine ausreichende Oberflächenbindung zwischen Zementleim und Spänen erreicht wird. Zur Erhöhung der Frostbeständigkeit kann im Winter bei sehr kalten Außentemperaturen ein Additiv zugegeben werden (sehr geringer Prozentsatz). Für erhöhte Schallschutzanforderungen erfolgt bei den Schallschutzsteinen zusätzlich die Zugabe von Sand. Die Mantelsteine werden auf der Baustelle mit Kernbeton verfüllt. Das Volumenverhältnis von Kernbeton zu Mantelbeton beträgt je nach Steintypen zwischen 0,5 und 1. Als Rohstoff für die Holzspäne dienen im allgemeinen Fichten- und Tannenholz aus Resten der holzverarbeitenden Industrie sowie aus Durchforstungshölzern und →Gebrauchtholz aus dem Rückbau von Gebäuden. Die Holzspäne werden mittels elektrischer Schlagmühlen auf die richtige Größe zerkleinert, anschließend mit den Zusatzstoffen Zement und Wasser sowie mit abgebundenem Holzspanbeton (Schrot) versetzt. Die dabei entstehende formbare Holzspanbetonmasse wird schließlich in Formkästen zu Rohlingen geformt. Die allfällige Kerndämmung wird mit Maschinen in die Öffnungen hineingestanzt.

Die Verwendung von Restholz liefert einen wertvollen Beitrag zu einer nachhaltigen Rohstoffnutzung der Wälder. Die Mineralisierungsmittel besitzen (auch bezüglich der eingesetzten Menge) keine Umweltrelevanz. H. liefern aufgrund ihres hohen Gehalts an Holzspänen, die über Jahrzehnte im Produkt eingebunden sind, einen positiven Beitrag zum Treibhauspotenzial. Während der Nutzung ist mit keiner gesundheitsschädlichen Freisetzung von Schadstoffen zu rechnen. Sortenreine Reste von H. können recycelt und gemahlen der Neuproduktion zugeführt werden. Holzmantelbeton wird in Österreich in der taxativen Liste der deponierbaren Baurestmassen der

→Deponieverordnung (BGBL.1996/164) geführt. Somit kann Holzmantelbeton trotz des relativ hohen →TOC-Gehalts als Baurestmasse deponiert werden.

Holzstaub Bei Tätigkeiten mit Entstehung von H. sind folgende Gefahren zu beachten:

1. Krebserzeugende Wirkung:
   Tätigkeiten oder Verfahren, bei denen Beschäftigte Hartholzstäuben ausgesetzt sind, gelten als krebserzeugende Tätigkeiten oder Verfahren gemäß TRGS 906. Harthölzer nach Anhang I Nr. 5 der Richtlinie 2004/37/EG (Quelle: →IARC, Bd. 61) sind insbes. Afrikanisches Mahagony, Afrormosia, Ahorn, Balsa, Birke, Brasilianisches Rosenholz, Buche, Ebenholz, Eiche, Erle, Esche, Hickory, Iroko, Kastanie, Kaurikiefer, Kirsch, Limba, Linde, Mansonia, Meranti, Nyaoth, Obeche, Palisander, Pappel, Platane, Rimu (Red Pine), Teak, Ulme, Walnuss, Weide und Weißbuche.
   Gem. →MAK-Liste sind Eichen- und Buchenholzstaub als krebserzeugend eingestuft. Alle anderen H. stehen gem. MAK-Liste im Verdacht, krebserzeugend zu sein. Diese Einstufungen beruhen auf Beobachtungen, dass bei Personen, die beruflich mit Holzarbeiten beschäftigt waren, gehäuft Nasenschleimhautkrebs auftrat. Als Berufskrankheit können Adenokarzinome der Nasenhaupt- und Nasennebenhöhlen bei nachgewiesener Exposition gegenüber Stäuben von Buchen- und Eichenholzstaub anerkannt werden. Unklar ist bisher, welche Bereiche der Holzwirtschaft besonders gefährdend sind und welchen Einfluss Holzinhaltsstoffe, Holzschutzmittel und weitere Faktoren auf die Krebsentstehung haben.
   Beim Abschleifen von Parkett und anderen Holzfußböden muss eine Gefährdung des Ausführenden und der Gebäudenutzer durch Einatmen von Schleifstaub auf jeden Fall verhindert werden. Auf technische Art und Weise ist die Freisetzung von H. selbst durch Schleifmaschinen mit integrierter Absaugung nur bedingt möglich. Für den Ausführenden ist das Tragen von Partikelfiltern (filtrierende Halbmaske der Schutzstufe FFP2, besser FFP3) beim Abschleifen von Parkett und anderen Holzfußböden unbedingt erforderlich. Es ist sicherzustellen, dass nach Beendigung der Arbeiten keine H. im Raum zurückbleiben, die zu einer Exposition der Raumnutzer führen können.
2. Sensibilisierende Wirkung:
   Bestimmte H. besitzen eine sensibilisierende Wirkung (→Sensibilisierung).
3. Bildung brennbarer oder explosionsfähiger Gemische zusammen mit Sauerstoff:
   H. und -späne können mit Luftsauerstoff brennbare oder explosionsfähige Gemische bilden. Gem. Technischer Regel für Gefahrstoffe TRGS 553 sind daher zusätzlich zu den Staubschutz- auch Brand- und Explosionsschutzmaßnahmen erforderlich.

Holztapeten Ursprünglich bestanden H. aus Holzfurnier, das auf →Tapetenpapier aufgeklebt wurde. Heute ist das Holzfurnier meistens durch bedruckte Polyvinylchlorid-Weichfolie ersetzt. Das →Polyvinylchlorid (PVC) enthält →Weichmacher, um es flexibel zu machen. So kann es zu länger anhaltenden Emissionen von Weichmachern (z.B. →Phthalate) kommen. PVC ist wegen des umweltfeindlichen →Lebenszyklus ein sehr problematischer Baustoff. H. können Schadstoffe aus den →Klebstoffen und Kunststoffen freisetzen.

Holzteer Der H. ist eine schwarzbraune, ölige Flüssigkeit, die bei der Aufarbeitung des aus Buchenholz gewonnenen Holzessigs anfällt. Aus einer Tonne Holz werden ca. 130 – 140 kg H. gewonnen. Der Destillationsrückstand des H. ist das Holzpech. H. wird zum Schnellräuchern von Fleisch und in der Tierheilkunde verwendet. Weiterhin ist er als Dichtungsmittel bei Holzschiffen sowie zum Konservieren von Jutestricken und Fischernetzen geeignet. Seit dem Altertum wird H. zum Bestreichen von Schiffsböden eingesetzt. H. enthält eine Vielzahl chemischer Substanzen, von denen ein Großteil konservierende Wirkung hat. Der Gehalt an →Polycyclischen aromatischen Kohlenwasserstoffen ist sehr gering (im Gegensatz z.B. zu →Steinkohlenteer). H. und Holzteeröl fallen nicht unter die Verbote der →Chemikalien-Verbotsverordnung. Buchen-H. wird heute als Bestandteil von Holzpechimprägnierungen zum Schutz von Hölzern im Außenbereich vor Pilz- und Insektenbefall verwendet. →Terpentinöl, →Teere

Holzteeröle →Holzteer

Holzterpentinöl →Terpentinöl

Holzwachse H. bestehen aus →Bienen- oder Pflanzenwachsen (z.B. →Carnaubawachs), pflanzlichen Ölen (z.B. →Leinöl) und natürlichen Lösemitteln (z.B. →Citrusschalenöl). Je nach Wachsanteil werden Hartwachs, Wachsbalsam (→Balsame) und Wachslösung unterschieden. Heißwachse sind Hartwachse, die heiß auf das Holz aufgetragen werden. H. sind für alle Hart- und Weichhölzer geeignet. Die Dampfdiffusionsfähigkeit des Materials bleibt erhalten. Bei starker Beanspruchung muss der aufgetragene Film hin und wieder erneuert werden.

Holzweichfaserplatten Andere (alte) Bezeichnung für →Poröse Holzfaserplatten bzw. →Holzfaser-Dämmplatten. →Holzfaserplatten

Holzwerkstoffe H. sind großflächige Platten, die durch Verbinden von Fasern, Spänen, Wolle, Leisten, Stäbchen oder Furnieren aus Holz oder anderen lignocellulosehaltigen Rohstoffen, meist unter Zugabe von Bindemitteln, hergestellt werden. 2003 wurden in Europa 55,7 Mio. m^3 H. hergestellt, die sich wie folgt verteilen: →Spanplatten 66 %, →MDF-Platten 20 %, →Sperrholz-Platten 6 %, →Holzfaserplatten 4 %, →OSB-Platten 4 % sowie Massivholzplatten 4 % (Kraus & Oberdorfer, Holzforschung Austria, 1/2005). Eine Sonderform stellen die mit anorganischem Bindemittel gebundenen H. (→AHW) dar, die sich in ihren Eigenschaften stark von den hier beschriebenen, organisch gebundenen H. unterscheiden. Entsprechend des Einsatzbereiches werden H. nach der europäischen Produktnorm für H. DIN EN 13968 in drei Nutzungsklassen eingeteilt (s. Tabelle 60).

Tabelle 60: Holzwerkstoffklassen und Gebrauchsfeuchte (Quelle: DIN EN 13986, März 2004)

Nutzungsklasse	Beschreibung
NK 1	Innenbereich Typisches Raumklima 20 °C, 65 % Luftfeuchte, die nur wenige Wochen pro Jahr höher liegt
NK 2	Feuchtbereich Raumklima 20 °C, die Luftfeuchte liegt nur wenige Wochen pro Jahr über 85 %
NK 3	Außenbereich Höhere Holzfeuchten als im Raumklima der Nutzungsklasse 2

Tabelle 61 veranschaulicht, welche H. für welchen Zweck zum Einsatz kommen sollten.

Für die Herstellung von H. werden vom Rundholz (wobei bis zu 60 % des in der Forstwirtschaft anfallenden Durchforstungsholzes eingesetzt werden können) über Schnittholz und Furniere bis zu Resthölzern aus der Holzindustrie und aus Hobelwerken alle möglichen Holzqualitäten herangezogen. Als Bindemittel kommen praktisch ausschließlich duroplastische Klebstoffe zum Einsatz (Ausnahme: PVAC-gebundene Massivholzplattenprodukte für nichttragende Zwecke wie z.B. Möbelbau). An erster Stelle stehen Harze, die durch die Reaktion von →Formaldehyd mit Stoffen wie →Harnstoff, →Melamin, →Phenol,→Resorcin oder Kombinationen dieser Stoffe entstehen. Der Markt der Bindemittel für H. in Europa verteilt sich nach Schätzungen wie folgt:

Harnstoffharze:	75 %
Melaminharze:	10 %
Phenolharze:	5 %
Isocyanate	5 %
Sonstige:	5 %

Unter „Sonstige“ fallen Bindemittel auf Basis →Nachwachsender Rohstoffe wie Tannine, Lignin, Proteine etc. und anorga-

Tabelle 61: Einsatzbereiche für Holzwerkstoffplatten (Quelle: Gesamtverband Deutscher Holzhandel, 2005)

Nutzungsklasse		Einsatzbereich		
		Nichttragend	Tragend	Hochbelastbar
Trocken Nutzungsklasse 1	Spanplatten DIN EN 312	P1 + P2	P4	P6
	Bausperrhölzer DIN EN 636	DIN EN 636-1/G	DIN EN 636-1/S	
	OSB DIN EN 300	OSB/1	OSB/2	
	Massivholzplatten (SWP) DIN EN 13353	SWP ntr.	SWP/1 tr.	
	Furnierschichtholzplatten (LVL) EN 14279		LVL/1	
	MDF DIN EN 622-5	MDF	MDF.LA	
	Poröse Faserplatten (SB) DIN EN 622-4	SB	SB.LS	
	Mittelharte Faserplatten (MB) DIN EN 622-3	MBL + MBH	MBH.LA1	MBH.LA2
	Harte Faserplatten (HB) DIN EN 622-2	HB	HB-LA	
Feucht Nutzungsklasse 2	Spanplatten DIN EN 312	P3	P5	P7
	Bausperrhölzer DIN EN 636	DIN EN 636-2/G	DIN EN 636-2/S	
	OSB DIN EN 300		OSB/3	OSB/4
	Massivholzplatten (SWP) DIN EN 13353	SWP/2 ntr.	SWP/2 tr.	
	Furnierschichtholzplatten (LVL) EN 14279		LVL/2	
	MDF DIN EN 622-5	MDF.H	MDF.HLS	
	Poröse Faserplatten (SB) DIN EN 622-4	SB.H	SB.HLS	
	Mittelharte Faserplatten (MB) DIN EN 622-3	MBL.H + MBH.H	MBH.HLS1	MBH.HLS2
	Harte Faserplatten (HB) DIN EN 622-2	HB.H	HB-HLA1	HB-HLA2
Außen Nutzungsklasse 3	Bausperrhölzer DIN EN 636	DIN EN 636-3/G	DIN EN 636-3/S	
	Massivholzplatten (SWP) DIN EN 13353	SWP/3 ntr.	SWP/3 tr.	
	Furnierschichtholzplatten (LVL) EN 14279		LVL/3	

Fortsetzung Tabelle 61:

Nutzungsklasse		Einsatzbereich		
		Nichttragend	Tragend	Hochbelastbar
Außen Nutzungsklasse 3	Poröse Faserplatten (SB) DIN EN 622-4	SB.E		
	Mittelharte Faserplatten (MB) DIN EN 622-3	MBL.E + MBH.E		
	Harte Faserplatten (HB) DIN EN 622-2	HB.E		
	Zementgebundene Spanplatten DIN EN 634-2		Klasse 1+2	

H

nische Bindemittel wie z.B. →Zement. Hilfs- und Zuschlagstoffe wie Härter und Beschleuniger, Formaldehyd-Fängersubstanzen, Hydrophobierungsmittel, Feuerschutzmittel, Fungizide und Farbstoffe werden nach Bedarf beigemengt.

H. weisen große Homogenität und Dimensionsstabilität auf. Das so genannte Arbeiten des Holzes (richtungsabhängiges Quellen und Schwinden bei Änderung der Holzausgleichsfeuchte) wird verringert. Nach ihrer Feuchtebeständigkeit werden folgende H.-Typen für die unterschiedlichen Anwendungsbedingungen definiert:

V-20: Verwendung für Möbel und Innenausbauteile, die nur in geringem Maße der Luftfeuchtigkeit ausgesetzt sind. Die verwendeten Leime (UF-Leime) neigen zur Abgabe von Formaldehyd.

V-100: Geeignet für den Einsatz mit erhöhter Luftfeuchtigkeit, z.B. für Fußböden, mit konstruktivem Holzschutz oder auch als Außenbeplankung ohne direkte Bewitterung. Die verwendeten Leime (v.a. PF-, MF-, MUPF- und Isocyanat-Leime) sind entweder formaldehydfrei oder neigen nur wenig zur Abgabe von Formaldehyd.

V-100 G: Geeignet für den Einsatz auch unter hoher Feuchtebelastung. Entsprechen den V-100-Platten und enthalten zusätzlich ein →Fungizid (→Chlornaphthaline). Da bisher nicht bekannt geworden ist, dass H. durch Insektenbefall in unzulässiger Weise geschädigt worden wären, werden →Insektizide in H. normalerweise nicht eingesetzt.

Durch das zunehmende Umwelt- und Gesundheitsbewusstsein ist die Produktion von H. V-100 G stark rückläufig (nur mehr ca. 1 % der Gesamtproduktion). Selbst von normativer Seite (z.B. DIN 68800 oder ÖNORM 3801-3804) wird heute versucht, durch →Konstruktiven Holzschutz einen weitestgehenden Verzicht auf chemische Holzschutzmittel (→Chemischer Holzschutz) zu erreichen. Die Einsatzgebiete, die nur H. V-100 G zulassen, sind entsprechend stark reduziert: bei direkter Bewitterung und/oder dann, wenn die Holzfeuchtigkeit die vorgegebenen Grenzwerte langfristig überschreitet, z.B. in Schwimmbädern, Stallungen, belüfteten Hohlräumen über Erdreich oder als obere Beplankung von Dach- und Deckenelementen und Dachschalungen bei Flachdächern. Aus ökologischer Sicht könnte in diesen Fällen auf den Einsatz von H. verzichtet werden.

H. werden für vielfältige Zwecke im Innenausbau und für Möbel verwendet. Beispiele im Baubereich sind Wände (außen und innen), Decken, Zwischendecken, Fußböden (Fertigparkett), Fußleisten, Türblätter, Türzargen, Treppenstufen und Paneele („Holz"-Verkleidungen).

Der ökologische Vorteil von H. gegenüber →Massivholz liegt in der besseren Ausnutzung des eingeschlagenen Holzes. Dieser

Vorteil wird i.d.R. durch den Einsatz von Klebstoffen erkauft (Ausnahme ist z.B. die →Poröse Holzfaserplatte, die ohne Bindemittel hergestellt werden kann). Zum Teil wird auch Recyclingholz (Paletten, Dippelbäume, Dachstühle etc.) eingesetzt, wobei der Rohstoffqualitätssicherung besonderes Gewicht zukommt, damit keine unerwünschten Imprägnierungen oder bedenkliche chemische Holzschutzmittel eingeschleppt werden. In einzelnen EU-Mitgliedstaaten existieren Regelungen zum Einsatz von →Gebrauchtholz. So ist z.B. in Norwegen und Polen der Einsatz von Gebrauchtholz in H. nicht oder nur mit Stoffbeschränkungen erlaubt. In Deutschland müssen beim Einsatz von Gebrauchtholz die Werte der →Altholzverordnung eingehalten werden.

H. emittieren bei der Herstellung und Nutzung verschiedene organische Stoffe. Dies sind insbesondere:

– Formaldehyd (sofern formaldehydhaltige Leime eingesetzt werden)
– Sonstige Aldehyde (reaktiv freigesetzt)
– Terpene (Holzinhaltsstoffe)
– Kurzkettige Carbonsäuren, insbes. Essigsäure und Ameisensäure

Seit dem Aufkommen der Spanplatten in den 1950er-Jahren wird →Formaldehyd als Bestandteil von synthetischen Leimen (Bindemittel) für H. eingesetzt. In den 1960er- und 1970er-Jahren war die Verwendung von Formaldehyd für H.-Leime nicht reglementiert. Die damals vorwiegend im Innenausbau und für Möbel eingesetzten Spanplatten (V-20-Platten) enthielten Leime mit einer ausgeprägten Neigung, bereits unter dem Einfluss normaler Raumlufttemperatur und -feuchte erhebliche Mengen Formaldehyd freizusetzen. 1977 legte das ehemalige Bundesgesundheitsamt für die tolerable Formaldehyd-Konzentration in Innenräumen einen Richtwert von 0,1 ppm fest. 1980 wurde vom Ausschuss für Einheitliche Technische Baubestimmungen (ETB) die „Richtlinie über die Verwendung von Spanplatten hinsichtlich der Vermeidung unzumutbarer Formaldehydkonzentrationen in der Raumluft" herausgegeben. Danach werden die Spanplatten für den Baubereich je nach Formaldehydabgabe in →Emissionsklassen unterteilt. Mit Inkrafttreten der GefStoffV am 1.10.1986 durften nur noch Spanplatten und beschichtete Spanplatten in Verkehr gebracht werden, wenn sie den Emissionsgrenzwert von 0,1 ppm einhalten. Die Platten sind an der Bezeichnung E1 zu erkennen. Heute wird das Inverkehrbringen von Stoffen in der Chemikalien-Verbotsverordnung geregelt. Die Vorschriften für Spanplatten gelten nun auch für andere H.

In Österreich dürfen entspr. Bundesgesetzblatt vom 10.4.1990, 194. Verordnung (Formaldehydverordnung), H. nicht in Verkehr gesetzt werden, wenn sie in der Luft des Prüfraumes Ausgleichskonzentration von Formaldehyd über 0,1 ppm verursachen. Die Ausgleichskonzentration ist nach dem angegebenen Verfahren oder einem gleichwertigen, dem Stand von Wissenschaft und Technik entsprechenden Verfahren zu messen. Die einschlägigen Normen verweisen mit den so genannten A-Abweichungen auf die durch nationale gesetzliche Anforderungen bedingten Abweichungen.

Die tatsächliche Höhe der Formaldehydkonzentration in der Raumluft ist abhängig von folgenden Faktoren:

– Verhältnis der Fläche der verbauten formaldehydhaltigen H. zum Raumvolumen
  (Zunahme der Formaldehydkonzentration mit der Menge der H. im Raum)
– Art des für den H. verwendeten Leimes (siehe „Klassifizierung von →Spanplatten nach ihrer Feuchtebeständigkeit")
– Raumlufttemperatur
  (Zunahme der Formaldehydkonzentration mit zunehmender Raumlufttemperatur)
– Luftfeuchte
  (Zunahme der Formaldehydkonzentration mit zunehmender relativer Feuchte)
– Luftwechsel
  (Abnahme der Formaldehydkonzentration mit zunehmender Frischluftzufuhr)

Es ist daher auch bei Verwendung von H., die den E1-Anforderungen entsprechen, die Einhaltung des Richtwertes von

0,1 ppm in realen Innenräumen nicht immer gewährleistet. Bei großflächiger Verlegung, hoher Luftfeuchte und niedrigem Luftwechsel können z.B. auch E1-H. zu erhöhten Raumluftkonzentrationen führen. Die Weltgesundheitsorganisation (WHO) oder Initiativen für →Umweltzeichen für Bauprodukte (→Blauer Engel, →natureplus, →Österreichisches Umweltzeichen) setzen daher strengere Grenzwerte für die Formaldehydemission an. Stichprobenartige Überprüfungen ergaben, dass vor allem importierte Ware den Grenzwert für die E1-Einstufung mitunter beträchtlich überschritten. H., deren Herstellung unter Verwendung formaldehyd*freier* Leime erfolgt, werden von den Herstellern auch mit der Aufschrift F0 gekennzeichnet. Üblich ist dann die Verwendung von Bindemitteln auf Basis von →Isocyanaten. Aber auch solche Platten können – wenn auch äußerst geringe – Formaldehyd-Emissionen aufweisen. Formaldehyd entsteht beim Trocknungsprozess der Holzspäne. Untersuchungen von Månsson & Roffael haben gezeigt, dass Holzspäne und Holzfasern unter der Einwirkung von Säuren und hohen Temperaturen Formaldehyd abgeben. Holzspäne zur Herstellung von Holzwerkstoffen werden vor dem Beleimen mit Bindemitteln einem Trocknungsprozess ausgesetzt. Dabei kommt es zur Bildung von Formaldehyd aus bestimmten Ligninstrukturen. Die Formaldehyd-Menge ist von der Holzart und den Trocknungsbedingungen abhängig; sie steigt mit zunehmender Trocknungstemperatur. Technisch getrocknete Kiefernholzspäne geben größere Mengen Formaldehyd ab wie Fichtenholzspäne. Dagegen wurde bei ungetrockneten Holzspänen keine Erhöhung der Formaldehyd-Emission festgestellt. Die Untersuchungsergebnisse zeigen, dass der Begriff „Formaldehydfrei wie gewachsenes Holz“, wie er in Anbieterschriften für formaldehydfrei-verleimte Holzwerkstoffe gerne verwendet wird, nicht korrekt ist.

Neben Formaldehyd emittieren H. weitere →Aldehyde. Diese bilden sich durch Oxidationsvorgänge bei der Trocknung von Spänen, Strands und Fasern aus Bestandteilen des Holzes. Im Vordergrund stehen Hexanal, Pentanal, Benzaldehyd, Heptanal und Furfural. Untersuchungen (Baumann et al.) zeigten, dass die durchschnittlichen Emissionsraten (nach 48 h) von H. zwischen 122 und 2.066 $\mu g/m^2h^{-1}$ schwankten – je nach H.-Typ und verwendeter Holzart. Die höchsten Emissionen wiesen Spanplatten aus Kiefernholz auf, die niedrigsten eine →MDF-Platte aus Laubholz. Ursächlich hierfür sind neben den Holzeigenschaften die verschiedenen Prozessbedingungen bei der Produktion von Holzwerkstoffen. Insbesondere →OSB-Platten, die in Deutschland praktisch ausschließlich aus Kiefernholz hergestellt werden, weisen – im Vergleich zu Spanplatten und MDF-Platten – ein deutlich erhöhtes VOC-Emissionspotenzial auf.

Phenol-Formaldehyd-gebundene H. sind i.d.R. größere Emittenten von Essigsäure und Ameisensäure als Harnstoff-Formaldehyd- oder Polyharnstoff-gebundene H. Die Kenntnisse, in welchem Umfang thermische Herstellungs- und Bearbeitungsprozesse genutzt werden können, um die VOC-Emissionen zu senken, sind noch lückenhaft.

Holzwolle-Dämmplatten →Holzwolle-Leichtbauplatten

Holzwolle-Leichtbauplatten H. werden aus längsgehobelter Holzwolle entweder mit →Magnesiabinder (beige) oder →Zement (grau) als Bindemittel hergestellt. Der Gehalt an Bindemittel beträgt rund 65 M.-%. Als Mineralisierungsmittel werden ca. 0,2 M.-% Calciumchlorid beigegeben. Die Holzwolle wird z.B. aus Schleifholz von schwachen Fichtenstämmen gewonnen. Für Akustikdeckenplatten wird aus optischen Gründen Lindenholzwolle (→Linde) verwendet. Die Holzwolle wird gewogen und auf dem Förderband mit dem Mineralisierungsmittel versetzt. Nach Beimengung des Zements wird die Masse in Form gepresst. Nach zwei Tagen werden Platte und Form getrennt, die Platten gestapelt und gelagert. Zur Herstellung der magnesitgebundenen Platten wird Magnesiumsulfat (getrocknetes Bittersalz) in heißem Wasser gelöst und in einem Mischer auf die Holzwolle aufgebracht. Danach wird eine aus Magnesiumsulfat und Magnesiumoxid (aus Magnesit = Magnesiumcarbonat) bestehende Suspension in den Mischer gegeben. Das Holzwolle-Magnesit-Gemisch wird anschließend gepresst. H. mit einseitig mineralisch gebundener, trittfester Oberfläche heißen Porenverschlussplatten. Neben den beschriebenen Produkten auf der Basis von Holzwolle und anorganischen Bindemitteln werden auch Mehrschichtplatten mit →Polystyrol-, →Polyurethan-, →Steinwolle- oder Schaumglas-Kern (Holzwolleverbundplatten) angeboten. H. werden als Putzträger mit zusätzlicher wärmedämmender Wirkung für Wand- und Deckenaufbauten sowohl innen als auch außen eingesetzt. H. sind nicht winddicht, haben geringe wärmedämmende Eigenschaften (→Wärmeleitfähigkeit: ca. 0,09 W/(mK)), aber eine hohe Wärmespeicherungsfähigkeit. Sie sind beständig gegen Ungeziefer und schwerentflammbar (→Baustoffklasse B1). Starker Staubanfall ist z.B. ist beim Hobeln (→Holzstaub) und beim Besäumen möglich (durch Absauganlagen verringert). Gesundheitsbeeinträchtigende Emissionen während der Nutzungsphase sind nicht bekannt. Die Platten sind sehr langlebig. Sortenreine Abfälle von Platten und Produktionsabfälle können dem Herstellungsprozess wieder zugeführt werden. Diese Möglichkeit wird nur für werksinterne Produktionsabfälle genutzt. Die Entsorgung über Verbrennung ist wegen der dafür notwendigen hohen Temperaturen nicht sinnvoll. Die Entsorgung erfolgt als Baurestmasse.

Holzwolle-Verbundplatten H. sind →Holzwolle-Leichtbauplatten, die aus Holzwolle und Bindemittel bestehen, kombiniert mit einer Dämmstoffschicht aus →Polystyrol (→EPS-Dämmplatten), →Polyurethan-Hartschaumplatten, →Steinwolle oder →Schaumglas-Dämmplatten. Verbundplatten aus Holzwolle-Leichtbauplatten und Kunststoffen sind problematisch in der Entsorgung und sollten daher vermieden werden.

Hornblende H. ist eine Gruppe gesteinsbildender Minerale, die zu den →Amphibolen gehören. Faserige, langstrahlige und verfilzte Varietäten sind →Asbeste.

Hotmelts →Schmelzklebstoffe

HPL-Laminat Abk. für Hochdrucklaminate. →Laminat-Bodenbeläge

H-Stoffe Hautresorptive Stoffe im Sinne des Gefahrstoffrechts. Stoffe, die leicht durch die Haut in den Körper gelangen und zu gesundheitlichen Schäden führen können. Beim Umgang mit hautresorptiven Stoffen ist die Einhaltung des Luftgrenzwertes für den Schutz der Gesundheit der Beschäftigten nicht ausreichend. Durch organisatorische und arbeitshygienische Maßnahmen ist sicherzustellen, dass der Hautkontakt mit diesen Stoffen unterbleibt.

Hüttenaluminium H. ist Grundstoff für die Erzeugung von Produkten aus →Aluminium. Es wird aus →Bauxit gewonnen, aus dem mit Natronlauge das chemische Element Aluminium gelöst und zum Zwischenprodukt Aluminiumoxid (Tonerde) verarbeitet wird. Der konzentrierte Rest des Bauxits fällt dabei als Rotschlamm an. Die Tonerde wird auf dem Seeweg nach Europa und anschließend per Bahn zu den Elektrolyse-Anlagen transportiert. Mittels Schmelzflusselektrolyse einer 2 – 8%igen Lösung von Aluminiumoxid in geschmolzenem Kryolith (Kryolith-Tonerde-Verfahren) werden Aluminium und Sauerstoff getrennt (Temperatur ca. 950 °C). Aluminium wird an der Kathode im unteren Bereich der Zellen abgelagert, Sauerstoff reagiert mit dem Kohlenstoff der Graphitanode zu Kohlenmonoxid und -dioxid.
Die Gewinnung von H. erfordert hohen Flächen- und Materialbedarf: ca. 4 t Bauxit, 183 kg Natronlauge und 95 kg Kalkstein für 1 t Aluminium. Es fallen große Mengen an Rotschlamm (3.200 kg/t Aluminium) an, der deponiert werden muss, da eine wirtschaftliche Verwendungsmöglichkeit fehlt. Die Schmelzflusselektrolyse erfordert sehr hohen Strombedarf und führt zu hohen Abgaben von Luftschadstoffen wie Kohlenmonoxid, Schwefeldioxid und Fluorwasserstoff aus dem Fluorgehalt des Kryolith (äußerst schädlich für Nadel-

bäume). Dazu kommen Schadstofffrachten in Gewässer (vor allem Fluorid und Feststoffe).

Kryolith hat bei übermäßigem, oft berufsbedingtem Kontakt langfristig schädigende Wirkung auf den Skelettapparat (Fluorose). Die Aluminium-Staublunge gilt als Berufskrankheit. Zusätzlich werden seit Anfang der 1970er-Jahre zentralnervöse Veränderungen im Sinne einer Demenz und Störungen des Knochenmineralhaushaltes als aluminiumbedingt kontrovers diskutiert.

Hüttenbims Grobporige Gesteinskörnung aus →Hochofenschlacke, die dem Naturbims (→Bims) sehr ähnlich ist.

Hüttensand H. wird durch sehr feines Mahlen schnell abgekühlter →Hochofenschlacke, einem Nebenprodukt der Roheisenherstellung, gewonnen. H. ist ein latent →Hydraulisches Bindemittel, das zusammen mit Portlandzementklinker für →Portlandhüttenzement und →Hochofenzement verwendet wird. H. besteht vor allem aus Kalk, Kieselsäure, Aluminium- und Magnesiumoxid. Die genaue chemische Zusammensetzung ist abhängig von der Gangart und dem hergestellten Roheisen. Er gilt heute neben dem primären Produkt Roheisen als wichtiges Nebenprodukt, das für die Weiterverarbeitung auch bestimmten Qualitätsanforderungen genügen muss. Entsprechend wird bei modernen Hochöfen sowohl die Qualität des Roheisens als auch der Schlacke optimiert. Neben der chemischen Zusammensetzung ist auch die Auslaugbarkeit (Eluation) von umweltgefährdenden Inhaltsstoffen (insbesondere Schwermetalle) von Bedeutung. Hochofenschlacke in Form von Stückschlacke und Hüttensand ist bezüglich ihrer Eluatwerte als unbedenklich zu bezeichnen (Behandlung von Reststoffen und Abfällen in der Eisen- und Stahlindustrie. Gara, S. & S. Schrimpf, 1998. Monographien Band 92. Umweltbundesamt, Wien). Dies zeigen auch Feststoff- und Eluatanalysen der deutschen Bund-/Länderarbeitsgruppe „Vereinheitlichung der Untersuchung und Bewertung von Reststoffen" (→LAGA), Unterarbeitsgruppe für die Erarbeitung einer Technischen Regel für die Verwertung von Schlacken aus der Eisen- und Stahlerzeugung. Die Verwendung von H. als Abfallstoff der Eisenindustrie schont die Rohstoffe und senkt den Energiebedarf und die Emissionen, wenn er anstelle von Portlandklinker bei der Zementherstellung eingesetzt wird, da kein eigener Brennprozess notwendig ist.

Hüttenzink H. wird für die Verzinkung von Stahlblech (→Verzinktes Stahlblech) eingesetzt.

Human-Biomonitoring H. bezeichnet Messungen in humanbiologischen Materialien wie Blut, Urin, Haaren, Zähnen usw. Die Analyseergebnisse dienen als Maß für die tatsächlich vom Organismus aufgenommene Schadstoffdosis über alle Aufnahmepfade.

HWL-Platten →Holzwolle-Leichtbauplatten

Hybrid-Elastik-Klebstoffe →MS-Klebstoffe

Hybridklebstoffe →MS-Klebstoffe

Hydraulische Bindemittel Bindemittel, die unter Wasseraufnahme an der Luft und selbst unter Wasser steinartig erhärten und danach wasserbeständig sind. →Zement, →Trasskalk, →Hydraulische Kalkmörtel, →Hochhydraulische Kalkmörtel

Hydraulische Kalkmörtel →Kalkmörtel

Hydraulische Mörtel H. werden aus →Zement und/oder →Hydraulischen Kalken, Zuschlägen, Zusätzen und Wasser hergestellt. Die Verwendung erfolgt für →Putze, Mauerwerk und →Estriche.

Hydraulischer Kalk H. wird durch Brennen von →Kalksteinmergel oder durch Mischen von Luftmörtel mit hydraulischen Zuschlägen (→Puzzolane, Stoffe mit hohem Anteil an sehr reaktionsfähiger Kieselsäure) hergestellt. Unter Einfluss von Wasser verbinden sich die Kalkanteile mit den Anteilen an Kieselsäure (Siliciumdioxid), Tonerde (Aluminiumoxid) und Eisenoxid. Dieser gleichmäßigen Härtung von innen läuft eine Carbonathärtung von außen her parallel. H. kann nach 5-tägiger Vorhärtung unter Wasser weiterhärten. →Kalk, →Baukalke, →Kalkhydrat

Hydrolyse H. ist die Zerlegung eines Stoffes unter dem Einfluss von Wasser. Zum Beispiel wird die Abspaltung von →Formaldehyd aus dem Bindemittel von Holzwerkstoffen (Spanplatten) durch hohe Luftfeuchtigkeit begünstigt (hydrolytische Spaltung).

Hydrophob Wasserabweisend; eine Hydrophobierung von Baustoffen kann durch Behandlung mit organischen oder anorganischen Ölen erreicht werden (z.B. Silikonöl, →Silikone).

Hydrophobierung Unter H. versteht man die wasserabweisende (oder wasserabstoßende) Imprägnierung von mineralischen Untergründen, insbesondere von Fassaden, Sichtmauerwerk und Beton genauso wie die H. in der Masse, z.B. des Mörtels. H. bedeutet farblose, nicht filmbildende Behandlung der Baustoffe. Da bei der H. die Poren offen bleiben, behält der Baustoff seine Atmungsaktivität bei. Es wird somit die Wasserdampfdurchlässigkeit nicht oder nur unwesentlich beeinträchtigt.
Die H. von Oberflächen verschiedenster Baustoffe hat drei wichtige Kriterien als Ziel: Die Reduktion der Wasseraufnahme, die Eindringtiefe und der Abperleffekt kennzeichnen die Anforderungen an eine H. Je nach Art der Aufgabenstellung können →Hydrophobierungsmittel unterschiedlich verarbeitet werden, entweder durch eine werkseitige Oberflächenbehandlung des Baustoffes oder direkt am Objekt.

Hydrophobierungsmittel Die meisten am Markt befindlichen H. bestehen aus einem Gemisch mehrerer Wirkstoffe und diverser Hilfsstoffe (s. Tabelle 62) (Glatthor, A., www. baustoffchemie.de).

a) Alkoxysilane (vereinfacht oft „Silane" genannt)
Unter Silanen werden im Bautenschutz die Alkylalkoxysilane verstanden, während „anhydrolisierte Silane" wiederum eher zu den Alkylalkoxysiloxanen gehören. Im Handel sind sie anzutreffen:
   - Gelöst in wasserfreien Alkoholen (z.B. Isopropanol)
   - Gelöst in aliphatischen Lösemitteln
   - Emulgiert in Wasser (z.B. das Triethoxyoctylsilan)

b) Alkoxysiloxane (oft einfach nur „Siloxane" genannt)
Es gibt →Oligomere und →Polymere Siloxane. Im Handel sind sie anzutreffen:
   - Gelöst in aliphatischen Lösemitteln
   - Emulgiert in Wasser
   - Als Mikroemulsionskonzentrat (Silane und oligomere Alkoxysiloxane im Gemisch)
   Bei Silikon-Mikroemulsionskonzentraten (SMK) handelt es sich um ein 100%iges Silikonprodukt, das mit Wasser verdünnbar ist und dabei spontan eine Mikroemulsion bildet.

c) Silikonharze (Alkylpolysiloxane)
Es handelt sich um polymere Siloxane gelöst in aliphatischen Lösemitteln

d) Alkalisilikonate
Es handelt sich um hochalkalische Lösungen von Kaliumsilikonat, die, auf den Baustoff aufgetragen, mit dem Kohlendioxid der Luft reagieren, wobei ein Silanol als Zwischenstufe entsteht und dieses weiter zum Silikonharz reagiert. Dabei entsteht Kaliumcarbonat als Nebenprodukt, das sich dann als weißer Belag auf der Oberfläche störend bemerkbar machen kann und speziell bei Fassaden stören würde. Angewendet werden die Produkte daher vorwiegend zur werkseitigen Imprägnierung von Ziegeln, Gasbeton und ähnlichen Baustoffen, sind aber auch vielfach in Bohrloch-Injektions-Mitteln für nachträgliche Horizontalsperren enthalten (dort meist in Kombination mit Wasserglas). Die für Bohrloch-Injektions-Verfahren verwendeten Silikonate/Silikate sind je nach Verdünnungsgrad stark alkalisch und damit sehr ätzend bzw. reizend.

Zum Teil werden auch Methoxysilane, -siloxane und -polysiloxane verwendet, die bei der hydrolytischen Spaltung durch Feuchtigkeit Methanol freisetzen und die selbst auch toxisch sind. Alle vier genannten Wirkstoffe ergeben letztendlich als Re-

Tabelle 62: Übersicht Hydrophobierungsmittel (Glatthor, A., www.baustoffchemie.de)

Wirkstoff-gruppe	Wirkstoffe (Beispiele)	Lösemittel	Untergrund	Bemerkungen
Silan	Anhydrolisiertes Silan (niedermolekulares Alkylalkoxysiloxan)	Wasserfreier Alkohol (Isopropanol)	Beton, KS, Naturstein, Putz, Ziegel	Aufgrund des Isopropanols speziell für Fassadenbauteile mit lösemittelempfindlichen Baustoffen wie z.B. Polystyrol, Bitumen, Bitumendachbahnen, Polymerbitumen
		Aliphatische Lösemittel		
	Octyltriethoxysilan	Emulsion in Wasser	KS, Naturstein, Putz, Ziegel, Porenbeton, Leichtbeton; Gips?	
Siloxan	Oligomeres Alkylalkoxysiloxan	Aliphatische Lösemittel	Beton, KS, Naturstein, Putz, Ziegel	
Siliconharz	Polymere Siloxane	Aliphatische Lösemittel		
Siliconat	Kalium-Methylsiliconat	Wasser	Nachträgliche Hydrophobierung von z.B. Gipskarton- oder Gipswandbauplatte jedoch brauchbar	Stark alkalische Lösung (pH = 13); wird als Hydrophobierungsmittel so gut wie nicht eingesetzt, dafür umso öfter in Komb. mit Wasserglas als Bohrloch-Injektage-Mittel für Horizontalsperren
Silan-Siloxan-Gemisch	Silane und oligomere Alkoxysiloxane	Aliphatische Lösemittel	Beton, KS, Naturstein, Putz, Ziegel, auch frische hochalkalische Untergründe (Beton, Kalksandstein, frische Putze)	
		Emulsion in Wasser (Mikro-emulsion)	Beton, KS, Naturstein, Putz, Ziegel	Konzentrat; muss vor der Anwendung mit Wasser verdünnt werden
		Emulsion in Wasser	Beton, KS, Naturstein, Putz, Ziegel	
	Methylsiliconharz + Octyltriethoxysilan oder Alkylalkoxysilan + Alkylalkoxysiloxan	Pastöse Emulsion in Wasser	Beton, KS, Naturstein, Putz, Ziegel	Als Pasten, keine fließende Lösung, aber trotzdem mit gutem Eindringverhalten; der Vorteil gegenüber den Lösungen: Die Paste kann auch über Kopf verarbeitet werden.

aktionsprodukt ein Silikonharz auf der Baustoffoberfläche.

Hilfsstoffe sind neben dem Lösemittel noch Emulgatoren, Konservierungsmittel und Katalysatoren (→Zinnorganische Verbindungen). Übliche →Lösemittel sind →Testbenzine (aromatenhaltig oder aromatenfrei), →Isoalkane (Isoparaffine) und →Alkohole (Isopropanol, Isobutanol).

Zwischen wasserbasierten und lösemittelbasierten Systemen gibt es keine grundlegenden Unterschiede bei der Eindringtiefe oder Wirksamkeit. Die seit ca. 1990 auf dem Markt befindlichen, wasserbasierten Systeme verdrängen jedoch mehr und mehr die umweltschädlichen lösemittelbasierten Systeme, die bis zu über 90 % Lösemittel enthalten. Manche Produkte sind völlig lösemittelfrei; sie bestehen zu 100 % aus Silanen/Siloxanen/Polysiloxanen.

Der Auftrag der H. auf Fassaden erfolgt i.d.R. im Niederdruckflutverfahren. Dabei wird die Flüssigkeit mit breitem Strahl auf die Fassade gespritzt. Der Wirkstoff bildet auf der Wand eine dünne, wasserabweisende Schicht, während sich das Lösemittel verflüchtigt. Der größte Teil des Lösemittels gelangt bei der Anwendung durch direktes Verdunsten in die Atmosphäre. Werden keine Maßnahmen getroffen, um die von der Wand ablaufende Flüssigkeit aufzufangen, versickert ein Teil des Lösemittels im Boden. Ein weiterer Teil kann in die bearbeitete Wand eindringen, dort zunächst verbleiben und schließlich nach außen und ggf. innen zeitverzögert ausgasen. Unter ungünstigen Umständen kann es im Innenraum zu so erheblichen Lösemittel-Belastungen kommen, dass die Nutzung des Gebäudes ausgesetzt werden muss (Bent & Zwiener, 1996: Lösemittelemissionen in einem Schulgebäude nach Einsatz von Bautenschutzmittel, Gesundheitswesen 58. S. 234 – 236).

Wasserbasierte Systeme lassen sich wie folgt unterteilen:

1. Wasserfreie Konzentrate mit verschiedenen Alkylalkoxysilanen, -siloxanen und -polysiloxanen; werden vor der Verarbeitung mit Wasser verdünnt
2. Wasserbasierte Hydrophobierungspasten (ähnlich 3., aber mit geringerem Wasseranteil). Wirkstoffe sind Alkylalkoxysilane, z.B. Triethoxyoctylsilan
3. Wassergemischte Alkylalkoxysilane, -siloxane oder -polysiloxane mit Alkoxy-Gruppen und einem Emulgator

Hylotox 59® H. ist der Markenname für ein bis 1989 in der DDR verwendetes →Holzschutzmittel, das die Wirkstoffe →DDT und →Lindan enthielt. Es war das in Innenräumen und auf Dachböden am häufigsten angewendete Holzschutzmittel.

Tabelle 63: Rezeptur von Hylotox 59®

Stoff/Stoffgemisch	Gehalt [%]
Lösemittelgemisch	95,25 Laval 900 0,25 Terpentinöl 0,5 Isobornylacatat
Lindan	0,5
DDT	3,5

Andere H.-Präparate enthielten →Pentachlorphenol (PCP). DDT wurde in der Bundesrepublik 1972 verboten, wurde in der DDR aber noch bis 1989 für H. eingesetzt. 1990 trat das DDT-Verbot auch in den neuen Bundesländern in Kraft.

Eine H.-Verwendung ist häufig an dem auf das verwendete Lösemittelgemisch zurückzuführenden Geruch erkennbar. Zum Teil finden sich auf dem behandelten Holz auch raureifartige weiße DDT-Kristalle. Wegen seines niedrigen Dampfdrucks ($1,7 \times 10^{-5}$ Pa bei 20 °C) findet sich DDT vorwiegend im Hausstaub. Dagegen ist Lindan (Dampfdruck $1,2 \times 10^{-3}$ Pa bei 20 °C) vorwiegend gasförmig nachzuweisen.

Hyphen H. sind Zellfäden von Pilzen. Die einzelnen H. sind nur unter dem Mikroskop zu erkennen. Die Gesamtheit der H. bezeichnet man als →Myzel.

I

IARC Abk. für International Agency for Research on Cancer, eine Unterabteilung der →WHO. Die IARC nimmt u.a. Einstufungen von Chemikalien auf ihr krebserzeugendes Potenzial vor. Unterschieden werden:

Gruppe 1: Krebserzeugend beim Menschen
Gruppe 2A: Wahrscheinlich krebserzeugend beim Menschen
Gruppe 2B: Möglicherweise krebserzeugend beim Menschen
Gruppe 3: Nicht klassifizierbar hinsichtlich einer krebserzeugenden Wirkung beim Menschen
Gruppe 4: Wahrscheinlich nicht krebserzeugend beim Menschen

IBO Das Österreichische Institut für Baubiologie und -ökologie (IBO) wurde 1980 von Experten aus den Bereichen der Naturwissenschaften und des Bauwesens unter dem Eindruck des aufkommenden Umweltschutzgedankens gegründet. Die Zielsetzung des Vereins bestand in der Durchsetzung ökologischer Grundsätze im Bereich des Bauens und Wohnens. Nach jahrelanger Aufbauarbeit begann sich das IBO ab 1990 als wissenschaftliche Institution in diesem Bereich zu etablieren. Die Vielzahl der eigens aufgebauten und angebotenen Dienstleistungen führte 1997 zur Gründung einer Gesellschaft mbH gleichen Namens (IBO GmbH). 1995 erfolgte die Gründung des Zentrums für Bauen und Umwelt an der Donau Universität Krems, an der das IBO den Hauptanteil an Know-how und Mitarbeitern beitrug. Heute ist das IBO ein europaweit führendes Institut für umwelt- und gesundheitsverträgliches Bauen. Weitere Informationen unter http://www.ibo.at.

IHG Die Interessengemeinschaft Holzschutzmittel-Geschädigter (IHG) wurde 1983 als Notgemeinschaft gegründet. Die Mitglieder haben sich zur Aufgabe gemacht, Informationen über die Problematik der chronischen und akuten Gesundheitsschädigungen durch Holzschutzmittel-Inhaltsstoffe, Lösemittel und Formaldehyd zu sammeln und auszuwerten, den Betroffenen Hilfe zur Selbsthilfe und Hinweise zur Erkennung und zum Nachweis der Ursachen zukommen zu lassen sowie sie bei Fragen in medizinischer, toxikologischer, rechtlicher und steuerlicher Art und bei Sanierungsmaßnahmen zu beraten. Nach eigenen Angaben liegen der IHG Fallschilderungen und Krankenberichte aus mehr als 60.000 Anfragen von Ratsuchenden und Betroffenen vor, die bereits während der Verarbeitung von Holzschutzmitteln akute Gesundheitsschädigungen erlitten oder die durch jahrelange Ausgasungen von Holzschutzmittel-Inhaltsstoffen chronische Intoxikationen davongetragen haben. Die IHG hat maßgeblichen Anteil am →Holzschutzmittel-Prozess, einem der größten Umweltstrafverfahren in Deutschland.

Immission I. ist die Einwirkung von emittierten (abgegebenen) Stoffen, Energie oder Strahlung auf Menschen, Tiere, Pflanzen, Sachen. Vergleiche →Emission.

Imprägnierungen →Anstrichstoffe

Industrieparkette I. bestehen aus kleindimensionierten, massiven Hochkantlamellen, die mit Klebestreifen zu Einheiten verbunden sind. Sie werden auf planebenem Untergrund vollflächig verklebt, sind leicht austauschbar und besonders belastbar. Die Verlegeeinheiten werden mit durchlaufenden Kopf- und Längsfugen verlegt. Die Lamellenbreite beträgt 8 mm, gelegentlich bis 16 mm. I. sind sehr gut renovierbar (7- bis 9-mal abschleifbar) und gut für Fußbodenheizungen geeignet. I. sind ein Nebenprodukt aus der →Mosaikparkett-Produktion. →Massivparkette, →Holzböden, →Parkettklebstoffe, →Parkettversiegelung, →Ölen und Wachsen

Industrierestholz I. im Sinne der →Altholzverordnung sind die in Betrieben der Holzbe- und verarbeitung anfallenden Holzreste einschl. der in Betrieben der Holzwerkstoffindustrie anfallenden Holzwerkstoffreste sowie anfallende Verbundstoffe mit überwiegendem Holzanteil (> 50 M.-%). →Gebrauchtholz

Industriestaubsauger Das Staubrückhaltevermögen von staubbeseitigenden Maschinen (Staubsaugern) wird gem. DIN EN 60335-2-69 Anh. AA durch den max. Durchlassgrad bzw. die Staubklasse beschrieben:

Staubklasse	Max. Durchlassgrad
L	< 1 %
M	< 0,1 %
H	< 0,005 %

Inertabfälle I. sind Abfälle, die keinen wesentlichen physikalischen, chemischen oder biologischen Veränderungen unterliegen, sich nicht auflösen, nicht brennen und nicht in anderer Weise physikalisch oder chemisch reagieren, sich nicht biologisch abbauen und andere Materialien, mit denen sie in Kontakt kommen, nicht in einer Weise beeinträchtigen, die zu nachteiligen Auswirkungen auf die Umwelt oder die menschliche Gesundheit führen könnte. Die gesamte Auslaugbarkeit und der Schadstoffgehalt der Abfälle und die Ökotoxizität des Sickerwassers müssen unerheblich sein und dürfen insbesondere nicht die Qualität von Oberflächen- oder Grundwasser gefährden.

Innenräume Definitionsgemäß sind I. Wohnungen mit Wohn-, Schlaf-, Bastel-, Sport- und Kellerräumen, Küchen und Badezimmern, Arbeitsräume bzw. Arbeitsplätze in Gebäuden, die nicht im Hinblick auf Luftschadstoffe arbeitsschutzrechtlichen Kontrollen unterliegen (so z.B. Büros, Verkaufsräume), öffentliche Gebäude (Krankenhäuser, Schulen, Kindergärten, Sporthallen, Bibliotheken, Gaststätten, Theater, Kinos und andere Veranstaltungsräume) sowie die Aufenthaltsräume von Kraftfahrzeugen und alle öffentlichen Verkehrsmittel.

Einflussfaktoren auf das Befinden in Innenräumen sind nach Heinzow:

- Physikalische Faktoren: Temperatur, rel. Luftfeuchte, Luftwechsel, Schall, Beleuchtung, Ionen
- Chemische Faktoren: Partikel/Stäube, Gase/Dämpfe, Gerüche, Aerosole, Biozide
- Biologische Faktoren: Pilze, Bakterien, Bioeffluentien, Pollen, Exkremente
- Psychologische Faktoren: Psyche, Irritation

→Innenraum-Schadstoffe

Innenraumluft-Grenzwerte/-Richtwerte/-Orientierungswerte Zur Beurteilung der Exposition gegenüber Innenraum-Schadstoffen gibt es in Deutschland kein umfassendes und verbindliches Regelwerk. Die Arbeitsplatz-Grenzwerte (MAK-Werte) des Gefahrstoffrechts dienen der Beurteilung von Arbeitsplätzen, an denen gezielt Tätigkeiten mit Gefahrstoffen stattfinden. Diese Werte können auf Innenräume (Büros, Schulen, Kindergärten usw.) nicht angewandt werden. Da ein einheitliches Bewertungskonzept fehlt, werden zur Beurteilung der Innenraumluft Werte unterschiedlicher Art, Herkunft und rechtlicher Relevanz herangezogen.

Die existierenden Bewertungskonzepte für Luftverunreinigungen in Innenräumen lassen sich grundsätzlich in zwei Kategorien unterteilen:

1. Gesundheitlich begründete Grenz- und Richtwerte
   - Gesetzlich festgelegte Grenzwerte: Grenzwert für Tetrachlorethylen, 2. BImSchV
   - Baurechtlich festgelegte Richtwerte: Richtwerte der Asbest-Richtlinie, PCB-Richtlinie, PCP-Richtlinie
   - Richtwert für Formaldehyd des ehem. BGA
   - Richtwerte der Ad-hoc-Arbeitsgruppe IRK/AGLMB
   - Richtwerte einzelner Bundesländer: BUG Hamburg
   - Sonstige Richtwerte ohne rechtlichen Bezug: Luftqualitätsleitwerte der WHO
2. Nicht gesundheitlich begründete Richtwerte (Referenzwerte/Orientierungswerte)
   - Statistisch abgeleitete Richtwerte (Referenzwerte)

I

- TVOC-Richtwerte der Ad-hoc-Arbeitsgruppe IRK/AGLMB

1. Gesundheitlich begründete Grenz- und Richtwerte
   Grenz- und Richtwerte basieren auf einer toxikologischen Ableitung. Grenzwerte sind gesetzlich festgelegte, maximal zulässige Stoffkonzentrationen in der Innenraumluft, bei deren Überschreitung Maßnahmen zur Gefahrenabwehr ergriffen werden müssen. Mit Ausnahme des Grenzwertes für Tetrachlorethylen der 2. BImSchV existieren für die Anwendung in Innenräumen keine gesetzlich festgelegten Grenzwerte.
   Gesundheitlich begründete Richtwerte sind allgemein anerkannte, durch Behörden oder Fachgremien festgelegte Stoffkonzentrationen. Richtwerte werden vielfach weiter differenziert in Vorsorgewerte und Interventionswerte. Vorsorgewerte beschreiben Stoffkonzentrationen, bei deren Erreichen auch bei lebenslanger Exposition keine gesundheitlichen Beeinträchtigungen zu erwarten sind. Interventionswerte dagegen markieren die Konzentration eines Stoffes, bei deren Erreichen bzw. Überschreiten wegen einer möglichen gesundheitlichen Gefährdung unverzüglich Handlungsbedarf besteht. Aus Vorsorgegründen besteht auch im Konzentrationsbereich zwischen dem Vorsorgewert und dem Interventionswert Handlungsbedarf.
   Mangels ausreichender Kenntnisse über das Zusammenwirken einzelner Stoffe sind die gesundheitsbezogenen Grenz- und Richtwerte immer einzelstoffbezogen festgelegt. Generell können beim Zusammenwirken mehrerer Stoffe aber sowohl synergistische (verstärkende) Effekte (z.B. Asbest + Tabakrauch) wie auch antagonistische (abschwächende) Effekte auftreten.
   Die toxikologische Ableitung von Grenz- und Richtwerten für Innenräume darf nicht darüber hinwegtäuschen, dass auch diese Werte vor der Festlegung auf ihre „Praxistauglichkeit" überprüft wurden. Neben toxikologischen Aspekten finden bei der Grenz-/Richtwert-Festlegung immer auch pragmatische Gesichtspunkte Berücksichtigung. Dies gilt in besonderem Maße für →KMR-Stoffe wie z.B. →Asbest oder →Radon. Die unter dem gesundheitlichen Aspekt wünschenswerte Nullemission bzw. Nullexposition ist nicht realisierbar. Umso wichtiger ist es, dass Grenz-/Richtwerte durch pluralistisch zusammengesetzte Gremien unter Beteiligung auch kritischer gesellschaftlicher Gruppen und Institutionen erarbeitet, festgelegt und regelmäßig überprüft werden.
2. Referenzwerte/Orientierungswerte
   Referenzwerte/Orientierungswerte sind nicht gesundheitlich begründet, sondern statistisch abgeleitet. Sie beschreiben Stoffkonzentrationen, die aus einer Vielzahl möglichst repräsentativer Raumluftmessungen stammen und die statistisch ausgewertet wurden. Referenzwerte/Orientierungswerte werden meist als 50- und 95- bzw. 90-Perzentile angegeben. Der 50-Perzentil ist der Wert, der von 50 % der Messwerte eines Wertekollektivs überschritten wird. Er beschreibt damit eine in Innenräumen übliche Stoffkonzentration (Normalwert). Der 95-Perzentil (90-Perzentil) ist der Wert, der von nur 5 % (10 %) der Messwerte eines Wertekollektivs überschritten wird. Überschreitungen des 95-Perzentils (90-Perzentils) gelten als auffällig (Auffälligkeitswert). In solchen Fällen kann es unter Vorsorgegesichtspunkten sinnvoll sein, die Quelle der Luftverunreinigung zu ermitteln und Minderungsmaßnahmen einzuleiten.

Hinweis: Die im Folgenden aufgeführten Grenz- und Richtwerte sollten nur in Kenntnis der von den jeweiligen Institutionen gegebenen Erläuterungen und Begründungen angewendet werden.

1. Gesundheitlich begründete Grenz- und Richtwerte

1.1 Grenz- und Richtwerte verschiedener Herkunft (gesundheitlich begründet)

Stoff/Stoffgruppe	Richt-, Grenzwert	Herkunft
Formaldehyd	0,1 ppm (0,1 ml/m³ = 0,12 mg/m³)	BGA
Tetrachlorethen (Per)	0,1 mg/m³ [1]	2. BImSchV
Radon	250 Bq/m³ 100 Bq/m³ (RW I) 1.000 Bq/m³ (RW II)	SSK LUG
Asbest	Sanierungszielwert: Messwert: 500 F/m³ u. o.P.: 1.000 F/m³ Zielwert vorläufige Maßnahmen: Messwert: 1.000 F/m³	Asbest-Richtlinien Bundesländer
PCB	300 ng/m³ (Vorsorgewert) 3.000 ng/m³ (Interventionswert)	PCB-Richtlinien Bundesländer
PCP	0,1 µg/m³ (Wohnungen u.ä. Räume) 1,0 µg/m³ (sonstige Räume)	PCP-Richtlinien Bundesländer
Kohlendioxid	0,15 Vol-%	DIN 1946
Naphthalin	5 µg/m³ (RW I), (v) 50 µg/m³ (RW II), (v)	BUG
Σ C1-C4-Alkylbenzole	0,2 mg/m³ RW I), (v) 2,0 mg/m³ (RW II), (v)	BUG
Σ C9-C14-(Iso)alkane	1,0 mg/m³ RW I), (v) 10 mg/m³ (RW II), (v)	BUG
Cyclohexan	0,4 mg/m³ (RW I), (v) 4,0 mg/m³ (RW II), (v)	BUG
Monocyclische Terpene	0,2 mg/m³ (RW I), (v) 2,0 mg/m³ (RW II), (v)	BUG
N-Methylpyrrolidon	0,04 (RW I), (v) 0,4 (RW II), (v)	BUG
Methylmethacrylat	0,1 mg/m³ (RW I), (v) 1,0 mg/m³ (RW II), (v)	BUG
TXIB (Texanolisobutyrat)	– (RW I) [2] 1,0 mg/m³ (RW II), (v)	BUG
Σ C3-C6-Aldehyde Propanal Butanal Hexanal Furfural	0,1 (RW I), (v) 1,0 mg/m³ (RW II), (v) 0,02 mg/m³ (RW I), (v) 0,01 mg/m³ (RW I), (v) 0,02 mg/m³ (RW I), (v) 0,02 mg/m³ (RW I), (v)	BUG
Monochlornaphthalin	0,004 mg/m³ (RW I), (v)	BUG
Siloxan D5	0,3 (RW I), (v) 3,0 (RW II), (v)	BUG
PCDD/PCDF	0,5 pg TEQ/m³ (RW I), (v) 5,0 pg TEQ/m³ (RW II), (v)	BUG
Benzo[a]pyren	5,0 ng/m³ (v) 50 mg/m³ (RW II), (v)	BUG

[1] 7-Tage-Mittelwert; in der Umgebung von Chemischen Reinigungen
[2] Unzureichende Daten zur Geruchsschwelle
(v) = Vorläufig; o.P. = Oberer Poissonwert; BUG = Behörde für Umwelt u. Gesundheit, Hamburg; SSK = Strahlenschutzkommission; BGA = Ehem. Bundesgesundheitsamt; LUG = Länderarbeitsgruppe Umweltbezogener Gesundheitsschutz

1.2 Richtwerte RW I und RW II der Ad-hoc-Arbeitsgruppe IRK/AGLMB des UBA (gesundheitlich begründet)

RW I und RW II sind wirkungsbezogene, begründete Werte, die sich auf die gegenwärtigen toxikologischen und epidemiologischen Kenntnisse zur Wirkungsschwelle eines Stoffes unter Einführung von Unsicherheitsfaktoren stützen.

Der RW I ist die Konzentration eines Stoffes in der Innenraumluft, bei der im Rahmen einer Einzelstoffbetrachtung nach gegenwärtigem Kenntnisstand auch bei lebenslanger Exposition keine gesundheitlichen Beeinträchtigungen zu erwarten sind. Eine Überschreitung ist mit einer über das übliche Maß hinausgehenden, hygienisch unerwünschten Belastung verbunden.

Der RW II stellt die Konzentration eines Stoffes dar, bei deren Erreichen bzw. Überschreiten unverzüglich Handlungsbedarf besteht, da diese geeignet ist, insbesondere für empfindliche Personen bei Daueraufenthalt in den Räumen eine gesundheitliche Gefährdung darzustellen. Je nach Wirkungsweise des betrachteten Stoffes kann der Richtwert II als Kurzzeitwert (RW II K) oder als Langzeitwert (RW II L) definiert werden.

Aus Vorsorgegründen besteht auch im Konzentrationsbereich zwischen RW I und RW II Handlungsbedarf.

Die Richtwerte beziehen sich auf Einzelstoffbetrachtungen und beinhalten keine Aussage über mögliche Kombinationswirkungen verschiedener Substanzen.

Stoff	**RW I**	**RW II**	**Jahr der Festlegung**
Toluol	0,3 mg/m^3	3 mg/m^3	1996
Dichlormethan	0,2 mg/m^3	2 mg/m^3 (24 Std.)	1997
Kohlenmonoxid	1,5 mg/m^3 (L, 8 Std.) 6 mg/m^3 (K, ½ Std.)	15 mg/m^3 (L, 8 Std.) 60 mg/m^3 (K, ½ Std.)	1997
Pentachlorphenol	0,1 $\mu g/m^3$	1 $\mu g/m^3$	1997
Styrol	0,03 mg/m^3	0,3 mg/m^3	1998
Stickstoffdioxid	– –	350 $\mu g/m^3$ (K, ½ Std.) 60 $\mu g/m^3$ (L, Woche)	1998
Quecksilber (als metall. Dampf)	0,035 $\mu g/m^3$	0,35 $\mu g/m^3$	1999
Tris(2-chlorethyl)phosphat	5 $\mu g/m^3$	50 $\mu g/m^3$	2002
Bicyclische Terpene	0,2 mg/m^3	2 mg/m^3	2003
Naphthalin	0,02 mg/m^3	0,02 mg/m^3	2004
Aromatenarme Kohlenwasserstoff-Gemische (C9 – C14)	0,2 mg/m^3	2 mg/m^3	2005

K = Kurzzeitwert, L = Langzeitwert

2. Nicht gesundheitlich begründete Richtwerte

2.1 TVOC-Konzept der Ad-hoc-Arbeitsgruppe IRK/AGLMB des UBA (nicht gesundheitlich begründet)

Wegen der Variabilität der Zusammensetzung des VOC-Spektrums in Innenräumen und der daraus resultierenden Vielfalt möglicher Wirkungsendpunkte lassen sich für TVOC-Belastungen in Innenräumen keine toxikologisch begründeten Schwellenwerte ableiten. Zur Abschätzung von Gefährdungspotenzialen sind Kenntnisse über Einzelstoffkonzentrationen unverzichtbar. TVOC-Konzentrationen eignen sich daher nicht als Kriterium für eine gesundheitliche Bewertung, sondern dienen lediglich als Indikator zur lufthygienischen Beurteilung einer Innenraumsituation. Zur Verdeutlichung der Unsicherheiten, die bei der Ableitung entstanden, wurden nicht einzelne Zahlenwerte, sondern Konzentrationsbereiche angegeben. Die u.g. Konzentrationsbereiche sind nicht als starr anzuwendende Bewertungsmaßstäbe zu verstehen, sie können jedoch zu einer ersten groben Einschätzung von Belastungssituationen in Innenräumen herangezogen werden. Die Erfahrung zeigt, dass mit steigender TVOC-Konzentration die Wahrscheinlichkeit für Beschwerdereaktionen und nachteilige gesundheitliche Auswirkungen zunimmt.

TVOC-Konzentrationsbereiche [µg/m³]	Empfehlungen
10.000 – 25.000	Der Aufenthalt in derart belasteten Räumen ist allenfalls vorübergehend täglich zumutbar (derartige Konzentrationen können im Falle von Renovierungen vorkommen und müssen durch intensive Lüftungsmaßnahmen abgebaut werden)
1.000 – 3.000	Konzentrationsbereich, der in Räumen, die für einen längerfristigen Aufenthalt bestimmt sind, auf Dauer nicht überschritten werden sollte
200 – 300	Konzentrationsbereich, der im langzeitigen Mittel erreicht bzw. nach Möglichkeit sogar unterschritten werden sollte

2.2 Zielwerte für einzelne Stoffklassen und für TVOC nach Seifert (1990) (nicht gesundheitlich begründet)

Stoffklasse	Zielwert [µg/m³]
Alkane	100
Aromatische Kohlenwasserstoffe	50
Terpene	30
Halogenierte Kohlenwasserstoffe	30
Ester	20
Aldehyde und Ketone (außer Formaldehyd)	20
Sonstige	50
TVOC	**300**

Die Konzentration eines einzelnen Stoffes sollte 50 % der Konzentration der zugehörigen Stoffklasse und 10 % der TVOC-Konzentration nicht überschreiten.

2.3 AGÖF-Orientierungswerte (Referenzwerte, 2005, nicht gesundheitlich begründet)

Die Orientierungswerte der →AGÖF basieren auf einer statistischen Ableitung von Raumluftmesswerten und umfassen Hintergrund-, Normal- und Auffälligkeitswerte. Als Hintergrundwert wird dabei das 10-Perzentil der Messwerteverteilung verwendet, als Normalwert das 50-Perzentil und als Auffälligkeitswert das 90-Perzentil.

Hintergrundwert: Der Hintergrundwert beschreibt einen Zustand, der durch die konsequente Vermeidung von Emissionsquellen erreichbar und deswegen grundsätzlich anzustreben ist. Diese Hintergrundwerte liegen vielfach kleiner gleich der Nachweisgrenze der angewandten Methoden.

Normalwert: Der Normalwert stellt die durchschnittliche Belastungssituation des betrachteten Kollektivs vor, die im Allgemeinen auf Quellen im Innenraum zurückgeht. Bei diesen Werten können zwar Innenraumquellen angenommen werden, ein Handlungsbedarf lässt sich daraus üblicherweise jedoch nicht ableiten.

Auffälligkeitswert: Der Auffälligkeitswert beschreibt eine Überschreitung von in Innenräumen üblichen Konzentrationen und legt das Vorhandensein einer Schadstoffquelle nahe. Je nach Konzentration und Eigenschaften der Substanz sind weitere Untersuchungen zur Identifizierung der Quelle angezeigt. Unter Umständen ist eine Sanierung zu empfehlen.

In der Spalte „Hinweise“ werden stoffbezogene Kenntnisse aus dem Erfahrungsbereich der AGÖF und der wissenschaftlichen Literatur angegeben.

AGÖF-Orientierungswerte für Einzelstoffe (nicht gesundheitlich begründet)

Stoffgruppe/Stoff	**Hinter-grundwert [µg/m³]**	**Normal-wert [µg/m³]**	**Auffällig-keitswert [µg/m³]**	**Hinweise**
Alkane				
n-Hexan	< 1	< 2	5	
n-Heptan	< 1	3	15	
n-Oktan	< 1	1	10	
n-Nonan	< 1	1	20	
n-Decan	< 1	3	30	
n-Undecan	< 1	4	30	
n-Dodecan	< 1	3	20	
n-Tridecan	< 1	2	10	
n-Tetradecan	< 1	2	5	
n-Pentadecan	< 1	< 1	4	
n-Hexadecan	< 1	< 1	3	2)
2-Methypentan	< 1	5	20	
3-Methypentan	<1	2	20	
2,3-Dimethylpentan	< 1	1	5	
2,2,4-Trimethylpentan	< 1	< 1	1	
2,2,4,4,6-Pentamethylheptan	< 1	< 1	15	
2,2,4,4,6,8,8-Heptamethylnonan	< 1	< 1	10	
Cyclohexan	< 1	2	15	
Methylcyclopentan	< 1	< 1	10	
Methylcyclohexan	< 1	1	10	
2-Methylhexan	< 1	2	20	
3-Methylhexan	< 1	4	50	
2-Methylheptan	< 1	< 1	10	
3-Methylheptan	< 1	< 1	10	
4-Methylheptan	< 1	< 1	5	
1,2,5-Trimethylhexan	1	1	2	
Alkene				
4-Vinylcyclohexen	< 1	< 1	1	Riechstoff
4-Phenylcyclohexen	< 1	< 1	1	Riechstoff
trimeres Isobuten	< 1	< 1	5	Riechstoff
1-Octen	< 1	< 1	1	
1-Nonen	< 1	< 1	1	
1-Decen	< 1	< 1	1	
1-Undecen	< 1	< 1	1	

Stoffgruppe/Stoff	Hintergrundwert [µg/m³]	Normalwert [µg/m³]	Auffälligkeitswert [µg/m³]	Hinweise
1-Dodecen	< 1	< 1	1	
Acrolein[2)]				
Aromaten				
Benzol	1	3	6	Kanzerogen
Toluol	5	20	100	
Ethylbenzol	1	3	15	
m,p-Xylol	3	10	30	
o-Xylol	1	3	15	
n-Propylbenzol	< 1	< 1	10	
i-Propylbenzol	< 1	< 1	5	
2-Ethyltoluol	< 1	1	10	
3-Ethyltoluol	< 1	2	15	
4-Ethyltoluol	< 1	1	10	
1,2,3-Trimethylbenzol	< 1	1	10	
1,2,4-Trimethylbenzol	< 1	5	20	
1,3,5-Trimethylbenzol	< 1	1	10	
1,2,4,5-Tetramethylbenzol	< 1	< 1	2	
1,3-Diisopropylbenzol	< 1	< 1	1	
1,4-Diisopropylbenzol	< 1	< 1	1	
Indan	< 1	< 1	3	Riechstoff
Naphthalin	< 2	< 2	2	Riechstoff
1,2,3,4-Tetrahydronaphthalin	< 1	< 1	1	
p-Cymol	< 1	< 1	5	
Styrol	< 1	2	10	Riechstoff
Phenol	< 1	< 1	3	Riechstoff
Halogenkohlenwasserstoffe				
1,1,1-Trichlorethan	< 1	< 1	5	
Trichlorethen (Tri)	< 1	< 1	3	Kanzerogen
Tetrachlorethen (Per)	< 1	< 1	5	Kanzerogen
1,4-Dichlorbenzol	< 1	< 1	1	Riechstoff
Trichlormethan (Chloroform)	< 1	< 1	1	Kanzerogen
Tetrachlormethan (Tetra)	< 1	< 1	1	Kanzerogen
Bromdichlormethan	< 1	< 1	1	
1,1,2-Trichlorethan	< 1	< 1	1	
Chlordibrommethan	< 1	< 1	1	
Tribrommethan	< 1	< 1	1	Kanzerogen

Stoffgruppe/Stoff	Hintergrundwert [µg/m³]	Normalwert [µg/m³]	Auffälligkeitswert [µg/m³]	Hinweise
Alkohole				
1-Propanol	10	50	300	
2-Propanol	10	50	500	
n-Butanol	3	10	25	
Isobutanol	< 3	5	10	
Isoamylalkohol	< 3	< 3	3	Riechstoff
2-Ethyl-1-Hexanol	< 2	3	10	Riechstoff
1-Octen-3-ol	< 0,1	< 0,1	0,1 [1]	MVOC[1]
Terpenoide Verbindungen				
α-Pinen	< 1	10	50	Allergen
β-Pinen	< 1	5	20	Allergen
Δ3-Caren	< 1	5	20	Allergen
Limonen	1	10	50	Allergen
Campher	< 2	< 2	2	Allergen
Camphen	< 2	< 2	3	
Eucalyptol	< 1	< 1	5	
Menthol	< 2	< 2	2	
α-Terpinen	< 1	< 1	1	Allergen
γ-Terpinen	< 1	< 1	1	
Borneol	< 1	< 1	1	
Verbenon	< 1	< 1	2	
Isolongifolen/Isolongicyclen	< 1	< 1	1	
Longifolen	< 1	< 1	5	
β-Caryophyllen	< 1	< 1	1	
Citronellol	< 1	< 1	5	Allergen
Eugenol/Iso-Eugenol	< 1	< 1	5	Allergen
Vanillin	< 1	< 1	5	Allergen
Geraniol	< 1	< 1	5	
α-Ionon	1	1	5	Allergen
Aldehyde				
Formaldehyd				Reaktives Kontaktallergen, Reizstoff
Acetaldehyd	10	20	60	
Propanal	< 3	5	10	
n-Butanal	< 3	5	10	Riechstoff
2-Methyl-1-Propanal	< 3	5	10	Riechstoff

Stoffgruppe/Stoff	Hintergrundwert [µg/m³]	Normalwert [µg/m³]	Auffälligkeitswert [µg/m³]	Hinweise
n-Pentanal	< 2	6	10	Riechstoff
2-Methyl-1-Butanal	< 3	5	10	Riechstoff
3-Methyl-1-Butanal	< 3	5	10	Riechstoff
n-Hexanal	3	15	25 [1)]	[1)] Riechstoff, niedrige Geruchsschwelle
n-Heptanal	< 2	< 2	10	Riechstoff
n-Octanal	< 2	2	5 [1)]	[1)] Riechstoff, niedrige Geruchsschwelle
n-Nonanal	< 3	6	10 [1)]	[1)] Riechstoff, niedrige Geruchsschwelle
n-Decanal	< 2	< 2	5 [1)]	[1)] Riechstoff, niedrige Geruchsschwelle
Benzaldehyd	< 2	< 2	5	Riechstoff
Furfural[2)]				Riechstoff
Ketone				
Cyclohexanon	< 2	< 2	10	
2-Butanon (MEK)	< 2	3	20	
4-Methyl-2-pentanon (MIBK)	< 1	< 1	5	
2-Hexanon (MBK)	< 1	< 1	1	Riechstoff
2-Heptanon	< 1	< 1	1	Riechstoff
3-Heptanon	< 1	< 1	3	Riechstoff
3-Octanon	< 1	< 1	1	Riechstoff
Acetophenon	< 1	< 1	2	Riechstoff
N-Methyl-Pyrrolidon	< 2	< 2	10	Reizstoff
Propanon (Aceton)	10	60	150	
3,3,5-Trimethyl-2-cyclohexen-1-on (Isophoron)	2	4	10	
Ester				
Ethylacetat	< 1	5	25	Riechstoff
n-Propylacetat	< 1	< 1	1	
Isopropylacetat	< 1	< 1	1	
n-Butylacetat	< 1	5	25	Riechstoff
Isobutylacetat	< 1	< 1	10	Riechstoff
Methylbenzoat	< 1	< 1	2	Riechstoff
Methacrylsäuremethylester	< 1	< 1	1	Riechstoff, Allergen
2-Methoxyethylacetat (2-MEA)	< 2	< 2	2	
2-Ethoxyethylacetat (2-EEA)	< 2	< 2	2	

I

Stoffgruppe/Stoff	**Hinter-grundwert [µg/m³]**	**Normal-wert [µg/m³]**	**Auffällig-keitswert [µg/m³]**	**Hinweise**
2-Butoxyethylacetat (2-BEA)	< 2	< 2	2	
1-Methoxy-2-propylacetat (PGMMA)	< 2	< 2	10	
1-Butanol-3-methoxyacetat	< 1	< 1	1	
Diethylenglykolmonobutylether-acetat (DEGMBA)	< 3	< 3	3	
2,2,4-Trimethyl-1,3-pentandiol-diisobutyrat (TXIB)	< 1	< 1	3	
Texanol-1	< 1	< 1	2	
Texanol-3	< 1	< 1	4	
Dibutylmaleinat	< 1	< 1	3	
Dimethylphthalat	< 1	< 1	10	
Diethylphthalat	< 1	< 1	3	
Diisobutylphthalat	< 1	< 1	3	
Di(n-butyl)phthalat	< 1	< 1	5	
Mehrwertige Alkohole/Ether				
Methyl-tert.-butylether (MTBE)	< 1	< 1	5	
Ethylenglykol (EG)	< 20	< 20	20	
1,2-Propylenglykol (1,2-PG)	< 10	10	25	
Diethylenglykol (DEG)	< 20	< 20	20	
Dipropylenglykol (DPG)	< 15	< 15	15	
Tripropylenglykol (TPG)	< 6	< 6	6	
Ethylenglykolmonomethylether (EGMM)	< 10	10	25	
Ethylenglykolmonoethylether (EGME)	< 10	10	25	
Ethylenglykolmonobutylether (EGMB)	< 10	10	25	
Ethylenglykolmonophenylether (EGMP)	< 5	5	10	
Ethylenglykolmonomethylether-acetat (EGMMA)	< 5	5	10	
Propylenglykolmonomethyl-etheracetat (PGMMA)	< 5	5	10	
Ethylenglykolmonoethylether-acetat (EGMEA)	< 5	5	10	
Ethylenglykolmonobutylether-acetat (EGMBA)	< 5	5	10	
Diethylenglykolmonomethyl-ether (DEGMM)	< 5	< 5	5	

Stoffgruppe/Stoff	Hinter-grundwert [µg/m³]	Normal-wert [µg/m³]	Auffällig-keitswert [µg/m³]	Hinweise
Diethylenglykolmonoethylether (DEGME)	< 10	< 10	10	
Diethylenglykolmonobutylether (DEGMB)	< 3	< 3	15	
Diethylenglykolmonobutylether-acetat (DEGMBA)	<5	5	10	
Propylenglykolmonomethyl-ether (1,2-PGMM)	< 2	10	25	
Propylenglykolmonobutylether (PGMB)	< 2	10	25	
Propylenglykolmonophenyl-ether (PGMP)	< 2	5	10	
Dipropylenglykolmonomethyl-ether (DPGMM)	< 3	5	10	
Dipropylenglykolmonobutyl-ether (DPGMB)	< 3	5	10	
Tripropylenglykolmonobutyl-ether (TPGMB)	< 3	< 3	10	
Siloxane				
D3	< 2	< 2	5	
D4	< 2	< 2	10	
D5	< 2	3	20	

1) Wert liegt unterhalb des statistisch abgeleiteten Wertes.
2) Orientierungswerte noch nicht festgelegt

AGÖF-Orientierungswert für die Summe VOC (nicht gesundheitlich begründet)

Zielwert [µg/m³]	Normalwert [µg/m³]	Handlungswert [µg/m³]
100	300	1.000

Die Summe VOC wird auf Basis der in der VDI-Richtlinie 4300 Bl. 6 gegebenen Einzelstoffe erstellt.

AGÖF-Orientierungswert Formaldehyd (nicht gesundheitlich begründet)

Zielwert [µg/m³]	Normalwert [µg/m³]	Handlungswert [µg/m³]
10	40	60

Zielwert: Wert, der bei Verwendung schadstoffarmer Materialien erreicht werden kann.
Normalwert: Wert, der die durchschnittliche Belastungssituation des betrachteten Kollektivs vorgibt, die im Allgemeinen auf Quellen im Innenraum zurückgeht. Bei diesem Wert können zwar Innenraumquellen angenommen werden, ein Handlungsbedarf lässt sich daraus üblicherweise jedoch nicht ableiten.
Handlungswert: Wert, bei dessen Überschreitung Maßnahmen zur Minimierung der Belastung erforderlich sind.

2.4 Referenzwerte der „500-Haushalte-Studie 1985/1986“ (bei Messungen des BGA in 479 Wohnräumen ermittelte Verteilung der VOC-Konzentrationen; nicht gesundheitlich begründet)

Die 50-Perzentile können als innenraumtypische Hintergrundbelastungen angesehen werden. Als auffällig gelten Werte, wenn die Konzentrationen deutlich über den 95-Perzentilen liegen (WaBoLu Hefte 4/1991, Umwelt-Survey Band III c Wohn-Innenraum: Raumluft).*

Stoff	50-Perzentil [µg/m³]	95-Perzentil [µg/m³]	Stoff	50-Perzentil [µg/m³]	95-Perzentil- [µg/m³]
Σ n-Alkane	49,0	193,1	3/4-Ethyltoluol	5,8	23,9
n-Hexan	7,4	22,2	1,2,3-Trimethylbenzol	2,4	9,0
n-Heptan	5,1	25,6	1,2,4-Trimethylbenzol	6,3	27,2
n-Oktan	3,1	15,0	1,3,5-Trimethylbenzol	2,3	10,5
n-Nonan	5,0	30,9	Naphthalin	2,2	4,9
n-Dekan	8,3	52,0	*Σ chlorierte KW*	19,3	119,2
n-Undekan	6,0	27,5	1,1,1-Trichlorethan	4,7	26,1
n-Dodekan	4,0	17,4	Trichlorethen	3,6	19,6
n-Tridekan	4,9	21,7	Tetrachlorethen	4,5	26,5
Σ Iso-Alkane	24,0	80,4	1,4-Dichlorbenzol	2,4	23,4
Σ Iso-Hexane	8,7	22,3	*Σ Terpene*	27,3	132,7
Σ Iso-Heptane	7,2	22,9	α-Pinen	6,8	26,6
Σ Iso-Oktane	3,3	19,1	β-Pinen	0,7	4,3
Σ Iso-Nonane	3,4	17,9	α-Terpinen	3,5	11,8
Σ Cycloalkane	13,6	42,7	Limonen	13,2	103,3
Methylcyclopentan	2,4	7,4	*Σ Carbonyle*	19,0	80,5
Cyclohexan	5,9	18,4	Ethylacetat	6,2	27,7
Methylcyclohexan	4,4	22,8	n-Butylacetat	3,2	19,0
Σ Aromaten	135,0	369,4	Iso-Butylacetat	1,0	5,9
Σ C8-Aromaten	28,8	101,0	Methyethylketon	4,6	13,0
Σ C9-Aromaten	23,5	92,1	4-Methyl-2-Pentanon	0,7	2,5
Benzol	7,2	22,3	Hexanal	0,7	2,3
Toluol	62,0	190,0	*Σ Alkohole*	4,7	14,2
Ethylbenzol	7,4	25,4	n-Butanol	0,7	4,1
m/p-Xylol	16,3	57,3	iso-Butanol	1,2	7,1
o-Xylol	5,0	17,5	Iso-Amylalkohol	0,7	2,3
iso/n-Propylbenzol	3,5	13,0	2-Ethylhexanol	0,7	4,0
Styrol	0,7	5,9	*Σ VOC*	328,6	928,4
2-Ethyltoluol	2,4	12,0			

Alle angegebenen Summenwerte sind aus der Häufigkeitsverteilung für die 479 Einzelanalysen entnommen und deshalb nicht mit den Ergebnissen der Addition der Werte der zugehörigen Einzelverbindungen identisch.

* Anmerkung der Verf.: Das VOC-Spektrum hat sich seit Erhebung der o.g. Messwerte verändert, sodass die Werte nur noch bedingt als Beurteilungsmaßstab herangezogen werden können.

2.5 Referenzwerte nach Lux (2001, nicht gesundheitlich begründet)

VOC-Konzentrationen in privaten Neubauten – 188 Wohn-, Schlaf- und Kinderzimmer in 64 Gebäuden, 2001. (Lux, W. et al., 2001: Bundesgesundheitsblatt – Gesundheitsforschung – Gesundheitsschutz 6, S. 619)

Die 50-Perzentile können als innenraumtypische Hintergrundbelastungen angesehen werden. Als auffällig gelten Werte, wenn die Konzentrationen deutlich über den 95-Perzentilen liegen.

Stoff	Arithmet. Mittelwert	50-Perzentil [µg/m³]	95-Perzentil [µg/m³]	Maximal-Wert
n-Hexan[1)]	11	8	29	61
n-Heptan	3,8	1,5	9,7	95,1
n-Octan	1,7	0,7	5,8	29,4
n-Nonan	2,2	0,9	8,4	30,0
n-Decan	5,4	3,2	6,6	37,0
n-Undecan	6,9	3,3	2,3	63,1
n-Dodecan	6,4	2,6	2,2	128
n-Tridecan	3,4	1,7	13,0	59,4
n-Tetradecan	2,2	1,5		21,7
n-Pentadecan	0,9	0,5		4,9
n-Hexadecan	1,2	1,1		11,0
n-Heptadecan	0,7	0,5	1,2	2,1
n-Octadecan	0,5	0,5	0,8	1,5
n-Nonadecan	0,5	0,5	0,5	0,8
n-Eicosan	0,5	0,5	0,5	0,5
Trimers Isobuten	0,9	0,5	3,7	13,0
Isooctan	0,6	0,5	1,0	6,5
Cyclohexan	1,3	0,7	3,6	7,9
Ethanol	21,0	14,5	59,0	192
Isopropanol	22,2	7,0	104	275
1-Butanol	3,8	2,0	9,7	99,0
2-Ethylhexanol	1,9	1,0	6,0	11,0
Benzol	2,8	2,6	5,8	10,0
Toluol	26,2	18,1	67,4	155
m-Xylol	3,7	2,8	9,4	21,0
p-Xylol	1,6	1,3	4.5	10,5
o-Xylol	2,0	1,7	4,8	19,1
Ethylbenzol	3,2	2,5	8,0	12,8
Styrol	3,4	2,1	10,5	30,5

Stoff	Arithmet. Mittelwert	50-Perzentil [µg/m³]	95-Perzentil [µg/m³]	Maximal-Wert
1,2,3-Trimethylbenzol	1,4	1,0	2,7	14,6
1,2,4Trimethylbenzol	3,5	1,8	9,2	60,2
1,3,5-Trimethylbezol	1,1	0,5	2,8	20,9
2-Ethyltoluol	1,2	0,6	3,4	19,7
3-Ethyltoluol	2,1	1,2	6,3	36,4
4-Ethyltoluol	1,1	0,5	3,1	14,6
n-Propylbenzol	1,3	0,9	3,4	15,9
1,2,4,5-Tetramethylbenzol	0,5	0,5	0,5	1,3
1,2,3,5-Tetramethylbenzol	0,5	0,5	0,5	1,9
1,2,3,4-Tetramethylbenzol	0,5	0,5	0,5	0,5
Naphthalin	0,5	0,5	0,5	5,0
α-Pinen	87,5	44,3	311	755
β-Pinen	8,4	4,0	25,3	137
Δ-3-Caren	33,8	17,0	112	443
Limonen	23,6	12,9	47,3	833
Longifolen	1,0	0,5	3,6	8,3
α-Carophyllen	0,6	0,5	0,5	9,4
Hexanal	4,0	2,0	15,6	32,7
Aceton	21,8	19,0	53,0	114
n-Butylacetat	5,9	3,8	16,4	100
Phenoxyethanol	3,8	0,5	14,3	103
Butyldiglykolacetat	0,9	0,5	2,6	11,6
Dimethylphthalat	7,7	0,5	19,3	710
Diethylphthalat	0,6	0,5	1,1	4,1
1,1,1-Trichlorethan	1,4	0,5	4,6	35,6
1,4-Dichlorbenzol	0,5	0,5	0,5	0,5
1-Chlornaphthalin	0,5	0,5	0,5	0,5
2-Chlornaphthalin	0,5	0,5	0,5	0,5
Texanol[3)]	1,3	0,5	5,7	11,2
TXIB[2)]	1,4	0,5	5,8	13,5
Σ VOC	361	302	932	1.473

[1)] Überlagerung mit Chloroform
[2)] Zwei Isomere 2,2,4-Trimethylpentan-1,3-diol-monoisobutyrat
[3)] 2,2,4-Trimethylpentan-1,3-diol-diisobutyrat

2.6 Referenzwerte nach Scholz (1998, nicht gesundheitlich begründet)

Auf Basis von statistischen Auswertungen der durch die GFU 1995 bis 1999 durchgeführten Innenraummessungen wurde ein Richt- und Zielwert-Konzept für 10 Verbindungsklassen und 11 Einzelstoffe aufgestellt (Scholz, 1998). Als Grundlage für die Ermittlung der Zielwerte dienten die im Rahmen der Untersuchungen ermittelten 50-Perzentil-Werte, die Richtwerte basieren auf der Auswertung der 90- bzw. 95-Perzentil-Werte. (Scholz, 1998: In: Gebäudestandard 2000: Energie und Raumluftqualität. Hrsg.: AGÖF). Basis: Häufigkeitsverteilungen zum Vorkommen von VOC bei Messungen in 458 „Verdachtsräumen".

Stoffgruppe	**Zielwert [µg/m³]**	**Richtwert [µg/m³]**
Alkane und Alkene	50	200
Aromaten	50	200
Terpene und Sesquiterpene	20	200
Chlorierte Kohlenwasserstoffe	10	50
Ester und Ketone	10	100
Aldehyde $C_5 - C_{10}$	20	50
Alkohole	20	50
Ethylenglykole und -ether	20	50
Propylenglykole und -ether	10	50
Sonstige	20	50
Stoff		
Benzol	5	10
Toluol	25	100
α-Pinen	5	100
Δ-3-Caren	5	50
n-Hexanal	5	25
n-Nonanal	5	15
n-Butanol	10	25
2-Ethylhexanol	5	10
2-Butoxyethanol	5	25
2-Phenoxyethanol	5	25
4-Phenyl-1-cyclohexan	< 1	5
TVOC	200	1.000

2.7 Statistisch abgeleitete Richt- und Zielwerte nach Schleibinger (2002, nicht gesundheitlich begründet)

Das von Schleibinger entwickelte Richt- und Ziel-Wert-Konzept basiert wie das von Scholz auf der statistischen Auswertung von Innenraumluftmessungen. In die Betrachtung wurden fünf Vergleichsstudien einbezogen und als Grundlage zur Festlegung von Richt- und Zielwerten für verschiedene Verbindungsklassen und ca. 100 Einzelsubstanzen ausgewertet. Neben der statistischen Ableitung der Richt- und Ziel-Werte auf Basis der 50- bzw. 90-Perzentil-Werte wurden bei besonders geruchsintensiven Verbindungen auch die Geruchsschwellen berücksichtigt.

Stoffgruppe	**Zielwert [µg/m³]**	**Richtwert [µg/m³]**
Alkane	50	200
Alkene	5	10
Aromaten	50	200
Terpene/Sesquiterpene	40	150
Chlorierte Kohlenwasserstoffe	5	20
Aldehyde	50	120
Alkohole	20	50
Glykolester und -ether	20	100
Ketone	20	50
Ester einwertiger Alkohole	20	50
Weitere	20	50
TVOC	300	1.000

2.8 Referenzwerte Aldehyde und Ketone (nicht gesundheitlich begründet)

Die 50-Perzentile können als innenraumtypische Hintergrundbelastungen angesehen werden. Als auffällig gelten Konzentrationen deutlich über den 90-Perzentilen (statistisch ausgewertete Messwerte nach Grün, Köln).

Stoff	Arithmetisches Mittel [µg/m³]	90-Perzentil [µg/m³]
Methanal (Formaldehyd)	50	94
Ethanal	45	83
Propanon (Aceton)	156	270
Propanal	7,0	12
Butanal	9,4	19
2-Butanon	4,8	11
Phenylmethanal	3,7	7,9
Pentanal	10	21
Methyl-Phenylketon	1,6	1
Cyclohexanon	1,5	1
4-Methyl-2-Pentanon	2,4	1,7
Hexanal	30	57
Heptanal	2,8	4,9
Oktanal	2,7	4,7
Nonanal	6,1	14
Dekanal	2,3	2

2.9 WHO-Luftqualitätsleitlinien für Europa – Air Quality Guidelines for Europe (gesundheitlich begründet)

Die Luftqualitätsleitlinien des Regionalbüros Europa der →WHO für eine Reihe wichtiger Schadstoffe können nach der Art ihrer (wirkungsbezogenen) Ableitung sowohl für die Außen- als auch für die Innenraumluft herangezogen werden. Die Ableitung stützt sich – sofern vorhanden – auf epidemiologische Erkenntnisse, wobei zum Schutz empfindlicher Bevölkerungsgruppen Sicherheitsfaktoren eingebracht sind. Für krebserzeugende Stoffe wird kein Konzentrationswert, sondern nur das →Unit risk genannt.

Erläuterung der WHO zur Anwendung der Air Quality Guidelines: Although the guidelines are considered to be protective to human health they are by no means a „green light" for pollution, and it should be stressed that attempts should be made to keep air pollution levels as low as practically achievable. In addition, it should be noted that in general the guidelines do not differentiate between indoor and outdoor air exposure because, although the site of exposure determines the composition of the air and the concentration of the various pollutants, it does not directly affect the exposure-response relationship.

Tabelle 64: Leitwerte der Weltgesundheitsorganisation für nichtkanzerogene Stoffe (Quelle: World Health Organization, 2002, Auszug)

Stoff	Leitwert [µg/m³]	Expositionsdauer
Kohlenmonoxid	100.000 60.000 30.000 10.000	15 min 30 min 1 h 8 h
Stickstoffdioxid	200 40	1 h 1 Jahr
Ozon	120	8 h
Schwefeldioxid	500 125 50	10 min 24 h 1 Jahr
Dichlormethan	3.000 450	24 h 1 Woche
Formaldehyd	100	30 min
Schwefelkohlenstoff	100	24 h
Schwefelwasserstoff	100	24 h
Styrol	260	1 Woche
Tetrachlorethen	250	1 Jahr
Toluol	260	1 Woche

Innenraumlufthygiene-Kommission →IRK

Innenraum-Schadstoffe Mitteleuropäer halten sich im Schnitt zwischen 80 und 90 % des Tages in geschlossenen Räumen auf, deren Luft eingeatmet wird. Verunreinigungen der Innenraumluft sind daher von besonderer Bedeutung für die Gesundheit. Tatsächlich ist die Luft in →Innenräumen oftmals stärker mit Chemikalien belastet ist als die Außenluft. Die Ursachen hierfür sind vielfältig. Quellen für I. können sein:

- Bauprodukte
- Einrichtungsgegenstände, Heimtextilien
- Wasch-, Putz-, Reinigungs-, Körperpflegemittel, Kosmetika
- Sog. Luftverbesserer
- Schreibmaterialien (Filzschreiber u.Ä.)
- Hobby- und Bastelarbeiten
- Körperausdünstungen
- Schädlingsbekämpfung
- Arzneimittel
- Verbrennungsprodukte (Tabakrauch, Kerzen, Gasherd, Kamin usw.)
- Treibstoffkomponenten (Garage, Tiefgarage)
- Sekundäre Emissionsprodukte als Ergebnis chemischer Reaktionen in der Innenraumluft (→Sekundäremissionen)
- Büro- und Haushaltsgeräte
- Druckerzeugnisse
- Stoffwechselprodukte von Mikroorganismen (→MVOC)
- Essenszubereitung
- Außenluft
- Kontaminierter Untergrund

I. können →Anorganische Gase (z.B. Stickoxide) oder organische Gase (→VOC) sein. Die Wirkungen von I. auf die Gesundheit sind vielfältig. Die Beeinträchtigungen reichen von der einfachen Geruchsbelästigung oder Reizerscheinung der Atemwege bis zur gesundheitlichen Gefährdung durch toxische Effekte. Studien über Auswirkungen von I. auf die Produktivität von Beschäftigten in Büroräumen zeigen, dass eine Verbesserung der Raumluftqualität (in Büros) auch volkswirtschaftlich hohe Kosten einsparen hilft (Wargocki, Dänemark). Die Zahl der Gerichtsverfahren wg. nachgewiesener oder vermuteter Schadstoffbelastungen in →Innenräumen hat in den letzten Jahren erheblich zugenommen. Als Bezugsgrößen zur Beurteilung der Raumluft gelten Grenz-, Richt- oder Orientierungswerte (→Innenraumluft-Grenzwerte). Bei mietrechtlichen Auseinandersetzungen wg. I. kommt in der Rechtsprechung die „Sphärentheorie“ zur Anwendung. Sie besagt, dass es verschiedene Verantwortlichkeiten (Sphären) beim Eintrag von Schadstoffen in den Innenraum gibt. Bauliche Faktoren liegen i.d.R. in der Verantwortung des Eigentümers/Vermieters, während nutzungsbedingte Faktoren dem Verantwortungsbereich des Raumnutzers/-mieters zugerechnet werden.

Insektizide I. sind →Biozide Wirkstoffe gegen Insekten. Sie werden in der Landwirtschaft und zum Holzschutz verwendet.

Inspektion Die Maßnahmen zur Feststellung des Istzustandes eines Objekts. Verfahren zur I. sind in der DIN 31051 „Instandhaltung“ klar und eindeutig beschrieben.

Instandhaltung Gem. DIN 31051 ist I. ein Überbegriff, der Maßnahmen der →Wartung, →Inspektion und →Instandsetzung umfasst. Es ist daher sprachlich unpräzise, I. und Instandsetzung oder Wartung in einer Aufzählung hintereinander zu gebrauchen, wie dies häufig geschieht.

Instandsetzung Maßnahmen zur Wiederherstellung des zum bestimmungsgemäßen Gebrauch geeigneten Zustands eines Objekts (Soll-Zustand).

Internit-Platten I. ist die Handelsbezeichnung der Fa. Eternit für festgebundene Asbestzement-Cellulose-Platten mit einem Asbestgehalt von ca. 7 %. →Asbest

Interventionswerte Im Rahmen der Beurteilung der Innenraumluft beschreiben I. (Eingreifwerte) ein Konzentrationsniveau, bei dem kurzfristig Maßnahmen zur Absenkung der Schadstoffbelastung ergriffen werden müssen. →Zielwerte, →Richtwerte

Intuminenz-Anstrichstoffe →Brandschutzanstriche

Ionisations-Rauchmelder I. enthalten radioaktive Stoffe und unterliegen dem Strahlen-

schutzgesetz und der Strahlenschutzverordnung. Das früher verwendete radioaktive Radium-226 (Ra-226) ist in neueren Geräten durch das radioaktive Americium-241 (Am-241) ersetzt worden. Die Funktionsweise des I. beruht darauf, dass die vom Am-241 ausgesandten alpha-Teilchen durch die Ionisation der Luft zwischen zwei Elektroden einen festgelegten Stromfluss in einem Messsystem erzeugen. Durch Rauchgase wird die Ionisation und damit der Messstrom verändert und eine Alarmmeldung ausgelöst.
Im Unterschied zu Ra-226 gibt Am-241 keine radioaktiven Folgeprodukte (→Radon) ab und emittiert vergleichsweise energiearme gamma-Strahlung und alpha-Strahlung. Es sind jedoch noch zahlreiche I. mit Ra-226 im Einsatz. Die Reichweite der alpha-Strahlung in der Luft beträgt ca. 4 cm. Unbedingt vermieden werden muss eine Inkorporation von Am-241, da auf engstem Raum die gesamte Energie auf die umliegenden Körperzellen übertragen wird. Am-241 lagert sich meistens auf der Knochenoberfläche ab, wo sich die meisten blutbildenden, also risikoreichen Organe befinden. I. können am Zeichen für radioaktive Stoffe (schwarzes Flügelrad auf gelbem Grund) erkannt werden, das auf der Rückseite des I. angebracht sein muss (kann aber auch in den Kunststoff eingegossen oder eingeprägt sein). Der Umgang und damit auch der Ausbau von I. aus Gebäuden bedarf der Genehmigung der zuständigen Behörde.

Ionisierende Strahlung Strahlung, die in Materie und damit auch im menschlichen Körper Ionen erzeugen kann, wird als I. bezeichnet. Bei der Kollision der „Energiepakete“ der I. mit den winzigen Bausteinen (Molekülen) des menschlichen Körpers kommt es zu Beschädigungen der Moleküle. Die Strahlung schießt aus den Molekülen Elektronen heraus, wodurch Ionen (elektrisch geladene Teilchen) entstehen. Oder die Moleküle zerbrechen in zwei Teile. Die Molekültrümmer bezeichnet man als Radikale. Dies sind starke Gifte, die sofort nach ihrer Entstehung andere Zellmoleküle angreifen. Die durch die I. an Zellen hervorgerufenen Veränderungen können zu Gesundheitsschäden (Krebs) bei dem exponierten Menschen oder dessen Nachkommen führen.
Alle Menschen sind I. ausgesetzt. Unterschieden werden:
- Natürliche Strahlenexposition
  - Kosmische Strahlenexposition
  - Terrestrische Strahlenexposition
  - Aufnahme (Ingestion und Inhalation) natürlich radioaktiver Stoffe in den Körper
  - Zivilisatorisch veränderte, natürliche Strahlenexposition
  - Radon in Gebäuden
  - Kerntechnische Anlagen
  - Anwendung ionisierender Strahlung und radioaktiver Stoffe in Medizin, Forschung, Technik und Haushalt
  - Fall-out von Kernwaffenversuchen in der Atmosphäre
- Zivilisatorische Strahlenexposition
- Strahlenexposition durch den Unfall im Atomkraftwerk Tschernobyl

Die →Effektive Dosis der *natürlichen Strahlenexposition* beträgt im Mittel ca. 1,2 mSv pro Jahr. Neben der direkten kosmischen Komponente von 0,3 mSv und der direkten terrestrischen Komponente von 0,4 mSv trägt die Aufnahme natürlich radioaktiver Stoffe mit der Nahrung 0,3 mSv zur Strahlenexposition bei. Auch ein Teil der Exposition durch die radioaktiven Edelgase →Radon (Rn-222) und Thoron (Rn-220) einschließlich ihrer Folgeprodukte von etwa 0,2 mSv ist unvermeidbar und deshalb nicht zivilisatorisch bedingt. Die natürliche Strahlenexposition weist je nach Höhenlage des Aufenthaltsortes und der geologischen Beschaffenheit des Untergrundes deutliche Unterschiede auf.
Radon- und Thoronzerfallsprodukte in Wohnungen liefern über Inhalation den Hauptbeitrag zum *zivilisatorisch erhöhten Teil der natürlichen Strahlenexposition* mit einer durchschnittlichen effektiven Dosis von etwa 0,9 mSv pro Jahr.
Die mittlere effektive Dosis der *zivilisatorischen Strahlenexposition* beträgt ca. 1,9 mSv pro Einwohner und Jahr. Der größte Beitrag wird durch die Anwendung

radioaktiver Stoffe und ionisierender Strahlen in der Medizin (Röntgendiagnostik) verursacht. Der Beitrag der Strahlenexposition durch kerntechnische Anlagen zur mittleren effektiven Dosis der Bevölkerung liegt unter 1 % der zivilisatorischen Strahlenexposition. Die Dosis durch die in den vergangenen Jahrzehnten in der Atmosphäre durchgeführten Kernwaffenversuche ist weiterhin rückläufig (2003: < 0,01 mSv). →Radioaktivität in Baumaterialien

IPBC I. (3-Iod-2-propinylbutylcarbamat) ist ein fungizider Wirkstoff aus der Gruppe der Carbamate. I. kommt vornehmlich in Holzschutzmitteln als Schimmel- bzw. Bläueschutzwirkstoffkomponente in den Gefährdungsklassen 2 und 3 zum Einsatz. Weitere Einsatzbereiche sind Farben, Dichtstoffe und Klebstoffe. I. wird in geringen Konzentrationen in Kosmetika als Konservierungsstoff eingesetzt. Gem. →MAK-Liste besteht bei Hautkontakt mit I. die Gefahr der Sensibilisierung.

IPDI Isophoron-diisocyanat. →Isocyanate

Irdengutfliesen I. mit farbigen Scherben bestehen aus einer Mischung von →Ton, →Kaolin, →Quarzsand und →Kreide, die in Formen gepresst und bei einer Temperatur von ca. 1.000 °C gebrannt werden. Nach dem ersten Brand ist das Aufbringen einer Glasur möglich. I. und -Platten besitzen ein hohes Wasseraufnahmevermögen (>10 %). Sie können nur im Innenbereich zur Wand- und Bodenbekleidung verwendet werden, da sie nicht frostsicher sind. →Keramische Fliesen

IRK Die Innenraumlufthygiene-Kommission (IRK) ist eine Kommission des Umweltbundesamtes (UBA), die 1984 im damaligen Bundesgesundheitsamt (BGA) eingerichtet wurde. Nach Auflösung des BGA 1994 und Überführung des BGA-Instituts für Wasser-, Boden- und Lufthygiene in das Umweltbundesamt 1994 wurde die IRK als UBA-Kommission fortgeführt. Die IRK berät den Präsidenten des Umweltbundesamtes zu allen Fragen der Innenraumlufthygiene. Für die Erarbeitung von Richtwerten für die Innenraumluft wurde im Dezember 1993 gemeinsam mit der Arbeitsgruppe Innenraumluft des Umwelthygieneausschusses der seinerzeitigen Arbeitsgemeinschaft der Leitenden Medizinalbeamten und -beamtinnen der Länder (AGLMB, jetzt: Arbeitsgemeinschaft der Obersten Landesgesundheitsbehörden (AOLG)) eine Ad-hoc-Arbeitsgruppe ins Leben gerufen.

ISO ISO (International Organization for Standardization) ist ein globales NGO-Netzwerk für internationale Normenarbeit. Mitglieder der ISO sind die Normungsorganisationen von 149 Ländern (Stand: März 2005).

Isoaliphate →Aliphatische Kohlenwasserstoffe

Isoalkane →Aliphatische Kohlenwasserstoffe

Isocyanate I. sind chemisch sehr reaktive Stoffe, die für die Herstellung verschiedener Bauprodukte eine große Bedeutung haben. Ihre Herstellung erfolgt aus (Di)Aminen und dem äußerst giftigen →Phosgen. Unterschieden werden I. mit einer und Di-I. mit zwei I.-Gruppen im Molekül. Di-I. sind Grundstoffe für Klebstoffe bei Holzwerkstoffen, Beschichtungen (z.B. PUR-Lacke) und →Montageschäumen. I. (im Folgenden für I. und Di-I. verwendet) sind äußerst reaktiv und reagieren schnell mit aktiven Wasserstoffatomen wie Wasser, Alkoholen und Aminen. Die Hydrolyse von I. mit Wasser führt zu primären Aminen. Bei der Reaktion mit Alkoholen entstehen Carbamate (= Urethane) und bei der Umsetzung mit Aminen Harnstoffderivate. Polyurethane (PUR) werden durch Polyreaktion von Di-I. mit Diolen hergestellt. Technisch bedeutsame I. sind:

- Diphenylmethan-4,4'-diisocyanat (4,4'-Methylendiphenyldiisocyanat, MDI)
- Hexamethylendiisocyanat (HDI)
- 2,4-Toluylendiisocyanat (2,4-TDI)
- 2,6-Toluylendiisocyanat (2,6-TDI)
- Isophorondiisocyanat (IPDI)

I. können Atemwegserkrankungen hervorrufen. Dabei stehen chemisch-irritative und toxische Wirkungen im Vordergrund. In Konzentrationen von ca. 50 – 100 ppb (µl/m³) führen I. zu leichten, reversiblen Reizerscheinungen an Augen (Bindehautentzündung), Nase (Schnupfen) und im Rachenraum (Reizung bzw. Entzündung der Rachenschleimhaut). Bei Konzentrationen über 1 ppm treten starker Hustenreiz sowie Schmerzen im Brustraum verbunden mit Kurzatmigkeit auf. Bereits nach einer einmaligen Exposition gegen sehr hohe I.-Konzentrationen (z.B. nach einem Unfall) kann sich eine Überempfindlichkeit der Atemwege entwickeln. Aber auch eine geringergradige chronische Exposition oberhalb des MAK-Wertes kann zum I.-Asthma führen. Bereits Konzentrationen unter 5 ppb können ausreichen, um bronchospastische Zustände auszulösen. Auf die Haut wirken I. stark reizend und können allergische Hauterkrankungen auslösen. I. sind möglicherweise mutagen. Einstufung nach MAK-Liste:

- Diphenylmethan-4,4'-diisocyanat (MDI): MAK-Wert: 0,05 mg/m³, Kat. 3B (Verdacht auf krebserzeugende Wirkung)
- Hexamethylendiisocyanat (HDI): MAK-Wert: 0,005 ml/m³ = 0,035 ml/m³
- Toluylendiisocyanate: Kat. 3A (Verdacht auf krebserzeugende Wirkung)
- Isophorondiisocyanat (IPDI) : MAK-Wert: 0,005 ml/m³ = 0,046 mg/m³

Durch Hydrolyse (Reaktion mit Wasser) entstehen aus I. die entsprechenden Amine. Diese sind z.T. krebserzeugend (z.B. 4,4'-Methylendianilin (MDA) aus MDI). Bereits ausgehärtete Polyurethane sind dagegen unproblematisch.

Wegen der hohen Toxizität der I.-Monomere werden für Herstellungsprozesse überwiegend Poly-I. wie HDI-Biuret, HDI-Isocyanurat und PMDI (polymeres MDI) mit geringen Monomeranteilen eingesetzt. Allerdings wurden bei großflächig aufgetragenen lösemittelhaltigen PUR-Lacken →Präpolymer-Konzentrationen vergleichbar mit denen der I.-Monomere festgestellt. Vermutlich wird die Verdunstung der Präpolymere in Gegenwart der leichtflüchtigen Lösemittel erleichtert. Auch Präpolymere können asthmatische Beschwerden auslösen. Das großflächige Verstreichen von PUR-Lacken kann in den ersten Stunden zu einer erheblichen Belastung im Bereich der →MAK-Werte führen. Im Abstand von ca. 5 cm über einer HDI-haltigen-Lackschicht wurden in den ersten drei Std. Konzentrationen von 25 µg/m³ an I.-Monomeren und 46 µg/m³ an Präpolymeren gefunden. Unmittelbar nach einer Parkettversiegelung mit TDI-haltigen Lacken wurden Raumluftkonzentrationen von max. 180 µg/m³ 2,4-TDI bzw. 80 µg/m³ 2,6-TDI gemessen. Nach 24 Std. waren die I.-Konzentrationen auf 1 bzw. 2 µg/m³ zurückgegangen. 14 Tage (Lacke) bzw. mehrere Stunden nach Anwendung (Montageschäume) können i.d.R. keine I.-Emissionen mehr nachgewiesen werden. Bei frisch verklebten →Spanplatten wurden 0,01 µg/m³ MDI gemessen. Nach Einbau von I.-gebundenen Spanplatten sind in der Raumluft keine I. nachweisbar. Im Brandfall erfolgt bei PUR-haltigen Materialien eine der Bildungsreaktion analoge Rückreaktion und größere Mengen I. werden freigesetzt. Beim Abschleifen alter Beschichtungen oder beim Anschleifen frisch angetrockneter PUR-Anstriche wird Feinstaub frei, der reaktionsfähige I.-Gruppen enthalten kann. Bei solchen Arbeiten müssen daher geeignete Schutzmaßnahmen ergriffen werden (siehe auch →Holzstaub).

Isoliergläser I. bestehen aus zwei oder mehreren Floatglasscheiben, in deren Zwischenraum eine trockene Luftschicht oder ein Gasgemisch luftdicht eingeschlossen sind. Als äußere Scheiben werden meist Sonnenschutzgläser eingebaut. Der →U-Wert einer Zweischeiben-Isolierverglasung beträgt ca. 3,0 W/(m²K). Bei diesen konventionellen I. ist der Strahlungsaustausch für etwa zwei Drittel der Wärmeverluste verantwortlich. Als Folge der gestiegenen Wärmeschutzanforderungen (WärmeschutzVO 1995, Energiesparverordnung 2002) wurden unbeschichtete I. durch →Wärmeschutzverglasungen abgelöst.

Isolierung →Wärmedämmung, →Wärmedämmstoffe

Isoprenoide I. sind Stoffe, deren Grundkörper aus Isopren (C_5H_8)-Bausteinen aufgebaut ist. Für die Innenraumluft bedeutend sind →Terpene wie alpha-Pinen, Limonen oder Campher.

Isothiazolinone I. werden eingesetzt als Konservierungsstoffe (Biozide mit bakteriziden und fungiziden Eigenschaften) in Kosmetika, Anstrich- und Klebstoffen auf wässriger Basis, Leder, Textilien, Befeuchtern von RLT-Anlagen und in der Papierherstellung. Unterschieden werden nichtchlorierte und chlorierte I. Chlorierte I. gehören zu den bedeutendsten Kontaktallergenen und sind stark haut- und schleimhautreizend. Wichtigster Vertreter ist das 5-Chlor-2-Methyl-4-Isothiazolin-3-on (MCI).
→Grenzwerte für die Innenraumluft: RW1 (Vorschlag): 0,05 µg/m^3, RW2 (Vorschlag): 0,5 µg/m^3.
Nichtchlorierte I. sind ähnlich wirksam, aber toxikologisch um Größenordnungen weniger problematisch. Wichtigster Vertreter der nichtchlorierten I. ist das 2-Methyl-4-Isothiazolin-3-on (MI).
Unmittelbar nach Auftrag von mit MCI konservierten Dispersionsfarben sind in der Raumluft hohe I.-Konzentrationen vorhanden (bis > 10 µg/m^3). Solche Konzentrationen können bei sensibilisierten Personen eine luftübertragene Allergie auslösen. In den ersten Tagen nach dem Anstrich nimmt die MCI-Konzentration in der Raumluft etwa um den Faktor 10 ab. Noch nach mehreren Wochen können MCI-Konzentrationen oberhalb des RW1 auftreten. Das Emissionsverhalten von mit I. konservierten Anstrichstoffen variiert wegen der unterschiedlichen Stabilität und Dosierung in den verschiedenen Produkten stark.

Tabelle 65: Synonyme für MCI und MI

Synonyme für MCI	Synonyme für MI
5-Chlor-2-methyl-4-isothiazolin-3-on	2-Methyl-4-isothiazolin-3-on
5-Chlor-2-methyl-2,3-dihydroisothiazol-3-on	2-Methyl-2,3-dihydroisothiazol-3-on
5-Chlor-2-methyl-3-isothiazolon	2-Methyl-3-isothiazolon
5-Chlor-2-methyl-3-isothiazolin-3(2H)-on	2-Methyl-4-isothiazolin-3(2H)-on

It-Dichtungen Asbesthaltige Flachdichtungen wurden auch als I. bezeichnet. Sie enthielten ca. 70 – 80 % →Asbest und wurden zur Abdichtung von Rohrleitungen, Armaturen und Kesseln verwendet. I. waren auch zum Abdichten von Säuren (ItS) und Ölen (ItÖ) geeignet.

J

Jutetapeten →Naturfasertapeten, →Textiltapeten

K

Kabelisolierungen K. bestehen üblicherweise aus →Polyvinylchlorid (PVC). Eine Beispielrezeptur für PVC-K. zeigt Tabelle 66.

Tabelle 66: Beispiel einer Rezeptur von PVC-Kabelmassen

Inhaltsstoff	Gewichts-%
PVC (K70)	42,0
Weichmacher (DINP/ DEHP)	22,7
Tribase Bleisulfat	1,3
Bleistereat mit 28 % Blei	0,4
Calciumcarbonat	33,6

Bleistabilisatoren wurden weitestgehend durch Ca/Zn-Stabilisatoren ersetzt. In roten und gelben Kabeln können aber noch Bleipigmente enthalten sein. Die Zugabe von Flammschutzmittel wie 0,5 – 2 M.-% Antimontrioxid oder 20 – 30 % Aluminiumhydrat ist ebenfalls möglich. Die K. enthalten einen hohen Anteil an →Weichmacher (hauptsächlich →Phthalate), die in die Raumluft emittiert werden oder sich am Hausstaub anlagern. 11 % des gesamten PVC-Konsums werden in Europa für K. aufgewendet. Alternative Materialien für die Herstellung von K. wie →Polychloropren (CR, Chloropren-Kautschuk), Chlorsulfoniertes Polyethylen (CSM) und Ethylentetrafluorethylen (ETFE) enthalten wie PVC →Halogene (Chlor oder Fluor). Halogenorganische Substanzen sind ökologisch problematisch, im Brandfall werden aus halogenierten K. giftige Gase wie polychlorierte →Dioxine und Furane freigesetzt. Halogenfreie K. sind z.B. auf der Basis von →Polyolefinen wie →Polyethylen oder Ethylen-Propylen-Copolymerisaten (Ethylen-Propylen-Kautschuk) aufgebaut. Die Ersatzprodukte enthalten außerdem im Gegensatz zu PVC-Kabeln keine Weichmacher. Da diese Kunststoffe leicht brennbar sind, werden Flammschutzmittel zugesetzt, z.B. das unbedenkliche Aluminium- und Magnesiumhydroxid. Eine flammgeschützte halogenfreie K. weist gegenüber PVC-Kabeln im Brandfall eine stark verzögerte Brandweiterleitung auf.

Tabelle 67: PVC-Alternativen für Kabel im Überblick (A = Aderisolation, M = Mantel)

Kabel
Niederspannungskabel – Thermoplastische Elastomere (TPE) für A+M – Low Density Polyethylen (LDPE) für A+M – Polypropylen (PP) für A+M – Vernetztes Polyethylen (VPE) für A – (Ethylenvinylacetat)
Starkstrom-Kabel – Vernetztes Polyethylen (VPE) für A – Ethylen-Propylen-Kautschuk (EPR) für A – Ethylen-Propylen-Terpolymer-Kautschuk (EPDM) für M – LDPE (Low Density Polyethylen) für M (Polypropylen, Ethylvinylacetat)
Fernmelde- und Datenübertragungskabel – Polypropylen (PP) für A+M – Polyethylen (PE) für A+M
Zubehör
Elektrorohre (Hochbau) – Polyethylen (PE) – Polyphenylether (PPE) – Stahl
Kabelschutzrohre (Tiefbau) – Polyethylen (PE)
Kabelkanalsysteme – Div. halogenfreie Kunststoffe wie z.B Polyethylen (PE) – Stahl
Dosen, Aufputzgehäuse, Gehäuse etc. – Div. halogenfreie Kunststoffe wie z.B Polyethylen (PE) – Stahl

Tabelle 68: Kabel- und Leitungstypen, die laut VDE-Normen zur Substitution der PVC-Typen geeignet sind

Typ PVC	Typ halogenfrei	Spannung	Verwendung
Kabel			
NYY NYCY	NHXHX NHXCHX	1 kV 1 kV	Innenraum, im Freien, in Beton (in Erde in Rohren)
NYSY NYSEY	(N)HXSH (N)HXSEH	6/10 kV	Innenraum, im Freien
N2XS2Y N2XSY	(N)2XSH	10/30 kV	Innenraum, im Freien, in Beton (in Erde in Rohren)
NYCY NYCWY	(N)2XCH	1 kV	Innenraum, im Freien
N2XY	N2XH	1 kV	Innenraum, im Beton, im Freien (in Rohren)
Leitungen			
NYM NO5VV	NHXMH	500 V	Innenraum, im Freien (geschützt), in Beton
NYMBY	(N)HXMBH	500 V	Innenraum, im Freien
HO7V-U HO7V-R HO7V-K	NHXA NHXAF	750 V	Verdrahtung, Verlegung in Rohren
NSGAÖU NSGAFÖU NSGAFCMÖU	NSHXA NSHXAF NSHXAFCM	1 – 6 kV	Schienenfahrzeuge, Omnibusse, trockene Räume, Verdrahtung

Kalk K. ist ein Sammelbegriff für alle möglichen kalkhaltigen Natursteine. Als K. wird sowohl der →Kalkstein (Calciumcarbonat) als auch der daraus durch Brennen hergestellte →Branntkalk (Calciumoxid) bezeichnet.
Der gebrannte Kalk wird nach verschiedenen Verfahren mit Wasser gelöscht. Das dabei entstehende →Kalkhydrat (Calciumhydroxid) wird als Bindemittel verwendet. Durch Reaktion mit dem Kohlendioxid der Luft entsteht beim Abbinden wieder Kalkstein (Calciumcarbonat). →Baukalke

Kalkfarben Bei K. bildet →Gelöschter Kalk oder →Sumpfkalk das Bindemittel und das Pigment. Durch Zusätze wie →Kasein, Öle (z.B. →Leinölfirnis) oder Karbonatisierungshilfen (mineralische Pulver oder Feinsande) kann die Wischfestigkeit verbessert werden. K. sind nicht auf die „Superweißkraft" des ökologisch problematischen →Titandioxids angewiesen: auch ohne Titandioxid entsteht ein reinweißer Farbton (gedämpftes Altweiß). Zum Abtönen braucht man kalkechte Pigmente, dadurch sind nur pastellartige Farbtöne möglich. Mit Kunstharzbinder werden →Dispersionskalkfarben hergestellt, die als Ersatz für →Dispersionsfarben eingesetzt werden können. K. ergeben dampfdiffusionsoffene, wasser- und wetterfeste Anstriche, die auch größere Feuchtigkeits- und Temperaturschwankungen aushalten. Im Außenbereich bei Vorhandensein industrieller Abgase sind sie jedoch ungeeignet: Durch den Schwefeldioxid-Gehalt der Luft wird das Calciumcarbonat in Calciumsulfat (Gips) umgewandelt. K. sind nicht wischbeständig. Die Verarbeitung ist im Vergleich zu anderen Farben arbeitsintensiv: K. sollten bei möglichst hoher Luftfeuchtigkeit in mehreren dünnen Schichten aufgetragen werden. Sie haften umso besser, je frischer und feuchter der Putz ist. Die

Streichfähigkeit von K. ist ungewohnt, meist sind sie sehr dünnflüssig und klecksig, Abhilfe kann Eindicken mit Xanthan schaffen.
→Kalk ist stark alkalisch und daher ätzend – beim Verarbeiten Haut- und Augenkontakt vermeiden. K. sind sehr dampfdiffusionsoffen und beeinflussen das Raumklima positiv. Kalk ist in ausreichenden Mengen lokal vorhanden. Die Zusätze →Kasein und →Leinöl werden aus natürlichen Rohstoffen gewonnen. K. enthalten keine problematischen Inhaltsstoffe wie z.B. Lösemittel und belasten daher die Raumluft nicht. Kalkanstriche wirken (zumindest zu Beginn der Nutzungsphase) desinfizierend sowie pilztötend. K. sind problemlos zu entsorgen.

Kalkgipsputze K. sind nicht wasserbeständige Innenputze aus 1 Raumteil Kalkteig oder →Kalkhydrat, 0,1 – 0,2 Raumteilen →Stuckgips oder 0,2 – 0,5 Raumteilen →Putzgipse und 3 – 4 Raumteilen Sand. →Kalkputze, →Gipsputze

Kalkhydrat K. (Löschkalk, Calciumhydroxid) ist gelöschter →Branntkalk. Er wird in Form von Pulver oder Teig oder als Kalkmilch hergestellt. K. findet Verwendung für →Kalkmörtel, →Kalkputz und →Hydraulischen Kalk.
Der Großteil der Umweltbelastungen entsteht durch das energieintensive Brennen des →Kalksteins zu Branntkalk. Beim Brennvorgang werden Emissionen in die Atmosphäre frei, darunter Stickoxide (NO_x), Kohlenmonoxid (CO) und Kohlendioxid (CO_2). Die Emission von Schwefeloxid (SO_2) hängt vom eingesetzten Brennmaterial ab.
K. ist eine sehr starke Base und daher haut-, schleimhaut- und augenreizend. Fast alle Kalkarten enthalten außerdem geringe Mengen Chrom(VI) (sensibilisierend). Der häufige Umgang mit kalkhaltigen Produkten kann ein Berufsekzem auslösen, daher ausreichenden Schutz vorsehen.
K. hat gute Gebrauchseigenschaften und begünstigt das Innenraumklima. Er reguliert die Luftfeuchtigkeit, besitzt eine hohe →Sorptionsfähigkeit und Dampfdurchlässigkeit. K. nimmt während der Erhärtung Kohlendioxid aus der Luft auf und besitzt außerdem eine keimtötende Wirkung.

Kalk-Kaseinfarben K. sind →Kaseinfarben, die mit Kalk aufgeschlossenes Kasein als Bindemittel enthalten.

Kalklehmfarbe K. (Handelsname Kalklehmcreme) ist eine →Wandfarbe aus Kaolin oder Lehm, Weißkalkhydrat, Talk und Glutolin-Farbleim (→Methylcellulose). Als Untergründe sind alle neutralen, mineralischen und organischen Untergründe, wie Putz, Raufaser, Gipsbauplatten, Holz, Holzwerkstoffplatten oder wasserfeste Altanstriche, geeignet. Stark saugende Untergründe müssen grundiert werden. Das Produkt ist von cremiger Konsistenz und kann deswegen weitestgehend tropf- und spritzfrei mit der Rolle oder dem Pinsel einfach verarbeitet werden. Vor der Verarbeitung muss die Kalk-Lehmcreme sorgfältig durchgerührt werden. Falls nötig, ist sie mit Wasser verdünnbar. Falls ein zweiter Auftrag nötig sein sollte, wird er nach 4 – 6 Stunden Trockenzeit durchgeführt. Durchgetrocknet ist der Anstrich nach etwa 24 Stunden. Eine langsame Trocknung ist für eine gute Endqualität vorteilhaft. Die K. enthält keine gesundheitsschädlichen Inhaltsstoffe und gibt keine Schadstoffe an die Raumluft an. Die Entsorgung ist aufgrund der natürlichen Inhaltsstoffe unproblematisch.

Kalkmergel Tonhaltiger Kalk, Ausgangsstoff für →Hydraulische Kalke.

Kalkmörtel K. dienen zur Herstellung von →Kalkputzen. Das Bindemittel bildet →Luftkalk, →Wasserkalk, →Hydraulischen Kalk oder →Hochhydraulischen Kalk. Für Luft- oder Wasser-K. dient Weißfeinkalk, →Dolomitkalk oder Wasserkalkhydrat als Bindemittel. →Kalkstein, →Mineralische Rohstoffe, →Branntkalk

Kalkputze Aus Kalkputzmörtel hergestellte Putzoberflächen. K. eignen sich zur Herstellung von Innenputzen. Im Außenbereich wird der Putz durch die Schwefeldioxidverunreinigungen der Außenluft angegriffen. Hydraulische und hochhydraulische K. sind widerstandsfähiger gegen Feuchtigkeit und haben höhere Festigkeiten als Luft- und Wasser-K. Sie kommen im Innen- und Außenbereich zur Anwendung. Zu den hochhydraulischen K. zählt der →Trasskalkmörtel.

K. regulieren die Luftfeuchtigkeit, besitzen eine hohe →Sorptionsfähigkeit und Dampfdurchlässigkeit. K. nehmen während der Erhärtung Kohlendioxid aus der Luft auf und besitzen eine keimtötende Wirkung. Die Rohstoffe sind weit verbreitet und in ausreichender Menge vorhanden. K. können problemlos auf Inertstoffdeponien abgelagert werden.

Kalksandsteine K. sind natürlich vorkommende oder unter Dampfhärtung hergestellte →Sandsteine mit dem Bindemittel Kalk. Beispielrezeptur für industriell gefertigt K.: 88 M.-% Sand, 7 M.-% Branntkalk, ggf. bis zu 5 M.-% Recyclingmaterial aus der Produktion, ca. 5 M.-% Wasser. Die Rohstoffe werden intensiv miteinander gemischt. Durch Wasserzugabe löscht der Branntkalk zu →Kalkhydrat. Die Steinrohlinge werden in Pressen geformt. Im Autoklaven wird die Masse bei ca. 200 °C je nach Steinformat etwa vier bis acht Stunden gehärtet. Dabei wird durch heiße Wasserdampfatmosphäre Kieselsäure von der Oberfläche der Quarzsandkörner angelöst. Die Kieselsäure bildet mit dem Bindemittel Kalkhydrat kristalline Bindemittelphasen – die Calciumsilikathydraten(CSH)-Phasen –, welche auf die Sandkörner aufwachsen und diese fest miteinander verzahnen.

K. werden als Mauersteine, Vormauersteine und Verblender verwendet. Als Formate findet man alle gängigen Mauerstein-Formate: traditionelle, kleinformatige K. (Vollsteine, Lochsteine), Steine mit „Nut-und-Feder“-System und Plansteine ebenso wie großformatige K. und Bauplatten. Kalksandsteine sind vergleichsweise schwer (Rohdichte: 1.000 – 2.200 kg/m^3) und sehr gut schalldämmend. Sie eignen sich besonders für mehrschichtige Außenwandkonstruktionen mit besonders gutem Wärmeschutz. K sind dampfdiffusionsoffen (μ-Wert$_{trocken/feucht}$ = 5/10). Spez. Wärmekapazität: 1,0 kJ/(kg·K)

Kalksandsteine sind Baustoffe mit einfacher Produktzusammensetzung und einfachem Herstellungsverfahren. Die Rohstoffe sind in ausreichender Menge vorhanden, bei der Gewinnung werden allerdings zwangsläufig lokale Umweltbelastungen verursacht (→Mineralische Rohstoffe, →Tagebau). Energiebedarf und Schadstoffemissionen bei der Herstellung sind vergleichsweise gering, K. zeigen gute Ergebnisse in Ökobilanzen. Während des Prozesses wird Kohlendioxid aus der Luft zum Abbinden aufgenommen. Produktionsabfälle können wieder in den Herstellungsprozess zurückgeführt werden. Während Herstellung und Verarbeitung treten keine gesundheitlichen Belastungen auf. Die Wirkung auf das →Raumklima ist günstig. Kalksandsteine können gebrochen und wieder zu Kalksandsteinen verarbeitet werden. Die derart produzierten Steine haben ähnliche physikalische Eigenschaften wie Erstprodukte. Ansonsten ist gemahlener Kalksandsteinbruch als Zuschlagstoff für Betone geeignet. Die Beseitigung ist problemlos auf Inertstoffdeponien möglich.

Kalkspat K. (Calcit) ist ein natürlich vorkommendes Mineral; chemisch Calciumcarbonat (wie →Kreide). K. ist weit verbreitet und Hauptgemengeteil des dichten Kalksteins und des Marmors.

Kalkstein K. ist ein Sedimentgestein überwiegend organischen Ursprungs („organogener Kalkstein“) und kommt in fast allen geologischen Formationen vor. Die Zusammensetzung ist schwankend, z.T. mit anderen Mineralien gemischt. Je nach Gesteinsbezeichnung, Gefüge und Lagerstätte unterscheidet man z.B. Jurakalk, →Kalkspat, →Marmor, Kalktuff, →Kreide, Muschelkalke oder →Dolomit.

Beim Brennen des Kalksteins bei ca. 1.000 °C entweichen das Kristallwasser und das im Kalk enthaltene Kohlendioxid, es entsteht →Branntkalk (Calciumoxid).

K. wird für Fliesen (Wände und Böden), Treppenstufen, Fensterbänke und Abdeckplatten weiterhin als Rohstoff für Bausteine und Bindemittel (→Kalk, →Baukalk) verwendet.

K. wird überwiegend im →Tagebau gewonnen. Da K. weit verbreitet ist, sind die Transportwege meist kurz und die Ressourcen noch auf lange Zeit gesichert. Er weist in der Regel nur geringe Radioaktivität auf, außer evtl. bei höheren Mergelgehalten oder bei Trasskalk (→Radioaktivität von Baustoffen). →Mineralische Rohstoffe

Kalksteinmergel →Kalkmergel

Kalkzementmörtel K. wird aus 1,5 Raumteilen Kalkteig oder 2 Raumteilen →Kalkhydrat, 1 Raumteil →Zement und 9 – 11 Raumteilen Sand hergestellt. Er wird für Kalkzementputz (Innen- oder Außenputz) und Mauermörtel verwendet.
Durch die Zugabe von Zement ist die Herstellung von K. aufwändiger als jene von →Kalkmörteln oder →Trasskalkmörteln. Beim Umgang mit zementbasierendem M. müssen aufgrund der Alkalität und der mechanischen Reibwirkung Schutzmaßnahmen getroffen werden (feuchtigkeitsdichte Handschuhe, Hautschutzmaßnahmen). Da die Reduktionsmittel zur Herabsetzung des Chromatgehalts im Zement begrenzte Wirkungsdauer haben, ist das Verfallsdatum unbedingt zu beachten. →Kalkstein, →Mineralische Rohstoffe

Kalkzementputze K. werden aus →Kalkzementmörtel hergestellt und als Innen- und Außenputz eingesetzt. →Kalkputze, →Zementputze

Kaltdach Das K. (belüftetes Dach) ist die traditionelle Ausführung des Steildachs mit Be- und Entlüftung über der →Wärmedämmung. Bei nicht ausgebautem Dachboden kann der gesamte Dachraum zur Lüftung der auf dem Boden liegenden Wärmedämmung dienen. Bei bewohnten Dachräumen wird die Dachkonstruktion gedämmt. Dadurch wird eine zweite Lüftungsebene z.B. durch Anordnung eines Unterdachs zwischen Wärmedämmung und →Dachdeckung erforderlich. Die Lüftungsebenen befinden sich dann über und unter dem Unterdach. In der ersten Lüftungsebene (Luftspalt von min. 2 cm zwischen Dämmung und Unterdach) wird der durch die Wärmedämmung diffundierte Wasserdampf abgeführt. Voraussetzung für die Wirksamkeit eines K. sind ausreichend bemessene Belüftungsquerschnitte mit hindernisfreien Belüftungswegen. Die Luftzirkulation wird gewährleistet durch Öffnungen an First und Traufe. Damit die Hinterlüftung funktioniert, muss insbesondere im Bereich von Anschlüssen an Schornstein, Dachfenster oder Gauben sehr sorgfältig gearbeitet werden. Im Brandfall hat die Hinterlüftung den Nachteil, dass sie durch Kaminwirkung das Feuer zusätzlich anfacht. Obwohl die K.-Ausführung auch für Flachdächer gut geeignet ist, werden diese meist als Warmdach ausgeführt.

Kaltselbstklebebahnen →Bitumen-Kaltselbstklebebahnen

Kanada-Asbest K. ist eine Handelsbezeichnung für kanadischen →Chrysotil-Asbest. →Asbest

Kanzerogen Krebserzeugend. →K-Stoffe, →KMR-Stoffe

Kanzerogenitätsindex Der K. (KI) gem. TRGS 905 ist eine Kennzahl zur Beschreibung der kanzerogenen Potenz von lungengängigen glasigen →WHO-Fasern. Er stellt eine Korrelation zwischen der chemischen Zusammensetzung und der Biobeständigkeit der Fasern her:
$KI = Na_2O\ [\%] + K_2O\ [\%] + B_2O_3\ [\%] + CaO\ [\%] + MgO + BaO\ [\%] - 2 \times Al_2O_3\ [\%]$
Die Bewertung der lungengängigen glasigen WHO-Fasern erfolgt gemäß TRGS 905 nach den Kategorien für krebserzeugende Stoffe in Anhang VI Nr. 4.2.1 der Richtlinie 67/548/EWG und auf der Grundlage des KI wie folgt:

a) Glasige WHO-Fasern mit einem $KI \leq 30$ werden in die Kategorie 2 (krebserzeugend) eingestuft
b) Glasige WHO-Fasern mit einem $KI > 30$ und < 40 werden in Kategorie 3 (krebsverdächtig) eingestuft
c) Für glasige WHO-Fasern erfolgt keine Einstufung als krebserzeugend, wenn deren $KI \geq 40$ beträgt („Freizeichnung").

Die Formel für den KI führt allerdings nicht in allen Fällen zu einer richtigen Einstufung von glasigen WHO-Fasern. Der Nachweis/Ausschluss einer krebserzeugenden Wirkung von Fasern kann auch durch tierexperimentelle Untersuchungen erfolgen. →Künstliche Mineralfasern, →KMR-Stoffe

Kaolin K. ist ein natürliches Tonmineral (Porzellanerde) und wird vor allem als Füllstoff verwendet.

Kapasbest K. ist die Handelsbezeichnung für →Krokydolith-Asbest aus Südafrika. →Asbest

Kapillar aktive Dämmplatten K. sind Dämmplatten, die über eine hohe →Kapillarleitfähigkeit und einen relativ niedrigen →Dampfdiffusionswiderstand verfügen. Bei Feuchteüberschuss können K. die Feuchtigkeit durch die kapillaraktive Wirkung gleichmäßig in der Platte verteilen. Dadurch werden Tauwasserbildung und überhöhte relative Feuchte hinter der Dämmung während der Sommermonate verhindert. Die Platten können bis zur vollständigen Sättigung durchfeuchtet werden und bei wechselnden Klimabedingungen und vernünftiger Lüftung ohne Format- und Qualitätsverlust wieder austrocknen. Aufgrund dieser Eigenschaften eignen sich K. zur Innendämmung ohne Einsatz von →Dampfbremsen oder -sperren für Projekte, die z.B. aus denkmalschützerischen Gründen keine außenseitige Dämmung zulassen. Voraussetzung ist eine dauerhafte, kapillare Verbindung zwischen der Dämmplatte und dem Untergrund. Als Material kommt hauptsächlich zellstoffverstärktes Calcium-Silikat zum Einsatz (→Calciumsilikatplatte), aber auch spezielle →Holzweichfaserplatten und →Cellulose-Dämmplatten zeigen kapillar aktive Eigenschaften. K. haben gute Ergebnisse bei der Sanierung feuchten Mauerwerks, der Innendämmung und der Hausschimmelbekämpfung vorzuweisen. Trotzdem darf nicht übersehen werden, dass die Innendämmungen eine bauphysikalische Herausforderung darstellt und die Bauphysik insgesamt stimmen muss. Untersuchungen zeigten z.B. eine wichtige Wechselwirkung zwischen Witterungsschutz und Innendämmung. Die Beratung durch Experten wird daher bei einer Innendämmung jedenfalls empfohlen.

Kapillare Wasserkapazität Der Feuchtegehalt von Baustoffen kann als Prozentangabe bezogen auf die Trockenmasse oder auf das Volumen ausgedrückt werden. Ein Kennwert für den Feuchtegehalt von Baustoffen ist die K. Sie bezeichnet die maximal aufgenommene Wassermenge bezogen auf das Volumen oder die Masse des Probekörpers in l/m^3 bzw. kg/m^3.

Kapillarleitfähigkeit Baustoffe mit Porengefüge (→Lehm, Baustoffe aus →Nachwachsenden Rohstoffen, →Ziegel etc.) können Wasser über →Kapillarleitung transportieren (s.a. →Feuchtetransport). Ausgedrückt wird die K. eines Baustoffs durch den w-Wert in $kg/(m^2h^{0,5})$. Anschaulich gibt der w-Wert an, wie viel kg Wasser der Baustoff in der ersten Stunde der Nässung aufnimmt. Die aufgesaugte Wassermenge sinkt, je länger die Oberfläche mit Wasser in Berührung ist. Der w-Wert ist z.B. für Putze in Zusammenhang mit Schlagregenbeanspruchung ein wichtiger Kennwert. Außerdem charakterisiert der w-Wert, wie gut sich zeitweilige, örtliche Anreicherungen von Feuchtigkeit im Baustoff ausgleichen können (s.a. →Kapillar aktive Dämmplatten).

Kapillarleitung Unter K. ist der Transport von Wasser in flüssiger Form über die Kapillaren poröser Baustoffe zu verstehen. Die K. wird durch Kräfte, die durch die Oberflächenspannung von Wasser in engen Poren entstehen, ausgelöst. Die K. wirkt in alle Richtungen von feucht nach trocken, d.h. auch entgegen der Schwerkraft.

Karbolineum →Carbolineum

Kasein K. ist als natürlicher Käsestoff in der Milch enthalten. Mit Lab wird es aus der Magermilch ausgefällt, wodurch Magerquark entsteht (K.-Gehalt 11 %). K. enthält mehr als 20 Aminosäuren. Es wird für →Kaseinfarben und →Kaseinklebstoffe eingesetzt. Die Bindekraft erhält K. durch den Zusatz von Kalk, Alkalien oder alkalisch wirkenden Salzen, wobei ein K.-Leim von sehr großer Festigkeit entsteht.

K.-haltige Materialien können das geruchs- und geschmacksintensive o-Aminoacetophenon emittieren, das durch Abbau der Aminosäure Tryptophan entsteht. Dieser Stoff verursacht auch den typischen Geschmack von alter Kondensmilch.

Kaseinfarben K. sind Wand- und Deckenfarben für den Innenbereich. Das Bindemittel basiert auf Milcheiweiß (→Kasein). Kaseinleim kann man sich auch einfach selbst herstellen: Magerquark wird mit Borax oder Kalk aufgeschlossen. Dabei denaturiert das Eiweiß und es entsteht ein hervorragender, wasserbeständiger Leim, der Kaseinbinder. Als Pigmente verwenden Naturfarbenhersteller →Kreide, Marmormehle und natürliche bunte Erden. Als Antiabsetz- und Quellmittel können →Kieselgur und Porzellanerde zugegeben werden. Öl (z.B. Sonnenblumenöl) kann zur Erhöhung der Waschbeständigkeit zugegeben werden. K. sind nicht auf die „Superweißkraft" des ökologisch problematischen →Titandioxids angewiesen: auch bei ausschließlicher Verwendung von Kreide oder anderen weißen Erden entsteht ein reinweißer Farbton (gedämpftes Altweiß). Die meisten →Pflanzenfarbenhersteller bieten K. als Pulver zum Anrühren an. Pulverfarben benötigen keine Topfkonservierer, sind lange haltbar, es muss kein Wasser unnötig transportiert werden und als Verpackung reichen einfache Papiersäcke. Angerührte K. dagegen verderben relativ schnell, streichfertige K. müssen daher wie →Dispersionsfarben ein Konservierungsmittel enthalten. Abgebundene, trockene K.-Anstriche sind nicht schimmelempfindlich. Sie dürfen kurzzeitig nass werden und trocknen danach ohne Schäden aus.

K. decken sehr gut (wenn sie auch eine schlechte Nassdeckkraft haben). Sie trocknen sehr schnell und ergeben einen hoch wischfesten bis waschfesten diffusionsoffenen Anstrich. Kaseinfarben sind am verarbeitungsfreundlichsten, wenn sie frisch sind. Durch längeres Stehen werden sie, wie auch durch längeres Rühren, dünnflüssig.

K. bestehen aus ausreichend verfügbaren, natürlichen Rohstoffen. Die Herstellung ist großteils umweltfreundlich, wenn die nährstoffreichen Abwässer der Kaseinproduktion ordnungsgemäß behandelt werden. Pulverförmige K. enthalten weder Lösemittel noch Konservierungsstoffe und sind daher auch für sensibilisierte Anwender eine gute Alternative. K. sind problemlos zu entsorgen, sie sind zum Teil sogar kompostierbar.

Beispiel-Rezeptur für eine streichfertige Kaseinfarbe: Wasser, →Titandioxid, →Kasein, →Dammar, Buchenholzcellulose (→Cellulose), →Talkum, →Kreide, →Kalkspat, Kaolin, Quellton, →Borate, →Methylcellulose, Leinöl-Standöl, Bienenwachs-Ammoniumseife, →Citrusschalenöl, Rosmarinöl, Eucalyptusöl, →Ethanol.

Kaseinklebstoffe K. sind →Naturklebstoffe, die auf dem natürlichen Bindemittel →Kasein, das mit Kalkhydrat aufgeschlossen ist, basieren. Kaseinbinder haben eine sehr gute Klebkraft und wurden schon im Mörtel für Burgen und Stadtmauern eingesetzt. Als Füllstoffe kommen Marmorgrieß, →Talkum und Porzellanerde zum Einsatz. Zur Erhöhung der Anfangsklebkraft und Elastizität kann dem K. Leinölfirnis zugesetzt werden. K. eignen sich zum Verkleben von →Kork, →Linoleum und feuchteunempfindlichen Naturfaserteppichen. Bei letzteren und bei Holzverklebungen ist das Anlegen von Probeflächen ratsam. Spezielle K. eignen sich auch zum Verkleben von keramischen und Natursteinfliesen (→Fliesenklebstoffe). K. können sogar als Klebstoffe für tragende Holzbauteile (EN 12436) eingesetzt werden. K. werden als Klebstoffpulver angeboten, mit Wasser angerührt, mit einer glatten Spachtel aufgebracht und mit einer Zahnspachtel aufgekämmt. Nach dem Trocknen ist der K. wieder völlig wasserfrei und bedarf somit keiner Konservierungsstoffe. Auch Lösemittel müssen nicht eingesetzt werden. →Pflanzenchemiehersteller

Kaseintempera Wird zur →Kaseinfarbe Öl zugemischt, entsteht eine Öl-Wasser-Emulsionsfarbe („Plakatfarbe"). Diese Farbe ist bedingt wasser- und wetterfest. →Kasein dient dabei als Emulgator. Kleine Ölzugaben verbessern außerdem die Streichfähigkeit und Verarbeitungsqualität der Farbe. Je mehr Leinölfirnis zugegeben wird, umso mehr nähert man sich schließlich einer →Ölfarbe an.

Kastanie →Edelkastanie, →Rosskastanie

Kautschuk Kautschuk ist die Sammelbezeichnung für elastische →Polymere, aus denen Gummi hergestellt wird. →Naturkautschuk, →Synthesekautschuk

Kautschukbeläge →Gummi-Bodenbeläge

Kautschuk-Dichtungsbahnen K. ist die gebräuchliche Bezeichnung für Elastomerbahnen. Sie sind eine Untergruppe der →Kunststoff-Dichtungsbahnen. Die Elastizität kommt bei K. durch den Werkstoff selbst zustande, eine Zugabe von Weichmachern ist nicht erforderlich. Wichtige K. für den Flachdachbereich sind →EPDM-Dichtungsbahnen.

Kautschuk-Klebstoffe K. gibt es auf Basis von synthetischem Kautschuk (→Synthesekautschuk-Klebstoffe) und auf Naturkautschukbasis (→Naturkautschuk-Klebstoffe).

KBE →Koloniebildende Einheit

Keramikfasern K., auch als Aluminiumsilikatwolle (refractory ceramic fiber, RCF) oder Aluminiumsilikatfasern bekannt, sind silikatische Fasern mit amorpher Struktur, die durch Schmelzen einer Kombination von Aluminiumoxid und Siliciumdioxid, üblicherweise im Gewichtsverhältnis 50:50, oder durch Schmelzen von kaolinhaltigem Ton hergestellt werden. K. gehören zur Gruppe der →Künstlichen Mineralfasern. Definition nach EU-Richtlinie 97/69/EG: Künstlich hergestellte, ungerichtete, glasige (Silikat-)Fasern mit einem Anteil an Alkali- und Erdalkalimetalloxiden (Na_2O + K_2O + CaO + MgO + BaO) von ≤ 18 %. Sie werden aus der Schmelze über Spinn- und Blasverfahren hauptsächlich aus Tonerde und Quarzsand hergestellt. K. haben eine sehr gute Temperaturbeständigkeit (bis 1.600 °C). K. werden vorwiegend im industriellen Ofen- und Anlagenbau, in der Stahlindustrie sowie im Brandschutz eingesetzt. Im Baubereich haben K. nur geringe Bedeutung. Sie werden z.B. als feuerfestes Dichtmaterial in Türisolierungen und Deckensystemen verwendet. Darüber hinaus kamen K. in Wohngebäuden in Gasthermen, Heizkesseln, Türöffnungen von Kachelöfen und in Glaskeramikkochfeldern zum Einsatz. Die meist schneeweißen Produkte enthalten oft keinerlei Bindemittel und bestehen zum größten Teil aus lungengängigen Fasern. Der mittlere Faserdurchmesser der K. liegt zwischen 1 und 3 µm. Der Anteil Fasern mit kritischer Geometrie in den Produkten (< 3 µm) beträgt bis etwa 80 %. Im Zusammenwirken mit einer hohen Beständigkeit im biologischen Gewebe ergibt sich für Keramikfasern eine krebserzeugende Potenz, die der von Asbestfasern nahe kommt. K. zeigen jedoch im Gegensatz zu Asbestfasern keine Längsspaltung. Beim Einsatz rekristallisieren die K. zu Cristobalit, einer Abart des →Quarzes. Dadurch werden die Fasern brüchiger, was zu einer höheren Staubentwicklung bei der Handhabung führt. Neben der krebserzeugenden Wirkung der K. ist bei temperaturbeanspruchten Produkten auch die Entstehung von Quarzstaub zu beachten (→Silikose). Einstufung gemäß MAK-Liste Kat. 2 (krebserzeugend), EU-Richtlinie 67/548/EWG: K2. Die Abgabe von K. als Stoffe oder in Zubereitungen mit einem Massengehalt > 0,1 % an private Endverbraucher ist verboten. Derzeit wird ein Verbot vorbereitet, dass K. nicht mehr als Dämmstoffe und technische Isolierungen verwendet werden dürfen.

Keramische Fliesen K. werden eingeteilt nach dem Herstellungs- und Formgebungsverfahren sowie der Wasseraufnahme. Steinzeugfliesen haben z.B. eine Wasseraufnahme unter 2 %, Steingutfliesen von mehr als 10 %. Die Herstellung erfolgt trockengepresst oder stranggezogen. Die Höhe der Brenntemperatur bestimmt die Dichte des Scherbens und damit die Wasseraufnahme (Frostbeständigkeit). Je nach Ausgangsmaterial und Brenntemperatur erhält man Irdengut oder Steingut, das unterhalb, und Sinterzeug oder Steinzeug, das oberhalb der Sintergrenze gebrannt wurde.

Rohmaterial für K. sind Feldspat, →Ton, →Kaolin, →Quarzsand (für Fliesen mit hoher Wasseraufnahme: →Kreide). K. werden mithilfe von →Fliesenklebstoffen im →Dünn-, →Mittel- oder →Dickbettverfahren verlegt.

Keramische Fliesen werden nach ihrer Abriebfestigkeit gem. DIN EN 176 klassifiziert von Gruppe I (geringste Abriebfestigkeit) bis Gruppe V (höchste Abriebfestigkeit):

– Abriebgruppe I: Fliesen der Abriebgruppe I eignen sich als Belag für leicht beanspruchte Böden, die vorwiegend mit weich besohltem Schuhwerk begangen werden und keiner kratzenden Verschmutzung standhalten müssen. Hierzu zählen die Schlaf- und Sanitärräume im privaten Wohnbereich mit niedriger Begehungsfrequenz. Produkte dieser Beanspruchungsgruppe sind jedoch heute nur noch selten im Angebot.
– Abriebgruppe II: Fliesen der Abriebgruppe II widerstehen der Beanspruchung durch normales Schuhwerk unter geringer Einwirkung kratzender Verschmutzung und bei geringer Begehungsfrequenz. Einsatzbeispiele: privater Wohnbereich außer Küchen, Treppen, Terrassen und Loggien.
– Abriebgruppe III: Bei mittlerer Begehungsfrequenz im gesamten Wohnbereich einsetzbar sind glasierte Steinzeugfliesen der Gruppe III, die auch auf Balkonen verlegt werden können.
– Abriebgruppe IV: Noch stärker beanspruchbar sind Fliesen der Gruppe IV. Sie widerstehen der Beanspruchung durch normales Schuhwerk unter Einwirkung von hereingetragenem Schmutz auch bei stärkerer Begehungsfrequenz und eignen sich so ohne jede Einschränkung für den Einsatz im privaten Wohnungsbau wie auch öffentlichen Gebäuden sowohl innen als auch außen.
– Abriebgruppe V: Für Anwendungsbereiche mit sehr starkem Publikumsverkehr stehen Fliesen der Abriebgruppe V mit sehr hohem Verschleißwiderstand zur Verfügung. Sie werden in erster Linie in Ladenlokalen, Hotels, Gastronomiebetrieben und ähnlichen Bereichen eingesetzt.

Die Herstellung von K. ist im Vergleich zur Herstellung anderer Bodenbeläge mit einem hohen Energiebedarf verbunden. Je höher die Brenntemperatur und je länger die Brenndauer, desto höher ist der Energieaufwand. Die Emission von Schadstoffen und der Primärenergiebedarf sind je nach technischem Stand des Herstellerwerkes und Qualität des Ton-/Lehmgemisches sehr unterschiedlich, tendenziell aufgrund des Brennprozesses aber eher hoch. Insbesondere werden Schwefeldioxid und Fluorwasserstoff, das auf Pflanzen toxisch wirken kann, freigesetzt. Diesen Umweltbelastungen aus der Herstellung steht eine sehr lange technische Lebensdauer gegenüber. Wenn die Fliesen mit emissionsarmen Fliesenklebstoffen verlegt wurden, sind keine Schadstoffemissionen während der Nutzung zu erwarten. Gelegentlich können K. erhöhte radioaktive Eigenstrahlung aufweisen (→Radioaktivität von Baustoffen). Die Deponierung erfolgt auf Inertstoffdeponien. →Steingutfliesen, →Irdengutfliesen, →Steinzeugfliesen, →Klinker

Keramische Spaltplatten →Klinker

Kernholz K. ist der verkernte innere Holzteil von Kernholzarten. K. hat eine dunkle Farbe, der Wassergehalt ist im Vergleich zu →Splintholz gering. K. ist von hoher Festigkeit, Dichte und Dauerhaftigkeit und wird daher bevorzugt als Bauholz (z.B. Fenster) verwendet.

Kesseldruckimprägnierung →Holzschutzmittel

Ketone K. wie Methylethylketon (MEK) und Cyclohexanon sind Bestandteile vieler lösemittelhaltiger Zubereitungen, insbesondere Lacke. Benzophenon und Cyclohexanon stellen Sekundäremissionen aus UV-gehärteten Lacksystemen dar. K. sind häufig schon in niedrigen Konzentrationen an ihrem charakteristischen, durchdringend-fruchtigen Geruch erkennbar. K. sind neurotoxisch, wirken reizend auf die Augen und haben in höheren Konzentrationen eine narkotisierende Wirkung. Zur relativen Toxizität der K. →NIK-Werte: Je geringer der NIK-Wert, umso höher ist die Toxizität und umgekehrt.

Ketoxime →2-Butanonoxim

KI →Kanzerogenitätsindex

Kiefer →Splint- und →Kernholz sind farblich deutlich unterschieden. Das Splintholz ist gelblichweiß bis rötlichweiß, das Kernholz frisch rötlichgelb, rötlichbraun bis rotbraun, nachdunkelnd. K. zeigt eine markante gestreifte bzw. gefladerte Zeichnung. K. ist ein mittelschweres, mäßig hartes, harzhaltiges Holz mit guten Festigkeits- und Elastizitätseigenschaften, wenig schwindend und mit gutem Stehvermögen. Eine Behandlung der Oberflächen ist unproblematisch. Das Kernholz ist gut dauerhaft, das Splintholz dagegen nicht witterungsfest und außerdem stark bläueempfindlich, jedoch leicht zu imprägnieren. Bei der Verarbeitung ist auf Schutz vor →Holzstaub (krebsverdächtig) zu achten. K. ist ein stark harzhaltiges Holz. Die in den ätherischen Ölen enthaltenen →Terpene können zu erheblichen Emissionen in den Innenraum führen.
K. findet Verwendung als Bau- und Konstruktionsholz im Hoch, Tief- und Wasserbau, außerdem für Rammpfähle, Masten, Palisaden und Pfähle, ferner für Fenster, Türen, Tore und Fassadenelemente. Als Ausstattungsholz ist K. sehr beliebt für →Möbel und im Innenausbau für Bekleidungen, Treppen und Fußböden. Andere bevorzugte Verwendungsbereiche sind Eisenbahnschwellen für U-Bahnen, Kisten und Gussmodelle. K. ist die wichtigste Holzart zur Herstellung von →Holzwerkstoffplatten.

Kiese K. sind natürliche Gesteine der Korngröße 4 bis 32 mm. Über 32 mm spricht man von Grobkies bzw. Schotter, unter 4 mm von →Sand. Die mineralische Zusammensetzung des Ausgangsmaterials und das Ausmaß seiner Verwitterung bestimmen in erster Linie, welche Minerale in den Kiesfraktionen enthalten sind. Die Nutzung der Kiesvorkommen erfolgt im →Tagebau (Trocken- oder →Nassabbau). Gewonnen wird so genannter „Rohkies", der anschließend gewaschen und von unerwünschten Bestandteilen getrennt wird. Dann erfolgt in großen Siebmaschinen ein Aufteilen in verschiedene Korngrößen. K. wird als wichtiger Rohstoff für die Bauindustrie in großen Mengen benötigt: als Zuschlagstoff, Rollierung, Drainage oder Auflage auf Flachdächern.
Bei der Gewinnung von Sanden und Kiesen entstehen große, tiefe Gruben, die starke Eingriffe in Natur und Landschaft darstellen. Heute wird daher bereits bei der Genehmigung des Abbaus die Art der →Rekultivierung oder →Renaturierung nach Ende der Abbautätigkeit festgelegt. Die nutzbaren Ressourcen von K. und Sand sind erschöpft: Lediglich ein Drittel der K.-Vorkommen stehen irgendwann zum Abbau zur Verfügung, die restlichen Vorkommen stehen Vorgaben des Grundwasser- und Landschaftsschutzes oder eine Bebauung der Nutzung entgegen. Trotz großer theoretischer Vorkommen ist daher eine Substitution von Sanden und Kiesen durch →Sekundärrohstoffe aus mineralischem Abbruchmaterial von großer Bedeutung. →Nassabbau und Abbau in ökologisch sensiblen Flusslandschaften sollte nach Möglichkeit vermieden werden. →Mineralische Rohstoffe, →Tagebau

Kieselgel →Steinfestiger

Kieselgur Ein natürliches Kieselgel, in Binnenseen oder Mooren hauptsächlich aus den Kieselschalen abgestorbener Diatomeen (Kieselalgen), aus organischen Bestandteilen und aus Sand entstandenes Sedimentgestein. Mit Aufkommen der Dampfzentralheizungen gegen Ende des 19. Jahrhunderts bis etwa 1950 wurde K. (Diatomeenerde) zur Isolierung von Heizungsleitungen verwendet. Vor Ort wurde zur Erhöhung der Festigkeit →Asbest beigemischt.

Kieselsäure K. ist eine sehr schwache Säure des Siliciums – oder anders ausgedrückt die wasserhaltige Form von Siliciumdioxid. Siliciumdioxid kommt in der Natur als Sand oder →Quarz vor. K. ist ungiftig und wird z.B. als Füllstoff von Kautschuken oder als Zusatz in Zahnpasta verwendet. K. wird auch als mattierender Füllstoff (Mattierungsmittel) in Lacken eingesetzt.

Kieselsäuretetraethylester →Tetraethylsilikat, →Steinfestiger

Kirsche Der schmale Splint ist gelblich bis rötlichweiß, das →Kernholz im frischen Zustand nur wenig dunkler, gelblich- bis hellrötlichbraun, unter Lichteinfluss jedoch zu einem warmen rötlichbraunen bis hellgoldbraunen Alterston nachdunkelnd. K. ist feinporig und mit zarter, bisweilen geflammter Zeichnung. Es ist ein besonders dekoratives, Eleganz ausstrahlendes Holz.

K. ist ein mittelschweres Holz mit guten Festigkeits- und Elastizitätseigenschaften und mäßig schwindend. Gedämpft ist K. ausgezeichnet zu biegen sowie gut zu polieren, zu beizen und zu färben. Die Oberflächenbehandlung ist problemlos. Das Holz ist nicht witterungsfest. Bei der Verarbeitung ist auf Schutz vor →Holzstaub (krebserzeugend gem. →TRGS 906) zu achten.

K. ist ein ausgesprochenes Ausstattungsholz und findet Verwendung massiv und als Furnier vorrangig im Möbelbau sowie im anspruchsvollen Innenausbau für Wand- und Deckenbekleidungen, Türen, Parkettböden (→Holzparkette), Treppen und Einbaumöbel von Geschäfts- und Repräsentationsräumen. Es ist ein beliebtes Drechsler- und Schnitzereiholz, insbesondere für kunstgewerbliche Gebrauchsartikel.

Kitte K. sind meist fester als →Klebstoffe, dienen vorrangig zum Verkleben von Materialien, füllen aber auch Risse, Sprünge und Löcher. Sie können nach ihren allgemeinen Bindungsmechanismen in drei Hauptgruppen eingeteilt werden: Schmelz-K. sind feste, beim Erwärmen schmelzende und ohne Substanzverlust wieder erstarrende Substanzen. Hierzu gehören z.B. Harz-, Wachs- und Asphalt-K. Bei Abdunst-K. sind die verbindenden, festen Kittsubstanzen in einem verdunstenden Lösemittel gelöst (z.B. alkoholische Schellacklösungen). Reaktions-K. sind teigige Stoffgemische, die aufgrund chemischer Reaktionen erstarren. Hierzu gehören z.B. Gips, Wasserglas-, Epoxidharz-, Silikon-, Polyurethan- und Polysulfid-K. Die Eigenschaften dieser K. lassen sich durch Additive (→Weichmacher, →Stabilisatoren u.a.) variieren. Nach den Hauptbestandteilen lassen sich K. wie folgt unterteilen: Leim-, Eiweiß-, Stärke-, Gummi arabicum-, Harz-, Wachs-, Kautschuk-, Leinöl-, Kalk-, Gips-, Magnesia-, Wasserglas- u.a. K. Nach dem Anwendungsbereich unterscheidet man z.B. Fenster-, Porzellan-, Leder- oder Horn-K. Bestimmten K. wurde früher zur Erhöhung der Festigkeit →Asbest zugesetzt (→Asbestkitte). →Leinölkitt, →Ölkitt

Klarlacke K. sind unpigmentierte →Lacke.

Klebemörtel K. sind kunststoffvergütete Zementmörtel (ca. 1 – 2 % Kunststoffanteil). Der Kunststoffzusatz soll den Mörtel fließfähiger halten. Als Kunststoffe werden Vinylacetat-Ethylen-Copolymere oder →Acrylharze eingesetzt. Das Produkt enthält Zement: Beim Umgang mit K. müssen aufgrund der Alkalität und der mechanischen Reibwirkung Schutzmaßnahmen getroffen werden (feuchtigkeitsdichte Handschuhe, Hautschutzmaßnahmen). Da die Reduktionsmittel zur Herabsetzung des Chromatgehalts im Zement begrenzte Wirkungsdauer haben, ist das Verfalldatum unbedingt zu beachten. Emissionen von Monomeren aus den Kunststoffmodifikationen sind möglich. →Dünnbettverfahren, →Mittelbettverfahren, →Dickbettverfahren

Klebeparkette K. sind kleine massive Holzstücke, die zu Verlegeeinheiten zusammengesetzt und dann roh vollflächig verklebt werden. Anschließend werden sie geschliffen und oberflächenbehandelt. Das verbreitetste K. ist →Mosaikparkett, zunehmend findet auch →Industrieparkett Verbreitung. →Massivparkette, →Holzböden, →Parkettklebstoffe, →Parkettversiegelungen, →Ölen und Wachsen

Kleber K. ist eine auch in der Fachwelt eingebürgerte, umgangssprachliche Bezeichnung für →Klebstoffe.

Klebhilfsstoffe →Additive

Klebstoffe K. sind flüssige, halbflüssige und pastenartige Werkstoffe, die verschiedene Teile aufgrund von Adhäsion (Flächenhaftung) oder Kohäsion (innere Verfestigung) verbinden, ohne dass sich das Gefüge der Körper wesentlich ändert. K. ist ein Oberbegriff und schließt andere gebräuchliche Begriffe für K.-Arten ein, wie z.B. →Leime, →Kleister, →Dispersions-K. etc. K. werden nach Bindemittel (z.B. Stärkekleister, Kunstharz-K.), Verarbeitungsbedingungen (z.B. Kaltleim, →Schmelzklebstoff) oder Verwendungszweck (z.B. →Holzleim, Metall-Klebstoffe, Tapetenkleister) gekennzeichnet. Nach dem Prinzip der Abbindung erfolgt die Einteilung der K. in physikalisch härtende K. (→Lösemittel-Klebstoffe oder →Dispersionsklebstoffe), chemisch härtende K. (→Reaktions-K.) und nichthärtende K. (→Haftklebstoffe).

Unter gesundheitlich-ökologischen Gesichtspunkten lassen sich die am Bau relevanten K.-Typen wie folgt unterteilen:

- Stark lösemittelhaltige Syntheselatex-K. mit über 65 % Lösemittelgehalt
- Lösemittelhaltige Kunstharz- und/oder Naturharz-K. (→Lösemittel-K.) mit bis zu 20 % Lösemittelgehalt. Meist werden im Vergleich zu Lacken umweltbelastendere Lösemittel verwendet. Es kommen auch chlorierte Kohlenwasserstoffe wie z.B. →Dichlormethan zum Einsatz.
- Lösemittelarme →Dispersions-K. (Lösemittelgehalt meist unter 5 %). Lösemittelarm sind auch die →Kontakt-K. auf wässriger Basis.
- Lösemittelfreie →Dispersions-K. (insbes. für Bodenbeläge)
- Lösemittelfreie klebstoffbeschichtete Verlegeunterlagen in Form von Netzen, Fliesen und Klebebandmaterialien sowie Fixierungen (→Haftvliese, →Teppichbodenfixierungen)
- Reaktions-K. auf Basis von →Polyurethanen und Epoxiden. Diese K. enthalten zwar keine Lösemittel, dafür aber bedenkliche Härter-Chemikalien und Bindemittelkomponenten.
- Tapetenkleister auf Zellulose- oder Stärkebasis

Von →Pflanzenchemieherstellern werden Klebstoffe weitgehend auf Naturstoffbasis angeboten, z.B. Korkklebstoffe, Teppich- und Linoleumklebstoffe, Papierklebstoffe und Tapetenkleister (→Kleister).

Die Eigenschaften der K. (Flexibilität, Hitzebeständigkeit, Viskosität, Härtungsvermögen, Haltbarkeit) werden noch durch Härter, Vernetzer, →Weichmacher, Füllstoffe, Haftvermittler, Verdicker, Aktivatoren, →Konservierungsmittel und →Alterungsschutzmittel beeinflusst. Härter und Vernetzer bewirken eine Vernetzung des Klebstoffes, Vernetzer sind allerdings auch am Aufbau der Polymerstrukturen beteiligt. Weichmacher (hauptsächlich Phthalsäureester) verleihen harten oder spröden Klebstoffschichten elastische Eigenschaften. Als Füllstoffe werden meist feste, anorganische Substanzen verwendet wie Kieselsäure, Quarzmehl, Kreide, Leicht- und Schwerspat. Als Haftvermittler dienen vor allem niedermolekulare Stoffe wie Titanate, Chlorsilane und Chromkomplexe ungesättigter Carbonsäuren. Die Jahresproduktion der K. in Deutschland beläuft sich auf mehr als 500.000 t (zzgl. ca. 500.000 t/a Formaldehyd-Harze). Für die unterschiedlichsten Anwendungen bieten K.-Hersteller über 25.000 verschiedene Produkte an. 30 % des Gesamtklebstoffverbrauches entfällt auf den Bausektor. Vor allem zum Kleben von Boden- und Wandbelägen werden große Mengen an K. benötigt, die jeden anderen Anwendungsbereich mengenmäßig weit übersteigen.

Die Chemie der Klebstoffe ist ein sehr umfangreiches Gebiet. Daher ist es beinahe unmöglich, auf alle Aspekte einzugehen. Die Umwelt- und Gesundheitsrelevanz der verschiedenen K. hängt vor allem von den verwendeten →Lösemitteln und sonstigen Grundstoffen ab. Beim Kleben ist immer auf ausreichende Lüftung zu achten. Ein wichtiger Aspekt ist die Abgabe flüchtiger organischer Substanzen (→VOC) während der Verarbeitung und des Abbindens. Bei den →Lösemittel-K. handelt es sich vorwiegend um eine Belastung durch die verwendeten Lösemittel (Emissionen ca. 44.000 t/a). Die Raumluftkonzentrationen bei der Verarbeitung und danach können hohe Werte erreichen, insbesondere bei großflächigem Einsatz wie dem Verkleben von →Bodenbelägen. Für praktisch alle Anwendungsbereiche stehen lösemittelarme bzw. -freie →Dispersions-K. zur Verfügung.

In Deutschland ist der Ersatz lösemittelhaltiger K. in der Technischen Regel für Gefahrstoffe 610 „Ersatzstoffe und Ersatzverfahren für stark lösemittelhaltige Vorstriche und Bodenbelagsklebstoffe für den Bodenbereich" (→TRGS) geregelt. Laut TRGS 610 sind klimatische Gründe (z.B. zu hohe Luftfeuchtigkeit) oder ein dichter oder feuchtigkeitsempfindlicher Untergrund keine ausreichende Begründung für die Verwendung stark lösemittelhaltiger Klebstoffe. Sowohl das Raumklima als auch der Untergrund können durch geeignete Vorbereitungen optimal für den Einsatz lösemittelarmer oder -freier Produkte verändert werden (Lüften oder Heizen, Spachteln des Unterbodens in ausreichender Dicke). Stark lösemittelhaltige Bodenbelagsklebstoffe können noch erforderlich sein bei PVC/Gummiprofilen, formvorgebenden Untergründen, z.B. Treppen, und in anderen besonderen Fällen, z.B. bei verformten Belagsfliesen. Es sollten dann zumindest toluolfreie (besser noch aromatenfreie) Produkte verwendet werden. Bei den Reaktions-K. werden hochreaktive →Monomere/→Oligomere freigesetzt. Eine Aufnahme über die Atemwege oder die Haut ist möglich. Die Dispersions-K. stellen eine weitaus ungefährlichere Alternative dar, da sie lösemittelarm und weitgehend frei von →Restmonomeren sind. Allerdings ist hier, wie auch bei den →Kleistern und →Leimen, auf die eingesetzten Konservierungsmittel zu achten.

Aus gesundheitlicher Sicht sollten eingesetzt werden:

- Lösemittelfreie oder -arme Dispersions-K., bei denen die Grundstoffe in Wasser gelöst sind
- Natur-K. auf der Basis von Naturprodukten wie Stärke, Kasein, Naturkautschuk, Terpentinöl. Diese K. haben jedoch meist eine verringerte Klebkraft und sind daher nur eingeschränkt am Bau anwendbar.
- Klebstoffe, die in Pulverform angeboten werden, benötigen weniger Konservierungsstoffe und erfordern keine Zugabe von organischen Lösemitteln (→Pulver-K.).

Es ist empfehlenswert, ausschließlich emissionskontrollierte K. zu verwenden (z.B. →EMICODE).

Kleister K. bestehen im Wesentlichen aus Stärke (→Stärkekleister) oder Celluloseethern (→Methylcellulose, →Cellulosekleister), die in Wasser gequollen werden. Zur Beständigkeitserhöhung der Verklebung gegen Wasser kann ein geringer Anteil Formaldehyd-Harz enthalten sein. Daneben enthalten die meisten K. →Konservierungsmittel, insbesondere →Formaldehyd (Formaldehyddepotstoffe). Die K. werden vor allem zum Verkleben von →Tapeten, verdünnt zum Vorkleistern (Grundieren) vor Anstrichen und als Farbbindemittel verwendet. Zum Verkleben von schweren, kaschierten Tapeten wie →Vinyltapeten und →Textiltapeten werden Spezialkleister, bei denen Dispersionen von →Polyvinylacetat die Klebkraft erhöhen, angeboten.

Fertig angerührte K. enthalten immer ein Konservierungsmittel, weil sie sonst im Gebinde zu schimmeln beginnen. Die meisten K. sind im Vergleich zu anderen →Klebstoffen umwelt- und gesundheitsverträglich. Aus ökologischer Sicht ist der Einsatz von Stärke- oder Cellulosekleistern ohne Kunstharze, Konservierungsmittel und sonstige Additive empfehlenswert. Bei den meisten dampfdiffusionsoffenen Tapeten reicht normaler Kleister ohne Zusätze völlig aus. Bei schweren →Papiertapeten hilft oft ein wasserärmeres Mischungsverhältnis (1:50 bis 1:20) und entsprechende Grundierung (→Flüssigmakulatur).

Klimaanlagen →Raumlufttechnische Anlagen

Klimamembran →Feuchteadaptive Dampfbremsen

Klinker K. und Spaltplatten gehören zu den grobkeramischen Produkten. Sie werden aus rot- oder weißbrennenden Tonen mit einem hohen Anteil an Feldspat und gemahlener Schamotte im Strangpressverfahren geformt, getrocknet und bei ca. 1.200 °C im Tunnelofen gebrannt. Die zunächst paarweise Rücken an Rücken geformten Spaltplatten werden nach dem Brennen zu Einzelplatten gespalten. Die Oberflächen können glasiert werden. Die Wasseraufnahme von K. und Spaltplatten liegt unterhalb von 6 %. Spaltplatten und Spaltplattenformteile (z.B. Hohlkehlen, Kehlsockel, Schenkel) werden als frost- und säurebeständige Wand- und Bodenbeläge für den Schwimmbecken-, Fassaden- und Behälterbau verwendet.

KMF →Künstliche Mineralfasern

KMF-Produktfasern Gem. VDI-Richtlinie 3492 Bl. 2 „Messen von Innenraumluftverunreinigungen – Messen anorganischer faserförmiger Partikel" werden Fasern in drei Gruppen eingeteilt:

- Asbestfasern
- Calciumsulfatfasern (Gipsfasern)
- Sonstige anorganische Fasern

In der Gruppe „sonstige anorganische Fasern" werden alle Fasern zusammengefasst, die nicht als Asbest- oder Calciumsulfatfasern identifiziert werden können. →Künstliche Mineralfasern (KMF) sind eine Teilmenge der sonstigen anorganischen Fasern. Die Eingrenzung einer bestimmten Gruppe sonstiger anorganischer Fasern wie z.B. KMF ist nur dann möglich, wenn die Herkunft dieser Fasern auf ein bestimmtes, am Ort der Luftmessung vorhandenes Produkt zurückgeführt werden kann. Hierzu werden von den am Ort der Luftmessung vorhandenen Mineralfaser-Produkten Materialproben entnommen (Referenzproben). Von den in den Materialproben enthaltenen KMF (Produktfasern) werden EDX-Spektren erstellt und mit den auf dem Messfilter der Raumluftprobe gefundenen, sonstigen anorganischen Fasern verglichen. Stimmen die Elementspektren gemäß den Vorgaben der VDI-Richtlinie 3492 Bl. 2 miteinander überein, fließen diese unter Beachtung der Faserzählregeln und der Definition für lungengängige Fasern in die Berechnung des Wertes für die Konzentration der →K. ein.

KMR-Stoffe Stoffe, die auf der Grundlage gesicherter wissenschaftlicher Erkenntnisse als krebserzeugend (K), erbgutverändernd (M = mutagen) oder fortpflanzungsgefährdend (R = reproduktionstoxisch) in einem der folgenden Verzeichnisse aufgeführt sind:

1. Gefahrstoffrecht:
   - Anhang I der RL67/548/EWG (gemäß § 5 der GefStoffV)
   - TRGS 905 (Verzeichnis krebserzeugender, erbgutverändernder oder fortpflanzungsgefährdender Stoffe). Die TRGS 905 führt Stoffe auf, für die der AGS eine von der RL 67/548/EWG abweichende Einstufung beschlossen hat. Für die in der TRGS 905 aufgeführten Stoffe wird eine EU-Legaleinstufung angestrebt.
   - TRGS 906 (Verzeichnis krebserzeugender Tätigkeiten oder Verfahren nach § 3 Abs. 2 Nr. 3 GefStoffV)
2. Empfehlungen:
   - MAK- und BAT-Werte-Liste der Senatskommission zur Prüfung gesundheitsschädlicher Arbeitsstoffe innerhalb der Deutschen Forschungsgemeinschaft DFG
   - WHO, IARC Monographs, Overall Evaluations of Carcinogenicity to Humans

KNR Das bundesweit arbeitende Kompetenzzentrum Bauen mit Nachwachsenden Rohstoffen (KNR) ist im Handwerkskammer Bildungszentrum Münster (HBZ) angesiedelt. Hauptziel ist es, Kenntnisse zum Bauen mit →Nachwachsenden Rohstoffen zu vermitteln. Auf diese Weise soll ein Beitrag geleistet werden, die Bekanntheit und die Verwendung von Bauprodukten aus nachwachsenden Rohstoffen zu steigern. Das KNR wendet sich mit seinen Angeboten an Architekten, Handwerker, Baustoffhändler und Verbraucher und bindet auch Herstellerfirmen in seine Arbeit ein. Das KNR unterstützt das Qualitätszeichen für geprüfte Bauprodukte aus nachwachsenden Rohstoffen →natureplus.

Koalesziermittel →Filmbildehilfsmittel

Körperschall K. breitet sich im Gegensatz zu →Luftschall in festen Medien aus. Während sich Luftschall in der Luft stets als Longitudinalwellen ausbreitet, sind in Feststoffen auch Transversal- und Biegewellen möglich. K. kommt im Zuge der Schallausbreitung in Gebäuden eine maßgebliche Bedeutung zu. Damit K. im Rahmen bauakustischer Betrachtung zum Tragen kommt, ist der Übergang von Körperschall zum Luftschall notwendig. Erst dann kann das Schallfeld im menschlichen Ohr Schallwahrnehmung auslösen. →Trittschallschutz, →Schallschutz

K

Kohlendioxid K. ist ein wesentlicher Leitparameter für die Luftqualität in →Innenräumen und auch ein Maß für die Effektivität der Raumlüftung. Quelle für K. in Innenräumen ist der Mensch selbst mit K. als Produkt der Atmung. Bei normaler Bürotätigkeit gibt der Mensch ca. 20 l K./h ab. Weitere Quellen sind Verbrennungsprozesse wie Tabakrauch, das Abbrennen von Kerzen sowie der Betrieb von Heiz- und Kochgeräten mit offener Flamme. Bei unzureichender Lüftung und/oder hoher Belegung können in Innenräumen K.-Konzentrationen bis auf mehrere Vol.-% ansteigen, was zu einer Beeinträchtigung des Wohlbefindens führt. In Extremfällen kann sogar der (für Innenräume nicht anwendbare) →MAK-Wert von 5.000 ml/m³ = 0,5 % (= 9.100 mg/m³) überschritten werden.

Mit dem Anstieg der K.-Konzentration ist auch ein Anstieg der Geruchsintensität und anderer menschlicher Ausdünstungen verbunden. Daher eignet sich die K.-Konzentration der Raumluft als Indikator für die Feststellung und Bewertung von durch Personen bedingten Luftverunreinigungen. Folgende Stoffe wurden als Bestandteil von Körperausdünstungen festgestellt: Acetaldehyd, Allylalkohol, Essigsäure, Amylalkohol, Diethylketon, Ethylacetat, Phenol und Toluol. Als hygienischer Richtwert in Innenräumen gilt ein Wert von 0,1 Vol.-% (1.000 ppm). Klagen über unzureichende Raumluftqualität beginnen jedoch häufig schon bei Konzentrationen zwischen 700 und 800 ppm. Die K.-Konzentration in der Außenluft ist in den letzten 100 Jahren von ca. 250 ppm auf ca. 350 ppm angestiegen und stellt die in Innenräumen anzutreffende Grundbelastung dar. K. ist das wichtigste Treibhausgas und trägt mit über 50 % zum globalen Treibhauseffekt bei.

Tabelle 69: K.-Konzentrationen in der Außen- und Innenraumluft (Oettel, 1974)

Bereich	**K.-Konzentration [Vol.-%]**
Außenluft (Tag)	0,03
Außenluft (Nacht)	0,04
Stadtluft	0,04 – 0,05
Pettenkofer-Richtzahl	0,1
Richtwert für Innenräume nach DIN 1946	0,15
MAK-Wert	0,5
Kopfschmerzen, Müdigkeit, Atembeschwerden	3,0 – 4,0
Exhalation (Ausatemluft)	3,0 – 5,0

Kohlenmonoxid K. (Kohlenoxid, Kohlenstoffmonoxid) ist ein farbloses, geruchloses, geschmackloses und stark giftiges Gas. Es entsteht hauptsächlich bei unvollständiger Verbrennung kohlenstoffhaltiger Materialien. Der K.-Gehalt der Außenluft liegt in ländlichen Gegenden weit unter 1 mg/m³, in Ballungsgebieten im Bereich von etwa 1 – 2 mg/m³ Spitzenwerte (während des Berufsverkehrs weit darüber). Wichtige Quellen in →Innenräumen sind Gasherde, undichte Schornsteine und schlecht ziehende Öfen und Kamine. Tabakrauch führt ebenfalls zu einer erhöhten K.-Exposition. Deutlich erhöhte K.-Konzentrationen wurden in Indoorkarthallen gemessen. K. ist ein starkes Atemgift und wird ca. 220-mal stärker am Hämoglobin des Blutes gebunden als Sauerstoff. Je nach K.-Konzentration im Blut kommt es zu Sehstörungen, Kopfschmerz, Mattigkeit und Schwindel. Höhere Konzentrationen führen zu Lähmungen und schließlich zum Tod. MAK-Wert: 30 ml/m³ = 35 mg/m³; weitere Grenzwerte: →Innenraumluft-Grenzwerte. K. spielt außerdem bei der fotochemischen Bildung von bodennahem →Ozon im globalen und kontinentalen Maßstab eine bedeutende Rolle (→Sommersmog).

Kohlenwasserstoffe K. (Abk. KW) sind eine große Gruppe von Stoffen, die aus Kohlenstoff- und Wasserstoff-Atomen bestehen. Unterschieden werden u.a.: aliphatische K. (z.B. →Hexan, →Pentan,), aromatische K. (z.B. →Benzol, →Toluol), →Polycyclische aromatische K. (PAK) und Halogen-K. (→Chlorierte K. = CKW; Fluorchlor-K. = →FCKW; teilhalogenierte K. = →HFCKW). K. sind wichtige Ausgangs- bzw. Zwischenprodukte für zahlreiche Syntheseprodukte wie Kunststoffe und Kunstharze und sind Bestandteil vieler →Lösemittel. Kurzkettige aliphatische K. haben eine narkotische Wirkung. Ein Teil der aromatischen K. ist krebserzeugend.

Kokosfasern Die ca. 30 m hohe Kokospalme (Cocos nucifera) ist eine der nützlichsten Tropenpflanzen. Die Kokosfrüchte (Kokosnüsse) sind botanisch gesehen Steinfrüchte. Als K. (Coir) werden die braunen, leichten und widerstandsfähigen Hartfasern von der äußeren Schale der Kokosnuss bezeichnet. Die Faserschicht wird gleich nach der Ernte vom Steinkern entfernt und von den Plantagen zu den Küstenregionen transportiert, wo sie sechs bis neun Monate lang mit Steinen beschwert einem Röstprozess im Meerwasser ausgesetzt sind. Dabei zersetzen sich alle fäulnisanfälligen Stoffanteile („Rösten"). Danach wird das Fasergewebe in klarem Wasser gespült und mit Rundhölzern geklopft. Dadurch lösen sich die Fasern von anhängenden Gewebezellen und werden geschmeidig. Zur Gewinnung von 1 t Fasern müssen 13.000 Steinfrüchte aufgearbeitet werden. In den Philippinen werden die Fasern in einer Hammermühle-ähnlichen Maschine (Decorticator) gewonnen. Die Faserhüllen werden dabei durch eine mit Schlagarmen besetzten Welle aufgeschlagen. Es entsteht Staub (ca. 65 %) und ein Fasergemisch „mixed fibers". In der Regel sind für gute und staubfreie Fasern zwei Durchgänge erforderlich. Abschließend trocknen die gewonnenen K. an der Sonne oder auch in mit landwirtschaftlichen Abfallprodukten beheizten Trocknern. In Ländern wie Indien und Sri Lanka wird ein Großteil der Fasern durch maschinelles Auskämmen (Defibrator oder Sri Lanka Drum) der Faserhüllen gewonnen. Damit können die langen und dicken Fasern (bristle fibers) abgetrennt werden. Der Rest wird als „mattress fibers" bezeichnet. Jährlich finden bis zu vier Ernten statt. Vier Fünftel der gesamten Kokosnussernte auf den Philippinen sind für den Export bestimmt, besonders Kopra (getrocknetes Fleisch der Kokosnuss) wird als Tierfutter in den reichen Ländern benötigt. Die K. selbst lassen sich oft nicht verkaufen und werden als Brennstoff zum Trocknen der Kopra oder als Düngemittel verwendet. Nur eine sehr geringe Menge der anfallenden K. wird auch verwertet (z.B. auf den Philippinen: 15.000 von theoretischen 1,1 Mio. t pro Jahr).

Die K. sind elastisch, sehr strapazierfähig, scheuer- und verottungsfest. K. werden zu Garnen versponnen und schließlich zu Stricken, Matten, Bürsten, Besen und →Teppichböden verarbeitet. Die Kurzfasern dienen als Polstermaterial z.B. für Matratzen. Kokosmatten werden als K.-Dämmstoffe eingesetzt. Produkte aus K. sind pflegeleicht, schalldämmend, antibakteriell und antistatisch. Bei starker Nässeeinwirkung dehnen sich die K. und schrumpfen beim Trocknen wieder zusammen. Dies kann bei Teppichböden zur Wellenbildung führen. Materialien aus K. haben oft einen stroh- oder heuähnlichen Geruch.

Der Baumbestand wird durch die Ernte nicht beeinträchtigt, jedoch sind viele Kokospalmenbestände überaltert und zusätzlich verseucht. Das neue Hybriden-Pflanzgut gedeiht nicht ohne Gebrauch von Kunstdünger und Pestiziden. Die Anpflanzung von Kokosplantagen bis ins Inselinnere führte zur Zerstörung von Wäldern und Böden und des Landschaftsbilds.

Hinzu kommt die ökologische Problematik der Monokulturen, die starke soziale Abhängigkeit und schlechte Ernährungssituation der Kokos-anbauenden Länder durch eine einseitige Bebauung eines großen Teils der landwirtschaftlichen Nutzfläche mit einer ausgesprochenen Exportfrucht. Die Unfallgefahr bei der Ernte ist hoch, die Palmen werden meist ohne Sicherheitsgurte erklommen. Diese Umweltbedenken sind vor allem der Kopra zuzurechnen, da die K. nur ein Nebenprodukt, z.T. Abfallprodukt, der Kokosnussernte sind. Allerdings treten auch bei der Gewinnung der K. selbst Umweltbelastungen auf: Beim Rösten der K. werden Faulstoffe und toxische Materialien wie Schwefelwasserstoff-, Methan- und Phenolverbindungen in die Umwelt entlassen, die Pflanzen und Fauna schädigen. Studien zeigen, dass der pH-Wert von Wasser in Röstbereich deutlich niedriger ist als jener in unbelasteten Bereichen. Die Konzentration an Phosphaten, Nitraten und Schwefelwasserstoff ist höher. Die Anwesenheit von Schwefel verursacht eine schwarze Verfärbung des Wassers, welche die Lichtdurchlässigkeit erniedrigt und die Fotosynthese verhindert. Einen ökologischen Verrottungsprozess vorausgesetzt, sollte die Gewinnung der K. – im Fairtrade-Handel – eine ökologische Alternative für die ansässige Bevölkerung sein. →Natur-Dämmstoffe

Kokosfaserplatten Kokosfaser-Dämmstoffe bestehen aus →Kokosfasern, die in sich vernadelt werden. Als Brandschutzmittel werden →Ammoniumpolyphosphat, →Borate oder →Wasserglas verwendet. Kunststoffdispersionen (meist auf Basis von →Polyvinylalkohol) oder Naturlatex können als Bindemittel enthalten sein. Die Kokosfasern werden auf Schiffe verladen und nach Europa transportiert. Für den weiten Schifftransport kann eine Behandlung mit in Europa nicht mehr zugelassenen Bioziden erfolgen.

K. zeigen eine hohe Feuchtebeständigkeit und sind sehr verrottungsfest (sie werden deswegen z.B. auch zu Geotextilien oder Fußabstreifern verarbeitet. Erfahrungswerte geben für den Zeitraum bis zur Verrottung von Kokosgewebe unter gemäßigten klimatischen Verhältnissen fünf bis zehn Jahre an). Sie verfügen über gute Wärmedämmung (→Wärmeleitfähigkeit ca. 0,045 W/(mK), weisen aber auch sehr guten Trittschallschutz auf. K. werden daher vorzugsweise zur Trittschalldämmung eingesetzt. Ausreichend mit Brandschutzmittel versehene K. weisen die →Baustoffklasse B2 (normal brennbar) auf.

Die Gewinnung der Kokosfaser umreißt mehrere ökologische Fragestellungen, die hauptsächlich der als Tierfutter zum Export stehenden Kopra zuzurechnen sind. Stroh- oder heuähnlicher Geruch, beim Schneiden ist auf die Entstehung von Feinstaub zu achten, entsprechende Staubschutzmaßnahmen sind zu treffen. Die Anforderung eines aktuellen Prüfgutachtens bringt Sicherheit bezüglich allfälliger Pestizidbelastungen. Die Verwertung ist möglich, wenn die K. weder nass noch durch Abnutzung oder Verschmutzung unbrauchbar geworden sind. Die Entsorgung erfolgt in Müllverbrennungsanlagen.

Kokosrollfilz K. ist ein aus →Kokosfasern hergestellter Dämmfilz. Wegen der leichten Entflammbarkeit (→Baustoffklasse B3) darf nur mit →Flammschutzmittel versehener K. als Dämmstoff in Gebäude eingebaut werden. Das als Flammschutzmittel meist verwendete Ammoniumsulfat ist gesundheitlich unproblematisch. →Kokosfaserplatten, →Wärmedämmstoffe, →Natur-Dämmstoffe

Koloniebildende Einheit (KBE) Einheit, in der die Anzahl der anzüchtbaren (kultivierbaren) →Mikroorganismen ausgedrückt wird (DIN EN 13098). Eine KBE kann aus einem einzigen Mikroorganismus entstehen, einem Aggregat mehrerer Mikroorganismen oder aus Mikroorganismen, die an einem Partikel anhaften. Die Anzahl der gewachsenen Kolonien hängt von den Anzuchtbedingungen ab.

Kolophonium Der Name K. stammt von der Stadt Kolophon in Kleinasien, in der im Altertum Harz destilliert wurde. Beim Erhitzen von Kiefernharzen in geschlossenen Kesseln auf über 100 °C destillieren Wasser und →Terpentinöl, während die im Kessel zurückbleibende Schmelze bei der Abkühlung zu einer glasartigen Masse, dem K., erstarrt. Hauptbestandteil (bis zu 90 %) ist die Abietinsäure mit verschiedenen Isomeren (Dextropimarsäure, Laevopimarsäure usw.). Die Farbe von K. kann von hellgelb bis fast schwarz schwanken. Ursprünglich wurde K. fast nur aus →Terpentin gewonnen, heute erhält man steigende Mengen von K. durch Extraktion von Wurzelholz (Wurzelharz) und als Nebenprodukt der Sulfatzellstoffkochung. Naturbelassenes K. oder der durch einen Verkochungsprozess gewonnene Glycerinester des K. werden von →Pflanzenchemieherstellern als Bindemittel insbesondere für Anstrichstoffe verwendet. K. wird weiterhin für →Linoleum, als Zusatz zu Leimen und Papier sowie als Geigerharz genutzt. K. ist ein starkes Kontaktallergen.

Kolophonium-Glycerinester K. ist ein modifiziertes →Naturharz.

Komfortlüftungsanlagen K. sind →Lüftungsanlagen, die durch effiziente Wärmerückgewinnung einen möglichst geringen Energieverlust beim Lüften aufweisen. Meist wird die kalte Außenluft in einem Erdreich-Wärmetauscher (30 bis 40 Meter langes, in der Erde vergrabenes Rohr) vorgewärmt und gelangt zum Lüftungsgerät mit Luft/Luft-Wärmetauscher. Dort gibt der warme Abluftstrom aus Küche und Bad Wärme an die zugeführte Außenluft ab, die danach in einem Leitungsnetz als (warme, frische) Zuluft in die Aufenthaltsräume verteilt wird. Die im Wärmetauscher abgekühlte Abluft wird als Fortluft ins Freie geführt. In →Passivhäusern mit Heizleistungen von maximal 10 W pro m^2 Wohnnutzfläche genügt die K. für die Bereitstellung der benötigten Heizwärme. Lediglich an sehr kalten Tagen wird die Zuluft mit Nachheizregister oder Luft/Luft-Wärmepumpe auf maximal 50 °C erwärmt. Die positiven Aspekte einer kontrollierten Wohnraumlüftung sind:

- Gute Raumluft (auch bei Windstille oder bei geschlossenem Fenster im Schlafzimmer)
- Das Lüften geschieht automatisch.
- Zigarettenrauch und Gerüche werden abgeführt, ohne sich in Textilien festzusetzen.
- Die gefilterte Zuluft ist fast staubfrei. Allergiegefährdete Personen können Pollenfilter einsetzen.
- Lüftung ohne störenden Straßenlärm – ein unschätzbarer Gewinn in verkehrsreicheren Gebieten
- Geringere Heizkosten, da die Lüftungswärmeverluste rückgewonnen werden und die Frischluft schon vorgewärmt wird
- Geringe Schimmelgefahr
- Im Sommer kann mit der Zuluft gekühlt werden.
- Keine Belästigung durch Insekten
- Keine Zugluft beim Lüften

Die negativen Aspekte von K. sind möglicherweise Lärmbelästigungen und erhöhter Stromverbrauch bei schlecht eingestellten Anlagen. Gute K. haben dagegen einen sehr niedrigen Stromverbrauch und verursachen weder unangemessenen Lärm noch Zugluft. In der Heizperiode sollten die Fenster aber möglichst geschlossen bleiben, sie können natürlich trotzdem geöffnet werden, wenn die K. ausreichend dimensioniert ist. Außerhalb der Heizperiode kann ganz auf Fensterlüftung umgestellt werden.

Kompositzement K. ist →Zement aus 20 – 64 % Portlandzementklinker und 36 – 80 % Zusatzstoffe aus →Hüttensand, →Puzzolane und →Flugasche.

Kondensat innerhalb der Konstruktion K. ist eine natürliche Konsequenz der →Dampfdiffusion durch die Gebäudehülle, sobald die Temperatur den →Taupunkt unterschreitet. Wenn folgende Bedingungen erfüllt werden, richtet das anfallende Tauwasser keinen Schaden an:

- Die Baustoffe, die mit Tauwasser in Berührung kommen, dürfen nicht geschädigt werden (z.B. durch Korrosion oder Pilzbefall).
- Das während der Tauperiode (Winter bzw. Heizperiode) im Inneren des Bauteils anfallende Wasser muss während

der Verdunstungsperiode (Sommer) wieder an die Umgebung und den Wohnraum abgegeben werden können.
- Die Tauwassermenge darf 1 kg/m² (DIN) bzw. 0,5 kg/m² (ÖN) nicht überschreiten. Tritt Tauwasser an der Grenzfläche von nicht kapillar saugenden Schichten auf, so darf die Tauwassermenge auch nach DIN den Betrag von 0,5 kg/m² nicht überschreiten. Die Tauwassermenge kann mit dem →Glaser-Verfahren bestimmt werden.
- Bei Holz ist eine Erhöhung des massebezogenen Feuchtegehalts um mehr als 5 %, bei Holzwerkstoffen um mehr als 3 % nicht zulässig.

Ursache für schädliches Kondensat in der Konstruktion ist meistens eine ungünstige Schichtenfolge der Baustoffe. An den stärker dampfbremsenden Baustoffschichten staut sich der Wasserdampf und fällt als Tauwasser aus. Bei der Planung und Herstellung von Bauteilen ist daher darauf zu achten, dass der →Dampfdiffusionswiderstand der einzelnen Materialien von innen nach außen abnimmt. Damit kann außen mehr Dampf abgeführt werden, als vom Innenraum zuströmt, und es entsteht kein schädliches Kondensat. Idealerweise werden die äußeren Schichten (ab Dämmstoffebene) diffusionsoffen ausgeführt (z.B. hinterlüftete Fassade), da derartige Konstruktionen ein sehr hohes Austrocknungspotenzial besitzen und damit bauphysikalisch sicher sind. Bei dickeren Innendämmungen wird schon unter ganz normalen Temperaturbedingungen der Taupunkt im Wandquerschnitt erreicht. Gegen die Wanddurchfeuchtung mit kondensiertem Wasserdampf hilft in diesem Fall nur eine →Dampfsperre, ein Dämmstoff mit hohem Diffusionswiderstand wie z.B. →Schaumglas-Dämmplatten oder ein Dämmstoff mit hoher →Kapillarleitfähigkeit (→Kapillar aktive Dämmplatten).

Kondensatoren K. bestehen aus einem System von elektrischen Leiterplatten, zwischen denen sich ein Isoliermaterial, das Dielektrikum, befindet. Die Aufgabe von K. besteht darin, elektrische Ladungen zu speichern und diese bei Bedarf wieder abzugeben. Leistungs-K. in →Leuchtstofflampen kompensieren induktive Blindleistung und steigern den Wirkungsgrad. Bis 1982 wurden als Dielektrikum →Polychlorierte Biphenyle (PCB, bis ca. 300 g PCB je K.) eingesetzt. PCB-haltige K. wurden auch in elektrischen Hausgeräten verwendet, z.B. in Waschmaschinen, Spülmaschinen, Pumpen, Lüftern u.a. Folgende Kürzel (Tränkmittel-Bezeichnungen) weisen auf ein PCB-haltiges Tränkmittel hin: C, C2, CP CD, 76C, A30, A40, C100, C125, C180, CAP40, 8D, 9D, 3LP sowie die Bezeichnungen Clophen und Chlordiphenyl (s. Tabelle 70). Durch Leckage oder Explosion PCB-haltiger K. kann es zu einer erheblichen Kontamination des Raumes kommen. Verbot der Verwendung PCB-haltiger Kondensatoren gem. GefStoffV:
- Mehr als 100 ml: 2010 bzw. bis zur Außerbetriebnahme
- Bis 100 ml: bis zur Außerbetriebnahme

Als Ersatzstoff für PCB in Klein-K. wird überwiegend Epoxidharz verwendet.

Tabelle 70: Kennzeichnung PCB-haltiger Leuchtstoff-Lampen und Motoren-Kondensatoren (Quelle: ZVEI und Umweltamt Stadt Marburg)

Firma	Typenkennzeichnung	Tränkmittel-Kennzeichnung
AEG (Hydra)		3 CD 4 CD
Berliner Kondensatorenfabrik Baugatz	MB … CpL … Motostat …	Cp CPA 40 3 CD 4 CD
Ducati	Siehe Thomson	
Electonicon RFT/Gera	0219.XXX	Chlordiphenyl

Elos	Siehe Thomson	
Frako	LR M … RLB M … RKB M … RFB	3 CD A 30 4 CD A 40 Cp
Roederstein/Ero	LCX LCU MCX MCU	CD Cp
Siemens	B 13 311 … B 13 312 … B 13 314 … (bis 1973) B 13 319 … B 15 030 …	
Süko	MCAL (bis 1970) 31 … 260 bis 450 (bis 1982) CLA (bis 1970) CDA (bis 1970) 11/13 … 220 (bis 1982) 12/14 … 380 (bis 1982) 12/14 … 420 (bis 1982)	CD
Thomson-CSF (Elos, Ducati)	LEUKO-LS XXX 250-420 MOTKO-16.60 XXXX DCT MOTKO-MS XX Elos	3 CD 3 DC

Kongenere Ein K. ist ein Mitglied derselben Art, Klasse oder Gruppe von Stoffen. K. haben alle dasselbe Molekül-Grundgerüst, unterscheiden sich aber in der Anzahl und/ oder der räumlichen Anordnung der am Grundgerüst gebundenen Substituenten (Atome). Beispiel: Das Molekül-Grundgerüst der →Polychlorierten Biphenyle ist das Biphenyl. Die insgesamt 209 PCB-K. unterscheiden sich durch Anzahl und/oder Anordnung der Chlor-Atome am Biphenyl. Von den polychlorierten Dioxinen (PCD) existieren 75, von den entsprechenden Furanen (PCDF) 135 K.

Konkrete Gefahr Unter einer K. versteht man die „hinreichende Wahrscheinlichkeit eines Schadenseintritts, wenn gleichzeitig der zu erwartende Schaden sehr hoch ist" (Lebensgefahr). Zum Beispiel können schwachgebundene Asbestprodukte oder andere Gebäude-Schadstoffe eine K. im Sinne von § 3 der Landesbauordnungen darstellen. →Gefahr, →Gefährdungspotenzial, →Risiko

Konservierungsmittel K. in Anstrichstoffen sind Wirkstoffe, die zugegeben werden, um wässrige Anstrichstoffe gegen Befall durch Mikroorganismen wie z.B. Bakterien, Pilze und Algen zu schützen. K. können zum Schutz von wasserverdünnbaren Beschichtungsstoffen im Gebinde (Gebindekonservierung) oder zum Schutz von Beschichtungsfilmen (Filmkonservierung) zugegeben werden. Filmkonservierungsmittel werden bei Anstrichstoffen für den Außenbereich eingesetzt und sollen den Anstrich vor Pilzen und Algen schützen. →Topfkonservierungsmittel bzw. Gebindekonservierer im Sinne der VdL-Richtlinie Bautenanstrichstoffe sind in Produktgruppe 6 der →Biozid-Richtlinie 98/8/EG genannt. Häufig verwendet werden →Isothiazolinone, →Formaldehyd-Depotstoffe und Iodpropinylbutylcarbamat (→IPBC). Filmkonservierer im Sinne der Richtlinie sind in Produktgruppe 7 der Biozid-Richtlinie 98/8/EG genannt. Häufig verwendet werden Triazin-Derivate, Iodpropinylbutylcarbamat (IPBC), →Dichlofluanid, →Tolylfluanid und →Propiconazol.

Konstruktionsvollholz K. (KVH) besteht aus Nadelschnittholz (Fichte, Tanne, Kiefer und Lärche), das der Sortierklasse S10 nach DIN 4074-1 (Tragfähigkeit) entspricht. Bei K. sind herzfrei bzw. herzgetrennte Einschnitte gehobelt und sowohl in Länge als auch in der Breite verleimt. Die Holzfeuchte beträgt 15 ± 3 %, es handelt sich also meist um technisch getrocknetes Holz. Schwindverformungen durch Nachtrocknen im Bauwerk sind geringer als bei Holz mit höherer Holzfeuchte und Kernanteilen. Wegen niedrigem Feuchtegehalt des Materials ist es möglich, auf vorbeugenden chemischen Holzschutz nach DIN 68800-2 zu verzichten. Es wird zwischen sichtbarem (KVH-Si) und nichtsichtbarem (KVH-nSi) KVH unterschieden. Durch kraftschlüssige Verbindung (gemäß DIN 1052-1: Schäften oder Keilzinken) kann beliebig langes KVH hergestellt werden. Die Balken werden allseitig gehobelt, abgelängt und evtl. paketweise foliert. Die Eigenschaften von K. wurden durch eine Vereinbarung zwischen der Vereinigung deutscher Sägewerksverbände und dem Bund deutscher Zimmermeister 1994 festgelegt. Erkennbar ist KVH am Gütezeichen der Überwachungsgemeinschaft Konstruktionsvollholz aus deutscher Produktion e.V., wobei auch österreichische Unternehmen solches Holz anbieten. →Holzstaub, →Holz

Konstruktiver Holzschutz →Holz unterliegt als organischer Baustoff dem Stoffkreislauf der Natur. Dennoch zeigt Holz gute Beständigkeit, wenn die Holzfeuchte nicht langfristig deutlich über 20 % liegt. Dies kann durch geeignete Maßnahmen des K. erreicht werden, u.a.:

- Planung und Ausführung bauphysikalisch einwandfreier Konstruktionen
- Sichtbarer und kontrollierbarer Holzeinbau
- Auswahl geeigneter Holzarten (→Resistenzklassen)
- Fachgerechte Lagerung und Trocknung des Holzes
- Einbaufeuchte des Holzes in der Größenordnung, die in der Nutzungsphase zu erwarten ist
- Witterungsschutz z.B. durch große Dachüberstände, Abschrägung liegender Flächen, Abdeckung von Hirnholz mit Brettern, offene Bohrungen, Verschluss von Zapfenlöchern und Schlitzen und gute Belüftung aller Konstruktionsteile, Aufständerung

Vor der Verwendung von chemischen →Holzschutzmitteln und/oder dem Einsatz von chemisch geschütztem Holz sind alle Möglichkeiten des K. auszuschöpfen.

Kontaktklebstoffe Die Klebewirkung der K. beruht auf Autohäsion, bei der der Klebstoff auch im trockenen Zustand mit sich selbst verklebt. Der K. wird dabei auf beiden Teilen aufgebracht und (z.B. mit Zwingen) für kurze Zeit zusammengepresst. Die Autohäsion funktioniert bei Klebstoffen auf Basis von →Naturkautschuk oder →Synthesekautschuk (→Styrol-Butadien-Kautschuk, →Polychloropren, →Polyisobutylen). K. sind besonders geeignet für alle Klebungen mit nicht durchlässigen Untergründen (z.B. PVC-Bodenbelägen). K. werden auch von Naturfarbenherstellern zum Verkleben von Papier, Karton, Holz, vielen Kunststoffen, Metall, Glas u.v.m. angeboten. Bei Allergien auf ätherische Öle oder andere Naturstoffe sollte man die Rezeptur des Natur-K. auf Verträglichkeit prüfen (→Terpene). Beispielrezeptur eines Natur-K. eines →Pflanzenchemieherstellers: Wasser, →Dammar, →Naturlatex, Xanthan, →Gummi arabicum, →Kasein, Caseinate, →Quelltone, →Methylcellulose, →Borate, →Citrusschalenöl, Rosmarin-, Eucalyptus-, Lavendel-, Arvenöl. →Naturkautschuk-Klebstoffe, →Synthesekautschuk-Klebstoffe

Kontrollierte Wohnraumbelüftung K. mit Wärmerückgewinnung siehe →Komfortlüftungsanlagen. →Mechanische Lüftung, →Lüftungsanlage

Konvektion →Wärmekonvektion

Kopale Der Begriff K. umfasst eine große Gruppe von →Naturharzen aus tropischen und subtropischen Ländern. Es handelt sich um meist im Boden liegende, erhärtete Ausflüsse tropischer Bäume. Hauptbestandteil der K. ist die Agathendisäure.

Kopalharze K. sind Pflanzenharze, die von in Afrika, Asien und Südamerika beheimateten Bäumen geliefert werden. Die sehr festen Harze werden entweder durch Einritzen der Bäume (rezente K.) oder durch Ausgraben gewonnen (fossile K.). K. finden Verwendung für Naturlacke und Firnisse. Ein wichtiges K. ist →Dammar.

Kopiergeräte →Laserdrucker

Kork K. wird aus der Rinde der Korkeiche gewonnen. Das Hauptanbaugebiet für Korkeiche liegt in Portugal (ca. 51 %), in Spanien liegen 28 % der Anbaugebiete. Im Baumalter von 25 – 40 Jahren wird die erste, sehr harzreiche Rinde (Virges = Jungfernrinde) gewonnen. Alle neun bis 14 Jahre wird der Baum erneut abgerindet – nach wie vor in Handarbeit. Der K. wird nur vom Stamm und den Ästen eines bestimmten Umfangs geerntet. Beim Schälen bleiben 20 % der Rinde und eine dünne rötliche Mutterschicht erhalten, unter der wieder neuer K. heranwachsen kann und die den Baum vor dem Austrocknen schützt. Das Korkholz bzw. die Korkrinde wird nach der Ernte sortiert und auf Sammelplätzen sechs Monate zum Trocknen und Stabilisieren gelagert. Vor der Verarbeitung werden die Kork-Platten zum Abtöten von Insekten eine Stunde lang in Wasser gekocht. Der K. wird durch das Kochen weich und elastisch. Weil Pilzsporen sogar das Kochen überleben, wird dem Kochwasser ein Mittel gegen Pilze zugesetzt.
K. besteht hauptsächlich aus →Cellulose. Die große Elastizität von K. beruht auf den enthaltenen Wachsschichten, der Subrina. K. wird zur Herstellung von Wein- und Champagnerkorken, von Naturkorkplatten für die Schuhindustrie, von Dämmschüttung, →Kork-Dämmplatten, →Kork-Bodenbelägen, →Kork-Tapeten und dekorativen Kork-Furnieren eingesetzt.
K.-Schrot wird durch Schrotung der ausgebohrten Rohlinge aus der Flaschenkorkenfertigung gewonnen („Naturschrot"). Die Verwendung von Altmaterial ist ebenfalls möglich, kann aber aufgrund der ggf. anhaftenden Kleberreste problematisch sein. K.-Schrot wird als Ausgangsprodukt für alle weiteren K.-Produkte benötigt oder direkt als Dämmschüttung verwendet. Für die Herstellung von niedrig expandiertem Backkork wird das K.-Granulatgemisch in Stahlformen bei Temperaturen zwischen 350 und 380 °C ohne Zusätze im überhitzten Wasserdampf expandiert. Dabei entstehen K.-Blöcke, die durch das korkeigene Harz gebunden sind. Bei minderwertigen Produkten wird auch formaldehydhaltiges Harz zugesetzt. Hoch expandierter Backkork entsteht durch Expansion bei höheren Temperaturen (mindestens 400 °C) und wird z.B. als Antivibrationskork eingesetzt. Zur Herstellung von Dämmkorkplatten werden die niedrig expandierten Backkorkblöcke in Platten geschnitten. Als →Presskork werden mit →Kunstharzen gebundene K.-Platten bezeichnet. Expandiertes K.-Schrot ist ein Abfallprodukt der Dämmkorkherstellung und findet als Dämmschüttung Verwendung.
K.-Produkte bestehen ausschließlich bzw. im Wesentlichen aus einem →Nachwachsenden Rohstoff, der bei entsprechender Bewirtschaftung unbegrenzt verfügbar ist. Der Korkan- und -abbau ist in Portugal strengen gesetzlichen Regeln unterworfen, deren Einhaltung von der Korkbehörde überwacht wird. Dank der wachsenden Nachfrage nach K. als Baustoff wurde die Abholzung der artenreichen Korkeichenwälder eingestellt und die Wälder werden wieder maßvoll bewirtschaftet. Korkeichenwälder sind widerstandsfähig bei Waldbränden, erosionsmindernd durch tiefes Wurzelwerk, schattengebend und wasserspeichernd. Das Abrinden der Korkeiche ist für den Baum unschädlich. Als nachteilig sind aus mitteleuropäischer Sicht die vergleichsweise weiten Transportwege aus Portugal, die durchweg mit dem LKW abgewickelt werden, zu nennen.
Aus dem korkeigenen Harz (Virgesanteil) sind keine gesundheitlich bedenklichen Emissionen zu erwarten. Wurden die o.g. Temperaturen beim Expandieren über-

schritten, können →Polycyclische aromatische Kohlenwasserstoffe (PAK) und →Phenole enthalten sein. Solche minderwertigen Qualitäten sind meist am unangenehmen Geruch erkennbar. Das früher angewandte Verfahren des Korkröstens wird wegen der entstehenden PAK nicht mehr durchgeführt. K.-Produkte können bedeutende Mengen →Furfural (→Aldehyde) abgeben, wenn im Verlauf der Produktion Hitzeeinwirkungen stattgefunden haben. Ursache für die Bildung des Furfurals ist die thermische Zersetzung der im Kork/Holz enthaltenen →Hemicellulosen bei Temperaturen > 150 °C. Weiterhin wurde die Emission von Ameisensäure und Hydroxymethylfurfural festgestellt (Salthammer). Mit einer Formaldehydemission aus K.-Dämmplatten ist nicht zu rechnen, da auch in Presskorkplatten praktisch keine Formaldehydharze mehr eingesetzt werden. Zum Verkleben von K.-Produkten werden von →Pflanzenchemieherstellern Kleber auf Naturstoffbasis angeboten.

K

Kork-Bodenbeläge Unterschieden werden zwei Arten von K., zum einen die fest mit dem Untergrund zu verklebenden →Kork-Fliesen (Kork-Parkett), zum anderen Kork-Fertigfußböden (→Kork-Fertigparkette). K. werden aus →Presskork (mit einem Bindemittel verpresster →Kork) hergestellt. Eine Spezialform sind PVC (→Polyvinylchlorid) beschichtete oder umhüllte K., die als →PVC-Bodenbeläge anzusehen sind. Kork-Fertigparkette enthalten eine →Holzwerkstoffplatte als stabilisierende Trägerplatte. Furnierte K. werden oft schon werkseitig mit stark lösemittelhaltigem Lack behandelt und enthalten produktionsbedingt mehr →Klebstoffe als einschichtige K.

Die Oberfläche wird entweder mit Kunstharzlack (häufig →Polyurethan-Lack), Naturharzlack, Ölen oder Wachsen beschichtet. Die Beschichtung wird werkseitig oder vor Ort aufgebracht. Wird die Oberfläche eines Korkbodens mit einem Kunststofflack versiegelt, gehen die positiven raumklimatischen Eigenschaften des Korks verloren. Besser und materialgerechter ist die Behandlung mit Öl und Wachs, die den natürlichen Charakter des Korks besser erhalten. Für farbige K. (Color) bietet jedoch nur Wachs oder Hartöl einen ausreichenden Schutz. Schadstoffarme →Lacke verursachen geringere Schadstoffbelastungen der Raumluft.

K. sind trittelastisch, fußwarm und strapazierfähig. Sie weisen gute Wärme- und Schalldämmung auf. Zur Reinigung werden K. am besten nur feucht gewischt. Dem Wischwasser können Reinigungsmittel, jedoch keine alkalischen, zugegeben werden. Bei gewachsten Böden können dem Wischwasser spezielle Flüssigwachse in geringer Konzentration zugegeben werden. Sie verbessern die Reinigungswirkung und wirken leicht rückwachsend. Stark verschmutzte Korkböden können mit speziellen Grundreinigern gesäubert werden.

Die Herstellung von K. stellt eine sinnvolle Abfallverwertung dar, da kein eigenes Rohmaterial gewonnen werden muss, weil nur die ohnehin entstehenden Abfälle anderer Produktionen verwertet werden.

In der Fachliteratur wird immer wieder über größere Mengen aromatischer Verbindungen in Kork-Platten berichtet; aktuellere Messungen stoßen allerdings selten auf diese Stoffe. Offensichtlich hat sich hier die Kontrolle der Produktion deutlich verbessert. Gelegentlich sind Geruchsbelästigungen bei empfindlichen Personen durch den eingesetzten Kleber und die während des Verarbeitungsprozesses zugesetzten Chemikalien möglich. Selten zeigen K. erhöhte Werte von →Furfural, wenn in der Herstellung die gepressten Blöcke aus Korkgranulat zu stark erhitzt wurden, um den Bindungsprozess zu beschleunigen. Dieser Schadstoff lässt sich bei sorgfältiger Herstellung vermeiden. Der Deutsche Kork-Verband e.V. lässt die K. seiner Mitglieder regelmäßig auf Qualität, Verarbeitung, Funktionalität und gesundheitliche Unbedenklichkeit prüfen (→Kork-Logo). Bei Verlegung mit Klebstoffen gem. EMICODE EC1-Kleber oder gleichwertigem Kleber ist mit keinen gesundheitsgefährdenden Emissionen aus den Klebstoffen zu rechnen.

Kork-Dämmplatten K. werden aus niedrig expandiertem Backkork hergestellt. Als

Rohstoff wird →Kork aus der ersten Ernte (Virges) oder von Ästen (Falca) verwendet. Der Kork wird gemahlen und bei niedrigen Temperaturen (350 bis 380 °C) ohne Zusätze im überhitzten Wasserdampf expandiert. Der entstandene Korkblock wird mit Wasser abgekühlt und anschließend gelagert. Die Platten werden vor dem Versand in das gewünschte Plattenformat geschnitten und verpackt. Zur Herstellung von K. werden die niedrig expandierten Backkorkblöcke in Platten geschnitten.
K. werden vor allem im →Wärmedämmverbundsystem eingesetzt. →Wärmeleitfähigkeit: ca. 0,042 W/(mK), →Dampfdiffusionswiderstandszahl: 18, →Baustoffklasse: B2.
K. bestehen zu 100 % aus einem nachwachsenden Rohstoff. Nachteilig ist der aus mitteleuropäischer Sicht weite Transportweg aus Portugal. Der Expansionsprozess kann mit Geruchsemissionen verbunden sein. Es werden Wasserdampf, Kohlendioxid und flüchtige Kohlenwasserstoffe an die Luft abgegeben. Bei minderwertigen Backkorkprodukten, die bei zu hohen Prozesstemperaturen erzeugt wurden oder von denen die äußere, verkohlte Schicht nicht entfernt wurde, können Verschwelungsprodukte abgegeben werden. Polycyclische aromatische Kohlenwasserstoffe aus K. wurden in aktuellen Messungen nicht mehr festgestellt. Saubere Abbrüche aus K. können wiederverwertet oder thermisch entsorgt werden. Im Wärmedämmverbundsystem fallen die K. beim Abbruch mit mineralischem Putz und Kleber verunreinigt an. Die Verbrennung kann nur bei sehr hohen Temperaturen erfolgen und eine Verwertung ist nur sehr aufwändig möglich. Die Deponierung ist im Allgemeinen nicht mehr erlaubt. Ausnahme: in geringem Ausmaß als Teil des Bauschuttes. →Wärmedämmstoffe, →Natur-Dämmstoffe

Kork-Fertigparkette K. bestehen aus einer Decklage aus →Presskork, die auf einen Träger (Presskorkplatte, →HDF-Platten, →MDF-Platten, teilweise auch Kunststoffträgerschicht) kaschiert ist. Als Gegenzug wird häufig eine Korkschicht verwendet (dient gleichzeitig als zusätzliche Wärme- und Trittschalldämmung). K. sind schwimmend zu verlegende Fertigelemente mit einer ringsum laufenden Nut-und-Feder-Verbindung. Häufig sind sie mit Clickverbindung ausgestattet. Wie Holzböden quellen und schwinden Kork-Böden bei Feuchtigkeitsveränderungen. Bei der ökologischen Produktauswahl sollte darauf geachtet werden, dass Trägerschicht und Gegenzug ebenfalls aus nachwachsenden Rohstoffen bestehen und die Nutzschicht mindestens 4 mm dick ist, damit der K. nachgeschliffen werden kann. Aus Melamin- und Phenol-Formaldehydharz in den Holzwerkstoffplatten, der Verleimung, aber auch aus der Oberflächenversiegelung kann →Formaldehyd freigesetzt werden. Emissionen von →VOC und Formaldehyd können durch eine Fußbodenheizung erheblich steigen. →Kork-Bodenbeläge

Kork-Fliesen K. (auch Kork-Platten oder Kork-Parkette genannt) sind ein- oder zweischichtige Platten aus →Presskork. Sie werden unbehandelt, werkseitig furniert oder oberflächenbehandelt angeboten. Die Rückseite dieser Platten besteht aus Presskork. Eine Spezialform von K. sind Kork-Platten mit PVC-Verschleißschicht: Platten aus einem Presskorkrücken, ggf. an der Oberseite mit Holz- oder Kork-Furnier, und aufkaschierter homogener PVC-Verschleißschicht. Die Rückseite dieser Beläge ist mit einer PVC-Folie als Gegenzug versehen. Die PVC-Schicht ist äußerst widerstandsfähig, kann aber nie nachversiegelt oder erneuert werden. Diese PVC-K. sind nicht zu empfehlen: einerseits wegen der problematischen Produktlebenslinie von PVC, andererseits werden durch die vollständige Versiegelung die raumklimatisch vorteilhaften Eigenschaften von K. zunichte gemacht.
K. verklebt man vollständig mit dem Untergrund. Es empfiehlt sich ein geeigneter Kleber auf der Basis von Naturkautschuk, Kasein und Kolophoniumglycerinester, wie er von verschiedenen Naturfarbenherstellern angeboten wird, zumindest jedoch ein emissionsarmer lösemittelfreier Dispersionsklebstoff (z.B. →EMICODE EC1). Wenn eine lackierte Oberfläche gewünscht

wird, ist es günstiger, K. unbehandelt zu verlegen und erst anschließend zu versiegeln, weil sonst die Plattenstöße unversiegelt bleiben. Oberflächenbehandlungen mit Wachs bzw. Hartöl können schon ab Werk vorhanden sein, vor Ort wird dann eine entsprechende Endimprägnierung durchgeführt. →Kork-Bodenbeläge

Kork-Linoleum Als K. wird →Linoleum bezeichnet, das unter Verwendung von gröberem Korkmehl (→Kork) in der Linoleumdeckmasse hergestellt wird. Dadurch ergibt sich eine bessere Fußwärme und →Schalldämmung.

Kork-Logo Das K. wird vergeben vom Deutschen Kork-Verband e.V., einem Zusammenschluss von Unternehmen, die Kork-Produkte herstellen und vertreiben. Nach eigenen Angaben repräsentieren diese Firmen – je nach Segment – eine Marktabdeckung zwischen 70 bis 90 % des Gesamtmarktes in Deutschland.
Das K. dokumentiert für →Kork-Bodenbeläge folgende Qualitätsmerkmale:
- Mindestdichte von 450 kg/m^3
- Kontrolle der Mindeststärke von Kork-Platten und -Dielen
- Einhaltung der europäischen Qualitätsnormen als Mindestanforderung
- Prüfung auf Emissionen

Korkment K. besteht aus linoxyngebundenem Korkmehl (→Leinöl). K. wird als schalldämmende Unterlage oder Trägerschicht für Linoleum oder andere →Bodenbelägen eingesetzt.

Kork-Parkette Andere Bezeichnung für →Kork-Fliesen.

Korkparkett-Klebstoffe →Parkettklebstoffe

Kork-Platten Andere Bezeichnung für →Kork-Fliesen.

Kork-Tapeten K. werden aus Kork-Schrot hergestellt. Dazu wird der →Kork z.T. mit Kunststoffkleber auf Polyurethanbasis (→Polyurethane) auf das Trägermaterial verklebt. Die Korkoberfläche wird oft mit einer Kunststoffdispersion versehen, wodurch die positiven Eigenschaften des Korks stark gemindert werden (schlechtere Wasserdampfdiffusionsfähigkeit). Schadstoffe können aus den →Klebstoffen und Kunststoffen ausgasen. K. haben wärme- und schalldämmende Eigenschaften. Es sollten ausschließlich K. verwendet werden, die frei von Zusatzausrüstungen und Kunststoffoberflächenbehandlung sind.

Korrosionsinhibitoren K. sind Additve für Anstrichstoffe, welche nach Zusatz zum Anstrichstoff bereits in kleinen Mengen den Korrosionsangriff auf Metalle verlangsamen bzw. die Geschwindigkeit von Teilreaktionen des Korrosionsprozesses hemmen. Folgende Substanzklassen sind als K. besonders geeignet:
- Organische Säuren und deren Salze
- Basische Verbindungen wie organische Basen und Amine
- Oxidierend wirkende organische Verbindungen

Unterschieden wird zwischen Flugrostinhibitoren für den temporären Korrosionsschutz und Inhibitoren für den permanenten Schutz. Wichtige Flugrostinhibitoren sind 1-Amino-methoxy-propanol, basisches Ammoniumbenzoat, Barium- und Calciumsalz der Dodecylnaphthalinsulfonsäure, Alkylenadditionsverbindung, Organische Zink-Komplexe, aminneutralisierte 2-Mercaptobenzothiazolyl-bernsteinsäure.
Wichtige Inhibitoren für den permanenten Korrosionsschutz sind: Aminocarboxylat (Metallsalz), Zinksalz der Nitroisophthalsäure, Zinksalz der Cyanursäure, Zink- und Magnesiumsalz der Dodecylnaphthalinsulfonsäure, Mercaptobenzothiazolyl-bernsteinsäure, Tridecylaminsalz der 2-Mercaptobenzothiazolyl-bernsteinsäure, Aminkomplex der Toluoylpropionsäure, Zirkonium-Komplex der Toluoylpropionsäure.

Korrosionsschutzanstriche K. (Rostschutzmittel) sind →Anstrichstoffe mit →Pigmenten, die durch Passivierung einen anodischen Schutz von Eisen und Stahl bewirken. In der Vergangenheit wurden fast ausschließlich →Bleimennige und Pigmente auf Chromat-Basis (→Blei, →Chrom) verwendet. Heute sind Chromatpigmente fast vollständig und Bleimennige zum großen Teil durch weniger toxisches Zinkphosphat,

Bariummetaborat oder Zinkmolybdat ersetzt. Im Heimwerkerbereich werden nur noch chromatfreie und kaum noch bleihaltige K. angeboten, diese weisen aber größtenteils hohe Lösemittelgehalte auf. Dabei gibt es aber auch K. auf Dispersionsbasis. Rostumwandler bestehen aus stark ätzenden Phosphorsäuren, die Eisenoxid in Eisenphosphat umwandeln sollen. Zusätzlich sind entfettende Substanzen wie z.B. 1,1,1-Trichlorethan (→Chlorierte Kohlenwasserstoffe) enthalten, die sich im Organismus anreichern und dort chronische Schäden hervorrufen können. Auch →Pflanzenchemiehersteller bieten sehr gut wirkende K. ohne Blei- und Chromatzusatz an. Die Wirkung dieser Farben beruht auf Eisenglimmer, das auf Stahl einen „schützenden Panzer" bildet (Schuppenpanzerfarbe). Schon der Eifelturm wurde mit Schuppenpanzerfarbe gegen Rost geschützt, früher wurden auch Dampflokomotiven und Waggons damit gestrichen. Gebräuchlich sind auch basische Pigmente in pflanzlichen Ölen, die als Schutzschicht Seifen bilden. In einem K.-Test der Sendung ARD Ratgeber Technik wurden 33 marktübliche K. untersucht. Lösemittelhaltige K. haben dabei deutlich besser abgeschnitten als die wasserlöslichen. Testsieger wurde aber eine Naturöl-Rostschutzfarbe der Fa. Kreidezeit, auch andere K. auf Naturölbasis haben ausgezeichnet abgeschnitten. Die Rostumwandler Brunox und Tannox schnitten besonders schlecht ab. Beispielrezeptur eines K. auf Naturölbasis:→Leinöl-Standöl, Holzöl-Standöl, Balsamterpentinöl (→Terpentinöl), Eisenglimmer, Kieselsäure, →Talkum, bleifreie Trockenstoffe.

Gem. VdL sind lösemittelfreie bzw. lösemittelarme K. solche Stoffe, die nach einer bestimmten Prüfmethode folgenden Masseverlust unterschreiten: Masseverlust nach 24 Stunden Anhärtung bei 23 °C (relative Feuchtigkeit: 50 %) und anschließend nach weiteren 24 Stunden Lagerung bei 80 °C insgesamt ca. 2 % für lösemittelfreie Beschichtungsstoffe und ca. 25 % für lösemittelarme Beschichtungsstoffe.

Besser als K. anzuwenden, ist Rost erst gar nicht entstehen zu lassen, z.B. durch Verwendung von verzinktem Stahl für Gartenmöbel.

2-K-PUR-Lacke →Polyurethan-Lacke

Krapp K. ist der rote Farbstoff (Krapprot; arabisch Alizari) aus der Wurzel der vor allem in Südeuropa und im Iran beheimateten K. (Farbstoffgehalt ca. 1,9 %). Im Mittelalter waren K.-Lacke wegen ihrer Leuchtkraft, Farbtiefe und Beständigkeit als Künstlerpigmente geschätzt. K. wird von →Pflanzenchemieherstellern als rotes Pflanzenfarben-Pigment verwendet.

Krebserzeugende Stoffe →KMR-Stoffe

Kreide K. (chemisch Calciumcarbonat) ist ein erdiger weißer Kalkstein, der sich in der jüngeren Kreidezeit im Meer hauptsächlich aus winzigen Kalkschalen abgestorbener Foraminiferen (Einzeller mit Kalkgehäuse) gebildet hat. Abbauwürdige Lagerstätten finden sich an den Küsten Südschwedens, Südostenglands und Nordfrankreichs. K. findet Verwendung zum Kalkbrennen, als Weißpigment, für Zahnpasta, als Füllstoff und in Anstrichstoffen. Als Lebensmittel-Zusatzstoff E170 ist Calciumcarbonat für Dragées und Verzierungen von Lebensmitteln zugelassen. →Leimfarben

Kreidefarben →Leimfarben

Kreiden Unter K. versteht man das Abfärben von →Anstrichstoffen. Es kann verschiedene Ursachen haben, tritt aber häufig bei alten, schon abgewitterten Anstrichen auf oder bei einer falschen Zusammensetzung der Anstrichbestandteile.

Kreislaufwirtschaft Die K. nimmt sich den Stoffkreislauf der Natur zum Vorbild. Durch Nutzung von →Erneuerbaren Ressourcen oder →Recyclingmaterialien, sanfte Produktion, intelligente Bedarfsdeckung und gute Recycelbarkeit der Produkte sollen die Stoffkreisläufe möglichst geschlossen bleiben. Statt der Produktlebenslinie wird der →Lebenszyklus zum Leitbild für die Produktbiographie. Die K. ist ein Idealbild einer Wirtschaft, von der unsere heutige Wegwerfgesellschaft weit entfernt ist (→Nachhaltigkeit). Unter K. im

Sinne des →Kreislaufwirtschafts- und Abfallsgesetzes versteht man die Vermeidung und die Verwertung von Abfällen. Die Abfallbeseitigung ist keine Maßnahme der K.

Kreislaufwirtschafts- und Abfallgesetz Das Gesetz zur Förderung einer abfallarmen Kreislaufwirtschaft und Sicherung der umweltverträglichen Entsorgung von Abfällen löste in Deutschland das Abfallgesetz aus dem Jahr 1986 ab (KrW-/AbfG; als Beschlussempfehlung des Umweltausschusses des Deutschen Bundestages vom 13.4.1994). Zweck des Gesetzes ist die Förderung einer ressourcenschonenden, abfallarmen Kreislaufwirtschaft und die Sicherung der →Entsorgung nicht zu vermeidender Abfälle. Die Vermeidung von Abfällen in Form einer abfallarmen Kreislaufwirtschaft erhält Vorrang vor der Abfallentsorgung.

Das K. regelt

1. die Vermeidung von Abfällen,
2. die Verwertung von Abfällen,
3. die Beseitigung von Abfällen.

Maßnahmen zur Vermeidung von Abfällen sind insbesondere die anlageninterne Kreislaufführung von Stoffen, die abfallarme Produktgestaltung sowie ein auf den Erwerb abfall- und schadstoffarmer Produkte gerichtetes Konsumverhalten. Abfälle, die nicht vermieden werden können, sollen einer möglichst hochwertigen →Verwertung zugeführt werden. →Stoffliche und →Energetische Verwertung werden gleichwertig behandelt, Vorrang hat die umweltverträglichere Verwertungsart. Die →Beseitigung von Abfällen ist die letzte Alternative. →Abfall, →Deponieverordnung, →Abfallablagerungsverordnung, →Abfallverzeichnisverordnung, →LAGA, →Abfallwirtschaftsgesetz

Kreosote Steinkohlenteer-Imprägnieröle. →PAK, →Teerhaltige Bauprodukte

Kresol K. (Methylphenol, Hydroxytoluol; Isomere: o-, m-, p-Kresol) wird wie →Phenol als Ausgangsprodukt für die Herstellung von →Phenol-Formaldehyd-Harzen verwendet. K. ist als krebsverdächtig eingestuft (→MAK-Liste: 3A).

Kritische Fasern K. (kritische Faserstäube, WHO-Fasern, lungengängige Fasern) sind wie folgt definiert:
Länge > 5 µm, Durchmesser < 3 µm, Verhältnis Länge zu Durchmesser (L:D) > 3:1 (1 µm = 0,001 mm).

Krokydolith K. ist die allgemeine Bezeichnung und der Handelsname für Krokydolith-Asbest, der eine fahlblaue, lavendelblaue oder blaugrüne Farbe aufweist. K. ist ein Vertreter der →Amphibol-Asbeste und gilt als besonders gefährlich, da er das unheilbare →Mesotheliom hervorrufen kann. Schwachgebundene K.-Produkte weisen ein ungünstiges Verstaubungsverhalten auf, d.h. sie setzen vergleichsweise leicht Asbestfasern frei. Eine sichere Identifizierung allein durch Augenschein ist nicht möglich, da es auch blau eingefärbte andere Asbest-Arten gibt (Materialanalyse). →Asbest

K-Stoffe Krebserzeugende Stoffe (→KMR-Stoffe) im Sinne des EU- und nationalen Gefahrstoffrechts.

- K1-Stoffe (Carc. Cat. 1):
  Stoffe, die auf den Menschen bekanntermaßen krebserzeugend wirken. Der Kausalzusammenhang zwischen der Exposition eines Menschen gegenüber dem Stoff und der Entstehung von Krebs ist ausreichend nachgewiesen. Bsp.: →Asbest
- K2-Stoffe (Carc. Cat. 2):
  Stoffe, die als krebserzeugend für den Menschen angesehen werden sollten. Es bestehen hinreichende Anhaltspunkte zu der Annahme, dass die Exposition eines Menschen gegenüber dem Stoff Krebs erzeugen kann. Diese Annahme beruht im Allgemeinen auf Folgendem:
  - Geeignete Langzeittierversuche
  - Sonstige relevante Informationen

  Bsp.: →Künstliche Mineralfasern in „Altprodukten" mit einem →Kanzerogenitätsindex < 30
- K3-Stoffe (Carc. Cat. 3):
  Stoffe, die wegen möglicher krebserzeugender Wirkung beim Menschen Anlass zur Besorgnis geben, über die jedoch ungenügende Informationen vorliegen. Aus geeigneten Tierversuchen liegen ei-

nige Anhaltspunkte vor, die jedoch nicht ausreichen, um einen Stoff in Kategorie 2 einzustufen. Bsp.: →Polychlorierte Biphenyle

Verzeichnisse der Stoffe, die auf der Grundlage gesicherter wissenschaftlicher Erkenntnisse als krebserzeugend, erbgutverändernd oder fortpflanzungsgefährdend eingestuft sind:

1. Gefahrstoffrecht:
   - Anhang I der RL67/548/EWG (gemäß § 5 der GefStoffV)
   - TRGS 905 (Verzeichnis krebserzeugender, erbgutverändernder oder fortpflanzungsgefährdender Stoffe). Die TRGS 905 führt Stoffe auf, für die der AGS eine von der RL 67/548/EWG abweichende Einstufung beschlossen hat. Für die in der TRGS 905 aufgeführten Stoffe wird eine EU-Legaleinstufung angestrebt.
   - TRGS 906 (Verzeichnis krebserzeugender Tätigkeiten oder Verfahren nach § 3 Abs. 2 Nr. 3 GefStoffV)
2. Empfehlungen:
   - MAK- und BAT-Werte-Liste der Senatskommission zur Prüfung gesundheitsschädlicher Arbeitsstoffe innerhalb der Deutschen Forschungsgemeinschaft DFG
   - WHO, IARC Monographs, Overall Evaluations of Carcinogenicity to Humans

Künstliche Mineralfasern (KMF) KMF sind Hauptbestandteil von →Mineralwolle-Dämmstoffen, die im Baubereich umfangreiche Verwendung zur Wärmedämmung, zum Kälte- und Brandschutz sowie zur Schallisolation finden. Im Bauwesen werden Mineralwolle-Erzeugnisse insbesondere verwendet in Form von Platten oder rollbaren Matten und Filzen sowie als Formteile z.B. zur Dämmung von Rohrleitungen. Mineralwolle-Matten werden auch zu Dämmzwecken in Elektro-Speicherheizgeräten eingesetzt. Zur Verstärkung und auch um das Freisetzen von Feinstaub zu vermindern, werden die Dämmfilze werkseitig häufig mit einer papierverstärkten Aluminiumfolie oder mit einem dünnen Glasfaservlies verklebt.

Bei Tätigkeiten mit Mineralfaser-Produkten können Faserstäube freigesetzt werden. Ein Teil dieser KMF ist so klein, dass er beim Einatmen bis in die Lunge gelangen kann. Die KMF der „alten“ Mineralwolle-Erzeugnisse verfügten über eine vergleichsweise hohe →Biobeständigkeit. Solche Fasern können – nach dem gleichen Wirkprinzip wie →Asbest – Lungenkrebs erzeugen. Bereits 1980 wurden KMF mit Faserdurchmessern $< 1\ \mu m$ in der →MAK-Liste als „möglicherweise krebserzeugend“ eingestuft. 1993 wurde diese Einstufung durch die MAK-Kommission verschärft und KMF als krebserzeugend bzw. krebsverdächtig eingestuft. Daraufhin wurde 1994 vom →AGS ein Bewertungskonzept auf Basis des →Kanzerogenitätsindexes (KI) vorgelegt, das anschließend in der TRGS 905 veröffentlicht wurde. Neben dem KI wurden zwei weitere Kriterien zur Beurteilung aufgenommen: die tierexperimentelle Untersuchung der Biobeständigkeit und die tierexperimentelle Untersuchung der krebserzeugenden Wirkung. 1993 wurde für lungengängige KMF ein →TRK-Wert von 500.000 F/m^3 als Grenzwert festgelegt, der dann auf 250.000 F/m^3 herabgesetzt wurde. 1996 wurden mit der TRGS 521 „Faserstäube“ Umgangsbestimmungen für Mineralfaser-Produkte festgelegt. Am 10.11.1997 wurde gegen das Votum Deutschlands die Richtlinie 97/69/EG zur 23. Anpassung der Richtlinie 67/548/EWG verabschiedet. Seitdem sind Mineralwolle bzw. die in Mineralwolle-Erzeugnissen enthaltenen KMF der alten Generation eingestuft in K3 (krebsverdächtig) und hautreizend. Allerdings wurden in einer ergänzenden Anmerkung (Nota Q) Freizeichnungskriterien festgelegt, mit denen auch alte Mineralwolle vom Krebsverdacht freigesprochen werden kann. Deutsche Toxikologen und der AGS haben diese Kriterien als ungeeignet abgelehnt. Unter Berufung auf § 118a des EWG-Vertrages, der es erlaubt, national ein höheres Schutzniveau festzulegen, lehnte Deutschland die EU-Einstufung ab. Durch Einführung der Nr. 7 in Anhang V der GefStoffV wurde 1998 der Umgang mit KMF neu geregelt. Nach

aktuellem deutschem Recht (TRGS 905, Juli 2005) ist Mineralwolle der alten Generation als krebserzeugend (K2; KI $\leq$ 30) oder krebsverdächtig (K3; KI > 30 und < 40) eingestuft.
1996 hatten die Mineralwolle-Hersteller durch Rezepturänderungen begonnen, Produkte auf den Markt zu bringen, die frei von Krebsverdacht sind. Seit dem 1.6.2000 dürfen die „alten" (eingestuften) Mineralfaser-Produkte nicht mehr hergestellt und verwendet werden. Ein Wiedereinbau „alter" Mineralwolle ist lediglich für im Rahmen von Instandhaltungsarbeiten demontierte Materialien zulässig, unter der Voraussetzung, dass dabei keine oder nur eine geringe Faserbelastung zu erwarten ist. Abfälle „alter" Mineralwolle sind besonders überwachungsbedürftig. Bei Tätigkeiten mit „alter" Mineralwolle ist die TRGS 521 zu beachten.
„Neue" Mineralfaser-Erzeugnisse sind solche, die nach einem der drei o.g. Kriterien freigezeichnet und damit weder krebserzeugend noch krebsverdächtig sind. Aber auch für neue Mineralwolle gilt: Die Produkte enthalten lungengängige KMF und sind zudem als reizend eingestuft. Das Einatmen von faserhaltigem Staub kann zu Gesundheitsschäden führen. Eine Berührung mit Augen und Haut ist zu vermeiden. Bei Arbeiten mit höheren Staubbelastungen bzw. Faserkonzentrationen und in engen, unbelüfteten Räumen wird Atemschutz empfohlen. Bei der Verarbeitung dürfen nur staubarme Arbeitsverfahren/-geräte eingesetzt werden.
Allerdings sind die Erkenntnisse zur kanzerogenen Wirksamkeit von KMF bis heute lückenhaft. Von der →MAK-Kommission der DFG werden aus Vorsorgegründen immer noch *alle* lungengängigen Glas- und Steinwollfasern als krebsverdächtig eingestuft (MAK-Liste 2005).

Kultivierbare Schimmelpilze Unter K. versteht man den Anteil an der Gesamtzahl von →Schimmelpilzen, der unter den verwendeten Kultivierungsbedingungen angezüchtet werden kann. Die Kultivierbarkeit hängt z.B. von der Art des verwendeten Nährmediums und der Inkubationstemperatur (25 oder 37 °C) ab. Auch tote Sporen sind nicht kultivierbar und können nur durch mikroskopische Methoden (Partikelauswertung) nachgewiesen werden.

Kunstglas Als K. werden klare, durchsichtige Kunststoffe bezeichnet, z.B. sog. Acrylglas aus →Polymethylmethacrylat (Handelsname z.B. Plexiglas) oder Produkte auf der Basis von Polycarbonaten (Handelsname z.B. Makrolon).

Kunstharz-Dispersionsklebstoffe →Dispersionsklebstoffe

Kunstharze K. sind nach DIN 55958 synthetische Harze (→Polymere), die durch Polymerisations-, Polyadditions- oder Polykondensationsreaktionen hergestellt werden. Sie können durch Naturstoffe, z.B. pflanzliche oder tierische Öle bzw. natürliche Harze, modifiziert sein. K. bestehen i.d.R. aus mindestens zwei reaktiven Komponenten, Harz und Härter. Die Vermischung beider Teile ergibt die Harzmasse, bei deren Härtung die Viskosität ansteigt. Nach abgeschlossener Härtung liegt ein unschmelzbarer, duroplastischer Kunststoff vor.
Im Baubereich spielen K. eine wichtige Rolle, z.B. als Bindemittel von Holzwerkstoffen (→Harnstoff-Formaldehyd-Harze, →Phenol-Formaldehyd-Harze, →Melamin-Harze), weiterhin als →Epoxidharze, →Acrylharze, →Alkydharze, Silikonharze (→Silikone) oder →Polyesterharze. Die Monomere, insbes. die Härter-Komponenten, sind z.T. stark gesundheitsschädlich, sodass bei der Verarbeitung von K. Schutzmaßnahmen getroffen werden müssen. K. können auch nach dem Aushärten Monomere (→Restmonomere) abgeben, die im Innenraum zu gesundheitlichen Problemen bei den Gebäudenutzern führen können.

Kunstharzlacke K. sind →Lacke, die auf der Basis von synthetischen →Bindemitteln (→Kunstharzen) hergestellt sind. K. enthalten außerdem →Pigmente und Lackhilfsstoffe. Der durchschnittliche Lösemittelgehalt konventioneller Lacke liegt bei 40 %, zum Teil aber auch erheblich darüber. K. finden eine breite Anwendung für Innen- und Außenanstriche und besitzen

häufig eine hohe Oberflächenhärte. Zu den K. im Baubereich zählen →Acryllacke, →Alkydharzlacke, →Epoxidharzlacke, →Polyurethan-Lacke, →Polyvinylharzlacke, →Nitrolacke sowie Lacke basierend auf →Phenol- und →Polyesterharzen.
K. werden aus Erdöl in komplizierten Prozessketten hergestellt, wobei Kuppel- und Abfallprodukte anfallen. Die Gesundheitsbelastungen während der Verarbeitung und Nutzung sind abhängig vom Lösemittelgehalt, den eingesetzten Lackhilfsstoffen und Pigmenten, den Reaktionsprodukten und dem Gehalt an →Restmonomeren. Als gesundheitsverträglichere K. werden emissionsarme →Dispersionslacke und →High-Solid-Lacke angesehen. Die umweltfreundliche Alternative sind →Naturharz-Lacke.

Kunstharzleime →Leime

Kunstharzputze K. enthalten ein Bindemittel aus →Kunstharzen, meist Kunstharzdispersionen auf Acrylatbasis. Gelöste Bindemittel werden i.d.R. nur für Spezialanwendungen (z.B. für Natursteinputze) eingesetzt. Der Mindestgehalt an Bindemittel in K. beträgt je nach Typ und Größtkorn des Zuschlags 4,5 – 8 M.-%. Die Zuschläge (Sande, Füllstoffe) sind die gleichen wie bei mineralischen Putzen. Zudem sind Zusatzmittel wie Hilfsstoffe zur Filmbildung, Entschäumer, Verdickungsmittel, Konservierungsstoffe und Wasser oder (selten) →Lösemittel zur Einstellung der Verarbeitungskonsistenz enthalten.
K. sind in erhöhtem Ausmaß für die Ansiedlung von Algen und Pilzsporen an schlecht austrocknenden Bereichen anfällig (hoher organischer Anteil, geringere Dampfdurchlässigkeit als mineralische Putze). Sie werden daher in der Regel bereits werksseitig algen- und schimmelpilzwidrig eingestellt (→Algenbefall auf Fassaden).
K. werden als Oberputz auf mineralischen Unterputzen, als Deckschicht von Wärmedämmsystemen, zur Beschichtung von Fertigteilen (Großtafelbau) und Holzspanplatten (Fertighausbau) eingesetzt. Da K. dünn aufgetragen werden, setzen sie einen ebenen Untergrund voraus.

K. sind nicht so dampfdiffusionsoffen wie mineralische Putze und brennbar. Gegen Regen und Schlagregen bieten sie einen wirksamen Schutz und lassen nur wenig Wasser in den Untergrund eindringen.
Die Herstellung von Kunstharzen aus Erdöl ist ein umweltbelastender Prozess. Reste von K., die biozide Wirkstoffe enthalten, sollten keinesfalls in die Umwelt gelangen. Emissionsmessungen der →BAM an K. in →Prüfkammern zeigten z.T. langanhaltende VOC-Emissionen (→VOC) auf hohem Niveau. TVOC-Werte nach drei Tagen betrugen bis zu 200.000 $\mu g/m^3$, nach 28 Tagen bis zu 34.000 $\mu g/m^3$. In einer Probe wurde nach drei Tagen →Benzol in einer Konzentration von 11 $\mu g/m^3$ festgestellt (Horn, 2. Fachgespräch zur Vorgehensweise bei der gesundheitlichen Bewertung der Emissionen von flüchtigen organischen Verbindungen (VOC) aus Bauprodukten. Berlin, 25.11.2004).

Kunstlicht →Licht, →Glühlampen, →Leuchtstofflampen, →Halogenlampen, →Energiesparlampen, →Vollspektrallampen

Kunststoff-Additive Kunststoffe enthalten neben der Matrix (Kunststoffketten oder Netze) zur Modifizierung der Verarbeitungs- und Gebrauchseigenschaften Füllstoffe und Additive.

K

Tabelle 71: Typische Prozentgehalte der wichtigsten Kunststoff-Additive (Quelle: Leitfaden zur Anwendung umweltverträglicher Stoffe, Teil 3, Umweltbundesamt (Hrsg.), 2003)

Typ	Funktion	Max. Gehalt [%]	Produkte mit hohen Gehalten	Polymere mit hohen Gehalten
Produkthilfsstoffe	Füllstoffe	70	Keine spezifischen Schwerpunkte	
	Weichmacher	40 – 50	Bodenbeläge, Planen	Weich-PVC

Fortsetzung Tabelle 71:

Typ	Funktion	Max. Gehalt [%]	Produkte mit hohen Gehalten	Polymere mit hohen Gehalten
Produkthilfsstoffe	Flammschutzmittel – organisch – mineralisch	 20 50	Transport, Bau, Elektro, Elektronik	PP, PE, PS, ABS, PA, PET, PU
	Farbstoffe	5	Keine spezifischen Schwerpunkte	
	UV-Stabilisatoren		Transport, Elektronik Diverses	PP, PA
	Antioxidantien	1	Kein Schwerpunkt	PP
	Antistatika		Elektronik, Transport, Haushaltsgeräte	Acetale
Produktions-hilfsstoffe	Wärmestabilisatoren	5	Diverse	Weich-PVC
	Härter	3	Elektronik, Bau	Epoxyharze
	Treibmittel	10	Bau, Verpackung	LDPE, PS, PU
	Schmierstoffe	2	Kein Schwerpunkt	Hart-PVC, Harze

Tabelle 72: Freisetzungspotenzial von Weichmachern und Flammschutzmitteln gemessen am Dampfdruck (Quelle: Leitfaden zur Anwendung umweltverträglicher Stoffe, Teil 3, Umweltbundesamt (Hrsg.), 2003)

Potenzielle Freisetzung	Dampfdruck bei 20 °C [Pa]	Beispiele	Kürzel
Sehr hoch	$> 1 \times 10^{-3}$	Dibutylphthalat	DBP
	?*	Alkylsulfonsäurephenylester	ASPE
		Tetrabrombisphenol A	TBBA
		Tris(chlorpropyl)phosphat	TCPP
		Resorcinol-bis-diphenylphosphat	RDP
	?*	Roter Phosphor (mikroverkapselt)	RP
	?*	Ammoniumpolyphosphat	APP
	?*	Triethylhexyltrimellitat	TETM
Hoch	$> 1 \times 10^{-4}$	Mittelkettige Chlorparaffine Diethylhexyladipat Acetyltributylcitrat Diisononyl-cyclohexan-dicarboxylat Tris(2-ethylhexyl)phosphat	MCCP DEHA ATBC DINCH TEHP
Mittel	$> 1 \times 10^{-5}$	Diethylhexylphthalat Hexabromcyclododecan Benzylbutylphthalat Diisononylphthalat Diisodecylphthalat	DEHP HBCD BBP DINP DIDP
Gering	$> 1 \times 10^{-6}$	Decabromdiphenylether	DeBDPE
Sehr gering	$< 1 \times 10^{-6}$	Aluminiumtrihydroxid Antimontrioxid	ATH ATO

* Im Sicherheitsdatenblatt fehlen präzisere Angaben.

Kunststoff-Dichtungsbahnen K. sind Bahnen aus →Thermoplasten oder →Elastomeren für die Bauwerksabdichtung. K. aus Elastomeren werden häufig getrennt von den K. als Elastomerbahnen oder →Kautschuk-Dichtungsbahnen systematisiert. Neu auf dem Markt sind Kunststoffbahnen mit Fotovoltaikmodulen. K. werden durch Kalandrieren, Extrudieren oder Streichen hergestellt. Die Kunststoffe können auch modifiziert oder armiert sein. Sie sind als trägerlose Bahnen oder Bahnen mit Verstärkungen und Einlagen aus Geweben und Vlies erhältlich. Einige K. enthalten auch Bitumenanteile. Bei →ECB-Dichtungsbahnen kann der Bitumenanteil bis zu 50 % betragen (ÖN 3668). Als gebräuchliche K. werden eingesetzt:

- Thermoplaste: ECB (Ethylen-Copolymerisat-Bitumen), EVA (Ethylen-Vinylacetat-Copolymer), PEC (→Polyethylen chloriert), PIB (→Polyisobutylen), PVC (→Polyvinylchlorid), TPO (Thermoplastische Polyolefine)
- Elastomere: CR (→Chloroprenkautschuk), CSM (Chlorsulfoniertes Polyethylen), →EPDM (Ethylen-Propylen-Terpolymer), IIR (Isopren-Isobutylen-Kautschuk, Butylkautschuk), NBR (Nitrilbutyl-Kautschuk, Nitrilkautschuk)

Alle diese Grundstoffe können mit →Weichmachern, Füllstoffen, →Stabilisatoren etc. modifiziert sein. K. werden hauptsächlich lose unter Auflast oder mechanisch befestigt auf einer Schutzschicht aus Kunststoffvlies verlegt. Dadurch kann die hohe Flexibilität und Dehnbarkeit der Kunststoffbahnen genutzt werden. Für die wasserdichte Ausführung muss auf sorgfältige Naht- und Anschlussverbindungen geachtet werden. Als Nahtverbindungsmethoden kommen vor allem das Warmgasschweißen, Quellschweißen sowie die Verbindung mithilfe von Dichtungs- bzw. Abdeckbänder zum Einsatz. Bei Unverträglichkeiten zwischen K. und anderen Schichten sind Trennschichten vorzusehen. Die dauerhafte Verbindung mit bitumigen Abdichtungen ist – mit Ausnahme von ECB – nicht fachgerecht, da zwischen Kunststoffoberflächen und Bitumen nur Adhäsionshaftungen zustande kommen. Aus ökologischer Sicht sollte auf Weichmacher-modifizierte und chlorhaltige Werkstoffe verzichtet werden. →ECB-Dichtungsbahnen, →EPDM-Dichtungbahnen, →PVC-Dichtungsbahnen (→Polyvinylchlorid), →TPO-Dichtungsbahnen

Kunststoffe K. sind Materialien, deren Grundbestandteil synthetisch oder halbsynthetisch erzeugte →Polymere sind. Die meisten Kunststoffe werden aus →Erdöl hergestellt. Die vielfältigen Eigenschaften der K. beruhen auf ihrem strukturellen Aufbau, dem Grad der Vernetzung ihrer Grundbausteine (→Monomere) und ihrer chemischen Zusammensetzung. Vorteile der K. sind u.a. ihre geringe Dichte, das gute elektrische Isolationsvermögen, gute Schalldämpfungseigenschaften sowie die gute chemische und Korrosionsbeständigkeit. Die Widerstandsfähigkeit gegenüber Umwelteinflüssen ist von Nachteil, wenn K. unkontrolliert in die Umwelt gelangen, da sie in der Natur so gut wie nicht abgebaut werden.
Manche Ausgangsstoffe für K. sind äußerst giftig, wie z.B. das zur Herstellung von →Polyvinylchlorid (PVC) eingesetzte →Vinylchlorid. Einen wesentlichen Einfluss auf die technischen Eigenschaften von K. haben die Additive. Hierzu gehören z.B. →Flammschutzmittel, →Weichmacher, →Stabilisatoren, →Alterungsschutzmittel und →Antioxidantien. Für →Schaum(kunst)stoffe werden zudem →Treibmittel eingesetzt. Eine Reihe von Additiven wird unter human- und ökotoxikologischen Gesichtspunkten sehr kritisch beurteilt. In der Gebrauchsphase können Stoffe wie Flammschutzmittel oder Weichmacher aus K. austreten und in Innenräumen über die Atemluft oder den →Hausstaub in den menschlichen Organismus gelangen.

Kunststofffenster →PVC-Fenster

Kunststofftapeten K. sind doppelschichtige →Tapeten, deren Oberfläche aus einer ganzflächigen wasserabweisenden Kunststoffschicht besteht. Sie sind daher besonders für Feuchträume geeignet. Als Trägermaterial wird Papier, Glasgewebe oder Vlies eingesetzt. Die Oberfläche besteht aus PVC (→Vinyltapeten) oder PVC-freien Kunststoffen. K. gibt es bedruckt, glatt, oberflächenverformt oder geschäumt

(→Profilschaumtapeten). Weitere unter Verwendung von Kunststoffen erzeugte Tapeten sind →Thermotapeten.
Durch die Kunststoff-Haut geht die Fähigkeit der Wände zur Feuchtigkeitsregulierung verloren. Im schlimmsten Fall kann es zu Schimmelproblemen an der Tapete und vor allem in Zimmerecken kommen. K. sind offensichtlich zuweilen am Entstehen des so genannten „Fogging"-Phänomens beteiligt.
Die meisten K. müssen mit Spezialklebstoffen aufgeklebt werden, was erhöhte Schadstoffemissionen zur Folge haben kann. K. aus PVC enthalten →Weichmacher, die über einen längeren Zeitraum freigesetzt werden können. Gefärbte K. können erhöhte Konzentrationen flüchtiger organischer Substanzen (→VOC) wie →Alkohole, →Ketone, →Ester und aliphatische →Kohlenwasserstoffe aufweisen. Umweltfreundlichere Alternativen sind z.B. →Papiertapeten, →Raufasertapeten oder →Naturfasertapeten.

K

Kunststoff-Wasserleitungen →Trinkwasserleitungen

Kupfer K. wird aus →Primärkupfer oder →Sekundärkupfer gewonnen. Im Bauwesen werden nur sauerstofffreie Sorten (SF-Cu) eingesetzt. Kupferteile lassen sich durch Falzen, Nieten, Schrauben, Kleben, →Weichlöten, →Hartlöten, Schweißen verbinden. Hafter und Nägel zur Befestigung müssen zur Vermeidung von elektrochemischer Korrosion ebenfalls aus K. sein. Bleche werden in Falztechnik verlegt. Querfalze bei flachen Dachneigungen, bei Durchdringungen etc. werden durch Löten, Nieten mit Dichteinlage oder doppeltes Falzen mit Dichtung verbunden. Beide Kupferteile müssen beim →Löten mit einem →Flussmittel (→Lötpaste oder →Lötfett) dünn benetzt werden. K. ist sehr gut verform- und legierbar. Oberfläche: gebeizt (verdünnte Schwefelsäure), gebrannt, poliert oder farblos lackiert. K. hat eine große Korrosionsbeständigkeit an feuchter Luft durch Bildung einer grünen Schutzschicht (ungiftige Patina). Allerdings wird bei Kupferrohren durch weiches und saures Leitungswasser die Schutzschichtbildung weitgehend unterbunden, sodass Lochfraßkorrision entsteht. K. findet Anwendung in Form von →Kupferblech, →Kupferrohren oder Kupferdrähten. Es wird für Dächer, Fassaden, Rinnen, als Band für bituminöse Abdeckungen, als elektrischer Leiter (hohe Leitfähigkeit für Wärme), für sonstige Bleche, Rohre und Kupferlegierungen verwendet. K. wird darüber hinaus verwendet als anorganischer Bestandteil von Wirkstoffkombinationen im chemischen Holzschutz (K.-Salze) sowie als Bestandteil wasseremulgierbarer Holzschutzmittel (→Kupfer-HDO).
Hohe Umweltbelastungen entstehen bei der Herstellung von →Primärkupfer. Die Umweltbelastungen bei der Herstellung von Sekundärkupfer sind vom Verfahren abhängig. Aus bewitterten Kupferteilen werden hohe Mengen an K. abgeschwemmt. Die großflächige Anwendung von K. im Außenbereich sollte daher vermieden oder es sollten Vorkehrungen getroffen werden, den Eintrag von K. in Boden und Gewässer zu vermeiden. Oral aufgenommene K.-Salze können allgemeine Schwäche, Erbrechen und Entzündungen im Verdauungstrakt verursachen. Bei Warmblütern sind akute K.-Vergiftungen allerdings selten, da K.-Salze zwangsläufig zu Erbrechen führen. Erhöhte K.-Konzentrationen im Trinkwasser stellen für Säuglinge eine große Gefahr dar. K.-Salze sind in die →Wassergefährdungsklassen 2 und 3 (wassergefährdend bis stark wassergefährdend) eingestuft.
K. lässt sich sehr gut und ohne Qualitätsverlust verwerten, die Recyclingrate liegt bei 95 %, auch Verbundmaterialien sind trennbar (Debonding-Verfahren). Der K.-Schrottpreis beträgt ca. 60 % vom Feinkupferpreis. Verhalten in Müllverbrennungsanlagen und auf Deponien problematisch (→Metalle, Umwelt- und Gesundheitsverträglichkeit). Besonders K. steht in Verdacht, bei der Verbrennung katalytisch die Entstehung von polychlorierten →Dioxinen und Furanen zu begünstigen.

Kupferbleche K. werden für die Dacheindeckung, Fassadenbekleidung und an Fens-

terbänken eingesetzt. Eine typische Mischung für die Herstellung von K. ist 60 % →Primärkupfer und 40 % →Sekundärkupfer. Das Rohmaterial wird im Stranggussverfahren zu so genannten Brammen gegossen und danach an der Blocksäge auf die erforderliche Länge gebracht. Die Brammen werden in der ersten Verformungsstufe über einen Ofen auf 700 – 1.100 °C vorgewärmt und in das Warmwalzwerk eingeführt, wo sie zu einem Warmbreitband gewalzt werden. Danach geht es zur Fräse, bevor sie auf einem weiteren Walzgerüst kaltgewalzt werden. Im Anschluss erfolgt eine Wärme- bzw. Glühbehandlung. Die Oberfläche des Bleches wird schließlich mit 15%iger Schwefelsäure mechanisch und chemisch gebeizt. Das fertig aufgerollte Blech (Coil) wird in einem letzten Bearbeitungsschritt an der Blechschere auf die gewünschten Maße zurechtgeschnitten. →Kupfer
K. sind sehr geschmeidig, bei Temperaturbewegungen besteht daher nicht so hohe Rissbildungsgefahr wie bei anderen Metallblechen. Gutes Korrosionsverhalten durch rasche Bildung von Kupferoxidschicht, Patinabildung je nach klimatischen Verhältnissen aus Kupfersulfat oder Kupfercarbonat in acht bis zwölf Jahren (Stadtluft) oder 30 Jahren (Gebirgsluft). Einfache Reparatur, hohes Schadenspotenzial an Anschlüssen, Durchdringungen und bei Luftundichtigkeiten wegen elektrochemischer Korrosion. Beständig gegen aggressive Wässer, im Bereich von Dungabwässern erfordert die Bildung tierschädlicher Salze einen Schutz durch bituminöse Isolierung.
Hohe Umweltbelastungen entstehen bei der Herstellung von →Primärkupfer. Hohe Temperaturen sind für das Warmwalzen notwendig. Mögliche Gesundheitsbelastungen treten auf beim →Löten oder Kleben. Relevante Metalleinträge in die Umwelt werden ausgelöst durch Kupfer- und Zinkdächer: K. haben die höchste mittlere Abschwemmrate nach Titanzinkblechen. Besonders drastisch ist die Belastung der Ober- und Unterböden durch Dachabflusswasser: Bei der Muldenversickerung von Kupfer- und Zinkdachwässern sind die Bodensanierungswerte in zehn Jahren erreicht, bei Schacht- und Rigolenversickerung in 33 bzw. 39 Jahren.

Kupfer-Dächer →Dächer mit Bauteilen aus Kupfer und Zink

Kupfer-HDO K. (chemisch Bis-(N-Cyclohexyldiazeniumdioxy)-Kupfer) ist ein in →Holzschutzmitteln eingesetztes →Fungizid. Dampfdruck bei Raumtemperatur (20 °C): 10^{-6} Pa. Das im Wasser wenig lösliche K. wird durch Komplexbildner wie Ethylendiamin oder Diethyltriamin (→Amine) in Wasser gelöst. Präparate mit K. als Wirkstoff werden als flüssige →Holzschutzmittel angeboten.

Kupferrohre K. werden für Kalt- und Warmwasserinstallationen, Heizungen, Öl- und Gasleitungen verwendet. Sie werden mittels →Weichlot, →Hartlot, Verschweißen, Verschrauben, Flansch oder Fittings verbunden. Bei Verwendung bleihaltiger →Lote können erhöhte Bleikonzentrationen in →Trinkwasserleitungen auftreten.

Kupferschrott →Sekundärkupfer

Kupferstein Vorprodukt der →Primärkupfer-Herstellung.

Kupfer-Wasserleitungen →Trinkwasserleitungen

KVH →Konstruktionsvollholz

k-Wert Der k. wurde vom →U-Wert abgelöst, der in seiner Interpretation bis auf einige Ausnahmen vergleichbar ist.

Kyoto-Protokoll In dem im Dezember 1997 verabschiedeten K. haben die Industrieländer erstmals eine verbindliche Reduzierung ihrer Treibhausgasemissionen zugesagt. Neben den klassischen Treibhausgasen Kohlendioxid, Methan und Lachgas (Distickstoffmonoxid) wurden auch die fluorierten Treibhausgase HFKW, FKW (→FKW/HFKW) und →Schwefelhexafluorid wegen ihres zum Teil extrem hohen Treibhauspotenzials in das K. aufgenommen. Die EU-Mitgliedstaaten haben das Protokoll im Mai 2002 ratifiziert. In dem Protokoll verpflichten sich die Industriestaaten, ihre gemeinsamen Emissionen der wichtigsten Treibhausgase im Zeitraum 2008 bis 2012 um mindestens 5 % unter das Niveau von 1990 zu senken. Dabei haben die Länder unterschiedliche Emissionsreduktionsverpflichtungen akzeptiert. Deutschland hat sich verpflichtet, die Emissionen um 21 % zu reduzieren.

L

Label für Bauprodukte L. kennzeichnen Qualitätsmerkmale von Bauprodukten wie gesundheitliche Unbedenklichkeit, Umweltverträglichkeit und Gebrauchstauglichkeit. →Bauprodukt-Qualität, →Umweltzeichen für Bauprodukte

Lacke L. werden zur Beschichtung von Oberflächen aus Holz, Metall, Kunststoff oder mineralischem Material verwendet. Im Vergleich zu Wandfarben haben L. einen höheren Bindemittelgehalt. Es werden →Naturharz-Lacke und →Kunstharzlacke unterschieden. Das Bindemittel liegt im Lösemittel gelöst (→Lösemittelhaltige L.), dispergiert in Wasser (→Dispersionslacke) oder als Vorprodukt (→Reaktionslacke) vor. Lacke enthalten außerdem Lackhilfsstoffe wie Mattierungsmittel (Füllstoffe), Schwebe-, Verlaufs- oder Trockenmittel und →Pigmente.

Gesundheitsgefahren bei der Lackherstellung, der Verarbeitung und der Entlackung treten auf durch:

- Einatmen gesundheitsschädlicher Dämpfe und Stäube, die zu akuten oder chronischen Gesundheitsschäden führen können
- Hautkontakt, der zur Sensibilisierung, Verätzung und zur Aufnahme gesundheitsschädlicher Stoffe in den Körper führen kann
- Augenkontakt, der zu Augenschäden führen kann

Schadstoffarme Lacke können mit dem RAL-Umweltzeichen 12a ausgezeichnet werden, wenn sie bestimmte Anforderungen erfüllen. Ein wesentlicher Bestandteil der Vergaberichtlinie ist die Reduktion des Gehalts an Lösemittel (s. Tabelle 73). Durch die Substitution konventioneller Lacke durch schadstoffarme Lacke wurden die Lösemittel-Emissionen im Bautenlackbereich um ca. 20 bis 25 % verringert. Gem. Richtlinie RAL-UZ 12a konnte der Anteil „Schadstoffarmer Lacke" von 1980 bis 1993 von 1 % auf 30 % gesteigert werden. Differenziert man den Anteil „Schadstoffarmer Lacke" nach gewerblichen und privaten Anwendern, liegt dieser im Heimwerkerbereich bei sogar 70 %.

Selbst schadstoffarme L. können aber immer noch einen Anteil von bis zu 15 % flüchtiger organischer Substanzen (→VOC) und bis zu 0,5 % biozide Wirkstoffe (→Biozide) enthalten. Entsprechende Vorsichtsmaßnahmen müssen daher ebenfalls eingehalten werden (gute Durchlüftung, Rauchverbot, …). Auch Reste von schadstoffarmen Lacken dürfen nicht ins Abwasser gelangen. Das Spritzen von Lacken darf grundsätzlich nur mit Atemschutz erfolgen. Pinsel und andere Verarbeitungsgegenstände müssen zunächst auf

Tabelle 73: Max. Gehalt an flüchtigen organischen Stoffen (VOC) nach RAL-Umweltzeichen 12a „Schadstoffarme Lacke"

Produktgruppe		Max. VOC-Gehalt
Gruppe I	Tiefgrund, penetrierende Primer und Produkte mit einem Festkörpergehalt < 20 %	2 Gew.-%
Gruppe II	Vorlacke, Klarlacke, Parkettlacke, Bodenanstrichstoffe, Universalgrundierungen und Produkte mit einem Festkörpergehalt ≥ 20 %	8 Gew.-%
Gruppe III	Holzlasuren mit einem Festkörpergehalt < 30 %	8 Gew.-%
Gruppe III	Holzlasuren mit einem Festkörpergehalt ≥ 30 %	10 Gew.-%
Gruppe IV	Wasserverdünnbare Lacke, Weiß- und Buntlacke mit einem Festkörpergehalt > 40 %	10 Gew.-%
Gruppe V	High-Solid-Lacke mit einem Festkörpergehalt ≥ 85 %	15 Gew.-%

Zeitungspapier ausgestrichen und mit einem Lappen gereinigt werden, bevor sie ausgewaschen werden. Lackreste können mit dem Haus- oder Gewerbeabfall beseitigt werden. →Wasserverdünnbare Naturharzanstriche belasten die Umwelt nur gering (nachwachsende Rohstoffe, schonendes Herstellungsverfahren).

Lackspachtel L. sind Ausgleichsmassen für unebene (Holz-)Untergründe. Konventionelle Produkte werden auf der Basis von Kunstharzen hergestellt. →Pflanzenchemiehersteller bieten L. auf →Naturharz-Basis an.

Lärche Das →Splintholz ist von hellgelblicher bis rötlicher Farbe, das →Kernholz frisch rötlichbraun bis leuchtendrot, intensiv rotbraun nachdunkelnd, mit markanter gestreifter bzw. gefladerter Textur.
L. ist das schwerste und härteste einheimische Nadelholz. Es ist harzhaltig und zeigt gute Festigkeits- und Elastizitätseigenschaften. L. ist mäßig schwindend und zeigt gutes Stehvermögen. L. ist schwer zu beizen und resistent gegenüber Chemikalien. Das Kernholz ist witterungsbeständig und unter Wasser von hoher, der →Eiche vergleichbarer Dauerhaftigkeit. Bei der Verarbeitung ist auf Schutz vor →Holzstaub (krebsverdächtig) zu achten. Schleifstaub reizt die Schleimhäute.
L. ist ein hervorragendes Bau-, Konstruktions- und Ausstattungsholz. Im Außenbereich wird es für Türen, Tore, Fenster, Bekleidungen und Schindeln verwendet, außerdem im Erd-, Brücken- und Wasserbau. Im Innenausbau wird L. u.a. für Wand- und Deckenkonstruktionen eingesetzt. Als Ausstattungsholz findet L. Verwendung für Möbel (Küchen- und Bauernstubenmöbel), Wand- und Deckenbekleidungen, Fußböden und Treppen. Lärchenharz wird für Produkte der →Pflanzenchemiehersteller verwendet. Es besitzt eine sehr gute Bindefähigkeit und macht →Anstrichstoffe geschmeidig und dicht.

LAGA Zielsetzung der Länderarbeitsgemeinschaft Abfall (LAGA) ist die Sicherstellung eines möglichst ländereinheitlichen Vollzugs des Abfallrechts in Deutschland. Mitglieder der LAGA sind die Abteilungsleiter der obersten Abfallwirtschaftsbehörden der 16 Bundesländer. Außerdem arbeiten das BMU und das UBA mit. Die LAGA erarbeitet Merkblätter, Richtlinien und Informationsschriften als Hilfsmittel zur Lösung abfallwirtschaftlicher Aufgabenstellungen. Des Weiteren erfolgt die Erarbeitung von Musterverwaltungsvorschriften für den Vollzug des Abfallrechts. Auf dem Gebiet der Gebäude-Schadstoffe sind folgende Mitteilungen von Interesse:

- Mitteilung 20:
  Anforderungen an die stoffliche Verwertung von mineralischen Reststoffen/Abfällen – Technische Regeln
- Mitteilung 23:
  Entsorgung asbesthaltiger Abfälle
- Mitteilung 24:
  Teil 1: Merkblatt Reinigung und Entsorgung von Transformatoren mit PCB-haltiger oder PCB-kontaminierter, mineralölhaltiger oder synthetischer Isolierflüssigkeit;
  Teil 2: Merkblatt Entsorgung von PCB-haltigen Reststoffen und Abfällen

→Abfall, →Kreislaufwirtschafts- und Abfallgesetz, →Abfallverzeichnisverordnung, →Abfallschlüssel, →Abfallablagerungsverordnung

Lagenhölzer →Brettsperrholz, →Sperrholz, →Furnierschichtholz und →Mehrschicht-Massivholzplatten werden unter dem Begriff L. oder Lagenwerkstoffe zusammengefasst. L. werden für tragende und aussteifende Funktionen in Wand-, Decken- und Dachkonstruktionen verwendet. Bei diesen oft als „ökologisch“ bezeichneten Produkten ist die Auswahl von ausschlaggebender Bedeutung für die Qualität:

- Als Leime werden →Harnstoff-Formaldehyd-Harze, →Phenol-Formaldehyd-Harze oder andere Kleber eingesetzt. Platten hochwertiger Qualität tragen nur unbedeutend zur Formaldehydkonzentration in Räumen bei, Materialien minderer Qualität (Leimharze meist auf der Basis von Harnstoff-Formaldehyd) können jedoch beträchtliche Mengen an →Formaldehyd abgeben.

- Die Menge an eingesetztem Leim und damit die potenziellen Emissionen in die Innenraumluft hängen von der Menge der Klebstellen ab und sind umso höher, je kleinteiliger die Holzeinzelteile sind.
- Besonders in Furnierschichtholz können nicht-zertifizierte →Tropenhölzer verborgen sein.
- L., die →Fungizide enthalten, sind mit V-100 G gekennzeichnet. Ihr Einsatz ist aufgrund der problematischen Substanzen auf das Notwendigste zu reduzieren (siehe auch →Holzwerkstoffe).

Ein ökologischer Vorteil der L. besteht darin, dass auch Holz minderer Qualität verarbeitet werden kann. Dadurch wird eine größere Materialausbeute erzielt. →Holz, →Holzwerkstoffe, →Furniere, →Emissionsklassen, →Formaldehyd

LAGetSi Berliner Landesamt für Arbeitsschutz, Gesundheitsschutz und technische Sicherheit.

LAI Länderausschuss für Immissionsschutz.

Laminat-Bodenbeläge L. bestehen aus einer Trägerschicht (→Spanplatte, →MDF-Platte oder →HDF-Platte), auf die eine Deckschicht mit einer oder mehreren dünnen Lagen eines faserhaltigen Materials (i.d.R. Papier) aufgebracht ist. Diese Papierlagen sind mit aminoplastischen, wärmehärtbaren Harzen imprägniert und werden durch gleichzeitige Anwendung von Hitze und Druck (Hochdrucklaminate – HPL, kontinuierlich gepresste Laminate – CPL) oder direkt auf das Trägermaterial verpresst (DPL). Als aminoplastisches Harz wird bei der obersten Nutzschicht (Overlay) hauptsächlich →Melaminharz eingesetzt. Je nach Laminattyp wird bei den darauf folgenden Papierschichten (Underlays) das preisgünstigere Phenolharz eingesetzt. Melamin- und Phenolharze entstehen durch die Umsetzung von Melamin und Phenol mit Formaldehyd. Die Trägerplatten können Chemikalien als Quellschutz (Kantenhydrophobierung) enthalten. Auf der der Deckschicht abgewandten Seite des Trägermaterials wird ein Gegenzug aufgebracht, um das Produkt auszugleichen und zu stabilisieren. Der Gegenzug besteht üblicherweise aus einem Hochdruck- oder kontinuierlich gepressten Laminat, imprägnierten Papieren oder Furnieren.

Aus den Melamin- und →Phenol-Formaldehyd-Harz gebundenen →Holzwerkstoffplatten, der Verleimung und der Oberflächenversiegelung kann →Formaldehyd freigesetzt werden. →Prüfkammermessungen des Wilhelm-Klauditz-Instituts für Holzforschung ergaben für L. Werte von 0,005 bis 0,03 ppm Formaldehyd. Emissionen von →VOC und Formaldehyd können durch eine Fußbodenheizung erheblich gesteigert werden. L. können hohe elektrostatische Oberflächenspannungen von weit über 2.000 V aufbauen. Ab 2.000 V wird ein Funkenschlag sichtbar. Unter Vorsorgegesichtspunkten sollte die Oberflächenspannung nicht über 500 V liegen. Als Flächenklebstoffe für L. sind gem. Technischem Merkblatt TKB2 „Kleben von Laminatböden" des Industrieverbands Klebstoffe e.V. ausschließlich für diesen Zweck empfohlene, lösemittel- und wasserfreie →Polyurethan-Klebstoffe zu verwenden (→Isocyanate). Die versiegelten Kunststoff-Oberflächen können das Raumklima nicht so gut regulieren wie geölte oder gewachste →Parkettböden.

Lamparkette L. oder auch Dünnbrettparkette bestehen aus 200 bis 800 mm langen und 40 bis 55 mm (selten 70 mm) breiten Massivholz-Stäbchen mit 6 – 15 mm Dicke (überwiegend 10 mm). Sie werden vollflächig auf planebenen Untergrund verklebt. In Abhängigkeit der Stab-Dimension sind alle Verbände möglich. Die Stäbe sind leicht austauschbar, die Renovierbarkeit ist gut (4- bis 5-mal abschleifbar). →Massivparkett, →Holzböden, →Parkettklebstoffe, →Parkettversiegelungen, →Ölen und Wachsen

Landesbauordnung →Musterbauordnung

Landhausdielen L. sind meist fertig oberflächenversiegelte Fußbodenelemente, die entweder massiv (→Massivholzdielen) oder aus mehreren Schichten (→Mehrschichtparkette) hergestellt sind.

Laser-Drucker Laser-Drucker und Kopierer emittieren während des Druckprozesses flüchtige organische Verbindungen (VOC) unterschiedlicher chemischer Klassen, Ozon und kleinste Partikel aus →Tonern und Papieren. Für die Nutzer von L. und Kopierern resultiert daraus eine mehr oder weniger hohe Exposition gegenüber einer Reihe von Substanzen, darunter auch solche mit gesundheitsschädlichem Potenzial. Hinsichtlich ihrer Emissionsraten unterscheiden sich die einzelnen Gerätetypen erheblich. Ob während des Betriebes der Geräte gesundheitlich bedenkliche Schadstoff-Konzentrationen im Raum entstehen, hängt von folgenden Faktoren ab: Art des Gerätes, Art des Toners, Raumgröße, Anzahl der Geräte, Druckintensität bzw. Tonerverbrauch pro Tag, Lüftungsverhalten, Abstand der exponierten Personen von den Geräten.

L

Lasuren L. sind farblose oder leicht eingefärbte, transparente, dünne Beschichtungen mit geringer Viskosität. Als Bindemittel werden →Kunstharze oder →Naturharze verwendet. Der Lösemittelanteil kann bis zu 50 % betragen, es werden aber auch lösemittelfreie bzw. -arme L. auf Dispersionsbasis angeboten. L. werden hauptsächlich für die Beschichtung von Holzoberflächen im Innen- und Außenbereich eingesetzt. Sie schützen das Holz gegen Witterungseinflüsse, Feuchtigkeit und Nässe. Wegen ihrer Dünnflüssigkeit dringen L. tief in den Untergrund ein, lassen ihn aber dennoch durchscheinen. Man unterscheidet zwischen gut penetrierenden Dünnschicht-L. zum Imprägnieren und filmbildenden →Dickschichtlasuren zum Lackieren sowie die sehr stark imprägnierenden und filmbildenden →High-Solid-L. Im Außenbereich müssen L. regelmäßig erneuert werden. Die Bewertung der Umwelt- und Gesundheitsverträglichkeit von L. erfolgt analog zu →Kunstharzlacken bzw. →Naturharz-Lacken.

Latexfarben Als L. werden sehr strapazierfähige Dispersionsfarben bezeichnet. Der Begriff ist nicht definiert und gibt daher keine Angaben über das Bindemittel. Latex ist in heutigen L. nicht enthalten. Aus L. können →Restmonomere (z.B. Styrol, Acrylsäure, Vinylacetat oder Butadien) ausgasen. →Dispersionsfarben

LCI Abk. für lowest concentration of interest. →NIK, →AgBB

LD_{50} Die LD_{50} wird in der Toxikologie zur Beschreibung der akuten Toxizität von Stoffen und Stoffgemischen verwendet. Es ist die letale (= tödliche) Dosis eines verabreichten Stoffes, bei der 50 % der am Versuch beteiligten Tiere sterben. Für die Einstufung von Chemikalien und Arzneistoffen nach dem Chemikalien- bzw. Arzneimittelrecht ist die Ermittlung der akuten Giftigkeit mittels der LD_{50} vorgeschrieben. Sie wird angegeben in Milligramm pro Kilogramm Körpergewicht der Versuchstiere. Eine hohe LD_{50} zeigt eine geringe akute Toxizität eines Stoffes an. Eine niedrige LD_{50} bedeutet, dass die geprüfte Substanz beim untersuchten Tier eine hohe akute Toxizität aufweist. Die Beurteilung der Toxizität eines Stoffes alleine auf Grundlage der LD_{50} ist nicht möglich. Wichtig sind weiterhin Angaben zur chronischen Toxizität sowie zu irreversiblen Wirkungen wie krebserzeugende, erbgutschädigende und reproduktionstoxische Wirkung.

Lebenszyklus Unter L. versteht man aufeinander folgende und miteinander verbundene Stufen eines Produktsystems von der Rohstoffgewinnung bis zur endgültigen Beseitigung (EN ISO 14040). Der Begriff L. ist die Übersetzung des englischen Begriffs „life cycle“ und beschreibt besser als der im deutschen Sprachgebrauch auch übliche Begriff „Lebensweg“ (s.a. EN ISO 14040) den Anspruch an eine →Kreislaufwirtschaft. →Ökobilanz

Lecithin L. (Phosphatidylcholin) ist ein natürlicher Fettbegleitstoff, der in allen lebenden Zellen vorkommt, insbes. im Eigelb und in vielen ölhaltigen Pflanzen. L. wird vorwiegend aus ölhaltigen Pflanzen gewonnen, i.d.R. aus Sojabohnen. In der Lebensmittelindustrie wird die herausragende Eigenschaft des L. genutzt, Wasser und Öl, die sich normalerweise abstoßen, in einer stabilen Verbindung (Emulsion) zu halten.

LEF Abk. für lösemittel- und emissionsfreie →Dispersionsfarben.

Legionärskrankheit →Legionellen

Legionellen L. sind Wärme liebende, gramnegative Bakterien. 1976 trat in Philadelphia bei einem Legionärstreffen eine zunächst mysteriöse Krankheit auf, an der mehr als 4.000 Teilnehmer an der so genannten Legionärskrankheit, einer schweren Lungenentzündung, erkrankten und 29 verstarben. Seitdem wird diese durch L. verursachte Krankheit als Legionärskrankheit bezeichnet wird. Weitere Vorfälle ereigneten sich 1999 in Bovenkarspel/Niederlande, wo es anlässlich einer Blumenschau durch zwei Whirlpools zu 233 Erkrankungen mit 22 Todesfällen kam, und 2001 in Murcia/Spanien mit 805 Erkrankungen und drei Todesfällen über Kühl-/Klimaanlagen.

Legionella pneumophila kommt gewöhnlich in Oberflächengewässern, in geringer Konzentration aber auch im Grundwasser vor. Gelangen die Mikroorganismen als Aerosol in die Lunge, z.B. durch Umlaufsprühbefeuchter (→Raumlufttechnische Anlagen), mobile Luftbefeuchtungsgeräte oder beim Duschen, kann es zur Erkrankung kommen.

L. vermehren sich bei Temperaturen von etwa 20 °C nur sehr langsam. Über 20 °C steigt die Vermehrungsrate allmählich an und ist etwa zwischen 30 und 45 °C optimal. Ab etwa 50 °C erfolgt meist kaum noch Vermehrung und bei etwa 55 °C kommt es langsam zum Absterben der L. Eine sichere Abtötung findet knapp oberhalb von 60 °C statt. In Wassererwärmern, die (in Einfamilienhäusern) im Niedertemperaturbereich (ca. 45 °C) betrieben werden, kann es unter ungünstigen Umständen zu vermehrtem L.-Wachstum und höheren Konzentrationen an Wasserbakterien kommen.

Lehm L. ist ein aus →Ton, →Kies, →Sand und Schluff (feiner Sand) bestehendes Verwitterungsprodukt. Der Ton im L. bildet das Bindemittel, der Sandanteil den Füllstoff. Fetter L. enthält viel Ton, magerer mehr sandige Bestandteile. Für verschiedene Zwecke wird der L. mit unterschiedlichen Materialien (Sand, Kies, organische Faserstoffe) gemagert.

Vor der Verwendung muss der L. bearbeitet (geknetet) werden. Dadurch werden die Tonplättchen geordnet und die Sandkörner verdichtet. Die Verfestigung erfolgt nur durch Lufttrocknung, daher bleiben Lehmbauteile feuchtigkeitsempfindlich. L. wird im →Lehmsteinbau, →Stampflehmbau und →Leichtlehmbau als Rohmaterial eingesetzt. Im Innenausbau findet L. in Form von →Lehmputzen, →Lehmplatten, Lehmanstrichen und selten als →Lehmestriche Verwendung. Aufbereiteter L. bzw. Ton wird durch Brennen weiterverarbeitet zu Ziegelerzeugnissen, Steingut, Porzellan, Schamott usw. Auch im Innenausbau ergeben sich für L. verschiedene Anwendungsmöglichkeiten. So können Öfen, Herde, Regale u.a. aus L. modelliert, gestampft oder gemauert werden.

L. hat eine Vielzahl äußerst vorteilhafter Eigenschaften. Er ist

- feuchtigkeitsabsorbierend,
- dampfdiffusionsoffen,
- wärmedämmend oder wärmespeichernd,
- wärmeregulierend,
- schalldämmend,
- geruchsabsorbierend und
- holzkonservierend.

Die holzkonservierende Eigenschaft von L. beruht auf seiner niedrigen Gleichgewichtsfeuchte von 0,4 bis 6 %. Holz und andere organische Stoffe, die von Lehm umgeben sind, werden dadurch entfeuchtet bzw. trocken gehalten und Holzschädlingen die Lebensgrundlage entzogen. Wegen der Fähigkeit des L., Luftfeuchtigkeit aufzunehmen und bei Bedarf wieder abzugeben, kann er zur Feuchteregulierung in Innenräumen eingesetzt werden.

L. ist überall zu finden, meist sogar direkt auf der Baustelle. Daher fallen nur geringe Transportkosten an. Der Energiebedarf und die Umweltbelastungen durch die Herstellung von L.-Produkten sind gering. L. ist beim Bearbeiten hautverträglich und enthält keine gesundheitsschädlichen Bestandteile. Die Nachnutzung ist völlig unproblematisch. Ungebrannter L. kann nach dem Abriss angefeuchtet wieder als neuer Baustoff verwendet oder der Erde zurückgegeben werden. Selten können L.-Vorkommen erhöhte Radioaktivität aufweisen (→Radioaktivität von Baustoffen). →Mineralische Rohstoffe

Lehmedelputze L. werden aus hochwertigen →Lehmen in vielfältigen Farbtönungen mit oder ohne Zugabe von Erdpigmenten hergestellt und als Dekorputze eingesetzt. Er wird als Handputz oder maschinell in Putzdicken von 2 bis 5 mm aufgetragen.

Lehmestrich L. wird aus Stampflehm hergestellt und für Kellerböden (nicht wasserbeständig), Scheunen, Werkstätten, früher auch für nicht unterkellerte Wohnräume eingesetzt. →Lehm wird so verwendet, wie er in der Natur vorkommt; es erfolgt kein energieintensiver Brennvorgang. L. wirkt feuchtigkeitsausgleichend, wärmespeichernd und hat eine hohe Sorptionsfähigkeit. L. bereitet keine Probleme bei der Entsorgung.

Lehmplatten L. sind Trockenbauplatten aus →Lehm mit pflanzlichen und mineralischen Leichtzuschlägen und Fasern für den Innenbereich. Sie werden auf Holz- oder Metallständerkonstruktionen montiert. Die Plattenstöße werden mit Lehmmauermörtel vollflächig vermörtelt. Über die Stoß- und Lagerfugen ist ein Gewebe einzulegen und mit Lehmspachtelmasse abzuspachteln.
Nach dem vollflächigen Austrocknen werden die L. kurz angenässt und mit einem Nagelbrett aufgeraut. Danach kann mit Lehm-Feinputzmörtel verputzt werden. L. vereinen die Vorteile des →Trockenputzes mit dem Lehmbau. Rohdichte ca. 700 kg/m³, Wärmeleitzahl 0,13 W/(mK).

Lehmputze L. werden aus Putzmörteln gefertigt, deren Bindung auf dem im →Lehm enthaltenen →Ton beruht. Die Putzmörtel werden aus mit Sand und organischen Faserstoffen (gehächseltes Heu, Spreu usw.) gemagertem fetten →Lehm hergestellt. Der Lehmmörtel wird in mehreren Schichten angeworfen, die letzte Schicht wird mit dem Reibbrett abgerieben und evtl. mit dünner Kalkschlämme o.Ä. überzogen (bessere Haftung des Anstrichs). L. wird hauptsächlich als Innenputz eingesetzt, bei Außenanwendungen ist guter konstruktiver →Feuchteschutz und/oder eine Dichtung notwendig, da L. nicht wasserbeständig ist. Lehm wird so verwendet, wie er in der Natur vorkommt. Es ist kein energieintensiver Brennvorgang ist erforderlich. L. haben eine hohe Kapillarleitfähigkeit und sorgen für ein gesundes →Raumklima. L. bereiten keinerlei Probleme bei der Entsorgung. Sie können als einzige Putzart sogar wieder als Putz verwertet werden. Wer reine L. möchte, sollte darauf achten, dass nur Lehm (bzw. der darin enthaltene Ton) als Bindemittel eingesetzt wird. Häufig werden auch sog. →Lehmverbundputze oder stabilisierte L. als L. angeboten.

Lehmsteinbau Im L. (Adobetechnik) werden →Lehmsteine oder Blöcke zu Bauteilen vermauert. Als Mörtel werden pastöse Lehmspachtelmassen verwendet. Im L. findet der Schwindprozess des Lehms bereits bei der Fertigung der Lehmsteine statt. →Stampflehmbau, →Lehm

Lehmsteine L. sind zu Steinen oder Blöcken geformte Mischungen aus →Lehm. Für L. wird mittelfetter bis fetter Lehm eingesetzt. Je nachdem, ob und welche Zuschlagstoffe zugegeben werden, entstehen L. unterschiedlicher Qualitäten: schwere, gut wärmespeichernde Massivlehmsteine bis leichte, wärmedämmende →Leichtlehmsteine. L. werden entweder mithilfe von Formen, in die der Lehm eingedrückt wird, oder maschinell mittels Handpressen hergestellt. Sog. Grünlinge sind industriell gefertigte Massiv-L. aus der Strangpresse. In Deutschland, in der Schweiz und in den Niederlanden haben sich etwa fünfzehn ältere Ziegeleibetriebe auf die Produktion von Massiv-L. spezialisiert. In einer nichtvakuumisierten Strangpresse gefertigte Stroh-L. befinden sich im Standardformat

10 × 50 × 25 cm am Markt. In Österreich wird derzeit im Rahmen des Projekts „Lehm konkret" ein maschinell gefertigter Lehmstein, der für tragende Wände eingesetzt werden kann, entwickelt.
L. benötigen keinen energieintensiven Brennvorgang. Sie zeichnen sich durch hohe Wärmespeicherkapazität und Kapillarleitfähigkeit aus. Durch Aufnahme und Abgabe von Wärme und Feuchte wirken sie feuchteregulierend. L. bereiten keine Probleme bei der Entsorgung. →Lehmsteinbau, →Lehmplatten

Lehmverbundputze L. oder stabilisierte Lehmputze sind Putze, die neben →Lehm (bzw. den darin enthaltenen →Ton) ein weiteres Bindemittel wie →Kalk, →Zement, →Gips oder Methylcellulose enthalten. L. können außerdem evtl. für Lehmprodukte untypische synthetische Zusatzstoffe enthalten. Je nach Menge der Bindemittel überwiegt entweder die Tonbindung oder die Bindung des Zweitbindemittels. Die Eigenschaften von L. können sich daher stark von →Lehmputzen unterscheiden.

Lehmziegel →Lehmsteine

Leichtbeton L. ist →Beton mit einer Rohdichte unter 2.000 kg/m³. Die Verringerung der Rohdichte erfolgt durch:
- Zuschläge mit hoher Kornporigkeit wie Naturbims, Hüttenbims, Steinkohlenschlacke, Tuff, Lavaschlacke, →Blähton, →Blähschiefer, porige →Flugaschen
- Hohlkammern, Schlitze und Löcher im Stein
- Porenbildung durch Zuschläge (nur große Körnung ohne Feinanteil)

L. wird als tragender und nichttragender, bewehrter oder unbewehrter Wandbildner sowie als Fertigelementdecke eingesetzt. Gegenüber →Beton hat L. den Vorteil geringerer Bauwerkslasten, höherer Wärmedämmung, besserer Bearbeitbarkeit und niedrigerem Dampfdiffusionswiderstand. L. eignet sich besonders für den Einsatz von Recyclingmaterialien wie Ziegelsplitt, Recycling-EPS oder →Blähglas als Zuschlag. →Blähton-Leichtbeton

Leichtlehm L. ist eine Mischung aus →Lehm und leichten Zuschlagstoffen, welche die Wärmedämmung verbessern, wie z.B. Stroh, Schilf, Hanffasern, Holzhäcksel, Korkschrot, →Perlite oder →Blähton. L. kann auch zu →Leichtlehmsteinen verarbeitet werden. Je mehr Zuschlagstoffe zugegeben werden, desto niedriger ist die Wärmeleitfähigkeit, desto größer ist aber auch das Trocknungsproblem, da der geringe Lehmanteil nur in Form sehr wässriger Lehmschlämme beigemischt werden kann. Besonders bei Stroh-L. muss auf ausreichende Trocknung geachtet werden, damit das organische Material nicht schimmelt. Auch der erforderliche Brand- und Schallschutz kann mit leichten Mischungen von rund 400 kg/m³ häufig nicht erreicht werden. Die Wärmeleitfähigkeit von L. liegt zwischen 0,08 W/(mK) (Stroh-L. mit 300 kg/m³) und 0,25 W/(mK) (L. mit Blähtonzuschlag). Für Niedrigst- oder Passivhausstandard muss Leichtlehm in Kombination mit Dämmstoffen eingesetzt werden. →Leichtlehmbau

Leichtlehmbau L. wird vor allem gemeinsam mit Fachwerkbau umgesetzt. Dabei wird →Leichtlehm als Ausfachungsmaterial zwischen den Holzständern eingesetzt.

Leichtlehmsteine L. sind →Lehmsteine mit größeren Mengen an leichten Zuschlagstoffen, welche die Wärmedämmung verbessern.

Leichtmetalle L. sind Metalle mit einer Dichte unter 5,0 g/cm³. Beispiel: →Aluminium.

Leichtmörtel L. sind →Mörtel mit leichten Zuschlägen wie →Blähton, →Blähschiefer, →Bims, →Blähglimmer, →Perlite oder Styroporkügelchen (→EPS) mit guten Wärmedämmeigenschaften. Meist werden L. aus →Zementmörtel unter Zugabe organischer Zusätze mit plastifizierender oder die Abbindung verzögernder Wirkung hergestellt. L. wird für gut wärmedämmendes Mauerwerk oder →Wärmedämmputze verwendet.

Leimbinder Als L. werden aus gehobelten Brettern verleimte Massivholzträger bezeichnet. Bedingt durch den niedrigen Leimanteil tragen diese Materialien in der Regel nur in geringem Ausmaß zur Belastung der Innenraumluft mit Schadstoffen bei. Von Holz werden flüchtige Holzinhaltsstoffe, vor allem Terpene wie alpha- und beta-Pinen, Limonen und delta-3-Caren an die Umgebungsluft abgegeben. Bei Raumtemperatur gibt Holz praktisch keinen freien Formaldehyd an die Raumluft ab.

Leimbinderfarben L. sind →Leimfarben mit Kunstharzdispersionen („Binder") als Bindemittel. Sie haben eine höhere Abriebfestigkeit als Leimfarben.

Leimdrucktapeten L. sind mit Leim bedruckte →Papiertapeten. Ihren Namen haben sie von dem Bindemittel Leim für die dabei verwendeten Farben (→Leimfarben). L. werden noch im traditionellen Rotationsdruckverfahren bedruckt. Dabei werden die Musterwalzen an ihren erhabenen Stellen über ein Filztuch eingefärbt. Für jede Farbe des Musters ist eine Druckwalze erforderlich. Für einfachere Muster werden heute Kunststoffwalzen verwendet, die nicht druckenden Teile sind ausgefräst.

Leime L. sind wasserlösliche →Klebstoffe, die sehr dünnschichtig eingesetzt werden. Mit Ausnahme von Wasserglasleim beruhen sie auf organischen Grundstoffen und werden unterteilt in synthetische, pflanzliche und tierische L. Grundstoffe für synthetische L. sind →Acrylharze, →Polyvinylacetate, Polyvinylpyrrolidon oder Formaldehyd-Harze (Kunstharzleime). Pflanzliche L. bestehen aus Cellulosederivaten (Zellleim, →Methylcellulose) oder aufgeschlossener Stärke (Stärkeleim), Mehlkleister oder Dextrin. Zu den tierischen L. zählen Glutin-L., →Kasein-L. und Blutalbumin als Grundstoffe. In der Möbelrestauration wird verstärkt Fischleim eingesetzt. Die auf Naturstoffen und Acrylsäurederivaten basierenden L. können →Konservierungsmittel (0,01 – 0,3 %) enthalten.

Die Gesundheitsbelastung bei der Verarbeitung und während der Nutzungsphase ist abhängig von der Art und der Menge des Grundstoffes (bei pflanzlichen und tierischen L. sehr gering). Die meisten L. sind relativ unproblematisch, in Einzelfällen kann eine Belastung durch die eingesetzten Konservierungsmittel auftreten. Hinsichtlich der Herstellung sind die L. auf Naturstoffbasis den Kunststoffleimen vorzuziehen.

Tabelle 74: Anwendungsbereiche von Leimen

Leim	Anwendungsbereich
Formaldehydharzleim	Holzwerkstoffe, Mineralwolle
Polyacrylat-Polyvinylalkohol-Leime	Holz
Tierische Leime	Holz (vor allem bei Restaurationen), Papier
Pflanzliche Leime	Leimfarben, Grundierungen

Leimfarben L. enthalten Leim als Bindemittel. Die klassische alte Leimfarbe besteht oft nur aus →Kreide, die mit 5 bis 7 % Leim gebunden wird („Kreidefarbe"). Tierische Leime werden heute noch als Bindemittel für Kreide- und Halbölgründe in der Kunstmalerei sowie in der Vergolderei gebraucht. Sonst sind sie weitgehend durch Pflanzenleime, vor allem →Methylcellulose, verdrängt worden. Weitere Bestandteile der L. sind Talkum und Pigmente wie Titandioxid, Schwerspat, Kaolin und bunte Erdpigmente. L. weisen ohne Zugabe des ökologisch nicht unproblematischen →Titandioxids einen altweißen Farbton auf, Titandioxid ergibt einen brillantweißen Farbton. Wie →Kaseinfarben sind auch L. als Pulverfarben erhältlich (spart Transportaufwendungen und Verpackung). L. weisen eine gute Deckkraft auf und eignen sich für alle trockenen Innenräume. Sie sind allerdings nur wischfest. Die Wischbeständigkeit kann durch →Kasein erhöht werden. Aus der Mode gekommen sind L., weil sie oft unsachgemäß verarbeitet wurden und weil sie nur sehr begrenzt überstreichbar sind. Wenn der zweite Anstrich weniger Bindemittel enthält als der erste, ist evtl. ein zweiter Anstrich möglich. Sonst müssen alte L. vollständig abgewaschen werden, sollen sie sich nicht beim Überstreichen in Schichten um die Rolle

wickeln. Das Abwaschen ist allerdings sehr einfach.
Während der Verarbeitung ist die Farbe durchscheinend, weil sie nur physikalisch durch Trocknen abbindet.
Reine L. werden aus wenigen, natürlichen Rohstoffen hergestellt. Sie enthalten keine Kunstharze und keine Lösemittel. Mit Kunstharzdispersionen („Binder“) als zusätzliches Bindemittel versehene L. werden als Leimbinderfarbe bezeichnet. Bei der Herstellung von Methylcellulose aus Fichtenholzzellstoff ist der Einsatz von Chlorchemie kritisch anzumerken. Die Anstriche sind sehr dampfdiffusionsoffen und beeinflussen das Raumklima positiv.

Leimholz L. gehört zur Gruppe der Lagenhölzer und besteht aus mehreren miteinander verleimten Brettern. Die Verleimung erfolgt häufig mit →Harnstoff-Formaldehyd-Harzen oder Mischharzen zusammen mit Melamin-Formaldehyd-Harz. Zum Teil werden auch tierische Leime auf der Basis von →Kasein verwendet. L. wird für vielfältige Zwecke in der Möbel- und Bauschreinerei verwendet. Die Bindemittelmenge für die Herstellung von L. ist wesentlich geringer als die für z.B. Spanplatten.

Leinöl L. ist das Samenöl der Flachspflanze (Lein; Linum usitatissimum). Sie gedeiht in den gemäßigten Zonen Europas, in Asien und Amerika und ist wegen ihres geringen Nitratbedarfs besonders gut für den Anbau in Wasserschutzgebieten geeignet. Der Fettgehalt der Samen beträgt 30 – 45 %. Durch Kaltpressung erhält man das für Nahrungszwecke verwendete Leinsamenöl. Durch Warmpressung wird das Lackleinöl, durch eine anschließende Extraktion mit Lösemitteln das Rohleinöl gewonnen. Die Ölausbeute liegt bei ca. 36 %. 1990 wurden in den alten Bundesländern 36.000 t L. verbraucht, davon ca. 14.000 t für die Herstellung von →Linoleum. L. setzt sich aus verschiedenen ungesättigten und gesättigten Fettsäuren (Linolensäure, Linolsäure, Ölsäure, Palmetin- und Stearinsäure) zusammen. Das Rohleinöl ist ein klares, durch Schleim- oder Kälteausscheidungen getrübtes, gelb-grünes bis braunes Öl. L. hat einen deutlichen Eigengeruch. Eine dünne L.-Schicht trocknet an der Luft innerhalb von ca. vier Tagen. Ein Zusatz von →Trockenstoffen (Sikkative) verkürzt die Trocknungszeit auf acht bis 16 Stunden. Die beim Trocknungsprozess abspaltenden langkettigen →Aldehyde sind für den Geruch z.B. von leinölhaltigen Anstrichstoffen oder frischem Linoleum verantwortlich (→Alkydharzlacke). Deutsches L. enthält einen höheren Anteil an ungesättigten Fettsäuren als südeuropäisches. Lackleinöl wird z.B. für Alkydharzlacke und andere →Anstrichstoffe, das Rohleinöl z.B. für die Herstellung von Linoleum eingesetzt. L. wird als Bindemittel insbesondere auch von Pflanzenchemieherstellern verwendet, zum Teil aus kontrolliert biologischem Anbau.

Leinölfirnis L. dient als Oberflächenschutz für Hölzer im Innenbereich. Zur Herstellung von L. wird →Leinöl bei ca. 150 °C mit →Trockenstoffen (Ca-, Co- oder Zr-Octoate) gekocht. Auf kaltem Weg kann L. hergestellt werden, indem man dem Leinöl dickflüssige Trockenstoffe (sog. Linoleate) beimischt (Kalt- oder Linoleatfirnisse). Als Grundierung werden Halböle, das sind Mischungen aus 50 % L. und 50 % natürlichem Lösemittel (z.B. Balsamterpentinöl; →Terpentinöl), verwendet. Durch Zugabe von →Naturharz (z.B. →Dammar) oder →Kunstharz wird aus L. →Hartöl hergestellt. L. wird auch zur Herstellung von →Ölfarben verwendet. Sofern bleifreie Trockenstoffe verwendet werden, bestehen bei L. keine gesundheitlichen Bedenken.

Leinölkitt Für die Herstellung von L. wird dem natürlichen Bindemittel →Leinölfirnis →Kreide als Füllstoff zugesetzt. →Ölkitt

Leningrader Summenformel →Radioaktivität von Baustoffen

Leuchtstofflampen L. haben gegenüber normalen Glühlampen eine bis zu zehnmal höhere Lichtausbeute und eine sechs- bis achtfach höhere Lebensdauer. L. enthalten bis zu 80 mg metallisches →Quecksilber sowie im Leuchtstoff geringe Mengen →Cadmium-, →Antimon- und →Arsen-

Verbindungen. Beim Betrieb der L. werden die Quecksilberatome durch Elektronenstöße angeregt und geben UV-Strahlung ab, die von dem auf die Innenwand des Röhrenglases aufgeschlämmten Leuchtstoff in sichtbares Licht umgewandelt wird. Wegen des Quecksilbergehaltes müssen L. unzerstört einer geordneten Entsorgung zugeführt werden. Da L. mit 50 Hz Wechselspannung betrieben werden, kommt es zu einem störenden Flimmern. Durch elektrische Vorschaltgeräte (Hochfrequenzwandler) kann ein flimmerfreies Licht erreicht werden (Betrieb bei 30.000 Hz). Dadurch starten die L. sofort, und es werden keine →Kondensatoren zur Blindstromkompensation benötigt. Im Gegensatz zu den herkömmlichen Startern hat ein häufiges Ein- und Ausschalten keinen Einfluss auf die Lebensdauer der L. Helligkeit und Lichtfarbe lassen sich durch Verwendung unterschiedlicher Leuchtstoffe variieren. L. wurden bis einschließlich 1983 mit PCB-haltigen Kondensatoren bestückt (→Polychlorierte Biphenyle). Durch Leckage von Kondensatoren kann das giftige PCB in die Lampenschale tropfen (meist honigfarbene Flecken). Eine Raumluftbelastung kann auch durch ein Verschmoren der Kondensatoren erfolgen. PCB-haltige Kondensatoren sind besonders überwachungsbedürftiger Abfall. →Licht, →Halogenlampen, →Energiesparlampen, →Vollspektrallampen

Licht L. ist der sichtbare Anteil der elektromagnetischen Strahlung. Davon unterschieden werden u.a. ultraviolette Strahlung (UV) und Infrarot-Strahlung (IR, Wärmestrahlung). Für das Wohlbefinden ist natürliches L. unabdingbar. Es zeichnet sich aus durch

- einen geschlossenen Spektralbereich mit Wellenlängen zwischen 380 und 780 nm und damit einen lückenlosen und sanften Übergang der Farbzonen,
- jahreszeitliche Veränderung von Intensität, Lichtfarbe und Einstrahlwinkel,
- Tag-/Nachtrhythmus mit Veränderung von Intensität, Lichtfarbe und Einstrahlwinkel und
- wetterbedingte Veränderungen von Intensität und Lichtfarbe.

Von Menschen genutzte Räume sollten über eine ausreichende Tageslichtnutzung verfügen. Eine generelle Empfehlung einer bestimmten Kunstlichtquelle ist nicht möglich, da im Einzelfall zwischen den Anforderungen Lichtqualität und -intensität sowie Energieersparnis abgewogen werden muss. Jedes Objekt bedarf eines auf die Funktion und Bedürfnisse angepassten Beleuchtungskonzeptes. Fest steht, dass sich eine künstliche und monotone Beleuchtung z.B. durch herkömmliche Leuchtstoffröhren nachteilig auf das Wohlbefinden und die Gesundheit der Raumnutzer auswirkt. →Energiesparlampen, →Glühlampen, →Halogenlampen, →Leuchtstofflampen, →Vollspektrallampen

Lichtschutzmittel L. werden als Additive für Anstrichstoffe eingesetzt, die neben dekorativen Aufgaben häufig auch eine Schutzfunktion für das Substrat erfüllen müssen. Qualitätseinbußen beim Anstrich können entstehen durch UV-Licht, Sauerstoff, Feuchtigkeit und Luftschadstoffe. L. lassen sich wie folgt einteilen:

- UV-Absorber:
  Technisch wichtige Stoffklassen sind: 2-Hydroxyphenylbenztriazole (BTZ), Hydroxyphenyl-s-Triazine (HPT), 2-Hydroxybenzophenone (BP) und Oxalanilide. Das Wirkprinzip der UV-Absorber besteht darin, dass sie das UV-Licht besser und schneller absorbieren als das zu schützende System, die aufgenommene Energie schnell wieder abführen und diesen Zyklus mehrfach durchlaufen können. Die größte technische Bedeutung haben die Benztriazole, gefolgt von den Hydroxyphenyl-s-Triazinen.
- Quencher:
  Ein Quencher übernimmt die Energie der funktionellen Gruppe im Polymer (Chromophor) und gibt sie in Form von unschädlicher Wärme oder Strahlung ab. Quencher sind z.B. organische Nickelvebindungen.
- Radikalfänger:
  Eingesetzte Stoffgruppen sind zum einen sterisch gehinderte Amine (hindered amine light stabilizers, HALS) und zum

L

anderen phenolische Antioxidantien, die die Kettenreaktion beim Polymerabbau unterbrechen.
- Peroxidzersetzer:
  Diese Stoffe zersetzen durch UV-Licht gebildete Hydroperoxide. Peroxidzersetzer, die auch als sekundäre Antioxidantien bezeichnet werden, sind Thioether und Phosphite.

Ein Einsatz von Klarlacken auf Holz ist nur bei Stabilisierung mit UV-Absorbern und HALS möglich.

Lignin L. ist neben →Cellulose Hauptbestandteil (bis zu 20 %) von →Holz. Chemisch ist L. ein hochmolekulares Polymer verschiedener Zimtsäurederivate (Biopolymer). Es fixiert im Holz die Cellulosefasern und hat zudem die Funktion eines Imprägniermittels (schützt die nährstoffreichen Cellulosebestandteile vor mikrobiellem Befall). Inzwischen wurde begonnen, L. als natürliches Bindemittel für Holzwerkstoffe zu verwenden. L. steht als Abfallprodukt der Herstellung von Zellstoff in großen Mengen zur Verfügung. Der technische Einsatz von L. als Bindemittel steht allerdings noch am Anfang.

Limonen L. ist das in Nahrungspflanzen häufigste Monoterpen (→Terpene). Es kommt in zwei unterschiedlichen Formen (Molekülstrukturen), in einer D- und in einer L-Form, vor, die sich geruchlich unterscheiden. D-Limonen macht z.B. bis zu 95 % des Zitrusöls aus und ist Bestandteil von Fenchel- und Kümmelöl. Bedeutende Mengen D-Limonen finden sich auch in frischem Orangensaft. Monoterpene üben im Tierversuch eine antikanzerogene Wirkung aus, untersucht wurden hauptsächlich D-L. und D-Carvon. L. kann zu allergischen Reaktionen an der Haut und den hautnahen Schleimhäuten führen (MAK-Liste: Sh). →Terpentinöl

Lindan L. (gamma-Hexachlorcyclohexan, gamma-HCH), ein neurotoxisch wirkendes Insektizid, wird seit den 1950er-Jahren in der Land- und Forstwirtschaft sowie in der Veterinär- und Humanmedizin (z.B. zur Bekämpfung von Läusen oder Milben) eingesetzt. L. wurde in Deutschland früher in →Lösemittelhaltigen Holzschutzmitteln eingesetzt. Bis spätestens 2007 sollen Herstellung und Verwendung von L. in der EU eingestellt werden. L. ist verunreinigt durch Spuren anderer giftiger Isomere des Hexachlorcyclohexans. Dampfdruck bei 20 °C: $1{,}2 \times 10^{-3}$ Pa. Maximaler Gehalt in →Holzschutzmitteln gemäß einer Empfehlung des ehem. BGA: 0,5 %. 1987/88 wurden 45 % aller Nutzhölzer mit L. imprägniert.

Akute Symptome einer L.-Vergiftung sind Kopfschmerzen, Muskelschmerzen, Übelkeit, Erbrechen, Durchfall, Schwäche, Zittern, Mattigkeit, Bluthochdruck, Tremor, Ataxie, Atemstörungen, Krämpfe und gesteigerte Atemtätigkeit. Das kritische Zielorgan der toxischen Wirkung ist das Zentralnervensystem. Bei chronischer Aufnahme kommt es zu Anämie, neurologischen Störungen, Schleimhautreizung und Leberschäden. L. ist sehr langlebig (persistent) und reichert sich über die Nahrungskette an (insbesondere im Fettgewebe). Der Stoff zählt zur Gruppe der besonders gesundheits- und umweltschädlichen persistenten organischen Schadstoffe (persistent organic pollutants, POP). L. ist als stark wassergefährdend eingestuft (→Wassergefährdungsklasse 3) und ist stark bienengefährdend. In der Schweiz ist L. bereits seit 1971 verboten. Einstufung gem. →MAK-Liste: Kat. 4.

Das ehem. BGA hat einen empirisch begründeten Handlungsrichtwert zur Abwehr gesundheitlicher Gefahren (entsprechend RW II) in Höhe von 1 µg/m³ genannt. Formal ergibt sich daraus ein Sanierungszielwert (Vorsorgewert, entsprechend RW I) in Höhe von 0,1 µg/m³. Hassauer & Kalberlah schlagen bei einer langfristigen inhalativen Exposition gegenüber L. einen TRD-Wert (täglich resorbierbare Dosis) von 80 ng/kg Körpergewicht vor. Ein Umwandlungsprodukt von L. ist gamma-→Pentachlorcyclohexan.

Linde L. ist von weißlicher bis gelblicher Farbe, dabei öfter etwas hell bräunlich oder rötlich getönt, zuweilen auch grünlich gestreift oder gefleckt. Das Holz ist feinporig,

von gleichmäßiger, feiner Struktur und ohne deutliche Zeichnung.
L. ist mittelschwer und sehr weich, wenig fest und elastisch, stärker schwindend, nach Trocknung mit gutem Stehvermögen. Die Oberflächenbehandlung ist problemlos. Das Holz ist insbesondere gut zu polieren und ausgezeichnet zu beizen und einzufärben. Es ist nicht witterungsfest. Bei der Verarbeitung ist auf Schutz vor →Holzstaub (krebserzeugend gem. →TRGS 906) zu achten.
Hauptverwendungsbereiche sind die Bildhauerei, Schnitzerei und Drechslerei. Im Möbelbau findet das Holz Verwendung für geschnitzte Teile, Zierleisten und Kassettenfüllungen. Es wird auch als Imitationsholz für Nussbaum und Kirschbaum eingesetzt, weiterhin für →Holzwolle-Leichtbauplatten, Gießerei- und Architekturmodelle, Stiele für Flachpinsel und als Blindholz für Wendeltreppen.

L

Linoleum L. besteht aus einer „Linoleumdeckmasse“, die unter hohem Druck auf ein Jutegewebe gepresst wurde. Die Deckmasse setzt sich zusammen aus ca. 35 % Linoleumzement, 29 – 35 % Holz- oder Korkmehl (→Kork), 23 – 28 % anorganischen Füllstoffen (v.a. →Kreide) und 6 % Pigmenten auf Calcium-, Eisen- oder Manganbasis. Der als Bindemittel fungierende Linoleumzement wird durch Polymerisation aus einer Mischung von ca. 75 – 80 % →Leinöl und ca. 20 – 25 % Baumharz (→Kolophonium, Kiefernharz) unter Zugabe von Trocknungsbeschleunigern (→Trockenstoffe) hergestellt. Die Reaktion wird durch einen Zink-Katalysator gestartet (ca. 0,01 % Zink bezogen auf die L.-Deckmasse). Während eines Zeitraums von zehn bis 14 Tagen oxidiert der L.-Zement in Metallbehältern bei ca. 35 °C nach. Durch Bestäuben mit Kalk wird ein zu starkes Verkleben des L.-Zements verhindert. Danach wird der L.-Zement zu einem Fell ausgewalzt und zusammen mit den restlichen Inhaltsstoffen der L.-Deckmasse in ein System aus mehreren Extrudern gegeben. Dabei entsteht das fertige L. in Form eines Granulates, das zu einem dicken Fell gewalzt wird und in wellenförmige Streifen geschnitten wird. Diese werden dachziegelartig übereinander geschoben und auf diese Weise wird das für L. typische Muster hervorgerufen. Anschließend wird das Fell mit dem Jutegewebe zusammengepresst. Die Beläge werden dann in Reifekammern unter Einblasen ca. 70 °C warmer Luft einem dreiwöchigen Reifeprozess unterworfen, wobei der Großteil des Leinöls in das kautschukartige Linoxyn übergeht. Abschließend wird das L. geschnitten und die Bahnen mit →Polyacrylat, →Polyvinylalkohol, ggf. auch mit →Polyvinylchlorid beschichtet. Bis etwa 1980 wurde →Carnaubawachs als Oberflächenbeschichtung verwendet. L. wird auch ganz ohne Oberflächenbeschichtung angeboten. Dann ist unmittelbar nach dem Verlegen eine Behandlung mit Wachs (z.B. →Carnaubawachs-Emulsionen) notwendig. Bei der Verlegung ist auf die Ausdehnung zu achten, der Belag ist vor der Verlegung mehrere Tage lose auf der Verlegefläche zu akklimatisieren und trittzubelasten. L. wird überwiegend mit lösemittelfreien oder -armen →Dispersionsklebstoffen geklebt. Auf nicht saugfähigen Untergründen werden auch Zement-→Pulverklebstoffe oder 2-K-Dispersions-/Zementpulver-Klebstoffe eingesetzt. Nach ausreichendem Abtrocknen des Klebstoffs werden die Fugen mit Schmelzdraht abgedichtet. Der Schmelzdraht kann mit einem Automaten oder mit einem Handschweißgerät mit aufgesteckter Schnellschweißdüse (5 mm) verarbeitet werden. Es sind nur Klebstoffe zu verwenden, die vom Hersteller für Linoleum freigegeben sind.
L. ist als Bodenbelag in allen Räumen mit normalem Feuchtigkeitsgehalt verwendbar (nicht in Bädern). Es ist feuchtigkeitsregulierend, unempfindlich gegen Abrieb und auch ohne Zusatz von Flammschutzmitteln schwer entflammbar.
Während der Reifung des L.-Zements werden durch den oxidativen Abbau des Leinöls Oxidationsprodukte, vor allem aliphatische →Aldehyde wie Hexanal und höhere Aldehyde und Carbonsäuren, freigesetzt, die i.d.R. auch noch für die Geruchsbelastung von neuen Böden verantwortlich sind.

Das Emissionsverhalten von L.-Böden ist von Produkt zu Produkt sehr unterschiedlich und hängt wesentlich vom Trocknungsprozess des Bodenbelags bei der Herstellung ab. Minderwertige Bodenbeläge emittieren oft Acetaldehyd sowie aliphatische und aromatische Kohlenwasserstoffe. Bei hochwertigen Bodenbelägen sind während der weiteren Nutzung keine bedeutsamen Emissionen zu erwarten (z.B. →nature-plus-zertifizierte Bodenbeläge). Bei Verlegung mit Klebstoffen gem. EMICODE EC1-Kleber oder gleichwertigem Kleber ist mit keinen gesundheitsgefährdenden Emissionen aus den Klebstoffen zu rechnen. Von →Pflanzenchemieherstellern werden außerdem Klebstoffe auf Naturstoffbasis angeboten.

L. kann wie alle anderen elastischen Bodenbeläge nicht wiederverwendet werden, da es sich aufgrund der vollflächigen Verklebung nicht unzerstört ausbauen lässt und mit der Zeit versprödet. Die Entsorgung erfolgt in Müllverbrennungsanlagen.

Bis in die 1950er-Jahre wurde L. auch unter Verwendung von →Asbest hergestellt. Es handelt sich um einfarbige, meist grüne, rote oder braune Beläge, die inzwischen sehr spröde sind. Der Weißasbest befindet sich mit Gehalten um 0,1 % in der Linoleum-Schicht, nicht jedoch im Juterücken.

Abgesehen von der Oberflächenbeschichtung besteht L. ausschließlich aus nachwachsenden und ausreichend verfügbaren, mineralischen Rohstoffen. Da auch keine toxikologisch bedenklichen Zusatzstoffe enthalten sind, stellen Bodenbeläge aus L. insgesamt gesehen eine baubiologisch sinnvolle Alternative zu den weit verbreiteten →PVC-Bodenbelägen dar, sofern geprüfte, schadstoff- und emissionsarme Beläge zum Einsatz kommen und bei der Verklebung speziell für diese Bodenart abgestimmte, lösemittelfreie Kleber verwendet werden.

Linolsäure/Linolensäure →Fettsäuren

Lochvliesbahnen →Bitumen-Lochvliesbahnen

Lösemittel L. sind flüssige organische Stoffe und deren Mischungen, die dazu dienen, andere Stoffe zu lösen, zu verdünnen, zu emulgieren oder zu suspendieren, ohne sie chemisch zu verändern. L. haben einen Siedepunkt unter 200 bzw. 250 °C (je nach Defin.). Sie gehören sehr unterschiedlichen Stoffgruppen an wie z.B. den →Aromatischen Kohlenwasserstoffen (z.B. →Toluol), →Chlorierten Kohlenwasserstoffen (z.B. →Dichlormethan) oder den →Alkoholen (z.B. →Methanol). Die meisten L. sind erdölbasiert und werden synthetisch hergestellt. L. können aber auch aus Naturstoffen gewonnen werden (z.B. →Terpene). L. können Einzelstoffe (Reinstoffe) sein oder auch Gemische vieler verschiedener Stoffe (z.B. Benzine wie →Testbenzin). Die Einzelstoffe organischer Lösemittel werden auch als flüchtige organische Verbindungen (→VOC) bezeichnet.

Im Baubereich werden L. insbesondere eingesetzt für bauchemische Produkte wie →Abbeizmittel, →Verdünner, →Primer, →Lacke, →Farben, →Flüssig-Kunststoffe, →Klebstoffe, →Hydrophobierungsmittel oder →Steinfestiger.

Grundsätzlich sind Gesundheitsschäden durch L. möglich durch Einatmen, Verschlucken oder durch Haut- oder Augenkontakt.

Infolge gesetzlicher Beschränkungen für die Verwendung von L. in Bauprodukten und auch durch die Möglichkeit, für L.-arme Lacke und Farben das Umweltzeichen →Blauer Engel zu erhalten, sind viele Hersteller dazu übergegangen, L. z.T. durch Wasser und z.T. durch Stoffe mit Siedepunkten über 250 °C (schwerflüchtige Stoffe) zu ersetzen, die zwar nicht mehr unter die L.-Definition fallen, gleichwohl aber L.-Eigenschaften besitzen. Solche Stoffe werden auch als Colöser oder Cosolventien bezeichnet. Es handelt sich häufig um →Glykolverbindungen. Die Stoffe haben gleichzeitig Eigenschaften als temporäre →Weichmacher. Die Verwendung von höhersiedenden Stoffen hat zwar zu einer gesundheitlichen Entlastung der *Anwender* von Farben und Lacken geführt. Andererseits kann die Verwendung von

Glykolverbindungen in Bauprodukten zu lang anhaltenden Emissionen in die Innenraumluft führen und ist damit problematisch für die *Nutzer*.
Entsprechend den unterschiedlichen Stoffgruppen ist auch die Toxizität der L. sehr unterschiedlich. Das Zentralnervensystem ist einer der gemeinsamen Angriffspunkte, daneben auch Leber und Nieren. L. können krebserzeugend, erbgutschädigend oder reproduktionstoxisch sein (→KMR-Stoffe). Anhaltspunkte zur relativen Toxizität von L. liefern die →NIK-Werte: Je größer der NIK-Wert, umso geringer ist die Toxizität des jeweiligen Stoffes und umgekehrt.

Lösemittelhaltige Holzschutzmittel L. sind wirkstoffhaltige →Holzschutzmittel, die zum überwiegenden Teil aus →Lösemitteln wie Aromatenbenzinen oder Testbenzinen bestehen. Als Hilfslöser dienen unter anderem Glykole, verschiedene Glykolderivate und Phthalate. Gebräuchliche Bindemittel sind →Kunstharze. Der Wirkstoffanteil liegt in der Regel unter 5 %, meist unter 2 %. Es wird unterschieden:

- Imprägnierungen bestehen im Wesentlichen aus Lösemittel und Wirkstoffen, ggf. mit bis zu 4 % Bindemittel.
- Grundierungen enthalten zusätzlich Bindemittel bis etwa 10 %. Sie dienen im Allgemeinen zugleich als Grundbehandlung für nachfolgende, filmbildende Anstriche.
- Von Imprägnierlasuren spricht man, wenn Grundierungen ein →Pigment zugegeben wird.
- Holzschutzlasuren enthalten bis zu 40 % Bindemittel und darüber (Lacklasuren) und Pigmentzusätze. Die damit verbundene gleichzeitig dekorative Holzoberflächenbehandlung hat in der Vergangenheit zu Missbrauch dieser Holzschutzmittel geführt.
- Lacklasuren zum Holzschutz entsprechen vom Aufbau den Holzschutzlasuren, enthalten aber zusätzlich →Pigmente.
- Holzschutzfarben sind wie Lacklasuren zusammengesetzt, aber mit höherem Feststoffanteil.

Bei Anwendung im Freien steht die Problematik der Umweltbelastung durch die →Biozide im Vordergrund. Als biozide Wirkstoffe dienen organische →Fungizide und →Insektizide. Häufig beigefügte Wirkstoffe sind Benzisothiazolinon (gesundheitsschädlich, allergieauslösend über die Haut, →Isothiazolinone), →Carbendazim (gegen Bläuepilze, schwer flüchtig, über gesundheitliche Auswirkungen gibt es kaum Kenntnisse), →Dichlofluanid (bläue-

Tabelle 75: Holzschutzmittel in organischen Lösemitteln zum vorbeugenden Schutz von Holzbauteilen gegen holzzerstörende Pilze und Insekten

Schutzmitteltyp	Hauptbestandteile	Prädikat
Holzschutzmittel in organischen Lösemitteln	Organische Fungizide und Insektizide in organischen Lösemitteln, Xyligen AL, Permethrin, Deltamethrin, Dichlofluanid, Propiconazol, Tebuconazol, Tris(N-cyclohexyldiazenium-dioxy)-Aluminium	Iv P W
Holzschutzmittel in organischen Lösemitteln (ohne Wirksamkeit gegen Pilze)	Organische Insektizide in organischen Lösemitteln, Deltamethrin	Iv
Wasserverdünnbare Holzschutzmittel (ohne Wirksamkeit gegen Pilze)	Organische Insektizide in wässriger Emulsion, Fenoxycarb	Iv
Steinkohlenteer-Imprägnieröle	Steinkohlenteer-Imprägnieröl der Klassen WEI-Typ (B), C nach der Klassifizierung (WEI) mit einem Benzo[a]pyren-Gehalt bis zu höchstens 50 mg/kg (ppm)	Iv P W E
Sonderpräparate für Holzwerkstoffe, (Plattentypen der Holzwerkstoffklasse 100 G)	Anorganische Bor-Verbindungen, Kaliumfluorid oder Kalium-HDO	(P)

widriger Wirkstoff in lösemittelhaltigen Präparaten, als gesundheitsgefährlich eingestuft) und →Permethrin. Darüber hinaus sind die Lösemittel und die verwendeten Kunstharze gesundheitlich und ökologisch bedeutsam. Bis Anfang der 1980er-Jahre war das hochgiftige und krebserzeugende →Pentachlorphenol das am meisten verwendete Fungizid in chemischen Holzschutzmitteln. PCP ist in Deutschland und Österreich seit Inkrafttreten der PCP-Verordnung verboten (durch die Chemikalienverbotsverordnung ersetzt). Die hormonähnlich wirkenden Tributylzinnverbindungen (→Zinnorganische Verbindungen) werden nur noch in →Antifoulingfarben eingesetzt.

Grundsätzlich sind vor dem Einsatz von Holzschutzmitteln alle Möglichkeiten des →Konstruktiven Holzschutzes auszuschöpfen. →Holzschutz, →Resistenzklassen. Eine Verwendung von biozidhaltigen L. für den Holzschutz in Innenräumen ist völlig überflüssig und kann zu schweren Gesundheitsschäden führen. Es sollten nur L., die im Holzschutzmittelverzeichnis aufgelistet sind, verwendet werden.

Lösemittelhaltige Lacke L. sind →Lacke, bei denen das →Bindemittel in einem →Lösemittel gelöst vorliegt. Als Lösemittel werden →Toluol, →Xylol, Ethylacetat, Butanol, Isopropylalkohol oder →Testbenzin eingesetzt. Bei den →Bindemitteln werden →Kunstharze (→Epoxidharze, →Acrylharze, →Polyurethane etc.) und →Naturharze (→Dammar, →Naturlatex, →Kolophonium etc.) unterschieden. Die wichtigsten Vertreter der L. sind die →Alkydharzlacke (Lösemittelanteil: 10 – 50 %) und die →Nitrolacke (Lösemittelanteil: ca. 70 %). →High-Solid-Lacke sind L. mit einem hohen Bindemittel- und Pigmentgehalt. L. mit max. 15 % Lösemittel können mit dem RAL-Umweltzeichen 12a (→Lacke) gekennzeichnet werden. Im Vergleich zu →Dispersionslacken ist der Lösemittelgehalt sehr hoch. Umwelt- und Gesundheitsbelastungen können auch von →Restmonomeren oder von Lackhilfsstoffen wie →Weichmacher, →Trockenstoffe oder →Biozide ausgehen. Wegen der hohen Gesundheitsgefahren wird der Einsatz von L. auch vonseiten der Gesetzgebung zurückgedrängt (→Lösemittelverordnung). Der Trend geht zu Dispersionslacken und Pulverlacken, Reaktionslacke sind nur in Ausnahmefällen eine günstige Alternative.

Lösemittelhaltige Naturharzanstriche L. sind →Naturharz-Anstriche mit einem Lösemittelgehalt von bis zu 60 %. Als →Lösemittel werden entweder →Terpentinöl oder aliphatische Verbindungen (→Isoaliphate, Benzinfraktionen) eingesetzt. Terpentinöle werden aus natürlichen Rohstoffen hergestellt und enthalten als Bestandteile Naturstoffe wie →Limonen, alpha-Pinen sowie weitere →Terpene. Zu ihnen zählen →Citrusschalenöl, →Terpentin, Kiefernharzbalsam und Eukalyptusöl.

Natürliche Terpene wirken in hohen Verdünnungen als geruchsverbessernde Stoffe. In hohen Raumluftkonzentrationen können sie Quelle von Geruchsbelästigungen sein. Bestandteile wie Eugenol, Geraniol, Citral, Pinen, Limonen gelten als sensibilisierende Substanzen. Es kann eine echte Kontaktdermatitis ausgelöst werden. Eine schon lange bekannte Form der Kontaktdermatitis ist die Malerkrätze, die von dem Terpen delta-3-Caren verursacht wird. Durch Wahl geeigneter Harze kann der Carengehalt drastisch gesenkt werden, sodass kein allergenes Risiko mehr besteht. Durch Lichteinfall (UV) kann auch bei bereits abgetrockneten Teilen durch die Oxidation von Doppelbindungen eine Geruchsbelästigung auftreten, die auf die Bildung von Terpenaldehyden zurückzuführen ist. Gefährdete Personen sollten im Umgang mit Terpenen daher besondere Vorsicht walten lassen.

Neben der direkten Wirkung der Terpene können aus Terpentinölbestandteilen durch Oxidation mit Luftsauerstoff hautreizende Substanzen entstehen. So konnte nachgewiesen werden, dass Limonen und alpha-Pinen in Anwesenheit von Ozon im Tierversuch zu starken Schleimhautreizungen führen kann (synergistische Wirkung). Ähnliche Reaktionsmechanismen sind aufgrund der chemischen Doppelbindungen auch bei Leinöl oder Latex zu erwarten. Bei zu langsamer Oxidation – wenn das Öl/Harz in Spalten oder Ritzen gelangt bzw. wenn Schleifstaub als Fugenfüllmaterial verwendet wird – können geruchsintensive Zerfalls- und Zersetzungsprodukte wie organische Säuren und Aldehyde entstehen. Beschwerden werden besonders bei unsachgemäßer Verarbeitung (zu hohe Auftragsmengen, Einbringen in Bereiche ohne Möglichkeit der schnellen Auftrocknung) berichtet. L. sind ein Beispiel, dass der häufig anzutreffenden automatischen Gleichsetzung „natürlich = gesund" energisch zu widersprechen ist. Empfindliche Personen reagieren auf Naturstoffe häufig mit Befindlichkeitsstörungen und Beschwerden. Bei diesen Menschen fällt daher die Abwägung zwischen der zweifellos energie- und umweltschonenderen Herstellung von Naturprodukten wie Terpentinöl (nachwachsende Rohstoffe, Kreislaufwirtschaft) oder Leinöl und den potenziellen gesundheitlichen Nebenwirkungen schwer. Überempfindliche Personen sollten jedenfalls →Wasserverdünnbare Naturharzbeschichtungen bzw. spezielle, für empfindliche Menschen geeignete Öle anwenden.

Lösemittel-Klebstoffe L. bestehen aus einem Bindemittel und einem Lösemittel. Sie härten durch Abdampfen des →Lösemittels. Hauptsächlich eingesetzte Lösemittel (vorwiegend als Gemisch) sind →Terpentinöl (bei Naturharzklebstoffen), Alkohole (→Ethanol), →Ketone (Aceton), Methylacetat, →Testbenzin, →Toluol oder →Xylol. Der Lösemittelanteil liegt zwischen 20 und 85 % (i.d.R. bei 50 %). Die eingesetzten Klebgrundstoffe können Naturharze (z.B. →Naturkautschuk), →Kunstharze (→Polyvinylacetat, →Polyurethane, Polyvinylacrylat, →Polyvinylchlorid, →Polyester, →Polystyrol) oder Kautschuk (→Styrol-Butadien-Kautschuk) sein. Als →Alterungsschutzmittel (Antioxidantien) wird vor allem Butylhydroxytoluol (BHT, allergen) in der Größenordnung von 0,01 – 0,5 % eingesetzt. Der Weichmacheranteil (→Weichmacher) beträgt bis zu 50 %. Zu den L. gehören u.a. die Alleskleber, die Syntheselatex-Klebstoffe, manche →Kontaktklebstoffe und Polyurethanklebstoffe.
L. werden zum Verkleben von →Bodenbelägen (außer Fliesen), von Kunststoffen, Holz und Furnieren verwendet. Lösen die Lösemittel die Fügeflächen an, so spricht man von anlösenden Klebstoffen (z.B. →Tetrahydrofuran-Klebstoffe). Den Klebstoff bildet dabei der gelöste Grundstoff. L. haben eine gute Anfangshaftung und werden im Gegensatz zu →Kontaktklebstoffen als Einseitklebstoff eingesetzt.
Das Lösemittel muss durch das Material entweichen können. Bei undurchlässigen, dichten Werkstoffen wie Metall, Porzellan oder Hartkunststoff muss die Klebefläche daher möglichst schmal und langgestreckt sein, damit das Lösemittel seitlich entweichen kann. Viele Kunststoffe werden von L. angegriffen oder aufgelöst. Deshalb sollte man bei der Verklebung von Kunststoffen immer auf die entsprechenden Packungshinweise achten.
Im Vordergrund der Beurteilung der Umwelt- und Gesundheitsverträglichkeit stehen die Lösemittelemissionen. Entsprechend den unterschiedlichen Stoffgruppen ist auch die Toxizität der L. sehr unterschiedlich. Das Zentralnervensystem ist einer der gemeinsamen Angriffspunkte, daneben auch Leber und Nieren. L. können krebserzeugend, erbgutschädigend oder reproduktionstoxisch sein (→KMR-Stoffe). Neben der Gefährdung des Verarbeiters kann eine Explosions- und Brandgefahr durch die Lösemitteldämpfe gegeben sein (Lösemitteldampfansammlungen in Bodennähe, besonders gefährlich bei Arbeiten in Kellerräumen oder Baugruben). Viele Lösemittel tragen außerdem zur Bildung von Fotooxidantien (→Sommersmog) bei. Auch die eingesetzten Grundstoffe können toxikologisch problematisch sein. Die eingesetzten →Weichmacher können im Laufe der Zeit in die Umwelt freigesetzt werden (→Phthalate). Infolge gesetzlicher Beschränkungen für die Verwendung von L. in Bauprodukten geht der Trend zu lösemittelfreien →Dispersionsklebstoffen oder Pulverklebstoffen. Unter Einbeziehung des →Lebenszyklus sind insbesondere die

→Natur-Klebstoffe der →Pflanzenchemiehersteller eine umweltfreundlichere Alternative.

Lösemittelrichtlinie Die EG-Lösemittelrichtlinie (1999/13/EG) ist ein wichtiger Teilschritt zur Verminderung der Vorläufersubstanz (für bodennahes Ozon) →VOC, die mit mehr als 50 % aus der Lösemittelverwendung stammt. Die L. stellt direkte Anforderungen an die einzelnen Anlagen der industriellen Lösemittelanwendung. Ziel ist es, die von einer Anlage ausgehenden Emissionen flüchtiger organischer Verbindungen zu vermindern und die möglichen Risiken für die menschliche Gesundheit zu verringern. Europaweit soll in diesem Bereich eine Verminderung der VOC-Emissionen um 50 % gegenüber 1990 erreicht werden.

Lösemittelverordnung Mit der L. (Verordnung zur Begrenzung der Emissionen flüchtiger organischer Verbindungen bei der Verwendung organischer Lösemittel in bestimmten Anlagen – 31. BImSchV) vom 21.8.2001 werden europäische Vorgaben zur Begrenzung der Emissionen flüchtiger organischer Verbindungen (→VOC) aus bestimmten Anlagen (Richtlinie 1999/13/EG des Rates vom 11.3.1999) in deutsches Recht umgesetzt. Betroffen sind Anlagen, in denen organische Lösemittel eingesetzt werden, sofern der jährliche Lösemittelverbrauch bestimmte Schwellenwerte überschreitet. Dazu gehören u.a. Beschichtungsanlagen für diverse Materialien und Produkte, Druckereien, Oberflächenreinigungsanlagen, Anlagen zur Umwandlung von Kautschuk sowie Anlagen zur Herstellung von Beschichtungsstoffen, Klebstoffen, Druckfarben und Arzneimitteln.
Die Verordnung schreibt die Einhaltung von Grenzwerten für die VOC-Konzentration in den Abgasen der Anlagen und/oder Grenzwerte für spezifische VOC-Gesamtemissionen vor. Alternativ zur Einhaltung der Grenzwerte kann der Betreiber einen so genannten „Reduzierungsplan" einsetzen, mit dem durch Reduzierung des VOC-Gehaltes in den Einsatzstoffen gegenüber der Einhaltung der Grenzwerte eine mindestens gleichwertige Emissionsminderung erzielt wird. Mit dieser Möglichkeit erhält der Betreiber Spielraum für kostengünstige, auf seinen Betrieb zugeschnittene Lösungen.
Die Anforderungen der L. gehen teilweise über die der EU-Richtlinie hinaus, wenn der Stand der Technik in Deutschland dies rechtfertigt. Die Verordnung gilt für Neu- und Altanlagen. Neuanlagen müssen die Anforderungen ab der Inbetriebnahme erfüllen, Altanlagen erhalten Übergangsfristen. In der Regel sind die Anforderungen bei Altanlagen spätestens bis zum 31.10. 2007 einzuhalten.
Zur Förderung des Einsatzes lösemittelarmer Produkte und zur Unterstützung insbes. von kleinen und mittleren Unternehmen des Handwerks hat das →UBA für Lacke, Farben, Klebstoffe, für die Oberflächenreinigung und die Druckindustrie eine Bestandsaufnahme über das Angebot an lösemittelarmen Produkten und den dafür verfügbaren Anwendungstechniken in einem Internet-„Wissensspeicher" umgesetzt. VOC-arme Lacke sind wie dort wie folgt definiert:

Art des Lackes	VOC-Gehalt
Industrielacke	< 250 g/l
Holzlacke	
– Spritzen	< 450 g/l
– Walzen	< 250 g/l
– Beizen	< 30 %
Schwerer Korrosionsschutz	< 30 %

Löten L. ist ein Verfahren zum Verbinden verschiedener metallischer Werkstoffe mithilfe eines geschmolzenen Zusatzmetalls (→Lote). Die Lote werden mit einer Lötlampe oder einem Lötkolben geschmolzen. Das verdampfende →Flussmittel und →Schwermetalle können teils erhebliche unangenehme Gerüche und Dämpfe erzeugen, die sich auch in Kopfschmerzen oder Übelkeit niederschlagen können. Gesundheitsgefährdungen beim L. gehen in der Hauptsache vom enthaltenen →Blei und →Cadmium sowie von den Emissionen aus dem Flussmittel (z.B. →Formaldehyd) aus. Während des L. ist auf eine gute Belüftung des Raumes zu achten. Nach spätestens

45 Minuten L. sollte eine Pause eingelegt werden. Gesundheitlichverträglicher als L. sind Nieten, Schrauben, Falzen, Stecken, Klemmen.

Lötfett L. und →Lötwasser sind aggressive →Flussmittel zum Löten auf Zinkchlorid-Basis. Bei L. handelt es sich um ein Mineralfett, in dem kleine Tröpfchen hochkonzentrierten Lötwassers (mit Wasser verdünnte Zinkchlorid-Lösung) eingebunden sind. L. wird überall dort verwendet, wo mit sehr dickem →Lot (bei dem große Wärme gewünscht wird) gelötet werden muss. Es reinigt die Lötstelle, sorgt für eine schnelle Wärmeverteilung im Lot und verhindert eine sofortige Oxidation an der Metalloberfläche beim →Löten. Das verdampfende L. kann gemeinsam mit den Schwermetalldämpfen aus dem Lot erhebliche unangenehme Gerüche und Dämpfe erzeugen, die sich auch in Kopfschmerzen oder Übelkeit niederschlagen können.

L

Löthonig L. ist ein aus Baumharzen gewonnenes, natürliches →Flussmittel zum →Löten von →Metallen (→Kolophonium in Alkohol gelöst). Es greift das Metall nicht an, sodass die Rückstände nach dem Löten nicht entfernt werden müssen. L. eignet sich nur für Arbeiten mit dem Lötkolben, nicht mit dem Gaslöter, da er bei Temperaturen über 300 °C verkohlt. →Kolophonium ist ein starkes Kontaktallergen. Bei den üblichen Löttemperaturen zersetzt sich das Kolophonium. Dabei werden z.B. →Aldehyde (u.a. →Formaldehyd) emittiert.

Lötpasten L. sind eine Kombination aus →Flussmittel auf Zinkchlorid-Basis (→Lötfett) und →Lot. Sie werden zum Aufpinseln für kleinere Lötstellen verwendet mit dem Vorteil, dass das Lot gleichzeitig mit dem Flussmittel aufgetragen werden kann. →Löten

Lötwasser L. ist ein →Flussmittel aus wässriger Lösung von Zinkchlorid (und Salmiak) und wird zur Entfernung von Oxidschichten beim →Weichlöten von →Stahl, →Eisen, →Kupfer oder →Messing verwendet. →Lötfett

Lötzinne L. sind →Weichlote aus Blei-Zinn-Legierungen mit hohem Zinnanteil. Der Anteil der Legierungspartner bestimmt den Schmelzpunkt. L. dienen zum →Löten von →Zink, →Blei, →Kupfer u.a.

log Pow Logarithmus des Verteilungskoeffizienten in Octanol/Wasser. Der l. ist ein Maß für die Lipophilität eines Stoffes.

LOP Abk. für Limonen-Oxidations-Produkte. →Limonen

Lote L. (mittelhochdeutsch lot = Blei) sind relativ niedrig schmelzende Metalllegierungen, die zum →Löten von Metallen geeignet sind. Je nach Zusammensetzung und Verwendung liegt die Schmelztemperatur bei ca. 185 – 1.100 °C. Unterschieden werden →Weichlote (Schmelztemperatur < 450 °C) und →Hartlote (Schmelztemperatur > 450 °C).

Lucobit Handelsname für Ethylen-Copolymerisat-Bitumen (ECB). →ECB-Dichtungsbahnen

Lüftung Beim Aufenthalt von Personen in →Innenräumen muss kontinuierlich oder in regelmäßigen Abständen Frischluft zugeführt werden. Ansonsten steigen die →Kohlendioxid-Konzentration und der Wasserdampfgehalt in der Raumluft an. Mit zunehmender Kohlendioxid-Konzentration steigen erfahrungsgemäß auch die Geruchsbelastungen durch Körperausdünstungen. Die Kohlendioxidkonzentration der Raumluft eignet sich daher als Indikator für die Feststellung und Bewertung von personenbedingten Luftverunreinigungen. Pro Person und Stunde müssen ca. 20 – 30 m^3 Frischluft zugeführt werden, damit eine gute Luftqualität erhalten bleibt. Eine zweite Funktion der L. ist die Fortleitung von Luftverunreinigungen und Feuchtigkeit. Diese Aufgabe besteht auch unabhängig vom Aufenthalt von Personen in Innenräumen. Insbes. in den ersten Wochen und Monaten nach Fertigstellung können bauwerksbedingte Feuchtelasten und erhöhte Emissionen von flüchtigen organischen Verbindungen (→VOC) vorliegen.
Unterschieden werden →Stoßlüften und Dauerlüftung. Bei der Stoßlüftung werden

i.d.R. gegenüber liegende Fensterflügel für einen Zeitraum zwischen 5 und 10 Min. komplett geöffnet. Die Stoßlüftung erfolgt mit dem Ziel, in kurzer Zeit einen teilweisen oder kompletten Luftaustausch zu erzielen. Diese Lüftungsart ist eine wirksame Methode insbesondere zur Fortleitung von nutzungsbedingten Emissionen (Gerüche, Wasserdampf, Kohlendioxid) und zur Zufuhr von Frischluft. Aus energetischer Sicht ist das Verfahren als ein sparsames Lüftungsverfahren anzusehen. Eine Dauerlüftung wird z.B. mit einer Kippstellung der Fenster erreicht. Diese kann bei vorliegenden Schadstoffbelastungen eine geeignete Minderungsmaßnahme bis zur Sanierung darstellen. Während der Heizperiode führt die Dauerlüftung zu erheblichen Energieverlusten.

Lüftungsanlagen L. sind mechanische Einrichtungen zur Sicherstellung des →Grundlüftungsbedarfs in einem Gebäude. Eine simple Luftabsaugung in einer Toilette stellt noch keine L. dar. L. müssen so ausgelegt sein, dass keine Zugluft wahrnehmbar ist. L. können mit Kohlendioxid- oder Feuchtesensor ausgestattet sein, welcher die L. automatisch einschaltet, sobald ein bestimmter Wert überschritten wird. Treten zusätzlich andere Schadstoffe in der Raumluft auf, müssen diese bei Bedarf über Fensterlüftung abgelüftet werden (→Stoßlüften). Ein Vorteil von L. liegt in der Kontrolle des Gesamtenergieverbrauchs, zumal meist die warme Abluft wieder zur Vortemperierung der einströmenden Frischluft genutzt wird (Wärmetauscher, →Komfortlüftungsanlagen). Besonders in Häusern, die modernen Energiestandards entsprechen und nahezu luftdicht ausgeführt sind, gehören L. bereits zum Standard. L. sind keine →Klimaanlagen: Während bei der Klimatisierung die Kühlung im Vordergrund steht, geht es bei der Lüftungsanlage um die Frischluftzufuhr. →Raumlufttechnische Anlagen (RLT-Anlagen)

Lüftungswärmeverluste L. setzen sich zusammen aus den Wärmetransporten durch bewusst herbeigeführte Lüftung und unkontrollierter Lüftung durch Undichtigkeiten der Gebäudehülle. Bei Standardgebäuden sind die →Transmissionswärmeverluste in der Regel noch deutlich höher als die L. Je weiter die Transmissionswärmeverluste herabgesetzt werden, desto größer wird jedoch der Anteil des L. am Gesamtenergiebedarf des Gebäudes. Aus energetischen Gründen ist es daher sinnvoll, die „Zufallslüftung" durch fugendichte Konstruktionen zu verhindern und die erforderliche hygienische →Luftwechselrate durch bewusstes Lüften herbeizuführen (→Luftdichtheit von Gebäuden). L. können auch durch →Komfortlüftungsanlagen in Kombination mit einer Wärmerückgewinnung verringert werden. →Heizwärmebedarf, →Wärmeschutz

Luftdichtigkeit von Gebäuden Durch Undichtigkeiten in der Gebäudehülle wie Ritzen und Fugen wird Luft zwischen innen und außen ausgetauscht. Dieser sog. unkontrollierte Luftaustausch zeigt starke Wetterabhängigkeit: Bei starkem Wind kommt es im undichten Haus zu Zugerscheinungen – bei Windstille ist im selben Gebäude die Frischluftzufuhr unzureichend. Zudem wird übermäßig Raumfeuchte in die Konstruktion eingebracht, was zu Feuchtigkeitsproblemen bis hin zu Schimmelbildung führen kann. Da auch die Durchströmungsrichtung meist ungünstig ist, kann diese unkontrollierte Lüftung den erforderlichen hygienischen Luftaustausch nicht zufrieden stellend sicherstellen. Ein weiterer Nachteil ist der höhere Energieverbrauch in Folge von Lüftungswärmeverlusten. Die L. ist daher wichtige Voraussetzung für →Behaglichkeit und niedrigen →Heizwärmebedarf. Zur Messung der L. dient die Differenzdruckmethode (→Blower-Door-Test). Die L. ist grundsätzlich positiv zu beurteilen und behindert nicht die sog. →Atmungsaktivität der Gebäudehülle. Der hygienisch und bauphysikalisch notwendige →Luftwechsel ist durch →Natürliche oder →Mechanische Lüftung sicherzustellen.

Luftfeuchte Die L. wird durch den in der Luft enthaltenen Wasserdampf bestimmt. Die

Wasserdampfmenge je m³ Luft wird als →Absolute L. bezeichnet. Die Luft kann nur eine begrenzte Menge Wasserdampf aufnehmen (→Sättigungsdampfmenge), die umso höher ist, je höher die Lufttemperatur ist. Den Prozentsatz Wasserdampf, den die Luft, bezogen auf die Sättigungsdampfmenge, enthält, gibt die →Relative L. an. Die L. ist ein Grundparameter zur Beschreibung und Beurteilung des →Raumklimas. In Innenräumen sollte eine rel. Feuchte zwischen ca. 40 und 65 % eingehalten werden. Durch Atmung, Ausdünstung, Pflanzen, Kochen, Duschen etc. wird Feuchte freigesetzt, die bei geschlossenen Fenstern und Türen nicht sofort entweichen kann. Dadurch erhöht sich die L. im Raum gegenüber der Außenluft. Sobald die absolute Luftmenge die Sättigungsdampfmenge der Luft erreicht (100 % relative L.), scheidet die Luft Feuchtigkeit aus, die sich an Stellen mit Temperaturen unterhalb der Raumluft wie kältere Wandoberflächen oder kalte Ecken niederschlägt (Schimmelgefahr!, →Oberflächenkondensat). Zu hohe L. ist nicht sichtbar, höchstens spürbar. Schimmelbildung wird daher am besten durch Fensterlüftung (bewusstes →Stoßlüften) oder automatische Lüftung über →Lüftungsanlagen vermieden (besonders wichtig bei sehr strömungsdichten, modernen Fenstern). Dagegen kann in beheizten Wohnungen, in denen wenig Feuchte produziert wird, die relative L. auch unter 30 % sinken („trockene Luft"). Niedrige L. wird als besonders unangenehm empfunden, wenn der Staubanteil in der Luft hoch ist (z.B. verschwelte Staubteilchen durch Zentralheizungen). Einen Einfluss auf die L. übt auch die →Sorptionsfähigkeit der oberflächennahen Materialien im Raum aus (→Feuchteverhalten von Baustoffen). Durch sorptionsfähige Materialien wie z.B. Lehm oder Holz können Feuchteschwankungen der Raumluft gedämpft werden.

Luftfiltergeräte →Luftreiniger

Luftgeschwindigkeit Die L. ist ein Grundparameter zur Beschreibung und Beurteilung des →Raumklimas. Die L. wird je nach Lufttemperatur, Aktivitätsgrad, Bekleidungszustand, →Luftfeuchte und Änderungsfrequenz der L. unterschiedlich empfunden. Personen empfinden eine erhöhte L. bei körperlicher Arbeit (Aktivitätsgrad) als weniger störend. Sie kann sogar zum Ausgleich der Wärmebilanz erforderlich sein. Unruhige (turbulente) Luftströme beeinträchtigen die Behaglichkeit, da L.-Schwankungen auf der Haut sehr sensibel als Temperaturschwankungen bzw. zentral als Warnsignal wahrgenommen werden. Eine unerwünschte Form der L. ist die Zugluft. Als sensible „Sensoren" gelten der menschliche Schulter-Nacken-Bereich und der Fußgelenk-Bereich sowie die rückwärtige Körperseite.

Luftkalk L. erhärtet, indem er Kohlensäure bindet, die sich aus dem Kohlendioxid der Luft und Wasser (meist Anmachwasser) bildet. Dabei carbonatisiert →Kalkhydrat wieder zu Calciumcarbonat, daher auch der Ausdruck Carbonathärtung. Die Carbonatisierung verläuft vor allem wegen des geringen CO_2-Gehalts der Luft (ca. 0,03 %) sehr langsam. Sie ist im Durchschnitt erst etwa nach einem Jahr weitgehend abschlossen. Das mit dem Mörtel in das Bauwerk eingebrachte Anmachwasser ist dagegen innerhalb von ein bis zwei Wochen verdunstet. Früher wurden durch das Aufstellen von Kokskörben erhöhte Mengen an Kohlendioxid zugeführt. Zu L. zählen →Weißkalk, Weißfeinkalk, →Dolomitkalk. L. werden vor allem für →Kalksandsteine und →Porenbeton-Steine eingesetzt. Früher wurde L. in Form von reinen Kalkschlämmen als Außenputz verwendet. Wegen der zeitintensiven Verarbeitung (mehrfaches Auftragen) wurde diese Art von Außenputz aber zunehmend verdrängt. →Kalk, →Baukalke, →Kalkstein

Luftkalkmörtel →Kalkmörtel

Luftporenbildner L. für →Beton. →Tenside

Luftreiniger L. sind Geräte, die Innenraumluft ansaugen und nach Abscheidung der Zielstoffe wieder an den Raum abgeben (Umluftbetrieb). Sie können eingesetzt werden, um die Belastung der Raumluft durch Schadstoffe zu verringern oder um

Partikel und Keime aus der Luft herauszufiltern, z.T. auch um vermeintlich nützliche Stoffe zu erzeugen. Sie sollen zudem häufig auch die Luftfeuchtigkeit erhöhen.
Hinsichtlich des Wirkprinzips lassen sich L. einteilen in solche, bei denen die Zielstoffe mechanisch über Filter aus der durchströmenden Luft entfernt werden, und solche, bei denen die Abscheidung durch elektrostatische Kräfte erfolgt.

- Mechanische Abscheidung:
  Für die Adsorption organischer Schadstoffe wie z.B. PCB kommt i.d.R. Aktivkohle zum Einsatz. Die Abscheidung von Partikeln bzw. Allergenen erfolgt besonders wirksam über →HEPA-Filter mit einem Partikelrückhaltevermögen von 99,97 % für Partikel mit D = 0,3 µm. Mechanische Filter sind sehr effektiv und wartungsarm. Allerdings kann die infolge des Filterdrucks erforderliche Pumpleistung eine gewisse Lautstärke bewirken.
- Elektrostatische Abscheidung:
  In Geräten mit elektrostatischer Abscheidung werden die Partikel positiv aufgeladen und an einer negativ geladenen Abscheideplatte gesammelt. Die Betriebskosten sind vergleichsweise niedrig. Allerdings ist auch die Effektivität der Reinigung im Vergleich zur mechanischen Abscheidung niedriger und der Wartungsaufwand höher.

Grundsätzlich haben die Entfernung von Schadstoff- oder Allergenquellen und die Reduktion der Allergengehalte in den Allergenreservoiren (insbes. Boden- bzw. Matratzenstaub) Vorrang vor dem Einsatz von L. Der Einsatz von L. kann aber sinnvoll sein, z.B. in der Übergangsphase bis zu einer Schadstoffsanierung oder als Übergangsmaßnahme zur Abscheidung von Tierepithelien nach Abschaffen des Haustieres bei hochgradiger Sensibilisierung (Engelhart & Exner).
Die bei der Luftbefeuchtung mit L. auftretenden Nachteile der Keimbesiedlung und -freisetzung überwiegen in Haushalten praktisch immer die Vorteile einer Erhöhung der Luftfeuchte. Diese kann in gewissem Umfang auch durch Zimmerpflanzen und Verdunster an Heizkörpern erreicht werden.

Luftschall Schall entsteht durch mechanische Anregung des Mediums. L. wird erzeugt, indem Schallquellen direkt das Medium Luft anregen. Beispiele sind schwingende Membrane (Lautsprecher, Stimmbänder etc.), Volumenänderungen (Explosionen, Implosionen, Kompressionen, Ansaug- und Auspufföffnungen von Motoren etc.) oder Reibungsprozesse. →Körperschall kann ebenso das Medium Luft anregen und so L. erzeugen, umgekehrt kann auch L. Körperschall erzeugen. →Luftschalldämmung, →Schallschutz

Luftschalldämmung Die L. eines Bauteils ist jene Eigenschaft, die verhindert, dass auf das Bauteil auftreffender Schall durch das Bauteil, durch Öffnungen oder durch flankierende Bauteile übertragen wird. Die Dämmwirkung eines Bauteils ohne Berücksichtigung der Nebenwege wird durch das Labor-Schalldämmmaß R gekennzeichnet, im Bau-Schalldämmmaß R' findet auch die Übertragung über Flankenbauteile Berücksichtigung. Das Schalldämmmaß eines Bauteils ist frequenzabhängig. Das bedeutet, dass eigentlich für jedes Frequenzband ein eigenes R angegeben werden muss. Durch die Einführung des bewerteten Schalldämmmaßes Rw bzw. R'w erreicht man durch eine frequenzabhängige Wertung (Bewertungskurve) eine Einzahlangabe des Schalldämmmaßes. Die Bewertungskurve versucht, auf sehr vereinfachte Weise die Empfindlichkeit des menschlichen Gehörs zu berücksichtigen. Höhere Werte für das bewertete Schalldämmmaß bedeuten besseren Schallschutz. Einschalige Bauteile haben im Allgemeinen eine umso bessere L., je schwerer sie sind. Für biegesteife Wände aus Mauerwerk, Bauplatten oder Beton kann daher aufgrund der Flächenmasse auf das Schalldämmmaß Rw geschlossen werden. Mehrschalige Bauteile aus zwei massiven Schalen mit einer dazwischen liegenden, weichfedernden Hohlraum- oder Dämmschicht lassen sich physikalisch näherungsweise durch ein System von zwei Massen, die über eine Feder gekoppelt sind, beschreiben. Sie können sowohl zur Verbesserung als auch zur Verschlechterung des Luftschallschutzes führen. Verkleidungen auf Materialien mittlerer Steifigkeit (z.B. →EPS-Dämmplatten) können die L. des gesamten Wandaufbaus um mehrere dB verschlechtern, biegeweiche Vorsatzschalen aus →Gipsplatten auf Materialien mit geringer Steifigkeit (z.B. Mineralwolle) um einige dB verbessern. →Schallschutz

Lufttemperatur →Raumlufttemperatur

Luftwechsel Unterschieden werden:

- Natürlicher L. bei geschlossenen Fenstern und Türen (allein baulich bedingt), →Luftdichtigkeit von Gebäuden
- L. bei geöffneten Fenstern und Türen (→Natürliche Lüftung)
- L. durch raumlufttechnische Systeme (→Mechanische Lüftung)

Unter raumlufthygienischen Gesichtspunkten ist eine →Luftwechselrate von mindestens 0,5/h zu empfehlen. In modernen Gebäuden ergibt sich häufig ein Konflikt aus dem unter raumlufthygienischen Gesichtspunkten wünschenswerten Luftwechsel und den Maßnahmen zur Energieeinsparung. →Luftwechselrate

Luftwechselrate Unter L. bzw. Luftwechselzahl versteht man den Luftvolumenstrom eines Raumes bezogen auf das Raumvolumen (Einheit: $[m^3/h]/m^3 = h^{-1}$ („pro Stunde")). Anschaulich ausgedrückt gibt die L. an, wie oft die Raumluft pro Stunde ausgetauscht wird. Bsp.: Eine L. von 0,5 h^{-1} bedeutet, dass 50 % der Raumluft pro Stunde ausgetauscht werden bzw. dass alle zwei Stunden ein vollständiger Luftwechsel erfolgt. Ein ausreichender Luftwechsel in Räumen ist aus folgenden Gründen unverzichtbar (s.a. →Grundlüftungsbedarf):

- Entfernung von →Schadstoffen
- Entfernung von →Kohlendioxid
- Entfernung von →Luftfeuchte aus bauphysikalischen Erfordernissen
- Nachlieferung der Verbrennungsluft, wenn raumluftabhängige Feuerstätten vorhanden sind

Als Richtgröße für den unter raumlufthygienischen Gesichtspunkten notwendige Luftwechsel in Wohnungen kann eine L. von 0,5 pro Stunde herangezogen werden. Die L. eines Raumes ist natürlich abhängig von den Witterungsbedingungen, den geometrischen Rahmenbedingungen und der →Luftdichtigkeit der Gebäudehülle. Als grobe Richtwerte können für die L. die aus Tabelle 76 ersichtlichen Werte herangezogen werden.

Die Erfordernis eines geringeren Heizenergieverbrauchs einerseits und die Notwendigkeit sauberer Atemluft andererseits führen zu einem Zielkonflikt, der am besten durch →Stoßlüften bzw. →Komfortlüftungsanlagen gelöst werden kann.

Tabelle 76: Luftwechsel bei verschiedenen Fensterstellungen bzw. Lüftungseinrichtungen (Schimmelpilz-Leitfaden, UBA, 2002: Schwankungen nach oben und unten sind möglich in Abhängigkeit von Fenstergrößen, Raumvolumina, Temperaturdifferenzen innen/außen, Dimension der Lüftungseinrichtungen etc.)

Fensterstellung/Lüftungseinrichtung	Luftwechselrate [h^{-1}]
Fenster in Kippstellung	0,3 – 4
Fenster halb geöffnet	4 – 10
Fenster ganz geöffnet	4 – 20
Querstromlüftung (mehrere gegenüber liegende Fenster ganz geöffnet)	10 – 50
Mechanische Lüftungseinrichtung, ohne Gebläse	0,5 – 4
Mechanische Lüftungseinrichtung, mit Gebläse	0,5 – 10

M

Magic Dust →Schwarze Wohnungen

Magnesiabinder M. wird zur Herstellung von →Magnesiaestrich (→Steinholzestrich) und →Holzwolle-Leichtbauplatten verwendet. Durch Brennen von →Magnesit oder →Dolomit bei 800 – 900 °C entsteht kaustische Magnesia (Magnesiumoxid), die durch Zugabe von Salzlösungen zweiwertiger Metalle (am gebräuchlichsten ist Magnesiumchlorid) zu einer marmorähnlichen, polierfähigen Masse härtet. Beim Erhärten bilden sich nadelförmige Kristalle, welche die Festigkeit des Mörtels bewirken. Im abgehärteten M. befindet sich noch freies Magnesiumchlorid, das die elektrochemische Korrosion stark fördert. Anstelle der Magnesiumchloridlösung wird bei Holzwolle-Leichtbauplatten daher Magnesiumsulfatlösung verwendet. M. mit Magnesiumsulfatlösung ergeben zwar geringere Festigkeiten, aber nur so ist es möglich, die Platten mit verzinkten Nägeln zu befestigen, ohne dass diese korrodieren.

Die Rohstoffe sind in ausreichender Menge vorhanden. Der Abbau erfolgt überwiegend im →Tagebau. M. verursacht bei fachgerechtem Einsatz keine Umwelt- oder Gesundheitsschäden. Während der Nutzungsphase sind keine schädlichen Auswirkungen bekannt. M. lässt sich problemlos entsorgen. →Mineralische Rohstoffe

Magnesiaestrich M. ist ein mit →Magnesiabinder gebundener Estrich. Füllstoffe sind Weichholzspäne, Textilfasern, Papiermehl, Korkmehl, Quarzsand und künstliche Hartstoffe. Mit organischen Füllstoffen bis Rohdichte 1.600 kg/m^3 wird M. als →Steinholzestrich bezeichnet. M. wird vorwiegend im Wohnungsbau verwendet. Mit entsprechenden mineralischen Zuschlägen ist er auch für Industrieböden geeignet, aber nicht für Feuchträume und Räume mit aufsteigender Feuchtigkeit. M. ist nach ca. zwei bis drei Tagen begehbar und nach ca. drei Wochen kann der Bodenbelag verlegt werden. Im feuchten Zustand wirkt M. korrosiv, daher müssen Metallteile geschützt werden (Bitumenanstrich). M. hat vor allem im Industriebau sein Einsatzgebiet. Die Rohstoffe sind in ausreichender Menge vorhanden. Die Möglichkeit der Deponierung ist abhängig von den Füllstoffen.

Magnesit Hauptbestandteil von M. (Bitterspat, Talkspat) ist Magnesiumcarbonat. Der Rohmagnesit dient zur Erzeugung von Sintermagnesit, dem Grundstoff für hochfeuerfeste Materialien, sowie von kaustisch gebranntem Magnesit, der in Dämm- und Baustoffen (→Magnesiabinder), in der Papierindustrie und in der Futtermittelherstellung Verwendung findet. M.-Gesteine kommen in zwei unterschiedlichen Gruppen vor:

1. Grobkristalline, metamorphe M.-Gesteine, die wahrscheinlich durch hydrothermale Verdrängung des Calciums aus →Kalk und →Dolomit entstanden sind. Sie weisen oft einen hohen Eisengehalt (Breunnerit) auf. Die Vorkommen liegen z.B. in den Alpen, in den Pyrenäen und im Ural. Sie werden sowohl im →Tagebau als auch unter Tage abgebaut. Die Vorkommen sind massig oder linsenförmig.
2. Dichte oder kryptokristalline Magnesitvorkommen, bei denen es sich wahrscheinlich um Umwandlungsprodukte basischer Gesteine (Serpentin u.Ä.) durch aufsteigendes Kohlensäurewasser handelt. Sie sind daher oft gangförmig und unregelmäßig abgelagert. Große Lagerstätten finden sich auf dem Balkan, in der Türkei, in Indien und dem südlichen Afrika. Der Abbau erfolgt vorwiegend im Tagebau.

→Mineralische Rohstoffe

Magnesitgebundene Holzwerkstoffe M. gehören zu den anorganisch-gebundenen Holzwerkstoffen (→AHW). Durch die Verwendung des mineralischen Bindemittels →Magnesit ist ein Verzicht auf synthetische Bindemittel wie Formaldehyd- oder Polyurethan-Harze (→Polyurethane) möglich, daher können keine diesbezüglichen Ausgasungen in die Raumluft auftreten. Aufgrund des hohen Eigengewichts finden M. keine Verwendung im Möbelbau. →Möbel, →Magnesiabinder, →Spanplatten, →Holzwerkstoffe

Magnesitsteine M. sind hochfeuerfeste Steine (bis 1.800 °C), die aus →Magnesit (Magnesiumcarbonat) bei über 1.500 °C bis zur Sinterung gebrannt werden. M. werden zum Auskleiden von Herden, Industrieöfen, Schornsteinen u.Ä. verwendet. M. weisen wegen der hohen Brenntemperatur einen hohen Energiebedarf auf. Die Entsorgung ist problemlos auf Inertstoff- bzw. →Baurestmassendeponien möglich, falls keine Schadstoffe aus den Feuerungsanlagen aufgenommen wurden.

MAK-Kommission Die Senatskommission zur Prüfung gesundheitsschädlicher Arbeitsstoffe (M.) wurde 1986 vom Senat der Deutschen Forschungsgemeinschaft (DFG) eingesetzt und wird von der DFG finanziert. Die Mitglieder der M. sind Wissenschaftler aus der Hochschulforschung und der freien Forschung. Ihre Aufgabe ist es, die wissenschaftlichen Grundlagen zum Schutze der Gesundheit vor toxischen Stoffen am Arbeitsplatz zu erarbeiten. Die Kommission arbeitet in wissenschaftlicher Freiheit und Unabhängigkeit. Sie ist in der Auswahl und in der Prioritätensetzung der Prüfung von Arbeitsstoffen nicht an Weisungen gebunden. Die Empfehlungen der Kommission werden dem Bundesministerium für Arbeit und Sozialordnung übergeben, und dort wird über die weitere formelle Behandlung der Empfehlungen entschieden. Die M. veröffentlicht ihre Empfehlungen und Vorschläge zu Grenzwerten für gefährliche Arbeitsstoffe in der jährlich erscheinenden MAK- und BAT-Werte-Liste. →MAK-Werte

Makulatur Der Ausdruck M. bezeichnet in der Bautechnik eine Unterlage, die vor dem Anbringen von →Tapeten an die Wand aufgebracht wird. Die M. verändert die Saugfähigkeit des Untergrunds, sodass der →Tapetenkleister besser haftet, gleicht Unebenheiten in der Wand aus und erleichtert das spätere Ablösen der Tapete erheblich. Früher war es üblich, alte Zeitungen und Zeitschriften als Untertapete zu verwenden, heute gibt es Rollenmakulatur aus Papier (→Makulaturpapier) oder →Streichmakulatur zu kaufen. Ist der Untergrund nicht saugfähig genug, kann die „Rollenmakulatur“ aufgetragen werden. Ist der Untergrund zu stark saugfähig, kann die Streichmakulatur zum Einsatz kommen.

Makulaturpapier M. oder Rollenmakulatur ist eine →Makulatur aus einfachem, unbedrucktem →Tapetenpapier. Dabei handelt es sich üblicherweise um Recyclingpapier oder holzhaltiges geleimtes Papier mit ausreichender Festigkeit auch im nassen Zustand mit einem Flächengewicht von 60 bis 120 g/m². M. wird eingesetzt, wenn der zu tapezierende Untergrund zu geringe Saugfähigkeit hat oder bei extrem glatten →Tapeten. Außerdem dient M. als Untergrund von durchscheinenden Tapeten wie →Gras- und Seidentapeten, von schweren Tapeten oder Tapeten, die beim Trocknen größere Spannungen verursachen. Früher wurden zur Verbesserung der Nassreißfestigkeit formaldehydhaltige Aminoplaste verwendet.

MAK- und BAT-Werte-Liste →MAK-Werte

MAK-Werte M. werden von der →MAK-Kommission erarbeitet und jährlich in der MAK- und BAT-Werte-Liste veröffentlicht. Der M. (maximale Arbeitsplatz-Konzentration) ist die höchstzulässige Konzentration eines Arbeitsstoffes als Gas, Dampf oder Schwebstoff in der Luft am Arbeitsplatz, die nach dem gegenwärtigen Stand der Kenntnis auch bei wiederholter und langfristiger, in der Regel täglich 8-stündiger Exposition, jedoch bei Einhaltung einer durchschnittlichen Wochenarbeitszeit von 40 Stunden im Allgemeinen die Gesundheit der Beschäftigten nicht beeinträchtigt und diese nicht unangemessen belästigt. Grundsätzlich ist die Toxizität eines Stoffes für den Menschen umso höher anzusetzen, je niedriger sein M. ist.

M. dienen dem Schutz der Arbeitnehmer, die gezielt Tätigkeiten mit Gefahrstoffen ausführen. M. sind also nicht anwendbar zur Beurteilung der Luftqualität in →Innenräumen (z.B. Wohnungen, Schulen, Bürogebäude u.Ä.), wo Personen →Emissionen z.B. aus Bauprodukten oder Materialien der Innenausstattung ausgesetzt sind. Hierfür gibt es in Deutschland bisher kein geschlossenes Regelwerk (→Innenraumluft-Grenzwerte).

M. werden von der Senatskommission zur Prüfung gesundheitsschädlicher Arbeitsstoffe innerhalb der Deutschen Forschungsgemeinschaft (→MAK-Kommission) ausschließlich unter Berücksichtigung wissenschaftlicher Argumente (toxikologische und epidemiologische Erkenntnisse) abgeleitet. Die Arbeitsergebnisse werden jährlich veröffentlicht (MAK- und BAT-Werte-Liste) und zugleich als Empfehlung dem Bundesarbeitsministerium bzw. dem ihm gemäß GefStoffV zugeordneten →Ausschuss für Gefahrstoffe (AGS) übergeben.

Für nachgewiesenermaßen krebserzeugende und erbgutverändernde Arbeitsstoffe werden keine M. angegeben, da bei solchen Stoffen keine Konzentrationsschwelle ermittelt werden kann, unterhalb derer ein solcher Stoff nicht krebserzeugend bzw. erbgutverändernd wirkt.

Die MAK-Liste ist wie folgt unterteilt:

Maximale Arbeitsplatz-Konzentrationen

I. Bedeutung, Benutzung und Ableitung von MAK-Werten
II. Stoffliste
III. Krebserzeugende Arbeitsstoffe (Kategorien 1, 2, 3A, 3B, 4, 5) und besondere Stoffgruppen wie Pyrolyseprodukte aus organischem Material (Faserstäube u.a.)
IV. Sensibilisierende Arbeitsstoffe
V. Aerosole
VI. Begrenzung von Expositionsspitzen
VII. Hautresorption
VIII. MAK-Werte und Schwangerschaft
IX. Keimzellmutagene
X. Besondere Arbeitsstoffe

Biologische Arbeitsstofftoleranzwerte

XI. Bedeutung und Benutzung von BAT-Werten
XII. Stoffliste
XIII. Krebserzeugende Arbeitsstoffe
XIV. Biologische Leitwerte

Marley-Platten Bezeichnung für asbesthaltige Bodenbeläge. →Floor-Flex-Platten, →Asbest

Marmor M. ist →Kalkstein mit hoher Dichte, der – poliert – eine glatte glänzende Oberfläche hat. Er kommt in den verschiedensten Farbtönen, von schneeweiß über gelblich bis rosarot, vor. Große M.-Vorkommen finden sich in Nordamerika und in Europa, z.B. in Österreich, Norwegen oder im italienischen Carrara. Schon die Griechen setzten M. als Material für Tempelbauten ein. Heutzutage wird M. vor allem in Form von Fliesen oder großen Platten auf allgemeinen Strapazflächen im Wohn- und Objektbereich eingesetzt. M. wird mit Fliesenkleber oder direkt auf den Estrich verklebt und bei Bedarf auch verfugt. Bei feuchter, färbender oder fetter Verschmutzung nimmt M. den Schmutz an. M. ist säureempfindlich: Zitronensaft, Essig, Wein oder manche Reiniger (auch viele hautfreundliche Seifen) verändern die Farbe des M. und können Flecken hervorrufen, die sich nicht mehr beseitigen lassen. Wird M. in der Küche verwendet, muss daher eine Oberflächenbehandlung vorgenommen werden, die möglichst geringe Lösemittelgehalte aufweisen sollte.

Maschinengipsputze →Baugipse, →Gipsputze

Maßeinheiten

1 ppm (parts per million) = 1 Teil in 1 Million Teile bzw.
0,000.1 % bzw.
1 Milligramm (Tausendstel Gramm) pro Kilogramm (mg/kg) bzw.
1 Milliliter pro Kubikmeter (ml/m^3)

1 ppb (parts per billion) = 1 Teil in 1 Milliarde Teile bzw.
0,000.000.1% bzw.
1 Mikrogramm (Millionstel Gramm) pro Kilogramm (μg/kg) bzw.
1 Mikroliter pro Kubikmeter (μl/m^3)

1 ppt (parts per trillion) = 1 Teil in 1 Billion Teile bzw.
0,000.000.000.1 % bzw.
1 Nanogramm (Milliardstel Gramm) pro Kilogramm (ng/kg) bzw.
1 Nanoliter pro Kubikmeter (nl/m^3)

Milligramm (mg)	= Tausendstel Gramm	= 0,001 g
Mikrogramm (μg)	= Millionstel Gramm	= 0,000.001 g
Nanogramm (ng)	= Milliardstel Gramm	= 0,000.000.001 g
Picogramm (pg)	= Billionstel Gramm	= 0,000.000.000.001 g
Femtogramm (fg)	= Billiardstel Gramm	= 0,000.000.000.000.001 g

Massenabfalldeponie Die M. ist ein Deponietyp gem. österreichischer →Deponieverordnung. Baurestmassen, die ohne Gesamtbeurteilung auf M. geeignet sind, siehe →Baurestmassendeponie. Der Anteil an organischem Kohlenstoff muss unter 5 % liegen, sofern es sich nicht um die taxativ aufgezählten Baurestmassen handelt. Die M. hat zumindest im Bereich der Aufstandfläche des Deponiekörpers über einen geologisch und hydrogeologisch möglichst einheitlichen, geringdurchlässigen Untergrund zu verfügen. Die Deponiebasisdichtung ist mit einer Kombinationsdichtung, bestehend aus einer mindestens dreilagigen mineralischen Dichtungsschicht von mindestens 75 cm Gesamtdicke und einer direkt aufliegenden PE-HD-Kunststoffdichtungsbahn mit einer Mindestdicke von 2,5 mm, herzustellen.

Massivholz M. ist →Holz, das wenigen Zerkleinerungsprozessen ausgesetzt wurde. →Holzpflaster, →Massivholzdielen, →Massivparkette, →Konstruktionsvollholz, →Schnittholz

Massivholzböden →Holzböden aus Massivholz. →Massivparkette, →Massivholzdielen

Massivholzdielen M. sind →Holzböden aus Massivholzbrettern in Raum- oder Kurzlängen mit Nut-Feder-Profilierung. M. werden in vielen verschiedenen Weich- oder Hartholzarten angeboten, u.a. →Fichte, →Tanne, →Kiefer, →Lärche, Pitchpine, seltener →Eiche, →Buche und Laubhölzer. Nadelholzdielen sind Bretter mit Nut und Feder. Laubholzdielen aus Vollholz werden aus mehreren Stücken (Riemen) durch Schwalbenschwanzzinkung, Schmalseiten- oder Stirnseitenverleimung zusammengesetzt. M. werden mit Nägeln, Schrauben oder Klammern auf Polsterhölzern oder Blindboden verlegt. Die Oberfläche wird geschliffen und geölt und gewachst (→Ölen und Wachsen) oder versiegelt (→Parkettversiegelung). Durch die mächtige Dimensionierung neigen M. zur Ausbildung von Fugen, die nicht selten mehrere mm breit sein können (je breiter die Dielen, desto wahrscheinlicher). Bei M. ist deshalb eine Holzfeuchte beim Einbau von max. 12 % (besser 8 – 10 %) unbedingte Voraussetzung, um Fugen zu vermeiden. M. sind sehr gut renovierbar (5- bis 7-mal abschleifbar). Namensverwandtschaft besteht zu den sog. Landhausdielen, dabei handelt es sich aber häufig um →Mehrschichtparkette.

Da M. aus dem →Nachwachsenden Rohstoff Holz bestehen, sind sie grundsätzlich positiv zu beurteilen. →Tropenhölzer werden für M. selten eingesetzt. Das Holz sollte aus nachhaltig bewirtschafteten, regionalen Wäldern stammen. M. werden mechanisch befestigt, daher entstehen keine Emissionen aus Klebstoffen. →Holzböden

Massivparkette M. sind Parkettböden aus Massivholz. M. sind in den unterschiedlichsten Ausführungen, Verlegemuster und Holzarten erhältlich. Zu den M. zählen: →Mosaikparkette, →Industrieparkette, →Stabparkette, →Riemenparkette und →Lamparkette. M. sind immer schubfest mit dem Untergrund zu verbinden (schrauben, nageln oder kleben). M. weisen eine Lebensdauer von mind. 50 – 100 Jahren auf, sind gut bis sehr gut renovierbar und zeigen sehr gute Schalldämmwerte. Je nach eingesetzter Holz- und Verlegeart besteht die Möglichkeit der Dimensionsveränderung (quellen oder schwinden) bei ungünstigen Umgebungsbedingungen. Von den M. zu unterscheiden sind die →Mehrschichtparkette (Fertigparkette).

Für M. werden meist Harthölzer aus Laubbäumen wie →Eiche, →Buche und →Ahorn oder →Tropenhölzer verwendet. Da die →Resistenzklasse des Tropenholzes bei der Verlegung im Innenraum nicht erforderlich ist, sollten für M. bevorzugt heimische Hölzer verwendet werden. Wer sich dennoch für ein M. aus Tropenholz entscheidet, sollte auf eine →FSC-Zertifizierung achten, durch die Raubbau ausgeschlossen wird. →Holzböden

Mauerziegel M. gibt es als Vollziegel, Lochziegel, porosierte Ziegel (→Porosierter Hochlochziegel) und →Klinker (oberhalb der Sintergrenze gebrannt). Sie finden Verwendung für ein- und zweischaliges Mauerwerk, Vormauerziegel und Klinker (bei höherer Temperatur gebrannt, daher dichter und frostsicher) und auch als Sichtmauerwerk. →Ziegel

Maurerkrätze →Zementekzeme, →Zement, →Chromat

MCCP Abk. für mittelkettige →Chlorparaffine, chlorierte Alkane mit einer Kettenlänge zwischen 14 und 17 Kohlenstoff-Atomen und einem Chlorierungsgrad von 40 – 60 %. MCCP finden Verwendung als sekundäre Weichmacher in PVC. →Weichmacher

MCI 5-Chlor-2-methyl-4-isothiazolin-3-on; Synonyme: 5-Chlor-2-methyl-2,3-dihydroisothiazol-3-on, 5-Chlor-2-methyl-3-isothiazolon, 5-Chlor-2-methyl-3-isothiazolin-3(2H)-on. →Isothiazolinone

MCS Abkürzung für multiple chemical sensitivity. Der Begriff MCS beschreibt gesundheitliche Beeinträchtigungen, die durch eine besondere chemische Sensitivität verursacht werden. Die Zahl der Patienten mit vermuteter MCS ist in den letzten Jahren beträchtlich angewachsen. Nach amerikanischen Untersuchungen sollen bis zu 15 % der Bevölkerung eine besondere chemische Sensitivität aufweisen. Bei den betroffenen Personen haben sich im Laufe der Zeit mannigfache Intoleranzen gegenüber einer Vielzahl chemisch nicht verwandter Fremdstoffe entwickelt. Bereits sehr geringe Expositionen, die von der Allgemeinbevölkerung ohne erkennbare gesundheitliche Probleme toleriert werden, führen bei diesen Menschen zu erheblichen gesundheitlichen Beeinträchtigungen, die häufig mit einer beträchtlichen Einschränkung der Lebensqualität und einem hohen Leidensdruck einhergehen. Als Fallkriterien von MCS gelten gemäß der Multizentrischen MCS-Studie (UFOPLAN 298 62 274):

- Initiale Symptome im Zusammenhang mit einer belegbaren Expositionssituation (jedoch ggf. auch einschleichender Beginn)
- Die Symptome werden bei der gleichen Person durch unterschiedliche chemische Stoffe bei sehr geringen Konzentrationen ausgelöst, auf die andere Personen i.Allg. nicht mit Gesundheitsbeschwerden reagieren.
- Die Symptome stehen mit der Exposition in erkennbarem Zusammenhang (Symptome durch Exposition reproduzierbar; Besserung bei Expositionskarenz).
- Die Symptome treten in mehr als einem Organsystem auf (nicht in allen Falldefinitionen gefordert).
- Es handelt sich um eine länger anhaltende („chronische") Gesundheitsstörung.
- Die Beschwerden sind nicht auf bekannte Krankheiten zurückzuführen.

Allgemein anerkannte Diagnose- und Behandlungsmöglichkeiten bei MCS existieren bisher nicht.

MDA 4,4'-Methylendianilin. →Isocyanate

MDF-Platten M. (Mitteldichte Faserplatten) sind →Holzfaserplatten mit einer Rohdichte über 450 kg/m³, die im Trockenverfahren aus Holzfasern unter Zusatz eines synthetischen Bindemittels hergestellt werden. Je nach Rohdichte unterscheidet man HDF (Hochdichte Faserplatten mit einer Rohdichte $\geq$ 800 kg/m³), leichte MDF (550 $\leq \rho <$ 800 kg/m³) und ultraleichte MDF (450 $< \rho <$ 550 kg/m³). Die Holzfasern stammen aus Resthölzern der Sägeindustrie und Durchforstungshölzern, vorzugsweise Nadelhölzer (meist Fichte und Kiefer, auch Lärche). Zusätzlich können zu einem geringen Anteil Fasern von Chinaschilf (Miscanthus) und Sisal beigefügt sein. Herkömmliche M., die v.a. für Möbel eingesetzt werden, werden mit →Harnstoff-Formaldehyd-Harz verleimt. Basierend auf diesen Werkstoffen wurden die diffusionsoffenen M. entwickelt, die auch den höheren Anforderungen an Feuchtebeständigkeit im Bauwesen entsprechen. Die diffusionsoffenen M. enthalten als Bindemittel PMDI- oder Phenolformaldehydleim und einen höheren Paraffinanteil. Die niedrige →Dampfdiffusionswiderstandszahl wird durch geringere Rohdichten ermöglicht. Ferner werden in M. Härter und Formaldehydfänger sowie z.T. Feuerschutzmittel eingesetzt. Trockenverfahren nach EN 316 ($\rho \geq$ 600 kg/m³): Holzfasern werden ähnlich wie bei Spanplatten beleimt und unter Hitze (120 – 160 °C) verpresst. Die Bindung beruht einerseits auf der Verfilzung der Fasern und ihren inhärenten Klebeeigenschaften, andererseits auf der Zugabe von synthetischen Bindemitteln. Einsatzbereiche sind nach EN 622-5 allgemeine und tragende Zwecke sowie trockene und feuchte Bereiche. M. enthalten einen hohen Bindemittelanteil und werden in einem energieaufwändigen Prozess gefertigt. Der Einsatz von M. rechnet sich dort, wo aufgrund der technischen Eigenschaften (z.B. Winddichtigkeit) auf zusätzliche Schichten (z.B. Windsperre) verzichtet werden kann. →Holz, →Holzfaserplatten, →Möbel

MDI MDI ist ein →Isocyanat von großer technischer Bedeutung. Reines, monomeres MDI (4,4'-Diphenylmethan-diisocyanat; Synonym: Methylendipehnyldiisocyanat) stellt nur ca. 5 % der insgesamt produzierten MDI-Mengen weltweit dar. Von erheblicher großtechnischer Bedeutung ist dagegen das technische MDI, das als polymeres MDI (PMDI) bezeichnet wird.

Mechanische Lüftung Mittels Ventilatoren wird ein künstlicher Druckunterschied erzeugt, der zur mechanischen Be- oder Entlüftung des Raumes führt. Bei →Komfortlüftungsanlagen, wie sie in →Niedrigenergie- und →Passivhäusern eingesetzt werden, wird die M. mit einer Wärmerückgewinnung aus der Abluft gekoppelt.

Medianwert Derjenige Wert aus einer Messreihe, unterhalb und oberhalb dessen jeweils 50 % der Messwerte liegen. →Perzentil

Mehrfachverglasung →Isoliergläser, →Wärmeschutzverglasungen, →Schallschutzverglasung

Mehrscheiben-Isolierglas →Schwefelhexafluorid

Mehrschicht-Massivholzplatten M. werden aus drei oder fünf Brettlagen aus Nadel- oder Edelholz hergestellt, wobei die Lagen jeweils um 90° verdreht werden. Die Verarbeitung quer zur Faser bewirkt eine Verminderung des Arbeiten (Quellen und Schwinden) des Holzes. Die Decklagen von Platten müssen für tragende Zwecke eine Mindestdicke von 5 mm aufweisen. Die Innenlagen dürfen keine offenen Fugen aufweisen. Als Bindemittel werden modifizierte Melaminharze und Phenolharze verwendet, der Bindemittelanteil ist bei Fünfschichtplatten relativ hoch. →Lagenhölzer, →Holz, →Holzwerkstoffe, →Emissionsklassen, →Formaldehyd

Mehrschichtparkette M. sind →Holzböden mit zwei- oder dreischichtigem Elementaufbau, einer Nut- und Feder-Verbindung und einer werkseitig aufgetragenen Oberflächenbehandlung („Fertigparkett"). Fertigparkett-Elemente werden nach DIN 280 Teil 5 geregelt. Die Dicke der Nutzschicht muss größer als 2,5 mm sein, meist werden Sägefurniere aus Laubhölzern verwendet. Die Trägerschicht bildet in der Regel eine Mittellage aus massiven Nadelholzleisten, eine →Mulitplexplatte (bei Zweischicht-Parketten), eine →Spanplatte oder eine Faserplatte (→MDF-Platten oder →HDF-Platten). M. können ohne großen Aufwand verlegt werden, durch die ab Werk fertig versiegelte Oberfläche entfällt eine Nachbehandlung vor Ort. Zwei-Schicht-Parkette (Fertigparkett-Einzelstab) werden immer auf planebenem Untergrund verklebt. Wegen ihrer geringeren Einbauhöhen und höheren Formstabilität verdrängen sie vor allem im Neubau mehr und mehr das massive →Stabparkett. Bei Drei-Schicht-Parketten (Fertigparkett-Schiffboden-Diele oder Fertigparkett-Landhausdiele) wird auf der Unterseite des Trägermaterials ein Gegenzug aufgebracht, der das Produkt ausgleicht und stabilisiert. Drei-Schicht-Parkette können daher geklebt oder schwimmend verlegt werden. Die vollflächige Verklebung erhöht die Lebensdauer. Drei-Schicht-Parkette haben gegenüber →Massivparkett den technischen Vorteil, dass ein weitgehend fugenfreier Boden entsteht, der in größeren Breiten hergestellt werden kann, ohne dass mit Verwerfungen (konkav/konvex) zu rechnen ist. Sie lassen sich aber nur mäßig renovieren (2- bis 3-mal abschleifen). Die Gesamt-Lebensdauer (25 – 50 Jahre) liegt deutlich unter jener des Massivparketts. Je stärker die Nutzschicht, desto länger die Lebensdauer.

Die Holzwerkstoffe der Trägerschicht können →Formaldehyd oder flüchtige organische Verbindungen (→VOC) aus den eingesetzten Bindemitteln emittieren. Eine weitere Emissionsquelle sind die werkseitige Oberflächenbeschichtung und die Klebstoffe zwischen den einzelnen Schichten. Bei M. werden oft →UV-härtende Lacke eingesetzt, die geruchsintensive Stoffe freisetzen können. Die Oberflächenbeschichtung von M. kann den antibakteriellen Wirkstoff →Triclosan enthalten. Bei der Verklebung ist auf die verwendeten →Klebstoffe zu achten (→Parkettklebstoffe). →Holzböden

MEK Abk. für Methylethylketon. →Ketone

MEKO Abk. für Methylethylketoxim. →2-Butanonoxim

Melamin M. (1,3,5-Triamino-triazin, Cyanursäuretriamid) ist eine heterocyclische, aromatische Verbindung, die durch Trimerisisierung von Harnstoff gewonnen wird. Die reaktiven Amin-Gruppen ermöglichen eine Vielzahl chemischer Reaktionen. Davon ist die Reaktion von M. mit →Formaldehyd zu Methylol-Melaminen die wichtigste. M. wird überwiegend zu Harzen weiterverarbeitet, insbes. zu →Melamin-Harnstoff-Formaldehyd-Harzen (→Melaminharze, MUF), die als Bindemittel für →Holzwerkstoffe (z.B. →Spanplatten) und zur Verklebung von Dekorpapieren (z.B. Laminat) eingesetzt werden.

Melamin-Harnstoff-Formaldehyd-Harze →Melaminharze

Melaminharze M. werden seit den 1930er-Jahren hergestellt. Sie gehören zu den Duroplasten, ebenso wie die →Harnstoff-Formaldehyd-Harze (UF) und die →Phenol-Formladehyd-Harze (PF). Ein wichtiger Einsatzbereich von M. im Baubereich sind Bindemittel für →Holzwerkstoffe. Während aus Kostengründen reine M. kaum für die Herstellung von Holzwerkstoffen eingesetzt werden, haben melaminverstärkte Harnstoff-Formaldehyd-Harze (MUF, Melaminanteil bis 10 %) und Melamin-Harnstoff-Formaldehyd-Harze (MUF, Melaminanteil bis 30 %) eine große Bedeutung. Mit diesen Bindemitteln werden Holzwerkstoffplatten mit besonders geringen Quellwerten oder Produkte für den Einsatz im Feuchtbereich hergestellt. Hierfür eignen sich auch Melamin-Harnstoff-Phenol-Formaldehyd-Harze (MUPF). M. haben auch Bedeutung für die Herstellung von verleimten Holzbauteilen.

MUF-Leimsysteme setzen sich zusammen aus der wässrigen Lösung des Melamin-Harnstoff-Formaldehyd-Kondensationsproduktes und einer ebenfalls wässrigen Lösung von Ameisensäure als Härter. Der saure Härter dient der Erhöhung der Abbindegeschwindigkeit. Beim Abbinden wird die während der Herstellung unterbrochene chemische Reaktion (Polykondensation) fortgesetzt und Wasser abgespalten. Im Ergebnis der fortschreitende Vernetzung entsteht ein weiß- bis cremefarbenes Endprodukt, das nicht mehr löslich ist. Die Nachhärtezeit dauert in Abhängigkeit von der Raumtemperatur bis zu drei Tage. →Phenol-Formaldehyd-Harze

Mennige →Bleimennige

Mercaptane M. (Thioalkohole, Thiole) sind organische Schwefelverbindungen mit einem ausgesprochen unangenehmen Geruch, verbunden mit sehr niedrigen Geruchsschwellenwerten und hohen Flüchtigkeiten. M. treten in Innenräumen als Stoffwechselprodukte von Mikroorganismen auf (→MVOC).

Mergel →Kalkmergel

Mesotheliom Das M. ist ein vergleichsweise seltener Tumor des Bauch- und Rippenfells und gilt als Signaltumor für eine vorausgegangene Asbestbelastung. Das M. ist nicht heilbar und führt innerhalb kurzer Zeit zum Tode. →Asbest

Messing M. ist eine Legierung aus →Kupfer und →Zink. Je nach Mischungsverhältnis variiert die Farbe von goldrot (bei hohem Kupferanteil) bis hellgelb. Eine der am häufigsten verwendeten Legierungen ist CuZn37, die 37 % Zink enthält. M. ist härter als reines Kupfer. Die Schmelze ist dünnflüssig und lässt sich daher blasenfrei gießen. Einsatz im Bauwesen für Beschläge, Armaturen, Verkleidungen.

Messingbeschläge M. werden durch Gießen der flüssigen Legierung in Hohlformen hergestellt. →Messing

Metalle Im Bauwesen wird meist zwischen →Eisen und →Stahl auf der einen Seite und Nichteisenmetallen auf der anderen Seite unterschieden. Schwere Nichteisenmetalle sind →Blei, →Kupfer, →Nickel, →Zinn, leichte Nichteisenmetalle →Aluminium und →Magnesium. Wichtige Faktoren bei der Metallerzeugung sind der Energieverbrauch und die Rückgewinnung von Wärme und Energie. Bei der Erzeugung der meisten M. aus →Primärrohstoffen entstehen Umweltbelastung durch Emissionen von Staub, Metallen/Metallverbindungen und Schwefeldioxid. (→Versäuerung). Letztere vor allem dann, wenn Sulfidkonzentrate geröstet und geschmolzen werden oder wenn schwefelhaltige Brennstoffe oder andere schwefelhaltige Stoffe zum Einsatz kommen. Umweltschonender ist im Regelfall die Erzeugung von Metallen aus Sekundärrohstoffen. Aus M. wie →Kupfer, →Verzinktes Stahlblech, →Zink, →Titanzink werden bei Bewitterung hohe Mengen an Material abgeschwemmt. Dies spricht gegen den großflächigen Einsatz dieser M. im Außenbereich (z.B. als Dachdeckungen), bzw. falls dies nicht möglich erscheint, sollten Vorkehrungen getroffen werden, den Eintrag von M. in Boden und Gewässer so gering wie möglich zu halten. →Aluminium und →Chromnickelstahl weisen praktisch keine Abschwemmung bei Bewitterung auf. Die meisten M. lassen sich sehr gut recyceln. Sie sollten nicht in die Müllverbrennungsanlage gelangen oder spätestens vor der Verbrennung aussortiert werden. Bei der Deponierung von M. ist die Schwermetall-Mobilisation problematisch. Gesundheitsbeeinträchtigende Emissionen sind beim →Löten und Kleben möglich.
Die energieintensive und umweltbelastende Herstellung und die mögliche Abschwemmung bei Bewitterung sollten zu einem bewussten Einsatz von M. führen. →Schwermetalle, →Chrom, →Cadmium, →Quecksilber, →Hausstaub

Metallbleche Im Baubereich werden M. aus →Aluminium, →Kupfer, →Verzinktem Stahl oder →Titanzink für vielfältige Anwendungsbereich wie →Dachdeckungen, Fassadenbekleidungen etc. eingesetzt.

Metallseifen →Trockenstoffe

Metalltapeten M. besitzen als dekorative Oberseite eine Metallfolie oder metallbedampfte Kunststofffolie, die auf das

→Tapetenpapier kaschiert ist. Die Oberfläche der M. wird vorwiegend in Handarbeit coloriert, geätzt, bedruckt oder oxidiert. Die entstehenden Strukturen weisen keine Wiederholungen auf, bei Metalltapeten sind die Stöße daher sichtbar. Der Untergrund muss besonders eben und gleichmäßig sein, da sich durch den Glanz Unebenheiten deutlich abzeichnen. M. sind fast dampfdicht und müssen mit fungizidhaltigem (pilztötendem) →Kleister geklebt werden, damit es zu keiner Schimmelpilzbildung an der Wand kommt. M. haben schlechte elektrostatische Eigenschaften. Die Entsorgung des Verbundmaterials ist sowohl in der Deponie als auch in der Müllverbrennungsanlage problematisch. Sie sollten aus diesen Gründen möglichst nicht verwendet werden.

Methanol M. (Methylalkohol, Holzgeist) gehört zur Gruppe der Alkohole und ist eine klare, farblose, angenehm riechende, leicht entzündliche Flüssigkeit. M. ist ein wichtiges chemisches Grundprodukt. Im Unterschied zu dem chemisch eng verwandten →Ethanol ist M. ein starkes Gift. Es wird im menschlichen Körper über Formaldehyd zu Ameisensäure oxidiert. Durch den gebildeten Formaldehyd wird Eiweiß gefällt, und Oxidationsvorgänge im Körper werden blockiert. Da die Netzhaut der Augen einen hohen Sauerstoffbedarf hat, kommt es zu Sehstörungen, die zur völligen Erblindung führen können. Wiederholtes berufliches Einatmen von M.-Dämpfen führt zu Schleimhautreizungen, Benommenheit, Schwindel, Kopfschmerzen, Krämpfen, Verdauungs- und Blasenstörungen. Zur relativen Toxizität von M. →NIK-Werte: Je niedriger der NIK-Wert, umso höher ist die Toxizität des jeweiligen Stoffes. Der →MAK-Wert beträgt 260 mg/m³.

2-Methoxyethanol 2-M. zählt zur Gruppe der →Glykolverbindungen. 2-M. ist reproduktionstoxisch (R_E, R_F); MAK-Wert: 5 ml/m³ = 16 mg/m³. Zur relativen Toxizität der 2-M. →NIK-Werte: Je niedriger der NIK-Wert, umso höher ist die Toxizität des jeweiligen Stoffes. 2-M. kann bei bestimmten →Silikon-Dichtstoffen freigesetzt werden.

Methylalkohol →Methanol

Methylbenzoat M. wird als Verdampferflüssigkeit in Wärmemengenzählern (Verdunstungsheizkostenzähler) zur Heizkostenberechnung eingesetzt. Bei der Messflüssigkeit handelt es sich um M. mit einem Wasseranteil von 0,01 – 0,03 % und max. 50 ppm Benzoesäure. M. ist ein aromatischer Ester, der sowohl in der Natur vorkommt (u.a. im Tuberoseöl, Ylang-Ylangöl, Nelkenöl), als auch synthetisch hergestellt wird. Jährlich werden über 10.000 Tonnen M. verarbeitet. Es wird für Parfüm, Seifen und Geschmackskompositionen (in den USA z.B. zur Imitation von Erdbeeraroma) eingesetzt. Als naturidentischer Aromastoff ist sein Einsatz in Lebensmitteln zugelassen.
Die Verdampferampullen enthalten ca. 2 g M., das im Verlauf eines Jahres zu etwa $^1/_3$ verdunstet. Eine gesundheitliche Gefährdung der Raumnutzer durch verdampfendes M. gilt als sehr unwahrscheinlich. Beim Bruch des Röhrchens werden allerdings höhere M.-Konzentrationen freigesetzt. In solchen Fällen können Reizungen der Augen, Nase und oberen Atemwege auftreten. Bei Berührungen mit der Haut oder den Augen sollten die betroffenen Stellen gründlich mit Wasser abgewaschen werden.

Methylcellulose M. ist ein Celluloseether, der durch Umsetzung von →Cellulose mit Methylierungsmitteln wie Dimethylsulfat, Chlormethan oder Iodmethan in Gegenwart alkalisch reagierender Substanzen hergestellt wird. Celluloseether werden als Verdickungsmittel (Lebensmittel-Zusatzstoff E461), Binde- und Klebemittel (→Tapetenkleister) und darüber hinaus für viele andere Anwendungen eingesetzt. Die verwendeten Methylierungsmittel sind durchweg stark giftige Substanzen.

Methylenchlorid →Dichlormethan

Methylethylketon Abk. MEK. →Ketone

2-Methyl-4-isothiazolin-3-on (MI) Biozid mit bakterizider Wirkung aus der Gruppe der →Isothiazolinone.

MI 2-Methyl-4-isothiazolin-3-on; Synonyme: 2-Methyl-2,3-dihydroisothiazol-3-on, 2-Methyl-3-isothiazolon, 2-Methyl-4-isothiazolin-3(2H)-on. →Pyrethroide

MIBK 4-Methyl-2-pentanon (Methylisobutylketon). →T4MDD

Mikroorganismus Zelluläre oder nichtzelluläre mikrobiologische Einheit, die befähigt ist, sich zu vermehren oder genetisches Material zu übertragen, oder eine Einheit, die diese Eigenschaft verloren hat (DIN EN 13098). Zu den M. zählen z.B. Viren, Bakterien und →Schimmelpilze.

Mineraldämmplatten →Mineralschaumplatten

Mineralfarben M. sind Wandfarben mit mineralischem Bindemittel, dazu gehören die →Silikatfarbe und die →Kalkfarbe sowie deren Modifikationen →Dispersionssilikatfarbe und →Dispersionskalkfarbe.

Mineralfasern Sammelbegriff für Fasern aus anorganischen Rohstoffen. Man unterscheidet natürliche Mineralfasern (z.B. →Asbest) und →Künstliche Mineralfasern (KMF, →Mineralwolle-Dämmstoffe).

Mineralische Holzschutzmittel M. gehören zu den Verfahren des Holzschutzes durch Holzmodifikation und wirken durch oberflächige Verkieselung von Holzbauteilen. Sie enthalten keine Insekten- oder Pilzgifte und sind daher weit gesundheitsverträglicher als andere →Holzschutzmittel. Ihre Wirkung beruht auf der Unkenntlichmachung des Holzes für Schädlinge. Lebende Larven werden im Eindringbereich des Holzschutzmittels „verkieselt" und am Schlüpfen mit nachfolgender Eiablage behindert. M. können vorbeugend gegen Pilz- und Insektenbefall, wachstumshemmend bei Bläue-Pilz und bekämpfend bei Holzwurmbefall eingesetzt werden. Vorhandener Pilzbefall (Mycel und Hyphen) wird durch die hohe Alkalität des Produktes vernichtet, Reste werden verkieselt und deren Zellstruktur damit mechanisch zerstört. Durch den Versteinerungsprozess bei der wasserglasbedingten Verkieselung können weiche Holzqualitäten erheblich verbessert und schon zerbröselndes Altholz wieder in schnittfeste Holzstruktur zurückgeführt werden. Die versteinerte Holzoberfläche hat eine erheblich bessere Brandschutzqualität, ihre Entflammbarkeit ist deutlich herabgesetzt. Der Anwendungsbereich ist auf den überdachten Außenbereich und Hölzer in Feuchträumen beschränkt, da der Verkieselungsprozess über Jahre dauert und die Wasserlöslichkeit so lange bestehen bleibt. Zu beachten ist auch, dass das Verfahren durch die eingebrachten Modifizierungsstoffe wie →Wasserglas zu einer Gewichtszunahme von 20 – 50 % führt. Die hohe Alkalität kann Farbbeschichtungen anätzen oder Harzbestandteile lösen und zu Holzverfärbungen führen (vorher auf geeigneter Musterfläche testen). Von manchen Herstellern werden M. auch als Absperrmittel gegen Schadstoffemissionen wie PCP, Lindan und DDT angepriesen. Nach Möglichkeit sollten stark schadstoffbelastete Hölzer aber ersetzt werden. Der Auftrag erfolgt durch Streichen, Spritzen, Tauchen bzw. Trogtränkung bei Umgebungs- und Oberflächentemperatur über 15 °C. Beispielrezeptur: Aluminiumoxid, Calciumoxid, Fruchtsäure, Kaliumpalmitat, Kieselerde, Kieselsäure, lasierende Pflanzenfarbstoffe, Magnesiumoxid, Soda, Kochsalz, Pflanzenfette, Pflanzenöle, Wasser, Lebensmittel-Konservierungsstoffe.

Mineralische Rohstoffe M. finden im Bauwesen in Form von →Beton, →Ziegel, Kiesschüttungen etc. vielseitig Anwendung. Bei M. handelt es sich entweder um Findlinge (z.B. Quarzsand) oder um Natursteine, die im Steinbruch durch Sprengen gewonnen werden. Der Abbau erfolgt entweder im →Tagebau oder →Untertage, im Trockenbau oder →Nassabbau.
Die direkten Umweltwirkungen beim Abbau der M. beschränken sich in der Regel auf lokale Beeinträchtigungen: Lärm- und Staubemissionen und Belastung der Anrainer durch LKW-Transporte. Der Energieeinsatz ist gering, energieaufwändiger sind allenfalls die Aufbereitungsschritte, wie z.B. Mahlen, Brennen, Polieren oder Schleifen. Im Vordergrund bei der ökologischen Beurteilung von M. stehen daher

Fragen der Verfügbarkeit und des Naturschutzes. Der Eingriff in den Naturhaushalt soll so gering wie möglich gehalten werden. Dies bedeutet einen sparsamen Verbrauch von Flächen und eine möglichst vollständige Ausbeute der Rohstoffvorkommen, soweit nicht öffentliche Belange, wie jene der Wasserwirtschaft, der Land- und Forstwirtschaft, des Naturschutzes und der Landschaftspflege, dem entgegenstehen. Nassabbau sollte grundsätzlich nur im Ausnahmefall erfolgen.

Das internationale Qualitätszeichen für zukunftsfähige Bauprodukte →natureplus setzt folgende Kriterien zur Beurteilung von M. an (gekürzt):

- Werden nicht erneuerbare Ressourcen verwendet, dann müssen die in bekannten Lagern vorrätigen, mit wirtschaftlich vertretbarem Aufwand gewinnbaren Ressourcen den 100fachen Jahres-Ressourcenbedarf decken können.
- Bei der Verwendung von M. sollen vorrangig vorhandene oder erschließbare →Sekundärrohstoffe (z.B. Rückbaustoffe, aufbereitetes Abbruchmaterial, REA-Gipse u.Ä.) eingesetzt werden.
- Beim Abbau von natürlichen mineralischen Rohstoffen müssen die gesetzlichen Bestimmungen zum Umwelt- und Naturschutz eingehalten werden.
- Durch den Abbau natürlicher mineralischer Rohstoffe (Primärrohstoffe) dürfen die Schutzziele von gesetzlich national oder international geschützten oder schützenswerten Gebieten nicht beeinträchtigt werden.
- Renaturierung: Der Hersteller erbringt den Nachweis von Vorkehrungen zum Schutz der Natur, des Grundwassers, der Oberfläche und zur Sicherung der Oberflächennutzung nach Beendigung der Abbautätigkeit. Die Renaturierung der Abbauflächen muss analog den Regelungen der europäischen Flora-Fauna-Habitat-Richtlinie, der Vogelschutz- und Wasserrahmen-Richtlinie (RL 92/43/EWG vom 21.5.1992; RL 79/409/EWG vom 2.4.1979; RL 2000/60/EG vom 23.10.2000) erfolgen. Es gilt insbesondere das Verschlechterungsverbot und die Verpflichtung zur Aufstellung eines Pflege- und Entwicklungsplanes.

In einer gemeinsamen Erklärung zur Rohstoffnutzung in Deutschland von dem Naturschutzbund Deutschland e.V. (NABU), dem Bundesverband Baustoffe – Steine und Erden e.V. (BBS), der Industriegewerkschaft Bergbau, Chemie, Energie (IG BCE) und der Industriegewerkschaft Bauen-Agrar-Umwelt (IG BAU) im September 2004 wird unter anderem festgehalten:

- Rohstoffvorkommen sind standortgebunden und lassen sich naturgemäß nicht verlagern. Unbestritten ist jedoch die Tatsache, dass bei endlichen Ressourcen, wie den mineralischen Rohstoffvorkommen, der Vorrat im Laufe der Zeit auf jeden Fall kleiner wird. →Nachhaltigkeit kann hierbei nur bedeuten, so schnell wie möglich alternative Lösungen zu erforschen und umzusetzen und die begrenzten Vorräte so schonend wie möglich zu nutzen. Der Rohstoffabbau muss daher auf eine möglichst langfristige Nutzung ausgerichtet werden. Die Standortgebundenheit der Mineralgewinnung und die Endlichkeit der Rohstoffe sollten von allen Beteiligten bei eventuellen Nutzungskonflikten besonders berücksichtigt und beachtet werden.
- Eingriffe in die Natur durch Rohstoffabbau müssen nicht zwangsläufig zum Schaden für die Artenvielfalt sein. Oftmals ist es sogar der Fall, dass insbesondere Arten, die auf unbewachsene oder nur spärlich bewachsene Flächen oder auf Wasserflächen angewiesen sind, heute gerade auf Rohstoffabbauflächen vorkommen.
- Der Abbau von Rohstoffen greift nachhaltig in den Landschaftshaushalt ein und verändert diesen. Viele Eingriffe des Rohstoffabbaus in Wasserhaushalt, Boden, Vegetation und Tierwelt können zwar nicht kurzfristig, aber insbesondere beim Trockenabbau mittel- oder langfristig wieder ausgeglichen werden. Beim →Nassabbau können Eingriffe in manche Schutzgüter teilweise nicht wie-

der rückgängig gemacht werden. Andererseits können gerade auch durch offene Wasserflächen hochwertige Biotope entstehen.

- Viele stillgelegte Abbaustätten weisen einen hohen Naturschutzwert auf. Ganz entscheidend für den Naturschutzwert ist vor allem die Art der Folgenutzung. Die Bedeutung mancher Baggerseen ist für den Arten- und Biotopschutz aufgrund einer intensiven Freizeitnutzung als gering einzustufen. Gleiches gilt für ehemalige Trockenabbauflächen. Andererseits können auch durch die Initiative der Betreiber höherwertigere Folgenutzungen im Sinne des Naturschutzes geschaffen werden. Zugleich gilt es zu bedenken, dass der Abbau selbst stets einen zeitlich begrenzten Eingriff in Natur und Landschaft darstellt.
- Der →Renaturierung ist aus Sicht des Naturschutzes Vorrang einzuräumen. Im Falle einer land- oder forstwirtschaftlichen →Rekultivierung sind besonders naturverträgliche Folgenutzungen anzustreben. Bei landwirtschaftlichen Rekultivierungen ist darauf zu achten, dass das Ertragspotenzial der Böden möglichst wieder hergestellt wird. Gleichzeitig sollte durch geeignete standortbezogene Maßnahmen (z.B. Hecken, Lesesteinhaufen, Streuobstwiesen) die Vielfalt der Landschaft wiederhergestellt oder verbessert werden.

NABU, BBS, IG BCE und IG BAU sind sich darüber einig, dass eine dezentrale Versorgung der Industrie mit Rohstoffen Transportwege und damit Umweltbelastungen minimiert. M. sind deshalb vor allem regional zu gewinnen und zu verarbeiten. Landestypische Naturwerksteine sind gegenüber weltweiten Importen zu bevorzugen und zu fördern. Weite Transportwege sind zu vermeiden und der Transport umweltschonend abzuwickeln. Dies bedeutet, dass eine ausreichende Eigenversorgung auf möglichst kurzem Wege gesichert werden muss.

Mineralischer Staub Das Einatmen von M. kann schwere Gesundheitsschäden verursachen (→Asbest, →Künstliche Mineralfasern, →Quarz). →Holzstaub

Mineralschaumplatten M. sind dampfgehärtete Dämmplatten aus Quarzsand, Kalk, Zement, Wasser und einem porenbildenden Zusatzstoff. Das Herstellungsverfahren erfolgt analog jenem für →Porenbeton oder Kalksandstein. Aus den Komponenten wird eine leichte, ultraporöse Schaummasse hergestellt, die eine Konsistenz ähnlich wie Eierlikör hat. Der Schaumkuchen wird in Formen gereift, mit Drähten in einzelne Platten zerteilt und anschließend im Autoklaven „gebacken". Nach dem Schneiden und Beschichten werden die Platten bei 50 – 60 °C auf 5 % Feuchte getrocknet. Zur Reduktion der Feuchtigkeitsaufnahme wird das Material über den gesamten Querschnitt hydrophobiert. Rohdichte: ca. 120 kg/m³, Wärmeleitfähigkeitsgruppe WLG045. Die Platten sind wasserdampfdurchlässig und nichtbrennbar. M. finden im →Wärmedämmverbundsystem als umweltfreundliche Alternative zu →EPS-Dämmplatten Verwendung. Außerdem gibt es Produkte für die unterseitige Deckendämmung in Keller und Tiefgarage, bei Massiv-Steildächern sowie bei vorgehängten, hinterlüfteten Fassaden. Ein besonderes Einsatzgebiet ist der Einsatz von faserdotierten M. als Innendämmung für Sanierungen (→Calciumsilikatplatten).

M. weisen sehr gute Ökobilanzergebnisse auf. Sie bestehen zu fast 100 % aus mineralischen Rohstoffen und sind daher aus ökologischer Sicht besonders für die Dämmung von mineralischen Tragkonstruktionen geeignet, da die Recyclingfähigkeit und Deponierbarkeit dabei nicht durch Vermischen von organischen und anorganischen Materialien beeinträchtigt wird. Die Produkte enthalten keine Fasern und bei der Verarbeitung treten keine Reizerscheinungen auf. Die Platten sind dampfdiffusionsoffen, sodass aus dem Innenraum ausdampfendes Wasser nach außen abgegeben werden kann und nicht in der Wand kondensiert.

Mineralwolle-Dämmstoffe M. sind →Wärmedämmstoffe aus →Künstlichen Mineralfasern. Die Herstellung von M. erfolgt durch Schmelzen mineralischer Rohstoffe und anschließendes Zentrifugieren oder Zerblasen der Schmelze (Schleuderverfahren, Blasverfahren bzw. Düsenziehverfahren). Rohstoffe sind Glasrohstoffe und Altglas (→Glaswolle) oder Gestein wie →Diabas mit geringen Mengen an Zuschlagstoffen wie Kalk und Dolomit (→Steinwolle). →Schlackenwolle, die aus Schlacken der Stahl- und Buntmetallindustrie hergestellt wurde, kommt heute im Hochbau praktisch nicht mehr zum Einsatz. M. enthalten bis zu 7 % formaldehydhaltiges Kunstharz-Bindemittel auf Phenol-→Formaldehyd-Basis, bis zu ca. 1 % aliphatische Mineralöle zur Staubminderung und ggf. bis zu 0,2 % Polysiloxanole als wasserabweisende Mittel (Hydrophobierung). Die im Handel angebotenen Dämmfilze werden häufig auf dünne papierverstärkte Aluminiumfolien kaschiert. Oder es werden dünne Glasfaservliese (→Textile Glasfasern) als Verstärkungsschicht auf die Dämmplatten aufgeklebt.

M. haben eine große Bedeutung im Wärme-, Kälte-, Schall- und Brandschutz. Ihr Einsatz erfolgt in Form von Platten, Matten und Filzen. Mit Ausnahme für die Perimeter- und Umkehrdachdämmung gibt es passende M.-Typen für praktisch jeden Anwendungsbereich in der Gebäudedämmung, Rohr- und Behälterisolierung sowie Isolierung von Heizungs- und Klimakanälen. Rohdichte: 15 – 150 kg/m^3, →Wärmeleitfähigkeit: ca. 0,04 W/(mK), →Baustoffklasse A1 oder A2.

Wegen der hohen erforderlichen Temperaturen ist ein hoher Energiebedarf für die Schmelze notwendig. Durch den Einsatz von Altglas für die Herstellung von Glaswolle kann der Energieverbrauch deutlich gesenkt werden. Der hohe Energiebedarf wirkt sich vor allem negativ auf die →Ökobilanz von sehr schweren M.-Qualitäten, wie sie im →Wärmedämmverbundsystem eingesetzt werden, aus. Leichte M. wie z.B. Klemmfilze zeigen gute Ökobilanzergebnisse.

Seit die →MAK-Kommission 1980 →Künstliche Mineralfasern (KMF) als krebsverdächtig eingestuft hat, wird die krebserzeugende Wirkung von KMF kontrovers diskutiert. Etwa 30 – 50 % der in den handelsüblichen M. enthaltenen KMF sind lungengängig. Wegen ihrer Lungengängigkeit und Biopersistenz (→Biopersistente Fasern) sind die KMF der „alten" M. beim Menschen als krebserzeugend (K2; KI ≤ 30) oder krebsverdächtig (K3; KI > 30 und < 40) eingestuft. „Alte" M. sind insbesondere solche, die vor 1996 hergestellt worden sind. Zwischen 1996 und dem Verwendungsverbot am 1.6.2000 wurden sowohl „alte" wie auch „neue" Produkte hergestellt und verwendet. Seit 1.6.2000 ist das Herstellen, Inverkehrbringen und Verwenden von M., die nicht die Freizeichnungskriterien des Anhangs IV Nr. 22 Abs. 2 der GefStoffV erfüllen, verboten. Die Freizeichnung kann alternativ erfolgen durch einen Kanzerogenitätsversuch (Tierversuch), durch die Bestimmung der in-vivo-Biobeständigkeit (Tierversuch) oder durch die Bestimmung des →Kanzerogenitätsindexes (KI, chemische Analyse). Entscheidet sich der Hersteller für den KI als Freizeichnungskriterium, so muss dieser mindestens einen Wert von 40 aufweisen. „Neue" M., die nach deutschem Gefahrstoffrecht frei von Krebsverdacht sind, tragen das RAL-Gütezeichen 388. Allerdings sind die Erkenntnisse zur kanzerogenen Wirksamkeit von KMF bis heute lückenhaft. Von der →MAK-Kommission der DFG werden aus Vorsorgegründen immer noch *alle* lungengängigen Glas- und Steinwollfasern als krebsverdächtig eingestuft (MAK-Liste 2005). Gemeinsam ist den „neuen" und den „alten" Produkten, dass es durch gröbere Fasern und Faserbruchstücke zu Reizungen der Haut und der Schleimhäute kommen kann. Exposition mit Mineralfaser bei der Verarbeitung sollte jedenfalls durch vorschriftsmäßigen Umgang und persönliche Schutzausrüstung vermieden werden.

Die Einstufung als K2 oder K3 der „alten" M. beinhaltet keine Sanierungsverpflichtung. Ordnungsgemäß ausgeführte Wärmedämmungen führen im Allgemeinen nicht zu erhöhten KMF-Konzentrationen in der Innenraumluft. Erhöhte bis deutlich erhöhte Faserkonzentrationen werden festgestellt, wenn Mineralfaser-Erzeugnisse so eingebaut sind, dass sie in direktem Luftaustausch mit dem Innenraum stehen (z.B. Akustikdecken ohne funktionsfähigen Rieselschutz) oder bei bautechnischen Mängeln bzw. Konstruktionen, die nicht dem Stand der Technik entsprechen. Bei Instandhaltungsarbeiten oder beim Ausbau von Mineralwolle ist stets mit einer Faserfreisetzung zu rechnen. Grenzwerte für KMF-Konzentrationen in Innenräumen wurden bisher nicht festgelegt. Erfahrungsgemäß sind Konzentrationen biopersistenter Produkt-KMF > 500 F/m^3 als erhöht, solche über 1.000 F/m^3 als deutlich erhöht anzusehen. Vor dem Abbruch eines Gebäudes müssen als krebsverdächtig/krebserzeugend eingestufte M. sachgerecht ausgebaut und als gefährliche Abfälle entsorgt werden.

Aus dem Bindemittel wird →Formaldehyd abgespalten. Bei großflächiger Verlegung von M. mit höherem Bindemittelanteil kann es zu Formaldehyd-Emissionen kommen, die i.d.R. aber nach kurzer Zeit abklingen. →Wärmedämmstoffe

M

Minimierungsverpflichtung Die M. des Gefahrstoffrechtes besagt, dass beim Umgang mit Gefahrstoffen bzw. gefahrstoffhaltigen Materialien die Freisetzung der Gefahrstoffe durch geeignete Arbeitsverfahren und technische Maßnahmen so weit wie möglich zu minimieren ist. In der Rangfolge der Schutzmaßnahmen haben technische Maßnahmen Vorrang vor dem alleinigen Einsatz persönlicher Schutzausrüstung.

Mittelbettverfahren Das M. ist eine Mischung aus →Dünnbettverfahren und →Dickbettverfahren. Es wird hauptsächlich bei der frostfesten Verlegung von Fliesen auf Freiflächen eingesetzt. Dabei wird wie bei der Dünnbettmethode →Klebemörtel auf den Boden aufgetragen und zusätzlich eine etwa zentimeterdicke Klebemörtelschicht auf die Rückseite der Fliese gegeben. Dadurch wird eine vollflächige Haftung der Fliesen am Boden erzielt, Hohlräume, in denen sich Wasser sammeln könnte, werden ausgeschlossen. Beim M. kommen spezielle Klebemörtel und ein Auftragwerkzeug gröberer Zahnung zum Einsatz.

MMA Abk. für Methylmethacrylat.

MMMF Abk. für man made mineral fibres = →Künstliche Mineralfasern. →Mineralwolle-Dämmstoffe

Modernisierung Bauliche Maßnahme zur Erhöhung des Gebrauchswertes eines Objektes.

Möbel M. können Schadstoffe in die →Innenraumluft emittieren (s. auch Tabelle 77), insbesondere:

- →Formaldehyd und sonstige →Aldehyde aus →Holzwerkstoffen
- →Lösemittel und lösemittelähnliche Stoffe sowie →Fotoinitiatoren und deren Spaltprodukte aus der Oberflächenbeschichtung (→Möbellacke, UV-Beschichtungen)
- →Terpene als natürliche Holzinhaltsstoffe oder als Bestandteile von Beschichtungen
- →Flammschutzmittel aus Schäumen (Polstermöbel, Matratzen)

Untersuchungen der →BAM (Matratze: Objektbereich Deutschland; Polsterschaum: England; Polstersessel: England) haben ergeben, dass alle verwendeten Polyurethan-Weichschäume mit →TCPP behandelt waren (Matratze: 3 – 7 % TCPP, Polsterschaum: 5 – 10 % TCPP). Bei Emissionsmessungen ergaben sich flächenspezifische →Emissionsraten von 75 $\mu g/m^2h^{-1}$ (Polsterschaum), 36 $\mu g/m^2h^{-1}$ (Polsterhocker, mit Polsterstoff überzogen) und 12 $\mu g/m^2h^{-1}$ (Matratze). Die um den Faktor 2 verminderte Emissionsrate von TCPP aus dem Polstersessel gegenüber dem Schaum wird damit erklärt, dass ein Polsterstoff den Schaum umhüllt (UBA-Texte 55/2003).

Das →Tropenholz von Garten-M. stammt häufig aus illegal eingeschlagenem Holz.

Tabelle 77: Gesamt-VOC-Konzentration[1] untersuchter beschichteter Materialgruppen (Möbel) nach einem Tag (C1), 14 Tagen (C14) und 28 Tagen (C28; UBA-Texte 74/99)

Material	**Konzentration**			**Verhältnis**	
	C1	C14	C28	C28/C14	C28/C1
Folienbeschichtete Bauteile/Schrank (MW)	234	131	106	81	45
UV-Lacke auf verschiedenen Trägermaterialien (MW)	372	91	56	62	15
PU-Lack auf Massivholz (Erle)	9.472	1.125	447	40	5
Kommode, PU, UV-Lack	1.626	998	654	66	40
Rohspanplatte	1.049	351	156	44	15
Massivholz mit Naturlasur	–	963	452	47	–
Massivholz Kiefer (je 50 % Kern/Splint)	–	694	679	98	–
ESH-Lack auf MDF	1	1	1	100	100
Hartwachs auf Massivholz	431	270	180	67	42
NC-Lack auf Spanplatte furniert (Eiche)	770	346	246	71	32

MW = Mittelwert, – = Kein Messwert,

[1] Gesamt-VOC-Konzentration = Summe aller emittierten Stoffe (auch SVOC)
Der Begriff Gesamt-VOC-Konzentration wurde von den Autoren gewählt, da die Verwendung des Begriffes TVOC an eine Reihe von Voraussetzungen geknüpft ist, die bei der Zielsetzung des Projektes nicht gegeben waren.

Besonders bedenklich sind M. aus indonesischen Tropenwaldhölzern. Dort erfolgen ca. 73 % der Holzeinschläge illegal. Garten-M. aus nachhaltig gewonnenem →Tropenholz sind an dem Zertifikat des →FSC zu erkennen.

Möbellacke Aus optischen Gründen und zur Erhöhung der Gebrauchstauglichkeit werden Möbelwerkstoffe (Holzwerkstoffe, Massivholz) i.d.R. mit Beschichtungen versehen. Im Bereich der M. kommt eine Vielzahl unterschiedlicher Lacksysteme und Applikationstechniken zur Anwendung. In den letzten Jahren hat sich der Trend hin zu →Polyurethan-Lacken und →UV-härtenden Lacken verstärkt, wobei der Einsatz von →Nitrocelluloselacken und →Säurehärtenden Lacken zurückging.

Tabelle 78: Marktanteile der bei der Möbellackierung eingesetzten Lacktypen (Quelle: Intemann et al., 1996, UBA-Forschungsbericht 101-02-172)

Lacktyp	**Marktanteil 1987 [%]**	**Marktanteil 1995 [%]**
Nitrocelluloselack	53	30 – 35
Polyurethan-Lack	20	30 – 35
Polyesterlack	8	5 – 10
UV-härtender Acryllack	6	10 – 15
Säurehärtender Lack	5	< 1

Wasserbasierte Lacksysteme sind in der Tabelle nicht gesondert aufgeführt, weil sie Varianten der genannten Lacksysteme sind.

Möbelsprays M. können →Perfluorierte organische Verbindung enthalten.

Mörtel M. werden für die Herstellung von Mauerwerk, →Putz, →Estrich, Klebstoff (→Klebemörtel) oder als Fugenmaterial verwendet. Sie bestehen aus anorganischem Bindemittel (→Anhydrit, →Gips, →Kalk, →Zement), Zuschlägen, Anmachwasser sowie evtl. Zusatzmitteln. Beim Umgang mit zementbasierenden M. müssen aufgrund der Alkalität und der mechanischen Reibwirkung Schutzmaßnahmen getroffen werden (feuchtigkeitsdichte Handschuhe, Hautschutzmaßnahmen). Da die Reduktionsmittel zur Herabsetzung des Chromatgehalts im Zement begrenzte Wirkungsdauer haben, ist das Verfalldatum zu beachten (→Zementekzeme). Bei M. mit höheren Kunststoffzusätzen sind Emissionen möglich. →Putzmörtel, →Leichtmörtel, →Normalmörtel, →Anhydridmörtel, →Gipsmörtel, →Gipskalkmörtel, →Kalkzementmörtel, →Trasskalkmörtel, →Zementmörtel

Monomere Die Moleküle der →Polymere sind aus einer Vielzahl kleiner Moleküle, den M., zusammengesetzt. →Restmonomere

M

Montageschäume M. sind →Polyurethan-Schäume zum Einschäumen von Fensterrahmen, Türzargen sowie zum Füllen von Hohlräumen wie z.B. Rollädenkästen und Abdichten von Fugen. Der Großteil der verwendeten M. ist einkomponentig. Sie enthalten in den meisten Fällen Diphenylmethandiisocyanat (→MDI) und Polyetherpolyole als Reaktivkomponenten. Die Verarbeitung erfolgt entweder mit einer einfachen Aerosoldose oder mit einer auf die Dose aufgesetzten Montagepistole. Die Pistolenschäume erlauben ein genaueres Arbeiten. Das Austreiben von einkomponentigem Schaum aus der Dose erfordert ein Treibmittel, das zum größten Teil während der Applikation emittiert. Nur ein geringer Teil verbleibt für maximal ein Jahr im Schaum. Zweikomponentige Schäume benötigen kein extra Treibmittel, sondern werden durch die Mischung der beiden Komponenten und die dadurch hervorgerufene chemische Reaktion ausgetrieben. Sie kommen aber nur in Frage, wenn der gesamte Doseninhalt bei einer Anwendung zügig verbraucht werden kann. Bereits nach wenigen Minuten erfolgt sonst die Aushärtung des Schaums in der Dose.

Als Treibmittel für M. werden Gemische aus leicht entzündlichen Kohlenwasserstoffen (Propan, Butan, Dimethylether) und nicht oder schwer brennbaren HFKW (134a oder 152a; →FKW/HFKW) eingesetzt. Die HFKW-Emissionen aus M. betrugen im Jahr 2002 etwa 730 t. Der Anteil an den HFKW-Gesamtemissionen lag bei etwa 12 %. Ab 1993 wurde der Anteil an leichtentzündlichen Treibmitteln pro 750-ml-Dose mittels einer freiwilligen Vereinbarung mittel- und westeuropäischer Abfüller auf 50 g beschränkt. Im Jahr 2002 wurde dies zu einer 100-g-Regel erweitert. Insgesamt enthalten die Schaumdosen 16 bis 18 Gew.-% Treibmittel.

In Deutschland müssen M. die Anforderungen der Baustoffklasse B2 nach DIN 4102-1 erfüllen, d.h. im Baubereich eingesetzte Materialien dürfen nicht „leichtentflammbar", sondern müssen „normalentflammbar" sein.

Die Baustoffklasse B2 konnte von deutschen PUR-Schaumherstellern bisher trotz 20 – 25 Gew.-% →Flammschutzmitteln nur unter Einsatz von HFKW im Treibmittel realisiert werden. Als Flammschutzmittel werden über 10 % →Tris(chlorpropyl)phosphat (→TCCP, gesundheitsschädlich, Hinweise auf Mutagenität, Verdacht auf krebserzeugende Wirkung, →Organophosphate) oder polybromierte Diphenylether (→Polybromierte Flammschutzmittel) eingesetzt. Die HFKW-Menge pro 750-ml-Dose nahm von 100 g im Jahr 1996 auf derzeit durchschnittlich ca. 60 g ab. Diese Veränderung wurde vor allem durch eine Verlagerung vom HFKW-134a zum HFKW-152a bewirkt, dessen Dichte 25 % geringer ist als die von 134a. Wurde 1996 noch in allen in Deutschland hergestellten Dosen der HFKW-134a verwendet, beträgt der Anteil von HFKW-152a-haltigen Dosen heute bereits 50 %. Gleichzeitig gingen die durch Montageschaum verursachten Emissionen von ca. 1,5 Mio. t CO_2-Äquivalenten Mitte der 1990er-Jahre um ein Drittel zurück.

In Österreich ist der Einsatz von HFKW in M. ab 1.1.2006 verboten (→HFKW-freie Dämmstoffe). Auch in anderen Ländern werden HFKW-freie M. vertrieben. Wegen der dort herrschenden geringeren Anforderungen an das Brandverhalten wird der Schaum vielfach ausschließlich mit Kohlenwasserstoffen ausgetrieben. In Deutschland sind HFKW-freie M. seit 2003 auf dem Markt. Der Verzicht auf HFKW erfordert jedoch einen höheren Einsatz von Flammschutzmitteln, sodass deren Anteil auf bis zu 35 Gew.-% steigen könnte. Während mit den vermarkteten HFKW-freien M. der gesamte Markt des Heimhandwerkerbedarfs (Do-it-Yourself-Markt) bedient werden kann, ist eine Umstellung von Pistolenschäumen (professioneller Bereich) auf HFKW-freie Rezepturen in der nächsten Zeit nicht zu erwarten.

Die alternativen Treibmittel Propan und Butan sind HFKW zwar vorzuziehen, haben jedoch ein hohes Fotooxidantienbildungspotenzial und tragen so zum →Sommersmog bei.

Im Unterschied zu den →Polyurethan-Hartschaumplatten erfolgt bei der Verarbeitung von M. eine bedeutende Freisetzung von →Isocyanaten, die Atemwegserkrankungen hervorrufen können.

Von den etwa 20 Mio. im Jahr 2002 in Deutschland verkauften Dosen wurden 13 bis 14 Mio. importiert. Nach Gebrauch landen viele Leerdosen in der Restmülltonne, obwohl sie wieder verwertbar sind. Gebrauchte PU-Dosen enthalten immer geringe Restmengen von nicht ausgehärtetem Polyurethanschaum und Treibmittel und gelten somit als schadstoffhaltig. Sie gehören weder in die Mülltonne noch in den Baustellencontainer. Verbrauchte PUR-Schaumdosen können seit 1993 über die P.D.R. („Produkte Durch Recycling") in Thurnau dem Recycling zugeführt werden. Seit ihrer Gründung hat die P.D.R. ein flächendeckendes Sammel- und Rückholsystem aufgebaut. Die Rückholung erfolgt ohne zusätzliche Kosten, da diese bereits im Kaufpreis der Dosen enthalten sind.

Ein Hauptproblem beim Einsatz von M. liegt darin, dass sie aufgrund der einfachen Handhabung in jedes Loch und jede Fuge eingespritzt werden. Die Anwendung sollte dagegen nur, wenn sie wirklich notwendig erscheint, und unter Beachtung strenger Sicherheitsvorkehrungen erfolgen. Es steht eine Reihe von Alternativen zur Verfügung, u.a.:

- Mauermörtel zum Verfüllen von Löchern, wenn keine Wärmeschutzanforderungen gestellt werden
- Mechanische Befestigung von Zargen, Fenster etc. und Verfüllen der Hohlräume mit →Naturfaserbändern

Montmorillonit →Bentonit

Montrealer Protokoll Das M. über Stoffe, die zum Abbau der Ozonschicht führen, ist das wichtigste internationale Instrument zum Schutz der Ozonschicht. Es wurde im September 1987 von 25 Regierungen und der Kommission der Europäischen Gemeinschaft unterzeichnet. Mit dem Ratifikations-Gesetz vom November 1988 erlangten die dort formulierten Reduktionspflichten Rechtsverbindlichkeit in der Bundesrepublik Deutschland. Das M. war das Signal zum weltweiten Ausstieg aus der →FCKW-Produktion und -Verwendung. →Ozonabbau in der Stratosphäre

Morinol Handelsbezeichnung für eine bis Anfang der 1980er-Jahre in der DDR verwendete asbesthaltige Dichtungsmasse aus →Polyvinylacetat, Lösemitteln, Weichmacher und ca. 20 % →Asbest. Verwendung in Außenwänden an Fensterrahmen, Türen, Betonplatten.

Mosaikparkette M. werden aus Vollholzelementen mit einer Breite von 18 – 25 mm und eine Länge bis 180 mm gebildet. Die Elemente bestehen aus Massivholz-Lamellen, die auf Trägermaterial (Gitter, Papier) in verschiedenen Mustern (Würfel, →Schiffboden, Englischer Verband, Fischgrat u.a.) zusammengesetzt sind. M. werden vollflächig auf planebenem Untergrund verklebt. Die Renovierbarkeit ist gut (4- bis 5-mal abschleifbar). →Massivparkette, →Holzböden, →Parkettklebstoffe,

→Parkettversiegelungen, →Ölen und Wachsen

Mottenschutzmittel M. werden im textilen Bereich für Bezugsstoffe aus Wolle sowie für Wollteppiche und Wollteppichböden eingesetzt. Diese können von Motten und Kreatin verdauenden Käferlarven befallen werden. Die M. sollen bestimmte Verdauungsfermente der Motte unwirksam oder die Wolle für die Schädlinge ungenießbar machen.

Um sie langfristig vor solchen Fraßschäden zu schützen, werden sie mit permanent wirkenden, insektenabtötenden Wirkstoffen ausgerüstet. Wirkstoffe sind u.a. →Permethrin (→Pyrethroide), Triphenylmethane, Sulfonamid-Derivate (Mitin®), Dipehnyl-Harnstoff-Derivate und Phosphoniumsalze.

Als Wollschutzmittel wird heute fast ausnahmslos ein spezielles Pyrethroid verwendet, das →Permethrin. Weltweit ist Permethrin laut Schätzungen in rund 300 Mio. m^2 Wollteppichböden enthalten. In Deutschland werden jährlich 2,6 t Permethrin in wollhaltige Bodenbeläge eingearbeitet. Am häufigsten wird dafür das Permethrin-haltige Mittel Eulan SPA eingesetzt. Der zugehörige Prozess wird als Eulanisierung bezeichnet. Eine wirksame Ausrüstung gegen Motten bzw. Käfer beträgt zwischen 35 und 100 mg Permethrin pro kg Wolle. Eine Kennzeichnung behandelter Wollprodukte ist nicht vorgeschrieben. Allerdings machen bestimmte Wollsiegel, wie zum Beispiel „Woolmark", „Wools of New Zealand" oder auch das „Teppichsiegel" bei Wollteppichen eine Ausrüstung mit M. zur Bedingung. Wollsiegel-Teppichware ist daher in der Regel mit Pyrethroiden behandelt. Nach der Behandlung enthalten die Teppiche bis zu 100 mg/kg Permethrin. Permethrin kann während der Nutzungsphase des Teppichbodens über Abrieb freigesetzt werden und sich an Hausstaub binden.

MRK Früher verwendeter Begriff für „maximal duldbare Raumluftkonzentrationen". Der Begriff hat heute keine Bedeutung mehr.

MS-Klebstoffe M. (weitere Bezeichnungen: Hybrid-Elastik-Kleber, elastische Hybridklebstoffe) sind reaktive einkomponentige →Parkettklebstoffe, deren Klebwirkung auf MS-Polymer (Modifiziertem Silan) beruht. M. sind die neueste Entwicklung der Parkettklebstoffe, die auch für feuchtigkeitsempfindliche Hölzer und Formate geeignet sind, da die lösemittel- und wasserfreien M. keine Quellung des Holzes verursachen. Die Klebstoffe sind lösemittel- und isocyanatfrei und bestehen hauptsächlich aus mineralischen Füllstoffen und 1 – 5 % reaktivem Silan. Das Silan ist als entzündlich (R10) und als gesundheitsschädlich beim Arbeiten (R20) eingestuft. Beim Verarbeiten ist daher auf ausreichende Lüftung zu achten und es sind Schutzhandschuhe und Schutzbrille zu verwenden. Nach der Aushärtung sind gem. →EMICODE EC1 sehr emissionsarme Produkte geruchsneutral und gesundheitlich unbedenklich. Verbrauch: 1.000 – 1.200 g/m^2. Über die Herstellung und die chemische Charakterisierung des modifizierten Silans wird derzeit nichts bekannt gegeben.

M-Stoffe Mutagene (erbgutverändernde) Stoffe im Sinne des Gefahrstoffrechts (D, EU).

- M1-Stoffe:
  Stoffe, die auf den Menschen bekanntermaßen erbgutverändernd wirken. Es sind hinreichende Anhaltspunkte für einen Kausalzusammenhang zwischen der Exposition eines Menschen gegenüber dem Stoff und vererbbaren Schäden vorhanden.
- M2-Stoffe:
  Stoffe, die als erbgutverändernd für den Menschen angesehen werden sollten. Es bestehen hinreichende Anhaltspunkte zu der begründeten Annahme, dass die Exposition eines Menschen gegenüber dem Stoff zu vererbbaren Schäden führen kann. Diese Annahme beruht im Allgemeinen auf geeigneten Langzeittierversuche oder sonstigen relevanten Informationen.
- M3-Stoffe:
  Stoffe, die wegen möglicher erbgutverändernder Wirkung auf den Menschen

Anlass zur Besorgnis geben. Aus geeigneten Mutagenitätsversuchen liegen einige Anhaltspunkte vor, die jedoch nicht ausreichen, um den Stoff in Kategorie 2 einzustufen.

Verzeichnisse der Stoffe, die auf der Grundlage gesicherter, wissenschaftlicher Erkenntnisse als krebserzeugend, erbgutverändernd oder fortpflanzungsgefährdend eingestuft sind:

1. Gefahrstoffrecht:
   - Anhang I der RL67/548/EWG (gemäß § 5 der GefStoffV)
   - TRGS 905 (Verzeichnis krebserzeugender, erbgutverändernder oder fortpflanzungsgefährdender Stoffe). Die TRGS 905 führt Stoffe auf, für die der AGS eine von der RL 67/548/EWG abweichende Einstufung beschlossen hat. Für die in der TRGS 905 aufgeführten Stoffe wird eine EU-Legaleinstufung angestrebt.
   - TRGS 906 (Verzeichnis krebserzeugender Tätigkeiten oder Verfahren nach § 3 Abs. 2 Nr. 3 GefStoffV)
2. Empfehlungen:
   - MAK- und BAT-Werte-Liste der Senatskommission zur Prüfung gesundheitsschädlicher Arbeitsstoffe innerhalb der Deutschen Forschungsgemeinschaft DFG
   - WHO, IARC Monographs, Overall Evaluations of Carcinogenicity to Humans

MUF Melamin-Harnstoff-Formaldehyd-Harze. →Melaminharze

Multiple Chemical Sensitivity →MCS

Mulitplexplatten Furniersperrholzplatten mit mind. 5 Lagen, die kreuzweise gegeneinander verleimt sind, und Plattendicken über 12 mm werden auch als M. bezeichnet. →Sperrholz

MUPF Melamin-Harnstoff-Phenol-Formaldehyd-Harze. →Melaminharze

Musterbauordnung Die Landesbauordnungen (LBO) basieren auf der von den Ländern und vom Bund erarbeiteten Musterbauordnung (MBO), die gemäß Vereinbarung die Grundlage für die möglichst einheitlich zu gestaltenden LBO bildet. Die LBO enthalten ordnungsrechtliche Anforderungen an die Ausführung baulicher Anlagen. Traditionell dient das Bauordnungsrecht mit seinen Anforderungen an Standsicherheit und Brandschutz der Aufrechterhaltung der öffentlichen Sicherheit.

Während das →Bauproduktengesetz wie auch die →Bauproduktenrichtlinie das *Inverkehrbringen* der Bauprodukte regelt, wird die *Verwendung* in der MBO und den darauf basierenden LBO festgelegt. In Bezug auf Gesundheits- und Umweltanforderungen regelt die MBO basierend auf dem Prinzip der vorbeugenden Gefahrenabwehr in § 3, Abs. 1: „Anlagen sind so anzuordnen, zu errichten, zu ändern und instand zu halten, daß die öffentliche Sicherheit und Ordnung, insbesondere Leben, Gesundheit und die natürlichen Lebensgrundlagen, nicht gefährdet werden."

§ 3 Abs. 2: „Bauprodukte und Bauarten dürfen nur verwendet werden, wenn bei ihrer Verwendung die baulichen Anlagen bei ordnungsgemäßer Instandhaltung während einer dem Zweck entsprechenden angemessenen Zeitdauer die Anforderungen dieses Gesetzes oder aufgrund dieses Gesetzes erfüllen und gebrauchstauglich sind." In § 13 spezifiziert die MBO diese Anforderungen wie folgt: „Bauliche Anlagen müssen so angeordnet, beschaffen und gebrauchstauglich sein, dass durch Wasser, Feuchtigkeit, pflanzliche und tierische Schädlinge sowie andere chemische, physikalische oder biologische Einflüsse Gefahren oder unzumutbare Belästigungen nicht entstehen."

Musterraumsanierung Durch eine M. im Vorfeld einer umfangreichen Schadstoffsanierung eines Gebäudes kann die Planungssicherheit erhöht werden in Bezug auf:
- Erreichen des Zieles/Zielwertes
- Eignung und Wirksamkeit der angewandten Verfahren
- Ablauf und Zeitbedarf
- Kosten

M. haben eine große Bedeutung insbesondere bei PCB-belasteten Gebäuden. →PCB

Mutagen Erbgutschädigend. →KMR-Stoffe

MVOC Flüchtige organische Verbindungen (→VOC) können auch mikrobiell verursacht sein. Insbesondere Schimmelpilze können beim Wachstum MVOC (microbial volatile organic compounds) bilden. Die MVOC umfassen ein breites Spektrum unterschiedlicher chemischer Stoffklassen, z.B. Aldehyde, Alkanole, Alkenole, Ester, Ether, Carbonsäuren, Ketone, schwefelhaltige Verbindungen, Terpene, Terpenalkohole und Sesquiterpene. Der Geruchseindruck reicht von modrig-muffig über sauer, stechend, fruchtig bis hin zu erdig und faulig. Die besten Indikatoren für einen mikrobiellen Befall sind die MVOC 3-Methylfuran, Dimethyldisulfid, 1-Octen-3-ol, 3-Octanon und 3-Methyl-1-butanol. Weniger spezifische Indikatoren sind Hexanon, Heptanon, 1-Butanol und Isobutanol, da diese auch aus Bauprodukten oder Anstrichen ausgasen können. Die Messung der charakteristischen MVOC kann in bestimmten Fällen dem Aufdecken von mikrobiell bedingten Bauschäden dienen.

Mykotoxine →Schimmelpilze

Myzel Gesamtheit der →Hyphen von Pilzen. Das M. von →Schimmelpilzen ist meist mit bloßem Auge nicht sichtbar. Erst wenn es zur Bildung von Sporen kommt, werden die Schimmelpilze als z.T. gefärbte (z.B. grün, braun, schwarz) Beläge wahrgenommen.

N

Nachhaltige Bauprodukte N. sind Bauprodukte, deren →Lebenszyklus mit einer nachhaltigen Entwicklung verträglich ist. Kriterien für nachhaltige Bauprodukte werden z.B in den Vergaberichtlinien des internationalen Qualitätszeichens →natureplus definiert. →Nachhaltigkeit

Nachhaltigkeit Von den Vereinten Nationen wurde 1983 die Weltkommission für Umwelt und Entwicklung (UNCED) gegründet. Durch den Abschlussbericht „Our Common Future" (1987), der nach der norwegischen Vorsitzenden Gro Harlem Brundtland auch Brundtland-Report genannt wird, rückte erstmals der Begriff „sustainable development" in den Mittelpunkt. „Sustainable development" kann mit „nachhaltiger Entwicklung" übersetzt werden und beinhaltet die Forderung nach einer „Entwicklung, die den Bedürfnissen der heutigen Menschen entspricht, ohne die Möglichkeiten künftiger Generationen zur Befriedigung ihrer eigenen Bedürfnisse zu gefährden". An der UNCED-Konferenz 1992 in Rio de Janeiro wurde die →Agenda 21 verabschiedet, ein Programm für eine sozial, wirtschaftlich und ökologisch nachhaltige Entwicklung. N. wurde damit zum globalen Leitbild zukünftiger Entwicklung. Die Definition der N. lässt zahlreiche Interpretationen zu. Von nationalen und internationalen Organisationen sind daher zahlreiche Vorschläge für Kriterien und Indikatoren in unterschiedlicher Breite und Tiefe unterbreitet worden. Die Enquete-Kommission des deutschen Bundestages definierte in ihrem Abschlussbericht 1994 folgende vier Grundregeln für eine nachhaltige Entwicklung:

- Die Abbaurate →Erneuerbarer Ressourcen soll deren Regenerationsrate nicht überschreiten.
- Nicht erneuerbare Ressourcen sollen nur in dem Umfang genutzt werden, in dem ein gleichwertiger Ersatz an erneuerbaren Rohstoffen geschaffen werden kann.
- Stoffeinträge in die Umwelt sollen sich an der Belastbarkeit der Umweltmedien (Wasser, Luft, Erde, ...) orientieren.
- Das Zeitmaß anthropogener Einträge bzw. Eingriffe in die Umwelt soll das Reaktionsvermögen der Umwelt nicht überlasten.

→Nachhaltige Bauprodukte, →Kreislaufwirtschaft

Nachtstromspeicherheizungen →Elektrospeicherheizgeräte

Nachwachsende Rohstoffe Zu den N. zählen alle land- oder forstwirtschaftlich erzeugten Rohstoffe, die nach Aufbereitung einer technischen Anwendung zugeführt werden können. N. für die Energieumwandlung werden auch als →Biomasse bezeichnet. Nachwachsende Rohstoffe erneuern sich über kurze Zeit. Eine nachhaltige Nutzung von N. ist dann gegeben, wenn immer nur so viel der Umwelt entnommen wird, wie auch wieder nachwächst (→Nachhaltigkeit). Bei der Fotosynthese entziehen N. der Atmosphäre Kohlendioxid, die während der Nutzung als Baustoff auf lange Zeit gebunden bleibt. Die Verwendung N. trägt somit zur Verminderung des →Treibhauseffekts bei. Ökologische und sozioökonomische Vorteile der Nutzung von N. sind:

- Schonung endlicher Ressourcen (Erneuerung in überschaubaren Zeiträumen)
- Schließung von Stoffkreisläufen (→Kreislaufwirtschaft)
- Beitrag zum Klimaschutz (Bindung von Kohlendioxid)
- Geringerer Energiebedarf und Emissionen
- Verbesserung des produktintegrierten Umweltschutzes durch Ersatz umwelt- und gesundheitsbelastender Stoffe
- Beitrag zur Erhaltung der biologischen Vielfalt
- Beitrag zur Entwicklung einer nachhaltigen Wirtschaftsreform
- Chance für innovative Forschung und Entwicklung
- Stärkung der Wettbewerbsfähigkeit der Land- und Forstwirtschaft sowie der vor- und nachgelagerten Bereiche

Diesen Vorteilen stehen auch mögliche ökologische Grenzen gegenüber: Die landwirtschaftliche Produktion ist flächenintensiv, bei Überdüngung, insbesondere mit Nitraten und Phosphaten, können Gewässer belastet werden (→Eutrophierung), beim Anbau in Monokulturen besteht die Gefahr einer Reduktion der Artenvielfalt, durch Übernutzung (z.B. bei der Gewinnung von →Tropenhölzern) die Gefahr der unwiederbringlichen Zerstörung von Ökosystemen. Der konventionellen Land- und Forstwirtschaft steht der ökologische Landbau gegenüber. Im ökologischen Landbau werden keine Pestizide oder verbotene und umstrittene Tierarzneimittel und Futterzusatzstoffe benutzt, die Belastung der Gewässer ist meist geringer, die dauernde Bedeckung des Bodens verringert die Bodenerosion und die Düngung mit organischen Abfällen verringert den Energieverbrauch. Dies bedingt in der Regel jedoch geringere Erträge, höheren Arbeitsaufwand und damit geringere Wirtschaftlichkeit, die sich allerdings durch die Erzielung höherer Verkaufspreise relativieren kann. Für Produkte im Baubereich konnte sich der ökologische Landbau aufgrund der höheren Rohstoffpreise noch nicht durchsetzen. Die in Bauprodukten eingesetzten N. sind aber meist Abfall- bzw. Nebenprodukte der Land- und Forstwirtschaft (z.B. Schafwolle, Hanf, Flachs, Resthölzer), die so einer sinnvollen Nutzung zugeführt werden. Die Umweltbelastungen der Landwirtschaft können ihnen nicht oder nur anteilig angelastet werden. Angesichts der zu erwartenden zunehmenden Verknappung erdölbasierter Ressourcen werden N. – auch im Baubereich – eine immer wichtigere Rolle spielen. →Holz und →Holzwerkstoffe sind die am weitesten verbreiteten Bauprodukte aus N.

Außerdem werden N. z.B. für →Dämmstoffe, →Naturfarben, Textile Bodenbeläge (Naturfaserteppiche) oder Tapeten (→Naturfasertapeten) eingesetzt. N. finden auch als Zusatzstoffe, z.B. als Stärkekleber, Anwendung. Für umwelt- und gesundheitsverträgliche Bauprodukte mit einem Anteil von mindestens 85 % N. bzw. ausreichend vorhandenen mineralischen Rohstoffen wurde das europäische Qualitätszeichen →natureplus geschaffen.

Tabelle 79: Nachwachsende Rohstoffe und daraus hergestellte Bauprodukte (Quelle: Beckmann Akademie, 1998)

Rohstoffpflanzen	Bauprodukte
Faserpflanzen (z.B. Flachs, Hanf)	Dämmstoffe, Seile, Dichtungsmaterial, Formpressteile, Faserzementplatten, Pressspanplatten, Zuschlagstoff für Fließestrich, Trockenmörtel, Tapeten
Cellulosepflanzen (z.B. Holz, Holzabfälle, Miscanthus, Schilf)	Papier, Pappe, Zellstoff, Tapeten, Span- und Faserplatten, zement- bzw. gipsgebundene Leichtbauplatten, Schalungen, Holzbetonsteine, Lehmsteine, Lehmplatten, Dachpappen, Fußbodenunterkonstruktionen
Stärkepflanzen (z.B. Kartoffeln, Weizen, Mais)	Papier, Pappe, Verpackungen, Dämmstoffe, Gips-Kartonplatten, Mineralfaser-Platten, Bindemittel, Folien, Klebstoffe, Abbindeverzögerer für Beton
Ölpflanzen (z.B. Raps, Sonnenblumen, Öllein)	Schalöle, Biodiesel als Treibstoff für Baumaschinen, Farben, Lacke, Firnis, Lasuren, Linoleum
Zuckerpflanzen (z.B. Zuckerrüben, Zichorie)	Folie, Bindemittel, Trennmittel, Abbindeverzögerer für Beton, Farbstoffe, Klebstoffe, Leime
Färberpflanzen (z.B. Resede, Wau, Krapp)	Farben, Lacke, Desinfektionsmittel, Holzschutzmittel
Nebenprodukte (z.B. Hanf-/Flachsschäben)	Bauplatten, Füllstoffe, Verbundstoffe

Der derzeitige Anteil von N. an der organisch chemischen Produktion in Deutschland liegt mit schätzungsweise ca. 2 Mio. t bei mindestens 10 %. Die Entwicklung der Produktionskapazität für Kunststoffe aus N. zeigt, dass sich Biopolymere vom Nischendasein in Richtung Massenmarkt entwickeln. Die weltweite Produktionskapazität verfünffachte sich seit 1999 auf etwa 250.000 t im Jahr 2004. Das Substitutionspotenzial von Biopolymeren wird innerhalb der EU auf 15,4 Mio. t geschätzt und entspricht damit etwa 33 % der heutigen Kunststoffproduktion (Festel et al., 2005, Nachrichten aus der Chemie, 53). →FNR

Nadelvlies-Bodenbeläge N. (früherer Name: Nadelfilz-Bodenbeläge) sind sehr strapazierfähige →Textile Bodenbeläge aus Faservlies, das mechanisch durch Nadeln und zusätzlich durch z.B. Kunststoffdispersionen verfestigt ist.

In der Nadelmaschine werden die Fasernutzschicht und die Faserpolsterschicht mit Nadeln verdichtet. Danach wird das Nadelvlies chemisch und thermisch (mit Wärme) verfestigt. Die Anzahl der Walzendurchläufe bestimmt die Festigkeit des Materials. Bei Bahnenware ist eine versteifende Rückenbeschichtung z.B. aus PVC möglich. Bei Fliesenware kommen als Rückenbeschichtungen je nach Anforderung unterschiedliche Verfahren zur Anwendung: Beschichtungen mit →Bitumen, Beschichtungen aus ataktischem Polypropylen (aPP) sowie hochgefüllte Latex-Beschichtungen. Die Beschichtung erhöht das Fliesengewicht und erfordert keine besondere Verlegetechnik (Vorteil ist z.B. das schnelle Auswechseln nach Beschädigung). Die am häufigsten eingesetzten Materialien sind Polyamid und Polypropylen oder eine Kombination der beiden Kunstfasern. Als Antistatika werden Fettsäureamide und als antimikrobielle Zusatzausrüstung quarternäre Ammoniumverbindungen eingesetzt (→Teppichzusatzausrüstungen). Eine Ausrüstung mit Flammschutzmitteln findet i.d.R. nicht statt.

Man unterscheidet drei Arten von N.:

- Einschichtige Nadelvliese entstehen in einem Arbeitsgang aus einem Vlies und werden in einer Stärke von 6 – 7 mm hergestellt. Sie werden mit Farbe getränkt und sind daher durchgefärbt.
- Zweischichtige Nadelvliese entstehen durch die Verbindung einer hochwertigen Oberschicht und einer weniger anspruchsvollen Unterschicht.
- Zweischichtige Nadelvliese auf Trägermaterial entstehen durch die Verbindung einer hochwertigen Nadelfilzoberschicht mit einem Trägermaterial wie Jute.

N. sind rutschhemmend, fußwarm und trittschalldämmend. Elektrostatische Aufladungen sind möglich. Nadelvlies-Fliesen sind selbstklebend oder -liegend (SL-Fliesen). Nadelvlies ist preiswert, robust und im gewerblichen Bereich sehr populär. Häufiges Bürstsaugen führt zu einer Aufrauung der Oberfläche, was eine erhöhte Schmutzaufnahme und einen schnelleren Verschleiß zur Folge haben kann. Die Reinigung mit Teppichreinigungs-Pulvern ist für diesen Belag nicht geeignet, da aufgrund der Oberflächenstruktur das Pulver nicht vollständig abgesaugt werden kann. Auch das Garnpad-Verfahren ist aufgrund der hohen Mechanik nicht für N. geeignet. N. mit hohen Strapazierwerten weisen meist weniger gute Komfortwerte auf und umgekehrt.

N. gelten als nur schwach emittierend bzgl. der flüchtigen organischen Verbindungen (→VOC). Ausgasungen von →Formaldehyd und →Aromaten sind möglich. In manchen N. sind →Schwermetalle enthalten. N. sind ungeeignet für Hausstaub-Allergiker. Eine wirkungsvolle Reinigung solcher Teppichböden ist nur mit Spezialgeräten und Spezialreinigern möglich, die z.T. bedenkliche Inhaltsstoffe enthalten. Im Rahmen einer vom Umweltbundesamt veranlassten Studie wurden in 24 Objekten 134 Luftmessungen durchgeführt, um festzustellen, inwieweit von eingebauten →Mineralwolle-Dämmstoffen Fasern freigesetzt und vom Bodenbelag gebunden werden. Als „besonders auffällig" wurde das Ergebnis der Messung in einem Bürogebäude mit N. bezeichnet. Dort wurden im Vergleich zu den übrigen Messungen vergleichsweise hohe Faserkonzentrationen festgestellt. Offenbar bilden die ineinander verkrallten Kunststofffasern des N. eine Art Senke für Staubpartikel, die dann bei Beanspruchung in großem Umfang wieder freigesetzt werden können. →Bodenbeläge

Naphtha N. oder Rohbenzin bezeichnet Fraktionen bei der Erdöl-Destillation mit Siedepunkten bei 30 – 180 °C, 100 – 200 °C oder noch höher. N. bzw. naphthenische Kohlenwasserstoffe werden als Lösemittel in Bauprodukten (z.B. →Abbeizmittel) eingesetzt.

Naphthalin Ausgangsmaterial für die Herstellung von N. ist Teerkohle. Erdöl enthält ca. 1 % N., Steinkohlenteer dagegen ca. 10 % N. Verunreinigungen von N. sind Benzo[b]thiophen (Herstellung aus Steinkohlenteer) bzw. Methylindene (Herstellung aus Erdöl). N. findet Verwendung zur Herstellung von Kunststoffen auf Basis von Phthalsäureanhydrid, Azofarbstoffen und des Biozids 1-Naphthyl-N-methylcarbamat. N. war früher auch Bestandteil von Mottenkugeln. Emissionen in die Innenraumluft können erfolgen aus →Parkettklebstoffen auf Teerbasis, Teerasphalt(platten), Teeranstrichen und Teerkorkisolierungen. Weiterhin wird N. freigesetzt aus Tabakrauch und durch andere unvollständige Verbrennungsvorgänge. Auch aus Kautschuk-Bodenbelägen wurden erhebliche N.-Emissionen festgestellt. Die N.-Konzentration in der Innenraumluft liegt üblicherweise unter 1 $\mu g/m^3$. Die Kenntnisse zur Toxikologie, insbesondere zu Wirkungen nach inhalativer Langzeitexposition, sind lückenhaft. N. gilt als krebsverdächtig (EU) bzw. nachweislich krebserzeugend (→MAK-Kommission). RW II: 20 $\mu g/m^3$, RW I: 2 $\mu g/m^3$. Der RW I soll auch ausreichenden Schutz vor geruchlichen Belästigungen gewährleisten. →Chlornaphthaline

Naphthalinsulfonate N. und Naphthalinsulfonatformaldehyd-Kondensate (NSFK) werden vorwiegend in der Textilindustrie und als Hochleistungsbetonverflüssiger (→Betonzusatzmittel) eingesetzt. NFSK kommen weiterhin in Reinigungsmitteln für den Haushalt und in der Autopflege zum Einsatz. Der weltweite Jahresverbrauch für die erstgenannten Anwendungen wird auf je 150.000 t geschätzt. In der Bauindustrie zählen NFSK zu den mengenmäßig am häufigsten eingesetzten Betonadditiven. Die Mittel bestehen i.d.R. aus einer ca. 12%igen wässrigen Lösung monomerer und →Oligomerer N.
In der Textilindustrie ist das Umweltgefährdungspotenzial sulfonierter Naphthaline seit längerem bekannt. Aufgrund ihres ionischen Charakters (gute Wasserlöslichkeit), ihrer Persistenz und ihrer weit verbreiteten Anwendung sind die Chemikalien in der aquatischen Umwelt ubiquitär verbreitet.
Laborversuche zeigen, dass nur kleine Mengen an N. aus Prüfkörpern ausgewaschen werden und dass das Auslaugen auf deren Oberfläche begrenzt ist. Die Situation ist jedoch anders, wenn nicht ausgehärtete, zementgebundene Werkstoffe mit Wasser in Berührung kommen, wie z.B. bei Baugrundverfestigungen im Lockergestein (Ruckstuhl, 2004, Diss. ETH Zürich). In Abbauversuchen wurden die meisten monomeren NSFK-Komponenten zu Kohlendioxid, Wasser und Sulfat abgebaut, wohingegen die Oligomere nicht abgebaut werden.

Naphthenate →Trockenstoffe

Naphthenisch →Naphtha

Nassabbau Der N. ist eine weit verbreitete Abbauform für →Kies und →Sand. Beim N. wird die schützende Deckschicht über dem Grundwasser vollkommen entfernt, durch Anschneiden des Grundwassers entsteht ein Baggersee. Beim N. ist in Verbindung mit den Landeswassergesetzen das Wasserhaushaltsgesetz ausschlaggebend, das ein Planfeststellungsverfahren vorschreibt. Im Rahmen des Planfeststellungsverfahrens sind in einer Umweltverträglichkeitsprüfung die Auswirkungen des Vorhabens auf die Schutzgüter Boden, Wasser, Luft, Menschen, Tiere und Pflanzen, Kultur- und sonstige Sachgüter nach vorgegebenen Kriterien zu untersuchen. Durch die freigelegte Grundwasseroberflä-

che können Verunreinigungen aus der Luft oder durch den Abbaubetrieb (Treibstoff, Öl) ungehindert in das Grundwasser gelangen. Oft wird das Grundwasser durch den Abbau abgesenkt. Darüber hinaus ist im Trockenabbau die Rekultivierung der Abbaufelder leichter durchführbar.
Der N. ist deshalb so weit wie möglich zu beschränken und der Trockenabbau dem N. vorzuziehen. Im Besonderen sollte bei Lagerstätten mit tiefer liegendem Grundwasserstand das Grundwasser nach Möglichkeit nicht angeschnitten werden und in ökologisch empfindlichen Teilräumen von Flussniederungen der Abbau von Kies und Sand vermieden werden.

Nassreißfestigkeit Unter N. versteht man bei →Tapeten die Reißfestigkeit im nassen Zustand. Zur Erzielung einer verbesserten N. bei Tapeten wurde früher →Formaldehyd eingesetzt.

Natürliche Lüftung Die N. von Gebäuden setzt sich zusammen aus der unkontrollierten Lüftung über Ritzen und Fugen (→Luftdichtigkeit von Gebäuden) und der Lüftung über gezieltes Öffnen von Fenstern, Lüftungsventilen oder Türen. Die Effizienz der N. hängt stark von den meteorologischen Bedingungen ab. Darüber hinaus verlangt die N. vom Benutzer eine Strategie, die Raumluftqualität (z.B. Schadstoffabfuhr), Raumklima (passive Kühlung im Sommer), Heizenergiebedarf (Lüftungswärmeverluste im Winter) und Feuchteabfuhr optimiert. Die effizienteste Art der N. ist das →Stoßlüften. Gewährt die N. nicht den hygienisch erforderlichen Luftaustausch, ist der Außenlärmpegel zu hoch oder will man die Abwärme in der Abluft nutzen, wird eine →Mechanische Lüftung erforderlich.

Natürliche Mineralfasern N. sind silikatische Fasern, die in der Natur vorkommen (z.B. →Asbest) – im Unterschied zu →Künstlichen Mineralfasern, die aus Gestein oder Glas technisch hergestellt werden. Die Begriffe „natürlich" und „künstlich" sind nicht geeignet zur Beurteilung der Toxizität von Fasern.

Naturasphalt N. (auch Erdpech genannt) ist ein Gemisch aus →Bitumen (4 – 6 %) und Mineralstoffen. Es entstand vor 70 Mio. Jahren aus Erdöl bzw. Vorgängerstoffen durch Verdunsten der leicht flüchtigen und Oxidation der schwerflüchtigen Bestandteile. N. wurde bereits vor 6.000 Jahren in Altmesopotamien als Mörtel verwendet. Heute wird fast ausschließlich nur noch synthetischer →Asphalt verwendet. Die N.-Mine in Travers (Schweiz) wurde 1986 stillgelegt und ca. 1 km der Stollen als Museum ausgestaltet. Der einzige N.-Untertagebau in Deutschland befindet sich im niedersächsischen Holzen (Eschershausen). Das größte N.-Vorkommen befindet sich im Pitch Lake auf Trinidad. 1990 wurden hier etwa 30.000 t produziert, die in die ganze Welt exportiert wurden. Bulldozer reißen die Oberfläche des Sees auf und laden die Asphaltbrocken auf Loren, die auf Schienen zu den Schmelztanks führen. Dort wird der N. bei 165 °C verflüssigt und 29 % der Masse in Form von Gas und Wasser verflüchtigt. Durch ein Sieb, das Vegetationsreste und andere Verunreinigungen zurückhält, fließt der Asphalt in dickwandige Kartonfässer und verfestigt sich innerhalb zwei Tagen zu einer harten, glänzenden Masse. Die 240 kg schweren Rollen werden gestapelt und bei Bedarf über eine Schwebebahn zum Pier hinunter befördert. Zur Umwelt- und Gesundheitsverträglichkeit: →Asphalt.

Naturbaustoffe Mit dem Begriff N. werden in der →Baubiologie Materialien bezeichnet, die ressourcenschonend aus nachwachsenden oder ausreichend verfügbaren mineralischen Rohstoffen möglichst ohne chemische Behandlung hergestellt werden. Der Begriff N. ist nicht ganz unproblematisch, da z.B. auch das Fasermineral →Asbest als N. bezeichnet werden kann. N. sollten daher ebenso wie alle anderen →Bauprodukte auf Umwelt- und Gesundheitsverträglichkeit über ihren gesamten →Lebenszyklus untersucht werden (→Ökologische Baustoffe). Das internationale Umweltzeichen →natureplus setzt für N. Kriterien wie geringen Energieverbrauch bei der Herstellung, kein Zusatz gesundheitsschädlicher Stoffe, Volldeklaration aller Einsatzstoffe, qualifizierte Verarbeitungshinweise und unbedenkliche Verarbeitung an. Weiterhin wird durch eine Laborprüfung die Emissionsarmut belegt. →Nachwachsende Rohstoffe, →Naturfarben, →Pflanzenchemiehersteller, →Natur-Dämmstoffe

Naturbitumen →Bitumen kommt in der Natur als Bestandteil von →Naturasphalten und Asphaltgesteinen vor, die sich in langen geologischen Zeiträumen nach Verdunsten der leichter siedenden Anteile des Erdöls gebildet haben. 1694 wurde die erste Fabrik zur Gewinnung von Bitumen aus Naturasphalt gegründet. 1832 wurde erstmals Bitumen durch Destillation aus Erdöl gewonnen, seit 1873 wurde das Verfahren industriell betrieben, heute wird im Bauwesen fast ausschließlich Bitumen aus der Mineralölverarbeitung eingesetzt. Im Orinoco-Becken (Venezuela) wird aus etwa 900 bis 1.000 m Tiefe N. gewonnen, das als Orimulsion, einer Emulsion von ungefähr 70 % Naturbitumen in 30 % Wasser, als Brennstoff eingesetzt wird. N. wird auch noch in →Naturfarben zum Färben von Lacken und Ölen und als Imprägnierung für →Holzweichfaserplatten verwendet. Im Straßenbau wird zu geringen Teilen auch Trinidad-Bitumen eingesetzt, das dort direkt aus den Lagerstätten gewonnen wird (siehe →Naturasphalt). Zur Umwelt- und Gesundheitsverträglichkeit: →Bitumen.

Natur-Dämmstoffe Als N. werden Dämmstoffe bezeichnet, die aus →Nachwachsenden Rohstoffen oder aus ausreichend verfügbaren mineralischen Rohstoffen, denen keine bedenklichen Chemikalien zugegeben werden, hergestellt werden. Dazu zählen z.B. →Cellulose-Dämmflocken, →Cellulose-Dämmplatten, →Flachsdämmplatten, →Hanfdämmplatten, →Holzfaser-Dämmplatten, Holzspandämmung, →Kokosfaserplatten, →Kork-Dämmplatten, Roggendämmstoffe, →Schafwolle-Dämmstoffe, →Schilfrohrplatten, Strohplatten u.v.a., weiterhin mineralische Produkte wie →Blähglas, →Blähglimmer, →Blähperlite, →Blähschiefer, →Blähton, →Perlite-Dämmplatten, →Schaumglas-Dämmplatten und →Schaumglas-Schotter. Bei N. ist wie bei allen Dämmstoffen darauf zu achten, dass ein Nachweis der Gebrauchstauglichkeit geführt wurde (Einhaltung der Norm bzw. Technische Zulassung). →Wärmedämmstoffe

Natur-Dichtstoffe Von →Pflanzenchemieherstellern werden Dichtstoffe bzw. Füllmassen auf Basis natürlicher Rohstoffe angeboten. Bestandteile sind z.B. Kork-Granulat, →Dammar, →Borate, Naturkautschukmilch, Milchkasein, Citrusschalenöl und Talkum (Füllstoff).

natureplus Das europäische Qualitätszeichen n. kennzeichnet Bauprodukte und Einrichtungsgegenstände mit hohen Anforderungen an die gesundheitliche Unbedenklichkeit, die Umweltverträglichkeit und die Funktionalität (Gebrauchstauglichkeit). Dem Trägerverein natureplus e.V. gehören Umwelt- und Verbraucherorganisationen (z.B. →WWF, →BUND), Planer, Baustoffhandel (z.B. →BDB, →BHB) Hersteller und unabhängige Prüfinstitute an. Das Qualitätszeichen n. wird auch von der →FNR und der →AGÖF unterstützt.

Die Ziele des natureplus. e.V. sind:

- Förderung einer nachhaltigen Entwicklung im Bereich Bauen und Wohnen
- Einfache und verlässliche Orientierung für Verbraucher, Planer und Handwerker durch das Label n.
- Größere Marktakzeptanz und Marktdurchdringung für zukunftsfähige Bauprodukte
- Positionierung von Handel, Produzenten und Bauindustrie hinsichtlich zukunftsfähiger Bauprodukte

Die wichtigsten Kriterien für n.-geprüfte Bauprodukte sind:

- Anteil nachwachsender bzw. nachhaltig gewonnener mineralischer Rohstoffe ≥ 85 %
- Geringer Energieverbrauch bei der Herstellung
- Verbot gesundheitsschädlicher Stoffe
- Volldeklaration der Einsatzstoffe
- Qualifizierte Verarbeitungshinweise
- Unbedenkliche Verarbeitung

N

– Einhaltung strengster Emissionsgrenzwerte

Module der n.-Prüfung sind die Fertigungsstättenbegehung mit Probenahme, die Lebenswegbetrachtung einschl. Berechnung der ökologischen Kenndaten und die Laborprüfung. n. ist das umfassendste und strengste →Umweltzeichen für Bauprodukte, weitere Informationen unter http://www.natureplus.org.

Naturfarben Der Begriff N. wird in zweifacher Bedeutung verwendet: a) für die von der Natur produzierten Farben (→Naturfarbstoffe) und b) für die von den Naturfarbenherstellern (→Pflanzenchemieherstellern) angebotenen Produkte. Als N. werden →Anstrichstoffe bezeichnet, die nach ökologischen Kriterien hergestellt werden bzw. weitgehend den Prinzipien der →Sanften Chemie entsprechen. Als Rohstoffe werden Stoffe auf pflanzlicher Basis wie Harze und Öle, Schleimstoffe, Quellstoffe, Fasern, Gummis, Färberdrogen sowie mineralische Pigmente (zum großen Teil Erdfarben, aber auch Chrompigmente und →Titandioxid), →Borate, →Talkum und Alkohol eingesetzt. Lösemittel sind hauptsächlich →Citrusschalenöl oder Balsam-→Terpentinöl. Weiterhin spielen Pflanzenöle wie z.B. →Leinöl oder Rizinusöl eine große Rolle. Als Bindemittel werden Harze wie →Kolophonium, →Dammar, Mastix, →Schellack und Copale verwendet. Neben pflanzlichen Rohstoffen werden auch Rohstoffe tierischer Herkunft verarbeitet wie z.B. Schellack, Cochenille, →Bienenwachs und →Kasein. N. werden – wenn überhaupt – nur mit ätherischen Ölen konserviert. Die verwendeten Rohstoffe sind damit im Wesentlichen →Nachwachsend (siehe aber z.B. →Iscaliphate). Deren Verarbeitung erfolgt möglichst schonend, unter weitestgehendem Verzicht auf aggressive Chemikalien (Ausnahme z.B. →Methylcellulose). Wichtige Produktionsprozesse sind die wässrige Extraktion, die Destillation sowie das Mischen und Rühren. Zu den Naturfarben zählen →Kaseinfarben, →Leimfarben, →Naturharz-Wandfarben, →Naturharz-Lacke, →Hartöle.

Naturfarbstoffe N. sind in vielen Pflanzen (z.B. →Krapp, Reseda, →Catechu), in Tierkörpern und in Mikroorganismen (→Cochenille, →Schellack) enthaltene, von der Natur produzierte Farbstoffe. Die Bedeutung von N. zum Färben von Textilien, Leder und Anstrichfarben ist heute gering, wird aber zunehmend wiederentdeckt. Von →Pflanzenchemieherstellern werden N. für die Herstellung von Farben und Lacken verwendet. Im Lebensmittel- und Kosmetiksektor haben N. nach wie vor große Bedeutung. →Sanfte Chemie

Naturfaserbänder N. aus Flachs-, Hanf-, Kokos- oder Schafwollefasern sind ein hochwertiges Füll- und Isoliermaterial für Hohl- und Zwischenräume aller Art. Sie sind speziell für den Einbau von Fenstern und Türen geeignet. Die Produkte sind nicht brandschutzbehandelt und frei von bioziden Wirkstoffen. N. sind eine umwelt- und gesundheitsverträgliche Alternative zu →Montageschäumen.

Naturfasern Nach DIN 60001 sind N. „natürliche, linienförmige Gebilde, die sich textil verarbeiten lassen". Sie lassen sich einteilen in Pflanzenfasern, Tierfasern und Mineralfasern. Zu den pflanzlichen N. zählen Baumwolle, Jute, Hanf, Sisal, →Kokosfasern u.a. Tierische Fasern sind Wolle (insbesondere Schafwolle), Tierhaare und Seide. Zu den mineralischen N. gehört z.B. →Asbest. N. werden im Baubereich z.B. für →Dämmstoffe, →Textile Bodenbeläge (Naturfaserteppiche) oder Tapeten (→Naturfasertapeten verwendet.

Naturfasertapeten N. bestehen aus →Tapetenpapier, auf dem verschiedene Naturfasern wie Gräser, Leinen, Jute, Sisal, Wolle, Baumwolle oder Seide mit →Polyethylen aufkaschiert sind. Die Kunststoffkaschierung dient als Schutz für die Naturfasern, verschlechtert aber die Wasserdampfdiffusionsfähigkeit der Wand. N. werden naturbelassen oder eingefärbt angeboten.

N. können zum Schutz gegen mikrobiellen Befall insektizide und fungizide Wirkstoffe enthalten. Die Kunststoffkaschierung verschlechtert die Diffusionsfähigkeit der

Wand (→Raumklima). N. in kräftigen roten, orangen und gelben Farben können evtl. giftige Chromate (→Chrom) als Farbpigmente enthalten. Chromate gelten als krebserzeugend. Durch ihre raue Oberfläche wirken N. als Staubfänger und sind somit für Hausstauballergiker problematisch. Einige Naturfasertapeten enthalten Mittel zum Schutz vor Insekten- oder Pilzbefall, die gesundheitsschädigend wirken können.

Naturgips Gips kommt in der Natur als →Gipsstein (Calciumsulfat-Dihydrat) und vereinzelt als →Anhydrit (kristallwasserfreies Calciumsulfat) vor. In Deutschland wurde N. von →REA-Gips bis zu einem Rest von 300.000 t jährlich vom Markt verdrängt. Die REA-Gipse werden zum Teil kostenlos abgegeben, da durch die schlechte Baukonjunktur die ursprünglich zugesicherten Abnahmemengen der Gipswerke bein den Kraftwerken um 30 bis 50 % unterschritten werden und die REA-Gips-Depots zu groß werden. In Österreich werden im Gegensatz zu Deutschland neben ca. 900.000 t N. nur 80.000 – 120.000 t REA-Gips sowie ein geringer Anteil an Zitronensäuregips gewonnen. Nach Einschätzung der Gipsproduzenten wird sich hier der Verbrauch von N. gleich bleibend entwickeln.
Die Nutzung des REA-Gipses als →Sekundärrohstoff ist ökologisch sinnvoller als das Deponieren.

Naturharzanstriche N. sind nach DIN 55945 Beschichtungsstoffe aus in der Natur entstandenen Komponenten, die nachträglich weder chemisch modifiziert noch in ihrer natürlichen Struktur verändert worden sind und die keine künstlich hergestellten Komponenten und/oder Zusatzstoffe enthalten. N. werden aus Rohstoffen pflanzlicher, tierischer und mineralischer Herkunft hergestellt (siehe →Naturfarben). →Pflanzenchemiehersteller deklarieren die Inhaltsstoffe ihrer Produkte freiwillig in absteigender Reihenfolge ihrer Konzentration. Die eingesetzten Rohstoffe werden zur Herstellung der Produkte möglichst wenig verändert. Dadurch werden keine giftigen Abfälle produziert und die Umweltbelastungen sind sehr gering. Die Produkte sind unproblematisch zu entsorgen. Da nur natürliche Bindemittel verwendet werden, können aus N. keine Restmonomere ausgasen. Bei bestimmten N. kann der Lösemittelgehalt aber bis zu 60 % betragen: auch natürliche Lösemittel tragen zur Umwelt- und Gesundheitsbelastung bei (→Lösemittelhaltige N.). Als Alternative stehen →Wasserverdünnbare N. zur Verfügung. Bei den meisten N. besteht Selbstentzündungsgefahr wegen der trocknenden Öle wie z.B. →Leinöl. Zum Auftragen benutzte Lappen müssen daher glatt ausgebreitet werden und einzeln trocknen.

Naturharz-Dispersionsfarben Bei N. bilden pflanzliche Harze, wie z.B. →Dammar, die Bindemittelkomponente. Sie formen gemeinsam mit den Füllstoffen Talkum, Glimmer und Buchenholzzellstoff das Anstrichgerüst. Neben Wasser als Hauptlösemittel sind geringe Mengen an Balsamterpentin- und Citrusschalenöl in Naturharzdispersionen enthalten. Als Topfkonservierer zur Verhinderung des Pilzbefalls während der Lagerung werden ätherische Öle wie z.B. das aus Australien stammende Eukalyptusöl verwendet. N. weisen ähnliche technische Eigenschaften wie Kunstharzdispersionen auf. Wie diese sind sie sehr widerstandsfähig und waschfest.
N. bestehen aus ausreichend verfügbaren, natürlichen Rohstoffen. Die in geringen Mengen natürlich enthaltenen Terpene können aber allergische Reaktionen auslösen. Nach der Verarbeitung von N. können über einen längeren Zeitraum Geruchsemissionen auftreten, da durch Lichteinfall Aldehyde abgespalten werden. N.-Reste können bei Vorliegen eines Gutachtens kompostiert oder problemlos entsorgt werden. Vollständig eingetrocknete Farbreste können auch über den Hausmüll entsorgt werden. Mit dem →natureplus-Qualitätszeichen ausgezeichnete Produkte enthalten unter 1 Gew.-% Lösemittel und sind emissionsarm.
Beispiel-Rezeptur: Wasser, Erd- und Mineralpigmente, →Dammar, →Leinöl-Standöl, Rizinus-Standöl, →Borate, Quellton, →Methylcellulose, Rosmarinöl, Euka-

N

lyptusöl, Bienenwachs-Ammoniumseife, →Citrusschalenöl, Ethanol, Trockner, →Lecitin.

Naturharz-Dispersionskleber →Natur-Klebstoffe

Naturharz-Dispersionsklebstoffe →Natur-Klebstoffe

Naturharze N. sind natürliche Baumharze. Unterschieden werden rezente (von noch heute lebenden Bäumen), rezentfossile (aus früheren Vertretern von Baumarten entstanden, Kopale) bzw. halbfossile und fossile Harze (Bernstein). Rezente N. sind z.B. →Terpentin, Balsam, →Kolophonium und Mastix.

N. können durch physikalisch-chemische Verfahren modifiziert werden. Zur Gruppe der modifizierten N. gehört insbes. Kolophonium-Glycerinester, der durch längeres Erhitzen von Glycerin mit →Kolophonium bei 250 – 290 °C unter Zusatz von Zinksalzkatalysatoren hergestellt wird. Schellack-Ammoniumseifen werden durch Einrühren von Schellack in kalte, wässrige Ammoniak-Lösung und anschließendes Erwärmen auf 50 – 60 °C hergestellt.

Naturharz-Lacke →Naturlacke

Naturharz-Lackspachtel N. besteht aus →Naturharzen (z.B. →Dammar) als Bindemittel, Füllstoffen (z.B. →Kreide, →Talkum), →Pigmenten zur Farbgebung und eventuell →Kasein sowie →Methylcellulose als →Verdicker. N. sind in der Regel wasserverdünnbar. Sie werden als Fleckspachtel zur Behandlung kleinerer Schadstellen von Hölzern verwendet.

Naturharzlasuren N. sind →Naturharzanstriche für vielfältige Anwendungen im Innen- und Außenbereich. Es werden lösemittelhaltige und wasserverdünnbare N. angeboten. →Lösemittelhaltige Naturharzanstriche, →Wasserverdünnbare Naturharzanstriche

Beispiel-Rezeptur für eine N.: Wasser, Erd- und Mineralpigmente, →Titandioxid, →Bienenwachs, →Carnaubawachs, →Leinöl, Leinöl-Standöl, Holzöl-Standöl, Rizinus-Standöl (→Alkydharzöle), Saflor-Standöl, →Dammar, Zink-Kalk- und →Kolophonium-Glycerinester, →Ethanol, →Schellack (Ammoniumseife), →Kasein, Xanthan, →Quellton, →Borate, Rosmarinöl, Eucalyptusöl, →Citrusschalenöl, →Methylcellulose. →Naturharz-Lack, →Dickschichtlasuren

Naturharz-Wandfarbe →Naturharz-Dispersionsfarben

Naturkautschuk Kautschuk (Kurzzeichen NR = natural rubber, cis-1.4-Polyisopren-Kautschuk) ist ein indianisches Wort (Peru) und bedeutet übersetzt „Tränender Baum". Wissenschaftlich übersetzt: Polymer mit gummi-elastischen Eigenschaften. N. besteht aus polymerisiertem Isopren von sehr einheitlicher Struktur (cis-1,4-Gehalt > 99 %) und wird aus Latex gewonnen, dem Milchsaft verschiedener tropischer Pflanzen, vor allem des Kautschukbaumes (Hevea brasiliensis).

Die Vulkanisation von N. mit Schwefel entdeckte Charles Goodyear. Vernetzter („vulkanisierter") N. ist u.a. unverzichtbarer Ausgangs- und Ergänzungsstoff für hochwertige Synthesekautschuke. Er zeichnet sich durch extreme Elastizität, Zugfestigkeit und Kälteflexibilität aus. Diese Eigenschaften konnten – trotz aller Versuche – bislang nicht künstlich erzeugt werden. Neben N. wurden in den letzten hundert Jahren ein Reihe von Synthesekautschuken entwickelt.

Naturkautschuk-Klebstoffe N. eignen sich zum Verkleben von →Kork-, →Linoleum- und →Textilen Bodenbelägen. N. sind eine natürliche, technisch hochwertige Alternative zu →Synthesekautschuk-Klebstoffen. Mit N. können dauerelastische, wasser- und stuhlrollenfeste Verbindungen hergestellt werden. →Pflanzenchemiehersteller achten beim Einkauf des Natur-Rohstoffs Kautschuk darauf, die Kautschukzapfer im Amazonasgebiet in ihrer Lebensgrundlage zu unterstützen. Beispielrezeptur: →Naturkautschuk, Wasser, →Dammar, feinstes Dolomitgesteinsmehl, →Talkum, →Kasein, →Borax, →Borsäure und als Konservierer Pinienöl.

Natur-Klebstoffe Für das Verkleben von Bodenbelägen, Holzbauteilen oder Kleinteilen werden leistungsstarke N. auf der Basis von →Naturkautschuk, →Kasein, →Stärke, →Gummi arabicum oder Tragant (eine Gattung innerhalb der Familie der Hülsenfrüchtler) in Kombination mit Naturharzen (meist →Dammar) angeboten. Die Produkte von →Pflanzenchemieherstellern werden weitestgehend nach den Kriterien der →Sanften Chemie hergestellt. Enthält der Klebstoff ätherische Öle, sind mögliche Allergien zu beachten. Beispielrezeptur: Wasser, Dammar, Naturkautschuk, Borate, Xanthan, Kasein, ätherische Öle, Orangenöl. →Naturkautschuk-Klebstoffe, →Kaseinklebstoffe

Naturlacke N. sind nach DIN 55945 Beschichtungsstoffe aus in der Natur entstandenen Komponenten, die nachträglich weder chemisch modifiziert noch in ihrer natürlichen Struktur verändert worden sind und die keine künstlich hergestellten Komponenten und/oder Zusatzstoffe enthalten. N. sind für vielfältige Anwendungen im Innen- und Außenbereich erhältlich. Wie bei Kunstharzlacken ist zwischen lösemittelhaltigen und wasserverdünnbaren N. zu unterscheiden. →Lösemittelhaltige Naturharzanstriche, →Wasserverdünnbare Naturharzanstriche

Naturlatex →Naturkautschuk

Natursteine N. ist die Sammelbezeichnung für alle Erstarrungs-, Sediment- und Metamorphen Gesteine, die als Baustoffe verwendet werden. Eigenschaften sind hohe Dichte: 2.500 – 3.000 kg/m^3, hohe Wärmeleitfähigkeit (kalte Oberfläche) und hohe Wärmekapazität. Bei der Herstellung und Verarbeitung treten praktisch keine gesundheitlichen Belastungen auf (Ausnahme z.B. Marmorbruch von Hand). Manche Gesteine weisen erhöhte Radioaktivität auf (→Radioaktivität von Baustoffen). N. sind wiederverwertbar und problemlos zu deponieren. Umweltbelastungen treten bei der Gewinnung im →Tagebau auf. N. werden im Außenbereich für Fußbodenplatten, Fassadenverkleidung, Dacheindeckungen und Mauern verwendet, im Innenbereich für Fußböden, Fensterbänke, Treppenstufen und Wandverkleidungen. →Granit, →Marmor, →Schiefer

Natursteinputze N. werden aus →Kunstharzputzen mit gelöstem transparentem Kunststoffbindemittel hergestellt. Die Zuschläge aus farbigen Natursteinen, Marmorsplitt oder lichtecht gefärbten Quarzsteinen oder Natursteingranulate bleiben dadurch sichtbar. Sie werden für dekorative Sockel- oder Innenputze verwendet. Der Anteil an →Lösemitteln stellt eine Umweltbelastung und eine Gesundheitsbelastung für den Verarbeiter dar.

Naturwerkstofftapeten N. sind →Tapeten, die aus naturbelassenen Rohstoffen wie Kork, Gras, Glimmer, Bast, Sand oder ähnliche Materialien weitestgehend ohne Chemikalienzusatz produziert und verarbeitet werden. →Naturfasertapeten, →Grastapeten, →Kork-Tapeten

Naturzement N. wird aus gebranntem Mergel (Kalk-Ton-Gemisch) hergestellt. Da die Zusammensetzung der Mineralien schwankt, hat N. sehr unterschiedliche Qualität. →Zement

NAWARO Kurzwort für →Nachwachsende Rohstoffe.

NC-Lacke →Nitrolacke

Nebelfluids N. für →Nebelmaschinen bestehen i.d.R. aus Mischungen von 1,2-Propylenglykol (Propandiol-1,2) und Wasser im Verhältnis 1:4 bis 1:1. Zusammensetzung und verwendete Chemikalien variieren von Hersteller zu Hersteller. Evtl. werden noch Riechstoffe zugesetzt. Bei falsch eingestellten Nebelmaschinen kann es zu einer Zersetzung des Propylenglykols und in der Folge zu gesundheitlichen Beeinträchtigungen durch die Zersetzungsprodukte kommen. Bei exzessivem Einsatz von N. kann sich ein schmieriger Film auf Oberflächen bilden. Je höher die „Lebigkeit“ in der Luft, desto höher ist i.d.R. der chemische Anteil. Ein Zusatz von Glycerin (Propantriol-1,2,3) verstärkt die Haltbarkeit des Nebels. Das Glycerin kann sich, in Abhängigkeit von der Konstruktion der Nebelmaschine, spurenweise zu Acrolein zersetzen, das einen unangenehmen Geruch aufweist und zu Schleimhautreizungen führen kann. Propandiole sind weitgehend unbedenklich und werden u.a. als Feuchthaltemittel für Kosmetika und Tabak sowie als Trägersubstanz für Salben und Cremes und in Arzneimitteln verwendet.

Nebelmaschinen N. dienen der Erzeugung von künstlichen Nebeln in Diskotheken und bei Showveranstaltungen. Die Geräte bestehen aus einer Pumpe, die das →Nebelfluid aus dem Tank in den Verdampfer presst. In diesem verdampft das Fluid, wobei es sehr stark expandiert und sich unter Druck durch die Düse presst. Außerhalb der Maschine kondensiert das Fluid zu kleinen Tröpfchen, die den Nebel bilden. Ein Sensor sorgt für eine gleichmäßige Verdampfertemperatur.

Neonröhren →Leuchtstofflampen

Neopren →Polychloropren

Neopren-Klebstoffe Andere Bezeichnung für →Synthesekautschuk-Klebstoffe.

Neptunit N. ist der Handelsname für die anorganische, asbesthaltige Feuerschutzplatte der ehem. DDR nach TGL 29312 und 37478. Die Platten wurden bis 30.6.1982 mit 40 % →Asbest (TGL 29312) und danach mit 20 % Asbest (TGL 37478) hergestellt. Sie bestanden aus Asbest, Zement, Sikalit, Kaliwasserglas und Perlit (Hydrophobiermittel). Die Rohdichte betrug je nach Typ zwischen 500 und 700 kg/m^3. Durchschnittlich wurden jährlich ca. 80.000 m^2 der Platten hergestellt (maximal 200.000 m^2/Jahr). N.-Platten gelten gemäß Asbest-Richtlinie unabhängig von ihrer Rohdichte als →Schwachgebundene Asbestprodukte. →Asbest

Netzmittel und Dispergiermittel N. u. D. dienen in pigmentierten Lacken der Benetzung der Pigmentteilchen, sodass diese möglichst fein und gleichmäßig verteilt werden. Es handelt sich um oberflächen- oder grenzflächenaktive Stoffe, die als Vermittler zwischen chemisch unterschiedlichen Stoffen fungieren, die in eine homogene Mischung gebracht werden sollen.
N. setzen die Oberflächenspannung von Lösungen bzw. Flüssigkeiten herab, sodass die festen Körper wie →Füllstoffe und →Pigmente vollständig benetzt werden können.
D. lagern sich an der Oberfläche von Pigmentteilchen an, erzeugen Abstoßungskräfte zwischen den einzelnen Teilchen und verhindern so, dass die dispergierten Pigmentteilchen sich wieder aneinander lagern.
Als N. u. D. für Anstrichstoffe werden hauptsächlich kationische →Tenside eingesetzt.

Neusilber N. (auch als Nickelmessing bezeichnet) ist eine Legierung aus ca. 60 % Kupfer, 20 % Zink und 20 % Nickel mit silberähnlicher Farbe. N. ist leicht zu verarbeiten und hat einen hohen elektrischen Widerstand. Einsatz im Bauwesen für Beschläge, Armaturen, Wand- und Türenverkleidungen. Nickel-Allergie ist die häufigste Kontaktallergie. →Kupfer-→Zink-Legierungen

Neusilberbeschläge N. werden durch Gießen der flüssigen Legierung in Hohlformen hergestellt. →Neusilber

NFSK Naphthalinsulfonatformaldehyd-Kondensate. →Naphthalinsulfonate

Nicht erneuerbare Energieträger Energieträger aus Ressourcen, deren Vorräte durch Lagerstätten begrenzt sind. Zu den N. zählen →Fossile Rohstoffe (Erdöl, Erdgas, Stein- und Braunkohle) und nukleare Energieträger (Uran, Thorium und Plutonium).

Nichtionisierende Strahlung Elektrische, magnetische sowie elektromagnetische Felder mit Wellenlängen von 100 nm und darüber, die i.d.R. keine Bildung von Ionen (Ionisierung) bewirken können. Vgl. →Ionisierende Strahlung.

Nichtrostende Stähle N. sind gegenüber chemisch angreifenden Stoffen besonders widerstandsfähige Stähle (→Stahl). Sie besitzen Chromgehalte von mind. 12 %, häufig bis 20 %, sowie weitere Legierungsbestandteile wie Nickel, Molybdän, Titan, Vanadium und Niob. Chrom verbindet sich mit Sauerstoff zu Chromoxid und bildet einen dünnen, für das Auge unsichtbaren Oxidfilm auf der Stahloberfläche. Zusätzlich zur Legierung werden die N. besonderen Vergütungsverfahren unterworfen. Handelsnamen sind V2A, Nirosta und Remanit. →Chrom, →Nickel

Chrom-Nickel-Stähle zeigen bei Bewitterung wesentlich geringere Metallabtragung als z.B. →Kupfer- oder →Titanzinkbleche. Chrom-Nickel-Molybdän-Stähle werden bei stark aggressiver Industrie- und Meeresatmosphäre eingesetzt.

Nickel N. zählt zu den Schwermetallen. In geringen Mengen ist es ubiquitär verbreitet. In der Natur ist N. häufig mit →Cobalt, →Antimon und →Arsen vergesellschaftet. N. ist gegen Luft und Wasser sehr beständig und bildet leicht Legierungen mit Eisen, →Kupfer, Mangan usw. aus. N. wird daher zur Stahlveredelung verwendet (Korrosionsschutz). Ein weiterer Einsatzbereich von N. sind Batterien und Akkus. Der Mensch nimmt ca. 1 % des N. über die Atemluft und den Rest über Trinkwasser und Nahrung auf. Raucher haben mit dem im Zigarettenrauch enthaltenen Nickeltetracarbonyl eine zusätzliche Belastung. Für manche Organismen ist N. ein essenzielles Spurenelement. Ob und in welchen Konzentrationen N. für den menschlichen Körper lebensnotwendig ist, ist umstritten. Die Toxizität metallischen N. und seiner anorganischen Verbindungen ist gering. Bei empfindlichen Personen kann N. eine Allergie durch Hautkontakt (Schmuck, Textilien) auslösen. Schätzungsweise ca. 20 % der weiblichen Bevölkerung und 2 – 4 % der männlichen Bevölkerung sind sensibilisiert. Lösliche N.-Salze sind für den Menschen krebserzeugend (K1).

Nickelmessing →Neusilber

Niedrigenergiehaus Mindestens ein Drittel des gesamten Endenergieverbrauchs wird in den deutschsprachigen Ländern für die Gebäudebeheizung verbraucht. Ein N. ist ein Gebäude, in dem der Einsparung von Heizenergie ein hoher Stellenwert zukommt. Es gibt keine allgemein gültige Definition für ein N. Als Richtwert kann ein spezifischer →Heizwärmebedarf unter 40 kWh pro m² Fläche und Jahr für Mehrfamilienhäuser und unter 60 kWh/(m²a) für Einfamilienhäuser herangezogen werden. Vorreiter in der Entwicklung von N. waren Kanada und die skandinavischen Länder, insbesondere Schweden. Der Begriff N. bezeichnet einen Standard und keine Bauweise. Es erfolgt daher keine Festlegung von z.B. →U-Werten, Fensterflächenanteilen u.Ä. Grundsätzlich kann durch sorgfältige Planung der Details aus jedem Entwurf ein N. entstehen. Folgende Prinzipien führen in erster Linie zur Verringerung des Heizenergiebedarfs bis auf N.-Standard:

- Kompakte Gebäudeform
- Guter Wärmeschutz von opaken Bauteilen
- Sorgfältige Reduktion von Wärmebrücken
- Einsatz von Wärmeschutzverglasung
- Ausnutzung von passiven solaren Gewinnen
- Anstreben von hoher →Luftdichtigkeit der Gebäudehülle
- Mechanische Belüftung mit Wärmerückgewinnung aus der Abluft (→Komfortlüftungsanlage)

Mit den in den Bauordnungen festgeschriebenen Mindest-U-Werten werden die Anforderungen an N. zumeist noch nicht erfüllt. Richtwerte für U-Werte zur Erreichung des N.-Standard sind:

- Außenwände und Decken, die beheizte Räume gegen die Außenluft abgrenzen: $U \leq 0{,}20$ W/(m²K)
- Dachschrägen und Decken unter nicht beheizten Dachräumen: $U \leq 0{,}15$ W/(m²K)
- Kellerdecken, Wände und Decken gegen unbeheizte Räume und gegen Erdreich: $U \leq 0{,}30$ W/(m²K)

Bei durchdachter Planung können N. auch ohne bauliche Mehrkosten verwirklicht werden. Die konsequente Weiterentwicklung des N. ist das →Passivhaus.

Niedrigtemperaturasphalte Bei N. werden der normalen Asphalt-Rezeptur Zusätze in Form von Wachsen zugegeben, die es ermöglichen, den Asphalt bei niedrigeren Temperaturen einzubauen, ohne dass dabei seine Verarbeitungseigenschaften und seine Gebrauchseigenschaften beeinträchtigt werden. Dies hat eine Verringerung der gesundheitsgefährdenden Bitumendämpfe und -aerosole, einen niedrigeren Energieverbrauch und geringere CO_2-Emissionen zur Folge.

NIK-Werte Abk. für niedrigste interessierende Konzentration (lowest concentration of interest, →LCI). N. sind stoffbezogene Rechenwerte, die von einer Arbeitsgruppe des →AgBB unter Mitwirkung von Industrie und Herstellerverbänden nach Vorschlag der →ECA aus den Luftgrenzwerten für gewerbliche Arbeitsplätze (TRGS 900) abgeleitet werden. N. stellen die Konkretisierung der zur Abwehr von Gesundheits*gefahren* durch VOC-/SVOC-Gemische baurechtlich geforderten Kriterien dar. Zur Berechnung von N. wird der MAK-Wert (TRGS 900) des betreffenden Stoffes i.d.R. durch 100 dividiert (Ausnahme z.B. Reizgase). Bei Stoffen, die in Kategorie K3 (→KMR-Stoffe) als mögliche Kanzerogene eingestuft sind, wird durch 1.000 dividiert. →Reproduktionstoxische und →Mutagene Stoffe werden einer Einzelstoffbetrachtung unterzogen. Für K1- und K2-Stoffe werden keine N. abgeleitet. N. können nur als Rechenwerte zur Bauproduktbewertung bzw. zur Bauproduktzulassung, nicht jedoch als raumlufthygienische Grenzwerte für Einzelstoffe herangezogen werden. In Relation der Stoffe untereinander gilt: Je größer der N. eines Stoffes, umso geringer ist dessen Toxizität und umgekehrt.

Tabelle 80: NIK-Werte-Liste (Stand: September 2005)

NIK Nr.	Substanz	CAS No.	NIK [µg/m³]	EU-OEL [1] [µg/m³]	TRGS 900 [1] [µg/m³]	Bemerkungen
1. Aromatische Kohlenwasserstoffe						
1-1	Toluol	108-88-3	**1.900**		190.000	EU: Repr. Cat. 3 (29. ATP)
1-2	Ethylbenzol	100-41-4	**4.400**		440.000	
1-3	Xylol, Gemisch aus den Isomeren o-, m- und p-Xylol	1330-20-7	**2.200**	221.000	440.000	
1-4	p-Xylol	106-42-3	**2.200**	221.000	440.000	
1-5	m-Xylol	108-38-3	**2.200**	221.000	440.000	
1-6	o-Xylol	95-47-6	**2.200**	221.000	440.000	
1-7	Isopropylbenzol	98-82-8	**1.000**	100.000	250.000	
1-8	n-Propylbenzol	103-65-1	**1.000**			Vgl. niedrigsten NIK-Wert der gesättigten Alkylbenzole
1-9	1-Propenylbenzol (β-Methylstyrol)	637-50-3	**2.400**			EU-OEL Wert für α-Methylstyrol
1-10	1,3,5-Trimethylbenzol	108-67-8	**1.000**	100.000	100.000	
1-11	1,2,4-Trimethylbenzol	95-63-6	**1.000**	100.000	100.000	
1-12	1,2,3-Trimethylbenzol	526-73-8	**1.000**	100.000	100.000	

N

Fortsetzung Tabelle 80:

NIK Nr.	Substanz	CAS No.	NIK [µg/m³]	EU-OEL[1)] [µg/m³]	TRGS 900 [1)] [µg/m³]	Bemerkungen
1. Aromatische Kohlenwasserstoffe						
1-13	2-Ethyltoluol	611-14-3	**1.000**			Vgl. niedrigsten NIK-Wert der gesättigten Alkylbenzole, Umrechnung über Molgewicht
1-14	1-Isopropyl-2-methylbenzol (o-Cymol)	527-84-4	**1.000**			Vgl. niedrigsten NIK-Wert der gesättigten Alkylbenzole
1-15	1-Isopropyl-3-methylbenzol (m-Cymol)	535-77-3	**1.000**			Vgl. niedrigsten NIK-Wert der gesättigten Alkylbenzole, Umrechnung über Molgewicht
1-16	1-Isopropyl-4-methylbenzol (p-Cymol)	99-87-6	**1.000**			Vgl. niedrigsten NIK-Wert der gesättigten Alkylbenzole, Umrechnung über Molgewicht
1-17	1,2,4,5-Tetramethylbenzol	95-93-2	**1.000**			Vgl. niedrigsten NIK-Wert der gesättigten Alkylbenzole
1-18	n-Butylbenzol	104-51-8	**1.000**			Vgl. niedrigsten NIK-Wert der gesättigten Alkylbenzole
1-19	1,3-Diisopropylbenzol	99-62-7	**1.000**			Vgl. niedrigsten NIK-Wert der gesättigten Alkylbenzole, Umrechnung über Molgewicht
1-20	1,4-Diisopropylbenzol	100-18-5	**1.000**			Vgl. niedrigsten NIK-Wert der gesättigten Alkylbenzole, Umrechnung über Molgewicht
1-21	Phenyloctan und Isomere	2189-60-8	**1.000**			Vgl. niedrigsten NIK-Wert der gesättigten Alkylbenzole, Umrechnung über Molgewicht
1-22	1-Phenyldecan und Isomere	104-72-3	**1.000**			Vgl. niedrigsten NIK-Wert der gesättigten Alkylbenzole, Umrechnung über Molgewicht
1-23	1-Phenylundecan und Isomere	6742-54-7	**1.000**			Vgl. niedrigsten NIK-Wert der gesättigten Alkylbenzole, Umrechnung über Molgewicht
1-24	4-Phenylcyclohexen (4-PCH)	4994-16-5	**860**			Vgl. Styrol, Umrechnung über Molgewicht
1-25	Styrol	100-42-5	**860**		86.000	

1-26	Phenylacetylen	536-74-3	**860**			Vgl. Styrol
1-27	2-Phenylpropen (α-Methylstyrol)	98-83-9	**2.400**	246.000	490.000	
1-28	Vinyltoluol (alle Isomere: o-, m-, p-Methylstyrole)	25013-15-4	**4.900**		490.000	
1-29	Andere Alkylbenzole, sofern Einzelisomere nicht anders zu bewerten sind		**1.000**			Vgl. niedrigsten NIK-Wert der gesättigten Alkylbenzole
1-30	Naphthalin	91-20-3	**50**	50.000	50.000	EU: Carc. Cat. 3 (29. ATP)
1-31	Inden	95-13-6	**450**		45.000	
2. Gesättigte aliphatische Kohlenwasserstoffe (n-, iso- und cyclo-)						
2-1	3-Methylpentan	96-14-0	**7.200**		720.000	VVOC
2-2	n-Hexan	110-54-3	**72**	72.000	180.000	EU: Repr. Cat. 3
2-3	Cyclohexan	110-82-7	**7.000**		700.000	
2-4	Methylcyclohexan	108-87-2	**20.000**		2.000.000	
2-5	1.4-Dimethylcyclohexan	589-90-2	**20.000**			Vgl. Methylcyclohexan
2-6	4-Isopropyl-1-methylcyclohexan	cis: 6069-98-3 trans: 1678-82-6	**20.000**			Vgl. Methylcyclohexan
2-7	C7 – C16 gesättigte n-aliphatische Kohlenwasserstoffe		**21.000**			TRGS 900 [1]: 2.100.000 µg/m³ für n-Heptan
3. Terpene						
3-1	3-Caren	498-15-7	**1.400**			Analogie zu 3-2 bis 3-5
3-2	α-Pinen	80-56-8	**1.400**			TLV DK-EPA, 2003
3-3	β-Pinen	127-91-3	**1.400**			TLV DK-EPA, 2003
3-4	Limonen	138-86-3	**1.400**			TLV DK-EPA, 2003
3-5	Terpene, sonstige		**1.400**			TLV DK 2002, für Terpentin (Zur Gruppe gehören alle Monoterpene und Sesquiterpene und deren Sauerstoffderivate)
4. Aliphatische Alkohole und Ether						
4-1	Ethanol	64-17-5	**9.600**		960.000	VVOC
4-2	1-Propanol	71-23-8	**2.400**			OEL-Norwegen [1]: 245.000 µg/m³ (1999)
4-3	2-Propanol	67-63-0	**5.000**		500.000	VVOC

N

Fortsetzung Tabelle 80:

NIK Nr.	Substanz	CAS No.	NIK [µg/m³]	EU-OEL[1] [µg/m³]	TRGS 900 [1] [µg/m³]	Bemerkungen
4. Aliphatische Alkohole und Ether						
4-4	tert-Butanol, 2-Methylpropanol-2	75-65-0	**620**		62.000	
4-5	2-Methyl-1-propanol	78-83-1	**3.100**		310.000	
4-6	1-Butanol	71-36-3	**3.100**		310.000	
4-7	1-Pentanol	71-41-0	**3.600**		360.000	
4-8	1-Hexanol	111-27-3	**3.100**			Vgl. 1-Butanol
4-9	Cyclohexanol	108-93-0	**2.100**		210.000	
4-10	2-Ethyl-1-hexanol	104-76-7	**2.700**		270.000	
4-11	1-Octanol	111-87-5	**2.700**			ACGIH[1]: 270.000 µg/m³ (1999)
4-12	4-Hydroxy-4-methyl-pentan-2-on (Diacetonalkohol)	123-42-2	**2.400**		240.000	
4-13	C4 – C10 – gesättigte n-aliphatische Alkohole		**3.100**			Vgl. 1-Butanol
5. Aromatische Alkohole (Phenole)						
5-1	Phenol	108-95-2	**78**	7.800	19.000	EU: Mut. Cat. 3 (29. ATP)
5-2	BHT (2.6-di-tert-butyl-4-methylphenol)	128-37-0	**100**		10 E	
5-3	Benzylalkohol	100-51-6	**440**			WEEL (AIHA)[1] 44.000 µg/m³
6. Glykole, Glykolether, Glykolester						
6-1	Propylenglykol (1,2 Dihydroxypropan)	57-55-6	**320**			Vgl. Ethylenglykol, Umrechnung über Molgewicht
6-2	Ethylenglykol (Ethandiol)	107-21-1	**260**	52.000	26.000	
6-3	Ethylenglykol-monobutylether	111-76-2	**980**	98.000	98.000	
6-4	Diethylenglykol	111-46-6	**440**		44.000	
6-5	Diethylenglykolmonobutylether	112-34-5	**1.000**		100.000	
6-6	2-Phenoxyethanol	122-99-6	**1.100**		110.000	
6-7	Ethylencarbonat	96-49-1	**260**			Vgl. Ethylenglykol
6-8	1-Methoxy-2-propanol	107-98-2	**1.900**	188.000	370.000	

6-9	2,2,4-Trimethyl-1,3-pentandiol, Monoisobutyrat (Texanol®)	25265-77-4				Wegen mangelnder Datenlage ausgesetzt
6-10	Glykolsäurebutylester (Hydroxyessigsäurebutylester)	7397-62-8	**550**			Vgl. mit Glykolsäure/ Metabolit v. Ethylenglykol
6-11	Butyldiglykolacetat, 2-(2-Butoxyethoxy)-ethylacetat; BDGA)	124-17-4	**800**			Vgl. mit Diethylenglykolmonobutylether, Umrechnung über Molgewicht
6-12	Dipropylenglykolmonomethylether	34590-94-8	**3.100**		310.000	
6-13	2-Methoxyethanol	109-86-4	**15**			DFG-MAK[1)]: 15.000 $\mu g/m^3$ EU: Repr. Cat. 2
6-14	2-Ethoxyethanol	110-80-5	**19**			DFG-MAK[1)]: 19.000 $\mu g/m^3$ EU: Repr. Cat. 2
6-15	2-Propoxyethanol	2807-30-9	**860**			DFG-MAK[1)]: 86.000 $\mu g/m^3$
6-16	2-Methylethoxyethanol	109-59-1	**220**			DFG-MAK[1)]: 22.000 $\mu g/m^3$
6-17	2-Hexoxyethanol	112-25-4	**1.200**			Vgl. mit Ethylenglykolmonobutylether, Umrechnung über Molgewicht
6-18	1,2-Dimethoxyethan	110-71-4	**19**			EU: Repr. Cat. 2 Vgl. mit 2-Methoxyethanol (Metabolit Methoxyessigsäure), Umrechnung über Molgewicht
6-19	1,2-Diethoxyethan	73506-93-1	**25**			Vgl. mit 2-Ethoxyethanol (Metabolit Ethoxyessigsäure), Umrechnung über Molgewicht
6-20	2-Methoxyethylacetat	110-49-6	**25**			DFG-MAK[1)]: 25.000 $\mu g/m^3$ Repr. Cat. 2
6-21	2-Ethoxyethylacetat	111-15-9	**27**			DFG-MAK[1)]: 27.000 $\mu g/m^3$ Repr. Cat. 2
6-22	2-Butoxyethylacetat	112-07-2	**1.300**			DFG-MAK[1)]: 130.000 $\mu g/m^3$
6-23	2-(2-Hexoxyethoxy)-ethanol	112-59-4	**1.100**			Vgl. mit Diethylenglykol monobutylether, Umrechnung über Molgewicht

Fortsetzung Tabelle 80:

NIK Nr.	Substanz	CAS No.	NIK [µg/m³]	EU-OEL[1] [µg/m³]	TRGS 900 [1] [µg/m³]	Bemerkungen
6. Glykole, Glykolether, Glykolester						
6-24	1-Methoxy-2-(2-methoxy-ethoxy)-ethan	111-96-6	**28**			DFG-MAK[1]: 19.000 µg/m³ EU: Repr. Cat. 2
6-25	2-Methoxy-1-propanol	1589-47-5	**19**			DFG-MAK[1]: 19.000 µg/m³ EU: Repr. Cat. 2
6-26	2-Methoxy-1-propyl-acetat	70657-70-4	**28**			DFG-MAK[1]: 19.000 µg/m³ EU: Repr. Cat. 2
6-27	Propylenglykol-diacetat	623-84-7	**670**			Vgl. mit Propylenglykol, Umrechnung über Molgewicht
6-28	Dipropylenglykol	110-98-5 25265-71-8	**550**			Vgl. mit Diethylenglykol, Umrechnung über Molgewicht
6-29	Dipropylenglykol-mono-methylether-acetat	88917-22-0	**3.900**			Vgl. Dipropylenglykol-monomethylether, Umrechnung über Molgewicht
6-30	Dipropylenglykol-mono-n-propylether	29911-27-1	**1.100**			Vgl. mit Diethylenglykolmonobutylether, Umrechnung über Molgewicht
6-31	Dipropylenglykol-mono-n-butylether	29911-28-2 35884-42-5	**1.200**			Vgl. mit Diethylenglykolmonobutylether, Umrechnung über Molgewicht
6-32	Dipropylenglykol-mono-t-butylether	132739-31-2 (Gemisch)	**1.200**			Vgl. mit Diethylenglykolmonobutylether, Umrechnung über Molgewicht
6-33	1,4-Butandiol	110-63-4	**2.000**		200.000	
6-34	Tripropylenglykol-mono-methylether	20324-33-8 25498-49-1	**1.000**			Einzelstoffbetrachtung
6-35	Triethylenglykol-dimethylether	112-49-2	**35**			EU: Repr. Cat. 2 Vgl. mit Methoxyethanol, Metabolit, Methoxyessigsäure, Umrechnung über Molgewicht
6-36	1,2-Propylenglykol-dimethylether	7777-85-0	**25**			Vgl. mit 1,2-Dimethoxyethan und 2-Methoxy-1-propanol, Umrechnung über Molgewicht

N

7. Aldehyde						
7-1	Butanal	123-72-8	**640**		64.000	VVOC
7-2	Pentanal	110-62-3	**1.700**		175.000	
7-3	Hexanal	66-25-1	**890**			Vgl. Butanal, Umrechnung über Molgewicht
7-4	Heptanal	111-71-7	**1.000**			Vgl. Butanal, Umrechnung über Molgewicht
7-5	2-Ethyl-hexanal	123-05-7	**1.100**			Vgl. Butanal, Umrechnung über Molgewicht
7-6	Octanal	124-13-0	**1.100**			Vgl. Butanal, Umrechnung über Molgewicht
7-7	Nonanal	124-19-6	**1.300**			Vgl. Butanal, Umrechnung über Molgewicht
7-8	Decanal	112-31-2	**1.400**			Vgl. Butanal, Umrechnung über Molgewicht
7-9	2-Butenal (Crotonaldehyd, cis-trans-Gemisch)	4170-30-3	**1**		1.000	EU: Mut. Cat. 3
7-10	2-Pentenal	1576-87-0	**12**			Vgl. 2-Butenal, aber keine EU-Mutagenitäts-Einstufung, Umrechnung über Molgewicht
7-11	Hexenal	6728-26-3	**14**			Vgl. 2-Pentenal, Umrechnung über Molgewicht
7-12	2-Heptenal	2463-63-0 18829-55-5	**16**			Vgl. 2-Pentenal, Umrechnung über Molgewicht
7-13	2-Octenal	2363-89-5	**18**			Vgl. 2-Pentenal, Umrechnung über Molgewicht
7-14	2-Nonenal	2463-53-8	**20**			Vgl. 2-Pentenal, Umrechnung über Molgewicht
7-15	2-Decenal	3913-71-1	**22**			Vgl. 2-Pentenal, Umrechnung über Molgewicht
7-16	2-Undecenal	2463-77-6	**24**			Vgl. 2-Pentenal, Umrechnung über Molgewicht
7-17	Furfural	98-01-1	**20**		20.000	EU: Carc. Cat. 3
7-18	Glutaraldehyd	111-30-8	**4**		420	
7-19	Benzaldehyd	100-52-7	**90**			WEEL (AIHA) [1] 88.000 µg/m³
8. Ketone						
8-1	Ethylmethylketon	78-93-3	**3.000**	300.000	600.000	
8-2	3-Methylbutanon-2	563-80-4	**7.000**		705.000	
8-3	Methylisobutylketon	108-10-1	**830**		83.000	
8-4	Cyclopentanon	120-92-3	**6.900**		690.000	

Fortsetzung Tabelle 80:

NIK Nr.	Substanz	CAS No.	NIK [µg/m³]	EU-OEL[1] [µg/m³]	TRGS 900 [1] [µg/m³]	Bemerkungen
8. Ketone						
8-5	Cyclohexanon	108-94-1	**400**	40.800	80.000	
8-6	2-Methylcyclopentanon	1120-72-5	**8.000**			Vgl. Cyclopentanon, Umrechnung über Molgewicht
8-7	2-Methylcyclohexanon	583-60-8	**2.300**		230.000	
8-8	Acetophenon	98-86-2	**490**			TLV (ACGIH) [1]: 49.000 µg/m³
8-9	1-Hydroxyaceton (2-Propanon, 1-hydroxy)	116-09-6	**300**			Oxidationsprodukt aus Propylenglykol, Umrechnung über Molgewicht
8-10	s. 9-10					
9. Säuren						
9-1	Essigsäure	64-19-7	**500**		25.000	Einzelstoffbetrachtung (Plausibilität)
9-2	Propionsäure	79-09-4	**310**	31.000	31.000	
9-3	Isobuttersäure	79-31-2	**370**			Vgl. Propionsäure, Umrechnung über Molgewicht
9-4	Buttersäure	107-92-6	**370**			Vgl. Propionsäure, Umrechnung über Molgewicht
9-5	Pivalinsäure	75-98-9	**420**			Vgl. Propionsäure, Umrechnung über Molgewicht
9-6	n-Valeriansäure	109-52-4	**420**			Vgl. Propionsäure, Umrechnung über Molgewicht
9-7	n-Capronsäure	142-62-1	**490**			Vgl. Propionsäure, Umrechnung über Molgewicht
9-8	n-Heptansäure	111-14-8	**550**			Vgl. Propionsäure, Umrechnung über Molgewicht
9-9	n-Octansäure	124-07-2	**600**			Vgl. Propionsäure, Umrechnung über Molgewicht
9-10	2-Ethylhexansäure	149-57-5	**50**			Ableitung aus TLV[1] 50.000 µg/m³ EU: Repr. Cat. 3

10. Ester und Lactone						
10-1	Methylacetat	79-20-9	**6.100**		610.000	VVOC
10-2	Ethylacetat	141-78-6	**7.300**	734.000	1.500.000	VVOC
10-3	Vinylacetat	108-05-4	**36**		36.000	VVOC, EU: Carc. Cat. 3
10-4	Isopropylacetat	108-21-4	**4.200**		420.000	
10-5	Propylacetat	109-60-4	**4.200**		420.000	
10-6	2-Methoxy-1-methyl-ethylacetat	108-65-6	**2.700**	275.000	270.000	
10-7	n-Butylformiat	592-84-7	**2.000**			TRGS 900: 120.000 µg/m^3 für Methylformiat, Umrechnung über Molgewicht
10-8	Methylmethacrylat	80-62-6	**2.100**		210.000	
10-9	Andere Methacrylate		**2.100**			Vgl. Methylmethacrylat
10-10	Isobutylacetat	110-19-0	**4.800**		480.000	
10-11	1-Butylacetat	123-86-4	**4.800**		480.000	
10-12	2-Ethylhexylacetat	103-09-3	**3.500**			Vgl. 2-Ethyl-1-hexanol, Umrechnung über Molgewicht
10-13	Methylacrylat	96-33-3	**180**		18.000	
10-14	Ethylacrylat	140-88-5	**210**		21.000	
10-15	n-Butylacrylat	141-32-2	**110**	11.000	11.000	
10-16	2-Ethylhexylacrylat	103-11-7	**820**		82.000	
10-17	Andere Acrylate (Acrylsäureester)		**110**			Vgl. Butylacrylat
10-18	Adipinsäuredimethylester	627-93-0	**7.300**			Vgl. Methanol (Metabolit), Umrechnung über Molgewicht
10-19	Fumarsäuredibutylester	105-75-9	**4.800**			Vgl. Butanol (Metabolit), Umrechnung über Molgewicht
10-21	Glutarsäuredimethylester	1119-40-0	**6.800**			Vgl. Methanol (Metabolit), Umrechnung über Molgewicht
10-22	Hexandioldiacrylat	13048-33-4	**10**			WEEL (AIHA 1999) [1)]: 1.000 µg/m^3
10-23	Maleinsäuredibutylester	105-76-0	**190**			Einzelstoffbetrachtung
10-24	Butyrolacton	96-48-0	**2.700**			Einzelstoffbetrachtung
11. Chlorierte Kohlenwasserstoffe						
11-1	Tetrachlorethen	127-18-4	**340**		345.000	EU: Carc. Cat. 3

N

Fortsetzung Tabelle 80:

NIK Nr.	Substanz	CAS No.	NIK [µg/m³]	EU-OEL [1) [µg/m³]	TRGS 900 [1) [µg/m³]	Bemerkungen
12. Andere						
12-1	1,4-Dioxan	123-91-1	**73**		73.000	EU: Carc. Cat. 3
12-2	Caprolactam	105-60-2	**50**	10.000	5.000	
12-3	N-Methyl-2-pyrrolidon	872-50-4	**800**		80.000	
12-4	Octamethylcyclotetra-siloxan (D4)	556-67-2	**1.200**			EU: Repr. Cat. 3 Einzelstoffbetrachtung
12-5	Methenamin, Hexa-methylentetramin (Formaldehyd-abspalter)	100-97-0	**30**			OEL-Norwegen/ Schweden [1)]: 3.000 µg/m³ (1999)
12-6	2-Butanonoxim	96-29-7	**20**			EU: Carc. Cat. 3 Einzelstoffbetrachtung
12-7	Tributylphosphat	126-73-8	**25**		2.500	
12-8	Triethylphosphat	78-40-0	**25**			Vgl. Tributylphosphat
12-9	5-Chlor-2-methyl-4-isothiazolin-3-on (CIT)	26172-55-4	**1**		50	TRGS 900 [1)]: 50 µg/m³ für Gemisch 3:1 mit 2-Methyl-4-isothiazolin-3-on (MIT)

[1)] Zur besseren Vergleichbarkeit erfolgen die Konzentrationsangaben in µg/m³.
Grau unterlegt: VVOC, gehen derzeit nicht in die AgBB-Bewertung ein

N

Nitrocelluloselacke →Nitrolacke

Nitrocellulosespachtel →Nitrospachtel

Nitrolacke N. (Nitrocelluloselacke, Cellulosenitratlacke) sind →Anstrichstoffe, die aus in →Lösemitteln gelöster Nitrocellulose, →Weichmachern (→Phthalaten), →Pigmenten und weiteren →Kunstharzen (z.B. →Alkydharzen) bestehen. Der Lösemittelgehalt kann bis zu 75 % betragen. N. sind schnell trocknende Lacke mit sehr guten optischen Eigenschaften. Anwendungsgebiete sind Holzlacke insbesondere in der Möbelindustrie, Metalllacke, Papierlacke, Lederlacke und Textillacke. Der Verbrauch an N. ist in den letzten Jahren kontinuierlich gesunken.
N. besitzen unter den Lacken den höchsten Lösemittelgehalt und zählen zu den Anstrichstoffen mit dem höchsten umwelt- und gesundheitsschädlichem Potenzial. Lösemittel sind →Toluol, →Xylol, →Ketone, →Ester und →Alkohole. Bei der Anwendung sind Schutzmaßnahmen erforderlich, da es aufgrund hoher Lösemittelkonzentrationen in der Luft zu gesundheitlichen Beeinträchtigungen (Schwindel, Übelkeit u.a.) kommen kann (ggf. auch Explosionsgefahr). Während der Nutzungsphase können die Phthalate austreten. Werden Formaldehyd-Harze verwendet, kann →Formaldehyd freigesetzt werden. N. dürfen nicht ins Abwasser gelangen, da viele Inhaltsstoffe stark wassergefährdend sind. Ihre Entsorgung ist wegen des hohen Lösemittelgehaltes problematisch. →Verdünner

Nitrosamine N. sind stark krebserzeugende Stoffe. Die Belastung des Menschen durch N. erfolgt aus verschiedenen Quellen. N. können im Magen-Darm-Trakt aus Lebensmitteln entstehen (Nitrit + Amine). Eine wesentliche Quelle ist der →Tabakrauch bzw. der →Passivrauch. Bei der Vulkanisation von →Styrol-Butadien-Kautschuk entstehen N. aus den Vulkanisationsbeschleunigern (setzen die Amine frei) und den nitrosen Gasen (aus der Luft, adsorbiert oder gelöst in Zusatzstoffen). Eine Abgabe von N. während der Nutzungsphase aus Gummimaterialien (z.B. →SBR-Bodenbeläge) ist möglich. Kühlschmierstoffe stellen an Arbeitsplätzen der metallverarbeitenden Industrie eine bedeutende N.-Quelle dar.

Nitrospachtel N. wird aus →Nitrolack durch Zugabe von Füllstoffen erzeugt. N. wird in der Fahrzeugrestauration zum Füllen von Kratzern und Steinschlägen und im Modellbau verwendet.

Nonanal Muffig bzw. ranzig riechender gesättigter C9-Aldehyd (Geruchsschwelle 13,5 µg/m³, Scholz & Santl), der bei der Zersetzung (Abbau) von →Ölsäure entsteht. N. hat vermutlich einen maßgeblichen Anteil am muffigen Geruch von →Hausstaub. →Aldehyde

Nonansäure →Fettsäuren

4-Nonylphenol 4-N. (NP) ist das Vorprodukt für →Nonylphenolethoxylate (NPE), der wichtigsten Untergruppe der →Alkylphenolethoxylate (APEO). In der Umwelt werden NPE wieder zu giftigem NP abgebaut. NP besitzt eine hohe aquatische Toxizität (R50/53) und Bioakkumulationsfähigkeit. Die Chemikalie ist biologisch schwer abbaubar und wird z.B. in Sedimenten von Gewässern angereichert. Gelangt NP in den Körper, ahmt es das weibliche Sexualhormon Östrogen nach. In der Leber stimuliert es ein Enzymsystem, das mit Estriol seinerseits die Produktion eines ähnlichen Hormons erhöht. Östrogen und Estriol wurden mit Brustkrebs in Verbindung gebracht. Bei Untersuchungen an Mäusen wurde die krebserzeugende Wirkung von NP nachgewiesen. Wissenschaftler der University of Texas gehen davon aus, dass ein langfristiger Kontakt mit NP beim Menschen zu einem deutlich erhöhten Brustkrebsrisiko führen könnte.

Nonylphenolethoxylate N. (NPEO) sind – bezogen auf die Produktionsmenge – die mit Abstand wichtigste Gruppe der →Alkylphenolethoxylate.

Normalmörtel →Mörtel mit einer Trockendichte von ca. 1.500 kg/m³. Durch die hohe →Wärmeleitfähigkeit können im Mauerwerk Wärmebrücken entstehen, die die Dämmwirkung der Mauersteine unterbrechen.

Normalwerte N. (Gegenteil: →Auffälligkeitswerte) beschreiben Stoffkonzentrationen, die üblicherweise in der Innenraumluft gemessen werden und damit als „normal" gelten. N. sind nicht gesundheitlich begründet, sondern aus einem Wertekollektiv möglichst repräsentativer Raumluftmessungen abgeleitet (Referenzwerte). Als „normal" gilt der 50-Perzentil, also der Wert, der von 50 % der Messwerte eines solchen Wertekollektivs überschritten wird. →Innenraumluft-Grenzwerte

Normtrittschallpegel →Trittschallschutz

NP →4-Nonylphenol

NPEO →Nonylphenolethoxylate

Nullenergiehäuser N. sind Gebäude, die autark (ohne äußere Energiezufuhr) betrieben werden sollen. Im N. wird der aktiven Nutzung von Sonnenwärme gegenüber Passivmaßnahmen wie Verlustminimierung und passivsolarer Nutzung der Vorzug gegeben. Der →Wärmeschutz der realisierten Bauten ist daher meist nicht so gut wie derjenige von →Passivhäusern. Der →Heizwärmebedarf wird durch im Sommer gesammelte und in entsprechend dimensionierte Speicher geladene Sonnenenergie gedeckt. Aufgrund der im Vergleich zu den Energieeinsparungen hohen Herstellungskosten (insbesondere der Wärmespeicher) ist an eine breite Anwendung dieses Typs in mitteleuropäischen Klimata (zumindest derzeit) nicht zu denken. Nichtsdestotrotz könnte dieses Konzept – die Entwicklung billiger Wärme- und Stromspeichertechnologien vorausgesetzt – mittelfristig auch für eine breitere Anwendung verfügbar sein.

Nussbaum Das 5 bis 10 cm breite →Splintholz ist grauweiß bis rötlichweiß gefärbt, das →Kernholz hellgrau bis mausgrau und dunkelbraun oder violettbraun, dabei oft mit Farbstreifen („gewässert"). Es zeigt eine unregelmäßige Aderung, mit schöner Flader- bzw. Streifenzeichnung, teils auch mit geriegelter oder geflammter Textur. N. ist relativ grobporig.

N. ist mittelschwer bis schwer, mit guten Festigkeitseigenschaften, vor allem äußerst biegfest. Das Holz ist mäßig schwindend mit gutem Stehvermögen, leicht und glatt zu bearbeiten, insbesondere gut zu profilieren, drechseln, schnitzen und polieren. Die Oberflächenbehandlung ist problemlos. N. ist mäßig witterungsfest. Bei der Verarbeitung ist auf Schutz vor →Holzstaub (krebserzeugend gem. →TRGS 906) zu achten.

N. wird wie →Kirsche verwendet. Es ist ein ausgesprochenes Ausstattungsholz und wird gleich Kirsche als Massivholz und Furnier vorrangig für Möbel, Musikinstrumente (Klaviere) und im anspruchsvollen Innenausbau für Bekleidungen, Türen und Treppen eingesetzt. N. ist begehrt für Drechsler- und Schnitzarbeiten aller Art und gilt als Spezialholz für Gewehrschäfte. Besonders schön sind die gemaserten Furniere aus Wurzelstöcken.

Nylon N. (Handelsname) war die erste synthetische Faser und wurde 1939 von der Fa. Du Pont auf den Markt gebracht. N. ist, wie Dralon (Handelsname), chemisch ein →Polyamid. N. wird nach dem Schmelzspinn- oder Extrusionsverfahren hergestellt. Die Faser zeichnet sich durch eine hohe Reiß- und Verschleißfestigkeit aus.

O

Oberflächenkondensat Liegt die Oberflächentemperatur unter dem Taupunkt, kann Kondenswasser anfallen (siehe auch →Luftfeuchte). Dadurch entstehen ideale Bedingungen für das Wachstum von →Schimmelpilzen. Besonders gefährdete Stellen für Oberflächenkondensat sind geometrische Wärmebrücken (Übergang Innenwand-Außenwand, Gebäudeecken) oder konstruktive Wärmebrücken (z.B. durchgehende Balkonplatten aus Stahlbeton). Eine gute →Wärmedämmung erhöht die Oberflächentemperaturen.

Octadecansäure →Fettsäuren

Octansäure →Fettsäuren

Octoate →Trockenstoffe

ODP → Ozonabbau in der Stratosphäre

Ökobilanz Die Ö. (life cycle assessment, LCA) ist eine Methode zur Abschätzung der mit einem Produkt verbundenen Umweltaspekte und produktspezifischen potenziellen Umweltwirkungen (EN ISO 14040). Die vier Stufen einer Ö. sind: Zieldefinition, →Sachbilanz, →Wirkbilanz und Auswertung der Ergebnisse hinsichtlich Zielstellung der Studie. Bei einer Ö., deren Ergebnisse zur Begründung vergleichender Aussagen herangezogen werden, muss außerdem eine kritische Prüfung durch einen internen oder externen Sachverständigen vorgenommen werden. Die Ö. dient der Offenlegung von Schwachstellen, der Verbesserung der Umwelteigenschaften der Produkte, der Entscheidungsfindung in der Beschaffung und im Einkauf, der Förderung umweltfreundlicher Produkte und Verfahren, dem Vergleich alternativer Verhaltensweisen und der Begründung von Handlungsempfehlungen (Umweltbundesamt). Die Ö. ist eine von mehreren Umweltmanagementmethoden (z.B. Risikoabschätzung, Umweltverträglichkeitsprüfung) und muss nicht immer die am besten geeignete Methode sein. Die Ö. betrachtet das Produkt vornehmlich unter Umweltschutzgesichtspunkten und kann als umweltschutzbezogener Baustein der →Produktlinienanalyse bezeichnet werden. Gesetzliche Vorschriften, die eine verbindliche Verpflichtung zur Durchführung einer produktorientierten ökologischen Bilanzierung auf dem Markt befindlicher Produkte oder von Neuentwicklungen beinhalten, existieren zurzeit nicht. Ö. befinden sich noch in einem frühen Entwicklungsstadium, vor allem uneinheitliche Datenerfassung und fehlende Transparenz bei der Durchführung von Ö. kann zu Problemen führen, wenn unterschiedliche Ö.-Ergebnisse miteinander verglichen werden. Die Lösung dieser Probleme bieten eine einheitlich anzuwendende Methode, die Erarbeitung einer allgemeingültigen Vorgangsweise und Bilanzmethode sowie eine definierte Datenstruktur. Europaweit wird bereits fieberhaft daran gearbeitet und in ein paar Jahren ist mit einer befriedigenden Lösung zu rechnen. Einen Rahmen bieten bereits jetzt die Normen EN ISO 14040 ff.

Ökologische Baustoffe Die Bauwirtschaft hat als der größte Wirtschaftszweig unserer Volkswirtschaft einen bedeutenden Anteil an den lokalen und globalen Umweltbelastungen. Gewinnung, Herstellung, Transport und Entsorgung von Baumaterialien verursachen Rohstoff- und Energieverbrauch, Luft- und Wasserverschmutzung, Lärm, Abfälle, mikroklimatische und landschaftliche Veränderungen sowie Bodenversiegelung. Im Rahmen der →Bauökologie kommt der Baustoffwahl daher eine zentrale Bedeutung zu. Als ökologisch kann ein Baustoff bezeichnet werden, wenn die Belastung der Umwelt und die gesundheitlichen Auswirkungen entlang des gesamten →Lebenszyklus weitestgehend minimiert sind. Im Einzelnen bedeutet dies:

- Umwelt- und gesundheitsverträgliche Rohstoffgewinnung und Herstellung
- Schadstoffarmes Material
- Einfache stoffliche Zusammensetzung
- Einfache und gesundheitlich unbedenkliche Verarbeitbarkeit
- Emissionsarm beim Gebrauch
- Günstiger Einfluss auf das Raumklima

– Hohe Gebrauchstauglichkeit und Lebensdauer
– Gute →Recycling-Möglichkeiten
– Umweltverträgliche Entsorgung

Zwar ist die Handlungsbereitschaft für ökologisches Bauen bei vielen Bauherren und Architekten vorhanden, die Situation am Baustoffmarkt ist aber nach wie vor unübersichtlich. Es fehlt an verlässlichen Leitlinien und ökologischen Kenndaten. Informationen sind widersprüchlich und nicht selten ohne ausreichenden wissenschaftlichen Hintergrund. Groß ist nach wie vor die Zahl der Baustoffe, die bedenkliche Chemikalien enthalten. Dringend erforderlich ist eine Volldeklaration aller Inhaltsstoffe von Bauprodukten, wie sie z.B. für die →Pflanzenchemiehersteller und andere Hersteller von Anfang an selbstverständlich war. Um die Umweltrelevanz eines Baustoffs in ihrer Komplexität beurteilen zu können und zu einer fundierten Gesamtaussage zu kommen, ist es erforderlich, die Umweltauswirkungen entlang des gesamten Produktlebenszyklus von der Rohstoffgewinnung bis hin zur Entsorgung aufzuzeigen und zu bewerten (→Ökobilanz, →Produktlinienanalyse). →Umweltzeichen, die von unabhängigen Stellen nach umfassenden Kriterien vergeben werden, können gemeinsam mit einer Volldeklarationen eine gute Entscheidungshilfe bei der Baustoffwahl sein. Bei der Beurteilung von Innenausstattungsmaterialien besitzt die Frage nach gesundheitlich bedenklichen Inhaltsstoffen und dem Ausgasungsverhalten eine wesentliche Bedeutung (→Bauprodukte – Grundsätze zur gesundheitlichen Bewertung von Bauprodukten in Innenräumen).

Ökologische Produktprüfung Der Begriff der Ö. wurde in den 1980er-Jahren durch das ECO-Umweltinstitut eingeführt. Die Ö. befasst sich mit der Prüfung von Bau- und anderen Produkten unter gesundheitlichen und Umweltaspekten. Inzwischen haben diese Gesichtspunkte zunehmend Eingang in die nationalen und europäischen Regelwerke zur Zulassung von Bauprodukten (→Bauprodukte – Grundsätze zur gesundheitlichen Bewertung von Bauprodukten in Innenräumen) gefunden. Damit setzt sich mehr und mehr ein ganzheitliches Qualitätsverständnis durch, das neben der technischen Qualität auch die gesundheitliche und die umweltbezogene Qualität von (Bau-)Produkten umfasst.

Ökologisches Bauen →Bauökologie

Öko-Zentrum NRW Das Ö. wurde gemeinsam initiiert vom Land Nordrhein-Westfalen und der Stadt Hamm. Mit seinen Aktivitäten, Gebäuden und Anlagen soll es das ökologische Bauen fördern. Es versteht sich als eine Art „joint venture“ der öffentlichen Hand (Stadt, Region, Bundesland) und von Körperschaften des Bauwesens. In der Betreibergesellschaft haben sich 17 Projektträger zusammengeschlossen.

Um seine Aufgabe zu erfüllen, setzt das 1993 eröffnete und zur Internationalen Bauausstellung Emscher Park gehörende Zentrum auf mehreren Ebenen an. Sein Dienstleistungsangebot besteht aus den Hauptsäulen Veranstaltungen (Messen, Tagungen etc.), Fort- und Weiterbildung, Wissenstransfer (Projektmanagement, Fernlehrgang, Beratung, Bibliothek etc.). Das zweite „Standbein“ des Ö. ist ein gleichnamiger Gewerbepark, geplant als Modell für zeitgemäße Gewerbeansiedlung und die Neunutzung ehemaliger Industrieflächen.

OEL OEL sind Grenzwerte für die berufsbedingte Exposition (occupational exposure limits) der EU. Die OEL werden vom SCOEL (Wissenschaftlicher Ausschuss für Grenzwerte berufsbedingter Exposition) erarbeitet. Der SCOEL umfasst 21 Mitglieder aus den Bereichen Chemie, Toxikologie, Epidemiologie, Arbeitsmedizin und Arbeitshygiene aus allen Mitgliedstaaten und berät die EU-Kommission bei der Festlegung von gesundheitsbasierten Arbeitsplatzgrenzwerten (AGW). Dabei kann es sich handeln um den über acht Stunden gewichteten Durchschnittswert (TWA), um Kurzzeitgrenzwerte/Exkursionsgrenzen (STEL) und um biologische Grenzwerte.

Die EU-Arbeitsplatzgrenzwerte werden in folgenden Schritten festgelegt:

1. Evaluierung der wissenschaftlichen Daten
2. Empfehlung eines forschungsbasierten Arbeitsplatzgrenzwertes durch den SCOEL an die Kommission
3. Entwicklung eines Vorschlags für einen AGW durch die Dienststellen der Kommission
4. Konsultation mit dem Beratenden Ausschuss für Sicherheit, Arbeitshygiene und Gesundheitsschutz am Arbeitsplatz
5. Annahme der Durchführungsrichtlinie

Öle Öle aus →Nachwachsenden Rohstoffen sind z.B. →Leinöl, Leinöl-Standöl, →Terpentinöl, →Citrusschalenöl, Pineöl, Rizinus-Standöl, Rosmarinöl, →Saflor-Öl, →Tallöl. →Fußbodenhartöle, →Hartöle, →Ölfarben, →Ölen und Wachsen, →Firnis

Ölen und Wachsen Im Gegensatz zur →Parkettversiegelung bleiben beim Ö. eines Holzbodens die typische Holzstruktur und die Diffusionsfähigkeit in hohem Maß erhalten. Die Oberfläche erhält eine seidenmatte Optik und bleibt tastsympathisch. Das →Hartöl (Grundierung) imprägniert das Holz und setzt das Saugverhalten stark herab, die Oberflächenstruktur des Holzes bleibt jedoch spürbar. Durch den Auftrag des →Fußbodenwachses und das folgende Polieren wird eine hauchdünne Schutzschicht aufgebracht, welche die Oberflächenhärte und mechanische Strapazierfähigkeit steigert. Der wasserabweisende Effekt des Wachses schützt den Boden vor Feuchtigkeit. Der behandelte Fußboden ist nach 24 Stunden belastbar, nach ca. zwei Wochen erreicht er seine Endhärte. Imprägnierungen durch Ö. bieten nicht den gleichen strapazierfähigen und dauerhaften Schutz des Parketts, zeichnen sich aber durch eine geringere Belastung des Verarbeiters und der Bewohner aus.

Ölfarben Ö. sind →Anstrichstoffe auf der Basis von Ölfirnis. Als →Lösemittel dienen u.a. →Testbenzin und natürliche Lösemittel wie Balsamterpentinöl (→Terpentinöl). →Naturfarben werden mit →Leinölfirnis hergestellt. Diese Ö. dringen gut in das Holz ein und sind dampfdiffusionsoffen. Ö. sind nur langsam trocknend. Der richtige Schichtaufbau ist „von mager nach fett“. Ö. werden heute vor allem in der Kunstmalerei eingesetzt, sie eignen sich aber auch z.B. zum Streichen von Türen und Fenstern. Ö. für außen sind bei richtiger Ausführung recht lange haltbar. →Naturharz-Lacke

Ölimprägnierungen →Firnis, →Ölfarben, →Hartöl

Ölkitt Ö. wird zum Verkitten von Fenstern eingesetzt. Der klassische Ö. ist →Leinölkitt. Teilweise sind auch kunststoffmodifizierte Ö. im Einsatz. Ö. darf nicht bei Mehrfachverglasung eingesetzt werden. Er erhärtet und versprödet mit der Zeit, wodurch Wasser eindringen und Anstriche und Holz zerstören kann. Die Ö.-Falze müssen dann entfernt und die Verkittung neu ausgeführt werden. Das Überstreichen mit Lacken ist problemlos möglich. Die Umwelt- und Gesundheitsverträglichkeit wird im Wesentlichen durch die verwendeten Rohstoffe bestimmt. Ö. ist in der Regel problemlos zu entsorgen. Alter Ö. kann aber →Asbest enthalten.

Ölsäure Ö. ist die bedeutendste ungesättigte →Fettsäure und praktisch in allen pflanzlichen und tierischen Ölen und Fetten in meist hohen Anteilen enthalten. Bei der Zersetzung (Abbau) von Ö. entsteht Nonanal, ein ranzig bzw. muffig riechender Aldehyd, dessen Geruchsschwelle 13,5 $\mu g/m^3$ beträgt (Scholz & Santl). Nonanal hat vermutlich einen maßgeblichen Anteil am muffigen Geruch von →Hausstaub.

ÖNORM Österreichische Norm. Bei der Erstellung einer Ö. wirken alle betroffenen Kreise (Erzeuger, Verbraucher, Behörden, Wissenschaft) mit. Sie kann nur mit Einstimmigkeit angenommen werden.

Österreichisches Institut für Baubiologie und -ökologie →IBO

Österreichisches Institut für Bautechnik Das Ö. (OIB) ist die Koordinierungsplattform der österreichischen Bundesländer auf dem Gebiet des Bauwesens, insbesondere im Zusammenhang mit der Umsetzung der →Bauproduktenrichtlinie.

Gleichzeitig ist das Institut Zulassungsstelle für die Erteilung europäischer technischer Zulassungen und Akkreditierungsstelle für Prüf-, Überwachungs- und Zertifizierungsstellen für Bauprodukte. Das OIB nimmt Aufgaben auf internationaler und nationaler Ebene wahr.

Österreichisches Normungsinstitut →ÖNORM

Österreichisches Umweltzeichen Produkte mit dem Umweltzeichen müssen eine Reihe von Umweltkriterien erfüllen und deren Einhaltung durch ein unabhängiges Gutachten nachweisen. Ausgezeichnet werden nur jene nachgewiesen umweltschonenden Produkte, die auch eine angemessene Gebrauchstauglichkeit und Qualität aufweisen. Das Ö. ist eine Initiative des Lebensministeriums. Die Richtlinienentwicklung und Administration erfolgt durch den Verein für Konsumenteninformation (VKI). Mit dem Ö. sind mehr als 300 Produkte, davon etwa 80 Tourismusbetriebe, ausgezeichnet. Von den Richtlinien des Ö. beziehen sich folgende auf Produktgruppen, die als Baumaterialien Relevanz besitzen:

- Lacke, Lasuren und Holzversiegelungslacke (UZ 1)
- Holzwerkstoffe (UZ 7)
- Wandfarben (UZ 17)
- Textile Fußbodenbeläge (UZ 35)
- Elastische Fußbodenbeläge (UZ 42)
- Mauersteine, hydraulisch gebunden (UZ 39)
- Wärmdämmstoffe aus nachwachsenden Rohstoffen (UZ 44)
- Wärmedämmstoffe aus mineralischen Rohstoffen (UZ 45)
- Wärmedämmstoffe aus fossilen Rohstoffen, hydrophob (UZ 43)

Offenporige Anstriche Als O. werden Oberflächenanstriche bezeichnet, die den Feuchtigkeitsaustausch zwischen dem Untergrund (z.B. Holz) und dessen Umgebung ermöglichen. Solche Anstrichstoffe werden auch als diffusionsoffen oder wasserdampfdiffusionsoffen bezeichnet. Sie verzögern Kondensat und damit die Gefahr der Schimmelpilzbildung. O. wirken positiv auf das →Raumklima. Für Holzoberflächen sind z.B. →Wachsöle oder →Naturharzlasuren (→Pflanzenchemiehersteller), für Wände beispielsweise →Kaseinfarben oder →Kalkfarben geeignet.

OIB Abk. für →Österreichisches Institut für Bautechnik.

OIT Octylisothiazolinon. →Isothiazolinone

Oligomere Oligomere sind – ähnlich den →Polymeren – Makromoleküle, die aus strukturell gleichen oder ähnlichen Einheiten aufgebaut ist. Die Anzahl dieser Einheiten ist jedoch erheblich kleiner als bei den Polymeren und beträgt meistens zwischen 10 und 30.

ON Abk. für Österreichisches Normungsinstitut. →ÖNORM

ONR ON-Regeln (ONR) sind normative Dokumente, die erstmals 1998 vom Österreichischen Normungsinstitut herausgegeben wurden. ONR weisen ein geringeres Maß an Konsens auf als Normen, und bei ihrer Erarbeitung müssen nicht alle betroffenen Kreise beteiligt sein. Es genügt, wenn mindestens zwei Marktpartner teilnehmen. Dadurch ist die Bearbeitungszeit wesentlich kürzer, die ONR haben aber auch einen geringeren Status als →ÖNORMEN.

Organophosphate O. (organische Phosphorsäure-Ester) werden in erheblichem Umfang in Produkten für den Innenraum eingesetzt. Unterschieden werden halogenierte O. (insbes. Organochlorphosphate; →Tris(2-chlorethyl)phosphat) und halogenfreie O. Wichtigster Vertreter der halogenhaltigen O. ist das TCPP (→Tris-(chlorpropyl)phosphat). Halogenfreie O. verzeichnen eine zunehmende Bedeutung, da der Einsatz von halogenierten O. – insbes. von bromierten Stoffen – aufgrund ihrer Toxizität weiter zurückgeht.

Aufgrund der physikalisch-chemischen Eigenschaften können O. sowohl als →Weichmacher als auch als →Flammschutzmittel in verschiedenen Kunststoffprodukten eingesetzt werden, u.a. in Schallschutz- und Wärmedämmplatten, in

Tabelle 81: Stoffnamen und Abkürzungen von Organophosphaten

Stoff	Abkürzung
Tris(2-chlorethyl)phosphat	TCEP
Tris(chlorpropyl)phosphat	TCPP
Tris(dichlorisopropyl)phosphat	TDCPP
Tri-n-butylphosphat	TBP
Tris(2-butoxyethyl)phosphat	TBEP
Tris(2-ethylhexyl)phosphat	TEHP
Diphenyl-(2-ethylhexyl)-phosphat = Diphenyloctylphosphat	DPEHP
Trikresylphosphat	TKP
Triphenylphosphat	TPP

Polster- und Montageschäumen sowie in Kunststoffen für Gerätebauteile (PCs, Drucker, Monitore). Hauptanwendungsbereich der O. (z.B. TCPP) sind →Polyurethan-Schäume. Arylierte Phosphorsäureester (z.B. TPP) werden insbes. für Kunststoffteile von elektrischen und elektronischen Geräten eingesetzt. Daneben finden sich O. auch in Bodenpflegemitteln (z.B. TBP, TBEP). Der jährliche Verbrauch des am meisten verwendeten, chlorierten O. TCPP in der EU beträgt etwa 38.000 t.

Die unterschiedliche Verwendung von O. als Flammschutzmittel oder Weichmacher spiegelt sich im O.-Gehalt wider:

- O. als Flammschutzmittel: Gehalt im Produkt ca. 5 – 20 %
- O. als Weichmacher: Gehalt im Produkt < 5 %

Ihre flammhemmende Wirkung entfalten O. durch thermische Zersetzung zu Phosphorsäure, die zur Carbonisierung des Substrats führt.

O. sind z.T. reproduktionstoxisch, krebserzeugend und neurotoxisch. Infolge der Anwendung in Bauprodukten und Materialien der Innenausstattung finden sie sich in der Luft und im →Hausstaub von Innenräumen.

Tabelle 82: Organophosphate im Hausstaub

Stoff	n	50-Perz.	90-Perz.	95-Perz.	Max.	Autor
		[mg/kg]				
TBP	65	0,4	–	1,5	5,7	Kersten & Reich (2003) [1)]
	28	2,5	–	34,4	49,3	Nagorka & Ullrich (2003) [3)]
TBP	65	5,0	–	40	120	Kersten & Reich (2003) [1)]
	28	16,1	–	162	210	Nagorka & Ullrich (2003) [3)]
TCEP	59	0,9	–	8,4	94	Sagunsky et al. (2001)
	356	0,60	4,0	8,8	64	Ingerowsky et al. (2001) [2)]
	541	0,60	4,0	7,5	121	Ingerowsky et al. (2001) [2)]
	86	0,77	5,8	12	94	Ingerowsky et al. (2001) [2)]
	65	1,6	–	6,2	9,5	Kersten & Reich (2003) [1)]
	28	2,50	–	6,33	6,84	Nagorka & Ullrich (2003) [3)]
TCPP	216	0,40	2,0	3,4	33	Ingerowsky et al. (2001) [2)]
	147	0,60	4,7	8,8	36	Ingerowsky et al. (2001) [2)]
	73	0,70	4,1	5,6	375	Ingerowsky et al. (2001) [2)]
	63	1,4	–	12	27	Kersten & Reich (2003) [1)]

Fortsetzung Tabelle 82:

Stoff	n	50-Perz.	90-Perz.	95-Perz.	Max.	Autor
		[mg/kg]				
TDCPP	62	1,2	–	6,8	35	Kersten & Reich (2003)
	28	1,69	–	12,4	18,3	Nagorka & Ullrich (2003) [3]
TEHP	62	0,2	–	0,9	2,0	Kersten & Reich (2003) [1]
	28	0,80	–	22,4	37,5	Nagorka & Ullrich (2003) [3]
TKP	65	2,2	–	15	36	Kersten & Reich (2003) [1]
TPP	65	2,9	–	16	56	Kersten & Reich (2003) [1]
	28	6,51	–	19,5	22,9	Nagorka & Ullrich (2003) [3]

[1] Analyse eines Staubsaugerbeutels (< 63 μm-Fraktion)
[2] Analyse eines Staubsaugerbeutels (Gesamtstaub)
[3] Analyse von Wischproben (Staubniederschlag)

Tabelle 83: Organophosphate in der Innenraumluft

Stoff	n	50-Perz.	Bereich	Autor
		[$\mu g/m^3$]		
TBP	5	–	0,010 – 0,064	Carlsson et al. (2003)
TBEP	13	–	< 0,010 – 0,03	Hansen et al. (2001)
	5	–	0,001 – 0,006	Carlsson et al. (2003)
TCE	50	0,10	< 0,005 – 6	Ingerowsky et al. (2001)
	14	0,38	< 0,010 – 3,9	Hansen et al. (2001)
	5	–	0,011 – 0,25	Carlsson et al. (2003)
TCPP	5	–	0,019 – 0,058	Carlsson et al. (2003)
TEHP	5	–	< 0,001 – 0,010	Carlsson et al. (2003)
TKP	7	–	< 0,010	Hansen et al. (2001)
TPP	5	–	< 0,001	Carlsson et al. (2003)
	13	–	< 0,010	Hansen et al. (2001)

Tabelle 84: RW I und RW II für Tris(2-chlorethyl)phosphat (→Innenraumluft-Grenzwerte)

Stoff	RW I	RW II	Jahr der Festlegung
Tris(2-chlorethyl)phosphat	5 $\mu g/m^3$	50 $\mu g/m^3$	2002

Tabelle 85: Flächenspezifische Emissionsraten für TCPP aus verschiedenen Produkten (Kemmlein et al., 2003)

Material	SER_A [$\mu g/m^3h^{-1}$]
Dämmplatte (80 g/l)	0,21
Dämmplatte (30 g/l)	0,60
PU-Schaum (poröse Oberfläche, neu)	70

PU-Schaum (poröse Oberfläche, gealtert)	140
PU-Schaum (glatte Oberfläche, neu)	50
PU-Schaum (glatte Oberfläche, gealtert)	50
Polsterschaum	77

Organo-Silikatfarben Andere Bezeichnung für →Dispersionssilikatfarben.

Organozinnverbindungen →Zinnorganische Verbindungen

Orientierungswerte Zur Begrenzung bzw. zur Beurteilung von Schadstoff-Konzentrationen in der Innenraumluft werden Grenzwerte, Richtwerte und O. bzw. Referenzwerte festgelegt bzw. abgeleitet. Wesentliche Merkmale bzw. Unterschiede dieser Werte sind im Folgenden beschrieben:

	Merkmal	Toxikologisch begründet	Gesetzlich festgelegt
Grenzwerte	Max. zulässige Konzentration eines Schadstoffs	Ja	Ja
Richtwerte	Konzentration eines Schadstoffs, bei deren Überschreitung unter dem Gesichtspunkt der Gesundheitsvorsorge bzw. der Gefahrenabwehr Maßnahmen ergriffen werden sollten	Ja	Nein Festlegung durch Behörden oder Fachgremien, allgemein anerkannte Werte
Orientierungswerte Referenzwerte	Konzentration eines Schadstoffs, wie sie bei statistischen Erhebungen festgestellt wurde	Nein	Nein

Ortschäume O. sind direkt an der Verwendungsstelle (vor Ort) hergestellte Schäume für die Wärme- und Kältedämmung. Die Verarbeitung erfolgt mit Schäummaschinen. →Polyurethan-O. (auch als Polyisocyanurat-O. (→Polyisocyanurate) bezeichnet) enthalten das leicht flüchtige →Isocyanat TDI (Toluylendiisocyanat). →Harnstoff-Formaldehydharz-O. emittieren in großen Mengen Formaldehyd.

OSB-Platten O. (oriented strand boards) bestehen aus langen, schlanken Holzspänen (strands) die im Allgemeinen dreischichtig mit PU-Harz in der Mittelschicht und MUPF-Harzen in den Deckschichten (Anteil etwa 8 %) verklebt und mit einer Paraffinwachsemulsion beschichtet sind. Die Späne der Außenschichten sind zu den Plattenkanten ausgerichtet (oriented), die Späne der Mittelschicht können zufällig oder im rechten Winkel zur Außenschicht angeordnet sein. Als Rohstoff dienen im Allgemeinen hochwertige Waldholzsortimente. Aus den aus Rundholz hergestellten Spänen von 12 – 15 cm Länge werden nach dem Trocknen die Feinteile (ca. 20 %) ausgesiebt. Die mit Bindemittel benetzten Späne werden in modernen Anlagen meistens in kontinuierlich arbeitenden Pressen zu Platten von 8 bis 40 mm Dicke verarbeitet, anschließend besäumt und geschliffen. O. werden für Decken-, Dach- und Wandbeplankungen, für tragende und aussteifende Elemente, als Stege für zusammengesetzte Querschnitte, für Innenverkleidungen, Bodenplatten und Verlegeplatten eingesetzt. Nach EN 300 werden sie nach Beanspruchungs- bzw. Bewitterungsbeständigkeit in Verwendungsklassen 1 – 4 eingeteilt.
O., die in Deutschland praktisch ausschließlich aus Kiefernholz hergestellt werden, weisen im Vergleich zu →Spanplatten und →MDF-Platten ein deutlich erhöhtes VOC-Emissionspotenzial auf. Unterscheiden lassen sich flüchtige Holzinhaltsstoffe (insbes. →Terpene) und reaktiv freigesetzte →VOC (hauptsächlich →Aldehyde). Die Aldehyde bilden sich durch Oxidationsvorgänge bei der Trocknung der Strands. Ursächlich für die Höhe der Emission sind die Holzeigenschaften und die Prozessbedingungen bei der Produktion der OSB.

Tabelle 86: Emissionen aus OSB-Platten (Emissionsprüfkammer, ausgewählte Stoffe, q = 1, LWZ = 1, Beladung = 1, Messung nach 28 Tagen; Quelle: ECO-Umweltinstitut)

Produkt	Pentanal	Hexanal	Heptanal	Oktanal	Nonanal	Furfural	Hexansäure	alpha-Pinen	beta-Pinen	delta-3-Caren	Limonen	TVOC[1]
	[µg/m³]											
A	27	100			7		54	3	1	3		228
B	10	62			5		14	5				107
C	120	640	15	18	11		38	79	21	31		1.080
D	32	120					25	20		11		218
E	11	52			6		36	10		5		146
F	32	120	6	7			9	32		19		262
G	67	170			22	4	160	72	12	50	5	634
H	68	180			13	2	180	120	28	100	10	725
I	44	140			10	4	27	72	8	52	4	370

[1] Die Werte für den TVOC beinhalten zusätzlich die Konzentrationen weiterer gemessener Stoffe, die hier nicht im Einzelnen aufgeführt sind.

Die Möglichkeiten zur Senkung der VOC-Emissionen werden zurzeit erforscht. →Holz, →Holzwerkstoffe

OSPAR Die seit 1992 existierende OSPAR-Konvention der „Kommission zum Schutz der Meeresumwelt des Nordatlantiks" (Oslo-Paris-Abkommen) ist das derzeit zuständige Instrument für internationale Kooperation zum Schutz der Meeresumwelt im Nordatlantik. Die Vertragsparteien der OSPAR-Konvention beschlossen 1998 in Portugal eine langfristige Strategie für gefährliche Stoffe. Bis zum Jahr 2020 sollen Einleitungen, Emissionen und Verluste von gefährlichen Stoffen so weit vermindert werden, dass für natürliche Stoffe die Hintergrundwerte und für anthropogene, synthetische Stoffe Umweltkonzentrationen nahe Null erreicht werden. Als gefährliche Stoffe werden definiert: Stoffe, die toxisch, persistent und bioakkumulierbar sind (PBT-Stoffe) und Stoffe, die über ein vergleichbares Gefährdungspotenzial verfügen, jedoch nicht alle oben genannten Eigenschaften aufweisen (zum Beispiel endokrine Stoffe).

Oxidationsbitumen O. entsteht bei Oxidation von →Destillationsbitumen (Biturox-Verfahren). →Bitumen

Oxime →2-Butanonoxim

Ozon O. (O_3) ist eine besondere Form von Sauerstoff. Das natürliche O. kommt in der Troposphäre in einer Konzentration zwischen 40 bis 80 µg/m³ Luft vor. Darüber hinaus wird es aus O.-Vorläufersubstanzen (→Stickstoffoxide, →VOC) in Zusammenspiel mit Sonnenlicht gebildet (→Sommersmog). Zur O.-Bildung in einem globalen Maßstab tragen auch Methan und →Kohlenmonoxid bei. O. bildet sich verstärkt bei sommerlichem Hochdruckwetter (hohe Temperaturen, starke Sonneneinstrahlung, Windstille und trockene Luft). Da hohe Sonneneinstrahlung die O.-Bildung unterstützt, treten hohe Werte vor allem mittags und nachmittags auf.

O. ist ein hochgiftiges Gas von stechendem Geruch und starker Reizwirkung. Es kann besonders bei Kindern und Kranken brennende Augen, Husten, Heiserkeit und entzündete Atemwege auslösen oder die Lungenfunktion schwächen. Bei manchen Pflanzenarten führen bereits kurzfristig erhöhte O.-Konzentrationen zu Schädigungen der Blattorgane, bei langfristiger Belastung treten Wachstums- und Ernteverluste auf. Das Ozonbildungspotenzial (→Fotooxidantienbildungspotenzial) ist daher eine wichtige Wirkkategorie in der →Ökobilanz. Troposphärisches O. ist außerdem eines der bedeutendsten Treibhaus-

gase, das allerdings nicht im Kyoto-Protokoll geregelt ist. Das in der Stratosphäre (15 bis 30 km) vorhandene O. dagegen schützt Lebewesen auf der Erde vor der von der Sonne einfallenden UV-Strahlung (→Ozonabbau in der Stratosphäre).
O. wird als Desinfektionsmittel für Trinkwasser und zur Zerstörung von geruchsaktiven Verbindungen nach Bränden aktiv eingesetzt. O. kann außerdem beim Betrieb von Laserdruckern und Kopiergeräten durch die elektrische Entladung an den Hochspannungseinrichtungen zur latenten Bilderzeugung oder durch Laser und UV-Strahler gebildet werden. Inzwischen werden aber praktisch nur noch Geräte angeboten, die über eine O.-Adsorptionsstrecke (Aktivkohlefilter) verfügen. Für das Auftreten von O. in Innenräumen ist daher die Außenluftqualität von wesentlich größerer Bedeutung. Das Verhältnis der O.-Konzentration in der Innenraumluft zur Außenluft beträgt zwischen ca. 10 – 70 % und hängt stark von den Lüftungs- und Nutzungsbedingungen ab. Vor allem in den Sommermonaten hat troposphärisches O. große Bedeutung auch für die Innenraumluft-Qualität. Typische O.-Konzentrationen in der Innenraumluft liegen zwischen < 10 bis ca. 500 µg/m³. O. ist gem. MAK-Liste als krebsverdächtig (Kat. 3B) eingestuft.

Ozonabbau in der Stratosphäre Das in der Stratosphäre (15 bis 30 km) vorhandene Ozon schützt Lebewesen auf der Erde vor der von der Sonne einfallenden UV-Strahlung. Dieses für die Menschheit überlebensnotwendige Ozon geht aber derzeit mit einer Rate von mehreren Prozent pro Dekade verloren. Die dadurch vermehrt zur Erdoberfläche durchdringende ultraviolette Strahlung fördert Hautkrebs und grauen Star. Außerdem werden Schäden an Feldfrüchten und Phytoplankton, die Basis der Nahrungskette im Meer, verursacht. Für die Ausdünnung der stratosphärischen Ozonschicht sind in erster Linie Fluorchlorkohlenwasserstoffe (→FCKW) verantwortlich, deren Konzentration in der Atmosphäre seit Beginn der 1950er-Jahre steil angestiegen ist. Diese verhalten sich in der unteren Atmosphäre wie Edelgase und daher völlig inert. Wegen dieser Reaktionsträgheit gelangen sie unverändert in die Stratosphäre, wo sie von der starken ultravioletten Strahlung gespalten werden. Die dabei freigesetzten Chloratome können Ozon abbauen, indem sie seine Umwandlung in normalen Luftsauerstoff katalysieren. Da Katalysatoren chemische Reaktionen beschleunigen, selbst aber nahezu unverändert wieder daraus hervorgehen, kann ein einziges Chloratom schließlich viele tausend Ozonmoleküle zerstören. Selbst wenn die FCKW-Emissionen heute schlagartig aufhörten, würde der Ozongürtel in der Stratosphäre erst in 40 bis 60 Jahren wieder den heutigen Zustand erreicht haben.
Seit Beginn 1995 sind Produktion und Verwendung von FCKW in der Europäischen Union grundsätzlich verboten. Die Verordnung 2037/2000/EG, die auch für Deutschland unmittelbar geltendes Recht ist, enthält Bestimmungen zur Herstellung, der Ein- und Ausfuhr, für das Inverkehrbringen, die Verwendung, die Rückgewinnung, das Recycling, und die Aufarbeitung und Vernichtung von Stoffen, die zum Abbau der Ozonschicht beitragen. Die Verordnung ist u.a. auf das Montrealer Protokoll von 1987 über Stoffe, die zum Abbau der Ozonschicht führen, gestützt. Mit der Verordnung wurde ein Stufenprogramm für den Ausstieg für teilhalogenierte Fluorchlorkohlenwasserstoffe (HFCKW) festgelegt. Bereits 2001 wurde der wesentliche Einsatz abgelöst. Ab dem 1.1.2010 ist auch die Verwendung von unverarbeiteten HFCKW zur Instandhaltung und Wartung bereits existierender Kälte- und Klimaanlagen verboten. Das generelle HFCKW-Verbot gilt ab dem 1.1.2015.

Die von der Verordnung erfassten Stoffe werden als geregelte Stoffe bezeichnet. Diese sind

- Fluorchlorkohlenwasserstoffe (FCKW – Gruppe I des Anhangs I) einschließlich ihrer Isomere,
- andere vollhalogenierte Fluorchlorkohlenwasserstoffe (Gruppe II des Anhangs I) einschließlich ihrer Isomere,

- Halone (Gruppe III des Anhangs I) einschließlich ihrer Isomere,
- Tetrachlorkohlenstoff (Gruppe IV des Anhangs I),
- 1,1,1-Trichlorethan (Gruppe V des Anhangs I),
- Brommethan (Gruppe VI des Anhangs I),
- teilhalogenierte Fluorbromkohlenwasserstoffe (Gruppe VII des Anhangs I) einschließlich ihrer Isomere,
- teilhalogenierte Fluorchlorkohlenwasserstoffe (Gruppe VIII des Anhangs I) einschließlich ihrer Isomere und
- Chlorbrommethan (Gruppe IX des Anhangs I)

entweder in Reinform oder in einem Gemisch, ungebraucht, nach Rückgewinnung, Recycling oder Aufarbeitung. Diese Stoffe besitzen jeweils ein bestimmtes Ozonabbaupotenzial (ODP), das die potenzielle Auswirkung eines jeden geregelten Stoffes auf die Ozonschicht angibt (Anhang I der Verordnung). Bezugsgröße ist FCKW R11, dessen ODP-Wert mit 1 festgesetzt ist. Unter Berücksichtigung der Verweilzeit und der vorausgesagten Immissionskonzentration werden die Ozonabbaupotenziale bezogen auf die Substanz FCKW R11 bestimmt.

Tabelle 87: Geregelte Stoffe (Anhang I der Verordnung Nr. 2037/2000/EG)

Gruppe	**Stoff**		**Ozonabbaupotenzial** [1]
Gruppe I	$CFCl_3$	(CFC-11)	1,0
	CF_2Cl_2	(CFC-12)	1,0
	$C_2F_3Cl_3$	(CFC-113)	0,8
	$C_2F_4Cl_2$	(CFC-114)	1,0
	C_2F_5Cl	(CFC-115)	0,6
Gruppe II	CF_3Cl	(CFC-13)	1,0
	C_2FCl_5	(CFC-111)	1,0
	$C_2F_2Cl_4$	(CFC-112)	1,0
	C_3FCl_7	(CFC-211)	1,0
	$C_3F_2Cl_6$	(CFC-212)	1,0
	$C_3F_3Cl_5$	(CFC-213)	1,0
	$C_3F_4Cl_4$	(CFC-214)	1,0
	$C_3F_5Cl_3$	(CFC-215)	1,0
	$C_3F_6Cl_2$	(CFC-216)	1,0
	C_3F_7Cl	(CFC-217)	1,0
Gruppe III	CF_2BrCl	(Halon 1211)	3,0
	CF_3Br	(Halon 1301)	10,0
	$C_2F_4Br_2$	(Halon 2402)	6,0
Gruppe IV	CCl_4	(Tetrachlorkohlenstoff)	1,1
Gruppe V	$C_2H_3Cl_3$ [2]	(1,1,1-Trichlorethan)	0,1
Gruppe VI	CH_3Br	(Brommethan)	0,6
Gruppe VII	$CHFBr_2$		1,00

Gruppe VII	CHF_2Br		0,74
	CH_2FBr		0,73
	C_2HFBr_4		0,8
	$C_2HF_2Br_3$		1,8
	$C_2HF_3Br_2$		1,6
	C_2HF_4Br		1,2
	$C_2H_2FBr_3$		1,1
	$C_2H_2F_2Br_2$		1,5
	$C_2H_2F_3Br$		1,6
	$C_2H_3FBr_2$		1,7
	$C_2H_3F_2Br$		1,1
	C_2H_4FBr		0,1
	C_3HFBr_6		1,5
	$C_3HF_2Br_5$		1,9
	$C_3HF_3Br_4$		1,8
	$C_3HF_4Br_3$		2,2
	C_3HF_6Br		3,3
	$C_3H_2FBr_5$		1,9
	$C_3HF_5Br_2$		2,0
	$C_3H_2F_2Br_4$		2,1
	$C_3H_2F_3Br_3$		5,6
	$C_3H_2F_4Br_2$		7,5
	$C_3H_2F_5Br$		1,4
	$C_3H_3FBr_4$		1,9
	$C_3H_3F_2Br_3$		3,1
	$C_3H_3F_3Br_2$		2,5
	$C_3H_3F_4Br$		4,4
	$C_3H_4FBr_3$		0,3
	$C_3H_4F_2Br_2$		1,0
	$C_3H_4F_3Br$		0,8
	$C_3H_5FBr_2$		0,4
	$C_3H_5F_2Br$		0,8
	C_3H_6FBr		0,7
Gruppe VIII	$CHFCl_2$	(HFCKW-21) [3]	0,040
	CHF_2Cl	(HFCKW-22) [3]	0,055

Fortsetzung Tabelle 87:

Gruppe	Stoff		Ozonabbaupotenzial [1]
Gruppe VIII	CH_2FCl	(HFCKW-31)	0,020
	C_2HFCl_4	(HFCKW-121)	0,040
	$C_2HF_2Cl_3$	(HFCKW-122)	0,080
	$C_2HF_3Cl_2$	(HFCKW-123) [3]	0,020
	C_2HF_4Cl	(HFCKW-124) [3]	0,022
	$C_2H_2FCl_3$	(HFCKW-131)	0,050
	$C_2H_2F_2Cl_2$	(HFCKW-132)	0,050
	$C_2H_2F_3Cl$	(HFCKW-133)	0,060
	$C_2H_3FCl_2$	(HFCKW-141)	0,070
	CH_3CFCl_2	(HFCKW-141b) [3]	0,110
	$C_2H_3F_2Cl$	(HFCKW-142)	0,070
	CH_3CF_2Cl	(HFCKW-142b) [3]	0,065
	C_2H_4FCl	(HFCKW-151)	0,005
	C_3HFCl_6	(HFCKW-221)	0,070
	$C_3HF_2Cl_5$	(HFCKW-222)	0,090
	$C_3HF_3Cl_4$	(HFCKW-223)	0,080
	$C_3HF_4Cl_3$	(HFCKW-224)	0,090
	$C_3HF_5Cl_2$	(HFCKW-225)	0,070
	$CF_3CF_2CHCl_2$	(HFCKW-225ca) [3]	0,025
	CF_2ClCF_2CHClF	(HFCKW-225cb) [3]	0,033
	C_3HF_6Cl	(HFCKW-226)	0,100
	$C_3H_2FCl_5$	(HFCKW-231)	0,090
	$C_3H_2F_2Cl_4$	(HFCKW-232)	0,100
	$C_3H_2F_3Cl_3$	(HFCKW-233)	0,230
	$C_3H_2F_4Cl_2$	(HFCKW-234)	0,280
	$C_3H_2F_5Cl$	(HFCKW-235)	0,520
	$C_3H_3FCl_4$	(HFCKW-241)	0,090
	$C_3H_3F_2Cl_3$	(HFCKW-242)	0,130
	$C_3H_3F_3Cl_2$	(HFCKW-243)	0,120
	$C_3H_3F_4Cl$	(HFCKW-244)	0,140
	$C_3H_4FCl_3$	(HFCKW-251)	0,010
	$C_3H_4F_2Cl_2$	(HFCKW-252)	0,040
	$C_3H_4F_3Cl$	(HFCKW-253)	0,030
	$C_3H_5FCl_2$	(HFCKW-261)	0,020

Gruppe VIII	$C_3H_5F_2Cl$	(HFCKW-262)	0,020
	C_3H_6FCl	(HFCKW-271)	0,030
Gruppe IX	CH_2BrCl	(Halon 1011 Chlorbrommethan)	0,12

(1) Diese Ozonabbaupotenziale sind Schätzungen aufgrund derzeitiger Erkenntnisse. Sie werden anhand der von den Vertragsparteien gefassten Beschlüsse regelmäßig überprüft und revidiert.

(2) Diese Formel bezieht sich nicht auf 1,1,2-Trichlorethan.

(3) Kennzeichnet die kommerziell gängigsten Stoffe entsprechend dem Protokoll

Ozonbildungspotenzial →Fotooxidantienbildungspotenzial

O

P

PAH Abk. für polycyclic aromatic hydrocarbons (→Polycyclische aromatische Kohlenwasserstoffe).

PAK Abk. für →Polycyclische aromatische Kohlenwasserstoffe.

PAK-Hinweise Die „Hinweise für die Bewertung und Maßnahmen zur Verminderung der PAK-Belastungen durch Parkettböden mit Teerklebstoffen in Gebäuden (PAK-Hinweise)" sind ein Leitfaden für Gebäudeeigentümer und -nutzer sowie Baufachleute, wie das Auftreten von →Polycyclischen aromatischen Kohlenwasserstoffen (PAK) bei Parkettböden mit Teerklebstoffen in Gebäuden gesundheitlich zu bewerten ist, wie Maßnahmen zur Verminderung der PAK-Belastung (expositionsmindernde Maßnahmen) durchgeführt werden können, welche Schutzmaßnahmen dabei beachtet werden müssen und wie die Abfälle und das Abwasser zu entsorgen sind (Mitteilungen des Deutschen Instituts für Bautechnik, Heft 4/2000).

PAN Das Pesticide Action Network (PAN) ist ein 1982 in Malaysia gegründetes Netzwerk von heute über 600 Nicht-Regierungsorganisationen und Einzelpersonen in über 60 Ländern. Ziel von PAN ist es, gefährliche Pestizide durch langfristig tragfähige Alternativen zu ersetzen.

Papiertapeten Bei P. besteht die Bahn aus einer oder mehreren Lagen Papier. Als Papiere zur Herstellung von P. kommen drei Materialgruppen zum Einsatz:

- Holzfreie Papiere aus Zellstoff und mineralischen Füllstoffen
- Holzhaltige Papiere aus einer Mischung aus gebleichten, chemisch aufbereiteten Zellstoffen und Holzschliff
- Recyclingpapiere mit überwiegendem Anteil aus Altpapier

Zweilagige P. bestehen aus einer oberen Zellstoffschicht aus holzfreiem Papier und Recyclingpapier, die auf der Trägerbahn aus Recyclingfasern oder holzhaltigem Papier aufgebracht wird. Die Schichten werden meist direkt auf der Papiermaschine auf zwei Sieben gemeinsam hergestellt und getrocknet. Vor dem Bedrucken wird auf die P. eine lichtbeständige, durchgehende Farbe aufgetragen, um das Vergilben zu verhindern („Fondtapete"). Alternativ kann das verwendete Papier auch selbst eine dünne Beschichtung als Papierstrich besitzen. Die Muster werden mit Flexo-, Tief-, Sieb- oder auch noch mit Leimdruck (→Tiefdrucktapeten, →Leimdrucktapeten) aufgetragen.

P. stellen mengenmäßig den größten Anteil an →Tapeten dar. Es gibt sie glatt oder →Gaufriert (geprägt oder gerillt). Die Vorderseite ist farblich bedruckt und in vielen Designs erhältlich. Mittlerweile sind Papiertapeten auch als →Prägetapeten erhältlich, sodass man aus optischen Gründen nicht mehr auf die geschäumten →Vinyltapeten angewiesen ist. Selbst die Reliefstrukturen von Glasfasertapeten gibt es bereits als Papierversion. Leichte P. wiegen zwischen 90 und 120, mittelschwere zwischen 120 und 150 und schwere über 150 g pro m^2 Rohpapier. P. besitzen eine hohe „Atmungsaktivität" (s_d-Wert = 0,013 – 0,032).

P. bestehen zu 80 – 90 % aus chemisch und mechanisch aufbereiteten Cellulosefasern. Damit die eingekleisterten P. nicht völlig durchfeuchten und reißen, werden (kunst-)harzhaltige Leimungs- und Nassfestmittel zugesetzt. Den restlichen Anteil bilden Füllstoffe (meist hochwertige Porzellanerde), welche Gewicht, Dichte und Bedruckbarkeit des Papiers bestimmen. Die Oberfläche kann unbedruckt oder mit Farbe auf Kunststoffdispersionsbasis bedruckt sein. Die Druckfarben sind meist auf der Basis von →Polyvinylacetaten, Aminoplasten oder →Alkydharzen aufgebaut. P. können auch mit einer Kunststoffbeschichtung ausgerüstet sein (→Kunststofftapeten).

Als flüchtige organische Substanzen (→VOC) kommen →Lösemittel aus den Farbaufdrucken in Betracht. Da die Behandlung von P. mit Formaldehyd-haltigen Harzen heute nicht mehr üblich ist, sind

keine Formaldehydemissionen zu erwarten. P. mit gelben Farbanteilen (Bleichromat) können erhöhte Konzentrationen an →Blei und →Chrom aufweisen. Grundsätzlich sind unbedruckte P. ohne Kunststoffbeschichtung am emissionsärmsten. Auf kunststoffbeschichtete Tapeten und kunststoffhaltige Tapetenkleister sollte man schon wegen der Beeinträchtigung der Wasseraufnahmefähigkeit der Wand verzichten.
Im Bereich der Cellulosefasererzeugung wurden in den letzten Jahren deutliche Umweltverbesserungen erzielt, dennoch ist die Herstellung von Cellulosefaser aufwändig und mit Abwasserbelastungen verbunden. P. sollten daher einen möglichst hohen Anteil an Recyclingfasern enthalten. Umweltzeichen (RAL-Umweltzeichen, →natureplus) fordern einen Recyclingpapieranteil von mindestens 60 %. Der Einsatz von Glyoxal oder Formaldehyd ist nicht erlaubt. Als Farbmittel dürfen keine →Azofarbstoffe eingesetzt werden, die krebserzeugende Amine abspalten können. Bei der Aufarbeitung der Altpapiere muss auf Chlor, halogenierte Bleichchemikalien und biologisch schwer abbaubare Komplexbildner wie z.B. Ethylendiamintetraessigsäure (EDTA) und Dieethylentriaminpentaessigsäure (DTPA) vollständig verzichtet werden. natureplus unterzieht P. außerdem einer strengen Laborprüfung. Bei Beachtung dieser Punkte bestehen P. zum Großteil aus umweltfreundlichem Material.

Pappel P. ist ein Holz mit gleichfarbigem, gräulichweißem bis gelblichweißem →Splint- und →Kernholz, Weiß- und Schwarzpappel mit breitem, weißlichem Splintholz und schwach rötlichbraunem bis bräunlichem Kernholz. Es ist feinporig und kaum gezeichnet (schlichtes Holz).
P. ist ein leichtes bis mittelschweres, sehr weiches Holz. Es zeigt nur geringe Festigkeit, jedoch einen relativ hohen Abnutzungswiderstand. P. ist mäßig schwindend, mit gutem Stehvermögen. Die Oberflächenbehandlung bereitet keine Schwierigkeiten. Es ist gut beizbar, aber unbefriedigend polierbar. P. ist nicht witterungsfest. Bei der Verarbeitung ist auf Schutz vor →Holzstaub (krebserzeugend gem. →TRGS 906) zu achten. P. weist meist einen säuerlichen Geruch auf.
P. ist ein Spezialholz für Zündhölzer, Holzschuhe sowie Prothesen, und wird im Saunabau für Sitz- und Liegebänke verwendet, weiterhin für Obst- und Gemüsesteigen, Spankörbe, Käseschachteln, Geschenkverpackungen, Kisten, Paletten und als leichtes Füllholz für Container, Zeichenbretter sowie als Schnitzholz. Im Möbelbau wird P. als Blindholz eingesetzt. Es ist zudem ein typisches Industrieholz für Faserplatten.

Parkettböden P. sind →Holzböden für Innenräume, die aus kleinen Stücken zusammengesetzt werden. Bei P. liegen die Holzfasern immer horizontal zur Bodenfläche. Wegen des Aufbaus aus kleinteiligen Holzstücken benötigen P. im Gegensatz zu →Massivholzdielen einen tragfähigen Untergrund. P. gibt es in den unterschiedlichsten Qualitäten, Verlegemustern und Verlegearten. Ursprünglich wurden unter P. →Massivparkette in ihren verschiedenen Ausformungen verstanden. Heute werden im Neubau vor allem →Mehrschichtparkette verlegt.
Bei Verlegung mit Fußbodenheizungen sollten P. mit nicht zu hohen Holzstärken (bis zu 15 mm) gewählt werden und die P. vollflächig verklebt werden. Hohe Lebensdauer und gute Renovierbarkeit trotz geringer Holzstärke ermöglichen Massivparkette. Zur Orientierung für den Härtegrad des Holzes gilt die Angabe in der →Brinell-Härte nach ISO.

Parkettklebstoffe Als P. werden folgende Arten von Klebstoffen eingesetzt:
– →Dispersionsklebstoffe:
Eignen sich zum Verkleben spannungsarmer, quellunempfindlicher Parkette, wie →Mosaikparkette, →Industrieparkette, →Mehrschichtparkette, selten →Stabparkette; können durch die Abgabe von Wasser beim Abbinden das Holz zum Quellen bringen, was zu Haftungsproblemen führen kann (besonders bei Buche, Ahorn, Esche). Klebwirkung ist relativ gering, dafür sehr emissions-

arm (auf →EMICODE EC1-Einstufung achten) und günstig im Preis. Von →Pflanzenchemieherstellern werden P. auf Naturbasis angeboten (→Naturkautschuk-Klebstoffe). Fünf bis zehn Tage Trocknungsdauer.

- →Lösemittel-Klebstoffe:
  Universell einsetzbar mit guter Klebwirkung, auch für Buche, Ahorn, Esche; starke Abgabe von Lösemitteln während der Aushärtung und bei falscher Anwendung (zu dicker Auftrag, Verspachtelung von Hohlräumen mit Klebstoff, zu schnelle Versiegelung nach dem Verlegen etc.) auch noch lange danach. Die Lösemittel bringen, je nach Art, Anteil und Klebstoffverbrauch, Parketthölzer zum Quellen, jedoch meist etwas geringer als Dispersionsklebstoffe. Vier bis sieben Tage Trocknungsdauer.
- →Reaktionsklebstoffe/→Polyurethan-Klebstoffe:
  Universell einsetzbar mit hoher Klebwirkung auch für feuchteempfindliche Parkette wie Buche, Ahorn, Esche und Exoten; 24 bis 48 Stunden Trocknungsdauer; Reaktionsharzklebstoffe enthalten in mindestens einer Komponente Gefahrstoffe, die entsprechende Arbeitsschutzmaßnahmen erfordern. Ohne technische Notwendigkeit sollen sie daher nicht zum Einsatz kommen. Polyurethan- bzw. Reaktionsharzklebstoffe sind im Sinne der TRGS 610 keine ökologisch geeigneten Ersatzstoffe für stark lösemittelhaltige Klebstoffe. (Industrieverband Klebstoffe e.V., TKB1)

Die DIN 281 „Parkettklebstoffe" enthält Anforderungen und Prüfkriterien für Dispersions- und Lösemittelklebstoffe; Reaktionsklebstoffe/Polyurethan-Klebstoffe sind bisher nicht genormt.

Seit einigen Jahren sind interessante Alternativen zu den herkömmlichen P. am Markt (s. Tabelle 88):

- →Pulverklebstoffe:
  Eignen sich zum Verkleben spannungsarmer Parkette, wie →Mosaikparkette, →Industrieparkette, →Mehrschichtparkette, selten →Stabparkette. Sie sind lösemittel- und weichmacherfrei.
- →MS-Klebstoffe:
  Zur schubfest-elastischen Verklebung fast aller Parkette (Exoten auf Anfrage), wie Mosaikparkett, Industrieparkett, Mehrschichtparkett, Stabparkett, Massivholzdielen, Holzpflaster bis 40 mm.

Grundsätzlich ist ein Vernageln des Parketts dem Kleben vorzuziehen, da auch bei Pulverklebstoffen und Dispersionsklebstoffen die Emission gesundheitsschädlicher Substanzen nicht ausgeschlossen werden kann. Ist aufgrund technischer und allgemein ökologischer Überlegungen (Lebensdauer) die Verklebung die beste Lösung, sollten EMICODE EC1-eingestufte Pulver- oder Dispersionsklebstoffe eingesetzt werden.

Bis in die 1950er-Jahre wurden zum Verkleben von Parkettböden →Teerklebstoffe verwendet. Seit Mitte der 1970er-Jahre wurden Teerklebstoffe in Deutschland nicht mehr produziert und mussten für diese Zwecke aus dem Ausland importiert werden. Für Stabparkett wurden Klebstoffe auf Teerbasis vereinzelt noch bis spät in die 1970er-Jahre eingesetzt. Bis etwa 1981 konnten auch in Bitumenklebern noch bedeutsame Teerbestandteile enthalten sein. Nach 1981 spielte die Verwendung von Bitumenklebern in Westdeutschland technisch so gut wie keine Rolle mehr. Seitdem wurden hier – von Ausnahmen abgesehen – nur noch P. auf Kunststoffbasis eingesetzt.

Parkettversieglung Grundsätzlich muss zwischen einer Versiegelung und einer Imprägnierung (Fußbodenpflegemittel) von →Holzböden unterschieden werden. Die Versiegelung erfolgt mit →Reaktionslacken wie →Polyurethan-Lacken oder →SH-Lacken. Bei der Verwendung von SH-Lacken (Formaldehydbasis) ist mit einer Belastung durch →Formaldehyd zu rechnen. Beim Einsatz von →Polyurethan-Lacken ist zumindest bei der Verarbeitung eine Belastung mit →Isocyanaten nicht auszuschließen. Alternativ könnten hier u.U. Parkettversieglungen auf der Basis von →Acryllacken auf Dispersionsbasis verwendet werden. Grundsätzlich wird durch eine P. zwar ein strapazierfähiger und dauerhafter Schutz erreicht, es erfolgt

P

Tabelle 88: Übersicht über empfohlene Klebstoff/Parkett-Kombinationen. Die Auswahl einer konkreten Klebstoffart richtet sich dann weiter nach der Art der Untergrundvorbereitung. (Quelle: Merkblatt TKB-1: Kleben von Parkett. Erstellt von der Technischen Kommission Bauklebstoffe (TKB) im Industrieverband Klebstoffe e.V., Düsseldorf, unter Mitwirkung des Zentralverband Parkett und Fußbodentechnik, Bundesinnungsverband Parkettlegerhandwerk und Bodenlegergewerbe, Bonn, Stand: Dezember 1997)

Gruppe	**Parkett**	**Klebestoffe Quellvermögen bei Massivholz**		
		Niedrig (z.B. Eiche)	Mittel (z.B. Esche, Kirsche)	Hoch (z.B. Buche, Ahorn)
1 Einschichtig (massiv)/ unbehandelt	Parkettstäbe und -riemen Tafelparkett Mosaikparkett Hochkantlamellenparkett 10-mm-Massiv-Parkett	D D*, R, L D D D*, R, L	D D*, R, L D D D*, R, L	D*, R, L D*, R, L D D D*, R, L
2 Einschichtig (massiv)	Kleine Formate Dielenformate	D*, R, L R*	R, L R*	R, L R*
3 Mehrschichtig/ unbehandelt	Zweischichtig Intarsienparkett		D D*, R, L	
4 Mehrschichtig/ behandelt	Zweischichtige Stäbe Tafeln	 D R, L		
	Dreischichtige Dielen ≥ 13 mm Dicke, < 600 mm Länge ≥ 13 mm Dicke, > 600 mm Länge	 D D*, R, L		
	10 bis 13 mm Dicke, < 1200 mm Länge 10 bis 13 mm Dicke, > 1200 mm Länge	D*, R, L R, L		

Legende: D = Dispersionsklebstoff nach DIN 281
R = Polyurethan-/Reaktionsharzklebstoff
L = Lösemittelklebstoff nach DIN 281
* = Nicht von allen Klebstoffherstellern uneingeschränkt empfohlen

Anmerkung: Für Exotenhölzer anwendungstechnische Beratung einholen

allerdings auch zwangsläufig eine bauökologisch abzulehnende Versiegelung des Holzes. Beim →Ölen und Wachsen des Bodens bleibt dagegen die Holzstruktur und die Diffusionsfähigkeit des Bodens erhalten. P. sind außerdem schlechter renovierbar als geölte/gewachste Oberflächen.

Partikel P. ist ein Überbegriff für alle Teilchen, fest oder flüssig, die mit dem Gasstrom getragen werden. Sie unterscheiden sich in Form, Größe, chemischer Zusammensetzung, physikalischen Eigenschaften und ihrer Herkunft bzw. Entstehung. Hinsichtlich Entstehung kann zwischen primären und sekundären P. unterschieden werden. Erstere werden direkt in die Atmosphäre abgegeben, letztere (z.B. Ammoniumsulfat) entstehen durch luft-chemische Prozesse aus gasförmig emittierten Vorläufersubstanzen (z.B. Ammoniak, Schwefeldioxid, Stickstoffoxide, flüchtige organische Verbindungen). Der Größe nach werden Nanopartikel, Ultrafeine Partikel, Feinpartikel (→Feinstaub) und Grobpartikel unterschieden. Langgestreckte Partikel werden als Fasern bezeichnet (→Faserstäube, →Asbest, →Künstliche Mineralfasern).

Partikelschaum In aufgeschäumten →EPS-Dämmplatten sind die einzelnen Schaumperlen gut erkennbar. Deshalb wird dieser Schaumstoff auch als Partikelschaum bezeichnet.

Passivhaus Das P. beschreibt Gebäude, in denen eine hohe thermische →Behaglichkeit im Winter und im Sommer auch ohne eigenes Heizsystem (und Kühlsystem) erreicht werden kann – das Haus „heizt" und kühlt sich zum Großteil rein passiv. Der geringe Restheizenergiebedarf von weniger als 15 kWh pro m^2 Nutzfläche und Jahr kann über die →Komfortlüftungsanlage zugeführt werden. Beim P. sind die Wärmeverluste durch Wärmeschutzmaßnahmen und eine mechanische Belüftung mit hocheffizienter Wärmerückgewinnung so stark verringert, dass allein die immer vorhandene innere Wärme (Personenwärme und elektrischer Haushaltsstrom) und die passiv solare Energieeinstrahlung beinahe den gesamten →Heizwärmebedarf decken können. Dabei werden die gleichen bewährten passiven Prinzipien angewandt wie im →Niedrigenergiehaus, jedoch weiter verbessert: Die Dämmstoffstärken liegen für die Außenbauteile von Einfamilienhäusern über 35 cm, somit ungefähr ca. doppelt so dick wie für Niedrigenergiehäuser. Alle Durchdringungen der Dämmstoffebene wie Dübel oder Holzlatten wirken sich in diesem Dämmniveau bereits sehr negativ auf den Wärmeschutz aus. Die konsequente Vermeidung von Wärmebrücken ist daher unerlässlich. Bei sorgfältiger Planung sind die Mehrkosten gegenüber einem konventionellen Neubau nur geringfügig höher. Für den nachhaltigen Wohnbau stellt das P. in Zukunft wohl den ebenso wünschenswerten wie unausweichlichen Gebäudestandard dar.

Passivrauchen Unter P. versteht man das unfreiwillige Einatmen von →Tabakrauch aus der Raumluft (environmental tobacco smoke, ETS). P. ist gem. TRGS 905 eingestuft als K1 (krebserzeugend), R_E1 (entwicklungsschädigend) und M3 (Verdacht auf erbgutschädigende Wirkung). →KMR-Stoffe

Passivrauch besteht zum größten Teil aus dem Nebenstromrauch, d.h. dem gas- und partikelförmigen Rauch, der während des Glimmens des Tabaks von der Glutzone ausgeht. Etwa 3/4 des Tabaks, der verbrannt wird, geht als Nebenstromrauch in die Raumluft. Sowohl die gas- als auch die partikelförmigen Bestandteile des Tabakrauchs haben eine lange Verweildauer in der Raumluft. So werden in einem unbelüfteten Raum zwei Stunden nach dem Rauchen mehrerer Zigaretten noch immer 50 % der anfänglichen Konzentrationen von Stickoxiden und Rauchpartikeln vorgefunden. Die Zusammensetzung des Nebenstromrauchs gleicht qualitativ der des Hauptstromrauchs, den der Raucher einatmet. In der Regel sind die Konzentrationen der Stoffe im Nebenstromrauch aber höher als diejenigen im Hauptstromrauch. Zum Beispiel übersteigt die Konzentration des starken Kanzerogens N-Nitrosodimethylamin im Nebenstromrauch die im Hauptstromrauch um den Faktor 130. Auch nach Verdünnung in der Luft sind die Konzentrationen des Rauchs noch hoch genug, dass Passivraucher in verrauchten Räumen im Verlauf eines Tages Mengen an krebserzeugenden Stoffen aufnehmen, die denen mehrerer aktiv gerauchter Zigaretten entsprechen.

Passivraucher erleiden – wenn auch in geringerem Ausmaß und geringerer Häufigkeit – die gleichen akuten und chronischen Gesundheitsschäden wie Raucher:

- Akute Wirkungen: Augenbrennen, Husten, Atembeklemmung, Schwindel, Übelkeit, Kopfschmerzen
- Subchronische und chronische Wirkungen: Bronchitis, verstärkte Atemnot bei Belastung, vermehrte Asthmaanfälle, Herz-Kreislaufkrankheiten, Herzinfarkt, Lungenkrebs

Für Kinder ist P. besonders schädlich. Jedes zweite Kind ist gezwungen, in der Wohnung passiv mitrauchen. In Deutschland leben sechs Millionen Kinder im Alter bis zu sechs Jahren in Raucher-Haushalten und sind dauerhaft Tabakrauch ausgesetzt. Solche Kinder leiden viel häufiger an Erkrankungen der Atemwege als Kinder aus Nichtraucher-Haushalten. Neugeborene von rauchenden Müttern sind im Durchschnitt 250 g leichter als die von nichtrauchenden Müttern. Neugeborene von rauchenden Vätern und Müttern haben eine erhöhte Neigung zu Allergien und erkranken

Tabelle 89: Beispiele für giftige und krebserzeugende Stoffe im Nebenstromrauch (Quelle: Dokumente Netzwerk Nichtrauchen, Koalition gegen das Rauchen (Hrsg.)). Die Zahlen geben das Verhältnis der Konzentrationen der Stoffe im Nebenstromrauch zu den Konzentrationen der Stoffe im Hauptstromrauch an.

Stoff	Verhältnis Konzentration Nebenstromrauch/ Konzentration Hauptstromrauch	Stoff	Verhältnis Konzentration Nebenstromrauch/ Konzentration Hauptstromrauch
Kohlenmonoxid	3 – 5	Benzo[a]pyren	3 – 4
Stickoxide	4 – 10	2-Toluidin	19
Ammoniak	40 – 170	2-Naphthylamin	30
Formaldehyd	1 – 50	4-Aminodiphenol	31
Phenol	2 – 3	N-Nitrosodimethylamin	20 – 100
Acrolein	8 – 15	N-Nitrosopyrrolidin	6 – 30
Chinolin	8 – 15	Cadmium	7
Benzol	10	Nickel	13 – 30
Hydrazin	3	Polonium-210	1 – 4

häufiger an akuten und chronischen Atemwegsinfektionen. Kinder von rauchenden Müttern haben ein deutlich erhöhtes Risiko für den plötzlichen Kindstod. Nach einer aktuellen Studie des Deutschen Krebsforschungszentrums (DKFZ), in der erstmals die Zahl der P.-Opfer in Deutschland errechnet wurde, tötet P. bundesweit jedes Jahr mehr als 3.300 Nichtraucher, darunter 60 Säuglinge.

PBB Abk. für →Polybromierte Biphenyle.

PBDE Abk. für →Polybromierte Diphenylether. →Decabromdiphenylether

PBT-Stoffe Chemische Stoffe, die persistent, bioakkumulierbar und toxisch sind. Solche Stoffe sollen nicht in die Umwelt freigesetzt werden.

PCAD Polychloro-2-amino-diphenylether. →Eulan®, →Mottenschutzmittel

PCB Abk. für →Polychlorierte Biphenyle.

PCB-Altholz P. ist gem. →Altholzverordnung Altholz, das PCB im Sinne der →PCB/PCT-Abfallverordnung ist und nach deren Vorschriften zu entsorgen ist, insbesondere Dämm- und Schallschutzplatten, die mit Mitteln behandelt wurden, die →Polychlorierte Biphenyle enthalten.

PCB/PCT-Abfallverordnung Die Verordnung über die Entsorgung polychlorierter Biphenyle, polychlorierter Terphenyle und halogenierter Monomethyldiphenylmethane, die noch im Gebrauch befindlichen PCB bis 2010 kontrolliert dem Wirtschaftskreislauf zu entziehen. Die P. schreibt u.a. vor:

- Transformatoren mit Flüssigkeiten ab 1 l und einem PCB-Gehalt von > 50 mg/kg müssen dekontaminiert oder entfernt und beseitigt werden. Ausnahmen gelten in Einzelfällen bis 2010.
- Abfälle mit einem PCB-Gehalt > 50 mg/kg müssen beseitigt werden; eine Verwertung ist nicht zulässig.
- Kondensatoren mit PCB als Dielektrikum (Kleinkondensatoren) mit weniger als 100 ml können bis zum Ende ihrer Lebensdauer verwendet werden, bei einem Gehalt von 100 ml bis 1 l ist die Verwendung bis 2010 zulässig.

PCB-Richtlinie Innerhalb der →ARGEBAU erarbeitet die Projektgruppe Schadstoffe technische Regeln zum Erkennen, Bewerten und Sanieren von Schadstoffbelastun-

P

gen in bestehenden Gebäuden. In bestehenden Gebäuden können →Polychlorierte Biphenyle (PCB) von belasteten Baustoffen und Bauteilen in die Atemluft freigesetzt werden und beim Menschen Gesundheitsschädigungen auslösen. Als Technische Baubestimmung wurde neben anderen die „Richtlinie für die Bewertung und Sanierung PCB-belasteter Baustoffe und Bauteile in Gebäuden (PCB-Richtlinie)“ bauaufsichtlich eingeführt. Die P. enthält Hinweise für Gebäudeeigentümer und -nutzer sowie Baufachleute, wie Bauprodukte, die polychlorierte Biphenyle (PCB) enthalten, gesundheitlich zu bewerten sind, wie Sanierungen durchgeführt werden können, welche Schutzmaßnahmen dabei beachtet werden müssen, wie die Abfälle und das Abwasser zu entsorgen sind und wie sich der Erfolg einer Sanierung kontrollieren lässt. Die Verantwortung für die Durchführung der erforderlichen Untersuchungen und eventueller Sanierungsmaßnahmen obliegt den jeweiligen Eigentümern bzw. Verfügungsberechtigten der betroffenen Gebäude. →Schadstoff-Richtlinien

PCCH Abk. für →Pentachlorcyclohexan.

PCMC →Chlorkresol

PCP →Pentachlorphenol

P

PCP-Richtlinie Innerhalb der →ARGEBAU erarbeitet die Projektgruppe Schadstoffe technische Regeln zum Erkennen, Bewerten und Sanieren von Schadstoffbelastungen in bestehenden Gebäuden. Im Hinblick auf Verwendungsumfang und mögliche gesundheitliche Nebenwirkungen kommt dem →Holzschutzmittel →Pentachlorphenol (PCP) eine besondere Bedeutung zu. Als Technische Baubestimmung wurde neben anderen die „Richtlinie für die Bewertung und Sanierung PCP-belasteter Baustoffe und Bauteile in Gebäuden (PCP-Richtlinie)“ bauaufsichtlich eingeführt. Die P. enthält Hinweise für Gebäudeeigentümer und -nutzer sowie Baufachleute, wie Bauprodukte, die PCP enthalten, gesundheitlich zu bewerten sind, wie Sanierungen durchgeführt werden können, welche Schutzmaßnahmen dabei beachtet werden müssen, wie die Abfälle und das Abwasser zu entsorgen sind und wie sich der Erfolg einer Sanierung kontrollieren lässt. Die Verantwortung für die Durchführung der erforderlichen Untersuchungen und eventueller Sanierungsmaßnahmen obliegt den jeweiligen Eigentümern bzw. Verfügungsberechtigten der betroffenen Gebäude. →Schadstoff-Richtlinien

PCSD Polychloro-2-(chlormethylsulfonamid)-diphenylether, →Eulan®, →Mottenschutzmittel

PCT Polychlorierte Terphenyle, den →Polychlorierten Biphenylen verwandte Stoffe.

Pechlacke P. wurden früher aus bestimmten Steinkohlenteerpechen (Teere) hergestellt.

PEFC Das Zertifizierungssystem für nachhaltige Waldbewirtschaftung PEFC (Programme for the Endorsement of Forest Certification Schemes) basiert inhaltlich auf Beschlüssen, die auf den Ministerkonferenzen zum Schutz der Wälder in Europa (Helsinki 1993, Lissabon 1998) von 37 Nationen im Pan-Europäischen Prozess verabschiedet wurden. Vorrangiges Ziel von PEFC ist die Dokumentation und Verbesserung der nachhaltigen Waldbewirtschaftung im Hinblick auf ökonomische, ökologische sowie soziale Standards. Holz und Holzprodukte, die den Anforderungen von PEFC genügen, können mit dem PEFC-Gütesiegel gekennzeichnet werden, wenn ein glaubwürdiger Produktkettennachweis (Chain of Custody) sichergestellt ist.
Der PEFC-Prozess wurde im August 1998 von skandinavischen, französischen, österreichischen und deutschen Waldbesitzern zusammen mit Vertretern der Holzwirtschaft initiiert. Neben 23 europäischen Ländern sind auch mehrere außereuropäische Länder im PEFC vertreten. Das wichtigste deutsche Gremium ist der Deutsche Forst-Zertifizierungsrat (DFZR), in dem Vertreter des Privat-, Staats- und Körperschaftswaldes, der Holzindustrie, des Holzhandels, der Umweltverbände, der Gewerkschaften, der Berufsvertretungen, der forstlichen Lohnunternehmer sowie weiterer gesellschaftlicher Gruppen vertreten

sind. Der DFZR wird von den Mitgliedern von PEFC Deutschland e.V. gewählt. In Deutschland ist eine Waldfläche von ca. 7 Mio. ha durch PEFC zertifiziert.
Im Februar 2001 stellte das nordrhein-westfälische Umweltministerium (MUNLV) bei der Vergabe des PEFC-Zeichens eine unzureichende Transparenz fest. →FSC, →Nachhaltigkeit

PEI Abk. für →Primärenergieinhalt.

Pentachlorcyclohexan Gamma-Pentachlorcyclohexan (gamma-PCCH) ist ein Umwandlungsprodukt des →Lindan. Lindanbelastete Raumluft enthält i.d.R. auch PCCH (s. Tabelle 90).
Ausreichende toxikologische Daten liegen zu gamma-PCCH nicht vor. In einer ersten Näherung kann infolge der Strukturähnlichkeit mit Lindan für PCCH ein ähnliches toxisches Potenzial wie für Lindan vermutet werden. In der Konsequenz müsste zur Bewertung von Lindan-Raumluftkonzentrationen die Summe aus Lindan und PCCH herangezogen werden.

Pentachlorphenol Bei der Kontamination von Bauteilen mit →Holzschutzmitteln steht die frühere Verwendung des Wirkstoffs P. (PCP) im Vordergrund. PCP lag in vielen Holzschutzmitteln häufig gemeinsam mit dem Insektizid →Lindan in einem Mengenverhältnis von ca. 10:1 vor. Das für die Herstellung der Holzschutzmittel meist verwendete technische PCP ist mit anderen Stoffen verunreinigt, von denen insbesondere die →Dioxine und Furane von Bedeutung sind. Der Einsatz PCP-haltiger Holzschutzmittel erfolgte:

a) Mit dem Ziel der Vorbeugung
   - Tragende und aussteifende Hölzer, insbesondere im Dachstuhlbereich, Holztreppen und Holzgeländer
   - Holzfenster und Außentüren als holzschützende Grundierungen und Lasuren
   - Großflächig an Holzverkleidungen, Vertäfelungen, Schallschutzdecken, mitunter Holzfußböden u.Ä.; häufig auch zu dekorativen Zwecken

b) Mit dem Ziel der Bekämpfung
   - Schwammsanierungen
   - Bekämpfung von Hausschwamm im Mauerwerk (z.T. durch Injektion, z.T. großflächig, z.T. im Verputz)
   - Insektenbefall, insbesondere im Dachstuhlbereich. Die Gelegenheit der Schutzbehandlung wurde genutzt, neben dem für die Insektenbekämpfung erforderlichen Insektizid zugleich als vorbeugende Maßnahme PCP als Fungizid gegen einen eventuell später möglichen Pilzbefall zusätzlich einzubringen.

Eine weitere Quelle für die Kontamination mit Holzschutzmitteln kann der vorübergehende Schutz heller Importhölzer während Lagerung und Transport im Herkunftsland sein. Im Rahmen der Bearbeitung (z.B. zu Profilbrettern) wurde der PCP-haltige Bereich allerdings weitestgehend entfernt. In Einzelfällen können auch PCP-haltige Späne zu Spanplatten verarbeitet worden sein, oder das Holz wurde in der Nähe von PCP-haltigen Hölzern gelagert und weist dadurch Spuren von PCP auf.

Tabelle 90: Lindan und gamma-PCCH in der Raumluft von Innenräumen mit Verdacht auf Holzschutzmittel-Belastung (Quelle: Arguk, 2003)

	Probenanzahl	Mittelwert [ng/m³]	Median [ng/m³]	Minimum [ng/m³]	Maximum [ng/m³]
Lindan	38	78,2	33,5	< 1	457
gamma-PCCH	38	38,1	29,5	< 1	226
Summe Lindan + gamma-PCCH	38	110	61,5	< 1	683

P

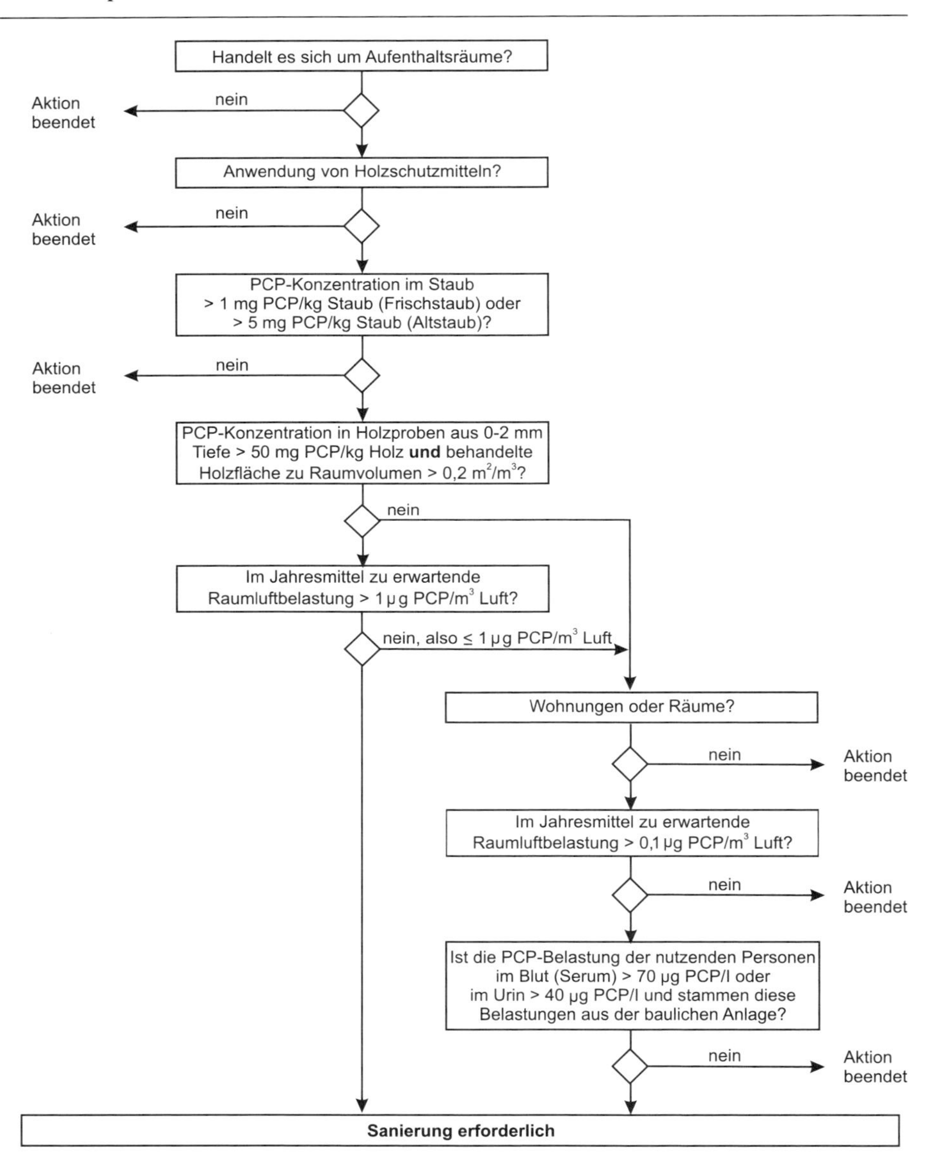

Abb. 2: Ablaufschema zur Ermittlung der Sanierungsnotwendigkeit gemäß PCP-Richtlinie

Wirkstoffe in den Holzschutzmitteln Xylamon und Xyladecor der Fa. Desowag, Marktführer der 1960er- und 1970er-Jahre sind:

Markenname	Wirkstoffe	
Xylamon-Echtbraun	5,4 % 0,5 % 10,0 %	PCP Lindan Chlornaphthalin
Xylamon-Braun (ab 1978 ohne PCP)	5,4 % 2,0 % 10,0 %	PCP Carbamat Chlornaphthalin
Xyladecor	5,0 % 0,55 % 0,4 %	Tetra-/Pentachlorphenol-Gemisch Lindan Dichlofluanid
Xyladecor 200 (1978 – 1983)	1,0 % 0,4 % 0,6 %	Furmecyclox Lindan Dichlofluanid
Xyladecor 200 (ab 1984)	1,0 % 0,1 % 0,6 %	Furmecyclox Permethrin Dichlofluanid

Beschränkungen und Verbote für PCP-haltige Holzschutzmittel:

Jahr	Art des Verbotes/der Beschränkung
1978	Einführung einer Kennzeichnungspflicht für PCP-haltige Zubereitungen Verbot der Anwendung PCP-haltiger Holzschutzmittel mit Prüfzeichen in Aufenthaltsräumen durch das Institut für Bautechnik
1986	Verbot der Anwendung PCP-haltiger Holzschutzmittel in Innenräumen (Gefahrstoffverordnung)
1989	Verbot des Inverkehrbringens und der Verwendung von PCP und von PCP-haltigen Produkten (> 0,01 % PCP) und von Holzteilen mit mehr als 5 mg PCP/kg (PCP-Verbotsverordnung; heute Chemikalien-Verbotsverordnung)

Im behandelten Holz sind die Wirkstoffe sehr ungleichmäßig verteilt. PCP ist bei den früher üblichen Anwendungsverfahren in hohen Konzentrationen (bis über 1.000 mg PCP/kg Holz) nur bis maximal etwa 1 cm Tiefe eingedrungen (Kiefernsplintholz), z.T. auch nur im Millimeterbereich nachweisbar (Fichte/Tanne, Kiefernkernholz). Über 90 % der Belastung liegen in den äußeren 3 – 5 mm vor. Unmittelbar nach der Anwendung lagen die PCP-Gehalte im Holz deutlich höher.

PCP zählt wegen seiner weiten Verbreitung in der Umwelt, seiner Toxizität und seiner Dioxin-Verunreinigungen zu den bedeutenden Umweltchemikalien. PCP und Lindan können auch heute noch aus den behandelten Hölzern ausgasen und die Innenraumluft belasten. Die Stoffe können über die Atemluft, die Haut und über kontaminierte Nahrung aufgenommen werden. Bei zahlreichen Menschen, in deren Wohnungen PCP-haltige Holzschutzmittel eingesetzt wurden, traten z.T. schwerwiegende und lang andauernde gesundheitliche Beeinträchtigungen auf. Beobachtete akute Symptome sind u.a. raschere Ermüdbarkeit, verminderte Konzentrationsfähigkeit, erschwerte Auffassung, motorische Ungeschicklichkeit, Infekthäufung, Kopfschmerzen, Reizbarkeit und Ruhelosigkeit. PCP ist krebserzeugend (TRGS 905: K2) und kann das ungeborene Leben schädigen (TRGS 905: R_E2). Darüber hinaus steht die Chemikalie im Verdacht, erbgutschädigend zu sein (TRGS 905: M3).

Die Schadstoffkonzentration in der Raumluft ist abhängig von der Art und Menge der eingesetzten Holzschutzmittel sowie den klimatischen Bedingungen im Raum. Bei PCP wird zudem zwischen Primär- und Sekundärquellen unterschieden. Primärquellen sind Bauteile oder Gegenstände, die gezielt mit PCP-haltigen Mitteln behandelt wurden und aus denen PCP in die Raumluft freigesetzt wird. Sekundärquellen sind Bauteile oder Gegenstände, die PCP meist über längere Zeit aus der durch Primärquellen belasteten Raumluft aufgenommen haben und ihrerseits das auf der Oberfläche angelagerte PCP nach und nach wieder in die Raumluft freizusetzen vermögen. Das vom Holz abdampfende PCP lagert sich teilweise auch an den im Raum befindlichen Staub an. Unmittelbau nach Holzschutzmittel-Anwendungen wurden PCP-Raumluftkonzentrationen von 5 – 25 µg/m³, z.T. sogar noch höhere Konzentrationen gemessen. Heute liegen die in Räumen mit behandelten Bauteilen gemessenen PCP-Konzentrationen deutlich niedriger, meist unter 1 µg/m³.

Die „Richtlinie für die Bewertung und Sanierung Pentachlorphenol-(PCP-)belasteter Baustoffe und Bauteile in Gebäuden" (PCP-Richtlinie) enthält Regelungen und Hinweise, wie Bauprodukte, die PCP enthalten, gesundheitlich zu bewerten sind, wie Sanierungen durchgeführt werden können, welche Schutzmaßnahmen dabei beachtet werden müssen, wie die Abfälle und das Abwasser zu entsorgen sind und wie sich der Erfolg einer Sanierung kontrollieren lässt.

Gem. PCP-Richtlinie gelten folgende Richtwerte bei Anwendung PCP-haltiger Holzschutzmittel zur Beurteilung einer möglichen Gesundheitsgefährdung (s. Abb. 2):

a) In Aufenthaltsräumen ist von einer möglichen gesundheitlichen Gefährdung auszugehen, wenn die im Jahresmittel zu erwartende Raumluftkonzentration über 1 µg PCP/m³ Luft liegt.

b) Bei Wohnungen oder bei anderen Räumen, in denen sich Personen über einen längeren Zeitraum regelmäßig mehr als acht Stunden am Tag aufhalten und in denen nutzungsbedingt auch Expositionen über Staub und Lebensmittel etc. zu erwarten sind, wie z.B. in Kindertagesstätten oder Heimen, ist jedoch eine gesundheitliche Gefährdung schon dann möglich, wenn die im Jahresmittel zu erwartende Raumluftkonzentration unter 1 µg PCP/m³ Luft, aber über 0,1 µg PCP/m³ Luft liegt und gleichzeitig im Blut eine PCP-Belastung von mehr als 70 µg PCP/l (Serum) oder im Urin eine PCP-Belastung von mehr als 40 µg PCP/l vorliegt.

Für eine erfolgreiche und dauerhafte Sanierung sind verschiedene Methoden geeignet:

- Beschichten und Bekleiden behandelter Bauteile
- Räumliche Trennung behandelter Bauteile
- Entfernung behandelter Bauteile
- Entfernung behandelter Bereiche von Bauteilen
- Entfernung oder Reinigung sekundär belasteter Materialien oder Gegenstände

Der Erfolg der Sanierung (Unterschreitung des Vorsorgewertes) wird durch eine Raumluftmessung überprüft.

Außerhalb des Holzbereiches wurde PCP auch als Konservierungsstoff für Leder eingesetzt und kann z.B. in Sitzmöbeln enthalten sein. Weitere Einsatzgebiete waren u.a. Teppichböden, Pappe und Klebstoffe.

PCP kann durch →Schimmelpilze in →Chloranisole umgewandelt werden, die (mit)verantwortlich für den vielfach in Fertighäusern und Pavillonbauten auftretenden, intensiven, muffigen Geruch sein können.

Pentadecansäure →Fettsäuren

Pentan P. ist eine farblose, leichtentzündliche, fast geruchlose Flüssigkeit und gehört zur Gruppe der gesättigten aliphatischen Kohlenwasserstoffe. Innerhalb dieser Stoffgruppe zählt P. zu den vergleichsweise weniger toxischen Stoffen (vgl. z.B. →Hexan). Die Dämpfe von P. können Schläfrigkeit und Benommenheit verursachen. P. ist als umweltgefährdend eingestuft. MAK-Wert (→MAK-Liste): 1.000 ml/m³ = 3.000 mg/m³. Als FCKW-Ersatz wird P. in Kühlschränken und Klimaanlagen zur Kälteerzeugung eingesetzt. In Deutschland ist P. zudem das meistverwendete Treibmittel für →Polyurethan-Hartschäume.

Pentanal P. (Valeraldehyd) ist ein gesättigter →Aldehyd, der reizend auf die Augen und Schleimhäute wirkt. Zur relativen Toxizität von P. →NIK-Werte: Je niedriger der NIK-Wert, umso höher ist die Toxizität des jeweiligen Stoffes. →Holzwerkstoffe

1,5-Pentandial →Glutaraldehyd

Perfluoralkane →Perfluorierte organische Verbindungen

Perfluorierte organische Verbindungen P. (fluorinated organic compounds, FOC) sind synthetische organische Chemikalien mit äußerst stabilen Kohlenstoff-Fluor-Bindungen. FOC weisen daher eine höhere thermische und chemische Stabilität auf als die entsprechenden Kohlenwasserstoffverbindungen. FOC lassen sich unterteilen in

- Perfluoralkane (PFC):
  Die niedermolekularen PFC werden als Kältemittel eingesetzt. Ein bedeutsamer Vertreter der hochmolekularen PFC ist das Polytetrafluorethylen (PTFE, Teflon®). Hochmolekulare PFC werden verwendet in der Kfz-, Flugzeug-, Chemie-, Elektronik- und Bauindustrie, in der Medizintechnik, in kosmetischen Produkten und als Antihaftbeschichtung in Kochgeschirr.
- Perfluortenside (PFT):
  PFT sind oberflächenaktive Stoffe. Die chemische Struktur mit der hydrophoben poly- oder perfluorierten Kohlenstoffkette und einer hydrophilen Kopfgruppe (z.B. Sulfonat und Carboxylat bzw. deren Salze) bewirkt eine starke Verminderung der Oberflächenspannung von Wasser, wobei die hydrophile Kopfgruppe mit wässrigen Phasen in Wechselwirkung tritt, während die hydrophobe Kette wasser-, öl- und fettabweisend ist.
  PFT können unterteilt werden in:
  - Perfluorierte Alkylsulfonate (PFAS):
    Ein wichtiger Vertreter der PFAS ist Perfluoroctansulfonat (PFOS). PFOS ist wasserlöslich, hat einen niedrigen Dampfdruck und ist nicht flüchtig.
    PFOS wird hauptsächlich zur Oberflächenmodifizierung, Papierveredelung und in der Spezialchemie eingesetzt. Einsatzgebiete sind Textilien, →Textile Bodenbeläge, Ledermöbel, Papier, Verpackungen, Anstrichstoffe, Reinigungsmittel, Kosmetika, Pflanzenschutzmittel, Feuerlöscher und hydraulische Flüssigkeiten. Die Produktionsmenge weltweit wird für das Jahr 2000 auf 3.665 t geschätzt, davon in den USA 3.250 t. Auf Druck der →EPA wurde im Jahr 2000 PFOS – jahrzehntelang aktiver Bestandteil für die Scotchguard-Produkte der Fa. 3M – vom Markt genommen und die Herstellung eingestellt.
  - Perfluorierte Alkylcarbonsäuren (PFCA):
    Ein wichtiger Vertreter der PFCA ist die Perfluoroktansäure (PFOA). PFOA ist wasserlöslich, hat einen niedrigen Dampfdruck und ist nicht flüchtig. PFOA wird hauptsächlich bei der Produktion von →Polytetrafluorethylen (PTFE) und Polyvinylidenfluorid (PVDF) eingesetzt.
  - Fluortelomeralkohole (FTOH):
    FTOH sind wasserunlöslich, haben höhere Dampfdrücke als PFOS und PFCA und gelten als flüchtig. FTOH wird bei der Herstellung fluorierter Polymere eingesetzt.

PFT sind mit den Handelsnamen Teflon®, Goretex®, Stainmaster®, Scotchguard® und SilverStone® Bestandteil vieler Alltagsprodukte. Dazu gehören antihaftbeschichtetes Kochgeschirr, schmutzabweisende Teppiche, →Möbel und →Tapeten, fettabweisende Lebensmittelverpackungen (Fast Food), wasserdichte, atmungsaktive Funktionskleidung (Hosen, Jacken, Schuhe), Sprays für Möbel, Kleidung und Schuhe, Wandfarben und Haushaltsreinigungsmittel.

PFOS gelten als krebserzeugend beim Menschen. Sie reichern sich in der Umwelt an und gelten als bioakkumulativ. Natürliche Quellen für PFT existieren nicht. Erstmals wurden PFT in den 1970er-Jahren in der Umwelt festgestellt. Heute gelten die Chemikalien als ubiquitär. Sie werden weltweit in Gewässern, der Atmosphäre sowie im Gewebe und Blut von Menschen und allen untersuchten Wildtieren Europas gefunden. PFOS und PFOA sind weder aerob noch anaerob abbaubar. Sie erfüllen damit die Kriterien für →POP. Aufgrund des Vorkommens von PFOS im Blut und in menschlichen Organen in Verbindung mit kanzerogenen und reproduktionstoxischen Eigenschaften wird die Chemikalie besonders kritisch bewertet. (Quelle: Fricke & Lahl, 2005, Z. Umweltchem. Ökotox. 17 (1) S. 36 – 49)

Perfluoroktansäure P. ist ein wichtiger Vertreter der Perfluorierten Alkylcarbonsäuren (PFCA); MAK-Wert (→MAK-Liste) P. und ihre organischen Salze: 0,005 mg/m^3. →Perfluorierte organische Verbindungen

Perfluoroktanylsulfonat P. ist ein wichtiger Vertreter der Perfluorierten Alkylsulfonate (PFAS). →Perfluorierte organische Verbindungen

Perfluortenside →Perfluorierte organische Verbindungen

Perimeterdämmung Unter P. wird die Dämmung erdberührter Gebäudeflächen verstanden. Sie gewinnt im Rahmen der Nutzung von Kellerräumen zunehmend an Bedeutung. Perimeterdämmplatten müssen hohe Feuchtebeständigkeit aufweisen, eingesetzt werden können →XPS-Dämmplatten, →EPS-Automatenplatten oder →Schaumglas-Dämmplatten.

Perlite P. sind eine Familie von wasserhaltigen, glasigen Gesteinen. Sie entstehen durch Vulkantätigkeiten mit Wasserkontakt (unterseeisch oder unter Eis). Vorkommen gibt es in Ungarn, Griechenland, der Türkei, Sizilien, Rumänien, Bulgarien oder der Ukraine. Rohstoffe sind ausreichend vorhanden und werden durch tätige Vulkane laufend ergänzt. P. werden zu →Blähperlit verarbeitet.

Perlite-Dämmplatten Bei P. handelt es sich um druckfeste und temperaturbeständige Dämmplatten, die aus gemahlenem →Blähperlit, Cellulosefasern, gebunden mit Stärke, und Bitumenemulsion bestehen. Sie bieten Wärme-, Brand- und Schallschutz für Flachdächer, Decken, Fußböden, Tore und Klimaanlagen. Ein weiteres Einsatzgebiet ist die Dämmung unter erhöhten Belastungsbedingungen, wie beispielsweise Parkdecks. Durch höhere Verdichtung können auch sehr dünne Abdeckplatten hoch druckstabil werden. Die Rohdichte beträgt 150 bis 210 kg/m^3, die Wärmeleitfähigkeit 0,050 bis 0,060 W/(mK). P. sind je nach Zusammensetzung schwer bis nicht brennbar.

Permethrin P. ist ein Insektizid (→Biozid) aus der Gruppe der →Pyrethroide. Ein wesentlicher Einsatzbereich von P. ist die Mottenschutz-Ausrüstung →Textiler Bodenbeläge aus Wolle (→Mottenschutzmittel). P. gelangt durch den Abrieb von Teppichfasern in den →Hausstaub, der wiederum durch Aufwirbelung eingeatmet werden kann. Die Gesundheitsgefahr für den Menschen durch die Aufnahme von P. aus Wollteppichböden wird kontrovers diskutiert.

Eine Studie aus der in Tabelle 91 genannten BMBF-Publikation kommt zu folgendem Ergebnis:

- Steigt die P.-Konzentration in den Teppichfasern, ist auch eine Zunahme der Konzentration im Hausstaub erkennbar.
- Im Vergleich zur Teppichfaserausrüstung kann sich das P. im Hausstaub anreichern. Das heißt, die im Hausstaub gefundene Konzentration kann höher sein als die in den Teppichfasern.
- Der Hausstaub aus Wohnungen mit behandelten (eulanisierten) Teppichen weist im Vergleich zu Studien, die die „Hintergrundbelastung" des Hausstaubs erfassen, eine deutlich höhere P.-Belastung auf.
- P. in der Raumluft ist auf einen geringen kontinuierlichen Abrieb kleinerer Teppichfasern zurückzuführen.
- Zwischen der Konzentration von P. in der Raumluft und im Hausstaub ist kein signifikanter Zusammenhang erkennbar.
- Die Konzentrationen von P.-Metaboliten im Urin sind vergleichbar mit jenen der Allgemeinbevölkerung.
- Der Anteil der Kinder, bei denen Metaboliten im Urin gefunden wurden, war größer als der bei Erwachsenen, jedoch nicht signifikant

ADI-Wert (WHO): 50 µg/kg Körpergewicht und Tag.

Tabelle 91: Permethrin-Konzentration in Teppichfasern und Hausstaub (BMBF, 2001, Pyrethroidexposition in Innenräumen; 80 Wohnungen, die mit Wollteppichen bzw. -teppichböden ausgestattet waren)

Permethrin-Konzentration [mg/kg]	Min.	Max.	Median	90-Perzentil
In Teppichfasern	< 0,1	244,9	37,4	136,0
Im Hausstaub	< 1,0	659,2	9,65	129,1

Ein weiterer Anwendungsbereich von P. ist die Schädlingsbekämpfung in Innenräumen.

Persistent Ein Stoff wird als persistent bezeichnet, wenn er in der Umwelt nicht oder nur schwer abbaubar ist. Eine hohe Persistenz haben insbesondere →Chlorierte Kohlenwasserstoffe (Bsp.: →DDT, →PCB, →Dioxine). →POP, →Hausstaub

Persönliche Schutzausrüstung Persönliche Schutzausrüstung (PSA) sind Vorrichtungen und Mittel, die Gefahren für die Sicherheit oder die Gesundheit abwehren oder mindern und am Körper oder an Körperteilen gehalten oder getragen werden. Die folgenden Ausführungen geben Hinweise für P. im Heimwerkerbereich (nach BUG Hamburg):

- Schutzhandschuhe:
  Handschuhe aus Leder/Textil für Gartenarbeiten und schmutzige Arbeiten, schützen nur gegen geringe mechanische Gefahren und niedrige Temperaturen (max. 50 °C). „Gummihandschuhe“ schützen nur gegen schwach aggressive Reinigungsmittel wie z.B. Spülmittel oder Waschmittel.
  Angaben: CE-Zeichen, EN 420, Handschuhbezeichnung, Name oder Handelsmarke des Herstellers, Größenbezeichnung
- Einweg-Atemschutzmasken:
  Bestehen meist vollständig aus Filtermaterial, bedecken Mund und Nase und können ein Ausatemventil haben, schützen gegen Partikel sowie feste und bestimmte wässrige Aerosole. Der Schutz ist aber nicht 100%ig, da es zwangsläufig zu Leckagen am Übergang zum Gesicht, am Ausatemventil und durch das Filtermaterial selbst kommt. Angaben zur Leckage FFP1 (max. 22 % im Durchschnitt) bis FFP3 (max. 2 % im Durchschnitt) befinden sich auf den Masken. Eine FFP3-Maske lässt also am wenigsten durch, hat aber auch den höheren Atemwiderstand.
  Angaben: EN 149, Name oder Markenzeichen, FFP1, FFP2 oder FFP3 plus Buchstabe S (gegen Partikel) oder SL (gegen Partikel und wässrige Aerosole)
- Schutzbrillen:
  Korbschutzbrillen bestehen aus Tragkörper (Gestell) und Sichtscheibe (zwei- oder einteilig). Beide Komponenten müssen bis auf definierte Belüftungsöffnungen dicht am Gesicht abschließen.
  Angaben CE-Zeichen, EN 166, Identifikationszeichen (z.B. Markenzeichen) des Herstellers, Anwendungsbereich, optische Klasse und mechanische Festigkeit in Form von Ziffern und Buchstaben auf Gestell bzw. Scheibe
- Gehörschutz:
  Einsetzen mindestens bei einem Schallpegel oberhalb von 85 dB(A). Beispiele: Motorkettensägen ca. 110 dB(A), Winkelschleifmaschinen ca. 100 dB(A).
  Bei Maschinen ab Baujahr 1995 müssen die Geräuschemissionswerte in der Betriebsanleitung angegeben sein.
  Angaben: Der SNR-Wert (single number rating) gibt die allgemeine Schalldämmung über das gesamte Frequenzspektrum an. Der H-, M- und L-Wert gibt die allgemeine Schalldämmung bei hohen, mittleren und niedrigen Frequenzen an. Je höher der angegebene Wert in Dezibel ist, desto höher ist die Schalldämmung.
  Unterschieden werden Kapselgehörschützer (sog. Micky-Mäuse) und Stöpselgehörschützer, die in den Gehörgang eingeführt werden. Stöpselgehörschützer sind sehr klein, deshalb darf die Kennzeichnung auf Verpackung und Benutzerinformation angebracht werden. Kapselgehörschützer: CE-Zeichen, EN 352-1, Name oder Handelsmarke, Modellbezeichnung, ggf. zusätzliche Angaben: vorne/hinten, links/rechts

Grundsätzlich gilt: Die Verwendung von P. ist kein „Allheilmittel“. Beim Umgang mit gefährlichen Stoffen bzw. Zubereitungen oder bei der Durchführung gefährlicher Arbeitsverfahren ist zuerst immer zu prüfen, ob nicht andere weniger gefährliche Stoffe oder Zubereitungen eingesetzt bzw. weniger gefährliche Arbeitsverfahren angewendet werden können. Als nächstes ist zu prüfen, ob durch technische (z.B. verbesserte Lüftung) und organisatorische Maßnahmen (z.B. Verkürzung der gefährlichen Tätigkeit) der Gesundheitsschutz zu erreichen bzw. erheblich zu verbessern ist.

Perzentil Positionswert in der Statistik. Er gibt rechnerisch den Punkt einer Messreihe an, der von einem bestimmten Prozentsatz der Messergebnisse nicht überschritten wird. Beispiel: 95-Perzentil ist der Wert, den 95 % der Messwerte unterschreiten (und nur 5 % der Messwerte überschreiten). 50-Perzentile können als innenraumtypische Hintergrundbelastungen angesehen werden. Als auffällig gelten Konzentrationen, die (deutlich) über den 95-Perzentilen bzw. den 90-Perzentilen liegen. Das 50-Perzentil entspricht dem Median.

PE-Schaum Trittschalldämmungen aus geschlossenzelligem, unvernetztem PE-Schaum (Polyethylenweichschaum) werden unter schwimmendem Estrich verwendet. Sie sind wasserundurchlässig, leicht, robust und elastisch. Die Schalldämmverbesserung beträgt ca. 20 dB bei 5 mm Dicke.
Der Rohstoff →Polyethylen ist petrochemischen Ursprungs. Die Produktion von PE erfordert einen hohen Energieverbrauch und ist mit Kohlenwasserstoffemissionen verbunden. PE gilt aber im Vergleich zu anderen →Kunststoffen (z.B. →Polyvinylchlorid oder →Polyurethan) als relativ umweltverträglich (direkte Gewinnung der Monomere ohne toxikologisch problematische Zwischenprodukte). PE ist in der Einbau- und Nutzungsphase toxikologisch nicht relevant. Laut Herstellerangaben sind P. zu 100 % recycelbar. Die Entsorgung erfolgt über Verbrennung in Müllverbrennungsanlagen. P. enthält i.d.R. →Flammschutzmittel. Die Verbrennung von mit →Polybromierten Flammschutzmitteln ausgerüstetem P. kann zur Emission von polybromierten Furanen und Dioxinen führen.

Petrolether P. ist die Sammelbezeichnung für ein Gemisch von →Aliphatischen Kohlenwasserstoffen.

Pettenkofer-Zahl Der Hygieniker Max von Pettenkofer hat bereits vor über 100 Jahren auf den Tatbestand der „schlechten" Luft beim längeren Aufenthalt in Wohnräumen und Lehranstalten hingewiesen und das →Kohlendioxid als wichtige Leitkomponente für die Beurteilung der Raumluftqualität identifiziert. Lange Zeit galt die P., ein CO_2-Richtwert von 0,1 Vol.-% (1.000 ppm), in Innenräumen als Maßstab. Der CO_2-Gehalt der Außenluft beträgt demgegenüber ca. 350 ppm (in Städten an manchen Stellen auch bis ca. 500 ppm). Als hygienischer Richtwert gilt in Deutschland nach DIN 1946 Teil 2 ein CO_2-Wert von 0,15 Vol.-% (= 1.500 ppm).

PF →Phenol-Formaldehyd-Harze

PFAS Perfluorierte Alkylsulfonate. →Perfluorierte organische Verbindungen

PFC Perfluoralkane. →Perfluorierte organische Verbindungen

PFCA Perfluorierte Alkylcarbonsäuren. →Perfluorierte organische Verbindungen

Pflanzenchemiehersteller P. fühlen sich der nachhaltigen Produktion verpflichtet und verwenden für ihre Produkte vor allem Rohstoffe auf pflanzlicher und mineralischer Basis. Der Pflanzenchemieproduktion liegt ein grundsätzlich anderes Verständnis der Stoffe zugrunde; sie ist ein Teilbereich der →Sanften Chemie. Produkte der P. sind in Bezug auf Umweltverträglichkeit, ökologische Erneuerbarkeit, gesundheitliche Unbedenklichkeit und sinnliche Behaglichkeit den meisten konventionellen Produkten entlang des gesamten →Lebenszyklus von der Rohstoffgewinnung, -aufbereitung und -verarbeitung über die Verwendung der Produkte bis hin zur Entsorgung der anfallenden Abfälle hoch überlegen. →Nachhaltigkeit

Pflanzenfarben →Naturfarben

Pflaume →Zwetschge

PFOA Perfluoroktansäure, ein wichtiger Vertreter der Perfluorierten Alkylcarbonsäuren. →Perfluorierte organische Verbindungen

PFOS Perfluoroktanylsulfonat, ein wichtiger Vertreter der Perfluorierten Alkylsulfonate. →Perfluorierte organische Verbindungen

PFT Abk. für Perfluortenside. →Perfluorierte organische Verbindungen

Phenol P. ist ein wichtiges industrielles Zwischenprodukt. Wegen seiner bakteriziden Wirkung wurde es früher als Desinfektionsmittel eingesetzt. Die Herstellung erfolgt durch Spaltung von Cumolhydroperoxid, das durch Luftoxidation von Cumol erhalten wird (Cumolhydroperoxid-Verfahren). Große Bedeutung hat P. heute als Ausgangsprodukt für Phenol-Harze, insbesondere →Phenol-Formaldehyd-Harze. Darüber hinaus wird P. für die Herstellung von →Bisphenol A. verwendet, das zu →Epoxidharzen und Thermoplasten weiterverarbeitet wird.
P. führt bei Inhalation zu Schleimhautreizungen und verursacht bei Hautkontakt Verätzungen. Bei chronischen Vergiftungen treten Leber- und Nierenschäden sowie Blutveränderungen auf. P. steht im Verdacht auf erbgutschädigende Wirkung (EU: M3) und auf krebserzeugende Wirkung (MAK-Liste Kat. III 3B).
Zur relativen Toxizität von Phenol →NIK-Werte: Je niedriger der NIK-Wert, umso höher ist die Toxizität des jeweiligen Stoffes.

Phenol-Formaldehyd-Harze P. (PF) entstehen durch Polykondensation von →Phenol oder einem Penolderivat mit →Formaldehyd. Ein wichtiger Einsatzbereich sind P. als Bindemittel für →Holzwerkstoffe wie Span-, Faser-, Sperrholz- und →OSB-Platten. Vorteilhaft sind die hohe Feuchte- und Witterungsbeständigkeit bei geringer Dickenquellung von Platten mit P.-Bindung und die geringe Neigung zu Abgabe von Formaldehyd. Dafür müssen allerdings längere Aushärtezeiten und dunkle Leimfugen in Kauf genommen werden. →Harnstoff-Formaldehyd-Harze, →Melaminharze

Phenol-Resorcin-Formaldehyd-Harze P. (PRF) entstehen durch →Polykondensation von →Phenol mit →Resorcin und →Formaldehyd. Die rotbraunen PRF-Harze setzen sich zusammen aus der wässrigen Lösung eines Phenol-Resorcin-Formaldehyd-Kondensationsproduktes und dem pulverförmigen Härter auf der Basis von Paraformaldehyd (polymere Form des →Formaldehyds). Durch Zugabe des Härters entsteht wie auch beim MUF-Harz eine →thixotrope Leimflotte, deren Aushärtung in ein unlöslich vernetztes Polykondensat erfolgt.

Phenone Benzophenon und Hydroxyacetophenone sind als →Fotoinitiatoren Bestandteile von strahlenhärtenden Beschichtungssystemen.

Phenoplaste →Phenol-Formaldehyd-Harze

4-Phenylcyclohexen 4-P. kann sich in einer Additionsreaktion aus überschüssigem →Styrol und →Butadien bei →Styrol-Butadien-Kautschuk (SBR) bilden. Es handelt sich um einen äußerst geruchsintensiven Stoff, der z.B. aus SBR-Rückenbeschichtungen →Textiler Bodenbeläge in die →Innenraumluft freigesetzt wird. Vgl. →4-Vinylcyclohexen.

PHMP PHMP (1-Phenyl-2-hydroxy-2-methyl-propan-1-on) ist als →Fotoinitiator Bestandteil von strahlenhärtenden Beschichtungssystemen. Infolge einer Fragmentierungsreaktion entsteht aus P. das geruchsintensive Spaltprodukt →Benzaldehyd. Weitere Sekundärprodukte sind z.B. Benzil und →Aceton.

Phosgen P. ist eine äußerst giftige Chemikalie mit heuartigem Geruch. Es wird hergestellt durch Reaktion von Kohlenmonoxid und Chlor an Aktivkohle als Katalysator bei gering erhöhter Temperatur. Durch Reaktion von P. mit Ammoniak entsteht Harnstoff, der als Düngerbestandteil und für die Herstellung von Kunstharzen (Formaldehyd-Harze) benötigt wird. Durch Reaktion von Aminen und P. erhält man →Isocyanate. P. wurde auch bei dem Chemieunfall in Bophal (1985) freigesetzt, wo es zur Herstellung von Methylisocyanat diente. Diese Chemikalie war Ursache für einen großen Teil der Vergiftungen in Bophal. Im 1. Weltkrieg wurde P. als Kampfgas eingesetzt. In der Lunge setzt es hydrolytisch

Salzsäure frei, die das Lungengewebe verätzt.

Phosphorgips P. entsteht bei der Phosphorsäure-Herstellung im Nassverfahren durch Reaktion der Phosphaterze mit Schwefelsäure. Bei P. können Urankonzentrationen von 200 bis 400 mg/kg erreicht werden. Aufgrund der dadurch bedingten erhöhten Radioaktivität hat P. als Rohstoff für die Gipsindustrie keine Bedeutung mehr (→Radioaktivität von Baustoffen).

Phosphororganische Flammschutzmittel →Organophosphate

Phosphorsäureester →Organophosphate

Phosphorsäuregips →Phosphorgips

Photo... Foto...

Phthalate P. (Phthalsäureester) sind Ester der 1,2-Benzoldicarbonsäure (ortho-Phthalsäure). Hauptanwendungsbereich der P. ist die Weichmachung von Kunststoffen. P. sind sog. äußere Weichmacher, da sie mit dem Kunststoff keine feste chemische Bindung eingehen.

Der wichtigste Vertreter ist das Di-(2-ethylhexyl)-phthalat (DEHP) mit einer Jahresproduktion von weltweit ca. 2 Mio. t. DEHP, DINP und Diisodecylphthalat (DIDP) erreichen einen Marktanteil von mehr als 80 % bei den produzierten Phthalaten. In Westeuropa werden jährlich ca. 1 Mio. t Phthalate hergestellt.

Ca. 90 % des DEHP-Verbrauchs in Westeuropa gehen in die PVC-Herstellung, insbesondere für Bodenbeläge und Kabelummantelungen. Weitere Anwendungsbereiche der P. im Baubereich sind Vinyltapeten, Betonzusatzstoffe, Klebstoffe, Farben/Lacke und Dichtungsmassen. P. finden weiterhin Verwendung für Körperpflegemittel, Textilien, Spielzeug, Lebensmittelverpackungen, Infusions- und Dialysebeutel, Handschuhe, Kontaktlinsen, Dielektrikum in Kondensatoren, Entschäumer bei der Papierherstellung, Emulgatoren für Kosmetika, Hilfsstoffe in Pharmaka, Beschichtungssysteme, Formulierungsmittel in Pestiziden usw.

Tabelle 92: Produktion und Verbrauch der wichtigsten Phthalate in Deutschland 1994/95 in t (CSTEE 1998, Leisewitz 1997)

	DEHP	**DBP**	**BBP**	**Phthalate gesamt**
Produktion	251.506	21.636	9.000	408.376
Import	30.043	1.501	8.000	99.286
Export	167.581	12.382	5.000	242.692
Verbrauch	113.968	10.755	12.000	264.970

Tabelle 93: Übersicht wichtiger Phthalate

Name	**Abkürzung**
Dimethylphthalat	DMP
Diethylphthalat	DEP
Dibutylphthalat	DBP
Butylbenzylphthalat	BBP
Di-(2-ethylhexyl)-phthalat	DEHP
Di-n-octylphthalat	DOP (DNOP)
Di-iso-nonylphthalat	DINP
Di-iso-decylphthalat	DIDP
Di-pentyl-phthalat	DPP

Tabelle 94: Verwendung wichtiger Phthalate (Angerer)

Phthalat	**Verwendung**
DMP	Körperpflegemittel, Parfums, Deodorants, Pharmazeutische Produkte
DEP	Körperpflegemittel, Parfums, Deodorants, Pharmazeutische Produkte
BBP	PVC (z.B. Transformatoren, Bodenbeläge, Rohre und Kabel, Teppichböden, Wandbeläge), Dichtmassen, (Lebensmittel-)Verpackungen, Kunstleder, Lebensmitteltransportbänder
DBP	Pharmazeutische Produkte (time-release Medikamente), PVC, Cellulose-Kunststoffe, Dispersionen, Lacke/Farben (auch Nagellacke), Klebstoffe (v.a. Polyvinyl-Acetate), Schaumverhüter und Benetzungsmittel in der Textilindustrie,

P

DBP	Körperpflegemittel, Parfums, Deodorants, (Lebensmittel-)Verpackungen
DEHP	PVC (z.B. Bodenbeläge, Rohre und Kabel, Teppichböden, Wandbeläge, Schuhsohlen, Vinyl-Handschuhe, Kfz-Bauteile), Dispersionen, Lacke/Farben, Emulgatoren, Verpackungen
DOP	PVC-Produkte (wie DEHP)
DiNP	PVC (z.B. Bodenbeläge, Rohre und Kabel, Teppichböden, Wandbeläge, Schuhsohlen, Kfz-Bauteile), Dispersionen, Lacke/Farben, Emulgatoren, (Lebensmittel-)Verpackungen
DiDP	PVC (z.B. Bodenbeläge, Rohre und Kabel, Teppichböden, Wandbeläge), Dispersionen, Lacke/Farben, Emulgatoren, (Lebensmittel-)Verpackungen

Der Eintrag von P. in die Umwelt erfolgt bei der Produktion und Distribution, während der Herstellung der Endprodukte, beim Gebrauch und bei der Entsorgung. P. sind inzwischen ubiquitär, d.h. in allen Umweltkompartimenten, im Außenbereich und im Innenraum sowie im menschlichen Organismus zu finden. Mengenmäßig am häufigsten treten DEHP, DBP und BBP auf. Zu diesen P. liegen Expositionsdaten und Kenntnisse zur Toxikologie in befriedigendem Umfang vor. Dagegen sind sie für die anderen P. äußerst lückenhaft oder fehlen vollständig.

Die P. zeigen im Tierexperiment bei subchronischen und chronischen Fütterungsversuchen Veränderungen an den Organen Leber, Niere und Testes sowie ein vermindertes Körpergewicht. Im Mittelpunkt der Diskussion stehen die endokrinen (hormonähnlichen) und reproduktions- bzw. entwicklungstoxischen Wirkungen der P. DEHP und DBP sind als reproduktionstoxisch der Kategorie 2 und als giftig (T) gem. Richtlinie 67/548/EWG eingestuft. Eine mögliche Einstufung von Butylbenzylphthalat (BBP) als reproduktionstoxisch wird zurzeit geprüft. Bei sehr kurzkettigen P. wie DEP und sehr langkettigen wie DIOP ist diese Wirkung weniger ausgeprägt. P. stehen weiterhin im Verdacht einer krebserzeugenden Wirkung.
Die Aufnahmesituation des Menschen wird i.Allg. wesentlich durch die Zufuhr über Nahrungsmittel geprägt. Die aus den Umweltmedien resultierende Aufnahme wird im Vergleich als weniger bedeutend eingeschätzt. Allerdings können besondere Immissionssituationen bzw. Innenraumluft- oder Hausstaubbelastungen neben dem Lebensmittelpfad zu einer deutlichen Zusatzbelastung führen. Die vorliegenden Daten zur Belastung der Bevölkerung mit P. sind allerdings noch sehr lückenhaft.
Nach Untersuchungen von Angerer liegen die täglichen DEHP-Aufnahmemengen der Allgemeinbevölkerung zum Teil deutlich über der von der US-EPA festgesetzten Referenzdosis von 20 µg/kg KG × Tag sowie der vom CSTEE festgesetzten TDI (tolerierbare tägliche Aufnahme) von 37 µg/kg KG × Tag. 31 % von 85 untersuchten Per-

Tabelle 95: NOAEL-Werte, TDI-Werte (tolerable daily intakes) und RfD (Referenzdosis der EPA) für einige Phthalate (übernommen von CSTEE, 1998)

Phthalat	**NOAEL [mg/kg × Tag]**	**Tolerable daily intake [µg/kg × Tag]**	**Referenzdosis [µg/kg × Tag]**
DINP	15	150	k.A.
DNOP	37	370	k.A.
DEHP	3,7	37	20
DIDP	25	250	k.A.
BBP	20	200	200
DBP	52	100	100

sonen überschritten in ihrer täglichen DEHP-Aufnahme die RfD der EPA, 12 % liegen über dem TDI des CSTEE. Der Maximalwert der Aufnahme von DEHP von 166 µg/kg Körpergewicht/Tag liegt um das 4,5fache über dem TDI und um mehr als das 8fache über der RfD. Dieser Wert ist vom NOAEL (no observed adverse effect level) von 3,7 mg/kg Körpergewicht/Tag (Poon et al., 1997) nur durch einen Sicherheitsfaktor von 22 getrennt. Zudem wurden deutliche Hinweise auf Belastungen mit anderen P. gefunden.

Zur Belastung in Innenräumen liegen derzeit nur äußerst begrenzt aussagekräftige Untersuchungsergebnisse vor. Insgesamt zeigt sich, dass insbesondere im Hausstaub mit hohen P.-Konzentrationen zu rechnen ist.

Tabelle 96: Phthalate im Hausstaub und in der Innenraumluft (Bayer. Landesamt für Gesundheit und Lebensmittelsicherheit, 2004)

Autor	Anzahl der Proben	DEHP		DBP	
		Median	95-Perzentil	Median	95-Perzentil
	Hausstaub [mg/kg]				
B.A.U.CH., 1991	12	470	3.065	30	301
Oie et al., 1997	38	640 [1]	–	100 [1]	–
Pöhner et al., 1997	172	450	2.000	87	370
Butte et al., 1999/2001	286	730	2.500	49	230
Mattulat, 2001	600	699	3.470	48	311
UBA, 2002	199	416	1.190	42	160
Rudel et al., 2003	102 [2]	340	–	20	–
Wilson et al., 2003	9	–	–	1,2 [1]	–
Kersten & Reich, 2003	65	600	1.600	47	180
Becker et al., 2004	252	515	1.840	–	–
Bornehag et al., 2004	346	770	–	150	–
Fromme et al., 2004	30	703	1.542	47	130
	Innenraumluft [ng/m³]				
B.A.U.CH., 1991	40	482	1.647	2.994	11.201
Sheldon et al., 1994	125	140	–	630	–
Rudel et al., 2003	102 [2]	77	–	220	–
Adibi et al., 2003 [3]	30	370	–	2.300	–
Adibi et al., 2003 [4]	25	220	–	400	–
Wilson et al., 2003	9	–	–	288 [1]	–
Otake et al., 2004	27	111	–	390	–
Fromme et al., 2004 (Wohnungen)	59	156	390	1.083	2.453
Fromme et al., 2004 (Kindergärten)	74	458	1.510	1.180	7.376

[1] Arithmetisches Mittel; [2] Für DBP ist n = 120;
[3] Krakau; [4] New York

P

Der Einsatz von P. in Beißspielzeug für Kinder bis drei Jahre ist in Deutschland 1999 verboten worden. Eine EU-weite Regelung zum Verbot von bestimmten P. in Kinderspielzeug ist für den Herbst 2005 vorgesehen.
Wird eine Kombination aus einem alkalisch wirkenden Material und P. (Phthalsäureestern) feucht, dann führt dies zu einer Verseifung der Phthalsäureester und es bilden sich verschiedene Alkohole wie Ethanol, Methanol, 2-Ethyl-1-hexanol, Isopropanol, Butanole sowie Phthalsäureanhydrid und Säuren wie z.B. die geruchsintensive Buttersäure. Dies führt zu gesundheitlichen Beeinträchtigungen wie pelzige Zunge, Brennen der Schleimhäute, Übelkeit, teilweise Nasenbluten. Beschwerdeauslösend sind vermutlich nicht die Alkohole, sondern die Phthalsäuren (Lorenz et al., 1998).

Phthalsäureester →Phthalate

Pigmente P. sind aus Teilchen bestehende, im Anwendungsmedium praktisch unlösliche Stoffe. Anorganische P. haben eine wesentlich größere Bedeutung als organische P. Sie werden eingesetzt insbesondere bei →Kunststoffen, Farben und →Lacken, zement- und kalkgebundenen Baustoffen sowie zum Einfärben von Gläsern und keramischen Glasuren.
P. für Kunststoffe: Die anorganischen P. sind in der Kunststoffmatrix fest eingebunden. Gehalte liegen meist über 1 %. →Cadmiumpigmente, →Bleipigmente
P. für zement- und kalkgebundenen Baustoffe: Hauptbestandteile der Pigmente sind üblicherweise Eisenoxide und -hydroxide, Chrom-, Titan- und Manganoxide, komplexe anorganische Oxide und Hydroxide z.B. Kombinationen obiger Oxide und Hydroxide mit Cobalt-, Nickeloxiden und -hydroxiden, Ultramarine, Phthalocyaninblau und -grün sowie Kohlenstoff (anorganisch). Für Beton sind nur anorganische P. geeignet, obwohl auch der Einsatz von organischen Pigmenten erlaubt ist. Die eingesetzten P. bestehen oft aus →Schwermetallen, die jedoch in oxidisch gebundener Form oder anderen stabilen Verbindungen vorliegen, weshalb nicht mit ihrer Mobilisierung zu rechnen ist.
Beim Abschleifen von alten Lackierungen kann es zur Inhalation von P. kommen. P., die selbst weitgehend ungiftig sind, können evtl. mit Schadstoffen verunreinigt sein. Hierzu gehören insbes. →Schwermetalle, aromatische Amine oder polychlorierte Dibenzodioxine (→Dioxine und Furane) oder -furane. Schwermetallverunreinigungen sind häufiger in P. natürlichen Ursprungs als in synthetischen P. zu finden.

Piperonylbutoxid P. (3,4-Methylendioxy-6-propylbenzyl-n-butyl-diethylen-glycolether) gehört zur Gruppe der Glykolether. Der Stoff wird zur Verstärkung der insektiziden Wirkung von →Pyrethrum und →Pyrethroiden eingesetzt. P. sorgt dafür, dass die genannten insektiziden Wirkstoffe langsamer abgebaut werden und verbessert die Aufnahme der Insektizide durch die Zellmembran hindurch. Die Warmblütertoxizität von P. ist gering. P. ist untoxisch für Bienen und Fische.

PIR →Polyisocyanurat

PIR-Schäume →Polyurethan-Ortschaum, →Polyisocyanurat

Pisé →Stampflehmbau

Pistolenschäume →Polyurethan-Ortschäume zum Füllen und Abdichten von Fugen. Sie dienen auch zur Dämmung, können aber die Anforderungen an Luftdichtheit nicht dauerhaft erfüllen.

Plakatfarben →Kaseintempera

Plastomerbitumen P. zeichnet sich durch plastisches Verhalten (hohe Flächenstabilität), verbesserte Kälteflexibilität und hohe Wärmestandsfestigkeit, lange Lebensdauer mit hoher Witterungs- und Alterungsbeständigkeit aus. Es wird aus Plastomer (→Polypropylen) modifiziertem →Destillationsbitumen erzeugt. P.-Bahnen werden i.d.R. als Schweißbahnen hergestellt, da sie nicht zufrieden stellend vergossen und verklebt werden können. Der Kunststoffanteil von höchstwertigen Schweißbahnen liegt bei bis zu 40 % des Bitumenanteils. P.-Bahnen können aufgrund der UV- und Infrarotstabilität bei Dächern eingesetzt werden, die der direkten Sonnenbestrahlung ausgesetzt sind. Eine (werkseitige) Beschieferung der Bahnen ist dennoch empfehlenswert. P.-Schweißbahnen mit geringem Kunststoffanteil gleichen eher den →Elastomerbitumen-Schweißbahnen. Das Kürzel für P.-Bahnen ist PYP. →Polymerbitumen

Plexiglas® →Polymethylmethacrylat

Plusenergiehäuser Plusenergiehäuser sind Gebäude, die aus allen ihren Energiedienstleistungen (warme Räume, Warmwasser, strombetriebene Dienste) insgesamt mehr Energie erzeugen als sie verbrauchen. Anders ausgedrückt: P. liefern netto mehr an Nachbarn oder Energieversorger, als sie an Brennstoffen und Strom benötigen. Dazu ist in mitteleuropäischen Klimata der Einsatz einer Reihe von aktiven Energietechnologien auf der Basis von Sonne und Wind notwendig.

PMDI Polymeres MDI. →Isocyanate

POCP Photochemical ozone creation potenzial. →Fotooxidantienbildungspotenzial, →Sommersmog

Polstermöbel →Möbel

Polteppiche P. bestehen aus einer Trägerschicht, allenfalls mit Rückenbeschichtung, und einem senkrecht auf diesem Grundgewebe stehenden, fest verankerten Pol als Nutzschicht. Diese Polschicht haben gewebte, getuftete, gewirkte, gepresste und beflockte →Teppichböden (Boucle, Velours).

Polyacrylamid P. ist das Polymerisationsprodukt des →Acrylamids. Einsatzbereiche für P. siehe Acrylamid. P. darf gem. Gefahrstoffrecht max. 0,1 % monomeres Acrylamid enthalten. Andernfalls müssten die Produkte als krebserzeugend (K3) eingestuft und entsprechend gekennzeichnet werden. P. gilt als schwer abbaubar.

Polyacrylate →Acrylharze

Polyacrylnitril Die Herstellung von P. (PAN) erfolgt aus dem krebserzeugenden Acrylnitril. Die →Polymerisation erfolgt unter Einsatz von Dibenzoylperoxid als Initiator in Anwesenheit von Eisen(III)-Ionen. P.-Fasern (z.B. Dralon®) enthalten produktionsbedingt noch geringe Restmengen der verwendeten Lösemittel →Dimethylformamid (DMF) oder →Dimethylacetamid (DMAC). Der Restgehalt an DMF beträgt i.Allg. < 1 %, in Einzelfällen bis zu 2 %. Der Restgehalt an DMAC beträgt bis zu 0,3 %.

Polyaddition P. ist die chemische Verknüpfung einfacher chemischer Verbindungen (Monomere) durch Reaktion zwischen funktionalen Gruppen zu polymeren Molekülen (Makromolekülen).

Polyamide P. (PA) sind thermoplastische Kunststoffe. Die Herstellung erfolgt durch Polykondensation zwischen einer Carboxylgruppe und einer Aminogruppe. Synthetische Polyamide haben eine hohe Festigkeit, Steifigkeit und sehr gute chemische Beständigkeit. Handelsnamen sind u.a. Nylon® und Perlon®.

Polyamid-Folien Die →Feuchteadaptiven Dampfbremsen aus →Polyamid (im Textilbereich auch als Nylon bekannt) wurden in der Lebensmittelindustrie entdeckt. Dort werden die aroma- und sauerstoffdichten, verschweißbaren Folien in Kombination mit einer Polyethylen-Folie gegen rasche Austrocknung von Lebensmitteln und wegen ihrer hohen Temperaturbeständigkeit als Bratfolie oder Wursthaut verwendet. P. können ihre Dampfdurchlässigkeit hervorragend an wechselnde Feuchtebedingungen anpassen. Im Winter wirken sie als →Dampfbremse, im Sommer fördern sie das Austrocknen der Konstruktion. Dieses Verhalten ist auf ihre Struktur zurückzuführen. Sind die Moleküle trocken, bilden sie ein dichtes, wasserdampfundurchlässiges Gefüge. Bei Berührung mit Feuchte quillt die Struktur auf und Wassermoleküle können zwischen die Polyamidmoleküle dringen. Zudem haben P. etwa dreimal so große Reißfestigkeit wie PE-Folien und eine Sperrwirkung gegen organische Substanzen wie z.B. Holzschutzmittel.

P

Polybromierte Biphenyle →Polybromierte Flammschutzmittel

Polybromierte Diphenylether →Polybromierte Flammschutzmittel

Polybromierte Flammschutzmittel P. sind eine unter technischen wie auch gesundheitlich-ökologischen Gesichtspunkten bedeutsame Gruppe von Flammschutzmitteln. Hierzu gehören:

- Polybromierte Diphenylether (PBDE)
- Polybromierte Biphenyle (PBB)
- →Tetrabrombisphenol A (TBBPA)
- →Hexabromcyclododecan (HBCD)
- Hexabrombenzol (HBB)

Bei den technisch angewandten PBDE und PBB handelt es sich nicht um einzelne Verbindungen, sondern – bedingt durch den Herstellungsprozess – um bromhomologe Mixturen, die sich aus verschiedenen Isomeren und Kongeneren (maximal 209) zusammensetzen. Von kommerziellem Interesse sind die auf Pentabromdiphenylether (PentaBDE), Octabromdiphenylether (OctaBDE), →Decabromdiphenylether (DecaBDE), Hexabrombiphenyl (HexaBB), Octabrombiphenyl (OctaBB) und Decabrombiphenyl (DecaBB) basierenden Produkte.

Der weltweite Verbrauch an P. beträgt schätzungsweise 300.000 t, davon ca. 30.000 t in Europa. Der mengenmäßig mit Abstand wichtigste Vertreter der PBDE ist Decabromdiphenylether (DeBDE) mit 94 % der in Europa eingesetzten Diphenylether. Das Bromine Science and Environmental Forum (BSEF) berechnete für 1999 eine Gesamtmenge von 54.800 t für DecaBDE, das in Kunststoffen, Textilien und in Formulierungen für Schutzüberzuge eingesetzt wird. Die Verbrauchsmenge an OctaBDE lag nach BSEF für 1999 bei 3.825 t. OctaBDE wird hauptsächlich als additiver Flammschutz in ABS-Applikationen eingesetzt. Die Produktionsmenge für PentaBDE betrug 1999 nach BSEF 9.500 t. Einsatzbereiche sind insbesondere Textilien und Polyurethanschaum in der Polster- und Möbelindustrie.

P. besitzen hohe Siede- bzw. Zersetzungspunkte (300 – 400 °C), vergleichsweise niedrige Dampfdrücke und sind chemisch äußerst stabil. Diese anwendungstechnisch vorteilhaften Eigenschaften sind nachteilig, wenn die Stoffe auf verschiedenen Wegen wie Produktions- und Anwendungsprozesse, Emission während der Gebrauchsphase, Abfallentsorgung etc. in die Umwelt gelangen. P. sind in der Umwelt nur schwer biologisch abbaubar, weisen ein hohes Bioakkumulationspotenzial auf und belasten damit letztlich den Menschen als Endglied

Tabelle 97: Zusammensetzung kommerzieller PBDE (Quelle: Emissionen von Flammschutzmitteln aus Bauprodukten und Konsumgütern, UBA-Texte 5503)

Produkt	Zusammensetzung							
	Tri-BDE	Tetra-BDE	Penta-BDE	Hexa-BDE	Hepta-BDE	Octa-BDE	Nona-BDE	Deca-BDE
DecaBB							0,3 – 3 %	97– 98 %
OctaBB				10 – 12 %	43 – 44 %	31 – 35 %	9 – 11 %	0 – 1 %
HexaBB	0 – 1 %	24 – 38 %	50 – 62 %	4 – 8 %				

Tabelle 98: Zusammensetzung kommerzieller PBB (Quelle: Emissionen von Flammschutzmitteln aus Bauprodukten und Konsumgütern, UBA-Texte 5503)

Produkt	Zusammensetzung						
	TetraBB	PentaBB	HexaBB	HeptaBB	OctaBB	NonaBB	DecaBB
DecaBB					0,3 %	3 %	97 %
OctaBB				1 %	31 %	49 %	8 %
HexaBB	2 %	11 %	63 %	14 %			

der Nahrungskette. P. finden sich in verschiedenen Umweltkompartimenten wie Klärschlamm, Sediment, Kuh- und Muttermilch, Fisch, Luft etc. PBDE-Gehalte in der Muttermilch haben in den letzten Jahrzehnten exponentiell zugenommen und verdoppeln sich alle fünf Jahre. Das Umweltbundesamt stellt zu P. fest: „Das Wissen um das Abbauverhalten in der Umwelt sowie der Öko- und Humatoxikologie ist gering und mögliche Langzeitfolgen für Mensch und Umwelt sind derzeit nicht einschätzbar", (UBA-Texte 5503).
Der pentabromierte Diphenylether (PentaBDE) ist als persistent, bioakkumulierend und toxisch eingestuft (prioritär gefährlicher Stoff), spielt aber in Europa kommerziell keine Rolle mehr. Gemäß →Gefahrstoffverordnung dürfen PentaBDE und OctaBDE sowie Stoffe und Zubereitungen mit einem Massengehalt von insgesamt mehr als 0,1 % dieser Stoffe nicht verwendet werden. Das Verbot gilt bis zum 31. März 2006 nicht für die Verwendung von PentaBDE- und PentaBDE-haltigen Zubereitungen in Notevakuierungssystemen von Flugzeugen sowie deren Bestandteilen.
Die Produktion von HexaBB ist in den USA (als Folge eines Unfalls) wg. erheblicher Gesundheitsrisiken seit 1976 verboten, seit 1980 auch in Europa. Die Verwendung von PBB für Textilien, die in Berührung mit der Haut kommen, ist in Deutschland seit 1983 verboten. Für die Produktion von DecaBB lag in Frankreich eine zeitlich begrenzte Ausnahme bis zum Jahr 2000 vor. Seit dem 1.1.2006 ist in der EU der Einsatz von PBB und PBDE in neu in Verkehr gebrachten Elektro- und Elektronikgeräten verboten. Im Rahmen der Europäischen Gemeinschaft in Ergänzung zur WEEE-Richtlinie (Waste Electrical and Electronic Equipment) müssen Kunststoffe, die P. enthalten, aus getrennt gesammelten Elektro- und Elektronik-Altgeräten entfernt werden. Schweden sieht ein Verbot für PBDE vor, wohingegen z.B. die USA und Großbritannien aufgrund bestehender Brandschutzanforderungen den Einsatz von P. weiterhin befürworten. 1986 haben der Verband der chemischen Industrie (VCI), der Verband der kunststofferzeugenden Industrie (VKE) und der Verband der Textilhilfsmittel-, Lederhilfsmittel-, Gerbstoff- und Waschrohstoff-Industrie TEGEWA den freiwilligen Verzicht zur Verwendung und Produktion von PBDE erklärt. Nachdem eine EU-weite Verbotsrichtlinie zu den PBDE nicht durchsetzbar war, wurde 1993 in Deutschland das Inverkehrbringen dieser Stoffe indirekt über die →Chemikalien-Verbotsverordnung geregelt. Im Rahmen dieser Richtlinie wurden Grenzwerte für Dioxine und Furane in Stoffen, Erzeugnissen und Zubereitungen festgelegt, wodurch indirekt eine Verwendung von PBDE ausgeschlossen wird. Die PentaBDE-Formulierung scheint die Kriterien zur Aufnahme in die →POP-Liste zu erfüllen und wurde auf dem dritten Treffen der United Nations Economic Commission for Europe (UNECE) im Juni 2002 als weiterer POP-Kandidat diskutiert.

Polychlorierte Biphenyle Durch Chlorierung von Biphenyl entstehen komplexe Gemische von Chlorbiphenylen bzw. polychlorierte Biphenyle (PCB), deren Einzelstoffe sich durch Anzahl und räumliche Anordnung der Chloratome unterscheiden. Diese theoretisch insgesamt 209 Einzelsubstanzen werden als PCB-Kongenere bezeichnet. Eigenschaften der PCB sind insbes. die geringe Wasserlöslichkeit, gute elektrische Isoliereigenschaften, hohe chemische Stabilität, gute Weichmachereigenschaften und Schwerentflammbarkeit.
PCB werden seit 1929 hergestellt und für vielfältige Zwecke eingesetzt. Die äußere Beschaffenheit der technischen Gemische reicht von fast farblosen öligen Flüssigkeiten bis zu hellgelben Weichharzen. Mit steigendem Chlorgehalt nehmen Dichte und Zähflüssigkeit (Viskosität) stark zu, während die ohnehin geringe Wasserlöslichkeit und die Flüchtigkeit abnehmen. Im Jahr 1973 empfahl der Rat für wirtschaftliche Zusammenarbeit und Entwicklung (OECD), PCB nicht mehr in offenen, sondern nur noch in geschlossenen Anwendungen (Transformatoren, Kondensatoren) einzusetzen. Im Jahr 1978 setzte die Bun-

desregierung diese Empfehlung in deutsches Recht um. Seit 1983 werden PCB in der Bundesrepublik Deutschland nicht mehr hergestellt. Die Produktion weltweit wird auf ca. 1,5 Mio. t geschätzt, davon für die offene Anwendung in Deutschland ca. 23.000 t.

In Bauprodukten erfüllten die PCB im Wesentlichen Funktionen als Weichmacher und Flammschutzmittel. Einsatzbereiche in Gebäuden sind:

- Dauerelastische Dichtungsmassen
- Anstriche (Wandanstriche), Heizkörperlacke, Deckenplatten (Typ Wilhelmi, bis 1972), Holzpaneele, Mobiliar
- Buntsteinputz
- Bodenbelagsklebstoffe
- Verdunkelungsrollos
- Kondensatoren, Transformatoren
- Kabelummantelungen (Telekom)
- Kontamination von Trennhilfen im Betonbau (Schalöle)

Bei PCB-haltigen Dichtungsmassen handelt es sich um Materialien auf Basis eines Polysulfidpolymers (sog. Thiokol-Dichtmassen; →Polysulfid-Dichtstoffe). Der Einbau PCB-haltiger Fugenmassen erfolgte zwischen 1955 und etwa 1975 mit einem Verwendungsmaximum von 1964 bis 1972. Zum Teil wurden PCB-haltige Fugemassen auch noch bis in die 1990er-Jahre verwendet. Der Marktanteil für Thiokol-Massen betrug 80 – 90 %. PCB wurden den Dichtmassen in Mengen bis ca. 60 % zugegeben. Richtrezeptur: 35 % PCB, Füllstoffe, Haftmittel, Schwefel, Stearinsäure und Härtepasten. PCB-haltige sind von PCB-freien Thiokol-Dichtungsmassen durch Augenschein nicht voneinander zu unterscheiden.

Holzfaser-Deckenplatten der Fa. Wilhelmi wurden bis 1972 mit einem PCB-haltigen Flammschutzanstrich (→Chlorkautschuklack) versehen. Der PCB-Gehalt im raumseitigen Anstrich beträgt ca. 15 % (Clophen A60).

Aus PCB-haltigen Kondensatoren kann durch Leckage flüssiges PCB in die Lampenschale von Leuchtstofflampen (honigfarbene Flecken) bzw. auf den Boden tropfen und damit zu einer Kontamination des Raumes führen.

In Gebäuden können PCB von belasteten Bauprodukten und Bauteilen in die Atemluft freigesetzt werden und beim Menschen zu Gesundheitsschäden führen.

Tabelle 99: PCB-Leitkongenere

Nummer (nach Ballschmiter & Zell)	Chemische Bezeichnung
PCB 28	2,4,4'-Trichlorbiphenyl
PCB 52	2,2',5,5'-Tetrachlorbiphenyl
PCB 101	2,2',4,5,5'-Pentachlorbiphenyl
PCB 153	2,2',4,4',5,5'-Hexachlorbiphenyl
PCB 138	2,2',3,4,4',5'-Hexachlorbiphenyl
PCB 180	2,2',3,4,4',5,5'-Heptachlorbiphenyl

Tabelle 100: Hauptverwendungsbereiche der Clophen-Typen A30 bis A60

PCB-Typ	Verwendung			
	Kondensatoren	Fugenmassen	Anstrichstoffe	Buntsteinputz
Clophen A30	X	(X)	–	–
Clophen A40	X	X	–	–
Clophen A50	X	X	(X)	–
Clophen A60	X	X	X	X

Bei vorhandenen Quellen ist die Höhe der PCB-Raumluftkonzentration abhängig von
- Art der PCB (Clophen-Typ)
- Menge und Beschaffenheit PCB-haltiger Produkte
- PCB-Gehalt der Quellen (Primär-/Sekundärquellen)
- Klimabedingungen

Unterschieden werden Primär- und Sekundärquellen.
- Primärquellen:
  Produkte, denen PCB gezielt zugesetzt wurden. Solche Produkte enthalten in der Regel mehr als 0,1 % PCB.
- Sekundärquellen:
  Bauteile oder Gegenstände (z.B. Mobiliar, Bodenbeläge usw.), die PCB aus der belasteten Raumluft aufgenommen haben. Sie vermögen die in die Oberfläche eingelagerten PCB nach und nach wieder in die Raumluft freizusetzen. Großflächige Sekundärkontaminationen können – selbst nach vollständigem Entfernen der Primärquellen – erhöhte PCB-Raumluftkonzentrationen aufrechterhalten.

PCB sind herstellungsbedingt mit polychlorierten Furanen (PCDF) und polychlorierten →Dioxinen (PCDD) verunreinigt.

P

Tabelle 101: Verunreinigungen technischer PCB-Gemische mit PCDF/D (Hagenmeier, 1987)

PCB-Gemisch	Σ PCDF/D [mg/kg]
Clophen A30	0,89
Clophen A40	2,28
Clophen A50	10,36
Clophen A60	48,73

Das gesundheitliche Risiko steigt mit der PCB-Konzentration in der Raumluft, der Nutzungsart und der Aufenthaltsdauer im Raum. Gemäß PCB-Richtlinien gelten folgende Richtwerte:
- Raumluftkonzentrationen < 300 ng PCB/m³ Luft: Vorsorgewert/Sanierungszielwert, langfristig tolerabel
- Raumluftkonzentrationen zwischen 300 und 3.000 ng/m³: PCB-Quelle ist aufzuspüren und mittelfristig zu beseitigen.
- Raumluftkonzentrationen > 3.000 ng PCB/m³: Interventionswert für Sofortmaßnahmen

Tabelle 102: PCDF/D-Raumluftkonzentrationen in Abhängigkeit vom Clophen-Typ im Material (Balfanz et al., 1993)

PCB-Quelle	Clophen-Typ	PCDF/D-Konzentration [pg WHO-TEQ/m³]
Fugenmassen	A40	0,04 0,08 0,08
Fugenmassen	A50	0,10
Deckenplatten mit PCB-haltigem Anstrich	A60	1,67 2,62

Für die Beschäftigung werdender Mütter wurde ein Richtwert von 900 ng/m³ (8-stündige Arbeitszeit) festgelegt (z.B. Gewerbeaufsichtsamt Stuttgart).

Besondere Risiken liegen gem. PCB-Richtlinie NRW vor bei großflächigen hochchlorierten Primärquellen (Wandanstriche, Deckenplatten) wegen:
- Möglichkeit der Direktaufnahme über die Haut und inhalativ durch kontaminierte Partikel aus Abrieb
- Hochchloriertes Kongenerenmuster mit vergleichsweise hohem toxischen Potenzial in der Raumluft
- Höherer PCDF/D-Anteil im kontaminierten Material

PCB wurden erstmals 1966 in der Umwelt festgestellt. 1968 kam es zu einer Massenvergiftung in Japan infolge einer Leckage in einer Reiszubereitungsanlage (PCB floss in einen Reisöltank). Durch den Verzehr des Reisöles erkrankten etwa 2.000 Menschen („Yusho-Krankheit"). 1979 kam es erneut zu einer Massenvergiftung durch PCB in Taiwan.

Die akute Toxizität der PCB ist vergleichsweise gering. Bedeutsam sind insbesondere die hohe Persistenz der PCB und ihre Fettlöslichkeit, die bei kontinuierlicher Aufnahme zur Anreicherung im Körper führt. Eine Langzeitaufnahme größerer PCB-

Tabelle 103: PCB-Konzentrationen in der Raumluft und der Außenluft

Gebäude mit PCB-Primärquellen	Bis mehrere 10.000 ng/m³
Gebäude ohne PCB-Primärquellen (diffuse Quellen)	Bis ca. 100 ng/m³
Außenluft	Bis wenige ng/m³, abhängig von PCB-Quellen im Außenbereich wie z.B. Shredder-Anlagen und verschiedene Industrie- und Feuerungsanlagen

Mengen kann zu chronischen Gesundheitsschäden führen. PCB ist neuro- und immuntoxisch. Gem. TRGS 905 ist PCB als krebsverdächtig (K3) und reproduktionstoxisch (R2) eingestuft.

Im Rahmen der toxikologischen Beurteilung werden die nicht-dioxinähnlichen PCB und die dioxinähnlichen PCB unterschieden:

Dioxinähnliche PCB sind solche PCB-Kongenere, bei denen an den ortho-Kohlenstoffatomen keine Chlorsubstituenten vorhanden sind. Dadurch sind die beiden Phenylringe gegeneinander frei drehbar und die Einnahme einer planaren Molekülgeometrie (vergleichbar den PCDD/F) ist leicht möglich. Auch bei den mono-ortho-substituierten PCB ist eine planare Konformation noch möglich. Die Toxizität solcher nicht-ortho- und mono-ortho-substituierten PCB ähnelt derjenigen der hochtoxischen polychlorierten Dibenzodioxine (→Dioxine und Furane) und Dibenzofurane. Sie sind Tumorpromoter, immuntoxisch, reproduktionstoxisch und zeigen hormonähnliche (endokrine) Wirkungen. Vergleichbar den 17 2,3,7,8-substituierten PCDD- und PCDF-Kongenere wurden von der WHO für vier nicht-ortho- und acht mono-ortho-substituierte PCB-Kongenere Toxizitätsäquivalenzfaktoren (TEF) festgelegt, welche die dioxinähnliche Wirksamkeit (Potenz) bestimmter PCB relativ zum 2,3,7,8-TCDD gewichten.

Nicht-dioxinähnliche PCB schädigen im Tierexperiment das Nervensystem und führen zu Verhaltensstörungen. Auch hier wurden tumorpromovierende, reproduktionstoxische und immuntoxische Wirkungen festgestellt.

Ansätze für Neubewertungen:

Die Toxizität der PCB ist nicht abschließend geklärt. Im Ergebnis verschiedener

Tabelle 104: TEF für dioxinähnlich wirkende PCB-Kongenere in Bezug auf 2,3,7,8-TCDD (WHO, Berg, van den, 2000)

Nicht-ortho-substituierte PCB		**WHO-TEF**
PCB 81	3,4,4',5-Tetrachlorbiphenyl	0,0001
PCB 77	3,3',4,4'- Tetrachlorbiphenyl	0,0001
PCB 126	3,3',4,4',5-Pentachlorbiphenyl	0,1
PCB 169	3,3',4,4',5,5'-Hexachlorbiphenyl	0,01
Mono-ortho-substituierte PCB		
PCB 105	2,3,3',4,4'-Pentachlorbiphenyl	0,0001
PCB 114	2,3,4,4',5-Pentachlorbiphenyl	0,0005
PCB 118	2,3',4,4',5-Pentachlorbiphenyl	0,0001
PCB 123	2',3,4,4',5-Pentachlorbiphenyl	0,0001
PCB 156	2,3,3',4,4',5-Hexachlorbiphenyl	0,0005
PCB 157	2,3,3',4,4',5'-Hexachlorbiphenyl	0,0005
PCB 167	2,3',4,4',5,5'-Hexachlorbiphenyl	0,00001
PCB 189	2,3,3',4,4',5,5'-Heptachlorbiphenyl	0,0001

Erkenntnisse und Hypothesen ergeben sich unterschiedliche Ansätze für Neubewertungen und Richtwertvorschläge:

– Vorschläge für toxikologisch begründete PCB-Raumluftkonzentrationen durch FoBiG (NRW, LUA-Materialien Nr. 62)

Nutzungsdauer	Zielwert	PCB-Konzentration [ng/m³]
≤ 7 Stunden/Tag	RW I	20
	RW II	200
> 7 Stunden/Tag	RW I	10
	RW II	70

RW I: Vorsorgewert
RW II: Interventionswert

– Die WHO schlägt vor, die Bewertung von Raumluftbelastungen auf die Toxizitätsäquivalenzfaktoren (TEF) der koplanaren (dioxinähnlichen) PCB zu stützen.
– Raumluftmessungen durch das LfU Bayern in Räumen mit hochchlorierten PCB-Quellen (Wilhelmi-Deckenplatten) ergaben einen Gehalt von 4,9 pg WHO-TEQ/m³ für die dioxinähnlichen PCB (Körner & Kerst, LfU 2003). Die größten Beiträge hierzu hatten die Kongenere 156 (41 %), 126 (30 %) und 118 (23 %). Die PCDD/F-Konzentration betrug 1,0 pg WHO-TEQ/m³. Daraus ergibt sich eine Gesamtbelastung durch dioxinähnliche PCB und PCDD/F von 5,9 pg WHO-TEQ/m³. Unter Zugrundelegung eines TDI von 1 pg TEQ/kg KG (inhalative Aufnahme, Erwachsener 70 kg KG, Atemvolumen 20 m³, 24 Std. Aufenthalt, Resorptionsfaktor 0,75) ergibt sich für die Raumluftkonzentration ein Vorsorgewert von 0,47 pg TEQ/m³ und ein Gefahrenwert von 4,7 pg TEQ/m³. Unter Berücksichtigung der dioxinähnlichen PCB bedeutet dies eine Überschreitung des Gefahrenwertes für PCB, obwohl der Interventionswert für Gesamt-PCB gem. PCB-Richtlinie von 3.000 ng/m³ noch weit unterschritten ist (siehe hierzu auch die Aussagen der PCB-Richtlinie NRW).
– Erkenntnisse aus dem Human-Biomonitoring weisen darauf hin, dass die Resorption der PCB im menschlichen Körper deutlich überschätzt wird.

Die Abgabe von PCB an die Umwelt aus diffusen Quellen wie Kleinkondensatoren, Abfall, Klärschlamm und nicht sachgerechter Entsorgung wird voraussichtlich noch lange andauern und für weite Teile der Welt eher noch an Bedeutung gewinnen (Ballschmiter, 2003). Gemäß dem Stockholmer Abkommen zum Verbot von →POP gilt weltweit für PCB folgender Zeit- und Maßnahmenplan:

– Bis spätestens 2025 müssen alle PCB aus Gerätschaften entfernt sein.
– Bis 2028 müssen alle PCB entsorgt sein.

Erzeugnisse mit weniger als 50 ppm PCB gelten als PCB-frei und fallen nicht unter die Konvention.

Polychloropren P. (CR), ein chloriertes Polymer, entsteht durch Polymerisation von →Chloropren und wird auch als Chloroprenkautschuk (Neopren) bezeichnet. Die technischen Eigenschaften von P. entsprechen etwa denen von natürlichem Gummi (→Naturkautschuk). P. ist jedoch beständiger gegen Chemikalien. Der Kautschuk findet Verwendung zur Herstellung von Schläuchen, Kabelummantelungen, Dichtungsprofilen, und -bahnen sowie für Klebstoff. Bei der thermischen Zersetzung von P. entstehen vorwiegend Salzsäure, →Kohlenmonoxid, Kohlendioxid und Chloropren.

Polycyclische aromatische Kohlenwasserstoffe P. (PAK, PAH) bilden eine Gruppe von mehreren hundert Stoffen. PAK haben natürlichen und anthropogenen („menschengemachten“) Ursprung. Die natürliche Bildung von PAK erfolgt durch Vulkanausbrüche, Waldbrände und Inkohlungsprozesse bei der Torf-, Braunkohle-, Steinkohle- und Erdölentstehung. Auch mikrobielle Aktivitäten können zur PAK-Bildung führen. Anthropogene Emissionen entstehen insbesondere aus der Verbrennung von Kohle, Öl, Benzin u.ä. Energieträgern, außerdem durch Kfz-Verkehr und industrielle Produktionsprozesse. Verbrennungstemperaturen unter 1.000 °C (Hausbrand) führen überwiegend zur Bildung 3-

bis 4-kerniger PAK (Kerne = Anzahl der Benzolringe), während oberhalb von 1.000 °C (Verbrennungsmotoren) hauptsächlich 5- bis 7-kernige PAK entstehen.
→Bitumen enthält nur geringe PAK-Konzentrationen (max. mehrere 10 mg/kg). Zahlreiche Vertreter der PAK wie Benzo[a]pyren, Benzo[b]fluoranthen, Benzo[k]fluoranthen, Benzo[a]anthracen, Chrysen, Dibenzo[a,h und a,c]anthacen, Indeno[1,2,3-c,d]pyren sowie PAK-Gemische sind nachweislich krebserzeugend. Das Benzo[a]pyren ist der am besten untersuchte Vertreter der PAK und wird daher in vielen Fällen als Leitsubstanz bei der gesundheitlichen Bewertung einer PAK-Exposition verwendet.
PAK verbreiten sich in der Atmosphäre weltweit mit Rauch, Flugstaub und Rußpartikeln und sind daher in der Umwelt ubiquitär verbreitet.
PAK können über die Atemluft, die Nahrung oder durch Hautkontakt aufgenommen werden. PAK-Quellen in der Innenraumluft sind Tabakrauch (oft die Hauptquelle) und Verbrennungsprozesse (Öfen, Kerzen). In der Innenraumluft liegen die Benzo[a]pyren-Konzentrationen üblicherweise unter 1 ng/m³. In Räumen mit PAK-Quellen wurden PAK-Konzentrationen bis weit über 100 ng/m³ gemessen. Bauprodukte mit hohen PAK-Gehalten sind alle teerbasierten Materialien, die etwa bis Mitte der 1970er-Jahre Verwendung fanden: Dachbahnen, Teeranstriche, →Carbolineum (Holzschutz) und Teerklebstoffe (→Parkettklebstoffe). Beim Grillen, Braten und Räuchern entstehen ebenfalls PAK.
Sofern keine besonderen Quellen im Innenraum vorhanden sind, erfolgt die PAK-Aufnahme vorwiegend über Lebensmittel, Tabakrauch (auch Passivrauch), Kfz-Abgase und industrielle Emissionsquellen.
Da bei der Analytik nicht alle PAK-Vertreter erfasst werden können, wird das Benzo[a]pyren (BaP) oder bestimmte definierte Kombinationen wie z.B. die 16 EPA-PAK als Indikatoren zur Beurteilung einer PAK-Belastung herangezogen. Allerdings ist der Wirkungsanteil des Benzo[a]pyrens am krebserzeugenden Gesamtpotenzial matrixabhängig und kann daher erheblich differieren. Daher wird vorgeschlagen, zur Risikobewertung zukünftig einen Summenparameter anhand von Wirkungsäquivalenten zu verwenden. Die EPA-Liste soll dahingehend abgewandelt werden, dass präferenziell solche PAK-Einzelstoffe bestimmt werden, die ein kanzerogenes Potenzial aufweisen.
Zur Bewertung des krebserzeugenden Potenzials PAK-belasteter Innenraumluft wurde vom Bremer Umweltinstitut das Konzept der Kanzerogenen Äquivalenz-Summe (KE_{sum}) entwickelt (Zorn et al., Proceedings Indoor Air 2005). Zur Berech-

Tabelle 105: Regelungen zu PAK für verschiedene Umweltmedien

Medium	Bewerteter Stoff	Grenzwert/Richtwert/Einstufung	Referenz
Trinkwasser	Fluoranthen Benzo[b]fluoranthen Benzo[k]fluoranthen Benzo[a]pyren Indeno[1,2,3-c,d]pyren Benzo[g,h,i]perylen	0,0001 mg/l (Summe der sechs Stoffe)	TVO
Hausstaub	Benzo[a]pyren	Expositionsmindernde Maßnahmen empfohlen, wenn: – > 10 mg Benzo[a]pyren/kg im Frischstaub in Wohnungen und wohnungsähnlichen Räumen – > 100 mg Benzo[a]pyren/kg im Frischstaub in Aufenthaltsräumen	ARGEBAU, DIBt, 2000
Erzeugnisse/ Materialien	Benzo[a]pyren	Krebserzeugend, wenn > 50 mg BaP/kg	Gefahrstoffrecht

nung von KE_{sum} werden die Toxizitäts-Äquivalenzfaktoren (TEF) für die 16 EPA-PAK mit den gemessenen PAK-Konzentrationen in der Luft multipliziert und die so erhaltenen Produkte aufsummiert (s. Tabelle 107).

Tabelle 106: PAK-Konzentrationen in der Innenraumluft (182 Messungen) und in der Außenluft (47 Messungen; Quelle: Bremer Umweltinstitut, Proceedings Indoor Air 2005)

PAK	**Innenraumluft [ng/m³]**				**Außenluft [ng/m³]**			
	Min.	Median	90-Perzentil	Max.	Min.	Median	90-Perzentil	Max.
Naphthalin	20	813	3.000	30.909	0,8	121	883	1.429
Acenaphthylen	n.n.	10	82	3.200	n.n.	2,6	14	37
Acenaphthen	0,5	29	308	4.800	n.n.	4,2	73	98
Fluoren	0,5	34	169	1.700	n.n.	5,5	33	60
Anthracen	0,6	109	509	5.500	3,5	12,0	65	410
Phenanthren	n.n.	9	45	420	n.n.	1,1	11	14
Fluoranthen	n.n.	9	47	470	n.n.	2,7	16	28
Pyren	n.n.	6	25	200	n.n.	2,1	11	15
Chrysen	n.n.	0,5	2,8	56	n.n.	n.n.	2,4	3,2
Benzo[a]anthracen	n.n.	0,5	3,2	120	n.n.	0,4	2,9	4,7
Benzo[b]fluoranthen	n.n.	0,5	3,1	110	n.n.	0,5	2,9	4,7
Benzo[k]fluoranthen	n.n.	0,5	1,4	110	n.n.	0,4	2,2	4,6
Benzo[a]pyren	n.n.	0,5	2,1	21	n.n.	n.n.	2,5	5,0
Indeno[1.2.3-cd]pyren	n.n.	0,5	1,4	30	n.n.	0,5	4,1	5,0
Dibenzo[a.h]anthracen	n.n.	0,5	1,5	11	n.n.	0,5	2,7	5,0
Benzo[g.h.i]perylen	n.n.	0,5	2,0	90	n.n.	0,5	3,6	5,0
Summe PAK	**48**	**1.095**	**4.465**	**32.517**	**36**	**48**	**648**	**1.608**

n.n. = Nicht nachweisbar (NWG = 0,5 ng/m³)

Tabelle 107: Klassifizierung der 16 EPA-PAK nach kanzerogenem Potenzial (MAK-Liste 2004, grau unterlegt: kanzerogene PAK) und TEF (Quelle: Bremer Umweltinstitut, Proceedings Indoor Air 2005)

PAK	**MAK-Liste (Abschn. III)**	**RL 67/548/ EWG Anh. I**	**Toxizitätsäquivalenz-Faktor**		**KE-Median Innenraumluft C_{PAK} ·TEF II**	**KE-Median Außenluft C_{PAK} ·TEF II**
			TEF I	**TEF II**		
Naphthalin	2	K3		0,001	0,813	0,121
Acenaphthylen				0,001	0,010	0,003
Acenaphthen				0,01	0,029	0,004
Fluoren				0,001	0,034	0,006
Anthracen			0,0005	0,01	0,109	0,012
Phenanthren			0,0005	0,01	0,087	0,011
Fluoranthen			0,05	0,001	0,009	0,003
Pyren			0,005	0,001	0,006	0,002
Chrysen	2	K2	0,005	0,1	0,005	0,004

Benzo[a]anthracen	2	K2	0,03	0,01	0,050	0,040
Benzo[b]fluoranthen	2	K2	0,05	0,1	0,050	0,050
Benzo[k]fluoranthen	2		0,1	0,1	0,050	0,040
Benzo[a]pyren	2	K2	1	1	0,500	0,350
Indeno[1.2.3-cd]pyren	2		0,1	0,1	0,050	0,050
Dibenzo[a.h]anthracen	2	K2	1,1	5,1	0,500	0,500
Benzo[g.h.i]perylen			0,02	0,01	0,005	0,005
					KE_{sum}: 2,305	KE_{sum}: 1,199

TEF I (Larsen & Larsen, 1998); TEF II (Nisbeth & LaGoy, 1992; Malcom & Dobson, 1994) nach Schneider et al., 2002

C_{PAK} entnommen aus Tabelle 106: Mediane and NWG/2

Tabelle 108: Richtwerte für KE_{sum} zur Beurteilung von PAK-Konzentrationen in der Innenraumluft (Quelle: Bremer Umweltinstitut, Proceedings Indoor Air 2005)

KE_{sum}	Krebsrisiko	Bewertung
< 2	1×10^{-4}	Vorsorgewert Ein zusätzliches Krebsrisiko ist vorhanden. In Relation zum vorhandenen Krebsrisiko ist dieses zusätzliche Krebsrisiko jedoch zu vernachlässigen.
$2 < KE_{sum} < 10$		Unter Vorsorgegesichtspunkten ist eine Verminderung der Raumluftbelastung anzustreben.
> 10	5×10^{-4}	Interventionswert Bei $KE_{sum} > 10$ ist ein relevantes zusätzliches Krebsrisiko vorhanden. Ein Nutzungsverzicht für den belasteten Bereich wird empfohlen.

Unter Hinzuziehung von Daten zum zusätzlichen Krebsrisiko durch definierte Exposition gegenüber Kokereigas lässt sich eine Beziehung zwischen dem Krebsrisiko und KE_{sum} ableiten. Daraus ergeben sich die in Tabelle 108 genannten Bewertungen. →PAK-Hinweise, →Teerhaltige Bauprodukte

Polyester P. (PES) sind Polymere mit Esterbindungen, die prinzipiell natürlichen wie synthetischen Ursprungs sein können. Im Allgemeinen versteht man unter P. (thermoplastische) Kunststoffe wie z.B. Polycarbonate (z.B. Polyethylenterephthalat PET).
Bei der Verbrennung von P. entstehen die Hauptprodukte Kohlenmonoxid, Kohlendioxid, Kohlenstoff (Ruß) und Wasser, weiterhin geringe Mengen Phenole (z.B. Phenol, Alkylphenole, Kresole), Kohlenwasserstoffe (z.B. Methan, Propylen, Butan, Buten), Aldehyde (Formaldehyd, Acetaldehyd etc.) und Ketone (Aceton etc.).

Polyesterharze Unterschieden werden gesättigte P. und ungesättigte P. Beide Gruppen werden zur Herstellung von Anstrichstoffen eingesetzt. Bei den gesättigten P. handelt es sich um mehrfunktionelle Alkohole (z.B. Ethylenglykol, 1,2-Propandiol) und Carbonsäuren (z.B. Terephthalsäure, Adipinsäure). P. werden überwiegend in Reaktionslacken mit Aminoplasten und Polyisocyanaten (→Isocyanate) kombiniert. Polyester-Polyisocyanat-Kombinationen zählen zu den →Polyurethan-Lacken. Ungesättigte P. (UP-Harze) bestehen aus ungesättigten und gesättigten Dicarbonsäuren (z.B. Maleinsäure, Fumarsäure, Adipinsäure, Phthalsäure) und Alkoholen (z.B. Ethylenglykol, 1,2-Propylenglykol). Die ungesättigten P. sind z.T. in Monomeren wie z.B. →Styrol gelöst, die als Reaktivverdünner bezeichnet werden. Neben dem wichtigsten Mononomer Styrol werden auch Acrylsäureester und Methacrylsäureester eingesetzt. Die Härtung der P. erfolgt über eine radikalische Polymerisation. Die Erzeugung der reaktiven Startsubstanzen (Radikale) erfolgt durch Zusatz von Peroxiden und speziellen Beschleunigern oder durch Zusatz von →Fotoinitiatoren und anschließende Bestrahlung mit UV-Licht.

Polyesterlacke →Alkydharzlacke

Polyethylen Der Kunststoff P. (PE) wird durch →Polymerisation von Ethen (Ethylen) hergestellt und gehört zur Gruppe der →Polyolefine. Neben PVC (→Polyvinylchlorid) ist P. einer der vielseitigsten thermoplastischen Kunststoffe. Zwei Haupttypen werden unterschieden:

- Hochdruck-PE (LD-PE oder Weich-PE) ist weich und besonders flexibel. Es ist kältebeständig bis –50 °C und wärmebeständig bis maximal +60 °C.
- Niederdruck-PE (HD-PE oder Hart-PE) ist steifer und abriebfester als Weich-PE. Es zeichnet sich durch eine Kältebeständigkeit bis zu –50 °C und eine Wärmebeständigkeit von maximal +90 °C aus.

P. ist physiologisch unbedenklich und praktisch geruchlos und geschmacksneutral. Daher eignet es sich besonders für die Lebensmittelindustrie und die Trinkwasserversorgung. P. findet Verwendung bei der Herstellung von Rohr- und Schlauchleitungen, Folien, Zahnrädern und als Isoliermaterial in der Kabelindustrie.

P. zählt – wie die anderen Polyolefine – zu den vergleichsweise umweltverträglichen Kunststoffen.

Polyethylenbahnen PE-Bahnen werden im Bauwesen hauptsächlich als Dampfbremsen eingesetzt. Eigenschaften: reißfest, weich, widerstandsfähig, alterungsbeständig. →Polyolefinbahnen.

Polyethylenvliese →Polyolefinbahnen

Polyharnstoff P. entsteht durch Reaktion von (überschüssigen) PMDI (polymeres 4,4'-Diphenylmethan-diisocyanat) mit Wasser bei der Herstellung von →Holzwerkstoffen. →Isocyanate

Polyisobutylen P. (PIB), ein thermoplastischer Kunststoff aus der Gruppe der →Polyolefine, wird durch Polymerisation von Isobutylen hergestellt. PIB ist gummielastisch, plastisch bis etwa 50 °C. P. findet im Bauwesen z.B. Verwendung als Dichtung bei Fensterscheiben, für Dachbahnen, Kabelisolierungen (oft in Kombination mit →Polypropylen), als Folie und zur Herstellung von Schläuchen, Dichtmassen und Klebebändern. Im Vergleich zu anderen Kunststoffen (wie z.B. →Polyvinylchlorid PVC) gilt P. als vergleichsweise umweltverträglich.

Polyisocyanurat Um →Polyurethanen eine hohe Hitzebeständigkeit zu verleihen, kann man sie mit einem Überschuss →Isocyanat versetzen. Die überzähligen Isocyanat-Moleküle reagieren beim Aushärten des Schaumstoffs weiter zu einem höher vernetzten, so genannten P., abgekürzt PIR.

Polyisocyanurat-Schäume →Polyurethan-Ortschaum. →Polyisocyanurat

Polykondensation P. ist die chemische Verknüpfung einfacher chemischer Verbindungen (Monomere) unter Abspaltung von Wasser oder anderen kleinen Molekülen zu polymeren Molekülen (Makromolekülen).

Polymerbitumen P. wird durch chemische Vernetzung von Destillationsbitumen mit ca. 10 M.-% Styrol-Butadien-Elastomeren (SBS), Styrol-Isopren-Elastomeren (SIS) oder →Polypropylen (PP) hergestellt. Dadurch wird die Temperaturempfindlichkeit bei der Nutzung verringert und das elastoviskose Verhalten von Bitumen verändert, die Witterungs- und Alterungsbeständigkeit erhöht. P. werden unterschieden in →Elastomerbitumen (PYE) und →Plastomerbitumen (PYP).

P. wird zur Bautenabdichtung in Bereichen mit höheren Anforderungen eingesetzt (vor allem als Dachdichtungen). Circa die Hälfte des produzierten P. wird für Bitumenbahnen verwendet. Etwa 5 – 10 % findet im Straßenbau Anwendung. Bei wurzelfesten P. für Anwendungen im Gründachbereich werden entweder Metalleinlagen eingearbeitet oder ein Herbizid zugegeben.

Polymerbitumenbahnen P. sind →Bitumenbahnen, die beidseitig mit →Polymerbitumen statt mit →Oxidationsbitumen beschichtet sind. Polymerbitumen hat im Vergleich zu Oxidationsbitumen u.a. folgende besondere Leistungseigenschaften:

- Hervorragendes Langzeitverhalten und Alterungsbeständigkeit
- Erhöhte Wärmestandsfestigkeit
- Erhöhtes Kaltbiegeverhalten sowie erhöhte Kälteflexibilität

In Kombination mit Polyestervlieseinlagen zeigen P. außerdem sehr gute mechanische Eigenschaften (Zugverhalten, Dehnfähigkeit und Perforationssicherheit). Die P. unterteilen sich in →Elastomerbitumenbahnen und →Plastomerbitumenbahnen. Elastomerbitumenbahnen müssen mit einem Oberflächenschutz wie Bekiesung oder Begrünung gegen Strahlung geschützt werden. Plastomerbitumenbahnen werden in der Regel als Schweißbahnen hergestellt. Hochvergütete Plastomerbitumenbahnen können aufgrund ihrer UV- und Wärmestabilität bei Dächern eingesetzt werden, die der direkten Sonnenbestrahlung ausgesetzt sind. P. werden gemäß den Flachdachrichtlinien zweilagig verlegt. Nach den Richtlinien der EPTA (Arbeitskreis Einlagige Polymerbitumen Träger Abdichtungen) können sie auch einlagig verlegt werden, wenn die Voraussetzungen stimmen. Da die Anforderungen für die einlagige Verlegung (z.B. Dachneigung > 2 %) sehr umfangreich sind und für sämtliche Details wie Dachrand, Innenecken, Außenecken, Anschlüsse für Lichtkuppeln, Entlüfter, Schornsteine, Gullys usw. eine zweilagige Verlegung gefordert wird, kann doch wieder gleich die zweilagige Verlegung ausgeführt werden. Bez. gem. DIN z.B.: PYE- oder PYP- (Elastomerbitumen oder Plastomerbitumen), G (Trägereinlage aus Glasgewebe) 200 (Gewicht der Trägereinlage in g/m^2) S4 (Schweißbahn). Polymerbitumen-Dachdichtungsbahnen siehe →Bitumen-Dachdichtungsbahnen; Polymerbitumen-Schweißbahnen siehe →Bitumen-Schweißbahnen.

Polymere P. sind synthetische oder natürliche (Bio-P.) Stoffe, deren Moleküle aus einer Vielzahl miteinander zu langen Ketten oder Raumnetzen verknüpfter kleiner Moleküle, den Monomeren, bestehen. Natürliche P. sind z.B. Holz, natürliche Harze oder Naturkautschuk. Synthetisch hergestellte P. sind die Kunststoffe und Synthesekautschuke.

Polymerisation P. ist die Zusammenlagerung einfacherer chemischer Stoffe (Monomere) zu kettenförmigen Großmolekülen (Makromoleküle, Polymere), z.B. Ethylen zum Kunststoff →Polyethylen.

Polymethylmethacrylat P. (PMMA, Polymethacrylsäureester; Handelsname Plexiglas®) ist ein Acrylat-Kunststoff auf der Basis von Methacrylsäuremethylester. Es handelt sich um einen kratzfesten und klarsichtigen Werkstoff, mit sehr hoher Steifigkeit und guter Witterungsbeständigkeit. P. besitzt jedoch eine geringe Zähigkeit und ist deshalb schlagempfindlich und spannungsrissempfindlich. Die Lichttransmission beträgt bei 1 mm Dicke 92 %. P. wird für großflächige Überdachungen, Lichtkuppeln, Industrie- und Gewächshausverglasungen verwendet. Bei der Verbrennung von PMMA entstehen die Hauptprodukte Kohlenmonoxid, Kohlendioxid, Kohlenstoff (Ruß) und Wasser, weiterhin Spuren von Methylmethacrylat, Estern, Alkoholen und Kohlenwasserstoffen.

Polyolefinbahnen P. bestehen aus →Polyethylen oder →Polypropylen und werden als →Dampfbremsen, →Windsperren, Dachbelagsbahnen oder →Abdichtungsbahnen eingesetzt. Die Kunststoffe enthalten als Zusatzstoffe Stabilisatoren (Lichtschutzmittel, UV-Absorber, Konservierungsmittel), Antioxidantien, gegebenenfalls Flammschutzmittel und Pigmente. Für Dachbahnen wird Hochdruckpolyethylen (LD-PE) eingesetzt, Niederdruckpolyethylen (HD-PE) dient vor allem für Dampfsperren. Kalandriertes Material wird für Polyolefin-Dampfsperren eingesetzt. Der

Kalander besteht aus einem speziellen Extruder, in den PE-Granulat eingefüllt, durch die Schneckenpresse und Heizelemente zum Schmelzen gebracht und auf einer Walzenbahn (Kalander) in Folienform ausgewalzt wird. Für Spinnvliese, z.B. Dampfbremsen oder Winddichtungen, werden Fasern erzeugt, indem Polyethylen bzw. Polypropylen in einem Lösemittel aufgeschmolzen und in diesem Zustand durch Spinndüsen gepresst wird. Das Lösemittel wird verdampft und rückgeführt, übrig bleiben Endlosfasern, die stapelweise abgelegt werden und das Vlies bilden.

Da P. weichmacherfrei sind, verspröden sie nicht durch Verflüchtigung oder Auswanderung eines Weichmachers wie bei äußerlich weichgemachten Thermoplasten (→Polyvinylchlorid). Durch Einarbeitung von 2 – 3 % Ruß als UV-Stabilisator kann die Lebensdauer 10- bis 15fach erhöht werden. Bei farblosen Stabilisatoren ist der Verlängerungsfaktor 2 bis 4.

Der Rohstoffe sind petrochemischen Ursprungs. Die Produktion von Polyethylen und Polypropylen erfordert einen hohen Energieverbrauch und ist mit Kohlenwasserstoffemissionen verbunden. Zur Erzielung spezifischer technischer Eigenschaften müssen verschiedene Additive beigegeben werden. →Polyolefine gelten aber im Vergleich zu anderen →Kunststoffen (z.B. →Polyvinylchlorid oder →Polyurethan) als relativ umweltverträglich (direkte Gewinnung der Monomere ohne toxikologisch problematische Zwischenprodukte, keine Zugabe von →Weichmachern notwendig, humantoxikologisch auch im Bereich der Monomere relativ unproblematisch, unproblematische Entsorgung). Polyolefine sind in der Einbau- und Nutzungsphase toxikologisch nicht relevant. Polyolefine zeigen eine gute Verwertbarkeit.

Bei der Pyrolyse werden die Kunststoffe bei Temperaturen von 400 – 800 °C unter Sauerstoffabschluss in ihre Rohstoffe zerlegt. Die Kunststoffe können dafür bis zu 20 % verunreinigt sein. Sauberes Material kann durch Reinigung, Shreddern, Trennens nach Sorten und Wiedereinschmelzen direkt verwertet werden, wobei man dann geringe Abstriche an der Qualität machen muss. Abfälle von P. werden beispielsweise zu Rohren oder Parkbänken verarbeitet. Die Beseitigung erfolgt über Verbrennung in Müllverbrennungsanlagen (Heizwert: ca. 46 MJ/kg). Die Verbrennung von mit bromierten Flammschutzmitteln ausgerüsteten Folien kann zur Emission von polybromierten Furanen und Dioxinen führen. Die Beseitigung auf Deponien ist im Allgemeinen nicht mehr erlaubt. Ausnahme: als geringer Anteil im Bauschutt.

Polyolefin-Bodenbeläge Als P. werden →Bodenbeläge bezeichnet, die auf der Basis von →Polyethylen oder →Polypropylen hergestellt werden. In Deutschland werden pro Jahr mehr als 1 Mio. m² P. produziert. Dies entspricht einer Produktionsmenge von mehr als 4 Mio. t. Zusammensetzung: ca. 30 % Bindemittel, ca. 70 % Füllstoffe (Gesteinsmehle wie →Kreide oder →Kaolin), ca. 1 % Antistatikum auf der Basis von Fettsäuren und ca. 1 % Pigmente. Das Bindemittel setzt sich zusammen aus ca. 75 % Ethylen-Vinylacetat-Copolymerisat, ca. 20 % Polypropylen, 1 bis 5 % Ethylen-Propylen-Dien-Monomer (EPDM) und bis zu 5 % Polyethylen (LDPE). Durch Zugabe eines Copolymers wie z.B. Ethylenvinylacetat (EVA, innerer Weichmacher) wird die Elastizität des Belags erreicht. Als Farbstoffe werden Pigmente auf der Basis von Eisenoxid (rot), Eisenhydroxid (gelb), Titandioxid (weiß), Ruß (amorpher Kohlenstoff, schwarz), Polysulfid-Natrium-Silicoaluminat (blau) und Kupfer-Phthalocyanin (blau) eingesetzt. Den Oberflächenschutz bildet meistens eine Schicht aus Acryldispersion oder Polyurethan. Die Herstellung erfolgt durch Verpressen des Kunststoffgranulats auf einer Walze unter Einwirkung von Temperatur und Druck. Da →Polyolefine leicht entflammbar sind, werden auch Flammschutzmittel eingesetzt. Das mengenmäßig wichtigste Flammschutzmittel für P. ist →Aluminiumhydroxid.

P. werden vollflächig verklebt. Die Nähte werden durch Verschweißen mittels Polyolefinschnüren geschlossen. P. sind hochbeständig gegen Hitze, Licht und Oxida-

P

tion, nicht feuchtigkeitsregulierend, nicht fußwarm, aber trittsicher. Die Verklebung führt immer wieder zu Problemen, P. verkratzen leicht.
Bedeutsame Emissionen während der Nutzungsphase sind nicht bekannt. Ein Recycling ist möglich, hat in der Praxis allerdings bisher keine Bedeutung.

Polyolefine P. (PO) sind Kunststoffe, die durch Polymerisation von Alkenen (Olefinen) hergestellt werden. Zu den PO zählen →Polyethylen (PE), →Polypropylen (PP), Polybuten (PB, PBT), Polyisobutylen (PIB) und Poly-4-methylpenten (PMP). PO gelten gesundheitlich-ökologisch als vergleichsweise unproblematisch.
Bei der Verbrennung von PO entstehen die Hauptprodukte Kohlenmonoxid, Kohlendioxid, Kohlenstoff (Ruß) und Wasser. Weiterhin können entstehen: Alkane, Alkene, Alkohole (z.B. Methanol), Aldehyde (insbes. →Formaldehyd u. Acrolein), Ketone, Carbonsäuren (Ameisensäure, Essigsäure etc.) sowie aromatische Kohlenwasserstoffe (Benzol, Toluol).

Polypropylen P. (abgekürzt PP) ist ein thermoplastisches Polymer, das durch Polymerisation von Propylen (Propen) hergestellt wird. P. gehört zur Gruppe der →Polyolefine und ist härter als das verwandte →Polyethylen. Es wird verwendet für Rohre, Folien und Elektroartikel. Wegen der guten Beständigkeit gegen Temperatureinflüsse und aggressive Substanzen findet P. auch im Apparatebau Verwendung. P. wird weiterhin als Teppichrückenbeschichtung und für →Polyolefin-Bodenbeläge verwendet. Für Produkte mit einer hohen Schlag- und Kälteschlagzähigkeit werden Copolymerisate aus Propylen und Ethylen verwendet. Im Vergleich zu anderen Kunststoffen (wie z.B. →Polyvinylchlorid PVC) gilt P. als vergleichsweise umweltverträglich.

Polypropylenbahnen →Polyolefin-Bahnen

Polypropylenvliese →Polyolefin-Bahnen

Polysiloxane →Silikone

Polystyrol P. (PS) ist ein weit verbreiteter klarsichtiger Werkstoff, der durch →Polymerisation von →Styrol hergestellt wird. P. besitzt eine hohe Steifigkeit und Härte. Die Eigenschaften des Kunststoffes lassen sich durch Copolymerisation mit anderen Stoffen stark beeinflussen. Viele Gebrauchsartikel und Verpackungen werden aus P. gefertigt, unter anderem Kleiderbügel, Wäscheklammern und CD-Hüllen. Ein wichtiger Anwendungsbereich von P. sind Hartschaum-Produkte wie →EPS-Dämmplatten (Handelsname z.B. Styropor®) und →XPS-Dämmplatten (Handelsname z.B. Styrodur®)
Frische P.-Produkte emittieren geringe Mengen Styrol. Bei P.-Deckendekorplatten wurden außer Styrol auch Emissionen von Ethylbenzol, Acetophenon, Benzaldehyd und anderen substituierten Aromaten festgestellt. Die Emissionen sind i.d.R. allerdings meist nur gering und klingen i.d.R. im Lauf der Zeit ab. Acetophenon und Benzaldehyd sind Zerfallsprodukte des für den Polymersisationprozess verwendeten Initiatorsystems.
Bei der Verbrennung von PS entstehen die Hauptprodukte Kohlenmonoxid, Kohlendioxid, Kohlenstoff (Ruß) und Wasser, weiterhin Styrol, Aldehyde (Formaldehyd, Benzaldehyd, Salicylaldehyd etc.), Alkene (z.B. Ethylen, Propylen, Buten, Isobuten) und Aromaten (Benzol, Toluol, Ethylbenzol, Naphthalin usw.).

Polystyrol-Hartschaum →EPS-Dämmplatten, →XPS-Dämmplatten

Polystyrolplatten Dämmplatten, die aus extrudiertem oder expandiertem →Polystyrol erzeugt werden. →XPS-Dämmplatten, →EPS-Dämmplatten oder →EPS-Automatenplatten

Polysulfid-Dichtstoffe Einkomponentige P. („Thiokol-Dichtstoffe") sind schon seit über 60 Jahren bekannt. Sie härten unter Aufnahme von Luftfeuchtigkeit mit einer Durchhärtegeschwindigkeit von lediglich ca. 1 mm pro Tag. Eine wesentlich größere Bedeutung als die einkomponentigen Systeme haben die zweikomponentigen bei der Herstellung von Isolierglasfenstern. Die beiden Scheiben einer Isolierglaseinheit

werden mit speziellen P. zusammengeklebt bzw. abgedichtet.
Die organischen Polysulfide werden in einem mehrstufigen Prozess gewonnen. Durch Umsetzung von Ethylenchlorhydrin mit →Formaldehyd gelangt man in einer ersten Stufe zum Bis(2-chloroethyl)formal, das mit Natriumpolysulfid (unter Zusatz eines trifunktionalen Vernetzers) das aliphatische Polysulfid ergibt.
Über die endständigen Mercaptogruppen kann das zähflüssige →Präpolymer (Komponente 1) leicht oxidativ mit dem Härter (Komponente 2) – meist Mangandioxid (ca. 10 – 25 %), aber auch Bleidioxid – vernetzt werden und ergibt ein gummielastisches Produkt. Als Vulkanisationsbeschleuniger werden →Thiram (< 2,5 %) und →Diphenylguanidin (1 – 2 %) eingesetzt.
Das ausgehärtete Polysulfidcompound zeigt eine gute Witterungsstabilität, hohe Resistenz gegenüber Treibstoffen und vielen anderen Chemikalien, geringe Gasdurchlässigkeit und eine gewisse Relaxation bei unter mechanischer Spannung stehenden Verklebungen bzw. Abdichtungen. Diese Eigenschaften sind der Grund für die breite Verwendung von Polysulfidkleb- und Dichtstoffen, z.B. bei der Herstellung von Isolierglaseinheiten (Hauptverwendung), Dichtstoffen für die Luftfahrt, Tankstellenabdichtungen, chemikalienfesten Beschichtungen und Dichtstoffen für den Hoch- und Tiefbau.
P. enthalten →Weichmacher wie →Phthalate oder →Chlorparaffine, früher auch →Polychlorierte Biphenyle (PCB). PCB-haltige P. sind als Altlasten Anlass für Schadstoff-Sanierungen von Gebäuden.

Polytetrafluorethylen P. (PTFE) ist ein fluorierter Kunststoff, der durch →Polymerisation von Tetrafluorethylen hergestellt wird. Bei der Verbrennung von PTFE entstehen die Hauptprodukte Kohlenmonoxid, Kohlendioxid, Kohlenstoff (Ruß) und Wasser, weiterhin Fluorwasserstoff und Spuren von Carbonylfluorid, niederen Fluorkohlenwasserstoffen (insbesondere Tetrafluorethylen, Hexafluorpropylen und Octafluorisobutylen. Siehe auch →Fluorierte Treibhausgase.

Polyurethan-Dichtstoffe Im handwerklichen und industriellen Bereich werden P. sehr universell eingesetzt, da sie sowohl dichtende als auch (elastisch) klebende Funktionen aufweisen. P. können ein- oder zweikomponentig sein. Die einkomponentigen P. gelangen gebrauchsfertig auf die Baustelle und härten unter dem Einfluss von Luftfeuchte unter Abspaltung von Kohlendioxid. Der Vorteil zweikomponentiger Produkte ist die höhere Aushärtungsgeschwindigkeit im gesamten Fugenquerschnitt. P. enthalten reaktive →Isocyanat-Gruppen. Bei 2-K-Systemen wird vor der Verarbeitung ein Härter (Polyisocyanat) mit einer Polyolkomponente vermischt. 1-K-Produkte enthalten ein modifiziertes Polyisocyanat, sodass die chemische Reaktion erst unter dem Einfluss von Luftfeuchtigkeit erfolgt. P. können Kohlenwasserstoffgemische, Ester, Ketone oder Glykole als →Lösemittel in Konzentrationen bis 0,5 % enthalten.

Polyurethane P. (PUR) entstehen durch Umsetzung (Polyaddition) von Diisocyanaten (→Isocyanate) mit zwei- und höherwertigen Alkoholen und/oder Polyolen. PUR können schaumartig oder fest, hart, spröde, aber auch weich und elastisch sein. PUR finden breite Anwendung für Lacke, Elastomere, Schaumstoffe, Klebstoffe und „Kunstleder".
Bei der Verbrennung von PUR entstehen die Hauptprodukte Kohlenmonoxid, Kohlendioxid, Kohlenstoff (Ruß) und Wasser, weiterhin Cyanwasserstoff, Ammoniak und Stickstoff sowie geringe Mengen von Aminen (z.B. Methylamin), Isocyanaten, Nitrilen, Harnstoff, Methylharnstoff, Kohlenwasserstoffen, Alkoholen und Aldehyden (→Formaldehyd, →Acetaldehyd etc.).

Polyurethan-Hartschäume P. sind überwiegend geschlossenzellige harte Schaumstoffe, die mithilfe von Katalysatoren und Treibmitteln durch die chemische Reaktion von Polyisocyanaten mit Polyolen und/ oder durch Trimerisierung von Polyisocyanaten erzeugt werden. In Gegenwart spezi-

P

eller Katalysatoren können →Isocyanate auch miteinander reagieren. Dabei bilden sich neben den PUR- auch Polyisocyanurat (PIR)-Strukturen in der Matrix, die ein verbessertes flammschutztechnisches Verhalten zeigen.
Das Aufschäumen von P. kann ausschließlich durch prozessbedingtes CO_2 erfolgen. Aus der Reaktion von Wasser, das in kleinen Mengen in der Polyolformulierung enthalten ist, mit Isocyanat entsteht CO_2, das als „chemisches" Treibmittel genutzt wird. Da das CO_2 in P. sehr schnell aus den von ihm geformten Schaumzellen diffundiert, trägt es zum Dämmvermögen nicht bei. In Anwendungen, bei denen es auf hohe Wärmedämmung ankommt, wird dem bei der Schäumung gebildeten chemischen Treibmittel CO_2 ein „physikalisches" Treibmittel zugegeben, das in den Schaumzellen verbleiben soll. Statt des früher universell verwendeten physikalischen Treibmittels FCKW-11 wird außerhalb von Deutschland und Österreich HFCKW-141b eingesetzt, teilweise auch das HFCKW-Gemisch 22/142b. Die Einsatzmenge beträgt ca. 9 % des Schaumgewichts. Abweichend davon ist die Situation in Deutschland. Nachdem seit dem 1.1.1995 gemäß der FCKW-Halon-Verbots-Verordnung keine vollhalogenierten FCKW mehr eingesetzt werden durften, ist in Deutschland das meistverwendete Treibmittel für PUR-Hartschaum kein HFCKW, sondern der halogenfreie Kohlenwasserstoff →Pentan. Bei Haushaltsgeräten wird ausschließlich Pentan als Treibmittel verwendet, bei flexibel beschichteten Dämmplatten aus kontinuierlicher Fertigung wird es zu mehr als 90 % eingesetzt. Pentan verbleibt wie HFCKW in den Schaumzellen und trägt dadurch zur Wärmedämmung bei.
(Quelle: Fluorierte Treibhausgase in Produkten und Verfahren – Technische Maßnahmen zum Klimaschutz, UBA 2004).
Wegen der leichten Entflammbarkeit werden für →Polyurethan-Hartschaumplatten →Flammschutzmittel eingesetzt.
PUR-Hartschäume werden unterteilt in:

- Konstruktionsschaum (d.h. die technische Isolierung von Kühlmöbeln oder Warmwasserspeichern)
- Bandschaum (PUR-Hartschaum-Verbundelemente mit flexiblen Deckschichten aus Aluminium, Folie, Papier oder auch aus Glasvlies)
- Blockschaum (kontinuierlich hergestellter PUR-Hartschaum, der zu →Polyurethan-Hartschaumplatten geschnitten wird, oder diskontinuierlich hergestellter PUR-Hartschaum, der in Blöcken für verschiedene technische Anwendungen, aber auch im Bauwesen eingesetzt wird)
- Sandwichelemente, überwiegend mit Deckschichten aus Stahl
- Ortschaum (Spritz- oder Gießschaum, der z.B. für die Isolierung von Dächern eingesetzt wird), →Polyurethan-Ortschaum
- Rohrdämmungen (z.B. für Fernwärme)

Zur Umwelt- und Gesundheitsverträglichkeit siehe →Polyurethan, →Polyurethan-Schäume, →Polyurethan-Hartschaumplatten.

Polyurethan-Hartschaumplatten P. sind plattenförmige →Dämmstoffe aus →Polyurethan-Hartschaum, der sich bei einer Polyaddition von Diphenylmethan-diisocyanat (→MDI) mit Polyolen (mehrwertigen Alkoholen) bildet. P. für den Hochbau werden heute ganz überwiegend mit →Pentan geschäumt. Der Marktanteil dieser Produkte in Deutschland beträgt nach Angaben des Herstellerverbands (IVPU) etwa 95 %. Als weiteres Treibmittel wurde bisher vor allem der HFCKW-141b eingesetzt, dessen Verwendung in Deutschland aber seit 2004 nicht mehr erlaubt ist. Die Wahl des Treibmittels hat vor allem ökonomische Gründe. Daher ist eine Entwicklung hin zum Einsatz von neuen HFKW nicht zu erwarten, da diese HFKW erheblich teurer als die bisher eingesetzten Treibmittel sind. In Österreich ist die Aufschäumung mit →HFKW seit 1.1.2005 verboten. Als Flammschutzmittel werden →Phosphorsäureester beigegeben. Im Polyurethan-Handbuch sind darüber hinaus folgende möglichen Additive angeführt: tertiäre Amine und/oder Organozinnverbin-

dungen als Katalysatoren, Tenside zur Verbesserung der Mischbarkeit, Füllstoffe, Alterungsschutzmittel, Pigmente, Antistatika, Biozide und Trennmittel. Die Platten sind meist mit Aluminiumfolien, Glasvlies, Mineralvlies oder Spezialpapier beschichtet. Zur Herstellung wird das Reaktionsgemisch aus MDI, den Polyolen und den Zusatzstoffen zwischen zwei sich kontinuierlich bewegende Transportbänder aufgebracht. Von diesen wird eine flexible Deckschicht, z.B. Bitumenpapier oder Alufolie, auf den Schaum abgerollt. Das Treibmittel schäumt das Reaktionsgemisch durch die frei werdende Reaktionswärme auf. Der Abstand zwischen oberen und unteren Bändern bestimmt die Dicke der gefertigten Platten. Die Platten werden dann mechanisch abgelängt und konfektioniert. Die Produktionsabfälle werden in der Alkoholyse oder für Klebepressplatten verwertet.
P. verfügen über eine ausgezeichnete Wärmedämmung (→Wärmeleitfähigkeit: 0,025 – 0,030 W/(mK)). Im Hochbau werden P. überwiegend als Aufsparrendämmung in Steildächern und in Geschossdecken im mehrgeschossigen Wohnbau eingesetzt. Die Schallschutzeigenschaften von P. sind wegen der hohen dynamischen Steifigkeit mäßig bis schlecht. Sie sind normal oder schwer entflammbar. Durch die hohe Qualmbildung kann im Brandfall die Orientierung beeinträchtigt und damit die Flucht erschwert werden. P. haben einen vergleichsweise hohen →Dampfdiffusionswiderstand (→Dampfdiffusionswiderstandszahl: 30 – 100 bei diffusionsoffener Beschichtung, dampfdicht bei Alukaschierung). Durch den geschlossenzelligen Aufbau nehmen P. auch bei lang anhaltender Lagerung unter Wasser nur wenig Wasser auf.
Bei der Herstellung von →Polyurethan handelt es sich um einen komplexen mehrstufigen Prozess, der mit einer Reihe von gesundheitsgefährdenden Zwischen- und Nebenprodukten wie →Phosgen, Diphenylmethandiisocyanat (→MDI, →Isocyanate), Diphenylmethandiamin (→MDA, →Isocyanate), →Benzol, Anilin und Chlorgas verbunden ist. Ein Großteil der Treibgase verbleibt im Werkstoff und diffundiert im Laufe seiner Lebenszeit aus (Ozonbildungspotenzial). Trotz der üblicherweise deutlichen Unterschreitung der MAK-Werte in medizinischen Untersuchungen sind Erkrankungen der isocyanatexponierten Arbeitnehmer feststellbar. Nach Angaben eines Herstellers gilt dies aber nicht für die Dämmplattenproduktion. Das Endprodukt P. ist als toxikologisch unbedenklich einzustufen. Allerdings ist das Durchschleppen von eventuell giftigen Komponenten möglich. Untersuchungen dokumentieren Spuren des gefährlichen Chlorbenzols in P. Es sollten daher nur Produkte von Herstellern mit regelmäßiger Qualitätskontrolle verwendet werden.
Das zurzeit mengenmäßig bedeutendste Recyclingverfahren ist die Herstellung von Klebepressplatten: Dazu werden saubere Polyurethan-Abfälle zerkleinert und mittels Polyurethan-Kleber unter Druck verpresst. Pentan-geschäumte Produkte können in Müllverbrennungsanlagen verbrannt werden (Heizwert ca. 25 MJ/kg). Bei der Verbrennung entsteht Salzsäure, die stark korrosiv wirkt und daher besonders schädlich für Pflanzen ist. Die Ökotoxizität der Rauchgase kann auch durch die Entstehung von halogenierten →Dioxinen und Furanen verstärkt werden, die langfristig stabil bleiben. P. können im Allgemeinen nicht mehr deponiert werden. Ausnahme: als geringer Anteil im Bauschutt. Die Deponierung ist auch wegen der nicht komprimierbaren Massen problematisch. Besonders nachteilig ist die Entsorgung von alukaschierten P., da →Aluminium sowohl als Bestandteil von Müllverbrennungsschlacken als auch auf Deponien problematisch wirkt. P. sollten aus ökologischer Sicht nur dann eingesetzt werden, wenn aufgrund der zulässigen Dicken kein anderer Dämmstoff einsetzbar ist. →Dämmstoffe, →Wärmedämmstoffe

Polyurethan-Integralschäume P. oder Strukturschaumstoffe sind nach DIN 7726 Schaumstoffe, die zwar über den gesamten Querschnitt chemisch identisch sind, deren Dichte von außen nach innen aber kontinuierlich abnimmt. Typisch für Integral-

P

schäume sind ein weicher Kern und eine nahezu massive Randzone. Die Herstellung erfolgt durch eine Formverschäumung (reaction injection moulding, RIM). Dabei wird das zu verschäumende Reaktionsgemisch unter Hochdruck vermischt und in flüssiger Form in kalte Formen eingebracht, die es nach Beendigung der Verschäumungsreaktion vollständig ausfüllt. Die chemische Reaktion zum →Polyurethan findet also im Werkzeug statt. Das beim Verschäumungsprozess eingestellte Temperaturgefälle vom Formeninneren zur Formenwand bewirkt eine unterschiedliche Ausdehnung des verdampfenden Treibmittels über den Formenquerschnitt und damit die Dichteunterschiede, die zu der beschriebenen Struktur von Integralschäumen führen. Durch die Wahl der Reaktionsbedingungen lässt sich ein weiterer Bereich von Härtegraden abdecken. Weiterentwicklungen oder Spezialverfahren des RIM sind das RRIM (reinforced reaction injection moulding) und das SRIM (structural reaction injection moulding). Beim RRIM werden die Flüssigkomponenten mit Feststoffen (z.B. Glaskugeln oder künstlichen Mineralfasern) vermengt. Beim SRIM werden Verstärkungsmatten (z.B. aus Glasfasern) in das Formwerkzeug eingelegt, die dann zum Verbundwerkstoff ausgehärtet werden. Diese im Materialgefüge eingebetteten Verstärkungen verbessern die mechanischen Eigenschaften der Kunststoffteile. P. werden eingesetzt für:

- Möbelherstellung (Sitz- und Formpolster)
- Fahrzeugindustrie (Sitz- und Formpolster, Armlehnen, Kopf- und Fußstützen, Schutzpolster; Schaltknäufe, Armaturenbretter usw.)
- Schuhe und Sportartikel (Sohlen, Dämpfungselemente, Schutzpolster)
- Koffer und Werkzeugeinsätze
- Elektrogeräte (insbesondere Hart-Integralschäume)
- Formteile in vielen weiteren Anwendungen

Nach dem Verbot des Einsatzes von →FCKW wird für (Hart- und Halbhart-)P. neben dem prozessintegrierten Treibmittel CO_2 heute vor allem der HFKW-134a (→FKW/HFKW) als Treibmittel eingesetzt. Dies gilt sowohl für die deutschen als auch für die europäischen Hersteller von P. Als Alternativen kommen entweder →Pentan oder der HFKW-365mfc, auch in Mischung mit dem HFKW-227ea, infrage. Aufgrund der leichten Entflammbarkeit werden z.B. für Polstermöbel →Flammschutzmittel eingesetzt.

Polyurethan-Klebstoffe P. sind ein- oder zweikomponentige →Reaktionsklebstoffe auf der Basis von →Polyurethanen. Bei den 1-K-Systemen härtet das Polyurethan unter Einwirkung der Luftfeuchtigkeit über Harnstoffbrückenbindung aus. Bei den 2-K-Systemen erfolgt die Aushärtung der Polyisocyanatkomponente Toluylendiisocyanat (→TDI) oder Diphenylmethandiisocyanat (→MDI) mit der Polyolkomponente (Adipinsäure, Ethandiol, Polyetherpolyole) zum Polyurethan (Restmonomergehalt ca. 0,5 %). Die Komponenten liegen gelöst in Ethylacetat (→Ester), Aceton oder Methylethylketon (→Ketone) vor. Als Katalysatoren werden tertiäre →Amine (1,5 – 2,5 %), als →Stabilisatoren Polycarbodiimid (2 – 4 %) zugesetzt. P. zeigen ausgezeichnete Festigkeiten. Sie finden Verwendung bei der Herstellung von Sandwichelementen sowie zur Herstellung von →Span- und →Holzfaserplatten.

Die Verarbeitung von P. stellt aufgrund des Isocyanatgehalts eine Gesundheitsgefährdung dar. →Isocyanate sind sensibilisierende Stoffe, auf die sensibilisierte Personen schon in sehr geringen Konzentrationen reagieren. Ein Isocyanat-Asthma kann durch hohe Expositionen beim Einatmen, aber auch durch massiven Hautkontakt entstehen. Hautkontakt kann zu einem allergischen Hautekzem führen. Da P. durch Spachteln aufgetragen werden und MDI einen sehr geringen Dampfdruck besitzt, entstehen gem. →GISBAU bei der Verarbeitung zumindest keine atembaren Aerosole. Gesundheits- und Umweltgefahren können auch von eingesetzten Lösemitteln ausgehen. Gem. →GISBAU werden P. nach ihrem Lösemittelgehalt in folgende →GIS-CODE-Produktgruppen unterteilt:

RU1: Lösemittelfreie Polyurethan-Verlegewerkstoffe
RU2: Lösemittelarme Polyurethan-Verlegewerkstoffe
RU3: Lösemittelhaltige Polyurethan-Verlegewerkstoffe
RU4: Stark lösemittelhaltige Polyurethan-Verlegewerkstoffe

Die Gesundheitsgefahren steigen mit aufsteigender Nummer. Allgemein ist das Gefährdungspotenzial bei P. deutlich höher als bei →Dispersionsklebstoffen, →Pulverklebstoffen oder →Holzleimen. Polyurethan- bzw. Reaktionsharzklebstoffe sind im Sinne der TRGS 610 keine Ersatzstoffe für stark lösemittelhaltige Klebstoffe (Industrieverband Klebstoffe e.V., TKB1).

Polyurethan-Lacke P. sind →Anstrichstoffe auf Basis von →Polyurethanen und gehören zu den →Reaktionslacken. P. sind besonders hart, abriebfest und beständig gegen Wasser, Öle und Chemikalien. Sie werden daher vielfältig zur Beschichtung von Holz (→Möbel, →Holzparkette), Beton, Kunststoffen und Metallen verwendet. Sie finden als 1-Komponenten- (1-K-System) und als 2-Komponentenlack (2-K-System) Verwendung. Besonders bekannt sind die Desmodur-Desmophen-Lacke (DD-Lacke; Handelsname der Fa. Bayer AG). Bei 2-K-Systemen wird vor der Verarbeitung das Polyisocyanat mit einer Polyolkomponente vermischt. 1-K-Produkte enthalten ein modifiziertes Polyisocyanat, das erst unter Einfluss von Luftfeuchtigkeit reagiert. Als Lösemittel können z.B. Kohlenwasserstoffgemische (Siedebereich ab ca. 145 °C), Ester, Ketone oder Glykole bis maximal 0,5 % enthalten sein. Weiterhin werden oft Weichmacher, z.B. Tris-octylphosphat, zugesetzt. P. enthalten ca. 0,5 % monomeres →Isocyanat, ein stark sensibilisierender Stoff, auf den sensibilisierte Personen schon in sehr geringen Konzentrationen reagieren. Ein Isocyanat-Asthma kann durch hohe Expositionen beim Einatmen, aber auch durch massiven Hautkontakt entstehen. Hautkontakt kann zu einem allergischen Hautekzem führen. Aber auch bei Einhaltung der MAK-Werte für die Monomeren kann eine Gesundheitsgefährdung z.B. durch Aerosole der →Präpolymere nicht ausgeschlossen werden. P. können außerdem hohe Lösemittelgehalte aufweisen. Gerade die guten Verarbeitungseigenschaften (dickere und schneller härtende Einzelschichten) bewirken, dass die Lösemittel in solchen Beschichtungen relativ fest eingeschlossen werden und u.U. erst nach Monaten restlos entwichen sind. Selbst nach zehn Tagen wurden Lösemittel noch im Bereich von einigen g/m³ gemessen. Gem. GISBAU werden P.-Systeme nach folgenden →GISCODES unterschieden:

PU10: PU-Systeme, lösemittelfrei (enthalten reaktive Isocyanatgruppen unterhalb der Kennzeichnungspflicht für sensibilisierende Eigenschaften)
PU20: PU-Systeme, lösemittelhaltig
PU30: PU-Systeme, lösemittelhaltig, gesundheitsschädlich
PU40: PU-Systeme, lösemittelfrei, gesundheitsschädlich, sensibilisierend
PU50: PU-Systeme, lösemittelhaltig, gesundheitsschädlich, sensibilisierend

Gesundheitsgefährdungen können auch von eventuell enthaltenen Aminen (Härter) ausgehen. Bei der Anwendung von P. sind also umfangreiche Schutzmaßnahmen für den Verarbeiter erforderlich. Wenn der Einsatz von PU-Systemen erforderlich ist, sind lösemittelfreie, nicht als sensibilisierend gekennzeichnete Systeme zu bevorzugen (GISCODE PU10). Gem. GISBAU sind Airless-Spritzverfahren gegenüber anderen Spritzverfahren zu bevorzugen, da die dabei entstehenden Sprühnebel i.d.R. weniger alveolengängige Anteile haben. Das Umweltbundesamt rät Heimwerkern von der Verwendung von P. ganz ab. →Polyurethan-Klebstoffe, →VOC

Polyurethan-Leime P. (PU-Leime) werden vor allem dann eingesetzt, wenn beschichtete, lackierte oder bereits mit altem →Leim durchdrungene Holzteile miteinander verklebt werden sollen, da →Weißleim auf solchen Teilen nicht mehr hält. Die noch feuchten Überreste von P. müssen so-

P

fort mit geeignetem Lösemittel (z.B. Aceton) entfernt werden, da sie sich nach dem Trocknen nur schwer entfernen lassen. →Polyurethan

Polyurethan-Montageschäume →Montageschäume

Polyurethan-Ortschaum P. wird unmittelbar am Einsatzort durch Spritzen oder durch Gießen erzeugt. P. kann für die Wärme- und Kältedämmung eingesetzt werden. Er ist dampfdicht, fäulnisresistent und verrottungsfest. Ein wichtiger Anwendungsbereich für P. im Hochbau ist vor allem die Isolierung oder Sanierung von Flachdächern im Gebäudebestand („Dachspritzschaum").
P. härten im Gegensatz zu →Harnstoff-Formaldehyd-Ortschäumen chemisch. Beim Spritzverfahren wird ein stark aktiviertes Reaktionsgemisch unter Luft- oder Flüssigkeitsdruck über Düsen eines Mischkopfes auf eine mit einer Dämmung zu versehende Fläche in fein verteilter Form aufgespritzt, wo es sofort aufschäumt und dann als Schaumstoff erhärtet.
Beim Gießverfahren wird ein flüssiges Reaktionsgemisch über Schlauchleitungen aus einem Mischkopf in für die Dämmung vorgesehene Hohlräume eingegossen, wo es nach kurzer Zeit aufschäumt und als Schaumstoff erhärtet. Die Rohdichte muss nach DIN 18159 Teil 1 im trockenen Zustand mindestens 37 kg/m³, bei der Verwendung für Kälteanlagen mindestens 40 kg/m³ betragen. Bei der Dämmung von Kälteanlagen sind umso höhere Rohdichten zu wählen (auch über 40 kg/m³), je niedrigere Betriebstemperaturen vorgesehen sind.
Die deutschen Hersteller und Verarbeiter von „Dachspritzschaum" lehnen einen Umstieg auf wassergetriebene Systeme aus Sicherheitsgründen ab, da sie die Gefahr der Selbstentzündung für nicht beherrschbar halten. Auch halten sie den Einsatz von physikalischen Treibmitteln für notwendig, um mit den gegenüber Witterungseinflüssen sensiblen Systemen qualitativ hochwertige Ergebnisse erzielen zu können. In der Praxis bedeutet das den Einsatz von HFKW-haltigen Treibmitteln oder Treibmittelmischungen, bei denen auf einen hohen Anteil an nicht brennbaren Komponenten geachtet wird. Der Treibmitteleinsatz liegt bei etwa 6 bis 8 G.-%. Eine für P. vorgelegte Ökobilanz zeigt keinen eindeutigen Vorteil von →HFKW-haltigen Treibmitteln. Insgesamt gesehen ist der Einsatz von P. mit HFKW-haltigen Treibmitteln verzichtbar, da alternative Produkte (z.B. HFKW-freie →Polyurethan-Hartschaumplatten, →XPS-Dämmplatten) oder Verfahren bekannt und in der Praxis erprobt sind. (Quelle: Fluorierte Treibhausgase in Produkten und Verfahren – Technische Maßnahmen zum Klimaschutz, UBA 2004). In Österreich ist der Einsatz von HFKW als Treibmittel in P. verboten.
P. enthält Additive wie →Weichmacher und →Stabilisatoren. Im Unterschied zu den Hartschaumplatten erfolgt bei der Verarbeitung eine bedeutsame Freisetzung von →Isocyanaten.

Polyurethan-Schäume P. werden durch Polyaddition von →Isocyanaten und Polyolen erzeugt. Unterscheiden lassen sich:
– →Polyurethan-Hartschäume
– →Polyurethan-Weichschäume
– →Polyurethan-Integralschäume
Die schaumige Struktur entsteht durch das Einschließen von Gasen: Kohlendioxid, das bei der chemischen Reaktion entsteht, sowie Treibmittel, die dem Reaktionsgemisch beigefügt sind. Wasserunterschuss und langkettige bewegliche Polyole ergeben weichen, flexiblen Schaumstoff (→Polyurethan-Weichschaum), kurzkettige Polyole und höhere Vernetzungsdichte (→Polyurethan-Hartschaum). Treibmittel werden vor allem bei der Herstellung von Polyurethan-Hartschaum eingesetzt. Die zunächst eingesetzten →FCKW wurden wegen ihrer hohen Umweltproblematik verboten (sehr hohes →Ozonabbaupotenzial), ebenso die Ersatzprodukte →HFCKW (hohes Ozonabbaupotenzial, sehr hohes →Treibhauspotenzial). Vor allem in →Polyurethan-Ortschäumen und →Polyurethan-Montageschäumen wird häufig →HFKW als Treibmittel eingesetzt (sehr hohes Treibhauspotenzial, in Öster-

reich verboten seit 1.1.2006), HFKW-freie P. werden vor allem mit →Pentan hergestellt (→HFKW-freie Dämmstoffe).
Rohstoffbasis für die Herstellung von Isocyanaten ist Erdöl.

Polyurethan-Weichschäume P. sind offenzellige Schaumstoffe mit homogener Struktur und unterscheiden sich von den →Polyurethan-Hartschäumen dadurch, dass sie sich bei Druckbelastung leicht verformen lassen. P.-Weichschäume haben ein sehr breites Anwendungsspektrum; es reicht von Kissen und Matratzen über Schaumpolster im Möbelsektor oder für den Automobilbau bis hin zu Spielwaren, Sportartikeln, Schallabsorbern oder Verpackungsmaterialien. Weichschäume sind offenzellige Schaumstoffe mit homogener Struktur, guten Rückstelleigenschaften und auch guten akustischen Dämpfungseigenschaften.
Bereits seit 1990 wurden Verfahren entwickelt und erprobt, die eine Herstellung von P. ohne den Einsatz von FCKW ermöglichen. Beim Variable-Pressure-Foaming-Verfahren wird in einer vollkommen geschlossenen Produktionsanlage der atmosphärische Druck so weit gesenkt, dass das bei der Reaktion von Isocyanat und Wasser entstehende CO_2 als Treibmittel ausreicht, um P. mit Raumgewichten von 10 kg/m^3 bis 70 kg/m^3 Rohdichte herzustellen.

P

Polyvinylacetat P. (PVAC) ist das Polymerisationsprodukt des →Vinylacetats. P. weist eine hohe Licht- und Witterungsbeständigkeit auf und wird für Klebstoffe (→Dispersionsklebstoffe), →Dispersionsfarben, →Lacke sowie für Spachtelmassen und Verpackungsfolien verwendet. Die Verarbeitung von P. erfolgt meist in Form von wässrigen Dispersionen. Mischpolymerisate mit Polyvinylpropinat weisen eine bessere Beständigkeit insbesondere gegen Kalkwasser auf und finden als pulverförmige Baukleber Verwendung.

Polyvinylalkohol P. wird u.a. in gipsbasierten Spachtelmassen eingesetzt. P.-Fasern werden als Ersatz für Asbestfasern (→Asbest) in →Asbestzement-Produkten eingesetzt. Sie werden durch einen Spinnprozess aus Lösungen hergestellt und in einem anschließenden Vernetzungsprozess unlöslich gemacht. P. sind nicht lungengängig. In der Medizin wird P. als „Filmbildner“ in Augentropfen eingesetzt.

Polyvinylbutyral P. wird durch Reaktion von →Polyvinylalkohol mit Butyraldehyd hergestellt und gehört zur Gruppe der Polyvinylacetale. P. ist amorph und transparent. Es wird u.a. als Klebefolie für Sicherheitsverbundglas verwendet.

Polyvinylchlorid PVC ist der mengenmäßig bedeutendste chlororganische Kunststoff und Gegenstand zahlreicher kontroverser umweltpolitischer Diskussionen. In Deutschland wurden Ende der 1990er-Jahre ca. 1,5 Mio. t PVC produziert und zu Produkten verarbeitet. Davon ist ca. ein Drittel Weich-PVC, zwei Drittel werden zu Hart-PVC-Produkten verarbeitet. Ausgangsstoff für die Herstellung von PVC ist →Vinylchlorid. PVC besteht zu 57 M.-% aus Chlor. Die Herstellung erfolgt durch Chloralkali-Elektrolyseprozesse nach einem von drei Verfahren: Amalgamprozess mit Quecksilberkathoden, Diaphragmaprozess mit Asbestdiaphragma, Membranprozess.

Tabelle 109: PVC-Anwendungen in Deutschland

Anwendungsbereich	Anteil (ca.)
Baubereich – Hochbau: Fensterprofile, Rollläden, Lichtkuppeln, Fußbodenbeläge, Tapeten, Türen, Elektrokabel, Dachdichtungsbahnen – Tiefbau: Rohre für Abwasser und Trinkwasser, Kabelkanal- und Kabelschutzrohre sowie Elektroinstallationsrohre	> 60 %
Verpackungen	10 – 20 %
Gebrauchgegenstände (Kfz, Möbel, Apparate- u. Anlagenbau, Konsumartikel, Medizin)	20 – 30 %

Der Feststoff PVC selbst ist toxikologisch und ökotoxikologisch unbedenklich. Mit seiner Herstellung, Verarbeitung, Verwendung und Entsorgung ist jedoch eine Reihe

Tabelle 110: PVC-Produktbereiche in Deutschland 1993 (UBA)

Lebensdauer der Produkte	Produkt	Verbrauchte Menge
Kurz	Verpackungen, Pharma-Verpackungen	120.000
Mittel	Weichfolien (Möbel, Bücher, Freizeitartikel, Baufolien)	90.000
	Technische Folien, Hartfolien	70.000
	Sonstige Weich-PVC-Anwendungen (Tapeten, Planen, Unterbodenschutz)	ca. 24.000 (1992)
Mittel bis lang	Kunstleder	ca. 36.000 (1992)
	Fußbodenbeläge	69.000
	[illegible]ungen	94.000
Extra lang	R[illegible]	315.000
	F[illegible]	160.000
	Sonst[illegible]	130.000

von Stoffströmen mit Gefährdungspotenzial verbunden, insbesondere:

- Freisetzung von kre[illegible]zeugendem Vinylchlorid (VC) a[illegible]sen Quellen bei der Herstellung v[illegible] und PVC
- Freisetzun[illegible] W[illegible]rn aus PVC-Bode[illegible]
- Emissione[illegible] Stoffen bei der Entsor[illegible]
- Bildun[illegible] von →Dio[illegible] bei der Herstellung [illegible]li-Elektrolyse, Oxidchlorierun[illegible]stimmten thermischen Prozessen und im Brandfall

PVC wird wie kein anderer Massenkunststoff zur Erzielung der Gebrauchstauglichkeit in einem hohen Maß mit (kritischen) Zusatzstoffen versetzt. Die wichtigsten sind:

- Schwermetalle (→Blei, →Cadmium, →Zinnorganische Verbindungen)
- Weichmacher (→Phthalate, z.B. DEHP)
- →Chlorparaffine als Sekundär-Weichmacher und →Flammschutzmittel

Bei der Verbrennung von PVC entstehen die Hauptprodukte Kohlenmonoxid, Kohlendioxid, Kohlenstoff (Ruß), Wasser und Chlorwasserstoff, weiterhin geringe Mengen Chlorkohlenwasserstoffe (insbes. Vinylchlorid), aliphatische und aromatische Kohlenwasserstoffe (z.B. Methan, Propylen, n-Butan, Buten, Benzol, Toluol, Xylol), Aldehyde und Ketone (Formaldehyd, Acetaldehyd, Benzaldehyd, Salicylaldehyd, Aceton etc.), →Phosgen sowie →Dioxine und Furane und Dibenzofurane (PCDF).

Bis in die 1980er-Jahre wurden PVC-Bodenbeläge unter Verwendung von →Asbest hergestellt (→Floor-Flex-Platten, →Cushion-Vinyl-Bodenbeläge). Für das Verkleben von PVC-Bodenbelägen wurden teilweise PCB-haltige Kleber verwendet.

P

Bewertung von PVC in einer stoffstromorientierten Betrachtung (UBA, gekürzt)
Handlungsfeld 1: Verringerung des Materialaufwandes Da mehr als 70 % der PVC-Produkte eine Nutzungsdauer von mehr als zehn Jahren haben, nimmt angesichts steigender Produktion der Anteil von PVC im technischen Gebrauch ebenso zu wie die Abfallmengen. Unter der Annahme einer steigenden Produktion bis zu einer Sättigungsgrenze von 2 Millionen Tonnen pro Jahr (Mio. t/a), wäre im Jahr 2050 in der technischen Anwendung eine PVC-Menge von circa 60 Mio. t zu erwarten. Angesichts dieser Zahlen sind Überlegungen notwendig, wie man den Mengenstrom verringern will.

Handlungsfeld 2: Verringerung des stofflichen Ressourcenverbrauchs Erdöl und Erdgas sind die Kohlenstoffquellen für PVC. Die Unterschiede zwischen PVC und anderen Kunststoffen sind in dieser Hinsicht nicht wesentlich. Eine Verminderung der energetischen Nutzung von Erdöl/Erdgas ist für die Schonung der Ressource weitaus vordringlicher.
Handlungsfeld 3: Verringerung des Energieeinsatzes PVC weist bei einem Vergleich mit anderen Kunststoffen in der Energiebilanz Vorteile auf, wenn man nur die Produktion betrachtet. Dies wird bei einer energetischen Verwertung des PVC nach dem Gebrauch allerdings kompensiert. Die günstigste Verwertung von Altkunststoffen ist das werkstoffliche Recycling. Eine Verbesserung der PVC-Energiebilanz bei der Produktion lässt sich durch rasche Umstellung des Amalgamverfahrens auf das energetisch günstige Membranverfahren bei der Chlor-Alkali-Elektrolyse erzielen.
Handlungsfeld 4: Höhere Gebrauchstauglichkeit von Produkten Durch den Zusatz von Stabilisatoren ist PVC für Produkte mit langfristiger Nutzungsdauer geeignet. Weich-PVC kann durch Ausgasen der Weichmacher im Laufe der Zeit allerdings seine Flexibilität – und damit seine guten Gebrauchseigenschaften – verlieren.
Handlungsfeld 5: Verbesserung der umweltverträglichen Verwertung Es wurden wesentliche Fortschritte für ein werkstoffliches Recycling von PVC-Produkten erzielt. Allerdings werden zurzeit nur weniger als zehn Prozent Alt-PVC auf diese Weise verwertet. Prinzipiell besteht die Möglichkeit der Wiederverwertung von PVC ähnlich wie bei anderen Massenkunststoffen. Weich-PVC und Verbundwerkstoffe sind nur eingeschränkt oder gar nicht verwertbar. Erhebliche Anstrengungen zur Verbesserung der Sammel- und Verwertungslogistik sind erforderlich. Dafür ist eine Kennzeichnung von Kunststoffprodukten anzustreben. Sicherzustellen ist, dass keine Schadstoffverschleppung, z.B. von Cadmium und PCB, stattfindet. Ist der energetische Aufwand für das Sammeln und Sortieren zu hoch, kann die Monoverbrennung von PVC in besonderen Anlagen mit direkter Salzsäure-Rückführung eine geeignete Alternative sein. PVC-Mischabfälle können in Abfallverbrennungsanlagen verbrannt werden, beeinflussen aufgrund ihres hohen Chloranteils allerdings die Menge des notwendigen Neutralisationsmittels und der entstehenden, untertage zu deponierenden Verbrennungsabfälle. PVC eignet sich aufgrund seines Chloranteils nur bedingt für eine energetische Verwertung, zum Beispiel in der Zementindustrie oder in Hochöfen. Bei diesen Anlagen lässt der Vollzug bei der Umsetzung der Anforderungen der 17. Bundes-Immissionsschutzverordnung (BImSchV) Spielräume zu. Deshalb sind solche Verwendungen häufig kritisch zu beurteilen. Die Deponierung von PVC ist gemäß der Technischen Anleitung (TA) Siedlungsabfall ab 2005 nicht mehr möglich und aufgrund von Langzeitrisiken auch abzulehnen.
Handlungsfeld 6: Minimierung der Emissionen In Europa sind Maßnahmen zur Minderung des Schadstoffausstoßes bei Herstellung und Verarbeitung von PVC nach dem Stand der Technik weitgehend realisiert. Allerdings sollte der Zeitplan der Nordseeschutzkonferenz zur Abkehr vom Amalgamverfahren bis 2010 eingehalten werden, um den Ausstoß von Quecksilber zu verringern. Die Alternative, das Membranverfahren, vermeidet kritische Emissionen und ist dabei energieeffizienter.
Handlungsfeld 7: Verringerung der Komplexität von Stoffströmen Wegen der großen Zahl der verarbeiteten kritischen Stoffe weist der PVC-Stoffstrom einen erhöhten Kontrollbedarf auf. In Industrieländern werden diese Risiken i.d.R. gut beherrscht. Dies gilt jedoch nicht in Ländern mit niedrigeren Sicherheitsstandards, in denen die PVC-Produktion zunehmend angesiedelt wird. Differenziert ist das kontrovers diskutierte Brandverhalten von PVC zu bewerten: PVC ist zwar selbst schwerer entflammbar als andere Polymere; dieser Vorteil wird bei Weich-PVC aufgrund der Weichmacher größtenteils wieder aufgehoben. Im Brandfall beeinflusst PVC die Rauchgasdichte ungünstig. Dadurch entstehen mehr toxische Brandruße, die auch – abhängig von den Brandbedingungen – erhöhte Mengen an Dioxinen und Furanen enthalten können. Allerdings überwiegt bei der toxikologischen Beurteilung von Brandrückständen in den meisten Fällen das Risiko durch PAK, die nicht PVC-spezifisch sind. Ferner entsteht bei Bränden von PVC-Produkten Chlorwasserstoff in den Brandgasen, der die Atemwege reizt und durch Korrosion zu zusätzlichen Materialschäden führen kann. Das UBA empfiehlt die Verwendung chlorfreier Materialien in brandgefährdeten Bereichen mit hoher Personendichte und hohen Sachwerten.

Handlungsfelder 8 und 9: Risikoreduktion bei ökotoxischen und toxischen Stoffen und Entwicklung von Stoffen mit umwelt- und gesundheitsverträglichem Eigenschaftsprofil
PVC selbst ist inert (nicht reaktiv, nicht wirksam) und untoxisch. Es ist zwar persistent, verteilt sich jedoch nicht irreversibel in der Umwelt. Stoffliche Risiken sind daher nicht mit dem Polymer selbst, sondern mit den Zusatzstoffen verbunden, die in PVC in höherem Ausmaß enthalten sind als in anderen Massenkunststoffen.
Als Stabilisatoren werden immer noch mit circa 40 t/a Cadmiumverbindungen eingesetzt. Die seit langem angekündigte vollständige Substitution des Cadmiums ist bisher nicht erfolgt. Bleistabilisatoren werden sogar in wachsendem Ausmaß verwendet (1995: circa 15.400 t/a). Auch kritisch zu beurteilende Organozinnverbindungen spielen eine erhebliche Rolle (circa 5.000 t/a). Die kurzfristige vollständige Substitution des Cadmiums, eine mittelfristige Substitution des Bleis und eine Nichtausweitung des Organozinnverbrauchs bis zur Klärung der noch offenen Fragen zur Wirkung und zur Exposition sind notwendig. Als Alternative stehen für viele Bereiche Systeme auf Calcium-/Zinkbasis zur Verfügung.
Im Gegensatz zu Stabilisatoren sind Weichmacher nur locker an die PVC-Matrix gebunden. Es dominieren die Phthalsäureester, darunter das Di-2-ethylhexylphthalat DEHP. Es gelangt überwiegend in der Nutzungsphase durch Ausgasung oder Auswaschung aus Weich-PVC-Produkten in die Umwelt. DEHP ist unter Umweltbedingungen langlebig und reichert sich in Organismen an. Phthalate sind auch gesundheitlich bedenklich. Da sich Phthalate wohl nur sehr eingeschränkt durch weniger kritische Weichmacher ersetzen lassen und sich die Emission in der Nutzungsphase technisch nicht reduzieren lässt, ist eine schrittweise Substitution der Weich-PVC-Anwendungen durch weniger bedenkliche Stoffe erforderlich.
Kurzfristiger ist ein Ersatz von Chlorparaffinen notwendig, die zur Flammhemmung und ebenfalls Weichmachung in manchen PVC-Produkten enthalten sind. Meist sind es mittelkettige Chlorparaffine, die in PVC zugesetzt werden, jedoch stellen diese sowohl aufgrund ihres ökologischen als auch gesundheitlichen Eigenschaftsprofils ein nur wenig geringeres Risiko dar als die kurzkettigen Vertreter dieser Stoffgruppe.

Polyvinylether P. entstehen bei der Polymerisation von Vinylethern. Sie sind toxikologisch weitgehend unbedenklich und werden u.a. für die Herstellung von Bedarfsgegenständen, die mit Lebensmitteln in Kontakt kommen, verwendet. P. eignen sich u.a. als rheologische Hilfsmittel für zementäre Baumassen (speziell Fliesenkleber) und zementfreie Rezepturen wie Spachtelmassen, Putze und Farben mit Gips oder Wasserglas als Bindemittel.

Polyvinylharzlacke Als P. werden Anstrichstoffe bezeichnet, die durch Polymerisation von Monomeren mit endständigen Vinylgruppen hergestellt werden. Dazu gehören Polyvinylester (→Polyvinylacetat), →Polyvinylchlorid, →Polyolefine, →Polystyrol und deren Copolymerisate (s. auch →Acrylharze und →Acryllacke). P. werden als →Dispersionslacke und als →Lösemittelhaltige Lacke verarbeitet. Die Eigenschaften werden durch die Art des P. bestimmt.
Je nach Art des Anstrichstoffes werden unterschiedliche Mengen an flüchtigen organischen Substanzen (→VOC) freigesetzt. Bei Polyvinylacetat-Anstrichen können vergleichsweise hohe Konzentrationen an →Restmonomeren (→Vinylacetat; bis zu 0,3 %) enthalten sein. Bei Styrol-Acrylat-Anstrichen beträgt der Restmonomergehalt bis zu 0,1 % (Acrylsäure, →Styrol), bei Styrol-Butadien-Anstrichen bis zu 0,08 % (→Butadien). Gesundheitsgefährdungen können auch von den eingesetzten Lackhilfsstoffen, bei Dispersionslacken z.B. von den →Konservierungsmitteln (→Topfkonservierungsmittel), ausgehen.

POP POP – persistent organic pollutants – sind eine Gruppe besonders umwelt- und gesundheitsschädlicher Stoffe. Sie werden weit von ihrem Ursprungsort über internationale Grenzen hinweg transportiert, verbleiben in der Umwelt und reichern sich über die Nahrungskette an. Die Liste der POP umfasst zurzeit zwölf Chlorchemikalien, die sich wie folgt unterteilen lassen:

1. POP aus beabsichtigter Produktion und Verwendung
   - Pflanzenschutzmittel: Aldrin, Chlordan, DDT, Dieldrin, Endrin, Heptachlor, Mirex, Toxaphen

- Industriechemikalien: Polychlorierte Biphenyle (PCB), Hexachlorbenzol (HCB)

2. POP als unerwünschte Nebenprodukte
   - Polychlorierte Dibenzo-p-dioxine und Dibenzofurane (PCDD/PCDF), Polychlorierte Biphenyle (PCB), Hexachlorbenzol (HCB)

Durch die Stockholmer Konvention von 2001 wurde ein Prozess in Gang gesetzt, an dessen Ende das weltweite Verbot von ausgewählten POP stehen wird. Derzeit werden einzelne POP weiter hergestellt und verbreitet. Herstellung und Verwendung von HCB sollen in den Mitgliedstaaten der EU ab 2007 eingestellt werden. In Zukunft sollen weitere Schadstoffe in die POP-Liste aufgenommen werden.

Porenbeton P. gehört wie →Kalksandstein zu den hydrothermal gehärteten (dampfgehärteten) Baustoffen. Weil er keine Zuschlagstoffe enthält, gehört er trotz seines Namens nicht zu den Betonen. Dem P. ähnlich ist noch Schaumbeton, ein durch Schäumen oder Blähen porosierter Normalbeton. Chemisch besteht P. aus den Oxiden Kieselsäure, Calciumoxid und Aluminiumoxid und gebundenem Wasser, mineralisch besteht sein Feststoffskelett zu 50 – 80 M.-% aus Calciumsilikathydraten (CSH) und einem Anteil an Restquarz. Die Herstellung erfolgt aus Quarzsand oder anderen quarzhaltigen Zuschlagstoffen (→Flugasche, →Hochofenschlacke, Ölschieferasche), ggf. Zusatzstoffen, Bindemittel, Treibmittel und Wasser (Beispielrezeptur: 67 M.-% Quarzsand, 30 M.-% Zement und/oder Kalk, 2 M.-% Gips/Anhydrid, 0,1 M.-% Aluminiumpulver oder -paste). Neben den →Primärrohstoffen enthält die Mischung auch sortenreines Recyclingmaterial aus der Produktion oder von der Baustelle. Die Grundstoffe werden fein gemahlen, zu einer wässrigen Suspension gemischt und in Gießformen gefüllt. Das Wasser löscht unter Wärmeentwicklung den Kalk, und das Aluminium reagiert in der Mischung mit dem alkalischen Wasser. Dabei wird gasförmiger Wasserstoff frei, der die Rohmischung auftreibt und ohne Rückstände entweicht. Der Rohblock wird in Form geschnitten und danach im Autoklaven bei etwa 190 °C und einem Druck von 12 bar sechs bis zwölf Stunden dampfgehärtet. Dabei bilden sich die CSH-Phasen, die für die gute Bindung verantwortlich sind. Für bewehrte Bauteile werden Bewehrungskörbe in einem angegliederten Prozess hergestellt. Die Bewehrung wird mit einem Korrosionsschutz aus Zementschlämme, →Bitumenemulsionen oder →Dispersionslack versehen. Die fertigen Bewehrungskörbe werden vor dem Gießen in die Formen eingebaut.

Die P.-Produktpalette erstreckt sich über Plansteine bzw. -blöcke, Planelemente, Planbauplatten bis zu geschosshohen Wandelementen. Technische Daten von P.-Steinen: Rohdichte 300 bis 1.000 kg/m^3, Wärmeleitfähigkeit: 0,09 W/(mK) bis 0,16 W/(mK), →Dampfdiffusionswiderstandszahl: 5 – 10 (dampfdiffusionsoffen). Sorptionsfähigkeit: mittel, Wärmespeicherfähigkeit (ca. 90 kJ/(m^{2}K)) und Schallschutz: gering bis mittel. Zwischen der Wärmeleitfähigkeit und der Rohdichte (dem Porenanteil) des P. besteht ein linearer Zusammenhang: P. mit geringer Rohdichte verfügen über sehr gute Wärmedämmeigenschaften (Wärmeleitfähigkeit: 0,09 W/(mK)) und können auch monolithisch (ohne zusätzliche Wärmedämmung) eingesetzt werden. Im Passivhausbau können P.-Steine zur Reduktion von Wärmebrücken im Anschluss Wände/Kellerdecke und im Attikabereich eingesetzt werden.

P. wird in einem vergleichsweise emissions- und energiearmen Verfahren ohne Produktionsabfälle hergestellt und weist gute Ökobilanzergebnisse auf. Umweltbelastungen stammen vorwiegend aus den Vorprodukten →Zement und →Branntkalk. Im Vordergrund der ökologischen Diskussion stehen der Einsatz von Aluminiumpulver sowie Risken durch silikogene Stäube. Für das Aluminiumpulver wird üblicherweise hochwertiges Recyclingaluminium eingesetzt, das während der Reaktion in Tonerde umgesetzt und dadurch einem höherwertigen Stoffrecycling entzogen wird. Bei Umgang mit Aluminiumpulver besteht erhöhte Brand- und Explosionsgefahr. Das

Aluminiumpulver kann in Aluminiumpasten und -pellets so eingebunden werden, dass die Bildung eines explosiblen Aluminiumpulver-Luft-Gemisches nicht mehr stattfinden kann. Der Unternehmer hat dafür zu sorgen, dass die Atemluft an den Arbeitsplätzen möglichst frei von silikogenem Staub ist (Gefahr einer Steinstaublunge oder Siliko-Tuberkulose).
Die Wiederverwertung von P. ist mehrfach im Kreislauf möglich. Abbruchmassen und Baustellenabfälle können im Porenbetonwerk wiederverwendet werden. Beträgt der Anteil an mineralischen Fremdstoffen, wie Putz- und Mörtelresten, im aufbereiteten P. max. 10 M.-%, ist eine Zugabe bis zu 15 M.-% der Trockenrezeptur möglich. Darüber hinaus kann P.-Bruch als Granulat für Schüttungen oder als Sekundärrohstoff für Öl- und Flüssigkeitsbinder, Hygienestreu, Abdeckmaterial, Ölbinder, Klärschlammkonditionierung etc. weiterverarbeitet werden. Die Beseitigung erfolgt auf Inertstoffdeponien. Staubbelastung kann auch beim Bearbeiten der Steine auftreten.

Poröse Holzfaserplatten P. sind →Holzfaserplatten mit Rohdichten < 400 kg/m³ (SB nach EN 316). Sie werden aus Resthölzern der Sägeindustrie und Durchforstungshölzern (meist Weichhölzer wie Fichte, Tanne und Kiefer) hergestellt. Zur Aktivierung des holzeigenen Harzes Lignin und zur Verbesserung des Flammschutzes wird Aluminiumsulfat (ca. 0,5 M.-%) beigegeben, die Hydrophobierung erfolgt mit Wachsemulsionen wie Paraffin (max. 1 M.-%). Platten mit einer Dicke über 2,5 cm werden mit Weißleim geklebt (ca. 0,8 M.-%). Ein Schutz gegen Feuchtigkeit und Nässe (Unterdachplatte) wird ggf. durch eine Imprägnierung mit →Bitumen oder Naturlatex (z.B. 10 %) erreicht.
P. werden meist nach dem Nassverfahren hergestellt. Dazu werden die Resthölzer zerkleinert und mit Wasserdampf zu Holzfasern aufgeschlossen, zerfasert und mit viel Wasser und evtl. Zusatzstoffen zu einem Brei angerührt. Das Produktionswasser wird mittels Vakuum abgesaugt, die Feuchte von 40 % bei 120 – 190 °C im Etagentrockner auf ca. 2 % Restfeuchte reduziert. Dickere Platten werden aus dünneren Platten verleimt. Als Bindemittel dienen lediglich die holzeigenen Harze.
Im Trockenverfahren hergestellte P. enthalten dagegen einen relativ hohen Bindemittelanteil aus →Polyurethan-Klebstoff oder →Bikomponenten-Kunststofffasern. Dabei werden die Hackschnitzel im Refiner zu Fasern aufgeschlossen, mit Polyurethan-Klebstoff benetzt und unter Druck und Hitze zu homogenen Platten gebunden. Dickere Platten können in einem Arbeitsgang gefertigt werden.
P. finden Verwendung als Holzwerkstoff oder als Dämmstoff (Holzfaser-Dämmplatten). Als Holzwerkstoffplatten eingesetzte P. sind üblicherweise dünner und schwerer als Holzfaser-Dämmplatten und dienen z.B. als Trittschalldämmungen oder als Unterdachplatten. Mit →Bitumen imprägnierte P. werden für wasserabweisende Unterdächer und Schutzschichten auf der Außenseite von Holzständerwänden bei gleichzeitiger Verbesserung der Wärme- und Schalldämmung eingesetzt. P. haben eine hohe Wärmespeicherfähigkeit bei gleichzeitig guten Wärmedämmeigenschaften, gute Schallschutzeigenschaften und sind diffusionsoffen und winddicht.
Im Nassverfahren hergestellte P. werden ausschließlich aus lokal verfügbaren Resthölzern (nachwachsender Rohstoff) hergestellt, Zusatzstoffe sind nur in sehr geringen Mengen enthalten, weite Transportwege entfallen. Der Nachteil liegt im relativ hohen Energiebedarf zum Trocknen bei der Herstellung. Im Trockenverfahren hergestellte P. enthalten dagegen relativ hohe Bindemittelanteile, der Energiebedarf bei der Produktion ist allerdings geringer. P. sind verrottbar und kompostierbar (sofern kein Bitumen zugesetzt ist). Die Entsorgung erfolgt über Müllverbrennungsanlagen. →Holzstaub →Holz, →Holzwerkstoffe

Porosierte Hochlochziegel P. sind gebrannte Tonziegel mit senkrecht zur Lagerfläche verlaufenden Lochkanälen. Hochlochziegel (HLZ) weisen einen Lochanteil von über 25 % auf. Dem Ton können vor dem Brand Sand oder Ziegelmehl zum Zwecke

der Magerung zugemischt werden. Porosierungsmittel (i.d.R. Sägemehl oder EPS) dienen der Verbesserung des Wärmeschutzes. Möglich ist auch die Porosierung mittels im Ton enthaltener Kohle. Ggf. werden Mittel zur gezielten Beeinflussung von Eigenschaften zugesetzt. Das Rohstoffgemisch wird einer Homogenisierung unterzogen. Danach werden – evtl. unter Zusatz von Wasser – Ziegel-Rohformlinge gepresst, die in der Abluft der Brennöfen getrocknet werden. Das Brennen der Ziegel erfolgt im Tunnelofen bei Temperaturen bis ca. 1.000 °C, wobei das Porosierungsmittel verbrennt und feine Poren hinterlässt.
Sägemehl ist ein Reststoff aus der holzverarbeitenden Industrie, der in der Ziegelindustrie verwertet wird. Kontrovers diskutiert wird der Einsatz von →EPS als Porosierungsmittel. EPS wird einerseits mit hohem Umweltaufwand hergestellt und kann andererseits in sauberer Form sehr gut stofflich verwertet werden. Wird Recycling-EPS als Porosierungsmittel eingesetzt, wird es einer höherwertigen Recyclingschiene und damit dem Stoffkreislauf entzogen. Besonders fraglich ist der Einsatz von Neu-EPS, das eigens hergestellt werden muss, um in der Ziegelindustrie verbrannt zu werden. Andererseits können gerade mit Neu-EPS aufgrund der homogenen Körner die am besten wärmedämmenden Ziegel hergestellt werden. Eine erhöhte Schadstoffbelastung in die Atmosphäre durch die Verbrennung von EPS wurde nicht festgestellt. In den fertigen Steinen sind wegen des Brennvorgangs keine Schadstoffe aus EPS vorhanden, die zu einer Ausgasung führen können. →Ziegel

Portlandflugaschezement →Flugaschezement

Portlandhüttenzement P. ist ein hüttensandhaltiger →Zement aus 65 – 94 % Portlandzement und 6 – 35 % →Hüttensand. Höheren Gehalt an Hüttensand enthält →Hochofenzement.

Portlandkompositzement P. ist →Zement aus 20 – 64 % Portlandzementklinker und 36 – 80 % Zusatzstoffe aus →Hüttensand, →Puzzolane und →Flugasche.

Portlandölschieferzement P. wird aus Portlandzementklinker und 10 – 30 % gebranntem Ölschiefer hergestellt. →Zement

Portlandzement P. ist der im deutschsprachigen Raum im Hochbau am häufigsten eingesetzte →Zement. Er besteht aus fein gemahlenem Zementklinker und max. 5 % →Gips und/oder →Anhydrit. P. wird als Bindemittel für →Beton, →Putzmörtel, Mörtel und →Zementestriche eingesetzt. Wegen des hohen Gehaltes an Kalkhydrat (basisch) wirkt P. als guter Korrosionsschutz (Stahlbeton).

POV Phosphororganische Verbindungen. →Organophosphate

ppb, ppm, ppt →Maßeinheiten

Prägetapeten P. sind →Papiertapeten mit eingeprägten Strukturen. Die Kollektionen enthalten verschiedene Reliefmuster wie Putzstrukturen, Flecht-, Gewebe- und Ornamentmuster. P. weisen große Qualitätsunterschiede auf, die der Tapetenrolle beim Kauf nicht anzumerken sind. Erst nach der Tapezierung und dem anschließenden Trocknen stellt sich heraus, ob die Struktur der Tapete überhaupt noch sichtbar ist oder ob durch den Trocknungsprozess das Papier mitsamt ihrer Prägestruktur an die Wand gesaugt wurde. Qualitativ hochwertige P. werden aus mindestens zwei Papierbahnen erzeugt, die mit einem wasserhaltigen Klebstoff miteinander verklebt und dann noch feucht zwischen einer Oberwalze mit negativem Prägemuster und einer Unterwalze, die das gleiche Prägemuster als positives Relief besitzt, gepresst werden (duplierte P.). Das Oberpapier besteht meist aus einem 70 oder 80 g/m^2 schweren, holzfreien Rohpapier, das im Tiefdruck bedruckt wird. In einem zweiten Maschinengang wird ein holzhaltiges Unterpapier (zwischen 90 und 100 g/m^2 je nach Qualität) unterkaschiert und dann verformt. Es handelt sich bei den Prägemustern in der Regel um sehr tiefe Prägungen, woraus der Name „Hochpräge“ resultiert. Mit diesem Verfahren werden besonders stabile Prägungen erreicht, die auch nach dem Tapezieren und Trocknen auf der

Wand ihre Struktur noch weitgehend erhalten. Eventuell kann auch noch eine dritte Papierlage mit glatter Rückseite aufgetragen werden, dadurch wird die Tapete leichter verarbeitbar und weist noch höhere Prägestabilität auf. Je nach verwendeten Papiersorten, Verfahrensschritten und Klebstoffen variieren auch unter den duplierten P. die Qualitäten sehr stark. P. können 200 bis 220 g/m^2 wiegen. Es gibt sie zum Überstreichen oder mit fertiger Oberfläche.

Präpolymere Ein aus wenigen →Monomeren gebildetes Molekül, das als Vorstufe für ein vernetztes Polymer dient (Bsp.: →Isocyanate).

Pressglas P. (Bauhohlglas) wird im maschinellen Pressverfahren aus Glasmasse hergestellt. Es wird verwendet als Betonglas, für Glasbausteine und Glasdachsteine. Die Hohlräume in den Glasbausteinen bewirken eine Energieeinsparung und Schalldämmung. Betonglas wird für tragende Betonteile, Glasstahlbeton (statische Beanspruchung) für Wände, Decken, Dächer und für Lichtschachtabdeckungen eingesetzt. Glasbausteine finden Verwendung für nichttragende Wände sowie für lichtdurchlässige, wärme- und schalldämmende Innen- und Außenwände. Glasdachsteine dienen der Belichtung von Dachräumen. →Glas

Presskork Als P. werden mit Harzen gebundene Platten aus →Kork bezeichnet. Als Bindemittel dienen heute nur noch formaldehydfreie Kleber, z.B. →Polyurethan-Klebstoffe oder Kardolharze (aus der Cashewnuss gewonnenes Naturharz). Das Kork-Schrot/Bindemittel-Gemisch wird unter Hitzeeinwirkung zu Blöcken gepresst. Nach einer Lagerzeit werden die Blöcke aufgeschnitten, nochmals mehrere Tage gelagert. Daraus werden die endgültigen Kork-Platten geschnitten und geschliffen. Auch Altmaterial kann für die Herstellung von P. eingesetzt werden. →Kork, →Kork-Bodenbeläge

PRF →Phenol-Resorcin-Formaldehyd-Harze

Primäraluminium →Hüttenaluminium

Primärenergieinhalt Als P. (abgekürzt PEI, auch Primärenergieverbrauch bzw. -bedarf) wird der zur Herstellung eines Produktes oder einer Dienstleistung erforderliche Gesamtverbrauch an energetischen Ressourcen bezeichnet. Der P. beinhaltet also z.B. auch die Energieaufwendungen für die Rohstoffgewinnung oder Energieverluste durch Abwärme. Er wird aufgeschlüsselt nach →Nicht erneuerbaren Energieträgern (Erdöl, Erdgas, Braun- und Steinkohle, Atomkraft) und Energieträgern aus →Erneuerbaren Ressourcen (→Biomasse, Wasserkraft, Sonnenenergie und Windenergie). Der P. wird meist aus dem oberen Heizwert aller eingesetzten energetischen Ressourcen berechnet. Ein Vergleich von PEI-Angaben ist wegen unterschiedlicher Berechnungsgrundlagen oft nicht möglich. Zum Teil wird nur der Energiebedarf zur Herstellung des eigentlichen Produktes zugrunde gelegt. Die in der Literatur und von Herstellern angegebenen Daten sind zudem nicht immer verlässlich. Wichtig ist in jedem Fall, bei der Beurteilung von PEI-Daten auch die Menge des eingesetzten Materials, seine Dauerhaftigkeit, Nutzungssicherheit, Wirtschaftlichkeit und das Energieeinsparungspotenzial (z.B. Dämmstoffe) zu berücksichtigen. →Ökobilanz

Primärkupfer Wichtige Kupfererze sind Kupferkies ($CuFeS_2$), Kupferglanz (Cu_2S) und Rotkupfererz (Cu_2O); bedeutende Lagerstätten liegen in Süd- und Nord-Amerika, Asien und Australien. Der Abbau erfolgt vorwiegend im Tagebau in bis zu 800 m tiefen, amphitheaterförmigen Minen. Der Kupfergehalt der Erze liegt unter 1 %. Die Erze werden mittels Flotation (Schwimmverfahren) auf 20 – 30 % Cu aufbereitet. Durch Rösten im Flammofen wird das Kupfer weiter zu Kupferstein (30 – 50 % Cu) angereichert. Durch Einblasen von Luft im Konverter wird zu Rohkupfer mit 97 bis 99 % Cu reduziert. Bei Raffination in Flammöfen und weiterer Reduktion entsteht Hüttenkupfer mit 99,5 bis 99,9 % Cu-Gehalt. Mittels elektrolytischer Raffination kann Elektrolytkupfer mit mindestens 99,9 % Cu hergestellt werden (für elektrotechnische Anwendungen). Im Bauwesen wird ausschließlich sauerstofffreies, phosphatarmes Kupfer mit besserer Schweiß- und Hartlötbarkeit eingesetzt.

Rohstoffverfügbarkeit von Kupfererz bei gleich bleibendem Verbrauch ca. 35 Jahre. Hoher Flächen- und Materialverbrauch: für 1 t Kupfer bis zu 140 t Erz, hoher Transportaufwand, hoher Energiebedarf für das Aufkonzentrieren. Emission schwermetallhaltiger Stäube, organische Verbindungen und großer Mengen Schwefeldioxid (→Versäuerung). Bei den Prozessen Schmelzen und Konvertieren fallen beträchtliche Mengen an Schlacke an (im Straßenbau zur Herstellung witterungsbeständiger Pflastersteine eingesetzt oder auf Deponien entsorgt). Abwasseranfall (Metallverbindungen) bei Flotationsprozessen, Kupfersalze werden als wassergefährdend bis stark wassergefährdend eingestuft (WGK 2 und 3). →MAK-Wert für Kupfer und seine anorganischen Verbindungen (als einatembare Fraktion): 0,1 mg/m³.

Primärquellen P. sind Bauteile/Gegenstände, die gezielt mit einem schadstoffhaltigen Mittel (z.B. →Holzschutzmittel, →Polychlorierte Biphenyle) behandelt wurden und aus denen der Schadstoff in die Raumluft freigesetzt wird. Dagegen sind Sekundärquellen Bauteile/Gegenstände, die den Schadstoff meist über längere Zeit aus der belasteten Raumluft oder durch direkten Kontakt aufgenommen haben und ihrerseits nach und nach wieder in die Raumluft freizusetzen vermögen.

Primärrohstoffe P. sind neue, meist aus der Natur gewonnene Stoffe, die einem Produktionsprozes zugeführt werden (z.B. Kalk). →Sekundärrohstoffe, →Mineralische Rohstoffe, →Erneuerbare Ressourcen, →Fossile Rohstoffe

Primer P. sind Voranstriche bzw. Grundanstriche, die ein hohes Penetrier- bzw. Haftvermögen auf den zu bearbeitenden Untergründen haben. Sie werden z.B. eingesetzt als Haftvermittler auf Fugenflanken. P. sind vielfach 2-komponentige Reaktionsharze (z.B. →Epoxidharze) in Lösemittel.

Produktlinienanalyse Die P. (PLA) ist ein Verfahren, das Produkte im Hinblick auf ihre →Nachhaltigkeit analysiert und kritisch reflektiert. Bei der P. werden wie bei der →Ökobilanz sämtliche Auswirkungen von der Rohstoffbeschaffung über Herstellung, Verarbeitung, Transport, Verwendung bis zur Nachnutzung (Recycling) inkl. Entsorgung (Abfall) erfasst (→Lebenszyklus). Im Unterschied zur Ökobilanz umfasst die P. aber auch ökonomische und soziale Aspekte als weitere Kriterien. Im Mittelpunkt der P. stehen der Nutzenaspekt eines Produkts und die Auswahl von Alternativen. Die Kriterien werden in Form einer Betrachtungsmatrix zusammengefasst (s. Abb. 3). Bei der Erstellung der Kriterien ist darauf zuachten, dass die große Vielfalt der zu erhebenden Information, gekoppelt mit der Komplexität ihrer Bewertungen, nicht zur Undurchführbarkeit führt. Die P. gilt als die umfangreichste und alle Einflüsse betrachtende Methodik. Die in der Regel sehr erstaunlichen Ergebnisse von P. können sowohl von Verbrauchern als auch von Unternehmen als Sach- und Wertorientierung für ihre Konsum- und Produktionsentscheidungen genutzt werden. Während die Notwendigkeit zur Erstellung von P. allgemein anerkannt wird, ist die Diskussion über akzeptable Durchführungsmethoden und Deutungskriterien noch in den Anfängen. Gesetzliche Vorschriften, die eine verbindliche Verpflichtung zur Durchführung einer produktorientierten ökologischen Bilanzierung von auf dem Markt befindlichen Produkten oder von Neuentwicklungen beinhalten, existieren daher zurzeit noch nicht.

Profilschaumtapeten P. sind →Strukturtapeten mit geschäumtem Relief aus Kunststoff. Sie sind sehr leicht und wirken dennoch wie schwerer Rustikalputz. Der Marktanteil dieser P. beträgt inzwischen schon ein Drittel des gesamten Tapetenangebotes. Bei 95 Prozent der P. besteht der Kunststoffbelag aus →PVC. In Einzelfällen wird etwas umweltfreundlicheres Acryl (→Acrylharze) eingesetzt (→Acrylschaumtapeten). Zur Erzeugung der Schaumstruktur wird der PVC-Beschichtungsmasse ein Treibmittel zugesetzt, welches unter Hitzeeinwirkung gasförmig wird und so die Kunststoffschicht aufschäumt. Dabei bil-

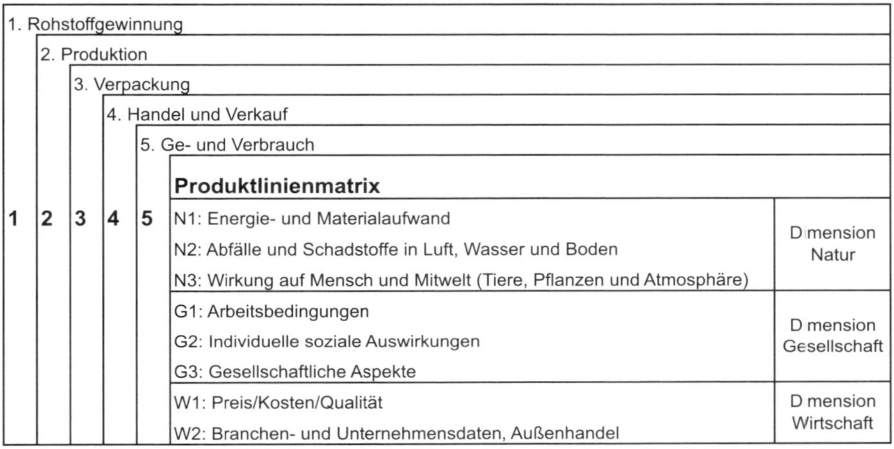

1. Rohstoffgewinnung
2. Produktion
3. Verpackung
4. Handel und Verkauf
5. Ge- und Verbrauch

1	2	3	4	5	**Produktlinienmatrix**	
					N1: Energie- und Materialaufwand N2: Abfälle und Schadstoffe in Luft, Wasser und Boden N3: Wirkung auf Mensch und Mitwelt (Tiere, Pflanzen und Atmosphäre)	Dimension Natur
					G1: Arbeitsbedingungen G2: Individuelle soziale Auswirkungen G3: Gesellschaftliche Aspekte	Dimension Gesellschaft
					W1: Preis/Kosten/Qualität W2: Branchen- und Unternehmensdaten, Außenhandel	Dimension Wirtschaft

Abb. 3: Vereinfachte Darstellung einer Bewertungsmatrix für eine Produktlinienanalyse (Weinheber, P., Lehrstuhl für Didaktik der Wirtschaftswissenschaften, Fakultät der Wirtschaftswissenschaften, Univ. Bielefeld)

den sich die reliefartigen Strukturen. Ist die PVC-Beschichtung lückenlos, kann die Dampfdiffusionsfähigkeit stark eingeschränkt sein. Messungen am Fraunhofer Institut für Holzforschung in Braunschweig ergaben s_d-Werte von 0,021 bis 1,840 m. Höher liegen nur noch die Werte für →Metalltapeten.

P. sind schwer entflammbar, hochwasch-, zum Teil scheuerbeständig und lichtbeständig. Allerdings kann die Schaumschicht durch Scherkräfte beschädigt werden und spitze Gegenstände können die weiche Schaumschicht zerstören oder Kratzspuren hinterlassen.

P. können die Wasserdampfdiffusion in der Wand verhindern und damit zu Schimmelpilzbildung führen. PVC wird aus Chlor und weiteren problematischen Vorläufersubstanzen wie →Vinylchlorid hergestellt. Die geschäumte Oberfläche der P. ist sehr groß und kann enthaltene Schadstoffe in großer Menge abgeben. Aus PVC können über einen längeren Zeitraum →Weichmacher freigesetzt werden. Gefärbte P. können erhöhte Konzentrationen flüchtiger organischer Substanzen (→VOC) wie →Alkohole, →Ketone, →Ester und aliphatische →Kohlenwasserstoffe aufweisen. Wegen der problematischen Produktlebenslinie von P. und dem negativen Einfluss auf das Raumklima sollte auf umweltfreundlichere Alternativen, wie →Prägetapeten auf Papierbasis, zurückgegriffen werden.

Promabest® P. war der Handelsname für →Asbesthaltige Leichtbauplatten der Fa. Promat, die in den alten Bundesländern für vielfältige Zwecke verwendet wurden. P.-Platten enthalten in der Regel →Chrysotil und →Amosit. Der Asbestgehalt beträgt mehr als 40 % →Asbest. P.-Platten fallen als →Schwachgebundene Asbestprodukte in den Geltungsbereich der →Asbest-Richtlinie. Die Platten werden in Kategorie I „Art der Asbestverwendung“ des Formblattes der Asbest-Richtlinie je nach Größe und Verbauart mit 5, 10 oder 15 Punkten bewertet (maximal mögliche Punktzahl: 20).

Promatect® P. ist der Handelsname für asbestfreie Brandschutzplatten der Fa. Promat.

Propanal P. (Propionaldehyd, Acrolein) ist ein ungesättigter Aldehyd. Er tritt u.a. bei der thermischen Zersetzung von Fetten auf (Küchendunst). In höheren Konzentrationen reizt P. die Augen und die Atmungsorgane.

Propenal →Acrolein

Propiconazol P. gehört zur Gruppe der Triazole, fungizide Wirkstoffe, die im Pflanzenschutz und als bläuewidrige Wirkstoffe in Holzschutzmitteln eingesetzt werden. P. ist als umweltgefährlich eingestuft.

Propionaldehyd →Propanal

Propoxur →Biozid aus der Gruppe der →Carbamate. →Hausstaub

Prüfkammer Die Emissions-P. dient der Messung insbes. von →VOC-Emissionen aus Bau- und anderen Produkten. Eine P. ist ein abgeschlossener, klimatisierter Versuchsraum mit einem Volumen von einigen Litern bis zu mehreren Kubikmetern, in dem sich die Einflussgrößen Temperatur, relative Feuchte, Luftwechsel und Luftgeschwindigkeit produkt- und anwendungsbezogen regeln lassen. Dadurch ist eine praxisnahe Simulation der Umgebungseinflüsse auf das Emissionsverhalten z.B. eines Bauproduktes möglich. Die vom Prüfstück freigesetzten Stoffe werden meist mittels hochauflösender chromatographischer Verfahren analysiert. Die Teile 1 und 2 der Norm DIN EN 13419 beschreiben die Arbeitsweise bei Verwendung einer P. bzw. einer →Prüfzelle. In Teil 3 werden die Probenahme, Lagerung der Proben und die Vorbereitung der Prüfstücke beschrieben.
Wichtige Kenngrößen sind:

- Konzentration eines Stoffes (VOC_x) in der P.: C [$\mu g/m^3$]
- Produktbeladungsfaktor: L [m^2/h]
- Luftaustauschrate (Luftwechsel pro Stunde): n [h^{-1}]
- Luftdurchflussrate (hier: flächenspezifisch): q = n/L [m^3/m^2h]
- Emissionsrate (hier: flächenspezifisch): SER_a: [$\mu g/m^2h$]

Es gilt: $C_x = SER_a \times A / n \times V = SER_a/q$
bzw. $SER_a = C_x \times q$
(A = Produktfläche)

Prüfzelle Die Emissions-P. ist eine tragbare Vorrichtung zur Messung von →VOC, die von Bau- und anderen Produkten emittiert werden. Die P. wird auf der Oberfläche des Prüfstücks angebracht, sodass dieses zu einem Teil der P. wird. Für inhomogene Produkte (z.B. aus Holz) sind P. wenig geeignet. →Prüfkammer

PSA →Persönliche Schutzausrüstung

Pulverklebstoffe P. werden schon seit langem zum Verkleben von →Fliesen verwendet (→Fliesenklebstoffe). Neuere Entwicklungen haben P. auch für die Verklebung von →Linoleum oder spannungsarmen →Parkettböden wie →Mosaikparkette, →Industrieparkette, →Mehrschichtparkette, selten →Stabparkette hervorgebracht. Gerade beim Verkleben von Parketten sind P. eine umwelt- und gesundheitsverträgliche Alternative, da die Quellwirkung auf das Holz im Vergleich zu →Dispersionsklebstoffen deutlich reduziert ist. Hauptbestandteile von P. sind ein Polymer, Zement und mineralische Füllstoffe. Beispielrezeptur: P. auf Basis von Spezialzementen (→Zement), Calciumsulfat, Kreide sowie Dispersionspulver auf Basis von →Polyvinylacetat. P. werden vor der Verarbeitung mit Wasser angemischt (ca. 2 l Wasser auf 4 kg Pulver). Sie sind sehr ergiebig, schnell härtend und garantieren sehr schnelle Fertigstellungszeiten (Verbrauch ca. 500 g Pulver/m^2). Durch den Vertrieb in Pulverform wird der unnötige Transport von Wasser vermieden, es müssen keine Konservierungsstoffe zugesetzt werden und der Klebstoff ist lange haltbar.

Das Produkt enthält →Zement: Beim Umgang mit P. müssen aufgrund der Alkalität und der mechanischen Reibwirkung Schutzmaßnahmen getroffen werden (feuchtigkeitsdichte Handschuhe, Hautschutzmaßnahmen). Da die Reduktionsmittel zur Herabsetzung des Chromatgehalts im Zement begrenzte Wirkungsdauer haben, ist das Verfalldatum unbedingt zu beachten. Sind P. als chromatarm nach TRGS 613, in GISCODE ZP1 und als sehr emissionsarm gem. EMICODE EC 1 eingestuft, sind sie eine technisch und ökologisch hervorragende Alternative für die Parkettverklebung.

P

Pulverlacke P. sind lösemittelfreie Lacksysteme. Unterschieden werden:
- Epoxid-P. (z.B. für Labormöbel)
- Epoxid-/Polyester-P. (z.B. für Bauelemente innen, Leuchten, Kühlschränke, Radiatoren, Ladenbau)
- Polyester-P. (TGIC-frei) (z.B. für Aluminiumprofile, -fenster und Fassaden, Bauelemente für außen, hochwertige Gartenmöbel, Drahtzäune)
- PUR-P. (z.B. für Aluminiumprofile, Bauelemente für außen, Badeinrichtungen, Duschkabinen)

In der Möbelindustrie ist das Volumen für P. zurzeit noch sehr gering. Bis vor kurzem war die Verwendung von P. auf Metallsubstrate (z.B. bei Büromöbeln) beschränkt. Durch die Einführung von Infrarotlampen, die das Substrat weniger erhitzen, können P. inzwischen auch bei mitteldichten Faserplatten (MDF) und Kunststoffsubstraten eingesetzt werden. Durch die ideale Kombination von Vorteilen bei Verarbeitung und Produkteigenschaften haben P. bei Möbeln ein großes Potenzial.

PU-... →Polyurethan-...

PUR-... →Polyurethan-...

Putzarmierung Die P. dient der Rissbegrenzung auf ein unschädliches Maß. Es werden Gewebe aus korrosionsgeschütztem Draht oder aus mit Kunstharzen überzogenen Glasfasern verwendet. Kunststoffgewebe werden wegen der besseren technischen Eigenschaften der Glasgewebe kaum mehr eingesetzt. In der baubiologischen Bauweise wird auch Jutegewebe als Armierungsgewebe eingesetzt.

Putze Putze sind Beschichtungen an Wänden und Decken, die aus →Putzmörteln oder →Trockenputzen in einer oder mehreren Lagen hergestellt werden. Sie dienen der Oberflächengestaltung und erfüllen je nach Einsatzgebiet bestimmte bauphysikalische Eigenschaften (Brandschutz, Schallschutz, Luftdichtigkeit etc.). →Anhydritputze, →Gipsfaserplatten, →Gipskartonplatten, →Gipsputze, →Gipskalkputze, →Kalkputze, →Kalkgipsputze, →Kalkzementputze, →Kunstharzputze, →Lehmputze, →Lehmverbundputze, →Silikatputze, →Silikonharzputze, →Zementputze

Putzgipse P. sind ein Gemisch aus Calciumsulfat-Halbhydrat und Calciumsulfat (Mehrphasengips). Die Herstellung erfolgt durch Dehydratation (Brennen) von →Gipsstein im Nieder- und Hochtemperaturbereich (ab 200 °C; keine Zusätze). Sie finden Verwendung für Innenputze wie →Gipsputze, →Gipskalkputze, →Kalkgipsputze, auch als Gipssandputze und für Rabitzarbeiten (Drahtputz). Die Versteifung beginnt schneller als bei →Stuckgips. Durch die Anhydritanteile erfolgt ein langsameres Abbinden, d.h. P. sind länger bearbeitbar. P. sind nicht für Feuchträume geeignet. →Baugipse

Putzmörtel P. dienen zur Herstellung von →Putzen. Sie bestehen aus einem oder mehreren Bindemitteln, Zuschlagstoffen, Wasser und ggf. Zusatzstoffen, systematisiert werden sie nach der Art des Bindemittels. Es werden P. mit mineralischen Bindemitteln (→Anhydritmörtel, →Gipsputze, →Gipskalkmörtel, →Kalkmörtel, →Kalkgipsputze, →Kalkzementmörtel, →Lehmputze, →Lehmverbundputze, →Silikatputze, →Zementmörtel) und synthetischen Bindemitteln (→Kunstharzputze, →Silikonharzputze) unterschieden.

Natürliche Sande sind die häufigsten Zuschlagstoffe für P. Kreide, Schiefermehl und Feinstsande als Zuschlagstoffe werden als Füllstoffe bezeichnet. Leichtzuschläge wie Bims, Schaumlava, →Hüttenbims, →Blähton und →Blähschiefer können die Wärmedämmfähigkeit von Putzen erhöhen. →Blähperlite, →Blähglimmer und expandiertes Polystyrol (→EPS) sind leichte Zuschläge für →Wärmedämmputze.

Als Zusatzmittel gelangen zum Einsatz:
- Luftporenbildner (Naturharzseifen, Alkylarylsulfonate oder Polyglykolether, nur in Sonderfällen eingesetzt wie z.B. bei Sanierputz)
- Erstarrungsverzögerer (Phosphate, Carbonsäuren bzw. deren Salze, Sulfonate, Glukonate, Silikate, Borate und Kalilauge; bei zementgebundenen Putzen)

- Erstarrungsbeschleuniger (bei zementgebundenen Putzen; Carbonate, Aluminate, Silikate oder organische Stoffe auf Harnstoffbasis)
- Dichtungsmittel (hydrophobierend: Dichtungsmittel auf Oleat- und Stearatbasis, porenverstopfend: Dichtungsmittel mit Eiweißstoffen, porenvermindernd: silikatische Stoffe)
- Verflüssiger (Ligninsulfonate oder Polymere).
- Haftungsmittel (häufig Kunstharzdispersionen)
- Stabilisatoren (bei Werkmörteln)

Putzprofile An Gebäudeecken und Kanten werden im modernen Hochbau Putzprofile aus verzinktem Stahl ohne oder mit zusätzlichem Kunststoffkantenschutz (im Außenbereich) verwendet. Für Anschlüsse an andere Bauteile (z.B. Fenster) werden Metall oder PVC-Profile eingesetzt. In der Lehmbautechnik hat sich noch die Verarbeitungsweise ohne Profile bewahrt.

Putzträger Die ältesten bekannten P. aus Schilfstukkatur (mit Drahtgewebe verbundenes Schilfrohr) sind heute weitestgehend durch schneller aufzubringende Produkte wie z.B. →Streckmetall, →Drahtziegelgewebe oder Armierungen abgelöst worden. Schilfstukkatur findet noch als P. für →Lehmputze Einsatz. Im Holzleichtbau werden häufig →Holzwolle-Dämmplatten als Putzträger verwendet.

Puzzolane P. sind natürliche oder künstliche Stoffe, deren kieselsäure- und tonerdehaltige Bestandteile in Anwesenheit von Wasser mit Calciumhydroxid reagieren und zementsteinähnliche, wasserunlösliche Verbindungen bilden. Natürliche P.: →Trass, Diatomeenerde, bestimmte Tone und Schiefermehle, getempertes Phonolith-Gesteinsmehl, gebrannt oder ungebrannt. Künstliche P.: Steinkohlen-→Flugasche, Silikastaub.

PVAC →Polyvinylacetat

PVC →Polyvinylchlorid

PVC-Bodenbeläge P. sind elastische Bodenbeläge auf Basis von →Polyvinylchlorid (PVC) für den Wohn- und Objektbereich. P. lassen sich in geschäumte und kalandrierte („kompakte“) Beläge unterscheiden. Die kalandrierten Beläge werden wiederum in homogene und heterogene P. unterteilt. Für hohe Beanspruchungen werden hauptsächlich homogene Beläge (durchgehend gleiche Materialzusammensetzung) eingesetzt. Heterogene Beläge bestehen aus einer Nutzschicht von mindestens 0,3 mm Dicke, die vollflächig auf eine gefüllte Unterschicht anderer Zusammensetzung aufgebracht ist. Geschäumte P. (→Cushion-Vinyl-Bodenbeläge) enthalten ein eingebettetes Glasfaservlies, auf das eine PVC-Schaumschicht aufgebracht ist. P. gibt es mit und ohne Trägerschicht. Als Trägerschicht wird hauptsächlich PVC-Schaum, Glas- und Polyestervlies, →Kork oder Jutefilz eingesetzt. Zu 90 % werden P. werkseitig durch eine Schicht aus →Polyurethan oder →UV-härtende, lösemittelfreie →Acryllacke versiegelt.

P. müssen vollflächig verklebt werden. Als Klebstoffe kommen →Dispersionsklebstoffe (in der Regel auf Basis von →Polyvinylacetat), →Lösemittel-Klebstoff oder →Kautschuk-Klebstoffe zum Einsatz. Feuchtigkeit von oben schadet dem Bodenbelag nicht, er kann daher auch in Feuchträumen eingesetzt werden. Feuchtigkeit von unten ist zu vermeiden, da P. wie eine Dampfsperre wirken. Probleme können insbesondere bei Holzuntergründen auftreten. PVC-Beläge sind pflegeleicht und gegenüber Alkalien beständig. Gegenüber lösemittelhaltigen Reinigungs- und Pflegemitteln sind sie jedoch empfindlich. Die Reinigung erfolgt durch Feuchtwischen. Meist werden zur Pflege Oberflächenbeschichtungen aufgebracht, die in regelmäßigen Zeitabständen mit aggressiven Grundreinigern abgenommen und neu aufgetragen werden müssen.

P. bestehen nur ungefähr zur Hälfte aus PVC. Die andere Hälfte sind Zusatzstoffe wie →Stabilisatoren, →Flammschutzmittel, Antistatika, Füllstoffe, Pigmente und →Weichmacher zur Erreichung der gewünschten Eigenschaften wie Elastizität und Beständigkeit gegen Licht und Temperatureinflüsse. Als Zusatzstoffe werden die

P

in Tabelle 111 dargestellten Substanzklassen eingesetzt. Es sind bis zu 50 % Weichmacher (vor allem →Phthalate) notwendig, um aus dem ursprünglich spröden PVC ein biegeweiches Material zu machen, das für die Herstellung des Bodenbelags benötigt wird. Der wichtigste Weichmacher ist Di-(2-ethylhexyl)-phthalat (→DEHP = DOP). Wegen der gesundheitlichen und ökologischen Risiken von DEHP wird vermehrt →Diisononylphthalat (DINP) eingesetzt. Eine geringere Bedeutung haben Ester der Adipinsäure, Ester der Zitronensäure und Alkylsulfonsäureester. Die in P. eingesetzten Weichmacher sind nur locker ohne chemische Bindung an die PVC-Matrix gebunden. Die Freisetzung der schwerflüchtigen Weichmachermoleküle findet durch Migration der Moleküle an die Belagsoberfläche und anschließende Emission statt. Die Weichmacher lagern sich nach dem Austritt aus dem Material an größere Teilchen, z.B. an den →Hausstaub, an. Pro Jahr emittiert etwa 1 % der Gesamtmenge an Weichmachern aus P. Im Jahr 1991 wurden in Innenräumen bei der Untersuchung von 40 Raumluftproben aus Berliner Haushalten in der Raumluft Phthalate gemessen. Dabei lag die Konzentration des hauptsächlich eingesetzten Weichmachers Di-(2-ethylhexyl)-phthalat (DEHP) im Mittel bei 480 ng/m^3 und bei Dibutylphthalat (DBP) bei 3.000 ng/m^3. Als Höchstwerte wurden 2.200 ng/m^3 DEHP und 33.000 ng/m^3 DBP gemessen. Der Einsatz von Phthalaten als Primärweichmacher und mittelkettigen Chlorparaffinen (C14 – C17) als Sekundärweichmacher wird als sehr kritisch beurteilt. DEHP und DBP sind als reproduktionstoxisch der Kategorie 2 und als giftig (T) gem. Richtlinie 67/548/EWG eingestuft. Eine mögliche Einstufung von Butylbenzylphthalat (BBP) als reproduktionstoxisch wird zurzeit geprüft. Durch die Migration in das Wischwasser erfolgt ein zusätzlicher Eintrag von Weichmachern in die Umwelt.

→Stabilisatoren werden dem PVC zugesetzt, um es gegen Zersetzung durch Temperatureinfluss, Sauerstoff und Licht zu schützen. Zum Einsatz kommen hauptsächlich Stabilisatoren aus Barium-Zink, vereinzelt Calcium-Zink oder →Zinnorganische Verbindungen. Cadmium- und bleihaltige Stabilisatoren finden in der EU kaum noch Verwendung. Die schwermetallhaltigen Verbindungen können über den Abrieb des P. in die Raumluft gelangen.

VOC-Emissionen können aus den Klebstoffen, der Oberflächenbeschichtung und dem Belag selber emittiert werden. Laut Baglioni & Piardi (1990, Costruzione e salute, Franco Angeli, Milano) variieren die maximalen VOC-Emissionen je nach Bodenbelag zwischen 40 und mehreren hundert µg/m^{2}h. Die am häufigsten auftretenden VOC-Emissionen aus P. sind: Phenol, 2-Ethyhexanol, 1-Butanol, Toluol, 1,2,4-Trimethylbenzol, Ethylbenzol, o-, m-, p-Xylol, Decan, Formaldehyd, Diethylenglycolmonobutylester, DEHP und TXIB (2,2,4-Trimethyl-1,3-Pentanediol-Diisobutyrat) und Ammoniak.

Bei der Verbrennung von PVC werden vor allem Kohlenmonoxid und das ätzende und korrosive Gas Chlorwasserstoff frei. Die damit verbundene extrem starke Rauchentwicklung erschwert die Rettungsmaßnahmen der Feuerwehr ebenso wie die Flucht der Menschen. Langwierige Sanierungsmaßnahmen und hohe Kosten sind die Folgen.

P. werden gesammelt und das daraus gewonnene Feinmahlgut bei der Produktion neuer Produkte zugesetzt. Die Rücklaufquoten sind aber nach wie vor niedrig. Grundsätzlich können aus gesammelten PVC-Abfällen nur mehr minderwertigere Produkte hergestellt werden.

PVC ist nach wie vor stark umstritten. Die Herstellung mittels Chlorchemie, das Monomer Vinylchlorid als krebserzeugende Substanz, die Migration der Weichmacher, die Freisetzung von giftigen Substanzen im Brandfall (polychlorierte →Dioxine) sowie die Probleme der Entsorgung sind dabei Hauptdiskussionspunkte. In vielen Kommunen gibt es bereits seit längerem einen Beschluss, keine P. mehr zu verlegen. Als Alternativen stehen je nach Einsatzzweck alle möglichen Arten von →Elastischen Bodenbelägen, →Holzböden, →Fliesen

Tabelle 111: Additive und ihre Funktion in PVC-Bodenbelägen (Quelle: Gesundheits- und Umweltkriterien bei der Umsetzung der EG-Bauprodukten-Richtlinie, UBA-Texte 06/05)

Additiv	**Funktion**	**Verwendete Substanzklassen**
Weichmacher	Sicherung der Elastizität	Phthalsäureester: Di-(2-ethylhexyl)-phthalat (DEHP) Diisononylphthalat (DINP) Dibutylphthalat (DBP) Butylbenzylphthalat (BBP) Diisodecylphthalat (DIDP) Di(n)octylphthalat (DNOP) Diisopentylphthalat (DIPP) Weitere Weichmacher: Adipinsäureester z.B. Bis(2-ethylhexyl)adipat Zitronensäureester z.B. Acetyltributylcitrat Cyclohexandicarbonsäureester Alkylsulfonsäureester Dipropylenglykoldibenzoat (DGD) Trimethylpentandioldiisobutyrat (TXIB) Sebacetate Acellate Chlorparaffine
Stabilisatoren	Stabilisierung gegen Licht- und Temperatureinflüsse	Cadmium-Stabilisatoren Blei-Stabilisatoren Organozinn-Stabilisatoren Calcium-Zink-Stabilisatoren
Pigmente	Einfärben von Kunststoffen	Anorganische Pigmente (z.B. Titandioxid, Eisen-, Chromoxid, Eisenblau-, Ultramarin- und Rußpigmente), Bleichromat Organische Pigmente (z.B. Azopigmente), Polycyclische Pigmente wie Anthrachinon, Metallkomplexpigmente wie Kupferphthalocyanin
Füllstoffe	Verbesserung der Verarbeitbarkeit und des Gebrauchsverhaltens (Einsatz bis zu 50 % des PVC-Materials)	Calciumcarbonat (Kreide) Hydratisiertes Magnesiumsilikat (Talkum) Schwerspat
Flammschutzmittel	Erhöhung der Flammfestigkeit	Aluminiumtrihydrat (ATH) Phosphorsäureester Antimontrioxid (ATO) Chlorparaffine
Gleitmittel	Verbesserung des Fließverhaltens bei der thermoplastischen Verarbeitung (Einsatz bis zu 3 % des PVC-Materials)	z.B. Wachse
Antistatika	Verringerung der elektrischen Aufladung	z.B. Perchlorate
Netzmittel	Herabsetzung der Oberflächenspannung	z.B. Ester langkettiger Alkohole
Armierung	Verstärkung bei geschäumten PVC-Bodenbelägen	z.B. Glasfasern

oder →Textilen Bodenbelägen zur Verfügung. →Floor-Flex-Platten

PVC-Dichtungsbahnen P. sind seit etwa 1950 bekannt. Als Werkstoff wird hauptsächlich weiches →Polyvinylchlorid (PVC-P) eingesetzt. Die heutigen Bahnen sind i.d.R. mit Vlies- oder Gewebe armiert. Der Weichmachergehalt in P. beträgt etwa 600 g/m². Bereits bei kleinem Transfer ins Dachwasser gelangen hohe Weichmacher-Gehalte in den Abfluss. Nach Schätzungen der Branche (European Council of Plasticisers and Intermediates) betragen die →Phthalat-Emissionen etwa 0,8 % des jährlichen Verbrauchs, etwa ³/₄ davon bei der Nutzungsphase im Außenbereich. (Arx, U. von, 1999, Bauprodukte und Inhaltsstoffe, BUWAL). Phthalate sind inzwischen ubiquitär, also auch im menschlichen Organismus zu finden. Im Mittelpunkt der Diskussion stehen die endokrinen (hormonähnlichen) und reproduktions- bzw. entwicklungstoxischen Wirkungen der Phthalate. Die Weichmacheremissionen verursachen außerdem technische Probleme bei direktem Kontakt mit Bitumen oder Wärmedämmung. Der Marktanteil von PVC-Bahnen ist innerhalb der Kunststoffgruppe mit ca. 55 % noch am größten. Mittelfristig werden sich jedoch chlor- und weichmacherfreie →Kunststoff-Dichtungsbahnen wie z.B. →ECB-Dichtungsbahnen, →EPDM-Dichtungsbahnen oder →TPO-Dichtungsbahnen durchsetzen.

PVC-Fenster Kunststofffenster machen mit 9 M.-% nach den PVC-Rohren (12 M.-%) und →Kabelisolierungen (11 M.-%) das drittgrößte Einzelsegment des PVC-Gesamtmarktes aus. Fast 50 % der in Deutschland verarbeiteten Fensterrahmen bestehen aus PVC. PVC-Fensterrahmen sind preisgünstig, relativ widerstandsfähig gegen Verkratzen, so gut wie wartungsfrei und unempfindlich gegen Verunreinigungen am Bau durch Kalk, Gips oder Zement, allerdings kann UV-Bestrahlung zu Verfärbungen führen.

P. bestehen aus PVC-Hohlkammerprofilen mit drei oder vier Kammern, welche teilweise ausgeschäumt werden. Die durchschnittliche Zusammensetzung eines PVC-Fensters zeigt Tabelle 112.

Tabelle 112: Durchschnittliche Zusammensetzung eines PVC-Fensters

	(1)	(2)
PVC	59,3 %	78,1 %
Stabilisatoren		
– Bleistabilisatoren	1,8 %	
– Ca/Zn-Stabilisatoren	5,5 %	
Weichmacher		
Füllstoffe (Kalksteinmehl)	3,65 %	5,1 %
Pigment (Titandioxid)	2,54 %	3,4 %
Stahl	19,76 %	
Aluminium	3,49 %	
Gummi	4,38 %	6,8 %
Nitrile oder PVC	4,01 %	
Sonstige (Wachse, Fettsäureester)	1,12 %	1,1 %

Nach:

(1) ENTEC UK Limited, Ecobalance UK, 2000, Life cycle assessment of Polyvinylchloride and Alternatives: Summary report for consultation. Department of Environment, Transport and the Regions. London

(2) Kreißig, J., Baitz, M., Betz, M. & W. Straub, 1998, Ganzheitliche Bilanzierung von Fenstern und Fassaden. Quelle: Life Cycle Assessment of PVC and of principal competing materials. PE Europe et al. Commissioned by the European Commission, April 2004

Weichmacher, die in Weich-PVC-Produkten wie →PVC-Bodenbelägen und →Kabelisolierungen in hohen Mengen eingesetzt werden, sind zur Herstellung von P. nicht notwendig. Die toxikologisch sehr problematischen Stabilisatoren aus Cadmium, die 1990 noch in großen Mengen eingesetzt wurden, wurden durch Blei- oder Ca/Zn-Stabilisatoren ersetzt. Bleistabilisatoren besitzen ebenfalls ein hohes Toxizitätspotenzial. Im Rahmen der freiwilligen Selbstverpflichtung Vinyl 2010 wurden für den Ersatz von Bleistabilisatoren folgende Reduktionsziele angegeben: 15 % bis 2005, 50 % bis 2010 und 100 % bis

2015. Die beiden größten PVC-Fensterhersteller in Österreich haben bereits jetzt von Bleistabilisatoren auf Ca/Zn-Stabilisatoren umgestellt.

Aufgrund der problematischen Eigenschaften von →Polyvinylchlorid (Herstellung mittels Chlorchemie über das krebserzeugende Monomer Vinylchlorid, Zusatz bedenklicher Additive, Transporte gefährlicher Stoffe, problematisches Brandverhalten, problematische Entsorgung) entlang seiner Produktlebenslinie haben viele Kommunen einen Verzicht auf den Einsatz von P. vollzogen (z.B. Wien für alle geförderten großvolumigen Wohnbauten). Mit dem Scheitern der alternativen Kunststofffenster auf ABS (Acrylnitril Butadien Styrol)- und Polypropylen-Basis ist die Diskussion um die ökologische Bewertung von P. neu entbrannt. Tatsache ist, dass die PVC-Industrie hohe Summen in Studien und Marketing investiert, um die ökologische Unbedenklichkeit von P. nachzuweisen. Unbestritten sind ökologische Verbesserungen an der modernen P.-Generation im Vergleich zu früheren Fenstern zu verzeichnen. Unbeantwortet bleiben bei all den Studien aber nach wie vor die wichtigen Fragen der Volkswirtschaftlichkeit und der Risikoabschätzung durch die Einbringung von chlororganischen Verbindungen in die Umwelt. Bisher wurde PVC-Abfall deponiert. Mit der Deponieverordnung ist dies nicht mehr möglich. Der größte Teil des eingesetzten PVC ist noch im Bestand gebunden und wird erst in den nächsten Jahren als Abfall anfallen. Es wird erwartet, dass der Anfall in der EU auf 6,2 Mio. t pro Jahr bis 2020 ansteigen wird (1999 waren es 3,6 Mio. t). P.-Recycling ist derzeit noch nicht angeraten, weil erstens die Menge der jetzt anfallenden Altfenster noch gering ist und zweitens problematische Inhaltsstoffe wie Cadmiumstabilisatoren enthalten sind. Ein hochwertiges Alt-PVC-Fenster-Recycling zu neuen P. wird daher derzeit praktisch noch nicht durchgeführt. Inwieweit der Einsatz von Recycling-PVC in P. in Zukunft eine wichtige Rolle spielen wird, ist noch fraglich: Laut AEA Technology (Economic Evaluation of PVC Waste Management, 2000) betragen die Kosten für das Recycling von Hart-PVC (Fensterrahmen, Rohre) 200 – 300 €/t. PVC verursacht höhere Aufwendungen in der Müllverbrennung für die Abgasbehandlung. Die durchschnittlichen Kosten für die Verbrennung von 1 t gemischte Abfälle betragen rund 165 €. Die spezifischen Kosten für die Verbrennung von reinem PVC betragen 165 €, welche sozusagen durch den anderen Abfall mitgetragen werden.
Die wichtigsten Alternativen im Wohnbau sind →Holzfenster und →Holz-Alufenster.

PVC-Tapeten P. bestehen aus geschäumtem und eventuell eingefärbtem →Polyvinylchlorid (PVC), das auf einer Papierbahn aufgebracht wird. P. gehören zu den →Vinyltapeten.

Pyrethrine →Pyrethrum

Pyrethroide P. sind Insektizide, die dem natürlichen Chrysanthemen-Inhaltsstoff →Pyrethrum synthetisch nachgebaut sind, dem natürlichen Vorbild durch zahlreiche Veränderungen der chemischen Struktur inzwischen aber nur noch entfernt verwandt sind. P. sind Nachfolger der toxikologisch und ökologisch besonders bedenklichen Organochlorverbindungen wie →DDT und →Lindan. P. sind seit den 1950er-Jahren auf dem Markt, von denen das Allethrin (Estergemisch aus Allethonol und Chrysantemumsäure) als erstes in größerem Maßstab hergestellt wurde. Heute gehören P. zu den am häufigsten verwendeten Insektiziden. P. weisen gegenüber dem Naturstoff Pyrethrum eine größere Stabilität in der Umwelt und eine vielfach höhere insektizide Wirksamkeit auf. Nach ihrer chemischen Struktur und unter toxikologischen Gesichtspunkten lassen sich die P. einteilen in

- Typ I-P. (ohne CN-Gruppe) wie z.B. Permethrin, Allethrin, Bioresmethrin
- Typ II-P. (mit CN-Gruppe) wie z B. Cypermethrin, Deltamethrin, Fenvalerat, Cyfluthtrin

Je nach Beständigkeit in der Umwelt wird zudem unterschieden zwischen:

- Kurzzeit-P., die eine Wirksamkeit von nur einigen Stunden bis Tagen aufweisen
- Langzeit-P. mit einer Wirksamkeit von mehreren Wochen, z.B. Permethrin, Cypermethrin, Cyfluthrin, Deltamethrin. Grundsätzlich sind Schädlingsbekämpfungsmittel mit Langzeitwirkstoffen gesundheitlich kritischer zu bewerten als solche mit kurzwirkenden Stoffen, weil ihre Rückstände in →Innenräumen gesundheitliche Probleme verursachen können.

Bislang wurden weltweit rund 1.000 verschiedene P. synthetisiert; etwa 20 werden im Innenraum eingesetzt. Dazu zählen die Wirkstoffe Cyfluthrin, Cypermethrin, Deltamethrin, Permethrin, Allethrin und Bioallethrin. Sie können in Form von Sprays, Gel, Insektenstrips, Stäubemittel oder in Elektroverdampfern angewendet werden. Zum Teil werden sie auch in Kombination mit anderen Stoffen wie beispielsweise Organophosphaten (Chlorpyrifos) eingesetzt.

Einsatzbereiche von P. (bzw. Pyrethrum) in Innenräumen bzw. im häuslichen Bereich:

- Holzschutzmittel
- Ausrüstung von Textilien z.B. Wollteppichen gegen Larven von Motten oder Teppichkäfern (Eulanisierung), →Mottenschutzmittel
- Elektroverdampfer (gegen Fliegen und Mücken)
- Insektensprays und -strips (gegen Schaben, Pharao- und Hausameisen)
- Flohmittel (gegen Tierflöhe)
- Mittel gegen Kopfläuse (Goldgeist forte®, Quellada P®)
- Entwesung in Flugzeugen bei Flügen in bestimmte Zielländer (WHO-Empfehlung)

P. verfügen über einen gleichen Wirkmechanismus wie Pyrethrum. Sie wirken als Kontaktgifte und blockieren die spannungsabhängigen Natriumkanäle in den Nervenmembranen, sind also in erster Linie neurotoxisch. In der Folge kommt es bei den Insekten zu einer starken Erregung, Lähmung und schließlich zum Tod. Seitens der chemischen Industrie wurde lange der Eindruck suggeriert, P. seien für Warmblüter bzw. den Menschen völlig harmlos. Bis 1989 ein chinesisches Ärzteteam 573 Fälle akuter P.-Vergiftungen in China feststellte. 229 der Fälle ließen sich auf Expositionen beim Besprühen landwirtschaftlich genutzter Felder mit P. zurückführen, 344 Fälle wurden durch Unfälle, im Wesentlichen durch versehentliche orale Aufnahme, verursacht.

Die Aufnahme der P. erfolgt hauptsächlich über die Haut, z.B. durch Kontakt mit belastetem →Hausstaub oder andere Materialien, die bei der Anwendung kontaminiert wurden. Besonders effektiv gelangen sie auf inhalativem Weg über die Lunge in den Körper. Die Resorption im Magen-Darm-Trakt ist eher schlecht, die Ausscheidung erfolgt zu etwa gleichen Teilen über Urin und Kot. Die Halbwertzeiten liegen für die verschiedenen P. zwischen sieben und 55 Stunden in Blut bzw. Plasma und 17 Stunden bis 30 Tagen im Fettgewebe. Eine Anreicherung im Körper erfolgt nicht. Schon geringe P.-Konzentrationen können beim Menschen zu akuten Gesundheitsstörungen führen.

Tabelle 113: Mögliche Symptome nach Kontakt mit Pyrethroiden (BMBF, Pyrethroidexposition in Innenräumen, 2001)

Private und gewerbliche Anwendung (Dosierung laut Anwendungshinweis): Symptome: Stechen, Jucken oder Brennen der exponierten Haut. Taubheitsgefühle, Überempfindlichkeit des Atemtraktes, allgemeines Unwohlsein mit Schwindel, Kopfschmerz, Ermüdung, Übelkeit
Unfall oder selbstmörderische Absicht (stark erhöhte Dosis): Symptome: Atemlähmung, Herzrhythmusstörungen, Bewusstseinsstörungen bis zur Bewusstlosigkeit, Lungenödem, Muskelkrämpfe

Pyrethrum und P. weisen zudem eine lokale Wirkung als Kontaktallergen auf, die vermutlich durch Verunreinigungen mit Sesquiterpenlactonen verursacht wird. Aus der Arbeitsmedizin wird auch über ein sog. Pyrethrumasthma berichtet.

Insbes. für Neugeborene und Kleinkinder ist ein hohes Gefährdungspotenzial gegenüber P. anzunehmen. Gleichwohl werden

immer noch Elektroverdampfer, die P. (z.B. Transfluthrin) in konstanten und relativ hohen Konzentrationen freisetzen, gerade in Kinderzimmern zum Vernichten von Fliegen und Mücken eingesetzt.
ADI-Werte (WHO):

Pyrethrum	50 µg/kg
Permethrin	50 µg/kg
Deltamethrin	10 µg/kg

Pyrethrum P. ist der natürliche, insektizide Wirkstoff bestimmter Chrysanthemen-Arten z.B. Chrysanthemum cinerariaefolium, Chrysanthemum roseum und Chrysanthemum coccineum. Es ist das älteste bekannte Insektizid und wurde schon von den Römern als „persisches Insektenpulver" gegen Flöhe und Läuse verwendet. Seit Beginn des 19. Jahrhunderts wurden die getrockneten und gemahlenen Blüten im Haushalt gezielt gegen Ungeziefer eingesetzt. P. hat eine geringe Warmblütertoxizität. Der Anbau erfolgt hauptsächlich in Kenia. P. ist ein Substanzgemisch aus sechs insektiziden Einzelstoffen, hauptsächlich Pyrethrin I und II, weiterhin Cinerin I und II sowie Jasmolin I und II. Der Wirkstoffgehalt der Blüten beträgt zwischen 0,2 und 3 %. Durch die Verwendung des Wirkungsverstärkers Piperonylbutoxid (PBO), der den Abbau im Schadorganismus verlangsamt, konnte die Wirksamkeit des P. auf das 30fache erhöht werden. Nach gängiger Auffassung wird P. wird sehr schnell unter Licht- und Sauerstoffeinwirkung zersetzt und damit unwirksam. Untersuchungen des Bremer Umweltinstituts zeigten dagegen, das in Einzelfällen noch ein Jahr nach der Bekämpfungsmaßnahme P.-Konzentrationen im Hausstaub von bis zu 170 mg/kg gefunden wurden. Proben von Oberflächen zeigten P.-Konzentrationen bis über 9.000 µg/m². Langzeitbelastungen sind insbesondere auch bei nicht fachgerecht ausgeführten Maßnahmen zu erwarten.

Tabelle 114: Bewertung von Pyrethrumkonzentrationen auf Oberflächen (Quelle: Bremer Umweltinstitut, 2002)

Pyrethrum-Konzentration [µg/m²]	**Bewertung**
< 10	Spuren
10 – 100	Geringe Belastung
100 – 1.000	Mittlere Belastung
1.000 – 10.000	Hohe Belastung
> 10.000	Sehr hohe Belastung

Der natürliche Chrysanthemen-Wirkstoff ist ein anspruchsvolles und vergleichsweise teures Insektizid. Daher wurden durch chemische Synthese dem P. – vom chemischen Aufbau her – ähnliche Wirkstoffe hergestellt, die →Pyrethroide. Die Pyrethroide sind weitaus stabiler als das P., aber auch wesentlich problematischer.

P

Q

Qualitätsstähle Q. sind solche, bei denen keine Anforderung an den Reinheitsgrad (nichtmetallische Einschlüsse) gestellt wird. Es sind unlegierte und legierte Sorten, die nicht durch die Merkmale des Grund- und Edelstahls erfasst werden.

Qualmbildungsklassen →Baustoffklassen in Österreich

Quarz Q. ist eine kristalline Modifikation des Siliciumdioxids. Weitere kristalline Modifikationen sind Cristobalit und Tridymit. Q. ist das zweithäufigste Mineral in der Erdkruste. Es kommt in nicht unerheblichen Anteilen in vielen Gesteinen und infolgedessen auch in den daraus durch Verwitterung entstandenen Böden vor.
Die alveolengängige Staubfraktion des kristallinen Siliciumdioxids in den Modifikationen Quarz und Cristobalit ist als krebserzeugend (K1) eingestuft. Tridymit konnte wg. unzureichender Datenlage bisher nicht abschließend bewertet werden.
Arbeitsbedingte Gefahrenquellen bestehen durch Staubentwicklung bei der Gewinnung, Be- oder Verarbeitung insbesondere von Sandstein, Quarzit, Grauwacke, Kieselerde (Kieselkreide), Kieselschiefer, Quarzitschiefer, Granit, Gneis, Porphyr, Bimsstein, Kieselgur und keramischen Massen. Zu nennen sind insbesondere
- die Natursteinindustrie bei der Gewinnung, Verarbeitung und Anwendung von Festgesteinen, Schotter, Splitten, Kiesen, Sanden,
- das Gießereiwesen – insbesondere beim Aufbereiten von Formsanden und Gussputzen,
- die Glasindustrie (Glasschmelzsande),
- die Emaille- und keramische Industrie (Glasuren und Fritten, Feinkeramik),
- die Herstellung feuerfester Steine sowie
- die Schmucksteinverarbeitung.

Weiterhin wird Q.-Sand bzw. Q.-Mehl als Füllstoff (Gießharze, Gummi, Farben, Dekorputz, Waschpasten), als Filtermaterial (Wasseraufbereitung) und als Rohstoff, z.B. für die Herstellung von Siliciumcarbid, Silikagel, Silikonen und bei der Kristallzüchtung, eingesetzt, zudem als Schleif- und Abrasivmittel (Polier- und Scheuerpasten) und als Strahlmittel.
Bei beruflicher Exposition gegenüber Q.-haltigen Stäuben stehen Lungenveränderungen an erster Stelle. Nach Langzeit-Exposition werden →Silikose und das Auftreten von Lungentumoren festgestellt. Daneben gibt es Hinweise auf ein vermehrtes Auftreten von Tumoren, die auf das Abschlucken inhalierter Quarzpartikel zurückgeführt werden. Allgemein wächst die Gefährdung mit der Zunahme des alveolengängigen Anteils an der Staubfraktion, mit dem Gehalt an kristallinem Siliciumdioxid sowie der Expositionszeit.
Beim Schleifen mineralischer Oberflächen wie z.B. Estrich gelangt Q.-Staub in die Atemluft. Reicht die Absaugung an der Schleifmaschine nicht aus, muss Atemschutz getragen werden.

Quarzsand Sande sind Endprodukte der verschiedenen Verwitterungsprozesse, die sich in praktisch allen Formationen der Erdgeschichte bildeten. Reine Q.-Vorkommen sind allerdings seltener. Q. wird zur Glaserzeugung, in der Gießereiindustrie, in der Beschichtungsindustrie (Putze), der chemischen Industrie, der Bauindustrie, für Golf- und Sportplätze und vieles mehr verwendet. Die Gewinnung erfolgt im Tagebau (in Tiefen bis zum Grundwasserspiegel) mittels großer Hochlöffelbagger. Die alveolengängige Staubfraktion des kristallinen Siliciumdioxids in den Modifikationen →Quarz und Cristobalit ist als krebserzeugend (K1) eingestuft (→Silikose). →Mineralische Rohstoffe

Quaternäre Ammonium-Verbindungen Q. (Quat-Präparate, Quats) sind eine im Bereich Holzschutz eingesetzte Wirkstoffgruppe mit fungiziden und bakteriziden Eigenschaften, die durch eine (polare) Ammoniumgruppe gekennzeichnet ist, deren vier Wasserstoffatome alle durch organische Reste, häufig mehr oder weniger lange Fettsäuren (apolare Gruppen), ersetzt sind, z.B. N,N-Didecyl-N-methylpoly-(oxethyl)-ammoniumpropionat oder Dimethyl-benzyl-(C12-C14)-alkylammoniumchlorid.

Q. besitzen oberflächenaktive Wirkung und sind damit kationische →Tenside. Die bioziden Eigenschaften (→Biozide) beruhen auf der Fähigkeit der Q., die Zellmembranen lebender Organismen zu schädigen. Q. zeichnen sich durch ein breites Wirkungsspektrum gegen Bakterien, Pilze, Hefe und Algen aus. Q. gelten als vergleichsweise wenig humantoxisch. Sorge bereitet allerdings die aquatische Toxizität von Q.

Holzschutzmittel auf Basis von Q. sind fixierende wasserverdünnbare Flüssigkeiten. Die Produkte enthalten Q. bis 70 % sowie Lösevermittler wie Glykole (z.B. Dipropylenglykol, Ethylenglykol) bis max. 10 %. Zusätzliche Wirkstoffe wie z.B. 3-Iod-2-propinylbutylcarbamat (→IPBC) bis 1 % können im anwendungsfertigen Produkt enthalten sein. Die Holzschutzmittel werden vorbeugend eingesetzt gegen Insekten- und/oder Pilzbefall bei Bauteilen aus Holz und Holzwerkstoffen, die tragende oder aussteifende Funktion in baulichen Anlagen haben.

Quecksilber Q. ist ein silberglänzendes, flüssiges Metall und gehört zu den →Schwermetallen. Es hat einen (für ein Metall) hohen Dampfdruck und verdampft bereits bei Zimmertemperatur. Q. wird eingesetzt u.a. in Thermometern, Batterien, Schaltern und Leuchtstofflampen. In der Medizin wird es zur Wunddesinfektion und in der Zahnmedizin zur Herstellung von Amalgam, einer Legierung von Q. mit anderen Metallen, verwendet. 1993 wurden in Deutschland 72,9 t Q. verwendet (UFOPLAN-Bericht 106 01 047). In die Umwelt gelangt Q. durch vulkanische Aktivitäten, Verbrennung von Kohle, Heizöl und Müll, Verhüttung und industriellen Verbrauch. Aus anorganischen Quecksilber-Verbindungen kann in verunreinigten Gewässern durch Mikroorganismen das besonders toxische Methyl-Q. gebildet werden. Solche Organoquecksilberverbindungen werden in Wasserorganismen wie z.B. Fischen angereichert und gelangen auf diese Weise in die menschliche Nahrung.

Q.-Vergiftungen äußern sich in Nerven- und Nierenschäden. Zu einer folgenschweren Massenvergiftung kam es in Japan durch den Verzehr von Q.-verseuchtem Fisch. In die Minamata-Bucht wurden von einem Chemiebetrieb jahrelang Q.-haltige Abwässer geleitet. Das Q. reicherte sich in den Fischen an. Zwischen 1955 und 1959 wurde nahezu jedes dritte Kind in Minamata mit schweren geistigen und körperlichen Schäden geboren. Gem. →Gefahrstoffverordnung ist das Inverkehrbringen und die Verwendung von Q.-Verbindungen in Antifoulingfarben, zum Holzschutz, zur Imprägnierung schwerer industrieller Textilien und zur Wasseraufbereitung verboten.

Q. aus zerstörten Q.-haltigen Fieberthermometern oder Kontaminationen in (ehemaligen) Zahnarztpraxen können zu erheblichen Q.-Belastungen in der →Innenraumluft führen. Zahnärzte verwenden immer noch Q. für die stark umstrittenen Amalgam-Füllungen. Amalgam ist eine Legierung aus etwas gleichen Teilen Quecksilber und einem Pulver aus ca. 70 % Silber und 30 % Zinn, Kupfer und Zink. Bei der Feuerbestattung von Toten mit Amalgamfüllungen entweicht Q. gasförmig. Nur wenige Krematorien sind mit geeigneten Filtern ausgestattet. Es wird vermutet, dass in Zukunft die Feuerbestattung die Hauptursache der Q.-Freisetzung in die Luft sein wird. Amalgamfüllungen von erdbestatteten Toten setzen im Laufe der Zeit im Boden Quecksilber frei. →Innenraumluft-Grenzwerte

Quellton →Bentonit

R

Radioaktivität Alle Materie ist aus Atomen aufgebaut. Der weitaus größte Teil der Atome ist stabil. Ein Teil der Atome ist dagegen instabil, d.h. radioaktiv. Radioaktive Atomkerne haben das Bestreben, sich in stabile Atomkerne umzuwandeln. Bei diesem Umwandlungsvorgang (radioaktiver Zerfall) senden die Atomkerne energiereiche Strahlung aus. Der Zerfall bzw. die Umwandlung instabiler Atomkerne unter Aussendung von Strahlung wird als R. bezeichnet. Die ausgesandte Strahlung wird üblicherweise als radioaktive Strahlung bezeichnet (obwohl die Strahlung selbst nicht radioaktiv ist). Es sind dies im Wesentlichen: alpha-Strahlung, beta-Strahlung und gamma-Strahlung, die unter dem Begriff →Ionisierende Strahlung zusammengefasst werden.
Die Geschwindigkeit, mit der Atome sich umwandeln (zerfallen), wird als Aktivität bezeichnet und in Becquerel (Bq) angegeben. 1 Bq ist ein Atomzerfall pro Sekunde.
Die Zeit, in der sich jeweils die Hälfte einer vorhandenen Menge eines radioaktiven Stoffs umwandelt, wird als physikalische Halbwertszeit bezeichnet. Die Zeitspanne, in der die Hälfte einer inkorporierten radioaktiven Substanz wieder ausgeschieden ist, bezeichnet man als biologische Halbwertszeit.

Radioaktivität von Baustoffen Baumaterialien enthalten eine mehr oder weniger große Menge an natürlich vorkommenden radioaktiven Stoffen. Von Bedeutung sind insbes. die Isotope Kalium-40 (K-40), Radium-226 (Ra-226) und Thorium-232 (Th-232). Zur Bewertung von Baumaterialien unter dem Gesichtspunkt der →Radioaktivität wird vielfach die Leningrader Summenformel herangezogen. Danach ergibt sich die Bewertungszahl B wie folgt:

$$B = R/370 + T/259 + K/4810$$

Es bedeuten:
K = spezifische Aktivität von K-40
R = spezifische Aktivität von Ra-226
T = spezifische Aktivität von Th-232
Unter strahlenbiologischen Gesichtspunkten soll mindestens gelten: $B < 1$.

Tabelle 115: Mittelwerte der Strahlenexposition durch natürliche Radionuklide in Baumaterialien und Bewertungszahl nach Leningrader Summenformel

Material	Radium-226 [Bq/kg]	Thorium-232 [Bq/kg]	Kalium-40 [Bq/kg]	Bewertungszahl B
Kies, Sand, Kiessand	15	16	380	0,18
Kalksandstein	15	10	200	0,12
Porenbeton	15	10	200	0,12
Beton	30	23	450	0,26
Ziegel, Klinker	50	52	700	0,48
Ton, Lehm	< 40	60	1.000	0,55
Tuff, Bims	100	100	1.000	0,86
Natürlicher Gips, Anhydrit	10	< 5	60	0,06
REA-Gips	20	< 20	< 20	0,14
Granit	100	120	1.000	0,94
Gneis	75	43	900	0,56
Diabas	16	8	170	0,11
Basalt	26	29	270	0,24
Granulit	10	6	360	0,13

Fortsetzung Tabelle 115:

Material	Radium-226 [Bq/kg]	Thorium-232 [Bq/kg]	Kalium-40 [Bq/kg]	Bewertungszahl B
Kupferschlacke	1.500	48	520	4,35
Braunkohlenfilterasche	82	51	147	0,45

Die spezifischen Aktivitäten natürlicher Radionuklide weisen von Material zu Material und auch innerhalb einer Materialart große Unterschiede auf. Unter den Natursteinen besitzen kieselsäurereiche Magmagesteine, insbes. Granite, vergleichsweise hohe Konzentrationen an natürlichen Radionukliden auf. Der Mittelwert der von den Baustoffen ausgehenden gamma-Ortsdosisleistung (ODL) in Gebäuden Deutschlands beträgt rund 80 nSv/h. Werte der ODL über 200 nSv/h sind selten. Von besonderem Interesse ist das durch radioaktiven Zerfall aus Radium-226 entstehende →Radon-222. In den wichtigen in Deutschland verwendeten Baustoffen wie Beton, Ziegel, Porenbeton und Kalksandstein wurden Radium-226-Konzentrationen gemessen, die i.d.R. so gering sind, dass sie nicht zu Überschreitungen der von der EU-Kommission empfohlenen Richtwerte für die Radonkonzentration in Wohnungen führen.

In einigen Rückständen aus industriellen Verarbeitungsprozessen reichern sich die natürlichen radioaktiven Stoffe an. Bei unkritischer Verwendung dieser Rückstände z.B. als Sekundärrohstoff sind erhöhte Strahlenexpositionen möglich. In Anlage XII der StrlSchV sind die Rückstände genannt, bei deren Verwertung oder Beseitigung der Strahlenschutz beachtet werden muss. Bei der Einhaltung der dort genannten Überwachungsgrenzen für die Verwertung dieser Materialien als Baustoff ist sichergestellt, dass der Richtwert der effektiven Dosis von 1 mSv pro Person und Jahr nicht überschritten wird (vgl. Anforderungen an Hygiene, Gesundheit und Umweltschutz der →Bauproduktenrichtlinie).

Radon R. ist ein natürlich vorkommendes radioaktives Edelgas, das beim radioaktiven Zerfall aus dem Radium, vor allem im Erdboden, entsteht. Durch undichtes Mauerwerk (Keller) kann R. aus dem Untergrund in Gebäude eindringen und zu einer Belastung der Innenraumluft führen. R. und seine ebenfalls radioaktiven Zerfallsprodukte gelangen dann mit der Atemluft in die Lunge und führen dort zu einer Strahlenbelastung. Besonders häufig kommt R. im Bereich der Mittelgebirge vor, typischerweise in Bereichen, in denen Granit im Untergrund vorhanden ist.

Grundsätzlich lassen sich aus den vorliegenden Untersuchungen folgende Aussagen zum R.-Risiko treffen:

- Der Mittelwert der R.-Konzentration in Wohnräumen beträgt in Deutschland ca. 50 Bq/m^3.
- R. mit seinen Zerfallprodukten macht im Mittel etwa 30 % der Strahlenexposition der deutschen Bevölkerung aus.
- Ein statistisch signifikantes zusätzliches Lungenkrebsrisiko zeigt sich bei R.-Konzentrationen ab 140 Bq/m^3.
- Die Lungenkrebsrate steigt um mindestens 10 %, wenn sich die R.-Konzentration in der Innenraumluft um 100 Bq/m^3 erhöht. Neuere amerikanische Studien deuten sogar auf 15 % hin.
- In Deutschland beträgt der Anteil der Bevölkerung mit häuslichen R.-Expositionen über 250 Bq/m^3 weniger als 1 % (ca. 800.000 Personen). Für die betroffene Bevölkerungsgruppe muss mit einer relativen Erhöhung des Lungenkrebsrisikos von mehr als 20 % gerechnet werden.
- Circa 7 % der Lungenkrebserkrankungen (D) sind dem R. und seinen Folgeprodukten anzulasten, d.h. 3.000 Erkrankungen pro Jahr.

Die R.-Konzentration in Wohnräumen kann prinzipiell durch vermehrte →Lüftung oder Belüftung gesenkt werden. Dabei erhöht sich aber insbesondere im Winter der Wärmeverlust. Mit dem geplanten R.-Gesetz sollen stark belastete Häuser identifiziert und möglichst auf 100 Bq/m^3 saniert werden. Die vorgegebenen Sanierungszeit-

R

räume richten sich nach der Höhe der Belastung und betragen bei 1.000 Bq/m³ drei Jahre, unterhalb 400 Bq/m³ zehn Jahre. Bei Neubauten sieht das geplante Gesetz vor, dass durch entsprechende bautechnische Maßnahmen die R.-Konzentrationen unter 100 Bq/m³ liegen. Es ist vorgesehen, R.-Vorsorgegebiete zu bestimmen, in denen ein erhöhtes R.-Vorkommen im Boden zu erwarten ist. In diesen Gebieten soll die R.-Konzentration im Boden ermittelt werden, um entsprechende bautechnische Maßnahmen für Neubauten von vornherein einzuplanen. Bei bestehenden Häusern soll in R.-Vorsorgegebieten mit besonders hohen R.-Vorkommen die Innenraumbelastung ermittelt und dem Gebäudezustand angepasste Sanierungsmaßnahmen ergriffen werden. Je nach Höhe der R.-Konzentration sollen die Sanierungsmaßnahmen innerhalb bestimmter Zeiträume (bis zu zehn Jahre) erfolgen.
Schweden legt für bestehende und neue Gebäude einen Grenzwert von 200 Bq/m³ fest. Bis 2020 sollen alle bestehenden Gebäude so saniert werden, dass sie diesen Grenzwert einhalten. In Schweden wurden inzwischen ca. 35.000 Häuser saniert. Großbritannien fordert für Schulen, Kindergärten und öffentliche Gebäude die Einhaltung eines Grenzwertes von 200 Bq/m³. Für Wohnungen gilt ein Richtwert von 200 Bq/m³. Andere Länder wie Belgien, Griechenland, Estland, Österreich, Litauen orientieren sich an der EU-Empfehlung von 1990, die für bestehende Gebäude einen Wert von 400 Bq/m³ und für neu zu errichtende Gebäude einen Wert von 200 Bq/m³ vorsieht. Die Grundlagen der EU-Empfehlung von 1990 sind heute jedoch als überholt anzusehen.

RAL Das RAL – Deutsches Institut für Gütesicherung und Kennzeichnung e.V. – wurde 1925 als Reichs-Ausschuss für Lieferbedingungen in einer gemeinsamen Initiative der Privatwirtschaft und der Regierung der Weimarer Republik gegründet. Ursprünglich bestand die Aufgabe des RAL in der Vereinheitlichung präziser technischer Lieferbedingungen mit dem Ziel der Rationalisierung. Heute gilt RAL als anerkannte Kompetenz für die Kennzeichnung von Produkten und Dienstleistungen. RAL ist u.a. die Vergabestelle für das Umweltzeichen →Blauer Engel und das →Europäische Umweltzeichen (Euro Margerite) in Deutschland.

Rauchen →Tabakrauch

Rauchmelder →Ionisations-Rauchmelder

Raufasertapeten R. sind die ältesten und immer noch am häufigsten verwendeten Strukturtapeten. Fast jede dritte Tapete ist heute eine R. Sie lassen sich leicht tapezieren und mehrfach überstreichen, sind kostengünstig und kaschieren kleine Unebenheiten im Untergrund. R. gehören eigentlich nicht zu den →Tapeten, sondern zu den überstreichbaren →Wandbelägen, die je nach gewünschter Oberfläche mit verschiedenen Wandfarben gestrichen werden. Die bereits fertig gestrichenen R., die es mittlerweile ebenfalls am Markt gibt, werden nur selten eingesetzt.
R. gibt es in verschiedenen Strukturen, von fein- bis grobkörnig. Die Struktur erhalten sie durch in Papiermasse eingebundene Holzfasern und -späne, die zwischen zwei Papierschichten eingearbeitet werden (Duplex-Raufaser). Die Papierschichten bestehen meist zum Großteil aus Recyclingpapier. Seltener sind Einschicht-R. (Simplex-R.) mit nur einer Papierschicht und darauf verteilten Holzfasern. Je nach Größe der Holzspäne unterscheidet man feine, mittlere und grobe Qualitäten. Als Hilfsstoffe werden Leimungs- und Nassreissfestigkeitsmittel eingesetzt. R. sind meist schon vorgestrichen erhältlich, sodass ein einziger deckender Anstrich genügt. Sie verfügen über eine hohe Dampfdurchlässigkeit, die allerdings bei öfterem Überstreichen mit →Dispersions- oder →Latexfarben beeinträchtigt werden kann.
R. gelten als umweltfreundliche und biologisch verträgliche Wandbeläge, da zu ihrer Herstellung vorwiegend Recycling-Papiere und strukturbildende Holzfasern verwendet werden. Die Verwendung formaldehydhaltiger Kunstharze ist heute nicht mehr üblich, sodass Formaldehydemissionen nicht zu erwarten sind. Beim Anstrich ist auf diffusionsoffene und emissionsarme

Wandfarben zu achten. Bei vorgestrichenen R. können u.U. gesundheitsbeeinträchtigende Emissionen aus dem Anstrich freigesetzt werden. Gebrauchte R. dürfen nicht als Altpapier entsorgt werden. →Tapetenpapier
Im Bereich der Cellulosefasererzeugung wurden in den letzten Jahren deutliche Umweltverbesserungen erzielt, dennoch ist die Herstellung von Cellulosefaser aufwändig und mit Abwasserbelastungen verbunden. Produkte mit Umweltzeichen enthalten einen Mindestanteil an umweltfreundlichem Recyclingpapier von 80 % (RAL-Umweltzeichen) bzw. 90 % (→natureplus). Außerdem gelten Grenzwerte für gesundheits- bzw. umweltschädliche Stoffe.

Raumklima Das R. wird durch die vier Grundparameter →Raumlufttemperatur, →Luftfeuchte, →Luftgeschwindigkeit und Wärmestrahlung beschrieben. Personenbezogene Parameter sind weiterhin Arbeitsaktivität, Bekleidungssituation, Akklimatisierung und Gesundheitszustand. Es werden drei klimatische Empfindungsbereiche unterschieden: Behaglichkeitsbereich, Erträglichkeitsbereich und Unerträglichkeitsbereich.
Die thermische Behaglichkeit ist gem. DIN 1946 Teil 2 wie folgt definiert: „Thermische Behaglichkeit ist gegeben, wenn der Mensch Lufttemperatur, Luftfeuchte, Luftbewegung und Wärmestrahlung in seiner Umgebung als optimal empfindet und weder wärmere noch kältere, weder trockenere noch feuchtere Raumluft wünscht."

Raumluft →Innenräume, →Innenraumluft-Grenzwerte

Raumlufttechnische Anlagen R. (RLT-Anlagen) haben gem. VDI-Richtlinie 6022 „die Aufgabe, in Ergänzung zu den sonstigen klimatechnischen Anlagen ein physiologisch günstiges Raumklima und eine hygienisch einwandfreie Qualität der Innenraumluft zu schaffen. Sie sollen Lasten (Stoffe, Gerüche, Feuchte, Wärme) abführen und helfen, die anwesenden Personen gegen die Einwirkungen von gesundheitlich nachteiligen und belästigenden Stoffen und Einflüssen zu schützen. Sie sind nach dem Stand der Technik so zu planen, auszuführen, zu betreiben und instand zu halten, dass von ihnen weder eine Beeinträchtigung der Gesundheit noch Störungen der Befindlichkeit, der thermischen Behaglichkeit oder Geruchsbelästigungen ausgehen."
R. sind vereinfacht betrachtet aus folgenden Komponenten aufgebaut (von Außenluft nach Zuluft): Vorfilter (1. Stufe), Ventilator, Vorerhitzer, Kühler, Befeuchter, Tropfenfänger, Nacherhitzer, Hauptfilter (2. Stufe), Schalldämpfer, Endfilter (3. Stufe, i.d.R. nur in Krankenhäusern), Zuluftverteiler.
Schadstoffhaltige oder fehlerhafte R. bzw. ein fehlerhafter Betrieb von R. können bei den Raumnutzern zu Befindlichkeitsstörungen bis hin zu Gesundheitsstörungen führen. Hinsichtlich möglicher Befindlichkeitsstörungen sind folgende Aspekte von Bedeutung:

a) Komponenten des thermischen Komforts
   - Empfinden der Luft als zu trocken
     Ursache: Austrocknen der Schleimhäute durch hochturbulente Raumluftströmungen
   - Empfinden der Luft als kühl und zugig bzw. zu warm und stickig
     Ursache: zu hohe bzw. zu niedrige mittlere Raumluftgeschwindigkeit
b) Komponenten der Lufthygiene
   - Mikroorganismen (→Bakterien, →Schimmelpilze, →Allergene)
     Ursache: Befeuchtungsanlagen wie Sprühbefeuchterkammer, Strecke hinter Dampfbefeuchtern, Kondensatabscheider, Filter, Leitungssysteme und Rückkühlwerke
   - Staub- und Keimbelastung
     Ursache: Unwirksamkeit der Filter, Luftführung im Raum
   - Biozidgehalt der Raumluft
     Ursache: Biozideinsatz im Befeuchterwasser (→Biozide)
   - Gerüche
     Ursachen: falsche Außenluftansaugung, verschmutztes Luftleitungssystem

c) Sonstige Schadeinflüsse
- Asbestfasern
  Ursache: asbesthaltige Bauteile
- Künstliche Mineralfasern
  Ursache: unbeschichtete Mineralfaserplatten zur Schalldämmung
- Niederfrequenter Dauerschallpegel
  Ursache: Übertragung von Anlagen- und Luftgeräuschen

Die Richtlinie VDI 6022 regelt die hygienischen Anforderungen an R. Der regelmäßigen Wartung, technischen Funktionskontrolle und Hygieneüberwachung von R. kommt ein hoher Stellenwert bei. Kritische Anlagenteile sind insbesondere Außenluftansaugung, Fortluftaustritt, Luftbefeuchter, Luftkühler, luftleitende Kanäle und Filtereinheiten.

Die Einrichtungen zur Luftbefeuchtung stellen unter Umständen als Nass- und Feuchtebereiche ein Potenzial für mikrobiologisches Wachstum, Ablagerungen und Korrosion dar. Rückkühlwerke müssen besonders beachtet werden, da sich im Umlaufwasser Keime (z.B. →Legionellen) und Algen gut vermehren können. Das Umlaufwasser muss durch geeignete Maßnahmen keimarm gehalten werden (< 10.000 KBE/ml, Gesamtkoloniezahl, Legionellen < 10 KBE/ml).

Bei unzureichender Wartung der Filtereinrichtungen kann es zur Besiedelung der Filter mit Schimmelpilzen kommen, welche die Filtermatten durchwachsen und auf der Reinluftseite sporulieren. So gelangen Pilzsporen trotz mehrfacher Filterung der Luft in die Räume und können bei den Gebäudenutzern die Ursache für allergische Reaktionen sein. Als besonders problematisch haben sich veraltete Klimaanlagen mit sog. Umlaufsprühbefeuchtern herausgestellt. Dabei wird die Luft durch einen Sprühnebel mit Feuchtigkeit angereichert, passiert einen Tropfabscheider und wird in die Räume geleitet. Von der Luft nicht aufgenommenes Wasser wird gesammelt und in einem Kreislauf den Sprühdüsen wieder zugeführt. Sprühbefeuchteranlagen und auch mobile Luftbefeuchtungsgeräte, die nach diesem Prinzip funktionieren, stellen einen idealen Lebensraum für eine Vielzahl von Mikroorganismen dar. Diese werden als Aerosol mit dem Luftstrom in die klimatisierten Räume getragen und können dort gesundheitliche Beschwerden auslösen. Ein charakteristisches Krankheitsbild ist die sog. →Legionärskrankheit, eine Infektionserkrankung, die von gramnegativen Bakterien der Spezies Legionella pneumophila ausgelöst wird und mit den Symptomen einer schweren Lungenentzündung verbunden ist.

Niederfrequente Schallwellen und Schwingungen (10 – 100 Hz) können von RLT-Anlagen selbst erzeugt werden und/oder über die Luftkanäle bis in die klimatisierten Räume weitergeleitet werden. Derartige Luftschallwellen unterhalb des menschlichen Hörbereichs (Infraschall) wirken vermutlich als unspezifische Stressfaktoren ähnlich einem Hörschall, der als Lärmbelästigung empfunden wird.

Asbesthaltige Bauteile wurden für Luftkanalwände, an den Flanschen der Kanalsegmente, für Brandschutzklappen und andere Zwecke verwendet. Hierdurch kann eine gesundheitliche Gefährdung der Gebäudenutzer infolge der Freisetzung von Asbestfasern (→Asbest) bestehen. →Künstliche Mineralfasern (KMF) der „alten" Mineralwolle (→Mineralwolle-Dämmstoffe) sind als krebsverdächtig (K3) bzw. krebserzeugend (K2) eingestuft. Unbeschichtete Platten zur Schalldämmung, z.B. in Mischboxen und Auslasskästen, können infolge von Erschütterungen und hohen Luftgeschwindigkeiten KMF freisetzen, die dann mit dem Luftstrom in die Räume eingetragen werden.

Hygieneinspektionen nach VDI 6022 von insgesamt 1.200 R. in Bürobereichen (Berlin) haben ergeben, dass 60 bis 70 % der nach hygienischen Bedingungen als kritisch einzustufenden Aggregate erhebliche Mängel aufwiesen, von denen ein Gesundheitsrisiko in den klimatisierten Räumen ausgehen kann (→LAGetSi, Berlin).

Unter gesundheitlich-ökologischen Gesichtspunkten ist i.d.R. eine natürliche Lüftung dem Betrieb von umfangreichen R. vorzuziehen.

Tabelle 116: Empfohlene R. nach AMEV und DIN 4701-2

Raumart	Raumlufttemperatur nach AMEV	Norm-Innentemperatur nach DIN 4701-2
Schulen, Hochschulen, Universitäten		
Allg. Unterrichtsräume [1)]	20 °C (17 °C – 19 °C)	20 C
Lehrküchen (bei Nutzungsbedingungen)	18 °C	18 °C
Werkräume (je nach Beanspruchung)	18 °C	15 °C – 20 °C
Verwaltungsräume (Büroräume) [1)]	20 °C (19 °C)	20 °C
Turnhallen/Gymnastikräume	17 °C	20 °C
Flure/Treppenhäuser	12 °C	15 °C/10 °C
Toiletten	15 °C	15 °C
Umkleideräume	22 °C	22 °C
Wasch- und Duschräume	22 °C	22 °C
Kindergärten und Jugendheime		
Aufenthaltsräume [1)]	20 °C (19 °C)	20 °C
Schlafräume	15 °C – 18 °C	
Wasch- und Duschräume	22 °C	
Küchen (bei Nutzungsbeginn)	18 °C	

[1)] Werte in Klammern gelten für Nutzungsbeginn

Raumlufttemperatur Die R. ist die Temperatur der den Menschen umgebenden Raumluft ohne Einwirkung von Wärmestrahlung (s. Tabelle 116). Die R. ist ein Grundparameter zur Beschreibung und Beurteilung des →Raumklimas. →Raumtemperatur

Raumtemperatur Die R. ist eine zusammenfassende Temperaturgröße aus der →Raumlufttemperatur und den Strahlungstemperaturen der einzelnen Umgebungsoberflächen („Oberflächentemperaturen"). Die Oberflächentemperaturen der raumumschließenden Bauteile und die Raumlufttemperatur sind also, vom menschlichen Wärmeempfindungsvermögen her gesehen, in Grenzen gegeneinander austauschbar. In Grenzen deshalb, weil

- in beschatteten Körperbereichen (z.B. Füße unter Schreibtisch) und
- im Atemtrakt und Lunge

nur die Lufttemperatur wirkt. Aus wohnhygienischen und ökologischen Gründen ist aber einer Absenkung der Raumlufttemperatur und einer relativen Erhöhung der Oberflächentemperaturen Vorzug zu geben. Die Temperaturdifferenz zwischen Innenoberflächen- und Raumlufttemperatur von Außenbauteilen ist vor allem vom Wärmeschutz dieser Bauteile abhängig. Als Reaktion auf kalte Innenoberflächen wird meist die Raumlufttemperatur erhöht. Umgekehrt werden schon verhältnismäßig niedrige Raumlufttemperaturen als behaglich empfunden, wenn die umgebenden Oberflächentemperaturen hoch sind (und keine Verschattung der Infrarotstrahlung vorliegt). Wird nun die Heizung entsprechend dem subjektivem Wärmeempfinden geregelt, so kann in Gebäuden mit qualitativ hochwertigem Wärmeschutz eine niedrigere Raumlufttemperatur gewählt werden als in Gebäuden mit schlechter Wärmedämmung.

RCF Abk. für refractory ceramic fibres = →Keramikfasern.

R

REACH-Verordnung Die in den letzten Jahren in Europa geführte Debatte über Reformen in der Chemikalienpolitik hat zu einer größeren Sensibilisierung der Öffentlichkeit für die Defizite der aktuellen Chemikalienpolitik sowie für die Notwendigkeit eines neuen Ansatzes geführt, um ein nachhaltigeres Chemikalienmanagement und eine Verbesserung des Gesundheitsschutzes – auch im Hinblick auf schädliche Stoffe in Bauprodukten – zu erzielen. Hierzu hat die EU-Kommission eine Verordnung zur Registrierung, Evaluierung, Beschränkung und Autorisierung von Chemikalien (REACH) vorgelegt. Mit der R. sollen vor allem die im Bereich der so genannten Altstoffe bestehenden Wissenslücken über deren human- und ökotoxikologische Eigenschaften geschlossen werden. Ca. 100.000 Altstoffe (Stoffe, die vor 1981 in Europa auf dem Markt waren) sind in der EU gelistet. Davon werden etwa 30.000 in einer Menge von mehr als 1 t/a auf den Markt gebracht. Im Rahmen des Altstoffprogramms ist es in ca. zehn Jahren gerade einmal gelungen, das Gesundheits- und Umweltrisiko von circa 40 Stoffen zu bewerten. Die R. sah vor, dass in Europa jeder Hersteller/Importeur ab einer Herstellungsmenge von 1 t/a Daten (abhängig von Tonnage und Exposition) über die Eigenschaften des jeweiligen Stoffes bei der Chemikalienagentur im Rahmen eines Registrierungsdossiers vorlegen muss. Nach heftigem Widerstand der Industrie hat sich aktuell (Sept. 2005) der Industrieausschuss des EU-Parlaments darauf geeinigt, zu Stoffen, die in Mengen bis zu 10 t/a hergestellt und vermarktet werden, erheblich weniger Daten einzufordern. Am Beispiel der besonders umwelt- und gesundheitsschädlichen →Perfluorierten organischen Verbindungen (Produktionsmenge < 10 t/a) hat das Bundesumweltministerium (Lahl, 2005) gewarnt, dass Wirkungen wie im Fall der PFT unerkannt bleiben würden und ein bioakkumulativer und krebserzeugender Stoff wie →PFOS als unbedenklich registriert werden könnte.

REA-Gips R. ist synthetischer →Gips, der bei der nassen Rauchgasentschwefelung in Großfeuerungsanlagen anfällt. Nach der Bundes-Immissionsschutzverordnung sind für diese Anlagen Emissionsgrenzwerte für →Schwefeldioxid vorgeschrieben, die nur mit nachgeschalteten Rauchgasentschwefelungsanlagen (REA) eingehalten werden können. Das Schwefeldioxid wird in wässriger Lösung absorbiert und katalytisch mit Luftsauerstoff zu Schwefelsäure oxidiert. Die Schwefelsäure wird mit gebranntem →Kalk (Calciumoxid) oder feingemahlenem →Kalkstein (Calciumcarbonat) als Gips (Calciumsulfat-Dihydrat) ausgefällt. Der abfiltrierte R. wird getrocknet und dann entweder in der anfallenden feinteiligen Form verwendet oder vor der Weiterverarbeitung brikettiert.
Für Baustoffe wird nur der R. aus Steinkohlekraftwerken verwendet. Er ist in seinen Gebrauchseigenschaften dem →Naturgips gleichwertig und hat diesen in Deutschland weitestgehend vom Markt verdrängt. Das Verfahren, nach dem aktuell die meisten Großfeuerungsanlagen entschwefelt werden (Kalkwäsche) gilt als technisch ausgereift und liefert nicht nur farblich, sondern auch baubiologisch reine Gipse.
Im Gegensatz zu →Chemiegips weist R. keine erhöhte Radioaktivität (→Radon, →Radioaktivität von Baustoffen) auf. Als Abfallprodukt der Rauchgasreinigung ist seine Verwendung ökologisch sinnvoll, weil dadurch die natürlichen Rohstoffe geschont und Deponievolumen gespart werden. Umweltbelastend sind die weiten Transportwege, die von den hauptsächlich in Norddeutschland und Nordrhein-Westfalen liegenden Rauchgasentschwefelungsanlagen zu den Fabriken in Süddeutschland (Hauptabbaugebiet von Naturgips) zurückgelegt werden müssen.
Für R. bieten sich die gleichen Verwendungsmöglichkeiten wie für Naturgips: →Putzgips, →Gipskartonplatten, →Gipsfaserplatten, →Gipsgebundene Spanplatten, →Gips-Wandbauplatten, →Estrichgips, Zuschlagstoff bei der Zementherstellung.

Reaktionsklebstoffe R. sind →Klebstoffe, die durch chemische Reaktion aushärten. R. sind meistens zweikomponentig (Binder und Härter). Werden die beiden Komponenten in Berührung gebracht, beginnt die Reaktion. Einkomponentige R. erhalten einen nicht aktiven Härter. Die Reaktion wird erst durch Luftfeuchtigkeit, UV-Licht oder Luftsauerstoff gestartet. Bei der Reaktion bildet sich der klebende Stoff. R. sind überwiegend auf Polyurethan- (→Polyurethan-Klebstoffe) und Epoxidbasis (→Epoxidharz-Klebstoffe) aufgebaut und lösemittelfrei. Weiterhin gehören zu den R. →Siliconklebstoffe, MS-Klebstoffe und das umweltfreundliche →Wasserglas. Zu den Reaktionsklebstoffen gehören die →Sekundenklebstoffe und →Zweikomponentenklebstoffe (bestehend aus Harz und Härter). Neben Binder und Härter enthalten R. →Weichmacher, Füllstoffe, Verdickungsmittel, Metallpulver, Harze und ggf. →Polymere.

R. eignen sich besonders für die Verklebung von Werkstoffen mit einer porösen Oberfläche oder wenn eine Beständigkeit gegen Belastungen durch Wasser oder gegen erhöhte Wärmebelastung verlangt wird. Darüber hinaus bilden R. eine feste Verbindung von Stahl, Beton oder Hartschaumstoffen mit harten Untergründen. R. werden auch zur Verklebung von →Teppichen, →Gummi-Bodenbelägen, →Fliesen, silikatischen Werkstoffen, Metallen und Kunststoffen eingesetzt.

R. besitzen ein erhebliches Gefahrenpotenzial: Der Härter kann zu Verätzungen der Haut, Reizungen der Atemwege und Augen und mitunter auch zu Allergien führen. Emissionen von →Monomeren während des Abbindens sind wahrscheinlich. Es handelt sich um →Epichlorhydrin bei den Epoxidharzklebstoffen und um →Isocyanate bei den R. auf Polyurethanbasis (Polyurethan-Klebstoffe). Bei Verwendung von R. auf der Basis von Formaldehyd-Harzen kann es zur Ausgasung von →Formaldehyd kommen. Ohne technische Notwendigkeit sollen sie daher nicht zum Einsatz kommen. Polyurethan- bzw. Reaktionsharz-Klebstoffe sind im Sinne der TRGS 610 keine Ersatzstoffe für stark lösemittelhaltige Klebstoffe (Industrieverband Klebstoffe e.V., TKB1).

Reaktionslacke R. sind ein- oder zweikomponentige →Anstrichstoffe, die nach dem Auftragen durch chemische Reaktion mit der Luft und/oder der Komponenten untereinander („chemisch“) härten. Beschichtungen mit R. ergeben harte Oberflächen und sind hochbeständig gegen mechanische und chemische Beanspruchungen. R. werden für →Parkettversiegelungen, Möbelbeschichtungen und gewerbliche Anstriche auf Holz verwendet. Zu den R. werden →Lacke auf der Basis von ungesättigten →Polyestern, →Epoxidharzen, →Polyurethanen, Methylmethacrylaten und Formaldehyd-Harzen gezählt. Bei 2-Komponenten-R. enthält das eine Gebinde das Monomer mit Zusatzstoffen und das andere den Härter, Beschleuniger oder den anderen Reaktionspartner. R. haben zum Teil einen hohen Gehalt an →Lösemittel (bis 50 %).

Bei unsachgemäßem Umgang sind akute und chronische Gesundheitsschäden möglich: Während der Verarbeitung von R. werden vergleichsweise große Mengen an flüchtigen organischen Substanzen (→VOC) freigesetzt. Es kommt zu Emissionen von →Monomeren wie →Isocyanaten (→Polyurethan-Lacke), →Epichlorhydrin (→Epoxidharzlacke), →Styrol, Acrylnitril (ungesättigte Polyesterlacke), →Formaldehyd (Formaldehydlacke) u.a. Gesundheitsgefährdungen gehen ggf. auch von den Lackhilfsstoffen sowie Härtern (Amine) aus. Reste von R. sind stark umweltgefährdend und damit Sonderabfall.

Reaktionsprodukte →Sekundäremissionen

Reaktivverdünner R. in Bautenanstrichstoffen sind viskositätssenkende Stoffe, die bei Trocknung oder Härtung eines Beschichtungsstoffes chemisch in den Film eingebaut werden. →UV-härtende Lacke

Recycling R. ist die →Stoffliche Verwertung von Abfällen, evtl. unter Einsatz von Energie und neuen Rohstoffen. Die Grenzen für ein ökologisch und ökonomisch sinnvolles R. liegen dort, wo der Aufwand für Sammlung, Reinigung und Aufbereitung der Abfälle ein höheres Ausmaß an Umweltbelastungen nach sich zieht als der Einsatz von →Primärrohstoffen. Neben der reinen stofflichen Verwertung sind auch Mischformen aus stofflicher und →Energetischer Verwertung möglich. Es ist zu unterscheiden zwischen Verwertung auf gleichwertigem Niveau (R. im eigentlichen Sinne) und der Verwertung zu Materialien oder Produkten zu minderer Qualität (→Downcycling). Folgende Hierarchiestufen des R. können unterschieden werden:

1. Wiederverwendung:
   Produkt wird so lange wie möglich für den ursprünglich beabsichtigen Zweck eingesetzt (lange Nutzungsdauer).
2. Weiterverwendung:
   Produkt wird für einen anderen Zweck eingesetzt.
3. Verwertung:
   Produkt wird als Rohstoff für die Herstellung von qualitativ gleichwertigen Produkten eingesetzt.
4. Downcycling:
   Produkt wird als Rohstoff für die Herstellung von qualitativ minderwertigeren Produkten eingesetzt.

Zur Fertigung qualitativ hochwertiger Recyclingprodukte ist sortenreines, möglichst unverschmutztes Material erforderlich. So macht die Sortenvielfalt der verwendeten Kunststoffe ein wirtschaftliches und ökologisch sinnvolles R. heute praktisch unmöglich, obwohl theoretisch ein hochwertiges R. möglich wäre. →Abfall, →Bau- und Abbruchabfälle, →Sekundärrohstoffe, →Verwertung von Baustellen- und Abbruchabfällen, →Wiederverwendung, →Weiterverwendung

Recyclingaluminium Aus Neu- und Altschrotten hergestellte Guss- und Knetlegierungen, Vorlegierungen und →Aluminium für Desoxidationszwecke. →Sekundäraluminium

Recyclingmaterialien →Sekundärrohstoffe

Regenerative Ressourcen →Erneuerbare Ressourcen

Reinacrylate →Acrylharze

Rekultivierung R. bezeichnet die Herrichtung und Wiedernutzbarmachung von Abbauflächen, Deponien oder sonstiger zerstörter Landschaftsteile für die Land- und Forstwirtschaft. Im Gegensatz zur →Renaturierung stellt die R. die Bewirtschaftung in den Vordergrund. Die R. besteht in der Regel darin, dass die Abbauflächen mit für den Abbauzweck ungeeignetem Gesteinsmaterial ganz oder teilweise verfüllt werden, Rohboden aufgebracht und dieser bepflanzt wird.

Relative Luftfeuchte Die R. gibt an, wie viel Prozent Wasserdampf die Luft, bezogen auf die →Sättigungsdampfmenge, enthält. Die R. hat eine große Bedeutung für die →Behaglichkeit in →Innenräumen. Übliche Werte der R. in Wohn- und Arbeitsräumen liegen im Behaglichkeitsbereich zwischen 40 und 60 %. Im Winter kann die R. auch unter 30 % sinken. →Luftfeuchte

Relieftapeten R. sind →Tapeten, die eine fühlbare Oberflächenstruktur aufweisen. Diese Struktur kann durch Prägen (→Prägetapeten) oder durch Schäumen (→Profilschaumtapeten) hergestellt sein. Prägetapeten sind die ökologischere Alternative.

Renaturierung Unter R. versteht man die Wiederherstellung von naturnahen Lebensräumen an vom Menschen bewirtschafteten oder veränderten Standorten (z.B. Steinbrüche, Sandgruben, kultivierte Bodenflächen, begradigte Flüsse). Die größten Schwierigkeiten liegen meist darin, dass die zu renaturierenden Böden in der Regel stark verdichtet und oft mit Chemikalien, Schwermetallen oder Öl verseucht sind. Wichtig ist vor allem die Entsiegelung des Bodens, also die Rückgängigmachung der Flächenversiegelung. Danach wird versucht, durch Besiedelung mit heimischen Pflanzen und Tieren eine dem natürlichen Standort angepasste vielfältige Lebensgemeinschaft zu entwickeln. Viele Pflanzen- und Tierarten wie z.B. Orchideen, Neuntöter, Flussregenpfeifer und Kreuzkröte, die man in renaturierten Steinbrüchen antrifft, sind in der Kulturlandschaft selten geworden. Steinbrüche können so wertvolle Rückzugsräume bieten, die mithelfen, das Überleben vieler Lebewesen dauerhaft zu sichern.

Reproduktionstoxisch Fortpflanzungsgefährdend. →R-Stoffe

Resistenzklassen Einige Bäume lagern im Kernholz Inhaltsstoffe ein, die auf Schadorganismen toxisch wirken. Die R. geben den Grad der Beständigkeit des ungeschützten Holzes gegen Befall durch holzzerstörende Pilze bei lang anhaltender Holzfeuchtigkeit oder bei Erdkontakt an (DIN EN 350-2). Die Auswahl natürlich dauerhafter Holzarten bietet sich als Maßnahme des →Konstruktiven Holzschutzes zur Vermeidung von →Chemischem Holzschutz an. Da Splintholz bei allen Holzarten nicht dauerhaft resistent ist (Resistenzklasse 5), müssen splintfreie Hölzer verwendet werden. Von den heimischen Hölzern sind nur Robinie, Eiche, Edelkastanie und Gebirgslärche im Freien zulässig.

Tabelle 117: Dauerhaftigkeit von splintfreiem Kernholz gegenüber Pilzbefall (Quelle: Informationsdienst Holz: „Holz im Außenbereich". Arbeitsgemeinschaft Holz, Düsseldorf (Hrsg.); Entwicklungsgemeinschaft Holzbau (EGH) in der Deutschen Gesellschaft für Holzforschung, München; Bearbeitung: Schmidt, H., 12/2000)

Holzart (wissenschaftlicher Name)	Dauerhaftigkeit des Kernholzes gegenüber Pilzbefall [1)]	Anmerkungen
Douglasie (Pseudotsuga menziesii)	3 (DIN 68 364)	
	3 (DIN EN 350-2)	Aus Nordamerika
	3 – 4 (DIN EN 350-2)	Kultiviert in Europa
		Kesseldruckimprägniert auch für GK 4 Bei Holz aus kultivierten Beständen Imprägnierung auch bei GK 3 empfohlen
Fichte (Picea abies)	4	Reagiert träge auf Befeuchtung BS-Holz vorwiegend aus Fichte
Kiefer (Pinus sylvestris)	3 – 4	Harzhaltig Splint gut imprägnierbar Imprägniert auch für GK 3 und GK 4
Lärche (Larix decidua)	3 – 4	Harzhaltig Kernholz ohne Splint auch in GK 3 einsetzbar Bei hohem Splintholzanteil kesseldruckimprägniert auch für GK 4
Tanne (Abies alba)	4	Reagiert träge auf Befeuchtung Vereinzelt für BS-Holz Kesseldruckimprägniert auch für GK 3 und GK 4
Amerikanische Roteiche (Quercus rubra)	4	Verwechslungsgefahr mit europ. Eiche Nicht für Bauteile im Freien geeignet und deshalb bei Angeboten ausschließen
Eiche (Quercus robur und Quercus petraea)	2	Inhaltsstoffe wirken korrosiv auf Metalle und können Fassaden verschmutzen Bei Angeboten ausdrücklich europäische Eiche fordern (siehe Nr. 6)
Robinie (Robinia pseudoacacia)	1 – 2	In größeren Abmessungen nur beschränkt verfügbar Relativ lange Lieferzeiten Inhaltsstoffe wirken korrosiv auf Metalle und können Fassaden verschmutzen

Afzelia	1	Importholz. Sehr resistent, daher gut geeignet für Einsatz in Bewitterung
Azobé (Bongossi)	1 (DIN 68 364) 2 v (DIN EN 350-2)	Importholz. Sehr dauerhaft im Wasserkontakt. Ein breites Zwischenholz zwischen Kernholz und Splintholz hat eine natürliche Dauerhaftigkeit von nur 3. Drehwüchsig
Teak	1 1 – 3	Importholz. Plantagenholz hat nicht immer die gleiche natürliche Dauerhaftigkeit wie Teakholz aus dem Urwald.

1 = Sehr dauerhaft, 2 = Dauerhaft, 3 = Mäßig dauerhaft, 4 = Wenig dauerhaft, 5 = Nicht dauerhaft
v = Die Art zeigt ein ungewöhnlich hohes Ausmaß an Variabilität.
[1)] Für Splintholz ist die Resistenzklasse 5 anzusetzen.

Resorcin R. ist das 1,3-Dihydroxybenzol. Die beiden anderen isomeren Hodroxybenzole sind das Brenzcatechin (1,2-Dihydroxybenzol) und das Hydrochinon (1,2-Dihydroxybenzol). Dihydroxybenzole reizen Augen, Haut und Atemwege. R. ist sehr giftig für Wasserorganismen und daher als umweltgefährlich eingestuft. R. wird u.a. zur Herstellung von Bindemitteln für →Holzwerkstoffe verwendet.

Restmonomere Die Moleküle der Kunststoffe (Polymere) sind aus einer Vielzahl kleiner Moleküle, den Monomeren, zusammengesetzt. Da bei der Herstellung von Kunststoffen nie eine 100%ige Umsetzung der Reaktionspartner erreicht werden kann, verbleibt in den Polymeren ein geringer Teil an Monomeren. Diese R. können z.B. aus Bauprodukten oder Produkten der Inneneinrichtung in die Raumluft übertreten. Beispiele für solche R. sind Styrol, →Butadien, Acrylnitril, →Vinylchlorid, →Isocyanate, →Formaldehyd und →Phenole. Die (natürlichen) Biopolymere wie z.B. Naturharze sind nach anderen Prinzipien aufgebaut und geben keine Monomere ab.

Reststoffdeponie R. ist ein Deponietyp gemäß österr. →Deponieverordnung, auf dem anorganische Reststoffe mit geringer Auslaugbarkeit ohne Gesamtbeurteilung abgelagert werden können. Der Anteil an organisch gebundenem Kohlenstoff (TOC) muss unter 3 % liegen. Eine Immobilisierung ist für Reststoffe meist unumgänglich. Die R. hat zumindest im Bereich der Aufstandfläche des Deponiekörpers über einen geologisch und hydrogeologisch möglichst einheitlichen, geringdurchlässigen Untergrund zu verfügen. Die Deponiebasisdichtung ist mit einer Kombinationsdichtung bestehend aus einer mindestens dreilagigen mineralischen Dichtungsschicht von mindestens 75 cm Gesamtdicke und einer direkt aufliegenden PE-HD-Kunststoffdichtungsbahn mit einer Mindestdicke von 2,5 mm herzustellen.

Reststoffe Stoffe, der bei der Energieumwandlung oder bei der Herstellung, Bearbeitung oder Verarbeitung von Stoffen anfallen, ohne dass der Zweck des Anlagenbetriebes hierauf gerichtet ist („Summe aller unerwünschten Outputs des Produktionsprozesses“).

Retentionsbereich Die Trennung organischer Stoffgemische zum Zweck der Analyse erfolgt vielfach mittels Gaschromatographie (GC). Die zu untersuchende Probe wird zunächst verdampft und in ein strömendes Trägergas geleitet. Die Probenteilchen (Moleküle) durchströmen anschließend eine Säule, an deren Wandung sich ein festes oder flüssiges Trägermaterial befindet. Die Probenteilchen haften unterschiedlich fest am Säulenmaterial, wodurch eine Trennung des Stoffgemisches erfolgt. Am Ende der Säule erreichen die Probenteilchen einen Detektor, der die Verweildauer auf der Säule (Retentionszeit) und die Menge der Probenteilchen registriert. Die Retentionszeit ist charakteristisch für das jeweilige Probenteilchen und trägt zu seiner Identifikation bei. Der Bereich zwischen den Retentionszeiten zweier Stoffe wird als R. bezeichnet.

Retentionsmittel →Hautverhinderungsmittel

Richtlinien für Schadstoffe →Schadstoff-Richtlinien

Richtwerte Zur Begrenzung bzw. zur Beurteilung von Schadstoff-Konzentrationen in der Innenraumluft werden Grenzwerte, R. und Orientierungs- bzw. Referenzwerte festgelegt bzw. abgeleitet. Wesentliche Merkmale bzw. Unterschiede dieser Werte sind im Folgenden beschrieben:

	Merkmal	Toxikologisch begründet	Gesetzlich festgelegt
Grenzwerte	Max. zulässige Konzentration eines Schadstoffs	Ja	Ja
Richtwerte	Konzentration eines Schadstoffs, bei deren Überschreitung unter dem Gesichtspunkt der Gesundheitsvorsorge bzw. der Gefahrenabwehr Maßnahmen ergriffen werden sollten	ja	Nein Festlegung durch Behörden oder Fachgremien, allgemein anerkannte Werte
Orientierungswerte Referenzwerte	Konzentration eines Schadstoffs, wie sie bei statistischen Erhebungen festgestellt wurde	Nein	Nein

Ried →Schilfrohrplatten

Riemenparkette R. bestehen aus Massivholzriemen mit 350 und 1.500 mm Länge und 45 und 100 mm Breite. Die Riemen werden durch eine angehobelte Feder untereinander verbunden. R. werden entweder vollflächig verklebt oder auf eine Unterkonstruktion geschraubt oder genagelt. Sie sind sehr gut renovierbar (5- bis 7-mal abschleifbar). →Massivparkette, →Holzböden, Parkettklebstoffe, →Parkettversiegelungen, →Ölen und Wachsen

Risiko R. ist die Möglichkeit eines Schadens.

RLT-Anlagen →Raumlufttechnische Anlagen

Robinie Das →Splintholz ist gelblichweiß bis hellgelb oder gelblichgrün, das →Kernholz von gelblichgrüner bis grünlichbrauner oder hellbrauner Färbung, unter Lichteinfluss goldbraun oder schokoladenbraun nachdunkelnd, matt glänzend. Das Holz ist grobporig und mit gestreifter bzw. gefladerter Textur. R. ist schwer und hart. Das Holz zeigt ausgezeichnete Festigkeitseigenschaften, hohe Elastizität, große Zähigkeit, hohes Durchbiegungsvermögen und hohen Abnutzungswiderstand. Es ist wenig schwindend mit gutem Stehvermögen. Die Oberflächenbehandlung ist problemlos; das Holz ist sehr gut zu polieren. Der Witterung ausgesetztes Kernholz ist von ausgesprochen hoher Dauerhaftigkeit, ebenso in Erd- und Wasserkontakt. Bei der Verarbeitung ist auf Schutz vor →Holzstaub (krebsverdächtig) zu achten. Wegen des geringen mengenmäßigen Anfalls und der meist schlechten Stammform, die oft keine längeren fasergeraden Abschnitte zulässt, wird das Holz lediglich als Werkholz eingesetzt. Es findet Verwendung als Pfahlholz, für Werkzeugstiele, Leitersprossen, im Tief- und Brückenbau, für Parkett (→Holzparkett), Treppenstufen, Fenster und Türen. R. ist ein gutes Drechslerholz.

Rohaluminium R. wird als Primäraluminium (→Hüttenaluminium) oder →Sekundäraluminium bereitgestellt. Die Abgrenzungen zwischen Primär- und Sekundäraluminium wird mit den sich verändernden Schrottströmen zunehmend verwässert: Immer mehr Hüttenproduzenten setzen heute zusätzlich zu dem im Elektrolyseprozess hergestellten Primäraluminium auch noch Schrotte oder aus Schrotten umgeschmolzene, so genannte Sows zur Auffüllung der Gießereikapazität ein. →Aluminium, →Bauxit

R

Roheisen Die Eisenerze werden hauptsächlich im Tagebau (Skandinavien, Brasilien, Kanada, Australien) gewonnen. Sehr feine Erze werden entweder durch Pelletieren (mit Bentonit, einem natürlich vorkommenden Tonmineral) oder Sintern (mit Koks, Hochofenstaub und Kalkstein) stückig gemacht. Ausgangsmaterial (Deutschland 1991): 60 % Sinter, 31 % Pellets, 9 % Stückerze. Der Hochofen wird schichtweise mit dem Erz und Koks (Brennmaterial und Reduktionsmittel) beschickt. Das metallische geschmolzene R. wird abgestochen und zu Barren gegossen. Als Zuschläge kommen Kalk, Olivin, Dolomit sowie Bauxit, Flussspat und Quarz zur Anwendung. Die Zuschläge reduzieren die hohen Schmelztemperaturen von 1.700 bis 2.000 °C der Gangart der Erze und der Asche des Kokses auf 1.300 bis 1.400 °C.

Die Rohstoffverfügbarkeit von Eisenerz bei gleich bleibendem Verbrauch beträgt noch ca. 80 Jahre. Hoher Flächenverbrauch bei der Gewinnung; hoher Koksverbrauch: in Deutschland durchschnittlich 390 kg Koks pro t R.; hoher Transportaufwand; Bildung von →Dioxinen und Furanen und anderen Schadstoffen (v.a. →Schwermetalle) bei der Sinterung sowie hohe Kohlendioxidemissionen. Eingeatmete eisenhaltige Stäube und Rauche von Eisenoxiden (Magnetit, Hämatit und Limonit) verursachen die Rote Eisenlunge (Speicherung der Stäube und Rauche in der Lunge, Siderosen). Die Schweißerlunge ist eine Eisenoxid-Speicherlunge.

Rohgips →Gipsstein

Rohkupfer Vorprodukt der →Primärkupfer-Herstellung

Romankalk R. ist ein Begriff für italienische Kalksorten, die wie Trasskalk hydraulisch erhärten. Er wird durch Brennen aus kalkarmem Mergel hergestellt. →Hochhydraulischer Kalk, →Kalkmergel

Rosskastanie →Splint- und →Kernholz sind von mehr oder weniger gleicher heller, gelblichweißer bis schwach rötlicher oder bräunlicher Färbung, teilweise auch unterschiedlich stark streifig durchzogen. R. ist sehr feinporig, von homogener, feinfaseriger Struktur und ohne deutliche Zeichnung, meist drehwüchsig. Das Holz ist schlicht, bei welligem Faserverlauf jedoch geflammt.

R. ist mittelschwer und ziemlich weich. Das Holz ist von geringer Festigkeit und Elastizität, mäßig schwindend mit gutem Stehvermögen, Beizen, Farben und Lacke problemlos annehmend, gut polierbar, aber nicht witterungsfest. Bei der Verarbeitung ist auf Schutz vor →Holzstaub (krebserzeugend gem. →TRGS 906) zu achten.

Da das Holz der R. meist drehwüchsig ist, vielfach fehlerhaft und von schlechter Stammform, ist die Verwendung begrenzt. Es wird meist für Verpackungen eingesetzt und von der Span- und Faserplattenindustrie aufgenommen. Gute Qualitäten werden für gröbere Drechsler- und Schnitzarbeiten, Holzschuhe und Bürstenstiele, als Blindholz sowie massiv für einfache Möbel verwendet.

Rostschutzmittel →Korrosionsschutzanstriche

R-Stoffe R-Stoffe sind reproduktionstoxische Stoffe im Sinne des Gefahrstoffrechts (D, EU). Es wird unterschieden zwischen einer Beeinträchtigung der Fortpflanzungsfähigkeit (Fruchtbarkeit, R_F) und einer Fruchtschädigung (Entwicklungsschädigung, R_E).

- R_F1/R_E1: Stoffe, die beim Menschen die Fortpflanzungsfähigkeit (Fruchtbarkeit) beeinträchtigen/die beim Menschen bekanntermaßen fruchtschädigend (entwicklungsschädigend) wirken
- R_F2/R_E2: Stoffe, die als beeinträchtigend für die Fortpflanzungsfähigkeit (Fruchtbarkeit) des Menschen angesehen werden sollten/die als fruchtschädigend (entwicklungsschädigend) für den Menschen angesehen werden sollten
- R_F3/R_E3: Stoffe, die wegen möglicher Beeinträchtigung der Fortpflanzungsfähigkeit (Fruchtbarkeit) des Menschen zur Besorgnis Anlass geben/die wegen möglicher fruchtschädigender (entwicklungsschädigender) Wirkungen beim Menschen zur Besorgnis Anlass geben

Verzeichnisse der Stoffe, die auf der Grundlage gesicherter wissenschaftlicher Erkenntnisse als krebserzeugend, erbgutverändernd oder fortpflanzungsgefährdend eingestuft sind:

1. Gefahrstoffrecht:
   - Anhang I der RL 67/548/EWG (gemäß § 5 der GefStoffV)
   - TRGS 905 (Verzeichnis krebserzeugender, erbgutverändernder oder fortpflanzungsgefährdender Stoffe). Die TRGS 905 führt Stoffe auf, die nicht im Anhang I der Richtlinie 67/548/EWG genannt sind, sowie Stoffe, für die der AGS eine von der RL 67/548/EWG abweichende Einstufung beschlossen hat. Für die in der TRGS 905 aufgeführten Stoffe wird eine EU-Legaleinstufung angestrebt.
   - TRGS 906 (Verzeichnis krebserzeugender Tätigkeiten oder Verfahren nach § 3 Abs. 2 Nr. 3 GefStoffV)
2. Empfehlungen:
   - MAK- und BAT-Werte-Liste der Senatskommission zur Prüfung gesundheitsschädlicher Arbeitsstoffe innerhalb der Deutschen Forschungsgemeinschaft DFG
   - WHO, IARC Monographs, Overall Evaluations of Carcinogenicity to Humans

R-Symbol Das R. der Arbeitsgemeinschaft kontrolliert deklarierte Rohstoffe e.V. (ARGE kdr) kennzeichnet die für ein Bauprodukt verwendeten Ressourcen. In einer 10er-Skala im R. werden grün die nachwachsenden Anteile, gelb die mineralischen und rot die fossilen Produktanteile ausgewiesen. Die „Ressourcen-Symbolik" soll eine Grundlage für zukünftige Produktentwicklungen schaffen und die Umstellung auf →Nachwachsende Rohstoffe fördern. Das R. basiert auf den von den Herstellern gemachten Angaben. Analysen zur Umwelt- und Gesundheitsverträglichkeit (z.B. Emissionsanalysen) finden nicht statt. Das R. ist kein Umweltlabel, sondern versteht sich als ein ergänzendes Kennzeichnungssystem. →Label für Bauprodukte, →natureplus, →Blauer Engel

Rüster (Ulme) Das →Splintholz ist hellgelb bis gelblichweiß, das →Kernholz je nach Art und Standort hellbraun über rotbraun bis schokoladenbraun gefärbt, unter Lichteinfluss nachdunkelnd. Es ist grobporig und mit markanter gestreifter bzw. gefladerter Textur.
R. ist mittelschwer und ziemlich hart, hat gute Festigkeitseigenschaften und ist sehr elastisch und zäh. Es ist mäßig schwindend mit gutem Stehvermögen. Gedämpft ist R. gut zu biegen. Die Behandlung der Oberflächen bereitet keine Schwierigkeiten, Trocknungsstörungen bei SH-Lacken möglich; es ist gut polierbar. Unter Wasser und im Boden ist R. von hoher Dauerhaftigkeit, jedoch weniger gut witterungsbeständig. Bei der Verarbeitung ist auf Schutz vor →Holzstaub (krebserzeugend gem. →TRGS 906) zu achten. Unangenehmer Geruch möglich.
Durch das so genannte Ulmensterben sind die Vorkommen stark dezimiert, sodass das Holz nicht in den gewünschten Mengen verfügbar ist. Es findet Verwendung im Möbelbau für Massivholzmöbel, im Innenausbau für dekorative Wand- und Deckenbekleidungen, Treppen, Parkett (→Holzparkette), Türen und Einbaumöbel.

Rutschsicherheit Bodenbeläge müssen in vielen Einsatzbereichen eine gewisse Rutschsicherheit bieten. Für öffentliche und gewerbliche Bereiche sind die Anforderungen in dem berufsgenossenschaftlichen Merkblatt ZH 1/571 (Deutschland) geregelt. Das Merkblatt weist die Räume aus, für die Anforderungen bestehen z.B. Räume mit nutzungsbedingter Rutschgefahr in Schulen, Einrichtungen der Gesundheits- und Wohlfahrtspflege, Schalterräumen, gewerbliche Bereiche.
Die Bodenbeläge werden in Rutschklassen R 9 bis R 13 eingeteilt. Ergänzend gibt es Klassen für Verdrängungsräume (offene Hohlräume zwischen oberen Geh- und Entwässerungsebenen) bei profilierten Bodenbeläge V 4 bis V 10. Letztere spielen praktisch nur bei keramischen Bodenbelägen eine Rolle. Elastische Bodenbeläge erreichen in der Regel die Klassen R 9 und R 10, seltener R 11.

R 9: Sehr geringe Anforderungen (Eingangsbereiche, Treppen, OP-Räume, Laborräume)

R 10: Geringe Anforderungen (Toiletten, Waschräume, Teeküchen, Werkräume in Schulen, Lehrküchen in Schulen)

R 11: Ein Verdrängungsraum ist nicht vorgeschrieben (z.B. Küchen für Gemeinschaftsverpflegung)

R 12: Hohe Anforderungen, vorgeschriebener Verdrängungsraum (z.B. Kühlräume für unverpackte Ware)

R 13: Sehr hohe Anforderungen, vorgeschriebener Verdrängungsraum (z.B. Mayonnaiseherstellung)

Die Prüfung der Rutschsicherheit erfolgt am unbehandelten Bodenbelag im Labor. Sie muss aber auch während der Nutzung eingehalten werden. Es sind also nur Reinigungssubstanzen zu wählen, die die Rutschsicherheit des Bodenbelages nicht negativ beeinflussen.

Die Rutschsicherheit hängt nicht nur vom Bodenbelag, sondern auch von dem Sohlenmaterial ab. Deshalb sollen in Räumen mit Rutschgefahr auch entsprechend geeignete Schuhe getragen werden. Die Rutschfestigkeit wird durch die Strukturierung der Oberfläche erreicht – dadurch wird aber die Reinigung erschwert. Daher müssen die Erfordernisse an die Rutschfestigkeit genau überprüft werden.

RW Richtwerte für die Innenraumluft (RW I und RW II). →Innenraumluft-Grenzwerte

R-Wert →AgBB-Schema

R

S

Sachbilanz Bestandteil einer →Ökobilanz gem. EN ISO 14040, der die Zusammenstellung und Quantifizierung von Inputs und Outputs eines gegebenen Produktsystems im Verlauf seines →Lebenszyklus umfasst. S. umfasst Datensammlung und Berechnungsverfahren zur Quantifizierung.

Sättigungsdampfdruck Der Dampfdruck ist der Partialdruck des Wasserdampfes am Gesamtluftdruck. Er ist von der Temperatur der Luft abhängig: Warme Luft kann deutlich mehr Wasserdampf aufnehmen als kalte. Ab einem bestimmten Dampfdruck kann die Luft keinen weiteren Wasserdampf mehr aufnehmen und das evtl. überschüssige Wasser kondensiert aus. Man spricht in diesem Zusammenhang vom Sättigungsdampfdruck.

Sättigungsdampfmenge Die Luft kann nur eine begrenzte Menge an Wasser in Dampfform aufnehmen („Sättigungsdampfmenge"). Diese Wasserdampfmenge ist umso höher, je höher die Lufttemperatur ist. →Luftfeuchte

Säurehärtende Lacke S. (SH-Lacke) bestehen aus →Harnstoff-, →Melamin- oder →Phenol-Formaldehyd-Harzen, denen →Alkyd- oder →Acrylharze beigegeben sind. Die Grundstoffe sind in →Lösemitteln gelöst. Üblich ist auch eine Zugabe von →Nitrolacken mit →Phthalaten als →Weichmacher. Es werden 1- und 2-Komponenten-S. unterschieden. Als Härterbeschleuniger werden entweder schwache Säuren (Phosphor- oder Alkylphosphorsäure) oder starke Säuren (p-Toluolsulfonsäure) verwendet. S. werden in der Möbelindustrie, zur Versiegelung von Holzböden (→Parkettversiegelung) und als Einbrennlack in der Automobilindustrie verwendet. Aufgrund ihrer Wetterbeständigkeit werden sie auch als Fassadenanstrich verwendet.

Als Lösemittel verwendete →Alkohole, →Ketone und →Ester werden in die Umwelt freigesetzt. In der Regel wird nach der Anwendung von S. der gesundheitsbezogene Grenzwert für →Formaldehyd maßgeblich überschritten. Gesundheitsgefährdungen können auch von den verwendeten Lackhilfsstoffen ausgehen. Die Konzentration verschiedenster Substanzen wie z.B. des Reizstoffes iso-Butanol kann gegenüber unbelasteten Räumen stark erhöht sein. .

Saflor-Öl S. ist ein aus dem fetten Samenöl des Saflors (Färber-Distel) hergestelltes, trocknendes Öl, das – zum gilbungsarmen Bindemittel verdickt – in Produkten der →Pflanzenchemiehersteller verwendet wird. S. ist reich an ungesättigten Fettsäuren und wird auch als Speiseöl (Distelöl) geschätzt. Der Saflor wird in Indien, dem Iran, Nordafrika und Nordamerika angebaut.

Salmiakgeist Eine 10%ige →Ammoniaklösung in Wasser wird als S. bezeichnet.

Samttapeten →Velourtapeten

Sand Als S. bzw. Brechsand werden die körnigen mineralischen Bestandteile des Bodens mit einer Korngröße von maximal 4 mm bezeichnet. Die Korngrößen von 4 – 32 mm werden als →Kies bezeichnet. Feiner als S. ist Schluff mit einer Korngröße 0,002 – 0,06 mm. S. entsteht bei der Verwitterung vieler Gesteine. Die mineralische Zusammensetzung des Ausgangsmaterials und das Ausmaß seiner Verwitterung bestimmen in erster Linie, welche Minerale in den Sandfraktionen enthalten sind. Quarzsand: fast reines Siliciumdioxid ohne Beimengungen; Flusskiessand: glatte runde Körner ohne Beimengungen; Grubensand: kantige Körner, meist →Lehm als Beimengung (Ablagerung von Eiszeitgletschern); Lösssand: sehr feinkörnig mit Ton- und Kalkbeimengungen (Windablagerung). Die Gewinnung der S.-Vorkommen erfolgt im Trocken- oder →Nassabbau. S. wird im Hochbau als Schüttungen in Decken, als Zuschlagsmaterial in Betonen, Mauersteinen und Mörteln oder als Rohstoff z.B. für die Herstellung von →Porenbeton, →Kalksandstein und →Glaswolle eingesetzt.

Bei der Gewinnung von S. und Kiesen entstehen große, tiefe Gruben, die starke Eingriffe in Natur und Landschaft darstellen. Heute wird daher bereits bei der Genehmigung des Abbaus die Art der →Rekultivierung oder →Renaturierung nach Ende der Abbautätigkeit festgelegt. Die nutzbaren Ressourcen von Kies und S. sind erschöpft: Lediglich ein Drittel der Kiesvorkommen stehen irgendwann zum Abbau zur Verfügung, den restlichen Vorkommen stehen Vorgaben des Grundwasser- und Landschaftsschutzes oder eine Bebauung der Nutzung entgegen. Trotz großer theoretischer Vorkommen ist daher eine Substitution von S. und Kiesen durch →Sekundärrohstoffe aus mineralischem Abbruchmaterial von großer Bedeutung. →Nassabbau und Abbau in ökologisch sensiblen Flusslandschaften sollte nach Möglichkeit vermieden werden. →Mineralische Rohstoffe, →Tagebau

Sandsteine S. sind natürlich vorkommende Sedimentgesteine aus Sandkörnchen, die durch Diagenese (chemische Vorgänge in Verbindung mit Verdichtung des Gefüges) zu Festgestein umgebildet wurden. Die Kornbindung wird durch ein Bindemittel bewirkt, das karbonatisch, tonig, quarzitisch (kieselig) oder eine Kombination dieser drei sein kann. Die Bildung des Bindemittels erfolgt durch Ausfällung der gelösten Stoffe aus der Porenlösung. S. können einen sehr vielfältigen Mineralbestand haben. S., deren Komponenten zu mehr als 90 % aus Quarzkörnern bestehen, werden als Quarzsandstein bezeichnet. →Kalksandsteine sind S. aus den Hauptgemengeteilen Calcit und Quarz (mindestens 50 % Quarzanteil). Sie werden auch industriell gefertigt.

Das Bindemittel hat einen wesentlichen Einfluss auf die Festigkeit und sonstigen technischen Eigenschaften des Gesteins. Bei geringem Bindemittelanteil ist das Gestein mürbe und „sandet“. S. mit hohem Bindemittelanteil weisen ein geringeres Porenvolumen und damit geringeres Wasseraufnahmevermögen auf. S. mit kieseligem Bindemittel sind sehr widerstandsfähig und wetterbeständig. S. mit tonigem Bindemittel sind gegen Feuchtigkeit empfindlich (Anhauchen erzeugt Lehmgeruch). S. mit kalkigem Bindemittel sind empfindlich gegen saure Industrieabgase (Schwefeldioxid, Stickoxide).

S. bestehen zumeist aus vergleichsweise weichem Gesteinsmaterial und sind deshalb leicht zu bearbeiten. Sie werden für Massivbausteine, Verblendmauerwerk, als Pflastersteine und für Steinmetzarbeiten verwendet.

Sanfte Chemie Der Begriff der S. wurde von Hermann Fischer zusammen mit Chemiker-Kollegen geprägt. Bei diesem Konzept geht es um Nachhaltigkeit, also um den Einsatz regenerierbarer Rohstoffe, die Nutzung dieser Rohstoffe unterhalb der Regenerationsrate und um eine sanfte, ökologische Technik bei der Verarbeitung und Nutzung dieser Rohstoffe. Hermann Fischer hat dazu neun Kernthesen aufgestellt (Die neun Kernthesen einer Sanften Chemie. In: Plädoyer für eine Sanfte Chemie, C. F. Müller Verlag, Karlsruhe, 1993).

Fischer nimmt folgende Abstufung von Stoffen und Produkten vor:

– 1. Klasse: Naturprodukte im allerengsten Sinne: Produkte dieser Klasse werden allein von der Natur geschaffen, ohne Einwirkung des Menschen. Hierzu gehören z.B. Holz, Kieselsteine oder Quellwasser, das von selbst zutage tritt.
– 2. Klasse: Kultivierte Naturprodukte: Stoffe dieser Klasse werden unter maßvoller Einwirkung des Menschen auf natürliche Prozesse bzw. auf die Rohstoffe gewonnen. Eine solche Einwirkung besteht z.B. im Einritzen von Bäumen zur Gewinnung von Kautschukmilch oder im Ausgraben von Mineralien. Weiterhin gehören hierzu Naturprodukte, die durch den Menschen einer rein physikalischen Verarbeitung unterworfen werden, z.B. die Gewinnung von Balsamterpentinöl durch Destillation von Kiefernharzbalsam. Schließlich werden hierzu auch Produkte gezählt, bei denen der natürliche Rohstoff einer einfachen chemischen Umwandlung unterzogen wurde. Voraussetzung ist ein weitgehender Strukturerhalt. Ein Beispiel ist die Her-

stellung von Bienenwachs-Ammoniumseife durch Verseifung von Bienenwachs mit Ammoniaklösung (Netzmittel für Farbenpigmente).
– 3. Klasse: Degenerierte Naturprodukte: Stoffe dieser Klasse werden unter erheblicher Einwirkung des Menschen auf die natürlichen Rohstoffe gewonnen. Hierzu gehören Produkte, zu deren Herstellung zwar auch natürliche Stoffe zum Einsatz kommen, diese aber einer erheblichen Strukturveränderung unterworfen werden. Ein Beispiel sind die Alkydharze, die aus einem Pflanzenöl (Leinöl) und einer Chemikalie als zweiter Komponente hergestellt werden.
– 4. Klasse: Vollsynthetische Produkte: Stoffe dieser Klasse werden vollsynthetisch hergestellt. Hierzu zählen auch synthetisch hergestellte Substanzen, die Naturstoffen in der chemischen Struktur entsprechen. Insbesondere sind es aber Stoffe, die von ihrer chemischen Struktur her keine natürlichen Vorbilder haben. Beispiele sind Polystyrol-Schaumstoffe.

Sanierung →Schadstoff-Sanierung

Sanierungszielwert Mit S. wird das Konzentrationsniveau bezeichnet, das nach Abschluss von Sanierungsarbeiten erreicht werden sollte. →Schadstoff-Richtlinien, →Schadstoff-Sanierung

Sanitärsilikon →Silikon-Dichtstoffe

Sauerkrautplatten Umgangssprachlicher Ausdruck für →Holzwolle-Leichtbauplatten.

SBR →Styrol-Butadien-Kautschuk

SBS →Sick-Building-Syndrom

Schadstoffarme Bauprodukte Der Begriff S. ist nicht verbindlich definiert. S. erfüllen hohe Anforderungen hinsichtlich gesundheitlicher Qualität und Umweltqualität. Sie enthalten keine Stoffe natürlicher oder synthetischer Herkunft und keine Verunreinigungen, die bei der Verwendung, dem Gebrauch und der Entsorgung des Bauproduktes problematisch für die Gesundheit oder die Umwelt sind. →natureplus, →Blauer Engel

Schadstoffarme Lacke →Lacke, →Schadstoffarme Bauprodukte

Schadstoffe in Innenräumen →Innenraum-Schadstoffe

Schadstoff-Messungen S. dienen der Feststellung von Schadstoffen in →Innenräumen bzw. deren Beurteilung (s. Tabelle 118).

Tabelle 118: Analysematrices und deren Aussagekraft zur Schadstoff-Belastung in Innenräumen

Probenart/ Matrix	Aussagekraft
Material	Quantitativer (ggf. nur qualitativer) Schadstoffnachweis in Materialien Identifizierung von Schadstoffquellen
Hausstaub	Allgemeiner Schadstoffnachweis Halbquantitative Abschätzung der Quellstärke Abschätzung der Schadstoffaufnahme (oral) durch Kleinkinder
Raumluft	Feststellung der Schadstoff-Konzentration in der Raumluft Abschätzung der Exposition (für Inhalation) Grundlage zur Feststellung der Sanierungsnotwendigkeit (nicht bei →Asbest)

Schadstoff-Richtlinien Aus § 3 der Landesbauordnungen leitet sich die Notwendigkeit eines bauordnungsrechtlichen Handelns zum Schutz vor Luftverunreinigungen in Gebäuden ab: „Anlagen sind so anzuordnen, zu errichten, zu ändern und instand zu halten, dass die öffentliche Sicherheit und Ordnung, insbesondere Leben, Gesundheit und die natürlichen Lebensgrundlagen, nicht gefährdet werden.“ Ist in Bezug auf Schadstoffe aus Bauprodukten ein baurechtliches Handeln erforderlich, wird die allgemeine Vorgehensweise länderübergreifend koordiniert. Innerhalb der →ARGEBAU ist dafür die Projektgruppe Schadstoffe zuständig. Diese

erarbeitet technische Regeln zum Erkennen, Bewerten und Sanieren von Schadstoffbelastungen in bestehenden Gebäuden. Als Technische Baubestimmungen wurden bisher folgende S. eingeführt:
- Richtlinie für die Bewertung und Sanierung schwach gebundener Asbestprodukte in Gebäuden (Asbest-Richtlinie)
- Richtlinie zur Bewertung und Sanierung PCB-belasteter Baustoffe und Bauteile in Gebäuden (PCB-Richtlinie)
- Richtlinie zur Bewertung und Sanierung PCP-belasteter Baustoffe und Bauteile in Gebäuden (PCP-Richtlinie)
- ETB-Richtlinie zur Begrenzung der Formaldehydemission in die Raumluft bei Verwendung von Harnstoff-Formaldehydharz-Ortschaum

Darüber hinaus wurden von der Projektgruppe die „Hinweise für die Bewertung und Maßnahmen zur Verminderung der PAK-Belastungen durch Parkettböden mit Teerklebstoffen in Gebäuden (→PAK-Hinweise)" erarbeitet.

Schadstoff-Sanierung Maßnahmen zur Entfernung, Beschichtung, räumlichen Trennung oder chemischen Umwandlung von Schadstoffen bzw. von schadstoffhaltigen Bauteilen zur Herstellung eines Objektzustands, bei dem von dem/den betreffenden Schadstoff/en für die Nutzer keine gesundheitliche Gefahr mehr ausgeht.
Die Feststellung der Dringlichkeit einer S. erfolgt anhand:
- Raumluftmessung (Bsp.: Formaldehyd, PCB, PCP)
- Checkliste (Bsp.: Asbest)
- Baulicher Zustand, Hausstaub (Bsp.: PAK-haltige Parkettkleber)
- Baulicher Zustand (Bsp.: KMF)

Ziel der S. ist die Unterschreitung eines unter Vorsorgegesichtspunkten festgelegten Grenz-/Richtwertes (→Schadstoff-Richtlinien). Dies kann erreicht werden durch:
- Entfernen schadstoffbelasteter Bauteile
- Beschichten und Bekleiden schadstoffbelasteter Bauteile
- Räumliche Trennung schadstoffbelasteter Bauteile
- Entfernen schadstoffbelasteter Bereiche von Bauteilen
- Chemische Behandlung, chemische Bindung
- Entfernen oder Reinigen sekundärbelasteter Materialien oder Gegenstände

Die Erfolgskontrolle der S. erfolgt i.d.R. durch eine Raumluftmessung. Schutzmaßnahmen bei S. werden getroffen zum Schutz
- der Beschäftigten des Sanierungsunternehmens,
- der Gebäudenutzer,
- des Gebäudes,
- der Umwelt.

Die Schutzmaßnahmen werden unterteilt in:
1. Organisatorische Schutzmaßnahmen, z.B.
   - Mitteilung an die Behörde (Tätigkeiten mit Asbest)
   - Leitung und Aufsicht durch fachlich geeignete Person
   - Betriebsanweisung und Unterweisung
2. Technische Schutzmaßnahmen, z.B.
   - Technischer Luftwechsel/Unterdruck
   - Einhausung, Personal- und Materialschleuse
   - Geeignete Sauggeräte
   - Sammlung der Abfälle in geeigneten Behältern
3. Hygienische Schutzmaßnahmen, z.B.
   - Persönliche Schutzausrüstung
   - Umkleide, Waschgelegenheit
   - Arbeitsmedizinische Vorsorgeuntersuchung

Schafwolle-Dämmstoffe S. sind Dämmstoffe aus Schafwolle, die für Wärme- und Schallschutzzwecke eingesetzt werden. Die Schafe werden ein- bis zweimal pro Jahr geschoren. Pro Schaf und Jahr werden ca. 7 kg Rohwolle gewonnen. Für Dämmstoffe wird meist regional anfallende Schafwolle verwertet, manche Hersteller beziehen ihre Rohstoffe auch am Wollmarkt. Die geschorene Wolle wird zu Ballen komprimiert und der Wäscherei zugeführt, wo Verunreinigungen wie Wollfett, Schmutz und Schweiß mit Kernseife und Soda entfernt werden und üblicherweise das →Mottenschutzmittel aufgebracht wird. Die Dämmstoffe sollten im Gegensatz zu Schafwollteppichen auch aus öko-

logischer Sicht mit einem nicht ausgasenden Mottenschutz behandelt sein, da bei unbehandelten oder falsch behandelten S. bereits mehrmals Mottenbefall aufgetreten ist, der großen (auch ökologischen) Schaden anrichten kann. In Pressballen wird die Wolle ins Werk transportiert, wo sie über einen Reißwolf geleitet, von Knäueln befreit, in einer Kardiermaschine entflochten und danach zu sehr feinen Vliesen verarbeitet wird. Die Vliese werden bis zur gewünschten Dicke übereinander gelegt und anschließend vernadelt. Die in der Kadiermaschine anfallende Feinwolle wird entstaubt und als Stopfwolle verwendet. Schafwolle ist von Natur aus schwer entflammbar und entzündet sich erst bei ca. 560 °C. Nur bei sehr leichten Produkten – die auch geringeren Wärmeschutz aufweisen – finden daher →Borate als Flammschutzmittel Einsatz.
S. werden in Form von Dämmmatten, Dämmbahnen, Stopfwolle, Dichtungszöpfen oder -schnüren eingesetzt. Filze mit Natronkraftpapier oder PE-Bahnen tragen zur Trittschallverbesserung unter Parkettböden bei. S. eignen sich auch hervorragend für technische Isolierungen und als Schalldämmung. Zur Sanierung formaldehydbelasteter Innenräume stehen spezielle Schafwollvliese zur Verfügung, deren Wirksamkeit vom →ECO-Umweltinstitut in Zusammenarbeit mit dem Deutschen Wollforschungsinstitut (DWI) nachgewiesen wurde.
S. sind üblicherweise in →Baustoffklasse B2 (einige Produkte auch in B1) eingestuft, die →Wärmeleitfähigkeit beträgt ca. 0,04 W/(mK), die Rohdichte liegt zwischen 13 und 120 kg/m³.
Die Nachfrage an Schafwolle aus der Textilindustrie ist in den letzten Jahrzehnten stark gesunken. In mehreren Ländern Europas wurde daher Schafwolle als unerwünschtes Nebenprodukt der Mutterlammhaltung verbrannt. In Form von Dämmstoffen fand Schafwolle einen sinnvollen, neuen Einsatz, der unterstützt werden sollte. Die extensive Schafhaltung, wie sie in Mitteleuropa üblich ist, trägt wesentlich zur Erhaltung der Kulturlandschaft bei. Bei der Gewinnung mitteleuropäischer Wolle erfolgt kein massiver Chemieeinsatz oder Überweidung wie in den riesigen Schafzuchtfarmen in Australien oder Neuseeland. Im deutschsprachigen Raum werden mittlerweile nur S. mit überwiegend europäischer Schafwolle erzeugt. Schafwolle enthält keine gesundheitsgefährdenden Faserstäube und zeigt eine gute feuchtigkeitsregulierende Wirkung.
Die am häufigsten eingesetzten Mottenschutzmittel in S. basieren auf dem Wirkstoff Sulcofuron, ein Harnstoffderivat, das nicht aus der Wolle ausgast und seit Jahrzehnten in der Textilindustrie eingesetzt wird. Das Mottenschutzmittel dient vor allem als Schutz vor dem Einbau. Das Einwandern von keratinverdauenden Insektenlarven von außen in die Schafwolldämmung sollte konstruktiv verhindert werden. Ohne synthetisches Mottenschutzmittel ist ein patentierter S. aus Schurwolle, Naturkautschukmilch (nicht vulkanisiert, nicht stabilisiert), Borsalz und weiteren Zusatzstoffen unter 1 % (Eisenoxid, Kalk und Tonerde) am Markt. Die Motten- und Teppichkäferbeständigkeit wurde laut Herstellerangaben von der Eidgenössischen Materialprüfungsanstalt bestätigt.
S. sind sehr gut weiterverwendbar, evtl. sollte der Mottenschutz erneuert werden; nicht mehr benötigte Schafwolle wird von den Herstellern zurückgenommen und zu Stopfwolle oder Dämmplatten verarbeitet. Die Entsorgung erfolgt über Verbrennung in Müllverbrennungsanlagen. →Wärmedämmstoffe, →Natur-Dämmstoffe

Schalldämmmaß →Luftschalldämmung

Schalldämmstoffe S. sind Baustoffe, die infolge ihres Federungs- und Schallabsorptionsvermögens zur Erhöhung der Luft- und/oder Trittschalldämmung (meist in Verbindung mit anderen Baustoffen) und/oder zur Schallschluckung oder zur →Schalldämpfung in Räumen und Hohlräumen herangezogen werden können. Eine wichtige Kenngröße von Dämmstoffen, Schall zu absorbieren, ist der spezifische Strömungswiderstand. Je größer der Strömungswiderstand, desto besser kann Schall absorbiert werden. Faserdämmstoffe wie beispielsweise Mineralwolle (→Mineralwolle-Dämmstoffe) oder →Schafwolle besitzen einen hohen Strömungswiderstand und sind daher gut zur Hohlraumdämpfung oder in Versatzschalen zur Schallabsorption geeignet (→Luftschalldämmung). Belastbare Dämmstoffe für den →Trittschallschutz, z.B. unter schwimmenden Estrichen verlegte S., müssen ein ausreichendes Federungsvermögen, d.h. eine möglichst geringe dynamische Steifigkeit aufweisen. Bei der Dämmstoffauswahl sind schalldämmende und wärmedämmende Eigenschaften immer gemeinsam zu betrachten und entsprechend dem Einsatzort und der Verwendungsart zu bewerten. →Wärmedämmverbundsysteme können die Schalldämmung einer Wand durch Resonanz verschlechtern, darauf sollte vor allem bei Sanierungen geachtet werden. Im Neubau wird dieser Effekt bei den Schallschutznachweisen einberechnet.

Schalldämmung S. ist die Verhinderung bzw. die Behinderung der Schallwellenfortpflanzung durch eine Trennfläche. →Schallschutz, →Luftschalldämmung, →Trittschallschutz

Schalldämpfung Die S. ist eine Schallabsorption mit offenporigem bzw. faserigem Dämmmaterial und dient dem Abbau, nicht aber der völligen Absorption von Schall. →Schalldämmstoffe, →Schalldämmung

Schallschutz Als Schall werden für den Menschen hörbare Schwingungen bezeichnet, die sich vom Ort der Entstehung, der Schallquelle, durch feste, flüssige und gasförmige Stoffe wellenförmig ausbreiten. Ihre Weiterleitung im Stoff ist abhängig von dessen Beschaffenheit. Werden Schallwellen durch Luft übertragen, spricht man von →Luftschall, bei Übertragung durch feste Stoffe von →Körperschall bzw. Trittschall (→Trittschallschutz), eine für den S. in Gebäuden wichtige Sonderform des Körperschalls. Unter aktivem S. versteht man die Bekämpfung von Lärm am Entstehungsort, unter passivem S. die Dämmung bereits entstandenen Lärms. Die wesentlichen Vorschriften für den S. im Hochbau sind in der DIN 4109 zusammengefasst.

Schallschutzverglasung Der Schallschutz von Fenstern ist üblicherweise schlechter als jener der Wand, in die sie eingebaut sind. Fenster spielen daher für das Schalldämm-Maß der gesamten Wand eine wichtige Rolle. Einfachverglasungen weisen ein Schalldämm-Maß von 20 bis 25 dB auf, zweifach verglaste Fenster etwa 30 dB, spezielle S. Werte von 35 bis 52 dB. Der bessere Schallschutz wird durch höhere Glasdicken, asymetrischen Aufbau der Glasscheiben, größeren Luftzwischenraum zwischen den Gläsern und Verbundscheiben mit spezieller Akustikfolie erreicht. Seit den 1970er-Jahren wird das Gas →Schwefelhexafluorid (SF_6) in S. eingesetzt, da es durch seine physikalischen Eigenschaften das Schalldämmmaß um bis zu 4 dB erhöht. Diese deutliche Verbesserung tritt allerdings nur bei hohen Frequenzen auf und steht einer Verschlechterung der Schalldämmung bei tiefen Frequenzen gegenüber. Zudem führt der Einsatz von SF_6 in Mehrscheiben-Isolierglas-Fenstern zu einer Verminderung der Wärmedämmung der Scheibe. Das →Treibhauspotenzial von Schwefelhexafluorid ist fast 25.000-mal so hoch wie jenes von Kohlendioxid. Die im Jahr 2000 in Deutschland emittierten Schwefelhexafluorid-Mengen von ca. 200 t entsprechen daher dem Treibhauspotenzial von 5 Mio. t Kohlendioxid. Auch ohne SF_6-Füllung lassen sich S. fertigen. Die zusätzlich entstehenden Kosten sind gering. Berechnungen ergeben, dass die geringen Mehrkosten für eine hohe Schalldämmung ohne Schwefelhexafluorid durch Einsparungen bei den Heizkosten ausgeglichen werden können. Auf den Einbau Schwefelhexafluorid-isolierter Scheiben ist demnach sofort zu verzichten. In Österreich ist die Verwendung von Schwefelhexafluorid als Füllgas bereits seit dem 1.7.2003 verboten (HFKW-FKW-SF_6-Verordnung). Seit dem 1.1.2004 ist auch das Abgeben von Fenstern, die Schwefelhexafluorid enthalten, nicht mehr gestattet. Die Europäische Kommission sieht in ihrem Verordnungsentwurf zwar ein Verbot für Schwefelhexa-

fluorid in dieser Anwendung vor, jedoch erst zwei Jahre nach dem Inkrafttreten der Verordnung.
Ob der Einsatz einer S. notwendig ist, muss im Einzelfall abgeklärt werden. Vor der Entscheidung für eine S. muss bedacht werden, dass der erhöhte Schallschutz nur bei geschlossenem Fenster wirkt. Auf den Einsatz von S. mit Schwefelhexafluorid als Füllgas ist jedenfalls zu verzichten.

Schalöle →Betontrennmittel

Schaltafeln S. (Schalplatten) bestehen aus Nadelholz und sind mit mechanischer Verbindung und mit oder ohne Stahlprofilschutz der Hirnkanten versehen. Sie sind wasserfest verleimt und meistens mit Kunstharz oberflächenbehandelt.

Schaumglas-Dämmplatten S. sind geschlossenzellige, gas- und dampfdichte, wasserundurchlässige und vollkommen feuchteunempfindliche →Wärmedämmstoffe aus aufgeschäumtem Glas. Da sie zusätzlich sehr druckfest sind, liegen die Hauptanwendungsgebiete bei erdberührten Bauteilen (Perimeterdämmung, Bodenplattendämmung, Flachdachdämmung) sowie allen druckbelasteten Anwendungen. Infolge Dampfdichtheit sind sie auch für Innendämmungen ohne zusätzliche Dampfbremse geeignet. Den größten Rohstoffanteil nimmt mittlerweile →Altglas ein (mehr als 50 % nach Herstellerangaben). Weitere Rohstoffe sind Glasrohstoffe wie Quarzsand, Feldspat, Soda, Kalkstein sowie die Zusatzstoffe Eisenoxid und Manganoxid. Aus den Glasrohstoffen wird eine Glasschmelze hergestellt, die extrudiert, zerkleinert und zu Glaspulver vermahlen wird. Das Blähmittel Kohlenstoff kann in Form von Koks, Magnesiumcarbonat, Calciumcarbonat, Zucker, Glycerin und Glykol zugegeben werden. Danach wird das Gemisch auf ca. 1.000 °C erhitzt. Beim Oxidieren des Kohlenstoffs entstehen Gasblasen, die in der abgekühlten Masse eingeschlossen werden. Nebenbestandteile der Gasfüllung sind Schwefelwasserstoff (0,7 %) und Stickstoff (0,2 %). S. werden entweder mit Kaltklebern oder in Heißbitumen vollflächig und vollfugig mit dem Baukörper verklebt oder trocken direkt in Feinsplitt, Sand oder Frischbeton verlegt. →Wärmeleitfähigkeit: 0,045 – 0,06 W/(mK); nicht brennbar (→Baustoffklasse A1); nicht für Schallschutzmaßnahmen geeignet; fäulnisfest, resistent gegen Ungeziefer, alterungsbeständig. S. ermöglichen eine wärmebrückenfreie Umhüllung des Gebäudes bei Anwendung unter flächig lastabtragenden Gründungsplatten.
Hoher Energiebedarf bei der Herstellung. Durch die Verwendung von Altglas konnte der Energiebedarf für die Produktion aber deutlich gesenkt werden, da der Schmelzpunkt des Altglases unter jenem des Rohstoffgemisches liegt. Bei der Verarbeitung von Schaumglas in →Heißbitumen können Belastungen mit polycyclischen aromatischen Kohlenwasserstoffen und Bitumendämpfen auftreten. Für das Kaltkleben sollten →Bitumenemulsionen eingesetzt werden. Bei Beschädigung von S. können Teile der Gasfüllung freigesetzt werden, die gesundheitlich unbedenklich sind, aber wegen des Schwefelwasserstoffgehalts nach faulen Eiern riechen. Beim Verarbeiten sind Augenreizungen durch Glasstaub möglich. Da S. häufig im Außenbereich eingesetzt und dadurch bitumenverklebt ist, ist es praktisch nicht wiederverwendbar. In Sandbett verlegte Platten dagegen können weiterverwendet oder als Schotter im Straßenbau verwertet werden. S. sind problemlos deponierbar.

Schaumglas-Schotter S. wird in einem Doppelschäumungsprozess aus gemahlenem Altglas erzeugt. Er ist geschlossenzellig, frostsicher und kann in Qualitäten mit hoher Druckfestigkeit erzeugt werden. Im Hochbau kann S. als Leichtzuschlag für →Beton, als Wärmedämmung gegen das Erdreich und auf unterkellerten, befahr- oder begehbaren Gebäudeteilen (→Wärmeleitfähigkeitszahl: 0,07 – 0,17 W/(mK)) verwendet werden. Im Tiefbau findet S. vielseitige Anwendungsmöglichkeiten, z.B. als Längs- und Querentwässerung von Straßen oder als Schüttung direkt auf der Rohplanie.

Schaumstoffe S. sind nach DIN 7726 Werkstoffe, die über ihre ganze Masse verteilte, offene oder geschlossene Zellen aufweisen und eine Rohdichte besitzen, die niedriger ist als die Rohdichte der Gerüstsubstanz. Als Gerüstsubstanz können sowohl organische Polymere (Schaumkunststoffe) als auch anorganische Materialien (Schaumbeton, Schaumglas) dienen. Die DIN 7726 klassifiziert die Schaumstoffe in Hartschaumstoffe, halbharte Schaumstoffe, Weichschaumstoffe, elastische und weichelastische Schaumstoffe in Abhängigkeit ihres Verformungswiderstandes bei Druckbelastung.

Schaumkunststoffe aus organischen Polymeren lassen sich aufteilen in Hartschäume, Weichschäume und Integralschäume. Die technisch wichtigsten Basis-Polymere für Hartschäume sind →Polystyrole, →Polyurethane und →Polyisocyanurate (PIR); daneben haben auch →Polyolefine, Formaldehyd-Harze und →Polyvinylchlorid eine gewisse Bedeutung. Charakteristische Eigenschaften von Hartschäumen sind ein hohes Dämmvermögen, eine gute Feuchtigkeitsbeständigkeit und eine hohe mechanische Festigkeit. Polymer-Basis für Weichschäume sind in den meisten Anwendungen Polyurethane.

Integralschäume, auch als Strukturschaumstoffe bezeichnet, sind nach DIN 7726 Schaumstoffe, die zwar über den gesamten Querschnitt chemisch identisch sind, deren Dichte von außen nach innen aber kontinuierlich abnimmt. Sie sind gekennzeichnet durch einen weichen oder porösen Kern und eine nahezu massive Randzone. Auch für Integralschäume ist die Polymer-Basis meist Polyurethan.

Nach Anwendungsgebieten lassen sich unterscheiden:

- Dämmschäume:
  Polyisocyanurat-Schäume, →Polystyrol-Schäume (EPS = expandiertes Poylstyrol; XPS = Extrudiertes Polystyrol), Dämmschäume auf Kautschuk-Basis, Polyethylen-Dämmschaum
- Montage-Schäume:
  Polyurethan-Schäume
- Schäume für Polstermöbel und Matratzen:
  Polyurethan-Schäume

Die Schaumstruktur der S. entsteht auf zwei unterschiedliche Weisen:

1. Einsatz eines „chemischen" Treibmittels, das aufgrund von chemischen Reaktionen bei der Polymerisation selbst entsteht. Bsp.: Verschäumung von Polyurethan. Sind bei der →Polyaddition Wasser oder Carbonsäuren zugegen, reagieren diese mit den →Isocyanaten unter Abspaltung von Kohlendioxid, das auftreibend und schaumbildend wirkt.
2. Einsatz eines „physikalischen" Treibmittels. Hierbei werden Stoffe oder Zubereitungen als Blähmittel zugesetzt, die während der Polymerisation entweder aus flüssiger Lösung verdampfen oder sich bei Erreichen einer bestimmten Temperatur unter Gasbildung (Kohlendioxid, Stickstoff) zersetzen. Als physikalische Treibmittel geeignet sind z.B. leichtflüchtige organische Verbindungen wie →Pentan, aber auch →FCKW, →HFCKW oder HFKW (→FKW/HFKW).

Vorteile beim Einsatz physikalischer Treibmitteln:

- Es gelangen keine zusätzlichen Komponenten in die Schaum-Matrix.
- Die verdampfenden Treibmittel sorgen für eine Kühlung der unter Energieabgabe ablaufenden Polyadditionsreaktionen bei Schäumen auf Polyurethanbasis.
- Durch eine geeignete Auswahl kann das Treibmittel als Zellgas für eine Verbesserung der wärmedämmenden Eigenschaften des Schaums sorgen.

Aufgrund dieser Vorzüge ist das Verschäumen mit physikalischen Treibmitteln in vielen Anwendungen das dominierende Verfahren.

Allen S. ist gemeinsam, dass sie für die praktische Anwendung mit →Flammschutzmitteln ausgerüstet werden. Dies sind insbesondere →Polybromierte Diphenylether (PBDE), →Polybromierte Biphenyle (PBB), →Hexabromcyclododecan (HBCD), →Tetrabrombisphenol A (TBBPA), Chlorparaffine (CP) sowie halogenierte und nicht halogenierte →Organophosphate.

Schaumtapeten →Profilschaumtapeten

Schaumvinyltapeten →Profilschaumtapeten

Schellack S. wird aus den Ausscheidungen der asiatischen Lackschildlaus hergestellt. Dazu werden die Harzkrusten von den Baumzweigen gelöst, heiß durch Tücher filtriert und gebleicht. Lackschildläuse werden vom Menschen seit über 4.000 Jahren gehegt. S. wird als Bindemittel für Lacke verwendet. Er ist gesundheitlich unbedenklich. Beispiel-Rezeptur für einen glänzenden S.-Klarlack eines →Pflanzenchemieherstellers: Schellack, →Kopalharz, →Alkohol (→Ethanol), Lärchenharz-Balsam.

Schellack-Ammoniumseife S. ist ein modifiziertes →Naturharz.

Schellack-Klarlacke S. zählen zu den →Naturharz-Lacken. Als Bindemittel wird der gesundheitlich unbedenkliche →Schellack verwendet. Bei manchen S.-Produkten kann allerdings bis zu 10 % →Citrusschalenöl enthalten sein (geruchsintensiv, allergieauslösend, Herstellerdeklaration beachten). Beispiel-Rezeptur für einen glänzenden S. eines →Pflanzenchemieherstellers: →Schellack, Kopalharz, Alkohol (Ethanol), Lärchenharz-Balsam; für samtmatten Klarlack: Schellack, Kopalharz, Alkohol, →Dammar, →Kieselsäure, →Leinöl-Fettsäure, Balsamterpentinöl (→Terpentinöl), →Lecithin, →Bienenwachs, →Carnaubawachs.

Schichtholz →Furnierschichtholz

Schiefer Unterschieden werden kristalline S. (Glimmerschiefer) und schwach metamorphe, blaugraue bis rötliche oder schwarze Tonschiefer. S. besteht hauptsächlich aus Silikaten; es existieren aber auch S. aus Carbonaten (Kalk-S.) oder Oxiden (z.B. Hämatit).

Schieferimitat Als S. werden schieferplattenähnliche Fassaden- oder Dachplatten bezeichnet, die früher aus →Asbestzement (heute asbestfrei) hergestellt wurden. S. ist an den zementgrauen Kanten zu erkennen. Von intakten asbesthaltigen S.-Platten geht im Regelfall keine Gefährdung aus. →Asbest

Schieferplatten S. bestehen aus silikatisierten und entwässertem Tonschiefer. Die gespalteten Platten müssen frei von Schwefelkies, →Kalk, →Ton, →Bitumen und Kohle sein. S. sind wetterfest, frostbeständig, hitzebeständig, wasserfest und lochbar, d.h. leicht zu bearbeiten. S. von hoher Qualität werden in Deutschland nur noch selten abgebaut (Import aus Spanien, Portugal, Brasilien, weite Transportwege). S. sind in der Regel nicht radioaktiv belastet und auch sonst frei von Schadstoffen; sie können problemlos deponiert werden. →Schiefer, →Schieferimitat

Schiffboden →Holzboden, der im Schiffverband verlegt wurde. Die Stäbe werden dabei parallel zueinander verlegt, die Ansatzstellen in jeder Reihe aber etwas verschoben, sodass sich ein bewegtes, aber dennoch ruhiges Bild ergibt. Beim Englischen Verband dagegen bilden die Ansatzstellen durchlaufende Linien, die jeweils eine Reihe überspringen. Da →Massivholzdielen meist im S.-Verband verlegt werden, wird S. häufig auch synonym mit Massivholzdielen gebraucht. Ausschließlich im S.-Verband wird Parkettriemen verlegt.

Schilfrohrplatten Schilfrohr wächst jährlich in großen Mengen an geeigneten See- und Teichufern nach. Für die Pflege wird das Schilf jährlich im Winter geschnitten. Die Schilfrohrhalme werden parallel neben- und übereinander gelegt, mechanisch fest zusammengepresst und durch verzinkte Eisendrähte zu einer Dicke von 2 – 10 cm gebunden. Eine weitere Verbindungsmöglichkeit ist das Verkleben mit Weißleim.
S. finden Verwendung als Dämmstoffe, Leichtbauplatten oder Putzträger. Das Haupteinsatzgebiet ist allerdings der Schutz gegen Wind und Sonne, auf Balkonen, Pergolen oder im Garten. Die Kombination von Schilfrohr mit Kalkputz ist eine seit Jahrhunderten angewandte Putztechnik. S. haben mittlere Wärme- und Schalldämmeigenschaften und sind feuchteresistent. →Baustoffklasse B2, →Wärmeleitfähigkeit: 0,055 W/(mK), →Dampfdiffusionswiderstandszahl: 1 – 1,5.

Der Schilfgürtel ist ein wichtiges Ökosystem. Bei nachhaltiger Nutzung ist die Weiterverarbeitung des bei der Pflege ohnehin anfallenden Schilfes sinnvoll. Die Schilfressourcen sind heute bereits sehr begrenzt. Größere Schilfbestände gibt es z.B. noch am Neusiedler See (Österreich) oder Balaton (Ungarn). S. sind ein Naturprodukt ohne Chemikalienzusätze (keine Emissionen bei Herstellung und Nutzung). Es entstehen keine Produktionsabfälle. S. sind unproblematisch in Müllverbrennungsanlagen zu entsorgen.

Schimmelentferner Das Entfernen von Schimmelpilzen in Gebäuden sollte durch Fachleute erfolgen. Die Beseitigung von Schimmelpilz-Wachstum muss immer an den Ursachen ansetzen. Kleine Schimmelflecken können in Eigenregie gereinigt und desinfiziert werden, z.B. bei trockenen Flächen mit 70%igem →Ethanol bzw. bei feuchten Flächen mit 80%igem Ethanol. Handelsübliche S. enthalten als Wirkstoffe z.B. das vergleichsweise ökologisch verträgliche →Tensid →Benzalkoniumchlorid oder auch das gesundheitlich bedenklichere Natriumhypochlorit („Aktivchlor"). Eingeatmete Sprühnebel können Schäden an Atemwegen und Lunge verursachen. Außerdem besteht die Gefahr der Entstehung von Chlorgas.

Schimmelpilze S. ist ein Sammelbegriff für Pilze, die typische Pilzfäden und Sporen ausbilden können und dadurch als – oft farbiger – Schimmelbelag sichtbar werden. S. können als heterotrophe Organismen nicht wie andere Pflanzen Licht zur Erzeugung von Energie nutzen, sondern ernähren sich von organischem Material. Sie sind ein natürlicher Teil der Umwelt und kommen daher auch in →Innenräumen vor. S. in Innenräumen können entweder aus der Außenluft in den Innenraum gelangt sein oder aus Quellen im Innenraum stammen. Auch Biotonnen und Kompostieranlagen spielen eine Rolle bei der Aufnahme biogener Allergene. In Innenräumen findet man u.a. Pilze der Gattungen Penicillium, Aspergillus (Topfpflanzen) und Cladosporium.

S. benötigen zum Wachstum Feuchtigkeit, Nährstoffe und eine von der Spezies abhängige Temperatur. Für die meisten S. liegt das optimale Pilzkeimwachstum in Gebäuden bei ca. 25 °C. Einzelne Aspergillus-Arten wachsen dagegen bei 37 °C optimal, weshalb diese nach Aufnahme in den menschlichen Körper für mögliche Infektionen besonders relevant sind. Sporen und Stoffwechselprodukte (Mykotoxine) von S. können – über die Luft eingeatmet – eine allergene, toxische (reizende) und infektiöse Wirkung entfalten. Bekannte Toxine von Pilzsporen sind z.B. Aflatoxin, Ochratoxin, Gliotoxin oder Satratoxin. Die von S. produzierten und den typischen Schimmelgeruch verursachenden flüchtigen organischen Verbindungen werden als MVOC (Microbial Volatile Organic Compounds) bezeichnet. Es handelt sich dabei um ein Gemisch aus verschiedenen Stoffen wie →Alkoholen, →Terpenen, →Ketonen, →Estern und →Aldehyden. Toxische Wirkungen der MVOC sind nach heutigem Kenntnisstand aufgrund der vergleichsweise geringen MVOC-Konzentrationen nicht relevant. Allerdings können bei MVOC-Exposition gesundheitliche Beschwerden wie Schleimhautreizungen und Kopfschmerzen auftreten. Einige MVOC haben zudem sehr niedrige Geruchsschwellenwerte.

Die wichtigste Voraussetzung für S.-Wachstum ist das Vorhandensein von Feuchtigkeit. Ursachen hierfür sind meist bauliche Mängel und/oder falsches bzw. nicht gebäudeangepasstes Nutzerverhalten. Bei Feuchtigkeit im Keller, die oft Anlass für S.-Belastungen ist, sollte vorzugsweise im Winter gelüftet werden. Bei Lüftung im Sommer (insbes. am Tag) ist zu beachten, dass es beim Eintritt warmer Außenluft in den kühleren Kellerräumen zum Anstieg der rel. Luftfeuchte bzw. an kühleren Kellerinnenwänden zu Tauwasserbildung kommen kann.

Zur Bewertung einer im Innenraum gemessenen Luftkeimkonzentration muss parallel eine Außenluftmessung erfolgen. Zur Beurteilung einer S.-Belastung ist eine Differenzierung der S.-Arten eine wichtige Voraussetzung.

Die Beseitigung von S.-Wachstum muss immer an den Ursachen ansetzen. Übergangsweise können befallene Stellen evtl. gereinigt und desinfiziert werden, z.B. bei trockenen Flächen mit 70%igem →Ethanol bzw. bei feuchten Flächen mit 80%igem Ethanol. Beim Umgang mit S. sind insbesondere die →Biostoffverordnung und die ihr zugeordneten Technischen Regeln für Biologische Arbeitsstoffe zu beachten.
Von einer Exposition der Raumnutzer ist dann auszugehen, wenn Schimmelpilzbefall von einem Schadensausmaß der Kategorie 2 oder 3 vorliegt und Bestandteile wie z.B. Myzelstücke und Sporen oder Stoffwechselprodukte in die Raumluft freigesetzt werden können.

Tabelle 119: Bewertung von Schadensstellen in Innenräumen (UBA-Schimmelpilzleitfaden)

	Kategorie 1 [1)]	**Kategorie 2** [1)]	**Kategorie 3** [1)]
Schadensausmaß (sichtbare und nicht sichtbare Materialschäden)	Keine bzw. sehr geringe Biomasse (z.B. geringe Oberflächenschäden < 20 cm²)	Mittlere Biomasse; oberflächliche Ausdehnung < 0,5 m², tiefere Schichten sind nur lokal begrenzt betroffen	Große Biomasse; große flächige Ausdehnung > 0,5 m², auch tiefere Schichten können betroffen sein

[1)] Für die Einstufung in die nächsthöhere Bewertungsstufe reicht die Überschreitung einer Forderung. Beispiel: Ein Befall mit geringer Oberfläche ist nach Kategorie 2 oder 3 einzuordnen, wenn zusätzlich auch tiefere Materialschichten betroffen sind.

Tabelle 120: Erfahrungswerte zur Bewertung der Keimkonzentration (Schimmelpilze, Hefen) bei Bauprodukten (Quelle: Grün, ECO-Luftqualität + Raumklima)

Bewertung	**Anorganische Bauprodukte (z.B. Estriche, Putze, KMF-Dämmstoffe u.Ä.)**	**Bauprodukte mit Cellulose- oder Holzfasern (z.B. Tapeten, Textilien, Holzwerkstoffe)**
Sehr gering	< 1.000 KBE/g	< 1.000 KBE/g
Gering	1.000 – 5.000 KBE/g	1.000 – 10.000 KBE/g
Mittel	5.000 – 10.000 KBE/g	10.000 – 100.000 KBE/g
Hoch	10.000 – 20.000 KBE/g	100.000 – 500.000 KBE/g
Sehr hoch	> 20.000 KBE/g	> 500.000 KBE/g

KBE = Koloniebildende Einheiten

Tabelle 121: Bewertungshilfe für Luftproben – kultivierbare Schimmelpilze (UBA-Schimmelpilz-Sanierungsleitfaden). Die sieben Zeilen der Tabelle sind nicht als eigenständige Kriterien gedacht, sondern sind in einer umfassenden Auswertung gemeinsam zu betrachten. Die nachfolgenden Angaben beziehen sich auf Luftproben, die unter normalen Bedingungen gezogen wurden (keine gezielte Staubaufwirbelung).

Innenluft-Parameter	**Innenraumquelle unwahrscheinlich**	**Innenraumquelle nicht auszuschließen** [1)]	**Innenraumquelle wahrscheinlich** [2)]
Cladosporium sowie andere Pilzgattungen, die in der Außenluft erhöhte Konzentrationen erreichen können (z.B. sterile Myzelien, Hefen, Alternaria, Botrytis)	Wenn die KBE/m³ einer Gattung in der Innenraumluft unter dem 0,7 (bis 1,0)fachen der Außenluft liegen $I_{typ A} \leq A_{typ A} \times 0{,}7\ (+\ 0{,}3)$	Wenn die KBE/m³ einer Gattung in der Innenraumluft unter dem 1,5 ± 0,5fachen der Außenluft liegen $I_{typ A} \leq A_{typ A} \times 1{,}5\ (\pm\ 0{,}5)$	Wenn die KBE/m³ einer Gattung in der Innenraumluft über dem 2fachen der Außenluft liegen $I_{typ A} > A_{typ A} \times 2$

S

Summe der KBE aller untypischen Außenluftarten	Wenn die Differenz zwischen der KBE-Summe Innenraumluft minus Außenluft der untypischen Außenluftarten nicht über 150 KBE/m³ liegt $I_{\Sigma untyp\ A} \leq A_{\Sigma untyp\ A} + 150$	Wenn die Differenz zwischen der KBE-Summe Innenraumluft minus Außenluft der untypischen Außenluftarten nicht über 500 KBE/m³ liegt $I_{\Sigma untyp\ A} \leq A_{\Sigma untyp\ A} + 500$	Wenn die Differenz zwischen der KBE-Summe Innenraumluft minus Außenluft der untypischen Außenluftarten über 500 KBE/m³ liegt $I_{\Sigma untyp\ A} > A_{\Sigma untyp\ A} + 500$
Eine Gattung (Summe der KBE aller zugehörigen Arten) der untypischen Außenluftarten	Wenn die Differenz zwischen der KBE-Summe Innenraumluft minus Außenluft der Gattung nicht über 100 KBE/m³ liegt $I_{Euntyp\ G} \leq A_{Euntyp\ G} + 100$	Wenn die Differenz zwischen der KBE-Summe Innenraumluft minus Außenluft der Gattung nicht über 300 KBE/m³ liegt $I_{Euntyp\ G} \leq A_{Euntyp\ G} + 300$	Wenn die Differenz zwischen der KBE-Summe Innenraumluft minus Außenluft der Gattung über 300 KBE/m³ liegt $I_{Euntyp\ G} > A_{Euntyp\ G} + 300$
Eine Art der untypischen Außenluftarten **mit gut flugfähigen Sporen**	Wenn die Differenz zwischen Innenraumluft und Außenluft der Art nicht über 50 KBE/m³ liegt $I_{Euntyp\ A} \leq A_{Euntyp\ A} + 50$	Wenn die Differenz zwischen Innenraumluft und Außenluft der Art nicht über 100 KBE/m³ liegt $I_{Euntyp\ A} \leq A_{Euntyp\ A} + 100$	Wenn die Differenz zwischen Innenraumluft und Außenluft der Art über 100 KBE/m³ liegt $I_{Euntyp\ A} > A_{Euntyp\ A} + 100$
Eine Art der untypischen Außenluftarten **mit geringer Sporenfreisetzungsrate**, z.B. Phialophora sp., Stachybotrys chartarum	Wenn die Differenz zwischen Innenraumluft und Außenluft der Art nicht über 30 KBE/m³ liegt $I_{Euntyp\ AGS} \leq A_{Euntyp\ AGS} + 30$	Wenn die Differenz zwischen Innenraumluft und Außenluft der Art nicht über 50 KBE/m³ liegt $I_{Euntyp\ AGS} \leq A_{Euntyp\ AGS} + 50$	Wenn die Differenz zwischen Innenraumluft und Außenluft der Art über 50 KBE/m³ liegt $I_{Euntyp\ AGS} \leq A_{Euntyp\ AGS} + 50$
Diverse Pilzsporen, die nicht dem Typ Basidiosporen oder Ascospoaren angehören	Wenn die Differenz zwischen Innenraumluft und Außenluft der diversen Pilzsporen nicht über 400 KBE/m³ liegt $I_{divers} \leq A_{divers} + 400$	Wenn die Differenz zwischen Innenraumluft und Außenluft der diversen Pilzsporen nicht über 800 KBE/m³ liegt $I_{divers} \leq A_{divers} + 800$	Wenn die Differenz zwischen Innenraumluft und Außenluft der diversen Pilzsporen über 800 KBE/m³ liegt $I_{divers} \leq A_{divers} + 800$
Myzelstücke	Wenn die Differenz zwischen Innenraumluft und Außenluft der Myzelstücke nicht über 150 KBE/m³ liegt $I_{Myzel} \leq A_{Myzel} + 150$	Wenn die Differenz zwischen Innenraumluft und Außenluft der Myzelstücke nicht über 300 KBE/m³ liegt $I_{Myzel} \leq A_{Myzel} + 300$	Wenn die Differenz zwischen Innenraumluft und Außenluft der Myzelstücke über 300 KBE/m³ liegt $I_{Myzel} \leq A_{Myzel} + 300$

[1] Indiz für Quellensuche, [2] Indiz für kurzfristige intensive Quellensuche

KBE = Koloniebildende Einheiten
I = Konzentration in der Innenraumluft in KBE/m³
A = Konzentration in der Außenluft in KBE/m³
typ A = Typische Außenluftarten bzw. -gattungen (wie z.B. Cladosporium, sterile Myzelien, ggf. Hefen, ggf. Alternaria, ggf. Botrytis)
untyp A = Untypische Außenluftarten bzw. -gattungen (z.B. Pilzarten mit hoher Indikation für Feuchteschäden wie Acremonium sp., Aspergillus versicolor, A. penicillioides, A. restrictus, Chaetomium sp., Phialophora sp., Scopulariopsis brevicaulis, S. fusca, Stachybotrys chartarum, Tritirachium (Engyodontium) album, Trichoderma sp.)
Σuntyp A = Summe der untypischen Außenluftarten (andere als typ A)
Euntyp A = Eine Art, die untypisch ist in der Außenluft
EuntypAGS = Eine Art, die untypisch ist in der Außenluft und Sporen mit geringer Flugfähigkeit besitzt
Euntyp G = Eine Gattung, die untypisch ist in der Außenluft

Tabelle 122: Bewertungshilfe für Luftproben – Partikelauswertung (UBA-Schimmelpilzleitfaden). Die vier Zeilen der Tabelle sind nicht als eigenständige Kriterien gedacht, sondern sind in einer umfassenden Auswertung gemeinsam zu betrachten. Die nachfolgenden Angaben beziehen sich auf Luftproben, die unter normalen Bedingungen gezogen wurden (keine gezielte Staubaufwirbelung).

Gesamtpilzsporen Holbach Objektträger	Innenraumquelle **unwahrscheinlich**	Innenraumquelle **nicht auszuschließen**[1), 3)]	**Innenraumquelle wahrscheinlich**[2)]
Sporentypen, die in der Außenluft erhöhte Konzentrationen erreichen z.B. Typ Ascosporen, Typ Alternaria/Ulocladium, Typ Basidiosporen Cladosporium spp.	Wenn die Summe eines Sporentyps in der Innenraumluft unter dem 1 bis 1,2fachen der Außenluft liegt $I_{typ\ A} \leq A_{typ\ A} \times 1\ (+\ 0{,}2)$	Wenn die Summe eines Sporentyps in der Innenraumluft unter dem 1,6 (± 0,4)fachen der Außenluft liegt $I_{typ\ A} \leq A_{typ\ A} \times 1{,}6\ (\pm\ 0{,}4)$	Wenn die Summe eines Sporentyps in der Innenluft über dem 2fachen der Außenluft liegt $I_{typ\ A} > A_{typ\ A} \times 2$
Typ Penicillium/ Aspergillus	Wenn die Differenz zwischen Innenraumluft und Außenluft für den Sporentyp Penicillium/ Aspergillus nicht über 300 liegt $I_{\Sigma P+A} \leq A_{\Sigma P+A} + 300$	Wenn die Differenz zwischen Innenraumluft und Außenluft für den Sporentyp Penicillium/ Aspergillus nicht über 800 liegt $I_{\Sigma P+A} \leq A_{\Sigma P+A} + 800$	Wenn die Differenz zwischen Innenraumluft und Außenluft für den Sporentyp Penicillium/ Aspergillus über 800 liegt $I_{\Sigma P+A} > A_{\Sigma P+A} + 800$
Typ Chaetomium	Wenn in der Innenraumluft nicht mehr Chaetomiumsporen als in der Außenluft vorliegen $I_{Chaetom} \leq A_{Chaetom}$	Wenn die Differenz zwischen Innenraumluft und Außenluft der Chaetomiumsporen nicht über 20 liegt $I_{Chaetom} \leq A_{Chaetom} + 20$	Wenn die Differenz zwischen Innenraumluft und Außenluft der Chaetomiumsporen über 20 liegt $I_{Chaetom} > A_{Chaetom} + 20$
Typ Stachybotrys	Wenn in der Innenraumluft nicht mehr Stachybotryssporen als in der Außenluft vorliegen $I_{Stachy} \leq A_{Stachy}$	Wenn die Differenz zwischen Innenraumluft und Außenluft der Stachybotryssporen nicht über 10 liegt $I_{Stachy} \leq A_{Stachy} + 10$	Wenn die Differenz zwischen Innenraumluft und Außenluft der Stachybotryssporen über 10 liegt $I_{Stachy} > A_{Stachy} + 10$

[1)] Indiz für Quellensuche, [2)] Indiz für kurzfristige intensive Quellensuche

[3)] Bei einer geringen Sporenkonzentration (Indiz für Quellensuche) kann eine Beurteilung nur in Kombination mit einer Luftkeimsammlung erfolgen.

A = Konzentration in der Außenluft in Anzahl Sporen/m³,
I = Konzentration in der Innenraumluft in Anzahl Sporen/m³
typ A = Sporentypen, die in der Außenluft erhöhte Konzentrationen erreichen, wie z.B. Ascosporen, Alternaria/Ulocladium, Basidiosporen, Cladosporium sp.
ΣP+A = Summe der Sporen vom Typ Penicillium und Aspergillus
Chaetom = Summe der Sporen vom Typ Chaetomium sp.
Stachy = Summe der Sporen vom Typ Stachybotrys chartarum
divers = Diverse uncharakteristische Sporen, die nicht dem Typ Ascosporen, Typ Alternaria/Ulocladium, Typ Basidiosporen oder Cladosporium sp. angehören

Schlacken S. werden unterteilt in Eisenhütten-S., Schmelzkammergranulat, Metallhütten-S. und Müllverbrennungs-S. Eisenhütten-S. entstehen bei der Produktion von Roheisen (→Hochofenschlacke) und Stahl (Stahlwerks-S.). Stahlwerks-S. fallen bei der Erzeugung von Rohstahl an und werden nach dem jeweiligen Stahlerzeugungsverfahren bezeichnet als LD-S. (Linz-Donawitz-Verfahren) oder EO-S. (Elektroofen-Verfahren). In Europa wurden im Jahr 2000 ca. 25 Mio. t Hochofen-S. und ca. 16,8 Mio. t Stahlwerks-S. erzeugt. In Deutschland werden die S. fast vollständig der Wiederverwertung zugeführt. Fast 70 % des →Hüttensands fanden Verwendung bei der Zementherstellung (2000, D). Die stückige Hochofen-S. wird im Straßenbau und als Betonzuschlag verwendet. Ca. 60 % der Stahlwerks-S. werden als Baustoffe verwertet, vor allem im Straßen-, Wege- und Wasserbau.

- Schmelzkammergranulat entsteht bei der Verbrennung von Steinkohle in Schmelzkammerfeuerungsanlagen. Die Begleitgesteine der Kohle werden durch Einleiten in Wasser schockartig abgekühlt und erstarren glasig als Granulat.
- Metallhütten-S. entsteht beim Schmelzen von Blei-, Ferrochrom-, Kupfer-, Nickel- oder Zinkerzen sowie bei der Gewinnung von Zinkoxid. Je nach Abkühlungszeit entstehen kristalline Stück-S. oder ein glasiges, feinkörniges Granulat.
- Hausmüllverbrennungs-S. (HMV-S.) entsteht bei der Verbrennung von Siedlungsabfällen. Gem. Definition LAGA-Mitteilung 20 besteht die HMV-Roh-S. aus einem Gemenge von gesinterten Verbrennungsprodukten, Eisenschrott, Glas- und Keramikscherben, anderen mineralischen Bestandteilen sowie unverbrannten Resten. Die aufbereitete und abgelagerte Roh-S. wird als HMV-S. bezeichnet. Müllverbrennungs-S. wird in Deutschland hauptsächlich im Tiefbau (ungebundene Tragschichten) verwendet.

Stahlwerks-S. und Schmelzkammergranulat weisen in einigen Fällen gegenüber natürlichen G. erhöhte Schwermetallgehalte bei →Chrom, →Kupfer, →Quecksilber und Vanadium auf. Die Schwermetallbelastung von Schmelzkammergranulat ist vom eingesetzten Brennstoff abhängig. →Gesteinskörnungen

Schlackenwolle S. zählt zu den →Mineralwolle-Dämmstoffen. Die Fasern gehören zur Gruppe der →Künstlichen Mineralfasern. Die Herstellung von S. erfolgt aus Hochofenschlacken der Stahl- und Buntmetallindustrie, denen →Kalkstein, →Dolomit, →Quarz, →Ton und →Diabas zugesetzt wird. S. ist insbesondere mit →Schwermetallen und →Arsen belastet und kommt im Baubereich heute praktisch nicht mehr zum Einsatz. Bei der Herstellung von S. kam es zu einer Erhöhung von Lungenkrebsfällen, für die vermutlich auch der Arsengehalt verantwortlich war.

Schlämmkreide S. ist in Wasser angesumpfte →Kreide zum Anstreichen (Schlämmen) von Wänden.

Schlussanstrich →Anstrichstoffe

Schmelzkammergranulat →Schlacken

Schmelzklebstoffe S. werden in festem Zustand – als Pulver oder Folie – zwischen die zu verbindenden Körper gebracht und durch Erwärmen aufgeschmolzen. Die Klebeschicht bildet sich beim Abkühlen. S. aus der Klebepistole gibt es für Holz, Pappe, Kunststoffe. Wichtige Grundstoffe für Schmelzklebstoffe sind Ethylen-Vinylacetat-Copolymere, →Styrol-Butadien-Kautschuk und →Polyamide sowie →Polyester. Nichthärtende S. gibt es auch auf Bitumenbasis (→Bitumenklebstoffe) oder aus →Polyvinylbutyral (PVB), →Polyvinylacetat (PVAC), →Polyisobutylen. Härtende S. werden aus →Epoxidharzen, →Melaminharzen oder Phenolharzen hergestellt. S. sind lösemittelfrei. Als →Additive werden Antioxidantien (v.a. Butylhydroxytoluol „BHT“, allergen) eingesetzt (Radikal-Fänger). S. werden mittels geheizten Handwerkzeugen oder Maschinen flüssig aufgetragen. Sie erstarren nach kurzer Zeit bei geringem Andruck. Eingesetzt werden sie bei Verklebungen von Kunststoffbahnen, Dichtungsbahnen (→Bitumen-Dichtungsbahnen) und Dichtprofilen mit anderen Baustoffen.

Schnelllote S. sind →Weichlote aus 60 % →Zinn, →Blei und →Kolophonium als Flussmittel, besonders für elektronische Schaltungen. →Lötzinn

Schnellzement S. ist kalkreicher →Portlandzement mit erhöhtem Aluminium- und zusätzlichem Fluorgehalt oder →Portlandzement, →Tonerdeschmelzzement und Zusätzen (Wittener Schnellzement). S. hat eine sehr kurze Erstarrungszeit; die Verarbeitungszeit beträgt ca. 15 min. bei 20 °C.

S. wird für Ausbesserungsarbeiten verwendet (nicht für tragende Teile). →Zement

Schnittholz Ausgangsmaterial für S. ist Rundholz. Hauptprodukte:
- S. sägerau, luftgetrocknet: Latten, Holzschalung
- S., sägerau, technisch getrocknet: Konstruktiv verwendetes Bauholz z.B. Sparren
- S. technisch getrocknet, gehobelt: Außen- oder Innenverkleidung
- Kuppelprodukte: Sägespäne, Hackschnitzel, Kapphölzer etc. (Nutzung für Holzwerkstoffe, Papierindustrie, Ziegelherstellung)

Herstellung: Entrinden der Hölzer, Einschnitt mittels Gatter, Bandsäge oder Spaner, Trocknung, Hobeln, Zusammenbinden mit Stahlbändern. Die technische Trocknung erfolgt meist in Frischluft/Ablufttrockner, teilweise in Kondensations- oder Vakuumtrockner. Die technische Trocknung erfordert einen relativ hohen Energiebedarf, jedoch werden meist relativ umweltfreundliche Energieträger wie im Sägewerk anfallenden Abfälle verwendet. →Holzstaub, →Holz

Schuppenpanzerfarbe →Korrosionsschutzanstriche

Schutzgüter S. sind belebte (Menschen, Tiere) und unbelebte Güter (z.B. Gebäude).

Schutzhandschuhe S. (Arbeitshandschuhe) aus Leder können gesundheitsschädliches Chrom(VI) enthalten (→Chrom, →Chromat). S. werden heute zum größten Teil importiert. Nur etwa 10 % der Gesamtimporte entfallen auf EU-Staaten; ca. 90 % aller eingeführten S. aus Leder werden aus Drittländern bezogen, insbes. aus Pakistan, China und Indien.

Zur Ledergerbung werden in großem Umfang Chrom(III)-Salze eingesetzt. Durch Herstellungsverfahren, die nicht modernen Qualitätsstandards entsprechen, kommt es im Verlauf der Gerbung häufig zur Bildung von löslichen Chrom(VI)-Verbindungen.

Gemäß EN 420 soll ein Chrom(VI)-Gehalt von 10 mg/kg Leder nicht überschritten werden. Allerdings fallen S. im Rahmen der amtlichen Lebensmittelüberwachung immer wieder durch erhöhte Chrom(VI)-Gehalte auf.

Untersuchungsergebnisse des Instituts für Bedarfsgegenstände Lüneburg (IfB LG) aus dem Jahr 2005 zeigen, dass die Chromgerbung bei 14 von 35 Paar untersuchten S. nicht nach dem international akzeptierten Stand der Technik erfolgt ist. Bei 14 S. wurden Chrom(VI)-Gehalte von 12,2 bis 50,7 mg/kg Leder festgestellt, bei vier S. Gehalte von 10 – 20 mg/kg, bei sieben S. Gehalte von 21 – 30 mg/kg und bei drei S. Gehalte von 31 – 50 mg/kg. Von den 35 untersuchten Einzelproben wiesen lediglich elf S. einen Chrom(VI)-Gehalt von unter 10 mg/kg auf und bei nur zehn untersuchten S. war kein Chrom(VI) nachweisbar.

Schutzstufen gemäß TRGS 521 Das S.-Konzept als Teil der TRGS 521 (Faserstäube) gibt dem Arbeitgeber Hilfestellung bei der Festlegung von Schutzmaßnahmen beim Umgang mit Mineralwolle-Produkten (→Mineralwolle-Dämmstoffe) der „alten Generation“ (→Künstliche Mineralfasern):
- Schutzstufe 1: Tätigkeiten, die erfahrungsgemäß zu keiner oder nur geringer Faserexposition führen
- Schutzstufe 2: Tätigkeiten, bei denen die Einhaltung des Arbeitsplatzgrenzwertes gewährleistet ist
- Schutzstufe 3: Tätigkeiten, bei denen die Einhaltung des Arbeitsplatzgrenzwertes nicht gewährleistet ist

Voraussetzung für die Zuordnung der Tätigkeiten zu den Schutzstufen 1 und 2 ist die Einhaltung der allgemein geltenden Staubminimierungsmaßnahmen und der Grundsätze der Arbeitshygiene.

Schutzstufenkonzept Das S. gemäß § 7 Abs. 9 und 10 sowie §§ 8 bis 11 →Gefahrstoffverordnung dient der Festlegung der Schutzmaßnahmen für Tätigkeiten mit Stoffen mit toxischen Eigenschaften. Die Einteilung in eine der vier S. erfolgt anhand der Einstufung der verwendeten Chemikalien und dem Grad der aufgrund der Tätigkeit zu erwartenden Exposition der Beschäftigten. Die Schutzmaßnahmen zu den S. bauen dabei sukzessive aufeinander auf. Bei Zuordnung einer höheren S. sind die notwendigen Schutzmaßnahmen zusätzlich zu denen der niedrigeren S. zu treffen. Voraussetzung für die Festlegung der Schutzmaßnahmen sind eine korrekte Gefährdungsbeurteilung und das Gefahrstoffverzeichnis des Betriebs. Betriebanweisungen sind erst ab S. 2 erforderlich.

Schutzziel Unter dem S. versteht man die Schutzintensität, d.h. das Ausmaß des Schutzes von Schutzgütern, z.B. der menschlichen Gesundheit.

Schwachgebundene Asbestprodukte S. sind solche mit einer Rohdichte < 1.000 kg/m^3. Sie sind relativ weich, ihr Asbestgehalt beträgt ca. 20 – 100 %. S. wurden überwiegend zum Brand- und Wärmeschutz eingesetzt. Dazu gehören z.B. Spritzasbest, Asbestputz, Asbestschnüre, asbesthaltige Leichtbauplatten („Promabest") und Asbestpappen. Diese Bauprodukte fallen in den Geltungsbereich der →Asbest-Richtlinie.
Von S. in Gebäuden können durch Alterung und äußere Einwirkung, wie z.B. Luftbewegungen, Erschütterungen, Temperaturänderungen und mechanische Beschädigungen, Asbestfasern in die Raumluft freigesetzt werden. Die Faserabgabe in die Raumluft vergrößert sich mit der Verschlechterung des baulichen Zustandes der Produkte. Auch derzeit noch inaktive Produkte verschlechtern sich erfahrungsgemäß im Laufe der Zeit. Asbestfasern können eingeatmet werden und beim Menschen schwere Erkrankungen auslösen. Da eine gesundheitlich unbedenkliche Konzentration (Schwellenwert) für →Asbest nicht angegeben werden kann, muss aus Gründen des Gesundheitsschutzes entsprechend der Sanierungsdringlichkeit die Faserfreigabe in die Raumluft unterbunden und dadurch die Asbestfaserkonzentration minimiert werden. Das Gesundheitsrisiko steigt insbesondere mit der Höhe der Asbestfaserkonzentration im Raum, mit der Dauer der Einwirkung auf die Nutzer und mit der Lebenserwartung. Diese Einflussgrößen liegen der Bewertung nach Abschnitt 3.2 der Asbest-Richtlinie zugrunde. Die Verwendung S. im Baubereich ist bis auf wenige Ausnahmen (Brandschutzklappen) seit 1982 verboten, vgl. →Festgebundene Asbestprodukte.

Schwarzanstriche →Bitumenanstriche

Schwarze Wohnungen Bei dem ab etwa Mitte der 1990er-Jahre beobachteten Phänomen der S. handelt es sich um plötzlich auftretende, großflächige schwarze Ablagerungen, die in →Innenräumen meist von Neubauten oder nach Modernisierungen/ Renovierungen mit Beginn der Heizperiode auftreten. Schadensbilder befinden sich häufig über Heizkörpern und anderen Wärmequellen wie z.B. Bildschirmen oder Lampen, aber auch an Kunststoffoberflächen wie z.B. Fensterrahmen. Die Entstehung der Schwarzstaubablagerungen ist bis heute nicht abschließend geklärt.
Nach einer Hypothese von Grün (eco-Luftqualität + Raumklima GmbH, Köln; Thermophorese Modell) lassen sich die Prozesse bei der Entstehung von Schwarzfärbungen mit Thermophorese, Diffusion und Konvektion erklären. Die Abscheidung von sehr kleinen Partikeln (D < 1 µm) ist eine notwendige Voraussetzung für die Schwarzfärbung von Oberflächen. Quellen erhöhter Partikelemissionen sind Außenluft, Tabakrauch, Kochen ohne Dunstabzug, Abbrand von Kerzen und offenen Kaminen. Insbesondere in den Wintermonaten bei Inversionswetterlagen ist eine starke Zunahme kleinster Partikel in der Außenluft festzustellen. In Innenräumen entsprechen die Partikelkonzentrationen weitgehend den Außenluftwerten. Der Mechanismus der Partikelabscheidung an Raumflächen beruht auf Thermophorese. Darunter versteht man eine gerichtete Partikelbewegung in einem Temperaturgradienten. Die Partikel auf der Seite, die der höheren Temperatur zugewandt ist, erhalten häufiger und heftiger Stöße von Gasmolekülen (Luft) als auf der Seite mit der geringeren Temperatur. Bei ungedämmten Außenwänden (Altbauten) besteht der Temperaturgradient zwischen der Raumlufttemperatur und der deutlich kälteren Raumumschließungsfläche. Schwarzfärbungen machen

sich im Bereich von Mauerwerksfugen oder materialbedingten Wärmebrücken bemerkbar. Bei Neubauten (WSVO 95) und modernisierten Altbauten treten Schwarzfärbungen insbesondere über Heizkörpern auf. Die von Heizkörpern vertikal aufsteigende Luft (Konvektion) hat eine Temperatur von 30 – 35 °C. Die Oberflächentemperaturen der angrenzenden Wand liegen üblicherweise ca. 10 K niedriger. Aufgrund dieses Temperaturgradienten ist an den Flächen Thermophorese möglich. Da jedoch die Schwarzfärbungen selbst bei baugleichen Wohnungen oft nur in einzelnen Wohnungen oder Räumen auftreten, sind weitere Faktoren beteiligt, die Einfluss haben auf Richtung, Geschwindigkeit und Dauer der Konvektion. Dies sind zum einen Lage und Größe des Heizkörpers und zum anderen das Heiz- und Lüftungsverhalten der Nutzer. Eine zu geringe Dimensionierung von Heizkörpern bedingt verlängerte Ventilöffnungszeiten am Heizkörper und damit verstärkte Konvektion. Auch aus dem Nutzerverhalten können sich Situationen ergeben, die eine Partikelablagerung begünstigen:

- Die Innentüren der Wohnung sind geöffnet, nur einzelne Heizkörper sind in Betrieb.
- Die Ventilstellung der Heizkörper innerhalb der Wohnung ist aufeinander abgestimmt, die Wohnungslüftung erfolgt immer nur über ein Fenster (z.B. häufige Kippstellung).
- Die Wohnung wird nur für wenige Stunden täglich aufgeheizt, während der Zwischenphasen wird dauergelüftet.
- Die Heizkörper in den Raumecken oder an den Innenwänden sind mit Mobiliar verstellt, sodass keine Wärmestrahlung in den Raum gelangt.

Nach einer Hypothese von Moriske (Umweltbundesamt; SVOC-Modell) lagern sich →SVOC unter bestimmten Bedingungen an die in der Raumluft vorhandenen Schwebstaubpartikel an, die dann zu größeren Teilchen „zusammenbacken" und sich als schmierige Beläge an Raumflächen ablagern. Bei den SVOC handelt es sich vorwiegend um →Weichmacher (→Phthalate, →Hausstaub), langkettige Alkane, Alkohole, →Fettsäuren und Fettsäureester. Diese Stoffe sind enthalten u.a. in Anstrichstoffen, Fußbodenklebern, →PVC-Bodenbelägen, →Vinyltapeten, Kunststoff-Dekorplatten, Holzimitat-Paneelen und sonstigen Kunststoff-Oberflächen wie z.B. von Möbeln. Ablagerungen sind häufig dort festzustellen, wo Oberflächen direkt von Luft angeströmt werden, z.B. über Heizkörpern, Lampen und oberhalb von Fußbodenleisten. Neben dem Vorhandensein von SVOC in der Raumluft müssen aber noch andere Bedingungen erfüllt sein, damit sich Schwarzstaubablagerungen bilden. Insgesamt lassen sich die Bedingungen nach Moriske wie folgt unterteilen:

- Bauliche Gegebenheiten:
  - Kältebrücken
  - Schadhafte Isolierungen
  - Durchsottete Schornsteine und Kamine
- Ausstattung der Wohnung:
  - Vorhandensein zahlreicher kunststoffhaltiger Materialien, die zusätzlich Weichmacher abgeben können
  - Laminatfußböden
  - Hartschaumdekorplatten
  - Latexwandfarben, Vinyltapeten
  - Teppichböden (Natur-/synthetische Fasern)
- Raumnutzung:
  - Regelmäßige Verwendung zusätzlicher Emissionsquellen für SVOC (Öllämpchen, Kerzen)
  - Verbrennungs- und sonstige Vorgänge, die zusätzlichen Staub produzieren
  - Lüftungsverhalten

Neben den genannten Bedingungen für das Auftreten von Schwarzstaubablagerungen können auch elektrostatische Effekte eine Rolle spielen, insbesondere bei Bauteilen und Einrichtungsgegenständen mit Kunststoffoberflächen wie z.B. Fensterrahmen oder Möbel.

Schwebstaub S. ist der Anteil des Staubes, der wegen seiner geringen Partikelgröße nicht oder nur sehr langsam sedimentiert und auch über die Atmung aufgenommen wird. Die Charakterisierung von S. (Particulate matter, PM) erfolgt üblicherweise anhand der Massenkonzentration und der Größe der Partikel:

TSP: Gesamtschwebstaub, dabei wird der Großteil der luftgetragenen Partikel erfasst

PM10: Particulate matter (Feinstaub) mit einem aerodynamischen Durchmesser kleiner gleich 10 µm

PM2,5: Particulate matter (Feinstaub) mit einem aerodynamischen Durchmesser kleiner gleich 2,5 µm

→Hausstaub, →Feinstaub

Schwefeldioxid S. (SO_2) entsteht vor allem bei der Verbrennung von Kohle und Heizöl. Da S. die Atemwege reizen kann, sind Personen, die an Atemwegserkrankungen wie z.B. Asthma oder Allergien leiden, durch erhöhte S.-Konzentrationen besonders gefährdet. In hohen Konzentrationen schädigt S. außerdem Tiere und Pflanzen; die Oxidationsprodukte führen zu „Saurem Regen“, welcher Ökosysteme, Gebäude und Materialien schädigen kann (→Versäuerung). Partikelförmige Sulfate tragen zur großräumigen Belastung durch →Feinstaub bei. Die S.-Immissionen werden stark von der Witterung beeinflusst; bei lang anhaltender, kalter Winterhochdruckwetterlage kann S. über weite Strecken verfrachtet werden. In →Innenräumen kommt S. i.d.R. nur in sehr geringen Konzentrationen vor. Höhere S.-Konzentrationen können in Wohnungen mit Kohleheizungen auftreten, insbes. wenn schwefelhaltige Braunkohle verbrannt wird (neue Bundesländer, Berlin). Eine weitere Quelle für S. in der Raumluft können Textilentfärber mit Natriumdithionit sein, wenn diese in offenen Systemen (z.B. Eimer) angewendet werden.

Schwefelhexafluorid S. (SF_6) zählt zu den bedeutsamen →Fluorierten Treibhausgasen. Seit 1975 wird S. zur Erhöhung der Schalldämmung in den Scheibenzwischenraum als Mehrscheiben-Isoliergas gefüllt. S.-Emissionen entstehen bereits in der Herstellung und in der Nutzphase. Der überwiegende Teil der Emissionen tritt aber erst bei der Entsorgung auf. Die Herstellung von Isolierglasscheiben erfolgt in Deutschland überwiegend dezentral in klein- und mittelständischen Betrieben (etwa 400 Hersteller). Die Lebensdauer der Scheiben beträgt durchschnittlich 25 Jahre (Schwarz & Leisewitz, 1999).

Wegen der Besonderheiten des Prüfverfahrens nach DIN 52210-4 für die Schalldämmung von Bauteilen wurden Isolierglasscheiben mit S.-Füllung für den praktischen Einsatz gegen Straßenverkehrslärm in der Vergangenheit deutlich zu gut beurteilt. Zwar wird die Schalldämmung von Mehrscheiben-Isolierglas durch das in den Scheibenzwischenraum gefüllte S. oder Gemisch aus dem Edelgas Argon und S. gegenüber luftgefüllten Isolierglasscheiben im „bauakustisch festgelegten Frequenzbereich“ um 2 – 5 dB verbessert. Und dementsprechend ist das im Prüfzeugnis der Scheibe angegebene, verkaufswirksame Schalldämmmaß R_w um 2 – 5 dB höher. Der deutlichen Verbesserung des Dämmverhaltens bei hohen Frequenzen steht aber eine Verschlechterung der Schalldämmung bei tiefen Frequenzen gegenüber.

Auch ohne S.-Füllung lassen sich Isolierglasscheiben mit hoher Schalldämmung fertigen. Die zusätzlich entstehenden Kosten sind gering. Zudem führt der Einsatz von S. in Mehrscheiben-Isolierglas-Fenstern zu einer Verminderung der Wärmedämmung der Scheibe. Berechnungen ergeben, dass die geringen Mehrkosten für eine hohe Schalldämmung ohne S. durch Einsparungen bei den Heizkosten ausgeglichen werden können. Auf den Einbau S.-isolierter Scheiben ist demnach sofort zu verzichten. Die Europäische Kommission sieht in ihrem Verordnungsentwurf zwar ein Verbot für S. in dieser Anwendung vor, jedoch erst zwei Jahre nach dem Inkrafttreten der Verordnung. In Österreich ist die Verwendung von S. als Füllgas bereits seit dem 1.7.2003 verboten (HFKW-FKW-SF_6-Verordnung). Eine Rückgewinnung der mehr als 2.000 t S., die sich heute in Deutschland in bereits verbauten Isolierglasscheiben befinden, wäre zwar wünschenswert, ist aber aus technischen/logistischen und wirtschaftlichen Gründen nicht praktikabel. (Quelle: Fluorierte Treibhausgase in Produkten und Verfahren – Technische Maßnahmen zum Klimaschutz, UBA 2004).

Schweizer Giftliste Die S., ein Verzeichnis über ca. 176.000 giftige Stoffe und Produkte, wird vom Schweizer Bundesamt für Gesundheit (BAG) herausgegeben. In der Giftliste 1 sind Ausgangsstoffe (reine Stoffe) aufgeführt, in der Giftliste 2 Produkte für den privaten und gewerblichen Gebrauch und in der Giftliste 3 Produkte, die ausschließlich für den Gebrauch in Gewerbe und Industrie vorgesehen sind. In der S. werden die Gifte in fünf Klassen eingeteilt, wobei die Klasse 1 dem höchsten und die Klasse 5 dem niedrigsten Gefährlichkeitgrad entspricht. Die Einteilung erfolgt i.d.R. auf Grundlage der an der Ratte ermittelten akut-oralen tödlichen Dosen:

Giftklasse 1:	bis 5 mg/kg
Giftklasse 2:	5 – 50 mg/kg
Giftklasse 3:	50 – 500 mg/kg
Giftklasse 4:	500 – 2.000 mg/kg
Giftklasse 5:	2.000 – 5.000 mg/kg

Schwerflüchtige organische Verbindungen (SVOC) →SVOC sind bei einer gesundheitlichen Beurteilung der Innenraumluft bzw. der Emissionen von →Bauprodukten besonders zu beachten, da sie nicht nur vorübergehend nach der Fertigstellung des Bauwerks oder nach einer Renovierung auftreten, sondern langfristig die Innenraumluft belasten können. →VOC

Schwermetalle S. sind Metalle mit einer Dichte über 5,0 g/cm³. Das ist der größte Teil der Metalle. Zu den S. zählen u.a. →Chrom, →Eisen, →Kupfer, Mangan, →Zink, →Blei, →Quecksilber, →Cadmium, →Nickel und →Zinn. S. finden ihren natürlichen Ursprung im anstehenden Tiefengestein bzw. im Gestein unter der Bodendeckschicht.

Es gibt lebensnotwendige (essenzielle) S. (z.B. Zink, Eisen, Mangan, Kupfer) und solche, die bereits in geringen Konzentrationen toxisch sind (z.B. Blei, Cadmium, Quecksilber). S. werden verwendet z.B. zur Herstellung von Kunststoffen (Cadmium und Blei für →Polyvinylchlorid), zur Metallveredelung (Chrom und Nickel für Stähle), für →Trinkwasserleitungen (Kupfer, Eisen, Zink, früher: Blei) oder für Akkumulatoren (Blei, Nickel, Zink). Quecksilber wird in geringen Mengen für →Leuchtstofflampen und die nach dem gleichen Prinzip arbeitenden Energiesparlampen verwendet. S. sind nicht abbaubar und können sich in der Nahrungskette anreichern (z.B. Quecksilber in Fischen, Cadmium in Wurzelgemüse und Innereien). Kupfer im Abfall von Müllverbrennungsanlagen begünstigt als Katalysator die Entstehung polychlorierter →Dioxine und Furane. Zur Toxizität der S. siehe unter den entsprechenden Stichworten.

Schwerspat S. (Baryt, chemisch Bariumsulfat) ist das häufigste Bariummineral. Es findet insbesondere Verwendung zur Herstellung von Weißpigment (Lithopone) und von Schutzplatten gegen ionisierende Strahlung, außerdem als Röntgenkontrastmittel.

Sekundäraluminium Die meisten aluminiumhaltigen Abfälle müssen nach der Erfassung zunächst aufbereitet werden, da sich Legierungselemente auf metallurgischem Wege nur in begrenztem Umfang und aufwändig aus der Schmelze entfernen lassen. Vor dem Einschmelzen muss der Schrott daher in Knet- und Gusslegierungen sortiert werden oder es können daraus nur höher legierte Gusslegierungen erschmolzen werden. Nach der Aufbereitung stehen für das Einschmelzen Mischschrotte zur Verfügung, aus denen S. in Barrenform oder als Flüssigaluminium gewonnen wird. Die Schrotte können mit oder ohne Salz eingeschmolzen werden. Als Schmelzaggregate finden salzbetriebene Drehtrommelöfen oder salzlos betriebene Herdöfen Anwendung. Vereinzelt werden auch noch Induktionsöfen verwendet. Im Drehtrommelofen werden vor allem solche Schrotte eingeschmolzen, bei denen ohne diese Hilfsmittel erhebliche Metallverluste durch Oxidation zu befürchten wären. Das zunächst reine Salzgemisch wandelt sich während des Prozesses in eine Schlacke, die über-

wiegend aus Natriumchlorid (NaCl), Kaliumchlorid (KCl) und Aluminiumoxid besteht. S. und Sekundärlegierungen werden zu einem großen Teil im Aluminiumformguss (Gusslegierungen) verwendet.
Da bei der Aufbereitung der Aluminiumschrotte Abfälle bzw. andere Produkte anfallen können und dem S. eventuell Legierungselemente zugefügt werden müssen, handelt es sich um einen offenen Recycling-Kreislauf. Die Entfallmenge an Salzschlacke beträgt etwa 0,6 t/t Aluminium. Die Salzschlacke wird in Deutschland mittlerweile zu einem großen Teil aufbereitet. Bei den Abgasreinigungsanlagen der Schmelzprozesse fallen Filterstäube als Reststoffe an. Aufgrund ihres reaktiven Verhaltens dürfen sie gemäß Stand der Technik nicht ohne weitergehende Behandlung auf obertägigen Deponien abgelagert werden. Beim Schmelzen von S. entstehen luftverunreinigende Stoffe wie Staub, Schwefel- und Stickstoffoxide, Kohlenmonoxid, unverbrannte Kohlenwasserstoffe, halogenierte Verbindungen wie →Dioxine und Furane sowie anorganische Chlor- und Fluorverbindungen. Anlagen, die S. erzeugen, sollten daher mit einer effizienten Rauchgasreinigungsanlage nach dem Stand der Technik ausgestattet sein, insbesondere zur Verminderung der Dioxin- und Furanemissionen. Eine konsequente Schrottvorbehandlung ermöglicht den Einsatz des aufbereiteten Schrottes im jeweils am besten geeigneten Schmelzaggregat. Dadurch können Emissionen in die Luft und der Abfallanfall minimiert werden. Ein Vergleich der S.- mit der →Hüttenaluminium-Erzeugung zeigt eine Energieeinsparung von bis zu 85 % und zumindest um eine 10er-Potenz geringere atmosphärische Emission und feste Rückstände.
Aufgrund des höheren Absatzes an Aluminium ist in Zukunft mit größeren Mengen an Aluminiumschrotten zu rechnen. Die fast ausschließliche Erzeugung von Gusslegierungen aus Aluminiumschrotten, wie sie heute in Deutschland die Regel ist, dürfte daher in Zukunft zu Absatzproblemen führen. Es müssen neue Recyclingkreisläufe für verschiedene Aluminiumlegierungen aufgebaut werden.

Sekundäremissionen Unter S. (sekundäre Emissionsprodukte) versteht man Stoffe, die nicht Bestandteile von Bauprodukten und Materialien der Raumausstattung sind, aber als Ergebnis von chemischen Reaktionen in der Innenraumluft anzutreffen sind. S. entstehen insbesondere
- durch Zerfall gezielt eingesetzter reaktiver Stoffe; z.B. Entstehung des geruchsintensiven Stoffes →Benzaldehyd aus →Fotoinitiatoren in der Oberfläche von Materialien mit →UV-härtenden Beschichtungssystemen,

Tabelle 123: Mögliche Reaktionsprodukte und reaktive Komponenten in der Innenraumluft mit potenziellen Emissionsquellen und Vorläufersubstanzen (Salthammer, Verunreinigung der Innenraumluft durch reaktive Substanzen – Nachweis und Bedeutung von Sekundärprodukten, Handbuch für Bioklima und Lufthygiene, Verlag ecomed-Medizin)

Quelle	Vorläufersubstanz	Reaktive Verbindung/Reaktionsprodukt
Textile Bodenbeläge	Styrol/Butadien cis-/trans-Butadien	Styrol, 4-Phenyl-cyclohexen (4-PC), 4-Vinyl-cyclohexen (4-VCH)
Kork	Pentosen	Furfural, Ameisensäure, Essigsäure, Hydroxymethylfurfural
Wässrige Beschichtungssysteme	T4MDD	MIKB, 3,5-Dimethyl-1-hexyn-3-ol
UV-Lacke	PHMP	Benzaldehyd, Benzil, Aceton, Pinacol, 1-Phenyl-2-methyl-1,2-propandiol
UV-Lacke	HCPK	Benzaldehyd, Benzil, Cyclohexanon

Fortsetzung Tabelle 123:

Quelle	Vorläufersubstanz	Reaktive Verbindung/Reaktionsprodukt
Weichholz, Terpentin		alpha-Pinen, beta-Pinen, delta-3-Caren, Longifolen, beta-Phellandren, Camphen, Myrcen, Carvon
Linoleum NC-Lacke Öko-Lacke (Alkydharze)	Ölsäure	Heptanal, Octanal, Nonanal, Decanal, 2-Decenal
	Linolensäure	2-Pentanal, 2-Hexanal, 3-Hexanal, 2-Heptanal, 2,4-Heptedienal, 1-Penten-3-on
	Linolsäure	Hexanal, Heptanal, 2-Heptenal, Octanal, 2-Octenal, 2-Nonenal, 2-Decenal, 2,4-Nonadienal, 2,4-Decadienal
Acrylbeschichtungen		Butylacrylat, HDDA, TPGDA, 2-Ethylhexylacrylat, Methylmethacrylat
Reaktivlöser		Styrol, Vinyltoluol, n-Vinylpyrrolidon, 2-Phenyl-1-propen
PUR-Beschichtung		Hexamethylendiisocyanat (HDI)
Montageschäume		4,4'-Diphenylmethan-diisocyanat (MDI) 2,6-/2,4-Toluylen-diisocyanat (2,4/2,6-TDI)

- durch Reaktion mehrerer Stoffe unter dem Einfluss von Oxidantien, Wärme, Feuchtigkeit oder Licht; z.B. Entstehung des äußerst geruchsintensiven 2-Ethyl-1-hexanol aus dem in PVC-Fußbodenbelägen enthaltenen Weichmacher DEHP im Zusammenhang mit frischem Estrich (Hydrolyse des DEHP unter alkalischen Bedingungen),
- durch Gasphasenreaktion mehrerer in der Innenraumluft vorhandenen Stoffe, z.B. Entstehung von →Aldehyden aus der Reaktion von →Terpenen mit →Ozon oder aus der Reaktion von organischen Säuren (Ölsäure, Linolensäure, Linolsäure) mit Luftsauerstoff.

S. können durch ihren intensiven Geruch oder durch ihre irritative Wirkung schon in geringen Konzentrationen das menschliche Wohlbefinden beeinflussen und tragen vermutlich erheblich zum →Sick-Building-Syndrom (SBS) bei.

Sekundärkupfer Kupfer lässt sich wie →Aluminium praktisch ohne Qualitätsverlust recyceln. Es kann sowohl aus Altmetall und Legierungen als auch aus Schlacke, Flugstäuben, Asche, Rückständen und Schlämmen zurückgewonnen werden. Zum Recycling wird der Kupferschrott gemeinsam mit Kohle und Eisenschrott unter Einblasen von Luft im Altmetallkonverter eingeschmolzen. S. kann energiesparend gemeinsam mit →Primärkupfer gewonnen werden. So wird die Reaktionswärme im Konverterprozess dazu genutzt, Altmetalle einzuschmelzen und gemeinsam mit dem Kupferstein zu raffinieren.
Bei der Aufbereitung von S. stellt die Bildung von →Dioxinen ein Problem dar. Anlagen, die S. erzeugen, sollten daher mit einer effizienten Rauchgasreinigungsanlage nach dem Stand der Technik ausgestattet sein, insbesondere zur Verminderung der Dioxin- und Furanemissionen.

Sekundärquellen →Primärquellen

Sekundärrohstoffe S. sind Abfälle, die bei der Energieumwandlung, bei der Gewinnung, Aufbereitung, Weiterverarbeitung oder Nutzung von Stoffen und Erzeugnissen anfallen und die nach Maßgabe des →Kreislaufwirtschafts- und Abfallgesetzes (Deutschland) bzw. →Abfallwirtschaftsgesetzes (Österreich) verwertet werden müssen („Abfälle zur Verwertung"). S. unterliegen erst seit neuerem dem Abfallrecht, davor wurden S. vorwiegend als Rohstoffe, die durch Recycling wiedergewonnen werden und als Ausgangsstoffe für neue Produkte dienen, definiert. Die Zuordnung zum Abfallrecht wurde nicht nur positiv aufgenommen, weil dadurch die als Wertstoffe anzusehenden S. in die negativ assoziierte Ebene des Abfalls gebracht wurden. Die neuen abfallrechtlichen Bestimmungen sehen außerdem die →Stoffliche und die →Energetische Verwertung von S. als gleichrangig an. Vorrang hat die im Einzelfall umweltverträglichere Lösung.

Die energetische Verwertung von S. in der Bauindustrie, z.B. in der Zementindustrie, gewinnt zunehmend an Bedeutung, die stoffliche Verwertung wird dagegen erst im Straßenbau in größerem Ausmaß umgesetzt. Im Hochbaubereich werden z.B. folgende S. für Baustoffe eingesetzt:

- Aufbereitete mineralische →Baurestmassen als Zuschlagsmaterial für die Herstellung von →Beton
- Altglas für die Herstellung von →Glaswolle, →Schaumglas-Dämmplatten oder →Blähglas
- Altpapier für die Herstellung von →Gipsfaserplatten, →Cellulose-Dämmflocken und →Cellulose-Dämmplatten
- REA-Gips für die Herstellung von →Gipsfaserplatten und →Gipskartonplatten
- Altholz zur Herstellung von →Holzwerkstoffen
- Altmetalle zur Herstellung von →Metallen für den Baubereich
- Polystyrolgranulat für Wärmedämmschüttungen und →Wärmedämmputze
- Altreifengranulat zur Herstellung von Gummigranulatmatten
- →Hüttensand zur Herstellung von →Zement.

Wie bei allen Baustoffen muss selbstverständlich auch bei Recycling-Baustoffen die Gebrauchstauglichkeit sowie die gesundheitliche und ökologische Unbedenklichkeit gegeben sein. Aufbereitungsanlagen für S. müssen umweltverträglich sein. Dazu gehören insbesondere Maßnahmen zur Staub- und Lärmminderung sowie die Standortwahl. An den Arbeitsplätzen ist auf den Gesundheitsschutz zu achten. Unter diesen Rahmenbedingungen leistet die Nutzung von S. einen wesentlichen Beitrag zu einer nachhaltigen Entwicklung. →Abfall

Sekundenklebstoffe S. sind einkomponentige →Reaktionsklebstoffe auf der Basis von Cyanacrylaten mit sehr kurzer Abbindezeit (→Cyanacrylat-Klebstoffe). Man setzt dabei Methyl-, Ethyl- und Butylester der Cyanacrylsäure unter Zugabe von Weichmachern ein. S. härten sofort nach dem Auftragen mithilfe der Luftfeuchtigkeit aus.

Sensibilisierung S. ist der Erstkontakt gegenüber einem Allergen, der bei erneutem Kontakt zu einer allergischen Reaktion führt. →Allergie

SER →Spezifische Emissionsrate

Serpentin-Asbest Mit S. wurde früher die faserförmige Form von Serpentingestein bezeichnet. Heute werden mit dem Begriff S. faserförmige Arten von Mineralien bezeichnet, von denen der Chrysotil-Asbest die mit Abstand wichtigste Bedeutung hat. →Asbest

SH-Lacke →Säurehärtende Lacke

Sicherheitsdatenblatt Ein S. ist ein Informationssystem über eine Chemikalie. In erster Linie ist es dafür vorgesehen, dem berufsmäßigen Verwender zu ermöglichen, die notwendigen Maßnahmen für den Gesundheits- und Umweltschutz und für die Sicherheit am Arbeitsplatz zu ergreifen. Das S. hat insbesondere folgende Angaben zu enthalten:

- Stoff-/Zubereitungs- und Firmenbezeichnung
- Zusammensetzung/Angaben von Bestandteilen
- Mögliche Gefahren
- Erste-Hilfe-Maßnahmen
- Maßnahmen zur Brandbekämpfung
- Maßnahmen bei unbeabsichtigter Freisetzung
- Handhabung und Lagerung
- Expositionsbegrenzung und persönliche Schutzausrüstungen
- Physikalisch-chemische Eigenschaften
- Stabilität und Reaktivität

- Angaben zur Toxikologie
- Angaben zur Ökologie
- Hinweise zur Entsorgung
- Angaben zum Transport
- Vorschriften

S. enthalten nur die gemäß Gefahrstoffrecht erforderlichen Angaben. Eine vollständige Angabe der Inhaltsstoffe erfolgt nicht. Österreichweite Kontrollen bei gefährlichen Produkten ergaben erhebliche Mängel bei der Ausführung der S. In Österreich sind – ähnlich wie in anderen EU-Ländern – etwa 70 % der S. nicht richtig oder unvollständig (Umweltbundesamt, A).

Sicherheitsglas S. soll die Verletzungsgefahr durch Splitter vermindern und die Sicherheit bei Gewaltanwendung erhöhen. Unterschieden werden Verbund-S. und Einscheiben-S. Für Verbund-S. werden zwei oder mehrere Spiegel- oder Fensterglasscheiben mittels Kunststoff-Folie verbunden. Die Folie aus →Polyvinylbutyral ist splitterbindend. Verbund-S. kann als Alarmglasscheibe eingesetzt werden (durch eingelegte dünne Metalldrähte wird bei Bruch Alarm ausgelöst).

Einscheiben-S. wird auf über 600 °C erhitzt und anschließend abgeschreckt. Dabei wird die Außenseite schneller abgekühlt als der Kern und es entsteht eine innere Spannung. Einscheiben-S. verfügen über eine höhere Biegefestigkeit und Beständigkeit gegen Temperaturwechsel als normales Glas und zerfallen bei Bruch splitterfrei. S. wird z.B. bei Über-Kopf-Verglasungen oder für Balkon- und Treppengeländer eingesetzt. Als →Verbundstoff lässt sich S. schlecht recyceln.

Sicherheits- und Gesundheitsschutzplan →Baustellenverordnung

Sick-Building-Syndrom (SBS) Der Begriff SBS wurde von der Weltgesundheitsorganisation (WHO) für Befindlichkeitsstörungen und gesundheitliche Beeinträchtigungen geprägt, die vorwiegend in modernen, vor allem klimatisierten Gebäuden beobachtet werden (s. Tabelle 124).

Tabelle 124: Symptome des Sick-Building-Syndroms (Heinzow)

Augen	Augenbrennen, Bindehautreizung
Nase	Nasen- und Nebenhöhlenreizung, Rhinitis
Rachen	Halskratzen, Heiserkeit
Lunge	Bronchitis, Asthma
Haut	Trockenheit, Brennen, Ausschlag
Zentrales Nervensystem (ZNS)	Kopfschmerz, Müdigkeit, Konzentrationsstörung

Nach Angaben der WHO haben Gebäude, in denen über SBS geklagt wird, oft folgende gemeinsame Eigenschaften:

- Leichtbauweise
- Gute Abdichtung (oft mit nicht zu öffnenden Fenstern)
- →Raumlufttechnische Anlage für das gesamte Gebäude oder größere Bereiche, häufiger Betrieb der RLT-Anlage mit hohem Umluftanteil
- Relativ hohe Raumtemperaturen bei gleichzeitigem homogenen thermischen Umfeld
- Großflächige Ausstattung mit Textilien, einschließlich textiler Bodenbeläge

Die Faktoren, die mit dem Auftreten von SBS in Verbindung gebracht werden, lassen sich in vier Gruppen einteilen (→Innenräume):

- Physikalische Faktoren
- Chemische Faktoren
- Biologische Faktoren
- Psychologische Faktoren

Siebdruckplatten S. werden häufig im Fahrzeugbau und als strapazierfähige Nutzböden eingesetzt, z.B. für Anhängerböden oder Containerböden. Die Platten bestehen aus wetterfest verleimten Furniersperrholzplatten, die beidseitig mit einem Phenolharz beschichtet sind. Dieser ist mit einer einseitigen Sieb- oder Gitterstruktur versehen und daher sehr rutschhemmend. Wesentliche Merkmale der S. sind die Verschleißfestigkeit (wasserfest), die hohe Stabilität und die Tragkraft.

Siebelpappen Verbundprodukte aus →Bleiblechen und Bitumendachbahnen zur Feuchteisolierung. Bei der Entsorgung entstehen Probleme (problematisches Verhalten in Müllverbrennungsanlagen und auf Deponien).

Siedlungsabfälle Abfälle aus privaten Haushaltungen sowie andere Abfälle, die aufgrund ihrer Beschaffenheit oder Zusammensetzung den Abfällen aus Haushalten ähnlich sind. →Abfall, →Abfallablagerungsverordnung, →Abfallwirtschaftsgesetz

Siegellacke →Reaktionslacke

Signifikant In der Statistik genutzter Begriff. Ergebnisse statistischer Berechnungen gelten als signifikant, wenn sich bestimmte Zusammenhänge zwischen den untersuchten Daten selbst nach der Berücksichtigung möglicher Beobachtungs- oder Messfehler nicht allein durch Zufälle erklären lassen.

Sikkative →Trockenstoffe

Silicium →Quarz

Siliciumdioxid →Quarz

Siliciumorganische Verbindungen →Silikone, →Hydrophobierungsmittel

Silikastaub S. ist fein verteiltes, amorphes Siliciumdioxid, das als Nebenprodukt des Schmelzprozesses zur Herstellung von Siliciummetall und Ferrosilicium-Legierungen gesammelt wird. S. wird fast ausschließlich bei Hochleistungsbeton eingesetzt und ersetzt dort 4 – 8 % des Betons (bezogen auf Zement). Die Schwermetallgehalte liegen bei S. durchschnittlich weit niedriger als bei Portlandzement. →Zement

Silikatfarben S. sind →Anstrichstoffe, die wässrige Kaliwasserglaslösung als Bindemittel enthalten („Wasserglasfarben"). Das →Wasserglas verkieselt mit dem mineralischen Untergrund zu einem sehr beständigen, wetterfesten, wasserdampfdurchlässigen und langhaltbaren Anstrich. Da S. stark alkalisch sind, werden keine →Konservierungsmittel benötigt; es können aber nur alkalibeständige →Pigmente (z.B. →Titandioxid, Eisenoxid) verwendet werden. Mineral-S. sind immer Zweikomponenten-Anstriche, bei denen das Farbpulver und das Wasserglas erst kurz vor der Verarbeitung gemischt werden. Da das Wasserglas auch im geöffneten Gebinde verkieselt, sollte immer nur so viel Farbe angerührt werden, wie am gleichen Tag verarbeitet werden kann. Oft werden S. mit Kunstharzdispersionen versetzt, welche die Verarbeitung erleichtern, aber die wasserabweisenden und dampfdiffusionsoffenen Eigenschaften verschlechtern (→Dispersions-S., Organo-S.). S. werden als Innen- und Außenanstriche auf mineralischen Untergründen sowie für die Renovierung alter Silikat- und Mineralfarbenanstriche verwendet. Sie sind besonders gut für Bereiche mit hohen hygienischen Anforderungen oder starken Beanspruchungen wie Feuchträume und Küchen geeignet und können auch im Spritzwasserbereich eingesetzt werden. Glas (auch Brillenglas), Klinker, Fliesen und Metallteile werden von der Kieselsäure angegriffen (sorgfältig abdecken).
Die Rohstoffe sind in ausreichendem Maße vorhanden, die Gewinnung erfolgt bergmännisch. Die Herstellung von Wasserglas ist aufwändig, jedoch nicht so sehr wie z.B. die Herstellung von Acryldispersionen. Bei der Verarbeitung von S. muss die starke Alkalität beachtet werden (Haut-, Augenkontakt). Konservierungsmittel sind nicht erforderlich. Bei Dispersions-S. ist ein mögliches Ausgasen von →Restmonomeren aus den Kunstharzzusätzen als eher unbedeutend zu beurteilen. Mit dem →natureplus-Qualitätszeichen ausgezeichnete Produkte enthalten maximal 5 Gew.-% organische Anteile und sind emissionsarm.
Beispiel für die Zusammensetzung einer Dispersions-S.: 29 % Wasserglas (ca. 30%ig), 7 % Kunststoffdispersion (ca. 50%ig), 34 % Füllstoffe, 6 % Pigmente, 24 % Wasser und Additive.

Silikatleichtschaum Einblas- und Schüttdämmung aus →Blähglas. Die Haupteinsatzgebiete sind unbelastete Dämmungen des Dach-, Decken- und Wandbereichs im

Holzleichtbau sowie Kerndämmung im zweischaligen Mauerwerk.

Silikatputze S. werden aus Mörtel, die wässrige Kaliwasserglas-Lösung (→Wasserglas) mit Kunstharzdispersionszusatz (ca. 5 M.-%) als Bindemittel enthalten, hergestellt. Die →Dispersion erleichtert die Verarbeitbarkeit und technischen Eigenschaften. Da S. stark alkalisch sind, benötigen sie keine Topfkonservierer; als Schutz vor →Algenbefall auf Fassaden können evtl. Algen- und Schimmelpilzmittel (Filmkonservierer) angeboten werden. Es können nur alkalibeständige →Pigmente (z.B. →Titandioxid, Eisenoxid) verwendet werden. Besonderen Farbwünschen wird mit zusätzlichen Anstrichen aus →Silikatfarben nachgekommen. S. können zusätzlich hydrophob eingestellt werden.
Das →Wasserglas verkieselt mit dem mineralischen Untergrund zu einer sehr beständigen, wetterfesten, wasserdampfdurchlässigen und lange haltbaren Deckschicht. Wegen der notwendigen Verkieselung funktionieren S. nur auf silikatischen bzw. entsprechend vorbehandelten Untergründen (z.B. sandhaltige Putze). S. werden besonders als diffusionsoffener Putz im Außenbereich z.B. im Denkmalschutz eingesetzt. Aufgrund ihrer Unbrennbarkeit bekommen sie zunehmend Bedeutung als Deckschicht von Wärmedämmverbundsystemen. In der Anfangsphase schützt die Alkalität der S. die Oberfläche vor Algenbefall, nach ca. sechs Monaten ist sie allerdings so weit abgebaut, dass sie nicht mehr ausreichend schützt. Algizide Wirkstoffe können durch die alkalischen Bestandteile angegriffen werden: Die Wirkstoffe werden schneller wasserlöslich und bei Beregnung schneller ausgewaschen.
Beispielrezeptur für einen Silikat-Außenputz: Kaliwasserglas, Polymerdispersion, Weißpigmente, anorganische Pigmente, Calciumcarbonat, Talkum, anorganische Füllstoffe, Wasser, Aliphate, Glykolether, Additive.
Die Rohstoffe sind in ausreichendem Maße vorhanden, die Gewinnung erfolgt bergmännisch. Die Herstellung von Wasserglas ist aufwändig, jedoch nicht so sehr wie z.B. die Herstellung von Acryldispersionen. Bei der Verarbeitung von S. muss die starke Alkalität beachtet werden: Augen und Hautflächen sowie die Umgebung der Beschichtungsflächen, insbesondere Glas, Keramik, Klinker, Naturstein, Lack und Metall schützen. Reste von S., die biozide Wirkstoffe enthalten, sollten keinesfalls in die Umwelt gelangen. Entsorgung von Abbruchmaterial auf Baurestmassendeponie bzw. Inertstoffdeponie.

Silikon-Dichtstoffe S. (→Silikone) härten unter dem Einfluss von Luftfeuchtigkeit aus und emittieren dabei Stoffe, die bei der Vernetzungsreaktion frei werden. Sie lassen sich wie folgt einteilen:

- Acetat- oder Acetoxy-Systeme:
  Diese sauer vernetzenden Systeme spalten beim Aushärten →Essigsäure ab. Solche S. sind sehr stabil gegen Hitze, UV-Strahlung und Bewitterung und zeigen eine gute Haftung zu mineralischen Untergründen und auch gegenüber eloxiertem →Aluminium. Wegen der Freisetzung von Essigsäure sind Acetat- oder Acetoxy-Systeme ungeeignet für basische Untergründe wie z.B. Beton.
- Amin-/Aminoxy-Systeme:
  Diese alkalisch vernetzenden Systeme setzen beim Aushärten Amine wie Butylamine oder Cyclohexylamin frei. Diese Stoffe sind hautresorptiv und haben vergleichsweise niedrige Arbeitsplatzgrenzwerte.
- Oxim-Systeme:
  Diese neutral vernetzenden Systeme setzen →2-Butanonoxim (krebserzeugend, sensibilisierend) frei.
- Alkoxy-Systeme:
  Diese ebenfalls neutral vernetzenden Systeme setzen →Methanol oder →2-Methoxyethanol (reproduktionstoxisch) frei.

Gruppenspezifische Emissionen sind Siloxane wie z.B. Octamethyltrisiloxan, Decamethylcyclopentasiloxan, Octamethyltetracyclosiloxan usw. Zur relativen Toxizität der o.g. Stoffe →NIK-Werte: Je niedriger der NIK-Wert, umso höher ist die Toxizität des jeweiligen Stoffes.

S

Die Aushärtung dauert insgesamt meist einige Tage, während deren die S. die o.g. Stoffe in die Luft abgeben. Die Menge der freigesetzten Stoffe beträgt etwa 5 % bezogen auf die Masse des verwendeten Dichtstoffs. Unter ungünstigen Bedingungen (kleiner Raum, keine Lüftung) wird der für gewerbliche Verarbeiter festgelegte Luftgrenzwert für Essigsäure deutlich überschritten. Die meisten S. enthalten →Fungizide („Sanitärsilikon") und weitere Additive wie Antioxidantien und Lichtschutzmittel. Untersuchungen der Verbraucherzeitschrift Öko-Test ergaben Gehalte an Tributylzinn und sonstigen →Zinnorganischen Verbindungen bis jeweils weit über 100 mg/kg.
S. finden insbes. Anwendung im Sanitärbereich für Untergründe wie Glas, Email oder Porzellan.

Silikone S. (Polysiloxane, Polyorganosiloxane) sind die wichtigsten anorganischen →Polymere. Aufgrund der sehr festen Bindungen zwischen Silicium und Sauerstoff sind S. äußerst stabil. Zur Herstellung wird staubfeines Silicium mit →Chlorierten Kohlenwasserstoffen und Kupfer als Katalysator bei 300 °C zur Reaktion gebracht und die so erhaltenen Methyl- oder Phenylchlorsilane getrennt. Die anschließende Hydrolyse liefert direkt oder über Cyclosiloxane die S. Je nach Wahl der Ausgangsstoffe und Zwischenprodukte sowie nach der Art der Weiterverarbeitung entstehen:
- Silikonöle (flüssig):
  Hochmolekulare Siloxane, kettenförmige, nicht vernetzte Makromoleküle mit mäßiger Kettenlänge
- Silikonkautschuk (gummiartig):
  Die Viskosität nimmt mit wachsender Kettenlänge zu, gering vernetzte Ketten
- Silikonharze (feste Massen, harzartig):
  Hochmolekulare, stark vernetzte Siloxane

S. finden Anwendung in der Medizin (plastische Chirurgie, Katheder, Kontaktlinsen u.a.), in der Pharmazie (Bestandteil von Salbengrundlagen, Gleitmittel u.a.) und in vielen Industriezweigen. Im Baubereich werden S. für →S.-Dichtstoffe und →Hydrophobierungsmittel verwendet.
Die Herstellung von S. ist ein umweltbelastender Prozess der Chlorchemie. Im Verlauf der Produktion werden chlorierte Kohlenwasserstoffe freigesetzt. Toxikologisch sind „reine" S. als unproblematisch einzustufen. →Siloxane

Silikonharz-Anstrichmittel →Silikonharzlacke, →Silikonharz-Fassadenfarben

Silikonharze →Silikone

Silikonharz-Fassadenfarben S. nehmen eine Brückenfunktion zwischen den organischen und den mineralischen gebundenen Farben ein: Sie basieren auf einem mineralischen, auf Silicium aufbauenden, in Wasser emulgierten Silikonharz (→Silikone), das beim Erhärten zu einer quarzähnlichen Struktur reagiert, in Kombination mit einer Kunstharzdispersion.
S. sind wasserdampfdurchlässig, aber auch wasserabweisend und resistent gegen Luftschadstoffe. Sie eignen sich deshalb besonders für Fassadenanstriche. Im Gegensatz zu den rein mineralischen →Silikatfarben sind sie aber brennbar. Als Schutz gegen Befall vor Mikroorganismen, insbesondere vor Algen und Moos, werden sie häufig algizid und fungizid ausgerüstet.

Silikonharzlacke S. bestehen im Wesentlichen aus in Lösemitteln (z.B. →Testbenzin, →Alkohole u.a.) gelösten Polysiloxanen (→Siloxane). Der Lösemittelanteil kann bis zu 85 % betragen, im Handel sind aber auch S. auf Dispersionsbasis. Die Mittel dringen tief in den Untergrund ein und machen die Materialien wasserabweisend (hydrophob), ohne die Atmungsfähigkeit zu beeinträchtigen. S. werden zur Imprägnierung von Textilien, Leder und mineralischen Materialien (→Mörtel, →Ziegel, →Beton und →Putz) eingesetzt. S. haben eine sehr gute Wetterbeständigkeit und sind resistent gegen Industrieabgase und Mikroorganismen.
S. setzen Lösemittel (z.B. aromatische →Kohlenwasserstoffe, →Ketone, →Chlorierte Kohlenwasserstoffe, →Ester) frei. S. auf Dispersionsbasis sind den stark lösemittelhaltigen S. vorzuziehen. Beispiele für Lösemittel bzw. gefährliche Inhaltsstoffe in

einem S: 1 – 10 % Ethylbenzol, 0,5 – 1 % Propylbenzol, 1 – 10 % Mesitylen, 1 – 10 % Cyclohexanon, 1 – 10 % Xylol, 1 – 10 % Isomerengemisch, 1 – 10 % n-Butylacetat, 25 – 50 % 1,2,4-Trimethylbenzol, 1 – 10 % Shellsol D 60, 1 – 10 % →Naphtha.

Silikonharzputze S. nehmen eine Brückenfunktion zwischen den organischen und den mineralischen →Putzen ein: Das Bindemittel basiert auf einem mineralischen, auf Silicium aufbauenden, in Wasser emulgierten Silikonharz (→Silikone), das beim Erhärten zu einer quarzähnlichen Struktur reagiert, in Kombination mit einer Kunstharzdispersion. S. werden in der Regel bereits werksseitig algen- und schimmelpilzwidrig eingestellt (→Algenbefall auf Fassaden).
S. sind wasserdampfdurchlässig, aber auch wasserabweisend und resistent gegen Luftschadstoffe. Sie eignen sich deshalb besonders für Fassaden. Im Gegensatz zu den rein mineralischen Außenputzen sind sie aber brennbar.
Beispielrezeptur: Polymerdispersion, Silikonharzemulsion, Weißpigmente, Anorganische Pigmente, Calciumcarbonat, Aluminiumhydroxid, silikatische Füllstoffe, Wasser, Aliphaten, Glykolether, Additive, Konservierungsmittel.

Silikonklebstoffe S. sind synthetische →Klebstoffe auf Basis von →Silikonen.

Silikose Als S. bezeichnet man eine mit Bindegewebsneubildung (Vernarbung des Lungengewebes) einhergehende Staublungenerkrankung, die nach Langzeit-Exposition mit lungengängigem kristallinen →Quarz auftritt. Symptome sind eine Verringerung des Gasaustausches und des Blutflusses in der Lunge. Die Latenzzeit der S. beträgt mehrere Jahre. Meist ist sie schon weit fortgeschritten, wenn sie sicher diagnostiziert werden kann. S. ist eine progressive Erkrankung und eine anerkannte Berufskrankheit. →Asbestose

Siloxane S. zählen zu den organischen Silicium-Verbindungen; sie sind die Monomere, aus denen Polysiloxane (→Silikone) hergestellt werden. S. dienen als Lackadditiv (z.B. Decamethylcyclopentasiloxan (D5) in Möbellacken) zur Verminderung der Grenzflächenspannung, zur Verbesserung des Verlaufs und der Pigmentnetzung sowie zur Erhöhung der Kratzfestigkeit. S. weisen einen sehr hohen Geruchsschwellenwert auf. Zur relativen Toxizität der S. →NIK-Werte: Je niedriger der NIK-Wert, umso höher ist die Toxizität des jeweiligen Stoffes.

Sink-Effekt Der S. beschreibt das Phänomen, dass schwer flüchtige Substanzen (→VOC), die in →Innenräumen aus Bauprodukten oder Einrichtungsgegenständen emittieren, im Gegensatz zu leichter flüchtigen Substanzen nicht aus dem Innenraum entweichen, sondern sich an Materialien der Umgebung anlagern (die Geschwindigkeitskonstante der Adsorption ist größer als die der Desorption). Dies führt zu einer kontinuierlichen Anhebung der Konzentration dieser Stoffe in der Raumluft. Die Dauer der Raumluftbelastung kann dadurch erheblich (um Jahre) verlängert sein. →Cosolventien

Sokalit S. ist der Handelsname für einen bestimmten Typ einer →Asbesthaltigen Leichtbauplatte der ehem. DDR nach TGL 24452 (Leichtbauplatte MFK Sokalit; Rohdichte < 1.200 kg/m³). S.-Platten enthalten 12 – 15 % Asbest sowie Magnesiumoxid und →Künstliche Mineralfasern. Die S.-Platten wurden im Baubereich u.a. für mobile Trennwände, Trockenfußböden, Fertighäuser, im Ofen- und Heizungsbau sowie für Garagen und Bungalows verwendet. In Berlin und anderen Neubaugebieten wurden vorgefertigte Küche-Bad-Zellen aus S. eingebaut. Unter Einwirkung von Feuchtigkeit kommt es zu einer starken Verminderung der Festigkeit der S.-Platten, wodurch Asbestfasern freigesetzt werden. Ausblühungen dürfen unter Beachtung der einschlägigen Vorschriften nur von Fachfirmen entfernt werden. Die S.-Platte gilt gemäß Asbest-Richtlinie unabhängig von ihrer Rohdichte als →Schwachgebundenes Asbestprodukt. →Asbest

Solnhofer Plattenkalk S. ist in vielen Schichten sedimentierter, daher leicht spaltbarer →Kalkstein. Verwendung als Wand- und Fußbodenbelag. Der Name leitet sich aus dem Abbaugebiet in der Nähe der Ortschaft Solnhofen in Bayern ab.

Sommersmog S. in Städten und ihrer näheren Umgebung wird durch die Bildung von Fotooxidantien in der unteren Troposphäre verursacht. Darunter wird jene Mischung aus gesundheitsschädlichen, reaktionsfreudigen Gasen verstanden, die sich bildet, wenn Sonnenstrahlung auf anthropogene Emissionen (insbesondere Stickstoffoxidverbindungen und Kohlenwasserstoffe aus Autoabgasen) trifft. Die reaktiveren Substanzen reagieren innerhalb weniger Stunden in der Nähe der Emissionsquelle, die reaktionsträgeren Komponenten können sich weiter ausbreiten, bevor sie Oxidantien bilden. →Ozon ist das wichtigste Produkt dieser fotochemischen Reaktion und auch die Hauptursache für smogbedingte Augenreizungen und Atemprobleme sowie für Schäden an Bäumen und Feldfrüchten. →Fotooxidantienbildungspotenzial

Sondergläser S. werden aus gezogenem →Flachglas hergestellt. Je nach Bearbeitung unterscheidet man zwischen Mattglas, Überfangglas und Eisblumenglas. Zur Herstellung von Mattglas wird das Glas mit einem Sandstrahl aufgeraut, durch die Mattierung wird das Licht vollständig gebrochen. Für Überfangglas wird das Glas während der Verarbeitung mit einer getrübten oder farbigen Glasschicht überzogen. Für die Herstellung von Eisblumenglas wird das Glas wie Mattglas mit einem Sandstrahl aufgeraut und zusätzlich mit heißem →Holzleim überzogen (Aussplittern der Oberfläche). S. werden für Fenster, Türen und Trennwände eingesetzt. Überfangglas ist durch die doppelte Glasschicht massiver und wird daher zur Verglasung von Fenstern sowie für Verkleidungs- und Brüstungselemente verwendet. Mattglas (Kunststoffschicht) ist ebenso wie Eisblumenglas (Holzleim) für ein Recycling nur wenig geeignet. Beim Sandstrahlen entstehen sehr hohe Quarzfeinstaubkonzentrationen, die wirksame Arbeitsschutzmaßnahmen erfordern (→Silikose).

Sonnenschutzverglasungen S. werden bei großflächigen Glasfassaden v.a. in Büro- und Verwaltungsbauten eingesetzt, um ein Überhitzen der Innenräume zu vermeiden. Sie sollten bei ausreichender Lichtdurchlässigkeit eine möglichst geringe Gesamtenergiedurchlässigkeit aufweisen. Der Gesamtenergiedurchlassgrad g von S. beträgt ca. 20 – 40 % (dazu im Vergleich der g-Wert von Wärmeschutzverglasungen: 50 – 70 %). Dies wird erreicht durch:

- Absorptionsgläser:
  In der Masse durchgefärbte Glastafeln (meistens grün/grau/bronze), wandeln Sonnenstrahlung in Wärme um, die überwiegend nach außen hin abgegeben wird. Nachteil: nicht farbneutral (besonders die grauen und bronzefarbenen Gläser absorbieren mehr im sichtbaren als im Infrarot-Bereich).
- Spiegelnde Gläser (Reflexionsgläser):
  Metalloxid-Beschichtung mit hoher Spiegelwirkung, meistens silberfarben reflektierend. Nachteil: häufig keine farbneutrale An- und Durchsicht, kein selektives Verhalten
- Bedampfung mit Edelmetall (meist Silber):
  Neutrale Ansicht, gute bis sehr gute Farbwiedergabe, hohe Selektivität (Bevorzugung des sichtbaren Lichts), sehr guter Wärmeschutz (siehe →Wärmeschutzverglasungen). Nachteil: müssen im Scheibenzwischenraum geschützt werden.

Weitere Entwicklungen im Bereich der S. sind richtungsselektive Verglasungen, die nur diffuse Strahlung durchlassen, und schaltbare Verglasungen. Es werden folgende Möglichkeiten zur Schaltung unterschieden (Nitz, P. & A. Wagner: BINE-Informationsdienst, themeninfo I/02 – Schaltbare und regelbare Verglasungen. Fachinformationszentrum Karlsruhe, Gesellschaft für wissenschaftlich-technische Information mbH (Hrsg.)):

- Elektrochrome Schichten:
  Schaltung (Abdunklung) durch elektrischen Strom
- Gaschrome Schichten:
  Schaltung (Abdunklung) durch Kontakt mit Gas

- Photochrome Schichten:
  Schaltung (Abdunklung) durch Bestrahlung
- Thermochrome Schichten:
  Schaltung (Farbwechsel oder Eintrübung) ab Schwellentemperatur
- Polymer-Dispersed Liquid Crystal (PDLC)-Systeme:
  Schaltung (Aufklaren) durch Orientierung von lichtstreuenden Flüssigkristallen bei Anlegen einer elektrischen Spannung
- Suspended-Particle-Devices (SPD):
  Schaltung (Aufklaren) durch Orientierung optisch anisotroper absorbierender Teilchen bei Anlegen einer Spannung
- Schaltbare Spiegel auf Metallhydridbasis:
  Übergang von metallischem Spiegel zu transparentem Halbleiter durch Kontakt mit einem Gas

S. sind energie- und schadstoffintensiver in der Herstellung und weniger für das Recycling geeignet als andere Gläser. Eingefärbte und beschichtete Gläser verändern das Farbspektrum im Raum und können durch Reflexion nach außen störend auf Fauna und Flora wirken. Der großflächige Einsatz von Glasfassaden, wie er heute bei Büro- und Verwaltungsgebäuden üblich ist, bewirkt in der Regel keine Energieeinsparungen, sondern führt im Gegenteil zu einem hohen Energiebedarf für die Kühlung. Daran kann auch der Einsatz von S. nichts Wesentliches ändern. Manche S. (z.B. PDLC-Systeme) benötigen Strom für den aufgeklarten Zustand.

Sorelzement Andere Bezeichnung für →Magnesiabinder nach dessen Erfinder.

Sorption Feuchtespeicherung bei hygroskopischen Baustoffen. →Soptionsfähigkeit

Sorptionsfähigkeit S. bezeichnet die Fähigkeit eines Stoffes, Wasserdampf aufzunehmen und wieder abzugeben (Feuchteabsorption, Feuchtedesorption). Bei ausreichend langer Lagerung eines Baustoffes in konstanter →Relativer Luftfeuchte und Temperatur stellt sich ein bestimmter Feuchtegehalt als Gleichgewichtszustand ein („Ausgleichsfeuchte"). Die Dauer bis zu diesem Zustand kann viele Wochen, sogar Monate dauern. Zum Beispiel stellt sich bei Holz der hygrische Gleichgewichtszustand nur sehr langsam ein. Daher muss Parkettholz ausreichend lange bei der Luftfeuchte lagern, die später in dem Raum herrscht, in dem es eingebaut wird. Lehm dagegen erreicht sehr rasch seine Gleichgewichtsfeuchte. Die S. eines Stoffes wird im Wesentlichen von der Porengröße und Porenform sowie von der Häufigkeit, mit der die Porengeometrien im Baustoff vorkommen, bestimmt. Die Abhängigkeit der S. von der relativen Luftfeuchte wird in Form von stoffspezifischen Sorptionskurven dargestellt. Nicht hygroskopische Baustoffe, wie z.B. Glas oder Metall, besitzen keine S. →Feuchteverhalten von Baustoffen

Spachtelmassen Als S. werden hochgefüllte und pigmentierte Beschichtungsstoffe bezeichnet, die im Verarbeitungszustand plastisch, im Endzustand ebenfalls plastisch oder hart sind. Sie werden zum Ausgleichen von Unebenheiten auf Untergründen verwendet. Anforderungen sind gute Haftung am Untergrund und Härtung ohne Schrumpfung und Rissbildung. S. werden nach ihrem Anwendungszweck (z.B. Wandspachtel, Holzspachtel), dem Bindemittel (z.B. →Zement-S., →Gips-S.) oder nach dem Auftragverfahren (z.B. Ziehspachtel, Streichspachtel) unterschieden. Als Bindemittel können anorganische Substanzen wie →Gips, →Zement oder organische Materialien wie Kunststoffe oder Kunstharze verwendet werden. Meistens bestehen S. aus Kombinationen beider Bindemittelarten. Aus den enthaltenen Kunstharzen können toxische →Restmonomere (z.B. →Epichlorhydrin, →Vinylacetat) ausgasen. Nach Möglichkeit sollten S. ohne Kunststoffzusätze wie Stück- oder →Putzgips oder sehr emissionsarme Produkte gem. →EMICODE EC1 verwendet werden. Beim Umgang mit zementären S. müssen aufgrund der Alkalität und der mechanischen Reibwirkung Schutzmaßnahmen getroffen werden (feuchtigkeitsdichte Handschuhe, Hautschutzmaßnahmen). Da die Reduktionsmittel zur Herabsetzung des Chromatgehalts im Zement begrenzte Wirkungsdauer haben, ist das Verfallsdatum unbedingt zu beachten. Wand- und Fugen-S. werden auch von →Pflanzenchemieherstellern angeboten. Beispiel-Rezeptur: Naturgips, →Titandioxid, Buchenholzcellulose, →Talkum.

Spaltplatten →Klinker

Spanplatten S. sind →Holzwerkstoffe aus Holzspänen bzw. holzartigen Faserstoffen aus einjährigen Pflanzen, die mit Bindemittel verpresst sind. Als Bindemittel werden vor allem →Harnstoff-Formaldehyd-Harze (UF), Melamin-Harnstoff-Formaldehyd-Harze (MUF; →Melaminharze), →Phenol-Formaldehyd-Harze (PF) und Diphenylmethan-diisocyanat-Oligomere (PMDI) eingesetzt. Der Kunstharzgehalt beträgt ca. 6 – 10 M.-% bei formaldehydhaltigen Harzen und ca. 3 – 5 M.-% bei Polyurethanharzen. Mit anorganischen Bindemitteln gebundene S. siehe →AHW. Bei der Verwendung von Aminoplasten als Bindemittel wird Ammoniumchlorid, Ammoniumsulfat oder Ammoniumpersulfat als Härter eingesetzt (0,5 – 4 M.-% des Kunstharzanteils). Als Hydrophobierungsmittel dient Paraffin (0,3 – 2 M.-% bezogen auf das Trockengewicht der Platten). Beim Plattentyp V-100 G werden Schutzmittel gegen Schimmelpilze eingesetzt. Die Oberflächen können mit Furnieren, PVC-Folien, kunstharzimprägnierten Papieren (Laminaten) oder flüssigen Lacken beschichtet werden.
95 % aller Spanplatten sind im Flachpressverfahren hergestellt (Späne parallel zur Plattenebene orientiert). Als Rohstoff für Späne dienen im Allgemeinen Resthölzer der holzverarbeitenden Industrie und Durchforstungshölzer. Mit Bindemittel benetzte Späne werden durch Streumaschinen zu Formlingen aufgestreut (Spänekuchen) und in beheizten hydraulischen Pressen zu S. verpresst, anschließend besäumt und geschliffen. S. werden zumeist aus drei oder fünf Schichten zusammengesetzt: bei Dreischichtplatten wird die Mittelschicht aus gröberen Spänen feiner strukturierter Deckschichten beplankt, Fünfschichtplatten haben zusätzliche Ausgleichsschichten, die sich zwischen Mittelschicht und Deckschichten befinden. Bei Flachpressplatten mit stetigem Übergang wird die Spanstruktur durch separierende Spanstreuung hervorgerufen: grobe Späne gelangen in die Mitte des Plattenquerschnitts, nach außen zur Oberfläche hin wird das Spanmaterial stetig feiner strukturiert.
Einsatzbereiche sind nach EN 312 allgemeine und tragende Zwecke sowie trockene und feuchte Bereiche. S. sind vielseitig für Wand-, Decken- und Bodenaufbauten sowie im Möbelbau und zur Herstellung von S.-Produkten wie z.B. Türen verwendbar. Nach ihrer Feuchtebeständigkeit werden folgende S.-Typen für die unterschiedlichen Anwendungsbedingungen definiert:

V-20: Verwendung für Möbel und Innenausbauteile, die nur in geringem Maße der Luftfeuchtigkeit ausgesetzt sind. Die verwendeten Leime (UF-Leime) neigen zur Abgabe von Formaldehyd.

V-100: Geeignet für den Einsatz mit erhöhter Luftfeuchtigkeit, z.B. für Fußböden, mit konstruktivem Holzschutz z.B. auch als Außenbeplankung ohne direkte Bewitterung. Die verwendeten Leime (v.a. PF-, MF-, MUPF- und Isocyanat-Leime) sind entweder formaldehydfrei oder neigen weniger zur Abgabe von Formaldehyd.

V-100 G: Geeignet für den Einsatz auch unter hoher Feuchtebelastung; entsprechen den V-100-Platten und enthalten zusätzlich ein →Fungizid (→Chlornaphthaline). Da bisher nicht bekannt geworden ist, dass S. durch Insektenbefall in unzulässiger Weise geschädigt worden wären, werden →Insektizide in S. normalerweise nicht eingesetzt.

Durch das zunehmende Umwelt- und Gesundheitsbewusstsein ist die Produktion von S. V-100 G stark rückläufig (nur mehr ca. 1 % der Gesamtproduktion). Selbst von normativer Seite (z.B. DIN 68800 oder ÖNORM 3801-3804) wird heute versucht,

durch →Konstruktiven Holzschutz einen weitestgehenden Verzicht auf chemische →Holzschutzmittel zu erreichen. (Sind die klimatischen Voraussetzungen für einen Pilzbefall durch bauliche Maßnahmen nicht auszuschalten, dann müssen pilzgeschützte Spanplatten des Typs V-100 G verwendet werden.) Die Einsatzgebiete, die nur S. V-100 G zulassen, sind dementsprechend stark reduziert: bei direkter Bewitterung und/oder dann, wenn die Holzfeuchtigkeit die vorgegebenen Grenzwerte langfristig überschreitet, z.B. in Schwimmbädern, Stallungen, belüfteten Hohlräumen über Erdreich oder als obere Beplankung von Dach- und Deckenelementen und Dachschalungen bei Flachdächern. Aus ökologischer Sicht könnte in diesen Fällen auf den Einsatz von S. bzw. Holzwerkstoffen verzichtet werden.
S. sind die bedeutendsten Quellen von →Formaldehyd in Innenräumen. Die Emissionen aus den Leimen können durch eine Beschichtung aus formaldehydhaltigen Lacken verstärkt werden. Etwa 90 % der S. für den →Innenraum sind mit Harnstoff-Formaldehyd-Harz (UF-Harz, V-20) gebunden. Bei der chemischen Reaktion von →Harnstoff und Formaldehyd verbleibt ein kleiner Anteil an nicht gebundenem Formaldehyd, UF-verleimte Platten neigen daher am ehesten zur Abgabe von Formaldehyd, während Phenol-Formaldehyd-verleimte Platten (V-100) nur sehr wenig Formaldehyd abgeben. S. (und andere Holzwerkstoffe) dürfen nicht in den Verkehr gebracht werden, wenn sie unter Prüfbedingungen mit mehr als 0,1 ppm Formaldehyd zur Innenraumbelastung beitragen (→Emissionsklasse E1). Diese Klassifizierung garantiert aber noch nicht die Einhaltung einer maximalen Konzentration von 0,1 ppm Formaldehyd im Innenraum (BGA-Richtwert). Wenn große Flächenteile der inneren Raumhülle oder der Möblierung aus unbeschichteten oder in ihrer Beschichtung beeinträchtigten Holzwerkstoffen (z.B. Bohrungen) ausgeführt werden, ist eine Überschreitung des BGA-Richtwertes möglich (E1-S. können im Prüfraum Werte bis zu 0,17 ppm Formaldehyd ergeben). S., deren Herstellung unter Verwendung formaldehyd*freier* Leime erfolgt, werden von den Herstellern auch mit der (nichtoffiziellen) Aufschrift F0 gekennzeichnet. Üblich ist dann die Verwendung von Bindemitteln auf Basis von →Isocyanaten.
Da S. zu ca. 60 % aus Rückstandsholz und Schwachholz hergestellt werden, können sie als Recyclingprodukt angesehen werden. Ein Recycling zu neuen Faser- oder Spanplatten ist ebenfalls möglich. S. besitzen wie Holz einen hohen Heizwert. Die Entsorgung erfolgt in Müllverbrennungsanlagen. →Holz, →Holzwerkstoffe, →Holzstaub

Sperrholz S. besteht aus mindestens drei Lagen kreuzweise verleimter Holzfurniere. Furniersperrholz besteht ausschließlich aus Furnierschichten, Stab- und Stäbchensperrholz (früher Tischlerplatte) enthält eine Mittellage aus Stäben oder Stäbchen. Als →Leime sind vorwiegend Formaldehyd-Harze in der Anwendung, bei wetterfestem S. üblicherweise →Phenol-Formaldehyd-Harz. S.-Formteile finden v.a. im Möbelbau Verwendung. S. wird für tragende und aussteifende Elemente im Innen- und Außenbau, für Möbel und für die Herstellung von Formteilen z.B. Sitzschalen verwendet. →Lagenhölzer, →Holz, →Holzwerkstoffe, →Furniere, →Emissionsklassen, →Formaldehyd

Sperrschichten S. sind überall erforderlich, wo Bauteile gegen Wasserdampf oder Wasser abgedichtet werden müssen. Richtig angebracht verhindern sie die Wasseraufnahme in das Bauteil, die →Kapilarleitung von Wasser und die Wasserdampfdiffusion (→Dampfdiffusion) durch das Bauteil. S. werden zur Abdichtung gegen Bodenfeuchtigkeit, nicht drückendes oder drückendes Wasser und zur Abdichtung bei Dächern eingesetzt. Bei Altbauten fehlen die S. meist oder ihre Funktion ist weitestgehend aufgehoben. S. zur möglichst vollständigen Abdichtung gegen Wasserdampfdiffusion werden →Dampfsperren genannt. →Abdichtungsbahnen, →Bitumenbahnen, →Kunststoff-Dichtungsbahnen, →Aluminium-Folien

Spezialkleister →Kleister

Spezifische Emissionsrate (SER) Die SER beschreibt als Materialkenngröße das produktspezifische Emissionsverhalten für flüchtige organische Verbindungen (→VOC) bzw. für TVOC. Sie beschreibt die Masse an VOC, die von dem Produkt (z.B. Bauprodukt) pro Zeiteinheit zu einem bestimmten Zeitpunkt nach Beginn der Prüfung in einer →Prüfkammer/→Prüfzelle emittiert wird. Die SER erlaubt einen unmittelbaren Vergleich des Emissionsverhaltens verschiedener Materialien. Je nach äußerer Form des Prüfstücks und der Prüfaufgabe werden unterschieden:
- Flächenspezifische Emissionsrate SER_a, angegeben in µg/m²h
- Volumenspezifische Emissionsrate SER_v, angegeben in µg/m³h
- Stückspezifische Emissionsrate SER_u, angegeben in µg/Stck.h
- Längenspezifische Emissionsrate SER_l, angegeben in µg/mh

Spiritus Der auch als Brennspiritus bezeichnete S. (lat. Atem, Geist, Sinn) besteht aus ca. 90 % →Ethanol, der durch Vergällungsmittel zum Genuss unbrauchbar gemacht ist.

Splintholz S. ist das Holz des äußeren, zwischen Bast und Kern liegenden Ringes des Stammquerschnittes. Der Splint ist der Teil des Baumes, der aus wasserführenden Holzzellen ohne Kernstoffeinlagerungen besteht. S. ist weich, hell und qualitativ minderwertig. →Kernholz

Sporen Zusammenfassender Begriff für alle Verbreitungseinheiten (Vermehrungs- und Dauerformen) bestimmter Mikroorganismen, z.B. von →Bakterien und →Schimmelpilzen. Im Gegensatz zu Bakterien-S. sind Schimmelpilz-S. keine Dauerformen und können durch Austrocknung abgetötet werden.

Spritzasbest S. besteht aus 50 – 65 % →Krokydolith (Blauasbest) und einem Bindemittel, meist →Portlandzement. S. zählt gem. →Asbest-Richtlinie zu den →Schwachgebundenen Asbestprodukten. Die Verwendung erfolgte zu Zwecken des Feuer-, Wärme- und Schallschutzes in Gebäuden, insbesondere im Stahlhochbau. S. wurde im Bauwesen der BRD ab 1955 verwendet. Das Material wurde unter katastrophalen Arbeitsplatzbedingungen auf den zu beschichtenden Untergrund maschinell aufgespritzt, was in der Folge bei zahlreichen Beschäftigten der Isolierbranche zu Krebserkrankungen führte. Erst 1979 erfolgte das Verbot der Verwendung von S. In der DDR war die Anwendung von S. eng begrenzt, vorwiegend im Schiffbau bzw. für bestimmte Großbauten wie z.B. den Palast der Republik. S. wird in Kategorie I „Art der Asbestverwendung“ des Formblattes der Asbest-Richtlinie mit der maximal möglichen Punktzahl (20 Punkte) bewertet. →Asbest

Spritztapeten →Flüssigtapeten

Stabilisatoren S. sind Additive bei der Herstellung von →Kunststoffen, um deren Zersetzung durch Temperatur (insbesondere bei der Verarbeitung), Sauerstoff und Licht zu vermeiden und damit eine lange Brauchbarkeit der Erzeugnisse zu gewährleisten. Blei- und cadmiumhaltige S. werden ausschließlich zur Stabilisierung von PVC eingesetzt. Die Cadmiumgehalte in PVC-S. betragen < 10 %, die Bleigehalte < 50 %. In den PVC-Produkten beträgt der Stabilisatorgehalt i.d.R. zwischen 1 und 4 %. In aller Regel wird eine Kombination aus S., einem Basis-S. und einem oder mehreren Co-S., verwendet. Große Bedeutung für die PVC-Stabilisierung haben nach wie vor Kombinationen von Barium- und Calcium-Carboxylaten mit Cadmium- und Zink-Carboxylaten sowie verschiedene Bleiverbindungen (Sulfate, Phosphite, Phthalat, Stearate, Carbonat). Daneben spielen schwefelfreie und schwefelhaltige Zinn-S. sowie unterschiedliche organische Verbindungen als S. und Co-S. eine wichtige Rolle. Die Gehalte der S. in den Fertigerzeugnissen liegen i.d.R. bei 1 bis 4 %.
Cadmium-S.:
Seit den 1950er-Jahren wurden mit dem Anstieg des PVC-Verbrauchs zunehmend Cadmium-S. für unterschiedlichste Verwendungen eingesetzt. Um 1980 war die-

ses Einsatzgebiet in der BRD mit etwa 500 t Cadmium (fast 30 % des Gesamtverbrauchs) knapp hinter den →Cadmiumpigmenten der zweitwichtigste Verwendungsbereich. Ende der 1970er-Jahre setzten die Bemühungen zur Substitution von Cadmium-S. ein. Mitte der 1980er-Jahre hatte sich der Verbrauch von Cadmium-S. in der BRD gegenüber dem Spitzenwert um 1980 trotz gestiegenem PVC-Verbrauch fast halbiert. 75 % der verbliebenen Verwendungen dienten der Herstellung von Fensterprofilen, der Rest fast ausschließlich für andere Bauprodukte mit Außenanwendung wie sonstige Profile und Dachfolien. 1999 betrug der Cadmiumverbrauch für Fenster- und Bauprofile unter 50 t. Für die Herstellung von Batterien wurden 2001 über 600 t Cadmium benötigt.

Blei-S.:

Bleihaltige S. hatten in Deutschland und Europa auch mengenmäßig die mit Abstand größte Bedeutung sowohl für Hart- als auch für Weich-PVC-Produkte.

Es ergeben sich derzeit folgende Entwicklungen:

- Steigende Verwendung von Blei-Stabilisatoren bei PVC-Rohren und -Profilen
- Zunehmender Verzicht auf Cadmium-S.

Tabelle 125: Verbrauch von Stabilisator-Systemen in Europa (EU-Länder zuzüglich Norwegen und Schweiz) in t (Angaben nach ESPA, 2002) (Quelle: Leitfaden zur Anwendung umweltverträglicher Stoffe, Teil 5, Umweltbundesamt (Hrsg.), 2003)

Stabilisator-Systeme	1997	1998	1999	2000
Mit chemischen Zusätzen versehene Blei-Stabilisatoren (Bauprofile und -rohre, Elektrokabel)	111.920	112.383	117.995	120.421
– darin Blei (Schätzwert)	54.000	52.000	53.400	54.000
Mit chem. Zusätzen versehene cadmium-haltige Festkörperstabilisatoren (nur Bauprofile)	1.401	940	259	242
– darin Cadmium	71	33	21	24
Cadmiumhaltige Flüssigstabilisatoren (Hart- und Weich-PVC-Anwendungen)	368	230	148	146
– darin Cadmium	33	17	10	9
Mit chem. Zusätzen versehene Mischmetall-Festkörperstabilisatoren (z.B. Ca/Zn, auch Lebensmittel- und Medizinalanwendungen)	Statistisch nicht erfasst	14.494	16.701	17.579
Flüssigstabilisatoren (Ba/Zn oder Ca/Zn; Weich-PVC-Anwendungen)	16.168	16.404	16.527	16.709
Zinn-Stabilisatoren (primär Hart-PVC, auch für Kontakt mit Lebensmitteln)	14.886	15.241	15.188	14.666

Tabelle 126: Verbrauch von Stabilisator-Systemen im Jahr 1999 für die mengenmäßig wichtigsten Einsatzgebiete in Europa in t (Angaben nach ESPA) (Quelle: Leitfaden zur Anwendung umweltverträglicher Stoffe, Teil 5, Umweltbundesamt (Hrsg.), 2003)

Stabilisator-Systeme	Einsatzgebiete		
	Rohre	Kabel	Profile
Mit chem. Zusätzen versehene Blei-Stabilisatoren	37.630	20.235	58.721
Mit chem. Zusätzen versehene Cadmium-Festkörperstabilisatoren	0	0	202
Mit chem. Zusätzen versehene Mischmetall-Festkörperstabilisatoren (z.B. Ca/Zn)	1.426	6.276	8.470
Zinn-Stabilisatoren	302	0	247

– Wachsende Bedeutung anderer metallhaltiger S. bei Rohren und Profilen
– Verringerung der spezifischen Bleimengen in Blei-S. durch Veränderung der Rezepturen (Verdoppelung des Verbrauchs von Blei-S. zwischen 1990 und 1994 bei Erhöhung des Bleiverbrauchs hierfür um knapp 1/3)

Verzichtserklärungen der Industrie:
– Einsatz cadmiumhaltiger S. bis März 2001
– Einsatz bleihaltiger S. bis max. 2015

In den skandinavischen Ländern und den Niederlanden sind (zumindest für bestimmte Produkte) wesentlich frühere Termine für den Verzicht auf Blei-S. vorgesehen.

Bei der Müllverbrennung gelangen über 80 % der Cadmium- und 1/3 der Bleigehalte des Mülls vorwiegend als Chlorid oder Oxid in den Flugstaub. Die zulässigen Emissionen wurden durch die 17. Blm-SchV (Änderung 2001) bzw. durch die EU-Richtlinie 2000/76/EG erheblich gesenkt.

Gem. einer freiwilligen Vereinbarung „Selbstverpflichtung der PVC-Branche zur nachhaltigen Entwicklung", die im März 2000 von den vier Hauptverbänden der PVC-Branche (ECVM, ECPI, ESPA und EuPC) unter dem Namen „Vinyl 2010" verabschiedet wurde, verpflichtet sich die Branche u.a. zu folgenden Maßnahmen: Verzicht auf Cadmium-S. (bis März 2001), Risikoabschätzung für Blei-S. (bis 2004), schrittweiser Verzicht auf Blei-S. (bis 2015).

Barium/Zink- und Calcium/Zink-S.:
Diese sind in Aufbau und Funktion den Barium/Cadmium-S. ähnlich und wurden daher in den 1980er-Jahren zunehmend als Substitute für Cadmium-S. eingesetzt. Heute sind Calcium/Zink-S. für alle wichtigen Einsatzgebiete von Blei-S. (Hart- und Weich-PVC) die bevorzugte Alternative.

Der Zinkgehalt der Ca/Zn-S. beträgt 0,5 bis 3 %, in Ausnahmefällen (Automobilkabel) bis zu 10 %. Damit liegt der Metallgehalt erheblich unter dem bleihaltiger S., bei denen heute der Mittelwert bei 45 % Bleianteil liegt, teilweise aber noch wesentlich höhere Bleigehalte erreicht werden. Außerdem zählt Zink zwar zu den Schwermetallen, es ist jedoch im Gegensatz zu Cadmium und Blei nicht in der Liste der prioritären Stoffe gemäß Art. 16 der Wasserrahmenrichtlinie enthalten, da es ökotoxisch wesentlich weniger kritisch einzustufen ist. Von den eingesetzten Co-S. ist Kalkhydrat als ätzend gekennzeichnet (Verarbeitungs-Kennzeichnung) im verarbeiteten Kunststoff ist es jedoch ausreagiert und damit unkritisch. Organische Bestandteile der Stabilisierungssysteme diffundieren aufgrund ihrer geringen Gehalte während der Nutzung nicht aus den Produkten aus (sie müssen in das Material eingebunden bleiben, um den Stabilisierungseffekt zu erhalten). →Zinnorganische Verbindungen

Stabparkette S. sind →Massivparkette aus 250 und 800 mm langen und 45 und 80 mm breiten Parkettstäben aus Vollholz (DIN 280 Teil 1). Sie werden vollflächig auf planebenen Untergrund verklebt. Die Stäbe werden untereinander entweder durch Hirnholzfedern (Querholzfedern) oder durch eine angehobelte Feder verbunden. Die Verlegerichtlinien sind in der DIN 18356 vorgeschrieben. S. sind sehr gut renovierbar (5- bis 7-mal abschleifbar). S. werden im Neubau zunehmend durch Fertigparkett-Einzelstäbe (→Mehrschichtparkette) verdrängt. →Holzböden, Parkettklebstoffe, →Parkettversiegelungen, →Ölen und Wachsen

Stärke S. ist ein geschmackloses Polysaccharid (Mehfachzucker) und besteht aus langen Ketten oder verzweigten Gebilden von Traubenzucker (Glukose). S. ist der Stoff, in dem Pflanzen ihre überschüssige Energie als Reserve speichern. S. ist das wichtigste Kohlenhydrat für die menschliche Ernährung und ist in vielen Lebensmitteln wie Brot und Backwaren, Teigwaren, Reis-, Getreide- und Kartoffelprodukten enthalten. Die Gewinnung von S. erfolgt in unseren Breiten i.d.R. aus Kartoffeln (21 % S.) oder Getreide (Weizen: 58 – 64 % S.). Unter Hitzeeinwirkung kann S. ein Vielfaches ihres Eigengewichtes an Wasser physikalisch binden, aufquellen und verkleistern. Bei Überhitzung von S., z.B. beim

Backen, Braten, Rösten, Grillen oder Frittieren S.-haltiger Lebensmittel, kann das krebserzeugende →Acrylamid entstehen.

Stärkekleister S. sind →Kleister aus in Wasser gequollener →Stärke. Sie werden als Tapetenkleister und zur Egalisierung der Saugfähigkeit von Neuputzen als Grundierung eingesetzt (→Streichmakulatur). Spezialkleister enthalten in der Regel Kunstharzzusätze, →Konservierungsmittel und weitere Additive. Bei den meisten dampfdiffusionsoffenen →Tapeten reicht normaler Kleister ohne Zusätze völlig aus.

Stahl Eisen-Kohlenstoff-Legierungen mit einem Kohlenstoffgehalt ≤ 2 M.-% werden als S. bezeichnet. Baustähle enthalten 0,1 – 0,6 % Kohlenstoff. Weitere Legierungselemente sind nicht-metallische wie Silicium, Phosphor und Schwefel und metallische wie Mangan, →Chrom, →Nickel, Molybdän. Unlegierter S. enthält Legierungselemente unterhalb der in DIN EN 10021 festgelegten Grenzen. Je nach Eigenschaft, Legierung und Korrosionsverhalten wird zwischen →Grundstählen, →Qualitätsstählen und →Edelstählen unterschieden.
S. wird aus Erzen und durch Rückführung von Schrott erzeugt. Anteile Schrott 2000 in Deutschland: Oxygenstahlverfahren: 20 – 30 %, Elektrostahlverfahren: 100 %. Insgesamt: 42 %. Gießereiindustrie: 88 %.
S.-Produktion nach dem LD-Verfahren (Blasstahl): Die Eisenschmelze wird in eine Stahlbirne umgefüllt, Sauerstoff wird eingebracht und oxidiert die nicht erwünschten Roheisen-Begleitelemente. Kohlenstoff entweicht als Kohlenmonoxid, Verunreinigungen gehen mit dem Schlackenbildner (vor allem Kalk) in die Schlacke über. Der flüssige S. wird aus dem Ofen in die Pfanne ausgegossen und mit den gewünschten Legierungselementen verschmolzen. Neuere Verfahren sind Schmelz-Reduktions- und Direkt-Reduktionsverfahren, Schrottaufbereitung mittels Elektrolichtbogenverfahren = Elektrostahl.
Hoher Wasserverbrauch zum Kühlen und Abwasserbelastung; durch Verwendung von Koks und anderen Brennstoffen Emissionen von →Benzol, →Polycyclischen aromatischen Kohlenwasserstoffen (PAK), Schwefelwasserstoff und Ammoniak bei S.-Erzeugung; Anfall zahlreicher Nebenprodukte: Hüttensand und Hüttenbims; Arbeitsplatzbelastung vor allem durch Stäube, Schwermetalle und Hitze. Feinstaub enthält bis zu 10 % Schwermetalle.

Stahlfenster S. haben nur einen sehr geringen Marktanteil und werden hauptsächlich im Industrie- und Gewerbebau verwendet. S. sind durch Korrosion gefährdet, daher ist eine regelmäßige Oberflächenbehandlung (→Rostschutzfarben, Korrosionsschutz) erforderlich. →Stahl besitzt eine hohe Wärmeleitfähigkeit, was durch thermisch getrennte Profile ausgeglichen werden kann. S. kommen wegen der hohen Festigkeit des Materials mit geringerem Profilquerschnitt als →Aluminiumfenster aus. Um eine lange Lebensdauer zu gewährleisten, müssen die Anstriche regelmäßig erneuert werden. S. können über den Schrotthandel recycelt werden. Metallfenster zeigen in Ökobilanzen die höchsten Belastungen über die Lebensdauer. Durch Erhöhung des Recyclinganteils könnten die Umweltaufwendungen zur Herstellung reduziert werden. →Fenster

Stampfasphalt Stampfasphalt ist gepulverter, bituminöser, durch Erhitzen vom Wasser befreiter Kalkstein, der auf einer 15 bis 20 cm starken Zementbetonschicht 7 cm stark aufgetragen und durch Walzen, Stampfen und Bügeln mit heißen Eisen auf 5 cm verdichtet wird (Brockhaus, 1906). Die Verwendung von S. erfolgte in Berlin erstmals 1869 und begründete den Beginn des modernen Asphaltstraßenbaus. →Asphalt

Stampfasphaltplatten →Asphaltplatten

Stampflehmbau Im S. (Pisé) werden Bauteile durch Stampfen von erdfeuchtem Lehm in einer Schalung hergestellt. Die meisten europäischen Lehmhäuser des 18. und 19. Jahrhunderts wurden in S.-Technik gebaut. Dabei wird →Lehm erdfeucht in bewegliche Wander- oder Kletterschalungen geschüttet und mit Stampfern verdichtet (heute meist motorisiert oder pneumatisch). Die Schichten sollen 10 bis höchstens 12 cm betragen. Da Lehm beim Trocknen schwindet, müssen die auftretenden Schwundrisse nachgearbeitet werden. Wände aus Stampflehm haben hohe Druckfestigkeit und gute Wärmespeicherfähigkeit.

Standöl Als S. werden durch Wasserentzug eingedickte Pflanzenöle bezeichnet (z.B. Leinöl-Standöl, Rizinus-Standöl). Die Eindickung erfolgte früher über eine relativ lange „Stand"-Zeit. Dazu wurden mit Öl gefüllte Gefäße in wärmeleitenden Kupferschüsseln längere Zeit an die Sonne gestellt. Heute wird die Standzeit durch Erhitzen unter Luftabschluss verkürzt.

Standölfarbe →Ölfarben

Staub →Hausstaub, →Schwebstaub, →Holzstaub, →Industriestaubsauger, →Allgemeiner Staubgrenzwert, →Mineralischer Staub

Staubklassen →Industriestaubsauger

Staubschutzmasken S. – auch für den Heimwerkerbereich – müssen Anforderungen des Gerätesicherheitsgesetzes und des Produktsicherheitsgesetzes erfüllen. In Restemärkten, Import-/Exportshops, aber auch im Fachhandel werden häufig ungeeignete S. (Untersuchungen des →LAGetSi) angeboten. Diese Masken bestehen aus Material, das keine Filterwirkung besitzt. Die auf der Verpackung bzw. auf dem Gerät angebrachten Prüfzeichen (GS = geprüfte Sicherheit; CE = Communauté Européenne, bedeutet Übereinstimmung mit europäischen Sicherheitsanforderung) sind zu Unrecht angebracht. Sichere Anzeichen für normgerechte S. sind:

- CE-Zeichen mit Kennnummer
- Schriftliche Gebrauchsanweisung in deutscher Sprache

Steinfestiger S. dienen zur Verfestigung von verwitterten, absandenden und abbröckelnden mineralischen Fassaden wie z.B. Sandstein, Ziegel, historische Putze.
Unterschieden werden

- Steinfestiger OH: Produkte ohne Hydrophobierung (ausschließlich Verfestigung des mineralischen Untergrundes)
- Steinfestiger H: Produkte mit Hydrophobierung (Verfestigung und Hydrophobierung)

Wirkstoff von S. ist →Tetraethylsilikat, ein organischer Kieselsäureester. S. werden anwendungsfertig als Konzentrat mit einem Wirkstoffgehalt bis 99 % oder als lösemittelverdünntes Produkt bzw. lösemittelverdünnbares Konzentrat angeboten. Lösemittel (bis über 90 %) sind →Testbenzin oder →Ketone (z.B. →Aceton, →Methylethylketon, Butanon). Zur Beschleunigung der Verfestigungsreaktion enthalten S. bis 3 % →Zinnorganische Verbindungen (Dibutylzinndilaurat, Dibutylzinncarboxylat) als Katalysator.
Nach dem Auftragen dringt der S. in den Untergrund, wo der Kieselsäureester durch die Alkalität des Mauerwerkes und die Luftfeuchtigkeit gespalten wird. Dabei bilden sich amorphes, wasserhaltiges Siliciumdioxid (Kieselgel) und Ethanol. Das Kieselgel, ein naturidentische Steinbindemittel, ersetzt das durch Verwitterung verloren gegangene ursprüngliche Bindemittel und verleiht dem Stein neue Festigkeit.
Die Lösemittel und der freiwerdende Alkohol verdunsten nach dem Aufbringen des S. Da die verfestigten Flächen weiterhin den zerstörenden Umwelteinflüssen ausgesetzt bleiben, erfolgt nach der Verfestigung i.d.R. eine Hydrophobierung mit einem →Hydrophobierungsmittel (S. OH). Alternativ zum S. OH kann auch ein S. H eingesetzt werden, wodurch die separate Hydrophobierung entfällt.
Gesundheitsgefahren gehen von dem Wirkstoff Tetraethylsilikat, den Lösemitteln und dem zinnorganischen Katalysator aus.

Steingutfliesen S. mit weißen oder leicht getönten, feinporigen Scherben bestehen aus einer Mischung von Ton, →Kaolin, →Quarzsand und →Kreide, die in Formen gepresst und bei einer Temperatur von ca. 1.000 °C gebrannt wird. S. werden meist mit Glasur hergestellt, die nach dem ersten Brand aufgebracht und durch einen weiteren Brand (Glattbrand) gesintert wird. S. und Steingutplatten besitzen eine hohe Wasseraufnahme (> 10 %). Da die Fliesen nicht frostsicher sind, können sie nur zur

S

Wand- und Bodenbekleidung für den Innenbereich verwendet werden. →Keramische Fliesen

Steinholzestriche S. sind →Magnesiaestriche, die durch Zuschlag von anorganischen und organischen Füllstoffen eine Rohdichte bis zu 1.600 kg/m^3 aufweisen. Bindemittel ist Magnesiumoxid, das mit Magnesiumchlorid (selten Magnesiumsulfat) gehärtet wird. Ein Überschuss an Magnesiumchlorid verursacht ein Feuchtwerden des S. durch Anziehen von Luftfeuchtigkeit (Hygroskopizität). Als Füllstoffe werden Weichholzspäne, Papiermehl, Textilfasern, Korkmehl, Quarzsand und andere mineralische Füllstoffe verwendet. S. werden als Verbundestriche oder als schwimmende →Estriche ausgeführt. Sie können ein- oder zweischichtig mit poröser Unterschicht und gefügedichter Nutzschicht aufgetragen werden. S. werden u.a. als widerstandsfähige Industrieböden verwendet. S. weisen eine gute Wärme- und Schallisolierung auf. Da S. chloridhaltig und somit korrosiv sind, müssen Metallteile (Spannbeton) durch →Bitumenanstrich geschützt werden. Sowohl die Nutzschicht wie auch die Tragschicht wurden früher unter Verwendung von →Asbest hergestellt. S. wurde im privaten Wohnungsbau bis etwa 1960 eingebaut.

Steinkitt Zusammensetzung analog den →Silikatfarben. S. wird als Dichtstoff für Steingut oder Einfachverglasungen, die in Eisenrahmen gesetzt werden sollen, verwendet. Der S. geht mit dem Glas eine feste Verkieselungsverbindung ein. →Wasserglas

Steinkohlenteeröl S. wird bei der Destillation des bei der Steinkohleverkokung zurückbleibenden Steinkohlenteeres gewonnen. Der Einsatz von S. ist wegen seines hohen Gehalts an →Polycyclischen aromatischen Kohlenwasserstoffen (PAK) verboten. →Teere, →Teerölpräparate

Steinkohlen-Teerpechplatten →Teerpechplatten

Steinwolle S. zählt zu den →Mineralwolle-Dämmstoffen. Die Fasern gehören zur Gruppe der →Künstlichen Mineralfasern. Rohstoffe sind Sediment oder magmatische Gesteine, insbesondere Diabas und Basalt. Als Zusatzstoffe werden ca. 4 M.-% Bindemittel und unter 1 M.-% Hydrophobierungmittel zugegeben. Das Gestein wird gemeinsam mit Koks, Recyclingwolle und geringen Mengen von Kalk in wassergekühlten Kupolöfen geschmolzen und im Schleuder- oder Blasverfahren zu Fasern verzogen. Die Fasern werden mit Bindemittel und Imprägnieröl versehen und zu einem Vlies weiterverarbeitet. Das Vlies wird anschließend im Härteofen erhitzt, sodass das Bindemittel polymerisiert. Anschließend werden die Platten kompaktiert und ggf. mit Papier, Aluminium oder Kunststoff-Folie kaschiert.
Seit die →MAK-Kommission 1980 künstliche Mineralfasern als krebsverdächtig eingestuft hat, wird die krebserzeugende Wirkung von KMF kontrovers diskutiert.

Steinzeugfliesen S. sind durch ihre feinkörnigen, kristallinen und dichtgesinterten Scherben gekennzeichnet. Sie werden bei einer Temperatur von ca. 1.200 °C gebrannt. S. können glasiert oder unglasiert hergestellt werden. S. besitzen eine niedrige Wasseraufnahme (max. 3 Gew.-%) und sind dadurch frostsicher. Die niedrige Wasseraufnahme wird durch Beimischung von Feld- und Flussspaten erreicht, die wegen ihrer niedrigen Schmelzpunkte den Porenraum des Scherbens ausfüllen und der Fliese damit eine höhere Dichte und mechanische Festigkeit verleihen. S. haben eine extrem hohe Verschleißfestigkeit und hohe chemische Widerstandsfähigkeit. Sie sind für den Innen- und Außenbereich geeignet. Eine noch geringere Wasseraufnahme von deutlich unter 1 Gew.-% weisen die vollkommen dichten gesinterten, unglasierten Fein-S. auf. →Keramische Fliesen

Stickstoffdioxid S. (NO_2) ist ein rotbraunes Gas mit süßlichem bis stechendem stickigem Geruch, das vorwiegend als Folge von Verbrennungsprozessen entsteht. Quellen sind im Außenbereich Kraftwerke, Fernheizung, Industrie, Hausbrand und Kfz, im Innenraum Gas-, Kohle- und Ölheizungen und -Kochstellen sowie das Abbrennen von Kerzen und →Tabakrauch. Die S.-Konzentrationen der Außenluft sind meist erheblich höher als in der Innenraumluft. Durch Eintrag über die Außenluft können in Innenräumen S.-Konzentrationen auftreten, die unter gesundheitlichen Aspekten nicht mehr akzeptabel sind. Die S.-Außenluft-Belastung muss daher weiter reduziert werden. Erhöhte S.-Konzentrationen führen insbesondere zu einer Reizung der Atemwege (Asthmatiker). Gem. MAK-Liste besteht für S. Verdacht auf krebserzeugende Wirkung (Kat. 3B). WHO-Luftqualitätsleitwerte: 200 $\mu g/m^3$ (1 h), 40 $\mu g/m^3$ (a). RW II K (Kurzzeitwert, ½ Std.): 350 $\mu g/m^3$, RW II L (Langzeitwert, Woche): 60 $\mu g/m^3$. Ein RW I wurde nicht festgelegt, da sich ein konventionsgemäß mit einem Faktor 10 abgeleiteter RW I K von 35 $\mu g/m^3$ und RW I L von 6 $\mu g/m^3$ wegen des Luftaustausches mit der Außenluft auf absehbare Zeit nicht überall erreichen ließe. →Stickstoffoxide, →Versäuerung

Stickstoffoxide Als S. (NO_x) wird die Summe von Stickstoffmonoxid und →Stickstoffdioxid bezeichnet. Stickstoffoxide werden zu 90 bis 99 % als gesundheitlich weniger problematisches Stickstoffmonoxid (NO) emittiert, aus dem aber in weiterer Folge NO_2 durch chemische Umwandlungsprozesse gebildet wird. Besonders schnell erfolgt die Oxidation von NO zu NO_2 unter Einfluss des hochreaktiven →Ozons (O_3). Aus der Luft wird NO_2 beseitigt, indem es mit Wassermolekülen in der Atmosphäre eine saure Lösung bildet, die entweder durch trockenes Absetzen an Oberflächen (trockene Deposition) oder Auswaschen durch Regen (feuchte Deposition) entfernt wird. →Versäuerung, →Innenraumluft-Grenzwerte

Stoffliche Verwertung S. ist die ökologisch zweckmäßige Behandlung von Abfällen zur Gewinnung von Rohstoffen (→Sekundärrohstoffen) für die Substitution von →Primärrohstoffen oder von aus Primärrohstoffen erzeugten Produkten, ausgenommen die Abfälle oder die aus ihnen gewonnen Stoffe werden einer →Energetischen Verwertung zugeführt. Eine S. liegt vor, wenn nach einer wirtschaftlichen Betrachtungsweise, unter Berücksichtigung der im einzelnen Abfall bestehenden Verunreinigungen, der Hauptzweck der Maßnahme in der Nutzung des Abfalls und nicht in der Beseitigung des Schadstoffpotenzials liegt. →Abfall, →Verwertung von Bau- und Abbruchabfällen, →Kreislaufwirtschafts- und Abfallgesetz, →Abfallwirtschaftsgesetz

Stoßlüften S. ist die einfachste Sofortmaßnahme bei feuchter oder schadstoffbelasteter Raumluft, besonders bei niedrigen Außentemperaturen oder Wind. Fenster und Türen (am besten einander gegenüberliegende) werden für kurze Zeit (5 – 10 Minuten) weit geöffnet. Die Raumluft wird durch (meist sauberere) Außenluft ausgetauscht. Diese Lüftungsart ist eine wirksame Methode insbesondere zur Fortleitung von nutzungsbedingten Emissionen (Gerüche, Wasserdampf, Kohlendioxid) und zur Zufuhr von Frischluft. Die Abstände, in denen gelüftet werden sollte, richten sich nach der Raumbelegung (→Grundlüftungsbedarf). Richtwert: bei mäßiger Belegung ca. alle ein bis zwei Stunden S. Aus energetischer Sicht ist das Verfahren als ein sparsames Lüftungsverfahren anzusehen. Gekippte Fenster bei aufgedrehten Heizkörpern sind reine Energieverschwendung. →Luftwechselrate

Strahlenhärtende Lacke →UV-härtende Lacke

Strahlung S. lässt sich unterteilen in →Ionisierende Strahlung und →Nichtionisierende Strahlung. Zur ionisierenden Strahlung zählen die beim radioaktiven Zerfall entstehenden Strahlenarten alpha-, beta- und gamma-Strahlung. Nichtionisierende Strahlung ist u.a. sichtbares Licht, UV-Strahlung, Wärmestrahlung (Infrarot) und die elektromagnetischen Felder (→Elektrosmog).

Streckmetall S. besteht aus Bandstahl in unterschiedlichen Ausführungsarten (blank, verzinkt, lackiert, etc.) und wird als Putzarmierung verwendet. →Stahl

Streichmakulatur S. ist eine →Makulatur aus →Kleister (häufig →Stärkekleister), →Kalk (ca. 50 M.-%) und fein zerrissenem Papier oder Holzfasern. Nach dem Anmischen mit Wasser kann die Makulatur auf den rohen Putz aufgestrichen werden. Durch die Fasern weist das ausgehärtete Material hohe Festigkeit bei geringem Gewicht auf. Ein Ersatz für gekaufte Makulatur ist selbst zerrissenes Papier, mit Tapetenkleister gemischt. S. eignet sich besonders bei zu rauem Putz. Unter →Vinyltapeten, die aus ökologischer Sicht ohnehin nicht empfehlenswert sind, darf S. nicht eingesetzt werden. Die Haupteinsatzstoffe sind umwelt- und gesundheitsverträglich, meist werden aber auch noch Konservierungsmittel (→Formaldehydabspalter, →Isothiazolinone) und →Fungizide eingesetzt. Nach Möglichkeit sollten Produkte ohne diese Zusatzstoffe gewählt werden. Im →Sicherheitsdatenblatt sollten keine Gefahrstoffe deklariert sein.

Strohlehmplatten →Lehmplatten

Strukturtapeten Neben Motivtapeten gibt es auch zahlreiche S. wie →Raufasertapeten, →Glasfasertapeten, →Grastapeten oder Wandbekleidungen aus Faservlies. Dreidimensionale Tapetenstrukturen zeigen Hochprägetapeten (→Prägetapeten) und →Profilschaumtapeten (Wandbeläge mit geschäumtem Relief).

Stuckgips S. wird durch Brennen von →Gipsstein bei Temperaturen von 120 – 180 °C gewonnen (Niederbrand-Gips). S. besteht hauptsächlich aus Calciumsulfat-Halbhydrat. Bei der Verarbeitung härtet S. verhältnismäßig rasch aus. Er wird für →Gipskartonplatten, →Gipsfaserplatten, Gipswand- und -deckenelemente, →Gipsputz, →Gipskalkputz und →Kalkgipsputz sowie meist in Verbindung mit Kalkmörtel für Stuck-, Form- und Rabitzarbeiten im Innenbereich verwendet.

Der Energieverbrauch zur Herstellung von S. unterscheidet sich je nach Ofenart und Art des hergestellten Gipses. Als Primärenergieträger kommt in 76 % der Werke in Deutschland Erdgas zum Einsatz, die restlichen verwenden leichtes Heizöl als Brennstoff. Im Vergleich zu anderen als Bindemittel einsetzbaren Stoffen ist der Energiebedarf zur Herstellung von S. gering. Es entstehen keine prozessbedingten Emissionen. →Baugips, →Putzgips, →Rabitzdecken

Stuckmörtel S. wird aus zehn Raumteilen →Stuckgips, 1 Raumteil Weißkalkteig und ca. 7 Raumteilen Wasser hergestellt. Er wird zum Ziehen von Gesimsen im Innenbereich verwendet.

Stückkalk Gebrannter, ungelöschter →Kalk in Stücken (nur noch wenig im Handel). →Branntkalk, →Baukalk

Styrol S. ist eine farblose Flüssigkeit, die durch katalytische Dehydrierung von Ethylbenzol hergestellt wird. Technisches S. enthält bis 0,3 % Ethylbenzol und andere Phenylalkane bzw. -alkene als Verunreinigung und bis ca. 45 ppm Stabilisatoren. S. gehört mit einer weltweiten Produktionsmenge von ca. 14 Mio. t zu den wichtigsten Grundchemikalien. In Deutschland wird ca. 1 Mio. t. S. hergestellt. S. kommt in geringer Konzentration im Harz des Amberbaumes und in verschiedenen Früchten vor.

S. dient zur Herstellung von Polystyrol, von Copolymeren von Acrylnitril und Butadien (→Styrol-Butadien-Kautschuk) sowie als Lösemittel und Reaktionspartner für ungesättigte Polyesterharze und -lacke. Bekannte Anwendungen von Polystyrol sind geschäumte Dämmplatten für Wärmedämmungen von Gebäuden, Verpackungsmaterial und Einweggeschirr. Polyester wird in großem Umfang für wasserdichte Beschichtungen im Bootsbau oder von Gebäuden eingesetzt.

Wegen des Gehaltes an Restmonomeren können Polystyrolhartschaum-Produkte (z.B. zur Wärme- u. Trittschalldämmung oder zu Dekorationszwecken) sowie Teppichböden, Lacke, Haushaltsgeräte S. abgeben. Auch Polystyrolhohlblocksteine geben zunächst S. ab. Bei EPS-Deckendekorplatten wurden außer S. auch Emissionen von Ethylbenzol, Acetophenon, Benzaldehyd und anderen substituierte Aromaten festgestellt. Die Emissionen sind i.d.R. allerdings nur gering und klingen meist im Lauf der Zeit ab. Erhöhte Konzentrationen in der Raumluft sind möglich, wenn S. enthaltende Kunstharze nicht vollständig aushärten. In Einzelfällen wurde der Eintritt von S. durch eine undichte Gebäudehülle in die Innenraumluft festgestellt. S. entsteht auch bei Verbrennungsprozessen (z.B. Kfz, Tabakrauch). Der Rauch einer Zigarette gibt ca. 18 – 48 µg S. ab. S.-Konzentrationen in der Innenraumluft liegen i.d.R. unter 10 µg/m³. Höhere Konzentrationen treten auf, wenn sich bedeutsame S.-Quellen im Raum oder in der unmittelbaren Umgebung befinden. S.-Außenluftkonzentrationen abseits von S.-Emittenten sowie von Deponien liegen i.d.R. unter 1 µg/m³. Die Konzentration von S. in der Innenraumluft liegt häufig wesentlich höher.

S. weist einen unangenehm-süßlichen Geruch auf. Der Geruchsschwellenwert beträgt ca. 20 µg/m³. S. kann über die Atemluft und über die Haut aufgenommen werden und verteilt sich insbesondere in fettreichen Körpergeweben. S. ist plazentagängig. Wirkungen bei Exposition gegenüber S. sind Neurotoxizität (umstritten) und irritative Wirkungen an der Augenbindehaut und auf den Atemtrakt. Unterhalb des Arbeitsplatz-Grenzwerts scheint das Auftreten von Schleimhautreizungen unwahrscheinlich. Kombinationswirkungen (Hemmung des Stoffwechselabbaus von S.) sind bekannt für →Ethanol (Alkohol-Konsum), →Toluol u.a. Chemikalien. Eine reproduktionstoxische Wirkung von S. ist umstritten. Gesichert ist das gentoxische Potenzial von Styrol-7,8-oxid. Das Epoxid ist mutagen und erzeugt bei der Maus Krebs. Von der IARC ist S. als wahrscheinliches Humankanzerogen eingestuft (Kat. 2A). MAK-Werte: 20 ml/m³ = 86 mg/m³. →Innenraumluft-Grenzwerte, →NIK-Werte

Styrol-Butadien-Kautschuk S. (Abk. SBR = Styrol-Butadien-Rubber) ist der bedeutendste Vertreter der →Synthesekautschuke. S. wird durch Copolymerisation von →Butadien und →Styrol im Verhältnis von ca. 3:1 hergestellt. Der S. fällt in Wasser unter Mitwirkung vieler Hilfsstoffe als Emulsion (Latex) an. Als Radikalbildner werden Peroxide zusammen mit Eisensalzen eingesetzt. Die Vulkanisation erfolgt mit Schwefel, →Vulkanisationsbeschleunigern (→Amine, Schwefel-Verbindungen) und einem Zusatz von Zinkoxid und Stearinsäure. Weitere Additive sind →Flammschutzmittel, Aktivierungsmittel, →Alterungsschutzmittel, →Weichmacher, →Pigmente, Füllstoffe, Haftmittel und Vulkanisationshilfsmittel. S. ist gummielastisch, witterungs- sowie säure- und laugenbeständig. S. wird zur Herstellung von elastischen Bodenbelägen (→SBR-Bodenbeläge, Schaumrücken von →Teppichböden), Reifen, Kabelisolierungen, Schläuchen und Dachabdeckungen verwendet.

Bei der Vulkanisation entstehen →Nitrosamine, die stark krebserzeugend sind. Die Nitrosamine entstehen aus Vulkanisationsbeschleunigern, welche die →Amine freisetzen, und nitrosen Gasen (aus der Luft oder in Zusatzstoffen adsorbiert bzw. gelöst). Eine Raumluftbelastung durch Nitrosamine in den Produktionsstätten, im Bereich der Lager und beim Endverbraucher ist möglich.

S. ist in den meisten Fällen für den unangenehmen „Neugeruch“ von textilen Bodenbelägen mit Schaumrücken verantwortlich. Bei der Produktion des SBR wird die Polymerisation bei einem Umsatz von < 90 % gestoppt und anschließend die →Restmonomere →Styrol und →Butadien destillativ entfernt. Aus verbleibenden Monomeren können sich durch chemische Reaktion die geruchsintensiven Verbindungen 4-Phenylcyclohexen (Styrol + cis-Butadien) und 4-Vinylcyclohexen. (cis-Butadien + trans-Butadien) bilden. Geruchsstoffe entstehen auch durch die als Polymerisationshilfsstoffe zugesetzten alkylierten Dithiocarbamate (C2 – C6), die unter sauren Bedingungen intermediär die freie Thiosäure bilden, die wiederum zum Amin und dem nach faulen Eiern riechenden Schwefelkohlenstoff zerfällt (Salthammer).

Styropor Styropor® ist der Handelsname der BASF für →Polystyrol.

Sumpfkalk S. ist in einer Sumpfgrube abgelagerter →Gelöschter Kalk.

Super-Kleber →Cyanacrylat-Klebstoffe

Sustainable Development →Agenda 21, →Nachhaltigkeit

SVOC Abk. für semivolatile organic compounds (= →Schwerflüchtige organische Verbindungen). Def.: Verbindungen im →Retentionsbereich oberhalb von C_{16} bis C_{22}. Nach einer Def. der WHO handelt es sich um Verbindungen im Siedepunktbereich zwischen 240 – 260 °C und 380 – 400 °C (siehe auch VDI-Richtlinie 4300 Bl. 6).
S. werden in Innenräumen mit der Entstehung von Schwarzstaubablagerungen (→Schwarze Wohnungen) in Verbindung gebracht. →VOC

Synergismus S. ist die gegenseitige Wirkungsverstärkung z.B. von Chemikalien oder Medikamenten. Die Gesamtwirkung ist größer als die Summe der Einzelwirkungen. Gegenteil: Antagonismus

Synthesekautschuk →Styrol-Butadien-Kautschuk

Synthesekautschuk-Klebstoffe S. sind →Kontaktklebstoffe aus Lösungen von synthetischem Latex (in der Regel Polychloropren) in chemischen Lösemitteln. Sie enthalten 65 – 85 % Lösemittel, sind daher feuergefährlich und gasen große Mengen Lösemitteldämpfe aus. S. werden im Baubereich nur noch für wenige Verwendungen eingesetzt, z.B. zur Verklebung von Sockelleisten und Treppenstufen. S. werden auch als Neopren-Klebstoffe bezeichnet (Neopren = Warenzeichen für Polychlorbutadien, →Polychloropren). Auf Basis von →Naturkautschuk werden →Naturkautschuk-Klebstoffe angeboten.

T

T4MDD Abk. für 2,4,7,9-Tetramethyl-5-decin-4,7-diol. Der Stoff findet Verwendung als Filmbildner und Entschäumer in Beschichtungssystemen auf Wasserbasis. T4MDD führt durch Zersetzung zur Bildung von 4-Methyl-2-pentanon (MIBK) und 3,5-Dimethyl-1-hexin-3-ol (Salthammer).

Tabakrauch T. ist eine Hauptbelastungsquelle für die Innenraumluft. In T. wurden mehr als 4.000 Stoffe identifiziert, von denen eine Vielzahl krebserzeugend, erbgutschädigend und reproduktionstoxisch ist. →Passivrauchen ist nachweislich krebserzeugend (Einstufung in Kategorie K1 gem. TRGS 905).

Tagebau Tagebau (in Österreich auch als Tagbau bezeichnet) ist eine Methode des Bergbaus, bei welchem →Mineralische Rohstoffe in offenen Gruben gefördert werden. T. eignet sich vor allem für den Abbau von Rohstoffen, die dicht unter der Erdoberfläche lagern, wichtige Grundmaterialien für Baustoffe wie →Kies, →Sand, →Ton, →Lehm, →Kalk und →Gips werden im T. gewonnen. Man unterscheidet zwischen Trocken- und →Nassabbau. Beim Trockenabbau wird oberhalb der Grundwasserlinie, beim Nassabbau unterhalb der Grundwasserlinie abgebaggert. Der Abbau erfolgt meist mittels sehr groß dimensionierter Maschinen, wie z.B. Bagger, Schaufelradbagger oder Abraumbrücken.
Durch T. kommt es zu verschiedenen Umweltbelastungen:
- Landschaftsveränderung: Vor allem bei großflächigem und langjährigem T. geht eine einschneidende Landschaftsveränderung einher, da oft bis zu mehr als hundert Meter tiefe Gruben entstehen.
- Durch T. kann es zu einer massiven Absenkung des Grundwasserspiegels kommen, die sich wiederum auf die umliegenden Landschaften auswirkt. Grundwasser wird abgepumpt und in die umliegenden Flüsse eingeleitet. Dabei kann es zu Verunreinigung der Gewässer durch Feinteile der abgebauten Mineralien oder durch den Betrieb der Abbau- und Fahrmaschinen kommen.
- Lärmemissionen durch Sprengungen, Maschinenlärm und Materialtransporte sind bei Nachbarschaft zur Bebauung relevant und können zur Beeinträchtigung wildlebender Tiere führen.
- Staubbelastung: Betrifft hauptsächlich den Arbeitsschutz und ist durch geeignete Maßnahmen zu begrenzen (Nassbearbeitung, Atemschutz).
- Zerstörung der Lebensräume von Pflanzen und Tieren: Kann durch Naturschutzauflagen begrenzt werden (z.B. durch Unterbrechen des Abbaus an Brutplätzen der Uferschwalbe während der Brutzeit).

Positive Aspekte des T. sind:
- Gewinn geologischer Erkenntnisse in Aufbrüchen
- Entdeckung historischer und fossiler Funde
- Entstehung neuer Lebensräume für z.B. Pionierarten, Ackerwildkräuter, Amphibien, Uferschwalben
- Teile von Steinbrüchen oder ganze alte Anlagen werden als ökologische Rückzugsgebiete bedrohter Arten erhalten.

Nach Beendigung des T. erfolgt meist eine →Rekultivierung unter Herstellung von Agrarland oder Naherholungsgebieten. Erhebliche Mittel wurden in den letzten Jahren für die →Renaturierung ehemaliger T. aufgewendet.

Talkum T. wird durch Pulverisieren des Minerals Talk hergestellt. Talk (in dichter Form Speckstein) ist ein weißes, grünliches, gelbliches oder graues Magnesiumsilikat mit Schichtstruktur, das sich fettig anfühlt. T. in fein gepulverter Form findet wegen seines hydrophoben (wasserabweisenden) Charakters und seines guten Adsorptionsvermögens für organische Stoffe weit verbreitete Verwendung z.B. in Arzneimitteln und Kosmetika (Körperpuder), in der Keramikindustrie, bei der Herstellung von Tapeten, in Kitt- und Füllmassen sowie als T.-Puder im Sport. T. wird auch in Lacken und Farben als Füllstoff und

Schwebemittel verwendet. Es verbessert die Haftfähigkeit des Anstrichs.
T. kommt in einigen Lagerstätten mit anderen Mineralien vergesellschaftet vor, die asbesthaltig sind (→Asbest). Je nach Herkunft kann T. bedeutsame Konzentrationen an Asbest enthalten. Gemäß →Chemikalien-Verbotsverordnung dürfen keine Erzeugnisse und Zubereitungen in Verkehr gebracht werden, die mehr als 0,1 % Asbest enthalten. Dieser Grenzwert erscheint aufgrund des hohen Gefahrenpotenzials, das von Asbestfasern ausgeht, als hoch. Nach dem deutschen Arzneibuch (DAB) „muss Talkum frei von mikroskopisch sichtbaren Asbestfasern sein".

Tallöl T. ist ein harzhaltiges fettes Öl, das bei der Zellstoffherstellung aus Nadelholz (besonders Kiefern) in verseifter Form anfällt und sich nach Säurezusatz abscheidet. Durch Destillation werden aus T. Harz- und Fettsäuren für die Lack-, Seifen- und Leimindustrie gewonnen. →Kolophonium

Tanne →Splint- und →Kernholz sind farblich nicht unterschieden. Das Holz ist gelblichweiß bis fast weiß, des Öfteren mit grauviolettem oder bläulichem Schimmer. Es ist ohne Glanz, mit gestreifter bzw. gefladerter Textur.
T. ist der →Fichte vergleichbar, sodass im Handel zumeist nicht zwischen den beiden Holzarten unterschieden wird. Das Holz ist leicht bis mittelschwer und weich, mit guten Festigkeits- und Elastizitätseigenschaften, mäßig schwindend und mit gutem Stehvermögen. Die Behandlung der Oberflächen bereitet keine Probleme. Gegenüber Chemikalien ist T. überdurchschnittlich beständig. Das Holz ist nur wenig witterungsfest. Bei der Verarbeitung ist auf Schutz vor →Holzstaub (krebsverdächtig) zu achten. Bei frischem T.-Holz ist ein unangenehmer Geruch möglich. Wird als Bau- und Konstruktionsholz, Bautischlerholz (mit Ausnahme von Fußböden) und Industrieholz zu gleichen Zwecken wie Fichte eingesetzt.

Tapeten Tapeten sind bahnförmige Produkte, die in Rollen geliefert und auf Wände und Decke geklebt werden. T. bestehen aus den verschiedensten Materialien.
→Papier-T. sind die am häufigsten verwendeten T. Weitere T. sind →Kunststoff-T., →Vinyl-T., →Textil-T. (→Kunstfaser- oder →Naturfaser-T.) oder →Metall-T. Außerdem können Motiv-T. und →Struktur-T. unterschieden werden. Die meisten T. sind rückseitig mit einem tapezierfähigen Papier versehen. Als Klebstoffe für das Aufbringen von T. können →Kleister oder →Dispersionsklebstoffe verwendet werden. Eine Sonderform stellen →Flüssig-T. dar, die aufgespritzt oder aufgespachtelt werden. →Raufaser-T., →Glasfaser-T. und →Vlies-T. sind →Wandbeläge, die nach dem Tapezieren eine nachträgliche Behandlung wie z.B. einen Farbanstrich benötigen.

Tabelle 127: Tapetenexporte aus und Tapetenimporte nach Deutschland 1998. Die Gesamtproduktion aller deutschen Tapetenhersteller betrug 135 Mio. kg. (Quelle: Steinbrecher, L.)

T.-Exporte aus Deutschland 1998 [Mio. kg]		**T.-Importe nach Deutschland 1998 [Mio. kg]**	
Gesamt:	66,1	Gesamt:	13,1
Die wichtigsten Abnehmer:		**Die wichtigsten Lieferanten:**	
Russland	16,5	Niederlande	4,6
Frankreich	14,7	Großbritannien	2,8
Polen	10,8	Südosteuropa	2,4
Niederlande	4,4	Frankreich	1,4
Belgien	3,2	Italien	0,9
Baltikum	3,2	Skandinavien	0,5
		Belgien	0,3

Tabelle 128: Geschätzter Tapetenverbrauch in Deutschland 1998 (Quelle: Steinbrecher, L.)

Art	Euro-Rollen (Mio.)	Anteil (%)	Pro-Kopf-Verbrauch (Rollen)
Tapeten	91,1	56	1,14
Raufaser	62,0	38	0,78
Glasfaser	10,0	6	0,13
Gesamt	163,1	100	2,04

Da T. große Raumflächen bedecken, haben sie besonders großen Einfluss auf das Raumklima. Schon geringe Mengen Ausgasungen je m^2 können hohe Auswirkungen auf die Raumluftqualität haben. Aus den Farbaufdrucken können flüchtige organische Substanzen (→VOC) ausgasen. In stark eingefärbten T. wurden auch →Toluol und →Xylol festgestellt. Aus Vinyl-T. und PVC-beschichteten Kunststoff-T. können Weichmacher freigesetzt werden. Zusätzlich haben sie die Eigenschaft, sich elektrostatisch aufzuladen. Sie binden dadurch ebenso wie Textil-, Velours-, Glasfaser- und →Gras-T. Staubpartikel und sind ungünstig für Allergiker. Eine insektizide und fungizide Ausrüstung dieser T. gegen mikrobiellen Befall ist ebenfalls möglich.

Raufaser- und Papier-T. werden mit einem hohen Anteil an Recycling-Papier angeboten, die Umweltbelastungen zur Herstellung wurden dadurch deutlich verringert. Sie sind dampfdurchlässig und beeinflussen das Raumklima positiv. Kunststoff-T., Vinyl-T. und Metall-T. beeinträchtigen dagegen die Wasserdampfdiffusionsfähigkeit der Wand. Die Luftfeuchtigkeit kann nur noch begrenzt ausgeglichen werden und staut sich an den kältesten Stellen der Wand, wo Mikroorganismen (→Schimmelpilze und →Bakterien) ideale Lebensbedingungen finden. Vinyl-T. werden aus →Polyvinylchlorid erzeugt, das wegen seiner problematischen Umwelteigenschaften nach Möglichkeit vermieden werden sollte. Metall-T. sind in der Herstellung energieaufwändig und umweltbelastend. Die Trennung der Stoffe bei der Entsorgung ist ebenfalls problematisch. T. wechseln mit der Mode. Die längere Lebensdauer von Kunststofftapeten spielt deshalb bei der Umweltbewertung kaum eine Rolle. T., die sich durch Überstreichen farblich verändern lassen, sind langlebiger. Kleister und Streichmakulatur auf Kleisterbasis ohne synthetische Zusätze sind unbedenkliche →T.-Grundiermittel. T. werden am besten mit normalem →T.-Kleister ohne chemische Zusätze wie →Fungizide (pilzbekämpfende Mittel) verklebt. Zum Lösen der T. wird umweltschonende Seifenlauge aufgetragen, chemische T.-Löser dagegen reizen die Haut und belasten das Abwasser.

Tapetengrundiermittel Im BFS-Merkblatt Nr. 16 (Bundesausschuss Farbe und Sachwertschutz Technische Richtlinien für Tapezier- und Klebearbeiten) sind die in der Tabelle auf S. 488 genannten T. dargestellt. Soweit es der jeweilige Untergrund zulässt, sollten aus Gründen der Arbeitssicherheit und des Umweltschutzes wasserverdünnbare Grundanstrichstoffe eingesetzt werden. →Kleister und →Streichmakulatur auf Kleisterbasis sind unbedenkliche T., wenn auf Kunstharzzusätze und →Biozide verzichtet wird. Tapetengrund farblos und pigmentiert sind wasserbasierte T. auf Basis von feinteiliger Kunstharzdispersion zur Oberflächenverfestigung und zur Regulierung der Saugfähigkeit des Untergrundes vor dem Tapezieren. Die weiße Pigmentierung dient zur farblichen Vereinheitlichung des Untergrundes. Flüssiger Tapetenwechselgrund ist eine wasserbasierte, streichfähige Emulsion mit Kunstharzzusätzen, der angewendet wird, wenn die Tapezierung auf tragfähigem, saugfähigem und glattem Untergrund später trocken wieder abgezogen werden soll, ohne dabei den Untergrund zu beschädigen. Trockenfertigmischungen enthalten Redispersionspulver (nach dem Mischen mit Wasser gleiche Eigenschaften wie Kunstharzdispersion) als Bindemittel. Je nach Kunstharzdispersion können toxische →Restmonomere (z.B. →Epichlorhydrin, →Vinylacetat) freigesetzt werden. T. auf der Basis von Kunststoffdispersion kann die Dampfdiffusionsfähigkeit des Bauteils verschlechtern.

Wandoberfläche	Grundiermittel					
	Wasserverdünnbar					Lösemittel verdünnbar
	Kleister	Streich-makulatur	Tapetengrund farblos	Tapetengrund pigmentiert	Tapetenwechselgrund	Polymerisat Harztiefgrund
Putz PIc-PIII	Ja	1	Ja	Ja	Ja	4
Gipsputz PIV	Ja	Nein	Nein	Ja	Nein	4
Beton	Ja	Nein	Ja	Ja	Ja	4
Gips-Wandbauplatten	Ja	Nein	Ja	Ja	Ja	4
Gipskartonplatten	Nein	Nein	Ja	Ja	Ja	4
Gipsfaserplatten	Ja	Nein	Ja	Ja	Ja	4
Holzwerkstoffe (2)	3	Nein	3	3	3	Ja

1 Nur bei leicht rauen Putzen und bei der Verklebung von Raufaser sowie leichten bis mittleren Papiertapeten
2 Spanplatten, Tischlerplatten, Faserplatten
3 Nur für nicht quellbare Holzwerkstoffplatten (z.B. MDF)
4 Nicht empfehlenswert wegen Lösemittelemissionen

Tapetenkleister →Kleister

Tapetenpapier T. wird als Trägermaterial bei fast allen →Tapeten verwendet und enthält meistens einen hohen Altpapieranteil. Um die Nassreißfestigkeit von T. zu erhöhen, wurden früher Kunstharze auf Formaldehydbasis verwendet (bei Produkten im deutschen Sprachraum nicht mehr bekannt).

Tauben Verwilderte Haustauben sind ein Problem vieler Städte. Der Ausbau von Dachgeschossen zu Wohnungszwecken ist gerade in Städten eine wichtige Maßnahme und wird finanziell gefördert. Zugängliche Dachböden u.Ä. werden aber von Stadttauben vielfach als Brutplätze genutzt, sodass ein enger Kontakt zum Lebens- und Arbeitsbereich von Menschen entsteht. Stadttauben können Krankheitserreger übertragen. In den Wohn- und Arbeitsbereich des Menschen können von den T. eine Reihe von Schädlingen und Lästlingen überwechseln, die in den T.-Nestern vorkommen. Für den Menschen von Bedeutung sind die Rote Vogelmilbe, die T.-Zecke und die Larven des Speckkäfers als Vermittler von allergieauslösenden Stoffen. Auch Feder- und Kotstaub der T. können →Allergien auslösen. T.-Zecken können auch den Menschen belästigen. Sie saugen nachts an der T. und ggf. auch am Menschen und verbergen sich danach wieder in Ritzen und Fugen. T.-Zecken überdauern auch mehrere Jahre ohne Blutaufnahme. Durch den Stich der T.-Zecke kommt es am nächsten Tag zu juckenden Hautreaktionen mit Schwellungen, ggf. auch zu allergischen Reaktionen mit Fieber und Übelkeit. Es ist nicht auszuschließen, dass die Parasiten beim Stich auch Erreger der Zeckenencephalitis oder der Lyme-Borreliose übertragen können. Vor dem Ausbau von Dachgeschossen sollte eine Überprüfung auf aktuellen oder früheren T.-Besatz erfolgen. Ggf. ist in Abstimmung mit dem örtlichen Gesundheitsamt eine Bekämpfungsmaßnahme erforderlich. Wegen der Verbergeorte der T.-Zecken sind Bekämpfungsmaßnahmen zu einem späteren Zeitpunkt äußerst aufwändig und kostenintensiv. Die von den T.-Schwärmen in Städten produzierten Kotmengen führen durch ihren Gehalt an ätzender Harnsäure zu großen Schäden an Gebäuden und Denkmälern.

Taupunkt T. ist jene Temperatur, bei welcher der in der Luft enthaltene Wasserdampf als flüssiges Wasser kondensiert (Tauwasserbildung). Haben Oberflächen in einem Raum eine Temperatur unterhalb der T.-Temperatur, so fällt auf ihnen so lange Kondensat aus, bis die →Absolute Luftfeuchte im Raum die T.-Temperatur dieser Oberflächentemperatur hat. →Luftfeuchte, →Glaser-Verfahren

TBBPA →Tetrabrombisphenol A

TBDPO 2,4,6-Trimethyl-benzoyl-diphenyl-phosphin-oxid. →Fotoinitiatoren

TBTN Abk. für Tributylzinnnaphthenat. →Zinnorganische Verbindungen

TBTO Abk. für Tributylzinnoxid. →Zinnorganische Verbindungen

TCDD Abk. für das Ultragift 2,3,7,8-Tetrachlorodibenzo[1,4]dioxin. Das TCDD ist der giftigste Vertreter der insgesamt 75 →Dioxin-→Kongenere und wurde als Seveso-Dioxin bekannt.

TCEP Abk. für Tris(2-chlorethyl)phosphat, ein Flammschutzmittel und Weichmacher aus der Gruppe der →Organophosphate. Produktionsmenge 1997: 4.000 t. T. wird aufgrund seiner problematischen Eigenschaften in Deutschland nicht mehr produziert, darf jedoch aus dem Ausland importiert werden. T. und andere chlorierte Organophosphate finden Anwendung bei der Produktion von PUR-Schäumen für Polstermöbel und Matratzen, für PUR-Hartschäume und →Montageschäume. Ein weiterer Einsatzbereich sind Kunststoffgehäuse von Elektrogeräten aus dem Unterhaltungs- und Informationsbereich.

TCPP →Tris(chlorpropyl)phosphat

TDI Tolerable daily intake, tolerierbare tägliche Aufnahme.

2,4-TDI/2,6-TDI 2,4- bzw. 2,6-Toluylen-diisocyanat. →Isocyanate

Tebuconazol T. gehört zur Gruppe der Triazole, fungizide Wirkstoffe, die im Pflanzenschutz und als bläuewidrige Wirkstoffe in Holzschutzmitteln eingesetzt werden. T. ist als umweltgefährlich eingestuft.

Teerasphaltestrich T. sind Estriche mit →Teer als Bindemittel. Von teerhaltigen Produkten kann wegen ihres hohen PAK-Gehalts eine Gesundheits- und Umweltgefahr ausgehen (→Polycyclische aromatische Kohlenwasserstoffe). T. wurden bis Mitte der 1960er-Jahre verwendet. Danach wurde auf die weniger umwelt- und gesundheitsgefährdenden Bitumenasphaltestriche (→Asphaltestriche) umgestellt. Eine genaue zeitliche Datierung reiner Bitumenprodukte ohne schädliche PAK-Gehalte ist nicht möglich.

Teerasphalt-Fußbodenplatten →Teerpechplatten

Teere T. sind flüssige, zähe, tiefschwarze oder braune Produkte, die durch Schwelen, Vergasen oder Verkoken von Steinkohle, Braunkohle, Holz, Torf u.ä. fossilen Materialien hergestellt werden. T. enthalten ca. 10.000 Einzelstoffe, die chemische Zusammensetzung ist je nach Herkunft unterschiedlich. Weltweit die größte Bedeutung hat der Steinkohlen-T., der größtenteils als Chemikaliengrundstoff verarbeitet wird. Durch fraktionierte Destillation von Steinkohlenteer entstehen Teeröle, die u.a. zu →Carbolineum verarbeitet werden können.

T. fanden vielseitige Verwendung im Straßenbau und für Hochbauprodukte (→Parkettklebstoffe, Asphaltestrich, Dichtungsbahnen, Anstriche). In den 1970er-Jahren wurde T. im Bausektor praktisch vollständig durch das weniger toxische →Bitumen ersetzt. Geringe Mengen teerhaltiger Bitumina wurden bis ca. 1984 noch unter der Firmen-Bezeichnung „Carbobitumen" im Straßenbau der BRD verwendet. Für die Herstellung von Dach- und Dichtungsbahnen werden seit 1979 nur noch Bitumen und polymermodifizierte Bitumina eingesetzt. Die TRGS 551 untersagt heute die Verwendung von Steinkohlenteerpech, Braunkohlenteerpech, Carbobitumen oder sonstigen Substanzen mit einem Benzo[a]pyren-Gehalt von über 50 mg/kg als Bindemittel im Straßenbau sowie den Einsatz von PAK-haltigen Fugenvergussmassen. Ausnahmen sind die Wiederver-

wertung von Straßenbelägen im Kaltverfahren unter Beachtung spezieller technischer Maßnahmen und die Reparatur bereits eingebauter PAK-haltiger Fugenvergussmassen auf Flughäfen.
Die Umwelt- und Gesundheitsverträglichkeit von T. wird durch den hohen Gehalt an →Polycyclischen aromatischen Kohlenwasserstoffen (PAK) geprägt. Bei der Erfassung von PAK in Baustoffen ist zwischen dem Risiko der gesundheitlichen Gefährdung und der abfallrechtlichen Relevanz zu unterscheiden. Von PAK aus T. geht ein besonders hohes Krebsrisiko aus. Von abfallrechtlicher und ggf. gesundheitlicher Relevanz sind alle teerhaltigen Produkte wie teerhaltige Fußböden, alte Gussasphalte und Stampfasphaltplatten, teergetränkte Folien und Pappen als Dachbahnen, Trennschicht im Aufbau von schwimmendem Estrich oder zur Abdichtung im Kellerbereich, teerhaltige Anstriche, teerölgetränkte Hölzer, teergebundener Kork, teerhaltige Kleber für Fußbodenbeläge (Parkett, Floor-Flex-Platten), teerbeschichtete Rohre und Kabelhüllen.

Teerhaltige Bauprodukte Einsatz teerhaltiger Produkte im Baubereich (ergänzt nach Rühl & Kluger: Handbuch der Bauchemikalien):

Einsatzbereich	**Verwendungszeitraum**
Straßenbau – Beläge – Fugenvergussmassen	Bis ca. 1984
Bauwerksabdichtungen – Dachbahnen – Anstriche	Bis ca. 1965
Teergebundene Korkdämmplatten	Bis ca. 1965
Holz- und Bautenschutz	Bis ca. 1991
Klebstoffe für Parkett und Holzpflaster – Stabparkett – Mosaikparkett – Holzpflaster	 Bis ca. 1979 Bis ca. 1965 Z.T. noch bis 1995
Asphalt-Fußbodenplatten	
Asphaltestrich	
Binde- und Imprägniermittel für feuerfeste Baustoffe	Bis heute
Korrosionsschutzanstriche (Stahlwasserbau, Druckrohrleitungen, Betonbeschichtungen)	Teilw. bis 2000
Teergetränkte Trennlagen (unter Estrichen, Pohlmann-Decken)	
Teergetränkte Papierkaschierungen von Mineralwolle-Matten	

Teerklebstoffe Zum Verkleben von Parkettböden wurden bis in Ende der 1990er-Jahre üblicherweise T. verwendet. Zum Einsatz kamen sowohl „heiß streichbare Klebstoffe“ oder „Heißklebstoffe“ als auch die bereits im Jahr 1942 in der DIN 281 erwähnten „kalt streichbaren Parkettmassen“, beide auf der Basis von Steinkohlenteerpech (→Teere) oder auch →Bitumen. Beim Verlegen des Parketts wurden die Heißklebstoffe direkt auf die Rohdecke gegossen und die Parkettstäbe in die zähe Masse eingedrückt. Kalt streichbare Parkettmassen dagegen wurden häufig bei folgenden Bodenaufbauten verwendet:
- Sandausgleich auf Rohdecke:
  Bituminierte Spanplatte, „Torfoleumplatte“ (Torfplatte mit Bitumen gebunden) oder Bitumenkorkplatte,
  vollflächige Verklebung mit Parkett
- Estrich auf Rohdecke:
  Bitumenfilz oder Bitumenkorkfilz,
  vollflächige Verklebung mit Parkett
- Estrich auf Rohdecke:
  vollflächige Verklebung mit Parkett ohne Ausgleichsschicht

T. für Parkettböden enthalten – wie andere Teerprodukte auch – hohe PAK-Konzentrationen (→Polycyclische aromatische Kohlenwasserstoffe) bis in den Prozent-Bereich, von denen Gesundheitsrisiken ausgehen können. Der Gehalt der Leitsubstanz Benzo[a]pyren (BaP) beträgt bis zu mehreren tausend mg/kg.

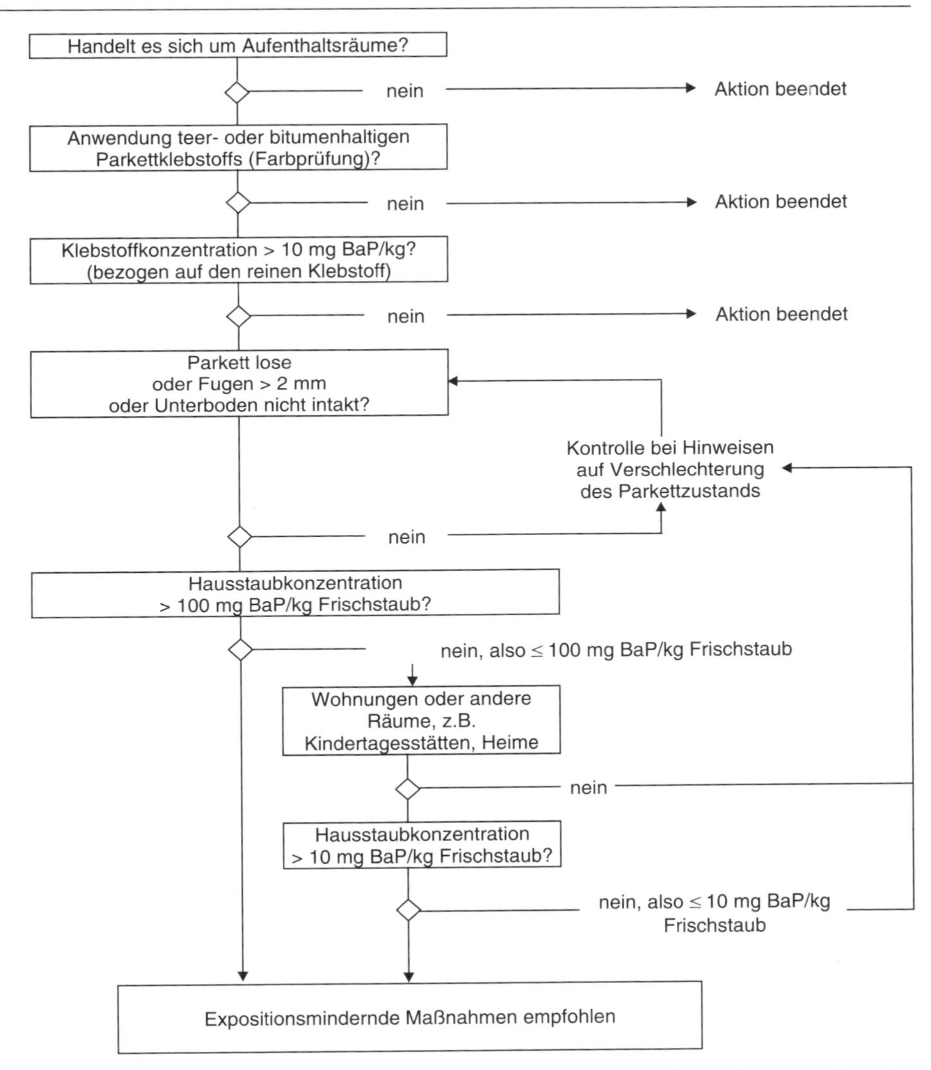

Abb. 4: Ablaufschema zur Ermittlung der PAK-Belastung in Räumen und Empfehlung expositionsmindern der Maßnahmen gemäß „PAK-Hinweise" der ARGEBAU

Eine PAK-Belastung aus T. kann auf zwei Wegen entstehen:

1. Durch Ausgasen von PAK in flüchtiger Form aus dem Klebstoff in die Raumluft und Anlagerung an Staubteilchen
2. Im Laufe der Nutzung des Bodens können feine Partikel des T. auf die Parkettoberfläche gelangen, die sich dann mit dem Staub auf dem Parkettboden vermischen.

PAK können über die Atemluft, die Nahrung oder durch Hautkontakt aufgenommen werden. Auf dem Boden spielende Kinder können PAK-belasteten Bodenstaub zudem über den Mund aufnehmen. Sie sind daher besonders gefährdet. Maßgebend für die PAK-Belastung durch T. ist vor allem der Zustand des Parkettbodens sowie der Zustand und der PAK-Gehalt des darunter liegenden Klebstoffs. Anzeichen für eine erhöhte PAK-Belastung können offene Fugen, lose Parkettbestandteile und versprödete Klebstoffe sein. Zur Gefährdungsbeurteilung und um festzustellen, ob Minderungs- bzw. Sanierungsmaßnahmen notwendig sind, hat die →ARGEBAU die „Hinweise für die Bewertung und Maßnahmen zur Verminderung der PAK-Belastung durch Parkettböden mit Teerklebstoffen in Gebäuden (PAK-Hinweise)" erarbeitet (s. Abb. 4).

Ab den 1950er-Jahren wurden die T. insbesondere bei dem zu dieser Zeit aufkommenden Mosaikparkett nach und nach durch die noch heute üblichen Klebstoffe auf Polymerbasis ersetzt. Grund für die Umstellung waren technische Probleme beim Verlegen. Bei Stabparkett (Schiffsboden, Fischgrät oder Würfelgerade) dauerte die Umstellung auf Kunstharz-Klebstoffe länger, da hier das Verlegen mit T. aus technischer Sicht unproblematisch war. Seit Mitte der 1970er-Jahre wurden T. in Deutschland nicht mehr produziert und mussten für diese Zwecke aus dem Ausland importiert werden. Für Stabparkett wurden T. vereinzelt noch bis spät in die 1970er-Jahre eingesetzt. Bis etwa 1981 konnten auch in Bitumenklebern noch bedeutsame Teerbestandteile enthalten sein. Seitdem wurden im Wesentlichen nur noch Klebstoffe auf Kunststoffbasis eingesetzt.

Teerölpräparate T. sind →Holzschutzmittel, die durch Streichen, Spritzen oder Tauchen vorbeugend gegen Insekten- und Pilzbefall aufgebracht werden. Hunderte von Jahren angewandt wurde →Steinkohlenteeröl. Mittlerweile ist es wegen seines hohen Gehalts an →Polycyclischen aromatischen Kohlenwasserstoffen (PAK) verboten. Öle aus →Holzteer, die einen vergleichsweise geringeren PAK-Gehalt aufweisen, sind für Großanwender noch erhältlich. Sie riechen intensiv und eignen sich nur für den Außenbau. Das bekannteste T. ist →Carbolineum, leicht erkennbar an seinem stechenden Geruch. T. sind in der Regel so giftig, dass von ihrem Einsatz am Haus abzuraten ist. →Teere

Teerpechplatten T. wurden bis in die 1960er Jahre hergestellt. Sie enthielten etwa 10 % Steinkohlenteerpech (→Teere) als Bindemittel, der Rest waren mineralische Stoffe. Teerpech-Fußbodenplatten wurden vorwiegend in Industriebauten, nur selten in Wohnhäusern verwendet. Von teerhaltigen Produkte kann wegen ihres hohen PAK-Gehalts eine Gesundheits- und Umweltgefahr ausgehen (→Polycyclische aromatische Kohlenwasserstoffe). Heute wird statt Teer das weniger umwelt- und gesundheitsgefährdende →Bitumen als Bindemittel eingesetzt (→Asphaltplatten).

Teilfluorierte Kohlenwasserstoffe (HFKW) →Fluorierte Treibhausgase

Temperafarben T. finden hauptsächlich in der Kunstmalerei Verwendung. Früher wurde Temperamalerei für die Tafelmalerei auf Holz und für Wandmalerei auf Verputz angewandt. T. besitzen große Leuchtkraft und Tontiefe und haften sehr fest. →Kaseintempera

Temperatur →Raumtemperatur

Tenside T. sind chemische Verbindungen, die in der Lage sind, die Grenzflächenspannung herabzusetzen. Es werden vier Gruppen unterschieden: Anionische Tenside (mit Carboxylat-, Sulfat- oder Sulfonat-Gruppen), kationische Tenside (quartäre Ammonium-Gruppe), nichtionische Tenside (z.B. Polyether-Gruppen) und Amphotenside (enthalten sowohl anionische als auch kationische Gruppen).

Besonders umweltrelevant sind die →Alkylphenolethoxylate (APEO), die zu den nichtionischen T. gehören. Wichtige Anwendungsbereiche der T. sind die Bereiche Wasch- und Reinigungsmittel, die Verwendung als Additiv in Lacken und Farben, in der Metallbehandlung, Bauchemie, Papierherstellung und -verarbeitung sowie für Kunststoffe (Emulsionspolymerisation) und Pflanzenschutzmittel.

Eine wichtige Funktion der T. ist die Herstellung und insbesondere Stabilisierung von Emulsionen, d.h. von Systemen mit zwei oder mehreren nicht mischbaren Flüssigkeiten. Hier werden die T. als Emulgatoren bezeichnet.

T. werden auch als Luftporenbildner in Beton eingesetzt (→Betonzusatzmittel). Die Dosierung beträgt ca. 0,05 bis 1 % bezogen auf das Zementgewicht. In den Produkten liegen die Wirkstoffgehalte zwischen 2 und 20 %.

Teppichbodenfixierungen T. sind pulverförmige →Klebstoffe zum Verlegen von →Textilen Bodenbelägen, die ähnlich wie Tapetenkleister (→Kleister) mit Wasser angerührt werden. Nach einer halben Stunde Quellzeit und nochmaligem kräftigen Umrühren sind diese Mischungen gebrauchsfertig. Die Verlegung mittels T. erfolgt wie bei allen anderen Einseitklebern. Der textile Bodenbelag sollte allerdings unmittelbar im Anschluss an das Auftragen der T. in das Kleberbett eingelegt werden. Außerdem sollten Teppichkanten und Nahtstellen beschwert werden. →Haftvlies, →Klebstoffe

Teppichböden T. sind →Textile Bodenbeläge, die im Web- oder →Tuftingverfahren hergestellt werden. Sie setzen sich aus drei verschiedenen „Schichten" zusammen:

- Die Nutzschicht besteht aus Flor- bzw. Polmaterial und einem Träger. Der Flor besteht bei mehr als 80 % der textilen Bodenbeläge aus →Polyamid. Wolle wird, mit zunehmendem Trend, für ca. 10 % der T. verwendet (Schafwollteppiche). Weitere Materialien sind Kunstfasern wie →Polypropylen, →Polyacrylnitril und →Polyester (Kunstfaserteppiche) oder Naturfasern wie Jute, →Kokosfasern, Sisal, Seide und Baumwolle (Naturfaserteppiche). Ebenso sind Mischgarne möglich (Polyamid und Schurwolle).
- Die Mittelschicht besteht zumeist aus einer Klebermasse, mit deren Hilfe die Faserkonstruktion im Trägergewebe fixiert wird. Als Trägermaterial werden i.d.R. →Polypropylen und Polyester entweder als Gewebe- oder Spinnvlies, vereinzelt auch Jutegewebe, eingesetzt. Als Kleber dient synthetischer SBR-Latex, (→Styrol-Butadien-Kautschuk), aber auch Naturlatex (→Naturkautschuk) wird eingesetzt. Häufig verbindet eine zweite Schicht Kleber das Rückenmaterial mit der Nutzschicht. Außer SBR- und Naturlatex kommt hierfür auch noch PVC zur Anwendung. Zur besseren Verarbeitung kann diese Fixiermasse diverse Hilfsstoffe enthalten.
- Die Rückenschicht besteht aus folgenden Materialien (in % Marktanteil):
  - ca. 80 % Textilrücken aus Gewebe oder Vlies
  - ca. 10 % Schaumrücken aus Syntheselatex (→Styrol-Butadien-Kautschuk, SBR)
  - ca. 10 % Schwerbeschichtung aus Bitumen, PVC oder Polyurethanschaum.

  Rückenschichten aus Syntheselatex oder Naturlatex können dabei bis zu 75 % mineralische Füllstoffe (z.B. Kreide, →Aluminiumhydroxid) enthalten, wobei Aluminiumhydroxid auch gleichzeitig als →Flammschutzmittel dient.

Zur Farbgebung des getufteten Teppichs wird die Fasernutzschicht, die mit dem Trägermaterial vernadelt ist, entweder gefärbt oder bedruckt. Zur Farbgebung können anorganische und organische Pigmente sowie organische Farbstoffe eingesetzt werden, die zum Teil →Schwermetalle enthalten. Neben den Farbmitteln werden auch Färbereihilfsmittel sowie Antistatika eingesetzt. Zur Färbung von Polyesterfasern (selten als Polmaterial) finden auch chlororganische Farbbeschleuniger (Carrier) als Hilfsmittel Verwendung, die eine schnellere Diffusion der Farbstoffe in die Faser und eine gesteigerte Farbstoffaufnahme bewirken. Bei bedruckten Teppichen werden Druckpasten verwendet, die ebenfalls anorganische und organische Pigmente oder organische Farbstoffe sowie Verdickungsmittel und Chemikalien zum Fixieren der Färbemittel auf der Faser enthalten. Druckereihilfsmittel sind Entschäumer oder Netzmittel.

Für T. sprechen einige Komfortkriterien:

- T. verfügen über eine fußwarme und weiche Oberfläche.
- T. verbessern die Schalldämmung des Bodens (je schwerer und dicker der Teppich, desto günstiger der Schalldämmwert).
- T. verringern das Verletzungsrisiko beim Fallen.
- T. sind trittelastisch und wärmeisolierend.

Nachteilig sind je nach eingesetztem Material und Qualität mögliche Geruchsbelästigungen und Schadstoffemissionen, die aufwändige Reinigung und die problematische Entsorgung.

Technische Kriterien an T. stellt das →Teppichsiegel; gesundheitlich-ökologische Anforderungen mit zusätzlichen Kriterien wie Umweltverträglichkeit oder Auswirkungen auf das Raumklima überprüfen →natureplus, →GuT, →Österreichisches Umweltzeichen. →Textile Bodenbeläge

Teppiche T. sind →Textile Bodenbeläge, die nicht fest mit dem Gebäude (dem Untergrund) verbunden sind und nicht die gesamte Fläche des Raumes bedecken (Stückware). Sie zählen daher zu den Einrichtungsgegenständen.

Teppichschaumrücken T. bestehen meist aus →Styrol-Butadien-Kautschuk (SBR). Sie werden durch Einschlagen von Luft in den Schaum unter Zuhilfenahme von oberflächenaktiven Substanzen hergestellt. Die so erhaltenen SBR-Schäume werden durch Vulkanisation mit Schwefel oder Vernetzung mit →Melaminharzen (nur noch von geringer Bedeutung) gummielastisch und damit gebrauchsfähig. Der Compound enthält z.B. folgende Bestandteile: Styrol-Butadien-Kautschuk, Schwefel, Aktivator (Zinkoxid, Fettsäuren), Beschleuniger (meist Kombinationen von Dithiocarbamaten, Xanthogenaten, Thiuramen, Thiazolen, Aldehydaminen, Guanidin, Amine u.a), Alterungsschutzmittel (Phenole, Amine) und weitere Vulkanisationshilfsmittel. Als Flammschutzmittel in der Textilrückenbeschichtung werden in Deutschland und Europa bei ca. 80 % der Teppichböden, die für den Objektbereich oder für Automobile flammhemmend ausgerüstet werden, Aluminiumhydroxid, längerkettige →Chlorparaffine plus →Antimontrioxid und Ammomiumpolyphosphat eingesetzt. Daneben kommen in Deutschland und auch in Europa immer noch die halogenbasierten Flammschutzmittel Decabromdiphenylether (→Polybromierte Flammschutzmittel), →Hexabromcyclododecan (HBCD) und Tris(chlorpropyl)phosphat (→Organophosphate) in Textilrücken zur Anwendung.

In der Luft von Lagerhallen mit SBR wurden stark krebserzeugende →Nitrosamine festgestellt, die sich bei der chemischen Reaktion der Synthesekautschuk-Rezeptur-Komponenten bilden. Anders als bei einigen Naturlatex-Rezepturen ist es bei der Herstellung von SBR-Kautschuk bis heute nicht möglich, durch Rezepturänderungen die Bildung der Nitrosamine völlig zu verhindern. Bei Prüfkammeruntersuchungen wurden v.a. aromatische Kohlenwasserstoffe, höhere Aldehyde und Ketone festgestellt. →Textile Bodenbeläge

Teppichsiegel Das T. ist ein geschütztes Markenzeichen der Europäischen Teppichgemeinschaft, in der rund 40 europäische Hersteller von →Teppichböden zusammengeschlossen sind. Die Qualitätsvoraussetzungen sind das Polgewicht über Teppichgrund oder die Noppenzahl oder die Pol-Rohdichte. Daneben gibt das T. Auskunft über die möglichen Einsatzgebiete des →Teppichs. Symbole informieren gesondert über zusätzliche Eigenschaften (Stuhlrollen-, Treppen-, Feuchtraum-geeignet, antistatisch ausgerüstet, geeignet für Fußbodenheizung). Das Siegel integriert ein Balkendiagramm, das die Höhe des Strapazier- und Komfortwertes in je vier Abstufungen angibt. Die Vergabe des T. beruht ausschließlich auf technischen Anforderungen. Kriterien wie Umweltverträglichkeit oder Auswirkungen auf das Raumklima werden berücksichtigt bei →natureplus, →GuT, RAL-Umweltzeichen, →Österreichisches Umweltzeichen. →Permethrin

Teppichzusatzausrüstungen Konventionelle Teppiche werden mit einer Vielzahl so genannter Ausrüstungen versehen. Dabei handelt es sich zum großen Teil um den Zusatz von Chemikalien. Antistatika sollen die elektrische Aufladung von Chemiefasern verhindern. Dies wird hauptsächlich durch den Einsatz von leitfähigen Teppichrücken, leitfähigen Fasern (Kupferfasern) oder Sprühausrüstungen wie Ameisensäure oder Ammoniumverbindungen erreicht. Eine antimikrobielle Zusatzausrüstung soll den Teppichbelag vor einem Befall durch Mikroorganismen schützen (→Triclosan). Antisoilings sollen die Teppichfasern vor Verschmutzung schützen. Die Fasern werden dazu mit →Perfluortensiden, →Glykolverbindungen oder organischen Siliciumverbindungen beschichtet. →Mottenschutzmittel sollen den Teppich vor Befall durch Motten und den sog. Teppichkäfer schützen. Dies wird durch den Einsatz von Bioziden (→Pyrethroide) erreicht.

Teratogen Die teratogene Wirkung ist Teil der Reproduktionstoxizität (R_E). Teratogene sind Stoffe (Chemikalien, Arzneimittel) oder ionisierende Strahlen, die durch Einwirkung auf den Embryo zu Fehl- oder Missbildungen oder zum Tod des heranwachenden Lebens führen können. →R-Stoffe

Terbutryn T. (2-(Ethylamino)-4-(tert-butylamino)-6-(methylthio)-1,3,5-triazin) ist ein Herbizid aus der Gruppe der Triazine. Von der →EPA ist T. als möglicherweise krebserzeugend eingestuft. Bei Tieren wurde eine →Teratogene Wirkung festgestellt.

Terpene T. gehören zur Gruppe der Isoprenoide (Terpene und Steroide) und sind aus Einheiten von 2-Methyl-butan und 2-Methyl-1,3-butadien (Isopren) zusammengesetzt. Bei den T. handelt es sich um geruchsintensive Naturstoffe, die in Hölzern, Blüten und Früchten vorkommen. Wegen ihres angenehmen Geruchs finden T. Verwendung u.a. in Kosmetika (ätherische Öle), Reinigungsmitteln, sog. Luftverbesserern, Anstrichstoffen und Ölen. Pinene und delta-3-Caren sind Bestandteile des →Terpentinöls und werden von entsprechenden Produkten wie Naturfarben, Ölen und Wachsen sowie von (Weich-)Holz (insbes. Kiefer) abgegeben. Dagegen ist Limonen der wichtigste Bestandteil des Citrusschalenöls und außerdem als Duftstoff in vielen Reinigungsmitteln enthalten. Diverse Terpenalkohole und Terpenketone (z.B. Geraniol, Campher) werden mit Duftstoffen in die Raumluft eingebracht.

T. werden unterteilt in:

- Monoterpene (C10, 2 Isopren-Einheiten): α-Pinen, β-Pinen, Limonen, delta-3-Caren
- Sesquiterpene (C15, 3 Isopren-Einheiten): β-Carophyllen, Longifolen

Harzreiche Weichhölzer wie Kiefer und Fichte sind starke Emissionsquellen für Monoterpene. In →Prüfkammer-Untersuchungen wurden unmittelbar nach Einbringen von Kiefern-Vollholz T.-Konzentrationen über 5.000 $\mu g/m^3$ gemessen, davon alpha-Pinen mit ca. 3.800 $\mu g/m^3$ und delta-3-Caren mit ca. 1.050 $\mu g/m^3$. Innerhalb einer Woche gingen die Konzentrationen auf etwa 1/4 des Ausgangswertes zurück. Nach sieben Monaten wurde eine Gesamtkonzentration an T. von ca. 220 $\mu g/m^3$ gemessen (Salthammer).

T. sind reaktive Verbindungen, die zu Befindlichkeitsstörungen der Nutzer von Innenräumen führen und damit zum →Sick-Building-Syndrom beitragen können. Reaktionsprodukte von T. – entstanden durch Gasphasenreaktion in der Innenraumluft – sind z.B. Pinonaldehyd (aus alpha-Pinen), Formaldehyd, Aceton, Nopinon und Cyclohexanon (aus beta-Pinen), Formaldehyd, 4-Acetyl-1-methylcyclohexen (AMCH), Cyclohexanon und Limonenaldehyd (aus d-Limonen), 3-Caronaldehyd (aus delta-3-Caren). Die Terpene Pinen und delta-3-Caren weisen eine allergene Wirkung auf.

Tabelle 129: Terpen-Konzentrationen in Wohnhäusern (Beprobungen zwei Jahre nach Fertigstellung der Häuser; Heisel et al., 1994)

Terpen	Terpen-Konzentration [µg/m³] (Mittelwerte)	
	Konventionelle Fertighäuser (n = 5)	Häuser mit viel Holz (n = 5)
alpha-Pinen	49,2	182
beta-Pinen	108	364
delta-3-Caren	5,3	25,3
Limonen	14,4	41

T. sind heute mit einem Anteil von ca. 50 % die mit Abstand wichtigste Gruppe bei den in der Innenraumluft festgestellten Substanzen. Erfahrungsgemäß sinken die Pinen- und Caren-Konzentrationen in der Innenraumluft mit zunehmendem Gebäudealter, während die Limonen-Konzentration keine eindeutige Zeitabhängigkeit aufweist. Mitunter findet man in der Innenraumluft auch Campher, der als Riech- und Geschmacksstoff z.B. in Mottenschutzstreifen sowie in Arzneimitteln enthalten sein kann.

Oxidationsprodukte von T. (z.B. von Limonen) enthalten Stoffe, die für Augenreizungen (Irritation) und andere Gesundheitsbeeinträchtigungen verantwortlich gemacht werden. Ein wichtiges Oxidationsprodukt ist Methacrolein. T.-Oxidationsprodukte entstehen aus T. in Anwesenheit von Oxidantien wie z.B. Ozon. Die Wirkung der T.-Oxidationsprodukte nimmt mit abnehmender rel. Luftfeuchte zu.

Terpentine Die →Balsame der Nadelbäume (z.B. Kiefern) werden T. genannt. Je nach Herkunft zählen die T. der Edeltannen und Lärchen zu den „feinen" und die aller anderen Baumarten zu den „gemeinen" T.

T. bestehen aus dem eigentlichen →Harz und den ätherischen Ölen, die man →Terpentinöle nennt. Harz und Terpentinöl können durch Destillation voneinander getrennt werden.

Terpentinersatz →Testbenzin

Terpentinöl T. (Balsamterpentinöl) hat einen balsamischen Geruch und ist eine farblose bis hellgelbliche Flüssigkeit. Ausgangsmaterial für T. ist ein →Balsam (verschiedener Pinusarten; ca. 30 – 50 Varietäten), für den es keine direkte Verwendung gibt. Wurzelstöcke von Nadelbäumen, welche Balsam liefern, enthalten ebenfalls noch ätherische Öle, welche dem T. verwandt sind, aber sich von den Balsam-T. durch ihren scharfen, stechenden Geruch unterscheiden und selten farblos sind. Aus dem fein zerkleinerten Holz werden solche flüchtigen Anteile ebenfalls destilliert. Nach der Destillation des flüchtigen T. verbleibt eine zähe weißgelbliche Masse als Rückstand, welche noch reichlich Wasser enthält. Durch Umschmelzen wird das restliche Wasser entzogen. Das Ergebnis ist →Kolophonium.

Hauptbestandteile von T. sind die sensibilisierenden Terpene alpha-Pinen, beta-Pinen und delta-3-Caren. Die Gehalte der einzelnen Terpene variieren stark in Abhängigkeit von Art und Wuchsort der für die T.-Gewinnung verwendeten Kiefern.

Verwendet wird T. als Lösemittel u.a. in →Anstrichstoffen. Zum Teil wird auch →Terpentinersatz (→Testbenzin) verwendet. Gem. →MAK-Liste ist T. als krebsverdächtig (Kat. 3A) eingestuft.

Tabelle 130: Terpen-Gehalte in Terpentinöl (Quelle: Ullmanns Enzyklopädie der technischen Chemie, 2001)

Terpen	Gehalt
alpha-Pinen	97 M.-%
beta-Pinen	20 M.-%
delta-3-Caren	70 M.-%
Limonen	4 M.-%

Terpolymer Ein T. ist ein →Polymer (Kunststoff), das durch Polymerisation von drei verschiedenen →Monomeren hergestellt wird. Bsp.: Acrylnitril-Butadien-Styrol-Copolymerisat (ABS), Ethylen-Propylen-Dien-Mischpolymerisate (EPDM).

Terrazzo T. ist ein farbiger Estrich aus farbigem oder weißem Zement mit ausgewählten Zuschlägen. Die Oberfläche der Beläge kann den Anforderungen entsprechend rau oder glatt hergestellt werden.

Testbenzin T., eine farblose, brennbare Flüssigkeit (auch unter der Bezeichnung Terpentinersatz im Handel), wird bei der fraktionierten Destillation von Erdöl aus Rohbenzin gewonnen. Je nach Temperatur des Vorlaufs wird unterschieden zwischen Petrolether (25 – 80 °C), Testbenzin (60 – 140 °C) und Siedegrenzbenzin (140 – 200 °C). T. besteht hauptsächlich aus →Aliphatischen Kohlenwasserstoffen.

Tetrabrombisphenol A T. (TBBA) ist das mengenmäßig bedeutendste bromierte →Flammschutzmittel weltweit (Verbrauch 1999: 121.000 t, UBA-Texte 25/01). TBBA wird insbes. eingesetzt als reaktives (chemisch gebundenes) Flammschutzmittel in Polymeren, zudem auch als additives Flammschutzmittel (mit dem Polymer vermischt). Der Brom-Gehalt beträgt ca. 59 %. Einsatzbereiche: Epoxidharze für Leiterplatten (ca. 70 %), High Impact Polystyrol (15 %), Weiterverarbeitung in TBBA-Derivaten (10 %), additiv in sonstigen Polymeren (5 %) wie ABS (Acrylnitril-Butadien-Styrol-Copolymer), PET (Polyethylenterephthalat).
Beim Einsatz als reaktives Flammschutzmittel erfolgt nur eine geringe Freisetzung in die Umwelt. Dagegen führt der Einsatz als additives Flammschutzmittel zum Eintrag in Umweltmedien und Nahrungsketten. TBBA ist persistent und ist als umweltgefährlich eingestuft (Gefahrensymbol N). In der Innenraumluft und im →Hausstaub wurden hohe TBBA-Konzentrationen festgestellt. Die Humantoxizität ist nicht ausreichend untersucht. Untersuchungen zur Kanzerogenität fehlen. Von großer Bedeutung ist der Nachweis von TBBA in der Muttermilch. Akute Effekte auf Schleimhäute wurden beobachtet. Im Brandfall entstehen nur geringe Mengen polychlorierter →Dioxine und Furane. Vom Umweltbundesamt wird TBBA wie folgt bewertet: TBBA additiv: Anwendungsverzicht empfohlen; TBBA reaktiv: Minderung sinnvoll, Substitution anzustreben. TBBA steht auf der →OSPAR-Liste der Stoffe, die potenziell Anlass zur Besorgnis geben. →Polybromierte Flammschutzmittel

Tetrachlorethen T. (TCE, Perchlorethylen (PER), Tetrachlorethylen) ist eine fettlösliche, farblose, nicht brennbare, leichtflüchtige Flüssigkeit, die z.T. noch in Chemischreinigungen verwendet wird (oder durch →Testbenzin ersetzt wurde).
Im Ergebnis einer Studie (LAI 2000) lagen die Jahresmittelwerte in der Außenluft an nicht durch spezielle Emittenten beeinflussten Messorten i.d.R. unter 1 µg/m³, lokal traten Mittelwerte bis zu 5 µg/m³ auf. 98 % der Werte lagen unter 10 µg/m³. Zusammenfassend ergaben sich in ländlichen Gebieten Konzentrationen von 0,1 – 0,3 µg/m³, in städtischen Gebieten 0,2 – 2,5 µg/m³. Die bedeutendste Ursache erhöhter T.-Konzentrationen in nicht gewerblich genutzten →Innenräumen ist der Übertritt aus unmittelbar benachbarten Chemischreinigungen. Wesentliche Eintrittswege sind Spalten und Risse im Mauerwerk und die Diffusion durch massive Mauern. Auch kontaminierte Kleidung kann eine T.-Quelle in Innenräumen darstellen. Angaben zur Geruchsschwelle schwanken zwischen 7 mg/m³ (ca. 1 ppm) und 32 mg/m³ (ca. 5 ppm).
Die akute Toxizität von T. ist mäßig. Die Neurotoxizität von T. stellt den kritischen Effekt dar. Bei Beschäftigten wie auch bei Anrainern von Chemischreinigungen wurden klare Hinweise auf Beeinträchtigungen des Nervensystems und kognitiver Prozesse festgestellt.
Gem. 2. BImSchV vom 1.3.1991 ist die Immissions-Konzentration durch T. in der Umgebung von Chemischreinigungen auf 0,1 mg/m³ begrenzt.
Der österreichische Wirkungsbezogene Innenraumrichtwert (WIR) beträgt 250 µg/m³ (Wochenmittel). Bei Überschreitung des Richtwertes sind Maßnahmen zur Reduk-

tion der T.-Raumluftkonzentration einzuleiten.

Tetrachlormethan Aufgrund der hohen Toxizität ist die gezielte Herstellung von T. (Tetrachlorkohlenstoff) verboten.

Tetradecansäure →Fettsäuren

Tetraethylsilikat T. (Kieselsäuretetraethylester) gehört zur Gruppe der siliciumorganischen Verbindungen. Der Stoff wird eingesetzt in →Steinfestigern, bei der Herstellung von Zweikomponenten-Silikonkautschuken (RTV-2) und zur Herstellung von Zinksilikat-Anstrichen. T. ist als reizend eingestuft und kann zu Schädigungen der Lunge und des Kehlkopfes führen. Der →MAK-Wert beträgt 10 ml/m³ (86 mg/m³).

Tetrahydrofuran-Klebstoffe T. sind anlösende →Lösemittel-Klebstoffe für PVC-Muffen oder zum Verkleben der Überlappungsflächen von PIB- oder →PVC-Dichtungsbahnen. Sie werden durch Lösen des Grundstoffes (z.B. PVC für T. zur Verklebung von PVC-Produkten) in Tetrahydrofuran (THF) hergestellt. THF ist ein lokal reizender Stoff mit begründetem Verdacht auf krebserzeugendes Potenzial (Kat. 3). Er kann durch Einatmen, Verschlucken oder über die Haut aufgenommen werden. Hautkontakt kann Dermatitis auslösen. Langzeitexposition kann Nieren- oder Leberschaden hervorrufen. Der Luftgrenzwert für THF beträgt 150 mg/m³. Beim Kleben von PVC-Dichtungsbahnen mit T. wurden Konzentrationen bis 500 mg/m³ ermittelt. Bei der Verklebung von PVC-Bahnen kann aber auf T. nicht verzichtet werden, da THF zurzeit das einzige Lösemittel ist, das sich zum Lösen von PVC eignet.

Tetramethrin →Biozid aus der Gruppe der →Pyrethroide. →Hausstaub

Texanol T. (Handelsname Kodaflex TXIB; chemisch 2,2,4-Trimethyl-1,3-pentandiol-diisobutyrat) ist ein als Lösemittel und Weichmacher verwendeter Stoff, der im Baubereich zunehmende Bedeutung erlangt. T. wurde auch in der Innenraumluft gefunden. Da über die Substanz weder humantoxikologische Daten noch gesicherte Daten aus Tierversuchen bzgl. der Toxizität bei inhalativer Exposition vorliegen, ist eine gesundheitliche Bewertung der in Gebäuden gemessenen Raumluftkonzentrationen derzeit nicht möglich. Ein →NIK-Wert wurde „wegen mangelnder Datenlage“ ausgesetzt.

Textile Bodenbeläge T. sind →Bodenbeläge aus natürlichen oder synthetischen Fasern. Nach dem Herstellungsverfahren wird unterschieden zwischen →Nadelvlies-Bodenbelägen einerseits und →Webteppichen oder im →Tuftingverfahren hergestellten →Tep-pichböden andererseits. Sie können aus synthetischen Fasern (Kunstfaserteppiche) oder aus Naturfasern (Naturfaserteppiche) bestehen. Der größte Anteil, außer Nadelvlies, wird im europäischen Ausland wie Belgien, Dänemark und Großbritannien produziert (203 Mio. m²).

Tabelle 131: Absatz textiler Bodenbeläge (Quelle: Parkett, Linoleum, PVC, Kautschuk, Kork oder Laminat. http://www.bauzentrale.com/news/2004/0823.php4)

	Absatz 2003 [Mio. m²]	**Anteil am Gesamtabsatz [%]**
Textile Beläge	**256**	**53,89**
Davon:		
Tuftingware	165	34,74
Nadelvlies	66	13,89
Webware	25	5,26

Eine Übersicht über Substanzklassen, die in getufteten T. enthalten sind, gibt Tabelle 132.
Die Lieferform von T. kann in Bahnen oder in Fliesen erfolgen. Als Unterkonstruktionen für T. kommen z.B. Estrich im Massivbau oder Blindböden aus Holzwerkstoffen im Holzbau infrage. Es sind vier Verlegearten zu unterscheiden:
- Loses Auslegen (ohne Randbefestigung oder mit doppelseitigem Klebeband)
- Spannen
- Fixieren mit →Haftvlies oder →Teppichbodenfixierung (→Haftklebstoffe)
- Vollflächiges Verkleben (mit →Lösemittel- oder →Dispersionsklebstoffen)

Tabelle 132: Übersicht über Substanzklassen für getuftete textile Bodenbeläge (Quelle: Gesundheits- und Umweltkriterien bei der Umsetzung der EG-Bauprodukten-Richtlinie, UBA-Texte 06/05)

Bestandteil	Funktion	Verwendete Substanzklassen
Nutzschicht	Fasern	– Kunstfaserteppiche: Polypropylen, Polyamid, Polyacrylnitril (hauptsächlich bei abgepassten Teppichen), Polyester – Naturfaserteppiche: Schurwolle, Kokos, Sisal, Jute, Baumwolle
Grundschicht	Trägermaterial für Fasern	Polypropylen, Polyethylen, Baumwolle, Jute oder Leinen
	Fixierung der Fasern auf dem Trägermaterial	Syntheselatex oder Naturlatex
	Rückenschicht	Textilien, Syntheselatex oder Naturlatex, Jute, Polyurethanschaum, Bitumen, PVC
	Herstellung Syntheselatex: Vulkanisationsbeschleuniger Vulkanisationsverzögerer	Xanthogenate, Dithiocarbamate, Thiurame, Benzothiazole, Guanidine, Thioharnstoffderivate, Amin-Derivate, Organische Säuren (Benzoe- oder Salicylsäure), Phthalsäureanhydrid
	Additive (Syntheselatex)	Antioxidantien (Alterungsschutz), Emulgatoren, Schwefel, Netzmittel, Acrylatverdicker, Kreide (Füllstoff und Deckmittel)
	Flammschutzmittel	Aluminiumtrihydrat (ATH), Ammomiumpolyphosphat (APP), Chlorparaffine plus Antimontrioxid (ATO), Decabromdiphenylether (DeBDE), Hexabromcyclododecan (HBCD), Tris(chlorpropyl)phosphat (TCCP)
Chemische Ausrüstung	Verringerung der Schmutzempfindlichkeit	Perfluortenside
	Verringerung der elektrischen Aufladung bei Kunstfaserteppichen	Kaliumformiat, Ammoniumverbindungen
	Schutz gegen Motten- und Käferfraß bei Wollteppichen	Permethrin
Farbgebung	Färbemittel für gefärbte Teppiche	Anorganische Pigmente (z.B. Titandioxid, Eisen-, Chromoxid, Eisenblau-, Ultramarin- und Rußpigmente), Organische Pigmente (z.B. Azopigmente, polycyclische Pigmente wie Anthrachinon, Metallkomplexpigmente wie Kupferphthalocyanin) Organische Farbstoffe wie z.B. Azofarbstoffe und Metallkomplexfarbstoffe
	Färbereihilfsmittel	Farbstofflösungs-, -dispergier-, -fixier- und -reduktionsmittel, Netz-, Gleit- und Egalisiermittel, Antistatika Chlororganische Farbbeschleuniger (Carrier; Einsatz nur bei Polyesterfasern)

Fortsetzung Tabelle 132:

Bestandteil	Funktion	Verwendete Substanzklassen
Farbgebung	Druckpasten für bedruckte Teppiche	Anorganische Pigmente (z.B. Titandioxid, Eisen-, Chromoxid, Eisenblau-, Ultramarin- und Rußpigmente) Organische Pigmente (z.B. Azopigmente, polycyclische Pigmente wie Anthrachinon, Metallkomplexpigmente wie Kupferphthalocyanin) Organische Farbstoffe wie z.B. Azofarbstoffe und Metallkomplexfarbstoffe Verdickungsmittel, Chemikalien zum Fixieren der Färbemittel auf der Faser, Komplexbildner
	Druckereihilfsmittel	Entschäumer, Netzmittel (anionische Tenside)

Beim Kleben ist grundsätzlich mit →VOC-Emissionen zu rechnen. Die Schadstoffemissionen können verringert werden durch Verwendung emissionsarmer →Dispersionsklebstoffe (→EMICODE EC1). Außer dem losen Auslegen ist das Spannen von T. die umweltfreundlichste Methode, wenn auch vergleichsweise aufwändig. Sonstige Schadstoffbelastungen hängen von den eingesetzten Materialien ab (siehe dort), T. mit →Teppichschaumrücken sollten wegen möglicher Schadstoffemissionen jedenfalls vermieden werden: Im Rahmen einer Studie des Instituts für Umwelt und Gesundheit (IUG) wurden bei Prüfkammermessungen von T. aromatische Kohlenwasserstoffe wie →Benzol, →Styrol, →Toluol, m-, p-Xylol (→Xylole) und 2-Ethyltoluol festgestellt, die in der Rückenschicht aus Syntheselatex enthalten sind. Diese VOC emittieren i.d.R. in kurzen Zeiträumen. Eine Freisetzung der flüchtigen n- und Cycloalkane (z.B. n-Hexan, n-Heptan bis n-Hexadecan, Cyclohexan) aus T. konnte ebenfalls festgestellt werden. Weiterhin wurden geringe Mengen →Formaldehyd gemessen. Höhere →Aldehyde und Ketone (z.B. →Acetaldehyd, Propionaldehyd, Butyraldehyd, →Aceton, Cyclohexanon), die ebenfalls gefunden wurden, gelangen über trocknende Öle, die in Bindemitteln in Bodenbelägen eingesetzt werden, in die Raumluft. Weiterhin wurden Emissionen von aliphatischen Kohlenwasserstoffen wie Pentadecan, Tetradecan und Heptadecan nachgewiesen. In T. aus Naturfasern wurde eine Freisetzung von →Essigsäure festgestellt. Essigsäure wird bei der Farbgebung von Teppichböden als pH-Regulant eingesetzt. Zu den geruchsintensiven Stoffen aus T., die über einen längeren Zeitraum freigesetzt werden können, gehören insbes. Cyclohexen-Derivate aus der Rückenschicht aus Syntheselatex. Die Stoffe 4-Phenylcyclohexen (4-PCH), 4-Vinylcyclohexen (4-VCH) und 2-Ethyl-1-hexanol können als Nebenprodukte bei der Herstellung von Syntheselatex aus den Monomeren Styrol und Butadien entstehen. 4-PCH und 4-VCH weisen einen sehr unangenehmen Geruch auf und haben zudem eine niedrige Geruchsschwelle von ca. 2 $\mu g/m^3$. Diese Stoffe werden nur langsam freigesetzt und können oft noch nach Jahren sensorisch ermittelt werden. In einer Untersuchung der Bundesanstalt für Materialforschung und Prüfung (BAM) von 14 T. emittierten zehn Prüfmuster nach 28 Tagen noch zwischen 1 und 18 $\mu g/m^3$ 4-PCH. Weitere geruchsintensive Stoffe sind Dodecene, die aus Dodecylmercaptan, einem Regler für die Reaktion von Styrol mit Butadien, entstehen. Einen charakteristischen Geruch weisen auch Ethylacetat und n-Butylacetat aus der Gruppe der Essigsäureester auf, wobei n-Butylacetat ebenfalls eine geringe Geruchsschwelle aufweist.

Um bestimmte Eigenschaften zu erzielen, erhalten T. i.d.R. eine chemische Ausrüstung. Kunstfaserteppiche, die im privaten Bereich eingesetzt werden, werden zur Verringerung der Schmutzempfindlichkeit i.d.R. mit teflonartigen Fluorverbindungen (→Perfluorierte organische Verbindungen)

imprägniert. T. für den Objektbereich besitzen aufgrund der professionellen Reinigung in der Regel keine derartige Ausrüstung. Zur Verringerung der elektrischen Aufladung können Sprühausrüstungen als Antistatika eingesetzt werden.
Das bei T. aus Wolle vielfach eingesetzte Insektizid →Permethrin kommt aufgrund des sehr geringen Dampfdrucks in der Raumluft hauptsächlich partikelgebunden vor und gelangt durch den Abrieb von Teppichfasern in den →Hausstaub, der wiederum durch Aufwirbelung vom Menschen eingeatmet werden kann. Die Gesundheitsgefahr für den Menschen durch die Aufnahme von Permethrin wird kontrovers diskutiert.
Umstritten ist auch die Eignung von T. für Allergiker: Während manche Innenraumluftspezialisten von der Verwendung von T. für Allergiker abraten, sehen andere kurzflorige, leicht zu säubernde T. als durchaus auch für Hausstauballergiker geeignet an, da T. den Hausstaub eine Zeit lang binden.
Für T. werden z.T. →Flammschutzmittel eingesetzt. Besonders kritisch zu beurteilen sind die in der EU noch zugelassenen polybromierten Diphenylether (→Decabromdiphenylether (DeBDE) →Polybromierte Flammschutzmittel). Obwohl DeBDE zurzeit offenbar relativ wenig in T. eingesetzt wird, würde der aktuelle Trend, mehr Polypropylenfaser in Teppichen einzusetzen, künftig – ohne Substitution – auch einen erhöhten Einsatz von bromierten Flammschutzmitteln mit sich bringen. Im deutschen Zulassungsbereich verbieten die DIBt-Zulassungsgrundsätze Innenraum den Einsatz von polybromierten Diphenylethern in Bodenbelägen, da im Brandfall polybromierte →Dioxine und Furane freigesetzt werden können. Dieses Verbot wird im DIBt bereits seit 1986 für alle zugelassenen Bauprodukte praktiziert. In Deutschland haben ebenfalls 1986 auf freiwilliger Basis der TEGEWA (Fachverband der Hersteller von Textilhilfsmitteln, Gerbstoffen und Waschrohstoffen) und der Verband der kunststofferzeugenden Industrie (VKE) den Verzicht auf polybromierte Diphenylether vereinbart.
T. werden auch unter Verwendung von →Bitumen hergestellt. Reine Bitumina enthalten nur Spuren an →Polycyclischen aromatischen Kohlenwasserstoffen bzw. deren krebserzeugende Leitsubstanz Benzo[a]pyren. Nach den DIBt-Zulassungsgrundsätzen Innenraum darf Benzo[a]pyren nicht aktiv eingesetzt werden. Da BaP jedoch in Bitumen enthalten ist, wird in den Zulassungsgrundsätzen der Gehalt auf 5 mg BaP/kg Bitumen beschränkt. Dieser Wert ist von reinen Bitumina ohne Probleme einzuhalten und stellt sicher, dass keine teerölhaltigen Verschnittbitumina zum Einsatz kommen. →Bodenbeläge

Textile Glasfasern Als T. werden silikatische Fasern bzw. →Künstliche Mineralfasern bezeichnet, die im Baubereich insbesondere als Glasfaserarmierungen oder Glasfaserzusatz zur Verstärkung anderer Materialien, z.B. von Putzen oder Kunststoffen, eingesetzt werden. T. dienen als endlos gesponnene Fasern auch zur Herstellung von Vorhängen und Glasfasertapeten. Die Fasern weisen einen vergleichsweise großen Durchmesser auf (6 – 15 µm) und sind damit nicht lungengängig (und damit auch nicht krebserzeugend).

Textiltapeten T. sind →Tapeten aus einer Trägerschicht, auf die textile Stoffe aus Natur- oder Synthesefasern aufgetragen werden. Als Naturfasern werden u.a. Baumwolle oder Jute, als Synthesefaser wird hauptsächlich →Polyacrylnitril verwendet. Mögliche Trägermaterialien sind einschichtiges Papier, mehrschichtiges Papier (spaltbar), Krepppapier (einschichtig), Styropor oder Synthetik-Vlies. Bei Kettfadentapeten sind die Fäden nur in Längsrichtung aufkaschiert, bei Gewebetapeten kreuzen sich Kett- und Schussfaden. Ebenfalls zu den T. gehören die →Velourtapeten, die sich im Aussehen jedoch stark unterscheiden.
T. wurden teilweise mit Formaldehyd-Harzen behandelt, um eine verbesserte Nassreißfestigkeit zu erreichen (bei deutschen Produkten nicht mehr bekannt). Wollfasern können mit →Formaldehyd als Faserschutz versehen sein. Mehrschichtige T. bieten

den Vorteil, dass die Tapete bei der Entfernung mit der obersten Schicht abgezogen werden kann.
Mit →Kunstharzen versehene oder mit Kunstharzklebstoffen verlegte T. verschlechtern die Wasserdampfdiffusionsfähigkeit der Wand (→Raumklima). Für Hausstauballergiker sind T. problematisch, da sie Staubfänger sind. Kritisch zu beurteilen ist auch die mögliche fungizide (pilztötende) Ausrüstung von T.

Thermoplaste T. sind →Kunststoffe, die durch Wärmeeinwirkung verformbar sind. T. sind z.B. die Polyolefine wie →Polyethylen und →Polypropylen und die Polyvinylverbindungen.

Thermotapeten T. bestehen aus einer dünnen Dämmschicht aus Polystyrol, Polyurethan oder Kork. Bei manchen Produkten ist auf die Dämmschicht eine Aluminium-Folie kaschiert. Sie wird häufig in Mietwohnungen als Wärmedämmung für feuchte und kalte Wände eingesetzt. Dies sind allerdings in der Regel falsche Sanierungsversuche, weil sich Kondensationszonen bilden, die den Schimmelbefall eher fördern. Häufig fällt der Schimmel hinter der T. an, dadurch sind die Flecken zwar nicht sichtbar, aber die gesundheitsschädlichen Sporen werden trotzdem in den Raum abgegeben. Bleibt die Feuchtigkeit hinter der Tapete, weil die Ursache mangelnde Luftzirkulation nicht behoben wurde, löst sich die Tapete ab. Der Wärmedämmeffekt ist ohnehin gering.

ThermoTimber →Holzmodifikation

Thermowood →Holzmodifikation

Thiocyanate T. sind als →Fotoinitiatoren Bestandteile von strahlenhärtenden Beschichtungssystemen.

Thiokol Handelsbezeichnung für →Polysulfid-Dichtstoffe, die früher unter Zugabe von →Polychlorierten Biphenylen (PCB) hergestellt wurden.

Thioplaste Handelsbezeichnung für →Polysulfid-Dichtstoffe, die früher unter Zugabe von Polychlorierten Biphenylen (PCB) hergestellt wurden.

Thiram T. (TMTD, Tetramethylthiuramdisulfid) gehört zur Gruppe der Dithiocarbamate, das sind Ester und Salze der Dithiocarbaminsäure. T. findet überwiegend Verwendung in der Gummi verarbeitenden Industrie als Vulkanisationsbeschleuniger in →Polysulfid-Dichtstoffen, Hartgummi (Autoreifen, Griffen), Heißluftvulkanisaten, transparenten Gummiartikeln, Gummihandschuhen und Gummiklebern.
Dithiocarbamate werden auch als Fungizide, Herbizide und Insektizide – meist in Form von Spritzpulvern – eingesetzt. T. wird auch als Repellens gegen Kaninchen oder Wühlmäuse gebraucht.
Von T. gehen akute oder chronische Gesundheitsgefahren aus. Der Stoff reizt die Haut, die Augen und die Atemwege. Ein wiederholter oder länger andauernder Kontakt kann eine Sensibilisierung auslösen. Im Tierversuch wurden eine Beeinträchtigung der Fortpflanzungsfähigkeit und eine erbgutschädigende Wirkung festgestellt. T. ist als umweltgefährlich eingestuft.

Thixotrop Gelartig. Bsp.: T.-Lasuren sind im Gebinde gelartig, d.h. die Lasur kann als kompakte Masse mit dem Pinsel aufgenommen werden, ohne dass sie tropft. Erst durch die Streichbewegung des Pinsels wird sie flüssig (vorteilhaft beim Überkopf-Streichen).

Tiefdrucktapeten Tiefdruck ist neben dem Siebdruck eine der heute gebräuchlichsten Druckverfahren für →Tapeten. Die Tiefdrucktechnik ermöglicht es, Muster fotografisch getreu wiederzugeben. Die Farbauszüge werden dabei auf fotomechanischem Wege gerastert auf die Druckzylinder und von dort auf das Papier übertragen. Mit dem Tiefdruckverfahren können →Papier-, →Kunststoff- und auch →Metalltapeten bedruckt werden. Die Druckfarben für T. sind heute im deutschsprachigen Raum überwiegend wasserbasierend.

Tiefgrund T. dient der Untergrundvorbereitung zur Verbesserung der Haftung von →Anstrichstoffen oder →Tapeten. Aus anwendungstechnischen Gründen sollen die Mittel die gleichen Bestandteile wie das gewählte Anstrichmittel enthalten, da es sonst zu Schäden beim Anstrich kommen kann. T. wird auf stark saugenden, wenig festen, mineralischen Untergründen eingesetzt. Er dient auch zur Absperrung von Rauch-, Wasser- und Ölflecken. Damit das Mittel tief in den Untergrund einwirken kann, beträgt der Lösemittelanteil teilweise bis zu 85 %. Ölhaltiger T. enthält →Alkydharzlacke und Öllacke. Ölfreier T. ist auf der Basis von →Kunstharzen (z.B. →Polyvinylacetat, Chlorkautschuk, →Polyurethane, →Phenol-Formaldehyd-Harz) aufgebaut.

Wegen des sehr hohen Lösemittelgehaltes müssen Schutzmaßnahmen während der Verarbeitung getroffen werden. Die verschiedenen Lösemittel (z.B. →Alkohole, →Testbenzin, →Aromaten, →Chlorierte Kohlenwasserstoffe) stellen zudem eine Umweltbelastung dar. Bei →Phenol-Formaldehyd-Harzen kann →Formaldehyd freigesetzt werden. Je nach Kunstharz muss mit dem Ausgasen von →Restmonomeren gerechnet werden. Reste des T. sind als Sondermüll zu entsorgen und dürfen nicht in das Abwasser gelangen. →Haftgrund

Tischlerplatten Als T. werden Stab- und Stäbchensperrholzplatten bezeichnet. Die Platten bestehen aus einer Mittellage von Holzstäben oder Stäbchen, die beidseitig mit einem Deckfurnier verleimt ist. →Sperrholz

Titandioxid T. ist ein Weißpigment, das bei Beschichtungsstoffen die Kontrastlöschung (Deckvermögen) und den Weißgrad erhöht. T. muss entsprechend der Richtlinie des Rates der Europäischen Gemeinschaft über die Modalitäten zur Vereinheitlichung der Programme zur Verringerung und späteren Unterbindung der Verschmutzung durch Abfälle der Titandioxid-Industrie (92/112/EWG) bzw. deren Umsetzung in nationales Recht (in Deutschland 25. BImSchV zur Begrenzung von Emissionen aus der Titandioxid-Industrie vom 8. November 1996) hergestellt werden.

Titanweiß →Titandioxid

Titanzink T. (seit 1965 auf dem Markt) ist eine Legierung von elektrolytisch gewonnenem Feinzink mit geringen, genau definierten Zusätzen von Titan und Kupfer (Reinheitsgrad von 99,995 % Zn). Die Titanbeigabe senkt die Sprödigkeit des wesentlich billigeren →Zinks. Es hat dadurch eine verbesserte Dauerstandfestigkeit und geringere Wärmedehnung. T. wird z.B. für Bleche, Dachrinnen, Regenfallrohre und Klempnerprofile verwendet. Zinkblech wird heute im Bauwesen nur mehr in Form von →Titanzinkblech angeboten.

Titanzinkblech T. wird vor allem als Dachdeckungsmaterial eingesetzt. Barren aus →Titanzink werden in einem Walzwerk zu Blechen gewalzt und zugeschnitten. Die Oberflächenbehandlung erfolgt durch Chromatieren (verdünnte Chromsäure), Phosphatieren (Schwermetall-Phosphatlösungen), galvanische Überzüge aus verschiedenen Metallen, farblose Lackschichten oder pigmentierte Beschichtungen. T. muss längere Zeit angewittert sein oder mit Sandpapier angeraut bzw. mit einem Primer grundiert werden, bevor ein Anstrich aufgetragen wird. Fettreste müssen vorher mit einem organischen →Lösemittel entfernt werden. Bei erhöhtem Schwefeldioxidgehalt der Luft erhöhen Anstriche die Lebensdauer. Verbindungen werden durch Weichlöten, Kleben, Falzen, Nieten, Schrauben hergestellt. Die Befestigung erfolgt mit feuerverzinkten Haftern oder Stiften. T. wird als relativ unedles Metall durch elektrochemische Korrosion von anderen Metallen angegriffen und sollte von diesen getrennt verwendet werden.

Hohe Umweltbelastungen bei der Herstellung von →Zink. Mögliche Gesundheitsbelastungen beim →Löten oder Kleben. Gesundheitlich verträglicher: Nieten, Schrauben, Falzen, Stecken, Klemmen. Zink wird von Dächern, Rinnen etc. abgeschwemmt und belastet somit Böden, Abwasser und Klärschlamm. T. hat die höchsten mittleren Abschwemmraten aller Baumetalle, gefolgt von →Kupferblechen. Besonders drastisch ist die Belastung der Ober- und Unterböden durch Dachabflusswasser: Bei der Muldenversickerung von Kupfer- und Zinkdachwässern sind die Bodensanierungswerte in zehn Jahren erreicht, bei

Schacht- und Rigolenversickerung in 33 respektive 39 Jahren. Die Materialbeständigkeit hängt in erster Linie von der Verarbeitung ab. Der Korrosionsmaterialverlust von Zink ist wegen der Anfälligkeit gegenüber Weißrost und der Gefahr von Kontaktkorrosion besonders hoch. Laub in Dachrinnen fördert den Zinkabbau zusätzlich. T. lassen sich sehr gut recyceln: T.-Hersteller im Bereich Bedachungen und Fassaden nennen Recyclingquoten von über 90 %. Der Energieaufwand für das Recycling entspricht etwa 5 % des Primärenergieaufwandes für die Neuherstellung. Messingschrott ist eine der größten Recyclingmöglichkeiten für Zink. Verhalten in Müllverbrennungsanlagen und auf Deponien problematisch (→Metalle).

TMTD →Thiram

TOC Total organic carbon = gesamter organischer Kohlenstoff; ein Analyseparamter, z.B. zur Bestimmung von organischen Anteilen in mineralischen Abfällen.

Toluol T. gehört zur Gruppe der aromatischen Kohlenwasserstoffe (→Aromaten). Die Herstellung erfolgt durch fraktionierte Destillation von Erdöl oder Steinkohlenteer. T. wird in der chemischen Industrie als Ausgangssubstanz für viele Synthesen verwendet. Im Bausektor wird T. als →Lösemittel in →Anstrichstoffen (v.a. →Nitrolacke) eingesetzt, findet sich in manchen →Klebstoffen oder ist Bestandteil von →Verdünnern. Gemäß →Gefahrstoffverordnung dürfen T. und T.-haltige Erzeugnisse maximal 0,1 % →Benzol enthalten. T. trägt als Kohlenwasserstoff bei Anwesenheit von Stickoxiden zum fotochemischen Sommersmog bei. Außer aus Bauprodukten wird die Innenraumluft auch durch →Tabakrauch und frische Druckerzeugnisse mit T. verunreinigt. Die Geruchsschwelle beträgt ca. 0,6 – 3 mg/m³. T. ist neurotoxisch und steht im Verdacht auf reproduktionstoxische Wirkung (EU: R_E3). RW I: 0,3 mg/m³, RW II: 3 mg/m³. MAK-Wert: 50 ml/m³ = 190 mg/m³. →Innenraumluft-Grenzwerte

Tolylfluanid T. (1,1-Dichlor-N-((dimethylamino)sulfonyl)-1-fluor-N-(4-methylphenyl) methansulfenamid) ist ein →Fungizid und gehört mit Dichlofluanid zur Gruppe der Sulfonamide. Im Pflanzenschutz werden die Stoffe als Blatt-Fungizide eingesetzt. T. und Dichlofluanid gehören zu den am meisten verwendeten bläuewidrigen Wirkstoffen in lösemittelhaltigen Grundierungen und Lasuren (z.B. Holzfenster). T. ist toxischer als Dichlofluanid. Gefahrstoffrechtliche Einstufung: giftig, reizt die Augen, Atmungsorgane und die Haut, Sensibilisierung durch Hautkontakt möglich, umweltgefährlich.

Ton Mit T. können entweder Gesteinspartikel bestimmter Größe oder ein bestimmtes Mineral bezeichnet werden. Das Gesteinspartikel T. ist durch eine Korngröße von maximal 0,002 mm gekennzeichnet.

Tonmineralien sind aus der Verwitterung von feldspathaltigen Gesteinen entstanden und sind die Hauptbestandteile des Tones. Es sind meist Hydrosilikate von Aluminium, aber auch von Magnesium und Eisen mit geringen Alkalianteilen. Die wichtigsten Tonmineralien sind Kaolinit, Montmorillonit und Illit. Tonmineralien zeigen einen schichtförmigen Aufbau aus plättchenförmiger Struktur.

T. besteht aus reinen Tonmineralien mit geringen Verunreinigungen. In reiner Form ist T. weiß, die unterschiedlichen Färbungen erhält er durch geringfügige Verunreinigungen. T. enthält Strukturwasser, Kohäsionswasser (Oberflächenschicht um jedes Tonplättchen) und Porenwasser (frei bewegliches Wasser dazwischen). Das molekular gebundene Strukturwasser wird erst bei einer Hitzeeinwirkung ab 500 °C ausgetrieben (Brennen des T.). Dieser Vorgang kann nicht rückgängig gemacht werden. Kohäsions- und Porenwasser können dagegen beliebig oft aufgenommen und abgegeben werden. Durch diese einfache Umkehrbarkeit ist ungebrannter Ton nicht wasserbeständig. Bauten aus Lehm bzw. mit Putzen und Vermörtelungen aus Lehm müssen daher vor Feuchtigkeit, insbesondere vor Niederschlägen, geschützt werden.

Kann sich T. in Wasser langsam absetzen, so richten sich die Tonplättchen in horizon-

taler Richtung aus. Hierdurch wirkt Lehm bzw. Ton sperrend für Wasser in senkrechter Richtung zu der Plättchenstruktur. Durch diese Eigenschaft wirken Lehmschichten im Erdreich undurchlässig für Wasser.
Nach Hartgesteinen, Sand und Kies steht die Fördermenge von T. an dritter Stelle unter den mineralischen Rohstoffen in der Welt. Ton bildet das Bindemittel in Produkten aus →Lehm und wird gebrannt für →Mauerziegel, →Dachziegel, keramische →Fliesen, →Blähton und Schamotte eingesetzt.
Tonmineralien sind überall verbreitet und in großer Menge vorhanden. Allerdings kann es in absehbarer Zukunft zumindest lokal zur Erschöpfung der leicht zugänglichen Vorräte kommen. Die Gewinnung von T. erfordert wegen kurzer Transportwege einen geringen Energieverbrauch. Selten können T.- oder Lehmvorkommen erhöhte Radioaktivität aufweisen. (→Radioaktivität von Baustoffen). →Mineralische Rohstoffe, →Tagebau

Toner Toner für →Laser-Drucker oder Kopierer setzen sich im Wesentlichen wie folgt zusammen:

- Styrolacrylatcopolymer oder Polyester (Bindemittel)
- Farbpigmente (bei schwarzen Tonern Eisenoxid oder Ruß)
- Hilfsstoffe wie z.B. Wachse und Kieselsäuren

Genaue Rezepturen sind aber nicht bekannt. Hinweise auf gesundheitliche Beeinträchtigungen durch T. gibt es aus dem arbeitsmedizinischen Bereich. Betroffene klagen vor allem über allergische Symptome: Die Nase läuft, Augen und Rachen schmerzen, zum Teil tritt asthmaähnlicher Husten auf. Durch Ärzte wurden dem →BfR ca. 90 Fälle gemeldet, in denen nach der Benutzung von Laser-Druckern und Kopierern überwiegend allergische Reaktionen aufgetreten sind. Wissenschaftliche Studien, die sich mit der Wirkung von T.-Staub auf den Menschen beschäftigt haben, fehlen bis heute. Neben den Inhaltsstoffen der T. müssen auch andere aus dem Druckprozess freigesetzte Stoffe wie etwa Papierstäube oder der Materialabrieb der Maschinen berücksichtigt werden. Durch die LGA wurden 85 verschiedene schwarze T. auf ihren Schwermetallgehalt untersucht. In einigen wenigen Proben wurden im Vergleich zu durchschnittlichem →Hausstaub leicht erhöhte →Nickel- und →Cobalt-Konzentrationen festgestellt. T. enthalten jedoch z.T. erhebliche Mengen des stark krebserzeugenden →Benzols. Bei Untersuchungen in Emissionsprüfkammern zeigten 11 von 65 Laser-Druckern und Kopierern Benzol-Immissionsraten zwischen 0,1 und 25 µg/min (Jungnickel, 2003). Unter ungünstigen räumlichen Verhältnissen ist mit deutlich erhöhter Benzol-Raumluftkonzentration zu rechnen. Auch →Styrol und →TVOC sind in manchen T. stark erhöht und können bei empfindlichen Personen zu Befindlichkeitsstörungen führen.
Für besonders emissionsarme Laser-Drucker und Kopierer kann der →Blaue Engel (RAL-ZU 62 bzw. RAL-ZU 85) verliehen werden.

Tabelle 133: Untersuchung von 100 Toner-Proben auf Styrol, Benzol und TVOC (Headspace-Analysen; Quelle: Jungnickel & Kubina. http://www.lga.de/de/aktuelles/veroeffentlichungen_emissionen_laserdrucker.shtml)

Stoff	Proben-Anzahl	Maximalwert [mg/kg]	Arithm. Mittelwert [mg/kg]	Medianwert [mg/kg]
Styrol	137	860	75	32
Benzol	137	120	3	< 0,1
TVOC	102	1.330	256	170

Tonerdeschmelzzement T. besteht zu ca. 70 – 80 % aus Calciumaluminaten (kalkärmere, kein Tricalciumaluminat). Die Herstellung erfolgt aus Kalkstein und →Bauxit im Schmelzfluss bei 1.500 – 1.600 °C. Wegen des hohen Schmelzpunktes wird T. als feuerfester Baustoff verwendet. Er ist nicht für bewehrte, tragende Bauteile zugelassen, da kein Korrosionsschutz gegeben ist (kein Calciumhydroxid). Wegen der hohen Herstellungstemperatur ist der Energiebedarf höher als bei anderen →Zementen.

Topfkonservierungsmittel Wässrige Anstrichmittel wie →Dispersionsfarben oder wasserbasierte Lacke bilden einen idealen Nährboden für Mikroorganismen. Damit diese Produkte nicht vorzeitig verderben, werden ihnen →Biozide beigegeben. Ihre Funktion erfüllen diese Biozide nur im Farbeimer bzw. in der Lackdose und werden daher als T. bezeichnet. Nach dem Verstreichen des Anstrichs verdampfen sie und gelangen damit in die Raumluft. Folgende Stoffe werden eingesetzt:

- Formaldehyd bzw. Formaldehydabspalter, z.B. N-Formale (z.B. Methylolharnstoffe, Dimethyloldimethylhydantoin, Trimethylolallantoin), O-Formale (z.B. Phenylmethoxymethanol, 2,5-Dioxahexa-1,6-diol)
- Gemisch aus 5-Chlor-2-Methyl-4-isothiazolin-3-on/2-Methyl-4-isothiazolin-3-on
- Gemisch aus 2-Methyl-2(H)-isothiazol-3-on/1,2-Benzisothiazol-3(2H)-on
- Silberchlorid
- 3-Iod-2-propinyl-butylcarbamat

Im Mittelpunkt der Diskussion stehen die (chlorierten) Isothiazolinone und Formaldehyd bzw. Formaldehydabspalter. Bei der Verarbeitung von Wandfarben, die Formaldehyd/-abspalter enthalten, muss sowohl bei der Verarbeitung als auch bis zu zwei Wochen später mit →Formaldehyd in der Raumluft gerechnet werden. Dies kann zu Schleimhautreizungen besonders der Augen führen. Die Konzentrationen nehmen aber schnell ab.

Bei der Gruppe der →Isothiazolinone ist es vor allem die Stoffkombination 2-Methyl-4-isothiazolin-3-on und 5-Chlor-2-methyl-4-isothiazolin MIT/CIT, die zu gesundheitlichen Beeinträchtigungen führen kann. In den ersten Tagen nach dem Anstreichen enthält die Raumluft gesundheitlich bedenkliche Konzentrationen an MIT/CIT. Hautkontakt und selbst ein Kontakt über die Luft kann bei sensibilisierten Menschen akute Hautekzeme hervorrufen. Der Einsatz von MIT/CIT und Formaldehyd/-abspaltern ist auch für emissionsarme Wandfarben mit dem Umweltzeichen RAL-UZ 102 (→Blauer Engel) nicht verboten. Die Stoffgehalte sind für solche Produkte allerdings begrenzt. Außerdem wird MIT/CIT heute nur noch selten eingesetzt.

Toxizitätsäquivalent T. (TEQ) dienen der Abschätzung der Giftigkeit einer Stoffgruppe, indem die Einzelwirkungen summiert und auf die Wirkung eines Einzelstoffs bezogen werden. Anwendung finden T. insbes. bei den polychlorierten →Dioxinen. Man geht davon aus, dass die verschiedenen Dioxine die gleichen toxischen Wirkungsmechanismen haben und sich nur in der Stärke ihrer Wirkung unterscheiden. Diese unterschiedliche Wirkungsstärke wird mit einem Faktor, dem T.-Faktor (TEF), berücksichtigt. Dabei bewertet man die relative Giftwirkung der einzelnen Verbindungen im Vergleich zu dem hochgiftigen 2,3,7,8-TCDD. Dieses hat den Faktor 1. Die toxische Wirkung wird dann über die Gehalte der Einzelverbindungen und dem zugehörigen Faktor als so genanntes T. (TEQ) errechnet und addiert. Der TEQ-Wert entspricht dann der toxischen Wirkung einer vergleichbaren Menge des 2,3,7,8-TCDD. Bei rechtlichen Regelungen im Umweltbereich wird derzeit am häufigsten die I-TEF-Liste von 1988 zur Ermittlung eines I-TEQ verwendet (I-TEF auch TEF nach NATO/CCMS). Eine Fortentwicklung dieser Liste stellen die von der WHO 1998 aufgestellten TEF-Werte dar. Hier werden auch die zwölf coplanaren →Polychlorierten Biphenyle (PCB) in den TEQ-Wert mit einbezogen, da sie durch ihre dioxinähnliche chemische Struktur auch eine dioxinähnliche toxische Wirkung zeigen und damit zur Gesamtbelastung durch Dioxine und dioxinähnliche Verbindungen beitragen.

TPO-Dichtungsbahnen T. sind spezielle →Kunststoff-Dichtungsbahnen für den bekiesten oder begrünten Flachdach-Bereich (Umkehrdach, Duodach, ...). Die Grundlage für TPO (Thermoplastische Polyolefine nach SIA V 280) bildet zumeist →Polypropylen (PP), in dem fein verteilt Elastomerpartikel mit mehr oder weniger starker Vernetzung eingebettet sind. Eine zusätzliche chemische Vernetzung ist dabei nicht erforderlich. Mit einem Massenanteil von rund 97 % ist Polypropylen der Hauptbestandteil, die restlichen 3 % setzen sich aus der Elastomerkomponente, aus Farbpigmenten und Stabilisatoren (Wärme-, UV-Beständigkeit) zusammen. Verschiedene Hersteller und Verbände bezeichnen TPO auch als FPO (Flexible Polyolefine) oder FPA (Flexibles Polyolefin Alloy). Die Folien werden je nach Einsatzzweck unarmiert oder mit Polyestergewebe, Polyestervlies oder Glasvliesarmierung hergestellt.
T. haben sowohl thermoplastische Eigenschaften (thermisch verformbar) als auch Kautschuk-Eigenschaften (elastisch):
- TPO hat chemisch eingebaute Elastizität, in Gegensatz zu Thermoplasten, wo die „Elastizität“ durch physisches Auseinanderziehen der Polymerketten erzeugt wird.
- TPO hat ein breites Fließverhalten, wohingegen die reinen Kautschukbahnen überhaupt kein Fließverhalten haben.

T. zeichnen sich durch hohes Dehnvermögen, leichte Verarbeitung und lange Haltbarkeit aus. Sie sind bitumenverträglich und verträglich mit →Polystyrolplatten. Sie gelten im Bahnenquerschnitt als wurzelfest. Die Verlegung erfolgt einlagig, entweder lose und mit Auflast versehen, mechanisch fixiert oder partiell und/oder vollflächig verklebt. Die Bahnen werden mit Heißluft homogen verschweißt. Dicke: ca. 1,2 – 3 mm.
Durch den Verzicht auf Chlor und Weichmacher sind T. eine umweltverträgliche Alternative zu →PVC-Dichtungsbahnen. T. geben während ihrer Nutzungsdauer keine umweltschädlichen Chemikalien ab. Sie sind recycelbar, bei der Verbrennung von T. entstehen keine gefährlichen Stoffe.

Tränkmittel →Kondensatoren

Transfluthrin Insektizid aus der Gruppe der →Pyrethroide, das in Innenräumen in →Elektroverdampfern zum Abtöten von Fliegen und Mücken eingesetzt wird.

Transmissionswärmeverluste T. setzen sich zusammen aus den einzelnen Verlusten über die Bauteile, die das beheizte Volumen umfassen. Bestimmend für die Größe des Verlustes ist der →U-Wert. Neu hinzugekommen bei den Transmissionswärmeverlusten ist die Berücksichtigung und Einberechnung von Wärmebrücken. →Lüftungswärmeverlust, →Heizwärmebedarf, →Wärmedämmung

Transparente Wärmedämmung Die Grundlage der T. (TWD) ist das „Eisbärprinzip“: Das Licht tritt ungebremst durch das Eisbärfell und trifft auf die dunkle Haut, wo es in Wärme umgewandelt wird. Gegen Wärme aber wirkt das Fell trotz seiner Transparenz isolierend. Die T. hebt den Temperaturunterschied zwischen Wohnraum und Außenklima durch die Nutzung der Solarstrahlung auf. An der Außenseite der Wand wandelt die T. die Solarstrahlung um und schafft so eine warme Zone rund um das Haus. Dem Haus wird sozusagen eine warme Klimazone vorgespielt. T.-Systeme verwenden Glas, Kartonwaben, Kunststoffwaben oder -röhrchen oder Kunststofffasern zwischen Glasscheiben oder Folien. Die TWD benötigt im Sommer keine Abschattung, da der Sonnenstand in dieser Zeit zu steil ist, um tief genug in das System eindringen zu können. Das Resultat der T. sind relativ dünne Außenwände, die je nach Himmelsrichtung praktisch keine Wärme mehr durchlassen. Das bedeutet aber auch einen Gewinn an Raumfläche bei gleichzeitiger Einsparung an Baumaterialien. Weitere Vorteile des Systems sind Wartungsfreiheit, Werterhaltung, Schallschutz und die ansprechende Optik der Glasfassade, die auch in unterschiedlichen Farben gestaltet werden kann.

Trass T. ist gemahlenes vulkanisches Auswurfgestein, das neben anderen Materialien vor allem aus reaktionsfähiger →Tonerde (Aluminiumoxid) und →Kieselsäure (Siliciumdioxid) besteht. Wird T. fein gemahlen, ist er in der Lage, mit einem Anreger, z.B. →Kalkhydrat, hydraulisch (zementartig) abzubinden. Er wirkt porenverschließend, ohne die Dampfdiffusionsfähigkeit herabzusetzen, und erhöht die Festigkeit im Mörtel. Wegen seiner hervorragenden Eigenschaften wird er u.a. als Zusatzstoff oder in Form von →Trasszement oder →Trasskalk in Mörteln für die Verlegung von verfärbungsempfindlichen Natursteinplatten eingesetzt. Je nach Herkunft ist eine erhöhte Radioaktivität möglich (→Radioaktivität von Baustoffen). T. wird im Tagbau gewonnen. In Deutschland gibt es zwei ausgeprägte Trass-Lagerstätten: in der Eifel (Rheinischer Trass) und bei Harburg auf der schwäbischen Alb (Bayerischer Trass).

Trasskalk T. gehört zu den hydraulischen Kalksorten, welche auch unter Wasser abbinden können („Naturzement"). Er besteht aus einem Gemisch von →Trass mit gelöschtem Kalkpulver oder mit hydraulischem Kalk. Er wird als Bindemittel bei →Trasskalkmörtel eingesetzt. T. ist auch im Außenbereich einsetzbar und wird häufig bei der Sanierung alter Häuser verwendet.

Trasskalkmörtel T. sind hochhydraulische →Kalkmörtel, die aus →Trasskalk hergestellt werden. Sie ergeben sehr dichte, ausblühungsfreie Putze. T. eignen sich gut zum Verputzen oder zum Verfugen von Verblendern aus Naturstein oder Ziegel.

Trasszement T. wird aus →Portlandzement und 20 – 40 % →Trass hergestellt. Trass macht →Zement beständig gegen Säuren und Laugen. T. ist daher zu empfehlen, wenn der Zement besonders aggressiven Stoffen ausgesetzt ist oder immer mit Wasser in Berührung kommt. Bei Verwendung von T. bei Platten- und Steinverlegearbeiten können deutliche Verminderungen von Ausblühungen erzielt werden. Ein weiterer Vorteil ist eine starke Gelbildung, wodurch sich der Mörtel besser verarbeiten lässt.

TRBA Abk. für Technische Regel für Biologische Arbeitsstoffe. Die TRBA stellen das technische Regelwerk zur →Biostoff-Verordnung dar.

Treibhauseffekt Mit dem Begriff T. (Glashauseffekt) wird das Phänomen beschrieben, dass es durch Absorption der langwelligen Ausstrahlung der Erdoberfläche an so genannten →Treibhausgasen und Rückstrahlung der dabei entstehenden Wärmeenergie zu einer Erwärmung der bodennahen Luftschichten kommt. Die Schicht der Treibhausgase, zu denen →Kohlendioxid, Methan und Fluorchlorkohlenwasserstoffe (→FCKW) gehören, in der Troposphäre wirkt also wie die Glasscheiben eines Treibhauses. Sie fängt die Sonnenenergie ein, indem sie Sonnenlicht durchlässt, die Abstrahlung der Wärmeenergie aber behindert. Während der natürliche T. eine Art lebensnotwendige globale Klimaanlage darstellt, haben die zusätzlichen, durch den Menschen verursachten Emissionen von Treibhausgasen in den letzten 100 Jahren zu einer Temperaturzunahme geführt (Anthropogener T.). Zwar sind die Szenarien der Klimaforscher noch mit vielen Unsicherheiten behaftet, doch zeichnen sich bedrohliche Entwicklungen ab: Ansteigen des Meeresspiegels, Zunahme von extremen klimatischen Ereignissen wie Orkanen, Sturmfluten, sintflutartigen Niederschlägen und Dürrekatastrophen, Ausbreitung der Wüsten sowie Veränderungen in Flora und Fauna. Als Hauptverursacher für den anthropogenen T. gilt die Verbrennung fossiler Energieträger. Als weitere Kohlendioxid-Emittenten treten großflächige Rodungen, natürliche und künstliche Waldbrände, Steppenbrände und dgl. auf. Die Gebäudebeheizung (ca. 24 %) ist mit dem Verkehr (ca. 30 %) die bedeutendste Kohlendioxid-emittierende Sparte. Von großer Bedeutung könnte auch das bisher ungeklärte Wechselspiel von T. und →Ozonabbau in der Stratosphäre sein. Um den durch den Menschen verursachten T. einzudämmen, sind Anstrengungen bisher nicht gekannten Ausmaßes erforderlich. Dazu gehört u.a. die drastische Reduzierung der Treibhausgas-Emissionen.

Treibhausgase T. sind klimarelevante Spurengase in der Atmosphäre, die durch ihre Wärmeabsorptionseigenschaften einen Beitrag zum →Treibhauseffekt leisten. Ohne T. würden die Oberflächentemperaturen auf der Erde nur etwa –18 °C betragen, ein Leben auf der Erde wäre unter diesen Bedingungen undenkbar. Zusätzliche, durch den Menschen verursachte Emissionen von Treibhausgasen haben jedoch in den letzten 100 Jahren zu einer Temperaturzunahme geführt (Anthropogener Treibhauseffekt). Kohlendioxid trägt mit ca. 55 % zum anthropogenen Treibhauseffekt bei. Weitere T. sind Methan (15 % Beitrag), halogenierte und teilhalogenierte Kohlenwasserstoffe (24 %), Ozon und Distickstoffoxid (6 %).

Treibhauspotenzial Das T. (global warming potential, GWP) ist ein Maß für die relative Klimawirksamkeit eines Gases. Bezugsgröße ist das wichtigste →Treibhausgas →Kohlendioxid, dessen GWP-Wert mit 1 festgelegt ist. Die GWP-Werte hängen von der Wärmeabsorptionseigenschaft der Gase und ihrer Verweildauer in der Atmosphäre ab. Das Treibhauspotenzial kann für verschiedene Zeithorizonte (20, 100 oder 500 Jahre) bestimmt werden. Der kürzere Integrationszeitraum von 20 Jahren ist entscheidend für Voraussagen bezüglich kurzfristiger Veränderungen aufgrund des erhöhten Treibhauseffekts, wie sie für das Festland zu erwarten sind. Die Verwendung der längeren Integrationszeiten von 100 und 500 Jahren demgegenüber ist angebracht für die Evaluation des langfristigen Anstiegs des Wasserspiegels der Weltmeere und dient beispielsweise dazu, die Treibhausgase unter der Begrenzung des totalen, anthropogen verursachten Temperaturanstiegs auf z.B. 2 °C zu gewichten. Tabelle 134 zeigt das T. verschiedener Treibhausgase. →Treibhauseffekt, →Wirkbilanz, →Ökobilanz

Tabelle 134: Treibhauspotenzial verschiedener Treibhausgase

Treibhausgas	**GWP 100 Jahre (1994) in kg CO_2-Äquivalent**
Kohlendioxid	1
Methan	24,5
Dichlormethan	9
Trichlormethan	5
Tetrachlormethan	1.400
HFKW R134a	1.300
HFKW R152a	150
HFCKW R141b	630
HFCKW R142b	2.000
Schwefelhexafluorid	24.900
Lachgas (N_2O)	320

Treibmittel →FCKW, →FKW/HFKW, →Ozonabbau in der Stratosphäre, →Polyurethan-Schäume, →Montageschäume, →EPS-Dämmplatten, →XPS-Dämmplatten

Tremolith Faserförmiger Vertreter der Amphibol-Asbest-Gruppe. →Asbest

TRGS Die Technischen Regeln für Gefahrstoffe (TRGS) geben den Stand der sicherheitstechnischen, arbeitsmedizinischen, hygienischen sowie arbeitswissenschaftlichen Anforderungen an Gefahrstoffe hinsichtlich Inverkehrbringen und Umgang wieder. Sie werden vom Ausschuss für Gefahrstoffe (→AGS) aufgestellt und der Entwicklung angepasst. Die (neue) →Gefahrstoffverordnung vom 1.1.2005 enthält keine Übergangsbestimmungen für das technische Regelwerk TRGS, da diesem nach § 8 Abs. 1 der Verordnung zukünftig eine andere rechtliche Bedeutung zukommt. Der AGS hat die Aufgabe, festzustellen, welche der bisherigen TRGS – ggf. nach redaktioneller Anpassung – auch nach der neuen Verordnung weitergelten können und welche einer inhaltlichen Überarbeitung bedürfen. Die bisherigen TRGS können jedoch auch künftig als Auslegungs- und Anwendungshilfe für die neue Verordnung herangezogen werden. Dabei ist jedoch zu beachten, dass die noch nicht überarbeiteten Technischen Regeln nicht im Widerspruch zu der neuen Verordnung stehen dürfen. Dies ist beispielsweise bei den bisherigen Festlegungen zur Auslöseschwelle oder zu den TRK-Werten gegeben. In solchen Fällen sind die entsprechenden Festlegungen im technischen Regelwerk als gegenstandslos zu betrachten.

Tri Abk. für →Trichlorethylen.

Triazole T. sind fungizide Wirkstoffe, die im Pflanzenschutz und als bläuewidrige Wirkstoffe in Holzschutzmitteln eingesetzt werden. Die wichtigsten Wirkstoffe sind Tebuconazol und Propiconazol.

Tributylzinnverbindungen →Zinnorganische Verbindungen

Trichlorethylen T. (Trichlorethen) gehört zur Gruppe der →Chlorierten Kohlenwasserstoffe (CKW) und war früher ein wichtiges technisches →Lösemittel zur Entfettung von Werkstücken aus Metall und wurde auch als Lösemittel für Tauchlacke, Klebstoffe, Abbeizmittel u.a. verwendet. Heute ist es weitgehend durch weniger schädliche Produkte ersetzt.

T. wirkt narkotisierend auf das Zentralnervensystem, reizt die Haut und besitzt ein Suchtpotenzial (Schnüffelstoff). Akute Vergiftungen führen zu Hirnschäden. An glühenden Oberflächen wandelt sich T. in das hochgiftige →Phosgen und Salzsäure um. T. ist als krebserzeugend (MAK-Liste: Kat. 1, EU: K2) und erbgutschädigend (EU: M2) eingestuft.

Trichlormethan T. (Chloroform) gehört zur Gruppe der →Chlorierten Kohlenwasserstoffen (CKW). Die industrielle Verwendung von T. ist in den letzten Jahren deutlich zurückgegangen. T. wirkt als Nervengift und ist leberschädigend. MAK-Werte: 0,5 ml/m^3 = 2,5 mg/m^3. T. ist als krebserzeugend (TRGS 905: K2, EU: K3, →MAK-Liste: Kat. 4), als mutagen (TRGS 905: M3) und als reproduktionstoxisch (TRGS 905: R_E3) eingestuft.

Triclosan T. ist ein →Biozid, das als Desinfektions- und Konservierungsmittel eingesetzt wird, um Bakterienwachstum zu hemmen und die Haltbarkeit bestimmter Produkte verlängern. In Sport- und Funktionstextilien, Schuhen, Teppichen u.Ä. wird T. immer häufiger verwendet, um unangenehme Gerüche zu unterbinden. Zudem wird es in Zahncremes, Reinigern, Haushaltsschwämmen oder Plastik-Geschirr als antibakterieller Zusatz eingesetzt. In Körperpflegemitteln ist T. in einer Konzentration bis 0,2 % zugelassen. In Krankenhäusern und Arztpraxen werden T.-haltige Lösungen zur Desinfektion verwendet. T. wird z.T. auch in Oberflächenbeschichtungen von Parkettfußböden verwendet.

Die chemische Bezeichnung lautet 2-Hydroxy-4,2',4'-trichlor-diphenylether bzw. 5-Chlor-2-(2,4-dichlorphenoxy)phenol. Es handelt sich somit um einen chlorierten Diphenylether. Bei dieser unter gesundheitlich-ökologischen Gesichtspunkten sehr kritischen Stoffklasse besteht grundsätzlich die Möglichkeit, dass sich bei der Herstellung polychlorierte →Dioxine bilden. Auch beim Abbau in der Umwelt und unter UV-Licht kann sich ein Teil des T. in Dioxine umwandeln. Es wurde festgestellt, dass ca. 5 % des T. die Kläranlagen passieren. T. ist als reizend und umweltgefährlich eingestuft. Es ist sehr giftig für Wasserorganismen, biologisch schwer abbaubar und kann sich in Lebewesen anreichern. Grundsätzlich kann die unkritische Verwendung von Bioziden wie T. das Entstehen von Allergien begünstigen und die Bildung resistenter Bakterien und Pilze fördern, ähnlich wie man es von Antibiotika-Resistenzen kennt.

T. kann in der EU bisher weitgehend unkontrolliert eingesetzt werden, da es praktisch keine Regulierungen gibt. Lediglich für Kosmetika wurde eine Höchstmenge von 0,3 % vorgeschrieben. Die Umweltbehörden von Schweden, Norwegen, Finnland und Dänemark haben ihre Besorgnis über den zunehmenden Einsatz von T. ausgesprochen.

Tridecansäure →Fettsäuren

Tridymit →Quarz

Tri-n-butylphosphat TBP. →Organophosphate

Trinkwasserleitungen Trinkwasser ist das wichtigste Lebensmittel. Die richtige Materialwahl für die Rohrleitungen hat daher eine große Bedeutung. Rohrleitungsmaterialien sind →Kupfer, Eisenwerkstoffe (z.B. Stahl), Kunststoffe (z.B. →Polyvinylchlorid, →Polyethylen), früher auch →Blei sowie →Asbestzement (zwischen Wasserwerk und Hausinstallation). Das Herauslösen von Substanzen (Metallsalzen, Asbestfasern) aus T. hängt von der Wasserhärte, der Chlorid- und Sulfatkonzentration, dem pH-Wert, dem Kontakt unterschiedlicher Metalle untereinander (elektrochemische Korrosion) und anderen Faktoren ab. Zur Vermeidung von Mineralölverunreinigungen im Trinkwasser dürfen nur DVGW-geprüfte Gewindeschneidemittel verwendet werden.

T. aus Eisen:

Die meisten T. bestehen aus verzinktem Stahl, in selteneren Fällen aus Edelstahl. Das Herauslösen von Eisen wird durch eine Zinkschicht auf dem Stahl verhindert. →Zink bildet mit der Zeit eine schützende Oxidschicht. Eisen und Zink sind lebensnotwendige Spurenelemente für den Menschen. Da jedoch hohe Eisenkonzentrationen in Form von Färbungen, Trübungen und metallischem Geschmack die Qualität des Trinkwassers mindern, begrenzt die →Trinkwasserverordnung (TrinkwV) den Eisengehalt auf 0,2 mg/l. Die Zinkmenge, die im Normalfall von verzinkten Stahlrohren abgegeben wird, gilt als unbedenklich. Mischinstallationen mit Bauteilen aus edleren Metallen wie Kupfer fördern die Korrosion des unedleren Metalls (Zink). Bis 1978 war in der Zinkschicht der Stahlrohre ein Cadmiumgehalt von 0,1 % zulässig. Dadurch kann es in ungünstigen Fällen (weiches Wasser und niedriger pH-Wert) zu Cadmiumkonzentrationen im Trinkwasser von über 10 µg/l kommen. Die Cadmium-Konzentrationen im Trinkwasser ab Wasserwerk sind gering und liegen i.d.R. deutlich unter dem Grenzwert von 5 µg/l. Seit 1978 sind der Cadmiumgehalt im Zinküberzug auf 0,01 % und der Bleianteil auf 0,8 % begrenzt. Bei Edelstahlrohren kann es durch Kombination mit anderen Installationsteilen aus Metall (Schweißnähte und Lötstellen) zur elektrolytischen Korrosion kommen, wodurch erhöhte →Chrom- und →Nickel-Konzentrationen möglich sind. Verhindert wird dies i.d.R. durch die Verwendung von Pressfittings mit nichtleitendem Dichtungsmaterial.

T. aus Kupfer:

→Kupfer wird seit ca. 30 Jahren für T. verwendet und ist in vielen Fällen der ideale Rohrwerkstoff für Kalt- und Warmwasserinstallationen. Ca. 75 % aller T. in Neubauten bestehen aus Kupfer. T. aus Kupfer neigen nicht so sehr zur Innenverkrustung wie z.B. Stahlrohre, sehr hartes Wasser kann die Lebensdauer von Kupferleitungen stark herabsetzen. Bei Trinkwasser aus der öffentlichen Trinkwasserversorgung ist die Gefahr erhöhter Kupferkonzentrationen gering, da die Wasserwerke ihr Trinkwasser so einstellen, dass es nicht aggressiv auf die Metallrohre wirkt. Weiches und saures Wasser aus Eigenversorgung (hauseigener Brunnen) vermag allerdings Kupfer aus den Rohren herauszulösen. Hohe Kupferkonzentrationen können auch bei nicht fachgerechter Verlegung (stark verformte T.) auftreten. Die Verbindung kupferner Rohre mit bleihaltigem →Weichlot führt durch elektrolytische Korrosion zu sehr hohen Bleikonzentrationen im Trinkwasser. Zur Vermeidung einer durch Weichlot bedingten Bleiabgabe ist gemäß DIN 1798 die Verwendung von bleifreiem Lot vorgeschrieben. Hohe Kupferkonzentrationen im Trinkwasser können zu Gesundheitsschäden führen. Bei Erwachsenen wird Kupfer über die Galle ausgeschieden. Für Säuglinge und Kleinkinder ist das Metall stark giftig; Todesfälle sind vorgekommen. Der Grenzwert gem. TrinkwV beträgt 2 mg/l.

T. aus Kunststoff:

Kunststoffe für T. sind →Polyvinylchlorid oder Polyolefine wie →Polyethylen oder →Polypropylen. Die Vorteile gegenüber T. aus Metall sind Korrosionsbeständigkeit, Flexibilität, geringes Gewicht und insbesondere keine Innenverkrustungen bei hartem Wasser, die zur Zerstörung von metallischen Werkstoffen wie Eisen und Kupfer führen können. T. aus Kunststoffen müssen nach dem Lebensmittel- und Bedarfsgegenständegesetz zugelassen sein. Ein Übertritt von Inhaltsstoffen des Kunststoffmaterials in das Trinkwasser in gesundheitlich bedenklicher Konzentration ist nicht bekannt. Gemäß TrinkwV darf der Gehalt die Vinylchlorid-Restmonomerkonzentration im Wasser, berechnet aufgrund der maximalen Freisetzung nach den Spezifikationen des entsprechenden Polymers und der angewandten Polymerdosis, einen Wert von 0,5 µg/l nicht überschreiten (→Vinylchlorid).

T. aus Blei:
Erst seit 1973 werden in Deutschland keine bleihaltigen T. mehr verwendet. Der zulässige Höchstwert für →Blei im Trinkwasser beträgt 0,025 mg/l. Für den 1.12.2013 ist gem. TrinkwV eine weitere Absenkung auf 0,01 mg/l vorgesehen. Der WHO-Grenzwert beträgt 0,01 mg/l. T. aus Blei sind zwar durch Deckschichten aus basischen Bleicarbonaten vor Korrosion geschützt. Trotz der geringen Löslichkeit der Bestandteile der Deckschichten löst sich jedoch nach Stagnation oder Transport von Trinkwasser in Bleileitungen von mehr als schätzungsweise 5 Meter Länge daraus so viel Blei, dass der ab 1.12.2013 gültige Grenzwert in einer für die wöchentliche Wasseraufnahme durch den Verbraucher repräsentativen Trinkwasserprobe i.d.R. nicht eingehalten wird. Das UBA spricht sich dafür aus, alle Bleileitungen auszutauschen, selbst wenn die derzeit zulässigen Grenzwerte eingehalten werden.

T. aus Asbestzement:
Mehr als 100 Jahre wurden Druckrohre zum Transport von Trinkwasser sowie Abwasserrohre aus →Asbestzement (AZ) hergestellt. Die Rohre enthalten zwischen 10 und 15 % →Asbest, meist →Chrysotil (Weißasbest), z.T. auch →Krokydolith (Blauasbest). Weltweit wurden schätzungsweise 2,5 Mio. km AZ-Rohre für T. verlegt. In den alten Bundesländern sind es ca. 31.000 km (ca. 11 % des Leitungsnetzes). Den höchsten Anteil an AZ-Rohren hat Schleswig-Holstein mit ca. 50 % des Leitungsnetzes, gefolgt von Niedersachsen (ca. 14 %), Bayern (ca. 10 %), NRW (ca. 9 %), Berlin/West (ca. 9 %), Hessen (ca. 5%), Rheinland-Pfalz (ca. 5 %), Baden-Württemberg (ca. 3 %), Saarland (ca. 3 %), Hamburg (ca. 3 %) und Bremen (ca. 1 %). Ab 1994 durften Kanal- und Druckrohre nur noch asbestfrei hergestellt werden. Seit 1995 dürfen nur noch asbestfreie Kanal- und Druckrohre verwendet werden. Krokydolith-haltige AZ-Rohre durften bis 1990 eingebaut werden. Im Gebrauch sind beschichtete und unbeschichtete AZ-Rohre. Beschichtungen bestehen insbesondere aus →Bitumen, aber auch aus Teerpech, Epoxid- und Chlorkautschuk-Harzen. Asbestfasern können grundsätzlich durch mechanische und chemische Beanspruchungen in das Trinkwasser gelangen. In erster Linie sind es aber unbeschichtete Rohrleitungen, bei denen in Verbindung mit aggressivem Wasser Fasern abgelöst werden. Für die Korrosionserscheinungen bei AZ-Rohren kommen folgende Ursachen in Betracht: Die Auflösung des Zementsteins unter der Einwirkung von Säuren und gelösten Salzen, die Umsetzung des Bindemittels (Zementgel) zu wasserlöslichen Substanzen und deren Ausspülung, die Reaktion von Sulfaten mit dem Bindemittel unter Bildung von →Ettringit (Sulfattreiben). Besonders bedeutungsvoll ist der Angriff durch saures Wasser (aggressive Kohlensäure). Zur Freisetzung von Asbestfasern ins Trinkwasser kann es zudem durch Rohrbrüche oder beim Verlegen von Hausanschlüssen kommen. 1983 wurde erstmals in Deutschland über hohe Asbestfaserkonzentrationen im Trinkwasser berichtet (ca. 11 Mio. F/m³ in Meerbusch, ca. 1 Mio. F/m³ in Bremen, 1,6 Mio. F/m³ in Hamburg). Die Höhe des Krebsrisikos für die Bevölkerung durch Asbestfasern im Trinkwasser ist nicht exakt abzuschätzen. Gesundheitsbehörden sind der Ansicht, dass durch eine orale Aufnahme von Asbestfasern kein bedeutsames gesundheitliches Risiko besteht. Bei Verdunstungsvorgängen (Wäschetrocknen, Duschen) ist allerdings denkbar, dass Asbestfasern in die Luft gelangen. Grenzwerte für Asbestfasern im Trinkwasser existieren in Deutschland nicht.

Trinkwasserverordnung Trinkwasser ist ein für den menschlichen Genuss und Gebrauch geeignetes Wasser, welches bestimmte, in Gesetzen und technischen Regelwerken festgelegte Güteeigenschaften erfüllen muss. Zu den Grundanforderungen gehört, dass Trinkwasser frei von Krankheitserregern ist, keine gesundheitsgefährdenden Konzentrationen an Chemikalien aufweisen darf, keimarm und appetitlich (klar, farblos, kühl, geruchlos, geschmacklich einwandfrei) sein soll. Die Überwachung des Trinkwassers ist durch die seit dem 1.1.2003 geltende neue Trinkwasserverordnung (TrinkwV 2001) geregelt, mit der die Europäische Richtlinie über die Qualität von Wasser für den menschlichen Gebrauch vom 3.11.1998 (98/83/EG) in nationales Recht umgesetzt worden ist. Gemäß T. geltende folgende Grenzwerte (s. Tabelle 135).

Tabelle 135: Chemische Parameter gem. Trinkwasserverordnung
Teil I: Chemische Parameter, deren Konzentration sich im Verteilungsnetz einschließlich der Hausinstallation in der Regel nicht mehr erhöht

Lfd. Nr.	Parameter	Grenzwert [mg/l]	Bemerkungen
1	Acrylamid	0,0001	Der Grenzwert bezieht sich auf die Restmonomerkonzentration im Wasser, berechnet aufgrund der maximalen Freisetzung nach den Spezifikationen des entsprechenden Polymers und der angewandten Polymerdosis.
2	Benzol	0,001	
3	Bor	1	
4	Bromat	0,01	
5	Chrom	0,05	Zur Bestimmung wird die Konzentration von Chromat auf Chrom umgerechnet.
6	Cyanid	0,05	
7	1,2-Dichlorethan	0,003	
8	Fluorid	1,5	
9	Nitrat	50	Die Summe aus Nitratkonzentration in mg/l geteilt durch 50 und Nitritkonzentration in mg/l geteilt durch 3 darf nicht größer als 1 mg/l sein.
10	Pflanzenschutzmittel und Biozidprodukte	0,0001	Pflanzenschutzmittel und Biozidprodukte bedeuten: organische Insektizide, organische Herbizide, organische Fungizide, organische Nematizide, organische Akarizide, organische Algizide, organische Rodentizide, organische Schleimbekämpfungsmittel, verwandte Produkte (u.a. Wachstumsregulatoren) und die relevanten Metaboliten, Abbau- und Reaktionsprodukte. Es brauchen nur solche Pflanzenschutzmittel und Biozidprodukte überwacht zu werden, deren Vorhandensein in einer bestimmten Wasserversorgung wahrscheinlich ist. Der Grenzwert gilt jeweils für die einzelnen Pflanzenschutzmittel und Biozidprodukte. Für Aldrin, Dieldrin, Heptachlor und Heptachlorepoxid gilt der Grenzwert von 0,00003 mg/l.
11	Pflanzenschutzmittel und Biozidprodukte insgesamt	0,0005	Der Parameter bezeichnet die Summe der bei dem Kontrollverfahren nachgewiesenen und mengenmäßig bestimmten einzelnen Pflanzenschutzmittel und Biozidprodukte.
12	Quecksilber	0,001	
13	Selen	0,01	
14	Tetrachlorethen und Trichlorethen	0,01	Summe der für die beiden Stoffe nachgewiesenen Konzentrationen

Teil II: Chemische Parameter, deren Konzentration im Verteilungsnetz einschließlich der Hausinstallation ansteigen kann

Lfd. Nr.	Parameter	Grenzwert [mg/l]	Bemerkungen
1	Antimon	0,005	
2	Arsen	0,01	
3	Benzo[a]pyren	0,00001	
4	Blei	0,01	Grundlage ist eine für die durchschnittliche wöchentliche Wasseraufnahme durch Verbraucher repräsentative Probe; hierfür soll nach Artikel 7 Abs. 4 der Trinkwasserrichtlinie ein harmonisiertes Verfahren festgesetzt werden. Die zuständigen Behörden stellen sicher, dass alle geeigneten Maßnahmen getroffen werden, um die Bleikonzentration in Wasser für den menschlichen Gebrauch innerhalb des Zeitraums, der zur Erreichung des Grenzwertes erforderlich ist, so weit wie möglich zu reduzieren. Maßnahmen zur Erreichung dieses Wertes sind schrittweise und vorrangig dort durchzuführen, wo die Bleikonzentration in Wasser für den menschlichen Gebrauch am höchsten ist.
5	Cadmium	0,005	Einschließlich der bei Stagnation von Wasser in Rohren aufgenommenen Cadmiumverbindungen
6	Epichlorhydrin	0,0001	Der Grenzwert bezieht sich auf die Restmonomerkonzentration im Wasser, berechnet aufgrund der maximalen Freisetzung nach den Spezifikationen des entsprechenden Polymers und der angewandten Polymerdosis.
7	Kupfer	2	Grundlage ist eine für die durchschnittliche wöchentliche Wasseraufnahme durch Verbraucher repräsentative Probe; hierfür soll nach Artikel 7 Abs. 4 der Trinkwasserrichtlinie ein harmonisiertes Verfahren festgesetzt werden. Die Untersuchung im Rahmen der Überwachung nach § 19 Abs. 7 ist nur dann erforderlich, wenn der pH-Wert im Versorgungsgebiet kleiner als 7,4 ist.
8	Nickel	0,02	Grundlage ist eine für die durchschnittliche wöchentliche Wasseraufnahme durch Verbraucher repräsentative Probe; hierfür soll nach Artikel 7 Abs. 4 der Trinkwasserrichtlinie ein harmonisiertes Verfahren festgesetzt werden.
9	Nitrit	0,5	Die Summe aus Nitratkonzentration in mg/l geteilt durch 50 und Nitritkonzentration in mg/l geteilt durch 3 darf nicht höher als 1 mg/l sein. Am Ausgang des Wasserwerks darf der Wert von 0,1 mg/l für Nitrit nicht überschritten werden.
10	Polycyclische aromatische Kohlenwasserstoffe	0,0001	Summe der nachgewiesenen und mengenmäßig bestimmten nachfolgenden Stoffe: Benzo-(b)-fluoranthen, Benzo[k]-fluoranthen, Benzo[ghi]perylen und Indeno[1,2,3-cd]pyren.
11	Trihalogenmethane	0,05	Summe der am Zapfhahn des Verbrauchers nachgewiesenen und mengenmäßig bestimmten Reaktionsprodukte, die bei der Desinfektion oder Oxidation des Wassers entstehen: Trichlormethan (Chloroform), Bromdichlormethan, Dibromchlormethan und Tribrommethan (Bromoform); eine Untersuchung im Versorgungsnetz ist nicht erforderlich, wenn am Ausgang des Wasserwerks der Wert von 0,01 mg/l nicht überschritten wird.

12	Vinylchlorid	0,0005	Der Grenzwert bezieht sich auf die Restmonomerkonzentration im Wasser, berechnet aufgrund der maximalen Freisetzung nach den Spezifikationen des entsprechenden Polymers und der angewandten Polymerdosis.

Im Wasser für den menschlichen Gebrauch müssen die in Tabelle 136 festgelegten Grenzwerte und Anforderungen für Indikatorparameter eingehalten werden.

Tabelle 136: Indikatorparameter

Lfd. Nr.	Parameter	Einheit als	Grenzwert/ Anforderung	Bemerkungen
1	Aluminium	mg/l	0,2	
2	Ammonium	mg/l	0,5	Geogen bedingte Überschreitungen bleiben bis zu einem Grenzwert von 30 mg/l außer Betracht. Die Ursache einer plötzlichen oder kontinuierlichen Erhöhung der üblicherweise gemessenen Konzentration ist zu untersuchen.
3	Chlorid	mg/l	250	Das Wasser sollte nicht korrosiv wirken (Anmerkung 1).
4	Clostridium perfringens (einschließlich Sporen)	Anzahl/ 100 ml	0	Dieser Parameter braucht nur bestimmt zu werden, wenn das Wasser von Oberflächenwasser stammt oder von Oberflächenwasser beeinflusst wird. Wird dieser Grenzwert nicht eingehalten, veranlasst die zuständige Behörde Nachforschungen im Versorgungssystem, um sicherzustellen, dass keine Gefährdung der menschlichen Gesundheit aufgrund eines Auftretens krankheitserregender Mikroorganismen, z.B. Cryptosporidium, besteht. Über das Ergebnis dieser Nachforschungen unterrichtet die zuständige Behörde über die zuständige oberste Landesbehörde das Bundesministerium für Gesundheit.
5	Eisen	mg/l	0,2	Geogen bedingte Überschreitungen bleiben bei Anlagen mit einer Abgabe von bis 1.000 m^3 im Jahr bis zu 0,5 mg/l außer Betracht.
6	Färbung (spektraler Absorptionskoeffizient Hg 436 nm)	m^{-1}	0,5	Bestimmung des spektralen Absorptionskoeffizienten mit Spektralfotometer oder Filterfotometer
7	Geruchsschwellenwert		2 bei 12 °C 3 bei 25 °C	Stufenweise Verdünnung mit geruchsfreiem Wasser und Prüfung auf Geruch
8	Geschmack		Für den Verbraucher annehmbar und ohne anormale Veränderung	

T

Fortsetzung Tabelle 136:

Lfd. Nr.	Parameter	Einheit als	Grenzwert/ Anforderung	Bemerkungen
9	Koloniezahl bei 22 °C		Ohne anormale Veränderung	Bei der Anwendung des Verfahrens nach Anlage 1 Nr. 5 TrinkwV a.F. gelten folgende Grenzwerte: – 100/ml am Zapfhahn des Verbrauchers; – 20/ml unmittelbar nach Abschluss der Aufbereitung des infizierten Wassers; – 1.000/ml bei Wasserversorgungsanlagen nach § 3 Nr. 2 Buchstabe b sowie in Tanks von Land-, Luft- und Wasserfahrzeugen. Bei Anwendung anderer Verfahren ist das Verfahren nach Anlage 1 Nr. 5 TrinkwV a.F. für die Dauer von mindestens einem Jahr parallel zu verwenden, um entsprechende Vergleichswerte zu erzielen. Der Unternehmer oder der sonstige Inhaber einer Wasserversorgungsanlage hat unabhängig vom angewandten Verfahren einen plötzlichen oder kontinuierlichen Anstieg unverzüglich der zuständigen Behörde zu melden.
10	Koloniezahl bei 36 °C		Ohne anormale Veränderung	Bei der Anwendung des Verfahrens nach Anlage 1 Nr. 5 TrinkwV a.F. gilt der Grenzwert von 100/ml. Bei Anwendung anderer Verfahren ist das Verfahren nach Anlage 1 Nr. 5 TrinkwV a.F. für die Dauer von mindestens einem Jahr parallel zu verwenden, um entsprechende Vergleichswerte zu erzielen. Der Unternehmer oder der sonstige Inhaber einer Wasserversorgungsanlage hat unabhängig vom angewandten Verfahren einen plötzlichen oder kontinuierlichen Anstieg unverzüglich der zuständigen Behörde zu melden.
11	Elektrische Leitfähigkeit	µS/cm	2.500 bei 20° C	Das Wasser sollte nicht korrosiv wirken (Anmerkung 1).
12	Mangan	mg/l	0,05	Geogen bedingte Überschreitungen bleiben bei Anlagen mit einer Abgabe von bis zu 1.000 m^3 im Jahr bis zu einem Grenzwert von 0,2 mg/l außer Betracht.
13	Natrium	mg/l	200	
14	Organisch gebundener Kohlenstoff (TOC)		Ohne anormale Veränderung	
15	Oxidierbarkeit	mg/l O_2	5	Dieser Parameter braucht nicht bestimmt zu werden, wenn der Parameter TOC analysiert wird.
16	Sulfat	mg/l	240	Das Wasser sollte nicht korrosiv wirken (Anmerkung 1). Geogen bedingte Überschreitungen bleiben bis zu einem Grenzwert von 500 mg/l außer Betracht.

T

17	Trübung	Nephelometrische Trübungseinheiten (NTU)	1,0	Der Grenzwert gilt am Ausgang des Wasserwerks. Der Unternehmer oder der sonstige Inhaber einer Wasserversorgungsanlage hat einen plötzlichen oder kontinuierlichen Anstieg unverzüglich der zuständigen Behörde zu melden.
18	Wasserstoffionen-Konzentration	pH-Einheiten	≥ 6,5 und ≤ 9,5	Das Wasser sollte nicht korrosiv wirken (Anmerkung 1). Die berechnete Calcitlösekapazität am Ausgang des Wasserwerks darf 5 mg/l $CaCO_3$ nicht überschreiten; diese Forderung gilt als erfüllt, wenn der pH-Wert am Wasserwerksausgang ≥ 7,7 ist. Bei der Mischung von Wasser aus zwei oder mehr Wasserwerken darf die Calcitlösekapazität im Verteilungsnetz den Wert von 10 mg/l nicht überschreiten. Für in Flaschen oder Behältnisse abgefülltes Wasser kann der Mindestwert auf 4,5 pH-Einheiten herabgesetzt werden. Für in Flaschen oder Behältnisse abgefülltes Wasser, das von Natur aus kohlensäurehaltig ist oder das mit Kohlensäure versetzt wurde, kann der Mindestwert niedriger sein.
19	Tritium	Bq/l	100	Anmerkungen 2 und 3
20	Gesamtrichtdosis	mSv/ Jahr	0,1	Anmerkungen 2 bis 4

Anmerkung 1: Die entsprechende Beurteilung, insbesondere zur Auswahl geeigneter Materialien im Sinne von § 17 Abs. 1, erfolgt nach den allgemein anerkannten Regeln der Technik.

Anmerkung 2: Die Kontrollhäufigkeit, die Kontrollmethoden und die relevantesten Überwachungsstandorte werden zu einem späteren Zeitpunkt gemäß dem nach Artikel 12 der Trinkwasserrichtlinie festgesetzten Verfahren festgelegt.

Anmerkung 3: Die zuständige Behörde ist nicht verpflichtet, eine Überwachung von Wasser für den menschlichen Gebrauch im Hinblick auf Tritium oder der Radioaktivität zur Festlegung der Gesamtrichtdosis durchzuführen, wenn sie auf der Grundlage anderer durchgeführter Überwachungen davon überzeugt ist, dass der Wert für Tritium bzw. der berechnete Gesamtrichtwert deutlich unter dem Parameterwert liegt. In diesem Fall teilt sie dem Bundesministerium für Gesundheit über die zuständige oberste Landesbehörde die Gründe für ihren Beschluss und die Ergebnisse dieser anderen Überwachungen mit.

Anmerkung 4: Mit Ausnahme von Tritium, Kalium-40, Radon und Radonzerfallsprodukten.

Triphenylphosphat TPP. →Organophosphate

Tris(2-butoxyethyl)phosphat TBEP. →Organophosphate

Tris(2-chlorethyl)phosphat T. (TCEP) wurde in Deutschland bis etwa Mitte der 1990er-Jahre als →Flammschutzmittel für PUR-Dämmstoffe, Montageschäume und PUR-Weichschäume eingesetzt, i.d.R. im Verhältnis 1:1 mit →Tris(chlorpropyl)phosphat (TCPP). Weiterhin wird es eingesetzt in speziellen Lacken und Klebern sowie als Sekundärweichmacher für PVC (z.B. Vinyltapeten). Zur Flammhemmung wurden im Produkt ca. 10 – 20 % TCEP eingesetzt, für die Weichmachung bis etwa 5 %. 1997 wurden weltweit ca. 4.000 t TCEP hergestellt. In Deutschland wurden 1997 ca. 500 – 1.000 t. T. verbraucht. TCEP ist heute im Wesentlichen durch TCPP (→Tris(chlor-propyl)phosphat) ersetzt. In →Innenräu-men ist TCEP weit verbreitet anzutreffen, sowohl in Produkten wie auch im →Hausstaub (bis > 2.000 µg/kg). Bei Messungen in Schulen und Kindergärten mit TCEP-beschichteten Akustikdecken wurden in der Raumluft TCEP-Gehalte zwischen 0,01 und 3,9 µg/m³ gefunden (Hansen et al.). In der Raumluft von 50 westdeutschen Wohnungen lag der →Median der TCEP-Konzentration bei 0,01 µg/m³ und das 95-Perzentil bei 0,25 µg/m³ (Ingerowski et al.). Dagegen war in ostdeutschen Wohnungen bei einer Bestimmungsgrenze von 0,01 µg/m³ kein TCEP nachweisbar (Baudisch et al.). Die Außenluft in Deutschland weist TCEP-Konzentrationen unter 0,001 µg/m³ auf (Hansen et al.). TCEP gilt als neurotoxisch, nierentoxisch, reproduktionstoxisch (R_F2) und krebserzeugend (K2). Richtwerte für die Innenraumluft: RW II: 0,05 mg TCEP/m³; RW I: 0,005 mg TCEP/m³ (2002). →Organophosphate, →Innenraumluft-Grenzwerte

Tris(chlorpropyl)phosphat T. (TCPP) besteht als Handelsprodukt aus einem Gemisch von vier Organohalogenphosphaten. Es wird in flüssiger Form als additives →Flammschutzmittel und als flammhemmend eingestellter →Weichmacher verwendet. Hauptbestandteile sind: Tris(1-chlor-2-propyl)phosphat (ca. 75 %) und Bis-(1-chlor-2-propyl)-2-chlorpropylphosphat (ca. 15 – 30 %). TCPP ist in Europa mit ca. 80 % des Marktes das bedeutendste der Organochlorphosphat-Flammschutzmittel (UBA-Texte 25/01). Sowohl die Halogen- wie auch die Phosphor-Komponenten wirken flammhemmend. Die thermische Zersetzung beginnt ab ca. 150 °C. Anwendungsbereiche: →Polyurethan-Hartschaum-Platten, →Polyurethan-Schäume für Möbel, Polster, Autositze, Matratzen, →Bodenbeläge, →Montageschäume, Textilien. Gehalte: Dämmstoffe: ca. 5 %, Montageschäume: ca. 14 %, Weichschäume: ca. 3 – 5 % (UBA-Texte 25/01). TCPP findet sich in Gewässern, Sediment, Nahrungsmitteln und im →Hausstaub. Die toxikologischen Daten sind unzureichend. Für TCPP liegen Hinweise auf →Mutagenität vor. Es besteht ein Verdacht auf krebserzeugende Wirkung. →Organophosphate

Tris(dichlorisopropyl)phosphat TDCPP. →Organophosphate

Tris(2-ethylhexyl)phosphat TEHP. →Organophosphate

Trittschallschutz Trittschall ist eine Sonderform des →Körperschalls, der durch Begehen oder andere mechanische Anregungen in eine Decke eingeleitet wird. Die Schwingungen pflanzen sich im Gebäude fort und regen Luftschallschwingungen an, die im Weiteren eine Schallwahrnehmung des Trittschalls ermöglichen. Der T. wird zunächst durch die schalltechnischen Eigenschaften der Rohdecke ohne weiteren Fußbodenaufbau bestimmt. Als Maß wird der so genannte Normtrittschallpegel Ln herangezogen. Die Schalldämmung erfolgt durch weitere Bodenaufbauten wie z.B. schwimmende →Estriche. Die Verbesserung des T. der Rohdecke durch den Bodenaufbau wird durch das Verbesserungsmaß ΔL angegeben. Der T. von Rohdecken kann auch durch Aufbringen von weich federnden Gehbelägen (z.B. →Teppichen) verbessert werden. Die erzielbaren Trittschallverbesserungsmaße sind jedoch beschränkt und erreichen nicht die Werte von schwimmenden Estrichen. Weich federnde Gehbeläge auf schwimmenden Estrichen bringen nur mehr geringfügige Verbesserungen beim Trittschallverbesserungsmaß. →Schallschutz

TRK-Werte Mit der Neufassung der →Gefahrstoffverordnung vom 1.1.2005 gibt es nur noch arbeitsmedizinisch-toxikologisch begründete Luftgrenzwerte (Arbeitsplatzgrenzwerte, AGW) und keine technisch begründeten Luftgrenzwerte mehr wie die früheren Technischen Richtkonzentrationen (TRK-Werte).

Trockenestriche T. bestehen aus →Holzwerkstoffplatten oder →Gipsbauplatten, die auf der Dämmung verlegt einen ebenen Aufbau für den →Bodenbelag schaffen. Im Unterschied zu Nassestrichen müssen T. nicht austrocknen, der →Bodenbelag kann sofort aufgebracht werden. Neben der Zeitersparnis bringt das Trockenbauverfahren auch weniger Feuchte ins Gebäude ein. Die Elemente sind mit 20 – 25 mm nur halb so dick wie ein konventioneller →Zementestrich und haben deutlich weniger Gewicht. Dadurch haben T.-Aufbauten aber auch eine geringe

→Wärmespeicherkapazität, weshalb sie im Sommer die Wärmeeinstrahlung schlechter puffern können. Bei T.-Verbundelementen aus Werkstoffplatten und Dämmstoffen (i.d.R. EPS-Dämmplatten, →Mineralwolle-Dämmstoffe oder Polyurethan-Hartschaumplatten) ist die schlechte Entsorgbarkeit zu beachten. Emissionen aus den Klebstoffen können nicht ausgeschlossen werden.

Trockenputze T. sind Innenputze aus →Gipskartonplatten, →Gipsfaserplatten oder →Lehmplatten. T. werden auf eine Lattenunterkonstruktion montiert oder im Fall von Gipsplatten auch mit Ansetzgips (→Baugips) direkt an die Wand geklebt. Abschließend werden die Fugen verspachtelt. Im Unterschied zu den aus →Putzmörteln hergestellten Putzen müssen T. nicht austrocknen, sondern können sofort nach dem Anbringen gestrichen oder tapeziert werden. Neben der Zeitersparnis bringt das T.-Verfahren auch weniger Feuchte ins Gebäude ein. Mit T. können allerdings nur Wände verputzt werden, die von sich aus schon vollständig luftdicht sind.

Trockenstoffe T. (Sikkative) für Anstrichstoffe, Firnisse und Druckfarben sind nach DIN 55901 zumeist in organischen Lösemitteln und Bindemitteln lösliche Metallsalze organischer Säuren (Metallseifen). Sie werden oxidativ trocknenden Erzeugnissen (z.B. →Alkydharzlacke, leinölbasierte Anstrichstoffe) zugesetzt, um den Trocknungsprozess zu beschleunigen. Dies geschieht durch katalytische Beschleunigung der Autoxidation und Vernetzung der trocknenden Öle als filmbildende Bindemittel. Die in der Praxis wichtigsten T.-Metalle sind →Cobalt, Zirkonium, Mangan und Calcium. Weitere weniger wichtige T.-Metalle sind →Zink, →Kupfer, →Barium, Vanadium, Cer und Eisen. →Blei, früher eines der wichtigsten T.-Metalle, wird praktisch nicht mehr eingesetzt. Verbindungen mit Cobalt und Mangan werden als primäre T. bezeichnet und sorgen für die Trocknung der Oberfläche. Verbindungen mit Calcium, Zink, Zirkonium und Barium sind sekundäre T. und sorgen für die Trocknung der gesamten Lackschicht. Es werden fast ausschließlich T. auf Basis synthetischer Monocarbonsäuren mit acht bis elf Kohlenstoffatomen eingesetzt, d.h. Octoate, Nonanate, Undecanate, Naphthenate, Resinate, Tallate und Linoleate. Die größte Bedeutung haben die Octoate und die Naphthenate. Bei der Lagerung der Lacke können T. zur Hautbildung führen, weshalb meist gleichzeitig ein →Hautverhinderungsmittel zugesetzt wird.

Trocknende Öle T. sind die ältesten bekannten Bindemittel für Anstrichmittel. Als Lackbindemittel in Frage kommen z.B. →Leinöl oder Sojaöl. Die Eigenschaften der Öle sind auf die Zusammensetzung der Fettsäurereste zurückzuführen und hängen wesentlich von der Anzahl und Stellung der enthaltenen Kohlenstoff-Doppelbindungen ab. Beispiele für ungesättigte →Fettsäuren sind Ölsäure, Linolsäure oder Linolensäure. Die Trocknung erfolgt oxidativ und umso schneller, je mehr Doppelbindungen die Fettsäuren enthalten. Durch Zugabe von →Trockenstoffen (Sikkativen) lässt sich die Trocknung beschleunigen. →Linoleum

Tropenholz T. stammt aus Wäldern der Tropen und Subtropen, von denen ein Großteil noch naturbelassene Urwälder sind. Die Europäische Union importierte 2003 aus tropischen Ländern Produkte in einem Wert von 6,7 Mrd. €, zu deren Herstellung 28,2 Mio. Festmeter T. benötigt wurden. Einsatzgebiete sind u.a.: Parkett, Furniere, Möbel, Innenausbau, Fenster, Garten- und Wasserbau. Die tropischen Regenwälder sind das größte geschlossene Ökosystem und die artenreichste Lebensgemeinschaft auf der Erde. Mindestens die Hälfte aller auf der Erde anzutreffenden Tier- und Pflanzenarten sowie Millionen Ureinwohner haben dort ihre Heimat. Diese Wälder sind aber auf dem gesamten Globus in Gefahr. Die Entwaldungsrate ist nach wie vor ungebremst. Rund um den Globus gehen laut WWF jede Minute mindestens 28 ha Wald verloren. Wenn die Waldvernichtungsrate weiter anhält, werden Mitte die-

ses Jahrhunderts die Hälfte der in den Wäldern lebenden Arten ausgestorben sein. Regenwäldern werden bei der Abholzung fatale Schäden zugeführt. Durch den Verlust der Bäume und deren Wurzeln verliert die dünne fruchtbare Bodenschicht ihren Schutz, trocknet aus und wird weggeschwemmt. Nach zwei Jahren ist das Land unfruchtbar geworden. Selbst wenn auf großen gerodeten Flächen neue, kleine Regenwaldbäume gepflanzt werden, sind sie nicht in der Lage, die optimalen Umweltbedingungen für die Aufzucht zu schaffen, da sich der Regenwald normalerweise durch die Verdunstung über die Blätter seinen eigenen Niederschlag schafft. Tropenwälder bestimmen außerdem die globalen Klimabedingungen maßgeblich mit. Die rasch voranschreitende Zerstörung der Tropenwälder ist daher nicht nur Rohstoffraubbau, sondern hat weit reichende Folgen für die regionale und globale Ökologie. Andererseits zerstört der T.-Einschlag in der Regel zunächst nicht den gesamten Wald, die Forstwirtschaft ist daher nur zu etwa 10 % an der weltweiten Regenwaldzerstörung beteiligt. Brandrodungen für Viehzucht und Landwirtschaft, Staudämme, Wasserkraft, Bergbau und Industrie, Brennholzeinschlag und Holzkohleproduktion schlagen dagegen mit ca. 90 % zu Buche. Der Einschlag von T. ist aber häufig Wegbereiter für die weitere Zerstörung, da er den Regenwald über Straßen etc. zugänglich macht.
T. zeichnet sich im Gegensatz zu den einheimischen Holzarten durch eine höhere Resistenz gegen Schädlingsbefall oder Witterungseinflüsse aus. Mehr als die Hälfte der üblichen T. (z.B. Teak, Angelique, Afzelia, Bongossi) sind in die →Resistenzklassen 1 – 3 eingestuft, während bei den einheimischen Holzarten lediglich →Robinie und →Eiche in die Resistenzklassen 1 und 2 eingestuft werden (DIN 68364). Durch den Einsatz resistenter Hölzer kann auf den vorbeugenden chemischen →Holzschutz nach DIN 68800 verzichtet werden.
Neben einem rigorosen Boykott von T. gibt es verstärkt Lösungsansätze in Richtung schonende Gewinnung in nachhaltiger und sozialverträglicher Holzwirtschaft. In vielen Ländern mit Regenwäldern laufen neue Nutzungskonzepte an, die in Waldprodukten nicht nur Nutzholz sehen, sondern andere Waldprodukte wie Rattan, Kautschuk, Nahrungsmittel (Honig, Früchte, Nüsse u.a.), Gewürze, Duft- und Geschmacksstoffe, Baumsäfte und -harze, Heilkräuter und Arzneimittel, die teilweise einen beträchtlichen volkswirtschaftlichen Wert aufweisen, fördern. Bei der Diskussion um einen Boykott von T. darf auch nicht übersehen werden, dass die reichen Länder den Produzentenländern bis heute keine angemessene Entschädigung angeboten haben, um die ökonomischen Auswirkungen einer Einschränkung oder gar eines Verzichts der wirtschaftlichen Nutzung ihrer heimischen Ressourcen auszugleichen. Eine Deklaration von T. als „aus nachhaltiger Forstwirtschaft" muss zum gegenwärtigen Zeitpunkt aber mit großer Vorsicht betrachtet werden. Als Nachweis für die nachhaltige Gewinnung von T. sollte daher besonders auf ein Zertifikat durch das Forest Stewardship Council (→FSC) geachtet werden. Unbedingt verzichtet werden muss auf T.-Arten, die gemäß Washingtoner Artenschutzabkommen in ihrem Bestand gefährdet sind. Dies sind Rosenholz und Palisander (absolutes Handelsverbot), Eisenholz, Afrormosia, Amerikanisches Mahagoni, Ramin, Merban und Quebracho. Vorsicht ist bei Holzwerkstoffen wie →Sperrholz geboten, die größtenteils verstecktes T. enthalten. Stäube von Harthölzern wie z.B. T. sind krebserzeugend (→Holzstaub).

Tropfenbildungsklassen →Baustoffklassen in Österreich

Tuftingverfahren Das T. ist das heute verbreitetste Teppichherstellungsverfahren. Dabei wird das Polgarn durch zahlreiche parallel angeordnete Nadeln nach dem Nähmaschinenprinzip in das vorgefertigte Trägermaterial eingenadelt. An der Unterseite wird das Garn von Greifern so lange festgehalten, bis die Nadel zum nächsten Stich ansetzt. Dadurch entstehen mehrere kleine Schlingen. Rund 80 % der im T. pro-

T

duzierten Teppichböden bestehen aus →Polyamid (Kunstfaserteppiche), ca. 6 – 8 % aus Schurwolle (Schafwollteppiche). Trägermaterialien sind meist Polypropylen- oder Polyestervliese. Es gibt drei Grundtypen des Tuftingverfahrens:

- Schlingenflor (Bouclé): Besteht aus geschlossenen Polschlingen, aus denen sehr strapazierfähige und unempfindliche Teppichböden hergestellt werden. Sie eignen sich besonders für Kinderzimmer, Büroräume und Flure.
- Schnittflor (Velours): Zumeist kurz geschnittene, sehr dichte Teppichböden mit offenen Noppen. Die Oberfläche wirkt glatt und samtig und eignet sich wegen der edlen Wirkung für Wohnzimmer.
- Schnittschlinge: Kombination aus geschnittenen und nicht geschnittenen Schlingen, die durch eine Hoch-Tief-Struktur die Muster und Flächen des Teppichs auflockern; nur für weniger strapazierte Zimmer wie beispielsweise Schlafzimmer geeignet.

→Textile Bodenbeläge, →Teppichböden

TVOC Abk. für total volatile organic compounds; Summenparameter für →VOC im Rahmen des TVOC-Konzeptes. Der TVOC ist die Summe der Konzentrationen der identifizierten und nicht identifizierten →VOC im gaschromatographischen →Retentionsbereich C6 (n-Hexan) bis C16 (n-Hexadecan) einschl. dieser Stoffe.

TWD →Transparente Wärmedämmung

TXIB →Texanol

U

UBA Umweltbundesamt (D).

UF-Harze →Harnstoff-Formaldehyd-Harze

UF-Ortschäume →Harnstoff-Formaldehyd-harz-Ortschäume

Ulme →Rüster

Umkehrdach Das U. ist eine nichtbelüftete Flachdachkonstruktion. Beim U. wird nur die Unterkonstruktion abgedichtet (meist mit →Bitumenvoranstrich und →Bitumen-Dachdichtungsbahn) Die Wärmedämmschicht wird über dieser Abdichtung verlegt und mit Auflast/Oberflächenschutz (meist Kiesschüttung) versehen. Ein Filtervlies schützt die Wärmedämmung vor dem Eindringen von Feinteilen aus der Kiesschicht. Wegen der hohen Anforderungen an die Feuchtebeständigkeit des Wärmedämmstoffs können für U. nur →XPS-Dämmplatten oder →EPS-Automatenplatten eingesetzt werden.

Umweltengel →Blauer Engel

Umweltfreundliche/Umweltverträgliche Baustoffe →Ökologische Baustoffe

Umweltgefährlich →Gefährlichkeitsmerkmale

Umweltzeichen für Bauprodukte Allgemein werden in den Normen ISO 14020 ff. weltweit einheitliche Kernanforderungen an Instrumente zur produktbezogenen Umweltinformation durch Umweltkennzeichen und produktbezogene Umweltdeklaration festgelegt. Unterschieden werden:

- Umweltkennzeichnungen nach Typ I DIN EN ISO 14021:
  Die Kennzeichnung besteht aus einem Zeichen oder Logo, mit dem Produkte mit besonders guter Umweltleistung ausgezeichnet werden. Hinter dem Logo stehen bestimmte, vereinbarte Anforderungen an das Produkt. Sie werden so gewählt und später nachjustiert, dass immer nur ein bestimmter Prozentsatz des Produktangebots auf dem Markt dieses Logo erhalten kann. Die Zeichen nach Typ I vermitteln eine einfache, auf den Punkt gebrachte Botschaft und richten sich damit insbesondere an den Endverbraucher. Die Anforderungen stellen charakteristische Grenzwerte oder qualitative Anforderungen dar, deren Einhaltung die Produkte deutlich umweltfreundlicher machen als solche Produkte, die die Grenzwerte und Anforderungen nicht erfüllen. Die Anforderungen werden unter Beteiligung der interessierten Kreise verabschiedet. Hierzu gehören neben Herstellern und Handel auch Verbraucher- und Umweltorganisationen. Die Überprüfung der gefragten Produkteigenschaften geschieht durch geeignete Messungen.
- Umweltkennzeichnungen nach Typ II DIN EN ISO 14021:
  Typ-II-Umweltkennzeichen können für jede Art der Deklaration von Umwelteigenschaften eines Produktes eingesetzt werden, sofern eine Reihe von Einschränkungen berücksichtigt werden, die in ISO 14021 – Umweltbezogene Anbietererklärungen (Umweltkennzeichnung Typ II) formuliert sind. Sie dienen einer fairen und glaubwürdigen Informationsvermittlung. Darüber hinaus gibt es keine speziellen Anforderungen an Inhalte oder Überprüfungsverfahren für Typ-II-Deklarationen. Der Hersteller veröffentlicht die Aussagen selbst oder im Rahmen eines Programms. Er ist selbst für seine Aussagen verantwortlich und kann sie, muss aber nicht, zur Unterstreichung der Glaubwürdigkeit unabhängig überprüfen lassen.
- Umweltdeklarationen nach Typ III ISO CD 14025:
  In dieser Umweltdeklaration wird eine systematische und umfassende Beschreibung der Umweltleistung des Produktes oder der Dienstleistung ohne Wertung direkt veröffentlicht. Der Nutzer der Information muss seine eigenen Maßstäbe zur Bewertung der deklarierten Sachverhalte anwenden. Das typische Typ-III-Deklarationsprogramm ist privat organisiert, Initiator ist die Indus-

trie selbst. Die Hauptnutzer sind ihrerseits Industrieakteure entlang der Wertschöpfungskette. Die Deklaration eignet sich zur detaillierten Information von Geschäftspartnern, z.B. Einkäufern, Beschaffern, Produktmanagern und Produktentwicklern. Die systematische Beschreibung der Umweltleistung baut auf der Ökobilanz nach ISO 14040 auf. Eine Überprüfung durch unabhängige Dritte ist lediglich für die Regelsetzung bei der Beschreibung des Produktsystems (Regeln der Datenrecherche für die Ökobilanz und die zusätzlich zu deklarierenden Sachverhalte) vorgesehen. Die Deklaration selbst wird nur noch auf Plausibilität durch unabhängige Auditoren geprüft.

Umweltzeichenprogramme, die Vergaberichtlinien für Bauprodukte enthalten, sind im deutschsprachigen Raum u.a.: →natureplus, →Europäisches Umweltzeichen, RAL-Umweltzeichen (→Blauer Engel), →Österreichisches Umweltzeichen. Ein umfassender unabhängiger Vergleich der U. am deutschen Markt findet sich in der von der Verbraucherzentrale NRW verfassten Broschüre „Umweltzeichen für Bauprodukte“, die 2004 im Rahmen des „Aktionsprogramm Umwelt und Gesundheit“ (APUG) entstanden ist. Internet-Download: http://www.apug.nrw.de/pdf/bauprodukte.pdf. Eine Bewertung von U. findet sich auch bei der Verbraucherinitiative unter http://www.label-online.de/index.php/cat/28.

Undecansäure →Fettsäuren

Ungelöschter Kalk Stückkalk, auch →Branntkalk oder gebrannter →Kalk in Stücken (nur noch wenig im Handel).

Unit risk Das U. ist der Wert des zusätzlichen Lebenszeit-Krebsrisikos, der sich für eine annähernd lebenslange Exposition (70 Jahre) gegenüber einem Langzeitmittelwert in Höhe von 1 µg eines Schadstoffs pro m^3 Luft ergibt. Bestandteil des U.-Konzeptes ist die Annahme einer linearen Beziehung zwischen Exposition und Risiko im beurteilungsrelevanten Bereich. Das U. ist ein Maß für die krebserzeugende Wirkungsstärke. Je höher das U., desto höher die kanzerogene Potenz. Das Risiko hängt sowohl von dieser kanzerogenen Potenz als auch von der Exposition ab. Beispiele für U. in $m^3/\mu g$ nach →LAI:
- →Benzol: 9×10^{-6}
- →Benzo[a]pyren: 7×10^{-2}
- 2,3,7,8-TCDD: 1,4 (→Dioxine und Furane)
- →Asbest: 2×10^{-5} (pro 100 F/m^3)

Unterspannbahnen →Dachunterspannbahnen

Untertage Verfahren des Bergbaus, bei dem Schächte und Stollen in das Gebirge getrieben werden, um die →Mineralischen Rohstoffe unterirdisch abzubauen. →Tagebau

Untertapeten U. werden als Unterlagen für →Tapeten verwendet. Als U. stehen weiße oder eingefärbte U. (→Makulaturpapier) sowie U. mit gewebeverstärkter Rückseite für sehr rissige, unebene Untergründe zur Verfügung. Zu den U. gehören auch →Thermotapeten aus Dämmschicht mit oder ohne Alukaschierung.

UP-Harze Ungesättigte →Polyesterharze.

UV-härtende Lacke In der industriellen Lackverarbeitung wird die Trocknungs-/Härtungszeit von Lacken üblicherweise durch Energiezufuhr verkürzt. Dies kann Wärmeenergie sein oder z.B. UV-Strahlung. UV-Lackhärtung ist mit Abstand die wichtigste Strahlenhärtungstechnologie. Die Auslösung der fotochemischen Reaktion erfolgt bei UV-härtbaren Systemen überwiegend im langwelligen UV-Bereich von 300 – 420 nm. Für diese Technologie können nur spezielle Bindemittelklassen eingesetzt werden; die mit Abstand wichtigsten Produkte sind ungesättigte Systeme. Durch die Energie der UV-Strahlung werden Initiatormoleküle (→Fotoinitiatoren) zum Zerfall gebracht und so die Polymerbildung aus den Lackbestandteilen, also aus →Präpolymer und Reaktivverdünner, eingeleitet. Die Reaktivverdünner werden wie Lösemittel dem Lack zugegeben. Während die üblichen Lösemittel jedoch einfach verdunsten, werden Reaktivverdünner in die Beschichtung eingebaut.

Optimal ablaufende UV-Beschichtungen ergeben emissionsarme und gebrauchstaugliche Beschichtungen. In der Praxis sind jedoch die UV-Strahler häufig nicht den übrigen Verarbeitungsparametern wie Reaktivität des Lackfilms, Auftragsmenge und Vorschubgeschwindigkeit angepasst. Unkontrollierte Fragmentierungsreaktionen und verbleibende Restsubstanzen können dann Vergilbungen und die Freisetzung von geruchsbildenden Stoffen hervorrufen.
Wichtigster Einsatzbereich der U. ist die Lackierung von Holz und →Holzwerkstoffen (Parkett, →Möbel). Die meisten in Europa eingesetzten Rezepturen für UV-Holzlacke enthalten flüchtige Bestandteile; nur sehr wenige sind völlig lösemittelfrei. Der Lösemittelanteil kann sehr gering sein, erreicht jedoch in einigen Rezepturen auf Polyesterbasis bis zu 70 %. Die Preise für UV-Lacke hängen primär vom Lösemittelgehalt ab. Anstrichstoffe mit hohem Lösemittelgehalt können bis zu zehnmal billiger sein als lösemittelfreie Acrylatrezepturen. Besonders verbreitet sind Lacke mit hohem Lösemittelgehalt in Südeuropa, vor allem in Spanien und Italien, Ländermärkte, die zu den größten in Europa zählen. Im Jahr 2000 wurden in Europa über 22.000 t U. und UV-härtende Farben an die Bau- und Möbelindustrie verkauft. Dies entspricht einem europaweiten Gesamtumsatz von 178,6 Mio. US-Dollar. Laut einer Analyse der Unternehmensberatung Frost & Sullivan vom August 2001 wird der Umsatz in 2007 auf geschätzte 351,3 Mio. US-Dollar ansteigen, da die Umsetzung der EU-Richtlinie 1999/13/EG (VOC-Richtlinie) massive Auswirkungen auf die Preisstruktur haben wird. Gegenstand der Richtlinie ist die Begrenzung von →VOC-Emissionen, die beim Einsatz organischer Lösemittel entstehen.

U-Wert Der U. (Wärmedurchgangskoeffizient) bezeichnet die Wärmemenge, die in 1 Sekunde durch eine Bauteilfläche von 1 m^2 bei einem Temperaturunterschied von 1 K hindurchgeht. Zu berücksichtigen sind dabei Dicke, Material und Schichtaufbau des Bauteils. Je kleiner der U. eines Bauteils, desto besser seine Wärmedämmung. Von der Höhe des U. hängt die zur Erzielung einer bestimmten Dämmung erforderliche Dicke der Dämmstoffschicht ab. Maßeinheit: W/(m^{2}K). Der Gesetzgeber hat in der Wärmeschutzverordnung Grenzen für den Wärmeverlust eines Bauteils festgelegt. →Heizwärmebedarf, →Niedrigenergiehaus, →Passivhaus

V

Vakuumdämmplatten V. sind plattenförmige →Wärmedämmstoffe, deren Wärmedämmung auf Vakuum beruht. Da im Vakuum Wärmeübertragung nur über Wärmestrahlung möglich ist, zeigen V. extrem niedrige →Wärmeleitfähigkeiten von 0,004 – 0,005 W/(mK) – ca. einem Zehntel von konventionellen Dämmstoffen. Ein stabiles Vakuum setzt möglichst wenig Tragstruktur mit möglichst geringer Wärmeleitfähigkeit aus druckstabilen Materialien, welche die atmosphärische Druckbelastung von 1 bar aufnehmen können, voraus. Bereits im Hochbau eingesetzte V. lösen diese Anforderung durch einen Kern aus mikroporösen (pyrogenen) Kieselsäurepulvern mit einem zugesetzten Infrarottrübungsmittel, das die Ausbreitung von Wärmestrahlung vermindert. Nach Verdichten des nanostrukturierten Pulvers liegen die Durchmesser der Hohlräume im Bereich von 100 Nanometer. Die Platten werden mit einer metallisierten vakuumdichten Kunststofffolie umhüllt oder mit Glas abgedeckt.
Durch die niedrige Wärmeleitfähigkeit können die Dämmstärken von üblichen 20 – 40 cm auf 4 – 6 cm verringert werden. Bei vorgegebenem Bauvolumen lassen sich so mit V. merklich höhere Nutzflächen im Gebäude realisieren als bei der Verwendung von konventionellen Dämmstoffen. Dies gilt insbesondere bei Niedrigstenergie- und Passivhäusern mit extremen Dämmstärken. V. lassen sich nahezu fugen- und wärmebrückenfrei verarbeiten. Von Nachteil ist, dass die Hülle nicht verletzt werden darf, Anbohren und Sägen der V. sind nicht erlaubt. V, deren Oberfläche nicht durch zusätzliche Schaum- und Folienauflagen geschützt sind, sollten nur auf saubere, nicht raue Flächen gelegt und sehr vorsichtig gehandhabt werden. Die auf Dauer schädliche Einwirkung von UV-Strahlung auf die Kunststofffolie muss in der Konstruktion durch entsprechende Abdeckmaßnahmen unterbunden werden. Da die V. innerhalb einer sehr dünnen Schicht ihre Dämmwirkung entfalten, wirken sich Wärmebrücken sehr stark aus. Die Dämmebene sollte daher in den Fugen möglichst wenig durchbrochen sein. V. sind praktisch undurchlässig für Wasserdampf. Auf mögliche Kondensation von Feuchtigkeit ist deshalb besonders Rücksicht zu nehmen. Da die Kosten für V. noch deutlich über jenen für konventionelle Dämmstoffe liegen, setzt der Einsatz der Vakuumdämmtechnik voraus, dass sich durch die geringere Dämmstärke spezifische Vorteile ergeben, z.B. Wohnflächengewinn, Ersparnis in der Konstruktion, bessere Architektur, oder dass dadurch überhaupt erst Dämmung möglich wird, z.B. Altbausanierung der Kellerdeckendämmung mit geringen lichten Höhen. Ob das Vakuum über die Nutzungsdauer erhalten bleibt, dazu gibt es noch keine Erfahrungswerte. Laut Herstellerangaben geht man davon aus, dass über die Nutzungsdauer von 25 bis 30 Jahren ein Anstieg der Wärmeleitfähigkeit bis max. 0,008 W/(mK) zulässig ist. Bei Beschädigung der Hülle garantiert der Hersteller eine Wärmeleitfähigkeit von 0,02 W/(mK).
Umweltrelevante Daten sind derzeit noch nicht bekannt. Am Ende der Nutzungsdauer kann der Pulverkern einem Recycling zugeführt werden. Nach Trocknung und eventueller neuer Pressung kann er wiederverwendet werden, lässt sich aber auch problemlos entsorgen. Probleme bei der Entsorgung bringt die metallisierte Kunststofffolie sowohl in der Verbrennung als auch auf der Deponie.

Vakuumisolationspaneel →Vakuumdämmplatten

VdL-Richtlinien Richtlinien des Verbandes der deutschen Lackindustrie (VdL).

Velourtapeten V. zeigen eine wollige, samtartige Oberfläche aus Textilflocken. Die Textilflocken werden auf einen mit Klebstoff bestrichenen Träger aus →Tapetenpapier oder →Vinyltapete elektrostatisch aufgebracht. Bei antiken V. wurden Wolle- und Seidenflocken im Klopfverfahren aufgetragen.

Durch Kunstharzklebstoffe kann die Dampfdiffusion beeinträchtigt werden. Ein besseres Dampfdiffusionsverhalten zeigen V., bei deren Herstellung die Textilfasern mit Leinölfirnis bestrichen wurden. Schadstoffemissionen sind vor allem vom eingesetzten Klebstoff abhängig.

Verbraucherinitiative Die V. e.V. ist der 1985 gegründete Bundesverband kritischer Verbraucherinnen und Verbraucher. Arbeitsschwerpunkt ist der ökologische, gesundheitliche und soziale Verbraucherschutz. Als Lobby-Organisation für kritische Verbraucherinnen und Verbraucher tritt die V. ein für eine ökologisch und sozial verträgliche Produktion von Waren. In ihrer Datenbank Label online bietet die V. Informationen und Bewertungen zu mehr als 300 Labeln, u.a. auch für Bauprodukte.

Verbundstoffe V. sind Baustoffe aus mindestens zwei verschiedenen Materialien, die vollflächig miteinander verbunden sind und sich nicht von Hand trennen lassen (z.B. PE-beschichtete Aluminiumfolien). V. sind in der Regel schlecht verwertbar und können häufig auch nur minderwertig beseitigt werden.

Verdicker V. werden in →Lacken und →Farben eingesetzt, um dem System die gewünschten rheologischen Eigenschaften (Fließeigenschaften) zu verleihen. Wichtige anorganische V. sind die organisch modifizierten Schichtsilikate (Hectorite, Bentonite). Wichtige anorganische V. sind zudem die pyrogen erzeugten Kieselsäuren. Bei den organischen V. kommen je nach Lack- bzw. Farbtyp wie z.B. Farben auf Wasserbasis oder auf Lösemittelbasis unterschiedliche Stoffgruppen zum Einsatz. Dazu gehören z.B. Cellulose-, Stärke- und Rizinusölderivate.

Verdünner V. sind gem. „VdL-Richtlinie Bautenanstrichstoffe" (→VdL) Flüssigkeiten aus einer oder mehreren Komponenten, die unter den festgelegten Trocknungsbedingungen flüchtig sind und einem Beschichtungsstoff zugegeben werden, um Eigenschaften, vor allem die Viskosität, zu beeinflussen. Die als Universal-Verdünner angebotenen Gebinde enthalten zu 100 % organische Lösemittel, darunter Stoffe wie →Ketone (z.B. Aceton, 2-Butanon, Methylethylketon), Alkohole (z.B. Isobutanol, Methanol), →Aromatische Kohlenwasserstoffe (z.B. Toluol, Xylole, 1,2,4-Trimethylbenzol) und Ester (z.B. n-Butylacetat). Verdünner der →Pflanzenchemiehersteller enthalten insbesondere Alkohol (Ethanol), Kolophonium-Ester, →Isoaliphate und Orangenöl (→Terpene).

Verdunstungsheizkostenverteiler →Methylbenzoat

Verfilmungshilfsmittel V. dienen zur Verfilmung des Bindemittels in wasserverdünnbaren Anstrichstoffen. Als Verfilmungshilfsmittel kommen →Lösemittel, →VOC und/oder →Weichmacher in Betracht.

Verlaufsadditive V. sollen den Verlauf von Lacken und Farben verbessern. Nach DIN 55945 ist der Verlauf definiert als „das mehr oder weniger ausgeprägte Verhalten eines noch flüssigen Anstrichstoffs, die bei seinem Auftragen entstehenden Unebenheiten selbsttätig auszugleichen. Als V. für Anstrichstoffe werden insbesondere eingesetzt: Polyacrylate, Silikone, Fluortenside und verschiedene Lösemittel.

Verlegewerkstoffe Als V. werden bauchemische Produkte bezeichnet, die bei der Innenausstattung von Gebäuden an Boden, Wand und Decke Verwendung finden. Sie werden überwiegend großflächig zur Vorbereitung von Untergründen vor Beschichtungs- oder Klebearbeiten oder zur Beschichtung oder Klebung von (dekorativen) Materialien selbst eingesetzt. Dazu gehören z.B. Grundierungen, Vorstriche, Spachtelmassen, Estrichwerkstoffe, Klebstoffe, Klebemörtel, Flächendichtstoffe, Unterlagen u.Ä.
V. sind häufig für Geruchsbelästigungen und erhöhte Schadstoff-Konzentrationen in der Innenraumluft verantwortlich. Es sollten ausschließlich emissionskontrollierte V. verwendet werden (→EMICODE).

Vermiculit V. (lat. vermis = Wurm) bezeichnet einen Glimmerschiefer aus dünnen, flachen Aluminium-Eisen-Magnesium-Silikat-Plättchen, die in vorgeschichtlicher Zeit durch heißes Wasser in Verbindung mit vulkanischer Eruption derart umgeformt wurden, dass sich zwischen der Schieferstruktur Wassermoleküle anreicherten. Die Minerale haben die charakteristische Eigenschaft, sich bei plötzlicher Erwärmung stark aufzublähen und wurmförmig zu krümmen. Das verdampfende Kristallwasser drückt dabei die Schichten akkordeonartig auseinander. Das sog. thermische „Blähen" erfolgt industriell im Drehrohrofen bei Temperaturen zwischen 800 und 900 °C (→Blähglimmer). Die wichtigsten industriellen Anwendungen von V. verwenden nicht Roh-V., wie er nach der Aufbereitung vorliegt, sondern thermisch expandierten, geblähten V. Jährlich werden ca. 500.000 t V.-Erz weltweit gefördert und in diversen Applikationen weiterverarbeitet. Die jährliche Gesamtproduktion an Produkten aus V. beträgt 136.000 t, davon entfallen 41 % auf Isoliermaterialien, 14 % auf Baustoffzuschlag, 24 % auf Gartenbau, Land- und Forstwirtschaft und 20 % auf andere Anwendungsbereiche. V. findet Verwendung bei der Kompostierung, in Produkten für die Rasenpflege und dient zur allgemeinen Bodenverbesserung. V. kann größere Mengen Flüssigkeit absorbieren, ohne dadurch seine lockere Konsistenz zu verlieren. Als Träger von Düngemitteln, Herbiziden, Insektiziden etc. kann V. daher einen gefahrlosen Transport und Einsatz ermöglichen. Als Verpackungsmaterial kann geblähter V. Erschütterungen auffangen, gleichzeitig eine gute thermische Isolierung bieten und im Fall eines Unfalls Flüssigkeiten aufsaugen. In der Metallurgie wird Roh-V. als Abdeckmaterial von Metallschmelzen eingesetzt, die vor dem Guss noch kurz zwischengelagert oder transportiert werden müssen.

Vernetzer V. (Härter) sind Chemikalien, welche die räumliche Verknüpfung von Molekülen bzw. →Präpolymeren zu einem Netzpolymer ermöglichen. Beispiele: →Silikon-Dichtstoffe, →Polysulfid-Dichtstoffe, →Epoxidharze.

Versäuerung V. wird hauptsächlich durch die Wechselwirkung von →Stickstoffoxiden und →Schwefeldioxid mit anderen Bestandteilen der Luft verursacht. Durch eine Reihe von Reaktionen wie die Vereinigung mit dem Hydroxyl-Radikal können sich diese Gase innerhalb weniger Tage in Salpetersäure und Schwefelsäure umwandeln – beides Stoffe, die sich sofort in Wasser lösen. Die angesäuerten Tropfen gehen dann als saurer Regen nieder. Die Versäuerung ist im Gegensatz zum →Treibhauseffekt kein globales, sondern ein regionales Phänomen. Schwefel- und Salpetersäure können sich auch trocken ablagern, etwa als Gase selbst oder als Bestandteile mikroskopisch kleiner Partikel. Es gibt immer mehr Hinweise, dass die trockene Deposition die gleichen Umweltprobleme verursacht wie die nasse. Die Auswirkungen der V. sind noch immer nur bruchstückhaft bekannt. Zu den eindeutig zugeordneten Folgen zählt die V. von Seen und Gewässern, die zu einer Dezimierung der Fischbestände in Zahl und Vielfalt führt. Die V. kann in der Folge Schwermetalle mobilisieren, welche damit für Pflanzen und Tiere verfügbar werden. Darüber hinaus dürfte die saure Deposition an den beobachteten Waldschäden zumindest beteiligt sein. Durch die Übersäuerung des Bodens kann die Löslichkeit und somit die Pflanzenverfügbarkeit von Nähr- und Spurenelementen beeinflusst werden. Die Korrosion an Gebäuden und Kunstwerken im Freien zählt ebenfalls zu den Folgen der V. →Versäuerungspotenzial

Versäuerungspotenzial Das Maß für die Tendenz einer Komponente, säurewirksam zu werden, ist das V. AP (Acidification Potential). Es wird relativ zu Schwefeldioxid angegeben und für jede säurewirksame Substanz eine Äquivalenzmenge Schwefeldioxid in Kilogramm umgerechnet. Die Zusammenfassung in einer Wirkungskennzahl erfolgt analog zum →Treibhauspotenzial. In Tabelle 137 sind die Säurebildungspotenziale ausgewählter Stoffe aufgelistet. →Versäuerung, →Wirkbilanz, →Ökobilanz

Tabelle 137: Säurebildungspotenziale ausgewählter Stoffe

Stoff	AP in kg SO_2-Äquivalente
Schwefeldioxid SO_2	1,00
Stickstoffmonoxid NO	1,07
Stickstoffdioxid NO_2	0,70
Stickoxide NO_x	0,70
Ammoniak NH_3	1,88
Salzsäure HCI	0,88
Fluorwasserstoff HF	1,60

Verwendungsverbote →Gefahrstoffverordnung

Verwertung Abfälle können stofflich oder energetisch verwertet werden, wobei das →Kreislaufwirtschafts- und Abfallgesetz der jeweils besser umweltverträglichen Verwertungsart den Vorrang einräumt. Im Anhang II A des Kreislaufwirtschafts- und Abfallgesetz werden folgende Verwertungsarten, die in der Praxis angewandt werden, aufgelistet:

R 1: Hauptverwendung als Brennstoff oder andere Mittel der Energieerzeugung
R 2: Rückgewinnung/Regenerierung von Lösemitteln
R 3: Verwertung/Rückgewinnung organischer Stoffe, die nicht als Lösemittel verwendet werden (einschließlich der Kompostierung und sonstiger biologischer Umwandlungsverfahren)
R 4: Verwertung/Rückgewinnung von Metallen und Metallverbindungen
R 5: Verwertung/Rückgewinnung von anderen anorganischen Stoffen
R 6: Regenerierung von Säuren und Basen
R 7: Wiedergewinnung von Bestandteilen, die der Bekämpfung der Verunreinigung dienen
R 8: Wiedergewinnung von Katalysatorenbestandteilen
R 9: Ölraffination oder andere Wiederverwendungsmöglichkeiten von Öl
R 10: Aufbringung auf den Boden zum Nutzen der Landwirtschaft oder der Ökologie
R 11: Verwendung von Abfällen, die bei einem der unter R 1 bis R 10 aufgeführten Verfahren gewonnen werden
R 12: Austausch von Abfällen, um sie einem der unter R 1 bis R 11 aufgeführten Verfahren zu unterziehen
R 13: Ansammlung von Abfällen, um sie einem der unter R 1 bis R 12 aufgeführten Verfahren zu unterziehen (ausgenommen zeitweilige Lagerung – bis zum Einsammeln – auf dem Gelände der Entstehung der Abfälle)

→Abfall, →Stoffliche Verwertung, →Energetische Verwertung, →Verwertung von Bau- und Abbruchabfällen

Verwertung von Baustellen- und Abbruchabfällen Voraussetzung für die V. ist eine weitgehend sortenreine Trennung. Baustellen- und Abbruchabfälle bestehen meist aus einem Gemisch von Beton, Stahl, Mauerwerk, Holz, Putz, Estrich sowie Materialien des Innenausbaus und der Installation. Hinzu kommen die verschiedensten →Verbundstoffe. Letztere lassen sich nur mit zweifelhaftem Erfolg für eine Verwertung aufbereiten. Verwerten lassen sich z.B. folgende Stoffgruppen:

- Mineralische Baustoffe
- Metalle können über den Schrotthandel der Verwertung zugeführt werden (seit langem Stand der Technik).
- Holz und →Holzwerkstoffe können ganz oder zerkleinert, zerspannt oder zerfasert wieder für die Herstellung von Holzwerkstoffen verwendet werden.
- →Porenbeton und →Kalksandsteine können als Granulat zu Schüttdämmstoffen aufbereitet oder in die Produktion rückgeführt werden.
- Sortenreine Kunststoffe können wieder in die Produktion rückgeführt werden.
- Nicht sortenreine Kunststoffe können zerkleinert und plastifiziert zu Pressformteilen oder Granulat aufbereitet werden (→Downcycling).
- Polystyrol-Dämmstoffe können zerkleinert als Porosierungsmittel bei der Ziegelherstellung verwendet werden.

Tatsächlich wird derzeit nur ein vergleichsweise geringer Teil der gesamten →Bau- und Abbruchabfälle der Verwertung zugeführt. Dies hat u.a. folgende Ursachen:

- Heterogenität der Abfälle erschwert die Verarbeitung.
- Kontamination des Materials verhindert die Verwertung.
- Unregelmäßiger Materialanfall erschwert die Wirtschaftlichkeit von Recyclinganlagen.
- Geltende gesetzliche und normative Vorschriften behindern den Einsatz von →Sekundärrohstoffen.
- Fehlende Konstruktionskonzepte für Recyclingbaustoffe
- Zu geringe Deponiekosten für Abfälle

→Abfall, →Bau- und Abbruchabfälle, →Stoffliche Verwertung, →Kreislaufwirtschafts- und Abfallgesetz, →Abfallwirtschaftsgesetz, →Baurestmassentrennverordnung

Verzinktes Stahlblech V. wird aus weichen unlegierten Stählen (Feinblechen) durch Überziehen mit geschmolzenem →Zink hergestellt (Feuerverzinkung). Für Fassadenbekleidungen und Dacheindeckungen wird häufig werksseitig eine zusätzliche organische Schutzbeschichtung aufgebracht (modifizierte →Alkydharze, PVC-Folien (→Polyvinylchlorid), →Acrylharze, →Polyurethan oder →Epoxidharze).

Verwendung findet V. als Fassadenbekleidung oder Dacheindeckung. Verzinkte Bleche werden auch für Fensterbänke oder Dacheinfassungen verwendet.

Die Blechherstellung erfolgt in Warmwalzwerken durch kontinuierliches Auswalzen eines Stahlbarrens; das Tauchen in Zinkbäder nach Vorbehandlung der Oberfläche (Entfetten, Beizen, Flussmittelbad, Trocknen) bzw. das kontinuierliche Laufen auf Stahlbreitband durch Zinkbad in heißem Zustand.

V. wird verbunden durch Falzen, Nieten, Schrauben, Kleben, Weichlöten, Hartlöten, Schweißen (Verlust Zn-Auflage) und befestigt mit verzinkten Stiften und verzinkten Schrauben. Formgebungen, welche die Rostbildung fördern, sollen vermieden werden. Schnelle Ableitung des Regenwassers sollte gewährleistet sein. Bei großer Hitzeeinwirkung z.B. bei starker Sonneneinstrahlung, sind Verformungen möglich.

Prozessbedingte Emissionen (Schwermetalle, Salzsäure und Stäube) gehen von den Verzinkungsbädern aus. Die staubförmigen Emissionen wurden seit 1985 um 95 % reduziert und durch die Kreislaufführung des Prozesswassers gelangen mittlerweile keine Produktionsabwässer mehr in die Kanalisation. Die entstehenden Abfallstoffe werden weiterverwertet (Zinkasche, Hartzink, Blechabfälle etc.). Hohe Umweltbelastungen bei der Herstellung der Vorprodukte →Stahl und →Zink. Beim Schweißen von V. steigen zinkoxidhaltige Dämpfe auf, die abgesaugt werden sollten (MAK-Wert: 1 mg/m^3 für Zinkoxidrauch). Gesundheitsgefährdende Emissionen sind auch beim →Löten oder aus →Kleber möglich. Aus bewitterten Stahlblechteilen werden hohe Mengen an Zink abgeschwemmt. Dies kann durch Kunststoffbeschichtung, die ca. alle zehn Jahre erneuert werden muss, reduziert, aber nicht vermieden werden. Die großflächige Anwendung von V. sollte daher vermieden werden.

Stahlblech lässt sich sehr gut verwerten. Der Primärenergieaufwand beim Recycling beträgt etwa 20 – 40 % des Primärenergieaufwandes bei der Neuproduktion. Die Zinküberzüge können nach der Trennung von Stahl und Zink erneut zur Verzinkung verwendet werden. Verzinkter Schrott ist allerdings Haupteintragsquelle für Zink in ein integriertes Hüttenwerk (insgesamt 0,4 kg/t Rohstahl, Anteil verzinkter Schrott wachsend) und führt vermehrt zu verfahrenstechnischen Problemen, da bei zu hohem Zink-Eintrag die Qualität der Produkte (Roheisen, Stahl) und Nebenprodukte (Schlacken) sinkt und der Ausschuss steigt.

Vinyl V. bezeichnet einen bestimmten Molekülteil und ist die Vorsilbe für zahlreiche chemische Verbindungen, z.B. Vinylalkohol, Vinylether, Vinylacetat, Vinylchlorid. V.-Verbindungen sind aufgrund ihrer Eigenschaften und ihrer einfachen Synthesemöglichkeiten wichtige Schlüsselprodukte der Großchemie. Umgangssprachlich steht V. häufig als Vorsilbe für Produkte, die

→Polyvinylchlorid (PVC) enthalten, z.B. Vinyltapeten, →Vinyl-Asbest-Bodenbeläge.

Vinylacetat Die Hauptanwendungsgebiete von V. (Essigsäurevinylester) sind die Herstellung von Polyvinylacetat, Polyvinylalkohol, Polyvinylacetal oder die Co- und Terpolymerisation mit anderen Monomeren, wie zum Beispiel Ethylen, →Vinylchlorid, →Acrylat, Maleinat, Fumarat oder Vinyllaurat. V. ist als krebsverdächtig (MAK-Liste: Kat. 3A und TRGS 905: K3) eingestuft. →KMR-Stoffe

Vinyl-Asbest-Bodenbeläge V. sind entweder Fliesen aus einer homogenen Masse von →Polyvinylchlorid (PVC) und Asbest (→Floor-Flex-Platten, Marley-Platten) oder Auslegeware (→Cushion-Vinyl-Bodenbeläge) mit einer Oberschicht aus PVC und einer Unterschicht aus →Asbestpappe. →Asbesthaltige Bodenbeläge, →Asbest

Vinylbenzol →Styrol

Vinylchlorid V. (VC, Monochlorethen) ist ein geruchsloses, in hohen Konzentrationen süßlich riechendes Gas und gehört zur Stoffgruppe der ungesättigten aliphatischen Chlorkohlenwasserstoffe. VC ist hochentzündlich und bildet mit Luft ein explosionsfähiges Gemisch. Von VC gehen akute oder chronische Gesundheitsgefahren aus. VC ist die am meisten industriell produzierte Organochlorverbindung und wird praktisch ausschließlich zur Herstellung von →Polyvinylchlorid (PVC) und dessen Mischpolymerisate verwendet. Eine weitere direkte Anwendung ist die Umsetzung zu 1,1,2-Trichlorethan, das als Vorprodukt für die Herstellung von 1,1-Dichlorethen dient. VC ist ein stark krebserzeugender Stoff (K1; →KMR-Stoffe). →Chlorierte Kohlenwasserstoffe

4-Vinylcyclohexen 4-V. kann sich in einer Additionsreaktion aus überschüssigem →Butadien bei der Herstellung von →Styrol-Butadien-Kautschuk (SBR) bilden. Es handelt sich um einen äußerst geruchsintensiven Stoff, der z.B. aus SBR-Rückenbeschichtungen →Textiler Bodenbeläge in die Innenraumluft freigesetzt wird. 4-V. ist als krebserzeugend (MAK-Liste: Kat. 2, TRGS 905: K3) und Verdachtsstoff für reproduktionstoxische Wirkung (TRGS 905: R_F3) eingestuft. Vgl. →4-Phenylcyclohexen.

Vinyltapeten V. sind →Tapeten aus einem meist mehrschichtigen Papier- oder Gewebeträger und einer PVC-Schicht (seltener werden statt →Polyvinylchlorid (PVC) auch Polyvinylfluorid (PVF) oder →Polymethylmethacrylat eingesetzt). Unterschieden werden V. mit unstrukturierter Oberfläche (z.B. Flach-V. auf Papierträger) und strukturierter Oberfläche (Strukturvinyl, →Profilschaumtapete) Die Oberflächenschicht wird entweder in Form von PVC-Folien oder PVC-Pasten (feinteiliges PVC mit →Weichmachern unter Zusatz von weiteren Hilfsmitteln dispergiert) aufgebracht. Dabei gibt es verschiedene Herstellungsarten:

- Die bereits bedruckte Tapete wird mit einer PVC-Folie verbunden.
- Die Tapete wird mit PVC beschichtet und anschließend bedruckt.
- Die Tapete wird im Heißdruckverfahren in einem Arbeitsgang mit PVC und Farbe beschichtet.
- Die fertige Tapete wird im Heißprägeprozess mit Strukturen versehen (PVC-Prägetapete).
- Die Verwendung von Treibmitteln ermöglicht zusätzlich das Verschäumen der Beschichtung während des Gelierprozesses (Profilschaumstruktur).

Beim Auftrag von PVC-Pasten hat sich die Siebdrucktechnologie sowohl bei kompakten als auch geschäumten Pastenanwendungen durchgesetzt. Die verwendeten Druckpasten sind auf Basis von PVC, Weichmacher, Füllstoffe und Farbpigmenten aufgebaut. Als Flüssigkeiten werden zumeist höher siedende Benzine verwendet.

V. sind beliebt wegen ihrer Strapazierfähigkeit, Wasser-, Scheuer- und Lichtbeständigkeit. Sie sind trocken spaltbar abziehbar. V. sind auch geeignet für Feuchträume und Räume, in denen Wände stärker beansprucht sind und nach Anschmutzungen öf-

ter gereinigt werden müssen. Typische Anwendungsfelder sind daher Treppenhäuser, Flure, Büro- und Praxisräume sowie Küchen und Badezimmer.
V. besitzen ungünstige elektrostatische Eigenschaften (Staubfänger), sind nicht diffusionsoffen und verhindern die Wärmespeicherung in der Wand. Flach-V. und Kompakt-Vinyls haben eine reduzierte Wasserdampfdurchlässigkeit. Durch die Dampfdichtigkeit kann es zu Schimmelproblemen an der Tapete und vor allem in Zimmerecken kommen. Expandierte Struktur-V. weisen günstigere Dampfdiffusionsfähigkeit auf (vergleichbar mit doppelt gestrichenen →Raufasertapeten).
Da das PVC relativ weich sein muss, damit die Tapete biegsam bleibt, wird es mit Weichmachern versetzt, die aus der Tapete freigesetzt werden. Vom Wilhelm-Klauditz-Institut (WKI) wurden in Prüfkammern Weichmacherkonzentrationen zwischen 1 und 5 $\mu g/m^3$ gefunden. V. können am Entstehen des so genannten „Fogging"-Phänomens beteiligt sein (→Schwarze Wohnungen). Laut Hersteller-Empfehlung sollen V. mit einem fungizidhaltigen (pilztötenden) →Kleister geklebt werden. Bei eingefärbten V. wurden flüchtige organische Substanzen (→VOC) wie →Alkohole (z.B. →Methanol), →Ketone (z.B. Methylethylketon), →Ester (z.B. Ethylacetat) und aliphatische →Kohlenwasserstoffe nachgewiesen. Diese Substanzen sind Lösemittelbestandteile der Farben. In stark eingefärbten V. wurden vereinzelt auch →Toluol und →Xylol festgestellt. In V. mit gelben Farbanteilen wurden teilweise erhöhte Werte an →Blei und →Chrom gefunden, was auf das gelbe Bleichromat (→Pigment) zurückzuführen ist. PVC-haltige Tapeten mit dem RAL-Gütezeichen müssen u.a. folgende Anforderungen erfüllen: kein nachweisbares →Vinylchlorid, Formaldehydwert unter 0,05 ppm, keine schwermetallhaltigen Pigmente, kein Blei und Cadmium als Stabilisatoren bei Profiltapeten, keine chlorierten oder aromatenhaltigen Lösemittel, keine leichtflüchtigen Weichmacher. Gebrauchte V. müssen in Müllverbrennungsanlagen mit Salzsäureabscheider beseitigt werden, eine Verwertung ist wegen des Papier-PVC-Verbunds mit wirtschaftlich vertretbarem Aufwand nicht durchführbar. Wegen der problematischen Produktlebenslinie von V. und dem negativen Einfluss auf das Raumklima sollte auf umweltfreundlichere Alternativen zurückgegriffen werden, wie z.B. →Papiertapeten, →Raufasertapeten, →Naturfasertapeten oder →Prägetapeten aus Papier.

Virges Jungfernrinde = Harzreiche Rinde der Korkeiche. →Kork

Visible Light Catalyst →Fotokatalyse

Vliestapeten V. sind →Tapeten aus Zellstoff- oder Synthesefasern. Da V. keine Weichdehnung aufweisen, können sie in Wandkleistertechnik mit →Spezialkleister trocken eingebettet werden. Bei eventuellen späteren Renovierungen sind sie restlos trocken von der Wand abziehbar. →Wandbeläge aus Faservlies sind leicht transparent und lassen den Untergrund etwas durchscheinen. Sie sollten daher nach der Trocknung überstrichen werden. →Vinyltapeten auf Vliesträger bestehen aus einer Oberschicht aus weichmacherhaltigem PVC und einem Vlies oder Synthesefaserpapier. Außerdem benötigen sie einen Kleister mit höherer Klebkraft, weil sie schwerer sind als andere Tapeten.

VOC Abk. für volatile organic compounds (= flüchtige organische Verbindungen). Eine einheitliche Definition für VOC gibt es nicht; VOC-Definitionen müssen immer in Zusammenhang mit den verwendeten Probenahmetechniken gesehen werden.
Die heute üblicherweise verwendeten Definitionen für VOC, VVOC und SVOC gehen zurück auf Festlegungen der →ECA (1997):

- VOC sind flüchtige organische Verbindungen im →Retentionsbereich C6 (n-Hexan) bis C16 (n-Hexadecan) einschließlich dieser Stoffe.

  TVOC ist die Summe aller Einzelstoffe im Retentionsbereich C6 bis C16 einschließlich dieser Stoffe (Konvention zur Ermittlung von TVOC: VDI-Richtlinie 4300 Bl. 6, Nr. 5.5.1).

Tabelle 138: Unterteilung der VOC in Abhängigkeit vom Siedepunkt (WHO, 1989)

Bezeichnung	**Abkürzung**	**Siedepunktbereich**	
		von °C	bis °C
Leichtflüchtige organische Verbindungen	VVOC z.B. Formaldehyd	< 0	50 – 100
Flüchtige organische Verbindungen	VOC z.B. Lösemittel	50 – 100	240 – 260
Schwerflüchtige organische Verbindungen	SVOC z.B. Weichmacher, Flammschutzmittel	240 – 260	380 – 400
Staubgebundene organische Verbindungen	POM z.B. PAK	> 380	

- VVOC sind leichtflüchtige organische Verbindungen im →Retentionsbereich < C6 (n-Hexan).
  ΣVVOC ist die Summe aller Einzelstoffe im Retentionsbereich < C6.
- SVOC sind schwerflüchtige organische Verbindungen im Retentionsbereich > C16 (n-Hexadecan) bis C22 (n-Docosan).
  ΣSVOC ist die Summe aller Einzelstoffe im Retentionsbereich C16 bis C22 einschließlich dieser Stoffe.

Von einer Arbeitsgruppe der WHO (1989) wurde in Abhängigkeit vom Siedepunkt eine Unterteilung der VOC in vier Kategorien vorgenommen (s. Tab. 138; siehe auch VDI-Richtlinie 4300 Bl. 6).

Gem. VdL-Richtlinie Bautenanstrichstoffe sind VOC wie folgt definiert: Organische Verbindungen mit einem Siedepunkt (oder Siedebeginn) von höchstens 250 °C bei normalen Druckbedingungen. (Decopaint-Richtlinie; (2004/42/EG)/ABl. L5 vom 9.1.1999) – ausgenommen Reaktivverdünner.

Das Spektrum der VOC und SVOC ist äußerst heterogen und vielfältig. Typische VOC-Stoffklassen sind Alkane u. Cycloalkane, aromatische Kohlenwasserstoffe, halogenierte Kohlenwasserstoffe, Terpene, Alkohole, Glykole/Glykolether/Glykolester, Aldehyde, Ketone, Ester und Carbonsäuren.

VOC und SVOC gehören zu den nach Vorkommen und Wirkung bedeutungsvollsten Verunreinigungen der Innenraumluft.

Quellen für VOC in der Innenraumluft können sein:

- Bauprodukte
- Einrichtungsgegenstände, Heimtextilien
- Wasch-, Putz-, Reinigungs-, Körperpflegemittel, Kosmetika
- Sog. Luftverbesserer
- Schreibmaterialien (Filzschreiber u.Ä.)
- Hobby- und Bastelarbeiten
- Körperausdünstungen
- Schädlingsbekämpfung
- Arzneimittel
- Verbrennungsprodukte (Tabakrauch, Kerzen, Gasherd, Kamin usw.)
- Treibstoffkomponenten (Garage, Tiefgarage)
- Sekundäre Emissionsprodukte als Ergebnis chemischer Reaktionen in der Innenraumluft (→Sekundäremissionen)
- Büro- und Haushaltsgeräte
- Druckerzeugnisse
- Stoffwechselprodukte von Mikroorganismen (→MVOC)
- Essenszubereitung
- Außenluft
- Kontaminierter Untergrund

TVOC-Werte in Innenräumen betragen im Mittel bis wenige hundert µg/m³. Unmittelbar nach Fertigstellung von Gebäuden, nach Renovierungs- oder intensiven Reinigungsarbeiten oder nach Einbringen neuer Einrichtungsgegenstände können die TVOC-Werte kurzzeitig bis mehrere 1.000 µg/m³ betragen.

Über die Wirkung einzelner VOC sind bei den in der Innenraumluft vorkommenden

Konzentrationen oft keine ausreichenden Informationen vorhanden (→Innenraumluft-Grenzwerte). Gleichwohl werden erhöhte VOC-Konzentrationen in Innenräumen für Beschwerde- und Krankheitsbilder des →Sick-Building-Syndroms (SBS) verantwortlich gemacht. Zu den Symptomen zählen u.a.:

- Reizungen an Augen, Nase, Rachen
- Trockene Schleimhäute, trockene Haut
- Nasenlaufen und Augentränen
- Neurotoxische Symptome wie Müdigkeit, Kopfschmerzen, Störungen der Gedächtnisleistung und Konzentrationsfähigkeit
- Erhöhte Infektionsanfälligkeit im Bereich der Atemwege
- Unangenehme Geruchs- und Geschmackswahrnehmungen

Minderungs- bzw. Sanierungsmaßnahmen bei VOC-Belastung können sein:

- Entfernen der Quellen
- Beschichten der Quellen oder räumliche Trennung
- Erhöhung der Frischluftzufuhr (Verdünnung)
- Einsatz von technischen Einrichtungen zur Luftreinigung
- Einsatz von Materialien, die VOC binden oder zerstören

Eine Aussage zur relativen Toxizität von VOC erlauben die →NIK-Werte des →AgBB. Je niedriger der NIK-Wert, umso höher ist die Toxizität des jeweiligen Stoffes. →Innenraum-Schadstoffe

VOC-arme Lacke V. zur Reduzierung der Umweltbelastungen durch →VOC, siehe →Lösemittelverordnung.

Vollholz →Holz, →Massivholz

Vollspektrallampen V. sind spezielle →Leuchtstofflampen, die aufgrund genau aufeinander abgestimmter Füllgase und Leuchtstoffe dem natürlichen Lichtspektrum sehr nahe kommen und damit auch geringe Mengen UV-Strahlung abgeben. →Licht, →Glühlampen, →Leuchtstofflampen, →Halogenlampen, →Energiesparlampen

Vorsorgewerte Ein V. wird unter präventiven Aspekten abgeleitet. Im Rahmen der Beurteilung der Innenraumluft (oft gleichgesetzt mit Sanierungszielwerten) beschreiben V. ein Konzentrationsniveau, das für die Allgemeinbevölkerung einschl. Risikogruppen sicherstellt, dass keinerlei gesundheitliche Beeinträchtigungen auftreten. →Zielwerte, →Richtwerte, →Interventionswerte

Vulkanisationsbeschleuniger V. werden bei der Herstellung von →Gummi-Bodenbelägen und Schaumrücken →Textiler Bodenbeläge eingesetzt. Bei der Vulkanisation können sich krebserzeugende →Nitrosamine bilden, wenn V. verwendet werden, die nitrosierbare, sekundäre Amine abspalten (z.B. Zink-diethyldithiocarbamat), die dann mit Stickoxiden zu N-Nitrosaminen reagieren. Die Technische Regel für Gefahrstoffe (TRGS) 552 nennt zwölf N-Nitrosamine, die gem. →Gefahrstoffverordnung als krebserzeugend eingestuft sind. Die Bildung von als krebserzeugend eingestuften N-Nitrosaminen kann durch den gezielten Einsatz anderer Beschleunigungschemikalien vermieden werden. Ersatzstoffe für Vulkanisationssysteme, die keine sekundären Amine freisetzen, sind nach TRGS 552 z.B. Thiophosphate (z.B. ZDBP), Xanthogenate (z.B. ZIX), Thiazole (z.B. MBT), Guanidine (z.B. DPG) oder Caprolactamdisulfid.

VVOC Abk. für very volatile organic compounds = leichtflüchtige organische Verbindungen. →VOC

W

Wachse →Fußbodenwachse, →Wachsöle, →Bienenwachs

Wachsöle W. werden für die Imprägnierung wenig beanspruchter Oberflächen wie Wand- und Deckenverkleidungen, Holzbalken, Schrankmöbel innen usw. eingesetzt. Sie ergeben seidig glänzende, tastsympathische Oberflächen. Naturfarben-W. sind in sehr einfachen Rezepturen ohne →Lösemittel, Trockenstoffe und →Leinöl erhältlich, Beispiel-Rezeptur: →Saflor-Öl, Sojaöl, →Bienenwachs, →Carnaubawachs, Zitronensäure. Es gibt aber auch Produkte mit über 10 % Orangenöl (→Terpene) als →Lösemittel (geruchsintensiv, allergieauslösend, siehe →Lösemittelhaltige Naturharzanstriche, Herstellerdeklaration beachten).

Wärmedämmputze W. sind Putze mit wärmedämmenden Zuschlägen (meist →EPS), die auf einschaligem Mauerwerk zur Verbesserung der Wärmedämmung aufgebracht werden. W. bestehen aus mineralischem Bindemittel (→Kalk, →Zement), organischen oder mineralischen Leichtzuschlägen wie expandiertes Polystyrol (→EPS), →Perlit oder →Vermiculit und Zusatzstoffen. Der Oberputz muss wasserundurchlässig sein. Daher werden häufig Kunstharzmörtel verwendet. W. können in einem Arbeitsgang bis zu 6 cm aufgetragen werden (Mindestauftragsstärke 2 cm). W. sind eine vergleichsweise preiswerte Art der nachträglichen Außendämmung, durch die geringen Putzstärken und die mittleren Wärmedämmeigenschaften ist die Dämmwirkung allerdings stark eingeschränkt. W. sollten daher nur eingesetzt werden, wenn wirksamere Wärmedämmungen z.B. aus technischen Gründen nicht in Frage kommen. Technische Eigenschaften von W. mit EPS-Zuschlag: Rohdichte: ca. 200 – 250 kg/m³, →Wärmeleitfähigkeit: ca. 0,07 W/(mK), →Dampfdiffusionswiderstandszahl: ca. 5 – 10, Baustoffklasse: B1. W. mit mineralischem Leichtzuschlag weisen i.d.R. eine höhere Wärmeleitfähigkeit (ca. 0,1 W/(mK)) auf und sind unbrennbar (Baustoffklasse A2).
Eine Verwertung von W. ist mit wirtschaftlich vertretbarem Aufwand nicht möglich. Bei Polystyrol-Zuschlag und Kunstharzoberputz ist die Entsorgung problematisch. →Zementputz, →Kalkputz, →Kunstharzputz

Wärmedämmschüttungen W. sind →Wärmedämmstoffe, die als Schüttung eingebracht werden. Als W. stehen mineralische (→Blähglas, →Blähglimmer, →Blähperlite, →Blähschiefer, →Blähton, →Schaumglas-Schotter) oder organische Materialien (→EPS) zur Verfügung. Sie eignen sich besonders zum Einbringen zwischen Polsterhölzern oder für die Verfüllung komplexer Hohlräume, da sie sich der gewünschten Form anpassen und Installationen hohlraumfrei umschließen können. Der ökologische Vorteil von nicht gebundener Schüttung liegt in der guten Recycelbarkeit und im fehlenden Verschnitt. Beim Einbringen von W. ist auf Maßnahmen gegen Staubentwicklung zu achten.

Wärmedämmstoffe W. sind Baustoffe mit sehr geringer →Wärmeleitfähigkeit (Rechenwert ≤ 0,06 W/(mK)). Die Hauptfunktion von W. besteht darin, den Wärmefluss durch Bauteile zu reduzieren und Gebäude bzw. Wohnungen möglichst „wärmedicht“ zu machen. Die Wärmedämmung beruht auf dem Prinzip des Einschlusses von Luft oder anderen Gasen in Hohlräume des Materials. →Blähglas, →Blähglimmer, →Blähperlite, →Blähschiefer, →Blähton, →Calciumsilikatplatten, →Cellulose-Dämmflocken, →Cellulose-Dämmplatten, →EPS-Dämmplatten, →Flachsdämmplatten, →Hanfdämmplatten, →Holzfaser-Dämmplatten, →Kokosfaserplatten, →Perlite-Dämmplatten, →Kork-Dämmplatten, →Mineralschaumplatten, →Mineralwolle-Dämmstoffe wie →Glaswolle und →Steinwolle, →Polyurethan-Hartschaumplatten, →Polyurethan-Ortschaum, →Schafwolle-Dämmstoffe, →Schaumglas-Dämmplatten, →Schaumglas-Schotter, →Schilfrohrplatten, →XPS-

Dämmplatten, →Transparente Wärmedämmung, →Vakuumdämmplatten

Wärmedämmung Als W. werden Maßnahmen bezeichnet, durch die Wärmeverluste von Gebäuden an die Umgebung verringert werden. Für Raumheizung und Warmwasseraufbereitung werden 38 % der Nutzenergie verbraucht. Die W. von Gebäuden ist daher die wichtigste Maßnahme zur Reduktion des privaten Energieverbrauchs. Eine Verringerung des Energieverbrauchs bedeutet eine Reduzierung des Kohlendioxidausstoßes und damit einen wesentlichen Beitrag zum Umweltschutz (→Treibhauseffekt). Um Wärmeverluste zu verringern, müssen wärmedämmende Materialien und wärmedämmende Fenster für die Gebäudehülle verwendet sowie Wärmebrücken und unkontrollierter Luftaustausch vermieden werden. Ein zeitgemäßer Wärmeschutz von 20 – 40 cm, der im Rahmen der üblichen Instandhaltung der Gebäude realisiert wird, könnte bis zu 80 %, in Verbindung mit modernen Wohnraumlüftungssystemen und optimaler Regelung bis 90 % an Einsparungen bewirken. Die Bedeutung der W. zeigt sich bei einem Vergleich des Energieverbrauchs unterschiedlich wärmegedämmter Häuser. Ein 100 m^2 großes Einfamilienhaus konventioneller Bauweise verbraucht im Jahr bis zu 2.700 l Heizöl, ein nach der →Wärmeschutzverordnung 1982 gebautes Haus ca. 1.600 l und ein →Niedrigenergiehaus weniger als 500 l. Zur W. steht eine Vielzahl unterschiedlicher →Wärmedämmstoffe zur Verfügung, die unter dem Gesichtspunkt der Umwelt- und Gesundheitsverträglichkeit verschieden zu bewerten sind. Eine unsachgemäße W. kann sich negativ auf das Raumklima auswirken, z.B. kann Innendämmung zu Tauwasserbildung und in der Folge zu Schimmelpilzbildung führen.
Insgesamt bietet eine verstärkte W. eine Reihe ökologischer und wohnbehaglicher Vorteile:

- Reduktion der Wärmeverluste, damit Beschränkung des Heizwärmebedarfs und folglich des Heizenergiebedarfs und der Kosten
- Reduktion der Umweltbelastungen durch die verringerte oder wegfallende Beheizung oder Kühlung des Gebäudes
- Vermeidung von bauphysikalischen Schäden durch Oberflächenkondensation oder Frost, Schutz der Konstruktion
- Behagliche Oberflächentemperaturen der Außenbauteile, Absenkung der Raumlufttemperaturen bei gleicher Behaglichkeit
- Reduktion der Heizlast, kleinere Dimensionierung des Wärmeerzeugers, Niedertemperatursysteme
- Dämmung von speicherwirksamen Massivbauteilen für die effiziente passivsolare Nutzung

→Niedrigenergiehaus, →Passivhaus, →U-Wert

Wärmedämmverbundsysteme W. sind Dämmsysteme auf mineralischen Wandbildnern und auf Holzrahmenkonstruktionen, die außenseitig verputzt sind. Die Dämmstoffe werden üblicherweise mittels Klebespachtel und Dübel befestigt. Der Untergrund muss fest, sauber und eben sein. Um eine gleichmäßige Saugfähigkeit zu erreichen, ist gegebenenfalls eine Grundierung notwendig. Der Klebespachtel wird meist sowohl zum Verkleben und Verspachteln als auch zum Einbetten des Armierungsgewebes eingesetzt. Der Putzgrund wird als deckende Grundierung und Haftvermittler auf dem abgetrockneten Klebespachtel aufgebracht. Der Deckputz gewährleistet den Schutz des Bauteils vor Schlagregen, die Winddichtigkeit, mechanischen Schutz und ästhetische Funktion durch Farbe und Oberflächenbeschaffenheit. Zur Aufnahme der Spannungen im Außenputz werden Armierungsgitter in den Putzspachtel eingespachtelt. Sie bestehen aus Glasfasergitter mit einer Maschenweite von ca. 4 mm. Der Dämmstoff dient neben seiner Wärmeschutzfunktion vor allem auch als Putzträger. Für W. geeignete Dämmstoffe sind bestimmte Typen von →EPS-Dämmplatten, →Mineralwolle-Dämmstoffen, →Mineralschaumplatten, →Kork-Dämmplatten, →Holzfaserdämmplatten, →Hanfdämmplatten. Als Deckputze werden →Kunstharzputze, →Sili-

katputze oder →Silikonharzputze eingesetzt. Bei der Auswahl der Systemkomponenten sollten Systeme eines Herstellers eingesetzt und entsprechend dessen Verarbeitungsvorschriften gearbeitet werden. Die Lebensdauer von W. ist in hohem Maße von einer einwandfreien Ausführung abhängig. Die Auswahl des ausführenden Fachbetriebs erleichtert z.B. das Gütezeichen „WDVS-Fachbetrieb“, das u.a. die Verarbeitung geprüfter und überwachter WDVS-Produkte im System und den laufenden Nachweis positiver Ergebnisse der Eigen- und Fremdüberwachung der Baustellenarbeit vorschreibt.
W. können die Schalldämmung einer Wand durch Resonanz verschlechtern, darauf sollte vor allem bei Sanierungen geachtet werden. Im Neubau wird dieser Effekt bei den Schallschutznachweisen einberechnet.
Die Umwelt- und Gesundheitsbelastungen von W. decken sich mit jenen der Einzelkomponenten. Schutzmaßnahmen beim Verarbeiten sind besonders beim Schleifen der Wärmedämmung erforderlich, da dabei die Staubemission beträchtlich ist. Allenfalls erforderliche Grundierungen können hohe Gehalte an →Lösemitteln aufweisen. Lösemittel und flüchtige Bestandteile der Dämmstoffe können durch den Wandbildner migrieren und die Raumluft belasten, die Schadstoffkonzentrationen nehmen aber verhältnismäßig rasch ab (→EPS-Dämmplatten). Die schlechte Trennbarkeit der einzelnen Komponenten führt insbesondere bei den organischen Dämmstoffen (EPS, Kork, Hanf, Holzfaser) zu Problemen bei der Verwertung und Entsorgung. W. mit Mineralschaumplatten verursachen dagegen keine Probleme bei der Entsorgung.

Wärmedurchgangskoeffizient →U-Wert

Wärmekonvektion Gase und Flüssigkeiten führen Wärme mit. Wärmere Gas- oder Flüssigkeitsbereiche sind leichter und steigen dadurch nach oben, an ihre Stelle treten kältere Fluide. So können zwischen warmen und kalten Zonen zirkulierende Strömungen entstehen (freie Konvektion). Strömungen können auch durch →Mechanische Lüftung oder durch den Wind erzwungen sein (erzwungene Konvektion).

Wärmeleitfähigkeit Die W. gibt an, welche Wärmemenge in J in einer Sekunde zwischen zwei 1 m entfernten 1 m^2 großen Flächen bei einer Temperaturdifferenz von 1 K fließt bei stationärer, eindimensionaler Strömung. Maßeinheit: W/(mK). Je kleiner die W. eines Baustoffs ist, umso besser ist seine Wärmedämmwirkung. W. gebräuchlicher Baustoffe:

Beton, bewehrt:	2,3
Vollziegelmauerwerk:	0,7
Porenbeton, Leichtbeton,	
Porosierte Ziegel:	0,1 – 0,3
Holz:	0,1 – 0,2
EPS-Dämmplatten:	0,040
PU-Hartschaumplatten:	0,027
Vakuumdämmplatten:	0,005

In erster Näherung ist die W. eines Stoffes proportional der Dichte (je niedriger die Rohdichte, desto niedriger die Wärmeleitfähigkeit). Eine Umkehrung dieser Regel ergibt sich für leichte Wärmedämmstoffe: Unterhalb bestimmter Dichten erhöht sich die Wärmeleitfähigkeit bei abnehmender Dichte. So besitzen →EPS-Dämmplatten mit einer Rohdichte von 30 kg/m^3 eine Wärmeleitfähigkeit von 0,035 W/(mK), jene mit 15 kg/m^3 die Wärmeleitfähigkeit von 0,040 W/(mK). →Wärmedämmstoffe

Wärmeleitung Die W. ist ein Energietransport, in dem aufgrund eines Temperaturunterschieds Wärme zwischen benachbarten Molekülen weitergegeben wird. Das Maß für die Wärmeleitung in einem Material ist die →Wärmeleitfähigkeit.

Wärmeschutz Der W. dient einerseits der Schadensvermeidung (Kondensation, Temperaturspannungen), andererseits der Nutzenoptimierung (Komfort, Heizenergieeinsparung). Im klassisch bauphysikalischen Sinne befasst sich der W. mit der Berechnung von Wärmeverlusten durch Bauteile und durch Gebäudehüllen und der Festlegung dazu geeigneter normierter Verfahren. Grundlegende Konzepte sind der lineare Wärmedurchgangskoeffizient (→U-Wert für ebene Bauteile), Wärmebrücken (z.B. y-Wert, Bauteilanschlüsse) und der

Gebäudeleitwert (Zusammensetzung aus den beiden ersteren).

Wärmeschutzverglasungen W. bestehen aus Mehrscheiben-Isolierglas, das im Zwischenraum mit Spezialgasen gefüllt ist und dessen raumseitige Scheibe mit einer unsichtbaren Edelmetallschicht (meist aus Silber) bedampft ist. Diese Silberschicht lässt die kurzwelligen Lichtstrahlen durch, reflektiert aber die langwelligen Wärmestrahlen zurück in den Innenraum. Die Edelgasfüllung vermindert den Wärmetransport (Konvektion). Meist wird Argon eingesetzt, eine weitere Wärmeschutzverbesserung kann mit den selteneren (und damit teureren) Edelgasfüllungen aus Krypton oder Xenon erzielt werden. Für jedes Edelgas ergibt sich ein günstigster Scheibenabstand (16 mm für Argon, 12 mm für Krypton, 8 mm für Xenon).
W. haben einen wesentlich besseren Wärmeschutz als unbeschichtete →Isoliergläser. Der Standardwert liegt derzeit bei etwa 1,2 W/(m²K), W. mit einem U-Wert von 1,1 W/(m²K) sind bereits zu günstigen Preisen erhältlich. Mit speziellen Dreischeiben-W. werden bereits U-Werte von 0,4 – 0,8 W/(m²K) erreicht. Bei gleichzeitig möglichst hoher Licht- und Gesamtenergiedurchlässigkeit steht ein hoher Anteil der Sonneneinstrahlung zur passiven Energienutzung zur Verfügung. Fenster mit W. besitzen im Winter eine höhere Oberflächentemperatur auf der Raumseite und vermitteln daher mehr Behaglichkeit als alte Fenster mit höheren U-Werten. W. sind relativ aufwändig in der Herstellung. Die Bedampfung und der relativ hohe Anteil an Fremdstoffen erschwert das Recycling. Trotzdem sind W. in ihrer Bilanz über dem gesamten Lebenszyklus positiv zu bewerten, da der hohe Wärmeschutz zu großen Energieeinsparungen und damit Umweltentlastungen führt. →Fenster, →Fensterglas

Wärmespeicherkapazität Ein Maß für die Fähigkeit eines Stoffes, Wärme zu speichern, ist die spezifische W., abgekürzt: c. Sie gibt an, wie viel Energie in kJ in einem kg Material bei Erhöhung der Temperatur um 1 °C gespeichert wird, d.h. wie viel Wärmeenergie einem Kilogramm eines Stoffes zugeführt werden muss, damit sich seine Temperatur um 1 °C erhöht.

Wärmestrahlung Wärmestrahlung ist elektromagnetische Strahlung im Wellenlängenbereich zwischen 0,8 und 800 µm, die von jedem Körper in Abhängigkeit von seiner Temperatur abgestrahlt wird. Umgekehrt absorbiert jeder Körper je nach Absorptionsvermögen die von der Umgebung ausgesandte Strahlung. Das Absorptionsvermögen ist gleich dem Emissionsvermögen. Die W. ist ein Grundparameter zur Beschreibung und Beurteilung des →Raumklimas.

Walzasphalt W. bzw. Asphalt-Feinbeton – der klassische Straßenbaustoff – ist ein →Asphalt aus durchschnittlich ca. 5 % Bitumen als Bindemittel und 95 % Mineralstoffen. W. wird überwiegend maschinell im Freien auf Straßen, Wegen, Plätzen, Flugpisten etc., gelegentlich auch in großen Hallen verarbeitet. Die Verarbeitungstemperatur beträgt etwa 180 °C und ist geringer als jene für →Gussasphalt. Für die Beförderung von W. werden in der Regel Lastkraftwagen, deren Ladeflächen mit Planen abgedeckt sind, eingesetzt, selten wird W. in geschlossenen Thermofahrzeugen zur Einbaustelle transportiert. Der W. wird vom LKW direkt einem Fertiger übergeben, der den Asphalt mittels einer in der Regel beheizten Bohle auf der Fahrbahn verteilt. W. enthält nach Einbringung erheblich mehr Hohlräume als →Gussasphalt und muss daher mit Straßenwalzen nachverdichtet werden. Die endgültige Intensität der Verdichtung wird bei W. erst durch den nachfolgenden Autoverkehr erzielt.
Die Konzentrationen von Bitumendämpfen und -aerosolen sind stark wetterabhängig, insbesondere Windrichtung und -stärke sind maßgeblich für die Belastung der Beschäftigten. Am stärksten exponiert sind Fertigerfahrer und Kolonnenführer. Die Exposition des Walzenfahrers ist deutlich niedriger (ca. 3 mg/m³), da der Asphalt zum Zeitpunkt des Verdichtens bereits abgekühlt ist (Gesprächskreis Bitumen).

Walzbleche Andere Bezeichnung für →Bleibleche.

Wandbeläge Die DIN EN 235 unterscheidet zwei Gruppen von W.: Fertige W., die nach dem Tapezieren keiner weiteren Behandlung bedürfen, und W. für eine nachträgliche Behandlung, die z.B. einen Farbanstrich benötigen. →Tapeten: →Vinyltapeten, →Textiltapeten, →Thermotapeten, →Raufasertapeten, →Prägetapeten, →Papiertapeten, Natur-Tapeten, →Naturfasertapeten, →Metalltapeten, →Leimdrucktapeten, →Kork-Tapeten, →Kunststofftapeten, →Holztapeten, →Glasfasertapeten, →Flüssigtapeten

Wandfarben →Farben

Warmdach Flächdächer werden meist als unbelüftete Dächer in Form eines W. oder eines →Umkehrdachs ausgeführt. Das W. unterscheidet sich vom Umkehrdach durch die wasserdichte Abdichtung der Wärmedämmung mit einem mehrlagigen →Bitumen-Aufbau oder einer →Kunststoff-Dichtungsbahn. Zwischen Wärmedämmung und Bitumendachabdichtung muss eine →Dampfdruck-Ausgleichsschicht liegen. Der Oberflächenschutz erfolgt z.B. durch Kiesschüttungen, Plattenbeläge oder Begrünungen. Als Wärmedämmung im W. eignen sich z.B. →EPS-Dämmplatten, →XPS-Dämmplatten, →Mineralwolle-Dämmstoffe, →Schaumglas-Dämmplatten oder →Kork-Dämmplatten. Die Wärmedämmung liegt auf einer Kunststofffolie oder →Bitumen-Dachbahn als →Dampfsperre. Bei Schaumglas auf Stahlbeton ist eine Dampfsperre nicht erforderlich, da Schaumglas dampfdicht und feuchteunempfindlich ist.

Beim Steildach in W.-Ausführung entfällt im Gegensatz zum →Kaltdach die Lüftungsebene zwischen Wärmedämmung und Unterdach. Dadurch kann beim Leichtdach die ganze Sparrenhöhe mit →Dämmstoffen ausgefüllt werden. Neben der Vollsparrendämmung ist die →Aufsparrendämmung die wichtigste Form des W. in Leichtbauweise. Damit keine Feuchtigkeit in das Dachtragwerk und die Dämmung dringt, muss raumseitig eine →Dampfsperre oder →Dampfbremse angebracht werden, die außerdem mit Bändern überklebt werden muss. Die Dampfbremse bewirkt gleichzeitig die erforderliche Luftdichtigkeit des Daches (→Luftdichtigkeit von Gebäuden). Die Folie darf keine Lücken, Risse oder sonstige undichten Stellen aufweisen, und die Anschlüsse an Dachdurchdringungen müssen fachgerecht ausgeführt werden. Damit eine erhöhte Anfangsfeuchte im Dachkonstruktionsholz oder evtl. sonst wie in die Konstruktion eingedrungene Feuchte nach außen abwandern kann, sind diffusionsoffene →Dachunterspannbahnen oder diffusionsoffene Unterdeckungen empfehlenswert.

Wartung Wartung ist die Bezeichnung für Maßnahmen zur Bewahrung des Sollzustandes eines Systems. „Sollzustand" meint einen Zustand der Funktionstauglichkeit im ursprünglichen Neuzustand. Der Sollzustand einer 15 Jahre alten Anlage bemisst sich somit am technischen Stand von vor 15 Jahren und ist nicht gleichbedeutend mit dem „technisch neuesten Stand".

Wasserbasierte Holzschutzmittel W. sind wirkstoffhaltige →Holzschutzmittel aus Salzen bzw. Salzgemischen, die in Wasser gelöst sind. Neben den Wirkstoffen enthalten sie geringe Mengen an Zusätzen wie Netzmittel, Korrosionshemmer und Farbstoffe. In W. werden Verbindungen der Elemente Fluor, Bor, Phosphor, Arsen, Chrom, Kupfer, Quecksilber, Zink und Chlor eingesetzt. Ihre Zusammensetzung wird durch Kombinationen von Buchstaben wie:

- C: Chromverbindungen (Kaliumdichromat, Natriumdichromat, Ammoniumdichromat)
- F: Fluoroverbindungen (Magnesiumhexafluorosilikat, Kupferhexafluorosilikat, Kaliumhydrogenfluorid, Ammoniumhydrogenfluorid)
- A: Arsenverbindungen (hauptsächlich Arsenpentoxid)
- B: Borverbindungen (→Borsäure, →Borax, Polybor)
- K: Kupferverbindungen (Kupfersulfat, Kupferhexafluorsilikat)

W

Tabelle 139: Wasserbasierte Holzschutzmittel zum vorbeugenden Schutz von Holzbauteilen gegen holzzerstörende Pilze und Insekten

Schutzmitteltyp-Kurzeichen	Hauptbestandteile	Prädikat
B-Salze	Anorganische Bor-Verbindungen	Iv P
SF-Salze	Silicofluoride	Iv P
CFB-Salze	Fluoride mit Bor-Verbindungen; Chromate	Iv P W
CK-Salze	Kupfersalze; Chromate	Iv P W E
CKA-Salze	Kupfersalze mit Arsenverbindungen; Chromate	Iv P
CKB-Salze	Kupfersalze mit Bor-Verbindungen; Chromate	Iv P W E
CKF-Salze	Kupfersalze mit Fluorverbindungen; Chromate	Iv P W E
Quat-Präperate	Quartäre Ammoniumverbindungen	Iv P W
Quat-Bor-Präparate	Quartäre Ammonium-Bor-Verbindungen	Iv P (W)
Chromfreie Cu-Präparate (Cu-HDO,Cu-Quat, Cu-Triazol)	Kupfer, Kupfer HDO oder quartäre Ammoniumverbindungen z.T. mit Triazolen und/oder Bor-Verbindungen	Iv P W (E)
Sammelgruppe	Andere Wirkstoffe	Iv P W

gekennzeichnet. Bei den neueren chromatfreien Produkten wie z.B. Kupfer-HDO (Kupfer-Cyclohexyldioxyldiazeniumoxid) wird diese Bezeichnungsart nicht mehr angewandt.

Chromate sind keine bioziden Wirkstoffe im eigentlichen Sinn, sie dienen der Fixierung der Salze, die mehr oder weniger mit Wasser auswaschbar sind.

Chromverbindungen zählen in Form von atembarem Staub oder Aerosolen zu den krebserregenden Arbeitsstoffen, sind stark gewässerschädigend und wirken schädlich auf Bodenorganismen. Die schädigende Wirkung nimmt bei Anwesenheit von Kupfer noch zu. Die TRGS 618 regelt Verwendungsbeschränkungen, den Einsatz von Ersatzstoffen und Ersatzverfahren für Chrom(VI)-haltige Holzschutzmittel, insbesondere auf Basis von Natrium-, Kalium- und Ammoniumdichromat oder Chromsäure, in Imprägnieranlagen. Ersatzstoffe im Sinne der TRGS 618 sind andere, wasserbasierende und fixierende Holzschutzmittel mit geringerem gesundheitlichem Risiko, die den Einsatz von Chrom(VI)-haltigen Holzschutzmitteln ganz oder teilweise entbehrlich machen.

Fluor-Salze zeigen eine gute Wirkung gegenüber holzzerstörenden Pilzen und Insekten, die Wirkung gegen Moderfäuleerreger ist gering. Nachteilig sind die geringe Auswaschbeständigkeit und die Verdunstbarkeit (Abspaltung von Flusssäure).

Borsalze haben gute Wirkung gegen Pilze, Bläuepilze und Insekten (werden von Naturfarbenherstellern vertrieben). Nachteilig ist, dass sie leicht auswaschbar sind oder bei feuchtem Holz tief eindringen.

Die Verwendung *arsenhaltiger Holzschutzmittel* ist in Deutschland seit einigen Jahren stark eingeschränkt. Das Verbot gem. GefStoffV zur Verwendung von Arsenverbindungen und Zubereitungen, die Arsenverbindungen enthalten, gilt jedoch nicht für Kupfer-Chrom-Arsenverbindungen (CCA) Typ C (Chrom als CrO_3 47,5 %, Kupfer als CuO 18,5 %, Arsen als As_2O_5 34,0 %), die in Industrieanlagen im Vakuum oder unter Druck zur Imprägnierung von Holz verwendet werden. Mit Kupfer-Chrom-Arsenverbindungen behandelte Hölzer dürfen, sofern das Holzschutzmittel vollständig fixiert ist, für folgende gewerbliche und industrielle Zwecke verwendet werden:

1. Als Bauholz in öffentlichen und landwirtschaftlichen Gebäuden, Bürogebäuden und Industriebetrieben, sofern

der Einsatz aus sicherheitstechnischen Gründen erforderlich ist
2. In Brücken und bei Brückenbauarbeiten
3. Als Bauholz in Süßwasser und in Brackwasser zum Beispiel für Molen
4. Als Lärmschutz
5. Als Lawinenschutz
6. Als Leitplanken
7. Für aus entrindeten Nadelrundhölzern gefertigte Weidezäune
8. In Erdstützwänden
9. Als Strom- und Telekommunikationsmasten
10. Als Bahnschwellen für Untergrundbahnen

Die Verwendung der o.g. Hölzer ist jedoch verboten

1. in Wohnbauten, unabhängig von ihrer Zweckbestimmung,
2. für Anwendungen mit dem Risiko eines wiederholten Hautkontakts,
3. in Meeresgewässern,
4. für landwirtschaftliche Zwecke, ausgenommen Weidezäune und Bauholz, sowie
5. für Anwendungen, bei denen das behandelte Holz mit Zwischen- oder Endprodukten in Kontakt kommen kann, die für den menschlichen oder tierischen Verzehr bestimmt sind.

Auch in Österreich sind das Inverkehrsetzen und die Verwendung von Arsenverbindungen als Wirkstoff in Holzschutzmitteln unter bestimmten Voraussetzungen erlaubt. Sie dürfen nur in Form von Lösungen anorganischer Verbindungen von Kupfer-Chrom-Arsen (CCA), Typ C in Industrieanlagen im Vakuum oder unter Druck ins Holz eingebracht werden. Zum Zeitpunkt des Inverkehrbringens müssen sie vollständig im behandelten Holz fixiert sein. Unter die erlaubten Einsatzgebiete fallen u.a. tragende Teile (z.B. Balken) in öffentlichen und landwirtschaftlichen Gebäuden, Bürogebäuden und Industriebetrieben, Strom- und Telekommunikationsmasten und Bahnschwellen für Untergrundbahnen.

In anderen Ländern ist die Anwendung arsenhaltiger Holzschutzmittel noch weit verbreitet.

Von Holz, das zum Schutz gegen Fäulnis mit arsenhaltigen Holzschutzmitteln (Kupfer-Chrom-Arsen) behandelt wurde, können Gefahren für den Menschen ausgehen. Besonders gefährdet sind Kinder, die wiederholt mit Spielplatzgeräten Hautkontakt haben, die mit diesen Stoffen behandelt wurden.

Die Verwendung *quecksilberhaltiger Verbindungen* im Holzschutz ist in Deutschland und Österreich verboten (GefStoffV bzw. ChemVerbotsV).

Kupferverbindungen wirken fungizid, besonders gegen Moderfäulepilze. Wegen seiner ungenügenden Fixierung und weil einige Pilze das Kupfer als unwirksames Oxalat binden, werden Kupferverbindungen heute nur noch in Kombination mit anderen aktiven und fixierenden Komponenten verwendet.

Ähnlich der Wirkung von Kupferverbindungen – jedoch geringer – ist die Wirkung von *Zinkverbindungen*, sodass der Einsatz von Zinkverbindungen nur noch eine geringe Bedeutung hat.

Neben den o.g. Salzen werden auch organische Verbindungen als Wirkstoffe in W. eingesetzt. Dazu zählen insbes. Propiconazol, Tebuconazol, Cyproconazol, Fenoxycarb, Quats (→Quaternäre Ammoniumverbindungen), Cyfluthrin, →Permethrin, Cypermethrin, Flufenoxuron und Fenpropimorph.

Bei der Verwendung von fixierenden Holzschutzmitteln ist sicherzustellen, dass der Einbau der damit imprägnierten Hölzer erst nach Ablauf der Fixierungszeit erfolgt. Bei Verwendung nicht fixierender Holzschutzsalze sind ein niederschlagsgeschützter Transport und eine Lagerung und Verarbeitung unter Dach bis zum endgültigen Einbau sicherzustellen.

Grundsätzlich sind vor dem Einsatz von Holzschutzmitteln alle Möglichkeiten des →Konstruktiven Holzschutzes auszuschöpfen. →Holzschutz, →Resistenzklassen

Eine Verwendung von Holzschutzmitteln in Innenräumen ist völlig überflüssig und hat in der Vergangenheit schwere Gesundheitsschäden verursacht (→Holzschutzmittel-Prozess).

Wasserdampfdiffusion →Dampfdiffusion

Wassergefährdungsklassen Chemikalien, die bei ihrer Herstellung, während oder nach ihrer Anwendung in die Umwelt gelangen, können Lebewesen, insbes. den Menschen, gefährden oder schädigen. Im Wasserhaushaltsgesetz ist für oberirdische Gewässer, Küstengewässer und Grundwasser bestimmt, dass beim Lagern, Ablagern und Befördern von Stoffen keine schädlichen oder nachteiligen Auswirkungen auf das Wasser zu besorgen sein dürfen. Die Einstufung erfolgt nach der Verwaltungsvorschrift wassergefährdende Stoffe (VwVwS) vom 17.5.1999 in drei W. (WGK):
WGK 1: Schwach wassergefährdend
WGK 2: Wassergefährdend
WGK 3: Stark wassergefährdend
Durch die Harmonisierung der WGK-Einstufung mit dem Gefahrstoffrecht wurde es erforderlich, die Einteilung in WGK zu verändern. Die frühere WGK 0 (im Allgemeinen nicht wassergefährdend) wurde mit der VwVwS von 1999 nicht weitergeführt. Folgende Eigenschaftsgruppen von Stoffen sind bei der Einstufung in W. besonders maßgeblich:
- Toxizität gegenüber Menschen und Säugetieren
- Toxizität gegenüber Wasserorganismen
- Beständigkeit/Abbauverhalten
- Verteilungsverhalten (z.B. Anreicherung in Organismen, Mobilität im Boden und Grundwasser, Anreicherung im Sediment)

Wasserglas W. ist eine glasig erstarrte, viskose wässrige Schmelze von Kalium- oder Natriumsilikaten (Kali- oder Natron-W.). W. findet in vielen Industriezweigen Anwendung. Bestimmte Qualitäten werden im Lebensmittelbereich auch zur Konservierung von Eiern verwendet. W. ist Hauptbestandteil von →Silikatfarben.

Wasserglasfarben →Silikatfarben

Wasserglaskitt →Steinkitt, →Wasserglas

Wasserkalk W. wird durch Brennen aus mergeligem →Kalkstein unterhalb der Sintergrenze hergestellt. Die Verfestigung erfolgt vorwiegend durch Carbonathärtung und nur geringe hydraulische Erhärtung. Nach sieben Tagen Luftlagerung kann W. unter Wasser weiterhärten. →Kalk, →Baukalk, →Kalkhydrat

Wasserkalkmörtel →Kalkmörtel

Wasserlacke W. ist die etwas irreführende Kurzbenennung für wasserverdünnbare Beschichtungsstoffe. W. können organische Lösemittel enthalten (insb. auch →Glycolverbindungen). Im Anlieferungszustand kann das Wasser ganz oder teilweise fehlen. →Dispersionslacke

Wasserleitungen →Trinkwasserleitungen

Wassersparamaturen W. sind Wasserhähne oder -spender, die durch Dosierungsregelung, Zeitschaltuhr oder Druckverminderer helfen, Trinkwasser zu sparen.
Der durchschnittliche Wasserverbrauch beträgt 150 Liter pro Tag, davon entfallen nur 2 % für Essen und Trinken, dagegen fast 30 % auf Baden und Duschen und 6 % auf Körperpflege. W. tragen dazu bei, dass der einzelne Konsument durch einfache und auch kostengünstige Maßnahmen aktiv zur Ressourcenschonung beitragen kann und nebenbei beträchtliche finanzielle Einsparungen lukrieren kann. Die Richtlinie UZ 33 „Wasser- und energiesparende Sanitärarmaturen und Zubehör“ des →Österreichischen Umweltzeichens umfasst Einhandmischer, thermostatische Aufputzmischer, Strahlregler und wassersparendes Zubehör. Die ausgezeichneten Sanitärinstallationen müssen folgenden Kriterien entsprechen:
- Begrenzung des maximalen Wasserdurchflusses in Abhängigkeit vom Einsatzbereich:
  - 6 l/min für Sanitärarmaturen
  - 9 l/min für Küchenarmaturen
  - 12 l/min für Dusch- und Badewannenarmaturen
- Maßnahmen zur Senkung des Warmwasserzulaufes
- Verwendung von gesundheitlich unbedenklichen Werkstoffen
- Bestätigung einer optimalen Funktionsfähigkeit durch Normprüfungen

- Servicefreundlichkeit und Ersatzteilgarantie bzw. allgemeine Garantien
- Umfangreiche Informationen zum Produkt und dessen Anwendung

Wasserverdünnbare Anstrichstoffe Zu den W. zählen →Dispersionsfarben, →Latexfarben und →Acryllacke. Das Bindemittel ist ein in Wasser dispergiertes Kunst- oder Naturharz in Form winzig kleiner Kügelchen. Auch durch W. wird die Raumluft beeinflusst, da Dispersionsfarben bis zu 3 % und Dispersionslacke bis zu 10 % →Lösemittel und →Weichmacher enthalten, um die im Wasser dispergierten Harzteilchen beim Verdunsten des Wassers miteinander zu verschmelzen und einen Film zu bilden. Lösemittel und Weichmacher, die diese Funktion erfüllen, werden als Filmbildehilfsmittel oder Cosolventien bezeichnet. Dabei handelt es sich um Glykole bzw. →Glykolverbindungen, aliphatische Kohlenwasserstoffe und/oder →Weichmacher, die wegen ihrer z.T. geringen Flüchtigkeit besonders lange brauchen, um aus dem Lackfilm zu entweichen. Um die W. während der Lagerung der Gebinde vor mikrobiellem Befall zu schützen, werden →Konservierungsmittel (→Topfkonservierungsmittel) eingesetzt. W. auf Kunstharzbasis enthalten zwangsläufig →Monomere, die sich beim Trocknen des Anstrichstoffes zusammen mit dem Wasser verflüchtigen. Wasserverdünnbare Lacke enthalten zur Salzbildung mit den sauren Gruppen des Harzes flüchtige Amine, die beim Trocknen des Lackes entweichen. Die Kunststoffmonomere und die Filmbildehilfsmittel sind im Wesentlichen für den Geruch von Dispersionsfarben verantwortlich.

Wasserverdünnbare Naturharzanstriche W. sind →Naturharz-Anstriche, die ohne Lösemittel auskommen. Sie sind bereits für viele Anwendungen erhältlich: Decklacke für Anstriche von Holz, Holzwerkstoffen und Eisenteilen für den Innen- und Außenbereich, Heizkörperlacke, Fußbodenlacke, Holzlasuren auf Holz im Innen- und Außenbereich, →Fußbodenhartöle, →Fußbodenwachse, →Wachsöle.

Webteppiche Das Web-Verfahren, das älteste Herstellungsverfahren für →Teppiche, wird heute nur noch maschinell durchgeführt. Nutzschicht und Grundgewebe werden dabei in einem Arbeitsgang hergestellt. Es gibt W. aus Kett- und Schussfäden ohne polbildendes Fadensystem und W. aus Grundgewebe und Polschicht. Eine Rückenbeschichtung ist nicht unbedingt notwendig, dadurch entfallen die gesundheitlichen Belastungen und Geruchsbelästigungen durch Ausgasungen aus dem →Teppichschaumrücken. →Textile Bodenbeläge, →Teppichböden

Weichlote W. sind niedrig schmelzende Metalllegierungen auf →Blei-, →Antimon- und Zinnbasis (→Zinn), die zum →Löten wärmeempfindlicher →Metalle verwendet werden. Der Schmelzbereich der W. liegt unterhalb 450 °C. Zu den W. zählen →Lötzinn (W. mit hohem Zinnanteil), Zinklot (98 % Zink), Bleilot (98,5 % Blei) und Silberbleilot (Blei-Silber-Kupfer-Cadmium-Legierungen). Bei W. besteht eine deutliche Abhängigkeit der Schadstoffentstehung von der Löttemperatur. Da viele Flussmittel →Kolophonium als Basis enthalten, stehen als Schadstoffe Kolophonium und seine Zersetzungsprodukte im Vordergrund. Zusätzlich, je nach eingesetztem Lot und Flussmittel, können krebserzeugendes Hydrazin, Blei, Chlor- und Bromwasserstoff oder Zinn-Verbindungen auftreten. Da W. schwermetallhaltig sind, müssen sie als Sondermüll entsorgt werden. →Hartlote

Weichmacher W. sind organische Stoffe, die in eine Kunststoff- bzw. Kunstharzmatrix eingelagert werden, um die Elastizität zu erhöhen. Gem. „VdL-Richtlinie Bautenanstrichstoffe" (→VdL) sind W. Stoffe mit einem Siedepunkt über 250 °C bei normalen Druckbedingungen, die einem Beschichtungsstoff zugesetzt werden, um die Dehnbarkeit der Beschichtung zu erhöhen.
W. in Anstrichstoffen sind z.B. Adipinsäureester (Adipate), Alkylsulfonsäureester (C10 – C20) des Phenols und der Methylphenole, Glutarsäureester (Glutarate) und Maleinsäureester (Maleinate).

Haupteinsatzgebiet von W. ist der Kunststoff PVC. Aufgrund ihrer Molekülstruktur tendieren additive W. dazu, im Laufe der Zeit in die Umwelt freigesetzt zu werden.
Unterschieden werden primäre Weichmacher (z.B. →Phthalate) und sekundäre W. Sekundäre W. haben allein keinen Effekt, in Kombination mit einem Primärweichmacher erhöhen sie die Flexibilität des Kunststoffes.
Insgesamt gibt es mehr als 300 unterschiedliche Typen von W, 50 – 100 davon werden kommerziell genutzt. Die unter Gesundheits- und Umweltaspekten kritischen →Phthalate sind mit fast 1 Mio. t Jahresproduktion die bei weitem gängigsten W.

Weide Das →Splintholz ist von weißlicher bis gelblichweißer, das →Kernholz von hellbräunlicher bis rötlichbrauner Färbung. Es ist feinporig, mit zarter Streifen- bzw. Fladerzeichnung.
W. ist mittelschwer und sehr weich, von nur geringer Festigkeit und wenig elastisch, mäßig schwindend und mit befriedigendem Stehvermögen, sehr biegsam. W. zeigt nicht immer eine glatte Oberfläche. Die Behandlung der Oberfläche ist unproblematisch. W. ist gut zu beizen und zu lackieren, jedoch nicht befriedigend polierbar. Das Holz ist nicht witterungsfest. Bei der Verarbeitung ist auf Schutz vor →Holzstaub (krebserzeugend gem. →TRGS 906) zu achten.
W. ist grundsätzlich überall dort einsetzbar, wo →Pappel Verwendung findet, wenn nicht speziell gleichmäßig hellfarbiges Holz gefordert ist. Größere Bedeutung als den Baumweiden für die Holznutzung kommt allerdings den strauchförmigen Weiden für die Herstellung von Korbmöbeln, Strandkörben usw. zu.

Weißasbest W. ist die Bezeichnung für verarbeiteten →Chrysotil-Asbest. →Asbest

Weißkalk W. entsteht durch das Brennen von reinem oder fast reinem Kalkstein. Sehr feinen W. stellt man durch Brennen von Muschelkalk oder →Marmor her. W. gehört zu den →Luftkalken, die hauptsächlich durch Carbonatisieren (Kohlendioxidaufnahme) härten. Beim Verarbeiten von W. kommt es zu einem kräftigen Nachlöschen. Er quillt dabei bis zum Dreifachen auf. Lieferformen sind ungelöscht (→Stückkalk und →Feinkalk) sowie gelöscht (→Kalkhydrat und Kalkteig). Weißfeinkalk wird überwiegend bei der Herstellung von →Kalksandsteinen und →Porenbeton verwendet. →Kalk, →Baukalke

Weißleim Für Holzverbindungen wird normalerweise der so genannte Holz-W. verwendet. Der Leim auf Polyvinylacetatbasis kann aufgestrichen, gerollt oder einseitig mit einer feinen Zahnspachtel flächig aufgetragen werden. W. zieht innerhalb von 15 Minuten an, je nach Lufttemperatur. Die Härtezeit dauert etwa eine Stunde, die vollständige Aushärtung ungefähr zehn Stunden. Es gibt auch Express-W., der bereits in einigen Minuten anzieht, evtl. aber problematische Inhaltsstoffe enthält. W. trocknet nach dem Aushärten transparent auf. Wird der Leim mit Wasser verdünnt, wird er nach dem Härten milchig. →Dispersionsklebstoffe, →Holzleime

Weißzement Die Zusammensetzung von W. entspricht der von →Portlandzement, durch die Verwendung von eisenarmen Rohstoffen erhält der Zementleim eine weiße Farbe. W. wird für Sichtbeton, →Putze und →Terrazzo verwendet.

Weiterverwendung Die W. ist die Benutzung eines Produktes für einen anderen Verwendungszweck. →Recycling, →Wiederverwendung, →Stoffliche Verwertung

Wellasbest-Platten W. wurden zur Dacheindeckung verwendet und enthielten 10 – 15 % →Chrysotil-Asbest (heute asbestfrei). Sie zählen zu den festgebundenen Asbestprodukten. →Dächer aus Asbestzement, →Asbest, →Asbestzement, →Faserzement

WFT-Produkte WFT ist die Abk. für without further testing. →Geregelte Stoffe

WHO World Health Organization = Weltgesundheitsorganisation. →Innenraumluft-Grenzwerte

WHO-Fasern Als W. werden lungengängige mineralische Fasern mit folgender Geometrie bezeichnet: Länge > 5 µm, Durchmesser < 3 µm, Länge-zu-Durchmesser-Verhältnis > 3:1.

Wiederverwendung Die W. ist die wiederholte Benutzung eines Produktes für den gleichen Verwendungszweck. →Recycling, →Weiterverwendung, →Stoffliche Verwertung

Windsperre Als W. wird eine außen auf der kalten Seite der Dämmung liegende strömungsdichte Schicht bezeichnet. Sie hat die Funktion, den Dämmstoff gegen Durchlüftung, Verschmutzung und Zersetzung infolge Wind und thermisch bedingten Strömungen von außen zu schützen. Dieser Schutz gegen kalte oder auch warme Luft ist sehr wichtig. Die Stöße und Randanschlüsse der W. müssen sorgfältig und dauerhaft abgedichtet werden. Die W. sollte dabei möglichst dampfdiffusionsoffen sein. (z.B. →Holzfaserplatten, diffusionsoffene →Polyolefinbahnen).

WIR Österreichischer Wirkungsbezogener Innenraumluft-Richtwert.

Wirkbilanz Die W. (bzw. Wirkungsabschätzung) ist ein Teil der →Ökobilanz nach EN ISO 14040. In der W. werden den in der →Sachbilanz erhobenen Stoff- und Energieflüssen potenzielle Wirkungen auf Mensch und Umwelt zugeordnet. Vom wissenschaftlichen Anspruch her ist der Schritt zur W. derzeit die große Herausforderung. Allgemeine Grundsätze für die Erstellung einer Wirkbilanz sind:
- Heranziehen wissenschaftlicher Erkenntnisse
- Durchführbarkeit (Verfügbarkeit der Daten, Komplexität usw.)
- Nachvollziehbarkeit

Häufig angewandte Wirkungskategorien sind: →Treibhauspotenzial, →Versäuerungspotenzial, →Fotooxidantienbildungspotenzial, Ozonabbaupotenzial (→Ozonabbau in der Stratosphäre), →Eutrophierung (Überdüngung), Ressourcenerschöpfung, Humantoxizität, Ökotoxizität, Flächeninanspruchnahme, Abfälle, Radioaktive Strahlung, Abwärme.

Wirksames Speichervermögen Das wirksame flächenbezogene Speichervermögen für eine bestimmte Periode ist definiert als „das Verhältnis aus der Amplitude der Wärmestromdichte an der Oberfläche und der Amplitude der Oberflächentemperatur“ (ÖNORM B 8110, Teil 3). Üblicherweise wird in die (unphysikalische) „wirksame Speichermasse“ umgerechnet.

WKI Abk. für Wilhelm-Klauditz-Institut – Fraunhofer Institut für Holzforschung.

Wohnbiologie →Baubiologie

Wollteppichböden →Textile Bodenbeläge

Wood-Plastic-Composites Bei W. (WPC) handelt sich um thermoplastisch verarbeitbare Verbundwerkstoffe aus Holz, Kunststoffen und Additiven, eine neue Werkstoffgruppe, die sich weltweit mit hohen Zuwachsraten entwickelt. Haupteinsatzgebiete sind Bodenbeläge für den Außenbereich (z.B. Terrassen, Bootsstege), Hausbau, Möbel, Automobil, Verpackung, Gehäuse und Kleinteile. Ein typisches WPC-Produkt ist z.B. ein extrudiertes Profil für einen Terrassen-Bodenbelag aus 70 % Holzmehl, 25 % →Polyethylen, →Polypropylen oder →Polyvinylchlorid und 5 % Additiven wie Haftvermittler, UV-Stabilisatoren und Farbpigmenten. Bislang mit geringer Bedeutung können auch Stärke- und Lignin-basierte Bio-Kunststoffe eingesetzt werden.

Vor- und Nachteile:
- Gegenüber Vollholzprodukten und üblichen Holzwerkstoffen weisen WPC vor allem folgende Vorteile auf: die freie Formbarkeit des Werkstoffs und die größere Feuchteresistenz sowie damit verbundene gute Witterungsbeständigkeit ohne Nachbehandlung. Diesen Vorteilen stehen die höheren Produktionskosten gegenüber.
- Gegenüber synthetischen Kunststoffen können WPC wegen ihres potenziell niedrigeren Preises, ihrer Haptik, ihrem Natur-Image und einiger veränderter technischer Eigenschaften (höhere Steifigkeit, deutlich geringerer thermischer Ausdehnungskoeffizient) interessant

sein. Gerade der Preis von WPC mit hohen Holzanteilen von 60 bis 90 % ist nur wenig von den steigenden Erdölpreisen abhängig.

Im deutschsprachigen Raum, der mit Deutschland, Österreich und der Schweiz der größte WPC-Markt in Europa ist, gibt es etwa 20 WPC-Hersteller (Produktionsvolumen 2005 ca. 10.000 – 15.000 t). 2005 wurden in Nordamerika 700.000 t WPC produziert (Nova-Institut, Hürth).

WPC →Wood-Plastic-Composites

Wurzelsperrschicht Auf Gründächern muss durch die Verwendung von wurzelfesten Dichtungsbahnen das Durchwachsen von Wurzeln dauerhaft verhindert werden. Die W. wird bei entsprechender stofflicher Zusammensetzung durch die Abdichtung selbst, durch biochemische Zusätze (Herbizide) oder Metallbandeinlagen (i.d.R. Kupferbänder) gebildet. Die Wurzelfestigkeit sollte nach den FLL-Richtlinien (FLL = Forschungsgesellschaft, Landschaftsentwicklung, Landschaftsbau e.V., Richtlinien für die Planung, Ausführung und Pflege von Begrünungen) geprüft sein.

W. durch Metallbandarmierung: Durch die Steifigkeit kann es besonders an Anschlüssen zur Kapillarbildung kommen. An der Nahtüberlappung müssen die Metallbandeinlagen miteinander verbunden sein. Bei längerer freier Bewitterung kann die thermische Längenänderung der Metallbandeinlage zu einer Ablösung der Bitumendeckschicht führen. Da die Metallbandeinlage dampfdicht ist, ist die wurzelfeste Abdichtung bauphysikalisch wie eine Dampfsperre zu behandeln. Bei der Erhaltung der Funktion ist auch eine mögliche Verletzung zu berücksichtigen. Mehrlagige bituminöse Abdichtungen sind daher unter Umständen belastbarer als wurzelfeste Abdichtungen aus einer 1,2 – 1,5 mm starken Kunststoffbahn. Nachteilig ist bei der Metallbandarmierung der Verbund zwischen organischen Stoffen und Metallen, wodurch eine hochwertige →Verwertung praktisch ausgeschlossen wird. Aus ökologischer Sicht ist daher entweder der Metallgehalt (für die thermische Entsorgung) oder die organischen Bestandteile (für ein Metallrecycling) möglichst niedrig zu halten.

W. durch biozide Zusätze: Ein handelsüblicher biochemischer Durchwurzelungsschutz ist das Herbizid Mecoprop. Messungen ergaben, dass Mecoprop aus ausgerüsteten Bitumen-Dichtungsbahnen in das Dachwasser gelangt (etwa 1.000- bis 10.000-mal höher als der Trinkwassergrenzwert).

WWF Der WWF (World Wide Fund for Nature) wurde 1961 in Zürich als Stiftung gegründet. Heute liegt sein internationaler Hauptsitz in Gland am Genfersee. Mit 56 WWF-Niederlassungen in über 40 Ländern ist der WWF eine der größten unabhängigen Naturschutzorganisationen der Welt. Ziel des WWF ist es, die weltweite Naturzerstörung zu stoppen und eine Zukunft zu gestalten, in der Mensch und Natur in Einklang leben. Bei der Entwicklung und Umsetzung von Gütesiegeln spielt der WWF eine führende Rolle; er war maßgeblich beteiligt an der Entwicklung des europäischen Qualitätszeichens für Bauprodukte →natureplus und vertritt dort als Mitglied des Vorstands die Interessen der Umweltschutzorganisationen.

XPS Extrudierter Polystyrol-Schaumstoff, der aus treibmittelfreiem Polystyrol-Granulat in einem Extruder unter Zugabe von Treibmittel (CO_2, HFKW) kontinuierlich ausgetragen wird. Ausgangsstoff für →Polystyrol ist →Styrol, das aus den Erdölprodukten Ethylen und →Benzol hergestellt wird. XPS ist hoch druckfest und dabei elastisch, wasserabweisend, unverrottbar, gut wärmedämmend und schwerentflammbar (→Flammschutzmittel).

Die Rohstoffe sind petrochemischen Ursprungs (→Erdöl) und haben hohe humantoxische Relevanz: →Benzol ist als krebserzeugend eingestuft, →Styrol ist ein Nervengift. Die Herstellung erfordert einen hohen Aufwand an Energie, Chemikalien und Infrastruktur, insbesondere zur Herstellung des Styrols. Prozessbedingt dominieren Emissionen von Kohlenwasserstoffen in die Luft. Die MAK-Werte von Styrol, Ethylbenzol und Benzol werden im Normalbetrieb in westeuropäischen Werken deutlich unterschritten. →XPS-Dämmplatten

XPS-Dämmplatten Extrudierte Polystyrol-Schaumstoffplatten (kurz: XPS-Dämmplatten) sind Dämmstoffe aus überwiegend geschlossenzelligem harten Schaumstoff aus →Polystyrol oder Mischpolymerisaten mit überwiegendem Polystyrol-Anteil. X. werden in einem kontinuierlichen Extrusionsprozess aus Polystyrolgranulat (Standardpolystyrol, General Purpose Polystyrene) durch Extrudieren unter Zugabe eines Treibmittels hergestellt. Durch die Extrusion wird die Schmelze aufgeschäumt, ein Teil des Treibgases wird emittiert und abgesaugt, der Rest verbleibt in den Zellen des XPS und gast langsam im Verlauf von Jahren aus. Die Platten werden abgelängt und durch mechanische Bearbeitung in die gewünschte geometrische Form gebracht. Die dabei anfallenden XPS-Reste werden zerkleinert, in einem Extruder aufgeschmolzen, entgast, filtriert und zu Granulat verarbeitet, das wieder im Schäumprozess verwendet werden kann. Rahmenrezeptur: 85 – 93 M.-% Polystyrol (→XPS), 0 – 12 M.-% Treibgase, 0,5 – 5 M.-% Talkum (Magnesiumsilikat), 2 – 3 M.-% Flammschutzmittel →Hexabromcyclododecan (HBCD) und Dicumylperoxid, < 0,05 % Farbpigmente, < 0,05 % Hilfsstoffe (Antioxidationsmittel, Lichtstabilisatoren, Keimbildner).

Als Treibmittel werden HFKW (→Fluorierte Treibhausgase) oder CO_2 verwendet. Die früher eingesetzten Treibmittel →FCKW und →HFCKW sind mittlerweile wegen ihres hohen Ozonabbaupotenzials (→Ozonabbau in der Stratosphäre) verboten. Die gesetzlichen Regelungen in Österreich (BGBl. 447/2002) sehen auch ein schrittweises Verbot des Einsatzes von HFKW vor. In Deutschland hatten bis zum Jahr 2000 die Polyurethan-→Montageschäume den größten Anteil an den Treibmittel-Emissionen. Zukünftig ist mit einem starken Anstieg der HFKW-Emissionen aus X., bei deren Herstellung seit dem Jahr 2000 HFKW als Treibmittel eingesetzt werden, zu rechnen.

Bis etwa 1989/1990 wurde XPS-Hartschaum mit dem FCKW-12 als Treibmittel geschäumt. 1990 haben die deutschen Hersteller den FCKW-12 durch HFCKW ersetzt. Zum Einsatz kamen der HFCKW-142b oder eine Mischung aus dem HFCKW-142b und dem HFCKW-22. Durch das Verbot der HFCKW zehn Jahre später mussten auch diese FCKW-Ersatzstoffe als Treibmittel substituiert werden. Bis zu diesem Zeitpunkt wurden bei der Herstellung von XPS-Hartschaum keine →HFKW eingesetzt. Ein Teil der Produktion von XPS-Hartschaum erfolgte danach ganz ohne fluorierte Treibmittel; diese Produkte finden vor allem im Hochbau Verwendung. Andere Produktionsverfahren nutzen den HFKW-134a oder den HFKW-152a als Treibmittel. Für das Jahr 2002 werden für Deutschland die Emissionen an HFKW aus XPS-Hartschaum auf knapp 2.000 t/a geschätzt. Davon entfallen 1.430 t/a auf den HFKW-152a und 540 t/a auf den HFKW-134a. Die großen Hersteller in Deutschland (BASF und Dow Che-

mical Deutschland) vereinbarten bereits im Jahr 1996 in einer freiwilligen Selbstverpflichtung gegenüber dem Bundesumweltministerium, bis zum 30.6.1998 80 % der für den deutschen Markt produzierten X. HFCKW-frei herzustellen und ihre Produktion bis zum 1.1.2000 vollständig auf HFCKW-freie Treibmittel umzustellen. Die BASF hat seit Anfang 1999 ihre gesamte Produktion für den Hochbaubereich von HFCKW auf halogenfreie Treibmittel (CO_2) umgestellt. Dagegen hat Dow Chemical Deutschland die Ausstiegsfristen nicht eingehalten und erst seit Ende 2000 auf ozonabbauende Treibmittel verzichtet. Alternativ setzt Dow Chemical neben CO_2 auch den HFKW-134a ein. Auch andere Hersteller bieten heute parallel zu HFKW-freien Produkten X. an, bei denen CO_2 – versetzt mit dem HFKW-152a oder aber dem HFKW-134a – als Treibmittel verwendet wird.

Heute werden im deutschen Hochbaumarkt vor allem mit CO_2 oder mit einer Kombination aus CO_2 und organischen Treibmitteln (ca. 2 bis 3 % Ethanol) geschäumte X. angeboten (Quelle: Fluorierte Treibhausgase in Produkten und Verfahren – Technische Maßnahmen zum Klimaschutz, UBA, 2004).

X. bestehen überwiegend aus geschlossenzelligem harten Schaumstoff, sie sind dadurch feuchteunempfindlich und nehmen kaum Wasser auf. Ihr Einsatzgebiet liegt daher vor allem im feuchtebelasteten Bereich, wie →Perimeterdämmungen und Sockeldämmungen, →Umkehrdach- und Terrassen-Dämmungen. Besonders im Dachbereich ist darauf zu achten, dass im direkten Kontakt mit →PVC-Dichtungsbahnen Weichmacher in den X. Schaden anrichten können. →Wärmeleitfähigkeit: 0,035 – 0,042 W/(mK), →Dampfdiffusionswiderstandszahl: 80 – 200, →Baustoffklasse B1. →Dämmstoffe, →Wärmedämmstoffe

Für X. liegen keine Messwerte für Emissionen während Verarbeitung und Nutzung vor. Es ist allerdings mit Ausnahme der Pentan-Emissionen von einem den →EPS-Dämmplatten ähnlichen Verhalten auszugehen. Mit HFKW-Treibmittel produzierte X. besitzen ein enorm hohes →Treibhauspotenzial. Als Alternative sind die preislich und technisch vergleichbaren CO_2-geschäumten X. erhältlich (→HFKW-freie Dämmstoffe).

Xyladecor® Das Holzschutzmittel X. enthielt früher den Wirkstoff →Pentachlorphenol.

Xylamon® →Pentachlorphenol

Xyligen B® →Furmecyclox

Xylol Technische X.-Gemische enthalten meist die drei Isomere ortho-X. (20 – 24 Vol.-%), meta-X. (42 – 48 Vol.-%) und para-X. (16 – 20 Vol.-%) sowie Ethylbenzol (10 – 11 Vol.-%). X. (Synonym: Dimethylbenzol) gehört zur Gruppe der →Aromatischen Kohlenwasserstoffe. Es kommt im Steinkohlenteer vor, wird heute jedoch aus der bei der Erdölverarbeitung anfallenden →BTEX-Aromaten-Fraktion gewonnen. Ein Großteil des technischen X.-Gemisches wird in Otto-Kraftstoffen zur Erhöhung der Octanzahl verwendet. Weiterhin wird X. als →Lösemittel in Lacken, Klebstoffen und anderen bauchemischen Produkten eingesetzt. Von X. gehen akute oder chronische Gesundheitsgefahren aus. Flüssiges X. wirkt haut- und schleimhautreizend; X.-Dämpfe reizen Augen und Nase und führen zu Benommenheit. X. ist als gesundheitsschädlich (Xn) eingestuft; es besteht die Gefahr der Hautresorption. MAK-Wert (→MAK-Liste): 100 ml/m³ = 440 mg/m³. Zur relativen Toxizität von X. →NIK-Werte: Je niedriger der NIK-Wert, umso höher ist die Toxizität des jeweiligen Stoffes.

Ytong® Markennamen für Produkte aus →Porenbeton.

Z

ZBEC Zink-Dibenzyldithiocarbamat. →Vulkanisationsbeschleuniger

ZDEC →Zink-diethyldithiocarbamat

Zellleim →Leime

Zellulose… →Cellulose…

Zement Z. ist ein fein gemahlenes →Hydraulisches Bindemittel für die Herstellung von Mörtel und →Beton, das im Wesentlichen aus Calciumoxid, Siliciumdioxid, Aluminiumoxid und Eisenoxid besteht und durch Sintern oder Schmelzen hergestellt wird. Norm-Z. setzt sich aus Hauptbestandteilen (> 5 %) und Nebenbestandteilen (< 5 %) zusammen. Als Hauptbestandteile gelten gem. DIN EN 197-1: Portlandzementklinker, →Hüttensand (granulierte →Hochofenschlacke), →Puzzolane, Flugasche, gebrannter Schiefer, →Kalkstein und Silikastaub. Die Nebenbestandteile – hauptsächlich anorganische mineralische Stoffe – dienen der Verbesserung der physikalischen Eigenschaften des Z. Daneben enthält Z. auch Calciumsulfat zur Regelung des Erstarrungsverhaltens und Z.-Zusätze. Diese dürfen einen Massenanteil von 1 % (bezogen auf den Z.) nicht überschreiten. Organische Zusätze dürfen bis zu einem Massenanteil von 0,5 % (bezogen auf Z.) enthalten sein, in Deutschland fast ausschließlich Mahlhilfen in Form von Glykolen und Triethanolamin. Mit Wasser gemischt entsteht der →Z.-Leim, der durch Hydratation erstarrt und nach dem Erhärten auch unter Wasser fest und raumbeständig bleibt.

Portlandzementklinker, der wichtigste Bestandteil von Z., wird aus →Kalkstein und →Ton oder geologischen Ablagerungen wie →Kalkmergel oder Tonmergel, die schon auf natürliche Weise eine innige Vermischung von Kalk und Ton darstellen, hergestellt. Die Herstellung gliedert sich in drei Schritte:

1. Gewinnen, Brechen, Mahlen, Homogenisieren und Mischen der Rohstoffe
2. Brennen der Rohstoffe zum Klinker im Drehrohrofen bei Temperaturen bis 1.500 °C und rasches Abkühlen
3. Vermahlen der Klinker zusammen mit Calciumsulfat (zur Regulierung der Erstarrungsgeschwindigkeit). →Portlandzement

Durch die Zumahlung hydraulisch wirkender Stoffe wie →Hüttensand, →Hochofenschlacke, Kalkstein oder Silicatstaub zum Klinker sowie durch unterschiedliche Mahlfeinheit entstehen verschiedene Zementarten: Die DIN EN 197-1 teilt den Z. in fünf Arten ein (CEM I bis CEM V), die sich in 27 Produktgruppen aufgliedern. Die Produktion von Z. beträgt in der EU ca. 193,5 Mio. t (2002), davon (2001): →Portlandkomposit-Z. (CEM II, 53,3 %), →Portland-Z. (CEM I, 33,7 %), →Hochofen-Z. (CEM III, 6,5 %), Puzzolan-Z. wie z.B. →Trass-Z. (CEM IV, 5,0 %) und anderen Z. (CEM V, 1,5 %).

Rohstoffgewinnung: siehe →Kalkstein, →Ton, →Mineralische Rohstoffe.

Der Brennprozess erfordert sehr hohen Energieeinsatz mit einem hohen Anteil an (ökologisch hochwertiger) elektrischer Energie. Umweltbelastungen treten vor allem durch Staub-Emissionen und gasförmige Schadstoffe wie Stickoxide, Kohlendioxid und Kohlenmonoxid auf: Die Zementindustrie zählt neben der Zellstoff- und Papierindustrie, der Eisen- und Stahlerzeugung sowie den Erdölraffinerien zu den wichtigsten Emittenten von NO_x und CO_2 im produzierenden Bereich.

Bei der Herstellung von Z. können Abfälle eingesetzt werden als:

- Brennstoffersatz (Sekundärbrennstoff)
- Rohmehlersatz (Sekundärrohstoff) bei der Portlandzementklinkerproduktion (u.a. Gießereialtsande, Einsatzstoffe aus der Eisen- und Stahlindustrie (z.B. Walzzunder), Papierreststoffe, Verbrennungsaschen und mineralische Reststoffe (z.B. ölverunreinigter Boden))
- Zumahlstoffersatz bei der Verarbeitung von Portlandzementklinker zu Z. (Sekundärrohstoff)

Brennstoffersatz: Von der deutschen Z.-Industrie wurden im Jahr 2000 folgende Brennstoffe eingesetzt:

Steinkohle:	31,6 %
Braunkohle:	30,3 %
Petrolkoks:	8,5 %
Heizöl:	2,2 %
Erdgas:	0,7 %
Sekundärbrennstoffe:	25,7 %

Der Einsatz von Sekundärbrennstoffen aus Altreifen, Altöl, Lösemittel, Kunststoffabfälle, Papierschlämme, Tiermehl („Sekundärbrennstoffe"), aufbereitete Fraktionen aus Siedlungsabfällen und Altholz ist im Zunehmen, da dadurch Primärenergieträger eingespart werden können und gem. Urteilen des Europäischen Gerichtshofs die Abfallverbrennung in Z.-Werken als Verwertungsmaßnahme, die Abfallverbrennung in Müllverbrennungsanlagen aber als Beseitigungsmaßnahme eingestuft wird. Im gesamten deutschsprachigen Raum betrug der Anteil der Sekundärbrennstoffe am Gesamtbrennstoffeinsatz 2002 schon etwa 35 %, Tendenz steigend. Der Einsatz von Sekundärrohstoffen und -brennstoffen ersetzt →Primärrohstoffe und entlastet Müllbeseitigungsanlagen, kann aber auch zum Transfer von Schadstoffen führen. In Hinblick auf eine potenzielle Gefährdung der Umwelt durch Z. sind Schwermetalle besonders relevant. Die Gehalte der meisten Schwermetalle liegen in Portland-Z. innerhalb der Spannweiten natürlicher Gesteine. Die Gehalte für →Arsen, →Blei, →Zink und →Chrom können aufgrund der Zusammensetzung der Rohstoffe und der Brennbedingungen erhöht sein. Chrom kann bis zu 20 % als →Chromat (Cr(VI)) vorliegen. Zusätzliche Schwermetalle können durch den Einsatz von Sekundärrohstoffen und -brennstoffen eingebracht werden. Der größte Teil der in den Rohstoffen und Brennstoffen enthaltenen Schwermetalle wird im Zementklinker eingebunden. Dies ist z.B. deutlich zu beobachten für Zink (Haupteinträge aus Gummi, Bleicherde und Altöl), aber auch für Arsen, Blei, Chrom, Nickel, Kupfer und Zinn, die aus Flugasche, Bleicherde, Gummi und Altöl herrühren. Bei zunehmender Verbrennung von Sekundärbrennstoffen ist auch mit einem Anstieg des Antimongehalts (z.B. aus →Antimontrioxid-Flammschutzmitteln) zu rechnen. Durch Rohmehlersatz können außerdem →Cadmium und →Cobalt verstärkt in den Z. eingebracht werden. Die Schwermetallgehalte von →Hochofen-Z. sind geringer als bei →Portland-Z., da →Hüttensand in der Regel niedrigere Schwermetallgehalte aufweist als Portlandzementklinker.

Gemäß den gesetzlichen Bestimmungen dürfen bei der Mitverbrennung von Abfällen in Anlagen, die nicht in erster Linie für die Verbrennung von Abfällen ausgelegt sind, keine höheren Emissionen von Schadstoffen in dem aus der Mitverbrennung resultierenden Abgasanteil entstehen. Einige Metalle wie →Quecksilber und Thallium werden nicht im Klinker eingebunden und müssen daher durch verfahrenstechnische Maßnahmen zurückgehalten werden. Ende der 1970er-Jahre wurde noch die Umgebung einer Z.-Fabrik in Lengerich durch Thallium kontaminiert. Seither sind die Filterleistungen stark gestiegen und die Schwermetallemissionen z.T. deutlich gesunken. Insgesamt ist bei der Summe der metallischen Spurenelemente und bei halogenierten Schadstoffen tendenziell eine Abnahme des spezifischen Emissionsmassenstroms (je Einheit Zement) zu beobachten.

Tabelle 140 zeigt die Richtwerte für den Schwermetallgehalt in Abfällen des Schweizer Bundesamtes für Umwelt, Wald und Landschaft (BUWAL) und der Gütegemeinschaft für Sekundärbrennstoffe zur Vermeidung von Umweltbelastungen.

Der →Chromat-Gehalt des Z. kann berufsbedingt allergische Ekzeme auslösen (→Zementekzeme, Maurerkrätze) – bei Arbeitnehmern des Bauhauptgewerbes die häufigste berufliche Hautkrankheit (melde- und entschädigungspflichtig). Gem. EU-Richtlinie 2003/53/EG dürfen daher Z. und Zubereitungen, die Z. enthalten, nicht verwendet werden, wenn in der nach Wasserzugabe gebrauchsfertigen Form der Gehalt an löslichem Chrom(VI) mehr als 2 mg/kg (ppm) Trockenmasse des Z. beträgt. Hier-

Tabelle 140: Richtwerte für Schwermetallgehalte in Sekundärbrennstoffen nach BUWAL-Richtlinie und Gütegemeinschaft für Sekundärbrennstoffe

Parameter	BUWAL-Richtlinie [mg/kg] [1]	Gütegemeinschaft für Sekundärbrennstoffe [mg/kg TS] [2]	
Anorganische Parameter		**Medianwert**	**80-Perzentil-Wert**
Antimon	5	25	60
Arsen	15	5	13
Barium	200		
Beryllium	5	0,5	2
Blei	200	70/190 [3]	200/– [3), 4]
Cadmium	2	4	9
Chrom, gesamt	100	40/125 [3]	120/250 [3]
Cobalt	20	6	12
Kupfer	100	120/350 [3]	–/– [4]
Mangan		50/250 [3]	100/500 [3]
Nickel	100	25/80 [3]	50/160 [3]
Quecksilber	0,5	0,6	1,2
Selen	5	3	5
Silber	5		
Tellur		3	5
Thallium	3	1	2
Vanadium	100	10	25
Zink	400		
Zinn	10	30	70
Organische Parameter			
TOX, org. Stoffe	Kein allgemeiner Richtwert		

[1] In mg/kg, bezogen auf einen Heizwert H_u von 25 MJ/kg

[2] Die Schwermetallgehalte sind gültig ab einem Heizwert H_{uTS} von 20 MJ/kg für heizwertreiche Fraktionen aus Siedlungsabfällen und ab einem Heizwert H_{uTS} von 20 MJ/kg für produktionsspezifische Abfälle. Bei Unterschreitung dieser Heizwerte sind die Werte entsprechend linear abzusenken, eine Erhöhung ist nicht zugelassen.

[3] Der erste Wert gilt für produktionsspezifische Abfälle, der zweite Wert für heizwertreiche Fraktionen von Siedlungsabfällen.

[4] Festlegung erst bei gesicherter Datenlage aus der Sekundärbrennstoffaufbereitung

von ausgenommen ist die Verwendung in überwachten geschlossenen und vollautomatischen Prozessen sowie in solchen Prozessen, bei denen Z. und Z.-haltige Zubereitungen ausschließlich mit Maschinen in Berührung kommen und keine Gefahr von Hautkontakt besteht (→Chromathaltiger Zement). Chromatarmer Z. kann durch die Zugabe eines Reduktionsmittels (reduziert Chrom(VI) zu Chrom(III)) hergestellt werden. Reduktionsmittel sind z.B. Eisen(II)-sulfat oder Zinn(II)-sulfat. Eisen(II)-sulfat kann durch die Oxidation mit Luftsauerstoff bei Einwirkung von Feuchtigkeit an Wirksamkeit verlieren. Deshalb dürfen chromatarme Z. und chromatarme, Z.-haltige Zubereitungen mit einem Verfallsdatum nach diesem Datum nur noch nach Prüfung des Chromatgehaltes verwendet werden. Auch beim Umgang mit chromatarmem Z. müssen aufgrund der Alkalität und der mechanischen Reibwirkung Schutzmaßnahmen getroffen werden (feuchtigkeitsdichte Handschuhe, Hautschutzmaßnahmen). →GISCODE Z.-haltige Produkte chromatarm: ZP1.

Zementekzeme Z. sind berufsbedingte allergische Ekzeme, die durch den →Chromat-Gehalt im nassen →Zement hervorgerufen werden. Man unterscheidet:

- Toxisch-irritatives Z.: Dosis- und zeitabhängige Hautveränderung ausgelöst durch die Aggressivität von Zement; kann prinzipiell bei allen Individuen auftreten. Bei empfindlicher oder vorgeschädigter Haut treten Veränderungen bereits bei sehr geringer Dosis auf. Bei wiederholtem Auftreten der Hautschädigung kann auch ein chronisches Ekzem entstehen. Bei sehr intensiver Einwirkung ist sogar echte Verätzung möglich.
- Allergisches Z.: Langfristige Hautschädigung durch toxisch-irritative Effekte in tieferen Hautschichten begünstigt Allergisierung auf Inhaltsstoffe des nassen Zements; dauert oft viele Jahre bis zum Auftreten des allergischen Z. Das allergische Z. war über viele Jahre die häufigste berufliche Hautkrankheit und zählte noch in den letzten Jahren zu den drei häufigsten allergischen Berufskrankheiten der Haut. Auslöser ist wasserlösliches 6-wertiges Chrom (Cr(VI), Chromat). Ein Chromatgehalt ab 2 mg/kg (= 2 ppm) dürfte bei Sensibilisierten auszureichen, um allergische Reaktion auszulösen. Die Reaktion auf Zement steigert sich mit der Zeit und kann auch weitere Körperstellen befallen. Die Allergie lässt sich mit üblichen medizinischen Maßnahmen nicht mehr beseitigen. Zahlreiche von einem allergischen Z. betroffene Patienten entwickeln eine schwer verlaufende Krankheit, die bis zur Berufsunfähigkeit führen kann.

Häufiger Hautkontakt mit nassem Zement besteht vor allem bei der Tätigkeit als Maurer, Bauhandlanger und Plattenleger sowie Arbeiten in der Zementwarenproduktion, wenn sie vorwiegend manuell erfolgen. Die im Baugewerbe meist verwendeten Lederhandschuhe (→Schutzhandschuhe) eignen sich nicht für den Umgang mit nassem Zement. Besser geeignet sind Baumwollhandschuhe mit einem Kunststoffüberzug (insbesondere Nitril), die im Fachhandel in vielen Varianten erhältlich sind.

Gem. EU-Richtlinie 2003/53/EG dürfen Zement und Zubereitungen, die Zement enthalten, nicht verwendet werden, wenn in der nach Wasserzugabe gebrauchsfertigen Form der Gehalt an löslichem Chrom(VI) mehr als 2 mg/kg (ppm) Trockenmasse des Zements beträgt. Auch beim Umgang mit chromatarmen Zementen müssen aber aufgrund der Alkalität und der mechanischen Reibwirkung Schutzmaßnahmen getroffen werden (feuchtigkeitsdichte Handschuhe, Hautschutzmaßnahmen). Abgehärteter Zement verursacht keine Z.

Zementestriche Z. werden aus →Zement und gemischtkörnigen Zuschlägen hergestellt. Der Mörtel wird mit möglichst wenig Wasser angesetzt, wodurch sich ein erdfeuchter bis schwach plastischer Mörtel ergibt. Zur besseren Verarbeitung können verflüssigende Zusatzmittel (Betonverflüssiger) zugegeben werden (Fließestrich). Die Oberflächenbehandlung erfolgt durch Fluatierung, Imprägnierung, Versiegelung oder Beschichtung (evtl. Erstarrungsbeschleuniger, Luftporenbildner oder Kunststoffdispersion als Zusatzstoffe). Z. können →Alkylphenolethoxylate (APEO) als Zusatzmittel enthalten.

Nach dem Einbringen sollten Z. etwa drei bis sieben Tage bei niedrigen Temperaturen feucht gehalten und vor allem vor Austrocknung geschützt werden. Die Erhärtungsphase dauert Wochen oder Monate, während derer es zu einer Volumenverringerung (Schwinden) kommt. Eine neuere Entwicklung sind Schnell-Z., die bereits nach drei bis zehn Stunden begehbar sind. Beim Umgang mit Z. müssen aufgrund der Alkalität und der mechanischen Reibwirkung Schutzmaßnahmen getroffen werden (feuchtigkeitsdichte Handschuhe, Hautschutzmaßnahmen). Da die Reduktionsmittel zur Herabsetzung des Chromatgehalts im Zement begrenzte Wirkungsdauer haben, ist das Verfallsdatum unbedingt zu beachten (→Zementekzeme). →Betonzusatzmittel

Zementgebundene Spanplatten Z. gehören zu den anorganisch gebundenen →Holzwerkstoffen (→AHW). Die Späne aus Nadelholz oder anderen pflanzlichen Materialien wie z.B. Hanf oder Flachs übernehmen eine armierende Funktion. Z. werden einschichtig mit homogenem Aufbau oder mehrschichtig bzw. als Verbundwerkstoff (mit z.B. Hartschaum- oder Dämmkorkplatten) hergestellt.

Durch die Verwendung von →Zement können organisch-synthetische Bindemittel wie Formaldehyd- oder Polyurethan-Harze (→Polyurethane) und die damit verbundenen Ausgasungen vermieden werden (→Spanplatten). Verbundwerkstoffe sind in der Entsorgung problematisch, da die Verbrennung durch den anorganischen Anteil und die Deponierung durch den organischen Anteil behindert wird.

Zementklinker →Zement

Zementleim Beim Anmachen von →Zement mit Wasser entsteht der so genannte Z., eine flüssige bis plastische Suspension. Nasser Zement kann →Zementekzeme auslösen – bei Arbeitnehmern des Bauhauptgewerbes die häufigste berufliche Hautkrankheit.

Zementmörtel Z. wird aus 1 Raumteil →Zement und 3 bis 4 Raumteilen →Sand hergestellt und als Außenputz verwendet. Beim Umgang mit Z. müssen aufgrund der Alkalität und der mechanischen Reibwirkung Schutzmaßnahmen getroffen werden (feuchtigkeitsdichte Handschuhe, Hautschutzmaßnahmen). Da die Reduktionsmittel zur Herabsetzung des Chromatgehalts im Zement begrenzte Wirkungsdauer haben, ist das Verfallsdatum unbedingt zu beachten (→Zementekzeme).

Zementputze Die Herstellung von Z. erfolgt aus →Zement, Zuschlägen, evtl. Zusätzen und Wasser. Z. lassen sich von Hand einfach verarbeiten oder maschinell als Spritzputze. Z. wird vor allem als Sockelputz verwendet.

Beim Umgang mit Z. müssen aufgrund der Alkalität und der mechanischen Reibwirkung Schutzmaßnahmen getroffen werden (feuchtigkeitsdichte Handschuhe, Hautschutzmaßnahmen). Da die Reduktionsmittel zur Herabsetzung des Chromatgehalts im Zement begrenzte Wirkungsdauer haben, ist das Verfallsdatum unbedingt zu beachten (→Zementekzeme).

Zementspachtelmassen Z. sind Spachtelmassen, die aus →Zement und Kunststoffzusätzen (meist →Polyvinylacetat) bestehen, teilweise unter Zusatz von Fasern (früher auch →Asbest). Z. werden hauptsächlich im Außenbereich zum Ausfüllen und Glätten von Unebenheiten, Rissen und Löchern verwendet. Je nach Kunststoffzusatz (→Kunstharze) können toxische →Restmonomere (z.B. →Vinylacetat, →Epichlorhydrin) freigesetzt werden. Alte Z. mit Asbestzusätzen können bei Bearbeitung Asbestfasern freisetzen.

Ziegel Aus →Ton, →Lehm, →Sand und Wasser wird eine formbare Masse hergestellt, zu Z. geformt, getrocknet und gebrannt (900 – 1.200 °C). Durch den Wasserverlust beim Trocknen und Brennen verringert sich das Volumen der Z. (Schwinden). Magerungsmittel (Sand) verringern das Schwinden. Z. werden als →Mauerziegel, →Dachziegel, statisch mitwirkende Z. für Decken und Wandtafeln, statisch nicht mitwirkende Z. für Decken und Tonhohlplatten sowie Hohlziegel hergestellt. Vollmauerziegel sind wegen ihrer Schwere gute Wärmespeicher und haben schalldämmende Eigenschaften, während porosierte Hochlochziegel durch ihren hohen Luftporenanteil besondere wärmedämmende Eigenschaften haben.

Z. besitzen eine sehr einfache Zusammensetzung. Ton und Lehm sind regional verfügbar und werden in der Umgebung der Z.-Brennereien im Tagebau gewonnen (geringer Transportaufwand). Allerdings kommt es durch den Abbau im →Tagebau zwangsläufig lokal zu Umweltbelastungen (→Mineralische Rohstoffe, →Tagebau). Für den Brennvorgang ist ein hoher Energieaufwand erforderlich, auch wenn dieser durch verbesserte Technik in den letzten Jahren um bis zu 40 % reduziert werden konnte. Es wird vorwiegend Erdgas zur Energieerzeugung genutzt. Die Emission von Schadstoffen und der Primärenergiebedarf sind je nach technischem Stand des Herstellerwerkes und Qualität des Ton/Lehmgemisches sehr unterschiedlich, tendenziell aufgrund des Brennprozesses eher hoch. Insbesondere werden Schwefeldioxid und Fluorwasserstoff, das auf Pflanzen toxisch wirken kann, freigesetzt. Während der Nutzung ist mit keiner gesundheitsschädlichen Freisetzung von Schadstoffen zu rechnen. Selten können Z. erhöhte radioaktive Eigenstrahlung aufweisen (→Radioaktivität von Baustoffe). Für Z.-Schutt gibt es vielfältige Verwertungsmöglichkeiten: Er kann als Füllmaterial für Baugruben und als Zuschlagstoff für Z.-Splittbeton eingesetzt werden. Als Z.-Mehl kann er als Aufschüttmaterial für Tennis- u. Sportplätze oder als Substratersatz für Dachbegrünungen dienen. Die Deponierung erfolgt auf Inertstoffdeponien.

Zielwerte Im Rahmen der Beurteilung der Innenraumluft beschreiben Z. die anzustrebenden Innenraumkonzentrationen, unterhalb derer auch bei langfristiger ggf. sogar lebenslanger Exposition keine gesundheitlichen Bedenken für die gesamte Breite der Bevölkerung bestehen sollten. Das Konzentrationsniveau eines Z. kann ein Niveau beschreiben, das unterhalb des →Vorsorgewertes liegt. →Richtwerte →Innenraumluft-Grenzwerte

Zigarettenrauch →Tabakrauch

Zink Zur Herstellung von Z. werden Zinkkonzentrate aus den sulfidischen Erzen (Zinkblende) durch Flotation zu Oxiden geröstet, danach mit Schwefelsäure gelaugt und anschließend der Elektrolyse unterworfen (modernere Verfahren). Je nach Verwendungszweck erfolgt danach eine Reinigung durch fraktionierte Destillation (Feinzink). Unterschieden werden Hüttenzink (97,5 – 99,5 % Z.) für die Verzinkung von Zinkblech, Feinzink (99,95 – 99,99 % Z.) für Anoden, elektrolytische Überzüge und Legierungen und Umschmelzzink (96 % Z.) für die Verzinkung und für Zinkfarben. Technisch genutzt wird vorwiegend Zinkblende (ZnS): geologisch wie geographisch weltweit verteilte Vorkommen; wichtigste Lagerstätten in Amerika, Australien, Russland und Polen. Der Abbau erfolgt heute meist Untertage.
Z. bildet bei Bewitterung eine festhaftende Schutzschicht gegen Korrosion. Gegen schwache Säuren und Basen ist Z. unbeständig: mangelnde Hinterlüftung oder Kondenswasserbildung führt zu Zinkabbau. Bei relativ hoher Luftfeuchtigkeit und hohem Gehalt an Luftverunreinigungen sind daher zusätzliche Schutzmaßnahmen notwendig. Im Bauwesen wird Z. heute in Form von →Titanzink verwendet. Weiterer Einsatzbereich: Verzinkung von Stahlblech (→Verzinktes Stahlblech).
Bei gleich bleibendem Verbrauch wird die Rohstoffverfügbarkeit von Zinkerz auf ca. 20 Jahre geschätzt. Hoher Materialbedarf: typische Zinkkonzentrationen in den heute abgebauten Minen zwischen 0,5 bis über 10 %. Großer Bedarf an Koks für Reduktion bzw. Schwefelsäure zum Laugen, hoher Energiebedarf für Elektrolyse und Destillation, hohe Abgabe von Schadstoffen: hauptsächlich Zinkoxid, Schwefeldioxid, Stickoxide, Schwefelsäure und Zinkverbindungen sowie Sulfat im Abwasser und Zinkstäube als feste Abfallstoffe (deutlich erhöhte Werte im Boden rund um Zinkindustrie-Standorte).
Metallisches Z. ist für den Menschen vergleichsweise wenig giftig, in geringen Mengen aus der Nahrung aufgenommen sogar lebensnotwendig. Z.-Staub reizt die Atemwege. Emissionen der Z.-Herstellung sind hauptsächlich Zinkoxid, Schwefeldioxid, Stickoxide, Schwefelsäure und Sulfat im Abwasser. MAK-Wert: 1 mg/m³ für Zinkoxidrauch.

Z. wird von Dächern, Rinnen etc. abgeschwemmt und belastet somit Abwasser und Klärschlamm. Der Grenzwert des EU-Rats für Trinkwasser beträgt 0,1 mg/l, der der WHO 5 mg/l.

Zinkblech Z. wird heute im Bauwesen nur mehr in Form von →Titanzinkblech angeboten.

Zink-Dächer →Dächer mit Bauteilen aus Kupfer und Zink.

Zink-diethyldithiocarbamat Z. (ZDEC) ist ein →Vulkanisationsbeschleuniger, der zur Vulkanisation von Gummi-Bodenbelägen oder Schaumrücken textiler Bodenbeläge eingesetzt werden kann.

Zink-Stabilisatoren →Stabilisatoren

Zinn Z. ist ein silberweiß glänzendes und sehr weiches →Schwermetall. Infolge der Oxidschicht, mit der sich das Metall bei Kontakt mit Sauerstoff überzieht, ist es sehr beständig. Z. kommt zu über 80 % als Ansammlung in Schwemmlandablagerungen (Sekundärlagerstätten) an Flüssen sowie auf dem Meeresgrund vor, bevorzugt in einer Region beginnend in Zentralchina über Thailand bis nach Indonesien. Der Z.-Gehalt in dem Material der Schwemmlandlagerstätten beträgt ca. 5 %.

Z. wird hauptsächlich zur Herstellung von Weißblech eingesetzt. Allerdings erfolgt in diesem Bereich eine zunehmende Substitution durch →Aluminium und Kunststoffe. Ca. 5 % des weltweit hergestellten Z. wird zu organischen Z.-Verbindungen weiterverarbeitet, die insbesondere als Stabilisatoren für PVC (→Polyvinylchlorid) und für →Antifoulingfarben eingesetzt werden.

Z. ist für den Menschen möglicherweise ein essenzielles Spurenelement. Es kommt in fast allen Organen vor, besonders im Magen-Darm-Trakt sowie in der Leber und Lunge. Vermutlich ist Z. an den körpereigenen Abbau- und Oxidationsprozessen und am Stoffwechsel von Proteinen beteiligt. Aus Tierversuchen gibt es Hinweise, dass ein Zinnmangel das Wachstum verzögert. Im Unterschied zu organischen Z.-Verbindungen (→Zinnorganische Verbindungen) sind Z. und anorganische Z.-Verbindungen (Zinnsalze) vergleichsweise wenig giftig. Zur Aufstellung von MAK-Werten (→MAK-Liste) für Z. und seine anorganischen Verbindungen liegen derzeit allerdings weder Erfahrungen am Menschen noch aus Tierversuchen hinreichende Informationen vor.

Zinnorganische Verbindungen Z. lassen sich chemisch wie folgt einteilen:

1. Mono- und Diorganozinnverbindungen
2. Triorganozinnverbindungen
   - Tributylzinnverbindungen
   - Triphenylzinn
3. Tetraorganozinnverbindungen

Z. werden in großen Mengen als Thermo- und/oder UV-Stabilisatoren bei der *PVC-Verarbeitung* eingesetzt. Organozinn-Stabilisatoren werden weltweit in einer Menge von ca. 75.000 t/a eingesetzt. In Europa beträgt der Verbrauch ca. 15.000 t/a, in Deutschland ca. 5.300 t/a (jeweils für 1999). Von der Produktionsmenge in Europa ent-

Tabelle 141: Abkürzungen für Organozinnverbindungen

Abkürzung	Stoff
DBT	Dibutylzinn
$DBTCl_2$	Dibutylzinnchlorid
DBTDL	Dibutylzinndilaurat
MBT	Monobutylzinn
$MBTCl_3$	Monobutylzinnchlorid
TBT	Tributylzinn
TBTB	Tributylzinnbenzoat
TBTCl	Tributylzinnchlorid
TBTF	Tributylzinnfluorid
TBTL	Tributylzinnlaurat
TBTMA	Tributylzinnmethacrylat
TBTN	Tributylzinnnaphthenat
TBTO	Tributylzinnoxid
TcHT	Tricyclohexylzinn
TPT	Triphenylzinn
TPTOH	Triphenylzinnhydroxid (= Fentinhydroxid)
TTBT	Tetrabutylzinn

Tabelle 142: Verwendungsbereiche zinnorganischer Verbindungen

Verwendungsbereich	**Anteil [%]**
Stabilisatoren, Katalysatoren	55
Zwischenprodukte	25
Topfkonservierer	8
Pflanzenschutzmittel	8
Holzschutzmittel	2
Antifoulingfarben	2

fallen ca. 15 % auf Methylzinn, ca. 35 % auf Butylzinn und ca. 50 % auf Octylzinn. Ca. 10 % des Gesamtvolumens des europäischen Marktes für PVC-Stabilisatoren entfallen auf Mono- und Dialkylzinnmercaptoester sowie -carboxylate. Während die Organozinnmercaptoester bei der Produktion als Wärmestabilisatoren fungieren, sollen die Carboxylate die Verwitterung der Kunststoffe im Außenbereich verhindern. Die Konzentrationen Z. im Produkt betragen ca. 2 % des Kunststoffgewichtes. Bezogen auf etwa 20 % Zinnanteil des Stabilisators liegt der Zinngehalt im Endprodukt also bei ca. 0,4 %.

Zur Herstellung bestimmter *Polyurethan-basierter Kleb- und Dichtstoffe* werden Dimethyl-, Dibutyl- und Dioctylzinnverbindungen eingesetzt. In der Sparte Dicht- und Klebstoffe werden bei Masseanteilen von

Tabelle 143: Kunststoff-Produkte und verwendete zinnorganische Verbindungen (Quelle: UBA)

Produkte	**Anwendungen**	**Produktionsmengen**	**Stoffe**
Hartfolien	Verpackungen	7.500 t/a	Mono- und Dioctylzinn-mercaptoester Methylzinnmercaptoester
Flaschen	Verpackungen	2.250 t/a	Mono- und Dioctylzinn-mercaptoester Methylzinnmercaptoester
Platten im Außenbereich und transparente Folien	Bauindustrie	2.250 – 3.000 t/a	Mono- und Dioctylzinn-mercaptoester und -carboxylate Methylzinnmercaptoester und -carboxylate
Rohre und Fittings	Hart-PVC-Rohre für Wasserleitungen	750 t/a	Mono- und Dioctylzinn-mercaptoester und andere Thio-Verbindungen
Sonstige Anwendungen	Hart-PVC-Schäume Weich-PVC-Fußbodenbeläge Kalanderfolien Profile	750 – 1.000 t/a	Butyl-, Octyl-, Methylzinn-verbindungen

Tabelle 144: Konzentrationsverteilungen von zinnorganischen Verbindungen in PVC-Bodenbelägen (Quelle: Thumulla & Hagenau, 2001: Organozinnverbindungen in PVC-Böden und Hausstaub, 6. Fachkongress der Arbeitsgemeinschaft Ökologischer Forschungsinstitute, Nürnberg)

Perzentile	**Monobutylzinn**	**Dibutylzinn**	**Tributylzinn**
		[µg/kg]	
10	< 100	< 100	< 100
50	5.500	120.000	< 100
90	35.000	450.000	7.000
98	57.000	520.000	32.000
Max.	70.000	920.000	34.000

0,1 % oder weniger in Deutschland pro Jahr 15 – 20 t verbraucht. Das Dibutylzinndilaurat (DBTL) macht dabei ca. 80 % des Marktes aus.

In der *Glasindustrie* werden neben anorganischen Titan- oder Zinnchloriden Mono- und Diorganozinn-Halogenide eingesetzt (Deutschland: ca. 900 t/a). Die Stoffe werden bei dem Prozess verdampft und gasförmig den heißen Glasoberflächen zugeführt. Dort werden sie quantitativ thermisch zersetzt unter Bildung der anorganischen Zinnoxid-Beschichtung.

Tabelle 145: Sparten der Glasvergütung und jeweils eingesetzte Mono- und Diorganozinnverbindungen (Quelle: UBA)

Sparte der Glasvergütung	**Eingesetzte Stoffe**
Außenbeschichtung von Glasflaschen zur Erhöhung der Kratzfestigkeit und zur Gewichtsreduzierung	Monobutylzinnchlorid
Isolierverglasung (als Vergütungsmittel zur Erzeugung von dotierten Zinnoxid-Beschichtungen)	Mono- und Dibutylzinnchlorid Methylzinnchlorid
Selektive Reflexion von Wärmestrahlung	Dibutylzinnfluorid
Elektronische Anwendungen: Elektrisch leitfähige, transparente Beschichtungen (Plasmabildschirme)	Mono- und Dibutylzinnchlorid Methylzinnchlorid Dibutylzinnfluorid

Für den *industriellen Holzschutz* wird in Deutschland seit 1990 kein TBT mehr eingesetzt. Dagegen wird in Großbritannien, Frankreich und Spanien TBT auch heute noch als Holzschutzmittel für spezielle Anwendungen bei Konstruktionshölzern (Doppelvakuum-Applikation) verwendet. Es ist nicht auszuschließen, dass einzelne, behandelte Fertigwaren auch nach Deutschland gelangen.

Obwohl TBT im Holzschutz in Deutschland auch in der Vergangenheit wenig verbreitet war, können einzelne, behandelte Althölzer im Abfallbereich auftreten.

Tabelle 146: Einsatz von Triorganozinnverbindungen im Bereich Holz und für technische, nicht-bioxide Anwendungen

Einsatzbereich Holz	**Eingesetzte Stoffe**
Holzschutz im konstruktiven Bereich Verschiedene biozide Ausrüstungen von Dachbahnen, Silikondichtmassen, technischen Textilien Mikrobielle Desinfektion	Bis(tributylzinn)oxid
Holzschutz im konstruktiven Bereich	Tributylzinnnaphthenat

Durch die lange Lebensdauer behandelter Hölzer bleibt eine lang anhaltende, wenngleich insgesamt wenig bedeutende Quelle diffusen Eintrags erhalten.

Tabelle 147: Einsatzmengen von zinnorganischen Verbindungen (weltweit) im Holzschutz (Quelle: UBA)

Mengen		**Stoffe**
1980er-Jahre	ca. 500 t/a	TBTO, TBTN
1990 – 1995	ca. 200 t/a	
seit 1995	< 100 t/a [1]	

[1] Beschränkt sich auf die Belieferung industrieller Anwender

TBT wurde in Deutschland bis 1999 in *Silikondichtmassen* für den Sanitärbereich eingesetzt. Die hierfür verwendeten Mengen betrugen < 10 t/a. Für die nächsten Jahre ist daher mit einer zwar geringen, aber kontinuierliche Freisetzung aus diesen verbauten Materialien zu rechnen.

Bis 1994 wurde TBT in *Dachbahnen* zur Regenabdichtung von Flachdächern eingesetzt. Die mit diesen Produkten verbaute Menge betrug in etwa 150 t/a TBT. Innerhalb der nächsten Jahr(zehnt)e sind aus dieser Quelle kontinuierliche Elutionsverluste und Umwelteinträge zu erwarten (Klärschlammeintrag).

Für wasserbasierte Farben und Lacke wird als *Topfkonservierer* z.T. noch TBT eingesetzt.

Die hohe Toxizität bestimmter Z. wurde auf dramatische Weise offenbar, als 1954 über 100 Menschen nach dem Gebrauch des Hautpräparats Stalinon starben. Das Produkt enthielt neben Diethylzinniodid als Verunreinigung Mono- und Triethylzinn. In einem deutschen Chemiewerk kam es zu einem schweren Arbeitsunfall, als sechs Arbeiter einen Kessel zur Dimethylzinn-Synthese reinigten. Durch das als Nebenprodukt anfallende Trimethylzinn erlitten sie schwere neurologische und psychische Schäden. Ein Arbeiter starb, ein anderer endete durch Suizid.

Der toxischen Wirkung der Z. liegen Störungen des Zellstoffwechsels zugrunde. Methyl- und Ethylzinnverbindungen besitzen zudem eine ausgeprägte Neurotoxizität. Z. sind darüber hinaus immuntoxisch, insbes. die Di-, Trialkylzinn- und Triphenylzinnverbindungen.

Aus ökotoxikologischer Sicht liegt der Fokus bei den Umweltrisiken im Gebrauch von Z. als Antifoulingmittel in Schiffsfarben (insbes. Butylzinnverbindungen). Triorganische Zinnverbindungen (Tributylzinn) zeigen eine hohe Ökotoxizität in Verbindung mit Persistenz und Bioakkumulation. Bereits geringste Konzentrationen von TBT führen zu endokrinen Funktionsstörungen in Schnecken und Muscheln. Z. werden von Menschen insbesondere über den Verzehr von Fischen und Meeresfrüchten aufgenommen. Umweltverbände fordern seit Jahren ein sofortiges und vollständiges Verbot von TBT. Die Toxizität der Mono- und Diorganozinnverbindungen ist bisher nur unzureichend untersucht.

Mono- und Dibutylzinnverbindungen und deren Gemische enthalten aber bis zu 1 Gew.-% (normiert als Zinn) Tributylzinnverbindungen als technische Verunreinigung. Der Maximalanteil von 1 % TBT (normiert als Zinn) bezieht sich dabei auf Dibutylzinnverbindungen mit einem Anteil von > 95 % Dibutylzinnverbindung. Diese werden als Katalysatoren in speziellen Polyurethanen, Polyestern und RTV-Silikonen sowie speziellen PVC-Anwendungen (C-PVC-Rohre, besondere Spritzgussverfahren) eingesetzt. Bezogen auf eine Verwendung von insgesamt ca. 5.300 t/a für Organozinn-Stabilisatoren und -katalysatoren (in Deutschland) ergibt sich bei 1 % Masseanteil der technischen Verunreinigungen eine Menge von 53 t/a der besonders schädlichen triorganischen Zinnverbindungen in diesem Sektor. Die Butylzinnverbindungen haben hiervon einen Marktanteil von etwa 35 %. Daraus ergibt sich für das TBT eine Menge von 17,5 t/a als technische Verunreinigung in Kunststoffen. Unter der Annahme einer Migration von insges. 5 % aus der Polymermatrix der Produkte ergibt sich ein maximaler TBT-Umwelteintrag von 875 kg/a über diesen Pfad.

Die vielfältigen Verwendungen von Z. führen zu einem diffusen, aber kontinuierlichen Austrag der Stoffe – insbes. auch von TBT – aus den behandelten Materialien in die Umwelt und auch in Innenräume.

Verbindliche Grenzwerte für Innenraum-Verunreinigungen mit Z. gibt es bisher nicht.

Tabelle 148: Verteilung von zinnorganischen Verbindungen im Hausstaub (Quelle: Thumulla & Hagenau, 2001: Organozinnverbindungen in PVC-Böden und Hausstaub, 6. Fachkongress der Arbeitsgemeinschaft Ökologischer Forschungsinstitute, Nürnberg)

Perzentile	**Monobutylzinn**	**Dibutylzinn**	**Tributylzinn**
		[µg/kg]	
10	< 100	< 100	< 100
50	530	3.400	460
90	7.200	413.000	2.600
95	17.000	870.000	2.800
98	19.000	1.500.000	3.000
Max.	24.000	2.200.000	15.000

Tabelle 149: Handlungs- und Prüfwerte für Di- und Tributylzinnverbindungen im Hausstaub (Quelle: Thumulla & Hagenau, 2001: Organozinnverbindungen in PVC-Böden und Hausstaub, 6. Fachkongress der Arbeitsgemeinschaft Ökologischer Forschungsinstitute, Nürnberg)

Tolerierbare Aufnahmemenge [µg/kg × d]	**Handlungswert [µg/kg]**	**Prüfwert [µg/kg]**
0,25 (TDI/WHO, 1999)	2.500	250
0,3 (RfD, EPA, 1997)	3.000	300

Tabelle 150: MAK-Werte für Zinnorganische Verbindungen

Stoff	**MAK-Wert**
Zinnorganische Verbindungen (Mono- u. Di-n-octylzinnverbindungen, gemessen als einatembare Fraktion, als Zinn berechnet)	0,1 mg/m³
Tri-n-butylzinnverbindungen (als TBTO)	0,0021 ml/m³ = 0,05 mg/m³

Zirbelkiefer (Arve) Das →Splintholz ist gelblichweiß, das →Kernholz gelbrötlich bis hellrotbraun gefärbt, nachdunkelnd. Das Holz hat dunkelbraune, fest eingewachsene Äste und zeigt nur wenig betonte Textur. Z. riecht angenehm nach Harz.

Das Holz ist nur mäßig schwer und weich, mäßig fest und elastisch, wenig schwindend und mit sehr gutem Stehvermögen. Die Behandlung der Oberflächen ist problemlos. Ausgetretenes Harz muss entfernt werden, damit Lacke und Farben ohne Störung angenommen werden. Der Witterung ausgesetzt ist Z. von guter Dauerhaftigkeit. Bei der Verarbeitung ist auf Schutz vor →Holzstaub (krebsverdächtig gem. →TRGS 905) zu achten.

Z. ist nur in begrenzter Menge verfügbar und fällt zudem nur in relativ kurzen Stammabschnitten (2 bis 4 m) an. Es ist ein begehrtes Ausstattungsholz für Möbel und im Innenausbau für Wand- und Deckenbekleidungen, für Bildhauer- und Schnitzarbeiten, für Schindeln, Fenster und als Konstruktionsholz mit mäßiger Belastung.

Das insektenabweisende ätherische Öl der Z. wird für Produkte der →Pflanzenchemiehersteller verwendet, z.B. für Möbelpolitur (Arvenöl; siehe auch →Terpene).

Zitrusschalenöl →Citrusschalenöl

Zubereitungen Gem. Chemikaliengesetz sind Z. „aus zwei oder mehreren Stoffen bestehende Gemenge, Gemische oder Lösungen". Bsp.: Abbeizmittel.

Zulassung von Bauprodukten →Bauprodukte – Grundsätze zur gesundheitlichen Bewertung von Bauprodukten in Innenräumen

Zuschlagstoffe Z. werden für die Zubereitung von →Beton, Mörtel, Einpressmörtel, Mischungen für Bauwerke, für die Herstellung von →Bauprodukten sowie für andere gebundene und ungebundene Baustoffgemische für Straßen- und sonstige Tiefbauarbeiten eingesetzt (s. Tabellen 151 und 152).

Zwangslüftung →Mechanische Lüftung, →Komfortlüftungsanlagen

Zweikomponentenklebstoffe Z. bestehen aus Bindern (Harzen) und Härtern, die getrennt aufbewahrt werden. Die Harze können ungesättigte Polyesterharze, Vinyl- und Acrylverbindungen, Epoxid- und Polyurethanverbindungen und die Härter Peroxide der Harzkomponenten, Benzoylperoxid, Polyamine oder Polyisocyanate sein, chemisch sehr aktive Verbindungen, die erst durch die Vermischung und Abbindung zu →Polymeren vernetzen und somit den Klebevorgang vollziehen. Diese bilden dann einen hochwirksamen Klebstoff, der hohen Belastungen standhält. Bei den →Epoxidharz-Klebstoffen sind Harz und Härter reizend bzw. ätzend. →Polyurethan-Klebstoffe bestehen dagegen aus einer vergleichsweise ungefährlichen Harzkomponente und einem Härter auf Basis von Diphenylmethandiisocyanat (MDI). MDI (→Isocyanate) gehört zu den sensibilisierenden Stoffen; sensibilisierende Stoffe können je nach Veranlagung nach der Erstexposition unterschiedlich schnell Allergien auslösen. Außerdem sieht die MAK-Kommission einen Verdacht auf krebser-

Tabelle 151: Produktfamilien und Beispiele für eingesetzte Materialien (Quelle: UBA-Texte 06/05)

Bauproduktfamilie	Eingesetzte Materialien
Zuschläge für Beton, Mörtel und Einpressmörtel Zuschläge für bituminöses Mischgut und Oberflächenbehandlungen Zuschläge für ungebundene und hydraulisch gebundene Baustoffgemische Wasserbausteine Gleis-Bettungsstoffe Füller (Gesteinsmehl)	Unbehandelt: z.B. Stein (rund, gebrochen, zerrieben), Sand, Kies, Lava, Tuff Künstlich hergestellte Produkte oder Nebenprodukte industrieller Prozesse: z.B. Aschen, Tonarten, Schlacken, Vermiculite, Perlit, Aufheller, Rückstände aus Verbrennungsanlagen Recycelt: z.B. Beton, Mauerwerk, Asphalt

Tabelle 152: Freisetzung von gefährlichen Stoffen

Bauproduktfamilie	Freisetzung von gefährlichen Stoffen
Zuschläge für Beton, Mörtel und Einpressmörtel Zuschläge für bituminöses Mischgut und Oberflächenbehandlungen	Radioaktivität (von Zuschlägen radioaktiven Ursprungs) →Schwermetalle →Polycyclische aromatische Kohlenwasserstoffe (PAK) Andere gefährliche Stoffe
Zuschläge für ungebundene und hydraulisch gebundene Baustoffgemische	Schwermetalle Andere gefährliche Stoffe
Wasserbausteine Gleis-Bettungsstoffe Füller (Gesteinsmehl)	Gefährliche Stoffe

zeugendes Potenzial.
Hautkontakt sollte mit allen Z. vermieden und der Umgang mit diesen Klebstoffen auf ein Minimum reduziert werden. Die Anwendung von Reaktionsprodukten sollte auf notwendige Ausnahmefälle (stark feuchtigkeitsbelastete Bereiche) beschränkt werden.

Zwetschge (Pflaume) Das schmale →Splintholz ist gelblichweiß bis hellrötlich, das →Kernholz rötlichbraun bis dunkelrotbraun, oft auch violett gestreift, dabei nicht selten auch insgesamt mit violetter Tönung. Das Holz ist feinporig und von gleichmäßiger Struktur, mit gestreifter bzw. geflammter Zeichnung. Z. ist besonders schönfarbig und dekorativ.
Z. ist dichtes, hartes und ziemlich festes Holz. Bei der Trocknung ist es stark schwindend mit stärkerer Neigung zum Reißen und Werfen, nach der Trocknung jedoch mit gutem Stehvermögen. Die Behandlung der Oberflächen ist problemlos; es ist besonders gut zu polieren. Der Witterung ausgesetzt ist das Holz nicht dauerhaft. Bei der Verarbeitung ist auf Schutz vor →Holzstaub (krebsverdächtig gem. →TRGS 905) zu achten.

Die Verwendungsmöglichkeiten von Z. sind infolge des mengenmäßig nur geringen Anfalls, der meist nur geringen Abmessungen und der häufigen Kernfäule in älteren Bäumen stark eingeschränkt und meist auf Kleinteile begrenzt. Es findet vornehmlich als Schnitz- und Drechslerholz für kunstgewerbliche Artikel, Holzbestecke, Messerhefte, Knöpfe und dergleichen Verwendung, ferner für Intarsien und Holzblasinstrumente. Größere, fehlerfreie Abschnitte werden für dekorative Kleinmöbel in handwerklicher Einzelfertigung genutzt.